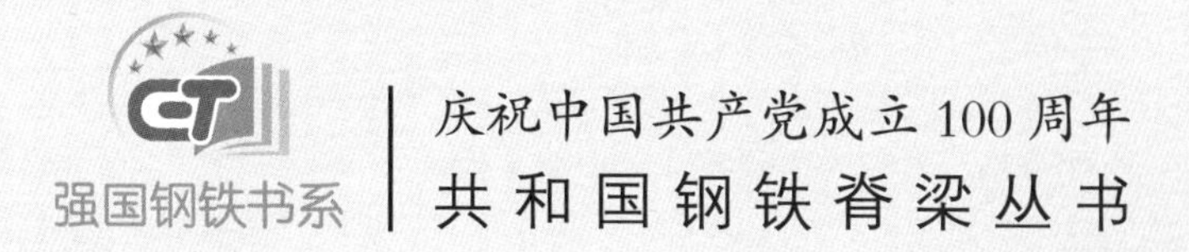

◎ 钱 刚 主编

北 京
冶 金 工 业 出 版 社
2021

内容提要

全书分为三篇，分别为中国特殊钢产业发展、中国特殊钢产业科技进步、中国主要特殊钢企业贡献，附录为中国特殊钢产业支撑体系——协会、学会、出版物。主要内容从行业发展历程、取得成就、技术设备和工艺发展、质量标准和产品规格等方面对我国特殊钢行业的发展情况进行了全方位、多角度的阐述，既有行业发展总结，也有前沿技术展现；既有存在问题的剖析，也有未来发展趋势预测，具有较高的科学性、实用性和参考性。

本书可供特殊钢行业广大从业者阅读参考。

图书在版编目(CIP)数据

中国特殊钢/钱刚主编.—北京：冶金工业出版社，2021.12
(共和国钢铁脊梁丛书)
ISBN 978-7-5024-8996-0

Ⅰ.①中… Ⅱ.①钱… Ⅲ.①特殊钢—科技发展—中国—文集
Ⅳ.①TG142-53

中国版本图书馆CIP数据核字(2021)第243814号

中国特殊钢

出版发行 冶金工业出版社　**电　话** (010)64027926
地　址 北京市东城区嵩祝院北巷39号　**邮　编** 100009
网　址 www.mip1953.com　**电子信箱** service@mip1953.com

责任编辑 李培禄　美术编辑 彭子赫　版式设计 孙跃红
责任校对 石　静　责任印制 李玉山
北京捷迅佳彩印刷有限公司印刷
2021年12月第1版，2021年12月第1次印刷
787mm×1092mm　1/16；56.25印张；1290千字；872页
定价358.00元

投稿电话　(010)64027932　投稿信箱　tougao@cnmip.com.cn
营销中心电话　(010)64044283
冶金工业出版社天猫旗舰店　yjgycbs.tmall.com
(本书如有印装质量问题，本社营销中心负责退换)

丛书编委会

《中国特殊钢》编委会

刘　军　　刘　苏　　刘金池　　刘春涛　　刘冠华

刘振宝　　刘　斌　　齐春华　　齐景萍　　安圣历

孙光明　　杜晓林　　杨志勇　　杨建伟　　杨　勇

杨接明　　李义明　　李东昕　　李　旭　　李旭东

李旭红　　李　阳　　李红卫　　李宗峙　　李晓冬

李海洋　　李银环　　李　鸿　　吴佩林　　吴　晓

时　捷　　何冬梅　　何肖飞　　何梦华　　余熙文

狄梦龙　　邹文喜　　闵新华　　沙云飞　　宋志刚

宋　健　　迟宏宵　　张小刚　　张文波　　张立红

张会明　　张　伟　　张志成　　张志军　　张　杉

张　岩　　张　凯　　张洪山　　张洪奎　　张　洋

张　卫　　张培军　　张　博　　张　颖　　张　磊

陆卫宇　　陆恒昌　　陆　瑞　　陈正宗　　陈旭雯

陈　玥　　陈　明　　陈建宇　　邵启明　　武祥斌

范植金　　林　娜　　林腾昌　　欧新哲　　罗晓芳

季文彬　　金成超　　赵先存　　赵明卫　　赵肃武

赵洪山　　赵海平　　赵强华　　胡小慧　　胡春东

胡铁华　　侯荣光　　施赛菊　　姜云珠　　姜周华

姜燕燕　　姚家华　　袁昆喜　　莫德敏　　贾成厂

顾自有　　党红燕　　倪和勇　　徐长征　　徐文亮

徐　乐　　徐亚娟　　徐成江　　徐松乾　　徐　斌

栾　燕　　高春红　　高振波　　高惠菊　　高　雅

高慧斌　　席连云　　唐子龙　　唐启文　　黄有才

黄竹清　　黄丽苗　　黄荣君　　黄海燕　　黄景贵

曹文全　　曹　霞　　章清泉　　尉文超　　续　维

彭　伟　　董　洁　　董　哲　　韩海兵　　程文文

程筱明　　谢春阳　　谢冠男　　谢　萍　　谢锡善

雷德江　　廉心桐　　满廷慧　　蔡　佳　　颜丞铭

戴　强

丛书总序

中国共产党的成立，是开天辟地的大事变，深刻改变了近代以后中华民族发展的方向和进程，深刻改变了中国人民和中华民族的前途和命运，深刻改变了世界发展的趋势和格局。中国共产党人具有钢铁般的意志，带领全国人民无惧风雨，凝心聚力，不断把中国革命、建设、改革事业推向前进，中华民族伟大复兴展现出前所未有的光明前景。

新中国钢铁工业与党和国家同呼吸、共命运，秉持钢铁报国、钢铁强国的初心和使命，从战争的废墟上艰难起步，伴随着国民经济的发展而不断发展壮大，取得了举世瞩目的辉煌成就。炽热的钢铁映透着红色的基因，红色的岁月熔铸了中国钢铁的风骨和精神。

1949 年，鞍钢炼出了新中国第一炉钢水；1952 年，太钢成功冶炼出新中国第一炉不锈钢；1953 年，新中国第一根无缝管在鞍钢无缝钢管厂顺利下线；1956 年，新中国第一炉高温合金在抚钢试制成功；1959 年，包钢试炼出第一炉稀土硅铁合金；1975 年，第一批 140 毫米石油套管在包钢正式下线；1978 年，第一块宽厚钢板在舞钢呱呱坠地；1978 年，第一卷冷轧取向硅钢在武钢诞生……1996 年，中国钢产量位居世界第一！2020 年中国钢产量 10.65 亿吨，占世界钢产量的 56.7%。伴随着中国经济的发展壮大，中国钢铁悄然崛起，钢产量从不足世界千分之一到如今占据半壁江山，中国已成为名副其实的世界钢铁大国。

在走向钢铁大国的同时，中国也在不断向钢铁强国迈进。在粗钢产量迅速增长的同时，整体技术水平不断提升，形成了世界上最完整的现代化钢铁工业体系，在钢铁工程建设、装备制造、工艺技术、生产组织、产品研发等方面已处于世界领先水平。钢材品种质量不断改善，实物质量不断提升，为“中国制造”奠定了坚实的原材料基础，为中国经济的持续、快速发展提供了重要支撑。在工业强基工程中，服务于十大领域的 80 种关键基础材料中很多是钢铁材料，如海洋工程及高技术船舶用高性能海工钢和双相不锈钢、轨道交通用高性能齿轮渗碳钢、节能和新能源领域用高强钢等。坚持绿色发展，不断提高排放标准，在节能降耗、资源综合利用和改善环境方面取得明显进步。到 2025 年年底前，重点区域钢铁企业基本完成、全国 80%以上产能将完成国内外现行标准的最严水平超低排放改造。2006年以来，在满足国内消费需求的同时，中国钢铁工业为国际市场提供了大量有竞争力的钢铁产品和服务；展望未来，中国钢铁将有可能率先在绿色低碳和智能制造方面实现突破，继续为世界钢铁工业的进步、为全球经济发展做出应有的贡献。

今年是中国共产党成立100周年，是“十四五”规划的开局之年，也是顺利实现第一个百年目标、向第二个百年目标砥砺奋进的第一年。为了记录和展现我国钢铁工业改革与发展日新月异的面貌、对经济社会发展的支撑作用、从钢铁大国走向钢铁强国的轨迹，在中国钢铁工业协会的支持下，冶金工业出版社联合陕钢集团、中信泰富特钢集团、太钢集团、中国特钢企业协会、中国特钢企业协会不锈钢分会、中国废钢铁应用协会等单位共同策划了“强国钢铁书系”之“共和国钢铁脊梁丛书”，包括《中国螺纹钢》《中国特殊钢》《中国不锈钢》和《中国废钢铁》，以庆祝中国共产党成立100周年。

写书是为了传播，正视听、展形象。进一步改善钢铁行业形象，应坚持三个面向。一是面向行业、企业内部的宣传工作，提升员工的自豪感、荣誉感，树立为了钢铁事业奉献的决心和信心；二是面向社会公众，努力争取各级政府和老百姓的理解和支持；三是面向全球，充分展示中国钢铁对推进世界钢铁业和世界经济健康发展做出的努力和贡献。如何向钢铁人讲述自己的故事，如何向全社会和全世界讲述中国钢铁故事，是关乎钢铁行业和钢铁企业生存发展的大事，也是我们作为中国钢铁工业大发展的亲历者、参与者、奋斗者义不容辞的时代责任！

希望这套丛书能成为反映我国钢铁行业波澜壮阔的发展历程和举世瞩目的辉煌成就，指明钢铁行业未来发展方向，具有权威性、科学性、先进性、史料性、前瞻性的时代之作，为行业留史存志，激励今人、教育后人，推动中国钢铁工业高质量发展，向中国共产党成立100周年献礼。

中国钢铁工业协会党委书记、执行会长

2021年10月于北京

序

特殊钢是钢铁材料的重要组成部分，是衡量一个国家钢铁工业发展水平和工业化水平的重要标志，在国民经济中占有重要地位。

特殊钢既是传统材料，又是新材料；是结构材料，又是功能材料；是先进基础材料，又是新型战略产业所需的关键材料。特殊钢广泛地应用于经济社会发展的各个领域，是城镇化、工业化、国防现代化、高科技产业发展、人民美好生活实现的重要支撑，是制造强国、科技强国、美丽中国、健康中国、平安中国建设的重要保障。

特殊钢产业主要是在为装备制造业、汽车和高铁代表的交通运输业、国防军工、航空航天事业的配套过程中发展起来的。国际上以西欧、北欧和日本为代表对特殊钢涵盖内容做了划分，而美国对特殊钢内容又做了不同划分。我国现有特殊钢的划分和西北欧、日本基本类似。

中国特钢生产最早见于晚清的几家洋务企业，主要是为了满足枪炮制造之需。汉冶萍建立以后，除了军工，钢轨则是另一个主要用途。但直到新中国成立，中国没有出现真正意义上的特钢企业。新中国成立之初，在苏联的援助和支持下建设了大连特钢、本溪特钢、抚顺特钢、重特、太钢，“大跃进”时期改建和新建了大冶钢厂、齐齐哈尔钢厂、上钢五厂、首钢特钢，“三线建设”时期迁建了长城特钢、西宁特钢、陕西特钢、贵阳钢厂等，中国特殊钢产业逐步形成和发展。

到改革开放前，中国特殊钢产业已经建立了从生产到研发的比较完整的工业体系。改革开放后，特殊钢产业克服了体制机制障碍，摆脱了长期亏损的困难局面，走上了快速发展的道路，大量引进和开发先进技术装备，持续推进产业和产品结构调整，取得令世人瞩目的伟大成就，为我国钢铁行业国际竞争力的提升、为国民经济的持续快速发展，为国防现代化发挥了重要的支撑作用，做出了重大贡献。

2020 年中国特钢企业协会会员单位粗钢产量 1.47 亿吨，占钢铁总量的 14%左右，其中低合金钢 5056 万吨，合金钢 3686 万吨。在产业规模迅速扩大的同时，中国特殊钢行业装备现代化基本完成，自主创新能力不断增强，产业和产品结构不断优化，涌现出了中信泰富特钢、宝武特冶、东北特钢、天津钢管等大型特殊钢企业集团和专业化特钢企业，建成了覆盖所有特殊钢品种和产品的专业化生产基地，一批特殊钢企业的总体技术水平和竞争实力进入世界先进行列。中国特殊钢行业历经百年沧桑，今朝风华正茂。

2021年是“十四五”规划的开局之年，是中国共产党成立100周年，也是顺利实现第一个百年目标、向第二个百年目标砥砺奋进的第一年。在这样一个特殊的历史节点上，《中国特殊钢》的出版，意义重大，难能可贵。

《中国特殊钢》是第一部全面系统地记述我国特殊钢产业发展的“大书”，是一部填补空白之作。该书分为三篇，分别为中国特殊钢产业发展、中国特殊钢产业科技进步、中国主要特殊钢企业贡献，附录为中国特殊钢产业支撑体系——协会、学会、出版物。内容上既有纵向的发展历程回顾，也有断面的发展现状展示，既有前沿技术探讨，也有代表人物和事件讲述，既有问题剖析，也有发展趋势预测，具有较高的科学性、实用性和参考性。

这本书真实记录了中国特殊钢产业从无到有、由小变大、由弱变强的发展历程，读者可以从中梳理出中国特殊钢百年发展的基本脉络，正本清源，了解到中国特殊钢产业所处的历史方位，把握未来发展的方向和道路。通过人物和事件以“故事”的形式讲述历史是本书的一个特点和创造，读者可以看到、体会到一代代特钢人为国防与经济建设敢于担当、勇于拼搏、甘于奉献的艰苦奋斗精神。为特殊钢下了一个定义，是本书的另一个亮点。下定义不容易，是需要一点勇气的，这自然是本书编写的前提，也是为特殊钢正名、为特殊钢行业做了贡献。

中国特殊钢目前到长远的发展，我认为应当：(1) 发展精品制造，生产高性能、低成本，满足不同服役要求的高质量、长寿命和安全可靠的特钢产品；(2) 发展绿色制造，适应资源环境和低碳生产的社会要求，生产人类宜居需要的和谐产品；(3) 发展智能制造，使劳动生产率提高，批量稳定，性能一致，发展制造过程现代化、信息化、数据化的全流程企业；(4) 发展服务化制造，使特钢企业不仅是生产企业，更应提升为服务和生产融合、制造、销售、物流、用户应用完善的企业。中国特钢产品要从传统特钢向先进特钢升级换代，注意特种冶金、粉末冶金（含3D打印）、特种加工（含半液态加工、挤压、模锻等特异加工），冶金产品向冶金-机械后续延伸、热处理和后步成型加工延伸发展，使材料生产不仅冶轧，更应为特钢成品多方面发展、多角度成型，满足新型制造业多行业需求贡献我们的力量。

我相信，这本书的出版系统地总结了中国特殊钢百年发展的成绩和经验，将为推动我国特殊钢产业“十四五”和中长期高质量发展做出积极、重要的贡献。

中国工程院院士　原冶金工业部副部长

2021 年 10 月

前　言

2021年中国共产党成立100周年，在中国共产党的坚强领导下，经过全党全国各族人民持续奋斗，中国实现了第一个百年奋斗目标，我们正在向着全面建成社会主义现代化强国的第二个百年奋斗目标迈进。

百年来，中国钢铁和特殊钢工业伴随着国家命运在屈辱中蹒跚起步，在战乱中曲折前行，在新中国成立后迅速恢复，在改革开放大潮中持续壮大，为中国经济社会发展，为中国制造崛起发挥了关键支撑作用，形成了自力更生、艰苦奋斗、矢志不移、勇于创新、勇担使命的中国特钢人精神。

站在"两个一百年"奋斗目标的历史交汇的关键节点上，中国特钢人始终以一颗赤子之心倾情诉说着炽热的爱党心、浓浓的中国情，致力于将这份爱化作信仰、奋进、超越的力量，继续逐浪新时代、奋进新征程。

2021年是"十四五"开局之年，面对国内外经贸关系存在诸多不确定性、新冠肺炎疫情防控形势不容乐观、大宗商品价格一路高涨等新形势，我们御风而行，多管齐下，确保了行业运行稳中有进。面对碳达峰、碳中和的战略目标，中国宝武、中信泰富特钢等率先提出碳达峰、碳中和时间表、路线图。面对产能、产量"双控"的刚性约束，我们以更高的站位落实国家政策，以新发展理念引领观念转变，不折不扣地落实国家限产政策、进出口调整政策，产量压缩效果明显，推动市场供需、进出口格局发生深层次变革。

在中国钢铁工业协会指导和支持下，冶金工业出版社、中国特钢企业协会、中国金属学会特殊钢分会、中信泰富特钢集团牵头策划，联合主要特殊钢企业、研究院所、高等院校、信息资讯机构等共同组织编写了《中国特殊钢》一书，回顾总结历史，展望谋划未来，向中国共产党成立100周年献礼，向初心不改、矢志不渝，坚定地走在国家战略的最前沿，与国家同呼吸、共命运的中国特殊钢人致敬。

本书的撰稿人都是中国特殊钢产业由小到大、从弱变强的见证者、参与者、贡献者。他们怀着强烈的历史责任感记录下中国特殊钢发展的足迹，讲述了中国特殊钢产业先行者筚路蓝缕的感人故事，呈现了在党的领导下，中国特殊钢人经过不懈奋斗换来的恢弘成就。

本书共分三篇，分别是中国特殊钢产业发展、中国特殊钢产业科技进步、中国主要特殊钢企业贡献，附录为中国特殊钢产业支撑体系——协会、学会、出版物。本书以中国近代钢铁工业产生为起点，客观介绍了伴随着近代中国钢铁工业创立而萌发、由枪炮制造需求而逐渐发展起来的中国特殊钢产业百年发展历程，记述了不同年代一个个中国特殊钢先行者的典型代表为中国特殊钢产业做出的奉献，记录了1949年后中国特殊钢产业在党的领导下在产业布局、工艺技术装备、产品研发等方面的进步，以及为中国制造业、国防工业发展做出的重大贡献。

在本书的编写过程中，得到了中国钢铁工业协会党委书记、执行会长何文波的厚爱与重视；得到了原冶金工业部吴溪淳、翁宇庆等老部长的悉心指导；得到了中国特钢企业协会名誉会长俞亚鹏的策划指导；得到了主要特殊钢生产企业及相关单位的大力支持和积极参与，在此表示衷心的感谢！在此，主编还要特别感谢以极大热忱积极参与本书策划组织协调审阅、时时为中国特殊钢产业高质量发展自豪而讴歌的中信泰富特钢集团王文金常务副总裁；感谢中国特钢企业协会王怀世书记为本书的启动出谋划策、牵线搭桥、费心操劳；感谢中国钢铁工业协会副秘书长、中国冶金报社陈玉千社长响应中宣部号召，积极行动与运作；感谢本书主笔中国金属学会副主任委员、上海大学董瀚院长为本书启动、运作、撰写给予的精心策划、奋笔疾书、倾心耕耘；感谢本书主笔中国特钢企业协会刘建军秘书长为本书启动、运作、成行保驾护航、掌舵把关；感谢中国金属学会特殊钢分会副秘书长、钢铁研究总院梁剑雄副院长为本书编写出谋划策、全力组织；感谢中国金属学会特殊钢分会秘书长、钢铁研究总院特殊钢研究院杨志勇副总工程师为本书的编写积极协调、默默耕耘；感谢中国钢铁工业协会副秘书长、冶金工业出版社苏长永社长以高度工作责任感担当重任，为本书结构把脉，周密组织协调安排本书的启动、撰写、审读、编辑、出版等各环节，全力保障本书的出版。特别感谢来自基层一线的普通撰稿人，是他们的敬业勤勉、精心精益撰写出一篇篇“好文”，才有了今天中国特钢百年披荆斩棘波澜壮阔历史画面的精彩呈现。总之，真诚感谢所有参与本书策划、撰写、审读的专家和领导，大家都是以“来做一件有情怀的事”的态度参与本书编纂与出版。

在本书编纂过程中，各企业参与编写的人员都来自于基层一线，编写者的编写风格不尽相同，加之我国特殊钢发展历史跨度长、涉及面广、产品类型多等原因，资料的收集整理难度大，虽然编委们付出了大量心血，辛勤走访、调研、咨询了当年的参与者、见证者和相关专家领导，但是可能水平所限，对一些资料的考证、核实、完善等做得还不到位，在编纂过程中肯定会存在许多疏漏或错误，敬请专业人士与广大读者提出宝贵意见和建议，我们虚心接受，为今后接续修志作准备。

希望本书的出版，能在中国特殊钢发展史上留下里程碑般印记，用载入史册的中国钢铁工业与中国特殊钢产业的成长、成果、精神与故事，感染、激励明日中国钢铁工业与特殊钢产业的后来者，将中国特钢人的精神传承下去，脚踏实地、继往开来赓续中国特殊钢更加辉煌的未来，在中国制造成为中国智造过程中，续写中国特殊钢产业从制造到创造转变更加辉煌的诗篇。

希望本书的出版，让全体中国特钢人，切实立足新发展阶段、贯彻新发展理念、融入新发展格局，在中国特钢产业各自岗位上，用行动践行习近平总书记向广大科技工作者提出的面向世界科技前沿、面向经济主战场、面向国家重大需求、面向人民生命健康的殷切希望，擎起燃烧的信仰火炬，凝聚磅礴的力量，奔向更加辉煌的未来，奋力书写特钢报国的时代答卷！为社会主义现代化强国建设提供关键性支撑特殊钢材料，为中华民族的伟大复兴，为实现中华儿女伟大的“中国梦”作出更大贡献！让我们共同祝愿：在第二个百年目标的奋斗路上，中国特殊钢产业更加辉煌！

中信泰富特钢集团董事长

2021年10月

目　　录

第一篇　中国特殊钢产业发展

第二篇 中国特殊钢产业科技进步

第三篇　中国主要特殊钢企业贡献

华 北 地 区

华 东 地 区

东 北 地 区

华 中 地 区

西 北 地 区

西 南 地 区

华 南 地 区

附录　中国特殊钢产业支撑体系——协会、学会、出版物

第一篇

中国特殊钢产业发展

第一章　中国特殊钢发展简史

特殊钢是兵之脊、国之梁，是装备制造乃至先进制造、国防军工、人民生活必需的关键材料。特殊钢是钢铁材料的重要组成部分，是推进国家工业化与建设制造强国的重要基础材料。特殊钢的生产和应用水平是衡量一个国家钢铁工业水平的重要标志，也是衡量其工业化水平的重要标志之一。

特殊钢是对普通钢而言的相对概念。在不同国家，特殊钢所包含的钢类不尽相同，没有一个统一的概念，但有一点是相同的，即特殊钢是具有特殊化学成分、采取特殊的工艺生产、具备特殊组织和性能、能够满足特殊需要比普通钢拥有更高性能的一类钢铁材料。特殊钢表现在生产过程中的化学成分和生产工艺的特殊性，在零部件加工制造中需要满足工艺性能的特殊性，在服役过程中表现的特殊性可以保障装备顺利运行。

人们知道，钢铁材料的种类繁多，主要表现在特殊钢的钢类多样化、品种数量多。据不完全统计，钢铁材料有数千个品种，其中大多数是特殊钢。在特殊钢类型中，合金结构钢因其良好的强韧性匹配被广泛应用于齿轮、轴、螺栓、弹簧等机器基础零件制造；高硬度的高碳轴承钢应用于制造轴承；更高强度和韧度的超高强度钢应用于制造飞机、火箭、兵器等关键零部件；具有良好淬透性和硬度的工模具钢被加工成热作模具、冷作模具、塑料模具、切削刀具、钻头等用于制作刃具、模具、量具、卡具等生产工具；而各种耐热钢和不锈钢则在能源领域（火电、核电、水电、风电、煤炭开采、新能源）被大量使用；品种繁多耐腐蚀不生锈的不锈耐蚀钢在石油化工、海洋工程、建筑设施、医药制造设备、食品加工设备、食品器皿、环保设施中被大量应用；高硬度的耐磨钢用于矿山开采和工程机械。构造更复杂的动力系统，如发动机、燃气轮机、汽轮机、反应堆等则需要更高性能的多种特殊钢材料；交通运输工具，汽车、铁路、船舶、飞机等的制造需要轻量化和高性能的各种特殊钢等。社会的进步和制造产业发展，对特殊钢持续提出了更高的性能需求，特殊钢也是在不断发展的一类新材料。

特殊钢是人类社会进步必不可少的材料，是国家工业化、城镇化和高科技发展的基础材料，是国防军工武器装备制造的主要结构材料和功能材料，是提高人民生活品质的重要材料。

从历史上看，清政府时期，由于采取闭关锁国的政策，近代中国科技发展水平远远落后于当时世界工业化国家的水平，结果导致中国在第一次鸦片战争（1840~1842年）和第二次鸦片战争（1856~1860年）中失败。屈辱的现实唤醒了清政府中“洋务派”人士，开启了学习国外先进科学技术以解内忧外患的“洋务运动”。“洋务运动”推动了中国近代钢铁业的兴起，福州、贵州、上海、天津、湖北先后创办了炼铁厂、炼钢厂，所生产的材料主要用于生产枪炮、轮船等军需产品。为了修建铁路、“自制大炮”，必须先“开煤炼铁”，1890 年湖广总督张之洞先后兴建了湖北汉阳铁厂和开办了大冶铁矿，张之洞创办的汉阳铁厂主要是为了生产钢轨；1896 年盛宣怀开发了萍乡煤矿。

在汉阳铁厂建厂之前，虽然前后建立了一些钢铁冶炼企业，但这其中由于福州船政局拉铁厂不具备冶炼能力，贵州青溪铁厂建成不久即停止生产，江南制造局、天津机器局炼钢厂也不具备炼铁能力，因此从社会历史意义和钢铁产业影响来看，汉阳铁厂是中国钢铁工业摇篮的孵化器和中国钢铁人才的摇篮，为创建汉冶萍公司打下了坚实的基础。

甲午战争之后，盛宣怀接办汉阳铁厂。谙熟企业经营之道的盛宣怀将钢铁、铁路、银行、煤炭等事业协同发展，顺应了钢铁工业建设高度关联体系的特征，同时着手改良扩张汉阳铁厂，取得显著成效。1908 年，汉阳铁厂、大冶铁矿、萍乡煤矿合并，成立了汉冶萍煤铁厂矿有限公司（以下简称汉冶萍公司），成为当时亚洲最大的钢铁联合企业。汉冶萍公司的成立，是中国钢铁工业的重要标志，堪称中国钢铁工业的摇篮，见图 1-1-1。因为抗日战争，1938 年汉冶萍公司的部分设备运往重庆，另成立钢铁厂迁建委员会（以下简称钢迁会）及后来的第二十九兵工厂（现在重庆钢铁公司前身），生产战时急需的枪炮子弹用钢。还有部分无法迁移的装备，以及相应的物资、印章、董事会案卷、公司契约及其他各种文件等都延续保存在抗日战争胜利后成立的华中钢铁公司。因此，从华中钢铁公司延续而来的大冶特钢，是汉冶萍公司的传承者与发扬者。从汉冶萍公司到今天的大冶特钢，串起了中国特殊钢工业的早期发展史。

图 1-1-1　1921 年汉冶萍公司大冶铁厂全貌

民国时期，战乱频繁，特殊钢发展建树不大。

抗日战争初期，汉阳铁厂的部分设备等迁往重庆与原江南制造局的上海炼钢厂一起归属钢迁会管理，恢复生产后主要以生产枪炮子弹所需的特殊钢为主，也提供其他产业所需的钢材。电炉流程的第二十四工厂以及其他大后方的钢厂也为抗战生产所急需的钢材。钢迁会和第二十四工厂开展了相关技术研发工作并培养了一批钢铁冶金人才。抗日战争时期，中国共产党领导敌占区人民开展敌后抗战，在山西、河北境内的太行山深处建立铁厂和兵工厂，生产钢铁原材料并制造枪械与炮弹，开创了中国共产党领导中国特殊钢生产的先河。抗日战争期间，八路军军工部建设了柳沟铁厂和青城铁厂，利用从敌占区缴获的钢轨制造迫击炮壳和掷弹筒，用马口铁造炮弹壳等；新四军也建立了枪械制造厂。八路军、新四军的钢铁厂与兵工厂对中国抗日战争做出了重要的贡献。

解放战争时期，由中国共产党领导的位于太行山脉的故县铁厂等钢铁厂和位于东北的大连钢铁厂相继投产，为解放战争前线生产了可制造数百万发迫击炮、山炮炮弹以及手榴弹等的钢铁材料，极大地支持了解放军前线作战弹药的补给，为解放战争的胜利提供了强大与及时的物质基础，为解放战争胜利做出了钢铁战线历史性贡献。

1949 年新中国成立后，面对战争废墟留下的旧中国极度落后工业烂摊子的经济环境，以及美国等帝国主义国家对中国实施经济制裁等严峻的国际环境，改变中国工业落后状况的要求尤为紧迫。党中央提出了过渡时期总路线与总任务，作出了优先发展重工业的决策，要求优先保证重工业和国防工业建设。正是党中央这一高瞻远瞩的重要战略部署，开启了中国现代钢铁工业发展的新纪元，标志着中国特殊钢产业开始了有规划、有目标、有步骤、有规模发展的新时代，也掀开了中国特殊钢产业发展的新篇章。

新中国的特殊钢产业是在战争废墟上经过艰苦创业建立起来的，当时特殊钢生产主要是为了满足国防军工、航空航天、机器制造等的需求。

中央政府根据形势发展需要有计划地开始布局中国特殊钢重点研发生产企业与高校。如在特殊钢的研发与人才培养方面，当时重工业部于 1952 年创建了中国特殊钢第一个研究机构——重工业部钢铁工业试验所（现钢铁研究总院）。成立重工业部钢铁工业试验所的主要目标之一是研发军工用特殊钢，并为此汇集了全国各方面的特殊钢杰出人才。同年，全国高校院系调整，成立调整了北京钢铁工业学院、东北工学院及清华大学等培养钢铁人才的高校。大连特钢、大冶钢厂、本溪特钢、抚顺特钢、重庆特钢、太原钢铁、上海第一钢铁厂、上海第三钢铁厂等重点特殊钢企业也陆续得到恢复和重建。

1953 年，国家实施了第一个五年计划，在苏联的援助下有计划地开展大规模工业建设。“一五”期间，作为苏联援建改建中国 156 个项目第一项的鞍山钢铁公司，其大型轧钢厂、无缝钢管厂、七号高炉“三大工程”相继于 1953 年竣工投产，之后包钢、武钢等大型钢厂也先后开始建设。

“大跃进”时期，在冶金工业部的安排下进一步改建了大冶钢厂、齐齐哈尔钢厂、上钢五厂，新建了首钢特殊钢等重点特殊钢企业。

“三线建设”时期，迁建了长城特钢、西宁特钢、陕西特钢、贵阳钢厂重点特殊钢企业。由此，我国特殊钢产业布局基本形成，中国钢铁工业特殊钢产业初具规模，北有北满特钢、大连钢厂，西有酒钢、西宁特钢，中有舞阳钢厂、大冶特钢、株洲硬质合金厂，南有上钢五厂，西南有长城特钢、贵阳钢厂、贵州钢丝绳厂等特殊钢生产企业。至此，中国特殊钢产业已建立起较为完整的特殊钢生产框架体系。

从“一五”到改革开放前这段时期，在中央与冶金工业部统一部署下建设的钢铁生产和特殊钢生产企业、研究院所、大专院校等形成了中国特殊钢产业产学研较完整的基本体系框架，直至今天这个框架依然大致保持着，这奠定了中国特殊钢产业发展的基础，坚实地迈开了改变中国工业落后面貌走向社会主义工业化国家的步伐，为保障国家经济建设与国防建设做出了历史性突出贡献。这也为改革开放后中国特钢产业的快速发展奠定了基础，为今天中国制造业提供了坚强的支撑。

1978 年 12 月召开的十一届三中全会标志着中国迈出了改革开放的步伐。改革开放之初，虽然中国特殊钢产业已经建立了从生产到技术研发和人才培养比较完整的工业体系，但由于受计划经济产业条块分割的影响较深，中国特殊钢产业一度成为市场竞争力最弱的产业之一。随着改革开放深入和市场经济发展，通过引进国外先进装备与技术，再通过吸收、消化再创新，中国特殊钢生产工艺流程不断得到优化，加快了产业和产品结构调整，市场竞争力持续提高，中国特殊钢产业走上了快速发展的道路，取得令世人瞩目的巨大成就。

经过四十多年的持续改革创新，中国特殊钢产业规模不断扩大，竞争力不断增强。在集团化、专业化、产业延伸等方面都取得了很大进展，涌现出了中信泰富特钢、东北特钢、太钢、西宁特钢、南京钢铁、中天钢铁等大型综合性特殊钢企业集团，以及宝武特冶、天津钢管、河钢石钢、河冶科技、攀长钢、中原特钢、邢台钢铁、河钢舞阳、久立、天工国际、建龙北满等专业化特殊钢企业，逐步建成了特殊钢棒线材、中厚板、无缝管材、锻材、不锈钢、高温合金、精密合金、丝材（制品）等专业化生产线。中国特殊钢产业基本满足了中国经济社会发展不断提升对特殊钢的需求。今天，中国特殊钢产业拥有世界上最先进的工艺技术装备、最大的产业规模、最庞大专业人才队伍，生产着几乎所有的特殊钢品种，满足着最活跃的市场需求。

早期的特殊钢主要用于枪炮、工具和机器制造。今天，各类重大技术装备的发展更需要特殊钢作为基础材料。高铁动车轮对需要车轮钢、车轴钢、轴承钢、齿轮钢；大型飞机起落架需要用超高强度钢，发动机需要用高温合金叶片，关键承力部件需要用高强度不锈钢，航空发动机主轴需要用轴承钢，发动机主轴需要用马氏体时效钢；高效率火电机组需要耐高温的锅炉钢管、转子钢锻件、耐热钢叶片；核电设施建设需要压力容器钢锻件、不锈钢主管道、蒸汽发生器耐蚀合金 U 形管、主泵用马氏体时效钢；风力发电机组需要用大型轴承用钢和高强度螺栓钢；热核聚变等大型实验设施需要用不锈钢和马氏体时效钢；零部件加工制造需要用高速钢和模具钢；能源生产需要用抗环境腐蚀合金钢、超级不锈钢、耐蚀合金；汽车轻量化需要更高性能的特殊钢。总之，人民生活需要健康好用的特殊钢。今天，特殊钢几乎应用在我们日常看见和看不见的所有领域，不断满足着人民群众对美好生活的需要。部分中国生产的特殊钢产品见图 1-1-2 和图 1-1-3。

图 1-1-2　中国生产的高端轴承钢

图 1-1-3　不同规格的国产核电站用无缝钢管

从风雨如晦的旧中国到日新月异的新中国，中国特殊钢产业经历了从无到有、从小到大、从弱到强的嬗变。今天，中国特殊钢产业已经成为中国当下与未来实现“制造强国战略”基础性、关键性的重要产业，承担着保障制造高端和重大装备所需材料的责任，历史已经赋予中国特殊钢产业引领发展的重任。已经迈入高质量发展新阶段的中国特殊钢产业，将矢志不渝不断改革创新，在第二个百年新长征路上为中华民族的伟大复兴提供关键重要材料支撑。

第一节　晚清和民国时期中国特殊钢的蹒跚起步

一、中国近代特殊钢工业的产生

19 世纪 70 年代，大规模液态冶金技术逐渐获得应用，带动了世界钢产量在此后 30 年中的快速增长，低碳钢取代了熟铁，大量应用在机器、锅炉、船舶的制造和铁路、桥梁、建筑的建造中。人类在经历了 2000 年的古老铁器时代后，由此进入了以大规模钢铁生产为标志的近现代新型铁器时代。新型钢铁产业在欧洲和北美迅速发展，成为工业革命的重要特征之一。

中国近代土法冶金生产的钢铁多用于农具和家用器具等，如以生铁铸造的锅、犁、锄、轮、轴、炉、钟等，以熟铁和钢制造的刀、剪、斧、锯等。

19 世纪，外国钢铁制品逐渐进入中国。此时正值炼钢新技术在欧洲广泛传播，钢铁生产迅速规模化，钢铁制品成本持续下降。在合金钢方面，英国出现了作为工模具钢前身的自硬钢、Hatfield 高锰钢（Mn13）等特殊钢品种。质量和成本均占优势的进口钢铁在 19 世纪 60 年代之后大量涌入中国，即所谓的“洋铁”，对中国传统钢铁业造成前所未有的冲击。

在进口钢铁的冲击下，中国土法冶金钢铁业在 19 世纪后半叶发生了衰退，但并未取代中国传统钢铁制品。

进入 19 世纪 70 年代，民用工业兴起，再加上由工业化所引起的城市基础设施建设以及生产生活方式的改变，需要更高质量和更多数量的钢铁材料，传统土法冶金钢铁业不能满足需求，除进口钢铁材料外，中国本土的新式钢铁工业也随之兴起，并形成了中国特殊钢生产的萌芽。

（一）洋务运动时期机器制造企业的钢铁生产

早期洋务运动军工制造企业的兴起，军工制造企业开始建立中国最早一批钢铁生产车间，生产用于制造武器所需的特殊钢；19 世纪 90 年代中国最早的新式钢铁厂的诞生，即贵州青溪铁厂和湖北汉阳铁厂。

（二）中国最早新式钢铁冶炼企业的诞生

除了军工企业外，纺织、造船、制砖、造纸等其他新式民用工业也在 19 世纪后半叶的中国出现。与此同时，以 1870 年前后吴淞铁路和唐胥铁路的建设为起点，中国也进入了“铁路运输时代”。所有这些生产和建设领域，在让中国人第一次接触到机器化生产的同时，也让中国人认识到钢铁材料的重要性，认识到传统土法冶金与西式大规模钢铁冶炼的差距。

贵州青溪铁厂是中国尝试创建的第一家新式炼铁厂，它不同于此前创建的福州船政局所属铁厂，而是一个独立钢铁生产个体，具备钢铁生产的完整流程，以冶炼钢铁为主要生产目标。1893 年青溪铁厂完全停产，至此，引进英国技术建成的中国第一家新式铁厂以失败而告终。

二、中国特殊钢工业发展的汉冶萍时代

在汉阳铁厂建成之前，福州船政局拉铁厂不具备冶炼能力，产品不进入市场流通，青溪铁厂建成不久即停止生产，江南制造局、天津机器局炼钢厂也不具备炼铁能力。

创办于晚清的汉阳铁厂，是中国近代史上第一家成功投产的钢铁厂，在中国近代钢铁工业史上有着浓墨重彩一笔，具有不可替代的地位。其创办与中国铁路建设的兴起直接相关。

中国的铁路建设兴起于 19 世纪 70 年代，以吴淞铁路和唐胥铁路的建设为标志，铁路的修建成为晚清洋务运动的重要举措之一。1889 年 4 月，时任两广总督张之洞奏请修建卢汉铁路（卢沟桥至汉口），同年 5 月获得清廷批准。8 月，调任湖广总督的张之洞与直隶总督李鸿章受清廷委派，会同海军衙门筹建卢汉铁路。因没有自己的现代化钢铁工业，当

时中国铁路建设所用钢轨等材料均从国外购置。而对于卢汉铁路建设，张之洞则力主先创办铁厂，用中国自己制造的钢轨来建这一南北动脉。

在设备购买和选址确定后，汉阳铁厂在1890年底奠基动工兴建。由于没有自己的工程师，铁厂的建设和设备的安装完全是在外籍技术人员指导下进行的，主要是英国谛塞德厂派来的技术人员。建设期间铁厂聘请了近千名来自广东、上海等地的工人进行施工，这对于没有现代钢铁工业基础的中国来说，是一个积累经验和培养工人的过程。

经过3年的建设，铁厂于1893年底基本建成，主要包括以下八个部分：码头和装卸场、高炉工场（包括高炉和化验室）、炼熟铁厂、马丁平炉炼钢厂、贝塞麦转炉炼钢厂、轧钢厂、铸造车间、铁矿石和煤炭堆场。汉阳铁厂1894年6月正式投产，1号高炉点火开炉。这期间，从比利时郭克里尔厂聘请的工程师陆续到来，接替了英国工程师的工作，为汉阳铁厂的开工进行技术指导。由于缺乏经验和前期设备建设存在问题，炼铁经历了较长时间的调试。炼钢和轧钢则经历了更长时间的调试，到1897年中才实现正常生产，并逐步趋于稳定。贝塞麦转炉炼钢的月产量为2000~2500吨，平炉炼钢月产量为400~500吨。当时，钢轨占生产钢材总量的75%。

1897年之后，汉阳铁厂基本实现了从炼铁到炼钢再到轧钢的钢铁一体化生产，高炉生铁进入贝塞麦转炉或西门子马丁平炉进行炼钢，所产钢锭再经过轧机轧制成钢轨。在1904年之前，汉阳铁厂的钢轨主要供应卢汉铁路建设，通过降低碳含量来避免脆性，直到1904年铁路基本完工。此时铁厂总办盛宣怀利用日本借款，对铁厂进行技术改造和扩建，解决困扰企业多年的钢轨质量问题。

1890年，当汉阳铁厂开始建设不久，张之洞便着手开办大冶铁矿，以供应汉阳炼铁之需。1896年，盛宣怀开始开发萍乡煤矿，并在当年11月开始向汉阳铁厂提供焦炭。在汉阳铁厂第一期建设和生产期间，汉阳铁厂、大冶铁矿、萍乡煤矿三家企业是相互独立的。1904年开始的汉阳铁厂第二期设备引进和扩建，解决了铁厂一期生产中的技术问题，规模进一步扩大。当改扩建工程初步完成之时，汉阳铁厂、大冶铁矿和萍乡煤矿三家合并组建汉冶萍煤铁厂矿有限公司（以下简称汉冶萍公司），至此中国近代第一家煤铁联合钢铁企业诞生，从而也开启了中国现代钢铁产业及中国特殊钢产业的一个时代。

三、民国时期钢铁工业的规模扩张与衰退

辛亥革命推翻了满清帝制统治，南京临时政府以及北京政府相继制定并推行了一系列有利于资本主义工商业发展的经济政策，钢铁工业纳入国家建设规划。同时，受第一次世界大战影响，钢铁价格暴涨，刺激了中国钢铁工业的规模扩张。

民国初年是近代中国钢铁工业急速扩张的一段时期，它结束了汉冶萍公司“一枝独秀”的局面，各类型钢铁企业陆续兴建，钢铁产能也有了很大提高。

受第一次世界大战影响，钢铁生产一度成为暴利产业。在高额利润刺激下，一方面，汉冶萍公司继续扩大生产规模；另一方面，各地方政府、社会各界参与钢铁建设的热情高涨。

辛亥革命以前，汉冶萍公司有容积为100吨的炼铁炉2座、250吨炼铁炉1座、30吨

西门马丁炼钢炉6座。1913年春，公司股东会一致通过了盛宣怀的主张，汉阳铁厂全部炼钢，大冶另设炼铁炉。第四号化铁炉建造过程较为顺利，1915年6月建成投产。1917年4月建成第七号30吨马丁炼钢炉。大冶铁厂的建设进展则比较缓慢，到第一次世界大战结束，大部分工程还未完成。1922年6月，大冶铁厂第一化铁炉建成，次年4月，第二化铁炉投产，两炉设计容量均为450吨，是当时远东地区容积最大的炼铁炉。这两座炼铁炉建设改变了公司的产品结构，生铁产能大大增加，约1600吨/天。由于工程建设延误，大冶铁厂没能抓住发展良机，投产后正值国际铁价低落，再加上燃料供应不足，到1925年，两炉完全熄火，总共炼出约26万吨生铁。

进入20世纪20年代，第一次世界大战期间的良好市场条件消失，铁价暴跌，国外钢铁重新涌入中国市场。而中国社会则进入了自近代以来最为混乱、动荡的历史时期，钢铁企业的生产经营环境极为恶劣。日本自清末以来就想方设法获取中国铁矿资源，到这一时期，也基本实现预定目标。内外因素共同作用的结果是在20世纪20年代中期以后，中国钢铁工业陷入衰败。

这一时期，以汉冶萍公司为代表的中国钢铁企业相继停止了钢铁冶炼生产，中国钢铁工业进入发展的低谷。自晚清以来，汉冶萍公司便承载着国人钢铁强国的梦想。民国初年，公司规模继续扩张，但这是适应日本钢铁工业发展需要的结果，因而使得公司生产结构畸形发展。受第一次世界大战以及公司管理层决策失误等因素的影响，大冶铁厂迟至1922~1923年才相继完成1号、2号炼铁炉建设工程。而当时正值国际铁价低落，国外钢铁低价倾销，公司生产大受影响。1921年底，北洋政府变更钢轨制式，又对汉冶萍公司造成沉重打击，公司从此停止炼钢生产。汉阳铁厂炼铁炉因焦炭供应不足，于1924年11月熄炉停产。1925年10月，大冶铁厂化铁炉停产，公司从此再无钢铁生产。到1927年，汉冶萍公司只有大冶铁矿继续生产，矿石全部输往日本。

四、抗日战争时期及解放战争时期的中国特殊钢工业

（一）抗日战争时期国统区的特殊钢工业

1937年抗日战争全面爆发，国民政府迁都重庆，全国各地工厂也纷纷迁往重庆地区。钢铁产业是保障抗日战争军需和人民生产生活的重要组成部分。抗日战争时期在重庆建立了不少钢铁厂，除钢铁厂迁建委员会外，还主要有兵工署第二十四工厂、兵工署第二十八工厂、渝鑫钢铁厂等。

钢铁厂迁建委员会系由国民政府军政部兵工署和经济部资源委员会合办。其主要工作为拆卸汉阳及武汉附近其他各钢铁厂的机器设备，以备迁川建厂。1938年3月，钢迁会组织在鄂、湘、沪、港各地之工程技术人员参加指导汉阳钢铁厂、大冶铁厂、六河沟铁厂、上海炼钢厂的设备拆卸工作。钢迁会拆卸汉阳钢铁厂的炼铁炉、炼钢炉、轧钢设备、动力机器和六河沟铁厂在谌家矶的炼铁炉，迁川建厂。1938年4月初设立直辖之南桐煤矿、綦江铁矿两筹备处，1941年3月在綦江县蒲河镇建设大建分厂。1938年9月，100吨高炉破土动工，11月20吨高炉开始建设，其他发电、炼钢、轧钢、耐火工程相继开工并投产。

1940 年 3 月第三兵工厂（上海炼钢厂）归并钢迁会，1942 年全部建成投产，成为当时国统区最大的钢铁联合企业。1949 年 3 月 1 日，改称军政部兵工署第二十九兵工厂，新中国成立后改为一〇一厂，是现重庆钢铁公司的前身。

兵工署第二十四工厂前身为重庆电力炼钢厂，1937 年 1 月，3 吨摩尔式电弧炉用废钢冷装法通电炼钢成功，生产出中国西南地区第一批优质钢材。1939 年 7 月正式成厂为“军政部兵工署第二十四工厂”。由于当时四川地区废钢回收少，不能满足炼钢需求，随后钢厂进行了两项工艺改革：一项为三联热装法冶炼，即 3 吨卧式煤气炉、3 吨侧吹转炉、3 吨电弧炉联装，该工艺于 1937 年底试验成功；另一项是以威远毛铁和土铁为主加入少量废钢冷装冶炼工艺，于 1938 年 1 月试验成功。这两项工艺解决了军用钢材生产问题，是中国近代冶金工业史上十分重要的技术进步。1940 年，试制枪管钨钢，改变枪钢管依赖进口的历史。1941 年成功试制枪管铬钢，中正式步枪此后采用铬钢制造枪管。兵工署第二十四工厂是抗战时期最大的兵工用特殊钢生产厂，厂址在重庆磁器口，新中国成立后为重庆特殊钢厂。

兵工署第二十八工厂主要以坩埚炼制合金钢，并提炼纯钨电冶钨铁等合金，是抗战时期后方主要合金钢生产工厂。1943 年 6 月炼制矽铁成功，同月试制碳棒成功，8 月试制钼铬钢、镍钢成功。

（二）抗日战争时期敌后根据地特殊钢的发展

特殊钢是兵工武器的基础材料，枪械制造推动了抗日战争时期中国共产党领导的敌后抗日根据地钢铁生产与特殊钢开发与使用。

造枪用的钢材，取之敌占区白晋铁路钢轨打造。激发子弹的撞针所用的钢材不仅要求硬度高、耐用，而且还要有一定韧性，即需要特殊钢。兵工厂的钢主要是来自民兵扒铁路搞来的钢轨，这种钢材只能用来制作枪管与枪机，不能用于制作撞针。如何获得制作撞针的特殊钢？经过一民间匠人指点，八路军发现撞针可以采用当时进口的各种金属工具的工具钢作为原材料进行打造。这样敌占区铁路沿线车站、信号站、扳道房的设施，以及工厂、工地所有进口金属工具都成为八路军开展破袭战时注意搜集的钢铁材料。破袭战带回来 2000 多把钢锉和 1000 多根钻头，一把钢锉可造 10 根撞针。

制造枪弹，先要生产钢铁材料并成形，才能进行机械加工。八路军在地形隐蔽的山西黎城黄崖洞正式建立了我军的大型兵工厂。后来又到位于山西和东县（今山西和顺县）有铁矿资源的青城镇建设新的炼铁厂，即青城铁厂。

柳沟铁厂位于山西省武乡县，其附近历史上就有铁矿资源，当地人采用方炉生产白口生铁来铸造生铁铁锅、铁壶、犁铧已有历史。

柳沟铁厂生产用原材料除柳沟铁厂提供的生铁与收集民间废铁外，其余钢材主要依靠扒取敌人的铁路道轨。

柳沟铁厂从采矿、炼铁、铸造到加工、装配可以说是“一条龙”生产，后来发展成为一个位于太行山腹地以采矿、冶金、机械、发电为主体的小型工业体系。

柳沟铁厂采用土法生产的铁是白口生铁，硬度高、质地脆，车床无法加工，只有生产灰口生铁才可切削加工。时任军工部工程处副处长的陆达挑起了解决生铁韧化的重担。由于敌后根据地敌人扫荡频繁，不适合建高炉，因此他提出将白口生铁进行韧化处理的工艺，使其能够进行切削加工，见图 1-1-4。

图 1-1-4 柳沟兵工厂（马岚头）炮弹焖火平炉

经过反复试验，将采用传统冶炼方法生产的白口生铁铸造的炮弹壳毛坯放入密封生铁箱进行焖火韧化处理，软化白生铁炮弹壳，使弹壳可以达到切削加工的要求。在没有测温仪表的情况下，陆达发明了利用银元与硼砂熔点温度作为控制焖火温度标准的方法，使炮弹毛坯韧化合格率达到 95%，从而成功解决了炮弹壳毛坯韧化加工难题，极大地提高了机械加工炮弹壳的效率，使柳沟铁厂炮弹的年产量大幅提高，开创了中国共产党领导敌后抗日根据地大量自制炮弹的历史。

抗日战争胜利后，八路军总部军工部武乡县柳沟兵工厂的一部分技术力量进入 1946 年成立的故县铁厂（新中国成立后为长治钢铁厂，现为首钢长治钢铁有限公司）。1949 年新中国成立前夕，一部分技术力量又从故县铁厂支援北京石景山钢铁厂（现在的首钢）以及惠丰机械厂、淮海机械厂。

（三）解放战争时期解放区特殊钢生产与贡献

1945 年日本投降后，邯郸峰峰解放。面对国民党军事威胁，晋冀鲁豫解放区不得不加强与发展自己的重工业。时任柳沟铁厂厂长、冶金专家陆达奉命在峰峰组建军工八厂，试验采用小高炉生产韧性好、可切削加工的铸造炮弹壳的原料——灰口生铁。陆达组织人员利用峰峰矿区有电有煤有水的条件，建了一个铁厂，对外称为“达记铁厂”。陆达试验成功采用现代冶炼方法生产用于制造炮弹壳的灰口生铁的设备——小型鼓风炼铁炉。

1974 年初阳泉解放后，陆达组织人员将阳泉的一座日产 20 吨的小高炉拆解，靠人扛马驮将设备运到故县铁厂，并以这些设备为基础，克服种种困难创建了中国共产党自己设计、自己建设的第一座采用新式冶炼工艺生产钢铁的工厂——军工部四厂，即故县铁厂（见图 1-1-5 和图 1-1-6），陆达任厂长。

故县铁厂的投产，大大提高了太行山根据地制造炮弹的能力。

在东北，大连于 1945 年 8 月 22 日解放。大连钢铁厂，这个由中日两方共同出资创建的大华电气冶金株式会社，已可年产 500 吨高速钢、200 吨不锈钢、300 吨碳结钢、1000 吨

图 1-1-5　人扛马驮建设故县铁厂

图 1-1-6　故县铁厂反焰式热风炉

轴承钢。但大连钢铁厂在 1945 年日本战败时资料被日本人销毁，大批设备、原材料也被藏入山洞，埋入地下，后来一些设备又被拆走。直到 1947 年 7 月，东北军工部才从苏军手中接管工厂，改名为大连炼钢工厂，后成立大连钢铁工厂（1953 年改名大连钢厂）。新工厂成立后，积极恢复生产，保证军工制造需要，生产了大批制造后膛炮弹用钢。还直接生产了部分炮弹头和“九二步兵炮”等重要军工物资。

中国共产党领导的钢铁工业与特殊钢生产为全国解放胜利做出了不可磨灭的历史性贡献。

第二节　新中国特殊钢产业的形成与发展

钢铁强国，是我党老一辈无产阶级革命家从战火纷飞中一路走来的梦想。1949～1978 年是高度集中的计划经济时期，在这 30 年中，中国钢铁工业的发展经历了“三次基本建设高潮”。新中国的特殊厂也得到很大的发展：第一次是第一个五年计划，实施苏联 156 个援建项目中的八大钢铁项目建设，特殊钢领域新建了北满钢厂和改扩建大冶钢厂、太钢等特殊钢厂。第二次是 1956 年规划并开始建设的“三大、五中、十八小”。其中特殊钢领域“五中”包含了太钢扩建；“十八小”中有南钢、杭钢、贵钢等后来的特殊钢厂。第三次是 1964 年开始的“三线建设”，特殊钢主要是新建了攀钢、长城特钢厂，扩建了成都无缝钢管厂、重特、贵钢，还有鞍钢援建宁夏石嘴山钢绳厂。这三次特殊钢厂基本建设高潮的展开与实施，为日后新中国特殊钢工业的发展打下了重要基础。

一、三年恢复期与第一个五年计划时期

（一）三年恢复期特殊钢企业的生产恢复

1949 年中华人民共和国成立时，旧中国留下来的钢铁生产装备数量很少，规模很小，技术落后。这些工艺装备由于几经战乱，许多已停产，被拆毁、遭破坏。为了适应新中国建设和发展国民经济对钢铁产品的急迫需要，首要的任务就是快速恢复生产。

大连炼钢工厂和大连金属制造工厂在 1947 年 7 月被东北军工部接管以后，即开始了

恢复生产的工作。在东北军工部建新公司的领导下，大连炼钢工厂和大连金属制品工厂坚持以生产军工用钢为主、民用钢为辅的原则，在极端困难的情况下，努力恢复生产。1948 年 3 月，大连钢铁工厂建立了电极厂，以自制的 1200 吨油压机压制电极，年末不仅能生产高速钢、不锈钢、碳素钢、合金钢等特殊钢，还能加工生产硬质合金、电阻丝、钢丝、耐火砖以及制造炮弹用的板、管、丝、带材等，为全国解放战争，特别是为淮海战役生产了前线急需的炮弹用钢、九二弹簧钢等 8 个钢类 24 个钢种，并首次生产出后膛炮弹用钢。同时，还炼出了铝铬合金、镍铜合金和硬质合金。

1950 年朝鲜战争爆发后，大连钢铁工厂一分为二。其中，东厂设备南迁至湖北省黄石市华中钢铁公司（后为大冶钢厂），共迁走 1600 吨设备及 670 名职工，大连厂区一时处于停顿状态。1951 年，大连钢铁工厂面临着是改为化工机械厂还是继续发展特殊钢厂的局面。最终还是选择坚持特殊钢生产。当年就恢复组装了 1 台 0.5 吨、1 台 1.5 吨和 1 台 3 吨电炉。1952 年，还从苏联引进了 1 台 5 吨电炉。经过恢复，1952 年，大连钢铁工厂钢产量达 8104 吨。

1948 年抚顺解放后，抚顺制钢厂广大职工以主人翁的姿态恢复生产。1949 年 4 月，抚顺制钢厂发动职工先后两次献交器材 9 万多件，回收废钢铁 4800 多吨。12 月 6 日，炼钢分厂 6 号炉炼出了解放后的第一炉钢。这一时期，除恢复原有的 1 吨、3 吨、5 吨电炉外，还于 1951 年建成一台当时国内最大的 15 吨电炉。到 1951 年底，抚顺制钢厂的炼钢、轧钢、锻钢、热处理分厂逐步恢复生产。1952 年又从苏联引进 2 台新式电炉，使工厂机械化程度进一步提高，为发展特殊钢生产打下了基础。

本钢特殊钢厂从 1949 年初即发动职工群众积极收集和上缴器材，为恢复生产创造了条件。1949 年 1 月，本钢特殊钢厂 250 公斤感应炉炼出了第一炉钢。1950 年 11 月，特殊钢厂试制成功滚珠钢；1952 年 5 月 24 日，本钢特殊钢厂在国内首次试轧成功了 Cr13 型汽轮机叶片异型钢材，解决了国内不能生产、急需国外订货的难题，填补了国内热轧异型叶片钢材的空白。

1949 年 4 月 24 日太原解放。当天太原市军事管制委员会工业接管组跟随解放军从刚刚炸开的城墙豁口裹着战火的硝烟、踏着未打扫的战场径直来到阎锡山的西北实业公司，接管了西北炼钢厂，对旧职员实行了“三原政策”（保留原职、原薪、原制度）。1949 年 4 月 25 日，炼钢厂全面复工开始，炼钢炉开炉炼钢，25 天后达到设计能力。4 月 26 日，轧钢机轧制出了钢材。4 月 27 日，西北窑厂恢复生产。4 月 29 日，平炉点火烤炉，准备炼钢。5 月 2 日，线材恢复生产。5 月 6 日，焦炉出焦。5 月 12 日，中型轧钢机开车复工。5 月 20 日，一号平炉炼出了钢。至此，西北炼钢厂只用了一个月就全面恢复了生产。1949 年 8 月 17 日，西北炼钢厂改组为西北钢铁公司，1950 年 4 月 17 日，西北钢铁公司更名为太原钢铁厂。1952 年 8 月，新中国第一炉硅钢在太钢冶炼成功。9 月，太钢成功地试炼出新中国第一炉不锈钢。到 1952 年底，太钢已可炼 35 种钢，轧制 239 种规格的钢材。

1949 年 5 月 27 日上海解放，6 月上海市军管会接管上海钢铁公司。1949 年 7 月，上钢三厂 10 吨平炉、上钢一厂 15 吨平炉和大鑫钢铁厂 1 吨转炉恢复生产。1952 年 7 月 4 日，上海钢铁股份有限公司所属三个厂开始独立经营，并分别更名为上海钢铁第一厂、上海钢铁第二厂、上海钢铁第三厂。

在1949年5月前，华中钢铁有限公司所建的66立方米高炉、1.5吨转炉、250毫米和430毫米轧机均未实现投产。解放后，工人们用最短的时间修复了转炉和轧机，并迅速投入生产。当年产钢253吨、钢材92吨。1950年，又兴建了15吨平炉1座、430毫米轧钢机1套。由于抗美援朝战争爆发，1950年7月，大连钢厂的主要设备和大部分人员迁往湖北黄石市华中钢铁公司（大冶钢厂）。10月27日，大连炼钢厂部分设备拆卸，运往大冶钢厂安装。1951年2月，大冶钢厂组建建厂委员会，以大连钢厂设备为基础，开始建厂工作。1952年，大冶钢厂顺利完成新厂的建设和生产任务。到1953年，大冶钢厂主要生产设备有70立方米小炼铁炉1座，15吨平炉1座，1.5吨转炉2座，1.5吨、3吨及6吨电炉各1座。小型轧钢机两组，0.5~2吨蒸汽锤共7座。年生产生铁2.3万吨，钢锭4.8万吨，轧钢材及锻钢材共约4万吨（其中锻材0.68万吨）。

1950年12月初，中国人民解放军重庆市军事管制委员会接管了二十九兵工厂。二十九兵工厂虽然遭到了一定程度的破坏，机器设备残缺不全，但解放初期仍有职工3000多名，是当时西南地区最大的钢铁企业。1949年12月，二十九兵工厂发动职工清理被损毁的现场和厂房，恢复工作正式开始。1950年1月，开始抢修平炉。3月平炉修复告竣，4月炼出第一炉钢水。1950年4月炼出第一炉铁水。1950年5月，在苏联专家的指导下，新中国第一根85磅/码重轨在二十九兵工厂诞生。新中国成立初期，重钢凭借由汉阳铁厂传承而来的设备、技术、人才和艰苦创业的企业精神，成功轧制出了新中国的第一根钢轨，铺设于成渝铁路（1955年10月，重庆第一钢铁厂、第三钢铁厂、綦江铁矿合并，称为重庆钢铁公司）。

1949年12月7日，重庆市军事管制委员会接管了第二十四工厂，重庆兵工署第二十四厂更名为西南工业部第二十四兵工厂。1950年2月3日，第一炼钢车间就将1座3吨电炉修复投产。3月，2套轧机修复投产。12月又将原“吉辉炉”更换成美制3吨摩尔式电炉投产。1951年3月1日，西南工业部第二十四兵工厂改名为西南工业部第一〇二厂，1955年更名为重庆第二钢铁厂，1972年更名为重庆钢厂，1978年10月更名为重庆特殊钢厂，1992年9月更名为重庆特殊钢公司。2000年1月，重庆钢铁公司对重庆特殊钢公司正式实施兼并，更名为重庆钢铁集团特殊钢有限公司。重特作为一个国有老企业，在60多年的发展进程中，为祖国的经济建设、国防建设和钢铁工业的发展做出了重要贡献。

（二）第一个五年计划时期特殊钢企业建设与生产

从1953年起，我国开始实施第一个五年计划。按照党和政府领导作出的优先发展重工业的战略决策部署，第一个五年计划的重点是集中主要力量发展重工业，建立国家工业化和国防现代化的基础；相应地培养建设人才。1952~1954年，中国政府与苏联政府签订了156个援建项目的协议书，其中包括鞍钢、本钢、北满钢厂、吉林铁合金、武钢、包钢、热河钒钛矿、吉林电极厂等8个钢铁项目。在苏联帮助下，156项苏联援华重点项目相继开工，数以百计面向各工业领域的重点建设项目全面铺开。在冶金领域，在大规模改扩建基础上，以1953年12月26日鞍山钢铁公司的大型轧钢厂、无缝钢管厂、七号高炉

“三大工程”投产开工仪式为标志，这个钢铁工业开始进入有计划的建设发展阶段，包钢、武钢相继开始建设，中国特殊钢企业也开始了改建与新建，如大冶钢厂由普转特的改建，在齐齐哈尔新建了北满特钢等，初步形成了新中国钢铁工业比较合理的布局，以及形成了中国特钢产业的雏形。这些项目在第一个五年计划时期顺利实施，为我国钢铁工业的发展打下了坚实的基础。这一时期中国特殊钢企业也在建设与发展。

1952 年初，国家决定在黑龙江省富拉尔基市建设一座大型特殊钢厂——北满富拉尔基特钢厂（本溪煤铁公司第二钢厂，即齐齐哈尔钢厂）。这项工程是当时国家经济和政治战略部署的重点。北满特钢原属本钢，定名为本溪煤铁公司第二钢厂。其建设项目也是“一五”期间苏联援建的 156 个项目之一，也是苏联援建唯一的专业化特殊钢生产企业。1954 年 7 月 1 日，被中央政府划出单独建设。1954 年 1 月，北满钢厂（齐齐哈尔钢厂）动工兴建。1956 年 8 月，北满钢厂铸钢车间 20 吨电炉建成投产，这个电炉是当时中国最大的电炉。北满钢厂最大的特点是安装了 2 台水压机，1 台是 3000 吨，1 台是 1250 吨，并配有汽锤，这样工厂不仅可以炼钢，还可以锻造大件特殊钢产品，兼一些小型优质合金钢材。2 台水压机可锻造出大炮身管。从此，中国可以用自己锻造的钢制造大炮。它还可以锻出大型发电机的大轴，供哈尔滨电机厂生产大型发电机组。

“一五”时期，太原钢铁厂开始向中型特殊钢联合企业转变。国家对太钢先后投资 4498 万元，兴建 57 项工程。太钢新建了锻钢车间，两座 8 吨电炉和薄板车间酸洗设备；扩大了两座高炉的有效容积，扩建了耐火材料厂，改建了 3 号平炉；新建了 5 台山矽石矿、东山黏土矿。随着技术装备水平的提高，太钢广泛采用新技术，推广新工艺，不断研发新产品。1954 年，太钢研制成功全国第一张电机用热轧硅钢片。1956 年，又研制成功变压器用硅钢片。同时，还开发出工字钢、槽钢、角钢等型材。从 1953 年至 1957 年，太钢共试制硅钢、冷镦钢、纯铁、不锈钢、合金工具钢、合金结构钢、碳素结构钢、弹簧钢等新品种 81 项。1957 年，太钢钢产量由 1949 年的 1. 22 万吨增加至 23. 53 万吨，生铁由 1. 59 万吨增加到 20. 01 万吨，钢材由 1. 1 万吨增加到 18. 12 万吨。为适应国家对特殊钢材的需求，“一五”期间，国家计委与国家建委决定扩建太钢为优质钢厂。1955 年 9 月，国家计委批准重工业部拟定的太钢扩建方案及设计任务书。1956 年 5 月，国家计委又下达建成年产 120 万吨钢优质钢厂的指示。工程分两期进行，第一期为 60 万吨规模。1957 年 9 月，太钢开始第一期扩建工程建设，到 1958 年 8 月，建设安装了从苏联引进的 1000 毫米初轧机。同时，太原钢铁厂正式定名为太原钢铁公司。

到 1953 年，大冶钢厂经恢复和改造，生产设备主要有 70 立方米小炼铁炉 1 座，15 吨平炉 1 座，1. 5 吨转炉 2 座，1. 5 吨、3 吨及 6 吨电炉各 1 座。小型轧钢机两组，0. 5~2 吨蒸汽锤共 7 座，年生产能力为生铁 2. 3 万吨，钢锭 4. 8 万吨，轧钢材及锻钢材共约 4 万吨（其中锻材 0. 68 万吨）。但由于产品种类较多，既生产普通建筑钢材，又生产兵工和航空用的高级质量钢，因此造成生产程序的混乱，使产品质量缺乏保证。另外因为其生产设备未能充分利用，工厂的 2500 吨水压机，是当时国内仅有的最大的水压机，是生产高质量钢、大型锻件与兵工用的大炮身管的必要设备，未能发挥应有作用。还有工艺过程及生产设备不能适应生产高级质量钢等问题。因此，大冶钢厂被列入国家“一五”计划重点改建项目。大冶钢厂改建的目的有两个：一是在大冶新的钢铁厂（指武钢）还没有动工建设前，在中南地区建立一个中等规模的特殊钢厂；二是在建设过程中，集结与训练一批技术人员、技术工人，为将来大冶新钢铁厂（武钢）的建设培养力量。大冶钢厂一期工程扩建主要项目有，兴建3座90吨平炉、2座10吨和1座9吨电炉、1套850毫米初轧机、1套500毫米中型轧机、1套430毫米/300毫米小型轧机及年处理钢材5万吨的热处理车间。1954年6月1日，中国第一个自行建设的特殊钢厂，大冶钢厂一期扩建工程开工，工程设计一期规模年产钢33.6万吨。一期工程计划1958年底完工，形成年产钢33.6万吨的能力。1959年，大冶钢厂生产钢43.6万吨，超过扩建设计的生产能力。

重庆特殊钢厂“一五”计划期间，国家共计投资1099万元，对重特进行了改建和扩建，共进行了21个主要工程项目的建设和95项技术工程改造。除了对炼钢、钢板、型钢、锻钢、热处理以及耐火材料等车间的部分生产设备、辅助设备和厂房进行改建和扩建外，还新建了冷拉钢材车间和冷轧带钢试制工段。新增轧、锻设备3部，各种工业炉11座，钢材整修机械9部，动力设备11件，以及运输、起重设备10件以及其他附属设备、仪器等。新增资产占全部资产的三分之一。炼钢车间原来只有两座3吨电炉，通过技术改造分别扩大到6吨和4.5吨。还利用部分已有设备，新建了两座6吨电炉。针对西南地区土铁含磷较高的问题，增建了一座碱性转炉。1954年冷轧带钢试制工段投产后，年产各种带钢200余吨。1955年自行设计施工建成的中国第一个年产4500吨冷拉钢材车间投产，1956年生产冷拉钢材6000余吨，1957年生产冷拉钢材8426吨，超过设计能力，为缓解军工生产急需做出了重要贡献。到1956年，重特的钢年产量达5.8万吨，是1952年的4倍，是1950年的21.6倍；钢材年产量3.8万吨，是1952年的5倍，是1950年的20.1倍；冶炼钢种由1952年的57种，增加到1956年的211种；钢材轧制规格由50种增至225种；还研制成功新产品92种，许多技术要求复杂的滚珠钢、不锈钢、高速工具钢以及其他高级合金钢种、表面要求十分严格的冷拉钢材等也陆续开始投入生产。

上海第一钢铁厂前身是1938年11月由日商日亚制钢株式会社建立的吴淞炼钢工场。抗日战争胜利后，成为官商合办的上海钢铁公司第一厂，至1949年炼钢5500吨。上海解放初期，由上海市军管会接管。1950年，上钢一厂新建2吨酸性转炉并投产。1952年6月，在原有1座15吨平炉的基础上，又增建1座15吨平炉和1个转炉车间。1949~1957年，上海炼钢所需生铁全部由国家从外地拨入，1957年上钢一厂钢产量达到97万吨。1957年3月上海钢铁公司第一厂更名为上海第一钢铁厂。从1958年起，上海第一钢铁厂先后兴建了炼铁、转炉、开坯、无缝钢管和钢板等车间。1958年上钢一厂建2座255立方米高炉车间，1959年投产出铁供本厂炼钢用。1958年、1959年，上钢一厂建成投产了7个涡鼓形碱性空气侧吹转炉车间，采用高硫铁水炼钢。1958年后，上钢一厂又发展电炉炼钢。1961年，上钢一厂以赶超日本神钢牌焊条为目标，1962年试制成功国产焊条钢。

上海第三钢铁厂原名和兴化铁厂，建于1913年3月，是上海创建的第一家民营钢铁厂。建厂初期从德国购进10吨高炉1座，于1918年8月18日建成投产，日产生铁12吨左右；1920年，又从德国购进20吨高炉1座，月产生铁1000吨左右；1922年和兴化铁厂扩建，再度从德国购进10吨酸性炼钢平炉2座、500毫米轧钢机1套。扩建后，成为炼铁、炼钢和轧钢一体化的钢铁企业，改名为和兴钢铁厂，1925年2月正式投产，生产碳钢和竹节钢。1949年6月，由上海市军管会接管，1957年3月改名为上海第三钢铁厂。1949年产钢2426吨；1952年，上钢三厂有2座10吨平炉；1956年，上钢三厂建转炉车间，建成2座6吨转炉，主要生产船用钢板、锅炉钢板、压力容器钢板。

“一五”期间，抚顺钢厂新建了650毫米开坯机3架，安装5吨蒸汽锤1台，生产水平不断增长，1957年钢产量9.4万吨，比1952年提高1.5倍；钢材产量7.3万吨，比1952年提高1.6倍。还研制了高温合金、超高强度钢、不锈钢、耐热钢、军工钢等新品种。1956年初，根据中苏协定，中国将仿制苏米格15型飞机和制造其他新型飞机，冶金工业部决定抚顺钢厂承担飞机发动机用GH30高温合金的试制任务，1956年3月26日试炼成功国内第一炉GH30高温合金。

朝鲜战争爆发后，大连钢厂绝大部分设备与人员搬迁到湖北大冶钢厂，之后，大连钢厂又开始了重建。1953年、1954年大连钢厂自制2吨、3吨电炉各1座；1956年又将5台电炉全部改造成顶装料，提高了作业率。为了提高轧钢机的效率，将224千瓦1号轧机由59转提高到150转，2号轧机由68转提高到108转，4号轧机由120转提高到145转。1957年该厂钢产量6.5万吨，比1952年提高7.1倍；钢材6.3万吨，比1952年增长2.9倍。

随着我国“一五”计划的完成和“二五”计划的实施，以鞍山钢铁公司为主的中国钢铁企业与特钢企业已初具规模，源源不断地为相继建成投产长春第一汽车制造厂（1956年底）、沈阳第一机床厂、武汉长江大桥（1957年建成）、川藏、青藏、新藏公路等一大批国家重点工程，以及机器设备、国防建设等提供着中国产钢铁材料。

二、中国特殊钢工业的“三线建设”

（一）中国特殊钢工业“三线建设”的战略部署

1964年5月，针对当时的国际形势，并从改变中国工业布局的长远考虑出发，党中央提出了“大三线建设”的战略部署。

“建设三线”的原则是：抓紧时间，把三线现有的及计划中安排建设的一些极为主要的冶金企业和车间，尽快地建设起来，使三线及早形成一个可以保证打常规战争的小而全的金属材料生产基地。具体措施是：把原计划在上钢五厂建设的高温合金及宽带钢等工程、大冶钢厂建设的挤压管机、抚顺钢厂建设的650毫米轧机及快速锻造设备、北满特钢建设的高温合金车间等工程项目都停下来，搬到西南三线去建设；把准备在大连钢厂建设的线材车间及冷拔热处理车间，搬到西南或西北建设新的精密合金基地；对重庆特钢厂、成都无缝钢管厂、贵阳钢铁厂等现有三线特殊钢企业，要按原计划建设起来；对二线的太钢等特殊钢厂，仍按原计划的第一期规模建设起来，以增加品种、提高产量。

1964年9月4日，冶金工业部决定，在特殊钢企业调整一线、建设三线方面，各军工产品生产企业可分三种情况：全部搬迁，如本溪特殊钢厂；一分为二或一部分搬迁，如大连钢厂的精密合金、拉丝、线材，抚顺钢厂的高温合金，天津钢厂的航空钢丝绳，上钢五厂的带钢等；有些不能搬迁的，则从技术方面支援二、三线工厂的建设。

(二)“三线建设”时期特殊钢厂的建设情况

1965年4月，西北特殊钢厂（代号五六厂，即西宁钢厂）开始动工兴建。党中央决定将本溪钢厂的全部、石景山钢铁公司的部分设备人员迁到青海西宁，建一个西北特殊钢厂，生产各种常规武器和民用优质型材、锻材和各种冷拔钢材等。1965年5月，首批本溪钢厂迁来的一部分设备和人员到达西宁，新厂定名为冶金工业部青海五六厂（1972年8月经国务院决定改名为西宁钢厂）。1970年，西宁钢厂部分投产，炼出了3万多吨优质钢并顺利出铁。

在西南“三线”，还规划和扩建了成都无缝钢管厂、重庆特殊钢厂、贵阳钢铁厂，新建了长城特殊钢厂等。

为满足中国石油、地质、电力、机械和国防工业生产建设对无缝钢管的需要，中国政府和匈牙利政府协商，由匈牙利供应设备在成都新建一座钢管厂。1958年5月，冶金工业部批准成都无缝钢管厂设计方案，并决定在匈牙利政府提供的方案外，再增建自动轧管机组、螺旋焊管机组。1958年10月，钢管厂破土动工；1962年1月，钢管厂停工缓建；1964年，确定建设规模为年产钢26万吨、生产无缝钢管20万吨；1965年1月，钢管厂的基建工程项目列为冶金工业部重点必保项目，又开始续建。

1964年6月，面对日益严峻的国际形势，中国开始进行“三线建设”，冶金工业部要求贵阳钢铁厂改建为10万吨规模的特殊钢厂，并从齐齐哈尔钢厂、大连钢厂、本溪钢厂等单位调来5吨电弧炉2座，1吨、2吨、5吨锻锤3台等设备和500余名技术人员、管理人员和老工人，开始生产军工产品。从此奠定了“贵钢特色”——国内钎钢钎具生产和科研基地的物质与技术基础。

为了满足中国第二、第三个五年计划期间机械、国防等产业对特殊钢材的需要，并考虑到工业的合理布局和国防条件，1958年，国家决定在位于长城脚下的甘肃省张掖市巴吉滩西洞堡建一个较大规模的特殊钢生产企业，定名长城钢厂，第一期规模为年产钢50万吨。长城钢厂于1960年10月破土动工兴建，1961年9月，国家决定长钢缓建。1963年2月，冶金工业部重新向国家计委上报《长城钢厂厂址选择报告书》，提议利用原江油钢铁厂厂址作为长钢厂址，1964年3月，根据中央工业布局总体规划，同意长城钢厂迁建江油。1964年5月，中共中央北戴河会议作出建设“大三线”的战略决策后，冶金工业部对长钢的建设和内迁工作作出具体安排，确定长钢的筹建以上海冶金局为主，抚顺钢厂、大冶钢厂配合，并拟定了内迁的设备和项目。1964年8~9月，上海冶金系统支援内地建设的干部、北京黑色冶金设计院技术人员和第四冶金建设公司施工人员先期到达江油。11月，抚顺钢厂支援内地建设的职工到达江油。随后大冶钢厂、齐齐哈尔钢厂、鞍山钢铁公司、第四冶金建设公司等各级队伍云集江油。根据中央关于“靠山、隐蔽、分散”的“三线建设”方针，长钢从1964年8月开始选择一、二、三、四分厂厂址，1965年1月3日，长城钢厂正式成立，并从1965年1月开始在厚坝、武都逐步开工建设。1965年1月，二分厂在厚坝动工建设，当年12月，热带车间投产；1965年8月1日，一分厂开始全面施工，特种炼钢车间于当年12月建成投产；1966年10月，三、四分厂开始建设。

“三线建设”是以备战为目标、以服务国防科技工业为核心、以重工业为重点的一场轰轰烈烈的全国工业经济战略布局的大转移。在这一场战役中，通过迁和建，改变了中国特殊钢工业布局不平衡的格局。“三线建设”有党中央的战略布局，有各部委的协调指挥，有各特殊钢厂家国情怀的担当与团结合作，有中国特钢领域广大职工的无私奉献与贡献，不仅建成了包括特钢厂在内的一批生产企业，而且也形成了“艰苦创业、无私奉献、团结协作、勇于创新”的“三线精神”。

20世纪60年代，中国开始大力加强用于制造高端装备的尖端特殊钢材料的研究。这一时期，中国先后在高温合金、精密合金、粉末合金和合金钢领域取得了重点进展。

第三节　改革开放以来中国特殊钢产业的迅速发展壮大

改革开放以来，特殊钢产业坚决贯彻落实党的十一届三中全会精神，励精图治，奋发图强，产业规模和基础能力快速提升，产业组织结构和产品结构日趋优化，一批优秀特殊钢企业经过市场的淬炼脱颖而出。尤其是改革开放让中国人民富裕起来，汽车进入百姓家庭后，随着汽车工业的壮大、机械产业向高精尖设备发展转型，特殊钢产量规模快速发展，品种也日渐齐全和多样化，中国特殊钢的建设与改造，取得了令人瞩目的成就。这段时期，逐步建立起了符合社会主义市场经济要求的新的特殊钢产业体系。今天，中国特殊钢基本满足了国民经济和国防建设的需要，中国特殊钢工业已经步入了持续、稳定、健康发展的轨道，将继续更好地为国民经济发展和制造强国建设提供重要的材料支撑和保障。

一、改革开放至世纪之交中国特殊钢工业的发展变化

在改革开放初期，伴随着国家从高度集中的计划经济体制向社会主义市场经济体制的过渡，以公有制为绝对主体的中国特殊钢工业和企业也在不断进行着与社会主义市场经济结合的探索和向独立市场主体的转换。

这一时期，中国特殊钢工业发展的突出特点是着力“一个适应”，实施“两个转变”，即着力适应社会主义市场经济的要求，由发展数量规模为主，向调整、优化结构为主转变。在抓老企业技术改造、提质增效方面，迈出了三大步：第一步是立足现有企业，走挖潜、改造、配套、扩建的路子；第二步是重点解决发展速度（数量）、品种结构、产品质量都不适应国民经济和国防军工需要的“三个不适应”问题；第三步是特殊钢工业上“四个新台阶”，即品种质量水平上新台阶，工艺装备水平上新台阶，集约经营和规模经济上新台阶，综合经济效益上新台阶，以增强中国特殊钢工业的发展活力。

这个时期，中国特殊钢工业大量从国外引进先进技术，利用外资。特别是引进国外先进技术装备新建了天津无缝钢管公司，并对各老钢厂实施了一系列重点改造项目，使中国特殊钢工业的技术结构发生了明显变化，缩小了与世界先进水平的差距。

这个时期，位于江苏的江阴钢厂，抓住了改革开放机遇，解放思想、艰苦奋斗、开拓进取、快速发展，从一个不知名的小钢厂逐步发展成为中国特钢行业的“黑马”，为中国

经济建设做出了巨大贡献。

1986 年江阴钢厂新建花山厂区，引进先进的电炉、连铸、半连轧等设备，产品开始走向全国。1993 年江阴钢厂与中信泰富有限公司合资成立江阴兴澄特种钢铁有限公司，1994 年江阴兴澄特种钢铁有限公司新建滨江厂区，1997 年滨江一期“四位一体”短流程特殊钢生产线建成投产。此后，江阴兴澄特种钢铁有限公司生产的轴承钢、齿轮钢、汽车用钢等产品以优良的品质享誉国内外市场，实现“以产顶进”，稳步打开国际市场走向世界。

二、21 世纪中国特殊钢产业的大发展

进入 21 世纪，为适应 WTO 规则和推进中国经济高速发展，必须要与国际惯例全面接轨，必须推进社会主义市场经济体制的改革进程。在新形势下，中国特殊钢工业发展的外部环境陆续出现了一系列的新情况、新问题和新变化。中国特殊钢工业努力转变发展方式，深入优化结构，推进产业升级，提高国际竞争力，成功应对了经济全球化的挑战，完成了市场化改革，实现了跨越式发展，产业规模迅速扩大，特殊钢产品专业化分工、技术装备水平、产品实物质量大幅提升，产业整体竞争能力增强。具备了适应国民经济发展对特殊钢产品不同档次需求供给的匹配能力。

党的十八大以来，中国经济发展进入新常态。中国特殊钢工业积极适应新常态，不断深化改革和创新。针对严峻的市场形势和人民对美好生活的高要求，中国特殊钢工业进一步加快转型升级的力度，大力倡导绿色发展理念、不断加大环保投入，持续推进供给侧结构性改革，不断化解过剩产能产业布局、产品结构和经济效益明显改善，产业基础能力大幅提升。

中国粗钢产量持续快速增长，在满足国民经济建设需要的同时，也面临劳动力成本上升、资源安全和市场无序竞争等问题。特殊钢企业集团通过联合重组实现跨地区、全产业链布局，充分释放规模效应，以挖潜提存量、以联合谋增量，以高市场占有率重塑产业发展新格局。

20 世纪 90 年代末，中国钢铁工业最具代表性的兼并重组就是邯钢兼并舞阳钢厂；湘钢、涟钢、衡钢合并组建华菱集团；宝钢重组上海冶金控股集团和梅山钢铁公司；攀钢兼并成都无缝等。

（1）21 世纪初，在 20 世纪 90 年代末几个兼并重组基础上，攀钢成都无缝重组成都钢铁厂，组建攀钢集团成都钢铁公司；辽宁省整合抚顺特钢组建辽宁特钢集团；辽宁特钢集团重组北满特钢，组建东北特钢集团。

2002 年 5 月，攀钢集团成都无缝钢管有限责任公司与成都钢铁厂进行了以资产为纽带的联合重组，成立攀钢集团成都钢铁有限公司。

（2）2001 年底，抚顺特钢集团生产经营难以正常运行，辽宁省决定整合省内钢铁企业，组建辽宁特钢集团，2003 年 1 月 16 日，辽宁特殊钢集团有限责任公司正式挂牌运营。原大连钢厂资产从大连市政府划到辽宁省政府，辽宁省政府以此向辽宁特钢集团出资，抚顺特钢则以部分资产与资产管理公司所持资产，以投资方式进入辽宁特钢集团。

（3）2001 年底，黑龙江省北满特钢生产经营难以为继，2003 年 9 月全线停产，作为

国有资产出资人代表的黑龙江省政府向辽宁特钢发出了托管北满特钢的邀请，2003 年 10 月 26 日，辽宁特钢集团与黑龙江省政府签订协议，由辽宁特钢集团先托管北满特钢，重新启动北满特钢生产，并筹备组建东北特钢集团。2004 年 9 月，东北特钢集团正式挂牌。

在市场环境倒逼和国家政策的推动下，这个时期中国特殊钢工业加快了兼并重组步伐。主要有中信泰富系列重组、首钢系列重组等。

（4）中信泰富控股大冶特钢。2004 年 9 月，中信泰富通过其全资拥有的盈联有限公司，宣布购入黄石东方钢铁 95%的股权。盈联公司并购增资后，黄石东方钢铁有限公司变更为湖北新东方钢铁有限公司，后又于 2004 年 11 月更名为湖北新冶钢有限公司。2004 年 12 月 17 日，中信泰富通过其控股的新冶钢，分别与大冶特钢的第三、第四、第五和第七大股东签订了股权受让协议，共受让 4 个股东持有的 9. 86%的股权。至此，中信泰富通过关联企业共持有大冶特钢 19. 27%的股权。12 月 20 日，中信泰富又携同新冶钢，大幅增持大冶特钢股权，公开竞拍获得冶钢集团持有大冶特钢 38. 86%的国有股，收购价为 2. 29 元。股权转让完成后，湖北新冶钢累计持有大冶特钢 29. 95%股份，成为第一大股东；中信投资持有 28. 18%股份，为第二大股东。新冶钢及中信泰富（中国）投资的实质控制人中信泰富控制了大冶特钢 58. 13%股份。

（5）中信泰富控股石钢。2005 年 7 月，中信泰富与河北省国资委及河北众富订立股权转让及增资协议，以 12. 82 亿元向国资委收购石钢现有注册资本的 80%，并认购其新注册资本 1. 96 亿元。转让及增资完成后，中信泰富持有石钢扩大后资本的 65%，河北众富持股 15%，其余 20%股份归河北省国资委持有。

2010 年 3 月，河北省国资委以 19 亿元收购石钢 80%股份，石钢归属到河北钢铁集团旗下。

（6）沙钢重组江苏淮钢等企业。2006 年 6 月，沙钢斥资 20 亿元，收购江苏淮钢 90. 5%的股权；2007 年 9 月，沙钢又以 20 亿元现金并购河南安阳永兴钢铁有限公司 80%的股权；2007 年 12 月，沙钢购买了江苏永钢集团 25%的股权，成为永钢集团的股东。

（7）首钢重组长治、贵钢、伊钢。2009 年 8 月 8 日，首钢与长治市签订《战略合作协议》和《股权转让协议》，山西长治钢铁厂更名为“首钢长治钢铁（集团）有限公司”。8 月 12 日，首钢重组控股贵钢，并实施城市钢厂搬迁工程，在贵阳市修文县扎佐镇新建新特材料循环经济工业基地，项目总投资 128 亿元。8 月 19 日，首钢伊犁钢铁有限公司揭牌。

（8）方大集团收购南昌钢铁。2009 年，辽宁方大集团实业有限公司通过公开竞拍，获得南昌钢铁公司 57. 97%的省属国有股权，成为公司的控股股东，南昌钢铁公司控股的上市公司南昌长力钢铁股份有限公司更名为方大特钢科技股份有限公司。

（9）鞍钢重组攀钢。2010 年 7 月 28 日，鞍钢与攀钢重组大会在北京京西宾馆举行。会上宣布了国务院国资委《关于鞍山钢铁集团公司与攀钢集团有限公司重组的通知》，明确重组后新成立鞍钢集团公司作为母公司，由国务院国资委代表国务院对其履行出资人职责；鞍钢与攀钢均作为鞍钢集团公司的全资子公司，不再作为国务院国资委直接监管企业。

（10）组建渤海钢铁集团。2010 年 7 月 13 日，天津市委、市政府决定整合重组天津钢管集团、天津钢铁集团、天津天铁冶金集团和天津冶金集团四家国有钢铁企业，联合组建国有独资公司渤海钢铁集团。上述四家国有钢铁企业分别作为渤海钢铁集团的子公司，资产全部划入渤海钢铁集团。

随着中国经济发展进入新常态，经济由高速增长向中高速的转变，中国告别了工业化发展的快速时期，企业之间的竞争日益加剧，特别是同质化发展更加恶化了这种竞争。在新常态下，特殊钢企业间的兼并重组进入一个新的发展阶段，并形成了两种主要形式。其中一种是以专业化基础上的规模化，以减少同质化竞争为目的、以资产划转式重组。具有代表性的是青岛钢铁划归中信集团。

（11）沙钢重组东北特钢。东北特钢由于屡次出现债务违约，2016 年 10 月 10 日被裁定进入破产重整，但东北特钢的优质子公司上市公司抚顺特钢并不在其破产重整的范围内。东北特钢集团及下属两家公司（大连特殊钢有限责任公司、大连高合金棒线材有限责任公司）作为一个整体进行重整。2017 年 8 月 11 日，大连中级人民法院裁定，东北特钢破产重整方案获得通过。

（12）建龙重组北满特钢。北满特钢是国家“一五”期间建设的 156 项重点工程中唯一的特殊钢厂，曾经填补了国家 50 多项产品空白，为国防建设和经济发展做出了突出贡献。但是，自 1994 年业绩达到顶峰后，北满特钢经营开始下滑，到 2003 年因严重亏损停产。在黑龙江省和辽宁省政府的协调下，公司交由辽宁特钢托管。2004 年大连钢铁集团、抚顺特钢和北满特钢合并成立东北特钢。受市场低迷、债务负担过重、银行抽贷和控股股东东北特钢破产等因素影响，2016 年，北满特钢三企业生产经营陷入困境，并最终引发诉讼，北满特钢三企业债权人诉至齐齐哈尔市中级人民法院，提出对其进行破产重整的申请。2016 年 12 月 9 日，齐齐哈尔市中级人民法院裁定北满特钢三企业进入破产重整程序。2017 年 10 月 10 日，齐齐哈尔市中级人民法院批准了北满特钢三企业重整计划。至此，北满特钢三企业破产重整法律程序宣告终止，建龙集团（山西建龙实业有限公司）入主北满特钢。

（13）中信泰富特钢收购青岛特钢。截至 2016 年底，青岛特钢总资产 185 亿元，总负债 188 亿元，所有者权益-2.8 亿元，处于资不抵债状态。截至 2017 年上半年，负债升至 192 亿元，所有者权益-8.6 亿元。2017 年初，青岛特钢与中信集团实现战略重组，公司无偿划转中信集团。青岛特钢的股权交割于 5 月 15 日完成，标志着青岛特钢正式成为中信集团成员。2017 年 10 月，中信股份表示，旗下中信泰富下属兴澄特钢将青岛特钢 100%股权收购，作价 1.27 亿元。

（14）中国宝武重组马钢集团。2019 年 9 月 19 日，中国宝武钢铁集团有限公司与马钢（集团）控股有限公司签约重组实施协议。根据协议，安徽省国资委将向中国宝武划转其持有的马钢集团 51%股权。通过本次划转，中国宝武将直接持有马钢集团 51%的股权，并通过马钢集团间接控制马钢股份 45.54%的股份，成为马钢股份的间接控股股东。

（15）中国宝武重组太钢集团。2020 年 8 月 21 日，山西省国有资本运营有限公司与中国宝武签署太原钢铁（集团）有限公司股权划转协议，将太原钢铁集团 51%股权无偿划转给中国宝武。

进入2021年，在中国共产党成立100年之际、“十四五”规划开局之年，中国钢铁工业也开启第二个百年征程，钢铁企业间强强联合步伐加快。

（16）2021年8月20日两家特大型钢铁企业鞍钢与本钢重组，其中包括了攀长钢、本钢特钢等典型特殊钢子企业。

兼并重组是企业增强竞争力的有效途径之一。在我国现阶段，存在着特大型钢铁企业形态下的特殊钢子企业，还存在大型综合性特殊钢企业、专业型特殊钢企业、特殊钢产业集群等多种特殊钢产业形态。它们共同构成了具有活力的我国特殊钢产业，一定能当仁不让地肩负起中国成为钢铁强国和制造强国的时代与历史责任。

第二章　中国近代特殊钢发展足迹

第一节　中国最早的钢铁联合企业
——汉冶萍公司的诞生、传承与发扬

一、汉冶萍公司的诞生与传承

由于两次鸦片战争的失败，加之太平天国运动沉重地打击了清政府，一些开明的地主阶级知识分子开始寻求救国救民之路。从19世纪60年代到90年代，清朝一些较为开明的官员主张学习外国先进技术，富国强兵，摆脱困境，维护清朝统治，掀起了一场“师夷长技”的洋务运动。他们认为，列强之所以能够打败中国，是因为其船坚炮利，所以要想国家强大，必须发展近代工业、制造新式武器。当洋务运动的重点开始由军用工业转向民用工业时，钢铁需用量增大，近代钢铁工业的兴起就成为时代的需要。

直到19世纪末，中国还没有自己的钢铁企业，但并非没有中国人想到要办自己的钢铁企业。

1890年，湖广总督张之洞将准备在广东兴建的铁厂移至湖北兴建。

1908年（光绪十四年），盛宣怀为了广招商股，积集资金，奏请清廷批准，将汉阳铁厂、大冶铁矿、萍乡煤矿合并，成立汉冶萍煤铁厂矿有限公司（以下简称汉冶萍公司），把企业由官督商办改为完全商办公司，公司总事务所设上海。汉冶萍公司开近代中国人新法炼钢之先，是中国近代第一个钢铁联合企业，也是亚洲最早最大的钢铁联合企业。

在大冶创办钢铁厂早有谋划。1913年（民国2年），时值第一次世界大战前夕，国际市场上的钢铁价格猛涨。5月20日，汉冶萍公司召开股东常会。为实现多年来一直想在大冶产铁矿之地兴建铁厂的愿望，盛宣怀提议“大冶另设铁炉，筹措轻息大宗款项”。大会通过了他的提议，在大冶建设新铁厂的事正式确定下来。董事会报告称：就大冶产铁之山，添造新式大化铁炉四座，每炉日出铁二百五十吨，每年约可炼生铁三十万吨，尽以供中外生铁之求。同年11月14日日本内阁通过决议，通过了向汉冶萍公司贷款1500万日元的决定。盛宣怀遂用其中900万日元兴建大冶铁厂。

大冶铁厂厂址选择在袁家湖沿江一带，1914年（民国3年）11月，由大冶铁矿坐办（矿长）徐增祚负责，开始在袁家湖购地，拆迁村落。次年开始设计新厂，1916年（民国5年）正式成立新厂机构，并将厂名定为“汉冶萍煤铁厂矿有限公司大冶钢铁厂”，陆续配齐人员，大冶钢铁厂正式成立后，立即开始大规模的建厂施工。

1917年，两座化铁炉（高炉）同时破土动工，1922年（民国11年），大冶铁厂1号化铁炉（高炉）建成出铁。1923年4月，2号化铁炉出铁。两座化铁炉均为美国固定式高炉，炉高 27.44 米，容积为 800 立方米，设计生产能力为每炉日产铁 450 吨。就当时来讲，化铁炉之大，设备之先进，史称亚洲与远东第一。

1924 年汉阳铁厂停产。1928 年萍乡煤矿逐渐衰落。汉冶萍公司的生产中心转移到大冶钢铁厂。

1937 年 7 月 7 日，卢沟桥事变爆发，日本帝国主义发动侵华战争。8 月 3 日，汉冶萍公司因时局恶化，令大冶厂矿除对化铁炉加紧修复外，其余各项工程停止施工。

1938 年 7 月 28 日，国民党军事委员会蒋介石下达第 3895 号指令：汉冶萍公司大冶化铁炉等既不便拆除，应准备爆破为要。随后，武汉卫戍司令部派爆破队将化铁炉、热风炉等重大设备和部分厂房炸毁，一些拆卸后来不及运走的机器零部件、铁轨全部丢入长江。

1938 年，侵华日军溯江西上，10 月 17 日，大冶厂矿被日军波田支队占领。日本制铁株式会社在大冶厂矿设立了“大冶矿业所”（简称“日铁”）。

1945 年 8 月，日本宣布无条件投降。1945 年 9 月，国民政府经济部接收了日本侵占时期的日本制铁株式会社大冶矿业所，成立了“日铁保管处”。1946 年 2 月 1 日，原“日铁保管处”又由国民政府资源委员会接管，改称“经济部资源委员会大冶厂矿保管处”。1946 年 7 月 10 日，国民政府资源委员会在石灰窑成立“资源委员会华中钢铁有限公司筹备处”。华钢钢铁公司筹备处接收汉冶萍大冶、汉阳等地资产清册之股价 74080 万元。萍乡煤矿方面，仅存地基，资产荡然无存。

1948 年 2 月，汉冶萍公司总经理盛恩颐向国民政府汉冶萍公司资产清理委员会在上海汉冶萍总事务所移交了汉冶萍公司董事会、经理处案卷、合同股票、契据账册共 11 类档案资料。1948 年 7 月，国民政府成立华中钢铁有限公司，汉冶萍公司资产由华中钢铁有限公司继承，汉冶萍公司全部档案从上海陆续运抵大冶石灰窑。汉冶萍公司原在武汉的房地产（包括汉阳钢铁厂的财产），均划归华中钢铁有限公司。随后，华中钢铁有限公司全面接收了汉冶萍公司的档案。

梳理上述汉冶萍公司各历史时期发展脉络：

1908 年，汉冶萍煤铁厂矿有限公司成立。

1913 年，汉冶萍公司在股东常会上正式确定筹建“大冶新厂”。

1916 年，汉冶萍公司董事会授“汉冶萍煤铁厂矿有限公司大冶钢铁厂之章”给大冶新厂，大冶钢铁厂正式定名。

1917 年，大冶钢铁厂两座化铁炉（高炉）同时破土动工。

1924 年，汉阳铁厂停产。汉冶萍公司将大冶钢铁厂和大冶铁矿合并为一个机构，定名“大冶厂矿”。

1928 年，萍乡煤矿衰落。

1938 年，汉冶萍公司大冶厂矿沦陷，日军设立“大冶矿业所”。

1945 年，国民政府经济部接收日本制铁株式会社大冶矿业所，成立“日铁保管处”。

1948 年，“资源委员会华中钢铁有限公司”成立，接收汉冶萍公司全部资产。

1949 年 5 月 15 日，中国人民解放军四野四十三军解放了黄石，华中钢铁有限公司回到了人民的怀抱。5 月 27 日，中国人民革命军事委员会武汉市军事管制委员会派军事代表接管了华中钢铁有限公司。9 月 1 日，中原临时人民政府华中钢铁公司成立，对汉冶萍煤铁厂矿有限公司档案以及国民政府资源委员会华中钢铁有限公司的档案进行全面接收。

1953 年 3 月 1 日，华中钢铁公司奉命改厂名为大冶钢厂，厂名全称为“中央人民政府重工业部钢铁工业管理局华中钢铁公司大冶钢厂”，汉冶萍公司档案交由大冶钢厂管理。

大冶特钢历史上可上溯到“汉冶萍”，是中国的钢铁摇篮。在大冶特殊钢有限公司生产厂区内的汉冶萍广场，有两尊 7.2 米的青铜雕像，分别是中国近代重工业先驱张之洞(见图 1-2-1)、汉冶萍公司创始人盛宣怀。雕像的背后是 2006 年被国务院确定为全国重点文物保护单位的汉冶萍煤铁厂矿高炉旧址。

从汉冶萍公司到大冶钢铁厂，从华中钢铁公司大冶钢厂，再到今天的大冶特钢，一脉相承，大冶特钢成为汉冶萍公司的传承与发扬者；从汉冶萍公司到大冶特钢，是一部完整的中华民族百年钢铁工业的发展史。

1995 年，国务院发展研究中心组织评选“中华之最”，将“中国最早的钢铁企业”证书（见图 1-2-2）颁发给大冶特钢（证书号：中最字 0198 号）。

图 1-2-1　矗立于大冶特钢厂区内的张之洞塑像

图 1-2-2　“中国最早的钢铁企业”证书

二、汉冶萍公司的发扬

新中国成立后的“一五”时期，经毛泽东主席亲自批准，中央和国家对华中钢铁公司进行大规模技术改造，开始了新中国第一个特殊钢厂的建设。华中钢铁公司于 1953 年奉命改称的大冶钢厂，被誉为“新中国特钢长子”。

1953 年和 1958 年，毛泽东主席两次视察大冶特钢，为发展新中国特钢以及新中国钢铁产业规划布局进行实地调研。大冶特钢是毛主席唯一视察过两次的特钢企业。

2019 年，大冶特殊钢股份有限公司实施重大资产重组，母公司资产装入“大冶特钢”，实现“中信特钢（000708）”整体上市。

从中国最早的钢铁企业，到全球最大的特钢企业集团，从汉冶萍公司到华中钢铁公司，从大冶钢厂到从大冶特殊钢有限公司，尽管名称在变，但雄踞千年西塞山下的地理位置始终没有变，熊熊燃烧的百年炉火始终没有变，为民族工业的发展、为国担当的初心始终没有变，在历史长河中的特钢地位和重要作用始终没有变！大冶特钢不仅仅延续了汉冶萍公司的血脉，并且以卓越的成就，为共和国的钢铁事业、为国防建设和国民经济建设，做出了重要贡献。

今天的大冶特钢，在中信泰富特钢集团旗下，以挺起中国特钢脊梁的志气、豪气和勇气，弘扬为国担当精神，传承红色基因，为实现钢铁大国向钢铁强国的转变，进而为实现伟大的中国梦而拼搏奋进、砥砺前行！

三、中国特殊钢的红色基因

早在 20 世纪初，大冶特钢前身大冶钢铁厂就形成了湖北庞大的产业工人群体，中国共产党把大冶钢铁厂作为重要的革命活动地，先后发展了中国特殊钢企业的第一批党员、组建了中国特殊钢企业的第一个党组织、建立了当时全国最大的产业工会——汉冶萍总工会以及“工人协会”“青年协会”“妇女联合会”等组织，在大冶特钢的悠久历史上，书写了不朽的红色篇章，铸就了强大的红色基因。

（1）中国特殊钢企业的第一批党员和第一个党组织。1922 年 2 月，林育英（化名张浩）加入中国共产党，并担任中共和劳动组合书记部武汉分部的“交通”。1922 年 3 月 12 日，林育英在大冶钢铁厂发展仇国升、刘敢盛等人加入中国共产党，成立了中国特殊钢企业的第一个党组织——大冶钢铁厂组，仇国升任党小组组长，直属党的武汉区委领导。

大冶钢铁厂党小组成立后，将组织建设作为其首要工作，工作重点仍是组织工人学习和宣传马克思主义思想，提高全厂工人的思想觉悟，培养工人先进分子，从工人先进分子中吸收党的新鲜血液。1922 年 6 月，以大冶钢铁厂为驻地，建立湖北地区第一个党支部——中共大冶（黄石）港（石灰窑）窑（袁家）湖支部，简称港窑湖支部，又称中共大冶工矿区特别支部、中共港窑湖工矿区特别支部，这是中国特殊钢企业中产生的第一个党支部。不久，“大阳区特委”“黄石港地委”“石灰窑工矿特区委员会”等机关也设立于此；1949 年在此成立的“中共大冶工矿特区委员会”即中共黄石市委前身。

（2）全国最大产业工会——汉冶萍总工会的建立。1922 年 9 月，汉冶萍公司安源路矿、汉阳钢铁厂工人罢工取得胜利后，汉阳钢铁厂工会代表、安源路矿工会代表、汉冶萍轮驳工会代表先后到达大冶，并以大冶钢铁厂为集中地，发动和领导工人建立工人俱乐部（工会）和开展罢工斗争。此间，大冶钢铁厂俱乐部开始筹建，对外称“大冶钢铁厂工人俱乐部”。9月28日，全国最早成立的地方总工会——湖北全省工团联合会成立，标志着工人阶级已成为全省人民革命中坚力量。11月18日，大冶钢铁厂工人俱乐部成立。12月10日，全国最大的产业工会——汉冶萍总工会在汉阳三码头老街宣告成立，由安源路矿、汉阳钢铁厂、大冶钢铁厂、汉阳运输所、大冶铁矿五大工团组成，总会员达3万余人，在下陆大罢工、京汉铁路大罢工中发挥了重要的支援作用，同时带动了群团联合反帝反压迫。

第二节　解放区第一个钢铁企业

1945年10月，上党战役胜利结束，长治重新回到人民手中。晋冀鲁豫军区决定，在煤矿、铁矿资源丰富的上党革命根据地建设新型钢铁厂，为解放区建设工业基地以及兵器制造提供原材料支持。

一、勘察建厂

钢铁工业是军事工业的基础。为此，1946年2月，晋冀鲁豫边区军工处派郑汉涛、陆达、耿震、刘贵福四人到长治以北30公里的石圪节一带勘察。2月26日，他们将新型钢铁工厂选址在故县村东一片地形隐蔽的沟壑里。

厂址选定后，厂长陆达起草了《关于建设上党钢铁工厂的计划商榷》方案呈交上级。方案提出建设上党新型的钢铁基地包括耐火材料、炼焦、炼铁、发电、炼钢、机械修理、翻砂、采矿、煤矿、水泥等十几个方面。上级批准了勘察小组的建议，并于1946年春，派技师耿震等人作为先头部队进驻故县村筹建铁厂。

在炼铁高炉正式投产前，必须先将炼铁使用的各种原料的比例，通过理论计算进行配料，然后在小高炉反复试验，取得经验和最佳配料比例方案。为此，陆达等带领技术人员在一座1吨小高炉上进行配比试验。通过一系列试验，取得了大量科学可靠的数据，使铁厂建设工程一开始就建立在坚实的科学基础之上。

1947年5月初，阳泉解放。晋冀鲁豫边区政府决定将阳泉荣华铁厂二号20吨高炉整体拆迁至故县。高炉设备的部件，如鼓风机、热风炉、锅炉、除尘器等一个个都是庞然大物，少则几吨、多则几十吨重，没有大型运载工具，他们就用几辆马车捆绑在一起，或用汽车轮轴和梁架改装成平板车，在前轴上扎一根木棍作为驾驶杆。车子前后各200人进行推拉，上山时前面的人向前拉，下山时后面的人则朝后拽。一部分人则在前面逢山开路、遇水架桥，并在沿途设转运站，接应搬迁队伍。阳泉到长治一路都是崇山峻岭，经平定、昔阳、和顺、左权、榆社、武乡、黎城、襄垣、潞城九个县境，长途跋涉400余华里。几百人冒着炎炎暑热，翻山越岭，先后往返三次，历时三个月，将高炉全套设备搬迁到了故县。

二、广聚人才

在阳泉拆迁高炉的同时，陆达、宋忠恕等人便深入到附近乡下，动员了当地一批经验丰富的高炉操作工和技术人员来故县铁厂参加建设，如知名高级钳工、机工工长杨希伦，高炉工长毕映海，热风炉工长常久思，汽风机工长窦聚财，电工工长孙世成，此外还有耐火材料工匠王元祥，高炉维修、砌筑能手史寿小等。聘请了这些有名望有技术的老师傅，在他们的影响下，徒弟、部下、朋友也都跟着来了，许多人甚至是举家迁来故县。这些工种齐全、可以独当一面的技术骨干，为高炉重建、开炉、生产打下了技术基础。他们后来都成为故县铁厂的中坚力量。

厂领导对有真才实学的机、钳、铁、木、电的工匠们都是给予优厚的生活待遇和特殊照顾。曾在重庆钢厂高炉上值过班的大学生李树仁、清华大学毕业的柯成等在生活上处处享受特别优待。

高级工匠的工资是特一、特二级，比军工部部长和政委的待遇还要高。

三、安装高炉

20 吨高炉搬来后，全体职工立即投入到建设安装之中。高炉经过拆卸搬运，许多部件被损坏而无法再使用，需靠自己动手制作。切割钢板没有氧气，全靠人工剁，一人扶钢錾，一人抡大锤，几厘米厚的钢板，几个人汗流浃背干一天，仅能切开一米多。起吊重物没有起重设备，就将圆木条用绳子一截一截接起来，扎成人字杆或三角架，有 20 多米高，顶部挂上滑轮，用麻绳靠人工起吊大件设备。高炉炉体通常采用厚钢板铆焊而成，因钢板奇缺，就从炉腹到炉身全部用一条条钢箍将外层耐火砖裹起来。冬天到了，气温下降到零下 20 多摄氏度。严冬的早晨，工地上一片白霜，粗大的风管和阀门上仿佛蒙上了一层白布。高炉安装在冰天雪地中进入冲刺阶段。这时解放战场捷报频传，我军在前线的节节胜利极大地鼓舞了全体职工的工作斗志，大伙拼命工作，争取早日生产出制造炮弹急需的原料——灰口生铁，多造炮弹支援前方！

保证高炉生产，必须有足够的焦炭。在高炉建设的同时，由化学工程师宋宗璟带领晋冀鲁豫边区北方大学分配来的技术员郭廷杰、杜毓铣等人在故县附近的石圪节煤矿一带试验烧炼土焦炭。土法炼焦在当时尚属一项新工艺，焦场的封建把头搞技术封锁，对炼焦技术秘而不宣。郭廷杰等人深入山庄窝铺，团结穷苦工人，认真观察揣摩，终于掌握了炼焦技术，并成功改进了出焦量大的大型圈窑，后又试验成功了蜂窝炼焦窑大大缩短了炼焦时间，提高了焦炭产量。

四、技术培训

旧中国的钢铁工业十分落后，钢铁技术在那时充满了神秘感，技术资料更是难觅踪影。为了能让大家尽快熟悉炼铁工艺，在安装高炉的紧张时刻，陆达在百忙之中亲自给刚走出学校分配到铁厂的一批技术员讲授钢铁技术课，其他工程师们也分别给大家讲解相关专业知识。大家如饥似渴地学习，到处搜集有关钢铁冶炼方面的技术资料，找到点滴就视为珍宝，甚至一笔一画抄写下来。新来的技术员们理论知识扎实，但缺乏实际操作技能；许多老工人师傅们实践经验丰富，但不懂多少理论知识，于是就互帮互学。工人师傅们教年轻人操作技术，年轻人则教他们代数、物理知识。

五、高炉投产

在陆达带领下，几百名职工经过半年多的艰苦奋战，1947 年 11 月，一号高炉巍然屹立在故县村的沟壑里，炉高 20 米，容积 51 立方米。1948 年的 1 月 10 日午夜零点，高炉流出了第一炉铁水，设计生产能力为日产优质灰生铁 20 吨，从此结束了解放区不能生产灰生铁的历史。晋冀鲁豫军区给故县铁厂发来贺信，军工处奖励铁厂冀钞 100 万元，全厂职工每人记大功一次。厂里召开了隆重的庆祝大会，搭起了舞台，点起了明亮的汽灯，自排自演了许多节目，还演出了当时最为流行的现代戏《小二黑结婚》。1948 年 1 月，定厂名为晋冀鲁豫边区军工处第四厂，对外称长潞贸易货栈，厂长陆达，副厂长张培江，政委杨高僩，副政委姚国章，厂务科长常韬，经营科长程历坚。建厂总计投资为冀钞 8.44 亿元。

六、配套工程

（一）西沟耐火材料厂

耐火材料是钢铁冶炼的先行。当时国内一些炼铁厂所需耐火砖只能从外国进口。1947 年 8 月，耐火材料技师宋忠恕奉命在石圪节煤矿以南、故县村东北 1 公里处的观音庙筹建耐火材料分厂。由于条件限制，他们采取从低级到高级的办法，最后制成了高质量的合格的建高炉所用的耐火砖。

（二）炮弹壳铸造厂

在建设高炉的同时，由土木工程师陈志坚设计，在高炉旁边就近建设炮弹壳铸造厂。起初，生产出的铁水先铸成铁锭，再用化铁炉化成铁水铸造炮弹壳。1948 年 4 月，山东渤海翻砂厂和武乡柳沟翻砂厂并入故县铁厂后，翻砂技术力量加强，开始利用高炉铁水直接铸造炮弹壳，省去了化铁炉二次熔化铁水的程序，不仅炮弹壳产量成倍提高，还大幅度降低了人力、物力和运输等费用开支。

（三）水泥工部

1948 年 2 月，由孙艳卿、刘秉敬、吉人镜等人负责，按照上党钢铁工厂建设规划，成立水泥工部，在高炉东边建造烘烤房和水泥烧窑，利用高炉废渣就近生产矿渣水泥。5 月就生产出了各种标号的优质矿渣水泥，满足了各后续工程建设的需要。

（四）枣臻焦化厂

炼焦分两步。第一步先建土焦窑，生产土焦供高炉急需。第二步是建设带有焦油副产品回收的机器炼焦炉，提炼氨、苯等化工副产品，用以制造黄色炸药。1948 年 2 月，晋冀鲁豫中央局批准建设焦化厂，本着战争环境下兵工厂分散、隐蔽的原则，选址在故县以东 20 公里处潞城枣臻村的山沟里。陆达为技术总负责，宋宗璟技师为总图设计，曼丘技师负责土建。1949 年 8 月，10 孔亨塞尔曼焦炉及氨、苯、萘、焦油等副产品回收系统建成，9 月 12 日正式投产，设计能力为年生产焦炭 4 万吨。建设枣臻焦化厂共用小米 3000 万斤，折合冀钞 2799.6 万元；第一任厂长为老红军余永江，协理员（政委）巩敬廷，副厂长宋宗璟。

（五）专用铁路线

1949 年初，军工处组织筑路工程队，铺设了五阳煤矿至枣臻焦化厂的运输焦煤铁路专线，全长 7 公里；1949 年夏建成枣臻至故县的窄轨铁路，全长 20 公里，用来往故县铁厂运送焦炭。

（六）搅拌炼钢炉

迫击炮弹所需的弹尾管和弹翅需用钢质材料，这些材料起初主要靠破袭敌人控制下的铁路道轨获取。1948 年人民解放军转入战略反攻后，华北人民政府在刘邓大军和陈谢大军南渡黄河后，着手恢复铁路交通以支援前线，禁止使用铁路道轨做迫击炮弹尾管和弹翅。于是，陆达就领导郭廷杰、郝玉明等人试验生产土钢。天津解放后，由天津钢厂提供稳定的钢原料，搅拌炼钢才告终止。

七、精神力量

战争年代物资、器材极度匮乏，加之敌人对根据地的严密封锁，所以，建设故县大型炼铁厂的困难接踵而至。在这种情况下，建设者们将艰苦奋斗精神、创新精神和科学精神紧密结合，由此创造了许多奇迹。

修建高炉地基时没有钢筋和水泥，土木工程师陈志坚就用坩土、石灰、红土组成三合土代替水泥，层层夯实，连打 8 层，最上面用铁路道轨拼成“井”字形框架代替钢筋，后经耐压试验，完全符合承重要求。

高炉炼出灰生铁必须有热风炉，热风炉里面需要砌筑大量耐火砖，而西沟耐火材料厂还在试产阶段，一时供应不上。炼铁工程师李树仁利用煤矿井下的 6 英寸（152 毫米）生铁铸造水管，设计了一组共 3 座管式热风炉，成功代替了原来的钢制蓄热式热风炉，大大加快了工程进度。

高炉投产后，出铁口附近地面一片滚烫，工人们没有什么劳保用品，就用木板旋成鞋底大小，用铁丝绑在脚上隔热。机器设备上所需的润滑油十分缺乏，工人们常常以豆油和香油代替。大家宁可吃清水煮白菜，也要把油节省下来用在机器上。

建设西沟耐火材料厂时，厂房、设备、工具一无所有，厂长宋忠恕和工匠师傅们在西沟村一座破庙里安下身来艰难创业。宋忠恕自绘图纸，自砌窑炉，将古庙大殿改作烘烤房。铁、木锉刀用旧道轨打制。没有化学分析仪器，就靠舌头品尝来分辨黏土性质。没有粉碎机，就用石碾或中药粉碎槽代替，用农家马尾筛筛料。耐火厂粉碎房灰尘很大，对面看不见人，没有口罩、手套等劳保用品，顶多每人发一个大围裙、一顶毡帽挡灰。耐火厂的产品满足了高炉和焦炉生产后，为了充分利用生产设备，积极开辟增收渠道，1949 年，他们烧制成功了工业电瓷瓶，接着试验成功了民用细瓷产品，包括茶壶、茶碗、茶盘、茶碟、酒具等90余种，畅销省内外各地。

枣臻焦化厂在安装焦炉侧柱时没有工字钢和槽钢，就用从平汉铁路拆下来的钢轨拼成型钢代替。焦炉系统的推焦机、焦炉架、装煤机、煤气管道、粗细甲苯罐，均是利用缴获的破火车部件、破桥梁钢板用手工铆制而成。枣臻至故县的铁路修通后，没有牵引机车。焦化厂职工在一无技术，二无钢材的情况下，模仿邯涉线上的2.5吨铁路机车，制造成功华北地区第一台铁路机车，自重18吨，牵引力70吨。

故县铁厂的创业者在建设和生产中展现出来的自力更生艰苦奋斗精神，与延安精神一脉相承，与太行精神同根同源，是延安精神在上党大地的延续。

八、特殊贡献

故县铁厂的建成投产，从根本上改变了解放区军事工业的生产状况，是中国共产党依靠自身力量独立建设钢铁工业的首次成功实践，被誉为“太行山上的工业革命”。它生产的五〇、八二、一二〇、一五〇等各种规格型号的迫击炮弹壳有力地支援了各个解放战场，尤其在临汾战役、太原战役、淮海战役中发挥了巨大作用，一号高炉被誉为“功勋炉”。1947年故县铁厂没有投产前，解放区的迫击炮弹总产量仅为20万发，1948年1月故县铁厂投产后，全年产量猛增到102万发，1949年又增加到175万发，是1947年的8.4倍。它生产的灰生铁还用马车源源不断地运往山东渤海军区和其他解放区兵工厂。

九、建设功臣

郑汉涛，来自延安，八路军总部军工部工程处处长，20世纪30年代毕业于北平大学工学院，是建设故县铁厂的主要决策人。

陆达，来自延安，军工部工程处副处长、著名钢铁冶金专家，留学德国柏林工业大学，故县铁厂创始人、厂长。

陈志坚，来自抗大，毕业于天津北洋大学土木建筑系，是故县铁厂土建工程技术权威。

耿震，来自抗大，天津河北工学院化学系毕业，技师，参与了故县铁厂的选址和筹建，以及枣臻焦化厂的建设施工。

李树仁，来自延安，云南大学采冶系毕业，炼铁工程师，巧妙设计、革新了管式热风炉，解决了炼铁的关键技术。

宋宗璟，北京大学转西北大学化学系毕业，技师，从事土法炼焦和焦化厂建设，设计了焦化厂总图和10孔亨塞尔曼焦炉，是建设焦化厂的技术权威。

曼丘，四川水利专科学校毕业，技师，参加了故县铁厂和枣臻焦化厂的土木施工设计。

宋忠恕，山西大学工学院毕业，技师，西沟耐火材料厂创建人。

柯成，清华大学毕业，技师，在故县铁厂和枣臻焦化厂建设中，负责机械制图。

张培江，来自延安，毕业于天津北洋大学，采矿工程师。

以上人员和全厂职工来自四面八方，包括：抗日战争期间太行根据地各个兵工厂的干部和工人；兄弟军区，如山东军区、晋察冀军区、华东军区兵工厂调来的干部和工人；抗日战争胜利后，解放区学校如晋冀鲁豫边区北方大学培养的学生和教员；解放战争时期从国统区投奔到解放区的知识分子；解放了的工厂、矿山，如河北峰峰煤矿、焦作煤矿、阳泉铁厂、石家庄焦厂的老工人、技术人员、企业管理人员等。1947 年，河南林县政府一次就为铁厂调来 400 多名民工参加铁厂建设。此外，还有若干在战争中投诚的日本技术人员。边区实行土地改革后，分得了土地的农民积极响应边区政府提出的“全党重视，支援军工”的号召，要人出人、要车出车，要工具给工具，要牲畜借牲畜。建厂初期铁厂没有宿舍，故县、东古、西沟、故漳等附近村子的农民主动把房子腾出来给工人居住。故县村附近农民仅青砖就支援 100 余万块。一座日产生铁 20 吨的高炉，每天要吞吐七八十吨的原料和成品，农民主动承担了采、送矿石任务，成为铁厂的机动主力军。没有大型运输工具，全靠农用畜力车，按每辆车装五六百斤计算，一天就需要 300 多辆。由于需要去壶关、平顺、潞城等地采购矿石，群众为运送矿石，经常五更起早，半夜返回。有的老兵工回忆说：“故县铁厂的建设和生产，离开老百姓就一事无成。”他们，同样是建设功臣。

第三节　解放战争中的大连钢厂

大连钢厂的前身是 1905~1918 年间由中日共同出资创建的大华电气冶金株式会社和日资的进和商会，1945 年 8 月由苏军接管，1947 年 7 月移交中国共产党，由东北军工部建新公司领导。大华矿业株式会社更名为大连炼钢工厂，进和商会更名为大连金属制造工厂，1948 年 10 月 31 日，两厂合并，成立大连钢铁工厂。

工厂回到人民的怀抱后，在党的坚强领导下，积极恢复生产，保证军工制造需要，生产了大批制造后膛炮弹用钢，成功冶炼出铝铬合金、镍铜合金和硬质合金，填补了我国冶金史上空白，还直接生产了部分炮弹头和“九二步兵炮”用弹簧等重要军工产品，为全国解放战争做出了重要贡献。

一、历经万难恢复生产

1945 年 8 月 15 日，日本宣布投降，这时的大连已是我党实际控制的一个有着较强工业基础的城市。日本撤走之前已把大华矿业株式会社和进和商会两厂的资料销毁，将大批设备，原材料藏入山洞，埋入地下。1945 年 8 月 22 日苏军进驻大连，8 月 27 日正式进驻大华矿业株式会社和进和商会。两厂工人于 9 月初全部离开，苏军开始拆迁两厂的大部分设备。1945 年 12 月，苏军召回两厂工人，开始恢复生产，当时仅能生产汽车弹簧片、坦克履带插销、军用铁锹和面包烤炉。

1947 年 6 月末，苏军终于同意将大华矿业株式会社、进和商会等 12 个工厂的管理权转交共产党领导的东北军工部，月底交接工作结束。1947 年 7 月 1 日，东北军工部建新公司正式成立并接管了大华矿业株式会社和进和商会两厂，将大华矿业株式会社改名为大连炼钢工厂，厂长为徐今强、李振南，副厂长为王铁云，全厂职工866名。进和商会改名为大连金属制造工厂，厂长为周家华，副厂长为高方启、陈振亚，协理员（党务负责人）为王鉴溪，全厂共有职工778人。

1947年7月，大连炼钢工厂、大连金属制造工厂在东北军工部、大连地委及建新公司的领导下，牢固地树立了“千方百计搞好军工生产，支援全国解放战争”的思想，一切工作都紧紧围绕这个思想展开。这时，大连炼钢工厂和金属制造工作恢复生产面临着三大主要困难：一是我方正式接管时，厂里的主要设备大部分受到损失，设备严重不足；二是由于广大工人在日寇长期统治下，缺吃少穿，生活非常困难；三是由于日寇撤退时将大批原材料埋入地下，各种原材料极为短缺。这些困难是恢复生产的极大障碍。但是，两厂职工没有被困难吓倒，在公司及厂部的领导下，他们以主人翁的姿态，积极投入“恢复生产，尽快生产出军工产品”的战斗之中。

1947年6月，筹备中的两厂领导就发动老工人“动脑筋、想办法”，开展“拾焦炭”活动，许多工人纷纷将日寇撤退时把煤炭扔到海里和埋入地下的情况，向厂领导作了汇报。厂领导立即组织工人到海里捞煤炭，从地下挖掘煤炭和从炉渣里回收焦炭。1947年6月28日，300多名工人下班后，纷纷来到海边，跳进齐腰深的海水里捞煤炭，仅2个多小时，就捞出近2吨煤炭。1947年7月，一部分职工利用业余时间，根据老工人提供的情况，在现在煤气站的大院里，一次就挖出20多吨煤炭。从1947年到1948年1月，8个月共回收煤炭377000多公斤，为恢复生产做出了一定的贡献。1947年9月，两厂领导还发动职工开展了“献工具、献设备”活动，广大职工纷纷响应。工人刘淑德把过去藏的100余根14英寸（356毫米）锯条、1把刀锯、6根皮带卡子全部献出来，受到领导的表扬。有的职工还向厂领导提供日本人将一些设备藏起来的地点，从北山一个山洞里拉出了50~100马力（37~74千瓦）的电动机10余台，还拉出拔丝机、减速器和联接器等重要生产设备。

1947年7月，大连炼钢工厂炼钢场因缺少电极，电炉不能正常生产。公司领导和厂领导对此事极为重视，发动全厂职工出主意，想办法，有人提出到丹东电极厂拉电极，当时，国民党在哈大线设有不少关卡，汽车通行很困难。在春节前的一次职工大会上，厂领导把到丹东拉电极作为一项重要工作交给群众解决。袁振路主动承担了这项工作，公司领导接见了他，派胶东干部于文强和他一起组成运输队，带领40辆卡车去丹东拉电极。丹东电极厂仓库里虽然堆放了200多吨电极，但都是没经过焙烧的生电极，电弧炉无法使用。于文强又和部队取得联系，决定到煤矿拉煤，对生电极就地焙烧。袁振路走门串巷，组织该厂工人回厂焙烧电极。在解放军的大力支持下，2车皮的煤炭很快运进了丹东电极厂，焙烧电极的工作迅速开展起来，经过5个多月的艰苦工作，终于焙烧出200吨电极，然后由陆路和海路运到工厂，保证了电弧炉的正常生产（见图1-2-3）。在丹东电极还没运进厂的这段时间，职工们还把日伪时期抛弃的废电极回收起来，肩扛手搬，固定在车床卡盘里，在头尾两处车成螺纹连接起来使用，解决了燃眉之急。

1948年3月，大连炼钢工厂成立了电极场，扈殿斌、路一两人负责自制了1台1200吨油压机压制电极，仅1948年就生产出8英寸电极1717支，总质量达77275公斤；生产10英寸电极817支，总质量达57250公斤；生产5英寸电极9支，总质量为173公斤。

图 1-2-3 1947 年 3 吨电炉恢复生产

二、想方设法提高技术

1948 年 10 月 31 日，为了适应军工生产的需要，大连炼钢工厂和大连金属制造工厂合并，成立了大连钢铁工厂，周家华任厂长，副厂长相继由李振南、陈世明、王伊林担任，职工人数达 3268 人。

主要生产设备有：电炉 6 台（其中 6 吨、5 吨、3 吨、1.5 吨、0.5 吨各 1 台），蒸汽锤 10 台（其中 2 吨 2 台、1 吨 5 台、0.5 吨 3 台），轧钢机 4 台（其中 1500 马力、750 马力、250 马力、150 马力各 1 台），200 吨立式水压机 8 台，空气锤 4 台（其中 0.5 吨 1 台、0.25 吨 3 台）。主要产品有：高速工具钢、不锈钢炭素钢、合金钢等特殊钢以及硬质合金、电阻丝、钢丝、耐火砖、铁丝、铁钉、木螺丝等，见图 1-2-4。

图 1-2-4 大连金属制造厂制钉生产线

早在大连钢铁厂成立前的 1947 年底，大连炼钢工厂和大连金属制造工厂就开始了炮弹头的生产准备工作。大连金属制造工厂在一个废弃的库房里安装了部分车床，作为二机械车间，利用废车轴和大连炼钢工厂生产的圆钢车削炮弹头。炮弹头的班产量最多达 4000

多枚。从 1948 年 3 月开始，二机械车间仅用了 10 个月的时间共生产了 196451 枚炮弹头。

1948 年，随着军工生产的逐步发展，大连钢铁工厂的领导越来越清醒地认识到，管理工业生产，离不开科学文化知识，必须建立一支懂业务、会管理的干部队伍和有熟练技能的职工队伍，才能完成军工生产的艰巨任务。为此，党组织多次向干部和党员强调掌握生产技能的重要性，号召干部和职工要当内行的领导，当技术过硬的工人。

学习生产技术知识，首先成为各级领导的自觉行动，当时，党组织从各地派到大连钢铁工厂的十几名干部，从未接触过钢铁生产。有的尽管是“老军工”，但也没有搞过有着几十道工艺流程、几千人集体操作的钢铁生产。在重重困难面前，从厂长李振南到各车间领导，重新拿出了当年在战场上的拼搏精神来攻克专业技术难关。首先他们向书本请教。当时厂内专业技术资料寥寥无几，他们跑遍了大连市所有的书店、书摊，购买有关钢铁冶炼和加工等方面的技术书籍，甚至听说私人有这方面的书籍和资料，也千方百计搞到手。这些同志白天在第一线参加和组织生产，晚上参加各种文化技术学习，钻研钢铁生产的知识，甚至连休息时间和上下班的路上也背着钢的化学成分表。同时他们还虚心向第一线生产工人请教，也注意向留用的日本技术人员学习生产技术知识。

日本留用人员福岛博士，是钢铁生产方面的专家。在我党政策的感召下，表示愿意贡献自己的知识为中国人民服务。从 1948 年底开始，在厂部的组织下，福岛担任了干部技术学习班的教员，每周两天晚上给干部和管理人员上专业知识课，他用日语讲课，翻译现场做口译，做记录，然后进行整理，油印分发，作为干部学习的教材。伊藤寅视是个实践经验丰富的技术员，他在炼钢炉前手把手地教工人操作。而我们的干部则利用一切时机向这些日本技术人员宣传我党的方针、政策，给他们讲“谁养活谁”的道理，揭露日本军阀的罪恶，使这些人的思想发生了变化，与我们合作得很好。

由于当时所有技术资料都是日文版，为了掌握生产技术，李振南厂长首先带头学起了日语，他把常用的日语单词，有关生产技术术语编成一本活动卡片带在身边随时学习。李振南的行动影响了其他干部，在全厂干部中形成了浓厚的学习风气。到 1948 年底，党派调来厂的大部分干部，不仅掌握了一般的生产技术知识，而且懂得了一些日语，能看懂一些简单的日文资料，能和日本技师做简单的会话，这些都为他们指挥生产创造了必要的条件。

为了提高广大工人的科学文化水平和阶级觉悟，各车间还普遍办起了以介绍辩证唯物主义和历史唯物主义常识、宣传科学文化知识为主要内容的短期学习班。在这些学习班中，干部和技术人员以通俗易懂的语言讲解社会发展史；分析风雨雷电等自然现象，破除迷信思想；回顾工人在祖国光复前的苦难，讲述受剥削压迫的道理，启发了工人的阶级觉悟，用党的思想和理论武装了工人队伍。

三、坚定不移试制新品

1947 年末，炼钢场接受了试制新产品——镍铜合金的任务。这种合金用于制作炮弹引信中的支耳，是不可缺少的关键部件，当时既没有技术资料，又缺乏熟练的技术工人。李仲连和留用的日本技师伊藤寅视一起组成了一个研制小组，进行试制。伊藤虽然是经验丰富的钢铁技师，但也从来没有炼过这种合金，他根据以往的经验，按合金的要求进行原料配比翻炉却气泡不断。他和研制组的同志们连续干了一天一夜、翻了8炉钢，没有1炉浇铸成功，伊滕无可奈何地离开了现场。

日本技师走了，可我们的干部和工人们不灰心、不气馁，他们在炉前又连续干了36小时，继续坚持试验，重新检查了原料配比和出炉温度，没发现问题。可是当他们把伊滕寅视浇铸过的、充满气泡的钢锭重新化开浇铸时，却发现气泡少了很多，又化开几支，也是这种情况，这种现象使他们受到启示，原来是镍中含氢量过高，经过几次高温熔化，排除了氢气，浇铸时就不会产生气泡。正当大家研制得很有劲时，伊滕寅视又回来了，他看到中国人这样有信心、有决心、日以继夜地工作，很受感动，便和大家一起工作了。他们在炉中添加了新料，加速气体挥发，同时采用降低炉温、延长冶炼时间的方法，终于解决了钢锭浇铸时的气泡问题，首次炼出了合格的镍铜合金410公斤，又用这种合金加工出24万余枚炮弹引信支耳，为军工生产提供了充足的原料。

与此同时，大连炼钢工厂和大连金属制造工厂还进行了新品种——铝铬丝的试验生产，用成本较低的铝代替了价格昂贵且当时极缺的镍，在钢铁生产中闯出了一条新路。1947年末，两厂和建新公司各厂所有用电炉丝加热的加温炉都因为炉丝被拆毁又没有备品而无法使用。电炉丝用镍铬合金制成，当时在生产技术上没有困难。但由于国民党封锁了交通，断绝了原料来源，工厂过去所剩的原料也全部被日本人填海掩埋，造成了金属镍奇缺。大连钢铁工人当即组织了由李振南、于文强、李仲连、陆延生（胡克）同志和两名日本技师组成的技术攻关组，研究试制以铝代镍冶炼铝铬合金的新技术。

以铝代镍也是日伪时期日本人研究过多年的课题，积累了一些资料。在这个基础上，攻关组又开始了进一步的研究试制，他们采取降低浇铸温度，改用小钢锭模缩短钢水结晶时间的办法，解决了晶粒涨大、容易破裂的问题。采取了拉拔前退火，退一火拔一次的办法，解决了加工断裂问题。到1948年冶炼出铝铬合金177吨，并制定了冶炼加工工艺，满足了全厂及建新公司各厂的需要。这项技术在科研上也是一项重要突破，它不仅解决了当时贵重金属镍的严重不足，而且为两种熔点悬殊的金属共同冶炼成合金闯出了一条路子，填补了我国钢铁生产的一项空白。直到1952年，苏联冶金专家还向当时参加试制的同志索取有关数据，探求这方面的技术。当时的作业现场见图1-2-5。

图1-2-5 1947年7月轧钢生产场景

在开展生产技术革新，解决军工生产关键问题的过程中，厂领导还十分注意发挥日本技术人员的作用。由于历史的原因，我方接管工厂后，厂里还留下了几十名日本技术人员。为了发挥他们的作用，李振南厂长和其他领导对他们始终坚持了关怀、教育、团结、使用的原则，注意调动他们的积极因素，发挥他们的一技之长。在工资待遇上，日本技术员除了享受相当于我方厂级领导的工资待遇外，还有略高于本人工资的技术津贴。在我方干部和工人都以玉米面为主食的困难条件下，对他们优惠供应大米，并照顾其家属，使大多数日本技术人员能够很好地和我们合作。

大连钢厂硬质合金试制是从1948年初开始的，从那时用简陋的设备以手工业方式制造出的中国第一代硬质合金到现在的工业方式生产硬质合金，不论在产量上、品种上、质量上及其应用上，都发生了巨大的变化。在日本留用技术人员的指点和协助下，以我们中国人为主，造出了中国第一代硬质合金，无疑是我们国家的荣誉。硬质合金是以钨、钴、钛为主要原料，以粉末冶金的方法制造出的。这是20世纪30~40年代国际上出现的一项新技术，由于这种硬质合金有仅次于金刚石的硬度，并具有高强度、耐磨性、耐高温、膨胀系数小等优点，于是它就成了制作地质钻探和采矿用钻头、金属切削工具、拉丝工具、高精度冲压件冲头和冲模等的理想材料。1944年日本人从德国那里搞到了这项技术，用从朝鲜忠州郡运来的钨砂，开始试制硬质合金。但由于设备和技术的原因，产量很低，其技术全部由日籍人员掌握，而当时中国人，只是根据日本人的安排做些具体工作。

1945年8月，日寇投降后，苏军进驻大连地区，对大华矿业株式会社实行军事管制。在这期间，苏军把工厂的主要设备，其中包括试制硬质合金的设备，都当作战利品拆走了。参加过试制硬质合金的日籍人员于1945年8月以后相继遣返回国，在硬质合金车间工作过的中国人也都因国民党军队的封锁缺吃少穿而各奔他乡，自谋生路去了。1947年7月，东北军工部接收大连炼钢工厂和大连金属制造工厂时，试制硬质合金的一切设备和资料，都已荡然无存。

1947年7月，建新公司接管两厂后，为了加快炮弹体加工的速度和钢丝产品的生产，支援全国解放战争，就积极着手恢复硬质合金的试制工作。1948年初，厂长李振南找到曾在大华矿业株式会社时期试制过硬质合金的日籍负责人原与志郎谈话。当时原与志郎根本没有把中国人放在眼里，他认为没有众多的日籍技术人员参加，中国人是搞不出硬质合金的。所以他一再表示，不想在中国搞硬质合金。经建新公司经理朱毅、大连炼钢工厂厂长李振南多次和原与志郎谈话，做他的思想工作，并在生活上给了他许多特殊照顾和关怀，终于感动了他，使他决心留下来，和中国人一起，再把硬质合金产品搞上去。

1948年初，大连炼钢工厂厂长李振南找参加过硬质合金试制工作的林树安谈话，责成他和原与志郎一起筹划和组织硬质合金试制工作，这样，试制硬质合金的筹划和组织领导小组就成立了。由厂长李振南亲自抓，原与志郎负责提出设计的设备原始图，然后由设计科画出施工图纸，林树安负责组织安装等具体工作的实施。

工作开始后，碰到两大难题，一是设备问题，二是人员问题。对此，大连炼钢工厂领导极为重视，在经费极端困难的情况下，拨出专款试制硬质合金，同时动员全厂为硬质合金的生产开绿灯。大连炼钢工厂以自力更生的精神，充分利用厂内的铸造、锻造、铆焊、机械加工等配套齐全的优势，边设计、边施工，在不长的时间里，就陆续完成了球磨式的混料机、酸处理炉、自制蒸馏水的蒸馏器、原料干燥炉、管式氧化钨还原炉、成型用的手搬压力机等20余台可供试制硬质合金的设备。同时又从其他车间抽调和招收了20余名具有一定文化程度的青年到硬质合金车间当工人，正式成立了硬质合金车间。车间领导带领这些青年工人，在原来厂房的基础上修修补补，一边安装设备，一边由原与志郎和林树安讲授生产工艺技术知识，汪德才讲授初级化学常识，经过训练后，大部分人很快掌握了自己分担的工种工序操作技能。

1948 年初，试制硬质合金正式开始了。3 月份投料——钨砂粉碎，四月份就提炼出纯金属钨，但到了钨炭化和成型后的烧结时又出现了新的困难，当时唯一可以利用的就是两套以石墨颗粒作导体的电阻炉，在钨的炭化和成型后进行硬质合金烧结过程中，为了防止氧化，需要在氢气气氛保护下，缓慢地加热到 1500~1900℃，保持一段时间，然后缓慢地冷却。可是当时根本没有控温设备，而且测温仪器又奇缺。在这种情况下，他们从热处理借来一套能测 1200℃以下的热电偶式温度计，和厂领导调给的唯一的一套光学高温计，用仪器观察和凭林树安从事多年硬质合金生产的经验，用肉眼观察对比，控制温度，经过多次试烧，终于掌握了炭化和烧结的准确温度。1948 年 5 月，第一批 3 个品种（其中有金属切削刀具、拉丝用的模具、采煤用的钻头刀片）的国产硬质合金试制成功了，见图 1-2-6。从这时起，硬质合金就作为大连炼钢工厂的一种产品，按月下达计划，批量生产，并对外销售。

图 1-2-6　1948 年试制成功硬质合金加快军工产品供给

由于有了硬质合金切削工具，工厂立即在机械部（车削炮弹弹体车间）推行了快速切削操作法，使炮弹弹体切削速度加快了，产品的产量成倍增长，有力地支援了全国解放战争。不久，快速切削法就在大连地区铺开了，推动了大连地区的机械加工工业的发展。

消息传到了东北军工部，军工部把这消息通报到东北有关兵工厂，引起了极大的反响，为了多生产炮弹、枪弹，支援全国解放战争，东北有关兵工厂，纷纷派人来厂、要求订制生产枪弹、炮弹的弹壳缩口模，弹头的过径模，这对硬质合金生产来说难度更大了。不要说他们还没有干过，就是日本人经营大华矿业株式会社时期也没干过。当时硬质合金工具体积一般的都在 1~3 立方厘米，质量在 20~50 克。而这些模具的体积，都在 6~10 立方厘米，质量在 80~150 克，这样艰巨的任务，能干得了吗？正当他们犹豫时，厂领导又及时地给予他们鼓励，告诉他们为了支援全国解放战争，有再大的困难也要接受下来。经与当时的第一机械车间研究，刘义宝（后改名叫刘刚）主任亲自抓这件事，很快就把成型模具做出来了。硬质合金毛坯也很快做出来了。但到烧结时又出现了新问题，经过几次烧结，几乎都是裂纹的废品，完好的成品极少，大家的心情相当紧张（因为当时硬质合金的价格比白银的价格还高），对继续试制下去缺乏信心了。厂领导在安慰他们的同时，又派技术员于尧明来车间帮助解决技术难题。经共同研究认为，主要原因是：工件过大，烧结时升温和冷却温太快，膨胀和收缩应力不均。于是，硬质合金车间的职工们就根据历次烧结升温和冷却降温的情况，制定了烧结升温和冷却降温曲线图。操作人员按曲线操作，并在记录纸上画出实际升温和冷却的曲线。又经过试烧对比，提出最佳曲线，烧出了完全合格的硬质合金模具。这些模具交付各兵工厂使用后，得到了好评。

国产硬质合金试制成功的初期，虽然产量不高，但它毕竟是用我们中国人自己的智慧制造的中国第一代硬质合金。它为我国开拓硬质合金产品生产积累了经验。培养了一批硬质合金生产技术人才，其中有些同志成了国内硬质合金的专家。

1948 年 5 月，硬质合金试制成功，到 1948 年底，生产量达到 265.8 公斤，超过原计划 56%，到 1949 年，年产量增至 769 公斤，1950 年又增至 1642 公斤。大批硬质合金被加工成冲压子弹和炮弹的冲头以及金属切削工具，极大地提高了生产效率。

四、千方百计保障军需

1948 年沈阳解放后，我军缴获一批美制九二式步兵炮。这批炮体上的一个重要部件——复坐式梯形弹簧已全部损坏。这种弹簧的作用是在大炮发射时缓冲后坐力，以保护炮体，提高射击精度。国民党军队全靠美国供应，在缴获的其他大批军用物资中也没有发现这种弹簧的备品，致使这批九二式步兵炮不能发挥作用。

大连钢铁工厂接受上级布置的试制九二弹簧的任务后，厂长李振南亲自向有关车间负责人安排工作，介绍情况，要求在最短的时间内拿出合格的弹簧，让这批大炮在全国解放战争中重新发挥作用。炼钢场经过两个多月的努力，于 1949 年 2 月炼出了制作九二梯型弹簧用的矽锰钢，并且由本厂锻造、轧制、加工成型。轧制是在压延场的 6 号机完成的。在加工分厂进行缠绕成型时，又遇到新的困难，由于没有专用设备，在缠绕时无法准确控制弹簧的间距，再加上无法掌握炮弹发射时后坐力的大小，热处理工艺制定不准，制造出的弹簧收缩程度大小不一。

第一批试制品送到前线后，我军炮兵反映，这样的弹簧安上后，打不了 5 发炮弹就断的断，缩的缩，加工分厂的干部和工人听到这个消息后，心里都感到沉甸甸的，分厂负责人邱方任主动请战，亲自参加试制工作。他们使用简单办法模拟炮弹发射时产生的后坐力，获得数据后，在特制的铁架上进行压缩试验，根据收缩差别不断改变热处理温度。在最紧张的日子里，邱方任和工人夜以继日地干，饿了啃几口窝头，困了就在炉后铺上草包打个盹，经过上百次试验，终于掌握了弹簧的最佳缠绕间隙和最理想的热处理工艺。1949 年 9 月份，试制出合格的九二式弹簧 28 副。这种用 9.5 毫米的矽锰钢丝缠绕 23.5 圈的梯形弹簧，长 60 厘米，在高速压力下可缩至 30 厘米，压力解除后可迅速恢复原状，并且有反复伸缩不变形的能力。10 月份产量增至 190 副，基本上满足了需要。这批弹簧送到前线后，在使用过程中，每门炮最高可连续发射 200 发炮弹不用换弹簧，给敌军以沉重的打击，试验与生产现场见图 1-2-7。

从1948年初，大连钢铁工厂在用圆钢加工弹体的同时，又恢复了用坩埚炼铜，制成铜板，用以冲压炮弹壳和制作引信。用坩埚炼铜是一项陈旧的技术，熔化期长，其产量远远不能满足需要。1948年3月，建新公司副经理陈平在一份技术资料中发现了有关应用低周波炉炼铜的情况介绍，他将这一资料转交给李振南厂长，并转达了公司的意见：应用新技术，增加铜产量，使炮弹引信和弹壳生产同时增加。

图1-2-7 锻钢生产场景

李振南将这一重要任务交给了从胶东派来的干部王立江和王玉尧。但王立江他们从来没有接触过低周波炉。在厂领导的大力支持和关怀下，他们仅凭这份资料上简单的介绍开始了艰苦的试验工作。开始时他们掌握不住炉子线圈的功率，自己缠绕的线圈用上后，不是热量达不到要求，就是线圈被烧毁。为了计算出理想的线圈规格，王立江和王玉尧废寝忘食，在没有计算公式可以参考、没有计算工具可使用的困难条件下，全靠多次试验后积累的数据，终于缠绕出理想的线圈，并于1948年6月炼出了理想的黄铜。

由于当时黄铜极缺，炮弹发射后，铜制弹壳要全部回收，经过加工和装药后，重复使用多次。但是用低周波炉冶炼出的铜，由于材质太软，只能重复使用3次。厂长李振南又多次来到炉前，和王立江、王玉尧共同探索提高铜材硬度的方法，他们把其他金属放入炉中和铜一超熔化，经过多次试验，选出了最合理的掺杂配比，炼出了合金铜，一方面提高了黄铜的硬度，同时也保证了铜的可塑性。1948年底，生产出合格的黄铜板32吨，到1949年底，激增至367吨，为铜制炮弹壳体和炮弹引火帽产量的提高创造了条件。

1949年初，东北军工部丹东某汽车修配厂派人来厂说：“军区和地方上有一些汽车，由于没有点火白金眼睁睁地看着汽车使不成，严重地影响了支前和解放区的运输事业。”要求大连钢铁工厂尽快地为他们生产出汽车“白金”。当时根本不知道汽车“白金”是用什么原料做的，但考虑到这是支援全国解放战争的需要，还是把任务接下来了。工人把焊接在汽车总成上的几块“白金”砸下来分析。看碴口类似硬质合金，加热后得到了黄色粉末和白色的金属结晶。经理化分析，前者为三氧化钨，后者为银，于是硬质合金车间决定用钨和银合金试制汽车“白金”。正当车间要动手试制时，又遇到新的问题。厂材料科的同志，跑遍了大连市，也没有买到粉末式的金属银，于是厂领导又指示车间，自己生产粉末状金属银。材料科的同志又到处收集，买来了些旧银器，参加试制的同志们就把这些旧银器砸碎，用5升的玻璃烧杯作容器，用手端着盛满浓硝酸的容器，冒着浓烈硝烟，进行酸化。他们被硝烟呛得鼻涕眼泪直流，喘不过来气时，跑到院子里喘口气再干，一直坚持酸化完。当同志们看到自己搞出的硝酸银时，流下了喜悦的热泪。接着他们就用自制的“马弗炉”进行还原，成功地制出了粉末状的金属银，顺利地试制出自己的汽车用“白金”。

有成功也有挫折。1949年初，为了提高钢材利用率，大连钢铁工厂着手安装水压机，准备用挤压的办法代替切削的办法，进行弹体生产工艺的根本改革。毕可征带领机修工人采用日本人的设计图纸，共安装了8台200吨立式水压机。这时，日本技师相继回国。由于理论计算上的错误，用1台高压泵驱动4台水压机，高压泵的容量达不到要求，复板的设计精度也达不到要求，被压弹体不能保持严格的水平，造成压力不均匀。所以1949年6~12月，一直处于试制生产的状态，在此期间，虽然进行过多次改进，但由于总体设计上的问题，一直达不到预期的效果。在半年多的试制期间，虽然加工出20183枚弹体，但故障不断，曲轴经常断裂，产品合格率低，造成极大的浪费。1949年10月，水压机被搁置，1950年拆除。

从1947年3月至1951年初，大连钢厂工厂经历了恢复、准备、生产三个阶段，共冶炼了28736吨钢，成功试制并生产硬质合金5423公斤、镍铜合金410公斤、铝铬丝5.77吨，锻造出生产炮弹用的圆轴4128吨，轧制出生产炮弹头用的圆钢6172吨，生产炮弹体20183个、九二步兵炮用弹簧18吨，有力地支援了解放战争。

第三章 中国现代特殊钢产业发展故事

1949年新中国成立，百废待兴，在共和国一代代领袖的关心下，中国特殊钢产业肩负着制造强国的重任，负重前行，勇于创新，用高质量的特殊钢支撑着中华民族奋起、奋斗、奋发图强。站在两个一百年的历史交汇点上，中国特殊钢行业将时刻铭记共和国领袖们的亲切关怀、殷殷嘱托，赓续特钢精神，发扬光荣传统，推动特殊钢产业的高质量发展，为实现第二个百年奋斗目标做出应有的贡献。

第一节 中国特殊钢产业的先行者

一、“坚守初心 至诚报国”的冶金专家——陆达

陆达，中国冶金工程技术专家，中国冶金科技领域的带头人和领导者之一（见图1-3-1）。在抗日根据地极端艰苦的条件下，因陋就简、因地制宜地将土法生产的白口生铁铸件韧化处理、加工制作炮弹壳；为了生产可进行机加工灰口生铁，创建了故县铁厂，有力地支援了抗日战争和解放战争。中华人民共和国成立后，他主持和指导了太原钢厂、大冶钢厂的扩建和改造，以及武钢转炉炼钢的技术攻关；作为已建成冶金新型材料研究和开发的重要基地中国钢研集团前身冶金工业部钢铁研究院的第一任院长，他为国防尖端技术和国民经济急需的重要金属材料研制做出了贡献。与此同时，也为培养冶金科技人才和发展、提高钢铁品种和质量做出了重要贡献。

（一）从爱国学生到革命者

陆达，1914年出生于北京，1926年就读于北京汇文中学（见图1-3-2），1929年全家迁往上海，1931年升入东吴大学化学系。“九一八”事变后，他积极参加了爱国学生救亡活动。

1933年，陆达转学到上海圣约翰大学化学系（见图1-3-3）。同年秋，到德国柏林工业大学钢铁冶金系学习，师从著名的杜勒（R. Durrer）教授。他以优异的成绩通过了迪普隆（Diplom）工程师的前期考试。在此期间，他参加了中国旅德华侨抗日救国联合会的活动。

1936年，陆达被中国反帝大同盟吸收为成员，受到了马克思主义和中国共产党抗日统一战线的教育。“七七”事变后，他作为中国留德抗日救国联合会的代表，出席在巴黎举行的中国旅欧华侨抗日救国大会（见图1-3-4）。

出于抗日救国的热忱，陆达决定中断在德国的学业，放弃攻读硕士学位，毅然随杨虎城将军返回祖国，参加抗日。1938年1月到达延安，开始了他艰辛而又光荣的人生征程。

图 1-3-1　冶金专家——陆达

图 1-3-2　少年时期的陆达

图 1-3-3　1933 年去德国之前的陆达（在上海）

图 1-3-4　陆达（二排右一）与旅欧人员在一起

（二）从革命者到新中国钢铁工业的开拓者与建设者

抵达延安后，陆达被分配到兵工局任工程师（见图 1-3-5）。1938 年 4 月，在陕北公学学习期间，陆达同志加入了中国共产党。1939 年夏，陆达不留恋在兵工局机关里当工程师，积极响应党的号召，到条件艰苦的太行山根据地，开展冶金和军工生产。朱德总司令

图 1-3-5　1939 年中共中央军委军工局工程技术人员合影（左二为陆达）

勉励陆达他们为生产武器多做贡献。此后，陆达作为太行山根据地的少数冶金技术专家之一，从事军工生产，支援了抗日战争与解放战争。

1946 年 2 月，为了扩大弹药生产，军工部决定兴建高炉，并派郑汉涛、陆达等 4 人前往石圪节地区，勘察选择了石圪节附近的故县村和棘蓁村作为炼铁厂和炼焦厂的厂址，并责成陆达领导和主持建厂工作。在困难条件下，为了生产当时军工所急需的冶金产品，他运用自己留学德国学习的知识，与广大工人的经验相结合，克服了重重困难，经历了无数次的失败，创造性地将白口生铁进行韧化处理，终于开创了太行山根据地能够自制迫击炮弹的先河（见图 1-3-6）。

图 1-3-6　1948 年 1 月陆达（二排右三）于故县高炉投产前

陆达自 1939 年 10 月随“工人营”到达山西黎城八路军总部军工部担任工程处副处长起，直至 1949 年夏离开故县铁厂，到太原参加接管工业工作为止，陆达在太行山根据地整整战斗了近 10 年。他在故县建起了一座日产 20 吨灰口铁的小高炉，大量制造炮弹，为抗日战争、解放战争做出了重大贡献。

1949 年春，太原市解放，陆达被任命为太原军事管制委员会工业接管组副组长，负责接管了太原市的重工业和轻工业企业，尤其是太原解放的 1949 年 4 月 24 日当天，带队冒着战火的硝烟进入太原接管原太原钢铁公司（见图 1-3-7）。

图 1-3-7　1949 年时任太原军管会工业接管组副组长的陆达

中华人民共和国成立后，1950 年陆达被调到北京，任重工业部钢铁局副局长，协助钟林副部长和刘彬局长，组织恢复全国钢铁的生产，建立生产管理与规章制度，并亲自抓了钢铁品种的开发，如在太原钢铁厂创建了热轧硅钢片生产线，填补了我国硅钢生产的空白；组织重庆钢厂与鞍山钢铁公司联合生产重轨，供应中华人民共和国兴建的第一条铁路——成渝铁路铺轨的急需。在此期间，组建和领导了设计队伍，将大冶钢厂从普钢厂改建为年产 50 万吨的特殊钢厂。

1956 年，周恩来总理亲自领导和组织制定了《1956—1967 年科学技术发展远景规划纲要》。根据规划和国家需要，必须解决各种冶金新材料的研制问题。冶金工业部决定把原来的钢铁工业综合研究所（中国钢研的前身）扩建为钢铁研究院。1957 年底，陆达同志被任命为钢铁研究院院长。他到院后，将钢铁工业综合研究所（中国钢研的前身）扩建为冶金工业部所属的钢铁研究院。经陆达等人近 20 年呕心沥血的奋斗，当初的钢铁工业综合研究所已经成为我国工业部门中颇具特色、一流的综合研究院。他为我国组织研制了大量急需的冶金新材料，还培养了数以千计的高、中级科技人才。

20 世纪 60 年代，我国紧急启动了国家核工业关键材料“乙种分离膜的制造技术”重大研制任务，项目由中国钢研前身钢铁研究院牵头承担。1960~1964 年，经过陆达等各级领导的靠前指挥和数百名科研工作者夜以继日的拼搏奋斗，先后攻克了重重难关，完成了实验室研制工作。从此，中国有了自主生产的核材料分离膜，彻底打破了核国家的核垄断，满足了国家的核发展需要（见图 1-3-8）。1987 年，“乙种分离膜的制造技术”经国家科委发明评审委员会审定批准，获得国家发明一等奖（见图 1-3-9）。

图 1-3-8 1964 年陆达（前排右一）陪同冶金工业部夏耘副部长（前排左一）到钢铁研究院四室视察铀同位素分离膜研制时与粉末轧制组科技人员合影

1975 年，陆达被任命为国务院钢铁领导小组成员，多次奉命带领工作组前往包钢、武钢及太钢，解决当时各钢厂出现的重大生产技术问题（见图 1-3-10）。

荣誉证书

“乙种分离膜的制造技术”科研项目（1960年4月至1965年9月）荣获1985年国家发明一等奖，为我国核工业的发展作出了重大贡献。这是上百人的集体成果。

______同志曾参加了本项目的研究工作，特发此证，以资鼓励。

冶金工业部钢铁研究总院

1988年8月

图 1-3-9 国家发明一等奖证书

1977~1983 年，陆达先后担任冶金工业部副部长与总工程师。在此期间，他为我国研制发射通信卫星等工程所需的冶金材料做了大量科研以及组织工作。为提高冶金产品的质量，他大力推行采用国际标准组织生产；他经过研究，亲自为抚顺钢厂等单位引进 9 套当时国际先进水平的工艺装备与仪器，使我国特殊钢厂的生产技术水平上了一个新台阶。

“文化大革命”期间，中国金属学会工作全

图 1-3-10 1978 年陆达（前排右五）在太原钢铁公司视察矿山

部停止，1979 年，学会恢复活动。1979 年，陆达被选为中国金属学会副理事长，先后任中国金属学会副理事长、常务副理事长。陆达与学会有关人员一起，积极恢复原有 14 个学组，并逐步把它们改组和增建为包括综合学科和边缘学科在内的 32 个专业学会。1983 年陆达获德意志联邦共和国钢铁协会荣誉会员称号（见图 1-3-11）。1990 年陆达获中国金属学会荣誉会员称号（见图 1-3-12）。

图 1-3-11 1983 年陆达（前排右二）获德意志联邦共和国钢铁协会（VDEh）荣誉会员称号

在社会活动中，陆达还担任过中国科协第三届常委和第四届荣誉委员，全国人民代表大会第四、第六、第七届代表，中共第十次代表大会代表（见图 1-3-13）。

作为中国共产党领导的钢铁生产早期的参与者和组织者，以及新中国钢铁工业与中国特殊钢产业第一个大发展时期的参与者与领导者，陆达同志为中国钢铁工业、中国特殊钢产业和中国钢研集团的发展奠定了坚实的基础，为冶金科技的进步和冶金工业的发展做出了重要贡献。他的一生是为中国冶金科技奋斗的一生，是为党、为人民无私奉献的一生。我们要传承老一辈中国钢铁先行者留下的宝贵精神财富，用他们的精神指引我们，激励中国钢铁工业与中国特殊钢产业不断前行，开创中国钢研更加美好的未来！

图 1-3-12　1990 年陆达（前排右三）主持中国金属学会会议

图 1-3-13　陆达同志在工作

二、中国低合金钢学术带头人——刘嘉禾

刘嘉禾是我国冶金学家、低合金钢与合金钢领域的学术带头人，他主持了我国 20 世纪 50 年代中期低合金钢 16Mn 和无镍铬水面舰艇壳体用“901”“902”钢的研制和开发工作，是我国无镍稀土装甲钢的主要开发人之一，核潜艇动力反应堆压力壳材料研制的组织者和技术负责人，曾参与制订我国低合金钢和合金钢产品标准、生产技术规程、科技发展规划及技术政策等多项工作，为我国低合金钢和合金钢的发展，以及国防用某些重要合金钢的研制开发做出重要贡献。

刘嘉禾是山东省青州市人，1921 年 9 月出生。因父亲工作变动，小学、中学曾先后在沈阳、天津和南京就读。1937 年“七七”事变及上海沦陷后，他随流亡学生辗转到四川，进了国立二中，毕业后考入重庆大学土木系，1 年后，1939 年转学至交通大学唐山工学院贵分校矿业系，学习成绩优异，得到该校 5 种奖学金。1943 年大学毕业，留校做助教。1944 年，经张春铭推荐，进入重庆国民政府资源委员会四川綦江电化冶炼厂任技术员。

1945年，随该厂厂长邵象华等人到东北，先在某机器厂负责恢复生产的工作，后转到鞍钢炼钢厂工作。在鞍钢工作10年（1948~1958年），先后担任炼钢厂平炉炉长，护炉技师、值班主任、生产科长及公司技术处副处长等职。1958年，刘嘉禾调到北京钢铁研究总院工作直至今日，先后担任新钢种研究室副主任、主任、副院长、技术顾问等职。

1948年2月，鞍山市解放后，他积极投入鞍钢的生产与建设工作（见图1-3-14）。当时，炼钢厂技术人员缺乏大平炉炼钢经验，工人都来自农村。为了学习和掌握炼钢生产技术，他与同事一起，自己动手，亲身实践，将实践中总结出的操作经验与技术人员交流，并传授给工人，从而提高了技术骨干的操作技能，为以后生产奠定了基础。鞍钢副经理兼炼钢厂厂长马宾责成刘嘉禾（时任钢厂生产科科长）参照苏联的平炉炼钢操作规程结合鞍钢的生产条件，制定炼钢操作规程并负责组织实施。经过他的努力，我国第一个平炉炼钢操作规程的制定出来，从而改变了过去由炼钢师傅带徒弟的不规范做法，迅速提高了我国炼钢生产技术水平。随着新中国建设对钢产量的需要及铁水成分的变化，他与张春铭等人共同提出将原有的几座预备精炼炉改造为直接炼钢炉的建议，经采纳后成效显著，大幅度提高了钢厂的产量。连同其他方面的工作成绩，他被东北重工业部破格晋升为工程师，并选为第三届赴朝慰问团成员，1956年，他当选全国先进生产工作者，出席了全国第一届先进生产工作者代表大会。

图1-3-14 刘嘉禾同志在工作

他是我国低合金高强度钢的奠基人之一。1957年，他在鞍钢工作时，为了解决汽车大梁板冲压合格率低的问题，配合民主德国冶金专家孔歇尔试制ST52（德国牌号，16Mn钢的前身）以代替苏联牌号30Ti钢。1958年，他调到北京钢铁研究院新钢种室，由他提议组建并领导了我国第一个专门从事低合金高强度钢课题的研究小组。为了改变碳素钢一统工程用钢的格局，试制出一些强度与塑性均好于碳素钢的新钢种。这些钢既要结合国内资源条件，又要生产操作简便易行，还要兼顾用户的承受能力。他根据我国丰富的锰资源情况，选择了ST52钢作为基础，调整钢的成分，在原碳素钢的基础上，适当地把锰含量提高、碳含量降低，成功试制出16Mn低合金钢。该钢种对原材料和在炼钢、轧钢等工序上没有明显的改变，很容易被工厂接受。由于该钢种的强度比碳素钢提高了30%，钢厂与用户均提高了经济效益，节约了钢材，16Mn钢很快推广到汽车大梁、造船、广播铁塔以及其他工程构件，被广泛大量应用，产销量仅次于碳素钢。

他不仅主持和参加16Mn和15MnTi等钢种的试制，还积极组织其他低合金钢的研制和各种推广会议，参与制订了“六五”和“七五”低合金钢规划，编写了国家低合金钢发展技术政策蓝皮书。先后发表《我国低合金钢的发展方向——微合金化》《我国低合金钢和合金钢发展的宏观控制问题》《微合金钢在成分和工艺上的新进展及对我国研究开发的建议》等多篇文章，指导了我国低合金钢和合金钢的开发和生产。

他是我国研制无镍铬国防用钢的带头人。1958年，刘嘉禾调到钢铁研究总院任新钢种研究室副主任，该室的任务是研究国防用的特殊钢。他具体领导军用低合金钢和合金钢方面的研究。新中国成立初期，国防用装甲、舰艇等钢板及其制成品，均由苏联设计、供应原料、指导生产，其钢种均含我国稀缺的镍铬元素。

20世纪50年代末60年代初，中苏关系破裂后，苏方撕毁协约，中断供应原材料，撤走专家，带走资料，西方国家也对我国实行禁运，使我国坦克、舰艇等国防用钢生产陷于困境。国家要求鞍钢、钢铁研究院、军工厂大力协作，尽快将无镍装甲钢和无镍铬舰艇用钢研制出来，以应国防建设急需。他担任装甲用钢课题组副组长，承担技术责任。国外大都采用电炉冶炼，而在鞍钢只能采用倾动式大平炉冶炼，该钢含铬和稀土元素又要求钢水硫、磷含量低，在平炉上冶炼十分困难。特别是加入稀土合金后，铸锭时由于钢水黏、流动性差，钢包水口结瘤严重，甚至堵塞水口，严重影响试制的进行。刘嘉禾以自己丰富的生产理论和实践经验，与钢厂技术人员和生产工人共同努力，攻克了一系列技术难关，于1961年成功地试制出我国第一批无镍稀土装甲钢（603），在当时的困难条件下，从试验到转产仅用了3年的时间。1962年前后，为了满足造舰、修舰工作的需要，必须尽快研制出一种无镍铬新钢种。刘嘉禾大胆提出了“把民用船体钢16Mn以及15MnTi两个钢种加以改造，使其适用于舰体用钢”的建议。并主持试制工作，分析了军用与民用的差别，提出了改进对策。在鞍钢技术人员密切配合下，该钢种很快进入了批量试制，经过舰艇的制造考核，顺利地通过了鉴定，取名为“901”和“902”。该钢转产后生产了十余万吨钢材，建造了一大批水面舰艇，解决了海军建设用钢的急需，为此，获得了国家科委的嘉奖。

在大量工程用钢中采用微合金元素，在国内是首创，当时在国际上也正处于初步研究阶段。而“901”“902”钢正是利用了微量钛把民用钢改进为军用钢。通过“901”“902”钢种的试制成功，为后来结合我国富有的钒、钛资源发展微合金钢种开辟了道路。

除上述“603”“901”“902”钢外，他还亲自主持参加了其他无镍少铬或无镍铬等钢种的研制，为自力更生地制成国防建设和经济建设急需的钢材做出了重要贡献。

鉴于他在组织无镍铬钢的研究和建立适合我国资源的合金钢系列以及制订相应的技术标准等工作中，取得了显著成绩，被选为全国群英大会的代表（见图1-3-15）。

图1-3-15　刘嘉禾同志在参观

他是我国核动力反应堆壳体材料的开拓者之一。20 世纪 50 年代末，我国为增强国防实力决定建造核潜艇。他接到研制核反应堆压力壳材料的任务后，感到任务十分艰巨。因为核反应堆里装有核燃料，具有放射性的高温高压水在其中循环，其压力壳要能经受住 30 年的中子辐照而不变脆。制造压力壳体的钢板既要具有高强度又要具有高韧性，长期使用后其韧性只允许有少量降低。国内又无这方面的资料可参考，而研制工作要完全依靠国内的力量。经过反复思考，刘嘉禾大胆提出了试验方案。他带领研究室郭宝纯等同志到设计部门和制造厂听取意见，最后选定了两个方案。之后他与试验组人员又结合当时的生产条件，优化工艺、调整钢种成分、克服无炉外精炼设备和无大型热处理设备的困难，采用科学且简便的办法，有效地解决了钢中“白点”的问题。同时，他果断提出壳体材料的研制不能因三年经济困难而与其他项目一同暂停的建议，必须抓紧壳体材料的研制，要把研制壳体材料的技术问题逐一解决，做到有备无患。此建议得到该工程总设计师彭士禄及陈祖泽等人的赞同和制造厂的支持。当其他研究工作停顿时，唯独压力壳材料的试制工作仍然继续进行。在彭士禄、陈祖泽、刘嘉禾 3 人领导小组的组织安排以及研制小组人员的不懈努力下，终于完成了这项材料的试制任务，定名为“645-Ⅲ”钢，为后来核潜艇再度上马，大大节省了材料研制时间。这种钢制造的压力壳体已用于多艘核潜艇上。后经资料检索，发现这种钢的成分和国外完全不同，它在核潜艇反应堆壳体材料的发展史上留下了中国特殊钢独特的一页。之后在我国自行设计的 3×105kW 核电站的反应堆材料方面，刘嘉禾又指导完成了“SS271”和“SS272”两项研制工作。

刘嘉禾在钢铁研究总院工作 30 余年，参加并指导了多项重大课题的研究，培养了一批青年技术人员，在民用船体钢、装甲舰艇用钢、核反应堆压力壳体用钢等方面做出了重要贡献。其中“603”无镍稀土装甲钢和“901”“902”海军水面舰艇壳体用钢获国家发明奖和国家计委、国家科委、国家经委工业新产品一等奖；“645-Ⅲ”核潜艇动力反应堆压力壳用钢获国家科委、国防工办重大技术改进二等奖。由于他在军工冶金材料方面的贡献，1985 年 5 月，在国防科工委、国家计委、国家科委、国家经委召开的国防军工协作会议上，刘嘉禾获先进个人荣誉证书和飞马纪念品（最高奖品）。1973~1983 年，刘嘉禾担任钢铁研究总院副院长，1984 年起任院技术顾问。他曾任兵工学会常务理事、中国金属学会常务理事、中国金属学会特殊钢分会主任委员和名誉主任委员、中国机械工程学会无损检测学会理事长等职。

三、昔日雄风今犹在——张宝琛

他是全国劳动模范，抚顺钢厂厂长，他的经历非常令人敬羡。

1959 年，他光荣地出席全国群英会；1978 年，他荣获冶金部先进科技工作者；1983 年，他被国防科工委、冶金工业部授予航空结构钢关键材料攻关先进工作者；1985 年，他被国防科工委、计委、经委、科委授予国防军工协作工作先进个人；同年，他被冶金工业部授予军工新材料研制的组织和管理工作一等奖；1988 年，他荣获国家科工委授予的献身国防科技事业荣誉证章；1989 年，他荣获国家级科技管理专家称号；1990 年，他荣获冶金工业部高温合金开发和创新一等奖；1991 年，他荣获全国劳动模范称号；1992 年，他荣获辽宁省优秀改革者称号。

进入1993年以后，在汹涌澎湃的市场经济浪潮中，在重重的困难面前，他没有像一些企业家那样被淹没，而是以其临危不惧的坚韧意志和开拓创新的果敢气魄，蜚声全国冶金行业，更显英雄本色。

他，就是抚顺钢厂厂长张宝琛。

作为特钢企业，抚顺钢厂（现抚顺特钢）在国内无人不晓。它的产品遍销祖国各地，大至天上飞的、地上跑的、海底钻的，小至与人们日常生活息息相关的各个领域，都可以看到抚顺钢厂优质钢材的身影。曾几何时，大江南北、长城内外的各类用户纷至沓来，为得到抚顺钢厂的产品而奔波忙碌，……

可是，随着1993年日历一页页揭去，接二连三的不祥之兆出现了：资金紧张！原料涨价！库存增加！价格下跌！市场似乎故意捉弄人，抚钢开始品尝“门庭冷落车马稀”的苦涩。

怎么办？是伸手向上要贷款，要政策，要求“输血”？还是停产待料？张宝琛苦苦地思索着，案前烟灰缸里的烟头堆如小山。

作为精明的企业家，他经过深思熟虑，一个举足轻重的决策终于产生了：将生产奇、难、缺钢材，快速调整品种结构作为企业未来发展的“龙头”，扭住“龙头”不断向国内外市场推出新产品。从这时起，这个一向以生产高温合金、不锈钢为主的“特钢王国”，竟快速研制出了市场急需的工具钢、齿轮钢、轴承钢、煤田用钢、油田用钢、铁路用钢，成为民用产品竞争中的优胜者。仅1993年以来，生产新产品100多种，靠调整品种结构创利达1100多万元。

在强手如林的商海上，张宝琛敢于冲出国门，强占制高点，“去挣外国人的钱”。他亲自带队到美国、俄罗斯、泰国等国家和香港地区考察，开发高利产品市场和廉价供应渠道。多少次现场奔波，多少次激烈而诚恳的谈判，赢得了国外客户的信赖。1993年，抚钢的工模具钢等打入了美国、欧洲、东南亚市场，出口创汇1700万美元，高难产品达到了美国技术标准。1994年上半年，又创汇747万美元，其中高档产品占75%。还从美国、日本、俄罗斯进口了3万多吨原料，避开了停产威胁。

为了打破资金对生产经营的困扰，2014年初，张宝琛靠敏锐的超前意识，改变计划经济的排产和生产方法，下令卖“快餐”，用户需要什么就干什么，交货期多则1个月，少则几天，每月成交竟达2000万元。

抚钢的市场在拓展，抚钢的销售在增长。1993年，实现利税比上年增长54%。1994年上半年，实现利税比上年同期增长5%，实现利润增长98%。透过这些闪金灼银的数字，人们看到了张宝琛推着企业在市场经济的轨道上迅跑的身影。

“科学技术是第一生产力”，这似乎已人尽皆知，但真正要把科技变为现实生产力，则要靠内功，靠把企业蕴藏的能量释放出来，张宝琛就是这样一位将科技变为现实生产力的佼佼者。

国外研究部门有资料表明：工业发达国家科技进步贡献占50%，其中有的国家高达60%~70%；而发展中国家和地区的科技进步贡献只占31%。我国至今虽然没有这方面的权威资料，但据有关部门计算，我国独立工业企业的科技进步贡献仅为28%。而抚钢1993~1994年新增利润的70%是靠科技进步获得。这一重大突破，凝聚着张宝琛的心血和智慧，是他带领全厂职工闯出了一条“靠科技治难，靠内功应变”的神奇之路。

张宝琛常对干部、工人们说：在市场经济条件下，企业应该是科技效益型，要靠技术赚钱，而不要靠卖劳动力过日子。我们好不容易搞到能源和原材料，如果没有科技进步，既不能满足市场急需，又没有效益。科技进步是我们治厂之本。于是，在抚钢，向科技进军的活动红红火火地开展起来。

为了降低炼钢成本，技术人员联合攻关，除继续采用同功能低价料代用高价料外，还应用微机管理实行中下限加料。应用喂丝新技术，既明显提高了钢的内部质量，又降低了铁合金的消耗。为避开国内废钢紧张的矛盾，紧紧抓住生铁资源较丰富的机遇，通过工艺改革，使炼钢的生铁用量由15%提高到55%。比先进国家还高，被誉为冶金工业的新创举。

在张宝琛亲自倡导组织下，全厂科技进步遍地开花，先后推广了电极涂层、喷粉助熔、采用新型耐火材料等30多项工艺改革，仅2014年上半年就使可比成本降低3586万元。1992年10月投产的德国产50吨超高功率电炉，仅用半年时间就实现达产达标达效，主要技术经济指标接近国际先进水平。对此，慕名学习者企业纷至沓来，冶金工业部领导也称赞说：“抚钢是消化吸收引进设备的典型。”

一个优秀的企业家，总是把改革管理机制作为重要的经济杠杆，常抓不懈。计划经济的思想束缚，造成了抚顺钢厂基层分厂对总厂行政上的依靠和经济上的依赖，每个劳动单元与经济效益的“咬合度”不高，构成企业的经济细胞没有被激活。张宝琛以特有的胆识，决定对分厂下放经营权，把分厂推向市场。为了克服只有纵向考核，考下不考上的弊端，他广泛听取基层意见，建立了相互制约机制，实行横向、纵向考核相结合的机制，使分厂既有被考核的责任，又有考核上边的权利。供热管道公司是负责住宅供暖的厂属集体企业，长期以来总厂对它是“管吃管添”。实行独立经营后，1993年，在供暖面积增加6万平方米的情况下，靠承揽外单位工程搞创收，弥补费用不足，不但供暖质量提高了，还比上年节约费用200多万元。这年他们实现产值1200多万元，上缴利税68万元，被市政府授予“明星企业”。

张宝琛认为，市场竞争归根结底是人才的竞争。因此，常以一个老科技人员的身份，关心爱护科技人员，想方设法调动大家的积极性。一方面，他鼓励科技人员面向市场，面向生产，面向基层找课题、攻难关、创效益，并对突出贡献者实行重用或重奖；另一方面，尽力改善他们的工作和生活条件。他决定优先解决科技人员住房，对高级科技人员实行“优诊制”和公事派车接送制度，解除他们的后顾之忧。为稳定一线工人，张宝琛提出工资、奖金向一线倾斜。企业实行岗位技能工资后，一线艰苦工种的岗位工资同分厂、处室领导相同，激发了职工的劳动热情。他们严格执行操作规程，使产品质量不断登上新台阶。1993年，全厂实物质量用户复验合格率高达99.6%，出口钢材质量异议率为零，创了历史最好水平。

张宝琛以优秀企业家的魄力和智慧，游龙吸水般地遨游在市场经济海洋中，尽管前进的航程中有险滩和暗礁，但人们相信，迎接他的必将是一个又一个成功、一个只一个黎明。

四、特殊钢铸成的厂长——侯树庭

侯树庭，男，1934年8月生于天津，中共党员，大学文化，1955年8月~1958年9月在上海冶金机修总厂任工长、技术员，1958年9月~1960年10月在上钢五厂一车间、二车间任技术员、总工长、技术组长，1960年10月~1969年12月在上钢五厂第二中心试验室任三组组长、高温室副主任、三车间副主任，1969年12月~1978年8月在上海冶金工业局援外组任技术组长，1978年8月~1982年7月在上钢五厂任总工程师室工程师、副总工程师，1982年7月~1983年6月任上钢五厂副厂长，1983年6月~1995年10月任上钢五厂厂长，1996年担任上海沪昌钢铁有限公司名誉董事长。

侯树庭同志熟悉特殊钢生产技术和企业生产，在电弧炉、转炉、真空感应炉、电渣重熔炉、真空自耗炉冶金技术方面有较深造诣，在报刊、杂志发表论文和文章30多篇。1966年7~9月赴美国考察学习特钢和真空冶炼技术并验收引进的3000磅真空感应炉，1974年4月~1977年5月赴阿尔巴尼亚援建巴桑冶金联合企业，1983年10~11月赴西德考察学习钢铁工业并与西德GHW公司交流并商谈引进热风化铁炉项目，1988年7~8月赴西德、瑞典、比利时签订30万吨棒材工程项目。侯树庭同志1978年获工程师职称，1988年获高级经济师职称，1993年享受政府津贴。

侯树庭同志担任上钢五厂厂长期间，推动形成了“艰苦奋斗、从严求实、开拓进取、争创一流”的企业精神和文化，1985年上钢五厂获全国特钢行业“排头兵”称号，1987年首批进入国家二级企业，1989年首批通过国家一级企业。他是在改革开放中涌现出来的一位开拓型企业家。工作勤恳，埋头苦干，在企业面临转轨变型、经营环境多变的艰难形势中，他审时度势，高瞻远瞩，研究企业的外部经济环境和秩序，适时制定出企业经营策略，引导全厂职工努力实现企业的经营目标。带领全厂职工迈出了以法治厂，承包经营，技术改造等大步伐，同时开展创奖升级、建设企业利益共同体等大的动作，使企业的整体素质得到提高，1992~1993年提出了“转换经营机制，突出质量品种、强化市场观念、提高经济效益”的企业方针，充分发挥企业党组织的政治核心作用，全心全意依靠工人阶级，不断加强企业民主管理和利益共同体建设，强化班组建设，领导全厂职工以不断进取和勇于拼搏的精神来克服企业面临的困难，有效地促进了企业内部各项工作的开展，使企业各项目标不断刷新历史纪录，经济效益显著提高。侯树庭同志担任厂长期间，上钢五厂由1984年钢产量109.5万吨、钢材37.98万吨，至1994年发展到钢产量135.3万吨、钢材89.01万吨。品种结构实现由普转优、优到特的全面转变和提升。其中1992年、1993年两年共生产钢263万吨、钢材127.54万吨，销售收入68.6亿元，利税总额50851万元，其中1993年利润总额12262万元。在产品质量上，上钢五厂取得3个国优金质奖、4个国优银质奖，28个国家、部委及上海市优质产品。1993年12月17日，企业的高碳铬轴承钢在冶金行业、上海市第一家取得了中国方圆标志认证，侯树庭1988年被评为“上海市优秀法人代表”，1989年被命名为上海市有“突出贡献的中青年专家”，获上海市优秀企业家称号，1990 年被授予“全国优秀企业家”称号和全国优秀质量管理工作者。在侯树庭厂长的领导和带领下上钢五厂先后荣获“全国五一劳动奖状”“全国企业管理优秀奖”“国家质量管理奖”“国家一级企业”等荣誉，工人们赞誉他为特殊钢铸成的厂长。

（一）锐意进取，积极投身改革

侯树庭在改革中实践，在实践中提高对改革的认识，1992~1993 年间，就先后对企业实施了三次改革。首先，1992 年 1 月 29 日，侯树庭代表上钢五厂与上海冶金局领导和上海市财政局领导签订“改进征税办法，实行全员劳动合同制”试点合同书。上钢五厂的这项改革被上海市领导称之为“第五种改革方案”，1991 年上海有“仿三资”、税利分流等四种改革模式，当时上钢五厂是列在“仿三资”模式的八家之一，侯树庭同志摒弃了各种“混进仿三资在讲的想法”，而是根据本企业的实际情况，考虑到国家、企业、职工三者利益，从实际出发，向上海市政府领导和各主管部门汇报，积极谋求第五种改革方案，经过他与有关部门多次研究会商，前后历时半年多，终于征得领导的同意和支持，签订了该项试点合同书。由于改进征税办法，使消化原“小三线”30 万吨合金钢棒材工程的 2 亿元多贷款得到妥善解决，接着在全厂实行全员劳动合同制，精简富余人员 20%，使企业走上自我积累自我发展的良性循环。其次，对组织管理机构进行了改革，使全厂行政机构从原来的 59 个精简压缩到 47 个，撤销归并机构 12 个，把中层干部从 284 人压缩到 240 人，有个处长年事已高，他想自己与厂长关系很好，可以笃定做下去，侯树庭同志不顾私情，坚决让他退到二线；在用人问题上，侯树庭突破“左”的观念束缚，大胆启用一个因历史原因而犯有错误又确有真才实学的人，这样调动了绝大多数人的积极性。1993 年上半年，他还富有创见性的把市场经济引入到企业内部管理中去，他在厂内积极组织和独行模拟市场，以市场价格，作为总厂与分厂、分厂与分厂之间的计价标准，使分厂部门直接感受到市场的脉搏，在采购供料加工项目、委托上都开始斤斤计较，有效地矫正了过去在管理上的松懈、浪费等不良现象，内部管理得到加强。

（二）企业经营管理真抓实干

1992 年春是上钢五厂最艰难的春天，生铁、废钢、原材料紧张成为制约企业生产的主要矛盾。为了解决这些主要矛盾，早春二月侯树庭就亲率计划、原料、技协有关部门的领导到张家港、泰兴、江都、淮阴、镇江、宜兴、苏州等地风尘仆仆 2000 多里路采购串换到 8 万吨生铁，一位原料科长说，进厂 30 多年没看见过厂长亲自跑原料，侯厂长为我们做了榜样。1993 年春，侯树庭同志又带了有关的部门领导去了梅山铁矿求生铁，与梅山铁矿的领导签署了年供生铁 30 万吨的合同，一下子解决了企业年需要量的一半。在此基础上，他又与宜化铁矿的老同学联系，又争取到 15 万吨的供货，使生铁紧张等问题得到显著缓解。

生铁解决了，“拉电”却一直使侯树庭同志耿耿于怀，1992 年全年拉了 237000 分钟电，每 7 分钟就损失 1 吨钢，全年要损失 3 万 3 千吨钢，经济损失了上千万，他专程去拜访上海电力工业局领导，当了解到电力局急需钢材时，他就抓住时机，提出“钢铁互保”

的建议。经双方的充分协商，终于和上海电力工业局签订了“钢电互保协议”书，使1993年全年少拉了185917分钟电，多生产26500吨钢。

侯树庭同志多年来坚持走“质量、品种、效益”型的企业发展道路，对于产品质量问题，他在领导班子中提倡敢抓、敢管，做到铁面无私、六亲不认、违章必究。1991年秋，转炉分厂发生了一起错加铁合金，未实现计划炼钢的质量事故，侯树庭认为，这件事性质严重，只是由于两种铁合金成分差异不大，才没有造成严重后果。所以还是应该从严处理，包括自己在内的总厂有关干部也应该承担责任。有人提出这件事，“你抬抬手就过去了，何必一定要辣手辣脚，斩的大家血淋淋的”，他回答：“抓质量动真格必然会得罪一些人。眼开眼闭，不敢从严要求，虽然可以求太平，但必然损害企业和大多数职工的利益，两者相比，我宁可得罪少数人，不让大多数人吃亏”，在他的干预下，最后他自己和分管质量厂长、总工程师、质监处长、全质办主任等一批与质量有关的总厂领导的当月奖金全都剃了“光头”。

侯树庭同志坚持以内涵扩大再生产为主的技术改造路子以增加企业后劲，在五年内他组织建设了2000吨快锻、30万吨合金钢棒材、10吨直流电弧炉工程项目，与此同时他还逐年对各生产厂主体设备进行了改造，几年下来所有的主体设备都来了一次脱胎换骨，使上钢五厂从一家20世纪50年代的旧厂一跃成为90年代的新厂。当时侯树庭厂长又筹建了100吨超高功率大电炉和6000吨挤压机钢管工程，在开发新工艺新技术方面建立了轴承钢、不锈钢、工模具钢三条专业生产线，还组织开展了桑塔纳轿车用钢国产化工作。

（三）依靠工人阶级办企业，干出实效

早在1989年，企业正面临原材料及资金等重重困难，侯树庭依靠和发动全厂职工共同努力，他代表行政与代表全体职工的工会，签署了第一个《上钢五厂利益共同体协议》，明确了职工和厂长的义务与权利，从而把职工的心与厂长的心连接在一起，出现了“共闯难关，共挑重担”的生动局面，同时还坚持实行了“共商会制度”“职工代表巡视检查制度”“职工民主评议干部”等民主管理方式，受到全厂职工的欢迎。与此同时，他还非常重视班组建设，亲自带队为特级班组挂牌，有力促进了上钢五厂班组建设深入、持久的开展。由于侯树庭身为厂长能重视和加强企业的民主管理工作，为此1991年初，中华全国总工会特邀侯树庭同志赴京在全总主席团扩大会议上做关于依靠职工办企业的经验介绍，他的“厂长应是民主管理的实践者和推进者”的发言，受到全总领导与其他与会者的高度赞扬，在上钢五厂十届十次职代会上，侯树庭厂长又代表企业行政、厂工会主席、全场职工郑重地在上钢五厂《1994年利益共同体集体协议》上签字。这个协议不仅写进了企业生产经营管理的特点、难点、实现目标和职工生活福利的热点问题，而且充实了厂长（代表行政）和工会（代表职工）在劳动用工、工资分配、奖惩、劳动保护、教育培训、文化娱乐、民主管理等方面各自的权利和义务，规范了双方在企业管理和改革的各种活动中各自的地位、行为和相互关系。这为上钢五厂新的发展，重谱新篇章奠定了基础。

五、特钢企业的先行者——袁大焕

袁大焕（1934~2018年），湖北省新洲县人，中国共产党党员。

袁大焕历任大冶钢厂技术员、工程师、车间副主任、副厂长、厂长、党委书记、冶钢集团公司总经理、党委书记、大冶特殊钢股份有限公司董事长、总经理、党委书记。袁大焕是湖北省政协委员、中国金属协会理事、冶金现代化管理学会理事冶金企业管理协会常务理事、湖北省企业家协会副会长、北京科技大学和武汉钢铁学院兼职教授。

袁大焕提出的“高起点、高标准、高技术、走老企业一步到位实现现代化”，对中国特殊钢现代化发展有着突出贡献。从“六五”末到“八五”前三年，促成中国当时特钢行业唯一较为完整的轴承钢、弹簧钢、冷拉材生产线项目。

1989 年，袁大焕被授予全国劳动模范称号，同年，获得全国优秀党务工作者称号；1990 年被评为全国冶金工业优秀企业家；1993 年获全国优秀质量管理工作者称号，同年，享受国务院特殊津贴。

（一）推进特钢企业现代化制度革新

20 世纪 80 年代初，大冶钢厂面临着设备老化、原材料涨价、生产经营连续滑坡局面。1986 年初，大冶钢厂提出产值突破四亿元、轴承钢材产量突破 7.5 万吨，利税突破 1.2 亿，全员劳动生产率突破 1.7 万元的“四突破”奋斗目标，但直到 1986 年 9 月袁大焕接任新厂长，目标才完成三分之二。有些职工很不看好：“袁大焕即使有回天之力，也难以用四分之一的时间去完成三分之一的任务。”好心朋友劝告他：“今年只剩下三个月，目标肯定实现不了，反正你才上任，干脆不提‘四突破’，搞多少算多少，过了年再说，犯不着去背这个包袱，免得到时候惹人讥笑。”袁大焕深知，现代工业生产需要尊重工业生产客观规律，不能蛮干，决不能搞突击式“大战”。他把办公现场搬到一线，就地解决各种问题，打通生产任督二脉。凭着一股子勇往无前的拼劲儿，经过 105 天深度“挖矿”，在 1986 年最后一天，“四突破”红色指示灯全亮了！

正是凭着这么一种拼劲儿，袁大焕在“三包一奖”承包合同的签订与执行上，非常坚决。他意识到，只有改革才是使大冶钢厂振兴的必由之路；只有不断前进，企业基础才能稳固，企业发展才有前途。1986~1989 年，袁大焕大胆改革企业内部经营管理体制，果敢建立了一系列经营新机制。袁大焕考虑得很清楚：一个近百年历史的老厂，如果循规蹈矩按老模式管理企业，靠耗物力、拼设备去爬坡夺效益，不但管不好工厂，还会大伤企业元气，等同“杀鸡取卵”，得不偿失。要使企业保持旺盛的生机活力，正确的决策就应该是“养鸡下蛋”、积累资金、增加投入、滚动发展、增添后劲。

袁大焕为特钢企业现代化建设进行了不懈地努力和探索。在他的带领下，20 世纪 80 年代中期，大冶钢厂在全行业第一家实行厂长负责制；1987 年，在特钢行业实行第一轮经营承包责任制，打破“国家所有、国家经营”格局，形成“国家所有、企业经营”新格局；后又对劳动、人事、分配三项制度进行改革；1994 年，成立大冶特殊钢股份有限公司；1995 年，“冶钢集团有限公司”（现大冶特钢）作为全国首批、冶金行业第一家母子公司揭牌。通过“改制”，百年特钢老企增强了活力，产品在辐射全国的基础上，打入国际市场。

建立现代企业制度是一项复杂的系统工程，尤其是钢铁行业，国内没有先驱参照，在推进过程中，阻力不小，问题不少。袁大焕认为，现代企业制度的改革是全民所有制大中企业改革实践发展的需要，打造现代钢企，必须从制度上进行变革，致力于制度创新，使生产关系、上层建筑更加适应生产力发展。他用了将近一年时间酝酿改制，组织班子成员反复讨论，并报请上级批准，决定改“工厂制”为“公司制”。为推进大冶钢厂顺利“改制”，他做了两方面工作：一是确定正确的改制指导思想。根据市场经济发展和社会化大生产的客观要求，结合企业实际，依靠职工进行企业制度创新，变革产权关系，重组生产要素，重组管理机构，建立产权清晰、权责明确、政企分开、管理科学的现代企业制度。二是选择适合大冶钢厂实际的企业组织形式和实施步骤。在大冶钢厂改组成集团公司时，将生产经营主体部分组建成股份公司，其他单位组建成若干子公司或分公司，在“优质、优价、优良、优先”的前提下为主体服务。集团公司通过政府授权，成为国有资产的代表，在股份公司中和其他子公司或分公司中处于控股地位。这样就能达到发展主体、放开辅助、拓宽经营、提高效率、增效增收的目的。他提出冶钢改制三步走：第一步，完善股份公司，组建集团公司；第二步，利用国际资金，引进外资，寻求中外合股经营的途径；第三步，着重提高经济效益，争取股票上市。把一切工作的重点放在转换机制上，进一步强化管理，提高经济效益。

（二）推进特钢企业现代化管理革新

袁大焕对特钢企业改革的思考，不局限于制度革新。他曾说：“所谓‘政策出水平’是指政策给企业导向，让企业在市场的大海中航行不致于偏向。从企业本身来说，必须要在经营管理上狠下功夫。……机制是管理的手段，管理首先就要完善和运用好机制，……企业改制以后的核心问题仍然是管理。”

他像个哲学家一样，深入研究管理问题，并提出：钢企要遵循人本管理的原理，以人为本，充分发挥其调控功能，形成系统的管理思想。其内容主要是“三基”“五化”。“三基”就是把管理工作落实到基层，按照高标准、规范化的原则夯实管理基础，立足岗位苦练基本功。“五化”就是任务目标化、工作标准化、组织实施程序化、生产指挥军事化、管理思想经营化。要把“三基五化”的管理思想运用到管理实践中去。在此基础上，大冶特钢开展了“六个一”活动，即公司、各单位党政工负责人分别抓好一个班组的经济核算、一个班组的原始记录、一个班组的标准化交接班、一个班组的规范化操作、一个班组的学习，产生出一个班组建设的经验。通过全公司班组核算、“万千百十”练兵比武等活动，提升班组活力，促进职工业务技术素质的提高。在“五化”上，各项任务都有总目标、分目标、长远目标、近期目标，形成了目标体系。各项工作都有标准，各个岗位都有岗位描述，把德国企业管理先进经验运用到岗位工作中来。各项工作都纳入规范化、标准化、制度化的轨道，产生了较大的管理效应，有力地推动了大冶钢厂的进步。

为确保实现生产经营目标，袁大焕充分发挥激励功能，把职工的积极性调动到“争创一流特钢企业”的共同目标和实现生产经营目标上来。在每年的职代会上，都制订生产经营目标和为职工办好事目标，使职工把个人的劳动与企业目标紧密结合起来，明确自己的工作目标和利益目标。在综合配套改革中，特别是在劳动、人事、分配制度改革中，同步稳定职工的思想。在企业改制中，公司有7800多名职工脱离主体，进入社会竞争市场，开启新生。在购买企业内部股票的过程中，职工发出了“当股东、做主人”的豪言壮语，踊跃购股，保证了股份制改造的顺利进行。在住房制度改革中，职工积极认购商品住房，缴纳住房公积金，使房改进展顺利。

（三）推进特钢企业现代化成果变现

结合钢企现代化管理改革，袁大焕提出发展生产与技术改造并重的指导思想，抓好“短平快”发展项目，以期达到少投入多产出的效果。用袁大焕自己的说法，这叫做“长短结合，以短保长，分步到位，滚动前进”。一年攻克一个目标，一年爬上一个台阶。

由此，袁大焕确定了“立足现实，着眼长远，三自一贷（自我积累、自我改造、自我发展、借贷经营），滚动前进”的技改方针，提出“三高一流（高起点、高技术、高标准、主体设备经济技术指标达到国际一流水平）”的发展道路。

1987年，在袁大焕的主张下，大冶钢厂投资6794万元，对28个项目进行了改造。其中，二炼钢厂房危房改造项目，早在1973年就被冶金工业部提出来整改，但囿于各种原因一直搁浅。袁大焕认为，这种“提心吊胆搞生产”的局面再也不能继续下去了，根据冶钢实际，他带着助手们研究出一个“砍头摘帽，消除隐患”的大修改造方案，仅投资800万元，费时118天就完成了任务，既保留了二炼钢年产20万吨的生产能力，又为冶钢的后期发展奠定了基础，冶金工业部领导称赞这项工程创造了冶金系统技术改造的奇迹。

“七五”至“八五”期间，袁大焕促进完成850毫米初轧机主电机更新项目改造、新建6000立方米/小时制氧机组，采取“短、中、长相结合，以短保长，梯度改造，分步到位，滚动发展”技术改造方针，上线短应力线轧机、增建辊底式连续退火炉等配套项目，引进430轧机，推进小型轧机、无缝冷拔机、锻钢退火入库、煤气和18号水泵站改造；同时在计划、经营、生产、技术、质量、合同、物资、设备、财务、劳动人事、档案、资料等管理手段上应用现代化微机控制已达186台。通过这些成龙配套的改造，建成了我国当时最大的较完整的一条轴承钢生产线和比较完整的弹簧钢、冷拔材生产线。同时上线国内首条ASSEL轧管机生产线，对后期ϕ170毫米无缝钢管厂项目建设起到了实验检测性效用。1990年轴承钢材产量比1985年增长1.43倍，到1990年按国际标准生产的钢材占总产量的78%，大大超过一级企业要求50%考核指标。

“七五”期间一共夺得国优产品奖三个，其中包括G20渗碳轴承钢和GCr15高碳铬轴承钢两个金质奖和单面双槽弹簧扁钢银质奖，还有16个部优产品和15个省优产品，广大科研工程技术人员与工人密切合作，共完成科研课题56项，有51项获国家、部、省科技成果奖，有22个科研攻关项目通过鉴定，为国家填补空白；开发新品种463项；科研成果应用于生产创利1400万元，为特钢工艺技术发展做出了应有贡献。冶钢产品出口到美国、南朝鲜、泰国等国家，通过“以产顶进”和直接对外出口钢材创外汇额度1254万美元，为特钢产品走出国门开创了先例。“七五”期间，通过技术改造，大冶钢厂提高了装备水平，增强了发展后劲，促进了现实质量、品种、科技水平提高，成为当时我国轴承钢、齿轮钢、弹簧钢和高温合金生产主要供应基地之一。

“八五”期间围绕扩大品种、提高装备水平，建成 ϕ170 毫米无缝钢管厂，设计年产10 万吨高精度中厚壁合金无缝钢管，在国内率先建成最完备的轴承管生产线，部分产品填补国内空白，同时对 ASSEL 轧管机国产化、推进国内特钢产业装备自主研发、能力升级具有重大意义。

六、本色不变的炼钢工人——王百得

经受社会风云变幻，坦然面对政治变迁，工人本色始终不变，这就是王百得传奇人生的缩写。曾经是中国共产党第九次全国代表大会代表，第九届中央委员、第十届中央候补委员的王百得，原名王兴权，参加工作后改名王白旦，曾用名王白早，九大上唯一一位与毛主席一样全票当选的中央委员。

（一）新中国第一个特殊钢厂的炼钢总炉长

王百得，1935 年 5 月 12 日出生于河北省与山西省交界太行山区的河北省井陉县微水镇五里铺村。1948 年，仅读了 3 年私塾的王百得，由于家境破败而辍学。1949 年，太行山区开始土改运动，他参加了儿童团，担任儿童团团长，带领小伙伴们站岗、查路条。这年 6 月，解放区各项建设不断发展，王百得这个农村娃，又能回到学校读书了。

1951 年 9 月，王百得告别家乡，来到山西省太原市，投奔在电业局工作的哥哥。1952 年 8 月，王百得在太原市钢铁厂参加工作，被分配到炼钢部平炉车间，成为一名炼钢工人。新中国成立初期，太原钢铁厂的工作条件还很差，而炼钢是又累又辛苦的一个工种。王百得这个身高一米八二、不满 18 岁的小伙子，不但刻苦肯干，还认真学习炼钢技术。一年以后，他就由一名学徒工，转为正式工人。1954 年 11 月，加入中国共产主义青年团。

第一个五年计划开始后，苏联援建的新中国唯一特殊钢厂，在黑龙江省齐齐哈尔市富拉尔基兴建。党和国家高度重视，选送一部分骨干到国外进行培训，又从全国各大钢铁企业抽调更多的生产和管理人员。1956 年 2 月，经过严格政治和业务审查，已经是七级炼钢工的王百得，成为优秀人选。

1956 年 3 月，王百得带着妻子张雪英来到富拉尔基，他被分配到北满特钢平炉炼钢车间三号炉担任炼钢工人。王百得报到时，北钢已经正式投产，他随即投入到特钢生产工作中。为改变国家一穷二白的落后面貌，为多炼钢、炼好钢，他积极想办法缩短炼钢时间，经过和全组同志共同努力，把炼钢时间由 10~12 小时，缩短为 8 小时左右，每月多为国家出十几炉钢。

1959 年 9 月，经党组织多年培养，王百得光荣地加入中国共产党。他在入党志愿书中写到：我愿把自己的一生献给党和人民的事业。他是这样说的，也是这样做的。真正把自己的一生献给了炼钢事业。1960 年，工厂组织攻关生产运动会，王百得所在的三号炉被评为模范班组，他自己也获得了“健将”荣誉称号。当年 12 月，他晋升为工人的最高技术级别——八级工，并由炉长助手，晋升为炉长。1961 年，中共中央号召全国人民学习毛泽东著作。他针对小组个别人劳动纪律松懈、工作责任心不强等现象，带领全组人员做到缺什么、补什么，坚持理论和实际结合学，成为工厂“学习毛主席著作”群众活动先进典型，并获得了厂党委最高奖励《毛泽东选集》第四卷。

1965 年，《鞍钢宪法》公布后，王百得积极组织全炉工人进行学习。他发扬敢想、敢干的革命精神，把苏联专家规定的用沙合黏土堵出钢口的方法，改进为用砂砖砌出钢口，从而解决了非金属夹杂的问题，使生产效率提高了 2~3 倍。社教运动开始后，王百得在工段整党小组工作。他平时就注意抓全组的思想工作，关心同志生产生活，经常到家里走访，及时发现和解决实际问题。这一年，他晋升为三号炉的总炉长。

他率领全组同志，改革了几年中没解决的烧结炉床的难关，延长了炉体寿命，保证了钢的质量，增加了炼钢次数，提高了生产效率。他还和全炉同志一起破除了苏联专家制定的炼炮钢的操作规定，创出自己炼炮钢的操作规程，使炮钢质量远远超过苏联，达到了世界先进水平。

（二）以模范炼钢工人党员名义走入中共“九大”会场

1966 年 5 月，“文化大革命”开始后，作为共产党员的王百得同工人群众一起参加运动。然而，很多人造反去了，工厂面临停产，他这位炉长冲着不安分的徒弟吼道：“工人不干活，叫什么主人翁？”他和少数工人在炉前顶着干，使这个重要的特钢企业竟未停产。

1967 年 4 月，“三结合”的革命委员会成立了，王百得被选为车间革委会副主任。他遵照毛泽东提出的“既当官，又当老百姓”的指示，一没要办公室、二没要办公桌，一直没有脱离生产劳动。为了炼好炉、早出钢，他多次是连续三五天战斗在平炉前。1968 年，王百得被全厂职工推选为参加北京国庆观礼的工人代表。

1968 年 10 月，中共“八届十二中”全会决定准备召开中国共产党第九次全国代表大会。上级把一个代表名额下到北钢，条件是有 7 年以上党龄的炼钢工人，因此，这名代表只能从炼钢车间产生。这样，具备条件并且工作上又优秀的王百得成为齐齐哈尔市这个国家老工业基地城市的中共“九大”代表的人选。

1968 年 12 月 4 日，中共齐齐哈尔市核心领导小组确定王百得同志为中共“九大”代表。

1969 年 4 月，中共“九大”在北京召开。据王百得回忆：开幕式那天，他第一次见到毛主席，像做梦一样，激动的泪水止不住往下流。回到住处，他与同室的著名劳模铁人王进喜共同感到：“没有共产党，就没有新中国，就没有我们。当九大代表，并不说明自己有什么本事、功劳，只能说明党对咱们的关心和培养，啥时候也不能忘了咱们是工人阶级的代表，不能忘了自己的责任。”

会议进入选举阶段，一件更令王百得和王进喜想不到的事情发生了。酝酿中央委员候选人名单时，他俩都进了“大名单”。王进喜对王百得说：“当了代表，已经不得了啦，怎么还能当中央委员呢？百得你说，中央委员都得是高干，都得是管大事的，咱们哪是那块料呀！”王百得也说：“起码得有点儿理论水平吧，咱哪行。”于是，两个人正式地向代表团负责人提出不进“名单”。负责人回答说：“工人代表进‘中委’体现了党对工人阶级的关心和信任，是毛主席的战略部署，你们要紧跟啊！”

1969 年 4 月 24 日，大会进行选举，黑龙江代表团的王百得与王进喜作为中国产业工人的代表，当选为第九届中共中央委员。回到住处，两人睡不着觉，谈论了很久，最后再次形成共识："这不是做梦吧，泥腿子、放牛娃也能当中央委员？这是党的关怀和培养，不是咱们个人的事，咱们是代表工人阶级的。面对毛主席和党组织的信任，咱们只有好好学习，干好工作。"

中共九大结束了，离京前王百得与王进喜两人又议论到天亮。分别时相约："当上中央委员后，我们一定要努力工作，到什么时候不要忘记党的关怀和培养，不忘记咱们是代表工人阶级的。"

（三）坦坦荡荡做选择初心不改炼钢人

"文革"中，王百得的工作与生活也跌宕起伏。生活上，原配妻子张雪英因患肝癌去世了，家务事难免要牵扯他"抓革命、促生产"的精力。许多老领导、老同志都积极为他张罗"找对象"，于是，在齐齐哈尔印刷厂任党支部书记的于淑彦走入了他的生活。工作上，王百得不论当选中央委员、任厂党委副书记，还是调任中共齐齐哈尔市委副书记，他对自己都严要求，不要补贴，也不搞特殊化，还响应毛主席的号召，带头将两个大子女送去上山下乡。

"文革"结束后，王百得积极配合组织审查，1982 年 3 月，中共黑龙江省委对王百得的问题做了实事求是的结论："按照中央关于对说错话办错事的可不作结论的规定，和全省清查定案工作会议精神，决定撤销 1980 年对王百得同志的审查结论，本人写的检查材料退给本人，原定的工作安排意见不变。"本着对干部负责，有关部门为他的职务做了几种选择：或另任新职，或易地做官。

王百得却向领导表明了自己相反的愿望：弃官为民，回齐钢重操旧业——当一名炼钢工人。妻子于淑彦担心其岁数已近 50 岁了，再回炼钢一线身体是否顶得住？王百得用他的理由开导老伴："天底下，只有你最理解我。我本是块炼钢的材料，'文革'荒废了我 10 年，我只想多炼几炉钢，为国家做点实打实的事，让人们真正认识我的为人。"这样王百得与老伴肩并肩，手挽手，坦然面对人生的波澜。

（四）回归炼钢炉台验证劳模本色

1982 年的一天，齐钢平炉分厂护炉组休息室走进一个粗壮的汉子，"王……书记……师傅"，有人认出是王百得，他们的老炉长。有传闻说他"出事了"，竟然无法称呼。"从今天起，王百得同志到我们平炉分厂担任护炉顾问。"陪同来的领导和蔼地交代说，"王百得同志，大家都熟悉，以后就是我们的顾问了。老王，你上班不用穿工作服，在一边指挥就行了。"工人们正在寻思着，王百得已换好了工作服，大步走到炉前。他俯身炉口，一双虎眼严密注视着白热化的炉内。他紧握风管，激起烈焰奔放，钢花飞溅。耀眼的炉火映红了他斑驳的鬓发，如注的汗水浸过他脸上的沟沟坎坎。"歇歇吧。""不用。"还是当年的王百得。

1985 年的一天深夜，一号平炉后墙塌落，满炉钢水一旦冲出炉体，便是塌天大祸。总厂领导和技术权威面色严峻，在现场紧急磋商，决定放掉钢水熄火停炉检查。"不能这样，用烧结法可以维复后墙。”不知什么时候，王百得也凑了上来。有人用异样的眼神打量这位“顾问”。一位好心人悄悄拉他衣角，“别忘了，你是个啥身份，弄不好……”王百得全然不顾继续说道：“如果停炉小修也要三天，少出十炉钢，损失可就大了。”

钢水从炉体的裂缝渗漏，事不宜迟，王百得大胆的建议终于得到允许。他迅速组织人员，配好镁砂，一锹、二锹、……料准确地补在炉体漏处。一分钟、两分钟、……在炉前劳动了一个白班的王百得，又连着干了一个通宵。他成功了，奇迹产生了。工友们欢呼跳跃，跑去为王百得请功！

不是一次两次了，论工作态度，论技术水平，王百得在炉前谁不佩服：50多岁的人了，干起活与小伙子比高低，且不论他为炉上解决了多少难题，就那一把年纪在全厂找找，坚持顶岗在生产第一线没白天没黑夜干的有几个？劳动光荣、劳动伟大，劳动者的本性未变。工人们通过多种渠道为王百得评功摆好，还有个通讯员写了篇报道交上去，可得到的却是善意的告诫。两天后，一位领导把王百得拉到一边说，“按规定，你应得到重奖，可……”他吸了一口气，悄悄塞给王百得一块枕巾，临了嘱咐又嘱咐：“你可千万别声张啊。”工人们愤愤不平，“不署王百得的名，光写他的业绩全国劳模也够。”王百得劳模本色依旧（见图1-3-16）。

图 1-3-16　炼钢工人王百得

家庭的另一半于淑彦也全身心地将自己投入到紧张的电视节目采编工作中，50来岁的她用一项项突出业绩，证明着自己，慰藉着丈夫，回答着世人。

（五）夕阳红中迎来了人生的辉煌

1989年，王百得临近他炼钢生涯终点站——退休。妻子早为他设计好了退休后的生活：受聘到市内一家区办企业，每月可轻松地拿到当时众人羡慕的高报酬。王百得能吃苦，有技术，可他并不眼馋那些退休后靠一技之长挣大钱的人。他心中怀着对妻子的歉疚，盼望早日结束这种牛郎织女般的生活，偿还对妻子、儿女的感情债。然而就在即将享受这迟到的天伦之乐时，王百得又面临一份新的考卷。

一天下班，分厂领导把他请到办公室，十分恳切地说：“老王啊，工段一再打报告：分厂面临任务重、设备老、技术力量青黄不接，大家都希望您继续留下一段时间，为护炉组搞好传、帮、带。”由于他不属于编内职工了，在待遇上除100元的补差费外，什么加班费、奖金、升级等待遇统统与他无缘。“只要炉上需要，我就干。”王百得回家与妻子商量后，十分明快地做出了回答。他一如既往，又投身在炉前。退休前，王百得为了炉上有事招呼方便，吃住在厂区宿舍，连续近10年主动与妻子两地分居，人们戏称他为“编外炉长”。而退休后他对企业的回报是，一干又分居5年，甘当牛郎织女。

期间，爱女、长子相继离世。一股急火使王百得双耳失聪。工友们曾猜测，大病一场的王师傅怕是不会来上班了。谁知几天后，王百得的身影又出现在炉台上。坚定的信念使他没向困境低头，没向命运屈服。

在思想解放的浪潮推动下，齐钢终于在王百得的问题上有了明确态度：1989年，齐钢党委在王百得当选职工代表时明文批复："既然被群众选上了，就实事求是地对待。"1990年，齐钢党委书记还在关于分厂以王百得为新时期优秀党员宣传典型的请示报告中批示："实事求是，可以宣扬。"在平炉分厂乃至全齐钢，情系炉台的"编外炉长"以其实际行动换来了一条醒目的口号："学百得、见行动、当主人、做贡献"，以王百得爱岗敬业的工人楷模来教育职工。

人们欣喜地看到，老王夫妻人生之剧最后一幕在夕阳红中，迎来了真正的辉煌：中共齐钢党委连续五年将王百得树为全厂优秀共产党员标兵、劳动模范标兵。

作为一名退休工人，他是齐钢空前绝后的唯一。于淑彦在电视战线也不示弱，多次获省、市先进新闻工作者，制作的节目荣获全国大奖，她领导的部门也连年成为全台先进集体。

七、无畏的钢铁战士——么俊举

他是北满特钢一炼钢分厂 8 号炉的首任炉长，曾指挥炼出北满特钢开工后的第一炉钢，被北满特钢树为全厂 14 面红旗之一。他是全国冶金战线著名的劳动模范，省、市劳动模范标兵。他曾 20 余次获得特等劳动模范、钢铁战士、红旗突击手等荣誉称号。作为北满特钢"北京号青年电炉"炉长，他出席 1958 年全国青年建设社会主义积极分子大会和全国群英会。他曾当选为"十一"届人大代表，被提拔为厂工会副主席。他就是北满钢厂炼钢工——么俊举。

（一）立志争先，为新中国特钢事业谱写英雄曲

1933 年，么俊举出生在河北省丰润县一个农民的家里。1948 年底，共产党解放了他的家乡，这个翻身农民的儿子，满怀着对党和人民领袖的无限感激之情，开始了新的生活。

1950 年，在新中国社会主义建设的热潮中，17 岁的么俊举来到抚顺钢厂，当上了一名炼钢工人。他心中只有一个志愿，就是"多炼钢、炼好钢"。哪儿艰苦，哪儿危险，他就往哪儿上。老同志都记得"小么干起活来从不叫累"。在一次夺钢战斗中，由于装料时的意外事故，他负了伤，至今肋骨里还留着一个铁块。

在新中国建设第一个五年计划的高潮中，党中央亲自批准在齐齐哈尔建设一座大型的现代化特殊钢厂。当时，这里号称"北满"，偏僻荒凉气候寒冷，在创业之初，条件艰苦令人生畏。么俊举怀着为新中国特钢大干一番事业的雄心，说服了妻子和亲友，报名加入了北满特钢创业者的行列。

1955 年，他来到北满特钢，被这里宏伟的建设场面震撼了。面对由苏联援建的第一个特殊钢厂的现代化设备，他感到自己五年的炼钢经验不够用了。他参加夜校，学习科学技术文化，又报名俄语班攻读外文。当这位年轻的炼钢实习生以流利的俄语出现在苏联查波洛什冶金工厂时，同去的工友们都因他最先掌握了交流语言而成为实习工作的佼佼者，投去羡慕和敬佩的目光。

1956 年 12 月，么俊举同志光荣地加入了中国共产党。他向党组织表达了自己毕生奋

斗的誓言："我要一辈子听党的话，把自己的一切都无条件地献给党。"

1958年，毛泽东主席、党中央提出了"鼓足干劲、力争上游，多快好省地建设社会主义"的总路线，全国人民意气风发，出现了万马奔腾大干快上的局面。正担任北满钢特钢电炉车间炉材工段的工段长么俊举，为充实炉前力量，又回到电炉工段八号炉当炼钢工。他丝毫没为个人职位的"下降"而斤斤计较，反而心地坦诚地向党组织表示："党叫我干啥，我就一定干好啥！"第二天，他便手握钢钎，奋战在炉前。

为了提高钢产量，他和工友们找窍门、挖潜力，把苏联设计的二十吨电炉扩装成四十吨，首战告捷。接着，他又带领大家创造了班修炉、快速锭钢几项新纪录。八号电炉像支头雁，带动全车间电炉腾飞，日产很快达到五百吨。为此，这台炉光荣地被厂党委命名为"北京号"青年电炉。由于么俊举的突出贡献，他被推选为全国冶金战线的红旗突击手，到北京出席了全国青年社会主义建设积极分子大会。

么俊举从大庆铁人王进喜身上找到了自己的榜样，他找到党组织表示："我们钢铁工人也要学铁人，为国家分担困难。党要求炼多少钢，我们就斤两不少；党要我们打好钢铁翻身仗，我们二话不能说，千斤重担也要挑起来。"

在电炉工段，他向职工们反复宣传"有条件要上，没有条件创造条件也要上"的大庆铁人精神，团结教育大家，靠党的自力更生、艰苦奋斗精神来渡过难关。炼钢氧气不足，大的钢块不好熔化，他就和同志们冒着百度高温站在炉前用大铁辊翻；为减少热停工，多生产钢，他就领着大家在炉温未降到正常工作温度时进行热补炉，曾创出热修炉2分40秒最高新纪录；没有配电工，他就去配电；吹抽炉轨道又脏又热，设备工段忙不过来，他就利用工休时间主动承担，……，人们说他是永不疲倦的机器，只要能多炼钢、炼好钢，就照样转。

看着北满特钢炼的轴承钢、高温合金钢等许多尖端产品，获得国家金牌、银牌；看着北满人挥汗劳动的成果，换来了新中国第一架飞机、第一艘万吨巨轮、第一枚洲际导弹、第一艘核潜艇、……，这一个又一个"第一"的诞生，么俊举心里有说不出的满足，再苦再累也不算什么了。

么俊举把全部精力都倾注在炉台上。每天早上七点，他就来到炉前，晚上六点后才回家。这样，他在对三个班的情况都了如指掌后，对症下药，针对提高质量，总结了一套出钢经验，并在操作环节上手把手地对青年工人"传帮带"，使全班都掌握了一套过硬的出钢要领。在八号炉上，他和技术人员、工人们一道成功地进行了具有20世纪80年代国际炼钢新工艺水平的炉外喷吹、熔氧合并、缩短还原时间等试验，使每炉炼钢时间缩短了35分钟，电耗由每炉钢750℃降到550℃，质量达到了全国一流水平。

（二）奋勇拼搏、危难关头高奏钢人铁骨最强音

么俊举说过："我是共产党员，为了祖国的特钢事业，在艰难险阻面前，要冲得上、顶得住。"在千度高温的炼钢炉前，他用坚定的党性、高度的责任感，把自己锤炼成了高温不怕、火烧不退、重担敢挑、难关敢攻的"钢铁战士"。

1958年8月的一个夜晚，炉火熊熊，钢水沸腾，七号炉正在试炼一炉高级合金钢。正

待出钢的时候，意外发生了。由于这台炉已经到了老年期，尽管工人们从多方面加强了炉体维护，但由于钢水严重侵蚀，出钢口左侧渣线出现了倒塌，1600℃的钢水烧红了炉壳，浸透了炉壁，像一条火蛇喷了出来。“漏炉了！”工人们惊叫着，有的人竟目瞪口呆，说不出话来。担任八号电炉甲班班长的么俊举闻讯冲了过来，面对这严峻的场面，他沉思了片刻，断然决定“堵”。他左手抓起一块钢板，右手擎着一团耐火泥，像舍身堵枪的战士一样，冲向钢水喷溅的漏孔。“大老么……”工友们担心地喊，一旦堵不住，钢水喷到身上，那后果……，么俊举全然不顾，将耐火水泥往漏孔一堵，可是火蛇又从另一处漏孔窜出。他冒着生命危险，顽强地用双手抵住钢板，用钢板压住耐火泥，他忍着灼人的高温烘烤，像钢打铁铸一样，直至钢板、炉体连为一体。可以出钢了，当那沸腾的钢水沿着钢槽泻出炉体时，么俊举双手还紧紧地抵在炉体上。

1962年，工厂本应由国外供给的轧钢机上的冷轧辊，突然接到通知“……，暂不付货”。眼看工厂轧钢生产被卡了脖子，为了争这口气，工厂决定，利用自己的力量，搞出中国的冷轧辊。

么俊举和电炉分厂职工担任了炼出冷轧辊用的“争气钢”的任务。在工厂各级领导和技术人员的配合下，试验取得了可喜进展。一天，七号炉把几十吨试制冷轧辊的优质钢水泻入了钢水包，正要吊运浇铸，突然，天车吼了几声，大钩却纹丝不动，起不来，落不下，天车失灵了！立即拆修天车，来不及！换天车，大钩正吊着钢水包摘不下来！在场的电炉工段工段长么俊举目睹了这一情况，心“咯噔”一下提到了嗓子眼儿——再耽搁十几分钟钢水降温过度就无法浇注了，一炉钢报废损失巨大，恰恰这又是试制冷轧辊的一炉“争气钢”。

“快，要救活这炉钢！”他大喊一声，竟冒着钢水的炽热高温，把一根钢丝绳拴在自己身上，往钢水包奔去。“么师傅，危险！”几乎全车间的天车工、电工、铸锭工和炉台工都聚来了，他们知道段长又来“虎劲儿”了，担心地呼叫。

么俊举刚靠近钢水包，迎面扑来灼人的热浪。他的眉毛忽然被燎光了，头发一下子烤焦了。他侧身小心翼翼地攀上尺把宽的大包梁。钢花挑衅般地飞溅着，呛人的烟雾让他窒息。大包梁像一座独木桥，空荡荡没有抓手，下面1米处便是1600℃的一炉钢水，一旦失足，瞬间便会化为灰烬，连个骨头渣子也见不到。在场的人们紧张得不敢再看了。么俊举凭借他那责任感支撑的大智大勇，经过短暂而激烈的生死搏斗，他那双非凡的大手已把钢丝绳拴在大钩上，再一挥手，天车的小钩落了下来，飞溅着钢花的大包被吊上空中，……

钢水得救了，同志们一下子围上去，为他扑灭身上的火。这时，大家发现，他身上厚厚的防热操作服竟被烤焦了，手指一触就是一个洞，顺手一扯竟一缕缕地掉下来。“你不要命了？”“救钢如救人，不能顾那么多？”么俊举浑身的皮肤像刀割一样的疼，可他说话时却显得无比宽慰，泰然自若。

二十多年来，在北满特钢电炉分厂，么俊举一次又一次地抢救国家财产，为排除生产险要事故，多次豁出命来干。

人们记得，是他身披用水蘸湿的草袋子，钻进炉顶三相电极的中心区，忍受着令人昏厥的闷热高温，坚持抢修了近一个小时，修复了坍塌的炉顶，避免了停炉，给国家抢出了增产七八炉钢的宝贵时间。

人们记得，是他在一次天车事故造成炉壳失落的关头，钻入不稳的炉壳下面取出滚在炉壳底部的两个氧气瓶，排出了爆炸险兆，保证了正常出钢。

人们记得，是他在电极突然折断，一炉钢水即将发生增碳、重熔，造成损失时，立即爬到炉顶，冒着高温和烈焰，用绳子套住电极用天车拉出，保住了这炉优质钢。

人们记得，在钢水才出一半被渣块堵住出钢口时，又是他盯着浓烟烈焰，奋不顾身地跳到大包梁上，用氧气吹开出钢口，救下一炉特殊钢，……

工人们被眼前的“钢铁战士”所激动、所鼓舞、所熏陶，榜样的力量是无穷的，在北满特钢，一个又一个“大老么”出现了。

（三）无私奉献，弘扬工人阶级本色的正气歌

在么俊举近四十年的工作经历中，得到了许许多多的荣誉，但是，他并没有把这些作为向党和人民讨价还价的资本，反而一次又一次舍弃了已经到手的物质待遇，用一个共产党员无私奉献的行动，向历史交了一张张合格的答卷。

1958年，他已担任炉材工段工段长，看到炉前技术力量薄弱，他便主动申请，弃“官”为民，回到八号炉当了一名炼钢工人。

1973年，他在车间担任主抓生产的副主任，眼看车间电炉钢产量受“大气候”影响不断下降，他心急如焚，再次申请，回到炉前，边干边指挥，做了个不脱产的工段长。

1983年，集市特等劳模、省特等劳动模范、全国冶金战线劳动英雄等称号于一身的么俊举，第三次向组织申请，辞去厂工会副主席职务，回到电炉工段搞好对青年职工的“传帮带”。然而，此时他毕竟已年近五十了，炉前那么艰苦，这么大年龄就是谁也承受不了，更何况领导工作也需要他。因而，这一次，厂党委不但不批准，还一个劲儿地说服他。

么俊举一连几天睡不好觉。从十七岁当炼钢工起，他的心便与钢熔为一体了。他爱炼钢事业，更为他亲手炼的特殊钢填补了国家一项项空白自豪。他得到过组织和同志们的培养和帮助，还被送往国外学习过。如今，他已是工厂有名的炼钢技师。炼钢，他技艺精湛；护炉，他有成套经验；战高温，出力气，他有死打硬拼的韧劲；攻克技术传技巧，他又有绣花鞋般的细劲。他衡量再三，决心下定，又写了一份申请书，郑重其事地教给党委领导。他写道：“我坚决要求回电炉，到炉前工作，我对那里有深厚的感情，不仅因为那里是我战斗过的地方，而是因为目前那里确实需要我，……”

么俊举的恳切请求，感动了党委领导。经过认真研究，决定同意他的申请，但对这位老模范的工作还是向分厂做了“交待”。么俊举闻讯又开始了对分厂领导——他昔日的徒弟的“说服战”。面对组织真诚的“照顾”，么俊举坚决表示：“我一不当车间领导，二不当工段领导，只当一名普通劳动者。”过去，么俊举学铁人，说：“为革命就要敢挑重担，舍得自己的一切。”学雷锋，他又表示：“共产党员不能当混子，你这颗螺丝钉拧在哪儿就别松动。”如今，他作为一名专职炼钢技师，在自己炼钢生涯的最后一站，拼命地奉献着（见图1-3-17）。

图 1-3-17　优秀共产党、“铁人”式的炼钢工人么俊举同志

在攻克炉体使用寿命难题的日子里，他不顾年龄大，顶着烟熏火烤，整天与工人们滚在一起，反复研究革新方案，使炉体寿命达到了全国同行业最高水平。

在滚珠钢质量大会战中，他一马当先，在班组讨论会上提方案、定措施，并亲自担任操作示范，技术要求一丝不苟，每天十几小时工作，使点状率与一次合格率跃入全国同行业前三名。

他处处注意言传身教，用模范的行动影响着青年员工：被丢掉的零件，他捡回来；损坏的工具他修理好；生产中他更是精打细算，节约每一块合金和矿石，炉前零散的镁砂，他也收起来，就是几块白灰也不放过，……

他常对大家说：“我们是国家主人，如果光想钱，不是把自己看得太低贱了吗?”就在社会上一些人鼓吹“能挣会花”时，么俊举矢志不移地奉献着。他在炉材攻关期间，先后加夜班一百五十多个，但没有报一个；他业余时间拣废钢一百五十多吨，没有要一分钱报酬。

厂决定给他晋升一级浮动工资，他硬是让给了别人；他的脚趾被天车钩砸成粉碎性骨折，肿得穿不上鞋，他就光着脚来到班上，……。工人们服了——么俊举确实是“特殊材料”铸成的，确实是“无畏的钢铁战士”。

沧海横流，方显英雄本色。从么俊举身上，人们看到一位老特钢工人的优秀品质，看到了一位老党员的高尚情怀，看到了企业和国家的希望，看到了自己人生的榜样和奋斗目标。他的身上透出了中国钢铁人、中国特钢人的精神力量!

如今，即将迈入鲐背之年的么俊举，仍然牵挂着曾经战斗过的企业，回首往昔么俊举难掩激动，从子女的口中得知，历经近 70 年栉风沐雨的建龙北满特钢，如今涅槃重生，正在高质量发展之路上阔步前行，这位“无畏的钢铁战士”脸上露出的欣慰的笑容。

八、耕耘于企业实践的技术专家——蔡燮鳌

1963 年，毕业于上海交通大学冶金专业的高才生——蔡燮鳌，迈着意气风发的脚步走出校园。风华正茂的他响应国家建设号召，与全国各地的莘莘学子一样“甘做祖国建设的

螺丝钉”，离开原籍上海，按国家计划分配到大连特钢工作。由此开始了一位以拳拳赤子心扎根共和国特钢基层企业，亲身经历从大连特钢、山东莱钢特钢到江阴兴澄特钢的发展过程，淬炼成一位满怀深厚特钢情的企业技术管理专家，谱写出非凡而有意义的人生。

（一）扎根基层，铸就事业大厦根基

大连特钢是新中国成立初期部属的八大特钢企业之一，大连特钢是抗战胜利后，共产党最早接管的钢铁厂，并为解放战争做出突出贡献。

蔡燮鳌来到大连特钢从基层的炼钢工做起，一步步成长为炉长、值班工长。“文化大革命”开始后，他调到大连特钢的特钢研究所，参与了国家重点军工钢的研发。1970 年 1 月，响应国家号召，支援“小三线”，他又来到以生产军工用钢为主的山东新城铁工厂（1970 年划归山东 701 指挥部）。因为工作勤奋努力，已成为值班工长的小蔡，在炉台上非常荣幸地见到了前来考察、后来规划建设山东莱芜钢铁厂的开国上将杨得志将军。至今他还记得杨将军握着他的手，亲切而语重心长地说：“年轻人好好干，将来国富民强的前途命运，把握在你们手里啊，……”

1970 年 12 月，蔡燮鳌正式调到山东 7015 厂（莱钢特殊钢厂前身），全力以赴投入到他热爱的特钢工作中。没有豪言壮语，甚至没想过要怎样建功立业，但与祖国同奋进共命运的历史责任感、使命感，深深铭记在他的心底里。

粉碎“四人帮”后，邓小平提出干部知识化、专业化、年轻化，1976 年，蔡燮鳌在莱钢破格晋升为工程师；1978 年，在莱钢第一届科技大会上代表受表彰人员做大会发言；1980 年，提拔为莱钢特钢厂技术科副科长；1981 年，提拔为莱钢特钢厂总工程师。

在山东莱芜钢厂工作的 20 多年，蔡燮鳌扎根基层，与工人师傅们朝夕相伴，了解、深入工人师傅们的生活，把书本知识与生产难题结合起来，为能解决现场的故障而欣喜不已，先后参与我国第一艘核潜艇压力壳堆焊材料超低碳不锈钢的试制，在航空叶片钢课题中负责冶炼工作，开发特钢细长锭型，其中 650 毫米轧机用 700 千克锭型被冶金工业部定为推荐锭型，平均提高成材率 3%。电炉单炼轴承钢内在质量达到国内先进水平。开发船用锚链钢获山东省优秀新产品一等奖，实物质量获国家银质奖。经过在基层摸爬滚打，感情上与基层干部群众结下了深厚友谊，专业上收获了长足的进步和成长。

蔡燮鳌在这里由青涩走向成熟，一步一个脚印，踏出了人生坚实的每一步。1983 年，他走上莱钢特钢厂经营厂长的岗位，同时兼任了人事和行政副厂长工作，从一个充满憧憬的青年人成长为有实战经验的综合型企业管理专家。1985 年，他过关斩将，顺利通过国家对国营大中型企业厂（矿）长的统考，取得了国营大中型“企业经理、厂长”资格。

（二）不负信任，“三请”来到江阴钢厂

20 世纪 90 年代初，江阴钢厂还是一个县办大集体企业，但是年轻的领导班子有一股钻研、担当、奉献的事业心，学习型企业也是这个企业的重要标志，那时企业领导就意识到企业要加速发展，必须要精心建设企业的人才梯队。当时的厂级领导深知这个道理，一方面，在企业的内部打破人才认证上唯学历、唯职称的框框，以实践锻炼员工，以实绩评

价员工，鼓励人人都能成才；另一方面，千方百计从国内外引进人才，“俞亚鹏三请蔡燮鳌”，就是流传在全厂的引进特殊人才的一段佳话。

蔡燮鳌当时是山东莱芜特钢厂副厂长、总工程师，擅长于优、特钢技术，在钢铁业内享有盛名。

1991 年的一天，时任江阴钢厂总工程师的俞亚鹏正在无锡钢厂洽谈商务。在偶尔闲聊中，俞亚鹏意外得知蔡燮鳌将离开莱芜特钢厂的传闻。俞亚鹏决定尽快面见一下这位专家。时隔数日后，设法找到了蔡燮鳌的家。

面对这位意外来客，蔡燮鳌夫妇虽颇感惊讶，却仍然热情地接待了他。一番交谈后，俞亚鹏了解到蔡燮鳌是上海人，其夫人徐玉芳是江阴人，是理化检测所所长和高级工程师，当时还担任了山东政协常委，两人的工作都很好，生活稳定、家境殷实。俞亚鹏说明来意，表达了钢厂对蔡燮鳌加入的殷切期望。但蔡燮鳌没有表示明确的态度。

1992 年春节，俞亚鹏第二次拜访，这让蔡燮鳌心生感动。他没想到，俞亚鹏会在春节期间再来。首次见面时，他的确没考虑会去离家千里之外的江阴工作。那时候，他几乎是对来人婉言相拒了，可是人家却诚意不改，再度前来相邀。蔡燮鳌被这份执着打动，同时也对江阴钢厂有了新的认识。

一个月后，蔡燮鳌如约来到江阴钢厂，里外转了几圈，四处看了看，脸上的笑意已经有点勉强。原来江阴钢厂和莱芜特钢厂相比，这里有许多他并不适应的地方。莱芜特钢厂是家大型国有企业，江阴钢厂无论是产品档次还是管理模式与莱芜钢厂都有不小差异。看到这些不同，蔡燮鳌心里打了退堂鼓。那一天，他看完之后没做停留就走了。

1992 年 8 月，俞亚鹏同时任厂长吴晓白一起，开始了他们的第三次请贤之路。蔡燮鳌没想到，江阴钢厂领导竟然能第三次前来。

这一次宾主之间，已是各自敞开胸怀，进行了半日长谈。蔡燮鳌说出内心疑虑，并对两人的盛情邀请表示深切的感激。详细了解江阴钢厂的创业历史，历数多年来工厂的艰难，却能从艰难中创造出奇迹，推动了企业一步一步地向前发展。蔡燮鳌听得十分动容。他不再有任何犹豫，当场答应了两位求贤者的诚请。

蔡燮鳌最终拿着山东省委组织部的介绍信直接到江阴钢厂报到了，他上任后，立足基础技术工作，一方面，进行创新优质产品的研发，另一方面，着眼于专业人才技术水平的普遍提高。蔡燮鳌和厂内外人才合作发力，在江阴钢厂“普转优、优转特”的战役进程中，立下了不可磨灭的功劳。

（三）钟爱兴澄，托起中国特钢“黑马”

1992 年，江阴钢厂领导抓住改革开放的机遇，与香港中信泰富合资成立了江阴兴澄钢铁有限公司，并做出了普钢转优钢的战略调整。在这企业转型之际，蔡燮鳌作为代总工程师，参与了兴澄特钢产品结构提档升级的转型之路。

当时始于江阴钢厂原老城区的二炼钢及五轧、三轧分厂，其主体装备是 10 吨电弧炉及模铸 10 英寸（254 毫米）钢锭、500 毫米及 300 毫米横列式轧机，钢锭经开坯成材，主要钢种为优质碳结钢、合结钢、合金弹簧钢等。

转型起步阶段，艰难曲折。首先，人的思想观念，虽然转型之前也曾经生产过类似产品，但生产时断时续，工艺没有固化，客户没有固定，实物产品质量起伏波动，干部、员工首先对优钢生产的工艺、品种、质量缺乏高度的认知；其次，工艺设计缺乏精细化，致使操作存在随意发挥的空间；最后，对工装、原辅材料的管理粗放，如钢锭模的管理不到位，致使钢锭表面质量差、锭模消耗高，合金、保护渣及汤道砖烘烤不良导致钢锭产生皮下气孔等。

针对存在的问题，蔡总组织技术及质量部门、分厂干部员工开展培训教育活动，阐明公司“普转优”的战略意义，同时普及优钢产品特点、生产工艺技能及管理知识，提高全体员工的思想认识、技术能力和管理水平。与此同时，对工艺设计进一步细化，如对电炉还原期的插铝工艺、造渣及搅拌工艺明确了量化指标，确保了脱氧良好、成分合格率提升，尤其是对20CrMnTi汽车齿轮钢的钛合金化工艺进行改进，解决了该产品钢锭轧制后出现大批量直裂纹的老大难问题。针对工装管理问题，细化了钢锭模管理制度、验收及判废标准，从而保证了钢锭表面及内在质量；同时开展对锭模及锭型工艺研究，重新设计了细长薄壁锭模及插板绝热帽口，解决了帽口增碳及裂纹问题，提高了钢锭轧制成材率，钢锭模消耗也从每吨18公斤降低到每吨10公斤；加强对原辅材料管理，建立了原辅材料管理及烘烤制度，为确保工艺执行提供了坚实的支撑。

经过短短的两年时间，兴澄特钢的模铸优特钢开发，在蔡燮鳌总工的指导下已步入正轨，在此基础上开发了模铸高碳铬轴承钢，其实物质量水平达到了国内老牌特钢企业的水平。此外，还开发了含铅易切削钢、非调质钢、窄淬透性20CrMnTi汽车用齿轮钢等多个高难度、高技术含量的产品。

在“普转优”战略转型过程中，蔡燮鳌还注重公司技术管理的规范及水平的提升，如建立了公司级新品开发管理制度、工艺管理制度、技术改造制度、标准化管理制度、技术人员职称晋升制度等多项技术管理制度，为公司技术管理上水平、规范化奠定了坚实基础。

针对公司各部门及分厂年轻技术人员理论知识不扎实、实践经验欠缺等问题，蔡燮鳌总是采取诱导启发的方式提问，引导技术人员自己动脑思考、将生产实际与理论结合，达到不断提升、培养人才的目的。除此之外，蔡燮鳌还采取亲自授课、聘请外部专家来公司讲课或鼓励技术人员外出交流学习等方式培养人才。在公司总经理部及蔡燮鳌倡导营造的氛围下，一批又一批技术人员借助兴澄特钢的大舞台不断实践、学习、再实践，与兴澄特钢共同成长。

在突破技术难题上，蔡燮鳌勇于实践。如“T91钢”冶炼难度大，合金元素含量高，一直是兴澄特钢冶炼技术中的“拦路虎”。第一次生产时，由于加入大量的FeCr，导致渣流动性非常差，一般情况下都认为是温度低、碱度高造成，常规操作是一边送电一边加萤石，但结果一直不理想。现场技术人员一筹莫展，生产一度中断。蔡燮鳌深思熟虑后，与技术人员一起分析，炉渣流动性差是渣中大量的氧化铬造成的，解决问题的关键是脱氧，技术人员回到现场按照这个方法很快解决了问题，生产得以继续进行，从此兴澄特钢开始批量生产T91钢。

敢于打破传统，敢于对书本说不，敢于对权威说不。他常说："学历代表过去，只有学习力才能代表将来。""教训积累多了就是经验，经验积累多了就有了智慧。""一个好的团队，应该是终身学习的团队。"在蔡燮鳌引领下，兴澄特钢的技术人员时刻保有"虚心，博学、慎思、明辨、笃行"的做事风格。

（四）敢为人先，助力技术管理上台阶

1998 年开始，蔡燮鳌担任兴澄特钢的总工程师，正好是兴澄滨江一期"四位一体"短流程生产线全线贯通的一年。从德国引进的"四位一体"短流程特钢生产线，充分吸收和采用了现代炼钢技术，如超高功率技术，水冷炉盖、水冷炉壁技术、碳氧喷枪机械手强化吹氧等冶炼工艺，整条生产线高度自动化、智能化，在总经理俞亚鹏、总工程师蔡燮鳌等总经理部领导的亲自指挥协调下，项目仅用 30 个月便建成了。总工程师蔡燮鳌等全力配合支持总经理俞亚鹏，在新产线上研发高端特钢新品并进行国产化改造，3 年内实现高效率、快节奏生产。

此项目投产一下子缩短了我国特钢生产装备与国际发达国家的历史差距，大大降低了能源消耗。将吨钢冶炼电耗降为 330℃，比同行平均低 200℃；电极消耗每吨为 1.1 公斤，比同行平均低 2.0 公斤，吨钢综合能耗标煤为 0.35 吨，居全国电炉企业节能第一位。更为重要的是，根据国际钢材发展潮流，兴澄特钢将均匀化、高纯度、易切屑、非调质钢作为企业开发主导。从 1998 年起，总工程师蔡燮鳌要求每年都下达开发新品的任务目标，每年确定十大难题攻关项目，成立新品攻关小组，逐个攻克。通过攻克一系列工艺技术难题，不久，兴澄开发的超超临界高压锅炉合金钢管坯和高性能合金弹簧钢等特钢产品，在生产技术和产品质量上均达到了世界先进水平。

在蔡燮鳌的亲自现场指导下，持续不间断的工艺创新和技术改造，使兴澄特钢产品的品质和品种结构得到了全面提升，产品的合金钢比、优特钢比例、实际利润位列全省领先水平。他主持开发生产合金钢钢种 40 多个，其中与上海材料研究所共同开发的耐硫酸露点腐蚀钢被评为国家级新产品。独立开发的含铅易切削钢 S48CM 完全替代日本进口，被评为省优秀新产品。连铸、连轧弹簧扁钢实物质量被评为冶金部"金杯奖"，个人多次荣获江阴市科技精英称号。

蔡燮鳌撰写有《论特殊钢锭型细长化》《抓成材率是提高经济效益的重要途径》《提高特殊钢成坯率有效途径》《电炉工艺因素对轴承钢夹杂物的影响》《抗剥落电炉炉顶用高铝砖的试制与使用》等多篇论文在冶金权威媒体上发表，并引起国内外行业专家高度关注。

兴澄"连铸工艺"生产特钢开国内特钢生产之先河，其创新性、革命性、颠覆性惊艳世界同行，"连铸轴承钢"疲劳寿命高于电渣钢 2 倍以上；兴澄牌特大连铸圆坯填补世界空白；汽车用钢中高品质、高技术含量、高档次产品替代进口并实现出口。一路创新突破、一路攻关超越、一路挥洒智慧和汗水，蔡燮鳌为兴澄特钢的品种结构调整和特钢技术队伍的成长，担当、付出了很多很多……

图 1-3-18　蔡燮鳌（右）与翁宇庆合影

（五）老骥伏枥，心怀家国志千里

蔡燮鳌作为特钢行业的老专家，对我国特钢发展史概况、标准、材料、特钢科技工作今后的发展方向等一直孜孜不倦地学习、研究，除了自己沉下心来学术研究，还不断向《世界金属导报》《中国冶金报》等专业媒体发表观点（专栏访谈等），积极参加全国各类行业学术会议，不定期参加公司各类难题攻关会，指导、启发、助推年轻人快速成长。

2012 年，在中国汽车工程学会建会 50 周年之际，蔡燮鳌荣获中国汽车工程学会突出贡献奖（见图 1-3-19），被中国汽车工业协会特聘为“终身教授”。

图 1-3-19　蔡燮鳌荣获中国汽车工程学会突出贡献奖

蔡燮鳌退休后热心发挥余热，默默奉献兴澄特钢，坚持给青年人传道、授艺、解惑、指途。“孜孜不倦，祈盼自己的所学、所见、所悟能用于（企业）生产技术（与）管理，让年轻人少走弯路”是蔡燮鳌退休后的期望。他不定期在公司内组织中高层人员、工程技术人员、新进大学生等骨干专业人员进行专题讲座。他的讲座从来都是座无虚席。一线分厂举办过，公司会议厅举办过，参加过的人都有着深深的感触，蔡燮鳌的讲座接地气、很有特色：一方面，在学术上他既给职工详细介绍全国特钢行业的发展史、高质量特钢企业发展准则，特钢产品的控制核心、高纯净冶金技术要点乃至公司经营管理各方面要点，又仔细讲解炼钢产线工序操作要领，比如如何做可使过程控制的更好等，从而实现最终提升产品质量、提升企业经营管理水平；另一方面，他每一次讲座不单是纯粹的技术交流，而是经常会在交流中插入一些人生哲理，幽默风趣，推心置腹，令人深思，是一位长者对晚辈的真切关怀（见图 1-3-20）。

图 1-3-20　蔡燮鳌在给基层技术骨干讲座

蔡燮鳌用随风潜入夜、润物细无声的方式传递给基层企业技术骨干做事先做人的哲学思想。他自行编辑出版了三版《修身养性》的书籍，勉励职工：

“你们是公司最宝贵的资源，个人的发展要与事业、企业的需要相结合。”

“不要怕失败，成功往往是多次失败的积累。”

“年轻人，做人要讲天理和良知，要学会尊重别人的感受。”

“要重事业轻名利，事不避难，义不逃责，名不争先，利不贪己，官不奉上。”

“我们中华民族的凝聚力来自众志成城，兴澄人也要丢掉一切杂念，团结一心，众志成城，把兴澄特钢推向世界一流。”

工作之余，蔡燮鳌以大爱之心成立了三个事业部的公益基金，把所有的外出讲课费、意外奖励捐献出来，资助了多位贫困学生完成学业，实现圆梦计划；帮助在小区开店卖菜的外乡人；热心为青年人婚姻大事“牵线搭桥”……

蔡燮鳌从一个脚踏实地的技术专家，成长为饱含激情的企业技术管理专家，现在又成了富有情怀的教育家。这一切缘于他热爱自己的祖国、热爱这伟大的时代、热爱兴澄这片土地、热爱这里生机勃勃的“后生们”，他那颗拳拳爱心，一生都牵挂于中国特殊钢事业的发展。

九、材料与冶金专家——翁宇庆

翁宇庆院士，江苏常熟人，金属材料学专家，长期从事钢铁材料的研究开发以及中国冶金工业科学研究的领导与管理工作（见图 1-3-21）。1994 年当选为俄罗斯工程院院士，2009 年当选为中国工程院院士。曾任第十届全国政协委员，现为中国科协全委会委员、中国金属学会名誉理事长、钢铁研究总院名誉院长、国家气候变化专家委员会委员和国防科工局技术委员会委员。在参加过的20多项研究项目中，翁宇庆院士担任过15项国家和中央部级科研项目负责人，获得了三项国家级奖励和10项省部级奖励以及冶金部“有突出贡献中青年专家”称号。在主持973项目期间形成了“形变和相变耦合”的超细晶形成理论及控制技术，使中国成为世界上首先将上述成果用于工业生产的国家，为中国冶金工业的发展做出了杰出的贡献。

图1-3-21 翁宇庆院士2012年5月8日参与学术活动

1940年1月，翁宇庆院士出生于四川西昌，常熟翁氏家族后人，与清代两朝帝师翁同龢同宗（见图1-3-22）。1957年，从成都第四中学（现成都市石室中学）高中毕业并考入清华大学，于1963年7月毕业于清华大学冶金系金属学和金属材料专业（六年制）。1963~1980年，翁宇庆院士任冶金部钢铁研究总院技术员、工程师。1963~1965年，在钢顾问室协助孙珍宝、姜祖赓等专家指导节镍少铬的中国特殊钢的研发工作。自1965年钢顾问室与合金钢室合并成立合金钢研究部后，翁宇庆院士参与了合金工具钢、模具钢、高速钢、轴承钢、耐磨钢以及耐蚀钢等一系列特殊钢研发。1980年，翁宇庆院士作为访问学者被派往美国，之后在宾夕法尼亚大学就读材料科学及工程专业研究生，1985年获材料科学及工程博士学位。1985~1994年，回国后历任冶金部钢铁研究总院工程师、项目负责人、研究室主任、院长助理、副院长、院长；1994~1998年，历任冶金部科技司司长、副

图1-3-22 翁宇庆院士在企业调研

部长；1998~2000年，任国家冶金局副局长。1997~2001年，兼任中国钢铁工贸集团公司董事长。2001年10月后，任中国金属学会理事长，2009年当选为中国工程院院士（化工、冶金与材料工程学部）。

翁宇庆院士学识渊博，治学严谨，具有极强的学术能力。同时，他具有很强的组织能力，能将科研、生产、应用等专家组织起来，形成团结的科研队伍，承担国家需要的研发项目。他的主要科研工作如下：

（1）1965年，参加并于1967年起主持了“Si-Mn-Mo系合金新钢系”项目，包括成分设计、性能组织完善、冶炼轧制工艺全套工艺以及热处理技术设计等全系列工作。该项目至1978年结束，获1978年中国科学大会奖和1981年国家发明奖三等奖（第一发明人）。1987~2006年，担任中国钎钢协会理事长。

（2）参加无铌大锻模钢的研发，为一汽、二汽提供新型热作模具钢，并初评为国家发明奖三等奖。

（3）从事钢铁材料稀土作用机理、晶界偏聚、18Ni（350）马氏体时效钢用同位素离心机与高寿命检测等国家基础研究及美国大型发电机主轴回火脆性研究（在美国导出“回火脆性的动力学”方程）。获冶金工业部科学技术奖二等奖（第二完成人）等七项省部级奖励（作为第一完成人有五项以上）。

（4）1998年9月~2003年9月，担任第一批国家重点基础研究发展计划（“973”计划）项目“新一代钢铁材料的重大基础研究”首席科学家。在主持项目期间，带领项目团队勇于创新，在世界各国研发超级钢的热潮中提出并成功实现了少用资源和能源、成本基本不增加，在保证材料强韧性和应用性能良好配合下，采用超细晶、高洁净、高均质为特征的技术路线，完成了从基础理论到关键技术再到工艺流程的系统研发。形成了“形变和相变耦合”的超细晶形成理论及控制技术，开发出高强碳素结构钢（强度由200兆帕级提高到400兆帕级）、高强微合金钢（强度由400兆帕级提高到800兆帕级）、高强合金结构钢（强度由800兆帕级提高到1500兆帕级）三类新的钢铁材料，使钢铁结构材料强度提高一倍，部分钢铁材料所制造的装备使用寿命也提高一倍。该成果具有国际领先水平，使中国成为世界上首先将上述成果用于工业生产的国家。据不完全统计，高强碳素结构钢总产量已超过2亿吨，现已应用于西直门交通枢纽、北京中央商务区、国家体育馆（鸟巢）等建筑；通过形变诱导析出和中温相变控制等技术创新，生产出高强微合金钢板，在鞍钢、武钢、济钢投产，已产量超过30万吨，用于大型桥梁、汽车起重机的挂臂、采矿液压支架等，销售收入已超过30亿元。他领导的团队还研发出了强度级别达到14.9级的耐延迟断裂紧固件用合金钢，是目前国际上强度级别最高的耐延迟断裂紧固件用合金钢，已经在汽车上使用，并成为香港9号码头大螺栓用材。

历经十多年来对新一代钢铁材料的研究工作，翁宇庆教授获得2004年国家科技进步奖一等奖（第一获奖人）和2004年中国钢铁工业协会、中国金属学会冶金科技进步奖特等奖（第一获奖人），不同的新材料和工艺成果分别获得教育部科技进步奖一等奖、辽宁省科技进步奖一等奖、安徽省科技进步奖一等奖、中国材料研究学会科学技术奖二等奖（第一获奖人）、香港生产力促进局的“紫荆杯生产力奖”等多项奖励。

（5）在新材料规划上，翁宇庆院士还参加了：

1）中国军用新材料应用的专家组工作（总参谋部主持）；

2）国防科技委委员（军用材料）；

3）国家气候变化专家委委员（工业减碳发展）。

鉴于翁宇庆院士对我国钢铁材料重大技术基础研究项目做出的重大贡献，获得香港求是科技基金会2008年度求是杰出科学家奖，被评为科学中国人2008年度人物（见图1-3-23）。2009年，在德国柏林召开的国际先进材料制造大会上获杰出贡献奖。作为首席科学家，翁宇庆院士至今还在率领团队深入开展提高钢铁质量和使用寿命的冶金学基础研究工作。

图1-3-23 翁宇庆院士获香港求是科技基金会2008年度求是杰出科学家奖

十、“特钢是科技炼成的”倡导者——俞亚鹏

俞亚鹏，男，汉族，中共党员，1955年5月出生，江苏江阴人。中信泰富副总裁、中信泰富特钢集团董事长。从业47年来，一辈子奋斗在钢铁行业。2003年获评中国首届十大科技前沿人物，2004年获评江苏省劳模，2006年获评国务院特殊津贴专家，2008年获评中国创新创优企业家、中国特钢协会会长，2015年当选中国钢铁工业协会副会长。

在他的带领下，中信泰富特钢建立了以人才、全球化和可持续发展为核心的创新企业文化，树立了“像办学校一样办工厂”“质量是企业的生命”等先进理念，任职兴澄特钢总经理期间，持续加强技改投入，加大新品开发，积极开拓市场，推动企业发展成为一流优特钢基地；担任中信泰富特钢董事总裁、董事长以来，开展一系列集团化运作，推动管理效率显著提升，完成对青岛特钢的股权交割和对华菱锡钢的收购，进一步优化企业战略布局，助推中信泰富特钢成为全球最大特殊钢制造企业和我国特钢行业主导者。2015年，中信泰富特钢行业净利润排名全国首位。

（一）勤奋好学，从电工学徒到年轻的总工程师

俞亚鹏18岁从江阴南菁高中毕业后进入江阴钢厂当电工，在他当学徒的第一天，他通过细心观察，便独自修好了一台烧坏的交流接触器，通过了师傅的考验。几年后，潜

心自学电气、机械知识的他考入了常熟理工学院，攻读机械设计与制造专业。五年电工实践加上三年专业学习，使他拥有了扎实的电气控制和金属材料、机械制造专业知识，为日后大战钢铁、振兴企业奠定了知识和技术基础。

1986 年，花山新厂如火如荼的建设中，俞亚鹏承载着钢厂人的无限信任和希望，成为“三电一机”项目的总指挥。从建设电厂开始，他就整日奔波在花山这片土地上。从安装、调试、验收，一刻不停地围着设备转。花山钢厂从无到有，一步一步攻克难关，俞亚鹏所负责的“三电一机项目”也逐渐开始投产运作，从此江阴钢厂“府里有名”“省里有号”……

1988 年，俞亚鹏担任江阴钢厂总工程师，在全国冶金行业总工程师的队伍中，他是最年轻的一个，时年 32 周岁。

（二）奋发图强，创新改造“四位一体”生产线

为了实施第二个五年战略规划——“优转特”，兴澄特钢从德国引进 100 吨直流电弧炉炼钢、精炼、连铸、连轧“四位一体”短流程特钢生产线。这条开创中国特钢行业历史先河的生产线的贯通，标志着中国特钢生产工艺有了历史性突破。投产后，硬件有了，但管理和技术软件仍是“短板”，国内又没有经验可以借鉴，如何“驾驭”这条世界先进水平的生产线，当时公司总经理心里没底，认为经营风险很大，担心长期亏损，于是向中信泰富请求寻找国际合作伙伴。经过多方比较，最后拟与美国 TIMKEN 合作，但多轮谈判下来，对方提出的条件非常苛刻，合作进程受阻。

此时，俞亚鹏接任兴澄特钢总经理，考虑再三，力主依靠内部力量解决问题，并向中信泰富董事局提出了一个大胆方案，核心就是调整“普优兼顾”的产线定位，放弃当时效益相当不错的普钢生产，专攻特钢，按照“集约化、专业化”的原则进行技术改造。方案一经推出，立即迎来了反对声，改造一条全新并具国际先进水平的生产线，有必要吗？有能力吗？失败了怎么办？面对质疑，俞亚鹏和盘托出方案，耐心解释，说服了公司管理层和中信泰富董事局，一场攻坚战就此在“滨江厂区”打响。

最终，改造给产线带来了脱胎换骨的改变，仅花了原项目投资总额十分之一的费用，使该生产线的产能提高了 50%，生产作业率和劳动生产率大幅提升，生产成本降低了近 30%，产品档次实现了飞跃；更为重要的是促进了发展理念转变，显著提高了公司治理水平，奠定了“优转特”的坚实基础。这一改，公司不仅迎来了超越发展的黄金期，因此也走出了一条“国外一流技术引进消化吸收”的特色路子，改造项目后来入选了国家首批 27 个“十五”科技攻关项目，也是全国冶金行业第一个被列入的项目，项目成功完成，带动了我国自主开发特殊钢关键工艺技术与装备能力的提升，获得了国家科技进步奖二等奖。

（三）产品创新，融入企业持续发展的基因

在新年团拜会上，俞亚鹏从普通瓜子变成“开口瓜子”，普通苹果变成“印字苹果”价格成倍增长上，联想到了企业的创新（见图 1-3-24）。他当场启发在座的员工不要因循

守旧，要坚持创新。以耐酸、耐腐蚀、高强度为主要特点的海洋石油钻井平台用系泊链钢，因质量的要求非常严格，国内长期空白。兴澄特钢关于“高强度、高韧性海洋系泊链钢热轧棒材”开发项目，于2002年列入国家级火炬计划，先后开发出了Ⅲ级半锚链钢和Ⅳ级系泊链钢，并获得国内外认可。2005年，美国“卡特里娜”飓风袭击墨西哥湾。飓风过后，许多石油钻井平台的系泊链已然断裂，而兴澄牌系泊链却坚牢如故，一根断裂的也没有！强大飓风的考验，证明了兴澄产品高人一筹、胜人一筹的质量，也一下吸引了国内外众多锚链专家的眼球。一时间，国内外锚链厂的订单雪花般纷至沓来。

图1-3-24 2001年新年团拜会上，总经理俞亚鹏用印字苹果来引发大家对产品创新、品种结构调整的思考

在俞亚鹏的带领下，兴澄通过产品开发、市场开发和新工艺新技术应用以及企业标准化管理的技术创新，一步一个脚印，走出了一条自主创新之路！走出了中国特钢发展的新路！

（四）质量立厂，塑造世界一流的特钢精品形象

1999年5月，兴澄出现了与“海尔张瑞敏砸毁不合格冰箱”相同的一幕。

兴澄特钢“四位一体”短流程生产线上马后，前期生产还处于不稳定状态，产品质量问题比较多，前期很多产品入不了库，400多吨不合格轴承钢成堆摆放在露天场地。俞亚鹏发怒了。他把公司中层以上的干部以及和这次事故有关的管理人员、技术人员、一线工人全部召集到现场，召开了一次“消灭不合格产品誓师大会”，当场将400多吨次品全部割掉，重新回炉。

眼看辛辛苦苦炼出的400多吨轴承钢即将割成废料，白白损失掉100多万元的市场价值，有人惋惜，有人不解，甚至有人表示，这些钢材还有市场，能够卖出去，说已有多家客户表示想低价购买这批钢材。

俞亚鹏毫不动摇，他斩钉截铁地向大家说：“今天痛下决心，销毁这批钢材，就是表明企业视质量为生命的坚定决心。我们一定要树立‘质量是企业的生命’‘今天的质量，明天的市场’意识，在工作中精益求精，严格把关。正确处理质量、成本、效益的关系，努力向兴澄品牌畅销全国、走向世界的目标而奋力攀登。”

“质量是企业的生命”“今天的质量，明天的市场”“质量与人人有关，产品即人品”这三句话后来成了兴澄企业质量观的经典理念。从此，兴澄特钢产品的品质得到了全面提升，以特优的质量，塑造了兴澄特钢的精品形象，并获得了国际上的认可。这里有世界最大的板簧总成制造企业墨西哥圣·洛页斯罗西尼公司、全球最大的工程机械制造公司美国的卡特比勒公司等国际大企业，也有印度、泰国等地的轴承厂和弹簧厂等几十个国外大客户（见图 1-3-25）。

图 1-3-25　2004 年 10 月 19 日，中国钢铁工业协会吴溪淳会长来访

江水滚滚，钢花飞溅。春秋轮回中，高端新产品的不断开发，特优质量的不懈追求，不仅使兴澄特钢步入中国乃至世界特钢的前列，也塑造了俞亚鹏自身的美好形象。

（五）以诚待客，用诚信感动“上帝”

1999 年 11 月，我国第一汽车制造厂进行下一年度原材料采购招标，标的是：按最低价选择供应商，收货后支付三个月的“银行承兑汇票”，在当时企业资金面极其紧张的情况下，这种条件十分诱人。开标时，俞亚鹏带领公司销售班子前往，同行为了获得这个大订单，大多把投标价格压到了成本线以下，结果是兴澄因报价比同行均高出近百分之十，十九个标，一个也没中。事后，一汽分管副总经理找到俞亚鹏，希望兴澄也按其他中标公司的报价签订部分供货合同，俞亚鹏婉言谢绝。俞亚鹏认为如果是开发新产品，暂时的亏损值得，但批量供货亏损，企业无法承受，也非正常经营之道。仅仅两个月，市场发生了急剧变化，钢企原辅料价格大幅上涨，与一汽签订供货协议的同行企业因严重亏损纷纷要求提价，部分企业还中断了供货。这种变化给一汽生产经营带来了严重影响，为了解决危机，一汽供应部门的主要领导带队前来兴澄求援，请求在半个月内供应 2000 吨汽车关键零部件用钢，以解燃眉之急，价格由兴澄定。面对焦急的一汽领导，俞亚鹏果断答应，及时供货，执行当初兴澄的投标价，不涨一分钱。时值春节，全厂加班加点生产，一诺千金，如期供货。

一汽被深深感动，对兴澄信赖有加，就在当年，兴澄一跃成为一汽最大汽车特殊用钢供应商，至今仍保持着这种殊誉和良好的合作关系，这个从“零”到“最大供应商”的故事也被传为佳话。市以诚为本、诚以信为基、信以德为源，从创业开始就恪守这种理念，在成立中信泰富特钢之后，自然把“诚信”之本发扬光大，写进了集团的核心价值观，并竭力践行。

（六）以人为本，构建长盛不衰的学习型企业

企业的竞争最根本还是人才的竞争，特钢企业的发展也离不开熟悉特钢的特殊人才。俞总清楚地记得，2000 年，他在考察位于德国莱茵河畔的巴顿钢厂时得知，巴顿钢厂是全世界电炉炼钢效率最高的企业。只有 600 多人的巴顿钢厂，当时年产 173 万吨钢。巴顿钢厂的生产高效率、管理理念和团队精神，给俞亚鹏总经理留下了深刻印象，他意识到：高效率就是竞争力，先进的管理理念就是软实力。一切以人为本、团队精神是企业攻坚克难的重大法宝。俞亚鹏迅速做出决定，派送厂里的全部干部、技术人员和员工骨干去德国巴顿钢厂培训、学习。第一批赴德国巴顿钢厂培训的兴澄 18 名员工，由他亲自带队。紧接着，第二批、第三批、第四批共 72 名培训人员参与，每期二至三周，接受巴顿钢厂的全面培训。培训的成果是显而易见的。有这样一个例子，2001 年初，兴澄钢厂给花山分厂下达任务指标，在前一年完成 32 万吨钢的基础上完成 38 万吨钢的任务指标，当时厂长觉得最多只能生产 35 万吨，38 万吨钢绝对不可能实现。从巴顿钢厂培训、学习归来之后，厂长主动提出年产量目标提高到 40 万吨，到年底，花山分厂实际完成产量 42 万吨，第二年又超过了 50 万吨。

正如俞亚鹏说的那样：“兴澄从当初的手工小作坊到今天拥有世界一流装备，从生产小农具到今天成为全国优特钢基地，一步一个脚印，所走过的历程，就是坚持走了一条不断提高员工素质的道路。”兴澄把培训看作是培养人才的根本途径，不论市场形势如何变化，兴澄都坚持像办学校那样办工厂，坚持不懈地开展企业职工全员的学习培训，从而使员工的素质始终能与企业的发展需要相适应。

学习型企业的另一个重要标志，就是要精心建设企业的人才梯队。各级各类的人才，是学习型企业的真正骨架，是企业的脊梁。俞亚鹏深知这个道理，他在推进人才梯队建设时，采用了内外兼修的办法：一方面，在企业的内部打破人才认证上唯学历、唯职称的框框，以实践锻炼员工，以实绩评价员工，鼓励人人都能成才。在兴澄特钢，只要自己努力，人人都有成长空间，人人都可以成才。当然也包括很多引进的人才到兴澄特钢以后，在这块“沃土”中得以深造，成为硕士、博士，高级专家。另一方面，千方百计从国内外引进人才，十多年来，光从国内十大特钢企业中就引进了数百名中、高级的专业技术人才。

（七）不忘初心，向创建全球最具竞争力的特钢企业集团进发

在人们的印象中，钢铁企业总是与漫天烟尘和轰鸣的噪声在一起，而中信泰富特钢集团兴澄特钢展现在我们面前的环保企业形象着实令人耳目一新。谁能想到，长江之滨的兴澄特钢还是一个生态园林化企业，他们细心呵护着这片蓝天和绿地。这里虽然不是个缺水的地方，但他们仍然十分重视循环水的利用，烟尘、噪声指标远远低于国家标准。“兴澄

苑”里十多种动物在此安家，繁衍生息。厂区内绿草茵茵、花团锦簇，走进兴澄特钢，好像置身于花园中一样。

历史车轮滚滚向前，时代发展日新月异。在俞亚鹏的带领下，中信泰富特钢集团、兴澄特钢实行着裂变式的发展。

2004 年，中信泰富特钢集团收购控股了湖北新冶钢有限公司，并通过湖北新冶钢控股大冶特殊钢股份有限公司，百年冶钢成为中信大家庭一员，其前身大冶钢铁厂是清末汉冶萍煤铁厂矿有限公司的重要组成部分，具有悠久的历史，素有中国“钢铁工业摇篮”之称。

2008 年，中信泰富特钢集团收购铜陵亚星焦化有限责任公司在建焦化项目，成立铜陵新亚星焦化有限公司，并出资组建扬州泰富特种材料有限公司，作为特钢的物流供应基地和中信泰富澳矿在国内的中转基地。

2017 年 5 月 15 日，中信泰富特钢集团正式收购青岛特钢，中信泰富特钢集团完成了沿江沿海战略布局。通过多方协同融合，仅用三个月就实现了青钢的本体扭亏。

2018 年 6 月 22 日，中信泰富特钢集团成功收购华菱锡钢，正式更名为靖江特钢，进一步扩大了中信泰富特钢的沿江沿海战略大布局，为集团拓展长江流域市场、优化江、海纵横轴资源配置提供有力支撑。

2018 年 12 月，中信泰富特钢集团成功收购济南帅潮实业有限公司并改名为泰富特钢悬架（济南）有限公司，作为集团产业下游延伸基地之一。

2019 年 8 月，中信泰富特钢集团成功收购浙江格洛斯，正式更名为浙江泰富无缝钢管有限公司（简称“浙江钢管”），集团钢管能力进一步增强，产品结构、竞争实力进一步增强。

2019 年 10 月，大冶特殊钢股份有限公司实施重大资产重组，中信泰富特钢集团实现整体上市，上市公司更名为中信泰富特钢集团股份有限公司，目前市值超千亿元，实现了国有资产的保值增值（见图 1-3-26）。

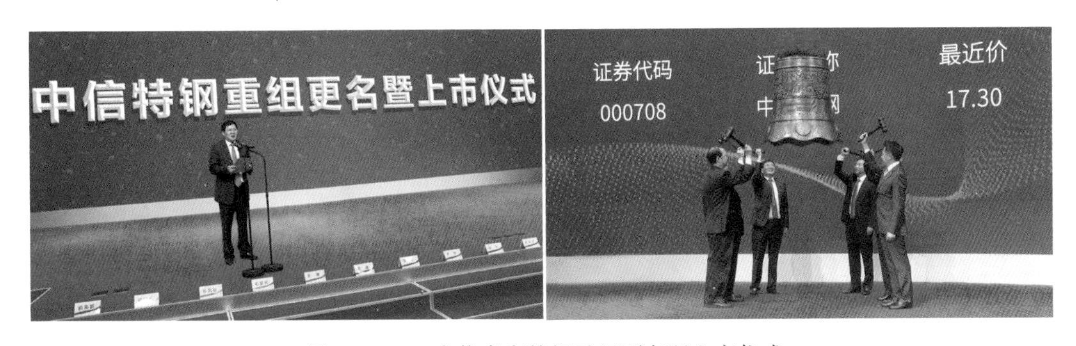

图 1-3-26　中信泰富特钢重组更名暨上市仪式

如今，中信泰富特钢集团已具备年产超 1400 万吨优特钢生产能力，工艺技术和装备具有世界先进水平，是目前全球钢种覆盖面大、涵盖品种全、产品类别多的精品特殊钢生产基地。已经成长为中国特钢产业引领者、市场主导者和行业标准制定者，是中国钢铁工业协会副会长单位和中国特钢企业协会会长单位。拥有合金钢棒材、特种中厚板材、特种无缝钢管、特冶锻造、合金钢线材、连铸合金圆坯“六大产品群”以及调质材、银亮材、汽车零部件、磨球等深加工产品系列，是品种规格配套齐全、品质卓越并具有明显市场竞争优势的中国乃至世界一流的企业。产品畅销全国并远销美国、日本以及欧盟、东南亚等60多个国家和地区，获得了一大批国内外高端用户的青睐。

谁都知道，近年来，中国钢铁行业形势十分严峻，“市场低迷、成本高企、竞争加剧”。面对前所未有的形势和困难，中信泰富特钢人在以俞亚鹏为首的集团领导带领下，突破重围，坚持走品种质量效益型道路，坚持专业化和国际化发展，坚持“人才强企”不动摇，主动适应经济发展新常态，加快由要素驱动向创新驱动转变，不断提升竞争力，依然取得了令人瞩目的成绩。

2015年，国内钢铁企业发生巨损或效益大幅下降，中信泰富特钢集团实现净利润15.8亿元，效益逆势增长2.3%，净利润在我国钢铁行业排名第一；2016年，实现净利润19.25亿元，增长21.8%，净利润在我国钢铁行业排名第三，其中息税折旧摊销前利润、净资产收益率、销售利润率等主要财务指标，远领先于国内同行，存货周转率等5项指标处于国际领先水平，并先后荣获了“全国质量奖”“全球卓越绩效奖世界级奖”“国家科学技术进步奖二等奖”等多项荣誉。中信泰富特钢这艘巨舰，不畏艰险，劈波斩浪，继续前行。

2016年9月底，中信泰富特钢集团作出了一个重大决定：总部搬往江阴。一座建筑面积七万八千多平方米的二十五层大楼，正在长江边迅速崛起。它与兴澄特钢联为一体，紧靠着气吞万里的长江。

历史总有那么多说不清的机缘。二十三年前，当中信泰富创始人荣智健先生来到这里，为兴澄特钢滨江分厂选址时，曾面对长江，发出了一句掷地有声的话：“好，就这里了！”二十三年后，中信泰富特钢的总部又搬到这里，这决不是偶然的巧合，这是一个在新起点上的历史选择。

“让中国尽快能由钢铁大国变成世界钢铁强国”，这是中信泰富特钢原董事长俞亚鹏之梦，在这大江之滨，必将演绎成明天最壮丽的歌！

第二节 中国特殊钢产业拼搏崛起

一、咬定特钢不放松——中信泰富特钢集团

中信泰富特钢集团（以下简称中信泰富特钢），是中信泰富旗下核心实体企业的中坚代表，是中信集团的明星企业。发展特钢业务，做好钢铁事业，一直以来是中信集团、中信泰富践行国家“实业兴国”发展理念、实施“金融＋实业”双轮驱动发展战略的不懈追求和伟大梦想。2008年5月20日，中信泰富特钢集团成立大会暨第一届董事会第一次会议在中信泰富香港总部召开，这次会议是中信集团决策放大特钢板块，实现这个梦想做出的积极姿态以及付诸的实际行动。

十三年来，中信泰富特钢（见图1-3-27）在激烈的市场竞争中，冷静应对，科学发展，锻打和锤炼自身，探索和创新模式，集聚和放大优势，走出了一条具有鲜明特色的特钢发展之路。

图 1-3-27　中信泰富特钢集团

一是成功探索了十分有效的现代企业集团管控机制。中信泰富特钢是由多家实体企业强强组合的集团型企业，这些实体企业在长期的发展过程中，都积淀了深厚的企业管理经验和企业文化底蕴。作为集团层面，加强科学管控，使之在更大平台和更高层次上更好地实施发展战略，达成发展目标。

二是成功创立了堪称一流的现代企业发展商业模式。十年间，中信泰富特钢发展的商业模式，在实践中不断递进、充实、完善和提升，具有非常坚实和内在的蕴含力，具有与市场抗衡和与同行匹敌的战斗力。这种“力”的凸显，这种“力”的形成，是中信集团、中信泰富、中信泰富特钢决策层共同孕育的结晶。

三是成功创立了领先市场的高端特钢产品体系。最能体现市场竞争力的载体是产品。这些年，中信泰富特钢及其企业十分注重在提高高端产品的比重和提高关键品种的效益上下功夫，并取得了令人瞩目的成效。这些年，中信泰富特钢在中信集团、中信泰富的宏观指导下，增强预见中国钢铁产业深层次矛盾和根本问题的自觉，不断加快转型升级步伐、不断优化产品结构、不断提高高端产品比重，在不一味追求产能和规模的前提下，保持了特钢业务的持续拓展，确保了在中国特钢和世界特钢行业的领先地位。

四是党建工作创新引领，初心如磐迈向“办强办精”。中信泰富特钢党委打造高质量发展“红色引擎”，使企业生产经营管理全方位、全过程，正持续不断地创新超越，促进了中信泰富特钢核心竞争力的提升。

（一）建立科学有效的管理体制机制

中信泰富特钢成立后，领导班子多次研讨，要根据科学管理的基本原则，规范集团运作，提升效率，创造价值，创建一种适合中信泰富特钢自身特色的科学管理体制，使其成为一个“具有一定的决策权、高度的自主管理权、清晰的职权、简单的机构、简洁的流程、高效的运作、严格的监控”的管控实体；以不断升级的高效组织带来强大的执行力，为集团愿景——创建全球最具竞争力的特钢企业集团服务。

集团管理部门围绕建立科学有效的管理体制机制这个主题，分析认为：根本出发点是发挥两个层面积极性，核心是集团利益的最大化和实体企业利益的最大化。并以此为指导方针，分阶段确定集团化运作目标，进行集权和分权，根据形势变化以及管理的强弱、集权和分权的程度不同，分阶段调整集团管理要素以及管控程度，以充分发挥集团管控及企业业务运营两个层面的积极性，最大程度整合利用相关资源，企业能做的就放给企业去做，企业做不了的由集团来做；能够产生协同效益的，1+1 能够大于 2 的，这些都由集团来做；对企业在经营生产方面则充分授权。对于建立什么样的管控体制，管理部门根据《公司法》和集团化管控的需要，对应建立了集团化管控的制度体系。通过多种形式，借鉴、架接、完善、创新，用很短的时间就拿出了中信泰富特钢集团化运作的基本管理框架，为集团进入正常运营提供了前提条件。

这个基本管理框架，标明集团是决策、发展、控制中心，是所有者代表与经营者的结合体，下属企业是利润中心，下属企业的分厂（分公司）是成本中心。

此外，这个基本管理框架对集团化运作的管理权力进行了科学的分配和严谨的划分，明确集团具有对全局性的战略、投融资、国贸销售、研发、市场、产品战略、整体计划、市场定位、品牌方向、标准化、信息化、大宗原材料采购、重大人事及变动等方面的重大事项进行决策和管理的权力；而维持生产经营日常运行的决策权则放在子公司。同时，集团代替中信泰富对下属钢铁企业进行管理，使原来相对分散式管理变为集中管控，包括经营管理自主权、执行权、监督权、考评权、人事管理权等企业最基本的权力，并由集团明确这些权力其独立的执行主体，集团国际销售统一，国内销售逐步统一。

企业在集团公司的领导下负责本企业的经营生产活动，并相应设立与集团公司总部对口的营销、采购、研发等职能的支持与辅助部门，进行日常运作决策。财务管理方面，在集团总体调控下，各企业独立核算。在用人方面，各企业拥有任命中层及以下管理人员和一般员工聘用的权力。

这个基本管理框架，明确了中信泰富通过集团董事会对集团行为进行监督约束；同时，通过中信泰富审计、外部审计和授权中信泰富特钢审计部门对集团经营行为进行监督。根据中信泰富特钢的具体情况，在探索、适应集团管控的过程中，从下属生产企业抽调了一批精兵强将，建立了“高管层”（国内有限公司），隶属于最高决策机构董事会之下，是集团的最高管理机构。这与当时许多集团的做法不一样，这批人员来自企业，都是在生产一线摸爬滚打了多年的行家里手。他们对企业的情况了如指掌，因而有利于集团的决策不脱离基层的实际，不搞封建家长制，容易被企业接受。可以说，这是中信泰富特钢管控的一大特色。

实践证明，中信泰富特钢成立后，制定和不断完善的集团管理架构，既没有承袭一般国企的管控体制，也没有照搬外企的管理体制，而是探索出了一种自己的模式，一条新路，从而建立起符合中信泰富特钢实际的管控模式和体制。

（二）与客户构建全新的战略合作关系

中信泰富特钢发展的商业模式是唱响“为用户创造价值”主旋律，与用户建立共赢的战略合作关系。中信泰富特钢坚持“真诚合作，努力为用户创造价值”，就是要以客户为中心，以为客户创造价值最大化为目标，推动集团由纯粹的制造业向服务型制造业全面转型，与客户构建全新的战略合作关系，建立起更高效、更快速、更便捷的优质客户服务系统。

在整个“十二五”规划实施和“十三五”期间，中信泰富特钢和企业实行“一条龙”的售前、售中、售后服务，及时为用户要求提供技术指导，帮助开展技术攻关的各种措施，以全行业最短的研发周期、最合理的销售价格、最满意的合作姿态，想用户之所想，急用户之所急，这是最真诚合作、最真心服务的坚定的底气。中信泰富特钢及其企业抱着与用户同呼吸、共命运的理念，一切可以协商，一切为了提升用户体验，一切为了保障用户满意，这是最实在的价值所在、最实惠的互利双赢的坚决行动。

在各个经营年度工作总结大会和坚持多年召开的营销年会上，集团主要领导反复强调和重申的一个不变的主题词始终是“为用户创造价值”。对这个主题词的注解，则随着集团发展战略的顺利实施和推进，又不断注入新的内涵，使之更具中信泰富特钢经营理念特色和经营实践推崇价值。

中信泰富特钢成立以来的十年，秉持“真诚合作，努力为用户创造价值”的经营理念，加强与上下游客户合作，与国内外一大批知名企业建立了战略合作关系，战略客户群不断扩大。

集团认为，特钢产品营销的最终结果是与客户共赢天下，而不是单纯的业务成交。有人表示不理解，认为与客户交往不就是为了成交，甚至是再成交吗？中信泰富特钢的营销管理人员认为，这其实是一种错误的客户行销理念。当客户选择了我们的产品，购买了我们的产品，这其实才是营销的真正开始。后面还包括为客户服务、提升客户价值等一系列服务，这些都至关重要。

如今，在中信泰富特钢，坚持“以客户为中心”，不断完善客户服务体系，创新客户服务模式，开展个性化、差异化以及产品延伸配套服务，完善电子商务平台，加快由“经营产品”向“经营客户”转变，已成为中信泰富特钢人的共识。

中信泰富特钢在前五年提出了一元产业定位的“精品 + 规模”发展战略，对各个企业提出的要求是“品种、质量、效益”，不是简单地扩大规模，而是需要不断调整品种结构。后来，提出“精品 + 规模 + 服务”发展战略，企业从生产经营型企业向生产经营服务型企业转型。这就要更加注重售前和售后服务，与客户共同制定标准、研发新品，深入客户现场解决问题，为用户提供完整的钢铁材料解决方案，加快向“材料供应商和技术服务型企业”的转变。

中信泰富特钢按照“精品 + 规模 + 服务”的发展战略，不断完善对客户的需求。快速反应的组织形式，规范以客户为核心的工作流程，建立客户驱动的产品和服务设计，特别在为用户提供近终型产品、全面的技术服务和多方案的商务服务以及产品精准交付等方面不断取得突破，推进了集团向“服务型制造商”的深度转型。

为了推进向“服务型制造商”的深度转型，保持和提升竞争优势，中信泰富特钢根据市场需求，加强产品聚焦，优化营销模式，优化和扩大营销渠道，建立快速市场响应机制，与下游客户广泛建立战略合作伙伴关系，构建互利共赢的营销网络，做大做强区域公司，切实为客户提供贴身服务。优化订单管理模式和物流模式，缩短交货期。

随着转型升级，兴澄特钢更好地贴近客户，加快向“特钢产品整体服务方案解决者”转型，于 2014 年底成立了用户技术研究所。研究所努力提供用户驱动的产品和服务设计，为用户提供近终型产品、全面的技术服务和多方案的商务服务。一是新产品开发前期介入。与销售、产品开发部门一起做好市场调研，寻求新的用户、新的产品，在用户产品设计阶段就介入，在用户完成产品设计的同时，提供用户产品所需的材料标准，提高市场准入门槛，保证公司在用户产品完全进入市场后的占有率。二是项目研究课题引领。掌握下游应用领域行业的新需求、新趋势，提出产品研究或发展方向。在公司内部搭建产、销、研、用的合作平台，共同提高公司的研发深度和广度；在公司外部搭建公司和直接用户、终端用户的合作平台，开展多赢的合作项目。三是用户技术服务带头。走访重点用户，了解重点产品的加工过程，收集和分析重点用户在材料使用过程中的问题，以及终端产品的时效问题，建立这些问题分析和解决的数据库。

（三）创立了市场高度认可的高端特钢产品体系

中信泰富特钢成立后，提出观念创新是先导，战略创新是方向，市场创新是目标，科技创新是核心，管理创新是基础，机制和制度创新是保障的“自主创新体系”。在具体工作中，围绕解决实际问题，开拓新思路，制定新措施，探讨新方法，大力开展技术和产品创新，持续创新管理工作，提高经济技术指标，走新型工业化道路，提升企业核心竞争力，实现企业全面协调、可持续、跨越式发展。

通过多年的技术创新，中信泰富特钢已拥有了上百个具有自主知识产权的特殊钢生产发明专利技术、几十个国家级新品，以及几十张国际上最权威公司和机构的产品质量认证证书和全球合格供应商证书。同时，通过多年来的国内技术人才交流和科研机关的合作攻关，中信泰富特钢集团已拥有一批掌握特钢冶炼、精炼连铸、控制轧制等高端技术的高素质复合型领军人才和研发人才。

（1）确保落实两个 10%。面对特钢市场竞争激烈的态势，中信泰富特钢决策层要求企业的产品开发、生产、销售等部门牢固树立产品创新意识，明确市场定位，用源源不断的新产品、高端产品、优势产品占领市场。

早在 2009 年，中信泰富特钢就以文件形式要求各生产企业，必须做到“每年开发生产 10%新产品或高端产品，每年淘汰 10%低端或低效产品”。各相关部门对这两个 10%指标，进行规划、分解、研发、生产、销售，落实到位，哪个环节都不允许“欠账”，哪个环节“失分”就追究责任。这种产品创新“刚性”管理，取得了显著成效，形成了既完整又动态，既迎合现在市场又引领未来市场的优势产品体系，形成了“生产一代、储备一代、开发一代”的新产品结构链，促进了产品市场的稳定巩固和持续拓展。

2016 年 3 月 13 日，《人民日报》刊登了一篇采访全国政协委员、中信集团董事长常振明的访谈录。在这篇访谈录里，常振明指出：“中信泰富特钢是全球最大的特钢生产企业。虽然去年行业不景气，公司依然保持很强盈利，位居行业第一。这得益于他们持续创新，走高端精品路线，以关键技术开发作支撑，紧紧瞄准国家战略性新兴产业，大力开发能源用钢、超纯净轴承钢、汽车关键部件用钢、新一代海洋系泊链、高端工模具钢等前沿品种，生产了大量‘唯一’‘第一’的产品，近两年的新产品量接近销售总量的15%，并连续多年实现了‘年淘汰效益差、档次偏低的产品比例不少于总量的10%’的目标。”

（2）产品技术创新，增强核心竞争优势。中信泰富特钢始终把“产品技术创新”作为增强行业引领作用、打造市场竞争新优势的第一要素。即便工艺装备水平已是国际领先，但在产品研发方面中信泰富特钢仍是孜孜以求，助力企业经营业绩笑傲群雄，连续多年保持了国内业界领先的成绩。近年来，中信泰富特钢在先后承担国家“863”计划、国家火炬计划、国家工业强基示范工程、国家冶金战略性新兴产业扶持等一系列课题项目的基础上，积极寻求在特殊钢核心关键技术推广应用和特殊钢重点工艺技术开发上取得突破，荣获了包括国家科技进步奖、省部级科技进步奖等在内的大量奖项。“十二五”以来，经过集团上下不懈努力，中信泰富特钢确立了特殊钢线材关键产品的市场领导地位，确立了中厚壁特种无缝钢管系列产品关键品种的主导地位，确立了有竞争力的特殊钢板带系列产品的关键品种在细分行业领域中的优势地位。集团企业承担了从国家“十一五”到“十三五”攻关项目、为“神舟六号”“神舟七号”运载火箭提供原材料攻关项目等。

目前，中信泰富特钢是全球规模最大、品种规格最全的专业化特殊钢制造集团，是我国特殊钢产业引领者、市场主导者和行业标准制定者，也是率先向新材料领域转型的高端制造业领军企业，旗下拥有兴澄特钢、青岛特钢、大冶特钢、靖江特钢“四大产品制造基地”和铜陵特材、扬州特材“两大原材料生产基地”，以及泰富悬架、浙江钢管“两大产业链延伸基地”，全面实现了沿海沿江产业链战略发展大布局。作为中国钢铁工业协会副会长单位、中国特钢企业协会会长单位，中信泰富特钢承担了国家“十三五”轴承钢、汽车齿轮钢、高强弹簧钢、工模具钢、690兆帕级高强桥梁钢、2000兆帕级高强桥索钢、耐磨钢等重点科研项目，先后获得中国质量奖提名奖、全国质量奖、全球卓越绩效奖、中国工业大奖提名奖、中国专利奖优秀奖等一系列国内外重大奖项。中信泰富特钢生产的轴承钢，纯净度登顶世界之巅，供货瑞典SKF、德国舍弗勒、日本NSK等全球轴承知名企业，产销量连续10年全球第一；汽车用钢供货德国保时捷、宝马、奔驰，日本丰田、本田等全球知名企业；用于节能环保、清洁能源的大型风电——直径1米超大规格合金钢连铸圆坯，为世界首创；R6级极限性能海洋系泊链钢填补世界空白；疲劳寿命超1300万次的弹簧钢，创世界第一；连铸板坯最大厚度达610毫米，创世界纪录；2060兆帕级桥梁缆索钢为世界最高强度级别。中信泰富特钢产品充分满足能源、交通、工程机械、航空航天等国家优先发展行业的市场需求，为国民经济发展、重大工程建设以及国防军工等重要领域提供所需的关键特殊钢产品。

（四）党建工作创新引领，打造高质量发展的“红色引擎”

2021年6月28日下午，全国“两优一先”表彰大会在北京人民大会堂举行，中信泰富特钢集团党委荣获“全国先进基层党组织”称号。中信泰富特钢党委书记、董事长钱刚在人民大会堂参加了全国“两优一先”表彰大会（见图1-3-28）。

图 1-3-28　钱刚董事长参加全国“两优一先”表彰大会

中信泰富特钢是一家有着浓厚党和国家情怀以及深厚文化底蕴的特钢企业，拥有 99 年党建史、100 余年建厂史。1922 年，大冶钢铁厂（现中信泰富特钢旗下大冶特钢）建立了钢铁产业工人队伍中最早的党组织之一——大冶钢铁厂小组，点燃了钢铁行业革命的火种。而中信泰富特钢隶属于中信集团，企业的基因里又具有“红色资本家”荣毅仁的爱国情怀和改革开放的时代精神。

在中信泰富特钢党委的领导下，中信泰富特钢主要经营指标连续多年行业领先，“十三五”期间主营业务收入、净利润实现大幅增长，销量实现翻番，有力地推进了该集团高质量发展，在为国担当、为民服务中展现了新作为、彰显了新担当，谱写了新时代“特钢强国”新篇章。

（1）坚持红色基因 点燃“红色引擎”向“办强办精”砥砺前行。1953 年 2 月 19 日，毛泽东同志乘坐“长江号”舰艇视察长江。途经湖北黄石，毛泽东一行下船后直奔大冶钢厂，从炼钢、铸钢、锻钢到轧钢，把钢厂生产一线从头看到尾。在长江码头，毛泽东回眸长江边炉火闪烁的大冶钢厂，对前来送行的同志说：“希望你们把厂子办大办好！”1958 年 9 月 15 日，毛泽东再次来到大冶钢厂视察工作。

谆谆嘱托重如千钧，殷殷期望言犹在耳。2021 年 6 月 21 日，在全国钢铁行业庆祝建党 100 周年座谈会上，钱刚说：“从今天钢铁工业的成绩来看，我们已经完成了毛主席‘办大办好’的教导和嘱托，在第二个百年奋斗目标的引领下，我们将朝着‘办强办精’的方向砥砺前行。承前启后，继往开来，是我们这一代人身上的责任，我们要努力在智慧冶金、绿色钢铁方面做出新的更重要的贡献。”

中信泰富特钢党委将传承红色基因作为开展党史学习教育的重要部分，挖掘红色故事，传承红色基因，强化干事创业使命责任。同时，中信泰富特钢党委还将其与企业文化相融合，将红色基因注入中信泰富特钢人的血液。

党委班子成员带队到荣毅仁纪念馆学习，赴井冈山革命圣地开展党史学习教育专题培训；党委书记讲好特钢红色故事；党委举办“追寻红色记忆 传承红色精神”党史图片展、“大冶特钢红色记忆”宣传贯彻等活动，努力将红色基因转化为“红色引擎”，带领百年企业走上高质量发展之路，以“特钢强国梦”撑起民族复兴的特钢脊梁。

“十三五”期间，中信泰富特钢党委怀揣“创新无限”的坚忍之志和“国之大者”的赤诚情怀，积极践行创新、协调、绿色、开放、共享的新发展理念，不断推进公司转型发展。中信泰富特钢贯彻落实习近平总书记关于“把关键核心技术牢牢掌握在自己手中”的指示，积极承担或参与国家“十三五”项目，承担国家“卡脖子”材料研究任务，获得国家科技进步奖一等奖1项，获得中国专利优秀奖1项；主持参与编写国家及行业标准30余项；获得专利授权745项，其中发明专利191项；以“高精尖特”产品助力“北斗”卫星、“神舟”飞船遨游太空，支撑港珠澳大桥跨洋过海、“复兴号”动车组风驰电掣，助推国产大飞机腾空万里，协力“鲲龙”水陆两栖飞机上天下海，为打造“中国名片”“国之重器”再立新功。中信集团发来贺电说：“你们践行了‘实业报国’理念，也为集团赢得了荣誉。”

（2）坚持“一个组织一个品牌”，让党建外化为生产力。基层组织有活力，企业才有生命力。发挥基层党组织的战斗堡垒作用和党员的先锋模范作用，是中信泰富特钢党建工作的根本落脚点。为进一步深化党建与生产经营深度融合，将党建优势转化为企业竞争力、战斗力，中信泰富特钢党委结合自身实际，创新基层党建工作方法，扎实推进“一个组织一个品牌”建设，把企业发展的重点、热点和难点作为基层战斗堡垒工作的重点、突破点和探索点，充分发挥党组织和党员在疫情防控、清洁生产、质量提升、降本增效、全员创新、班组建设等重点工作中的战斗堡垒作用和先锋模范作用，真正让基层党建强了起来、活了起来。

钢板厚度精度是衡量中厚板质量的重要指标。中信泰富特钢下属兴澄特钢特板厚板分厂对此高度重视，厚板党支部以“党建+创新”为抓手，以“创新促发展、青年勇担当”为党建品牌主题，结合“钢板厚度精度”这个重点难点，组建了一支以30岁、40岁中青年党员为骨干的青年攻关突击队，从基础数据收集下手，从操作工的参数设置到模型的运行记录，从关键设备的数据记录到成品钢板的尺寸数据，几经研讨，终于把问题根源基本摸清。经过一年多的攻关试验，该分厂钢板厚度异常率从26%降到5%，每月超限吨数从1000～2000吨降至300～400吨，创效显著。

用于油缸活塞杆的非调质钢，国内只有两三个企业可以生产，研发难度极大。中信泰富特钢大冶特钢研究分院党总支大力推动“战略引领，服务市场”党建品牌建设，研发支部书记李博鹏带着一支由党员组成的、专啃“硬骨头”的先锋队把任务当作试金石，查资料、定方案、做实验，用半年时间终于攻克了这个难题。他们开发出的非调质钢的质量达国内领先水平。2020年，该研究分院由党员牵头立项的科研项目超过90%。

李博鹏说：“党建是看得见的‘生产力’，它在我们每一间实验室里、每一个生产现场，每一名党员的胸前，每一张科技进步奖的证书上。在科研攻关这个特殊战场上，只有发挥党组织的凝聚力，才能激发出科技攻关的无限活力。”

（3）坚持“人才强企”战略，让创新人才成为新动力。习近平总书记强调，发展是第一要务，人才是第一资源，创新是第一动力。

为了让科技创新在中信泰富特钢“遍地开花”，中信泰富特钢党委坚持党管干部、党管人才原则，坚持“人才强企”战略，践行“像办学校一样办工厂”的理念，创新体制机制，不断完善管理人才的经验做法，着力把人才创新效应转化为推动企业高质量发展的内生动力。

中信泰富特钢党委与名企名校进行战略合作，大力选拔青年干部培养对象，开展专业储备人才选拔培养工作，培养知识型、技术型、专家型人才，建立素质优良、结构合理的人才梯队；加快创新团队建设和研发领军人才建设，建立从助理研发员到首席专家的 5 级研发人才通道，引进技术专家，评聘技术精英，明确首席专家的工资可以高于企业总经理。党员领导干部在“卡脖子”等重点科研项目攻关上担任负责人，以项目制形式给年轻研发员压担子。同时，中信泰富特钢党委还鼓励科研人员大胆创新，建立创新容错机制和激励机制，如设立个人和团队创新奖，对于重大创新项目，给予团队高达 100 万元的重奖。

坚持“像办学校一样办工厂”，打造高素质技术技能人才高地。中信泰富特钢党委高度重视员工培训和人才培养工作，专门成立了中信泰富特钢学院，按工资总额 2%的比例计算和提取教育培训费，打造覆盖全员、全过程的集团教育培训体系网络，强化行业技术领军型、国际战略型、经营复合型、工匠操作型 4 类人才培养，每年每名职工的培训时间达到 80 学时，管理人员培训时间达到 100 学时，为人才队伍建设和全员素质提升奠定了扎实的基础。

开辟“管理、技术、操作”的成长通道，为专业人才搭建施展才华的平台。中信泰富特钢构建职工职业生涯发展规划和晋升通道，覆盖管理、销售、研发、技术、生产等各环节；注重岗位锻炼，实行内部轮岗制度，每年选拔年轻干部挂职交流，把“一专多能”复合型干部用起来；创新后备干部选拔方式，兴澄特钢党委针对后备干部开展涵盖 4 个维度 8 项能力指标的素质测评，进一步增强岗位匹配度，建强人才梯队，为企业高质量发展输入不竭动力。

现任中信泰富特钢总裁助理、科技部部长许晓红就是通过“人才强企”战略培养出来的专家。30 多年来，许晓红从一名普通的炉前工成长为企业总工程师、特钢总裁助理、享受国务院政府特殊津贴的专家。他心中一直有一个“特钢强国梦”，把产品质量定位在全球领先。凭借对技术研发的科学谨慎和对数据分析与测量工具的灵活运用，许晓红迅速掌握了国际先进的纯净钢高效冶炼技术。作为科学技术带头人，许晓红的研究成果在特殊钢炼钢生产工艺中得到广泛应用，多项成果创造了世界纪录，填补国际空白，代替进口产品，增强企业国际竞争力。“创新精神就是敢啃‘硬骨头’。我们要让自己的创新思想在中信泰富特钢这片创新的土壤上‘落地开花’，把个人价值融入到特钢事业中去，为创建全球最具竞争力的特钢企业尽自己的最大努力。”许晓红说。

2020 年，中信泰富特钢党委成立了集团党校，由中信泰富特钢学院负责教育管理，将思想政治素质放在首位，坚持育人为本、德育先行，将党的思想建设与人才队伍建设相结合，不断锤炼一支政治上靠得住、工作上有本事、作风上过得硬的干部队伍（见图 1-3-29）。

图 1-3-29　中信泰富特钢集团党校揭牌仪式

二、特钢行业跃黑马——兴澄特钢

1992 年的春天是中国历史上一个不平凡的季节。这年 1 月 18 日 ~2 月 21 日，邓小平南行武昌、深圳、珠海、上海等地，发表了重要讲话。邓小平南行讲话，解放了思想，指明了经济建设的路子，再一次掀起了古老中国改革开放的汹涌浪潮。

位于长江三角洲黄金水道的江阴市，义无反顾地站到改革开放的前沿。在邓小平南行讲话后举行的江阴市党代会上，作出了五大战略部署，分别是科技兴市、沿江开发、外向带动、城乡一体、协调发展，为江阴市大规模发展经济奠定了思想基础。

在此大环境下的江阴钢厂，从 20 世纪 90 年代初期，就一直在寻求合资伙伴。在此期间，先后和宝钢、中国五矿等大型企业接洽、商谈，争取合资发展，但因种种原因未能谈妥。

（一）江阴钢厂改制——1993 年的布局发展

1993 年初，一份有关香港中信泰富有限公司寻找合资企业的材料，放到了江阴钢厂负责人的案头。材料由江阴市政府整理，介绍中信泰富有限公司基本情况：中信泰富有限公司，是在香港交易所上市的综合型控股公司，是香港中信集团核心企业，市值约 350 亿港元。该公司资本雄厚，信誉度很高。该公司对中国内地有投资意向，尤其倾向到无锡地区。

中信泰富公司董事局主席荣智健先生，对江阴并不陌生。不久前他投资的中国最大火力发电厂利港电厂，就在江阴。然而对江阴钢厂他还是头一次听说。由于时任无锡市常务副市长、江阴市市长吴新雄力荐，他决定来江阴钢厂看一看。

荣智健先生的江阴之行，受到了江阴市委、市政府领导热情接待。时任江阴市委书记的翟怀新和荣先生并不陌生，两人已是第二次见面。没有过多寒暄和客套，翟书记首先向荣先生简明扼要地介绍了江阴的具体情况，以及未来经济发展的蓝图。随后，荣智健先生对江阴钢厂进行了实地考察（见图 1-3-30）。此时的江阴钢厂，在全国钢铁业还是一家名不见经传的地方企业。厂长吴晓白，带领着职工们在车间欢迎了荣先生的到来，并一路跟随介绍。吴厂长娓娓道来，荣先生侧耳倾听。江阴钢厂在困难中仍坚韧不拔往前闯的企业干劲，让荣先生暗自赞同，尤其最近两年企业为扭亏为盈所做的举措，荣智健听得分外仔细。

图 1-3-30　荣智健先生一行考察江阴钢厂

首次考察后，荣先生匆匆离开江阴钢厂。荣先生对此次江阴之行非常满意，并在之后派出考察队赴江阴钢厂全方位的了解。通过考察队对厂区设施、设备功能、管理制度、技术人员以及厂外交通、运输状况进行了全面摸底交流，香港中信泰富公司下定决心和江阴钢厂合作。

1993 年 12 月 3 日，一个暖和的初冬晴朗之日。江阴长江饭店内一场隆重的签约仪式正在举行（见图 1-3-31）。在江阴市委、市政府的相关负责人见证下，香港中信泰富公司代表与江阴钢厂代表顺利完成《中外合资江阴兴澄钢铁有限公司章程》签约。合资章程签约生效的那一刻，大家亲切地互相握手，庆祝这意义非凡的一刻。尤其对江阴钢厂来说，这将是一次巨大的历史转折点。

图 1-3-31　江阴兴澄钢铁有限公司合资合同章程签约仪式

香港中信泰富公司的合资，使江阴钢厂的产业资本和金融资本得到紧密的结合，赢得了发展机遇。如何用好外资，成了钢厂领导班子视为重中之重的问题。几经深思熟虑后，钢厂把外资投入到技改扩能项目。新上项目立足于高起点，技术高新化，管理信息化，全过程采用计算机控制，劳动生产率达到国际先进水平，为企业后续发展奠定强大基础。合资后的江阴钢厂从此走上了振兴腾飞之路。

为了扩大规模，加快发展，合资后兴澄钢厂组建成立了江阴兴澄钢铁有限公司，确立了以高新技术为发展方向，以电炉钢短流程为基本工艺结构，并规划到21世纪初，把公司建成企业规模化、技术高新化、经营国际化、管理信息化、产业多元化的大型特钢企业。

1993年底，荣智健再次来到江阴，寻找他心目中的理想之地。但几番考察下来，对当地推荐的几个地方都不十分满意。他再次找到了翟怀新书记。翟书记对荣智健说："有一个地方，我带你去看，看了之后你一定会满意。"

翟书记带着荣智健来到离江阴县城仅十几里地的滨江。这里北靠长江，东起大河港，西至白屈港，滨江东路以北，方方正正一块宝地，两平方公里的地方，大约有3000亩土地。他们一起站在芦苇荡边上，江风瑟瑟，寒意逼人。近看，是一片未经开发的沼泽地，远眺，是宽阔的长江江面。翟书记对荣智健说："这里全部给你了。这里有难得的深水岸线，钢厂是大进大出的产业，而花山钢厂还要靠内河运输，肯定没有发展余地的，你一定要到江边来发展。"听着翟书记的介绍，又眼见滨江有如此优越的地理位置，荣智健觉得此行不虚。他当即手指大河港说："好的，就这里了！"

同年12月1日，中外合资江阴兴澄钢铁有限公司第一次董事会预备会议召开。会议决定，在滨江建立新厂区，分期进行。同时决定由香港中信泰富有限公司投资15亿元，引进德国现代化的连铸连轧短流程生产线，建设年产65万吨钢的特钢工程。这条生产线，是当时国际最先进的工艺技术装备，在我国还从未有哪一家引进过。

尽管当时的滨江还是一片荒滩地，上面长满了芦苇。然而它得天独厚的地理和区位优势，使之成为一块建设钢铁企业的宝地。这里从江阴海关以下，江面宽阔，水势较缓，万吨级巨轮能直接靠岸。沿长江上游，坐落着湖北武汉钢铁厂、大冶钢厂，江西九江钢铁厂，安徽马鞍山钢铁厂，江苏南京钢铁厂。下游，有江苏沙洲钢铁厂、上海宝山钢铁厂等，一字排开，成为沿长江的一条钢铁长廊。

1994年9月24日晚，江阴市政府召集各银行负责人开会，专题研究滨江项目中方资金承诺落实事宜。要求各银行全力以赴，发扬银团协同作战精神，共挑担子，确保中方资金的落实。在江阴市委、市政府的高度重视和大力支持下，总投资达15多亿元、一期工程征地1000亩、规模巨大的滨江特钢工程正式启动，征地、拆迁、打桩……一系列工作热火朝天地进行。

征地协议签署后，兴澄特钢成立了滨江工程总指挥部。对兴澄特钢领导层来说，摆在他们面前的最大困难是人才的缺乏。在这三十六个人里，没有一个技术人员。江阴钢厂是在地方企业的基础上发展起来的，由于历史的原因，企业老工人多、农民工多、没有文化的多，有专业技术的人少，他们中包括门卫在内，几乎没有一个大学生。在滨江上马这样一个现代化的工程，按合资协议，全部是德国进口的设备，仅说明书就要用汽车拉，而他们中，没有一个人能全部看得懂。严酷的事实考验着兴澄特钢领导层，考验着刚刚起步的滨江现代化钢铁工程。首先，需要一批有技术、有文化的人才。然而人才从哪里来呢？当时的江阴钢厂由于是县属企业，和一般的大企业不同，对于技术人才，国家没有分配计划，全是靠自己。兴澄特钢领导层的办法是：引进+培养！

人员问题解决后，兴澄特钢领导层制定了三大块工作目标：

首先，是设备管理的问题。面对这么一个现代化的工程，设备管理不能再沿袭以往的老办法，必须要进行管理上的创新。几经调研和抉择，决定借鉴宝钢的成功经验，选用了日本“新日铁”的管理模式，就是“三定一委”：即平时设备定修、定检、定点，按期大修则委托外人维修，也就是服务外包。

其次，用活社会资源，集中自身精力。制氧、仓库、场地、食堂都委外管理了，公司则集中自身精力搞好项目建设。

最后，搞项目招标。通过正规的招投标程序，确保工程质量、工程进度和工程预算控制在规定范围内。

1995 年 9 月 28 日，江阴兴澄特种钢铁有限公司滨江一期工程举行隆重的奠基仪式。无锡市相关领导，江阴市四套班子领导，香港中信泰富公司领导出席典礼。此时锣鼓齐鸣、鞭炮震耳，标志着滨江一期工程正式启动。

（二）特殊钢冶炼的革命性转折——“四位一体”

（1）滨江炼钢项目首战告捷。100 吨超高功率直流电炉，100 吨钢包精炼炉、100 吨真空精炼炉、弧型半径 12 米五机五流大方坯连铸机，是一套从德国引进的国际一流装备。由德国著名的德马克公司总承包。兴澄特钢与德国德马克公司签订一期工程设备供货合同如图 1-3-32 所示。

图 1-3-32 兴澄特钢与德国德马克公司签订一期工程设备供货合同

在国内乃至国际上没有先例的情况下，1997 年 11 月 18 日 11 点 18 分，世界上最先进的 100 吨超高功率直流电炉热调试一次成功，炼出这种设备在中国的第一炉钢水，并通过精炼，由五机五流大方坯连铸机拉出 180 方连铸坯，滨江一期工程炼钢项目一次获得圆满成功。

100吨超高功率直流电炉生产线投产后，从废钢入炉到出成品时间大大缩短，能耗大大减低，从而使得我国特钢生产与发达国家的差距明显缩小。从3吨、5吨、10吨、20吨、30吨电炉到滨江一期100吨直流电弧炉，兴澄的优钢生产走到了全国领先水平。

兴澄特钢100吨直流电弧炉出钢剪彩仪式如图1-3-33所示。

图1-3-33　兴澄特钢100吨直流电弧炉出钢剪彩仪式

（2）中国第一条“四位一体”连铸连轧特钢生产线全线贯通。1998年元月，俞亚鹏接任兴澄钢铁公司总经理职务。1998年5月6日上午11点18分，江阴市委书记袁静波高擎火炬，亲自为兴澄特种轧钢加热炉点火，点火一次成功。这是一个令人激动的时刻，也是兴澄人期待已久的时刻。1998年5月18日上午11点17分，俞总按动连轧线键钮，火红的钢坯随即从加热炉缓缓驶出，经过高压水除磷，钢坯进入了连轧机组。11点20分，滨江一期工程第一根圆钢轧了出来。现场的气氛再度掀起高潮，兴澄人用欣喜而骄傲的目光，注视着本公司第一批圆钢的正式问世，它标志着中国第一条100吨直流电弧炉炼钢、精炼、连铸、连轧“四位一体”的短流程特钢生产线全线贯通了。

兴澄特钢“四位一体”短流程生产线，是全国特钢行业的一大创举，是中国特钢生产工艺的一次历史性革新。兴澄的这条炼钢、精炼、连铸、连轧“四位一体”短流程生产线，由德国引进，是一整套具有20世纪90年代世界先进水平的全新装备。根据1994年10月公司与冶金部北京钢铁设计研究院联合编制的《滨江项目可行性研究报告》，该项目设计年产量：钢65万吨，钢材60万吨；设计钢种：普钢、低合金钢、部分合金钢；设计主要产品为圆钢、槽钢、角钢、T型钢、六角钢、扁钢、轻轨等。产品方案的特点是型钢种类多，规格覆盖面广，几乎包括所有中小型钢，该方案能够及时适应市场变化，从而在激烈竞争中占有优势。整条生产线，具有工艺流程短、生产节奏快、各工序时间衔接要求高的特点。这条炼钢、精炼、连铸、连轧“四位一体”特殊钢生产线从北到南全长600米。

“四位一体”短流程特钢生产线，其炼钢设备为100吨超高功率直流电弧炉，充分吸收和采用了现代炼钢技术，如超高功率技术，电炉变压器容量为90兆瓦，采用水冷炉盖、水冷炉壁技术，碳氧喷枪机械手强化吹氧、喷碳粉造泡沫渣冶炼工艺技术，偏心底无渣出钢、出钢留渣操作技术等，整个操作功能高度自动化、智能化，整条生产线实现了高效、快节奏生产。

在此之前特钢厂采取的传统工艺，产品生产周期需要1个月左右，而兴澄的“四位一体”短流程生产线只需要8个小时。传统工艺生产的成材率只有80%左右，而这条生产线的成材率达94%以上，其经济价值令人振奋。“四位一体”生产线的上马，使得兴澄特钢的“普转优”工程如虎添翼，进入企业飞速发展期。

“四位一体”生产线的上马，同样也是一次“兴澄效率”“兴澄速度”的体现。在国内没有先例的情况下，兴澄滨江一期项目仅用30个月便建成了。使用该生产线后，一下子缩短了我国特钢生产装备与国际发达国家的历史差距，大大减低了能源消耗。吨钢冶炼电耗为330度，比同行平均低200度/吨，每吨钢电极消耗为1.1千克，比同行平均降低2.0千克，吨钢综合能耗为0.35吨标煤，居全国电炉钢企业节能第一的位置。与此同时，“四位一体”生产线也给兴澄员工带来了工作环境的改变，以前炼钢，都是人工操作，又热又累又脏。“四位一体”短流程生产线投入生产后，90%以上的工作实现了机械化、自动化，炼钢工作已不需要多少体力的支出。“四位一体”短流程生产线带给兴澄的，不仅是特殊的技术、特殊的产品、特殊的质量，而且带来了许多特殊的荣誉。投产至今，随着不断地完善改造，生产线已突破当初项目可行性研究报告中的钢种和产品设计，并开发出大量高品质、高技术含量、高市场覆盖率的优特钢新产品，产品“高、精、尖”的特点愈加突出，适应了国内重点工业部门对高品质特殊钢材的迫切需求，其中许多产品还替代进口并出口创汇，强化了兴澄在特殊钢领域的领先地位。

滨江一期工程炼钢、精炼、连铸、连轧“四位一体”生产线如图1-3-34所示。

图1-3-34 滨江一期工程炼钢、精炼、连铸、连轧“四位一体”生产线

（三）万吨长江码头与百万吨炼铁高炉

经过多年发展，到2001年，兴澄特钢已形成年产100万吨特钢的生产规模，在国内特钢行业中位居前列。但生产所需的废钢、铁矿石、生铁、合金、焦炭等原材料，都需要外购。如此巨量的运输需要，现有的物流基础已无法满足。

建立自己的物流码头和高炉，告别有钢无铁的旧历史，打造自己的战略供应链，已是兴澄刻不容缓的头等大事。兴澄必须用最节省的预算支出，最简单快捷的办法解决对资源的需求，解决产品的运输问题。

2000 年初，兴澄特钢果断做出决策：建造自己的大型专业化长江码头。

2001 年秋，兴澄自备长江码头一号泊位的建设正式开始。按照设计要求，兴澄码头 3 万吨级一号泊位年起卸能力要达到 92 万吨以上，主要装卸公司所需铁矿石、废钢和焦炭。经过近一年时间拼搏，兴澄的建设者终于建成了自己朝思暮想的长江码头，从此结束了以往进出口物资需到其他港口周转、驳运的不便，刷新了公司的运输历史纪录。

2002 年 7 月 11 日 15 点 58 分，“呜……呜……”随着几声长长的汽笛声传来，兴澄码头迎来了它的第一艘货轮“帕罗格斯”号—— 一艘来自大洋彼岸美国的 3.5 万吨级货轮。所有工作人员早已准备就绪，满怀喜悦地迎接“帕罗格斯”号的到来。在海关、港务局、出入境检验检疫局、边检站、海事局等部门的精心指挥、协调和监管下，庞大的门座式起重机、桥式卸船机正常投入运行，公司废钢处、运输公司等部门通力合作，抢时间、抓进度，工人们顶着近 40℃的高温在露天作业。整个装卸过程井然有序。这场景连四海为家、见多识广的“帕罗格斯”号船长科佛先生都惊讶地说：“兴澄的起卸速度令我钦佩！如此现代化的钢铁企业，如此整洁的码头起卸场地令我难以忘怀！”

美国“帕罗格斯”货轮停泊正式投用的兴澄 3 万吨级长江码头如图 1-3-35 所示。

图 1-3-35 美国“帕罗格斯”货轮停泊正式投用的兴澄 3 万吨级长江码头

兴澄长江码头的首次试运行获得圆满成功！首次停泊外轮的成功，标志着兴澄特钢成为我国首家拥有自营进出口长江泊位的特钢企业。拥有了自己的码头泊位后，兴澄的物流更顺畅，成本大幅下降，各生产要素的整合更科学合理。该泊位年吞吐量达 100 万吨，每年为兴澄特钢节约运输费逾六成。

2002 年 9 月 10 日夜晚，对兴澄人来说是另一个振奋人心的不眠之夜。大家盼望已久的容量为 450 立方米/时的一号炼铁高炉在当晚 11 点 50 分炼出了兴澄历史上第一炉铁水。一号高炉的顺利投产，对兴澄特钢具有特殊的历史意义（见图 1-3-36）。从这一刻起，兴澄特钢彻底告别了有钢无铁的历史。更为重要的是，它标志着兴澄的经营生产从此进入大进大出的大物流时代，兴澄特钢的生产从单一短流程工艺，转入既有短流程工艺又有长流程工艺，生产组织结构进一步得到了扩展和丰富，产品质量得到进一步深化和提升，产品适应范围更加广泛。

图 1-3-36　一号高炉夜景

2003 年 6 月 25 日，由江苏省和江阴市海事、海关、边防、国检等查验部门对码头现场装备、起卸流程、配套设施建设情况和安全管理体系建设情况，进行共同验收、分析论证，一致同意兴澄长江码头一号泊位一次性通过省级验收，已符合对外开放条件。

兴澄码头一号泊位自 2002 年 7 月运行以来，一年间，已停泊万吨级以上货轮 30 余艘，装卸矿石、废钢和焦炭 90 余万吨，码头的装卸效率达到了设计目标。在运行期间还对码头的整个作业流程建设完善了一整套先进的远程监控系统，对船舶、装卸、车辆短驳、计量和堆场全程监控，大大提高了监管效率。与码头相关的工作人员，在市口岸办和各查验单位的细心指导下，自我管理和涉外办事能力快速提高，安全生产管理也有章可循，拥有一整套的安全、生产、涉外管理制度。

2003 年 7 月 18 日，仅隔一年时间，又一座 3 万吨级长江二号码头提前半月交付使用，总投资比预定计划节约了 100 万元。二号码头的交付使用，为 8 月中旬二号高炉的竣工投用，为兴澄特钢下一步的规划发展，打好了港口码头基础。

随着二号长江专用码头的投用，容量同样为 450 立方米/时的二号高炉更是加快了建设步伐。在北京钢铁研究总院、中国冶金设备总公司和中国十三冶金建筑安装总公司的工作人员日夜奋战下，兴澄二号高炉的巍巍雄姿很快矗立在长江之滨，与一号高炉并肩而立，恰似钢铁双塔屹立在蓝天白云之间。

2003 年 8 月 15 日，兴澄二号高炉点火一次成功！每个兴澄人都清楚，这一片日新月异、大踏步前进的大好形势，每一步都来之不易。每一个辉煌时刻的背后，都充满着兴澄人的心血和汗水。二号高炉的建设，同样如此。从当年 1 月 8 日工地打下第一根桩，工程先后遇到数次困难：先是全国爆发了一场突如其来的“非典”，又遭遇不断的阴雨天气，接着又是连续多日、百年不遇的酷热高温……即使如此，工程指挥部和炼铁分厂也没有丝毫退缩，而是千方百计克服困难，保证了工程所有项目都按预定工作计划节点进行。与一号高炉相比，二号高炉建设周期仅七个月，比一号高炉整整缩短了三个月的时间。同时二号高炉进行了性能改进优化，例如风机改进，每分钟增加风量 300 立方米，出铁量增加了 10%。改良后的二号高炉，其工艺设备水平领先于国内同类高炉。2003 年 8 月 16 日 0 点 45 分，二号高炉成功产出第一炉铁水。

依江而建、凭江而兴的兴澄特钢，凭借着两个 3 万吨级长江码头的投用，两座 450 立方米/时高炉的投产，使兴澄特钢具备了年产 100 万吨优质生铁的能力。这既解决了废钢资源不足的制约因素，又克服了废钢中残余元素多的缺陷。铁水热装电炉炼钢，提高了钢水纯净度，加快了生产节奏，提高了生产效率和产品创新能力，从而增强了企业综合竞争实力。

（四）具有世界先进水平的二期工程

步入高速发展的 21 世纪，为进一步淘汰落后产能，做精、做强、做大企业，兴澄特钢开始酝酿在滨江一期项目成功的基础上，建设二期项目。

2003 年 9 月 29 日，中信泰富有限公司董事局领导视察兴澄特钢。江阴市领导和兴澄特钢领导热情招待。在视察了新投产的二号高炉和二号长江码头后，中信泰富有限公司董事局领导非常满意，并指示滨江二期的工艺装备水平，要领先国内同行，按国际一流水平设计建设。

建设中，兴澄人时刻牢记“只有精品工程才能出精品产品”，立足高起点，瞄准当今世界特钢生产的一流装备和一流工艺水平，先后从德国、意大利等国购进主体设备。与此同时，在两年多的时间里，公司积极进行人才和技术储备，与北京科技大学连续举办两期金属材料专业的硕士研究生班，先后引进了上百位压力加工、钢铁冶炼、市场营销等特钢行业的高级专业人才。正在逐步培育形成高素质的特钢研发团队、高起点的特钢生产团队、高水平的特钢营销团队。

2003 年 7 月，国家发改委和省发改委核准兴澄特钢建设“替代进口”特钢生产线移地改造项目（简称“二期炼钢工程”）。

一期生产线与二期生产线在生产工艺流程上的区别为：一期特钢生产线采用高功率电弧炉炼钢，配套的精炼炉是 VD 真空脱气精炼炉；而二期特钢生产线采用转炉炼钢，配套的精炼炉是 RH 真空脱气精炼炉。

二期项目产品主要以高档次汽车精品钢材为主，目标是取代进口、增加出口，体现中国特钢企业世界一流的制造、创造水平。二期生产线，具有 KR 铁水预处理设备、RH 真空冶炼炉、370 毫米×490 毫米大方坯连铸机、中间包感应加热、动态轻压下、火焰清理机、考克司高精度轧机，拥有在线检测和专家判定系统，展现了世界特钢行业一流工艺装备，为全球各大汽车厂商提供高品质汽车用特殊钢棒材。

2005 年 9 月 28 日，转炉正式启动！45 分钟后，经五机五流连铸机，顺利连浇出 180 毫米×180 毫米合格连铸坯。江阴兴澄特钢发展史上具有里程碑意义的滨江二期工程转炉工程，经过紧张施工、安装、调试，转炉、精炼、连铸，从这一刻起进入全线联动。

10 月 25 日，滨江二期轧钢小棒全线设备运行正常，产品符合国标要求。经过一个月试运行，已实现高精度轧制，且达到每秒 18 米的设计轧制速度，成为国内首家达到国际一流水平的特钢棒材生产企业。10 月 30 日，轧钢小棒生产线全线贯通。开始生产合结钢等多个产品，达到了小批量多品种快速换辊轧制的设计要求。

2007 年 1 月 30 日，二期大棒生产线的全线贯通，为公司“特转精”战略发展奠定了又一重要装备基础。二期轧钢工程大棒线设计能力 80 万吨，产品规格可为 ϕ130~300 毫米，还可生产 120~250 毫米方钢。全线采用了三段式步进炉，二辊往复式初轧机，高压水除鳞，火焰清理机，高刚度短应力精轧机，热锯，离线缓冷、热金属条形码标签等先进工艺设备，并设有大棒矫直探伤线，可满足高表面质量、高性能、高精度等大规格特钢精品棒材生产等工艺要求。

2007 年 3 月 30 日下午 3 点，随着一炉钢水吊运至二炼分厂大方坯连铸机大包回转台上，在众人充满期待的注视中，炉内的滚滚钢水经中间包注入结晶器，火热的连铸坯经过火切机切割成规格为 370 毫米×490 毫米的 45 号大截面矩形铸坯。连铸坯经检验，完全达到了高标准质量要求。这张沉甸甸的检验报告，标志着二期大方坯连铸项目热调试一次成功，同时也宣告了滨江二期工程主体项目已全部完成。370 毫米×490 毫米的大截面特殊钢连铸项目诞生，填补了我国特殊钢生产多方面的空白，无论对兴澄还是对中国钢铁企业都有着重大的历史意义。

2007 年 3 月 30 日二期工程炼钢大方坯连铸机热调试成功如图 1-3-37 所示。

图 1-3-37　2007 年 3 月 30 日二期工程炼钢大方坯连铸机热调试成功

滨江二期的成功投产，预示着兴澄已进入“特转精”的历史阶段。

二期工程全线完成后，各分厂在分厂领导、高级工程师、技术人员以及一线职工的齐心协力下，开始了高品质、高标准的新产品攻关创新工作。

2007 年 8 月，兴澄二炼分厂成功生产出了 ϕ600 毫米高合金超大规格连铸圆管坯，再度填补中国钢铁生产的一项空白。这是在二期工程上马后，兴澄的炼钢和连铸工程技术人员通过数月科技攻关，在消化吸收引进工艺技术设备的基础上，敢于突破常规、勇于自主创新，采取了十多项创新技术设施后，终于克服了这一世界难题，成功地生产出了这一超大规格连铸圆管坯。这一产品的成功投产后，兴澄特钢超大规格连铸圆管坯生产名列全国第一，与比利时 EIIWOOD STEEL 公司并列世界最大连铸圆管坯生产企业，使得中国的特殊钢大规格连铸圆管坯的生产技术达到国际先进水平。

继 ϕ600 毫米高合金超大规格连铸圆管坯成功生产后，兴澄继续组织攻关，多方改进自有连铸设备，自行制定工艺路线，进一步更新制造技术。在相继攻克连铸坯碳偏析中心缩空和表面质量等三大世界性质量难题的基础上，一举投产成功 ϕ800 毫米高合金连铸圆坯新品。这种大规格的高合金连铸钢坯，是国内外新能源行业、石油、化工、机械等行业急切需求的特种合金坯材。因其技术质量要求特高，此前全球冶金企业均无生产该规格产品的记录。兴澄特钢的投产成功，不仅填补了当今世界超大规格高合金连铸圆坯的空白，更为我国特钢工业赶超世界先进水平再一次做出了卓越的贡献！

迄今为止，兴澄特钢的连铸圆坯已覆盖 ϕ180～1200 毫米的尺寸范围。连铸圆坯的兴起，为兴澄特钢走向世界的高端产品中又添一张耀眼夺目的新名片。

ϕ800 毫米连铸大圆坯创世界纪录证书如图 1-3-38 所示。

图 1-3-38 ϕ800 毫米连铸大圆坯 2009 年 11 月获得创世界纪录证书

（五）金融危机考验与三期工程建设

多年的黄金发展，兴澄特钢从原来一家名不见经传的地方小钢厂，成了备受国内外同行瞩目的一流优特钢基地，一跃成为享誉国内外特钢行业的明星企业。为进一步完善品种结构，助力国民经济发展，兴澄特钢计划新建钢板项目。2008 年 1 月 10 日，兴澄特钢一届二十次董事会通过了滨江三期工程开工建设方案。

2008 年 5 月 20 日，俞亚鹏调任中信泰富特钢集团总裁，张文基于 2008 年 7 月 9 日上任兴澄特钢总经理。

2008 年 8 月份爆发了金融危机，金融危机大大影响了世界各国的实体经济。中国也未能从这股风暴中逃脱，全国经济增幅放缓，钢铁需求大幅萎缩，钢材价格连续走低。8 月份后全国钢材销量锐减，价格一路下滑。与此同时，国内许多钢铁企业出现亏损，甚至部分小型钢企被迫关停。

当时形势严峻，首先订单大幅减少，企业面临生产线停产或半停产危险；其次正遇到香港中信泰富因澳元和美元汇率杠杆的外汇理财产品巨亏 100 多亿元港币，当时香港和内地传得沸沸扬扬，疑似中信泰富的企业都要遭殃了；最后在此关键时期，适逢兴澄三期钢板项目全面安装施工，投产上马急需大量资金。面临恶劣环境，兴澄特钢如何在前所未有的金融风暴中自保？又如何迈步向前？

2008年10月的一天，荣智健先生急召中信泰富特钢相关领导飞抵香港。荣智健对相关领导说："由于世界金融危机影响，以及中信泰富出现的经济危机，特钢已建的项目只能放慢进度，未开工的项目只能暂缓，待以后再说，项目建设资金也只能靠企业自己解决。"

兴澄特钢领导层苦苦寻找解决途径。可金融风暴的大潮使银行也担惊受怕，几家向兴澄贷款的银行也统统跑到兴澄，关注起兴澄的财务情况，想保证自己的资金不受损失。面对金融风暴，现在又有哪家银行敢向企业贷款？

严峻的形势下，江阴市委、市政府组织二十家银行、二十家企业召开银企联谊共克时艰协调会。江阴市政府意在牵头银行与企业对话，试图为滨江三期建设的困境打开一扇"融通之窗"。会议期间，兴澄特钢张文基等高层领导简短而铿锵的发言，给予了大家信心，会议一结束，几大银行行长纷纷表态兴澄特钢的贷款必须确保。很快，几大银行就和兴澄落实了大笔长期贷款，保证了三期项目建设顺利进行。

从2008年8月金融危机的风暴横扫全球起，兴澄特钢高层领导便号召全体员工苦练内功、开源节流、降本增效。在危急关头，兴澄人拧成一股绳。各个分厂，各条战线，都积极地投入工作中，他们想方设法降本增效，以前所未有的激情投入到这场无声的战斗中。

兴澄特钢涌现了众多降本增效的先进事迹，例如兴澄三炼钢，厂区领导从废钢精细管理、降低氧耗和提高金属收得率等方面进行攻关，大大提高了效益。7~9月份金属收得率为93.0%、92.9%、95.0%，废钢成本节约39.2万元、223.6万元、497.0万元。10~11月份金属收得率达到93.6%、93.1%，废钢成本节约211.9万元、240.1万元。短短几个月间，累计节约成本1211.8万元。

到2008年底，兴澄特钢产品直销比由原来的85%提高到90%。销售的强劲优势，保证了生产系统平稳运行，在同行钢企大幅限产甚至倒闭情况下，兴澄红红火火。

尽管之前通过市政府牵头，加大了银行合作，落实了大笔长期贷款，保证了三期项目建设。可是，对于投资巨大、产品全新的三期工程来说，面临着资金、市场、品种、技术、人才等重重困难。

当时中国的冶金行业一片萧条，钢板领域更是惨不忍睹，许多国内著名、资深的钢板企业都出现了巨额亏损，兴澄三期的钢板项目也未能从这市场大环境中得以独善其身。相对于兴澄其他产品，三期钢板出现了亏损。面对困难，三期员工没有失去斗志，更无人退缩。在困境中，他们以"管理特区"为家，不计报酬、乐于吃苦、甘于奉献、勤恳踏实，为三期尽早步入正常轨道献计献策、出智出力。

当三期处于困境的关键时刻，2010年兴澄特钢领导层提出"管理特区"概念。设立特板总厂，给三期高度自治权，实施自主生产、自主研发、自主销售，利润包干"三自一包"以及财务统一、计划统一、供应统一，服务效率高，"三统一高"政策。这是一次大规模的体制创新。“管理特区”运行后，仅短短一个月的时间，三期的面貌便焕然一新，生产效率大大提高，四个分厂均充满了生机和活力。

在三期全员努力下，三期工程建设进展顺畅，2009 年 7 月三期炼钢项目投产，2009 年 9 月大高炉项目建成投产，2010 年四季度轧钢项目 3.5 米炉卷产线进入批量生产，2011 年 4 月 4.3 米宽厚板产线建成投产。至此，三期工程全线贯通，它的建成投运丰富完善了兴澄特钢的产品结构，使兴澄成为国内为数不多的生产特殊钢棒、线、板、球的大型综合性企业之一。

2009 年 7 月 20 日三期工程炼钢热调试出钢如图 1-3-39 所示。4.3 米厚板生产线如图 1-3-40 所示。

图 1-3-39　2009 年 7 月 20 日三期工程炼钢热调试出钢

图 1-3-40　4.3 米厚板生产线

与此同时，三期工程涌现了众多高品质、高标准的新工艺、新产品，为后期三期扭亏为盈打下了坚实的基础。三期特板炼钢，370 毫米厚铸坯的生产，填补了国内空白，成为最厚厚板坯连铸坯，且是目前国内直弧型板坯连铸机成功批量生产的超厚连铸坯中质量最优的产品，三期特板炼钢在市场竞争中占得一席之地。

三期工程自 2011 年 5 月以来先后成立十二项攻关项目，积极推进品种开发，并且成功开发可以替代进口的高强耐磨钢 XC-HD400、S960QL。XC-HD400、S960QL 的成功开发，首次实现了 SSAB 高强耐磨钢板的国产化，打破了国内完全依赖进口的现状，对兴澄特板的发展具有里程碑意义。

从P20到XC-HD400、S960QL，在兴澄仅仅几个月就取得了成功，再一次向世人展示了兴澄速度和兴澄人敢为人先的气魄。这些产品的成功开发不仅可以为营销人员提供尖兵利器、为公司创造效益，更可以为用户降低成本。兴澄三期在激烈的市场浪潮中稳扎稳打，一步一个脚印，坚定地朝着目标前进——打造中国的SSAB。

（六）向千亿级特钢产业进发

因发展需要，2012年6月20日，中信泰富特钢集团在上海召开了集团干部大会。俞亚鹏上任集团董事长。张文基由于年龄的原因离开总经理岗位，担任兴澄特钢党委书记一职。兴澄总经理这一艰巨的接力棒传到了企业新星钱刚的手中（见图1-3-41）。

图1-3-41 总经理钱刚

然而，2012年的中国钢铁行业并不乐观。市场需求低迷、产能严重过剩、成本居高不下的“三座大山”沉重地压在全国钢铁企业身上。严峻的市场形势，不但对中信泰富特钢集团这艘中国特钢业“旗舰”提出了新挑战、新要求，同时对兴澄新一代领导人也是新的考验。不过，兴澄人从未在压力和危机前有过畏惧，他们再度迎难而上，兴澄人突破重围，取得了令人欣喜的经营业绩：

（1）坚持品牌优势占市场，不丢“一寸一土”。钱总带领兴澄人大力实施“棒、线、板、坯”四大类品种多管齐下，国际、国内两个市场齐头并进，重点打好高效产品价格保卫战和新品开拓攻坚战两大战役，形成了一批年销量超10万吨的金牌客户群，一批年销量超5万吨的忠诚客户群，凸显了行业龙头品牌优势。

棒线产品优势明显，高标准轴承钢市场得到了成功捍卫，全年实现销量27.3万吨，稳坐全球头把交椅；汽车用钢异军突起，高效产品销量突破40.0万吨，实现与日系销售的无缝对接，产品覆盖国内所有日系汽车用户，汽车用钢基地初具雏形；连铸圆管坯实现销售总量95.8万吨，高效品种市场寸土不让，囊收大圆坯高端市场全部江山；银亮材销量10.3万吨，继续占据国内第一份额。

特板优势初露端倪，通过“以需求调结构、以结构占市场”营销模式的改变，风电板、压力容器板、模具钢等重点品种比例的大幅增加；入网认证成绩显赫，完成了多家龙头企业的认证，昂首挺进中石油、中石化一级供应商名录；高建用钢一举进入天津 117 工程、中信北京地标 Z15 等国内顶级高层建筑项目。

出口产品稳步攀升，全年出口量 52.4 万吨，同比增长 3.9%，创汇 4.6 亿美元。公司以高档轴承钢、高档弹扁出口为切入点，以特板出口为新的增长点，加大对 NHK、NSK、NTN、本田汽车等的认证，加快开发日本本土、北美调质材、美国石油服务行业等新兴市场，成功开拓西门子等国际知名风电塔筒、南美及南非等耐磨板市场，成为西门子优秀供应商。

2012 年 4 月 11 日，西门子风电钢板合格供应商授牌仪式如图 1-3-42 所示。

图 1-3-42 2012 年 4 月 11 日，西门子风电钢板合格供应商授牌仪式
（左为时任公司总工程师李国忠）

（2）坚持科技创新为依托，驱动内生增长。创新是抵御钢铁“严寒”最好的“棉衣”，是寻求突破、抢占新市场的制胜法宝。兴澄坚持走创新驱动、内生增长的发展道路，不断加大科学创新力度。2012 年，累计新品研发总量超 45.5 万吨，高效产品超 83.0 万吨。

棒线研发再立新功：高标准轴承钢平均氧含量达到了 4.9×10^{-6} 历史最好水平，SKF Grade 3M 汽车变速箱用轴承钢填补国内空白；高档轿车用钢研发实现新突破，其中 ZF 钢质量达历史最好水平，属独家替代进口供货产品；高附加值银亮弹簧扁钢的开发为打造高档扁钢基地又增新亮点；成功研发核电冷凝器支座用钢，挺进核电领域；连铸圆管坯再增新一族，成功开发 H13 ϕ600 毫米芯棒用钢、X80 管线用钢、抗硫化氢用钢等；目前强度最高的 R5 级海洋系泊链用钢已通过了两大船级社认证，将有力助推国家深海资源开采战略的实施；车轮用钢通过了铁道部铁路货车认证，为进军高速列车轮用钢领域开启了大门。

特板创新势不可当：完成了中石油专项 X90、X100 高强度管线钢制管研发，将为我国高强度管线钢产品的开发填补空白，有助于民族工业国际核心竞争力提升；完成了 9Ni 容器钢、960 兆帕以上级高强度耐磨钢研发生产，实现替代进口；成功研发生产了临氢铬钼钢和抗 HIC 钢，实物质量达到国际先进水平，实现替代进口。

（3）苦练内功出效益，减亏增效寻突破。在应对钢铁危机、战胜困难的进程中，兴澄通过苦练内功，推行“成本明细化、价格市场化”管理模式，算细、算实、算准各道工序成本，严格预算控制、定额控制、标准控制和过程控制，成本管理的环环控制取得了较大成效。

在与集团兄弟企业对标中，178 项对标指标中有 105 项保持领先；与国内同行对标，大高炉焦比、炼铁固体燃料消耗、炼钢钢铁料收得率、吨钢耗新水等指标均处于先进水平，通过对标挖潜，四季度按新成本定额，炼钢吨钢成本下降 60 元/吨，轧钢吨钢成本下降 15 元/吨，铁水加工成本下降 30 元/吨，银亮材下降 30 元/吨，全年累计实现降本 3.55 亿元。

（4）坚持激活体制创新，增强后劲实力。体制创新是企业的活力之源，体制活，企业火；体制新，企业兴。2012 年 12 月，按照“部门实行大部制、分厂实行事业部制”原则，兴澄开始了机构改革创新，实施扁平化管理，加强年轻后备干部培养，大大提高了企业的核心竞争力。

这一年兴澄的成绩并非仅仅如此，公司的科技进步也再跃新台阶。

2012 年兴澄获得 12 项受理专利、23 项授权专利，其中 1 项发明专利；获得 1 个国家级火炬计划项目，7 个新品通过省级鉴定，荣获 5 个金杯奖产品、1 个卓越奖产品、1 个省名牌产品；获得全国质量鼓励奖、省级“节水型企业”称号；特钢企业首家通过国家冶金一级安全标准化评审，顺利通过国家高新技术企业复审核查，钢铁行业规范申请首批通过省级评审。

科技、市场、生产，兴澄在不断地突破自我，公司的财务指标也进一步得到改善，拓展了融资渠道。2012 年，兴澄获批 23 亿元短融，并顺利发行首期中票 2 亿元，扩大了在公开债券市场的影响力；全年累计实现降低财务费用 7000 万元，并利用利息调整杠杆，置换高利率贷款 32 亿元，盘活了存量资金；全年净归还贷款 12 亿元，有效降低了企业负债率，优化了负债结构。

在兴澄特钢领导层带领下，兴澄不仅迎难而上，且全年未发生一起重大安全、环保和质量事故，公司本质安全、环境和质量体系管理水平取得了阶段性成效。兴澄顺利度过 2012 年，在经济的浪潮中，岿然不动，奋勇前进，多次获得市政府的赞扬与肯定。这一年，无锡市委书记黄莉新多次来到兴澄，面对兴澄红红火火的壮观场面，她表示赞许，并多次鼓励兴澄打造千亿级特钢企业。

兴澄人深受鼓舞，钱总带领兴澄人再次对兴澄的将来做出规划，展望将来、明确目标，提出了以“稳”字当头的未来一年“六大实施”发展策略：实施“三大调整”战略，实现“精品+规模”的高端格局；实施创新驱动，实现企业整体能力的升华；实施品牌兴企，实现企业竞争实力的提升；实施文化富企，实现企业凝聚力的显著增强；实施人才强企，实现企业内生动力的激发；实施开放合作，实现千亿特钢产业集群再上新台阶。

2013 年 6 月，兴澄特钢线材项目建成投产。无锡市委、江阴市委、中信泰富特钢集团等领导，贝卡尔特、日本住友商事等国内外客户代表一起参加了投产仪式。项目具有装备精良、工艺精细、品质精优三大优势，具有当今世界最先进的线材生产水平，完善了兴澄特钢“精品棒材、精品线材、特种钢板、大规格连铸圆坯”四大产品结构格局。

至此，兴澄特钢打造千亿级特钢产业集群的序幕已全面拉开，各项工作正在有条不紊地推进。

中信泰富特钢集团兴澄特钢厂区及兴澄苑见图 1-3-43。

图 1-3-43　中信泰富特钢集团兴澄特钢厂区及兴澄苑

三、湖北省与中信集团成功合作的“代表作”——大冶特钢

（一）源于初创改建　崛起发展特钢

1. 蜕变：由普转特

1949 年 12 月，在中央召开的第一次钢铁会议上讨论了华中钢铁公司的发展，会议决定 1950 年投资相当于 4 万吨小米价格的经费，将华钢原定万吨年产能力扩大到 3 万吨，并将大连钢厂的主体生产设备 1.5 吨、3 吨、6 吨电炉各 1 座，500 毫米钢轧机（主马达及电气设备）、300 毫米轧钢机各 1 套，2 吨锻锤 2 台，1 吨锻锤 3 台，0.5 吨锻锤 1 台，15

吨吊车1台等迁到华钢插厂扩建，大连钢厂的干部、工程技术人员和工人共670余人也并入华中钢铁公司，在原有基础上改建成新中国第一个特殊钢厂。

为了满足国民经济发展的需要，1952年11月25日中央重工业部在确定1953年钢铁工业建设方针时，决定对华中钢铁公司进行扩建改造。

当时国内设计特别是钢铁厂的总体设计工作经验极少，作为大冶特殊钢厂扩建项目设计总工程师的孙德和，对钢铁、机械、电气、土建、动力以及给排水等专业均一一加以研究，并翻阅有限的书籍和资料，使这项工程设计具有以下几个特点：一是不照搬苏联专家当时为北满钢厂建设设计的酸性平炉方案，而采用新建两座90吨碱性平炉的设计，且在平炉设计中采用当时国外先进的渣洗技术，使得钢的质量有所提高。二是改变其他特殊钢厂所采用的钢锭修磨办法，只在必要时才对钢坯加以修磨。由于修磨办法改变，热送钢锭比例达到70%，大大节省了能源。三是采用850/825毫米初轧机开坯，是当时国内特殊钢厂开坯工序的一个创举。四是水源设计选择了组合水源方案。左家湾泉水流量小、温度低，适用于车间低温冷却水；长江水流量大、夏季水温高；还有发电厂的循环水，将上述三种水源按季节分别使用，构成了优化组合水源方案，这种方案实施后，按设计规模每年可节省57万度电。五是有关长江边取水站的设计，孙德和等人经过认真查阅长江历年水文、水情资料，并经实地勘测后，排除了外国专家的“江心取水站”和“江边水泵站（冷冻施工法）”方案的建议。在设计中大胆确定了“江边水泵站”（作围堰大开槽施工法）的方案。在枯水期作围堰，用大开槽施工，由施工单位抢建成功。为了防止泥沙淤塞，水泵房无法作业，采用了17米水头压力反向冲洗措施，并使水机组运行时可自动投入和自动切换。这些独具匠心的做法，属于国内首创。六是在设计中采用了一些当时的先进技术，如平炉、均热炉以及各种热处理炉都采用了热工自动控制系统；轧钢机采用了集中润滑系统；发生炉的炉气实行集中生产和净化以及输送系统。最后在总图布置上，因老厂扩建工程地段地形复杂且有空洞裂隙，还有一片沼泽地，故难度很大，通过巧妙安排布置，终于解决；因厂址标高处于长江最高洪水位之下，为此还设计了防洪堤。孙德和等人在总图运输设计以及土建工程设计上，做出多种方案，优选出最佳方案，解决了各项难题。

当孙德和带着大冶钢厂的扩建设计书到鞍山征求苏联专家意见时，开始时苏联专家对我国设计人员能否胜任如此复杂的设计项目持怀疑态度。经过深入研究上述设计方案后，苏联专家给予好评。事后，苏联设计专家组组长别列卡契说：“孙德和总工程师是迄今我在中国遇到的最有学识的钢铁专家。”

扩建工程于1954年6月1日正式动工，扩建完工后，设计能力年产钢33.6万吨。

1956年5月12日，全国人民代表大会常务委员会第四十次会议决定撤销中华人民共和国重工业部，设立中华人民共和国冶金工业部，大冶钢厂于同年8月起归属冶金工业部管辖。

1957年8月14日，奉冶金工业部“大冶钢厂扩建工程必须在1958年全部竣工”的命令，采取了相应措施，加快了施工进度。正当大冶钢厂扩建工程即将完成时，1958年9月15日，毛主席第二次来视察大冶钢厂。黄石市和大冶钢厂党委认真贯彻“办大办好”的指示，已将大冶钢厂建成一个年产40多万吨钢的全国大型特殊钢厂。

扩建经过四年多的时间，实用投资15352万元，安装设备21000多吨。1958年6月1日，1号平炉建成投产；7月1日，2号、3号平炉相继投产；10月7日，850毫米初轧机试车投产，扩建工程基本完成，比计划提前了一个月时间。

2. 奋进：奠定地位

从1959年到1961年，大冶钢厂优钢比一直在40%~60%之间浮动。1960年8月21日，中央确定大冶钢厂为保密厂。1961年1月，党的八届九中全会决定对国民经济实行“调整、巩固、充实、提高”的方针。1963年大冶钢厂贯彻党中央制订的“八字方针”后，在加强企业管理、提高产品质量、扩大花色品种、降低成本等方面采取了一系列措施，建立和健全了相应的规章制度。经过一年多的努力，大冶钢厂生产面貌发生了显著变化，优钢比达到100%。钢种由1960年的353个发展到1963年的487个；钢材规格由1961年的596个发展到1963年的1287个，钢材品种由单一的棒材增添了无缝钢管、冷拔材和异型钢材等。

1969年4月23日，根据中央“一级保密厂”规定，大冶钢厂曾一度使用“湖北钢厂”厂名，下设主要生产、辅助生产单位改用代号。

根据全国计划会议关于国民经济体制改革，在中央统一计划下，更多地发挥地方积极性的精神，1970年7月1日，接中国人民解放军冶金工业部军事代表通知：大冶钢厂下放给湖北省，实行省、部双重领导。

1971年至1974年间，大冶钢厂生产四年迈出四大步。1973年钢产量突破50万吨，从而跨进大型特殊钢厂行列，1975年钢产量达51.4万吨，创造了历史最高纪录，并提前两年全面完成第四个五年计划指标任务。

1978年，党的十一届三中全会确定了新时期工业的正确路线。随着党的工作重点转移，大冶钢厂认真贯彻“调整、巩固、充实、提高”的八字方针，加快建设现代化特钢的步伐，壮大企业集团，形成以冶金为主、多种经营并举的大型特殊钢企业集团。

1979年，冶金工业部又发文，对大冶钢厂的发展做出重要指示：“大冶钢厂目前是我国轴承钢、弹簧钢、合金钢和枪炮弹等军工用特殊钢的主要生产企业。”为了解决我国轴承钢、工模具和轧辊锻件、火箭用薄壁钢管、冷拔材等缺门短线品种，提高枪、炮、弹等军工用钢材质量，经国务院批准，国家有关部门审议、会签，同意二炼钢迁建工程实施。为此，冶金工业部于1982年11月在大冶钢厂召开了审批大冶钢厂二炼钢迁建工程初步设计方案，同年，该方案经国家经委批准。全部工程由有色第五建设公司承担，于1983年10月28日破土动工，计划1985年年底完工。新炼钢厂安装50吨电炉2座，60吨钢包精炼炉1座，投产后，可年产优质钢20万吨以上。

从新中国成立到1985年，大冶钢厂生产发展过程，经历了五个时期。共计产钢1099.49万吨，产钢材799.51万吨。

到1985年，大冶钢厂已经形成年产50万吨优质钢和36万吨优质钢材的综合生产能力，可以冶炼碳结、碳工、合结、合工、冲模、弹簧、轴承、不锈、高工、高温合金10个类共340个钢种（不重复计算），可以锻造、轧制圆形、方形、扁形、管形、丝形、阱形、梯形等多种产品。产品广泛应用于宇航、航空、机械、化工、石油、地质、航海、铁道、轻纺、农业等各领域，产品行销全国29个省、市、自治区，有长期用户4000多家。“六五”期间还创市、省、部、国家优质产品19个。其中，单面双槽弹簧扁钢获国家银质奖章，G20CrNi2MoA获得国家金质奖章。1980~1985年为国家提供优质产品的产量达318892吨，有35743吨直接出口到孟加拉、伊拉克、印度、巴基斯坦、中国香港以及通过香港转印尼等国家与地区，在国内外享有一定的声誉，已成为我国生产特殊钢的重要基地。

荣获国家银质奖的55SiMnVB单面双槽弹簧扁钢组装成的汽车弹簧如图1-3-44所示。

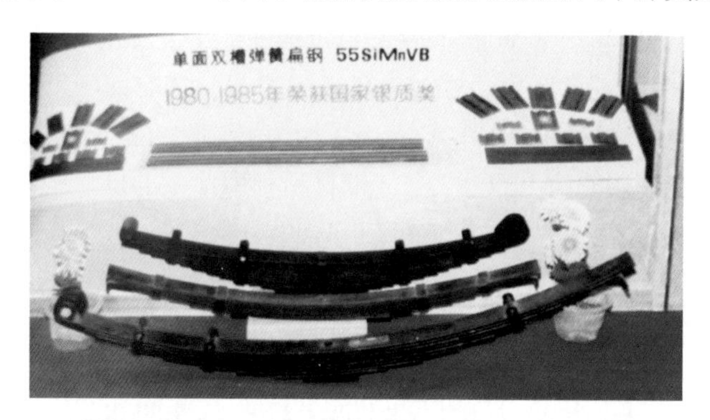

图1-3-44 荣获国家银质奖的55SiMnVB单面双槽弹簧扁钢组装成的汽车弹簧

1985年大冶钢厂建成投产的我国自行设计制造的第一座50吨高功率大型电弧炉如图1-3-45所示。

图1-3-45 1985年大冶钢厂建成投产的我国自行设计制造的第一座50吨高功率大型电弧炉

3. 跨越：扩建发展

大冶钢厂的扩建设计做到了一次性投产成功，奠定了大冶特殊钢厂顺利发展的基础，大冶钢厂的建成，开创了中国自力更生地建设、发展特钢工业的先例。

（1）新工艺新技术方面。1961~1962年平炉车间首创的“石墨渣浇铸”新工艺，以及1963~1965年电炉车间发展起来的“721”石墨配方，基本上解决了钢锭表面长期存在的皮下气泡和夹渣问题，全面淘汰了“涂油木框法”，为平炉全部生产优质钢创立了质量基础，并为全国所推广。

1961 年前后，吸收国外先进的渣洗技术理论，创造性的用于“平—电混炼”“电—电混炼”及电渣重熔工艺上，对提高钢的纯洁度，减少硫、氧化物夹杂，节约合金等都发挥了明显的作用。“平电混炼”还为平炉钢的合金化提供了有利条件。1963 年，全国第一根不锈钢管在大冶钢厂试制成功。

1964 年，经过对钢锭铸态组织解剖和研究而总结出轴承钢锭“高温扩散加热”新经验，有效地改善了轧材的带网状碳化物级别，从而被列入国际上生产轴承钢的五大技术之一。加之改进终轧温度的控制和退火工艺的调整，球化组织合格率由 1964 年的 56%提高到 1965 年的 98%以上，为以后的“控制轧制技术”在认识上打下了基础。高速钢锭铸态组织锻压变形组织的研究，导致 1965 年改用小扁锭模浇铸，加之控制锻压温度的改进，及“多火成材”的锻打经验使高速钢基本上满足了“57 工特”标准的要求，改善了碳化物不匀等主要病疵。

电渣重熔技术由 1958 年后开始实验工作，进入 1960 年“八一车间”生产性的试验，乃至 1966 年建成电渣车间，为扩大生产高级合金钢和高温合金开阔了新的生产领域。如 1965 年先后生产出一些航空用钢、军用轴承钢及 GH40 及 GH37 等飞机涡轮叶片用高温合金，为军工生产做出了新贡献。

金属物理学理论应用于成品检验的研究，在检测手段比较落后的条件下，也取得了很大的进展。分析鉴别能力的提高，大大提高了对高、低倍组织中质量病疵产生机理的认识水平，从而有力地推动工艺技术的改进。1964 年创建的水浸法超声探伤装置，为炮弹钢坯的中间快速检验，提供了新的质量保证手段，并为全国同行业推广。

（2）改进生产装备方面。改进生产装备上，也取得了新的进展。如电炉变压器的自制与扩大，钢锭模的设计改进，采用发热冒口，自制锻钢机，试制冷硬面轧辊等，都为提高效益发挥了良好的作用。

建成全国最大的重熔设备。1965 年由大冶钢厂自制的 2. 5 吨单臂单相底座双车式电渣炉，是当时全国最大的重熔设备，为生产重型电渣坯创造了条件。

（3）改进技术质量管理方面。在改进技术质量管理上，重新修订了各项操作规程和废品回家分摊制度。在军工生产合同管理的促进下，又结合实际，建立了若干军工生产监督条例，对关键品种的化学成分和公差尺寸等建立若干缩小规格的控制制度，以及实行分钢种、分炉号、分盘、分段的全流程管理，实行全生产过程的技术监督，并积极处理用户异议，走访客户，督促改进质量。“质量第一”和“军工第一”的观念重新在职工中树立，严细精准的作风进一步在各方面形成。由于这一时期先后调出大批职工支援四川江油长城钢厂、广东北江钢厂及鄂城钢铁厂等七八个新企业的建设，为了集中兵力打歼灭战，1965 年又专门成立技术攻关队，下设轴承钢、高速工具钢、枪炮弹钢及冷拉材四个攻关小组，继续深入质量关键，进行科研攻关。

经过全厂协同努力，1963 年底优质钢比例上升到 100%，创造利润 1700 万元，实现了“两转”目标。1965 年合金钢比上升到 24. 3%，军工钢比约占 40%，为全国钢铁行业合金钢比、军工钢比最好水平，从而实现了“形成一个名副其实为军工服务的特殊钢厂”的奋斗目标。

4. 创新：特钢基地

党的十一届三中全会以后，时序更新，科技工作以提高经济效益为目标，为形成轴承钢生产基地，大冶钢厂积极收集和消化国内外特钢发展的情报信息，有意识地在工序系列上采用当代使用的新工艺、新技术、新设备。

在冶炼方面，从 1979 年起逐步推行喷射冶金和炉外精炼技术。1981 年底，在消化引进的借鉴下，自行设计制造安装了一台电炉用的 18 吨 VAD/VOD 精炼炉（包括钢包烘烤装置），1982 年安装一台 5 立方米液氩罐，1985 年又引进安装了一台平炉使用的 90 吨 SL 喷粉装置，从而显著降低了轴承钢的含氧量及点状杂质。1979 年起，还逐步推行解热帽口，提高了成坯率。1985 年底，拥有两座 50 吨高成功率电炉及 1 台 60 吨钢包炉的四炼钢分厂建成投产，为提高轴承钢的产量和质量增加了新的生产能力。

在轧钢方面，1958 年竣工投产的一轧钢厂拥有 850 毫米、500 毫米、430/300 毫米轧机各 1 组。产品经历由普材到优材，由民用延伸到军用的发展过程。1964 年，850 毫米初轧机轧制成功大直径、圆断面的钢材，开创我国用同类轧机轧制同类产品的先例；1968 年又轧制成功用于制造“歼六”飞机的主梁毛坯，是国内轧钢行业的首创。

在锻材方面，1950 年 12 月，锻锤设备随同其他设备从大连钢厂迁入，1951 年 8 月动工兴建锻造车间，1952 年竣工，1953 年元月正式投产。当时主要有 1 吨锤 2 座，2 吨锤 2 座、0.5 吨、3 吨和 5 吨锤各 1 座。产品规格为 55~250 毫米的圆、方、扁及饼材、环件等异形锻件。1966 年锻钢生产出第一批 257 吨高温合金 GH33 饼材。1971 年，锻钢大批量生产高温合金，年产量达 1481 吨，为国家军工事业做出了贡献。截至 1985 年，共生产锻材（坯）110 余万吨，产品规格大 400 余个。

在轧管方面，冶钢的第一条无缝钢管生产线于 1958 年系北京黑色冶金设计总院“76 毫米无缝车间标准设计”建造，原设计年产碳素结构管 700 吨，拥有直径 76 毫米自动轧管机 1 套、20 吨双链冷拔机一台等。1967 年开始生产高温合金管和薄壁（0.11~0.25 毫米）不锈钢管。1978 年 7 月，又试制成功国家急需的 7 种规格的大口径不锈钢超薄钢管。历经周折，1993 年建成国内首套 170 毫米 ASSEL 轧机生产线并投产，成功制造出国内行业领先高精度轴承管、合金管，在高精度中厚壁无缝钢管领域中杀出一条血路。ASSEL 三辊轧机在当时全球有 20 余套，技术方面尚属国际先进。170 毫米三辊轧管机的成功引进，还加强了德国制造商对中国工业发展的信心，最后做出将世界最大 ASSEL 轧管机——460 毫米轧管机落户大冶钢厂的决定，成就了国家、冶金工业部、大冶钢厂建成高精度中厚壁无缝钢管生产基地的愿望。

在热处理方面，继 1983 年安装一台氩气保护的滴剂转化装置，改善了冷拉材表面脱碳后，1985 年又在消化引进的借鉴下，自行设计制作安装了一台辊底辐射式连续退火炉及与其配套的煤气净化装置，使轴承钢球化组织、网状及脱碳均有更进一步的改善。

最先进的连续炉。根据冶金工业部文《转发国家经委等单位对冶金部特殊钢厂两亿贷款技术改造项目具体安排的通知》的精神，1985 年厂部决定在热处理分厂建立第一台连续炉，更新热处理设备。经过 75 天日夜奋战，全国当时最先进的第一台自行设计、自行施工、自行组装调试的连续退火炉在大冶钢厂建成。在连续退火炉的建设中，更新了辐射管和炉底辊材质，改进了辐射管的配置，采用了无级调速的主传动机构；首次采用了煤气净化装置，装置中采用分斗式干箱脱硫方法，在国内属首创。第一台连续炉正常运行三年后，建立第二台连续炉，第二台连续炉采用 DJK-090D 微机控制，并与清华大学合作，在国内国产化大型连续炉首次采用 IBM-PS/2 微机对下位机进行监控，应用钢温数学模型实现炉温动态在线寻优。连续炉微机程控、监控系统于 1990 年 12 月通过了国家级鉴定，鉴定认为：该研究成果在国内属首创，主要控制技术性能达到 20 世纪 80 年代中期国际先进水平，具有一定的推广价值。其中 SCC 监控级的应用有两个特殊功能：第一，预报记录钢材的退火温度经历，根据工艺要求可以随时预报连续炉内任一批钢材的退火温度历程和钢材实际退火温度；第二，具有在线过程优化功能。连续炉研究开发了钢材退火数学模型，为实现钢材最佳工艺和在线寻优奠定了基础。该系统应用于连续炉实现钢材退火工艺在线优化，在国内属首创。此外，还将变频调速器在辊速控制上应用，实现了微机对连续炉辊速自动测量与控制，精度达到 0.05 米/小时，在微机过程控制系统形成闭环显示与控制系统，在国内首创。

在产品检测手段方面，除广泛充实计器计量仪表并形成网络外，1980~1985 年还先后添置各种仪器设备 179 台（件），其中引进的主要有美制 L-400 电子直线加速器，供大型特殊用途的铸件或结构件进行激光无损探伤用。还有扫描电子显微镜、金相试样制备装置、大型宽视频显微镜、高温金相显微装置等。有的并附有计算机控制装置，使科研手段逐步走向现代化。

坚持自主创新与消化引进相结合，全面推进工艺、技术、装备的提升，到 1985 年，大冶钢厂已经形成年产 50 万吨特殊钢和 36 万吨特殊钢钢材的综合生产能力。

（二）百年老企业　焕发新气象

2004 年 11 月，中信泰富收购冶钢集团主业板块资产，组建新冶钢（现大冶特钢）。新冶钢成立后，通过深化体制机制改革、引入先进理念、转变增长方式、积极淘汰落后、加强科学管理，企业经营迅速好转，经营绩效逐年改善，从 2003 年到 2020 年，钢材外销收入由 40.64 亿元增长到 180 亿元，增长超 4 倍；实现利税由 4.09 亿元增长到 25 亿元，增长超 6 倍。尤其是 2008 年金融危机爆发，新冶钢实现弯道超车，率先突破危机，2008 年实现利税 13.6 亿元，充分体现了新冶钢管理团队高度的驾驭市场的水平和抗击风险的能力。改制以来截至 2020 年，大冶特钢累计实现利税 221.9 亿元，成为湖北省国有企业改制的成功典范，成为湖北省与中信集团成功合作的“代表作”。

1. 改制使百年冶钢获新机

在黄石，提起冶钢，无人不如数家珍：“中国史上第一炉电渣钢是我们冶钢生产的”“20 世纪 60 年代之前，飞机上的不对称大梁一直靠外国进口，冶钢人花了 3 个月的时间轧制出我国第一根飞机不对称大梁毛坯，结束了依靠国外进口的历史”“20 世纪 70 年代，在一无图纸、二无技术的情况下，冶钢人自主研制出航天用钢”……

在很长一段时期里，冶钢几乎就是黄石工业的代名词，它上缴的税收一度占到黄石全市财政收入的三分之一，黄石三分之一以上的家庭与之有着直接或间接的“利益关系”。

1994年，冶钢实施公司制改制，成立“冶钢集团公司”，同时“大冶特殊钢股份有限公司”挂牌。1995年，“冶钢集团有限公司”揭牌。1997年，大冶特殊钢股份有限公司A股在深交所上市。

进入21世纪后，计划经济时期国企的包袱沉重、机构臃肿、人员过剩、机制不活等弊病曾使当时的冶钢积重难返，冶钢品种结构退步，产品研发能力和创新能力下降，尤其是工艺装备老化落后不能满足特钢生产需要，产品质量也受到制约，逐步导致特钢不特、优钢不优的局面，效益每况愈下。更为严重的是企业资产负债结构不合理，债务负担异常沉重。在1999年享受“债转股”6.8亿元的优惠政策后，截至2002年底，冶钢集团总负债仍高达55亿元，资产负债率高达79.13%，大大高于合理的负债水平。如此巨大的债务包袱，使得企业经营成本上升，每年光偿还利息就达1.32亿元左右。特别困难时，企业还需向员工筹资购买原材料。人才流失严重，员工思想涣散。僵化的机制、沉重的负担，导致冶钢集团重疾缠身。老国企改制重获新生的课题被提到政府的重要议事日程。黄石市委、市政府提出了两套深化冶钢改革的方案：一是面向海内外投资者一次性整体转让。二是分离重组。

1990年6月，时任湖北省委书记贾志杰一直关心着冶钢的改革。他曾多次深入冶钢调研。他认为冶钢的改革：“改到深处是产权，改到难处也是产权，产权制度改革是一个绕不过去的关口。”

2003年3月，时任中共中央政治局委员、中共湖北省委书记俞正声在全国人大代表大会期间，会见了香港中信泰富公司董事局主席荣智健，并邀请他到湖北投资办企业。俞书记告诉荣先生，湖北的钢铁企业也很不错，有武钢、冶钢等钢铁企业。大冶特钢与兴澄特钢有很多共同的地方，如果两家合作将会得到共同发展。荣先生听后很感兴趣。会议结束后，俞书记指示黄石市政府和冶钢的领导去兴澄考察，论证双方合作的可能性。

2003年9月21日，黄石市长肖旭明率招商团赴港参加“鄂港经贸洽谈会”。23日，到中信泰富总部拜访，联系洽谈合作事宜。此后，中信泰富组建专班委派工业部董事总经理蔡星海先生为项目负责人、无锡办主任虞良杰先生等为代表，与黄石市开展六轮谈判，最终双方达成出售冶钢钢铁板块资产的协议。

2. 中信泰富旗下冶钢成就湖北国企改制的典范

2004年10月20日，时任湖北省副省长阮成发在冶钢集团全体中层干部大会上宣布，原冶钢集团董事长朱宪国调到省里工作，黄石市委副书记、常务副市长吴兴龙兼任冶钢集团党委书记，原冶钢集团总经理曾重清改任董事长，王书林任冶钢集团总经理。冶钢大规模重组工作拉开序幕。

在重组大冶特钢前，中信泰富早已在内地的特钢领域中开疆拓土了。1993年，与江阴钢厂合资成立江阴兴澄特种钢铁有限公司。兴澄特钢原本是一个县办小厂，中信泰富进来以后，企业飞速发展。显然，兴澄特钢的成功不仅给中信泰富的继续扩张带来了信心，也给冶钢集团带来了一个榜样。大家坚信，中信泰富进入后，百年冶钢必将迎来新的发展机遇。对于解决冶钢长期积累下来的历史包袱，盘活冶钢的存量资产，更好地发挥冶钢的技术优势和产品优势，并最终把冶钢做强做大，是一次难得的历史性机遇，是冶钢振兴发展最理想、最现实的选择。湖北省副省长阮成发要求冶钢新领导班子注意加强与中信泰富的沟通和协调，就改制的资产移交、职工安置、企业稳定等重大问题加强磋商，形成共识，付诸行动。

几经策划酝酿，经过周密设计，冶钢集团产权制度改革方案最终以招商引资的方案上报国家，经国家发改委及国家商务部共同批准，国家发改委下发［2004］2027号文件，核准香港中信泰富出资收购冶钢集团钢铁主业资产。2004年11月9日召开湖北新冶钢有限公司成立大会。中信泰富派李松兴任新冶钢董事长、蔡星海任副董事长，中信泰富控股子公司兴澄特钢总经理俞亚鹏担任新冶钢副董事长，兴澄特钢副总经理邵鹏星担任新冶钢总经理。随后，大冶特钢董事会聘任兴澄特钢总经理助理钱刚为大冶特钢总经理。

新的领导班子上任后，充分了解这一百年老厂长期积淀的文化底蕴、技术基础、管理经验以及人力资源，注意发挥冶钢原有的各种存量资源的优势和潜能；同时，引进中信泰富的新理念、兴澄特钢的好经验，既注意从冶钢的实际情况出发，又借他山之石，使得两者更好地融合，使冶钢如虎添翼，焕发青春。

把脉历史，修正航向。新冶钢成立后的第一项战略性工作，就是深入研究这个百年企业。掀开一页页厚重的历史，新冶钢决策层发现，过去的冶钢长期致力于特钢、军工高端产品的生产，积累了丰富的生产、管理经验。可是另一方面，21世纪初，在“什么赚钱就生产什么”的思想下，“特”字却不再明显。根据种种情况分析，决策层制定了“以技术创新为核心，以科学发展为动力，以争创名牌为手段，全面提升行业竞争优势，把新冶钢建设成最具核心竞争力的特钢企业”的发展战略，以国际化的视野，高瞻远瞩，运筹帷幄，瞄准“世界一流的特钢企业”的方向，开足马力，向前航行。

转变观念，创新机制。从独资的国有企业，到产权多元化的公司，新的机制给转变观念创造了条件。首先，新的领导班子带进了“全公司围绕市场转，生产单位围绕销售转，机关部门围绕生产转”“竞争在市场，竞争力在现场”“市场不相信眼泪，也不同情弱者”“用户是我们存在的唯一理由”等贴近市场的经营理念，有效提高了冶钢的市场意识、用户意识，并建立了由产量转向抓品种、质量、效益，建立高效运作的产供销一体化机制。其次是管理方式的转变。通过经营管理改革，形成了“市场导向，集约管理，‘产、销、研’一体化运营的格局”；通过转换机制，在生产和辅助单位全面建立了事业部制，实现了“横向大部制、纵向扁平化”的管理，建立了“管理扁平化、资源共享化、运作高效化”的管理风格，促进了生产厂向模拟利润中心转变、从生产管理者向经营管理者的角色转变。同时，通过体制机制改革，在较短的时间内，将外资企业的经营理念和先进管理经验融入了新冶钢的管理，激发了生机和活力，使企业真正成为市场主体。

填平补齐，创造条件。新冶钢在特钢发展方向下，为了满足特钢生产的需要，进行了大规模技术改造，完成在线设备的120多项填平补齐小型技术改造项目。技改的投入，增强了产品结构的转型调整，产品合金钢由60%上升到85%。

为了使企业迅速走出困境，新冶钢领导班子认真分析、研究过去的历史和经验教训，分析国际国内钢铁市场形势，将新冶钢重新定位在生产特钢上。必须从老“两型”向新“两型”转变，以生产高精端特殊钢为主，坚持走品种、质量、效益型道路，将新冶钢建成最具核心竞争力的特钢企业。

第一年，本着“高起点、高效益、先进性和前瞻性”的投资理念，按照“科学决策、慎重投资”的原则，新冶钢对在投的项目认真进行了清理。通过科学论证实施了建设银亮材工程，启动了90万吨焦化工程，为公司今后的品种结构调整、生产成本的降低和经济效益的增长打下基础。同时，新冶钢拿出近5亿元的资金进行了48项技术改造，相继成立钢铁料攻关、高炉利用系数攻关、成材率攻关等八大项目的科技攻关组，以及轴承钢、齿轮钢等七大品种的结构调整组，擂响了新冶钢由过去的规模扩张转而向品种、质量要效益的鼓点。2006年2月16日，新冶钢副董事长俞亚鹏在干部大会上指出：新冶钢经过一年多的运作，企业已成功实现了由生产型转变为经营生产型，企业竞争力显著提高。

在管理模式没有更新之前，企业负责人往往要亲临现场坐镇指挥，领导的指挥往往让当事人产生了依赖思想，直接服从命令即可，这样甚至可能出现外行指挥内行的现象。新冶钢推行扁平化管理，对干部的要求是担当与责任，强调干部要有总体的规划和任务，心中装着的是整个公司的账，所有的能动性都围绕着如何实现公司全年任务而发挥。

通过明确个人和岗位的责权利，进而将收入与贡献相结合，不仅调动了每个人、每个部门的积极能动性，而且激发了不同部门之间的合作，这是改制前无法想象的。新冶钢的经理人员不再像以前那样像个事无巨细的“体力劳动者”，而是更加像个统筹全局的“脑力劳动者”；既是目标任务的鉴定“执行者”，更是推进全员创新的“决策者”。

“2004年11月我们刚接手时，产品已严重滞销、库存竟高达23万吨，仅够三天的‘口粮’，第一个月亏损高达3800万元之多，这是一座大山。为了打开局面，我们召开第一次军工用户座谈会，这个座谈会，竟成了用户的声讨会，听到客户们的声音，我们不断检讨。无高端市场，这又是座大山压在我们身上。”2007年11月7日，新冶钢成立三周年报告会上，总经理邵鹏星回忆起那段惨痛的经历。

2005年早春的一场鹅毛大雪，下得让成立不久的新冶钢心寒。按说神舟六号飞船的高温合金钢用材当之无愧由新冶钢提供，因为从第一颗人造卫星到神舟飞船五号，高温合金钢用材全被改制前的大冶钢厂囊括。

而令人不可思议的是，几天后航天专家到新冶钢考察为“神六”选材，看了工艺控制流程后调头就走。结论是“虽说新冶钢刚成立，但看来前几年冶钢的产品已是特钢不‘特’了，工艺控制落后，产品粗糙”。随后，考察专家把目光转向东北特钢基地。“神六”选材给新冶钢当头一棒。

时逢农历春节，新冶钢高管分成两班人马：一班坐镇黄石，召见各路“诸葛”，研究“突围”方略；一班作为公关团队，直抵西北航天基地，赶在考察专家回到基地之前先期抵达。

新冶钢用真诚打动了专家，专家承诺把转移的视线暂时收回，留下了“新冶钢还是刚成立，可谓积重难返，你们还能行吗？”一句意味深长的潜台词，同时提出很多苛刻要求和附加条件。“我们能，我们一定能！”新冶钢人直面挑战。

正月初六，当人们还沉浸在春节的欢乐气氛中，新冶钢就召开了千人宣誓大会。随后参与我国第一颗人造卫星到“神舟飞船五号”用材生产的技术员被请回来了，退休多年的老专家请回来了。一场没有硝烟的鏖战在成立只有两三个月的新冶钢打响了。

“人心齐，泰山移”。结果，新冶钢提前一个月完成了“神六”用材。在“神舟六号”飞船成功飞行庆功典礼会上，新冶钢工程技术人员走进中南海，受到党和国家领导人的亲切接见。

首战告捷，并不意味着科技自主创新已深入新冶钢人的内心深处，公司总经理部领导清醒地认识到：企业内部仍然面临着特钢不“特”、优钢不“优”，产成品库存居高不下，创新能力减弱，能耗居高等诸多困难。

产品结构决定了企业的质量水平，新冶钢通过产品的战略性转移，大大提升了企业的质量竞争力。公司抓住汽车、铁路、石化及军工、电站等行业的发展机遇，产品结构调整实现了“三大转移”：一是冶钢厂区产品由“常规”向“高端”转移。研制开发了汽车关键部件用钢、铁路提速用轴承钢、海洋系泊链用钢、航空航天用合金材料等，重新回到了国内特钢行业领先水平行列。二是东钢厂区的产品从“优钢”向“特钢”转移。重点发展了工艺成熟、有市场、有生命力的轴承钢、齿轮钢等品种，成为公司新的效益增长点。三是无缝钢管由“通用”向“专用”转移。研制开发了汽车半轴套管、地质管、加重石油钻杆、压力容器等专用管，为公司赢得了良好的经济效益和社会效益。

按照市场规律坚持市场导向与地位，实现企业战略转型，是冶钢的基本工作思路。新冶钢成立后，进行了三个根本性转变：一是从重点抓产量转向抓品种、质量、效益；二是从重点抓产量转向抓产、供、销一体化；三是从粗放型管理转向集约型精细化管理，彻底改变了过去重生产、轻市场，生产与市场脱节的做法，旗帜鲜明的坚持销售以市场为中心，生产以销售为中心，顺应市场、把握市场、超越市场，真正将销售这个龙头舞起来。

湖北省委对新冶钢的发展给予高度评价：新冶钢是湖北省国有企业改制的成功典范，也是湖北省外资企业发展的成功典范。

3. 省委书记盛赞新冶钢

成立3年，新冶钢共上交税金14.3亿元，超过冶钢有史以来上交税金之和。

重新出发的2005年，是新冶钢具有里程碑意义的第一年。在董事会的领导下，新冶钢人坚持科学发展观，走“质量、品种、效益”型发展道路，公司抓住铁路、汽车、石化及军工等行业的发展机遇，充分发挥技术优势，加大产品结构调整力度，大力开发高技术含量、高附加值产品，发展具有新冶钢特色的高新产品，取得显著成效。开发品种99个，比2004年增长了11倍，创造历史最好水平。

2006年12月14日上午，时任中共中央政治局委员、省委书记俞正声专程来到新冶钢进行调研。俞正声盛赞新冶钢：省委省政府对新冶钢的发展非常满意，非常关注，同时新冶钢的喜人势头令省委省政府非常受鼓舞。他勉励新冶钢要以差异化和高端化为发展方向，继续在特钢领域做强做大。

俞正声充分肯定了新冶钢的生产经营发展情况。他指出，新冶钢组建以来变化很大，利税大幅增长的背后是产品结构的调整、技术改造及人的精神面貌的变化。实践证明，引进香港中信泰富的决策是正确的，保证了企业的顺利发展，同时给黄石市带来了更大的好处，上交利税由过去每年的几千万元上升到了几亿元，员工收入也得到了普遍提高。俞正声强调，新冶钢的特点就是特钢，而特钢的优势就在于差异化和高端化竞争，新冶钢公司要不断加大科技创新和技术改造步伐，努力向世界一流特钢企业迈进。

2006 年公司以“改变增长方式、改变品种结构”为主线，以提高工作质量和产品质量为保证，着力推进科技进步和管理创新，不断提高员工素质，奋力开拓两个市场，向内挖潜增效。在“2006 全球华人企业 500 强”榜单上，新冶钢以 2005 年总销售收入 85.2 亿元的业绩位居 421 名，成为湖北省地级市中唯一获此殊荣的企业。

2007 年，面对着复杂多变的市场形势和艰巨繁重的经营生产任务，公司持续调整结构，加大节能减排，完善内部管理，注重高技术含量、高附加值产品的批量生产，组织开展“双十”攻关。销售收入首次突破百亿，缴税突破 5 亿元。公司成为中国油田供应商。扩大航天用材产量，为我国“嫦娥一号”飞船的成功发射和“神舟”系列飞天做出了贡献。

2008 年 5 月，中信泰富特钢集团成立，新冶钢正式成为集团成员，开始了新长征路上的赛跑!

（三）打造“三大基地”，铸就中信在鄂的“代表作”

2008 年 5 月 20 日，中信泰富特钢集团第一届董事会第一次会议上，中信泰富董事局主席荣智健先生指出，中信泰富已经把钢铁业务放在了公司核心业务的首位，对钢铁板块寄予了很大的希望和重托，将调动总公司的资源，大力支持钢铁业务的发展。

在中信泰富特钢集团最初描绘的“打造中信泰富特钢强企”发展宏图中，新冶钢如何重剑出击？如何浴火重生？这是摆在每一位新冶钢人面前的必答题。

“建成全球最具竞争力的全球特钢企业”，这是新冶钢的责任担当，是对中信泰富特钢集团整体发展宏图的庄严誓言，也是必须承担的历史使命。

经过不断发展，新冶钢已在生产无缝钢管、锻材和特殊品种棒材方面积累了丰富经验，赢得了一部分稳定的市场份额，形成了一部分稳定的客户群，在效益上保持行业领先，但是在产品制造、转型升级、持续发展方面仍然受到诸多制约，难以形成既符合国家产业政策，又具有核心竞争力的行业优势。分析主要原因有三：一是落后产能占有相当比例，与国家产业政策有差距；二是循环利用率低下，资源再利用技术手段落后，节能减排压力大，综合效益低；三是长期以棒材为主打产品，满足不了用户对产品形式的多元需求，市场风险较大。

1. 勇立潮头唱大风

2008 年 7 月 7 日，中信泰富特钢集团在新冶钢召开管理人员大会。在这次会议上，钱刚被任命为新冶钢总经理。也是在这次会议上，钱刚发表了题为《坚定信心，笃守责任》

的讲话，以壮士断腕的魄力与胆识，提出“再造一个新冶钢”的目标，并提出了“再造一个新冶钢”的“亮剑精神”，具体表现在“五个体现上”：

一是体现出“差异化的战略战术”。

二是体现出一种“追求速度和效益”和“视时间和速度为生命”的原则。

三是体现出一种坚强的领导力。

四是体现出一种强大的执行力。

五是体现出一种敢于拼搏、敢于进攻、敢于牺牲的团队精神。

工欲善其事，必先利其器。

钱刚认为，特钢企业的发展，装备是关键。新冶钢应从多方入手，全力推进装备改造工程。一是满足特钢生产基本需要，实施填平补齐；二是着眼长远发展，实施特钢升级；三是严格按照国家产业政策，实施淘汰落后。

根据国家产业政策，在2008年以前，新冶钢就先后投资44亿元，围绕工艺配套进行了一系列的项目新建，突出专业发展新建了90万吨焦化、银亮钢、273毫米无缝钢管、460毫米无缝钢管等五大效益工程。尽管如此，随着企业的不断发展，一系列的问题展现在集团决策层面前：

金属料不平衡，炼钢、成材能力不平衡；落后产能还有相当部分，而国家关于关闭的最后时限迫在眉睫；循环利用率低下，能源再利用技术手段落后，节能减排压力大；棒材占有主导地位，产品的相对单一使得企业应对市场风险的能力低下。

新冶钢以《钢铁产业调整与振兴规划》《钢铁产业“十二五”发展规划》为指导，结合企业实际，制定了“淘汰落后、节能减排、特钢升级、循环利用”的改造方针，确立了“以国家产业政策为指导，立足平衡现有产能，理顺工艺流程，打造三大特钢生产基地”的目标，按照高起点、低投入、快产出的原则，实施“精品+规模”战略，全面实施“淘汰落后、特钢升级”工程项目，打造新冶钢未来发展的新格局，以实现新冶钢的持续稳定发展。

2008年7月18日，对于新冶钢来说，是一个值得铭记的日子。

经过通盘考虑，在集团一盘棋的强大组合下，投资100亿元对新冶钢实施“淘汰落后、特钢升级”改造的重大部署进入慎重决策程序。

当天，中信泰富特钢集团在新冶钢召开董事会。集团代董事长刘玠，集团副董事长蔡星海，集团董事张立宪、郭文亮、郭家骅、俞亚鹏、邵鹏星、阎胜科等领导齐聚新冶钢。钱刚总经理介绍了新冶钢二期发展规划。与会领导仔细研究，通过了新冶钢的发展蓝图。经过半年多的反复调研和论证，终于获得了二期项目开启之匙，正式吹响了新冶钢新征程的号角。

成就一件大事总是要经历更多的风风雨雨。

受国际金融危机的影响，2008年12月22日，中信泰富特钢集团董事会决定缓建二期项目除460毫米钢管、273毫米钢管及配套以外项目的建设。

新冶钢人没有为此停步，凝心聚力干好钢管项目的同时，高炉、烧结、转炉等被缓建的项目前期调研、论证工作也不曾停歇，时刻准备“重启”的机会。

随着二期项目的部分项目暂缓，三大问题日益凸显：

（1）炼钢能力与轧钢能力严重不匹配，钢的年缺口量达到100万吨左右，如果近百万吨的特殊钢钢坯从市场上采购，从技术要求、产品质量、供货数量和流程管理等方面，其受控状态都将会面临重大挑战，特别是产品质量，它是特钢企业的生命。

（2）工序流程不配套，设备能力不能得到充分发挥，生产成本上升。不能形成稳定、优化的工艺路线，产品的质量成本上升，产品的竞争力下降。

（3）燃气供应缺口大，按照已形成的生产能力和即将形成的生产能力初步测算缺口为7万方/小时（按发生炉煤气），如果用天然气替代，年将支付2亿元以上的费用，产品的利润空间将缩小。

国家钢铁产业政策规定，到2011年底，400立方米及以下高炉和30吨及以下电炉、转炉要求淘汰。对新冶钢来说，东钢区域的设备都属淘汰的范围，虽然新冶钢将本着只要能创造效益就会想办法开下去的原则，但从长远打算，落后产能的淘汰是必然的，为此，需早作考虑。

无论从当前考虑还是从长远打算，新冶钢的二期工程项目建设已是势在必行。历时近一年，集团决定新冶钢暂缓的绝大部分二期工程项目重新启动。

2. 建设“三大基地”

2009年12月11日，新冶钢隆重举行成立五周年暨460毫米/273毫米无缝钢管生产线竣工投产、“淘汰落后、特钢升级”工程项目奠基仪式（见图1-3-46）。中信泰富董事局主席常振明先生出席并指出，此举是新冶钢贯彻落实中央振兴钢铁产业政策取得的重大成果，是中信泰富特钢事业中值得庆贺的一件大事。

图1-3-46　2009年12月11日新冶钢“淘汰落后特钢升级”项目奠基

特钢升级工程（即二期工程）相当于再建一个新冶钢，不管是装备水平，还是产品档次，都将提高到一个很高的层次。大烧结、大高炉、大转炉、1600吨径锻、4500吨快锻原来都是没有的，这对管理、设备维护和操作都提出了更高的要求。工程的建设，倾注了集团领导刘玠、蔡星海、俞亚鹏等的关心和关怀，对工程建设高度重视，多次深入项目建设现场调研指导，敦促新冶钢精心组织、精心调试，高质量、高水平地把工程项目建设好。

整个特钢升级工程以460毫米特种钢管项目为开山之作，到2011年底全面竣工投产。历时两年，总投资近100亿元，先后建设了炼铁项目、炼钢项目、特殊钢冶炼项目、特殊钢锻造项目、钢管项目和公辅配套等六大系列十五个子项目。建成了“合金棒材”“特种钢管”“特冶锻材”三大特钢生产基地，再造了一个新冶钢，形成了品种规格齐全、产品形式多样、工艺特色鲜明的服务优势，成为冶钢历史上投资规模最大、发展速度最快、经济效益最好的历史时期，为新冶钢的持续、健康发展奠定了坚实的基础。

2011年12月15日，湖北省政府与中国中信集团公司在武汉签署战略合作框架协议。省委书记李鸿忠，中信集团党委书记、董事长常振明出席签字仪式并致辞。李鸿忠在致辞中说，新冶钢作为湖北省与中信集团成功合作的“代表作”，不仅创造了很好的经济效益，更带来了先进的管理理念和发展模式，有力推动了黄石这座老矿冶城市的转型升级，并为双方进一步合作打下了坚实基础。

2011年12月16日上午，在雄壮的《国歌》声中，中信泰富特钢集团湖北新冶钢“淘汰落后、特钢升级”项目全面竣工投产仪式隆重开幕，中信泰富、中信泰富特钢高层领导又相聚新冶钢见证特钢升级工程的竣工投产。

钱刚汇报了“淘汰落后特钢升级”工程建设情况。他说，新冶钢特钢升级工程是贯彻落实国家产业政策，推进产业转型升级，打造三大特钢精品基地，建设特钢强企，实现新冶钢再造的“生命工程”，它承载着几代特钢人的期待和梦想，得益于集团领导的科学决策和正确领导，凝聚了省市政府的亲切关怀和大力支持，是工程建设者们大胆创新、辛勤劳动的结晶。

特钢升级工程突出四个方面：

一是放弃规模效应，科学规划布局。在总体改造方案讨论上，还存在“规模”之争，部分同志认为应该抢抓市场份额，提升铁和钢的产能。而董事会分析后认为，作为特钢企业，规模在其次，“精、专、尖”才是关键。最终新冶钢在特钢升级工程没有增加产能，而是着力推进“合金棒材”“特种钢管”“特冶锻材”三大基地的建设，为新冶钢在“十二五”期间实现转型升级和跨越式发展奠定了坚实基础。

二是突出集成创新，形成新冶钢特色。改造过程中，对工艺布局和产品结构进行了全面调整和创新，形成了新冶钢特有的全流程、一体化特钢大生产格局，实现了新一代钢铁厂优质产品制造、高效能源转换、资源循环利用的三大功能，形成了特钢行业的长、短流程相结合，高效率、低成本优势。

三是体现了低碳钢铁、绿色发展的理念。二期工程项目采用了TRT发电、干熄焦发电、煤气综合利用等先进的节能环保技术，其中烧结烟气脱硫项目投资5200万元，循环水项目投资近7000万元，整个节能项目、节能技术等方面总投入超过总投资的10%以上。

四是积极淘汰落后，践行国家产业政策。新冶钢的二期改造工程的另一个主要内容是淘汰高能耗、高污染的落后产能，先后淘汰了小高炉、小电炉、小烧结等落后产能共计几百万吨，整个淘汰项目得到了相关部门的核实和验收。

一群黑天鹅在大冶特钢污水处理站的人工湖安家，它们悠闲自得、惬意觅食，与现代化的钢城融汇在一起，演奏出和谐的乐章，勾勒出了一幅绝妙的现代化企业画面（见图1-3-47）。

图 1-3-47　一群黑天鹅在大冶特钢污水处理站的人工湖安家和大冶特钢全景

建设新冶钢特钢产业升级工程，是中信泰富特钢集团落实中信集团发展规划、打造沿江产业战略布局、实现跨越发展的战略举措。如今的大冶特钢是中信泰富特钢集团沿江沿海布局的重要一环，随着不断的技改工程投入，使得百年特钢得以延续并实现了新时代的新辉煌。

3. 与国际一流供应商同台竞技

中国要由钢铁大国发展成为钢铁强国，必须依靠和发展壮大特钢；特钢不仅要满足国内高端制造的需要、解决好“卡脖子”问题，还必须树立中国特钢的国际市场品牌。冶钢本着为钢铁强国力做贡献的担当，坚持做强国内市场、做大国际市场目标，以敢于叫板国际一流供应商的勇气和魄力，以高、精、尖、特、新的产品和服务，树立了良好的国际品牌形象，成为全国纯特钢最大出口占比的企业，为中国特钢走向世界树立了典范。

“中国钢铁产能将会出现严重过剩，我们如何加大力度开辟国际市场?”这是在 2008 年一次战略研讨会上，时任新冶钢总经理的钱刚向与会人员提出的一个思考题。

新冶钢成立以来，钢材外贸出口逐年增长，从企业长远发展出发，作出了更远的谋划。发展规划部门对会议讨论进行了总结：我们要实现“建成最具核心竞争力的特钢企业集团”的愿景，必须在国际市场上有所作为；根据国内钢铁发展趋势，必须坚持国际国内两个市场同步发展，既规避国内同质竞争，也倒逼新冶钢在高端品种上取得新突破；目标是做大做强国际市场，成为国际知名的供应商。这样一系列战略及战略目标的明晰，标志着新冶钢进一步瞄准了全球市场。

2010 年 5 月份，新冶钢总经理钱刚按照每年一次的惯例，走访国际用户，考察国际市场。这一年，北美市场的石油工程机械用管市场给他留下深刻印象。在 2008 年，美国联合沙特把石油价格炒到 147 美元/桶，几年下来，北美市场石油开采火爆，对石油机械管的需求非常大。总经理钱刚对这一市场需求，仿佛发现了一个金饽饽，他信心满满地要加快实施“走出去”战略。在一系列研发及技改举措支撑下，冶钢先后生产出 4140 常规调质管，4130M 高端调质管，再拓展到 C90、C110 的耐腐蚀合金管，并以稳定的高质量，很快占据北美市场。在市场高峰期，冶钢供应的调质管占北美市场进口总量的 75%以上。

新冶钢把高技术含量、高端品质的产品，作为扩大国际市场的利剑，这既是打开市场的需要，也是冶钢建设一流供应商、树立国际品牌形象的战略。在汽车用钢和轴承钢领域，冶钢首先是超越了国际知名的钢铁制造商铁姆肯，在钢管领域，与曼内斯曼齐名；汽车用钢在欧洲与 GMH 分享高端市场。13Cr 钢管，一直为日本钢厂独家生产，每吨售价长期在每吨 10 万元以上。2011 年，冶钢成功试制，并得到哈理伯顿的认可，国际市场价格应声回落到 3 万元/吨左右。几年的努力，冶钢在钢管方面得到国际市场的高度认可，成为国际四大油服公司哈里伯顿、贝克休斯、斯伦贝谢、威德福的材料供应商。总部设在瑞典的 SKF 公司，是轴承制造业的世界领袖，在全世界 10 多个国家设有 40 多家生产厂，从 2005 年开始，SKF 公司在中国寻找原材料供应厂家，冶钢有 6 个牌号的轴承钢一次性全部通过认证，成为 SKF 的原料供应基地和全球战略供应商。随后，国外另一著名轴承公司德国 FAG 公司慕名而来，与冶钢第一次见面，就签下了订单。

新冶钢成立之初，钢材出口占钢材总销量的 5%左右，到 2011 年稳居在 20%以上，成为纯特钢企业出口占比最大的企业。以高效合金钢为例，销量比例由过去的 10%以下，增长到 20%以上。冶钢国际市场的开拓，经营不断走向国际化，既成就了企业的可持续发展，也为地方经济发展作出重要贡献，先后被认定为黄石市国家级黑色金属材料出口转型升级示范基地，湖北省“湖北出口明星企业”。

4. “锻造”百年特钢品牌

冶钢通过不断工艺创新解决了沉淀硬化型不锈钢大截面锻件渣钢锭冶炼、大型锻件锻造、大截面锻件热处理、纯净度和气体含量控制等多项关键技术。成功开发出利用沉淀硬化型不锈钢做压裂泵体材料，其产品主要供国内外知名企业，实物质量得到用户的一致好评。

从 2006 年开始冶钢坚持打造风电轴承钢品牌，经过 15 年的努力，已经打造国内最大最强的大规格风电轴承钢生产基地，为 SKF、舍弗勒、TIMKEN、NTN、瓦轴、洛轴等知名企业提供高端风电主轴、变速箱等轴承钢，市场占有率70%以上。

2007年冶钢首次通过世界轴承顶尖制造商瑞典SKF公司模铸钢的认证，首次通过认证的牌号为SKF48\SKF42，随后产品认证不断扩展，到2012年，SKF5\6\7\24\157\255（K）等牌号不断通过SKF认证，形成了SKF在中国的唯一模铸轴承钢供应基地。

随着SKF的认证和推动，2008年冶钢通过了德国舍弗勒认证；2010年通过美国TIMKEN和BRENCO认证；2012年通过日本NSK\NTN认证。

2010年与贵州安大厂合作，采用电炉+16吨气体保护电渣炉生产的ϕ450毫米锻棒，开发的燃机用34CrNi3Mo主轴，通过410厂、606所主持的转产鉴定。

2010年开始与上海航天八院合作，开发壳体用30Cr3SiNiMoVA超高强度钢，2012年通过合格供应认证、产品鉴定和海陆空军方扩点鉴定，结束了大冶特钢无生产超高强度钢设备和技术的历史，率先实现了一站式供货，一条龙服务。充分发挥了人才优势、管理优势、品种开发优势、装备优势和地理优势。

2010~2012年大冶特钢开发的真空脱气铁路轴承钢，通过美国BRENCO公司和德国FAG的认可，在铁路系统实现了真空脱气钢替代电渣钢并在国外获得广泛应用，处于国际先进水平，属于国内唯一一家生产企业，产品填补了国内空白。

至此，大冶特钢打造成国内最大的高端轴承钢生产基地，给国内外知名企业提供高端风电轴承钢、高端工业轴承钢、高端盾构机轴承钢、高端制造业轴承钢，成为SKF、舍弗勒、TIMKEN等企业高端轴承钢在中国工厂的原材料供应基地，生产占有率90%以上。

2012年修订了GJB 1493A《航天用高温合金冷加工无缝钢管规范》，为大型运载火箭用高温合金无缝钢管的不断扩容奠定了坚实的基础。独家定点生产的某牌号高温合金无缝钢管，主要用于“长征”系列运载火箭关键部位，助力第一颗人造卫星发射和历次载人航天飞船的飞天。

2014年作为第一单位起草GB/T 34484.2—2018《热处理钢　第2部分：淬火及回火合金钢》，2018年9月17日发布，为国内调质材的应用奠定了坚实的基础。

2014年供阿特拉斯反井钻机接头用AISI 4330V+NQT材料，经阿特拉斯瑞典总部检验合格，通过A级评价；通过阿特拉斯国内QL200（20英寸深井钻头）项目1个A级和1个B级认证。送美国国民油井公司的300毫米圆4330VMOD 170KSI（1163兆帕）试料，对方检验合格通过认证，4330V调质棒材已能覆盖其需要的所有钢级、所有规格的产品，并将冶钢列入阿特拉斯合格供应商名单。

2006~2014年间冶钢通过了全球最著名的轴承企业瑞典SKF公司、德国FAG公司、日本NSK公司、美国TIMKEN公司、BRENCO公司、印度NBC公司等的认证。其中SKF通过牌号16个产品27个类别，FAG通过牌号9个，产品类别15个，是国内通过认证牌号、类别最多、规格最大的钢铁企业。

2015年冶钢开发的30英寸（762毫米）大型反井钻机钻头及深井钻头连接杆材料4330V+NQT通过阿特拉斯A级认证，实现批量订货，成为继瑞典、日本之后的第三家合格供应商。

2015年通过奥地利恩格尔（注塑机世界第一）哥林柱材料42CrMo4+QT的认证，实现批量订货。

2015 年供国民油井 170KSI（1163 兆帕）钢级 4330V+QT 实物质量获得认可，并按冶钢提出的成分范围修订全球适用标准，工厂审核评为优秀供应商。

2015 年 SAE4340H+QT 应用于和谐Ⅲ型货运机车，国内唯一可实现冷装配膨胀量满足 0.0889~0.1016 毫米的供应商，实现以产顶进，并通过北车集团、大连机车、常客股份以及铁路总局代表四家单位联合认证审核。

2015 年首次采用先进工艺研制 T250，并在 170 钢管机组成功生产出 ϕ146 毫米×18 毫米钢管，分别提供成品样管给 7414 厂和 810 所。该产品是国内独家采用穿轧减工艺生产含镍 20%的马氏体时效钢 T250，填补了国内空白。

2017 年立项的《航天用经济型超高强度钢 D406B 的开发》，采用代替工艺，在确保技术指标的前提下，生产成本降低 30%。2018 年通过了 7414 厂直径为 750 毫米壳体用钢技术评审，2019 年通过用户直径为 330 毫米壳体用钢技术评审，2020 年通过 359 厂直径为 750 毫米壳体用钢技术评审，并得到有关厂家的应用。

2017 年初开始同用户合作开发风电齿轮箱齿轮用钢 18CrNiMo7-6，开发期间，充分发挥了公司先进的设备、工艺、体系的优势，仅用时半年，就通过了用户风电齿轮箱中齿轴和高速轴两大核心零件的认证，同时形成了批量供货，2018 年成为 GE 公司在国内的唯一指定的供货商。

2017 年 4130M 125KSI（855 兆帕）高温耐 H_2S 腐蚀材料成功打入哈里伯顿用钢量最大的核心工厂，成为全球除 TIMKEN 外唯一能生产此钢级的企业，已取得批量供货资格。

2017 年出口阿特拉斯 AISI4330V+NQT 深井钻具用钢锻材产品性能取得重大突破，打破 TIMKEN 全球独家供货的格局，获得用户认可。

2018 年成功开发供用户冲击钻项目用钢，从套筒、活塞、钎头各部件均给用户提供了全套材料解决方案，获得用户认可，开发的 40CrNi2Mo 正火锻件、圆钢用户使用良好，试用的一个成品钻井深度已累计超过 2000 米且钎头仍未出现开裂，远超其设计深度要求，良好的质量为其打开香港市场提供了有力支撑。

2018 年开始与上海大学合作，开发新型共振机关键部件用高强度 GLZ-1 锻件国产化材料，2019 年顺利通过路面试车，实现以产顶进。

2019 年成功开发世界最大的电气设备生产商——巴西 WEG 公司 42CrMoS4+QT 调质异形锻件，产品应用于风电整机行业排名第一的维斯塔斯风电主轴。

2019 年供 BHGE 公司 AISI4145MOD+QT 认证料外送 SGS 检验合格，满足用户“BMS A154”和“ST01”双标要求，顺利通过 BHGE 公司总部认证。

2020 年 4 月给欧洲舍弗勒提供了 ϕ350~450 毫米规格 100CrMnMoSi8-4-6、100CrMo7-3 锻材，中国首次实现了该领域大规格高端风电轴承出口欧洲。

2020 年 7 月给印度 SKF 提供了大规格的 SKF7 锻材，国内首次对印度出口大规格高端风电轴承钢。

2019 年 12 月首次给 SKF 提供 800 毫米规格的 SKF255 风电轴承钢锻材。

2020 年 5 月首次给 SKF 开发 800 毫米规格的 SKF50 锻材，该产品也是 SKF 首次开发的产品，已经成为中国供 SKF 的首家供应商。

四、建中国高温合金基地——抚顺特钢

1956 年 3 月 26 日，我国第一炉高温合金 GH30 在抚钢（现沙钢集团东北特钢抚顺公司）试炼成功。到 2016 年，我国高温合金事业已经走过了 60 年的光辉历程。60 年间，中国高温合金特钢基地——抚顺特钢伴随着国家综合实力的增强以及我国高温合金事业发展实现了由弱到强的持续转变，为国家经济建设和国防工业发展做出了不可磨灭的贡献。对于抚顺特钢来说，其高温合金发展历程，是中国高温合金事业发展的缩影。回首 60 年，抚顺特钢高温合金产品的发展实现了从无到有、从低级到高级、从仿制到独立创新的过程，不但凝聚了几代抚钢人艰苦卓绝的奋斗历程，更见证了我国航空、航天事业迅猛发展的强国之路。

（一）创业篇：从无到有，中国第一炉高温合金在抚顺特钢试炼成功，实现了中国高温合金发展的历史开篇

新中国成立之初，百业待兴，困难重重。为了发展中国航空工业，巩固国防事业，国家将试制高温合金的艰巨任务交给了抚顺特钢。1956 年，在前苏联专家的指导下，在国内冶金材料专家的共同努力下，抚顺特钢成功地试炼出我国第一炉高温合金 GH30，结束了中国不能生产高温合金的历史。从这一年开始，抚顺特钢高温合金发展从零起步，从无到有，走出了一条“产、学、研、用”协作发展的道路。

20 世纪 60~70 年代，抚顺特钢在成功仿制国外几十种高温合金材料的基础上，开始了自主研发高温合金新材料的攻坚。在当时“自力更生，大力协同”方针的指引下，抚顺特钢组织科技人员与国内科研院所专家一道协同攻关，开展了多种新材料的试制，先后推出了 GH140、GH128、GH33A、GH135 等一批自主研发的高温合金新材料，满足和保证了国防建设的急需。

（二）发展篇：从有到精，装备升级，品种增加，高温合金实现精细化发展

20 世纪 80 年代初，国家为抚顺特钢引进了“五朵金花”，即 3/6 吨真空感应炉、7 吨真空自耗炉、30 吨 VOD/VHD 炉、2000 吨快锻机、1000 吨精锻机。这些具有当时世界先进水平的生产装备，把抚顺特钢高温合金生产推上了新的高峰，高温合金材料性能和质量水平也有了大幅度提升，也使抚顺特钢的高温合金材料及工艺技术在国内特钢行业发展中始终一路领先。

进入 20 世纪 90 年代，随着科技进步和航空工业的迅猛发展，对高温合金材料的性能提出了更高要求。在科研技术人员的不懈努力下，抚顺特钢又陆续推出 GH188、GH605、GH169、GH625、GH500、GH141、GH903、GH907、GH901、GH105、GH80A、GH163 等一大批高温合金新材料，抚顺特钢成为国内航空发动机配套高温合金材料最重要的供应企业。

（三）壮大篇：从精到大，创新和技改为高温合金插上腾飞翅膀

2004~2016年的12年间，抚顺特钢高温合金产品实现了飞速增长，无论是产量规模，产品研发，还是生产装备，均取得质的飞跃。抚顺特钢以“品种、质量、效率、效益”为中心，大力度推行品种结构调整，实施技术营销和全员营销，使高温合金产品始终引领着中国高温合金新材料的发展前沿。随着十几年的发展，作为“三高一特”重点品种之首的高温合金，现已成为抚顺特钢最主要的支柱产品。

产量规模实现成倍增长，产业发展形成鲜明特点。2004年抚顺特钢高温合金产量不到700吨；2015年，抚顺特钢高温合金年产量比2004年翻了6倍多。值得一提的是，2015年3月，抚顺特钢高温合金单月产量超出了2004年全年总产量。

在产量规模大幅增长的情况下，抚顺特钢高温合金产品发展形成了鲜明特点：一是军民融合，以航空、航天领域军工新材料为主攻方向，兼顾民用材料发展；二是坚持需求导向，以工程型号牵引新材料研发和技术改造；三是产、学、研、用协同攻关与企业自主创新并重；四是科研队伍和操作工人持续传帮带，使员工技术水平和实际经验不断提高；五是干部员工对“品种第一、军工第一”有统一共识，有可持续发展的良好机制。

产品研发助力高温合金抢占制高点。创新是高温合金发展的灵魂。十几年来，抚顺特钢依靠雄厚的技术实力和装备优势，始终抢占着高温合金研发的制高点。依靠自主创新，经过连续攻关，多项具有里程碑意义的高温合金工艺技术进步得以实现。掌握了电弧炉+LF炉+VOD/VHD炉熔炼高温合金的工艺，自主开发了中频感应炉+LF炉+VOD/VHD炉熔炼高温合金的工艺；攻克了真空感应炉+保护气氛电渣炉+真空自耗炉三联熔炼工艺；扩大了高温合金熔炼锭型；实现了快锻机开坯，精锻机生产高温合金棒材的工艺；开发了难变形高温合金的软包套锻造技术；攻克了难变形高温合金细精锻造技术。一项项技术创新和工艺进步，为高温合金提高产品质量，降低生产成本，缩短生产周期发挥了关键作用。

2004年以来，抚顺特钢新研发高温合金30多个牌号，另有20多个牌号扩大了产品规格。目前，抚顺特钢生产的高温合金牌号达到120多个，实现了高温合金的多品种、系列化发展。产品已广泛应用于航空、航天、舰船、核电、石油化工等领域。特别是GH169和GH625合金目前已用到客机短舱上，宣告抚顺特钢高温合金产品已成功进入国际民用航空业领域。

装备升级破解高温合金发展瓶颈。随着航空、航天、核电产业的快速发展，国内对高温合金产品的需求逐步扩大，高温合金发展迎来新契机。然而受装备能力制约，抚顺特钢原有的装备已不能满足高温合金产量规模的做大需求。2009年，抚顺特钢启动了围绕高温合金等高端品种为主的技改工程。在冶炼系统新建了6吨和12吨真空感应炉，6吨和12吨真空自耗炉，5吨、12吨、30吨保护气氛电渣炉；在加工系统新建了3500吨和3150吨快锻机、1800吨精锻机等先进装备。2013年，抚顺特钢又启动了特冶二期技改工程，3年时间里，新增了以18吨真空自耗炉、12吨真空感应炉为代表的7台（套）世界先进的大型真空冶炼设备，使特冶炉群数量和生产能力，雄踞中国第一，也成为全球少有的特钢企业，为释放高温合金产能，抢占市场先机奠定了重要基础。

（四）未来篇：从大到强，转型升级续写高温合金发展新篇章

“十三五”期间，我国仍处于重要战略机遇期，高温合金产品的需求将随我国经济总量的增加而不断攀升。2016年，抚顺特钢特冶二期技改工程持续推进，国内最大的20吨真空感应炉已经完成设备安装，后续的30吨真空感应炉、30吨真空自耗炉、8000吨快锻机、2200吨精锻机等先进装备，还将陆续上马。这些代表着世界先进水平，国内顶尖的生产装备，将会进一步提升抚顺特钢超大规格高温合金材料的熔炼和锻造能力，提高产品质量，为高温合金追赶欧美国家先进水平铺平了道路。

五、奠新中国精密合金基地根基——大连钢厂

20世纪60年代初期建立和发展起来的大连钢厂七五二研究所（现东北特钢集团大连精密合金公司），是我国第一个精密合金生产基地。从1958年开始自主探索精密合金以来，经历了1961年创建诞生时期，1962~1965的发展时期，1965年6月至1965年10月的内迁及1965年10月以后的恢复发展时期。它生产出我国第一炉精密合金，填补了国内精密合金生产这个空白，建立起完整的科研、生产体系，聚集和培养了我国大量精密合金领域的科技人员和技术人才，曾代表着我国20世纪60年代精密合金科研、生产的客观水平，对我国的国防、航天、电子等工业做出了巨大的贡献。

（一）自力更生进军高精尖

精密合金是具有各种特殊物理性能的合金，是自动控制系统、精密仪表、电子和国防工业不可缺少的金属材料。1958年以前，精密合金的生产一直是我国的一项空白，我国所用的精密合金完全靠苏联、日本、西德等国家进口。

随着第一个五年计划的顺利完成，为适应国民经济的发展，党中央提出了“向科学技术进军”“赶超世界科学技术先进水平”和“大搞高、精、尖产品”的号召。1958年，大连钢厂的领导和科技人员在党中央发出号召后，开始了认真地思索：在这个重要时期，大连钢厂应该作出什么样的新贡献才不辜负党和人民对我们的重托？

当时的大连钢厂规模不大，但却是我国品种比较齐全的一个老特殊钢厂，特别是钢丝在国内享有盛名。在当时的钢丝车间有个冷轧带钢工段，安装了一台比较简单的两辊冷轧机，但却能生产像刮脸刀片一样薄的军工弹簧用高碳精密冷轧钢带。由于大连钢厂能生产各种锻、轧、异型、冷拉丝及冷拔细丝和冷轧薄带等品种，故被誉为冶金工业的“东安市场”（北京东安市场被认为是品种最全的一个市场）。而当时常用的八大类特殊钢，各特殊钢厂基本都可以生产。有特殊要求的新领域如高温合金、大型锻压件等，冶金工业部已安排在兄弟厂试制和生产。大连钢厂经过充分酝酿，在冷静地分析了自身条件之后，结合在生产品种上齐全的有利条件，提出总的想法：在发挥小规格、冷加工等精密、精确尖端上做文章，像异型、钢丝、薄带等都可以向高加工度、高精度尺寸、高性能方面发展，使产品精、尖化。经过查找资料，选择了铁镍软磁材料和铁镍钴膨胀材料，利用当时的30公斤高频感应炉和3套冷轧机进行探索。这些攻克“尖端产品”的萌芽想法，得到党委书

记、厂长刘锋和生产副厂长、总工程师周家嵘的赞赏和支持。

从萌芽想法到形成概念，必须经过实践。1958 年 10 月，大连钢厂在中心试验室成立了以工程师孙以光为首，厂长赵明仁及技术人员张振远、张秉黔、刘明渊等 7 名同志参加的精密合金研制小组。孙以光同志是搞冶炼的，懂外文资料，平时很爱动脑筋。张秉黔是搞钢丝的科研技术人员，不少新产品都通过他试制成功，张振远同志是锻造技术员，刘明渊同志是搞冷轧的技术人员，都有较强的能力。他们发扬自力更生，艰苦奋斗的革命精神，在不足 100 平方米的简易“厂房”里，用仅有的 1 台 30 公斤非真空感应炉，1 台 2 辊冷轧机，从仿制简单的 Fe-Ni 坡莫合金入手，开始进行研究。感应坩埚炼钢在大连钢厂还是首次，钢锭成分、夹杂、气体都很难掌握。为掌握钢锭开坯工艺、保证铸造质量，顺利冷拔、冷轧出成品，他们夜以继日进行“攻尖端”工作，在探索中付出了不少代价，当年就生产出 15 公斤 3 个牌号的软磁合金、膨胀合金带，从而填补了我国精密合金的空白。

但当时研制小组还没认识到精密合金是个新产品领域的总概念，仅仅是查到铁镍合金和铁镍钴合金的国外资料、当成新产品来试制。在不断的实践中，研制小组查找到更多国外有关资料，包括苏联的“铁磁学”“电工用钢”、苏联精密研究所论文集等，整理出 100 多个常用合金牌号，并分成八大类，即硬磁材料、膨胀材料、弹性材料、电阻合金、热电偶材料、双金属片、精密电工用钢，列出钢号名称、化学成分、物理性能，实质是形成了较完整的知识系统。经过这个阶段工作，大连钢厂逐渐形成了新的概念，即充分利用已有条件，研究具有特殊物理性能的仪器仪表材料——精密合金。

这个新概念取代了萌芽时期的尺寸上精，性能上尖的那种无明确目标的简单设想，而是一个具有特殊物理性能、特殊用途的新型材料。当时为了保密起见，对内叫新型材料，对外叫二类产品。特别是对其中有代表性的 50 多个钢号都陆续进行了试制，逐步形成了我国对精密合金领域的总开发和总探索。

（二）艰苦创业建成国字号

1959 年，经过近一年的实践探索，研制人员一致认为，自主发展精密合金生产是有广阔前景的。大家提出了建立独立的精密合金科研和生产系统的设想，并向厂党委作了汇报。在党委书记、厂长刘锋主持下，经过认真讨论，党委副书记仇书元，生产副厂长、总工程师周家嵘积极予以支持，党委同意了这个设想。从此，大连钢厂精密合金进入了边研究、边小量生产并开始筹建独立的科研、生产系统的阶段。

第一批精密合金产品的出现，意味着我国精密合金生产已开拓出新的道路，这项有意义的工作受到冶金工业部和省市领导的高度重视。1959 年 4 月，冶金部发电报给大连钢厂，让派人到部里研究生产新材料、尖端产品的方案。副厂长毕可征及王培君、刘长明等到了北京，在冶金部大楼西侧红楼二楼 202 房间开了会，钢铁司副司长李振南、高级工程师连奎等，还有北京钢铁学院的同志参加了会议。当时大连钢厂的同志对进口的极细丝、极薄带、毛细管等见都没见过，但“本着人家能干，我们为什么不能干”的决心，大胆地在方案中确定生产丝、管、带、板的精密合金尖端产品。

1959 年底，大连钢厂完成了建设独立的精密合金科研、生产系统的设计规划，并自筹资金，计划于1960年春节后动工兴建。同时向冶金部正式提出报告，请求批准建设精密合金科研、生产系统。这个报告很快经冶金部报国务院批准，被列为国家重点建设项目，代号为752工程，由黑色冶金设计总院编制设计方案。报告批准后，冶金部又组织了相关会议，明确了工程的重要性，要求要尽快组织设计施工，早日投产。

会后，大连钢厂立即向市委代理第一书记胡明作了汇报，市委也非常重视，并给予了多方的帮助和支持。1960年正月初三，胡明同志在大连钢厂组织召开了有市建委、物资局、市第一、第二建筑公司和大连钢厂有关同志参加的会议，布置精密合金科研、生产系统的建设任务。会上，胡明同志说："这个建设工程是旅大市的头等大事，要全力以赴、集中力量，以最快的速度完成这个建设项目"。项目施工由一、二建筑公司负责。当时还是冰冻三尺的严寒天气，人力挖土方速度太慢。为了抢时间，就采用爆破的方法，炸开冻土，加速施工。3000多平方米的试验室楼房工程就是在这种情况下开工的，试验楼的主体工程仅用40天就完成了。

1960年第二季度，冶金部指派苏联精密合金研究所专家索柯洛夫和钢铁研究院第二研究室副主任柯成带领钢铁研究院的科研人员来大连钢厂帮助指导工作。在国内外专家的帮助下，大连钢厂对精密合金生产技术的特点和工艺流程有了进一步认识。副厂长、副总工程师胡克及赵明仁、张振远、柯秉忠等组织有关人员进行了精密合金的扩大试生产，并且重新制定了精密合金生产工艺流程图，组织翻译、编写了精密合金技术标准和12份系统的生产技术操作规程。同时，也发现正在施工中的建设方案满足不了科研和生产的需要，主要问题是冶炼、锻轧加工、原材料处理和辅助工序作业面积不足。针对这个问题，大连钢厂重新修订了原来的建设方案，建筑面积由7500平方米增加到15000平方米。后经黑色金属设计总院最终确定的方案，建筑面积近30000平方米。不到一年时间，6000平方米的研究大楼和相应的生产车间建成投产。

为了适应形势的发展，1960年第二季度，大连钢厂决定在中心试验室的基础上，增加力量，扩充编制，组建大连钢厂科学研究所，并设立精密合金研究室（简称第二研究室）。研究所成立后，为了给新建的科研、生产系统做好投产准备，于1960年第三季度组成了直属科研所领导的生产准备机构，取名为第三钢丝车间（当时的一钢丝是车间，新建的第二钢丝车间正在施工，为了保密起见，取名为第三钢丝车间）。此时，大连钢厂的精密合金的研究和独立生产系统建设已进入高潮向着广度和深度发展。

1960年11月，大连钢厂将科研所的第二研究室、第三钢丝车间和部分测试工作划出来，延用所使用的752工程代号，正式成立七五二研究所，下设：二车间（冶锻车间）、三车间（加工车间）、四车间（钢丝车间）、五车间（机修车间）和试验室。主要生产设备有非真空感应炉（430公斤），4辊冷轧机和12辊冷轧机等。其中，大4辊冷轧机是北京钢铁学院设计出来的，20辊冷轧机是上海机床一厂制造的，12辊冷轧机是上海彭浦机械厂制造的，这些设备都是我国首次制造。七五二研究所的成立，意味着大连钢厂的精密合金已发展到科研、生产并举的新阶段。四辊冷轧机生产场景如图1-3-48所示。

（三）攻坚克难为国做贡献

七五二工程投产后，大连钢厂借助逐步积累经验，先小批量试生产，免费交给用户使

图 1-3-48　四辊冷轧机生产场景

用，再结合用户要求和需要，逐年扩大品种，增加试制量，提高质量和完善工艺设备。投产后不久，0.5 毫米的极薄带、0.03 毫米的细丝和毛细管等就可正常生产供应。超细合金丝是国防建设上提出要求生产的。为了保证国防建设需要，急需 0.009 毫米的镍铬合金丝。大连钢厂接受了这项任务，技术人员决心突破难关，开展了攻关。要生产 0.009 毫米的极细丝，主要难题是要制出 0.009 毫米的钻石模，要制出钻石模就要制出特殊的热处理炉，还要精心操作。这些难题在技术人员和老工人的努力下，都一个个被克服了。

极细丝生产周期长、成材（丝）率极低，它的代价比黄金贵几倍，生产 0.009 毫米的极细丝已是很困难的事了。这时，科技人员又给自己出了一道难题：假若国家需要更细的丝怎么办？在分析了各种情况后认为，用冷加工变形的方法，很难生产出更细的丝。为此，提出用化学溶液腐蚀的方法，达到减径的目的，生产 0.005 毫米的超细合金丝，这一研究方案经领导批准后，科技人员全力攻关，经过几个月的努力，0.005 毫米超细丝试出样品，探索了 0.005 毫米超细丝的新工艺。1961 年，七五二研究所已能成批生产常用的精密合金牌号 15 个，完成专案工程 15 项，完成合同 172 项，为国家提供 17.4 吨精密合金产品。

1960 年以前，精密合金的研究与生产处于仿制阶段，产品性能与生产工艺均不稳定，技术管理和先进国家相比亦处于落后状态。为改变这种状况，七五二研究所全体职工，在北京钢铁研究总院和用户配合下，开始向扩大品种，提高产品质量，加强技术管理的方向前进。从 1960 年末开始，先后建立了 18 份暂行技术条件和各工序的半成品技术条件。1961 年 12 月，冶金部在大连召开了精密合金标准会，会上根据大连钢厂七五二研究所、北京钢铁研究总院等单位生产精密合金的实际经验，参照有关资料及国内用户意见，制订了国内精密合金技术标准，即由苏联的精密合金国家标准（POCT），修改为国内冶金部标准（YB）。从此之后，七五二研究所开始正式贯彻执行精密合金国内技术标准，开始了批量生产。

200 公斤真空炉冶炼场景如图 1-3-49 所示。

图 1-3-49 200 公斤真空炉冶炼场景

1962 年 9 月，国家在北京召开了精密研制方面的学术讨论会，大连钢厂的报告受到了与会专家的好评。1962 年 11 月 10 日，大连钢厂出版了我国第一期《精密合金杂志》，副厂长胡克发表了题为《为占领精密合金阵地而奋斗》的发刊词。1963 年，我国召开了全国首次新材料会议（9.26 会议）。七五二研究所在会议精神鼓舞下，对精密合金 62 个牌号中尚不能生产的 39 个牌号进行加速研制，提出了“攻克三九高地”的口号。在北京钢铁研究总院的大力协同下，经过一年多的努力，取得了突出成果。研制的高导磁铁镍软磁合金、矩磁合金、因瓦合金、镍铬电热合金丝、硅钢薄带及细丝等 9 项产品，获国家科委、计委和经委联合颁发的新产品奖。1964 年 9 月，全国第一届精密合金经验交流会议在大连召开。大连钢厂七五二研究所向与会代表介绍了精密合金生产试制和研究工作的经验。

1964 年 6 月 30 日，国家领导人来大连钢厂视察，辽宁省委书记黄欧东和旅大市委代理第一书记胡明等陪同，副厂长胡克汇报和介绍了七五二研究所生产规模、自然情况，随后又到七五二研究所参观了冶炼、轧带、细丝、毛细管生产，看到毛细管的生产流程特别是看到比头发还要细的极细丝产品后大加赞扬，勉励七五二研究所要为发展我国的精密合金多作贡献。

从 1962 年开始，国家每年都分配精密合金有关专业的大、中专毕业生来研究所，充实壮大了科技队伍。生产设备、科研分检仪器也逐年增加。截至 1965 年初，七五二研究所已拥有真空感应炉、真空自耗炉、电渣炉、多辊冷轧机、热开坯机、粗细拔丝机、各种热处理炉子以及较为可观的理化分析检验仪器，形成了一个独立完整的精密合金生产及科研体系，在技术管理上也趋成熟。全所职工达 1031 人，其中技术人员 265 人。已能成批生产常用的精密合金牌号 53 个，生产品种规格近千种。包括 0.01~2.5 毫米×10~30 毫米的冷轧带材，圆 0.009~8.0 毫米的冷拉丝材，0.1~0.5 毫米×0.6~6.0 毫米的毛细管材和

150毫米以下的各种锻材，成为我国第一个完整的精密合金产品生产基地。先后为国家提供180多吨精密合金产品，为我国第一颗原子弹爆炸等国防、兵器、航空、航天和核工业生产提供了急需材料。

（四）全力以赴内迁强三线

根据国际形势的变化，为贯彻党中央“备战、备荒、为人民”方针，加强“三线建设”，冶金工业部决定将大连钢厂七五二研究所这个年轻又具有一定规模的我国第一个精密合金基地向内地搬迁。1963年9月，大连钢厂接到了冶金部以国务院的名义发来的电报，要求派人到内地考虑搬迁精密合金的厂址。副厂长毕可征等人先后到西安及西北一带选定厂址。1964年11月，冶金部在北京饭店召开了会议，确定了搬迁的具体时间、地点、设备等。12月份，国务院发来了电报，决定将大连钢厂钢丝车间一分为二，七五二研究所全部搬迁到西安，要求当年搬迁，当年投产。1965年初，毕可征带七五二研究所所长王德礼、三车间副主任邵明国，七五二技术组副组长于修义等人赴西安做具体施工方案。

新搬迁厂代号为五二厂，以生产常规武器材料等为主，搬迁以大连钢厂为主。大连钢厂作出决定：在设备上首先服从五二厂的需要，给最新、最好的。在人员支援上是要多少、给多少，要谁给谁，且人员需各方面审查合格。到1965年10月，七五二研究所和钢丝车间共1119项设备调往西安五二厂，生产设备迁走75%，有真空炉、热轧机、冷轧机、带坯机等。检验设备迁95%，技术资料80%，调去技术人员和工人1501人。

1965年10月初，五二厂建设工程基础交工，副厂长毕可征带领随迁人员仅用了20天时间，设备便安装就序，11月20日试车，25日正式投产，实现了当年搬迁，当年建设，当年投产。期间大部分职工在西安住着竹篱笆房子和厂房，烧煤做饭（大连用煤气），从生活上到气候上都不习惯，干燥使人口干舌燥、头晕、流鼻血。在这种条件下，干部工人没有怨言，多少个不眠之夜是在车间度过的，终于闯过一个个难关。五二厂投产后，冶金部将毕可征调留西安任五二厂厂长。

（五）永不止步重建复生产

在七五二研究所西迁西安时，冶金工业部的方针是一切服从“三线建设”，不要求大连钢厂再生产精密合金了。中共旅大市委对大连钢厂七五二研究所很重视，决定由大连钢厂把七五二研究所重新恢复起来，继续生产精密合金。厂党委对此十分重视，于1965年8月重新组建了七五二研究所的领导班子。从各车间选派机修人员充实七五二研究所，将厂基建工程队调给七五二研究所，又由半工半读学校调来人员，使七五二研究所的职工很快发展到400余名。同时，旅大市拨给了一定的外汇，为购买检测仪器提供了方便。

七五二研究所领导班子提出“振作精神，自力更生，重建七五二，三至五年恢复到搬迁前水平”的奋斗目标。新的领导班子，团结了全所职工充分调动了技术人员及电气、机修技术工人的积极性，不到半年时间，在机动科配合下就安装了12辊冷轧机，并调试成功。在冶炼方面建成投产430公斤真空感应炉1座，先后安装了10公斤真空感应炉、50

公斤真空感应炉、球磨机等，共39项生产设备和11项分析检验设备，使生产，检验基本上配套。

1966年，恢复后的七五二研究所改名为七五二车间。下设冶炼、加工、机修3个工段和1个试验室。车间职能部门有技术组、设备组、计划组、核算组及车间办公室。经过一年时间的艰苦奋斗，到1966年下半年生产能力就恢复到内迁前水平，全年生产精密锭230吨，精密带62吨。1966年以后，精密合金品种牌号、产量、质量及设备仪器方面又有很大发展。从1972年开始，根据国家的安排，为支持第三世界，承担了“三七”工程，派出多批干部、工人和工程技术人员，在朝鲜援建一个精密合金熔炼加工厂，履行了国际主义义务。

（六）一个现代化绿色钢城耸立在登沙河畔

2011年7月11日，东北特钢集团大连基地环保搬迁项目竣工庆典仪式在新厂区广场隆重举行。

东北特钢集团大连基地新厂区位于大连市金州新区登沙河临港工业区，占地面积305万平方米、建筑面积超过100万平方米，建有10条世界一流生产线。总投资156亿元，其中新增投资141亿元，利用原有设备投资15亿元。项目于2007年3月29日奠基，同年7月份全面开工建设，经过4年时间建设，于2011年7月主体生产线全面投产。总体建成后具备年产钢300万吨、钢材255万吨的生产能力，年可实现销售收入500亿元，利税60亿元。

东北特钢大连基地登沙河新厂区是我国当今现代化程度最高、特殊钢生产线最完善、当今世界最大规模的单体特殊钢生产厂。10条生产线主体设备全部来自当今国内外最先进的冶金设备制造厂家，全部应用当今世界最先进的特殊钢冶炼和轧制技术，产品技术性能全部达到当今世界领先水平或替代进口同类产品标准，新厂区在环境质量上达到国际最高水平。烟气排放浓度低于$50mg/m^3$以下，达到欧洲国家先进标准；废水实行循环利用，吨钢取新水量为$2.6m^3$，水的重复利用率为98%，实现“零排放”，从根本上解决钢铁企业发展与环境、资源之间的冲突和矛盾。

高标准的配置确保项目建成后达到当今世界最先进水平，最具有竞争力，成为当今国内乃至世界上品种最全、精度最高、质量最优的精品特殊钢材生产基地，同时最能够满足国内特殊钢高端领域需求，成为我国冶金行业特殊钢材料的基础研究基地。

（1）成为钢铁大国到钢铁强国的开路先锋。进入东北特钢大连基地登沙河新厂区，一排排巨大的现代化厂房让人震撼：厂房长度最短近500米，最长近1000米、宽度近500米，能同时跑几辆汽车。10条生产线的先进程度、建设规模、产品质量，更让人叹为观止。

东北特钢集团大连基地的前身是1905年建厂的老大钢，是殖民地时期由日本商人建起的一个只能制造道钉与螺帽的铁器场。解放前几十年几乎没有多大发展。新中国成立后，大钢人依靠自己的力量，一步一步发展壮大起来。期间，设备和人员数次整体搬迁到内地，先后援建了陕西钢厂、陕西精密合金厂、贵阳钢厂、莱芜特钢、大冶钢厂等。历经坎坷之后，大钢人又在原来的基础上每次都重新恢复了钢厂建设。在建国后的前40年内，先后上缴国家利税42亿元，而同期国家累计投资仅1.1亿元。

到1995年底，大连钢厂由于历史欠账严重，工艺装备处于全国同行最低水平，生产效率低下，大路货产品市场没有销路，年营业收入不足10亿元。沉重的包袱、僵化的机制，混乱的管理、陈旧的观念、资金的枯竭、设备的陈旧、技术的落后，把老大钢推向了生存绝境，断电、停水、停气成为家常便饭，工人几个月开不出工资，企业陷入破产边缘。

1996年，大连钢厂改制成为大连钢铁集团有限责任公司。新班子上任后，提出“背水一战建设新大钢”，以壮士“断腕”的魄力，实施了大刀阔斧式的改革。5年改革，大连特钢在国内率先走上了新的发展之路。2000年比1995年，大钢工业总产值增长91%还多，销售收入增长45%，钢产量增长30%多，钢材产量增长21%多，老大钢脱胎换骨。2003年，大连特钢与抚顺特钢重组，成立辽宁特钢集团；2004年又与北满特钢重组，成立东北特钢集团。此后，东北特钢走上了一条通往精品特钢基地建设之路。

东北特钢通过联合重组得以发展壮大，但与世界行业相比，至少有15~20年差距。经过几十年发展，东北特钢培养了一大批人才队伍，而差就差在装备、工艺落后上，差就差在技术改造投入不足上。虽然此前，东北特钢大连基地也进行过两次较大规模的技术改造，但由于东北特钢大连基地的设备多数是20世纪50~60年代的，早已处于淘汰之列，落后的装备和技术水平再次把企业逼上了改造道路。

早在2003年，东北特钢集团大连基地开始环保搬迁项目论证。项目论证站在东北特钢三个基地的角度，充分考虑到国内外特钢市场的未来发展。项目建设着眼于国际水平，立足于20~30年不落伍，起点非常高。调研组到世界各地取经，充分了解特钢行业装备工艺到底处于什么样的水平；充分了解未来20~30年特钢行业前瞻性发展能达到什么样；充分考虑到上下游行业的发展前景，包括外部的港口、能源等从运输到原材料再到动力等方方面面的情况。历时两年半的整体调研，成员由最初的3个人发展到后来200人的大队人马，最后确定为搬迁改造总体建成10条精品特钢生产线，具备年产钢300万吨、钢材255万吨的生产能力，年可实现销售收入500亿元，利税60亿元，建成国内国际品种最全、精度最高、质量最优的精品特殊钢材生产基地。

大连基地环保搬迁项目论证时，恰逢党中央、国务院实施东北等老工业基地调整、改造和振兴战略。国家把发展特钢事业放在振兴东北老工业基地战略规划的高度，明确提出依托东北特钢集团建设国家高端特殊钢材料和装备制造业用钢的生产基地，东北特钢大连基地环保搬迁项目被国家发改委确定为“大型冶金装备自主化”八大依托重点工程之一。

从企业内部看，东北特钢大连基地环保搬迁项目是企业百年不遇的发展机遇，又赶上东北等老工业基地振兴战略的实施，历史机遇难得。大连基地环保搬迁项目不建则罢，要建就要建成中国第一、世界一流的特钢企业，建成装备最新、产品技术质量最高的企业，还要建成当今世界最环保、最清洁的特钢企业。

东北特钢大连基地环保搬迁项目不仅起点高，而且从起步就得到了国家、省、市各级政府及相关部门的高度重视和大力支持。

为推进辽宁老工业基地振兴，辽宁省成立了10个老工业基地振兴行业发展推进组。2005年1月13日，辽宁省冶金行业发展推进组到东北特钢集团调研。就大连基地如何建设六个精品特钢生产基地和10条特殊钢精品生产线，提供技术帮助和支持。3月11日，国家发改委委托中国国际工程咨询公司组织专家组来东北特钢集团做东北特钢总体发展规划，暨大连基地搬迁改造评估进行前期咨询调研，并实地考察大连基地搬迁改造新厂址。9月13日，国家环保总局委托国家环境工程评估中心及专家评审组来集团审查东北特钢集团总体发展规划大连基地搬迁改造工程。

在各方的支持下，大连基地环保搬迁项目顺利推进。2005年10月15日，大连基地召开搬迁改造工程（设计）招标开标仪式；11月4日，大连基地搬迁改造工程指挥部正式成立。11月29日，东北特钢集团再次召开大连基地环保搬迁改造论证会。2006年1月20日，东北特钢集团总体发展规划大连基地搬迁改造工程环境影响报告书通过了国家环境工程评估专家组的审查，为项目在国家早日立项奠定了基础。12月20日，集团公司召开大连搬迁改造生产线最后论证会。2007年1月22日，大连基地举行搬迁改造项目开标仪式。

与此同时，东北特钢集团将前期对搬迁改造项目进行的项目论证和系统的市场调研，形成报告上报给国家发改委，国家发改委正式批复项目核准立项，项目于2007年3月29日举行奠基仪式，同年7月全面开工建设。

东北特钢集团大连基地环保搬迁项目从立项到建设期间，各级领导曾多次来到大连基地新厂区视察指导工作，关心、支持和推进项目建设。

2005年6月21日，时任辽宁省委书记的李克强来到东北特钢视察；8月15日，国家发改委副主任、振兴东北办主任张国宝来东北特钢视察；2008年7月13日，时任国家工信部部长的李毅中视察新厂……

东北特钢集团大连基地环保搬迁项目圆满成功，可以说是天时、地利、人和共同促成的结果。对此，从大学毕业就进入大连特钢、从事24年技改工作的刘文波处长这样评价："从企业内部看，东北特钢能够成为国际一流特钢企业，在于企业把握住了每一个重大发展机遇，技术改造没有走弯路，为企业提供了持续发展的动力，而这种持续发展的动力，来源于科学规范的管理。"

大连基地搬迁改造之前，一方面拥有国际一流的现代化生产线，另一方面却仍有20世纪50~60年代的落后生产线和落后工艺。由于大连基地位于大连市城建区，大连基地进行结构调整和产业升级，在发展空间上受到很大限制，搬迁改造成为企业自身发展的迫切需要。

东北特钢大连基地环保搬迁改造对大连市也意义非凡。搬迁后，大连基地原址将与大化搬迁旧址连片开发成为大连市新的主城区，大连市增加了新的活力区域。在项目工程奠基仪式上，时任大连市长的夏德仁这样评价：东北特钢大连基地搬迁是大连市落实科学发展观，调整产业结构的一项重大举措，也是大连市工业发展史和城市发展史上的一件大事，搬迁腾出的土地将成为主城区的拓展区，为居民创造一个良好的生活空间。与此同时，大连基地搬迁改造还将为省市两地带来巨大经济效益。大连基地搬迁改造后，年销售收入500亿元，年实现利税60亿元，成为大连市乃至辽宁省新的强势经济增长点。同时对地方物流业、上游原材料、配套服务业及金州区地方经济都将起到巨大拉动作用。

衡量一个国家是否是钢铁强国的重要标志，就是特钢占钢铁总量的比重。美国的特钢比重占22%，日本占28%，瑞典占50%，我国仅占3%。历史上，辽宁钢铁业在全国占据重要地位，但近年来无论是产量规模、产品档次还是行业影响力，辽宁钢铁业都已经失去了原有优势。作为辽宁省经济发展的支柱产业和振兴老工业基地的关键产业，在目前全国钢铁产能过剩、产量激增的行业态势下，辽宁钢铁工业的发展必须以质取胜，做好品种优化和产业升级，特别是要搞好以高技术、高性能、高质量、高效益为特征的特殊钢发展，必须迈上新台阶。大连基地搬迁改造后，年产量大幅增长，将凭借在产品高技术、高附加值方面的优势，对辽宁钢铁业的品种优化和产业升级起到关键作用，将为辽宁发展装备制造业创造基础条件。而振兴民族特钢事业的重任，也责无旁贷地落在了东北特钢的肩上，东北特钢义无反顾地成为使我国从钢铁大国走向钢铁强国的开路先锋。

（2）登沙河新厂区建设惊心动魄铸就丰碑。东北特钢大连基地登沙河新厂区超过100万平方米的建筑规模，堪称世界一流。这个宏大的现代化厂房的建设过程，可以说紧锣密鼓、惊心动魄。新厂建设也在东北特钢集团建设历史上留下了一座永久丰碑。

2007年6月27日，当东北特钢的建设者们来到登沙河新址时，这里是一片荒野，盐碱地上连一棵树木都没有，更没有通往外界的道路，雨天地上泥泞难行，冬天零下二十几度的低温，没有空调暖气，建设者们历尽艰辛。

在新厂建设的开拓阶段，建设者们要做的第一件事是把300多万平方米的厂区围起来。当6000米厂区围栏圈起来之后，这片人烟稀少的盐碱地顿时有了活力。

在300多万平方米的土地上建设一座世界一流的现代化厂房，不仅在东北特钢集团的建设史上，就是在国内特钢业的建设史上也绝无仅有。施工期限短，在短时间内建好厂房，使其尽快达产达效，建设者们的责任何其重大。

按图纸，厂房建设第一步是打桩。2007年7月27日新厂办公楼开始打桩。想不到的是，打桩也成为建设者们遇到的第一件难事，由于盐碱地的地貌，设计与实地出现偏差，按图纸的技术要求桩打不下去。现场办公，马上请地质专家现场勘察，当场解决技术难题。当难题解决，局面打开，施工现场的建设气势也上来了，建设大军的热情，让登沙河水沸腾了。

仅仅半年时间，到2007年春节前，17万平方米的建筑面积厂房封顶，此举意味着东北特钢大连基地新址工程建设已初具规模。建设者们争分夺秒抢工期，夜以继日搞建设，2008年，新厂区设备开始安装、调试。

值得一提的是，2008年，是东北特钢大连基地环保搬迁项目建设热酣之年。这一年，正赶上全球金融危机。阴霾压境，金融危机对东北特钢的冲击巨大。但决策者的智慧，不仅躲过危机，还使厂房建设节省了成本。

东北特钢大连基地登沙河新厂区按规划要建设10条生产线，如此大的建设规模，如果所有生产线建设同步开工，既需要庞大的资金，也需要强大的人力资源和物流作保障。而搬迁改造伊始并没有资金，也缺少人力资源，巨大的物流成本对集团也是一个压力。面对困难，决策者决定：先建设一条高线合金生产线，建成后使其迅速达产达效，使其成为企业接续发展的生命线，以此保障搬迁改造的顺利推进。并通过这条生产线培养技术骨干，不断实现阶梯式发展。

新厂建设开工两年之后，也就是2009年，大连基地建设任务开始转移，边建设边主抓高线投入，建立不锈钢基地，其他工程视具体情况而建。建成一条生产线投产一条，集中精力干大事的英明决策，把有限的资金和人力物力投入到重点工程之中，起到了四两拨千斤的作用。一分耕耘一分收获。建设者付出的艰辛，终于有了回报。

2009年7月29日，新厂首条生产线——高速线材生产线的冶炼系统50吨LF炉安装完毕，开始进行冷试车；9月30日新厂高线炼钢系统热试车成功；10月1日凌晨1时40分，随着三机三流合金钢方坯连铸机连续将50吨超高功率电弧炉冶炼出的20号钢拉成三流180毫米×180毫米方坯，大连基地搬迁改造项目首条生产线高速线材生产线冶炼系统热负荷试车获得成功。当日热试车所有项目均达到预期目标，生产出的9支方坯达到质量要求。东北特钢以实际行动向共和国六十华诞献上了一份特殊厚礼；12月21日10时18分，大连基地新厂炼钢系统正式开始带合同进行连续式炼钢生产；12月31日，新厂高速线材生产线进入热试车阶段。

2010年6月1日，大连基地新厂区炉前自动化快速分析系统投入使用；8月30日大连基地新厂区小棒材生产线炼钢系统如期热试；11月8日新厂大棒生产线主体设备安装完毕。11月23日，小棒材生产线KOCKS减定径组热负荷试车一次成功。

2011年1月1日，小棒材生产线带合同热试车；1月26日，大棒材进入热试车；3月15日，锻压1600吨快锻机联动试车；3月16日，大棒材连轧机进入热试车；5月9日，110吨超高功率电炉热负荷试车送电一次成功；随着第一炉钢水出炉，110吨LF炉也进入热负荷试车阶段……

今天，当特钢员工每天工作在设备一流、技术一流、产品一流的现代化大厂，看到的一花一草一个厂房一个设备，人们很难想象当初建设者付出的艰难。

其实，按图纸建设厂房容易，一个偌大的现代化大厂，建起厂房也只是搬迁改造诸多工程中的一项。厂房建起之后，要安装设备、调试、生产，而实现达产达效的前提，必须得有水、电、气等这些生产必需的条件，还要保证新厂的零污染。建设工程可谓千头万绪，千辛万苦。每周一个调度会，白天施工，晚上找工作中的不足，及时和外国专家沟通，及时修正。历时4年，建设者们遇到的难题不胜枚举。大连基地环保搬迁改造引进的都是国际一流设备，而设备安装、调试，挑战也非常严峻。一个个困难被克服，一道道难题被攻破，新厂生产形势一片火热。

迁入新厂区的大型材厂高起点、高标准领跑新厂区现场管理；特冶厂克服不利因素，3月份超产149吨，保证了新老厂生产工作的有效衔接；小型材厂5月份完成合同交付3000吨，电炉日产达到11炉，两条模铸线全部打通，贯通了向大型材厂供钢开坯的红转线，轧机日产量达720吨，5月合同轧制完成5600吨；小棒酸洗线开始洗钢，精整C线正在做生产前的培训，棒材精整设施正在开足马力进行生产。到集团整体迁入新厂区时，有的生产线已达产两年多时间。

（3）“绿色钢城”装备水平产品质量世界一流。投入156亿元巨额资金实施环保搬迁改造，东北特钢大连基地环保搬迁项目水平到底什么样？这只要看看10条生产线引进的是什么样的装备、看看其建设规模和产品质量，也就领略了什么才是世界一流。

高合金钢线材生产线包括50吨电炉系统和合金钢高速线材连轧机系统，建筑面积12.5万平方米，设计生产能力为年产钢40万吨、钢材30万吨，产品规格覆盖全部线材产品。该系统引进德国LOI公司步进梁式加热炉1台，引进达涅利公司22架合金钢初、中、预精轧机组，配备美国摩根公司10架精轧机组、4架减定径机组以及吐丝机，配套高压水除鳞装置、在线感应炉、飞剪、在线测径仪、在线探伤机、控轧控冷装置、吐丝机、在线缓冷炉、在线固溶炉、斯太尔摩线、PF线、打包机、称重装置等，组成世界最先进的一条合金钢高速线材连轧生产线。同时强化后部精整配套系统，引进奥地利艾伯纳公司罩式退火炉，新建离线固溶炉等热处理设备；引进1条特殊钢线材表面处理生产线、1条不锈钢线材表面处理生产线。该生产线是国内唯一一条采用在线固溶技术的生产线，所有钢种的所有规格尺寸公差≤±0.1毫米，椭圆度≤0.12毫米；表面划伤深度不大于0.05毫米；产品内部没有由于轧制而造成的裂纹、疏松、空洞和过热组织等缺陷，收缩率、晶粒度都优于同行业水平。

合金钢小棒材生产线由意大利达涅利公司提供生产工艺和技术，对老厂区原有高精度合金钢棒线材连轧机生产线进行搬迁改造，增加引进意大利达涅利公司先进的控轧控冷系统、德国KOCKS三辊减定径机组，配备步进梁式加热炉、在线测径仪、在线探伤机、热床冷床、打包机等，组成一条高精度合金钢小棒材轧钢生产线。系统包括40吨电炉系统和合金钢小棒材连轧机系统，建筑面积10.8万平方米。设计生产能力为年产钢40万吨、钢材30万吨。所有钢种的所有规格尺寸公差≤±0.1毫米，椭圆度≤0.12毫米；表面划伤深度不大于0.05毫米；产品内部没有由于轧制而造成的裂纹、疏松、空洞和过热组织等缺陷。

合金钢大棒材生产线包括110吨电炉系统和合金钢大棒材连轧机系统，建筑面积15.4万平方米，设计生产能力为年产钢100万吨、钢材100万吨、大圆坯50万吨。系统引进德国西门子奥钢联公司110吨超高功率电炉及110吨VD/VOD炉各1台，引进瑞士康卡斯特公司在国内同行业最大断面的3机3流合金钢大方坯连铸机1台，引进世界最大断面的2机2合金钢流大圆坯连铸机1台，引进意大利POMINI公司1000毫米/850毫米×4/750毫米×5毫米世界先进的新型开放式“红圈轧机”一套，形成当今世界规格最大的合金钢开坯—大棒材生产线，该生产线设备选型具有当今世界最先进的工艺技术，产品的实物质量达到国际一流水平。

大型锻件生产线建筑面积7.8万平方米，年产锻件25万吨。系统引进德国西马克梅尔公司80/100兆牛快锻机1台，配套德国DDS公司100千牛操作机1台；引进德国辛北康普公司35/40兆牛快锻机1台，配套德国DDS公司45千牛操作机1台；引进德国西马克梅尔公司16兆牛吨精锻机1台。整条生产线具有工艺技术先进、生产效率高、设备配置齐全的优势，其装备水平、生产能力均处于国内领先、国际一流，是国内唯一可加工150吨以上特殊钢钢锭的生产线。

特殊冶炼生产线建筑面积1.1万平方米，设计生产能力为年产电渣钢4万吨，生产的电渣锭锭型规格小到0.75吨，大到100吨，多达几十种。电渣炉系统引进奥地利因泰克公司36吨、100吨气密型保护气氛电渣炉各1台。尤其是引进的36吨和100吨全计算机控制、恒熔速、气密型保护气氛电渣炉，规模之大，技术之先进，在国内绝无仅有。既可解决电渣重熔过程中电渣钢增氢的问题，又可解决电渣钢中易氧化元素的氧化问题。生产的电渣钢具有金属的纯净度高，组织致密，化学成分均匀，无偏析疏松，气体含量低等优点。生产的电渣钢棒材等诸多大型高质量产品在国内处于领先和垄断地位。

模具宽扁钢生产线建筑面积5.8万平方米，生产线设计年生产能力20万吨。其中，二平二立可逆连轧机不但是目前国内，而且在世界上也是第一台生产模具扁钢的轧机。投产后将成为国内唯一一条可以轧制850毫米宽扁钢的生产线，产品竞争力世界一流，成为国内模具扁钢最大的生产基地。

合金钢银亮材生产线建筑面积4.7万平方米，设计生产能力达5万吨，逐步扩大到10万吨。建成投产后，东北特钢将成为国内及国际上工艺线路最合理、最高效、最顺畅，产品实物质量达到世界一流水平，国内最具优势的精品光亮材生产基地。

合金钢丝生产线建筑面积3.4万平方米，整体按年产5万吨合金钢丝产能预留，一期工程预定年产钢丝22000吨。建成投产后将成为国际一流水平的精品优质合金钢丝制品生产基地，将进一步巩固东北特钢集团钢丝产品在国防军工领域不可替代的地位。

精密合金生产线建筑面积3.3万平方米，设计年生产能力2000吨。将建成一条高技术含量、高附加值、产品替代进口的国际一流精密合金生产线。

钢水冶炼优化生产线将建设100吨顶底复吹转炉、100吨RH真空精炼装置、100吨LF精炼炉等，提高冶炼效率，降低炼钢成本。

搬迁改造后，大连基地登沙河新厂区完全实现网络化，生产的各个环节实现管理自动化，未来还要实现上下游管理的自动化。届时，生产率还会大大提高。

装备、规模、产品质量一流，登沙河新厂区能否对周边环境造成污染？

进入东北特钢大连基登沙河新厂区，每个厂房上都有十几个规格统一的蓝色圆形屋顶罩。不了解情况的会以为它们仅仅是厂房漂亮的装饰。其实，它们就是用来排污除尘的。而这也仅是大连基地治理环境污染的一部分。

东北特钢大连基地整体搬迁改造突出的是一个环保理念，搬迁绝不是简单的厂址平移，新厂区在环境质量上要达到国际最高水平。为了实现这样的高标准，大连基地搬迁改造本着减量、再用、循环的原则，用于环境治理、节能措施的投入就高达10亿多元。通过工艺技术装备现代化改造，全面推进节能、节水、降耗和资源综合利用，建立起铁素资源循环、能源循环、水资源循环和固体废弃物再生循环的生产体系。

东北特钢大连基地搬迁改造采用国际上最先进的电炉四孔及屋顶罩布袋除尘技术，烟气排放浓度低于50毫克/立方米以下，达到欧洲国家先进标准；通过采取节水措施，建立统一的污水综合治理设施，废水实行循环利用，吨钢取新水量由7.6立方米降低为2.6立方米，水的重复利用率由90%提高到98%，实现“零排放”；通过建设钢渣处理设施，实现固体废弃物资源化，固体废弃物综合利用率由86%提高到97%；通过采用先进的节能措施，吨钢综合能耗由500千克标煤降低为384千克标煤，年可节约标煤30万吨以上，从根本上解决钢铁企业发展与环境、资源之间的冲突和矛盾，新厂区在环境质量上成为国际最好水平，没有对周围环境造成污染影响，兑现了环境零污染的承诺。

事实证明，东北特钢大连基地环保搬迁改造工程不仅没有给周边环境带来影响，周边农民还首先从工厂搬迁改造中受益。东北特钢大连基地几年内将大量吸收地方就业人员，同时，大连基地产业人员在登沙河区域生活，将大大促进当地农业、水产业、第三产业等的快速发展。

当前，正值前所未有的特钢发展战略机遇期，钢铁产业发展呈现产量增速放缓，产品结构逐步由长型材和普通板材为主转为以特钢和专用板材为主。我国特钢产量仅占钢产量5%左右，而工业化国家特钢产量占比高达20%以上，未来特钢将具有广阔成长空间。随着我国工业化深入和装备制造业挺进高新领域，风电、核电、高铁、大飞机、石化、汽车等新兴产业所需而普钢无法替代的高品质、高性能、个性化特钢产品市场将急剧放大，并呈现出未来数十年旺盛需求趋势。按照国家产业发展规划，2015年高品质特殊钢产业的新增产值将达到8%，2020年新增产值达到15%，到2030年高品质特殊钢产业达到世界先进水平。从现在开始，一场特钢比重提升的行业大趋势即将来临，特钢跃进式发展的大幕也将由此拉开。作为具有传统产品和技术优势的中国最大特钢企业，东北特钢将是这个战略机遇期中最大受益者。

如今的东北特钢，宛如一架蓄势待飞的战机。2011年7月11日，东北特钢集团大连基地环保搬迁项目举行竣工庆典的喜庆日子，将作为东北特钢开启又一次腾飞的起点，永远定格在东北特钢人的心灵深处。凭借大连基地环保搬迁改造的成功，东北特钢人距建设精品特钢基地的理想也渐行渐近。未来，一个全新的东北特钢必将在中国特钢发展史上写下厚重的一笔，中国由钢铁大国走向钢铁强国的蓝图也日渐清晰。

六、新中国特钢企业初创与贡献——北满钢厂

1949年10月刚刚诞生的中华人民共和国既要解放全中国，又要组织恢复生产，发展经济，搞好社会治安，稳定人民生活，真是百业待治、百业待兴啊！

1950年2月8日，中苏两国在莫斯科签订了中苏友好条约和贷款援建协定。此时中共中央财政经济委员会已同各部门商量如何用好这笔贷款，尽快恢复生产和发展经济。根据中央指示精神，冶金系统先后提出12项援建项目，同苏联签订了援建协议，其中就有拟建的特殊钢厂。

中央财经委员会考虑到东北地区钢铁工业基础较好，技术力量较强，就委托东北工业部承办此事。当时本溪煤铁公司管辖抚顺钢厂、大连钢厂，因此就将筹建新厂工作交给了本溪煤铁公司。

1950年春，朝鲜南北军事对峙局势越来越紧。为了加快新厂建设进度，开始时考虑以本溪钢厂的主要设备为主，再从鞍钢抽调一部分设备，从苏联引进一些先进设备，找一个比较安全的地方建设一座新型特殊钢厂，以生产军用钢材为主。

接此命令后，本溪煤铁公司赵北克、杨维、许宏文等主要领导同志，组织当时本溪煤铁公司设计处的林纳、高尔鼎以及陈霁、丁唯坚等同志编写了设计任务书，呈报给1950

年初东北工业部正在召开的工作会议讨论。此次会议不仅决定了钢厂的建设，而且决定在北满地区建设一个新型的工业区。东北工业部也在积极选择工业区的地址。1950 年初，沈阳一机床厂、二机床厂已开始往齐齐哈尔搬迁，即现在的齐齐哈尔一机床厂、二机床厂；沈阳“五三”兵工厂枪部搬迁至北安、炮部搬迁至齐齐哈尔、弹部搬迁至碾子山，即现在的北安“六二六”厂、齐齐哈尔“一二七”厂、碾子山“一二三”厂。而拟建的特殊钢厂也势必北迁。

东北工业部工作会议结束后，根据会议精神，本溪煤铁公司又重新编制了设计任务书，设计生产的主要产品为军工用材，即制造枪、炮、弹、坦克用钢材和航空发动机用钢材，机械制造、电力等其他行业所需高级碳素结构钢材、合金结构钢材以及锻钢件、铸钢件等，设计年产钢 22 万~25 万吨。1950 年 10 月，东北工业部领导共同审查签署该设计任务书，设计任务书呈报中央后于 1950 年 10 月 23 日，中央财经委领导在设计任务书上签字“同意照此设计”。这就是党中央决策建设的第一座特殊钢厂——北满钢厂。

北满特钢于 1957 年 11 月 3 日全面建成竣工。之后其所生产的产品逐渐丰富，各类产品的生产日新月异，尤其是在炮钢、弹用钢、坦克曲轴钢等方面的生产尤为突出。

炮钢生产方面：北满特钢投产后就开始炮钢的研制和生产。1958 年 2 月 1 日，陆本正和邹恒言二位同志按苏联莫洛托夫工厂的工艺起草操作规程，采用碱性和酸性平炉双联矽还原法冶炼出了第一批大口径火炮锻件用钢 PCrNiMo，生产出了第一批 85 毫米口径的加农炮身管管坯以及炮尾等主要锻件毛坯，经热送水压机锻造后，身管毛坯经检验均符合苏联技术条件。而后又相继试生产了口径 100 毫米坦克炮，100 毫米口径的高射炮、120 毫米、122 毫米加榴炮的身管毛坯锻件及相应的炮尾、闩体、驻退筒等五大件主体配套件。1958 年的冬天，用北满特钢生产的全套件制造的 130 毫米加农炮在祖国北疆的国家靶场上进行了实弹射击，验证了炮钢的良好性能，从而揭开了我国用自产锻件制造火炮的历史。1959 年 10 月 1 日，在国庆十周年的阅兵式上，用北满特钢生产的炮钢制造的 130、152 等火炮通过天安门广场接受党和国家领导人的检阅。为此，北满特钢收到中共中央办公厅发来的贺电。

弹用钢方面：新中国成立初期，制造各种枪弹和炮弹所需钢材有一部分是从苏联进口，一部分是从各大军区回收用过的弹壳，还有一部分是根据旧有材料中有效成分试制的。在这种情况下，北满特钢投产后不久，就在平炉上试制生产弹用钢 F11 和 F18。F11 供 53 式、56 式自动步枪做子弹壳用钢，F18 供 53 式、56 式自动步枪或半自动步枪做子弹用钢。这两种产品自生产以来，由于产品质量稳定，深受用户好评。

20 世纪 60 年代以后，由于当时所处的国际环境，尤其是“两霸”对我国实行的经济封锁政策给我国的军用品生产造成了很大的困难，加之国内铜资源缺少，进口价格又昂贵，只好走“以钢代铜”生产弹用钢的路子。为了解决“以钢代铜”的新课题，北满特钢在冶炼 F11 和 F18 扁钢的基础上，又接受了试制“以钢代铜”的弹壳用钢任务，1962 年在碱性平炉成功冶炼出我国第一炉“以钢代铜”的弹壳用钢 S15A。经检验，产品质量达到苏联技术条件 ЧМТУ 4540—54 的要求。“以钢代铜”的弹壳用钢 S15A 的冶炼成功，不仅降低了弹壳制造成本，而且填补了我国弹用钢的一项空白。

北满特钢于1961年开始研制和生产杀伤力较大的穿甲弹用钢。在攻克制造高射机枪和23航弹实心弹头用钢质量难题的基础上，北满特钢根据冶金工业部的安排于1961年与803厂签订协议，按苏联TY1412标准，制85毫米以上的大口径穿甲弹用钢。先在酸性平炉生产，后又转到碱性平炉生产。在生产中为解决发纹、白点和裂纹等质量问题，采取加强冶炼操作，严格及时热送，严格执行钢坯缓冷制度等措施，保障了该产品的质量。为保证供各种不同型号、不同类别的穿甲弹用钢，北满特钢先后为803厂、123厂等军用品单位提供了35Cr3NiMoA和25SiMn3MOV等钢种。

七、传承崛起绘新篇——上钢五厂与宝武特冶

宝武特种冶金有限公司（以下简称宝武特冶）的前身是1958年建立的上海第五钢铁厂（以下简称上钢五厂）。上钢五厂1998年并入宝钢集团成立宝钢集团上海五钢有限公司（以下简称宝钢五钢）；2003年托管上海钢铁研究所（以下简称上海钢研所）、上海第二钢铁厂；2005年成立宝钢股份特殊钢分公司，2009年成立宝钢股份特钢事业部，2012年成立宝钢特钢有限公司（以下简称宝钢特钢），2018年成立宝武特冶。

1958年9月1日之前，是没有上钢五厂这个名字的。那时，上海有一家名为亚细亚的小钢铁厂，是抗日战争胜利后国民党接收大员从日本人手里接收下来的，解放后变成了国有企业。笔者1955年被分配到这个厂工作时，钢厂只有1.5吨和3吨小电炉各1座，还有一个铸造车间和机加工车间；主要生产火车用铸钢车轮、挂钩以及各种铸钢件，其中最出名的是坦克和履带式起重机用高锰钢履带板及破碎机用耐磨牙板；还能生产少量的合金钢材。尽管钢厂规模不大，但产品畅销，供不应求。

随着市场对合金钢需求量的增加，这个小钢厂已无法满足要求，上海市人民政府决定由亚细亚钢铁厂在吴淞地区建一座合金钢车间，专门生产合金钢材。经过一年多的筹建，1958年9月1日，合金钢车间建成投产，并炼出了第一炉合金钢，上海市人民政府把这个刚建成的车间命名为“上海第五钢铁厂”，当时还上了《解放日报》的头版头条，标题是“高级合金钢冶炼车间出钢了!”（见图1-3-50）。

上钢五厂刚刚诞生之际，正逢“大跃进”初年，上海市钢产量指标还缺少60万吨，上海市人民政府决定停建上钢四厂，改为在上钢五厂用最快速度建设年产60万吨钢的转炉车间，以弥补钢产量缺口。这一决定可忙坏了所有人，当时那片土地正长满了庄稼，到处是小河沟和鱼塘，连条路都没有，在这样的条件下建厂，实在是困难重重。但我们国家却能举全市甚至全国的力量保这个特殊项目，各行各业人员挑灯夜战40个日日夜夜，终于建成了这个年产60万吨钢的转炉车间，用今天的话说，可谓“建设狂魔”。这个车间经日后技术改造，已达到年产110万吨钢的能力。

就这样，上钢五厂有了炼合金钢的电炉，又有了炼普钢的转炉，既有品种、质量，又有规模数量，本可以就这样走下去了，但上海市人民政府考虑到国家、上海对合金钢的需求，决定在上钢五厂建当时亚洲最大的电炉炼钢车间。为了尽快地、更好地建成这个车间，上钢五厂四处取经，特别是向特钢兄弟厂学习，在全国的支援下，上钢五厂电炉炼钢车间如期建成；日后又不断地进行技术改造和创新，如钢包采用滑动水口、电炉偏心底出

解放日报
JIE-FANG RI-BAO
为上海钢铁工业向优质钢方向发展打先锋
高級合金鋼厂冶炼車間出鋼了

第一炉电炉钢出钢

1958年9月1日，仅用时三个半月，上海高级合金钢厂(上钢五厂前称)第一炉电炉钢出钢。次日，上海《解放日报》在头版报道了这一消息。报道称：合金钢冶炼车间建成投产并在上海首次冶炼出高级合金钢，是上海钢铁工业向优质合金钢方向发展的第一步。同年9月14日，“上海第五钢铁厂”被正式命名。

图 1-3-50　1958 年 9 月 2 日《解放日报》头版

钢、钢包精炼，特别是钢包真空精炼技术的采用，极大地提高了合金钢的质量，使轴承的寿命成倍提高。这个车间的建成和创新技术的应用，弥补了当时我国合金钢数量和质量的短板。

国防现代化需要各种特殊性能的高端材料，如高温合金、精密合金、钛合金、难熔合金、耐蚀合金等。而此时正处于 20 世纪 60 年代初，因自然灾害国家最困难的时期，上钢五厂勇挑重担，成立特冶车间和第二中心试验室，专门负责研制和生产国防用新型材料。当时上钢五厂在这个领域可说是白手起家，缺少技术就和大专院校、科研院所合作，以能者为师；没有先进设备就用 100 千瓦高频电炉冶炼 36 千克小锭作研究对象，在取得试验室阶段成果后进入半工业性生产，直到建成了大型真空感应炉、自耗炉、电渣炉以及大型特种锻压设备和制管设备，形成了完整的为国防军工提供优质材料的生产链。但在这一过程中，每前进一步都要付出很多艰辛，如从英国引进的 3000 磅真空感应炉，合同规定由外方负责安装、调试，因“文革”外方不来啦，上钢五厂人员只好自己干，事干成了，苦吃了不少；又如花了大力气从德国引进的 2000 吨快锻机，安装时发现几十吨重的横梁有缺陷，当向外方提出质疑时，外方人员说不影响使用，上钢五厂方回应不能以“可使用”代替“合格”，最终外方也觉得理亏，送了一个可以“使用”又赔偿了一个合格品。无独有偶，国内兄弟厂引进的同样设备，生产时横梁断了，结果很多订单都压在了上钢五厂肩上，上钢五厂都出色地完成了。

上钢五厂的宗旨是：国家需要什么，上钢五厂就干什么。对用户的要求上钢五厂也都是想方设法地去满足。有个直升机制造厂，要求上钢五厂为他们生产桨叶（原来他们是用扁型材，采用机加工的工艺将扁型材制造成薄薄的桨叶，既费料又费时，质量还很难保证），上钢五厂接受了这个任务，通过轧机改造和轧制工艺多次试验，终获成功，生产出的产品满足了用户要求。航空无缝不锈钢管是上钢五厂在非常艰苦的条件下试制成功的，靠的是科学的态度和坚韧不拔的精神，当报界得知上钢五厂生产出了我国第一根用在飞机上的航空钢管的消息后，还在报纸上以“草窝里飞出金凤凰”为题进行了报道。为了量产，上钢五厂又进行了多项技术改造，使航空钢管、核电用合金管成为日后的名牌产品。

“四人帮”粉碎，生产力得以解放。“文革”十年动乱对企业的破坏是很严重的，广大上钢五厂职工看在眼里，急在心里。当“四人帮”被粉碎后，厂领导提出“拨乱反正，以法治厂”和“争当特钢行业排头兵”及“争创一级企业”三个目标，这三个目标在上钢五厂全厂职工的共同努力下都实现了。改革的东风又为上钢五厂增添了新的活力，上钢五厂试点了“厂长负责制”，建立“企业与职工利益共同体”“沪昌特钢公司职工内部持股”等改革措施，极大地激发了职工爱厂、爱岗、敬业的精神，令职工们对助推企业前行充满了信心和动力。

上钢五厂的发展离不开各级领导的关心。1960 年 7 月 28 日，全国人大常委会委员长朱德视察上钢五厂并亲笔题字勉励大家：“鼓足干劲，使钢的产量更多，质量更好，品种更全”。

建厂以来，多位党和国家领导同志来厂视察并为上钢五厂题词。各级领导的关心是鼓励更是鞭策。

上钢五厂的企业精神。俗话说，人要有精气神，企业也要有企业精神。上钢五厂的企业精神，就是经过几代人的磨练、传承，形成的“艰苦奋斗、从严求实，开拓进取，争创一流”精神。如今，宝武特冶传承发展，以“建成全球特种冶金关键材料行业的引领者”为愿景目标，这是一代代特钢、特冶人的梦想和追求，宝武特冶坚持技术创新、深化管理变革、推进混合所有制改革等，这条通往成功的道路是正确的。宝武特冶要在中国宝武集团的领导下，把“艰苦奋斗，从严求实，开拓进取，争创一流”的良好精气神，体现在攻克特种冶金关键技术上，以“不忘初心，牢记使命，勇担国家重担”为荣，为中国宝武履行国家使命贡献力量，助力国家军工、航空、航天事业的发展。

“艰苦奋斗，从严求实，开拓进取，争创一流”。60 多年的发展历程，几代五钢人、特钢人、特冶人用坚韧不拔的意志，用汗水和智慧铸就并传承了上钢五厂的企业精神“艰苦奋斗，从严求实，开拓进取，争创一流”这 16 个字，其深刻内涵集中体现在：

（1）“艰苦奋斗”：上钢五厂诞生于“大跃进”时代，创业的艰苦程度难以想象，当时搭个小木屋就成了工地现场的指挥部，所谓食堂也就是个草棚而已。原来的 1 号门那几间红砖房就是当年上钢五厂第一任厂长冯毅同志的办公室和厂部办公室。一电炉是最早建成的车间，屋顶还未全部盖好，全国炼钢能手黄能兴同志已钻进炉内捣打炉底了。转炉车间上马时，更是群情激昂，连创奇迹，从开工到出钢仅用了一个月的时间，那个时代创业者不计报酬、忘我拼搏的精神激励了一代又一代五钢人为祖国的钢铁事业努力工作。

（2）“从严求实”：上钢五厂在20世纪60年代也叫“7029厂”，属军工企业。上钢五厂靠什么来保证尖端产品的产出和苛刻的质量要求呢？靠管理，靠精益求精和一丝不苟的管理，这也因此形成了上钢五厂从严求实的管理风格。“十年动乱”，把好端端的上钢五厂搞成一个无制度工厂，“四人帮”粉碎后上钢五厂大刀阔斧抓整顿，时任厂长的冯毅同志强调依法治厂，连续召开近30次遵纪守法大会，拨乱反正，使上钢五厂的管理重新纳入正常的轨道。

（3）“开拓进取”：上钢五厂人从来不甘人后，生就一股敢为天下先的豪气，老厂长冯毅、张毅、副厂长兼总工程师王芳雯等老一辈领导精心培育了这份豪气，造就了五钢人敢为天下“第一个吃螃蟹的人”。60多年来上钢五厂研制出了许多国内独一无二的新材料，填补了国内空白。勇于开拓，走自己的路，这是开拓进取最真实的写照。

（4）“争创一流”：俗话说“一个好的骑手决不落在别人的马屁股后面”，上钢五厂精神的核心就是“争创一流”。当年我国核潜艇“换装”新13号合金管是关键材料，国内已试制几年均未成功，后来冶金工业部一位司长专程飞到上海找上钢五厂解决，时任厂长的侯树庭同志说：“只要国家需要，我们干！”结果新13号合金管研制出来了，所有核潜艇换上了“新装”。秦山核电站用的钛管，原已定进口，但上钢五厂主动承担试制任务，通过和日本住友公司合作，试制一举成功，给国家节约了大量外汇。要“争创一流”就要有高标准、严要求，就要始终有紧迫感。

几十年上钢五厂争创一流铸就了其中国特钢“排头兵”的品牌形象。“只要国家需要，我们就得干，必须干好”，这标志着上钢五厂、宝钢五钢、宝钢特钢、宝武特冶几代人坚定不移践行“钢铁报国，特钢强国”的使命责任，他们围绕国家重大工程和国防武器装备现代化过程严重依赖进口的“卡脖子”特种材料和技术，勇于担当、敢于创新，着力突破并掌握关键核心技术，实现了国产化配套、替代进口，填补空白，全力保障了一个又一个国家重大工程和武器装备专项材料的研制和保供任务，为国家战略任务的实施和完成及推动行业进步和发展做出了重大贡献。“报国初心使命，铸就大国重器”是几代人的“魂”所在，这个“初心使命‘魂’与“争创一流‘核’”将永远指引着他们前进的方向，是创新的动力和发展的源泉。

1988年6月10日，时任上海市委书记的江泽民视察上钢五厂并题字“坚韧不拔　锲而不舍　努力跻身于世界特钢之林”。

2007年4月24日，时任上海市委书记的习近平视察宝钢股份特殊钢分公司，听取了宝钢集团徐乐江董事长的汇报并参观了不锈钢长型材生产线。习近平说宝钢改革发展的实践展现了中国工人阶级的智慧和力量。

1998年上钢五厂并入宝钢集团后，落实宝钢集团发展战略，至2010年，宝钢特钢已建成特殊钢及特种合金精品基地，初步形成国内现代工业转型发展及高技术产业发展关键材料主力配套供应商格局。

在产品体系方面，以高温合金、耐蚀合金、钛及钛合金、精密合金、特殊不锈钢及特种结构钢六大战略产品为重点，形成扁平材、长型材、无缝管材及近终型锻件四大品种系列。在产品品种发展方面，战略产品逐步应用于高端装备制造业，重点为能源电站、动力传动关键装备提供整体配套材料和产品，以镍基合金、特殊不锈钢板与特殊不锈钢管、锻件、棒丝材系列品种为代表，专业化配套格局初步形成；以高温合金、钛合金盘锻件为代表，为中国航空航天装备、船舶动力关键件提供国产化战略材料；以高端模具钢、高速重载轴结构钢为代表，在国内中高档汽车、机车、铁路等领域享有品牌地位。

产品广泛应用于国家建设的各个领域：宝钢特钢在国防军事工业领域，已成为中国最重要的国防武器装备配套关键金属材料研发与供应商之一。在航空领域，已成为中国航空工业集团最重要的战略合作伙伴之一，材料供应以高温合金、钛合金、特殊不锈钢、高强钢等特种材料为主；在航天领域，是中国空天运载装备最主要的供应商之一，为运载火箭、神舟载人工程、导弹及卫星等领域提供了大量关键配套材料，从神舟三号之后的每次发射都获得国家有关部委的表彰。在舰船领域，是中国先进舰船动力配套材料关键供应商之一，为大型驱逐舰、核潜艇提供关键动力配套材料。在核工程领域，是国内核反应装置承压材料的主要研制配套供应商之一，为中国的核反应堆和核动力装置中涉及的堆内构件、驱动机构、控制组件、核燃料组件、压力容器、可控核聚变装置等提供了关键配套材料。在兵器领域，是国内高性能防护及传动材料重要的研制配套供应商之一，为新型装甲、坦克及其动力装置提供超高强度防护板、齿轮传动件和轴类件关键材料。

2016 年宝钢、武钢合并成立中国宝武钢铁集团有限公司，围绕中国宝武“一基五元”发展战略，2018 年中国宝武批准成立宝武特冶。宝武特冶将进一步聚焦并转型发展以镍基合金、高合金钢及钛合金为核心的特种冶金技术新材料产业，现阶段目标是形成“万吨级镍基合金、十万吨级高合金钢、千吨级钛合金，具有国际影响力及知名品牌的特种冶金新材料企业”；发展愿景是努力成为全球特种冶金关键材料的行业引领者。

八、鹰击长空展雄姿——长城特钢

（一）艰苦创业——崛起于畎亩之间

50 多年前以至后来的很长时间，藏龙卧虎于江油大山之中的长城特钢却鲜为人知。作为一个保密工厂，人们只知道它的公开代号——302 信箱。

20 世纪 50 年代末，国际局势风云急变，党中央、国务院出于“备战、备荒、为人民”的战略思考，对我国的工业布局作了大规模的调整，全国上下开始了轰轰烈烈的“三线”建设。于是，长城特钢的名字赫然出现在新中国的冶金史册上。它以象征中华民族脊梁的“长城”命名，其中的含义，既饱含着党中央、国务院和全国人民对这个“新生婴儿”的无限希望，也凸显出它在国防战略部署中的重要地位。

几经选址后，1965 年 1 月 3 日，长城钢厂在四川江油正式成立。

解决国防工业所需的高温合金及特殊钢研发问题，是国家建设长钢的初衷，其政治意义远大于经济意义。在“靠山、隐蔽、分散”的“三线”建设方针指导下，长钢的四个分厂被分散安排在彼此相距 30 公里的崇山峻岭中。

从 1965 年下半年起，经过严格挑选，来自抚顺钢厂、上海五钢、湖北大冶钢厂等全国各地的数千名“三线建设”者，离开了他们的家乡、亲人，来到了江油，开始了艰苦卓绝的创业历程，与此同时，中国人民解放军建字01部队的千余名官兵，奉命调往江油投身长钢建设，在这块长满了稻麦和野草的荒芜之地，老一辈创业者们白手起家、艰苦创业，掀起了热火朝天的建设热潮。

他们肩扛手拽，栉风沐雨，用自己的汗水浇灌这朵特钢之花！

他们忠诚、奉献，用自己的血脉铸成一座崭新的钢铁长城！

“我才来时，一个月工资仅13元钱；天天吃稀饭，把盐用油炒了，下饭；食堂每天只有红萝卜缨缨，难得有一点油腥；住的是透风漏雨、冬冷夏热的干打垒。”今年82岁的王大爷回忆说。

条件再艰苦、工作再辛苦，也没有使长城特钢的建设者有一丝退却，他们发扬铁人精神，“先工作，后生活”，把生命之根深深地扎进了这片热土，倾情奉献，无怨无悔。

经过半年多的奋战，1965年12月5日，二厂热带车间轧出了第一条带钢。1966年10月18日，一厂炼钢车间4号炉炼出第一炉钢。第一炉和第一支钢凝结着建设者们的无数心血和汗水，标志着长城特钢在漫漫征途上迈出了坚实的第一步。正是从它们开始，长城特钢一步上一个台阶，不断地扩能上量，不断地茁壮成长。经过数年建设，一座特殊钢企业像一颗闪亮的明珠屹立在涪江之畔，成为祖国钢铁梦的一部分。

（二）不负重任——为国防航空提供强大的“中国心”

1967年，毕业于清华大学的梅洪生被分配到长城钢厂三分厂，这座隐藏在深山的工厂，是我国为数不多的高温合金研发生产基地。刚进厂的前几年，他就遇到了用大型真空感应炉在冶炼高温合金时的三大技术难题：坩埚容量小、寿命短，无法在高温下长时间冶炼；真空条件下，无法半连续测温，冶炼过程不能有效控制；高温合金中铝、钛元素活度系数和烧损无法测定。1972年，长钢三厂冶炼某牌号的高温合金1000吨，其中废品竟多达700吨。当时人们把这种不计成本的生产叫做“炼政治钢”，这深深刺痛了梅洪生的心，这位清华学子暗下决心，一定要攻克道道难关！

我国高温合金的冶炼，一直沿用国外的工艺，就连品种牌号也用外国人的叫法。敏锐的梅洪生发现，这些“洋框框”并不完全正确，要解决问题，必须从实际出发。他开始从最基础的做起，一炉炉地收集数据，一个成分一个成分地分析比较，一点一点地校正误差，饱尝了各种艰辛。

经过千百次的探索，梅洪生拨开重重迷雾，发现了纯Ni熔点完全可以作为半连续测温的校准点！这一重要发现，成功解决了真空状态下半连续测温的问题，使冶炼过程得到了有效控制。

随着半连续测温问题的解决，与之相关的坩埚寿命和活度系数测定两大难题也取得了显著进展。他调整坩埚的冶炼工艺，重新设计了石墨电极，从而延长了坩埚寿命，保证了高温下的长时间冶炼。1987年，真空感应炉三大关键性难题最后一个——活度系数的测定也被梅洪生突破，完成了由实验室测定到大生产测定的重大转变。

从1972年到1987年，三大关键性难题的解决竟整整耗去了梅洪生15个春秋寒暑。

梅洪生知道，当时国家国防装备还存在差距，“而长城特钢生产的很多材料，都应用在航空航天和国防领域，如果我们打个马虎眼，这些东西质量不过关，产生的后果不堪设想”。

和梅洪生一样，融入长钢特材研发的还有清华学子郭元枢、张光复，以及北京钢院、东工、重大、昆工、鞍山钢院等一大批从事钢铁材料及航空高温合金材料研发的专家刘勤学、王黎云、喻桂英、宋士均、王庆符等，他们扎根深山，凭借高超、过硬的技术，啃下了一块又一块“硬骨头”，在一系列国家重大专项和国防重点项目攻关中做出了重要贡献。

从 1965 年到 20 世纪 80 年代后期，长钢先后研制和生产的航空用高温合金材料达 50 多个品种，其中大批量用于歼六、歼七系列发动机，直八 WZ-6 发动机，WP 系列和轰六系列发动机，以及直九 WZ-8 发动机。材类型有管、板、棒、带、丝、饼、环及其他异型材；可在 650~950℃工作温度下长期稳定使用；使用部位有火焰筒、加力筒体、涡轮叶片、涡轮盘以及大量的结构件、坚固件。

在那个激情燃烧的岁月里，长钢老一辈开拓者们以特钢报国情怀，研制了一系列具有国内先进水平的合金材料，解决了一系列重大技术质量难题，适应了我国在这一发展阶段航空发动机的发展需要。其中双真空条件下镁的作用机理应用研究及电渣重熔技术处于国内领先地位；研制生产的 GH140、GH37 合金广泛应用于歼六系列发动机核心部位，获评为冶金部、四川省优质产品；直八机 WZ-6 发动机用 GH93、GH710 合金研制在全国具有独一无二的优势，性能达到国外同类合金水平；WP-13 发动机用 GH698、GH220 合金获冶金部重大科技成果奖一等奖及科技进步奖一等奖。

除生产和研制种类繁多的高温合金之外，长钢还大量生产和试制航空用不锈耐热、耐酸及合金结构钢。研制生产的 Cr16Ni6 中温高强不锈钢填补了我国 450℃以下高强度高韧性不锈承力材料的空白，为设计高性能、长寿命的新机提供了可靠性；作为“斯贝”发动机不可缺少的主要用材之一，长钢研制生产的系列马氏体不锈钢以卓越的性能，为我国系列战机提供了强大的“中国心”。

（三）耀眼光芒——“长特制造”精彩亮相发射任务

1985~1994 年，是长钢历史上一个辉煌的时期，长钢逐步成长为我国特钢行业的知名企业。在此期间及后来的几年间，长钢建成了 8 条先进的产品生产线，建成国防用锻材，国防用板、带材，国防用精密无缝钢管，国防银亮材四条专用钢生产线，成为西南地区专门为国防配套高温、耐蚀、不锈钢材料的新试科研生产基地，形成了以航空、航天、核能等特材产品为主导的生产格局。大量用于航天、航空、航海和核工业的产品来源于长钢，一批拥有自主知识产权的特殊钢生产工艺根植于长钢，一批从事特殊钢科研、生产的专业技术人员和产业工人成长于长钢。

以国务院特殊津贴获得者、鞍钢楷模、首席专家方轶，首席专家工程师何云华为代表的新一代特材研发专家正是在这样的土壤里成长起来的，他们像老一辈科技工作者一样，在“理论—实践—理论”的无限循环中苦苦寻觅、艰难求索。

1992 年，对宇航材料 CM-1 钢的研制，是方轶参与的第一个国家重要攻关课题，为此他既感到无比光荣，又感到压力无处不在。在经过无数个日夜的苦熬心智和搏击奋战后，方铁硬是凭借扎实的理论基础和现场实践经验，攻克了冶炼过程中脱氟、脱氧以及氧化剂加入方式等难题，仅“八五”期间，该钢种产值达五千万元，获得国家核工业部“科技进步二等奖”，这令方铁致力于特材研发的信心倍增，坚定了他特材报国的志向。

继 CM-1 钢之后，她和同事们一道，完成了若干科研课题的攻关，其中有：国家“九五”重大攻关课题——斯贝发动机用钢的研制，为我国飞机新型发动机的生产提供了优质特殊钢材。参与国家“九五”重大攻关不锈钢材料的研制，为我国火箭发动机更新换代为具有国际顶尖水平的液氧煤油发动机做出了重要贡献。

有高峰就有低谷，有坦途就有坎坷。和大多数国有老企业一样，长钢这个“先天不足”的“三线”企业，从 1997 年开始步入了艰难的脱困之路。2004 年 6 月，攀钢集团重组长钢，长钢的历史掀开了新的篇章。

长期蕴藏在长钢人心中的热情和干劲、智慧与才华得以尽情地迸发。方铁和同事们先后完成了国家“十五”攻关课题攻关材料、某型号火箭发动机壳体用超高强度钢、国家“093 工程”核潜艇专用焊丝钢、用于运输火箭系列等宇航材料重大攻关课题。

鹰击长空，剑指苍穹。2003 年 10 月 15 日，“神舟五号”载人飞船发射成功，中国成为世界上第三个有能力独自将人送上太空的国家，大大提高了我国的国际地位。当中国飞天第一人杨利伟走出太空舱的那一刻，当九天揽月变为现实的那一天，方铁和同事们心里无比骄傲和自豪，他们知道，这里面有自己的一份付出，有自己的一份辛劳。

2005 年 11 月 28 日，航天材料及工艺研究所、西安航天发动机厂、长城特钢“共铸神六”庆功大会在江油隆重召开。长城特钢为“神六”飞船提供的不锈钢、高温合金、结构钢数十种规格的产品，运用于“神六”飞船的运载系统和逃逸系统，为我国航空航天事业做出了重大贡献。其中，方铁和同事们研制的新型发动机用 S 系列钢种和某牌号特种不锈钢产品得到了航天材料及工艺研究所的高度评价，他们用自己的方式实现了“航天梦”。

（四）转型升级——打造中国高端金属材料领军者

2008 年 5 月 12 日，汶川特大地震突如其来，在生与死的考验面前，在社会各界、集团公司强有力的驰援下，攀长钢人无畏无惧，众志成城，谱写了英勇不屈的抗震救灾诗篇。2008 年 11 月 16 日，在抗震自救和扭亏脱困的关键时刻，时任国务院总理的温家宝亲临公司视察，作出了“三改一提升”重要指示，要求攀长钢变挑战为机遇，着力调整结构，加快自主创新，通过改革、改组、改造，实现企业整合和产品升级。

在此后的两年多时间里，攀长钢一手抓生产恢复，一手抓灾后重建，先后完成了 50 万吨棒线材连轧生产线工程，新建大型工模具钢锻材生产线项目以及特冶电渣生产线项目，再造一个新长钢的宏伟蓝图全面铺开。《四川日报》的新闻报道感叹道：废墟上，一个在灾难中受到重创的企业正在崛起，一个特钢新城正呼之欲出！

从 2011 年到 2015 年间，攀长钢加快实施“十二五”战略规划，大力推进新长钢建设，新线技改项目的达产达效对生产经营形成了强力支撑。特别是鞍攀集团重组以后，攀长钢充分利用集团强大的技术研发优势和资源优势，专注于“高合金比、高品质、高技术含量、高附加值”的高端金属材料制造。

2014 年，以攀长钢首席工程师何云华名字命名的劳模创新工作室成立了，团队里有鞍钢楷模方轶、中央企业劳动模范裴丙红，有获得四川省科技进步二等奖的王瑞、攀钢十大杰出青年李源，也有鞍钢优秀团员王福……一个个鼎鼎大名的高技能人才如同颗颗繁星闪耀在十里钢城。在这个团队里，成员们平时亦师亦友，到了技术攻关的关键时刻，在这群较真的技术控的眼中，实践出真知，实干才是硬道理。

2019 年 10 月 1 日，中华人民共和国成立 70 周年大阅兵，让全世界瞩目！

作为攀长钢特材研发人员，国内知名的高温合金专家，何云华和同事们有一个习惯，每逢大阅兵以及重大发射任务，他们都会收看现场直播。

“我们会议论，首次亮相的新型装备上哪些部件有我们的产品，此次大阅兵 70%以上的装备应该都有我们研制的核心材料，真的很激动！很骄傲！”

何云华的自豪，来自众多的“长特制造”。历次大阅兵，“神舟”系列飞船、嫦娥系列卫星、长征系列火箭、系列战机……都有“长特制造”的身影。

正是因为有这群技术控，他们采用新工艺生产航空、舰船用难变形高温合金产品，同时开发新牌号新产品，不断满足我国对航空发动机、大型舰船国产化需求，通过项目研发弥补我国与国外的技术差距，为打破国外技术垄断，实现航空发动机、舰船发动机自主研发，提升国防装备水平做出了突出贡献。

50 年来，攀长钢先后承担了国防领域系列材料研制任务，累计交付高端特材数十万吨，140 多项成果获国家和省部级科技进步奖，为我国航空航天、国防工业的快速发展做出了巨大贡献。其中航空发动机用热挤压棒材，航天运载火箭发动机用 S 系列不锈钢，18Ni 系列管材，高强高韧钢 G50 锻件，核装置用 HR 抗氢脆系列钢等产品为独家生产。

进入新时代，在国家战略调整的新形势下，鞍攀两级集团做出了加快特钢发展的战略规划。站在新起点的攀长钢，正以崭新的姿态重塑产业格局，努力实现战略结构调整的根本性转变，积极参与全球高端金属材料竞争，正逐步成长为国家重点特殊钢科研生产基地、四川省大型骨干企业以及中国高端金属材料整体解决方案提供者！

进入新时代，攀长钢以振兴民族特钢工业为使命，以“打造中国高端金属材料领军者”为企业愿景，完成真空感应炉、真空自耗炉、非真空感应炉、保护气体电渣炉、45 兆牛挤压机等冶金设备技术改造，瞄准高端领域，打造精品特钢，集中优势资源，倾力发展特种合金、特种不锈钢、特殊结构钢、工模具钢等特色产品，助力推动中国特钢事业的每一次跨越。

进入新时代，攀长钢进一步加大了国家重点工程用材料的研发与应用力度，相继成功开发了 GH4710、GH2909 等高温合金，S130、17-4PH 等特种不锈钢，18Ni 系列、G31、A100 等高强度合金结构钢，为我国新型系列机研制，大型运载火箭工程等重大工程的建设做出了重大贡献。

目前，攀长钢围绕国家发展战略，聚焦高端金属材料进口替代等国防重大建设工程，正全力开发 GH4169 等高温合金产品及低温用 S 钢等特种不锈钢，18Ni 等高强度合金结构钢，盾构机刀圈用钢等，在航空发展史上谱写着浓墨重彩的篇章。

一路风雨、一路阳光。攀长钢连续五届获得“金杯奖”，获得“中航工业优秀供应商”“中国航天优秀供应商”；随着“神舟十一号”飞船、“长征五号”运载火箭相继发射升空及国庆大阅兵新型尖端装备的展示，攀长钢始终不忘初心、牢记使命，紧跟国家新战略，展示了雄厚的技术实力，诠释了“心系国防，特钢报国”的壮志豪情。

九、中国宽厚板民族品牌——河钢舞钢

1978 年 9 月 8 日，中国第一台 4200 毫米轧机建成投产。伴随着共和国不断前进的铿锵足音，在改革开放 40 年的宏大历史画卷中，经过几代人的坚守与努力，在中原大地上，终于淬炼出中国宽厚板的民族品牌。

河钢集团舞阳钢铁有限责任公司（以下简称河钢舞钢或舞钢）是中国首家宽厚钢板生产和科研基地，位于河南省舞钢市石漫滩大道西段，厂区北依伏牛山余脉马鞍山南麓，南临石漫滩水库，占地面积 552 公顷。

河钢舞钢是河钢集团特钢板块旗帜性企业，原为国防军工特殊钢生产企业，产品以军舰、潜艇、坦克装甲等国防军工急需的特宽特厚钢板为主。40 多年来，河钢舞钢坚定不移地走专业化发展之路，高举“创中国名牌、出世界精品”旗帜，实施名牌战略，始终引领着我国宽厚钢板技术的发展，先后制订了《临氢设备用铬钼合金钢板》《厚度方向性能钢板》《建筑结构用钢板》《石油天然气输送管用宽厚钢板》《工程机械用高强度耐磨钢板》《核电站用碳素钢和低合金钢钢板》《自升式平台桩腿用钢板》等九个国家标准；构筑起了 15 大系列、300 多个品种、400 多个厚度规格的名牌精品体系，近 300 个品种替代了进口或采用外国标准生产，树立起了强大的民族品牌形象。

截至 2018 年 4 月底，河钢舞钢资产总额 114 亿元，在职职工 9856 人，其中正高级职称 24 人、高级职称 115 人、中级职称 883 人、初级职称 1287 人。河钢舞钢拥有配套完善的先进生产装备：一座 1260 立方米高炉，一台 120 吨转炉，两台 90 吨电炉，三台 90 吨精炼炉和两台 90 吨真空炉，一台 100 吨电炉，三台 100 吨精炼炉和两台 100 吨真空炉，三条大型板坯连铸生产线，两条四米以上宽厚板轧机生产线。还拥有国内最多的 10 条钢锭模铸生产线，包括淬火炉、常化炉、外机炉、车底式炉等在内的国内炉型最全、数量最多的钢板热处理炉群。

（一）几经辗转终定址

1954 年，我国开始了全面的社会主义建设，在国防建设方面，特别是海军、陆军迫切需要特宽特厚钢板。为了尽早把我国建设成社会主义强国，中苏两国总理经过磋商，拟由苏联援建一座安装 4500 毫米轧机的特厚合金钢板厂。1956 年 4 月，中国与苏联签定协议，苏联援助我国建设特厚合金钢板厂，代号一〇六厂。1959 年 5 月，正式将厂址定在包头市包头钢铁公司一号厂区。1960 年 12 月，包钢成立了一〇六厂筹备处。后因中苏关系破裂，援建项目均处于停顿状态，到 1964 年一〇六厂筹备处撤销。

基于发展国防军工的需要，1964 年 7 月国家决定恢复建设，自主设计制造 4200 毫米轧机。同时，决定把包钢一〇六厂改在酒钢进行建设。1966 年 3 月，国务院副总理邓小平、李富春、薄一波，国家计划委员会主任余秋里，国家基本建设委员会主任谷牧，冶金

部部长吕东和其他部分领导到西北视察时，考虑到酒钢地处河西走廊峰腰地段，北距国境线仅300公里，从备战角度出发，决定将酒钢特厚钢板厂迁往较隐蔽的甘肃省永登县连城公社淌沟大队进行建设。1966年5月，冶金部将该厂命名为酒钢二厂，代号三九二厂。

1969年，国务院决定，将在连城建设的三九二厂迁到河南省建设。1969年12月，将厂址定在鲁山县胜利村，北京钢铁设计研究总院重新编制了鲁山钢铁厂（代号豫〇二厂）初步设计。先头施工队于1970年五六月份进入鲁山钢铁厂工地，并进行了一些施工准备工作。

同一时期，经过地质勘探，在舞阳发现储量丰富的铁矿。1970年六七月份，河南省革命委员会在研究“四五”期间钢铁发展规划时，对特厚钢板厂的厂址和建设规模问题进行了讨论，并由省委书记、省军区司令员张树芝陪同冶金部军代表朱互宁到平顶山、舞阳进行调查研究，与有关勘察、设计人员及地、市县革命委员会负责人进行座谈讨论。大家一致认为将特厚钢板厂改建在舞阳比较合理。因此，省革委于1970年7月向国务院业务组写了书面报告。国家建委于1970年8月决定将该厂迁至现址。至此，我国第一座特厚钢板厂的厂址历尽坎坷终成定局。

（二）八年奋战传捷报

1970年9月底，河南省委书记、军区司令员张树芝在郑州省革委第四招待所召开会议，宣布平舞工程会战指挥部正式成立，统一领导平舞工程建设工作。同年10月，省革委、省军区行文通知由张树芝任指挥长，李士林任第一副指挥长，王金栋、马捷任副指挥长，孟雄飞任副政委。在省指挥部领导下，先后建立了姚孟电厂（七〇一）、矿山（七〇二）、焦化耐火（七〇三）、炼铁烧结（七〇四）、炼钢（七〇五）、轧钢（七〇六）、公用设备（七〇七）、平（平顶山）八（八矿）铁路8个指挥所和省民兵师、省民兵工程团、医院筹建处及沙河、澧河、甘江河3个大桥指挥所。

1970年11月1日，平舞工程破土动工，十万民兵大会战（见图1-3-51），兴建平舞铁路、输电线路和平整厂区场地。1971年2月，李先念副总理主持召开了舞阳特厚钢板厂建设问题会议，会议研究确定了舞阳特厚钢板厂的建设方针。1971年3月，国家计委和国家建委颁发《关于河南舞阳特厚钢板钢铁联合企业建设问题》会议纪要。纪要重申了原定的建设规模、施工力量等，明确整个工程按冶金部原直属的下放项目归口建设。投资原则上控制在5.5亿元左右（包括铁路支线投资）。工程列为国家重点建设项目，所需设备要成套地安排制造和供应。设计审查由国家建委主持讨论审定并报国务院备案。整个工程建设的组织领导工作由河南省指挥部负责。

为支援舞钢建设，1972年，冶金部决定从包钢、齐钢、武钢、本钢和邯郸采矿公司5个对口厂矿抽调技术干部、技术工人3000人，参加舞阳特厚板钢铁联合企业建设。1973年4月18日，冶金工业部舞阳钢铁公司正式成立。舞钢组建后，全面领导政治工作和生产准备、自营建工作。同年11月5日省指挥部撤销。当年11月5日，成立中共河南省舞阳工区委员会和省革委舞阳工区办事处（辖区为原属舞阳县的6个公社，后改为舞钢区，1990年9月，经国务院批准，撤销舞钢区，设立舞钢市）。

图 1-3-51　平舞工程会战

舞钢工程的兴建，正处于“文化大革命”动乱时期，1975 年 8 月又遭天灾，多日暴雨导致河道决口、石漫滩水库和田岗水库相继垮坝。舞钢系统受灾损失达 600 多万元。1976 年 10 月 6 日，“四人帮”粉碎的伟大胜利，为舞钢带来了希望。冶金工业部第六冶金建设公司、舞钢职工并肩战斗，工程进展迅速。

当时，舞钢人烟稀少，多是荒山野岭，建设过程中困难重重。为了挺起大国钢铁脊梁，八年间，建设者劈荒山、战洪水、铺铁路、架桥梁、建厂房，镐、钎、锤，箩筐、抬杠、板车是他们的主要工具。他们住的是窝棚，夏天酷热难当，冬天寒风刺骨；就连吃的水也要到几里外的河里去拉。由于是边设计边施工，技术人员白天泡在现场，晚上在煤油灯下修改图纸。有人为工程推迟了婚期，甚至有人夜里偷偷起来加班……轻伤不下火线不再是口号，而成了真实存在的常态。他们以镐钎为笔，以汗水为墨，书写了壮丽的诗篇，一如诗人雷抒雁在《水火之城——舞钢赋》中写到的：“这是钢与火的故乡，让你感受炽烈坚硬和鲜红；让你体验力量雄壮和厚重。”

1977 年 9 月，4200 毫米轧机普板系统单体试车成功；同年 12 月 1 日，主轧机系统空负荷联动试车成功。1978 年 9 月 8 日上午，4200 毫米轧机普板系统热轧一次成功，结束了我国不能生产特宽厚板的历史；同年 9 月 18 日，河南省革委会给舞钢发来贺电，祝贺 4200 毫米轧机热试成功；同年 9 月 25 日，冶金工业部通报表彰了 4200 毫米轧机热试中成绩突出的人员。1980 年 3 月 6 日，《人民日报》一版刊登了 4200 毫米轧机生产的新闻图片；同年 7 月 4 日，国家工商行政管理总局核准舞钢商标。

经过两年试生产后，1981 年经国家批准，舞钢转为生产企业。截至 1981 年底，舞钢工程完成总投资 5.5 亿元。截至 1983 年底，舞钢成功研制生产了复合板、锅炉板、船板等 9 种新产品，填补了我国冶金产品的空白，其中铜-钢复合板用于高能物理直线离子加速器，不锈钢-钢复合板用于葛洲坝水力发电机组，1740 吨钢板销往新加坡等。

（三）定位特钢建二期

舞钢的建设发展大致可分为两个时期：1970～1978年为特厚钢板钢铁联合企业建设时期；1978年12月，国家根据当时情况，决定转炉和炼铁以前的工程停建，舞钢转入特钢企业建设时期。轧钢投产后，炼钢设施没有建成，全靠调坯轧材，给轧机生产能力的发挥带来了影响。1981年6月3日，冶金部组织专家论证通过了《续建舞钢规划方案》。1982年2月，国家计委批准舞钢续建。续建工程由舞钢负责，北钢设计院负责全面设计，中国有色金属工业总公司第六建设公司（原冶金工业部第六建设公司）承担施工任务。续建工程分两期进行，第一期投资9984万元（1985年增至17903万元），形成年产钢13万吨、钢板30万吨的生产能力。

1986年6月28日，当时国内最大的75吨电弧炉热试成功，舞钢告别了全部靠调坯轧材的历史。75吨电弧炉是我国自行设计、制造、安装的，享有电炉王之美誉，标志着我国钢铁工业和机械制造工业达到了一个新水平。也正因其是国内第一座大电炉，从安装到热负荷试车，问题频出，状况不断。不断发现问题，解决问题，面临新问题，再解决问题，成了技术人员、施工人员、操作人员的修炼之路。特别是最后一个多月的冲刺阶段，大家吃住在现场，甚至混淆了黑夜与白昼，都在挑战着体力与脑力的极限。1986年6月27日23时，75吨电弧炉热负荷试车正式开始，在28日凌晨5时42分，75吨电弧炉炼出第一炉钢水。很多人清楚地记得，在第一炉钢水奔泻而出时，有人欢呼呐喊，有人喜极而泣，更多的人已经席地而卧，酣然入睡。

75吨电弧炉投产后，仍不能满足轧机的需要。为充分发挥4200毫米轧机这一“国之重器”的作用，1988年，国家计委批准舞钢二期扩建工程建设。1990年4月24日，二期扩建工程破土动工。工程主要包括建设一座从奥钢联引进的90吨超高功率电炉、一套国产1900毫米大型板坯连铸机、一台90吨LF钢包精炼炉，总投资4.2156亿元，设计生产能力为年产37万吨钢、38.4万吨连铸坯。其中，90吨电炉采用了计算机可编程序控制、水冷炉壁炉盖、偏心底出钢、全封闭除尘等世界先进技术，具有20世纪80年代末世界先进水平。1900毫米板坯连铸机采用了自动跟踪上装链杆、快速更换台、小振幅振动装置、PLC可编程控制等先进技术，是国家重大技术装备项目和“八五”新技术推广项目。工程由宝钢集团从设计、制造到安装一条龙总承包，由多家单位分包设备制造、设计、施工、人员培训等。

1991年12月21日凌晨5时，90吨超高功率电炉炼出第一炉合格钢水计96吨，浇铸钢锭8支。1992年11月17日18时10分，1900毫米板坯连铸机拉完一炉经过精炼的钢水（SSA1），切坯12块（厚250毫米、宽1400毫米）。二期扩建工程的建成投产，使河钢舞钢形成了年产50万吨钢、40万吨钢板的生产能力和电炉冶炼、炉外精炼、连铸（模铸）、轧制、热处理这一具有国内先进水平的短流程宽厚板生产线。

同一时期，为加快特钢基地建设，舞钢从20世纪80年代末就开始考虑对轧钢系统电站板、舰艇板、模具板生产线的改造，简称为轧钢“三板”改造工程。1991年，国家计委批准了电站板生产改造。工程主要建设项目为：改造炼钢90吨VD真空脱气炉，新建

90 吨 LF 钢包精炼炉，增建钢板压平机、轧钢 3 号冷床，更换双边剪，改造常化炉等。工程总投资 1.26 亿元，可形成年产 4 万吨电站锅炉用厚板的生产能力。

1994 年，根据冶金部的安排，舞钢开始进行舰艇板生产线改造（新建 5 万立方米干式煤气柜、改造轧钢调质线，总投资 3574 万元）和模具板生产线改造（增建液压 AGC、增加部分理化检验仪器等，总投资 4500 万元）。1996 年 4 月 8 日，双边剪剪出首块钢板，随后液压 AGC 投用。至此，除轧钢调质线改造外，其他项目均已完工，“三板”改造基本结束，舞钢已具备生产锅炉板、模具板、复合板等 9 大系列、120 多个牌号、100 多个厚度规格钢板的能力，舞钢作为国家特钢基地的地位得到进一步确立。

（四）企业改制迎发展

舞钢自 1979 年 9 月正式投产后，在长达 23 年的时间里，是我国唯一的宽厚钢板生产企业，并长期隶属于国家冶金工业部直接管理。其产品大量填补国内空白，由国家指令性计划进行分配，为我国国民经济建设和发展做出了重要的贡献。

在我国由计划经济体制向社会主义市场经济体制转变的改革过程中，舞钢因不适应市场经济竞争和负债过重、设备迟迟不能达产等内外、主客观原因，从 1994 年起，陷入了连续 4 年巨额亏损的深渊。

舞钢的问题引起了国家的高度关注。1995 年 2 月，舞钢推行现代企业制度改革领导小组开始工作。改革方案 10 次易稿，得到国家体制改革委员会、冶金工业部的多次指导。1997 年 4 月，国家体改委、冶金工业部在北京礼士宾馆联合举办舞钢建立现代企业制度试点方案论证协调会，成立了舞阳钢铁有限责任公司组建筹备领导小组，通过了组建舞阳钢铁有限责任公司的试点方案。

1997 年 8 月 6 日，国务院副总理朱镕基、吴邦国对《冶金部关于邯钢兼并舞钢情况及请求给予政策支持的请示》作重要批示，原则同意冶金部意见，免去（舞钢）利息，宽限期二年，共七年还清银行本金，以减轻舞钢负担。同年 9 月 8 日，舞钢召开中层干部大会，冶金工业部副部长徐大铨宣布邯钢兼并舞钢，舞钢改制为邯钢控股，武钢、重钢参股的有限责任公司。根据国家有关兼并的规定，原由冶金工业部管理的舞钢国有资产全部转交邯钢管理，由邯钢行使国有资产出资人的职权；邯钢接受舞钢的全部债务。舞钢的银行债务免除利息，分 7 年还清本金，由邯钢统筹计划。

舞钢改制 5 个月后，实现扭亏为盈，当月盈利 19 万元，《人民日报》誉之为“中原大地上的一声春雷”。1998 年 2 月，中央电视台新闻联播播发消息《舞钢实现开门红》。同年 9 月，河南省在舞钢召开学邯钢加强企业管理现场会，号召全省“远学邯钢，近学舞钢”。此后，河钢舞钢进入发展的快车道。

当历史进入新千年之后，国家经济进入高速发展阶段，国家大量重点工程对宽厚板的需求迅猛增加，不少单位拿着有关部委或河南省主要领导的批示到舞钢上门求援，舞钢的再一次扩建提上了议事日程。当时，钢铁行业同样发展迅速，我国钢产量早已跃居世界第一。2004 年，我国钢产量达到 2.8291 亿吨，国家开始控制钢铁项目的审批。在此背景下，2005 年 5 月 20 日，国家发改委下发了《国家发改委关于邯钢集团舞阳钢铁有限责任公司建设100万吨宽厚板生产线项目核准的批复》。舞钢的建设方案得到快速批准并非偶然，在这一个多月前，国家发改委专门组织专家团队到舞钢考察论证。不少专家抱着质疑的心态而来，但听了舞钢领导的介绍、考察了生产线、参观了产品展览室、观看了电视专题片之后，到舞钢的当天下午，专家们得出的一致结论是：舞钢的项目不是上不上的问题，而是要早上快上！

《国家发改委关于邯钢集团舞阳钢铁有限责任公司建设100万吨宽厚板生产线项目核准的批复》中明确指出：为充分发挥舞钢宽厚板的品种和技术优势，提高我国宽厚板技术装备水平和产品质量，满足重大装备、重大工程项目和国防工业需要，同意舞钢建设100万吨宽厚板生产线项目。该项目包括了电炉、精炼炉、真空炉、连铸机、加热炉、轧机、精整设备、热处理设备等，相当于再建一个新舞钢。2005年8月20日，河钢舞钢新百万吨宽厚板生产线举行开工仪式，河南副省长史济春、原冶金部部长吴溪淳等领导为工程奠基。

经过420多天的紧张建设，2007年2月17日，新百万吨生产线顺利实现联动试车。当天上午10时29分，在众人或期盼或激动或忐忑的目光注视下，一块通红的连铸坯被从加热炉内推上辊道，奔向4100毫米轧机。经过轧机多次碾压洗礼之后，钢坯逐渐变薄、变宽、变长，在完美蜕变之后被送往热矫直机，送往冷床……

这一刻，那些钢铁不再是冰冷的，因为融入了太多建设者的心血和汗水、激情和梦想。420多天里，工地上彻夜通明的灯火见证了建设者夜以继日的付出和可歌可泣的壮行。至此，舞钢具备了年产钢400万吨、钢板300万吨的生产能力，综合实力跨上新台阶。

2008年6月，中国第一大钢铁集团——河钢集团成立，舞钢成为河钢集团旗下的特钢劲旅。

2010年10月，河钢舞钢荣获中国企业最高荣誉奖——“全国质量奖”，是河南省首家获得该荣誉的企业；2011年，又毫无争议地获得首届河南省“省长质量奖”。

在2008年世界金融危机之后，由于成本过高的问题日益突出，河钢舞钢开始了前部工序的配套完善。2012年9月1日10时，新建120吨转炉热试成功；2014年3月7日3时16分，1260立方米高炉顺利出铁。至此，河钢舞钢因工艺造成的高成本短板得到有效弥补，进一步提高了市场竞争力。

确保品种质量领先优势，是河钢舞钢自身发展的需要，也是作为国家第一家宽厚板生产科研基地的责任担当。2017年11月4日10时46分，世界首套300毫米级大断面特厚钢板辊式淬火机在河钢舞钢一次性热负荷试车成功，标志着我国已具备超厚高强钢板高强度、高均匀性、高平直度淬火生产能力，为大单重、大断面、特殊用途厚板热处理产品的研发与应用奠定了装备技术基础，填补了国际空白。该套淬火机可实现对最厚300毫米、40~50吨大断面特厚钢板的高强均匀淬火，进一步提升了河钢舞钢厚板热处理装备技术水平。目前，河钢舞钢正在进行4200毫米轧机系统改造，新增一台4300毫米轧机，2018年底将形成双机架生产局面。届时，高端产品产能和质量将进一步提升。

（五）钢铁报国写风流

从1978年投产至今，历经计划经济到市场经济转轨、世界金融危机、国内钢铁由规模效益期向“减量化”的深度调整，钢铁发展风起云涌，业内千帆竞渡，数不清的钢企折戟沉沙。地处内陆，区位、资源、成本、规模都不具任何优势的河钢舞钢却数十年一直屹立于宽厚板市场制高点，打造出中国第一的宽厚板民族品牌。

因专注而专业，因专业而精彩。40多年间，河钢舞钢矢志不渝，坚持精品化、专业化道路，致力“高附加值、高技术含量”的产品开发生产，构筑起建筑结构用板、锅炉容器板、海洋工程及造船用板、调质高强结构钢板、桥梁用板、水电风电用板、机械装备制造用板、军工航天装备用板、核电用板等15大系列的名牌精品体系。据不完全统计，迄今，河钢舞钢产品广泛应用于400多个国内外重点工程、重大项目的关键部位。

作为共和国宽厚板长子，自诞生之日起，就注定要担负起钢铁报国的历史使命。

号称中国“轧机之王”的4200毫米轧机投产不久，1978年10月，国家便给河钢舞钢下达了生产高能物理直线离子加速器用铜钢复合板的任务。当时国防军工建设急需，而这个品种全世界只有德国、日本等少数几个国家能生产，我们从国际市场上根本买不到。国家利益高于一切，一定要将铜钢复合板轧制成功！1978年10月，由15名技术骨干组成的铜钢复合板试制攻关组迅速成立。铜、钢熔点差大，热胀性能不一致，国家急需的又是大尺寸板形，表面精度要求高，铜钢贴合率必须达到100%。一年多时间里，河钢舞钢克服重重困难，攻克了排气真空、板迭加热、铜钢复合等一系列技术难关，1979年9月22日，成功轧制出新中国第一块特钢——铜钢复合板。为此，1979年9月24日，国家科委“八七”工程指挥部致电舞钢祝贺；同年12月10日，高能物理实验中心工程指挥部在直呈中共中央和国务院领导同志阅示的第二十九期《情况简报》中，对此给予了高度评价。1981年11月1日，党和国家领导人视察高能物理研究所，当万里副总理询问铜钢复合板的情况时，国务委员方毅说冶金部组织研制的铜钢复合板不仅填补了国内冶金产品的空白，质量比从联邦德国进口的还好。

其后，在设备不配套、生产经验缺乏的困难情况下，河钢舞钢胸怀报国之志，勠力同心，在短短几年时间里，试制成功了7103工程用402-S、超高压锅炉汽包用特厚钢板等多个新产品。在当时钢材奇缺的情况下，为国家重大技术装备项目、国防军工和国民经济建设做出了卓越贡献。

钢铁报国、志在高端的先天基因融于河钢舞钢的血液里，并外化为历届领导班子乃至全体干部职工的自觉行为。

历史沉浮，钢铁亦然。国家从计划经济到市场经济转轨的进程中，河钢舞钢陷入巨额亏损，1995年，职工连奖金都发不下来。那时，举国关注的三峡水电站投建，向河钢舞钢发出了急需用钢的通知。河钢舞钢迎难而上，集中力量投入三峡工程用钢的研制生产。

在为三峡工程供应宽度达4020毫米钢板时，由于钢板的有效宽度超过了轧机的设计极限，河钢舞钢组织最优秀的技术工人对设备进行特护，确保设备处于最优良的状态；组织技术人员现场跟踪，随时解决问题。钢板生产难，运输更难。当时，钢板需要用汽车运往三峡工地，省道国道上收费站林立，不少收费站无法通过。河钢舞钢公安处和舞钢市交警队密切协作，并和有关方面多次沟通，制定了运输方案和多套预案。钢板全部生产入库后，组织了车队集中发运，并由警车开道。遇到既不能绕行又无法通过的收费站时，一个字，拆！结果，变身“破拆队”的庞大车队按时将工程急需的钢板运到了三峡工地。最终，三峡水电站12扇闸门、世界最大的升船机——三峡升船机全部使用河钢舞钢板建造。河钢舞钢累计为三峡工程供应钢板超过13万吨。

打造一流精品，钢铁报国，不讲条件、不计代价，困难时如此，辉煌时，同样如此。

“西气东输”工程是我国西部大开发的标志性工程，也是我国建国以来输气量最大、距离最长、钢级要求最高的天然气管道工程。开工之初，工程所需管线钢全部依赖进口，建设单位向河钢舞钢发出了用钢请求。当时河钢舞钢产品供不应求，待产合同已排到半年之后。如果生产X70管线钢，会严重影响效益。河钢舞钢领导班子连续召开三次党政联席会，讨论到底接还是不接X70管线钢生产合同。讨论结果是：国家利益为重，不挣钱也要干！

河钢舞钢从1999年12月开始试制X70管线钢，3年多的时间里共进行了20轮试制生产，其相关技术改造先后投入数千万元。当时，轧钢厂一位副厂长说：“生产X70管线钢，我们不但不赚钱，而且还影响其他不少合同的交货期。但要是不这样，我们的西气东输用钢就会被老外‘剃光头’，好汉子打落门牙和血吞，一定要做中国的‘争气钢’！”

河钢舞钢两万吨管线钢板如期交货，国外同类产品的价格应声大幅下调。

2005年3月，北京奥组委召集包括宝钢、鞍钢、首钢、武钢在内的7家国内钢铁企业的当家人来到北京，商讨解决奥运“鸟巢”用钢国产化问题。“‘鸟巢’立柱用Q460 E-Z35钢材谁能生产?”当北京市委书记、奥组委主席刘淇发问时，众多钢铁巨头的老总们讨论的结果是：建议进口。在国家建筑结构用钢标准中，强度、低温韧性和防震三项指标的最高极限值分别就是Q460、E和Z35。同时，这几个指标间存在矛盾，钢板的强度和韧性此消彼长，增加厚度，就难以保证强度。特别是在“鸟巢”的受力要求下，支撑起4.2万吨的主结构，理想的钢板厚度是110毫米，也超出国家标准极限10毫米。110毫米厚的Q460E-Z35，全世界还没有任何一个厂家生产过。

“鸟巢”作为国家体育场，是2008年北京奥运会的标志性建筑，其建筑材料能否实现国产化关乎国家形象。“我们可以生产，无需进口！”在曾任冶金部部长的刘淇不甘的等待中，河钢舞钢的总经理顾强圻站起来表态：“‘鸟巢’用的所有特种钢，什么时候要我们什么时候供！”

半年艰苦攻关，历经多次失败，河钢舞钢成功生产出了中国第一、世界唯一的“鸟巢”用钢Q460E-Z35，让“奥运用钢全部中国造”的梦想化为现实。最终，河钢舞钢为奥运工程供应钢板6万余吨，被北京奥组委授予“北京奥运会残奥会特别荣誉奖”，以表彰其为北京奥运会、残奥会场馆建设做出的特殊贡献。河钢舞钢是冶金行业唯一获奖单位，也是场馆建设材料供应单位中唯一获奖单位。

2005年9月8日，在四米二轧机累计轧出钢板突破1000万吨之际，中国钢铁工业协会将其命名为“中国钢铁工业功勋轧机”，原冶金部部长吴溪淳到河钢舞钢参加授牌仪式并授牌。这是对河钢舞钢数十年不改钢铁报国之志的最高褒奖。

名牌精品的战略定位决定了河钢舞钢的发展理念：关注高端市场、高端客户需求，始终瞄准填补国内空白、替代进口，始终致力于推进重大项目、重大工程用钢国产化。

2005 年，河钢舞钢产品在市场最紧俏之时，中石化集团向河钢舞钢发出了研发石化临氢 Cr-Mo 钢替代进口的请求。临氢 Cr-Mo 钢系列品种生产难度大、周期长、资金周转慢。河钢舞钢基于对钢铁报国的使命感和自身发展定位的坚持，开始研发临氢 Cr-Mo 钢系列品种替代进口，很快成为国内首家挺进高端临氢 Cr-Mo 钢市场的企业。目前，河钢舞钢奠定了该系列产品在业内“第一”的优势，形成了完善的品种结构，钢板质量可靠、性能稳定、工艺成熟，被大量用于制造石化项目的加氢反应器、费托反应器、气化炉和焦炭塔设备，每年供货业绩达数万吨。如今，河钢舞钢 100 毫米以上大厚度临氢 Cr-Mo 钢占据了国内同类钢板市场的 80%以上，厚度超过 150 毫米的临氢 Cr-Mo 钢实现市场 100%“全覆盖”，助推了数十个国家重点石化项目、工程用钢国产化。

（六）后生可畏勇创新

2017 年 11 月 8 日，以庞辉勇为主人公之一的《大国工匠》故事篇在央视综合频道播出。节目中，当以钢铁报国的“大国工匠”——庞辉勇身着带有“河钢舞钢”字样的工作服接受记者采访时，他心潮起伏，激动万分。回想起那一刻，庞辉勇最深的感触就是，有了集团提供的发展机遇和广阔平台，才让自己实现了大国工匠、钢铁报国的梦想。

在上海读博士时，庞辉勇每次站在上海外滩上看到东方明珠电视塔都会想起家乡。上海这座地标性建筑关键部位用的钢板正是他家乡的企业——河钢舞钢生产的。那时候他就萌生了一个想法：毕业后，一定要回到家乡，回到中国特殊钢宽厚板生产基地河钢舞钢。

28 岁的庞辉勇从中国科学院材料学专业毕业后，婉拒了众多企业、高校抛来的橄榄枝，毅然踏上了与河钢共奋进的人生之路。

在庞辉勇看来：平台比收入更重要。河钢集团的发展越来越引起世人的瞩目，特别是“代表民族工业，担当国家角色”的历史使命，让每个河钢人都拥有了更大的理想抱负和实现人生价值的舞台。为此，庞辉勇更加坚定了钢铁报国的壮志雄心。

工作 3 年后，庞辉勇被任命为河钢舞钢科技部锅炉钢研究室副主任。从追求规模产量到走高端路线，集团的转型不仅给庞辉勇带来了机遇，也为他带来了实现梦想的平台。他承担的核岛级核电用钢 18MND5、16MND5 的研发任务难度极大，全世界只有法国阿塞洛的 Industeel 一家企业能够生产，而且进口价格在每吨 8 万元以上。为了实现关键设备用钢国产化，庞辉勇查阅资料、分析数据、制定工艺方案、反复改进工艺。当经过第 24 次改进工艺、冲击摆锤试验机发出了“砰”的一声闷响时，试验成功了！这一填补国内空白高端品种研发成功，打破了国外的垄断，使中国第三代核电项目用钢第一次完全实现了“中国制造”！

此后，庞辉勇和他的团队开发的系列超低温压力容器用钢板（见图 1-3-52），实现了 -196～-70℃低温容器钢板的全覆盖；研发的海洋工程用钢板成功替代了进口，210 毫米厚齿条钢板应用在国家工信部 152.4 米（500 英尺）钻井平台示范性项目，进一步彰显了河钢在国内海工钢领域的核心地位；研发的水电钢产品大量应用在目前国内最大装机容量的白鹤滩、乌东德水电站项目。他带领团队共研制开发替代进口的高附加值新品钢材 12 种，累计创效过亿元。

图 1-3-52 庞辉勇（左一）在测量钢板温度

庞辉勇博士的梦想实现了，他由衷地感到集团加大对科技创新的投入力度让科研人员有了广阔的空间。特别是走向世界的河钢以全球化视野搭建起全球技术研发平台，让他有机会接触到最前沿的技术，为研发工作的推进奠定了坚实基础。与此同时，庞辉勇还感受到了前所未有的“被认同感”和“被尊重感”。

集团提升理念、强化担当、抢抓机遇，高度契合国家发展战略，实现一系列创新突破，提升了在行业乃至国内外的影响力。庞辉勇在与用户交流过程中，能够深切感受到用户对集团员工的尊重。

“每个员工个体在社会上得到尊重，一定是源自他身后企业的支撑。”庞辉勇说，“河钢的品牌已经闪耀在世界舞台上，这让我由衷地自豪，我相信，未来一定更加美好。”

十年树木，百年树人。40 多年经历的一次次洗礼，40 多年创名牌、做精品的传承积淀，对品牌的珍视、呵护，已融入舞阳钢厂这个中国特钢企业的精神和血脉，成为全体河钢舞钢人的共同意志。“要好钢，找河钢舞钢”“别人干不了的钢，找河钢舞钢”的美誉在市场上广为流传。

中央电视台播出的大型电视纪录片《大国重器》第一季记录的 18 个国家队企业，有 16 个是河钢舞钢服务的客户；第二季讲述的 60 余个核心重器故事中，有近 20 个核心重器凝聚着河钢舞钢的自豪。

助力国产大飞机。河钢舞钢生产的 390 毫米厚电渣重熔钢板，用于中国大飞机制造的核心设备、世界最大的 8 万吨模锻压机机架制造。这种钢板在国内是独一无二的，是名副其实的“中华第一板”。

助力全球独一无二的核电技术——“华龙一号”。在我国自主研发的三代核电、世界上最安全的核电技术——“华龙一号”建设中，河钢舞钢为其研发生产多个核电品种钢板 5000 余吨。国内目前运行的 23 个核电机组，在核裂变安全壳等核岛设备和蒸汽发电等常规岛设备制造中，均大量使用了河钢舞钢核电钢。

助力中国最大的大科学装置——散裂中子源。在中国最大的大科学装置——散裂中子源项目建设中，河钢舞钢7000多吨厚度为200~250毫米的超厚钢板用于该项工程建设，河钢舞钢累计为该工程的谱仪钢屏蔽体、隧道屏蔽墙钢屏蔽体、靶站内外部钢屏蔽体、磁铁支架、废束站等加工制作了1359件钢板加工件。

助力全球最大的单体煤液化核心装置——神华宁煤项目。在日本企业要求降低材料标准的情况下，河钢舞钢迎难而上，承担了核心装置8台费托反应器用钢的生产。该工程使用河钢舞钢钢板总量达1.6万吨，订单金额达3.1亿元。这一关键材料国产化任务的出色完成，再次彰显了河钢舞钢中国宽厚板领军企业形象。

助力中国第一个深海油气田——南海荔湾。我国在南海建设的第一个深水项目——南海荔湾3-1天然气综合处理平台，平台组块浮托有18层楼之高、最上层平台面积有一个标准足球场大，重达3.2万吨，平台关键部位用钢均为河钢舞钢牌钢板。河钢舞钢20多万吨钢板先后用于国内外30多座海上采油平台建设。

助力绿色能源的风电建设。规划海域面积120平方千米、亚洲装机规模最大的江苏滨海H2号400兆瓦海上风电项目建设中，河钢舞钢为其供应了6万吨优质海工钢，用于制造该项目发电机组的风塔塔筒。四川西昌黄联关风电场建成后将成为国内装机规模最大的河谷风电场，河钢舞钢被指定为风力发电机组塔筒材料的供应商，包揽了该项目1.1万吨的高端风电用钢的供货权。

助力中国最先进的盾构机。世界最大直径气垫式泥水盾构机，直径达15.03米。河钢舞钢共为制造该盾构机供应了3000吨“量身定制”的钢板，包括厚度达250毫米的特厚板。

助力全球起重能力最强的海上巨无霸——“振华30”。“振华30”12000吨自航全回转起重船，以单臂架1.2万吨的吊重能力和7000吨360度全回转的吊重能力位居世界第一，相当于可一次吊起60架波音747飞机。吊臂等承重关键部位应用河钢舞钢高端钢板近万吨。

助力世界上最先进的远洋货船——极地重载运输船。在北冰洋极地油气开发中，极地重载甲板运输船被誉为海工重载运输领域“皇冠上的明珠”。世界首批两艘极地重载甲板运输船所使用的最高等级钢板，全部采用河钢舞钢自主研发的大线能量焊接NVE36钢板，总量达8200多吨。

一行行奋进的足迹，一串串闪光的业绩，一座座历史的丰碑，铭刻着河钢舞钢的精神，记载着河钢舞钢的光荣，激励着河钢舞钢不断奋进。

展望未来，伴随着中华民族的伟大复兴，河钢舞钢必将创造出更多的钢铁辉煌和中国骄傲！

十、锻石油钻具精品——中原特钢

中原特钢始建于1970年，隶属中国兵器装备集团有限公司，前身为五三一工程一分部，公司位于河南省济源市，拥有小寨园区、东张园区和济源园区三个工业园区。中原特钢具有材料熔炼—锻造—热处理—机械加工完整工艺链，现有限动芯棒、石油钻具、风机轴、铸管模、锻钢冷轧辊、液压油缸等多条专业化生产线；主要从事工业专用装备和大型特殊钢精锻件的研发、生产、销售和服务，是国内最早开发石油钻具产品的企业之一。

（一）白手起家，荒山深处建工厂

中原特钢（全貌见图1-3-53）地处王屋山浅山区的虎岭沟，1970年9月21日开工建设。彼时，来自全国各地的部队官兵、大中专院校毕业生、转业军人等，带着“支援三线建设，流血流汗心甘情愿”的信念，纷纷汇聚而来。

图1-3-53　中原特钢全貌

当时的厂区一片荒凉，草木丛生，乱石成堆，建设者住简易棚、打地铺，充分发扬艰苦奋斗的革命精神，不惧条件恶劣，日夜奋战，经过两年多的努力，完成土石方约60万立方米，完成建筑面积35556平方米。1973年，厂区基本完成，主要工业厂房开始建设。建厂初期照片如图1-3-54所示。

图1-3-54　建厂初期照片

建厂伊始，工厂就确定了“边设计、边施工、边生产”的建设理念，项目建设和产品研发同步推进。1981年9月，炼钢车间20吨电弧炉试炉出钢，随着滚烫的钢水流出，中原特钢也正式拉开了试生产的序幕。1982年水压机车间（锻压车间）投入试生产，随后机加、热处理车间也相继完成试生产，至此，炼钢——锻造——热处理——机加的全链条生产线全线贯通。

1985年初，中原特钢通过竣工验收，包括生产型厂房、工业设备、动力环保设施和生活福利项目等在内的建设任务基本完成，具备年产4000吨锻件的能力，可以满足生产生活需要。

（二）引进精锻机——国内首台、亚洲第一

1978年，经过深入论证，中原特钢与国外某公司订购亚洲第一、国内首台1400吨精锻机（见图1-3-55）。为尽快掌握设备使用技术，1980年1月18日，8名技术人员踏上了赴国外学习的旅程。

图1-3-55　中原特钢引进国内首台1400吨精锻机

1980年10月，重达3000多吨的精锻机部件被运到大连港，当时铁道部安排三个专用车箱将设备部件运送至中原特钢。

1981年1月1日，精锻机安装场地动工，参与建设的职工抱着“为国争光，为厂争气”的决心，上下齐心，夜以继日，同年11月30日土建竣工，比原计划提前了一个月。

1982年2月29日，精锻机安装攻坚战正式打响。大家劲往一处使，汗往一处流，早上班，晚下班，同年5月15日，设备安装仅用时三个月就胜利完成，较原计划提前两个月。

1982年7月10日~1984年4月20日，经过两次调试、反复多次试验，顺利通过三种产品的试锻。至此，1400吨精锻机安装调试工作全部结束（见图1-3-56）。

图1-3-56　1400吨精锻机安装调试工作全部结束

作为当时中原特钢核心设备中的核心，1400 吨精锻机 SX-65 被视若珍宝，被精心使用、贴心维护。员工们为它搭“机窝”、供暖气，名副其实地做到了“像爱护眼睛一样爱护精锻机”。

2020 年，走过了 40 载的 1400 吨精锻机 SX-65 经过性能提升改造，继续在厂房里发出铿锵有力的锻打声（见图 1-3-57），与 1800 吨 RF-70 精锻机共同承担起中原特钢高质量发展的重大使命。

图 1-3-57　现在的 1400 吨精锻机

（三）成功试制石油钻具，填补国内空白

1980 年，经过多方市场调研，中原特钢将石油钻铤、加重钻杆确定为首批开发产品，随即派出技术人员到各大油田了解国内石油钻具类产品生产和使用情况，收集产品资料，先后为生产线调整进行设备造型和能力计算，编制各种工艺技术资料 3560 多张。

1981 年底，首批钻铤图纸设计完成。1983 年，中原特钢按照美国石油学会标准（API 标准）进行试生产，一次试制成功 50 支钻铤、3 支加重钻杆，交付华北油田试验（见图 1-3-58）。经过一年多的试验，验证了产品性能达到国际先进水平，JZ5-1 型加重钻杆更

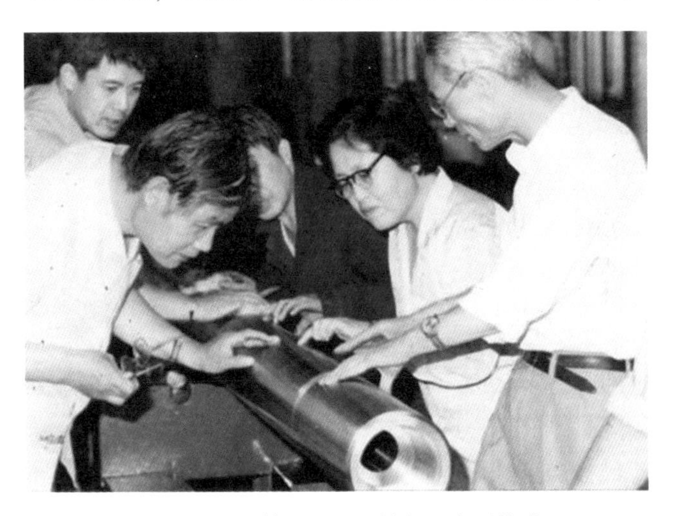

图 1-3-58　第一批石油钻杆具出厂检验

是填补了国内空白，改变了国内加重钻杆产品依赖进口的局面。1985 年 9 月 20 日至 23 日，由原华北石油管理局、兵器工业部主持召开了有 19 个单位、77 名代表参加的技术鉴定会（见图 1-3-59），并一致同意石油钻铤、加重钻杆产品通过鉴定。

图 1-3-59 钻铤、加重钻杆技术鉴定会

至此，中原特钢首条民用品生产线初步形成，确定石油钻铤、加重钻杆产品（见图1-3-60）为公司支柱产品，整条生产线拥有设备 149 台套，生产线综合生产能力达到了 5000 吨/年。

图 1-3-60 石油钻具

经过不断发展，中原特钢现已成为国内唯一拥有从材料冶炼、锻造、热处理到机械加工完整生产线（见图 1-3-61），具备各种规格钻铤 10000 支、钻杆 5000 吨年生产能力的企业。产品持续升级换代，基本覆盖从普通钻具到高强无磁全系列规格，能够满足复杂地理环境需求。中原特钢先后与中石油、中石化建立长期合作关系，是世界知名油服公司国内最大无磁产品供货商。

（四）连轧管机限动芯棒，有了中国制造

连轧管机限动芯棒是生产大口径无缝钢管所必需的重要工具之一，但由于科技含量高、设备要求特殊、生产难度大，1990 年之前，国内长芯棒产品全部依赖进口。

1995 年，一方面是国内限动芯棒产品空白的市场机遇，另一方面是中原特钢举步维艰的经营困境，中原特钢抱着背水一战的决心，经过充分论证和调研，毅然决定利用精锻机独特优势开发生产连轧管机限动芯棒产品，并将其列入公司“九五”重点开发产品。限动芯棒产品迈出了从无到有的第一步。

图 1-3-61　完整生产线

1998 年，经中国兵器装备集团公司批准，“连轧管机限动芯棒技术改造项目” 正式立项，这是一项集“产品开发、市场开发、设备开发”于一体的新产品开发项目。为了加快建设进度，早日投产见效，中原特钢提出了“边建设、边试制、边开发”的工作要求，克服资金紧张等难题，充分利用现有设备进行改造，使限动芯棒生产线成为该公司迄今为止拥有生产线建设自主知识产权最多的项目。广大干部职工更是充分发扬自力更生、艰苦奋斗的优良传统，集中力量搞建设。为了最大限度地节约资金，600 米的地下电缆铺设，由 300 多名机关管理人员不顾寒冷、人拉肩扛自主完成。

2000 年初，中原特钢争取到包钢无缝钢管厂宝贵的 6 支长芯棒试制合同。作为第一份芯棒订单，中原特钢对此视若珍宝，调集精兵强将全程“护航”。同年 9 月由中原特钢自主研发设计制造的首批 6 支长芯棒交验合格，交付使用。客户的高度肯定，意味着中原特钢芯棒产品打响了业内第一枪。

之后三年时间里，中原特钢产品工艺参数、工艺装备不断完善，形成了批量生产限动芯棒毛坯和成品的能力，产品销售收入从最初的 188 万元增长至 2000 多万元，迅速成长为公司新的经济增长点。

2004 年，中原特钢限动芯棒生产线全线贯通，从此其芯棒产品步入快速发展时代。

2005 年，中原特钢《高强高韧连轧管机限动限动芯棒制造工艺技术》获得中国兵器装备集团公司科学技术成果鉴定证书。2008 年，《高强高韧连轧管机限动芯棒制造工艺技术》获得中国兵器装备集团公司科学技术奖励进步奖二等奖。2015 年，超薄壁空心芯棒的试制成功，一举填补了行业空白；同年，高性能限动芯棒产品的试制成功，实现了芯棒产品超高直线度及长使用寿命要求，经用户使用，证实实物达到国际先进水平。科研成果荣获国家、中国兵器装备集团、省部委等多项奖励。

经过近 20 年的发展，中原特钢不断完善差异化竞争战略，走“专、精、特、新”的发展道路，在限动芯棒产品方面锐意创新，着力打造“隐形冠军”。目前中原特钢已是国内唯一一家拥有限动芯棒从材料冶炼、锻造、热处理、机械加工到镀铬的工序完整、工艺可控的规模性生产企业，年生产能力已达到 10000 吨。产品出口到印度、俄罗斯、沙特、美国、韩国、委内瑞拉、加拿大、墨西哥、阿根廷等国，产销量保持国内第一、世界前三。限动芯棒实物如图 1-3-62 所示。

图 1-3-62 限动芯棒

（五）从 DN60 到 DN2000，水冷型铸管模规格全覆盖

20 世纪 90 年代，我国球墨铸铁管行业开始起步，因其强度高、韧性好、耐腐蚀以及便于安装、劳动强度低等特点，在城市管网建设中被广泛应用。

1997 年，中原特钢敏锐地捕捉到了这个市场机遇，迅速组建开发团队，完成了试制大纲、工艺路线、工具工装等全套工艺文件编制。俗话说“万事开头难”，但再难也挡不住开发团队饱满的热情和坚定的意志，在大家的团结协作、集思广益、共同攻关下，成功克服了化学成分偏差、锻造易产生台阶偏心、精加难度大等难题，同年 10 月，成功实现投料试生产。

1998 年 12 月，中原特钢与上海铸管厂签订了首批成品供货合同，为铸管模产品走向市场奠定了基础。1999 年，是中原特钢铸管模产品发展史上的关键一年，中原特钢紧跟市场需求，成功试制出 DN80～DN300 系列铸管模产品。产品质量水平国内领先，成功打入新兴铸管、龙口铸管等企业，为确立铸管模行业地位打下了坚实基础。中原特钢也正式成为国内早期具备铸管模生产制造能力的企业之一。

在随后的几年间，中原特钢完成了铸管模系列产品标准化设计、总结，编制了生产企业标准。2003 年，铸管模生产线建成投产，标志着中原特钢具备了铸管模产品专业化生产能力。铸管模产品与石油钻具、限动芯棒三足鼎立，共同成为支撑中原特钢发展的三大主导产品。多种规格的铸管模产品如图 1-3-63 所示。

图 1-3-63 多种规格的铸管模

伴随着城市地下管网建设的快速发展，铸管模逐步向大口径方向发展，产品规格从最初的 DN60，逐步发展到现在的 DN2000。2008 年 DN1000 铸管模成功进入永通、黄石新兴等企业，标志着水冷型铸管模生产工艺全面打通，并快速成长为中原特钢新的经济增长点。2011 年 DN1000 产品与新兴铸管实现订货，标志着中原特钢全面覆盖水冷型铸管模产品国内市场。

2016~2020 年，中原特钢先后完成了 DN1400、DN1600、DN1800、DN2000 热铸管模的设计制造。至此，铸管模产品实现 DN2000 以下规格全覆盖。

中原特钢不仅重视产品规格的拓展，更加注重品质提升。2015 年起，中原特钢实施差异化销售，推出高品质铸管模，获得圣戈班（徐州）认可；2017 年，经圣戈班法国本部同意，大规格铸管模实现批量供货，产品质量达到国际先进水平，行业知名度进一步提升。近年来，经过不断的优化升级，中原特钢铸管模产品产销量稳居国内前两名，远销欧美、印度、中东、韩国、埃及等国家和地区。

（六）从“锤子炼钢”到“指尖炼钢”的转型升级

随着市场对高品质特殊钢材料需求的不断升级，中原特钢原有的炼钢装备能力、生产成本、质量保障和环保设施等，都无法适应企业和行业快速发展的需要，其清醒地认识到加快转型升级、向世界先进水平迈进势在必行、迫在眉睫。

2012 年，承载着几代特钢人梦想的“高洁净重型机械装备制造关重件技术改造项目”（以下简称高洁净钢项目）正式启动。同年 6 月，编制完成项目可行性研究报告；同年 9 月，获得中国兵器装备集团公司批复。2013 年 1 月，完成项目设计；同年 3 月，项目正式开工建设。施工现场图如图 1-3-64 所示。

图 1-3-64　施工现场

项目规划建设一条年产 30 万吨高品质、高洁净特殊钢的冶炼及铸坯生产线，其中世界首台 2 机 2 流 ϕ800 毫米大圆坯立式连铸机首创全球最先进的三辊夹持拉坯技术。

由于项目工程巨大、配套设施众多、复杂难度之大在中原特钢历史上是少有的，因此为了加快建设进度，所有参与建设人员不分白天黑夜，没有节假日，随叫随到，与时间赛跑，与困难较量，用实际行动诠释着“特钢精神”。

2014 年 7 月底，炼钢主厂房封顶；同年 8 月底，连铸主厂房封顶，同时，35 千伏变电所具备安装条件，浴室、食堂主体砌筑完成，车间办公楼具备办公条件……

2015 年 3 月 25 日 8 时 8 分，随着电炉的点火轰鸣声，经过精炼炉的冶炼、VD 抽气……当天 22 时 30 分，钢水包吊入浇钢车，炽热的钢水徐徐注入钢锭模，高洁净钢项目冶炼热负荷试车一次成功（见图 1-3-65）。2015 年 5 月，冶炼系统实现批量试生产；同年 6 月，连铸系统热负荷试车；同年 7 月，AOD 系统热负荷试车。2016 年 5 月正式全面投产。

图 1-3-65　世界首台 2 机 2 流 ϕ800 毫米连铸机热负荷试车一次成功

为尽快达产见效，中原特钢在项目建设之初，技术引进与人才培养同步开展：与某企业签订了模铸钢坯试制技术协议；选派优秀青年技术、技能人才到高校、企业进行炼钢、连铸技术培训，为自主生产积蓄力量。

中原特钢项目信息化建设同步推进，设备和工艺技术依托炼钢、连铸生产监控一体化和生产管理一体化系统，真正意义上实现了从“锤子炼钢”到“指尖炼钢”的转型升级。

2017 年 3 月 10 日，中原特钢高洁净公司首次实现了连铸生产 14 炉连浇；同年 4 月，首次实现了钢锭和连铸坯产量 18607 吨，创炼钢生产新纪录，并首次实现单日冶炼 17 炉钢新纪录。

2018 年至今，中原特钢工艺技术日趋完善，各项技术、生产指标持续向好。2018 年 5 月，中原特钢高合金钢 P91、P92 实现 5 连浇，达到国内领先水平；2019 年，创新工艺技术，实现异钢种连浇，解决了多品种小批量排产难题；2020 年 6 月，连铸坯月产量首次突破 10000 吨。钢产品生产现场如图 1-3-66 所示。

经过几年的持续攻关，高洁净钢项目成效逐步显现，2019 年中原特钢实现扭亏为盈并持续盈利。连铸产品得到了风电、高压锅炉管和模具钢等行业用户的普遍认可，中原特钢营业收入持续增长，逐步实现达产见效，高洁净钢项目正在成为中原特钢迈向高质量发展的重要支撑。

50 年来，中原特钢一直秉承“强企富民”的神圣使命，致力于“专、精、特、新”产品研发，为特钢行业发展做出了重要贡献，先后被评为“河南省高新技术企业”“河南省科技开发百强单位”“河南省创新型示范企业”“河南省装备制造业 30 强企业”“河南省百高企业”“全国就业先进企业”“中央企业先进集体”“石油石化装备制造业 50 强企业”。

图 1-3-66　生产现场

十一、转型重组绽新花——青岛特钢

青岛特殊钢铁有限公司（以下简称青岛特钢）是中国特钢龙头企业——中信泰富特钢集团的子公司，是青钢集团“十二五”期间通过环保搬迁新成立的大型钢铁企业，产能417万吨。通过环保搬迁、战略重组、深化国企改革创新，青岛特钢将特种钢材、绿色环保、蓝色经济有机融合，走出了具有自身特色的高质量发展之路。

青岛特钢厂区位于青岛西海岸经济新区董家口临港产业区，总占地面积9297亩，紧邻董家口港40万吨级矿石码头，具有不可比拟的区位优势。厂区目前配备大型机械化封闭原料场，7米顶装焦炉、240平方米烧结机、1800立方米高炉、100吨转炉及真空精炼、连铸设备，以及专业化精品线、棒、扁钢生产线，整体设计布局紧凑；引进美国摩根、意大利达涅利和德国西马克等公司所产当前国际先进的工艺设备，采用全线无扭轧制和无张力、微张力轧制技术，确保产品质量。

（一）胶州湾畔“钢花绽放”50余载

青钢诞生于中国大炼钢时代的1958年12月1日，在半个多世纪的发展建设中，一代接一代的青钢人以务实、拼搏、创新、超越的精神，把一个小钢厂建设成为国内重要的优质线棒材生产基地、全国重点冶金企业，青钢主营业务收入一度位列中国企业500强第202位、中国制造业企业500强第98位。

青钢始终致力于技术创新和产品创新，钢帘线、胎圈钢丝用钢盘条、特种焊接用钢盘条、弹簧扁钢等产品具有较高的市场知名度。产品定位为“特殊钢、精品钢”，在巩固提高现有优势产品精品线材、弹簧扁钢产品质量档次的基础上，形成一批中高档次优特钢产品，包括轴承钢、汽车用齿轮钢、弹簧钢、易切削非调质钢、工程机械用钢、桥梁缆索用钢、低合金高强度钢、高压合金管坯钢、合金结构钢、锚链钢、磨球钢等行业高端特种用钢。青钢致力打造成为国内领先、世界一流的特殊钢长材生产基地。

正如火红的“钢花”，青钢作为重工业企业的代表，曾在青岛市的经济发展中璀璨绽放。

（二）搬迁转型 “绿色新钢城”现青西新区

青钢原址位于青岛市李沧区，属于典型的城市钢厂。到 21 世纪初，受国家钢铁产业结构调整、城区功能规划变化、钢铁行业无序竞争、环保问题、厂区空间受限等一系列因素的制约，青钢在原址艰难生存。对青钢的发展走向和振兴道路，青岛市委、青岛市人民政府多次组织青钢及相关部门进行探讨研究，结合青岛市城市发展规划、环境保护、航空安全以及青钢自身转型发展的要求，确定了通过搬迁实现青钢转型升级的实施方案，并成立青岛特钢作为项目的运营主体。

2012 年 12 月 31 日，青钢环保搬迁项目获得国家发改委的正式核准，这在青钢发展史上具有里程碑式的重要意义。青钢环保搬迁项目是我国实施钢铁产业转型升级、城市钢厂向沿海搬迁重大战略的试点项目之一，选址青岛西海岸经济新区董家口临港产业区，着眼于参与国际化竞争，结合青钢自身优势，高起点、高标准规划和建设，总投资 163.16 亿元，核心装备和技术均从国外引进，装备水平实现大型化、现代化和高效化，关键工艺技术达到国际领先水平，产品结构实现升级换代。工程分两步实施：一步工程从 2013 年初开始，约 3 年左右的建设时间，建成 300 万吨产能；二步工程作为后续项目，建成后达到国家批复 417 万吨产能。此时的青钢像一只蓄势待发的雄鹰，在青岛市推进“腾笼换鸟”的重工业规划调整进程中，终于获得了广阔的新生空间。

2013 年 2 月 6 日，青岛市委、青岛市人民政府在市级机关会议中心正式举行青钢城市钢厂搬迁工程开工动员大会，会议就搬迁项目相关事宜进行具体的安排部署。至此，青钢人正式踏上了二次创业、建设“新青钢”的征程。在 2013 年 2 月 26 日完成项目奠基仪式后，青钢迅速铺开工作面，于 3 月初成立内部指挥机构，组织突击队伍进驻搬迁现场，开始进行场地土石方回填与吹填、场地清淤补偿、测绘详勘、三通一平等工作，从 9297 亩土地的回填和吹填，到 43822 支管桩、13275 支方桩的桩基地基处理，从厂房钢构架置到设备招标建造，从设备安装到点火烘炉，20 多万套图纸，一千个拼搏日夜，青钢人风雨兼程、攻坚克难，在安全制度上强化，安全教育培训工作常态化，危险作业审批制度化，现场督查、安全确认制日程化，隐患整改及时化等具体措施保驾护航下，用激情和汗水创造出令人惊叹的青钢速度和实施力度。

2015 年 11 月 3 日下午 5 时 16 分，承载着青钢人希望与梦想的第一炉铁水喷涌而出，标志着 1 号高炉系统顺利迈入试生产阶段。2015 年 11 月 7 日，以炼钢系统所产的第一根钢坯在 3 号高速生产线的轧制成功为标志，青钢环保搬迁项目实现从原料场、焦化、烧结、高炉、炼钢到轧钢的全线贯通，青钢环保搬迁项目第一阶段正式启动试生产，揭开了青钢“二次腾飞”的新篇章。在 2015 年 11 月 27 日召开的青钢环保搬迁项目转型座谈会上，中钢协专家、青岛市人民政府领导都对青钢环保搬迁项目给予了较高评价。2016 年 10 月 12 日，2 号高炉点火成功并投入试运行，标志着青钢环保搬迁项目一步工程全面进入试生产阶段。

青钢环保搬迁项目无论是在建设速度还是在施工质量上都得到了业内专家、社会的一致好评。搬迁后，吨材财务费用和人工费用大大降低，水、电等能源介质单耗大幅减少，不仅降低了生产运营成本，提升了经济效益，同时也显著增强了青钢的综合竞争实力，为企业在残酷的市场竞争中争得先机。

作为青岛市老城区搬迁企业的代表，青钢走在了城市空间发展布局调整的前列；作为国家城市钢厂向沿海搬迁的试点项目，青钢成为去产能、转型升级、供给侧改革的先进样本。千余名青钢人奔赴西海岸新厂区，用汗水和智慧实现着明天的愿景；千余名青年英才用年轻和活力绽放着青春的光芒，二次创业磨炼出的青钢人精神，书写了“沧海变钢城”的奇迹！

（三）找到“好归宿” 青钢再次迎来发展里程碑

搬迁后的青钢从头到脚都是新的，全新的厂区、一流的工艺装备、得天独厚的区位优势、无比优越的物流条件，又具备多年来深耕线棒材产品的经验和市场基础。但受到搬迁投资成本、市场形势变化等多种因素叠加影响，青岛特钢面临着财务负担过重、特钢开发管理经验不足、市场抗风险能力较弱等问题，像一张有着深厚底色的空白图纸，需要一个更好的画家团队，才能为之描绘出更好的蓝图。

在不断地寻觅和探索中，青岛特钢迎来发展的新机遇。经过多方细致地考察及青岛市委、青岛市人民政府的努力推动，2016 年 12 月 17 日，中央经济工作会议刚刚落幕的第二天，青岛市人民政府与中国中信集团在北京中信集团总部签署了《青岛市人民政府与中国中信集团有限公司关于中信泰富特钢集团与青岛特钢公司合作的意向书》。根据双方达成的合作意向，青岛市委、青岛市人民政府将与中信集团推进战略合作，依托中信集团旗下特钢业务的品牌、技术、研发和协同优势，加快青岛特钢产品结构调整，实现换挡升级，提升青岛特钢的价值创造能力。

2017 年 1 月 17 日，在青岛市召开的市长专题会议上，青岛市人民政府表示原则上同意将青岛钢铁控股集团有限公司持有的青岛特殊钢铁有限公司 100%股权无偿划转给中国中信集团；2017 年 1 月 23 日，青岛市十五届人民政府第 131 次常务会议审议通过了《关于青岛特殊钢铁有限公司 100%股权的企业国有产权无偿划转方案》。

2017 年 1 月 24 日，历史定将铭记这一天，青岛市政府与中信集团正式签署了《青岛特钢重组合作协议》。协议约定，依据国家相关法规，在两个国有全资企业之间，采取资产无偿划转方式进行合作重组，中信集团承接了全部债权债务和经营合同。

经过前期多方努力，2017 年 5 月 15 日，中信集团与青岛特钢正式完成了股权交割事宜，青岛特钢也正式纳入中信泰富特钢统一管理范畴。至此，中信集团实现了对青岛特钢资本层面的战略重组，并授权中信泰富和中信泰富特钢代表股东对青岛特钢行使管理权和经营权，青岛特钢正式加入中信泰富特钢大家庭。

时任工信部副部长的徐乐江在视察青岛时曾指出：“青岛特钢嫁到了一个好婆家，只有中信泰富特钢能把青岛特钢建成一个世界一流的特钢企业。”

（四）全面深化改革 迅速扭亏为盈

2017 年 5 月 17 日，一个注定载入青岛特钢发展史册的日子。时值初夏，万物生机勃勃，青岛特钢干部大会在此时隆重召开。会上宣布了对青岛特钢新一届领导班子的任命，同时也确定了青岛特钢（本体）三年内实现“控亏—扭亏—盈利”的“三步走”经营目标。

随着国家取缔“地条钢”等相关利好政策的不断出台，钢铁行业形势日趋好转，成品钢市场行情逐渐回暖，产品销售价格随之不断提升，中信泰富特钢集团重新为青岛特钢确定了更艰巨的效益攻关目标。青岛特钢在充分借助集团统一采购、统一销售优势的基础上，全方位对标兄弟企业和其他先进企业，在各工序之间深入开展了赶拼比超工作，一场扭亏为盈的攻坚战就此拉开序幕。

青岛特钢首先从销售角度出发，根据市场需求逐步优化客户结构，不断探索创新销售模式，随着市场行情调整定价模式，加大高附加值产品开发力度，尤其是加快重点品种的迭代及新品上市速度，同时积极开拓市场，以集团品牌影响力为依托，强势推广青岛特钢市场品牌，以销售创造直接效益。

其次，企业内部切实提高高端品种冶炼能力，对轴承钢等高附加值产品系列生产进行全系统优化，连浇炉数不断实现新突破，持续开发特种焊丝、弹簧扁钢、悬架簧、非晶钢、汽车用冷镦钢、圆钢等 50 余个新品种，以品种拓宽销售渠道，以品种创造效益。

第三，在质量方面，随着企业产品质量整改工作的不断推进，产品质量获得较大提升，生产过程中出现质量波动的次数明显减少，质量异议和质量万元损失率均得到显著缩减。通过强化设备管理，加强设备点检定修，提升维保队伍技术水平等途径，确保了设备的稳定运行，以产品质量和设备保障创造效益。

第四，培养干部职工进一步树立成本意识，注重降本增效在企业创效方面发挥的关键作用，并以兴澄、新冶钢为对标模版，在生产各环节深入开展降本增效项目攻关，同时深入贯彻“注重投入和产出”的生产理念，内部提升生产管控水平，科学排产，及时抢抓市场机遇，以生产组织和降本创效。

第五，不断夯实专业管理，提高管理水平，企业内部实行“经济责任制”，不断压降期间费用，利用峰谷分时电价政策降低电费，提高自发电率，实现能源经济保供。同时积极推进跨海皮带通廊运输，进一步压降物流运输成本。厂区内部减少钢坯倒运，降低物流倒运成本。以搭建专业管理体系，促进企业软实力提升，以管理创造效益。

多措并举，层层落实。集团的正确领导和兄弟企业的全力支持，加之青岛特钢全体干部职工的不懈努力，经过百天奋斗，在 2017 年 8 月，青岛特钢本体成功实现扭亏为盈，当月利润实现 795 万元，至此开启了稳产创效的新阶段。此后，2017 年 9 月至 12 月，青岛特钢总体效益稳步提升，全面完成了集团制定的全年控亏目标，这场扭亏为盈的战役以青岛特钢获得全面胜利而告终。

（五）加快转型升级 迈进高质量发展的新阶段

在中信泰富特钢集团的指导下，青岛特钢以原技术中心为基础，成立了中信泰富特钢研究院青钢分院，下设工艺所、棒材所、线材所、试验检测所，组建了技术创新研发队伍。2017~2018 年投资 11.16 亿元，青岛特钢成功实施技术改造项目，科技创新、质量管控水平有了质的飞跃，产品结构提档升级，精品特钢比达到 70%以上。钢帘线、胎圈钢丝用钢盘条市场占有率居国内第一，成功开发特高强度 C97D2-E 级钢帘线用盘条，属国际首例；特种焊接用钢盘条全国占比近 50%，广泛应用于工程机械、船舶制造、海洋工程、高铁、车辆、管线、压力容器、核电等生产领域；汽车板簧、导向臂用钢板弹簧用钢国内占比达 40%，销量全国第二；成功开发出抗拉强度大于等于 1800 兆帕高强弹簧扁钢产品，弥补了国内少片、单片簧所需高强材料的空白；成功开发宽厚比小于 2 的多个规格导向臂扁钢产品，弥补了国内导向臂产品所需异型材料的空白；桥梁缆索用钢强度达到 2100 兆帕，应用于虎门二桥、杨泗港大桥、商合杭大桥、沪通大桥等国家重点工程，强度刷新世界纪录，替代进口，实现原料国产化，为实现钢铁强国梦做出了卓越贡献。多项产品获得“冶金产品实物质量金杯奖”“金杯优质产品”“中国公路学会科学技术特等奖”“冶金产品科学技术奖”“产品开发市场开拓奖”等殊荣。

专业管理方面，青岛特钢全面嫁接学习中信泰富特钢集团先进的组织架构及管理模式，形成科学的薪酬绩效制度、“能上能下”的干部管理制度、精益精细化管理制度等现代化管理体制，开启了管理规范化、系统化、扁平化的新局面。全方位对标兄弟企业，塑造特钢企业文化，学习借鉴澳矿公司先进的安全管理理念及制度，安全应急处理水平进一步提升。

人才建设方面，青岛特钢在集团指导下，成立中信泰富特钢学院青钢分院，先后开展了后备干部、国际化人才、以师带徒等多种形式的培训，员工队伍整体素质有较大提升，干部队伍逐渐实现老中青梯次匹配，干部结构更加优化合理。有计划地组织业务骨干、班组长、后备人才等职工先后赴兄弟企业进行跟班培训学习。随着生产经营业绩的提高，职工收入水平将连续两年稳步增长，核心干部持股工作完成，职工精神面貌焕然一新。

节能环保方面，青岛特钢在搬迁中投资约 18 亿元应用于生产全流程环保设施建设，达到项目总投资的 11%，构建具有青岛特钢特色的循环经济体系，通过对余热、余能、余压的综合利用，使整个流程的自发电率达到 70%以上，废气、废水、固体废物等资源得到高效治理和循环利用，节能、环保指标均达到国家要求最高水准。2017 年获国家工信部颁发的首批“绿色钢厂”称号。2018 年获钢协颁发“清洁生产环境友好型企业”荣誉称号。为进一步提高绿色发展水平，最近 2 年投资约 4. 3 亿元用于厂区环境质量提升及超低排放改造。新建 2 套 SCR 脱硝系统，改造升级脱硫系统，建设 1 套活性炭干法一体化焦炉烟气净化装置（德国 WKV 对流活性炭技术），项目已投运，实现超低排放或优于超低排放水平，正在加快推进建设焦炉煤气精脱硫工程，建成后轧钢生产线可实现超低排放。2020 年，青岛特钢全面达到超低排放要求，吨钢污染物排放量达到清洁生产一级指标水平。

（六）推进续建项目实施“精品+规模+服务”战略

在国家供给侧结构性改革、严控落后和普钢产能、鼓励支持特钢发展背景下，借助山东省实施新旧动能转换、钢铁产业向沿海集中发展的有利契机，按照集团统一部署，青岛特钢于 2019 年启动剩余 117 万吨产能续建工程，使总产能达到国家批复的 417 万吨，同时配套建设辅助设施及技改项目，总投资约 50 亿元，预计 2021 年下半年全线贯通。建成投产后，工业产值有望增加约40亿元。

续建项目将进一步优化青岛特钢产品结构、全面提升青岛特钢竞争力，推动青岛特钢加快实现“精品+规模+服务”战略，优化青岛特钢产品结构，丰富棒、线材品类规格，帘线及胎圈用钢、焊接用钢等优势产品进一步规模化生产，从而提高产品附加值，增强青岛特钢的竞争优势，继续保持焊接用钢、高牌号帘线用钢、高强度胎圈钢丝用钢在国内市场的龙头地位。

项目建设过程中，青岛特钢围绕工业4.0开展工作，逐步推进生产制造向“智能制造”升级，探索推进人工智能、信息智能互联及机器人等前沿科技技术应用，全面构建“智能装备、智能工厂、智能互联”三级一体化的智能制造体系。新建高速线材生产线着力打造智能产线，智能立体仓库、无人行车、智能集控模块、自动挂标装置等与续建项目进度一致，以智能化产线促进企业在产品质量提升、品种开发、运营成本降低、产销研数据智能衔接、设备故障诊断等方面实现创新发展，将续建项目全力打造成特钢行业智能制造的精品工程、样板工程。

2021年是青岛特钢加入中信泰富特钢集团的第四个年头，四年来，青岛特钢的经营业绩逐年攀升，产品质量、技术水平日益提高，青岛特钢管控能力不断提升，正在向着转型升级高质量发展的方向昂首阔步。

千锤百炼，终能成钢。作为中信泰富特钢集团沿江沿海产业链战略布局的重要一步，依托中信泰富特钢集团的平台优势、资金优势、技术优势和先进的特钢管理理念，青岛特钢充分发挥设备、技术和区位物流优势，在不断巩固现有经营业绩的基础上，积极开拓进取、务实创新，在青岛西海岸董家口经济区的沃土上努力创造着更佳的经营业绩。在中信泰富特钢集团的领导下，青岛特钢将根据集团的总体部署及要求，按照“高质量、低成本、快节奏、优服务”的原则，进一步强化市场意识和质量理念，为建设中国钢铁强国、打造中国特钢航母增添青岛元素，为打造全球最具竞争优势的特钢企业而努力奋斗。

十二、创全球特钢精品示范基地——靖江特钢

长江之边，沿江临海，靖江特殊钢有限公司（以下简称靖江特钢）隶属于中信泰富特钢集团股份有限公司，前身为创建于1958年的无锡钢厂，后从无锡搬迁到靖江。靖江特钢创建初期正处于我国第一个五年计划和三大改造基本完成后的第一年，是国民经济建设的需要。成立至今，靖江特钢走过了60余年，“60”意味着什么？60余年栉风沐雨披荆斩棘，60余年励精图治勤奋进取，60余年峥嵘岁月自强不息，靖江特钢从一片滩涂发展到2000多亩厂区，从默默无名到崛起成为知名企业，从低端钢棒到高端钢管、棒材精品制造基地，从名不见经传到气瓶管销量全国第一，从低端制造到填补国内外空白……

如今的靖江特钢在中信泰富特钢集团“创建全球最具竞争力特钢企业集团”战略的引领下，在“成为全球特钢精品制造示范基地”的“十四五”战略规划指导下，在“钢管提质、棒材提量、总体提效”三大攻坚的推动下，蜕变新生。

（一）头顶青天 脚踏滩涂建新厂

回望来时路，历史的年轮回溯到1958年。在江苏省委的要求下，“无锡钢铁联合公

司”成立，当时正是国民经济建设的需要，时处我国第一个五年计划和三大改造基本完成后的第一年，无锡市人民政府对联合公司寄予厚望，要求办成拥有炼铁、炼钢、炼焦、轧钢、无缝钢管、拉丝、制氧等门类的联合企业，年产38万吨铁、16万吨钢的生产能力，占地面积1000余亩的综合性钢铁企业。在重任要求下，联合公司从全市各企业单位抽调百余名干部和技术人员，千余名工人，他们在驻锡部队的带领下，两个团的力量在1000平方的废墟、坟丘上，热火朝天平整土地（见图1-3-67）。在10天的平整工作中，原本漆黑的夜晚也灯火辉映，人声鼎沸，在军民团结共同努力下，第一期平整土地的任务按时保质完成了，为下一步建厂创造了有利条件。

图1-3-67　1958年驻锡部队和广大职工热火朝天地平整土地

没有宿舍，他们利用晚上时间，沿大运河造了十几间简易芦席房，晴天芦席内暑热不散，难以入睡，雨天外面下大雨，芦席内下小雨，他们晴天一身灰，雨天一身泥，头顶青天，脚踏荒地奋战在工地上，施工的工具也很简陋，大多数是肩担人扛。他们日以继夜，使工程进展很快。他们在芦席棚里办起了托儿所、医务室和“红专学校”。1958年8月26日第一只0.3立方米土高炉（冷风）建成出铁，12月6日55立方米高炉投产出铁。到1959年2月9日，无锡轧钢厂、金属制品厂拉丝车间投入生产；同年5月15日300毫米×5毫米轧机试车投产，轧出第一批32毫米圆钢，11月14日无缝钢管车间20吨冷拔车拔出第一根无缝钢管，12月24日无缝钢管车间ϕ76毫米穿孔机投产，穿出第一根无缝钢管……经过2年多一点时间，在一片稻田里，建起了2座高炉、1座3吨转炉、1座5吨电炉以及无缝钢管、轧钢、拉丝、制氧等车间（见图1-3-68）。

（二）南北搬迁再创业　不畏艰险建新厂

2011年恰逢是中国共产党建党90周年，也是“十二五”规划的开局之年。这一年该公司从无锡搬迁至靖江投产，在这一年随着ϕ258毫米无缝钢管生产线正式投产（见图1-

图 1-3-68 身着新工装的工人打扫新落成的制氧车间

3-69)，整体搬迁项目主体工程全部竣工投产。回顾 2009 年 5 月在靖江开发区的这块沃土上炸响开工的喜炮时，也不到两年时间，在一大片杂草丛生的滩涂荒地上，一个投资 40 亿元，年无缝钢管产能 80 万吨、合金棒材 70 万吨的大型钢铁企业拔地而起。

图 1-3-69 258 毫米无缝钢管生产线

258 毫米无缝钢管生产线投产后，该公司前进的脚步并未停息，钢管深加工、内港码头等配套产业链条陆续投入生产。建设、生产、困难在前行的路途中一直并存，但前进的步伐却从未停止，2 号热处理全线贯通生产，美国 Tuboscope 公司引进的漏磁-超声组合探伤设备试生产，通过内港池码头工程交工质量鉴定，1 号热处理试成产，公司供中国石化华东分公司油管顺利完成第一次下井，VST-1 特殊扣研发完成。如果说 2009~2011 年是拆迁建设期，那么 2012~2015 年就是修炼期，这段时间正值全球钢铁业低迷的时候，但在各方的努力下，没有让这个刚出生的婴儿在困难中消亡，反而使其在历经磨难下不断成长。2015~2017年该公司在艰难中探索前行，“气瓶用无缝钢管（热轧）”产品被认定为2016年度冶金产品实物质量“金杯奖”。但受无缝钢管行业整体不景气影响，该企业生产经营一度艰难，2018年春节，全体员工记忆犹新，这时的公司在坚持与韧性下终于迎来了曙光。

（三）靖江特钢站在新起点 实现跨越新台阶

2018年6月13日，中信泰富特钢集团收购靖江特钢（见图1-3-70），借助中信泰富特钢强大的科研、人才、供应链优势，让靖江特钢的梦想演绎不再遥不可及，让成百上千靖江特钢人可以尽情畅想未来，在全国、全球精品特钢制造示范的路途上，出生的婴儿已经长大，巨人正一步步崛起！

图1-3-70　中信泰富特钢集团与华菱集团战略合作签署协议

2018年，靖江特钢钢材产量顺利完成年度目标，创历史最好水平，全年营业收入同比增幅11.55%，相继开发CJT-2特殊扣、P9高化管、P11、P12等高合金钢管、X80Q等高钢级管线、80S、95S等高钢级成品特殊扣套管、V150等高钢级套管接箍料管以及400系列不锈钢棒材加工件。

2019年6月，靖江特钢以1.5亿整体购入靖江众达炭材有限公司。成功入围中石化，直供胜利、中原、华东及华北四大油田，入围中建钢构、华润燃气等行业龙头企业，顺利通过API换/扩证、ISO、BV、CCS等各类体系，钢管产销量创历史新高。

2020年，靖江特钢逆势之中成绩斐然，其气瓶管销售业绩稳居国内第一，油缸管销量地位巩固了华东地区第一，这一年其全面入围中石化、胜利、中原等8大油田，实现批量供货，在中石化非API市场实现突破。靖江特钢成功开发了ZT系列油套管并实现批量供货，设计开发的墩粗直连型套管特殊扣是首个供中石化的非API特殊螺纹接头，填补了此类产品的空白。

2021年，站在“十四五”开局之年，恰逢建党100周年，靖江特钢将智能制造应用于生产线，自动操作设备和机器人在智能车丝线应用，通过加大信息化、自动化、智能化等方面的投入和探索，使生产线在加工效率，自动化、信息化和智能化程度，安全环保管理及生产制造成本管控等方面均达到国内同行业领先水平。

成绩的取得来之不易，但在成为全球特钢精品制造示范基地的道路上，靖江特钢将风雨前行，担负责任与使命。坚持走油套管发展方向，特别是在非 API 等高端市场，着力发挥技术研发优势，推动品种迭代升级。重点开发我国急需的深海油气用管、高端核电用管以及战略性新兴产业新材料等“卡脖子”特种无缝钢管和军工产品，加快研发生产进口替代产品，为能源战略安全、国防事业的发展贡献更大的力量。

征途漫漫，唯有奋斗。“十四五”期间，靖江特钢将继续以成为全球特钢精品示范制造基地为方向，着力固根基、扬优势、补短板、强弱项，促质量效益全面提升，致力于形成产业布局合理、质量品牌突出、竞争力强的一流企业。

第三节 中国特殊钢产业支撑经济发展与国防建设

一、创业艰难百战多，特钢冶炼无蹉跎

抚顺钢厂（现沙钢集团东北特钢抚顺公司）始建于 1937 年，是中国成立早、实力强的特殊钢企业之一。在中华人民共和国成立初期承担了新中国诸多第一炉特殊钢的研制和生产任务，也积累了丰富的冶炼生产经验，这些宝贵经验为中国特殊钢产业的发展发挥了不可磨灭的作用。

（一）中空钢（钎子钢）的冶炼

中空钢是用于制造矿山开采、铁道与公路建设等领域施工打眼钢钎的专用钢材。1948 年 10 月抚顺解放后，抚顺特钢开始了中空六角钢的生产试制工作。这是国内首创，独家产品。当时的生产工艺流程大致是：将碳素工具钢 SK5（现 T8）的 75 毫米×75 毫米钢坯在车床上钻成 ϕ24 毫米中空孔，轧制后装入奥氏体高锰芯棒，一同加热轧制成 22～25 毫米的六角钢材，再经油芯机将芯棒抽出，就成为孔径为 6 毫米的六角中空钢。

这种钢材是矿山生产凿岩打眼的急需产品，但由于钻孔效率很低，当时钢坯钻孔设备不足，产量远远满足不了国家建设需要。为此，抚顺特钢决定改革中空钢的生产工艺，以此来提高中空钢的产量。1951 年，经过摸索研制成了铸管中空钢的新工艺。其特点是铸锭时在锭模中心放置一根低碳钢管（直径约 32 毫米），为避免钢管被钢水熔化，在管中再装入一根低碳钢棒，来达到加强散热的目的。对这种有孔的钢锭，装入高锰钢芯棒，再加热轧成钢坯，最后抽出芯材即得钢材。新的冶炼工艺省出了钢坯热处理钻孔环节，大大提高了中空钢的生产效率。1949 年，抚顺特钢中空钢年产量为 524 吨，1954 年，产量规模大幅提升，达到 2895 吨。

在生产中空钢的过程中，抚顺特钢总结了一套完整的冶炼生产经验。铸管中空钢的浇铸温度要控制在正负 10℃严格的范围内，浇铸温度偏高，钢管易被熔化，造成冷却钢棒拔不出来的“粘芯”废品；浇铸温度偏低则易出现短锭废品。为了更好地积累经验，熟练操作技术，他们指定专用电炉生产中空钢。经过不断的实践，掌握了铸管中空钢的生产技术，使产量和质量都有大幅度的提高，为支援我国矿山、铁路和国防建设做出了重大贡献。

（二）轴承钢的冶炼

1950 年二季度，为了提高轴承钢质量，东北工业部责成抚钢、本钢、大钢三家特殊钢厂和哈尔滨轴承厂组成联合攻关组，进行轴承钢质量攻关。

接到任务后，抚顺特钢立即开展攻关工作，经过反复研究确定了新的冶炼轴承钢工艺规程。主要特点是，氧化期有一定的脱碳量，搞好高温沸腾，还原期造电石渣脱氧，以提高钢的纯洁度。开始试炼时，由于工人没有掌握好合适的冶炼温度，造成了一次漏炉事故。老工人出身的车间主任刘长刚同志、车间专责工程师修泽霖同志，没有责备工人，而是与大家一起总结经验，继续进行工作。

在炼钢工人、铸锭工人的密切配合下，经过几炉的冶炼，抚顺特钢掌握了新的冶炼轴承钢工艺规程，顺利地冶炼出一批高质量的轴承钢。经联合攻关组和哈尔滨轴承厂的鉴定，轴承钢的纯度比较好。随后，抚顺特钢开始推广新的冶炼、铸锭工艺规程，为抚顺特钢后期轴承钢生产和开发打下了重要基础。

（三）高速钢的冶炼

采用高速钢制造切削工具，可以加大金属车削速度，提高机床效率。解放初期，抚顺特钢已能在当时合金铁供给不足情况下自产钨铁，为冶炼高速钢创造了极其重要的条件。抚顺特钢对发展高速钢十分重视，1950 年，试炼了 W18Cr4V 类型的高速钢，并用它制成车刀；1951 年，抚顺特钢派出技术人员将车刀试验材料带到重庆等地去试用推广获得成功；从 1951 年起，抚顺特钢扩大了高速钢的生产规模，当年生产钢锭近 300 吨；到 1954 年，年产量达到 822 吨。抚顺特钢生产的大批量高速钢，有力地支援了我国机械工业的迅速发展。

为了冶炼好高速钢，抚顺特钢确定 5 号电炉专业生产。当时，由于炉前分析速度不够快，炼钢工人文化水平不高，采用返回料冶炼时，对钨、铬、钒多个元素合金成分的调整不会计算，给炼钢工作带来困难，技术人员就昼夜跟班算料。后来，根据炼钢工人的需要，技术人员研究出一个简便算料法，算出多个合金元素调整时的补加系数。炼钢工人可根据分析试样时钢的质量、需要合金元素的最终控制含量及所用铁合金成分，预先算出铁合金的补加系数。待炉中分析试样的结果报出后，几分钟内即可算出应该补加铁合金的量。这种补加系数算料法，能准确地控制住化学成分，又容易被工人掌握，在炼钢生产中得到广泛应用，后来又被推广到国内其他特钢企业使用。

二、经济核算建体制，特钢企业当模范

新中国成立初期，抚顺钢厂经过几年的恢复发展，已是一个经济核算体制比较完善、经营管理比较先进的企业。1951 年，曾在抚顺市介绍过炼钢车间开展经济核算的经验，1954 年，被辽宁省、抚顺市评为经营管理的模范工厂。

1950 年初，企业生产刚刚恢复，经济核算体制虽已建立，但全厂的财务会计核算全部集中在厂会计科，车间只是一个生产单位，还没有建立起自己的单独核算体制。1950 年

底，东北人民政府号召：在工矿企业广泛开展增产节约运动，以实际行动支援抗美援朝战争，抚顺特钢决定首先在炼钢车间进行经济核算试点。

炼钢车间围绕经济核算重点抓好了以下几项工作：

（1）加强配料核算，从原料的投入抓起，控制钢铁料的消耗。炼钢的主要原料是废钢铁，废钢铁中包括平钢、生铁、铸件、返回钢和其他各类重、轻薄料。这些原料的质量、价格不同，在使用上就有一个收得率和成本高低的区别。通过抓增产节约，特别是车间搞经济核算以后，引起了职工的重视。开始的做法很简单，车间技术组根据各个产品的冶炼方法、各种钢铁料的配料比例、烧损程度制定钢铁料消耗定额，会计人员将各种钢铁料的价格列表公布，由配料员依据生产作业计划，选择钢铁料，填写配料单，往炉上配料，配料核算的责任落在配料员身上。当时的配料员叫蒋恩盈，他很熟悉各种钢铁料情况，每炉都进行核算。他不仅计算各种钢铁的配比，还掌握钢水注余量。钢水多了少了，主要取决于配料员的责任和经验。加强配料核算后，电炉和铸锭工人也非常关心钢铁料的消耗，出钢前，铸锭工人都要到炉上看一看，掌握钢水情况，根据预测的钢水量确定使用多少个钢锭模。剩余钢水量有规定，多了，要查电炉和铸锭工的责任，如果是选料工人送错了料，要由选料工人负责。这些工作看起来很简单，但是车间上下，包括干部和工人都是很重视的，抓的比较认真，促进了生产成本的降低。

（2）推行不氧化法炼钢，回收返回钢中的合金元素，减少铁合金消耗。新中国成立初期，炼钢不讲合理用料，造成了不少损失，特别是使用返回料和使用平钢一样，只看做一种重件钢铁料。随着炼钢品种的增加，特别生产锋钢以后，锋钢的返回料含钨高，按平钢生产那样往炉上配料不行。因为不敢用，锋钢返回料越积越多。自从开展经济核算以后，通过成本计算，职工看到了锋钢的成本价值很高，节约额占比大，车间就研究怎样把它的成本降下来。技术人员提出了采用不氧化法冶炼的新工艺，用锋钢返回料炼钢，不仅可以缩短冶炼时间，还可以大量节约合金料。经过试验回收了大量的钨、铬、钒元素，减少了新料的消耗。随后炼钢车间狠抓锋钢不氧化法炼钢，使成本降低得十分显著。同时车间要求技术组制定各类钢采用不氧化法的比例，确定了不同冶炼方法的消耗定额，对炼钢车间完成增产节约任务起到了很大作用。

（3）实行定额送料制，超用由炉上自领，并追查责任，控制辅助材料的消耗。新中国成立初期，电炉在使用白灰、萤石、镁砂、矽粉、焦炭粉等辅助材料，都是由电炉工人随用随取，不控制，也没人管理。为解决这一问题，车间开始研究对辅助材料实行定额管理，由技术组制定分钢种、分炉的辅助材料消耗定额，把炉上领料制改为供应站按定额送料制。超定额要经车间值班主任批准，班后要讲清原因。一段时间后，工人逐渐适应了新规定，大家对用料也都很关心，造渣时仔细操作，防止“二次合面”，扒补炉，扒净补好，力争少损坏炉体，少用镁砂。1950 年，电炉使用的是湿镁砂补炉，浪费大，炉体维护不好，后来学习用干镁砂补炉，消耗一下子降了下来，再往后打结炉壁时，工人都把拆下来的炉壁中可用的废镁砂回收使用，回收旧废镁砂已经蔚然成风。

随着经济核算体制的建立和完善，炼钢车间经营工作硕果累累，1951 年实现降低成本 168 万元，1952 年比上年降低 33 万元，1953 年又比上年降低了 286 万元。

炼钢车间开展的经济核算，对抚顺特钢的推动影响很大。取得成功经验后，厂会计科给其他车间也派去了成本核算员，开展了全厂的、分车间的经济核算工作，各车间成本组互相之间开展业务竞赛评比，定期检查，形成了厂、车间、工段和班组各层级覆盖完备的经济核算体制。

三、揣赤心家国情怀，展胸怀企业担当

在党和国家的领导下，大连钢厂经历了艰苦创业的道路，不断发展壮大，创造了无数个光辉灿烂的业绩。大连钢厂在发展壮大的同时，当仁不让，主动作为，积极援建国内外特殊钢厂，用行动书写着企业担当和家国情怀。从 1950 年起，大连钢厂曾先后调出过大批人员、设备和技术资料，支援过大冶钢厂、北满钢厂、西安五二厂、贵阳钢厂、新城钢厂等，对国内外较大规模支援累计达 13 次，选调干部职工共 2700 余名，为我国的钢铁工业建设、特殊钢产业发展做出了很大贡献。

（一）南迁大冶

1950 年，朝鲜战争爆发，战火燃烧到鸭绿江边，形势严峻，不容迟缓。为了适应形势需要，保存中国基础工业的有生力量，1950 年 11 月 8 日，大连钢铁工厂奉中央重工业部命令和东北工业部通知，将特殊钢部分的电弧炉、锻锤、压延机、机械设备、硬质合金设备、耐火砖设备、拔丝机、物理和化学试验分析仪器等 3000 余吨，迁往湖北省黄石市的华中钢铁公司（现大冶钢厂）。

大连钢铁工厂接到通知后立即行动，决定工厂人员一分为二，东厂设备全迁，西厂留一部分。同时，中央重工业部派徐纪刚为代表，建新公司副经理陈平、大连钢铁工厂厂长李振南、副厂长陈世明等组成了 10 个具体工作小组，指挥搬迁。1950 年 12 月，南迁大冶的一切准备工作就绪，厂长李振南、第二副厂长杨森培随同调往大冶钢厂，厂长周家华调至石景山钢铁公司，副厂长陈世明留厂。

搬迁的设备包括 6 吨电炉 1 台、3 吨电炉 1 台、1.5 吨电炉 1 台，并附有全部电气设备；15 吨吊车 1 台及炼钢用具等；2 吨汽锤 2 台、1 吨汽锤 3 台、0.5 吨汽锤 1 台、0.25 吨汽锤 1 台，以及锅炉与汽锤所属全部工具；1500 马力压延机（缺马达及电气设备）设备全部，250 马力、300 马力压延机（新作）全部设备及工具；用于机修的部分车床和铣床；部分钢丝生产设备；部分耐火砖及硬质合金生产设备；物理和机械试验室布氏硬度计 1 台，1350 倍显微镜 1 台，硬度计 1 台，10 吨抗胀试验机 1 台，冲击试验机 1 台，疲劳试验机 1 台，化学分析室全部；道钉、螺丝制造机数台。于是，100 余个车皮、3000 余吨设备、670 名职工浩浩荡荡地开往湖北大冶钢厂，到 1950 年底南迁任务全部完成。

（二）艰难复产

1951 年 1 月 20 日，建新公司撤销，大连钢铁工厂于 1 月 21 日改由本溪煤铁公司领导，南迁后的大连钢铁工厂只剩下 1409 人。1951 年 4 月 16 日，大连钢铁工厂改由东北化工局领导。这期间，大连钢铁工厂是改为化工机械厂还是继续发展为特殊钢厂，曾有过争

议。大连钢铁工厂领导坚持要恢复钢铁厂，并决定还要在这块土地上把大连钢铁工厂重新恢复起来。于是，广大干部、工人和工程技术人员吃住在厂，全力投入恢复生产的工作中去，有时甚至连轴转。

当时的炼钢车间只剩下 80 余人，车间领导充分发挥工程技术人员、老工人在恢复生产中的作用，技师林永财、工人毕鉴芝、王忠奇等同志勇挑重担，他们从日本人用的防空洞里挖出 3 个炉壳，在技师的指导下，焊一焊、铆一铆、砌一砌、修一修，一台台电炉搞成了。仅用两个多月时间，恢复了 1 台 0.5 吨炉。以后又搞成了 1 台 1.5 吨炉、1 台 3 吨炉。厂保修科的同志们更是辛苦，轧机全迁后，什么都得自己干。他们土法上马，首先把机架铸起来，然后又把轧辊搞成，接着又安装了传动装置。经试验，传动装置不好用，就改用皮带轮。王树才、张玉茂、张连选等同志带领机修工人夜以继日地奋战在车间，很少回家，家属经常送饭到厂，有一天，大雪纷飞，张玉茂的老伴送饭不慎跌倒休克，他的孩子把老伴背回去紧急抢救，而张玉茂同志仍然一心扑在他的工作上。没有设计自己搞，没有图纸自己画，没有模型自己造，人的聪明才智得到了最充分的发挥。技师于世禄，年过六十不服老。他是铸造行家，为了尽快恢复生产，他日夜搞科研，很快搞成球墨铸铁，为恢复生产立了大功，受到大连市的表扬。工人胡宝山、王洪升同志为轧钢车间尽快恢复生产流了大汗，出了大力。至 1951 年底，大连钢铁工厂职工总数已达 2624 人。

（三）驰援贵阳

1964 年 11 月初，冶金工业部部长吕东、副部长徐驰，在贵州省遵义市听取了贵阳和遵义铁合金厂关于扩建方案和增产增盈计划的汇报后指出，像贵州这样的边远省份，也应该有自己的钢铁工业，促进贵州省的各项事业的发展，为此，决定从大连钢厂成建制地内迁 5 吨电炉 2 座、人员 172 名支援贵阳钢厂。

大连钢厂接到指示后，立即组织，精心选派，在很短的时间里，组织内迁筹备完毕，于 1964 年 11 月 19 日全部抵达山城贵阳。这次选调人员由四部分组成，即炼钢、机修、化验和干部。总数 180 人，其中男 170 人、女 10 人。主要设备有 5 吨电炉 2 座。这批内迁人员到了贵阳钢厂后，艰苦创业，白手起家，为开拓贵州省的钢铁工业做出了重要贡献。

（四）内迁西安

为了加速内地建设，冶金工业部于 1965 年决定将大连钢厂钢丝车间一分为二，七五二车间大部分迁往西安，合建五二厂。为了打好这一仗，自 1964 年 9 月中旬，大连钢厂在上级党委的领导下，在配合设计单位讨论、确定新厂设计方案和进行了一系列准备工作之后，支援内地建设工作迅速开展起来。在人员的支援上，优先满足了新厂的需要，提出了要多少给多少、要谁给谁、什么时候要什么时候到的口号；在设备支援上，坚决支援最新、最好的；在设备安装上，坚持“百年大计，质量第一”的思想，“严”字当头，精益求精；在生产准备上，从一切有利于内地建设出发，凡是新厂生产需要做的工作或供应的物资，一定千方百计，克服困难，满足要求。

经过一年的努力，搬迁工作顺利完成。大连钢厂支援各种人员 1501 名，副厂长毕可征调任五二厂厂长。大连钢厂七五二研究所和钢丝车间生产设备迁走75%，检验设备迁走95%，技术资料80%。共搬迁成套设备1105项，总重量1744吨，有真空炉、热轧机、冷轧机、带坯机等。其中，钢丝生产设备111项，检查设备14项，精密合金生产和检验设备974项，运输设备6项。

（五）广泛支援

1966年，国家为了加强“三线建设”，决定在山东省老根据地沂蒙山区新建一个特殊钢厂，大连钢厂又一次承担了新厂建设任务。为此，大连钢厂选调了42名技术工人和干部在1966年末全部抵达新城钢厂。在20多年时间里，他们为山东老区钢铁工业的振兴做出了贡献。

除此之外，1955年还支援北满二钢厂11人、吉林铁合金厂35人；1956年支援北满地质局14人、北满钢厂74人；1957年又支援北满钢厂64人、武汉钢铁公司24人；1996年支援酒泉钢铁公司12人、凌源钢厂25人；1984年支援冶金工业部大连拆船公司65人、冶金工业部大连疗养院14人。

新中国成立以来，大连钢厂对外地支援累计达12次，选调职工共2731名，支援外地职工总数相当于1948年两厂合并后职工总数的1.6倍。

同时，大连钢厂还对外地积极进行原材料支援，主要分两个方面：一方面是国家下达年度调拨计划（每年1000~1500吨）；另一方面是对外单位的原材料支援。

调拨计划所支援的主要是辽宁省内，包括大连、沈阳、营口、辽阳、昭盟、锦州、本溪、朝阳、阜新、鞍山、丹东、铁岭等地。

来大连钢厂要求临时性求援的有：山东、吉林、天津、江苏、内蒙古、黑龙江，特别是大连市附近农村和社办企业、街道企业较多对临时性原材料的支援，根据库存情况和领导批示，对急需的单位都尽力支援，满足用户的需要。

（六）积极援外

大连钢厂的援外工作从20世纪60年代就开始了，主要对蒙古人民共和国和朝鲜民主主义人民共和国进行了技术援助。由于派出去的人员努力工作，认真负责，技术水平较高，赢得了受援国和国家外事部门的高度赞扬。

1959年，按照国家指示，根据1955年中蒙两国签订的中国支援蒙古人民共和国建设的协议，大连钢厂派遣4名技术工人支援了蒙古乌兰巴托市的建设，于1964年回国。

从1972年到1985年末，大连钢厂输出精密合金生产工艺技术援助朝鲜建设清川江精密合金熔炼加工厂。本工程项目共投资人民币约600万元，整个投资全部由国家承担。

1971年10月5日，中华人民共和国政府和朝鲜民主主义人民共和国政府在北京签订了“关于中国向朝鲜无偿提供军工成套项目”的议定书，冶金工业部将此议定书规定的有关任务交给大连钢厂。1972年大连钢厂成立了援外办公室，副厂长张连选任中方专家工作组第一副团长，承担了为朝鲜民主主义人民共和国援建精密合金熔炼加工厂的主体任务。

1. 参与了设计工作和承担了方案审查的任务

大连钢厂的部分科技人员参与了重庆钢铁设计院和洛阳有色金属设计院对朝鲜精密合金熔炼加工厂的设计工作，提出了朝鲜精密合金熔炼加工厂的工艺流程、平面布置、技术参数及公用设施等设计图纸。在初步设计基础上，又对扩大初步设计及施工设计提出了具体意见。在430公斤非真空感应炉、200公斤真空感应炉、四辊热轧开坯机、四辊冷轧机、十二辊冷轧机及各种热处理炉子的制造过程中，又提出了很多具体修改意见。对重庆钢铁设计院、洛阳有色金属设计院的全部设计工作，承担了最后审查验收任务。

2. 产品工艺实验和三部技术资料的移交

根据中、朝双方签定的议定书，大连钢厂要援助移植20个品种、17个牌号的精密合金。这20个品种、17个牌号是5个镍带、2个镍管、9个冷轧带、4个丝。为了完成上述任务，大连钢厂分别进行了工艺实验。1972年以前，对没有生产过的、缺乏系统技术数据的5个镍带和康铜、锰铜丝材，进行详细的工艺实验，积累了资料，总结了经验，为指导生产、编写技术规程奠定了基础。

根据朝鲜精密合金熔炼加工厂的设计方案、设备情况及将来的生产情况，编写了《生产技术规程》《安全生产规程》《设备维修规程》三部系统的生产技术资料，于1984年正式移交朝方。

3. 朝鲜精密合金熔炼加工厂实习人员的接待与培训工作

根据中、朝双方签定的议定书，大连钢厂要接待、培训朝鲜精密合金熔炼加工厂的实习人员，1983年4月，朝鲜精密合金熔炼加工厂48名实习人员来到大连钢厂。朝鲜实习人员在大连钢厂外国实习生招待所按照援外办公室事先拟定的教学培训大纲接受专业基础理论培训。根据不同工程开设不同的理论课程有精密合金冶炼、热加工、冷加工、热处理、成品热处理、性能测量及分析检验，另外还开设了电子控温、电气维修、机械设备、冶金炉子生产设备方面的专业课。大连钢厂选派优秀技术人员担任授课老师。基础理论培训为期两个月，结业时分别进行了结业考核。1983年7月，朝鲜实习人员按照工种又分别到各自的生产现场进行操作实习，与岗位工人建立了师徒合同，进行实际操作，实习结束时进行了操作技术考核。在七五二研究所各工段现场实习时间为四个月。朝鲜实习人员于1983年10月圆满地完成了实习任务，离开大连钢厂。

4. 赴朝鲜安装调试设备和指导试生产工作

根据中华人民共和国与朝鲜民主主义人民共和国双方签定的议定书，大连钢厂要负责朝鲜精密合金熔炼加工厂的设备安装和调试工作，并且要生产出精密合金（20个品种、17个牌号）的成品。1983~1986年，大连钢厂先后有23人（其中工程技术人员14人）去朝鲜精密合金熔炼加工厂工作。在朝鲜工作时间每人平均一年左右主要做了下述几方面的工作：

（1）指导设备安装。我方专业人员，根据设备精度、设备能力、产品生产工艺情况，对每台设备提出具体的安装意见，在技术上进行指导，朝方安装人员按照我方专业人员意见进行工作，顺利地安装了430公斤的非真空感应炉1台、200公斤真空感应炉1台、1吨和3吨锻锤各1台、4辊热轧带坯机1台、4辊冷轧机1台、12辊冷轧机1台及各种热处理炉子。

（2）设备调试工作。上述生产设备安装完毕，全部由我方专业人员亲自进行电气系统、机械系统的调试工作，从每台设备的空转调试到带负荷调试，乃至试生产中的调试工作，全由我方人员进行，直到每台设备完全调好为止。

（3）试生产工作。根据双方议定书，我方移植的20个品种、17个牌号的精密合金产品，应在朝鲜精密合金熔炼加工厂顺利地生产出来。我方必须将20个品种、17个牌号的生产工艺和实际操作经验全部移植到朝鲜精密合金熔炼加工厂。朝鲜生产人员绝大部分没接触过精密合金生产，所以，从冶炼到成品每个工序都是我方人员首先亲自操作，生产出成品后，再让朝方人员的操作。在整个试生产过程中，我方的专业人员对朝方人员又进行了现场培训和部分理论培训。

经试生产，移植的20个品种、17个牌号进入了工业试生产阶段，已达到标准要求。1986年7月21日，中朝双方举行了移交签字仪式，这项援朝工作正式结束。

人力和物力，拼搏和汗水，坚守和责任……这是温暖与关爱的汇集，这是奉献和力量的凝聚，也是大连钢厂展现出作为钢铁行业重要骨干企业的责任与担当。

四、开先河“反立围盘”，填空白轧制自动化

1954年2月27日新中国第一个“反立围盘”轧钢技术在大冶钢厂创制成功。这项技术的成功研发不仅实现了轧机自动化，极大地提高了轧钢效率，而且开创了我国此领域的先例，填补了国内空白。

（一）艰难起步

“反立围盘”是一种轧钢技术，大多数用于小规格轧材，红钢从第一孔出来，经过管道被自动送到第二孔。大冶钢厂原来学习鞍钢与唐山钢厂的经验，制造“反围盘”已获成功，但考虑到如果只用“正围盘”和“反围盘”，一个机架只能走一道眼孔，而当时一轧车间机架少、动力小，不能增加压缩率来减少压延次数，围盘势必迂回交叉。这样，一部轧钢机需要安装12个盘体，还要双盘体交叉。一旦发生故障，很难修理，同时需要将轧槽重新调整，使用过的10个轧辊也会报废，损失很大。当时，他们考虑到如果只用正、反围盘，一个机架只能压一次，故障维修时不仅存在安全风险，而且劳动强度大、耗时长。

（二）迎难而上

轧钢车间技术人员结合车间具体情况，开始研究考虑试制反立围盘。见习技术员吴武

彰找到苏联新出版的《轧钢机自动化围盘》一书，并将书中“反立围盘”一段翻译出来，结合本车间具体情况进行研究。他为了钻研这项设计，放弃五天的春节假期休息，与自动化研究小组多次讨论和试验，设计图纸制订方案。

试验过程中遇到许多困难。机务组长刘振中在接受制造“反立围盘”任务的时候，半天没说话。他做了十多年钳工，从来没见过这样的东西：精细小巧的半圆形，直径只有375 厘米，还得变换 7 次角度，不但要求角度准确，而且要求弯度光滑，难度很大。

轧钢车间主任和党支部书记等人都极力给他鼓励和支持。其实刘振中并不是怕困难，而是在思考如何克服困难，完成这项看似不可能完成的任务。

（三）攻坚克难

按照书中介绍制造“反立围盘”的理论、计算方法和具体经验，结合苏联的先进经验及本厂的实际情况，技术人员与现场员工开始反复研究试验。施工开始后，锻工吴汉学忙着剪样子，连中饭都顾不上吃，钳工范兴汉为了帮吴汉学，也顾不上吃饭。准备把 9 块 10 厘米的铁板，凑成一个半圆形的“反立围盘”时，有人提议用氧焊，但容易使盘体走形；有人提议用电焊，又因盘体弯度多，焊出的废边没有办法铲掉；最后富有电焊经验的吴恒生决定用电焊试一试。起初把电压放大、改低都不合适，后来他把电焊紧紧地按着走，每次走不到一寸多远，又拿出焊条用手去摸，虽然焊的地方还很烫手，但他却很高兴，在不断尝试和努力下终于焊接成功。

要把焊接后的“围盘”磨得光滑，这比以前工作更复杂，先用砂轮机磨，不行；便用铲子一点点铲，铲了一天还不平滑；改用锉刀，手摸一点，锉一点，最后又用油石磨了一天才磨好。

“围盘”制造出来以后的试验又经过紧张而波折的场面。1954 年 2 月 23 日星期六，第一次试验没有成功。自动化研究小组开展专题争论。见习技术员吴武彰和带领制造“围盘”的工人余炳森就“围盘”扭角导管的角度与车间主任邱方任、工程师李邦宪展开了讨论。因大家都没有经验，李工程师便提议第二天从 0°开始试验。星期天早晨七点，参加试验的人都赶到轧钢车间。上了夜班的宋连生为了亲眼看到“反立围盘”里轧出第一根钢条，不肯下班回家休息，也留在车间参加试验。试验开始后，工程师李邦宪和主任邱方任跑到轧钢机旁亲自操作，机器上水管喷出来的水把他们两人淋得像从水里爬出来一样，他们丝毫不理会。吴武彰心情激动地记录着试验情况。从 0°到 5°、15°、25°、30°、35°都试验过了，钢条总是被卡住，立不起来。大家都在紧张地一面检查角度一面调整温度，终于在第四次试验时利用“反立围盘”轧制出第一支钢条，并取得成功。“反立围盘”轧制技术试验成功后，中华中南区工作委员会发来贺信。

（四）填补空白

大冶钢厂轧钢车间员工发挥首创精神，学习苏联先进经验，在生产革新方面取得重大突破，于 1954 年 2 月 27 日，中国第一个 12 毫米钢材“反立围盘”在大冶钢厂轧钢车间创制成功（见图 1-3-71～图 1-3-73）。

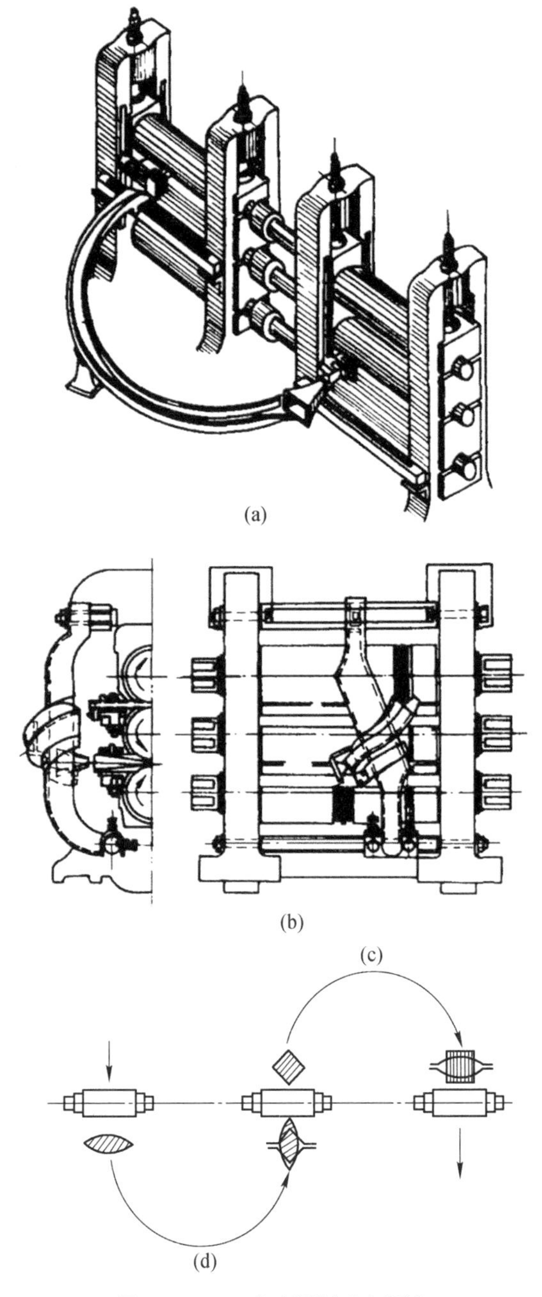

图 1-3-71　成功研制反立围盘

（a）围盘、平围盘；（b）立围盘；（c）正围盘；（d）反围盘

中国首个“反立围盘”轧钢技术的研发，直接解决了机架少和动力小的小型轧钢机实现自动化、机械化的困难，从根本上改善了高温作业条件，不仅实现了轧机自动化，减轻了员工劳动强度，而且提高了轧机生产效率 13 倍，同时为各大钢厂提供了可参考的宝贵经验，该项技术创新开创了我国先例，填补了国内空白。

图 1-3-72　成功研制“反立围盘”人员

（左起：李邦宪、吴武彰、邱方任、余炳生、张友谊、刘振中）

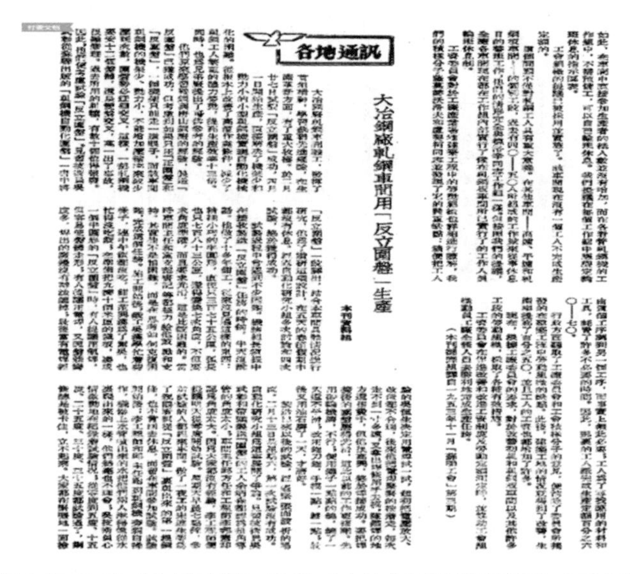

各地通訊

大冶鋼廠軋鋼車間用「反立圍盤」生產

图 1-3-73　1954 年 3 月 19 日《人民日报》发表“大冶钢厂轧钢车间用‘反立围盘’生产”报道

五、肩使命建特钢厂，看钢花见第一炉

1956 年是北满钢厂建设最高峰的一年，全年完成建筑安装工程量 1.2 亿元，占全部建厂投资约 45.8%，主体生产车间全部进入了设备安装高潮。这个时期推动甲、乙方工作的最大目标是“七一”交工、“八一”出钢。甲、乙双方每个职工无不为这一目标而努力拼搏，无不为实现这一目标做出奉献而感到光荣。没有一个职工不因为自己工作失误影响这一目标实现而深感内疚和羞愧，凡是在这一年里工作和生活在北满钢厂的职工无不感到荣幸和幸福，在其一生中都是难忘的一年。

乙方以孟东波、赵萍同志为首的主要领导同志，好似战役指挥官一样，乘着指挥车昼夜巡回指挥在现场。那时施工中遇到问题，几乎都是在现场解决。每周四下午由乙方主持、甲乙方召开一次联席办公会议，乙方由孟东波、赵萍同志参加，甲方由林纳、苏明、杨景云同志参加，甲乙方相关职能处长参加。会议主要内容：一是由乙方施工处长汇报一周施工进度情况，会议室挂满了施工进度图表，对每个工程项目都要做出具体的汇报；二是由甲方计划处长陈霁同志汇报各项生产准备工作进展情况；三是双方协商解决施工中遇到的问题，特别是设备、材料供应、施工工艺和修改设计等；四是对下一周工作目标共同讨论确认。

在处理甲乙方关系上，林纳同志可谓楷模，她总告诉甲方同志，乙方同志是为我们建设工厂，有什么问题我们应该主动解决，在生活上不要和乙方同志比，他们是到处在建设，但到哪里都没有稳定的居住条件。所以甲方住宅工程建设起来后要优先供乙方同志居住，他们居住不了多长时间，和乙方同志工作要多让步、多谦让、多协商。林纳同志和孟东波同志就相处得很好，大多数时间是他们二位一起在现场检查指导工作，这就给下属各级领导做出了榜样。因此在整个北满钢厂建设过程中，甲乙方始终是合作愉快、共同努力的。

1956 年进入主体设备安装时，调度和组织得非常顺利。电炉炼钢车间主要生产设备安装的比较顺利。原本是计划平炉炼钢车间先试生产，但到 1956 年 5 月份时炉体砌筑遇到了困难，主要是筑炉公司对平炉砌筑缺乏经验，耐火材料也不够齐备。如果 1 号炉试生产对正在建设的 3 号炉施工也有影响，因此双方协商突出抓电炉安装，先在电炉炼钢车间试生产。

那一段时间苏明、郝玉明同志具体协调炼钢车间的一切准备工作，贾鼎勋同志亲自组织对投产前的工作逐项进行检查落实。大约在 6 月份的一次调度会议上，苏明同志提出“七一”交工、“八一”出钢的目标有可能实现，这是众心所望，希望乙方同志抓紧一切时间，集中力量在电炉炼钢车间逐台设备进行无负荷试车，发现问题及时处理，甲方同志做好投产前人员、技术、物资准备，保证“八一”出钢。话语一出与会人员显得十分活跃，主持会议的孟东波同志更为激动，一再提醒乙方同志，您们有无把握对电炉炼钢车间保证“七一”交工，大家互相看谁也没有发言。过了二三分钟后，机电安装公司一位副经理说：电炉部分仪表安装和调整问题不大，铸造部炉子（退火炉）仪表安装和调整恐怕来不及。

其实很多人并不清楚是否整个车间百分之百完工才算交工，某一个局部没有完成是否影响出钢。苏明同志发言说：铸造部局部没有完工不影响炼钢，可先浇铸钢锭，退火炉一时用不上。这时会议又显得松了一口气，大家又七嘴八舌地说起来。孟东波同志严肃地说：一切工作都要抢前，谁也不能影响出钢，这是政治任务，电炉炼钢车间是这个厂第一个投入生产的，各方面工作都要做好。车间内外厂地整平，残砖残土都要运出去，到处都要畅通，不留任何麻烦交给甲方。林纳同志接着说，甲方同志对 20 吨电炉生产也是没有经验，特别是液压传动和倾炉系统，国内还没有，只准搞好顺利投产，不能搞砸，这也是对我们的一次考验。如果电炉炼钢顺利投产，今后就好办了，所以意义重大，绝对不能马虎，生产工人和干部现在就要和乙方同志一道进行空负荷试车，尽量多演习几次，熟练掌握设备的各项功能，所用的原材料要提前进入现场，不要到炼钢时缺东少西。

这次会议上对投产前的诸多细节进行了认真的讨论。会议开得十分热烈，在这次会议上真正感觉到工业建设和生产如同打仗一样，全体职工抱着必胜的决心，指挥官的细微考虑都是为了减少经济的损失、争取建设时间。会议从下午2点一直开到晚7点。即使散会了很多人都还在想，各自的工作还有什么不足，暗下决心抓紧有限的时间做得更好。

这次会议以后，甲、乙方的同志都把主要力量集中到了电炉炼钢车间，特别是电气安装显得特别紧张。这不仅涉及厂内工作，电缆是从电厂主盘接过来的，通电、通水、通气（压缩空气和氧气）等都有很多工作还没有完成，乙方各公司昼夜加班加点地往前抢，那时真的没听说过谁在喊累、加班费、奖金等，都是一心一意地抢工期、保质量，保证“七一”交工。甲方同志也都进入了岗位和乙方一起安装试设备。到7月中旬电炉炼钢车间建设基本上完成了，就连铸钢部的炉子仪表安装调试也已完成。所有设备在试运行过程中都没有发生大的问题。

7月下旬，在苏联专家组长弗兰措夫指导下，甲、乙双方的工程技术人员按照工程项目表逐项、逐台设备进行验收，在验收过程中发现了不少问题，当即下达苏联专家建议通知书，限期完善和改进。“八一”出钢本来是可以做到的，到7月18日再次检查中又发现了一些必须解决的问题。专家建议还是在试生产前解决了好，不要勉强投产。甲方在某些材料上的准备也不够，如脱氧用的铝，备的是铝块，在生产使用上却要做成铝饼，套在一个钢钎上插入钢水里，效果会更好，这件事确没有准备好。8月2日液压系统试车时由于操作经验不足，又发生油开关爆炸事故，所以一直到了1956年8月8日8号电炉才送电炼钢。

一听说要炼钢了甲、乙方的很多工人同志和干部都围上来观看，这时忙坏了安全科的乔梅伍科长（是从大冶钢厂调来的老技师）生怕出了什么事。看热闹的人群左拥右挤，根本驱散不过来。随着送电引弧的一声轰鸣，人们一阵惊吓。声音越来越响，黄烟直冲炉外（这其实是电炉炼钢中的正常状态），这一声卡啦啦的巨响，震醒了沉睡亿万年的黑土地，在这冰融各半、冬春冰天雪地、夏秋江水滚滚、长年风沙不断的富拉尔基，将要喷射出火红的钢花，结束黑土地上无钢无铁的历史，为黑龙江省增添耀眼的光彩，使其成为璀璨的明珠。

大约过了四个多小时，到了下午8号电炉炼出了第一炉钢，它凝聚着党和国家领导人的关怀，建设者的汗水和血泪，多少人为此无私奉献，乃至献出生命。在这胜利喜悦之时我们忘不了，永远也忘不了为之做过奉献的人们。

六、国产首只航空管，赤胆忠心担大梁

（一）项目背景

1959年7月，三机部军代表王岐山通过上海冶金局来到上海冷拔钢管厂（1960年7月并入上钢五厂，是上钢五厂无缝钢管车间十一车间的前身），将中苏关系的情况作了简介。当时，虽然不锈钢钢管仍有少量从苏联进口，但已全是统货，不能直接用作航空钢

管。因此，飞机制造厂得到的钢管还要逐支做晶间腐蚀、力学性能、工艺性能等物理试验，而能用作航空管的仅占百分之几。为了发展我国自己的航空事业，必须要立足于国产航空不锈钢钢管的配套。当时，上海冷拔钢管厂生产的钢管质量居全国首位，理所当然，试制航空用不锈钢管的任务就落到了上海冷拔钢管厂身上。

上海冷拔钢管厂接到任务后，王国英厂长郑重地召开了任务启动会，同步成立了七人试制小组（郭多年、叶全禄、金根标、蔡祖尧、朱产福、章其林、余阿林）。同时，三机部也立即把以 150 万美元购得的 10 吨多 ϕ57 毫米×3.5 毫米×毫米 1Cr18Ni9Ti 不锈钢管供厂里作试验用管，并划拨出 1 台 10 吨拉拔机和 1 座热处理炉作试验专用，随即展开了不锈钢钢管的研制工作。

（二）不锈钢热处理工艺及钢管冷拔工艺的攻克

试制先期，试制组成员从书本中获知 1Cr18Ni9Ti 不锈钢的热处理温度要达到 1050℃，且要水淬，其他工艺技术一概不知。当时只有一个常规热电偶，热处理时将钢管装入套筒内加热，经水淬后管子全部出现龟裂，在场人员感到惊奇，不知所措。第二天，借来了高温测试仪后再次进行试验才得知，钢管加热温度已达 1300℃，过烧原因使钢管出现龟裂现象。常规热电偶测试温度不准确，之后购买了铂铑热电偶进行测试温度。这样，热处理的难关攻克了。

钢管制管的关键工序是冷拔变形工序，而冷拔变形的关键工艺是润滑。起先，试制组只知道石灰可以作冷拔的润滑剂，通过一段时间的摸索后发现：半干不干的石灰可以用于拉外径的润滑，但只能用于拉外径。为能拔芯径，试用了各种润滑剂，如石墨、石蜡、机油、肥皂、松香、二硫化钼等各种材料单独或多种材料合成使用，但都失败了。后采用沥青作拔芯径润滑剂，开始时发现效果尚可，但后来发现沥青润滑剂产生新的问题：去油困难，只能放入汽油逐支擦洗后再用低温烘烤才能使沥青充分蒸发。同时用沥青润滑剂拉拔时一只模子只能拉拔生产一支钢管，模子消耗太大，而且拔管时尾部总是开裂。直到 1960 年 3 月因厂里石灰供应脱节，为寻找货源，试制组成员到九三拉丝厂，在那里看见石灰均已泡成稀粉浆，且上面浮着油花，询问后才知道石灰里掺入牛油，来起润滑作用。这使他们得到了启发，回厂后马上着手试验，从上海益民食品厂买来食用牛油，与石灰混合，将糊状石灰均匀涂擦在钢管内外表面，然后烘烤、拉拔，试验效果很好，200 多支的钢管一次拉拔完成也不见模子有损坏，大家非常高兴。为了进一步改善润滑剂的烘烤效果，立即动手搭建了润滑烘烤炉。这样，牛油石灰的润滑剂达到了钢管拉拔润滑的要求，使不锈钢钢管的试制工作开展顺利。1960 年 3 月拔制出了 ϕ6～15 毫米×1 毫米不锈钢管，随即向上海冶金局报喜。1960 年 4 月正逢冶金工业部钢铁司在湖北大冶钢厂召开第一次全国不锈耐热钢会议，又特地拔制了 ϕ10～15 毫米×0.3～1 毫米不锈钢管作礼品去祝贺，得到了与会专家的一致赞扬。

历经 6 个多月的试制，三机部提供的用于试验的 10 多吨进口管，只使用了 8 吨用于“学费”，就打通了不锈钢管的冷拔制管工艺。由郭多年、叶全禄、金根标、蔡祖尧、朱产福、章其林、余阿林组成的 7 人试制小组研制的牛油石灰润滑剂于 1964 年获得由聂荣臻元帅签署的国家科委发明奖。

(三) 国产第一支不锈钢钢管诞生

1960 年 9 月，上海冶金局向上钢五厂下达了 ϕ6~10 毫米×1 毫米航空用国产不锈钢管的试制任务，以向我国军用飞机的正常维修和制造提供钢管。航空不锈钢管直接关系到我国的国防安全和航空工业的发展，为我国国防工业作贡献的使命感，上钢五厂领导毅然接受了该项光荣而艰巨的任务。

上钢五厂明确由副总工程师王芳雯负责该项目，钢管的试制首先从电炉冶炼不锈钢开始。当时恰逢冶金工业部请来了苏联专家茹拉夫斯基来上钢五厂指导冶炼不锈钢，先后炼了两炉都没成功。苏联专家撤走后，上钢五厂的领导、技术人员和工人师傅并不因此灰心，而是不断试验摸索，总结经验，一丝不苟，一直炼到第七炉钢化学成分才合格。并为确保后续试制任务的顺利进行，还安排了专人进行钢锭的开坯轧制和锻造生产，直到提供出合格的管坯。

航空不锈钢管试制的重点任务是十一车间的制管，当时十一车间通过了 8 吨进口不锈钢管作管坯进行的试制生产，已积累了一定的制管经验。特别是冷拔牛油石灰获得创造性的成功，为航空不锈钢的试制奠定了基础。王芳雯副总工程师带领以十一车间主任殷芝万为首的团队投入了制管的试制工作。当时对热穿孔不锈钢的生产毫无经验，也缺乏相关的技术资料，因此热穿孔生产困难重重。试穿时，穿出的荒管质量很差，有断裂、雀皮、夹层、链带甚至有豆腐渣状和破裂现象。为解决荒管表面质量问题，穿孔机组停产一个月对穿孔机进行大修，并策划了多组管坯加热温度、穿孔孔型调整的工艺参数，经过多次的穿孔试验，直到 1961 年 2 月终于穿出了 13 支荒管，开创了我国用 ϕ76 毫米二辊斜轧机组工艺生产航空用不锈钢管的先例。穿出的 13 支荒管经过检验，挑出 5 支荒管，切除局部缺陷后，5 支荒管长度基本在 0.5~1 米，作为冷拔制管的坯料展开冷拔制管的试制工作，在先期制管经验和反复试制后，终于生产出了 ϕ6~15 毫米×1 毫米不锈钢管，填补了我国航空不锈无缝钢管的空白（见图 1-3-74）。

图 1-3-74 1961 年上钢五厂第一支航空不锈无缝钢管冷拔现场

在冷拔过程中曾发现管子内壁存在一些质量问题。攻关人员在苏联专家编制的书籍启发下，决定采用管子内壁磨削消除缺陷的措施。于是科技人员联合车间工人师傅自行设计、制造了一台钢管内磨机，使用后效果良好，这种方法一致沿用至今。经过半年多时间的奋斗，终于在 1961 年实现了国产不锈钢航空管从冶炼、锻造、穿孔、冷拔制管的全流程工艺贯通。第一支国产航空用不锈无缝钢管的诞生为我国的不锈钢管产业及航空工业的发展迈出了新的一步。

在此同一时期，冶金工业部也曾安排有关兄弟厂同步开展不锈钢钢管的研制，结果上钢五厂领先获得了试制成功，并将不锈无缝钢管最早试用于我国的航空发动机上。此项研制工作 1983 年获国防科工委、冶金工业部攻关奖（见图 1-3-75）。

图 1-3-75　国防科工委、冶金工业部颁发的奖状

（四）航空不锈无缝钢管的发展和交付

1961 年 8 月 9 日，国家计委批准了上钢五厂生产航空钢管车间的建设工程，即上钢五厂六车间，并于 1963 年春投产。上钢五厂根据军工需要，至 1965 年，航空用不锈钢管年产量达 59.2 吨；1966 年，航空用不锈钢管年产量达 90 吨；1979 年，航空用不锈钢管年产量达 104.9 吨。当时上钢五厂所拥有的航空用不锈钢管的生产能力和工艺技术处于国内领先，也为上钢五厂在原子能、航天、核潜艇和石油化工等国防军工和国民经济建设重要领域提供各种无缝钢管奠定了扎实的基础。

七、“以铸代锻”靠自力，国内首创有志气

现代技术的飞速发展，要求特殊钢厂生产高质量、高性能的特殊钢和合金，为航天、航空、核能、电子、舰艇及常规武器等军事工业提供高、精、尖端金属材料。要达到此目的，采用一般电、平炉冶炼是难以完成的，必须采用与此相适应的其他特种冶炼手段。因此，国内各大钢厂先后装备了电渣炉，感应炉与电渣炉冶炼等特种冶炼措施在大冶钢厂应运而生，它不仅能熔炼甲组航空轴承钢，还能熔炼各种高质量钢。

（一）从无到有

电渣冶炼是大冶钢厂军工生产的一种特殊工艺，经过电渣重熔的产品组织致密、质量纯净。许多高温合金都是通过电渣重熔冶炼出来的。从 20 世纪 50 年代起大冶钢厂就开始采用特种冶炼手段，同时开始了特种冶炼措施工程。1960 年，苏联停止供应我国军用金属材料，妄图窒息我国国防工业，大冶钢厂决定走自力更生的道路。同年 4 月，大冶钢厂中心试验室冶金研究室科技人员在一缺技术资料、二缺设备的困难条件下，自制一台 25 公

斤的小型电渣炉，配备一台75千伏安变压器及小型水冷结晶器等，开始了电渣冶炼的试验研究工作，并于4月底熔炼出第一根25公斤滚珠轴承钢锭，经检验质量达到军甲精密滚珠钢标准，为我国电渣重熔特种冶炼技术闯出一条新路。

1960年6月，电渣试验场地搬迁到二炼钢旧变电室内，建成一座150公斤电渣炉，结晶器内衬改为铜质，自耗电极升降架用双槽钢丁字架，并用电动机滑轮制动，在科技人员努力下，特殊钢电渣重熔工艺试验取得了新成果。首创“液体渣引燃”新工艺，使电渣重熔操作更方便、更稳定、更安全，不仅为进一步提高钢的纯净度创造了条件，而且为电渣重熔工艺做出新的贡献。

1961年春，冶金工业部向大冶特钢正式下达了电渣重熔航空轴承钢的试制任务，在不到一年时间里，不仅按高标准完成了试制任务，而且超额完成了第一批钢材交货任务，经第三机械工业部（航空工业部）洛阳轴承研究所全面检测鉴定和轴承寿命试验结果证明，完全满足了航空轴承钢的技术要求。大冶钢厂电渣重熔成功的第一个钢号是航空轴承钢，不仅宣告中国也有了自己的航空轴承新材料，而且成功打破了航空轴承遭苏联封锁的瓶颈难题。

（二）从小到大

1962年，“八一”车间电渣炉进行全面技术改造，将原来10座电渣炉中6座进行拆除，留下4座。炉容量也由原来的200公斤增加到280公斤，初步完成了以单臂单相固定式为主体的电渣重熔生产工序，年产电渣锭约200吨。1965年8月1日，1座单臂单相底座双车式2.5吨电渣炉建成投入试生产，年产电渣钢锭2500吨。这台电渣炉当时在国内尚属独一无二，是国内先进的容量最大的电渣炉。此后，不断发展改造，1966年成立了专门从事特种冶炼的三炼钢车间，下设电渣冶炼和感应炉冶炼两部分，持续发展和创新特种冶炼技术，成功实现从无到有、从小到大、从低级到高级，开创了独具特色的特种冶炼技术。

1966年2月4日，电渣车间和感应炉车间从中心室搬出，改称三炼钢，随后新设2.5吨电渣炉3座，新建和改建1.2吨电渣炉3座、1吨电渣炉一座，形成了年产万吨的大型电渣车间。1969年9月，在北京钢铁研究总院协作下，在电渣炉上首次进行电渣熔铸122毫米榴弹炮身管毛坯的试验，成功试制出122毫米榴弹炮身管用大型空心铸坯，经检验达到同钢种锻件水平，通过实弹射击未发现异常现象，有临战实用价值；并于9月12日成功地在电渣炉熔铸成3支，经检验达到同钢种锻件水平。电渣熔铸工艺，具有熔、铸结合、高温渣洗、顺序结晶等特点，使金属纯净度高，夹杂物分布改善，组织致密、成分偏析小，保证了盘件（坯）单件生产的质量和重现性，在国内首创了“以铸代锻”的新工艺。

1970年2月，接到电渣熔铸100毫米高炮身管毛坯试制任务，于4月14日在5号电渣炉上成功熔铸第1支，经试验鉴定表明：电渣熔铸“701”钢火炮身管毛坯的综合力学性能指标和靶场射击考核各项检查项目，均达到了产品技术标准和有关技术要求。证明这一科研项目方向是正确的，工艺设计是成功的；而且产品的冶金质量优良、设备简单、操作方便、基建投资少、上手快、适应战时生产，是国外尚未采用、我国独创的成功工艺。

（三）从优到特

1960年以前851涡轮盘是从苏联进口。涡轮盘是飞动发动机的重要部件之一，因在高速、高温、高压下工作，对材质要求十分严格。1973年2月，大冶特钢承担电渣熔铸851Ⅱ级涡轮盘试制任务，采用电渣熔铸851Ⅱ级涡轮盘，没有任何经验可借鉴，国外也没有先例。经过8个月的努力，终于炼出了第一批851Ⅱ级涡轮盘。冶炼工艺稳定，各项指标达到或超过851Ⅱ级涡轮盘性能要求，经超声波探伤及电子加速器照射检查未发现异常，提供了试车料。1979年12月17日，大冶钢厂生产的电渣熔铸851Ⅱ级涡轮盘和100毫米高炮身管毛坯分别获得国防科委一等奖。

20世纪70年代初期，相继完成电渣熔铸100毫米高炮身管实验任务后，首次在国内成功地熔铸出第一批外径350毫米、内径150毫米、长2700毫米的潜望镜空心管坯，并由成都钢管厂轧成“707”潜望镜管装在潜艇上试航。大冶钢厂成功熔铸出航空发动机用环形件、851发动机二级涡轮盘、人造金刚石用高强钢坯及各种大口径特薄管坯。随着电渣熔铸异型件生产能力的不断增强，既为熔铸大型设备备品备件的修复工作开辟了一条新路，又为我国国防建设做出了独有贡献。

现大冶钢厂在建炉台共计28台电渣炉，其炉型能够适应任何锭型品种的需求，截至2020年年产电渣钢8万吨。电渣炉装备具有灵活组排性，生产能力上最大生产20吨电渣钢锭，最小生产0.5吨电渣锭。气氛有惰性气体保护电渣炉（氮气、氩气），适应于低氧和含氮电渣钢冶炼。致力于核心技术研发及工艺创新，为提高钢锭的寿命和产品用途，除了单独使用电渣重熔工艺冶炼电渣钢，还可以匹配双真空联合生产双联工艺和三联工艺，使钢锭实物质量更洁净、气体含量更低。拳头产品以轴承钢为代表，铁路车辆轴承用渗碳轴承钢G20CrNi2MoA于1991年荣获国家级金质奖（见图1-3-76），高碳铬滚珠轴承钢GCr15、GCr18Mo 1993年荣获国家级银质奖。

大冶钢厂
你单位曾于一九八五年度获奖
的铁路车辆轴承用渗碳轴承钢 经复查确认继
续授予国家金质奖特发此证书
国家质量奖审定委员会

图1-3-76　1991年获铁路车辆轴承用渗碳轴承钢荣获国家金质奖

八、高温合金无缝钢管，逐梦圆梦筑苍穹

大冶钢厂生产的高温合金无缝钢管，因其具有良好的耐高温性能，多次用于我国“长征”系列火箭，从第一颗人造卫星上天到中远程导弹的成功发射，大型液体火箭发动机燃烧室的进口导管、输送液体燃烧的导管及波纹管均为“大冶钢厂造”。

（一）追梦：试制研发

高温合金一般用于航空发动机，但在火箭发动机中也具有特殊重要性。20 世纪 50 年代我国使用的高温合金基本上是从苏联进口。随着国防工业的发展，大冶钢厂不断扩大航空用钢的品种，不仅生产了棒材，而且扩大生产了冷拉材和管材；与此同时，还积极地开辟航空用高温合金的研制与生产。到了 1960 年，中苏关系恶化，苏联停止高温合金这一类国防用材料的供应。为了满足国防工业发展需要，大冶钢厂开始高温合金的试制工作。

1960 年 4 月大冶钢厂成立第二、第三、第四 3 个研究室，准备试制高温合金、精密合金及金属陶瓷。高温合金管材用于制造大型液体火箭发动机涡轮泵燃气进气管、输送液体燃烧的导管和波纹管等其他部件，使用条件十分苛刻，要求耐高压高温，有的则在液氢或液氢温度下使用。而 GH131 合金是一种固溶强化的铁基高温合金，具有良好的高温瞬时性能、热强性能和工艺性能。

（二）逐梦：九天揽月

1962 年首先采用常压感应炉加电渣双联工艺试制棒料取得成功，1967 年接受了无缝管的试制任务，使用常压感应炉加电渣工艺冶炼，采用过热挤压—冷拔、热穿孔—冷拔、钻孔—冷轧、钻孔—旋压四条工艺路线的试验研究，最后选定了钻孔加旋压成型的生产工艺。

刚开始研制时，曾在试验室做过热塑性试验，发现合金的高温变形抗力大、塑性差，热加工十分困难，但在当时的设备条件下，采用热加工的办法进行穿孔是不可能的。1967 年 10 月，技术人员去有色金属研究院参观该院刚投产的一台合金无缝钢管的生产设备后深受启发，认为必须进行生产设备的改造、工艺路线的修正，才能解决高温合金管的穿孔问题。

1968 年 3 月，成立了设备设计制作组和高温合金管生产工艺组，对高温合金进行了棒料机械加工和管加工工艺路线试验，并借用上钢五厂的 LD70 四辊冷轧机轧成成品合金管，共 93 支。这批无缝钢管的成功研制解决了中国第一颗人造卫星上天的急需。

（三）筑梦：领航太空

1968 年 8 月初开始用新装的成型生产设备生产高温合金管。生产出的第一根合格的高温合金无缝钢管送往北京，向正在召开的冶金企业“815 会议”献礼和展览，得到了冶金工业部的表扬。其管坯的生产工艺是当时国内最先进的双联冶炼工艺和空气锤自由锻锻制开坯。自 1968 年生产以来，高温合金管质量稳定，它的工作温度极高。此后，大冶钢厂

一直采用这种生产工艺生产一代又一代长征系列运载火箭发动机用高温合金无缝钢管。这一工艺的成功研制，不仅为高温合金无缝管的生产闯出了一条新路，而且为发展国防尖端技术提供了强有力的支撑，填补了国内空白，满足了国家急需。

在此基础上，大冶钢厂还利用电渣熔铸和穿孔技术等方法制备管坯，经冷加工成型工艺制成多种规格大口径超薄壁无缝钢管，用于制作三级火箭发动机关键部件上，成功用于洲际导弹和人造卫星的发射。

高温合金无缝管从 1967 年开始试制到 1983 年底通过鉴定，在前后 17 年时间里，大冶钢厂的技术人员、员工和领导做了大量工作，从 1970 年 4 月第一颗人造卫星上天后，采用此管制作的零部件一直被用于长征系列运载火箭发动机和推进器上，为我国卫星、中远程导弹等成功发射做出了贡献。

（四）圆梦：筑梦苍穹

1970 年 3 月 28 日，高温合金无缝管在北京正式通过地面试车检验。1970 年 4 月 25 日成功应用于我国第一颗人造卫星升空上天，并收到了中共中央、国务院等的贺电。

大冶特钢自主研发的高温合金无缝管是中国唯一一家制造大型液体火箭发动机用关键材料的独家供应商，多次获得各种奖励。

致力于高温合金管研究的同时，大冶钢厂生产的大口径特薄壁不锈无缝钢管，主要供制造三级火箭发动机和核反应堆关键零部件。1968 年自制冷加工机组开始生产不锈钢薄壁管和高温合金管，并按标准要求为国家代号“东四”用料和“三抓”工程急需用料提供了大口径特薄不锈钢成品管。1980 年又将冷加工设备升级，达到系统配套，可生产 20 余种规格的大口径特薄不锈钢管，并具有一定的生产能力。

大冶钢厂生产的薄壁无缝管晶间腐蚀、表面光洁度，成型性能和力学性能等方面在国内具有较高信誉。1980 年和 1984 年我国洲际导弹和通讯卫星的成功发射均使用大冶钢厂生产的大口径特薄不锈钢管，因而获得中共中央、国务院、国防科委以及航天部的贺电和贺信。

1973 年经冶金工业部与七机部联合鉴定后，定型转入正式生产，并荣获国防科研二等奖。

从 1968 年成功研制出高温合金无缝管到现在，经历了半个多世纪，大冶钢厂不仅解决了中国第一颗人造卫星上天的急需，而且成为中国大型液体火箭发动机关键部位材料的独家供应商，为我国卫星、中远程导弹、长征、神舟系列火箭等成功发射做出了独特的贡献。

九、贯彻“工业七十条”，成就行业好样板

经过三年“大跃进”，冶金工业特别是钢铁工业受到了很大的影响。1961 年钢产量下降到 870 万吨，上缴利润也大大下降。

1961 年党中央提出了“调整、巩固、充实、提高”的方针，国务院颁布了《国营工业企业工作条例（草案）》(即工业七十条)。

大冶钢厂（今大冶特殊钢有限公司）组织的“五好小指标竞赛”活动，是针对当时的管理混乱和严重亏损局面，为贯彻“工业七十条”所开展的意在调动职工积极性和创造性、提高企业管理水平、确保国家计划完成，而将“五好企业标准”层层分解为可计量的小指标，以劳动竞赛的形式来确保小指标完成的群众活动。

大冶钢厂遵照毛主席要把冶钢“办大办好”的指示，到“一五”末期的1957年，钢产量达到33万吨的设计能力，强化了定额、计量、原始记录三项基础工作，企业管理水平有了很大提高。“一五”期间，产值利润率达到32.35%，利税增长率为18.67%，各项技术经济指标达到国内先进水平。但“大跃进”给大冶钢厂带来了深重的灾难，生产只求数量“放卫星”，质量、品种、成本却被严重忽视，管理上一味强调“破除迷信”，却破除了许多合理的规章制度和科学有效的管理办法，造成质量下降，利润大滑坡。1959～1961年，年年亏损，三年累计亏损达7231万元。

在开展“五好小指标竞赛”活动中，他们在方法上注意掌握三条原则：

一是制订小指标坚持领导、专业人员与工人三结合，1962年初，大冶钢厂党委放手发动群众，开展“查、定、保”活动，在制定“定、保”方案的同时，采用“分、排、试、总”的形式建立岗位责任制。“分”是分解指标，“排”是指标排队，“试”是对关键指标采用“三结合”方法进行测试，“总”是总结群众中的好经验。然后将“五好”和小指标与岗位责任制统一起来，纳入劳动竞赛当中，便出现了五好小指标竞赛的萌芽。在此基础上，对指标进行分解、细化完善、筛选，使指标体系更加完整、科学和便于操作。对辅助工种、非生产人员和职能管理人员指标的确定，则采取了“分类订分法”，使每个人负责的小指标量化成标准分，使之有利于计量和考核。

二是坚持“一好带四好”“四好为一好”的原则。“五好”中要以政治思想好带动其他“四好”，以生产好为出发点和落脚点，即“四好”都是为了“生产好”的目标，以确保国家计划的完成。在坚持这项原则下，首先注意思想动员工作，把毛泽东同志的“办大办好”作为动力，使广大职工群众树立“为厂争荣誉、集体争先进”的责任感。其次是用竞赛的办法来确保计划任务的完成，完善了以厂长为首的全厂统一生产行政指挥系统，强调生产指挥军事化，调整职能机构，健全管理体制，完善各项规章制度，以更适应完成企业生产任务的要求。第三是把班组经济核算纳入竞赛活动，核算内容是干什么、管什么、算什么，并逐日核算，随时公布核算结果，从而使工人群众及时了解自己的劳动成果，成为十分贴近工人群众的深受欢迎的核算形式。第四是深入持久地开展增产节约运动，这是使小指标赛的各项指标保持先进合理水平，一年上一个新台阶，做到常赛常新的一种有效途径。

三是小指标竞赛考核坚持“突出重点、全面考核”的原则。突出重点就是突出“生产工作好”，体现“四好为一好”，全面考核就是其他“四好”也要考核。由于其他“四好”很难量化，便采用了“政治评功、经济评分”的方法，把日常生活中的闪光点、新人新事、先进事迹，在每周检查时记录下来，存入“五好”档案，为年度评比积累资料，以改变过去从一时印象出发的形式主义评比方法。“经济评分”就是按小指标的性质不同规定为不同的标准分值加分或减分（扣分），然后评出实得分数。奖励时以此为据，减少了矛盾，比较公平合理。

大冶钢厂开展“五好小指标竞赛”活动取得了显著效果。第一，实现了扭亏为盈、“转差为优”的预定目标。开展的第一年，就结束了三年连续亏损的局面。第二，技术经济指标不断提高。如轧钢成材率接近全国最高水平，跃居八大特殊钢厂的第一位。第三，促进了企业管理水平的全面提高，完善了企业领导体制，建立了总工程师制和总会计师制，健全了岗位责任制，定期召开职工代表会和车间职工大会，使职工更好地履行当家作主的权利，以及健全了经济活动分析制度等。

大冶钢厂推行的“五好小指标竞赛”不仅在本厂取得明显效果，而且在同行业中、在社会上也引起很大反响。1963 年 5 月，冶金工业部在大冶钢厂召开现场会，推广“五好小指标竞赛”经验，刘彬副部长出席会议并讲话，肯定“小指标竞赛”是五好企业的基础之一。1963 年 6 月 8 日，中共湖北省委作出了在全省开展“五好”运动的决定。《冶金报》于 1963 年 7 月 3 日发表了题为《增产节约劳动竞赛的一种好形式——论“五好”小指标竞赛》的社论，同时发表报道和评论文章，都充分肯定了“五好小指标竞赛”。

“小指标竞赛”在全国冶金系统推行以后，对克服“大跃进”和三年自然灾害带来的不良后果起到了极大的作用，使遭到严重破坏的钢铁工业逐步恢复了生机和活力。

十、怀使命艰苦奋斗，写辉煌磨砺前行

前进是经历了一次又一次跌倒取得的，成绩是一次又一次失败经验的积累。不惧困难，前仆后继，勇往直前，才有今天北京北冶功能材料有限公司的辉煌成果，更可贵的是精益求精、锲而不舍、永不放弃、严密工作作风的精神品质一代接一代的传承成为公司永恒的前进动力。

1961 年冬末春初，北京北冶功能材料有限公司的前身——北京冶金研究所初创建所。北京冶金研究所建所初期，时值三年自然灾害时期，环境相当艰难，硬件上只有几排灰色的平房和破旧的厂房，资金支撑上仅能维持最低工资和简单办公用品的事业费，没有任何资金购买原料，更不能奢望添置仪器和设备。当时研究所最值得炫耀的财富是一台奥地利进口的 3000 倍光学金相显微镜、一台用于化学分析的精密天平和几件简单不配套的工艺设备。这几样“宝贝”还是北京市委工业部为了成立这个研究所，晒出了全部家底，打开了仓库，从中挑选出所有适合研究所使用的仪器和设备。研究所往何处去，开发什么材料，的确让人迷茫。

然而，这时研究所最可贵的不是仪器设备，而是一批刚迈出大学、中专、高中、初中校门的青年走入了研究所的不同工作岗位，还有一批中高级的技术工人。他们热情横溢，血气方刚，抱着一颗为开发国内特种金属材料的赤子之心，日以夜继，拼命学习和工作。办公室的灯光彻夜不息，有人累了，睡倒在办公室，有人病了，卧倒在办公室，身体稍有好转，继续工作。没有任何现成的工艺资料，也没有任何实际的材料样品，更没有完整的工艺装备，仅靠有限的几本过时的俄文杂志（那时由于西方对中国封锁技术，国内没有任何西方技术杂志）和书本知识，反复探索着开发各种黑色、有色的功能材料。当时研究所

由于缺少最基本的工艺设备，管理人员只能蹬着平板三轮车，拉着钢锭求援全市其他工厂协作。由于特殊的材料需要特殊的制造工艺和测试各种物理化学参数，技术人员靠自己双手组装工艺和测试设备，经过一次次的失败挫折，不仅材料开发取得了突破，自己动手组装的工艺和测试设备也达到了当时较高水平。第一批产品永磁、软磁材料终于被应用在当年北京市的标志产品——牡丹牌两波段半导体收音机上。

正当研究所找到前进的方向、见到希望的曙光，享受到经过辛勤努力取得甜蜜的科研成果的时候，“文化大革命”席卷而来，让几乎所有的研究技术人员离开了自己的岗位，下放劳动改造，一个昔日和睦团结的集体，处于相互防范、四分五裂的混乱局面，全部研究开发工作被迫中断。

1978 年的春天是个不平常的季节。全国科技大会的召开给科技界带来了多年消逝的温馨气氛，像一股春风吹进科技人员的心里，焕发出积累多年的重返材料开发的热情和希望。为了弥补由于十年浩劫造成的功能材料与国际之间的巨大差距，满足国内经济建设和科技发展对功能材料的需要，北冶研究所在国内率先开展国际交流和合作。多次邀请国外知名专家和学者与技术人员对前沿领域的最新成果和成熟的技术工艺进行介绍和交流，同时多名科研人员作为访问学者去国外学习和工作，把他们在国外取得的成绩带回到国内不同单位，成为不同领域的优秀人才。在此期间，在国外专家的建议下，第一次引进技术和设备的软磁铁芯生产线，突破了困扰我们如何把科研成果转化为稳定产品的难题。不仅实现了科研产品的深加工，而且铁芯质量和性能多年在国内处于领先地位。

进入 21 世纪后的 20 年是北京北冶功能材料有限公司快速发展、成果丰富的年代。随着内在实力的壮大，工艺设备和测试仪器设备有了翻天覆地的更新，成立了全国性专业材料实验基地，吸引了大批学成有志的各类技术人员投入到特殊钢新材料的开发和批量产品的转化工作中，成为包括航天、发电等国内重要产业的稳定供货者和合作伙伴，已成为国内一只特殊功能材料开发的生力军。

十一、创新提质有赓续，摘金捧杯轴承钢

早在 1954 年，大冶钢厂就开始试制轴承钢，当时国内技术不成熟，都是照搬苏联标准，仿制苏联牌号。1965 年大冶钢厂研发出轴承钢生产工艺，其合格率达到 99. 32%。到 1985 年，大冶钢厂生产的电渣铁路轴承钢 G20CrNi2MoA（滚 20 铬镍 2 钼 A）首次获得国家金质奖，消息轰动一时，让很多国外钢企对大冶钢厂刮目相看。

（一）老厂长善于学习善动脑，贡献突出连获奖

20 世纪 70 年代，随着我国铁路货车运输向高速重载方向发展的需要，在货车主轴上用滚动轴承代替惯用的轴承势在必行，而当时铁路货车轴承用渗碳轴承钢 G20CrNi2MoA 在我国还处于空白状态。

面对铁路货车用钢飞速发展的大好前景，是墨守成规依靠进口，还是创新攻关自主研发？时任大冶钢厂厂长的李仲连陷入了深深的沉思。他明白依靠别人的核心技术，我们只能算是一个加工车间，掌握不到真正的核心技术，生产出来的产品是不具有竞争力的。但

根据当时的技术和装备能力要想从根本上掌握渗碳轴承钢 G20CrNi2MoA 的核心技术又谈何容易？

恰逢此时，中央号召各大钢铁企业走自力更生发展道路，通过建立攻关基地来实现自制代替进口。这更加坚定了李仲连走自主研发道路的决心。1979 年，根据铁道部安排，大冶钢厂引进日本 197726 型轴承成套设备，着手试制渗碳轴承钢 G20CrNi2MoA。

时任大冶钢厂厂长的李仲连对这次试制工作非常重视，除了安排负责该项技术研究的陆叙生抓紧对该项目的跟进，还亲自组织召开试制准备会，要求大家在半年时间内完成渗碳轴承钢 G20CrNi2MoA 的试制工作。为了确保试制工作的顺利进行，该产品的冶炼工作由当时的二炼钢厂来承接，由大冶钢厂轴承钢研究组负责技术协助，采用“电炉+电渣”双联工艺冶炼工艺进行冶炼。

为了保质保量完成此次试制工作，李厂长和轴承钢研究组的技术人员通常是在现场没日没夜持续跟进，亲自对该产品的生产流程进行把关。在全体人员的共同努力下，该产品的成功试制工作仅仅用了半年时间。此次的试制成功在大冶钢厂轴承钢的发展史中具有划时代的意义。

首次的试制成功没有让厂长李仲连满足，他深知钢铁市场竞争的激烈与残酷，要想从其他企业分得这杯羹，让中国轴承钢走出国门、走向世界，唯有在质量上进行再突破。为拉近与其他国家的差距，也为了近距离掌握第一手冶炼技术，李仲连 1980 年 5 月利用参加中国金属学会代表团回访日本的机会到日本参观访问了 20 天（见图 1-3-77）。李仲连充分利用好这宝贵的 20 天，马不停蹄在日本各钢铁厂进行资料收集，他将在日本钢铁业的所见所闻，包括一些重要数据都进行了详细的记载。

图 1-3-77　1980 年 5 月，李仲连(后排左四)随中国金属学会访问日本

和中国金属学会成员的短短 20 天日本之行让李仲连受益匪浅。回到大冶钢厂后的李仲连在第一时间联系了大冶钢厂轴承钢研究室的技术负责人，同时组织了包括时任大冶钢厂生产技术科科长的陆叙生等技术人员进行了大讨论，将一些宝贵的经验进行了分享，组织技术人员对 G20CrNi2MoA 钢质量保证体系进行了全面完善，并运用 PDCA 循环法开展了全面质量管理活动，通过系列攻关和改进，产品质量不断提高。

1980 年，在全国冶金工业会议上，大冶钢厂厂长李仲连提议特钢要走联合道路成立中国特钢联合公司，其优点：一是有利于技术改造，不搞重复建设，避免小而全、大而全；

二是有利于产品专业化，培养有竞争力的品牌；三是有利于相互协调、取长补短，加快现代化建设；四是有利于增强实力、避免内耗，增强国际竞争力。

20 世纪 80 年代，大冶钢厂在轴承钢生产工艺研究方面已日趋成熟，李仲连老厂长要求对铁路用渗碳轴承钢 G20CrNi2MoA 进行大批量生产，到 1983 年已生产近万吨钢材。在加大生产量的同时，大冶钢厂在工艺攻关方面不断进行创新，采用电渣重熔新工艺、新渣系的研究，使钢的纯净度得到了进一步提高，解决了夹杂物、发纹、奥氏体晶粒度、淬透性等质量问题。后期大冶钢厂又通过从西德引进一台二斜辊矫直机，彻底解决了 ϕ120 毫米材不能矫直的质量问题。产品性能达到和超过日本光洋技术标准水平，深受用户欢迎。1983 年，大冶钢厂生产的 G20CrNi2MoA 获省优质产品，成为大冶钢厂的品牌产品、拳头产品。

图 1-3-78 1988 年，中华人民共和国国防科学技术工业委员会为李仲连颁发奖章

1988 年 10 月 1 日，李仲连老厂长被中华人民共和国国防科学技术工业委员会授予“献身国防科技事业”荣誉证章（见图 1-3-78）。1993 年 3 月 3 日，中华人民共和国冶金工业部为李仲连颁发“在冶金军工的创业和发展中做出了突出贡献”奖励证书和奖章（见图 1-3-79）。

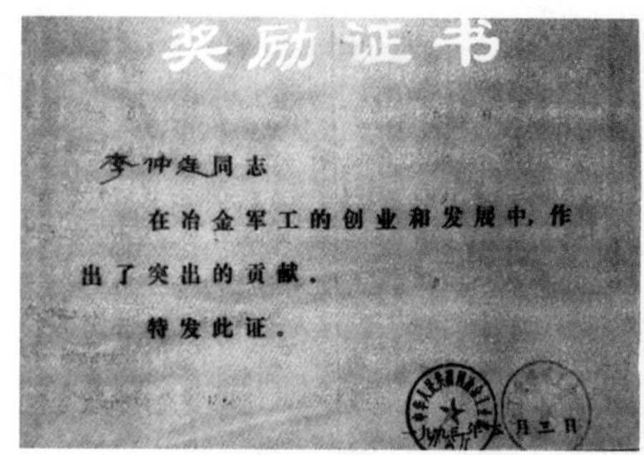
奖励证书

李仲连同志

在冶金军工的创业和发展中，作出了突出的贡献。

特发此证。

图 1-3-79 1993 年 3 月 3 日，中华人民共和国冶金工业部为李仲连颁发奖励证书与奖章

（二）新厂长敢“啃”硬骨头，质量一流摘金奖

1985 年 1 月 1 日起，大冶钢厂实行厂长负责制，时任大冶钢厂厂长兼党委书记的陆叙生全面负责各项生产、技术管理工作。陆叙生刚一上任就把工作重心放在了产品质量提升方面。当年 6 月，陆叙生成立了由厂长、副厂长、总工程师等组成的质量检查领导小组，并下设质量检查办公室。

为充分发挥质量领导小组、质量检查办公室作用，提高产品质量和产品竞争力，陆叙生除了质量工作亲手抓、定期组织技术骨干人员召开质量攻关会外，还要求技术人员对 G20CrNi2MoA 等重点品种进行持续攻关，要求大家既要有“啃硬骨头”的耐心，也要有创国际品牌的勇气。

针对 G20CrNi2MoA 钢属低碳钢，技术标准成品碳要求严格、冶炼标准高等难点，大冶钢厂对该品种进行专项攻关，将每一个重点指标与其他先进企业进行对标。在陆叙生厂长和大冶钢厂长期从事轴承钢研究工作的轴承钢研究室主任、工程师叶瑞强等人的带领下，大冶钢厂的产品质量得到大幅度提升，1984 年，大冶钢厂生产的渗碳轴承钢 G20CrNi2MoA 产品获部优质奖。

1985 年 1 月 30 日，南口机车车辆厂对大冶钢厂生产的汽车轴承用渗碳轴承钢 G20CrNi2MoA 热轧圆钢进行了用户反馈，对产品质量进行了高度的肯定："该产品质量稳定，各项技术指标复验合格率 100%，与国内其他厂相比，治钢钢材长度齐全，无乱尺情况，尺寸公差小，捆扎合理，标志清晰。由于表面质量好、无裂纹，从而杜绝了轴承生产中的锻造裂纹和最终磁粉探伤的废品损失，提高了我厂的经济效益，受到生产工人的欢迎。"

1985 年 10 月 9 日，日本爱知制钢常务董事山本俊朗在大冶钢厂讲轴承钢研究的历史、现状及其发展。来自全国 38 个有关单位、89 名代表到大冶钢厂听课。为了更好地开阔大家的视野，大冶钢厂厂长陆叙生充分利用这次日本专家到大冶钢厂讲课活动机会，除了安排技术人员参加听课，还对山本俊朗所讲内容进行全面传达，为广大技术工作者和一线工人举行了一次丰盛的科普宴。

通过与其他先进企业技术对标交流，将其他企业好的技术进行推广应用，在对比中不断提高，在大家的共同努力下大冶钢厂生产的轴承钢多次获得殊荣，1985 年大冶钢厂生产的铁路车辆轴承用渗碳轴承钢 G20CrNi2MoA 热轧圆钢获国家优质品金质奖。1991 年 3 月的一天，大冶钢厂二炼钢厂房内大家在欢呼、奔走相告，一个让所有大冶钢厂人振奋的消息传来，大冶钢厂二炼钢负责冶炼的渗碳轴承钢 G20CrNi2MoA 热轧圆钢经复查确认继续被授予国家金质奖。

十二、"十八罗汉"显神通，钎钢钎具露峥嵘

1957 年，冶金工业部（简称冶金部）提出应按照年产 300 万吨级规模重点建设鞍钢、包钢、武钢等 3 个大型钢铁厂；按照年产 50 万~100 万吨级规模建设首钢、酒钢、太钢、本钢、唐钢等 5 个中型钢铁厂；按照年产 30 万吨级规模建设邯钢、济钢、临钢、新钢、南钢、柳钢、广钢、三钢、合钢、长城特钢、八钢、杭钢、鄂钢、涟钢、安钢、兰钢、贵钢、通钢等 18 家小型钢铁厂。这一方案曾一度被陈云副总理称之为"三皇五帝十八罗汉"。

贵州钢厂（现首钢贵阳特殊钢有限责任公司，以下简称贵钢）是国内最大的凿岩用钎钢钎具产品的生产与科研基地。20 世纪 60 年代初，国家工业的快速发展需要大量的煤炭、铁矿、铜矿、铝矾土等原料，全面铺开的公路、铁路、桥梁等基础建设工程也需要开挖、掘进，这些采矿及建设工程都需要大量进口凿岩工具——钎钢钎具。而钎钢钎具的进口一方面受相关国家制约、限制；另一方面价格昂贵，进而严重影响了国家建设及经济发展。贵钢专业技术人员抱着为国争光的必胜信心和决心，攻克和掌握了中空钢轧制、制钎及热处理工艺等核心技术。1970 年 1 月，贵钢建设的我国第一条钎钢钎具生产线竣工投产。一年之后，国内首个钎钢研究所在贵钢成立，1975 年 7 月，贵钢钎钢钎具转入批量化生产。

1984 年 8 月，贵钢成品钎荣获中国当年最高质量奖——“国家银质奖”（当年金质奖空缺），见图 1-3-80。本文讲述了贵钢研发钎钢钎具的故事。

图 1-3-80 “国家银质奖”证书

（一）太阳冒出地平线，贵钢争得钎钢研发任务

这是 1964 年的初秋，空气里刚有一丝微微的凉意，贵钢厂区里仍然郁郁葱葱的法国梧桐偶尔落下几片微黄的树叶。陈泓疾步走在厂区的小路上，他顾不得欣赏这季节变换的景色，拎着行李包就冲进了厂长商宝书的办公室。就在几天前，他作为贵钢派出的技术骨干参加了冶金工业部的新品种会议，刚风尘仆仆地从东北的新抚钢厂赶回贵阳。

他急于向新来的厂长商宝书汇报会议的精神，一向温文尔雅的他此时难抑心中的激动，客气话都来不及说，就直奔主题并说道：“国家需要大量用于凿岩钻井的钎钢产品。现在只有新抚钢厂能够生产少量的钎子钢，而且质量与国外差距很大。国内所需的钎钢产品基本要从瑞典、日本进口，进口的钎钢产品是按米计价，测算下来要 2 万人民币 1 吨。国家每年需要花费 2000 万美元。冶金部要求，钎钢产品要尽快国产化，有条件的企业要积极进行该产品的试验工作。”

商厂长还没有听完陈泓的汇报，唰地站起身来，大嗓门震天响：“太阳冒出地平线了！赶快给冶金工业部写报告，把实验钎钢产品的任务拿过来！贵钢就从这里起步，目标——世界水平！”

这一年成了贵钢发展史上极为重要的一年，贵钢开始了具有战略意义的转折——从生产普通碳素钢改为生产钎钢钎具等特殊钢。

陈泓联手北京钢铁学院（现北京科技大学）的几位老同学编写了产品试验的可行性报告。有厂长商宝书和党委书记高文林的鼎力支持，可行性报告顺利地得到了冶金工业部的批复。

报告批下来了，可厂里很多人不乐意了，对研发钎钢任务议论纷纷：贵钢无生产钎钢的技术、无生产钎钢的设备、无生产钎钢的图纸、在国内还找不到可以借鉴的样板，一句话贵钢“四无”，还要搞什么钎钢。事实上，钎钢产品试验难度确实很大，在这方面瑞典和日本在世界领先，但他们对钎钢的关键技术——品种冶炼的选择、钢锭浇铸的把握，以及中空钢的特殊轧制等技术百般保密。不少车间主任也持怀疑态度，爱“放炮”的还在会上对商宝书厂长发难。一向铁腕的商厂长并没有责难提意见的人，他指着脚下平坦的厂区大道说：“这里原本是荒坡沼泽，并没有平坦的水泥路吧！但走的人多了就踩出了路。如果谁也不走第一步，道路是永远不会出来的！”当时冶金工业部安排十家特钢厂进行钎钢研发实验，只有贵钢坚持了下来。

凿岩钎具是国民经济建设，特别是矿山、能源、交通建设和国防工程必不可少的采掘工具，中空钢材是制造凿岩钎具的原材料。就生产技术而言，中空钢是一种工艺复杂、技术要求严格的产品，20 世纪 50 年代，主要从苏联、瑞典、日本、英国、法国、奥地利、芬兰等国进口。1958 年以后，随着社会主义建设事业的全面开发，矿山采掘、农田水利及其他凿岩工程对钎具的需求越来越大。每年全国要消耗钎钢约 3.6 万吨，需耗费大量外汇，钎钢的供求矛盾日益突出。20 世纪 60 年代初，我国开始进口中空钢材，并加工成钎具使用。但由于钎杆基本上都是由使用单位自行锻造，制钎设备、工艺技术都十分落后，质量一直上不去。钎杆大都在高频率、高冲击功率、高腐蚀的条件下使用，钎杆质量不好，使用寿命非常短，导致钎钢消耗量大。据统计，当时我国矿岩采掘量只有世界总量的 1/10，但钎钢消耗量却占世界消耗量的 1/4。在矿山，常常是成车的钎杆往井下送，接着又是成车的废品往上拉，浪费十分严重，常有矿山因钎具供应不足而被迫停产。由于我国钎钢事业白手起家，技术力量薄弱、装备差、资金不足，因而整个试制工作进展缓慢。与此同时，进口钎钢价格昂贵，供不应求，成品钎成了当时国内最紧缺的产品之一。许多重大工程均因钎杆短缺影响工程进度而向冶金工业部求援，铁道部、煤炭部也要求尽快生产高质量的钎钢。

当时，国家的特殊钢主要由大连、本溪、抚顺和重庆几家钢厂生产。大连以生产合金工具钢为主，本溪以生产军工锻材为主，抚顺以生产高温合金钢为主，重庆以生产轻武器用钢为主，但是远远满足不了需要，建设新的特殊钢厂成了国家的重要战略目标。早前，贵钢曾组织干部和技术人员前往东北地区，学习新抚顺钢厂的中空钢生产工艺，为开发产品做准备。回厂后，在上级部门的支持下，科技人员奋发图强，刻苦钻研，进行了中空钢的试制，在 25 毫米六角实芯钎的基础上，自行设计了中空钢生产的整套工艺。1964 年 6 月，贵钢专业技术人员攻克和掌握了中空钢轧制、制钎和热处理工艺等核心技术，为发展钎钢基地奠定了基础。

（二）多措并举，八方支援，建设贵钢钎钢基地

1964 年冬季，冶金工业部决定将贵钢建为具有 10 万吨生产规模的特殊钢厂。由大连、本溪、北满的钢厂帮扶贵钢的改扩建工程，并从大连、本溪调来近 500 名职工，同时还有大量的设备。10 月 17 日冶金部吕东部长亲自到贵钢进行协调，要求中国有色金属工业第七冶金建设公司停下所有在建项目，保贵钢的“普转特”改造工程。

贵钢这边也立即行动了起来，向冶金部递交申请并迅速成立贵钢钎钢试验小组，将 1960 年从北京钢铁学院（简称北钢院）进入贵钢的陈泓、施恩以及 1962 年以后的北钢院

毕业生叶庶德、黎炳雄、洪达灵等人编为贵钢钎钢试验小组成员。这些北钢院高才生自觉挑起重担，白天黑夜地拟方案、定措施，拉起队伍说干就干。

之后，钎钢试验小组要钱给钱、要人给人，商厂长不遗余力地支持。贵钢开始试验和生产钎钢的初级产品，为以后钎钢的发展打下坚实的基础。

炼钢车间主任潘学荣、轧钢车间主任王景贵分别带领队伍到全国各地参观学习；陈泓他们这帮年轻的工程技术人员，则废寝忘食地开展技术方面的工作。施恩是试验小组中的冶炼工程师，负责钎钢硅锰钼系中空合金钢种的冶炼试验，校友陈孝锦、戴映蟾和梁绍发是他的得力助手。这时从大连钢厂及全国各地到贵钢的工程技术人员、车间领导和工人师傅也来了，钎钢品种试验的工作在贵钢炼钢车间取得巨大的成功。只要冶炼硅锰钼系中空钢和北京冶金设计总院的专家来贵阳，施恩他们就会提前出现在电炉旁，亲自到炉台上测温、搅拌、取样，有时还会与工人们一道用铁锹一锹一锹地向炉火熊熊的炉中添加矿石、石灰和各种硅锰钼合金。火光照着他们黝黑的面庞，这一张张脸上有不畏困难的坚毅，更有建功立业的期盼。

一场轰轰烈烈、扎扎实实为国分忧解难挑重担的战斗在贵钢如火如荼地打响了。

1966 年 7 月，冶金部从贵钢、新抚顺钢厂、北京钢铁研究总院、河北铜矿、红透山铜矿、中条山有色金属公司等 16 个单位抽调了 40 名干部组成了一支冶金部钎钢技术工作队，其中贵钢有 6 人参加，他们后来成为贵钢钎钢建设、生产的中坚力量。

贵钢钎钢产品的发展之路，从 1964 年到 1966 年经历了两年的顺境，这个时期是贵钢发展的第一个战略转折时期。

1966 年 6 月，贵钢已经能够生产圆形、六棱、八棱等多个品种的钎子钢半成品，经过锻钎设备加工以后，这些钎子钢在祖国的大江南北广受欢迎。新一轮的试验在已经能够生产钎子钢半成品的基础上开始了，但新的目标在哪里？这得靠试验小组的年轻工程技术人员去寻找新目标，绘制新蓝图，困难重重!!

那个时代，没有手机，没有互联网，也不能够出国考察，图书馆科技资料也少，不可能见到国外的钎钢技术资料。

靠天靠地不如靠自己。好在那个时代还有一句特别响亮的口号叫“自力更生，丰衣足食”。贵钢钎钢试验小组的这些骨干，基本都来自北钢院，钢铁工艺理论扎实。陈泓将他到新抚钢厂开会前收集的资料统统与试验小组共享，其中不少是外文资料。当时没有复印机，没有电脑，试验小组的同志就没日没夜地手抄资料，一字一字地翻阅字典，靠蚂蚁啃骨头般的努力完成了几十万字的资料翻译。

钎钢试验小组成员之一的黎炳雄在贵钢检化验室工作，每天都“窝”在那栋黑乎乎的小楼里面，一直“窝”到下班。下班后，他还在 2 平方米的厨房灶台旁通宵达旦地写着算着，由于之前学的是俄语，他还自学了英语和日语，阅读了当时能够找到的所有外文资料。一段时期以后，黎炳雄向试验小组提交了“国外钎钢发展分析与国内钎钢发展的道路”的论文。这篇论文既对国外钎钢的发展有观点、有数据、有分析，又对国内的钎钢前景有前瞻性思考，试验小组的人拿它当宝贝，并视作钎钢试验工作的指南。

陈泓以及试验小组的其他人按照论文形成的观点，不断地进行新的实践，用新实践来验证论文的理论，用新实践来修正论文的观点，钎钢试验的新实践工作，一点一点地在推进。

（三）持续研发、建设，成就贵钢钎钢品牌

1970 年 1 月，经过两年的建设，我国第一条钎钢钎具生产线竣工投产。捷报从河北铜矿传来——贵钢生产的钎钢产品，与世界排名第二的日本产品进行同比凿岩试验，60%以上的产品接近了日本水平，超过苏联、联邦德国、加拿大等国的产品。

1970 年底，陈泓、叶庶德与工人们一道创新设计的气动锻钎机在贵钢诞生了。同年，黎炳雄、洪达灵也拿出了新的钎钢工艺流程设计和热处理自动化流程设计的初稿。

1972 年，贵钢向冶金部报告："贵钢经过近十年的努力，在钎钢研究和生产领域取得了一系列成果，其中最主要的就是开发了适合中国国情的硅锰系中空合金钢种和合金铸管法生产工艺。"这一报告将钎钢的钢种冶炼成果和成品钎的制作成果进行了高度概括，强调了贵钢拥有钎钢的硅锰钼系中空钢钢种发明权。冶金部非常重视贵钢的报告，立即批准成立贵钢钎钢研究所，这标志贵钢钎钢试验工作得到了国家层面的肯定。随后，国内首个钎钢研究所在贵钢成立，隶属贵钢，是一个生产与科研相结合的研究所。之后，贵钢的钎钢新品种试验又不断取得了更新、更大的成果。

1975 年 7 月，贵钢钎钢钎具转入批量化生产。在南京梅山铁矿进行的工业对比试验中，产品主要性能指标——使用寿命超过日本，一举改变了我国钎钢钎具生产和科研的落后局面。上马了年产 4000 吨成品钎的一期工程，形成了贵钢特色。

1978 年国家召开全国科学大会，贵钢的两项科技成果，硅锰钼系中空合金钎钢及其生产新工艺和含铝基体钢 012Al 荣获全国科学大会奖，之后又分别获得冶金部和贵州省科学大会奖。

1981 年，中国香港利迪安公司的一封来函极大地鼓舞了贵钢上下的士气，也把贵钢钎钢产品进一步推向了世界舞台。利迪安公司来函说：贵钢 22 毫米成品钎经过日本国际产品检验机构试验证明，质量达到国际标准。在当年广交会上，贵钢钎钢产品不仅畅销全国，还受到国外厂家的青睐，其中有美国的乔伊公司、加德丹佛公司、英格索尔兰德公司、舒林公司等大公司。

那个时代，贵钢的钎钢产品年年都在中国进出口商品交易会（简称广交会）上供不应求，被称为"国光产品"和"信得过产品"，甚至还被赞誉为"中国的骄傲产品"。

1984 年 8 月，贵钢人的艰辛付出迎来了丰厚回报——成品钎荣获"国家银质奖"（图 1-3-81）（当年金质奖空缺）。

（四）后记

后来，贵钢持续开展工艺及产线的优化升级，贵钢钎钢续写辉煌。20 世纪 90 年代，贵钢引进并改造了 550 毫米半连轧机组，创造性地以深孔钻工艺替代了铸管法中空钢锭的生产，从而大幅提升了中空钢产品质量水平及生产规模，具备年产 10 万吨中空钢的产能。2017 年 7 月，随着中空钢型钢生产线（轧钢生产线）搬迁建成，由 60 吨电炉+60 吨 LFV

图 1-3-81 成品钎荣获“国家银质奖”

精炼炉+四机四流合金钢连铸机生产出的高纯净度铸坯，经深孔钻、装芯，再经中空钢轧制生产线加工、抽芯，转送新建成的现代化的制钎加工车间，制钎并热处理（图 1-3-82），品质优良、性能超强的钎钢产品就大批量地投用到祖国各地了。随着新工艺、新产线生产出来的钎钢钎具产品质量的提升，其平均凿岩使用寿命达到 300 米，全国需求量也降低到 4.5 万吨左右，但贵钢钎钢产品仍独占鳌头，国内市场占有率长期保持在 50%以上。

图 1-3-82 作业现场

十三、十八载潜心磨剑，轴承管铸高精度

十一届三中全会以后，改革开放的号角响彻中华大地。“六五”期间，为发展工业尤其是机械制造业，满足国内高精度轴承管需求，大冶钢厂欲引进三辊轧机，从 1975 年开始历经近 10 年努力，终于在 1985 年 1 月获得立项审批，并成为国家“七五”规划重点内容之一。后又历经 8 年，建成国内首套 170 毫米 ASSEL 轧机生产线并投产，成功制造出国内行业领先的高精度轴承管、合金管，为国家工业化进步作出了独特贡献。

（一）红脸绿脸

20 世纪 70 年代中叶，某次研讨会议上，一位专家指出：“国际先进国家板管比超过

60%，而我国则不到20%！这说明什么？说明咱们的钢铁工业太薄弱了！”机械工业部专家绿着脸跟着说：“谁说不是呢？中国连一根合格的轴承管都不能生产，这让机械制造业怎么发展？”听到机械工业部这句抱怨，冶金工业部的脸红了，却也很无奈——长期以来，轴承管制作工艺采取以棒代管，即俗称的“掏棒”方法制作而成，不仅消耗大、成本高、效率低，而且精度远不能满足机械工业需求。如果能用高精度管供给机械工业作为原料，不仅可以获得高的经济效益和好的社会效益，更能助力我国机械工业进步。此后不久，中国科委向冶金工业部下达“轴承钢管工艺研究”科研攻关任务。为此，冶金工业部开始酝酿1976~1985年十年规划，将发展国内钢管尤其是轴承管作为重要内容列入其中。

1979年，冶金工业部召集钢铁设计院、大冶钢厂等单位专家组成一支特钢调查团，远赴海外考察。在法国，第一次看到ASSEL三辊钢管轧机时，专家们眼馋了，盘算着要是国内有一台这么先进的设备，高精度轴承管还用愁？大家纷纷你一言我一语，讨论国内十大特钢公司哪家强，哪家最适合建钢管生产线。武汉钢铁设计研究院专家刘家河说：“大冶钢厂轴承钢质量高、信誉好，而且有现成的小无缝冷拔管生产线，管材加工工艺成熟，还可以自供优质轴承钢坯，产品质量更有保障等，我认为大冶钢厂最符合创建三辊轧机钢管生产线条件！”冶金工业部觉得好，但出于谨慎起见，次年组织专家团到大冶钢厂进行实地考察。到场专家一番观摩、了解后，普遍认同大冶钢厂最符合筹建条件，于是冶金工业部决定，在大冶钢厂建立一个以生产轴承管和合金管为主的高精度中厚壁无缝钢管生产基地，并指派武汉钢铁设计研究院配合大冶钢厂共同编制项目书。

（二）艰难立项

大冶钢厂专家组在接到冶金工业部任务后，为引进国外先进生产精密机械加工用厚壁钢管三辊轧机，紧锣密鼓地开展走访客户、市场调查。慎重起见，大冶钢厂决定先筹建一个试验机组——76毫米三辊轧管机项目。1984年5月19日湖北省经委批准通过后，大冶钢厂着手考察国外进口厂商、确定筹款事项等准备工作，武汉钢铁设计院负责完成了“76毫米三辊轧管机可行性报告研究”。项目进展顺利，几经权衡，从德马克公司引进中国首套ASSEL三辊轧管机。设备投产很成功，试验效果好，产品质量优，为170毫米三辊轧管机顺利引进和后期技术摸索，开创了良好局面。

1984年2月，大冶钢厂与武汉钢铁设计研究院共同编制出《大冶钢厂“七五”发展规划》。这个规划确定“七五”期间大冶钢厂年产量为75万吨、钢材62万吨，其中包括建设170毫米三辊轧管无缝钢管项目。3月大冶钢厂和武汉钢铁设计研究院联合编制了《170毫米三辊轧管机组引进项目建议书》，上呈冶金工业部，冶金工业部立即转呈国家计委。此前，国家计委执行中央“六五”计划中提出的“调整、改革、整顿、提高”的方针，大力支持农业、工业发展，其中固定资产投资大大增加，在促进经济发展的同时，也带来了“六五”计划晚期发展的不确定性。在那个计划经济、市场经济交互进行的年代，为避免不确定性加剧，国家计委谨慎项目审批，大冶钢厂170毫米三辊轧管机组项目立项也就延迟了。

一天天过去，没有任何消息，冶金工业部、大冶钢厂急了。参与起草该文件的大冶钢厂专家李幼安进京询问，结果却依然在审批中。李幼安不放弃，跟负责人详细讲解项目意义，算技术经济账，算投入产出比。一次不理解，那就去两次、三次……大冶钢厂厂长陆叙生等人来回黄石-北京多次，在北京二里沟地下室住了一个多月，始终没有放弃。

功夫不负有心人，1985 年 1 月 25 日，国家计委回复："一、同意大冶钢厂引进 170 毫米三辊轧管机组生产工艺和关键设备，纳入 1985 年技术引进和设备进口对外开展工作计划。同时对相应配套的扩建炼钢、新建连铸机工程开展前期工作。二、建设规模：三辊轧管机组年产轴承管、合金厚壁管 10 万吨。炼钢车间增建 50 吨电炉一座并配套一台连铸机。炼钢能力由 50 万吨扩大到 75 万吨……请抓紧进行可行性研究工作，经批准可行性研究报告后才能对外成交签约。"同时将该项目列为国家"七五"规划重点内容。

是年 2 月，委托中国进出口总公司对外询价和招标。7 月、8 月，国家计委、冶金工业部、北京钢铁研究总院、武汉钢铁设计研究院、大冶钢厂组成的 10 人团，赴英国、法国、美国、日本等国，对装备制造厂、钢管生产厂进行技术考察，开展技术谈判，以加快引进工作。为谨慎起见，后又多次考察联邦德国、英国、美国等钢管生产厂家、设备制造厂家。英国戴维公司、美国友声公司、联邦德国德马格公司先后到大冶钢厂进行技术谈判。

1987 年大冶钢厂委托武汉钢铁设计院编制完成和上报了《大冶钢厂 170 毫米三辊轧管无缝钢管厂可行性研究报告》。1988 年 1 月 8 日冶金工业部以冶计字（88）第 035 号文上报国家计委审批。1988 年 2 月中国国际工程咨询公司遵照国家计委指示，聘请专家组成《大冶钢厂 170 毫米三辊轧管无缝钢管厂可行性研究》评估专家组，并委托其成员公司——江南工程咨询公司为评估责任单位。1988 年 3 月 14~16 日，在大冶钢厂召开专家评估会，出席会议的专家有 16 名。国家计委、冶金部和湖北省、黄石市有关部门也派代表参加了会议。

1988 年 5 月 4 日，中国国际工程咨询公司文件"咨原［1988］120 号"，向国家计委《报送大冶钢厂 170 毫米三辊轧管机组可行性研究的评估意见》，意见认为"一、建设条件好；二、厂址选择基本合理；三、生产规模及产品方案合适；四、管坯供应和协作条件可解决"等。这份文件表明，在大冶钢厂建设 170 毫米无缝钢管轧管机组的决策是可行的，不仅可以充分发挥大冶钢厂优势，保证产品质量，对国家工业、国民经济发展也有重要意义。

在近 5 年的拉锯式谈判后，西德政府答应无条件给予大冶钢厂无息贷款，同时德马克公司联合太原重工共同研发，承诺设计制造技术同步输出——这对中国装备设计及制造水平的提升具有极重要的意义。

（三）逆流而上

几经周折，后由国务院批准，1989 年 3 月经贸部中技公司终于与联邦德国德马克签订 170 毫米 ASSEL 三辊轧机引进合同，配套采购全球首套菌式穿孔机。太原重工与德马克公司联合承担热轧部分的配套设计及制造任务。时任大冶钢厂厂长的袁大焕坚持"三高"搞改革，不惜人力、物力、财力，打造现代化高精度中厚壁无缝合金钢管生产基地，为国家工业现代化补后劲。

然而好事多磨，在170毫米三辊轧机投建前，需要向中国技术进口总公司递交一份大冶钢铁厂厂长袁大焕的亲笔签名承诺函，还得在三天内送到，否则项目作废。邮件发运肯定是来不及了，只能派人乘坐火车将函件送到北京。届时，中美关系恶化，国内政治受了影响，通往北京的多数铁路、公路运输线纷纷陷入停摆状态。大冶钢厂负责170毫米无缝三辊轧机项目设备引进的朱丹小心翼翼地抱着承诺函，火急火燎赶到武汉并买下去往北京的38次列车车票，不多久，却被告知去往北京的火车全线停运，要退票。这可急坏了朱丹，在火车站候车室里来回踱步，到处张望，搜寻一切可能。凌晨一点多，有一辆“长沙-北京”的特快列车在武汉火车站停靠，朱丹兴奋地跑上前去，想问问能不能补票，却失望地发现这趟列车不给开门。朱丹不死心，从火车头跑到火车尾，终于看到了一个车窗开着半扇，他像是看到了全部希望一样，拼着命不管三七二十一地钻了进去。火车上人挤人，就这样颠簸颠簸了近10个小时，把站了一夜的朱丹送到了北京。下车后，由于北京公交车停运，他又马不停蹄地走了两个多小时，才到达目的地，把那份关系到170毫米三辊轧机项目命运的函件交了上去。第二天，欧美等国家集体做出对中国进出口项目全部停摆的决定。

经历磨难重重后，1991年5月8日170毫米无缝钢管工程正式开工。

170毫米三辊轧管机及其配套设备漂洋过海来到了黄石，然而现有起吊装备却不能满足装卸条件——仅穿孔机就有90吨，稍有不慎，这套昂贵的先进装备就要沉入长江底。现场工人、技术人员纷纷开发智力、拼尽全力，采用步步腾挪的方法，最终成功地将装备请上了岸。上岸后，同样的问题将装备难在了厂房门口——现场天车最大承载量只有32吨，根本无法负荷这么重的大家伙！工人们又开始集体想办法，使用多台起吊车、天车共同作业，终于把大家伙装上了现场。

1993年11月28日完成竣工。1993年投产第一年，设备试车一次成功，8月2日正式投产。170毫米无缝钢管厂全貌及主要生产设备见图1-3-83~图1-3-89。

ASSEL三辊轧机在当时全球有20余套，技术方面尚属国际先进。由于设备先进，自动化程度高，国内没有其他厂家可以比照，虽然前有76毫米三辊轧机做试验准备，但170毫米三辊轧机实际上线后的设备调试、试生产等环节，还是走了不少弯路，吃了不少苦。为了保证设备、技术尽快上手，大冶钢厂人力资源配备向170钢管厂倾斜，享受国务院津

图1-3-83　1993年170毫米无缝钢管厂全貌

图 1-3-84 170 毫米三辊轧管机

图 1-3-85 170 毫米无缝钢管厂菌式穿孔机

图 1-3-86 170 毫米无缝钢管厂环形炉

贴的技术、设备专家安排到 170 项目一线主持工作，进厂的大学生首先往 170 钢管厂分配。专家组领着 5 名硕士骨干、50 名本科骨干分专业对接沟通国外专家，摸索前进。尤其在轧机 PLC 调试中，技术骨干吃住在现场，边调试、边学习，不放过任何一个问题点。调试阶段，大冶钢厂骨干发现一处重大质量隐患，即原设计考虑不周，轧机全浮动芯棒穿棒伸出量过短，轧制延伸率大的钢管时出现“轧空”现象。针对此问题，双方技术人员通过沟通消除了该隐患，为设备调试的顺利进行和生产奠定了基础。整个设备安装、调试过

图 1-3-87 170 毫米无缝钢管厂冷轧机

图 1-3-88 170 毫米无缝钢管厂探伤设备

图 1-3-89 170 毫米无缝钢管厂冷床

程，累计发现质量问题 80 余项，试生产期间每天发现、处理的设备故障及对设备的修、配、改均在 20 项左右。在摸索中，形成以老带新、全员维护设备管理雏形，老工人为主体、液-电-气专业混搭设备维护队伍初步形成，操作人员边参与调试边熟悉了解设备，在较短时间内基本掌握设备维护和操作要领。

囿于经济问题、技术问题，当时准备并不很充分，很多问题层出不穷地出现。然而，大冶钢厂用垦荒的心态对待问题，实事求是，创新创业，越挫越勇。到开始排产的时候，芯棒、顶杆还未准备到位，若采购全套下来估计又要花费两三千万美元，这对于负债累累的170钢管厂，无疑是雪上加霜。为了节俭开支，同时满足生产，大冶钢厂研究决定，采取“母鸡下蛋”的办法完成工具备件准备，即采购一个规格芯棒，再横向自主研发其他芯棒。研发团队说干就干，开足马力研究芯棒工艺，不仅研发出市场上已有品类芯棒，还研制成功国内无法解决的芯棒料50CrVA钢。试生产中，技术人员又发现，穿管机顶头冷却问题很棘手：由于没有高压冷却水池，顶头太厚、易溶，导致钢管表面质量问题突出。技术人员召开诸葛亮会，临时讨论出“加增管道泵”的方法，很快解决了顶头问题，满足了生产需求。利用工艺装备、技术优势，向内挖潜，产品质量完全符合国家标准，最终生产出的轴承管精度低至3%以下，远低于国家标准要求的10%，偏心率、壁厚差等指标也远高于国内行业水平，创下良好口碑，为满足国家高精度轴承用钢需求、减少进口外汇流出，从而推进机械工业进步做出了很大贡献。同时，170毫米三辊轧机在高精度合金钢的优势也领先国内水平。合格的高精度轴承管（图1-3-90），就是170毫米三辊轧管机组——当时国内最先进的轴承管生产线初战告捷的最好注脚。

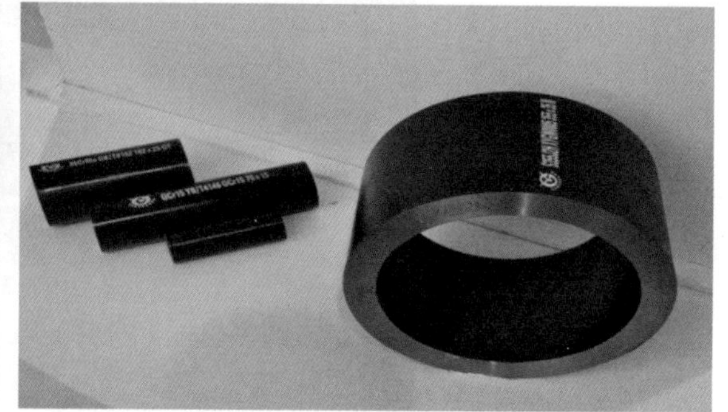

图1-3-90　170毫米无缝钢管厂明星产品

在此项目中，武汉钢铁设计院、太原重工参与关键设备设计、制造过程，受益匪浅，大量吸收引进技术，大大推进了国内机械制造业发展水平。170钢管厂建成后，国内其他钢管制造商纷纷以之为蓝图，依照170毫米三辊轧管机图纸制造国产三辊轧管机，自此实现高精度钢管制造装备国产化，业内戏称170钢管厂是国内“ASSEL祖师爷”。其他辅助装备，如管坯锯机、探伤机、管排锯、液压泵等，都有完备的图纸可借鉴，国内机械制造商借助图纸，制造出了匹敌国际先进水平的生产钢管辅助设备。

170毫米轧机项目建设时间跨度太大，建成之际高精度轴承管市场却早已旁落他家。这给当时的170钢管厂带来重大打击，几度无米下炊。困顿中，回忆起当初冶金工业部要建成高精度中厚壁无缝钢管基地的初心——壮大国家机械工业，推进工业快速发展，大冶钢厂很快调整战略，转向机械工程用管、军工管、石油化工管等多个方向，在高精度中厚壁无缝钢管领域中杀出一条血路，成功实现了市场转型，为国家工业发展提供了一种新的可能。170毫米三辊轧管机的成功引进，还加强了德国制造商对中国工业发展的信心，最后做出将世界最大ASSEL轧管机——460毫米轧管机落户大冶钢厂的决定，成就了国家、冶金工业部、大冶钢厂建成高精度中厚壁无缝钢管生产基地的愿望。

十四、特钢品牌研发路，不负时代特钢人

（一）轴承钢工艺创新塑品牌形象

1. 轴承钢工艺技术创新，塑造中国知名品牌

20世纪60年代初，上钢五厂在二电炉车间开启了轴承钢冶炼生产，20世纪70年代末至80年代初，上钢五厂在研究对比国外轴承钢实物质量水平及炼钢工艺的基础上，开展了轴承钢炉外精炼工艺技术研究与生产实践，并联合国内科研院所及设备制造商，于1981年自主设计建成了国内第一套轴承钢LF炉外精炼设备——40吨LFV型真空钢包精炼炉，代表了当时国内轴承钢炼钢工艺装备最先进水平，结束了轴承钢电炉（EF）单炼钢的历史，开启了我国轴承钢炉外精炼（EF+LFV）的新纪元，表征轴承寿命参数氧含量从大于$30×10^{-6}$步入小于$2030×10^{-6}$下降通道，大颗粒夹杂物出现率显著下降，提高了轴承钢实物质量水平，缩短了与国际轴承钢质量水平的差距。

1985年，上钢五厂制造的保护气氛连续退火炉投产，改变了车底炉（罩式炉）炉内温度不均导致的材料与材料之间硬度、球化组织及脱碳不均匀的现象，困扰轴承钢球化退火不均匀的现象彻底杜绝。上钢五厂球化退火轴承钢以脱碳深度≤1%*D*（冷拉、冷拔轴承钢棒或丝的表面，每边的总脱碳层深度≤直径的1%）的高标准成为市场热销产品。

1988年，洛阳轴承研究所进行的轴承寿命试验表明，上钢五厂轴承钢钢材寿命与日本著名轴承钢钢厂的钢材寿命相当。1992年9月28日，上钢五厂30万吨合金钢棒材工程投产，上钢五厂从此拥有了合金钢连轧生产线，为棒材产品的表面质量、表面脱碳、尺寸公差的提高带来装备保证。1997年7月1日，上钢五厂100吨大电炉（DC+LF+VD+CC）连铸生产线投产；1999年5月29日，首炉超纯轴承钢成功冶炼，标志着宝钢五钢在国内率先采用连铸技术生产轴承钢，质量水平稳定提高，表征轴承寿命参数氧含量从大于$20×10^{-6}$到小于$10×10^{-6}$下降通道，夹杂物级别显著下降，轴承寿命明显提高。经试验验证，连铸轴承钢的寿命与模铸轴承钢寿命相当。

上钢五厂轴承钢质量水平代表了当时国内最先进水平，1997年以超过13万吨年产量占国内市场总量约20%，成为当时国内最大的轴承钢生产制造商。

上钢五厂、宝钢五钢、宝钢特钢的冶炼、加工、热处理及银亮钢产品工序均完成现代化生产装备的改造，成为当时拥有国内航空航天及军用轴承钢、铁路轴承钢、石油钻井轴承钢、汽车轴承钢等品种最完整的轴承钢材料制造商。20世纪90年代至21世纪初，供航空发动机高温主轴轴承材料约占国内的2/3，供铁路轴承材料约占国内的1/3，还独家专供卫星仪器仪表用不锈轴承材料。

2. 轴承钢走向国际，树立国际影响力

1999年获得代表世界轴承制造最高水准的瑞典斯凯孚公司（SKF）产品合格认证证书，成为国内第一家获得斯凯孚公司供应商资质的轴承钢生产厂。

1999 年 10 月宝钢五钢超高纯轴承钢冶金质量达到日本美蓓亚公司技术规范，2000 年 8 月 2 日，日本美蓓亚公司（NMB）和五钢公司签订正式供货合同。2001 年 5 月 30 日《日本经济新闻》以“最尖端技术集聚不比日本差”为题对宝钢五钢轴承钢产品给予肯定，日本《朝日新闻》以整版篇幅报道了五钢的高纯度轴承钢产品，认为“宝钢五钢进入了一直由日本、德国等国独占的高技术特殊钢生产领域”。2002 年 9 月，宝钢五钢开始向日本美蓓亚公司提供顶级银亮轴承钢材，制造的直径 4.4～12.4 毫米轴承钢银亮材是当时国内向日本美蓓亚公司提供材料的供应商。

1999 年 12 月，宝钢五钢 P 级轴承钢获得瑞典斯凯孚公司（SKF）产品认证，2000 年 10 月开始正式供货，并在长期合作中成为战略合作伙伴。2000 年 3 月宝钢五钢高纯度连铸轴承钢获得日本 NSK 公司认可。2005 年 2 月 25 日宝钢特钢与美国铁姆肯公司（TIMKEN）签订购销战略框架协议，2006 年 3 月正式确立战略合作伙伴关系。

3. 轴承钢产品主要获奖

（1）1985 年 9 月微型轴承用材（ϕ8～30 毫米，1.9～255 毫米×110 毫米，2.2～3.05 毫米×105 毫米）被国家质量奖审定委员会批准荣获金质奖章。

（2）1987 年 12 月 SWG 真空精炼 GCr15 冷拉轴承钢（ϕ8～30 毫米）被国家质量奖审定委员会批准荣获银质奖章（见图 1-3-91）。

图 1-3-91 金质奖章证书

（3）1990 年 12 月 SWG 真空精炼轴承钢热轧圆钢 GCr15、GCr15SiMn ϕ11～130 毫米被国家质量奖审定委员会批准荣获金质奖章。

（4）1991 年 12 月、1992 年 11 月，高纯洁度轴承钢开发研究分获冶金工业部科技进步奖二等奖和国家科技进步奖二等奖。

（5）1993 年 12 月，真空精炼轴承钢热轧圆钢、微型轴承用轴承钢冷拉钢棒、真空精炼 GCr15 冷拉轴承钢丝、真空精炼轴承钢冷轧钢带经中国方圆标志认证委员会准许使用“方圆合格”认证标志。

（6）1998 年 12 月，航空发动机主轴轴承用金属材料的研制与应用技术获国家冶金工业局科技进步奖二等奖。

（7）2002 年 12 月，真空精炼高碳铬轴承钢 GCr15、GCr15SiMn（ϕ11~50 毫米）获冶金产品实物质量金杯奖。

（8）2003 年 10 月，2W10Cr3NiV(RBD)、W18Cr5V(S/HSW)耐磨钢棒的研制获国防科技进步奖三等奖。

（二）齿轮钢开发推动汽车用钢国产化

1. 上海桑塔纳汽车用齿轮钢国产化

1985 年 3 月 21 日，上海大众汽车有限公司（简称上海大众）成立，同年 9 月开始生产德国大众桑塔纳轿车。为提高桑塔纳轿车用钢的国产化率，根据国家科委下达给冶金工业部“引进汽车用钢国产化”的任务，1986 年 9 月 14~16 日在北京召开的“窄带细晶粒钢引进及钢种国产化与应用研究”国家重点科技专题合同协调会上，冶金工业部确定：桑塔纳轿车齿轮钢由上钢五厂试制，上海汽车齿轮总厂（以下简称上汽齿轮厂）应用。同年 10 月，上钢五厂和上汽齿轮厂签订《桑塔纳轿车用齿轮钢试制技术协议》。

上钢五厂为桑塔纳轿车试制的系列齿轮钢 16MnCr5、20MnCr5、25MnCr5、28MnCr5 于 1987 年实现供货。1989 年开始，上汽齿轮厂将国产 MnCr 系列齿轮钢生产的变速器装在桑塔纳轿车上，1989 年 10 月 29 日~1991 年 4 月，完成 15 万公里的跑车试验。经拆检，变速器的各零部件基本完好，得到上海大众和联邦德国专家的认可。1991 年，上钢五厂“桑塔纳轿车用 MnCr 系列齿轮钢的研制及应用”课题被列为上海市科学技术发展基金项目。1992 年，上汽齿轮厂用国产 MnCr 系列齿轮钢生产的 014300047P 桑塔纳变速器获上海市赶超优质产品，同年上钢五厂形成年产 1000 吨以上的批量生产能力。1993 年，“桑塔纳轿车用 MnCr 系列齿轮钢的研制及应用”项目通过上海市科委鉴定，1994 年，先后获上海市和冶金工业部科技进步奖二等奖；1995 年，获上海市优秀新产品一等奖。2002 年 7 月，上钢五厂“高纯洁度汽车用齿轮钢”（包括 MnCr 系列、20CrMnTiH 和 8620 系列等齿轮钢）获 2001 年度上海市重点产品质量振兴攻关成果二等奖。2007 年 5 月，上钢五厂乘用车齿轮用钢获“2006 年度上海名牌产品”称号。

2. 汽车零部件用钢国产化拓展

（1）20CrMoH（SCM420H）钢开发应用。1984~1985 年，上钢五厂先后与常州齿轮厂、钢铁研究总院、南京汽车制造厂、大冶钢厂、江西齿轮箱总厂组成联合课题组，联合开发成功 20CrMoH 钢。用 20CrMoH 钢制造的齿轮，能很好地应用于东风 12 型手扶拖拉机、南京 130 载货车及五十铃轻型车变速器中，是一种适宜碳氮共渗的中、小模数齿轮钢。

（2）19CN5 钢和 19CrNi5 钢开发应用。19CN5 钢和 19CrNi5 钢是意大利菲亚特公司（FIAT）企业标准中的一个低碳 CrNi 表面硬化钢。1987 年，上钢五厂与上海拖拉机齿轮厂联合开发 19CN5 钢，以实现上海引进意大利菲亚特水田拖拉机生产所需的齿轮材料国产化。经过 3 年努力，1991 年 6 月通过上海市科委鉴定。生产的 19CrNi5 钢和 19CN5 钢主要供江苏飞船、南昌齿轮厂等单位。

（3）CK45 钢和 CF53 钢开发应用。1989 年 10 月，上钢五厂接到为桑塔纳和奥迪 100 等轿车国产化配套的 CV 等速万向节提供 CK45 钢和 CF53 钢的供货合同。经过两个月努力，上钢五厂完成研制，拿出试产样品，经英国吉凯恩集团（GKN）严格检测，完全符合吉凯恩集团实物质量标准。从 1990 年开始，这两个材料实现国产化。CF53 钢被评为 1992 年度上海市优秀新产品一等奖，CK45 传动轴用钢研制成果获得 1994 年在北京举行的第五届亚太地区贸易博览会金奖。1994 年，上钢五厂起草企业标准《桑车用 CF53 钢技术条件》《CK45 桑车用钢技术条件》等。

（4）20CrMnTi 齿轮钢开发应用。20CrMnTi 是中国汽车、农用机械和工程机械行业使用最为广泛的一种齿轮钢，它经齿轮厂渗碳或碳氮共渗后制成齿轮、齿轮轴等重要部件。为提高 20CrMnTi 齿轮钢的力学性能，控制齿轮热处理后变形，从而保证齿轮啮合精度，20 世纪 80、90 年代，上钢五厂制定了具有国际水平的企业标准，控制末端淬透性、氧含量、夹杂物，以确保 20CrMnTi 齿轮钢的质量稳定性，其品牌在国内领先。

（5）8620H 齿轮钢开发应用。1997 年 9 月，美国伊顿公司到上钢五厂采购 8620H 齿轮钢。美国伊顿公司是世界著名的变速箱专业生产厂之一。为提高产品质量，该公司对变速箱零部件和钢材实施全球采购策略，同时对供应商进行严格的审核。1998 年 1 月，上钢五厂首次试制成功 8620H 齿轮钢，各项指标符合美国伊顿公司要求，同年 3 月，通过美国伊顿公司认证，开始向其批量供货。

（6）Gf6 自动变速器用齿轮钢开发应用。SAE5120M、SAE5130H 及 SAE4121M（MnMo 钢）是上汽齿轮厂为美国福特汽车公司、美国通用汽车公司开发的 Gf6 自动变速器用齿轮钢。2005 年，宝钢特钢开始研制并批量生产，主要作为上海通用汽车的变速器齿轮用钢。

（7）TL4227 齿轮钢开发应用。2005 年，宝钢特钢开始研发上海大众 MQ200 手动变速器专用材料 TL4227 齿轮钢。2006 年，经大众汽车变速器有限公司检验试用，产品质量获得认可。

（8）16MnCrS5 齿轮钢开发应用。上钢五厂先后研制出非调质钢曲轴 49MnVS3、上海桑塔纳轿车用 SCM415H 及 8Cr06r 冷带钢、303K8BLOL 型车后桥梁用 TLVW1114Ti（Nb）钢、TLVW1114Nb 汽车用扁钢、气阀门钢系列 21-12N 等。除上海桑塔纳以外，奥迪、捷达、雪铁龙、标致等轿车使用的传动轴大多数是由上钢五厂所提供的材料制作。其中，303K8BLOL 型车后桥梁用 TLVW1114Ti（Nb）钢研制，1996 年被上海市科委列为重点科技攻关课题。非调质钢曲轴钢获得 1994 年在北京举行的第五届亚太地区贸易博览会银奖。

1995 年，上钢五厂桑塔纳轿车非调质曲轴用钢及模锻件性能试验获国家科技进步奖三等奖。

1996 年，上钢五厂研发生产的油泵油嘴用钢 20CrMoS 被评为国家级新产品，获上海市优秀新产品一等奖，广泛应用于发动机制造行业。

1999 年，宝钢五钢研发生产的轿车转向器用钢 37CrS4HL 获上海市优秀新产品奖（该产品为大众等轿车转向机关键材料）。同年，生产的 18CrNi8 渗碳钢获德国 BOSCH 公司认证。

2000 年 5 月，宝钢五钢轿车传动轴连铸材 UC2 获得纳铁福公司认可，并开始批量供货。2002 年 5 月《UC2 热轧圆钢技术标准》通过吉凯恩集团的鉴定，2004 年吉凯恩集团旗下 4 家企业向宝钢五钢订购汽车用钢。

2000 年 7 月，宝钢五钢研发生产的 18CrNi8 渗碳钢被评为国家级重点新产品（见图 1-3-92）。该钢种广泛应用于汽车、发电、机车及农机灌溉的发动机制造，对环保及节能有良好作用。

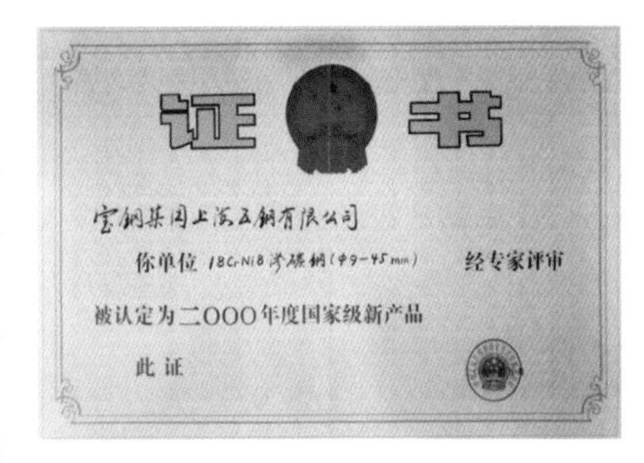

图 1-3-92　18CrNi8 评为国家级新产品

2001 年 9 月，美国卡特彼勒公司授权宝钢五钢为天津压实履带公司试制履带材，首次产品经国际认证机构检测达到用户要求。2003 年，宝钢五钢获卡特彼勒在中国的首家供应商资格，从而获准进入卡特彼勒全球采购名单。

2003 年，德国采埃孚公司（ZF）在沪企业——上海采埃孚转向机有限公司（ZFSS）向宝钢五钢颁发“新产品开发奖”，这是该公司历史上唯一授给合作伙伴的奖项。在该公司为世界名牌沃尔沃（VOLVO）汽车配套中，其转向机总成均采用了宝钢五钢生产的特钢材料，如调质钢、渗碳钢、易切削钢等。随着 ZF 公司向全球供货体系的确立，宝钢五钢的银亮钢也成为该公司首选。

2002 年，宝钢五钢针阀体用 18CrNi8 被中国钢铁工业协会评为冶金产品实物质量金杯奖。

2007 年，宝钢特钢开发研制 16MnCrS5 齿轮钢，试制料送德国格特拉克公司检测并通过产品认证。该产品用于格特拉克公司变速器生产，2008 年开始批量订货。

2007 年，宝钢特钢大模数齿轮用合金渗碳钢获上海市高新技术转化项目。

2008 年，宝钢特钢获卡特彼勒优秀供应商奖牌。

（三）与进口高端模具钢的博弈

1. 项目背景

这个故事，要从汽车说起。

1985 年，第一个轿车合资企业上海大众汽车有限公司成立，标志着中国现代化轿车工业的开端。随着中外合作以及技术引进进一步深入，全国主要引进车型的国产化率达到 80%以上，并且质量显著提高，车价大幅度下降，轿车开始迅速进入百姓家庭。

汽车工业离不开模具，发动机和变速箱壳体、内外饰等零部件都需通过模具生产，其中压铸发动机和变速箱壳体用的热作模具钢，对模具材料的耐热性、耐热疲劳性要求极高。热作模具钢的发展历史可追溯到 20 世纪 30 年代中期，当时，铝合金压铸工艺迅速发展，迫切需要一种具有良好的耐热性、耐热疲劳的热作模具钢，美国开发了一系列中合金铬系热作模具钢，其中的 H13 钢得到了最为广泛的应用。H13（4Cr5MoSiV1）钢主要含 Cr、Mo、V 等合金元素，具有良好的工艺性和使用性能。由于其优良的韧性和热抗冲击性能，我国特钢行业在 20 世纪 80 年代也引进 H13 生产技术，以逐步取代因韧性和热疲劳抗力不足而引起失效的3Cr2W8V钢来制造有色金属压铸模。

此后相当长一段时间，H13钢占据国内热作模具钢主导地位，许多钢厂都能生产H13钢，但与进口的优质H13钢相比，国产H13钢的整体质量存在明显差距。因此尽管进口优质H13钢的价格数倍于国产H13钢，但其高可靠性和高寿命的保证使得进口H13钢在国内热作模具市场仍占有相当大的份额。

2000年之前，高端压铸模具钢更是全部依赖进口，瑞典Uddeholm公司的超级优质H13钢模块（ASSAB8407）成为长寿命压铸模具的首选材料，国内模具钢用户鲜少有用国产热作模具钢替代进口的“吃螃蟹者”。

2. 研发历程

为了打破高端压铸模具钢被国外进口H13钢垄断的局面，宝钢五钢肩负起了打破国外模具钢垄断的历史使命。2001年起，公司成立了以徐明华副总工程师总体负责的研发团队，剑指高端压铸模具钢的国产化。调集了“精锐部队”组成研发团队，团队成员既有丰富工作经验的研发强将续维、张洪奎、顾雄，又有刚刚大学毕业的“初生牛犊”王庆亮。

研发团队以对标瑞典Uddeholm公司的H13钢模块（ASSAB8407钢）的显微组织及冲击韧性等影响压铸模具寿命的关键指标为抓手，详细对比分析了国产H13钢模块（4Cr5MoSiV1钢）和瑞典Uddeholm公司的H13钢模块（ASSAB8407钢）的冶金质量、化学成分、显微组织形态和分布、力学性能，找到了国产H13钢在质量上的主要差距——材料存在大块液析碳化物、严重的带状偏析、碳化物分布不均匀，这些差距在使用性能上表现为等向性差、冲击韧性值低。

看清了差距后，团队明确了提高国产H13钢的努力方向和相关的技术手段——化学成分的均匀化和显微组织的均匀化是关键技术。徐明华副总工带领研发团队经过多次研讨提出了首轮试制高品质SWPH13的试验方案，方案中首次采用了高温均质化处理新工艺，团队成员通宵达旦跟踪首轮试制的全流程工序。正当大家满怀希望地等待首轮试制结果时，一盆冷水不期而至：首轮试制产品显微组织的均匀性与瑞典Uddeholm公司的ASSAB8407相比仍有较大差距。

此时，研发团队开始意识到工艺参数的精准确定，必须采用高端研发手段，需要借助先进的计算机数值模拟技术精确计算和实验室模拟实验。于是，研发团队将目光聚焦到高校寻求合作。恰逢此时，上海大学吴晓春教授正致力于高端模具钢的研发，与宝钢五钢高端模具钢研发需求高度契合，在徐明华副总工程师的推动下，2003年，宝钢五钢结合前期的H13钢的试验研究成果，与上海大学一起确立了高端模具钢研发技术项目，正式开展了高端压铸模具钢H13国产化的研发合作，并得到了上海市科学技术发展基金项目“轿车用高性能模具材料的开发”的部分经费资助。

为了发展高端模具钢的产业基地，国家经贸委在20世纪末批准在宝钢特钢投资建立“合金模块材料专业生产线”项目，利用这一重点技改项目为契机，宝钢特钢添置和改造了优质模具钢生产的一些重要设备，包括电渣重熔炉、保护气氛电渣炉，大型模块高温均匀化、高温固溶炉及大型冷却槽、大型锯床等设备，从硬件上保证了高端模具钢新工艺的实施。

在上海大学吴晓春教授、许珞萍教授、闵永安老师的指导下，研发团队成员深入研讨首轮试验结果（见图 1-3-93），对提高 H13 钢碳化物分布的均匀性首次确定了超细化处理新工艺。为了获得理想的试验结果，需要对计算机数值模拟的加热曲线和冷却曲线进行准确性校核，校核工作需要进行埋偶测温和优化数值模拟边界参数，团队成员王庆亮肩负起了此项重任，熬了几个通宵，获得了宝贵的实验数据，据此输出了又一轮试制方案。

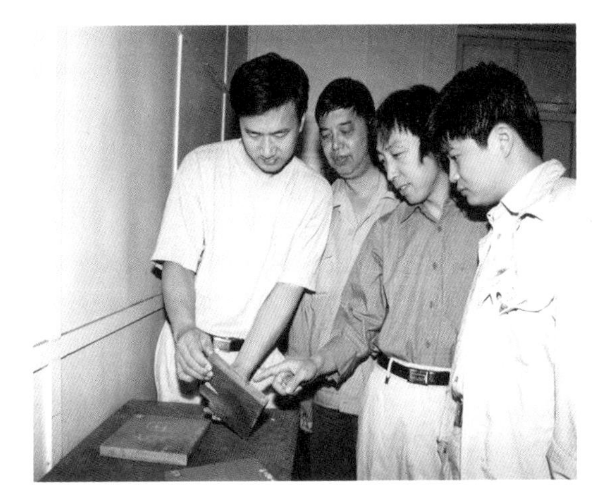

图 1-3-93 科研团队成员研讨 SWPH13 产品质量和技术
（左起：续维、黄志宏、张洪奎、王庆亮）

科研团队再一次向难题发起冲锋，时任炼钢厂技术科长顾家强、电渣厂工艺工程师童英豪、锻造厂工艺工程师张杉、全国劳模杨磊均对产品制造工艺提出了很多宝贵的建议，并配合项目团队共同跟班指导，确保了工艺参数的准确实施。第二轮试验锻造的模块产品机加工之后（见图 1-3-94），立即开展了理化性能的检测工作。辛勤的汗水终于换来了丰厚的回报，使用宝钢五钢研发团队研发的均质化和超细化处理工艺生产的 SWPH13，基本消除共晶碳化物，改善成分偏析，获得表里均一的组织，显著提高了模块心部的力学性能，冲击功横纵比达到 0.90，室温冲击韧性功达到 350 焦耳以上，产品质量实现了质的飞

图 1-3-94 SWPH13 模块产品

跃。SWPH13 压铸模具钢显微组织均匀性及冲击韧性指标终于达到了瑞典 Uddeholm 公司的 ASSAB8407 的水平，指标达到北美压铸协会高级热作模具钢 NADCA207 质量标准规范。

3. 产品应用

2004 年，SWPH13 模块产品首先在中国一汽铸造有限公司投入试用，在模具新材料的使用上走在国内同行前列。对于高要求的压铸模，由于压铸模制造加工成本昂贵，原材料成本只占模具成本的 10%~20%，而且对模具钢的组织性能均匀性要求相当高，该厂以往均采用进口 ASSAB 8407 钢或蒂森克虏伯的优质 H13 钢制造。在正式将宝钢五钢 SWPH13 投入使用前，中国一汽铸造有限公司先后对 SWPH13 钢的组织、硬度、冲击韧性等多项指标都进行了检测，结果显示：SWPH13 的硫含量低于进口的 8407；规格为 880 毫米×570 毫米×470 毫米的 SWPH13 锻制模块经真空淬火+三次回火处理后硬度非常均匀（模具不同部位 5 点硬度差仅为 HRC1.8），机加工性能及热处理性能良好，不逊色于进口 8407。同样，SWPH13 钢也体现出了良好的工艺性能。中国一汽铸造模具设备厂采用宝钢特钢的 SWPH13 锻制模块加工成 6DL 发动机罩盖模具、宝莱车进气管重力浇注模具、摩托罗拉手机发射架模具、压铸模中间壳体右划块模具等，其中内蒙宏达变速箱壳体模具为当时最大的国产压铸模，使用了 15 吨 SWPH13 钢，模具实物见图 1-3-95，该铝合金变速箱壳体重达 41 千克，模具使用寿命超过 10 万模次，达到国际先进模具材料使用寿命。经过试用，中国一汽铸造模具设备厂对 SWPH13 给予了高度评价。

图 1-3-95 采用 SWPH13 制造的内蒙宏达铝合金变速箱壳体压铸模具组件

宝钢五钢率先实现了高端压铸模具钢的国产化，采用新技术生产制造的高品质热作模具钢 SWPH13 锻造模块的实物质量跻身于国际模具材料行业先进水平的行列。近 20 年来宝钢五钢、宝钢特钢、宝武特冶始终秉承高端模具钢国产化理念，已累计向用户提供了 6 万多吨高性能压铸模具钢，形成了压铸模具钢国内知名品牌。宝钢特钢的高性能热作模具钢 H13 获中国钢铁工业协会颁发的冶金产品实物质量金杯奖，优化的高性能压铸模具钢获国家授权发明专利。

十五、炼高端轴承用钢，铸全球知名品牌

世上几乎所有运动的机械都离不开轴承这个钢铁“关节”。用于制造轴承，特别是高端轴承的高端轴承钢，不仅要能长期承重，还要精准可控、坚韧可靠，是公认的“钢中之王”、最难冶炼的特种钢之一。图 1-3-96 为用高端轴承钢制造的高端轴承。

图 1-3-96　采用高端轴承钢制造的高端轴承

（一）高定位自力更生，高质量自豪登顶

曾经，高端轴承钢被发达国家所垄断。如今，仅中信泰富特钢集团旗下兴澄特钢的轴承钢产销量已连续 16 年居全国第一，连续 10 年居世界第一。2020 年，在国际市场，中信泰富特钢为世界最顶级的轴承制造商供货；在国内市场，高标准轴承钢占有率达 85%，广泛应用于航空航天、高速铁路、风电能源、工程装备高端汽车、精密机械等领域。

在中信泰富特钢党委书记、董事长钱刚眼中，实现高质量发展的最终证明，就是生产出世界最先进的钢铁材料。而该公司的高端轴承钢，正是走在世界钢铁前沿的国产钢铁材料的优秀代表，其成长、超越直至国际领先之路，也是中国钢铁行业走高质量发展之路的完美诠释。

许晓红是中信泰富特钢自己培养起来的总工程师，是中国特钢领域的专家（见图 1-3-97）。他接受知名媒体采访时表示：“中信泰富特钢生产的轴承钢享誉海内外。”他拿出一本全英文的厚书，迅速翻找出一页，指给记者看：“这是 ASTM International Selected Papers（美国材料与试验学会会刊）Bearing Steel Technologies（轴承钢科研专刊），我们兴澄特钢参与的论文入选其中。”在这本 2020 年 8 月出版的会刊上，兴澄特钢的名字赫然在列。他表示“我们长期供应高端特殊钢，与全球顶尖的轴承制造商一同参与研究轴承钢的应用和制造技术，现在，全世界的轴承制造商都知道中信泰富特钢！”

“实际上，我们从决定专注发展特钢开始，就一直在与世界高手‘过招’。”兴澄特钢研究院副院长黄镇说，“20 多年来，我们的目标始终是生产世界最具竞争力的特钢。”

1998 年 5 月，中国第一条 100 吨直流电弧炉炼钢、精炼、连铸、连轧“四位一体”短流程高端特殊钢生产线在兴澄特钢全线贯通。香港中信泰富一度在全球寻找合作伙伴，并把目光落在了美国一家知名企业。几轮谈判下来，对方提出了苛刻的合作条件，包括兴

图 1-3-97 中信泰富特钢集团总裁助理许晓红在试验所跟踪实验材料的分析和检验

澄特钢所有产品都要贴对方商标，每年缴纳销售收入的 2%作为商标使用费等。当时，刚刚担任兴澄特钢总经理的俞亚鹏提出，兴澄特钢应当定位高端、对标国际先进，强化交流学习，但最终要依靠自身力量，对产线进行达标技术质量攻关，使它真正成为一条特钢生产线。这开启了中信泰富特钢专心专注于特钢的发展历程，为轴承钢、汽车钢登顶世界奠定了坚实基础。特别是“十三五”期间，兴澄特钢牵头承担了“轴承钢冶金质量控制基础理论与产业化关键共性技术”国家课题，完成了以高速精密机床主轴轴承为代表的制造基础理论及关键生产技术研究，并形成了国内第一条获认定的 10 万吨高端轴承钢示范产线。

2000 年，兴澄特钢的连铸轴承钢产品通过江苏省新产品鉴定，推动了技术发展，同时实现了轴承钢成本的大幅降低。

2000 年，兴澄特钢连铸工艺轴承钢通过瑞典客户评审，实现初步供货；2011 年，兴澄特钢成为该客户的杰出供应商。

中信泰富特钢始终对标国际先进技术，大胆创新，大胆实践。在获得国外客户广泛认可并实现供货的基础上，中信泰富特钢也一直努力用连铸工艺生产符合国家标准和用户需求的轴承钢。2002 年，兴澄特钢成功推动“连铸工艺”首次被写入国家标准《高碳铬轴承钢》2002 版。

2003 年，兴澄特钢采用连铸工艺生产的轴承钢实现向德国制造商供货；2012 年，兴澄特钢荣获其战略合作奖，是唯一一家获奖的中国供应商。如今，该制造商使用的高端轴承钢 80%以上来自兴澄特钢。

从 2003 年开始，中信泰富特钢就逐步实现了为世界前八大轴承制造商提供轴承钢，获得全球轴承权威瑞典 SKF、德国 Schaefller、日本 NTN-SNR、NSK 的质量认证，是获得 SKF“绿色通道”的第一家中国钢铁企业。先打开国际市场，再打开国内市场。目前，轴承钢已成为中信泰富特钢的核心拳头产品。

日本轴承企业一直走在世界轴承制造前列，轴承制造精密度已达纳米等级。兴澄特钢在 2005 年就与其中一家合作试制轴承钢，为其单独制订了工艺流程、技术控制参数、产线路径方案。双方人员通过多年的现场走访、技术交流，使该钢种多规格的轴承钢产品质量持续提升，并经受住了其下游用户长周期的各项试验和检测。10 多年来，该公司全面采用兴澄特钢的轮毂轴承钢材料。兴澄特钢还被该公司授予最优秀供应商奖牌（见图 1-3-98），是中国唯一获此荣誉的特钢企业。

图 1-3-98　兴澄特钢被一家日本轴承企业授予最优秀供应商奖牌

2015 年夏天，兴澄特钢组成了铁路用轴承钢攻关组，开始了铁路行业核心关键材料的攻关。许总告诉记者："我们与两家企业共同试制生产铁路货车用真空脱气轴承钢。"抓住这一难得机遇，兴澄特钢会同生产分厂一起，日夜研究市场流通的铁路轴承样品，制订严格的生产工艺。

2016 年，兴澄特钢通过了 CRCC（中铁检验认证中心）认证，成为了国内首家也是唯一一家采用"真空脱气+连铸"工艺生产铁路货车轴承用钢的钢厂。

前几年，国外轴承钢供应发生质量事件，使得大量轴承钢订单迅速向兴澄特钢集中。兴澄特钢抓住了这次机遇，也经受住了挑战，迅速打开市场，并多次获得 SKF、Schaeffler、NTN-SNR、NSK 全球最佳供应商称号（见图 1-3-99）。多年来，中信泰富特

图 1-3-99　2020 年 8 月 31 日，NSK 中国采购部总经理石井哲向中信泰富特钢集团颁发生产贡献奖

钢始终致力于产品研发和产品质量保证，坚持达到高端客户技术质量要求，树立和维护品牌形象。“现在，法国、德国、西班牙高铁上的轴承，以及中国进口的高铁轴承，都在使用我们兴澄特钢的轴承钢。”中信泰富特钢的专家告诉记者。

“始终坚持与高端客户共同进步，是我们在品种开发方面的一个深刻体会。”在中信泰富特钢大冶特钢，总工程师周立新这样告诉记者。在一旁的大冶特钢生产部部长张明补充道：“这些高端客户对我们产品质量的敲打也是最严的，对我们的提升也是最有帮助的。”

大冶特钢的轴承钢与兴澄特钢的轴承钢在工艺、品种和市场定位上各有特点，形成互补优势。模铸、电渣、连铸工艺生产的轴承钢在大冶特钢都可以看到，但市场影响力最大的还是模铸轴承钢，主打风电、高铁、军工领域的高端轴承用钢。目前，大冶特钢轴承钢销量占全国总销量的三分之一，铁路用轴承钢占全国市场份额的60%，质量跻身世界先进水平，与世界巨头同台竞争。同时，大冶特钢还是全国唯一一家能够提供3.6兆瓦以上变速箱轴承用钢的钢厂，唯一一家可以同时为铁路客车、机车、货车三大系列车型提供轴承钢的企业。

2019年1月，采用大冶特钢盾构机主轴承用钢的当时国产首台直径11米级盾构机主轴承在河南洛阳下线。这个直径4.8米、重约20吨的盾构机主轴承，打破了大直径主轴承的国外技术垄断，填补了国内空白，对我国盾构机制造完全国产化具有重要意义。

近年来，中信泰富特钢以特殊钢关键技术开发为支撑，开发了大量国内外紧缺的特殊钢材，每年生产几百万吨替代进口的高档特殊钢产品。轴承钢成为其中一大亮点。

作为中国特钢行业领军企业，2017年，兴澄特钢“超纯净高稳定性轴承钢关键技术创新与智能平台建设”获冶金科学技术奖一等奖。2018年，大冶特钢“大功率风电轴承钢球用钢工艺技术研究及品种开发”项目，通过科技成果鉴定，整体技术达国际先进水平。2019年兴澄特钢荣获工信部颁发的“高性能轴承钢”制造业单项冠军产品证书（见图1-3-100）。

图1-3-100 制造业单项冠军产品证书

“十三五”期间，中信泰富特钢集团及下属各企业承担或参加国家“十三五”项目12项，获得中国专利优秀奖1项；获得专利授权745项，其中发明专利191项；主持参与编写国家及行业标准30余项。

2020年，兴澄特钢、大冶特钢共同参与的“高品质特殊钢绿色高效电渣重熔关键技术的开发和应用”项目，获得国家科技进步奖一等奖。

（二）高品质追求卓越，携起手再攀高峰

简单来说，纯净度和均匀性是衡量轴承钢质量的两大指标。纯净度影响轴承的疲劳寿命，均匀性影响轴承热处理后的变形和组织均匀性。

“提高轴承钢的纯净度，首先要做的就是控制钢中的氧含量。此外，钛、钙等有害元素留在钢中易形成多棱角的夹杂物，会引起局部的应力集中，产生疲劳裂纹。这就像马路上的沥青，如果当中有一个尖锐的小石子，就会使路面不断变差。”黄镇解释道，“钢中都会有一些有害元素。一个办法是使它们均匀分布，不会聚集到一起形成‘硬的物质’；另一个办法是让它形成另外一种‘软的物质’，能像沥青一样随着外部压力变形。”

国家标准规定的轴承钢氧含量$\leqslant 12\times10^{-6}$（百万分之一）。而目前，中信泰富特钢轴承钢的氧含量$\leqslant 5\times10^{-6}$，DS（大颗粒夹杂）类夹杂物≤0.5级，无宏观夹杂物。“在轴承钢的质量控制上，我们毫无疑问是居世界前列的。”黄镇说。

“高质量的产品是过程控制生产出来的，并不是通过检验的方式挑选出来的。”许晓红总工程师这样回答记者有关质量稳定性的疑问。

通过与英国剑桥大学、北京科技大学、钢铁研究总院、洛阳轴承研究所等的合作，兴澄特钢开展了轴承钢夹杂物在生产过程和疲劳过程中演化行为的基础研究，建立了服役性能与轴承钢组织相关性的理论体系，形成了超长接触疲劳寿命轴承钢的生产技术。“我们与德国用户合作开发超纯净轴承钢，在2016年为其提供了样品。从疲劳测试来看，国家标准是253小时（机械），世界较好的是450小时。经过两年的检测及疲劳寿命测试，兴澄特钢连铸轴承钢的疲劳寿命达到1150小时。”许总说。

走在世界前沿的中信泰富特钢轴承钢，其强大的质量控制能力还不止于此。

轴承钢的使用范围非常广泛。“夹杂物的大小、类型、分布，不同的用户有不同的要求，我们都能够满足。”黄镇说。

“中信泰富特钢的创新思路、方法和别的企业不一样。”许晓红说，“我们是按客户要求量身定做轴承钢产品，在符合国标的基础上追求卓越。”同样一个轴承钢，根据客户的定制需求，在中信泰富特钢有几十个标准。

中国特钢企业协会前任秘书长王怀世则对记者强调，我国轴承钢产品的实物质量已达到国际领先水平，不仅体现在技术指标上，也体现在进出口上：一方面，目前进口轴承钢数量很少，我国几乎可以生产全部品种；另一方面，我国生产的高端轴承钢大量出口，被国际高端轴承企业采购。

但是，中国在轴承钢领域与国际先进水平的差距还是存在的。这种差距并不是钢铁材料本身的问题，而是体现在标准制定和产业链的协同创新上。

在国家标准《高碳铬轴承钢》2016新版标准制修订的过程中，兴澄特钢作为主要起草单位之一，在9次标准讨论及审定会上，用大量详实的研发和生产数据，最终与同行、用户和科研单位达成共识，删除了“连铸钢不推荐做钢球用钢”的规定，并将轴承钢分为3个档次标准。这可以看作是行业认识的共同进步。

“我们在国际交流合作中发现，同一钢种的不同等级有不同的用途，以保证轴承的零缺陷。因此，我们需要推动标准分级与细化。”许总说，“但是，这个标准还不够完美。”轴承钢标准在日本有5个等级，在瑞典有6个等级。因此，中国轴承用钢标准与国际接轨，还要迈出更大的步伐。

“‘十三五’期间，特钢行业收获了很多，但也有一些遗憾。我认为最大遗憾是上下游协同能力有待提高，如主要供应给国外先进轴承制造企业使用的高端轴承钢却没有在国内被大量使用。”中国特钢企业协会秘书长刘建军这样认为。

王怀世则进一步指出：“国产轴承的高端化是个产业链的问题。”轴承的疲劳寿命取决于很多因素，钢是其中的关键因素之一，其他的因素如全轴承的设计、加工精度、热处理、润滑、密封和装配等都对轴承的疲劳寿命有很大的影响。中国的轴承与国际水平接轨，还需要整个产业链在国家政策引导下，加强协同创新，实现协同突破。

如今，面对“十四五”和2035年远景目标的蓝图，登顶世界第一的中国轴承钢，又站到了一个新的起点上。实现产业链技术整体提升，让中国制造傲立全世界，是中信泰富特钢集团和他们的用户、用户的用户，以及相关科研院所下一个要攀越的目标。

十六、研发汽车特钢精品，助力国产高端配套

2020年10月20~21日，日产汽车第8届“兴澄日”活动在中信泰富特钢集团股份有限公司（以下简称中信泰富特钢）兴澄特钢举办（见图1-3-101）。由于疫情影响，日产汽车连续8年的“兴澄日”活动将主会场设在中国。中信泰富特钢常务副总裁王文金表示，兴澄特钢与日产汽车合作范围不断扩大，合作数量自2013年起已连续7年保持稳定增长，期待双方的合作持续向纵深发展。

图1-3-101 第8届“兴澄日”2020年10月在兴澄特钢举办

这样的国际活动，中信泰富特钢的很多技术骨干都参与过，而且深为自己作为中信泰富特钢的一员、作为中国特钢行业的科技人员感到自豪。

“我们的高端帘线钢在国外供不应求。我们出国走访用户，老外一听我们来了，都早早赶到会场，把会议室坐得满满的。”媒体记者对中信泰富特钢技术专家的集体采访中，兴澄特钢总工程师许晓红拍着兴澄特钢线材研究所所长张剑锋的肩膀笑着说道。

兴澄特钢研究院副院长黄镇也告诉记者：“我们去日本做技术交流，会场大门口和会议室都挂着中国国旗。那个时候，自豪感真是油然而生！”

这就是一家中国特钢企业，因为卓越的技术和产品，在世界制造业中赢得的尊重。

在国内，多年来中信泰富特钢一直致力于新产品、新技术的研发，勇于突破各种“卡脖子”特钢产品的技术和工艺，为中国制造业的高速发展贡献着力量。可以说，在汽车用

钢领域，中信泰富特钢向全世界标注了中国优秀特钢企业的高度。

（一）铸就汽车用钢的性能高度

走进中信泰富特钢展厅，首先映入眼帘的是“特钢是科技炼成的”理念标语，再往里走可以看到一辆完整的汽车模型，标注着中信泰富特钢钢材的应用部位。

在一整面品牌 LOGO 墙上，奔驰、宝马、奥迪、捷豹、英菲尼迪、雷克萨斯、凯迪拉克、大众、丰田、日产、本田、福特、菲亚特、雪佛兰、现代、起亚等众多国际汽车大品牌赫然在列，此外众多国内外知名汽车零部件企业亦整齐排列。读取品牌 LOGO 的芯片，大屏幕上立即播放中信泰富特钢与这些品牌合作的过程和内容的影像资料。

汽车作为一种高速行驶的交通工具，安全性是选材的重要条件之一，特别是它的动力系统、操控系统、车体等的用材，因为它们关乎生命安全。“20 多年来，除了汽车面板，我们为世界主要品牌的汽车提供不同标准体系的汽车用钢，全部用在关键零部件上，质量的稳定性、一致性、可靠性稳居前列。这标志着中信泰富特钢在汽车钢领域实现了质的飞跃。”中信泰富特钢技术专家说。

成功之花只能靠汗水浇灌，别无捷径。图 1-3-102 为中信泰富特钢的技术人员在讨论工艺方案。

图 1-3-102　中信泰富特钢技术人员在讨论工艺方案

在“十三五”国家重点研发计划中，兴澄特钢牵头承担了“轴承钢冶金质量控制基础理论与产业化关键共性技术研究”，同时参与了“汽车齿轮用钢质量稳定性提升关键技术开发及应用”等多项子课题的研究工作。其中，“高强度弹簧钢及切割钢丝关键技术开发及示范应用”的研究工作尽管还没有最后结题，但高强度弹簧钢强度指标达到 2000 兆帕不仅成为现实，而且强度级别已经达到了世界顶级。

张剑锋告诉记者：“曾有欧洲客户要求我们把汽车特殊弹簧钢强度提高到 2300 兆帕。当时世界上的最高强度是 2000 兆帕，在没有资料可借鉴的情况下，我们完全靠自主工艺创新满足了用户要求。现在，这种 2300 兆帕强度的弹簧钢已经实现批量供货，并且出口到瑞典和日本。”

目前，中信泰富特钢在发动机气门弹簧的产销量排名方面稳居世界前列。

2015 年 3 月，某汽车锻造厂在成功中标欧洲著名汽车厂家的汽车发动机项目后，正为选择汽车发动机材料用钢的供应商而发愁，兴澄特钢的发动机用钢产销研攻关组毅然接下了这个项目。时任棒材销售公司总经理罗元东亲自带队，会同技术、研发、生产人员深入客户生产现场，了解用户需求。他们知道，此次开发只能成功，不许失败，因为这关乎到兴澄特钢该产品能否进入奔驰、宝马、奥迪等高端汽车品牌国产化的汽车零部件用钢供应商名录。

然而，最大的技术难题出现在大家面前：为了改善切削性能，该钢种要求加入含量为 0.050%~0.065%的硫，而硫的加入易使发动机材料用钢因硫化夹杂物形态产生磁痕问题，对产品性能和质量产生很大的负面影响。这一难题，国内外都还没有相关的技术应用可解。在领导的大力支持下，攻关团队决心一试。生产当天，从炼钢开始团队成员盯紧现场人员的每一个操作步骤、每一次合金加入、每一次取样分析，都小心翼翼确保不出任何差错。终于，经过取样分析发现硫化物形态发生了明显改变，这时的 MnS 基本变成了纺锤形或球形，达到了最初的预期效果。经过漫长而又煎熬的等待，客户终于认可了中信泰富特钢材料。兴澄特钢成功拿下了欧洲著名汽车用钢项目。

“科技就是市场。这次攻关，不仅使我们圆满实现了该产品在顶级品牌汽车发动机材料用钢方面的批量供货，而且独家研发并掌握该项技术。现在，新技术已推广到了日本、法国、中国等主要厂家的产品开发上，实现了多个高端汽车品牌的市场突破。”中信泰富特钢销售公司副总经理姚海龙告诉记者。

（二）打造汽车用钢的中国印记

“说起汽车用钢，难免遗憾，目前我们还没有我国自己的汽车用钢钢号。全球汽车用钢钢号标准有日系、韩系、美系、欧系，就是没有中系标准。”谈到这里，黄镇颇为感慨，“其实，在改革开放初期，国际汽车品牌在中国的汽车厂更多的是进口组装厂，不但零部件是进口的，生产零部件的钢材也是出口国自产的。”

近年来，随着国民经济的迅速发展和人民生活水平的不断提高，汽车已经走进寻常百姓家。加快汽车国产化进程，能够有效控制产品质量，大大降低制造成本，缩短交付周期。让老百姓用上质优价廉、安全舒适的汽车，是中信泰富特钢加快发展汽车钢的初心。

中信泰富特钢技术专家举例道：“最直观的例子，20 世纪 80 年代一辆桑塔纳包牌车的价格是 20 多万元，能值几套房子；现在奔驰普通款的价格也就 20 万元。其中，就有钢材替代进口从而带动成本降低的贡献。”

2008 年，因为特大雪灾，全国公路运输受阻，一家世界知名帘线企业面临原料断供，向兴澄特钢求援。当时，所需的高等级轮胎钢丝子午线都是从日本进口的，兴澄特钢也只生产钢棒，不生产线材。兴澄特钢的技术专家利用一台普通的线材旧轧机，搜集资料、采集样品，仅用 2 个月时间，就成功开发了 HT 高级别帘线钢，实现了一次“黄金转折”。

2011 年 5 月 19 日，中信泰富特钢迎来了比利时贝卡尔特首席执行官贝尔特·格雷弗（Bert De Graeve，下称格雷弗）一行人的专程来访。他们给兴澄特钢颁发了“全球最佳盘条供应商”金人奖。格雷弗在致辞中强调，“全球最佳盘条供应商”金人奖评选标准非常严苛，除了盘条在贝卡尔特中国区使用过程中的品质表现和可加工性能等指标须满足要求外，供应商在研发方面的投入也是一项重要指标。正是兴澄特钢高品质的服务能够让贝卡尔特为客户提供高品质的服务。

“现在，帘线钢每吨价格已经从近万元下降到五六千元。这就是钢材替代进口的作用之一。”中信泰富特钢技术专家说。

据粗略统计，生产 1 辆汽车的原材料中，钢材所占比例在 72%~88%。从钢材的品种来看，汽车用钢涉及齿轮钢、轴承钢、弹簧钢（含扁钢）、合结钢、合金钢、非调质钢、耐热钢、易切削钢、冷镦钢、碳结钢等十余个品种，如图 1-3-103 所示。

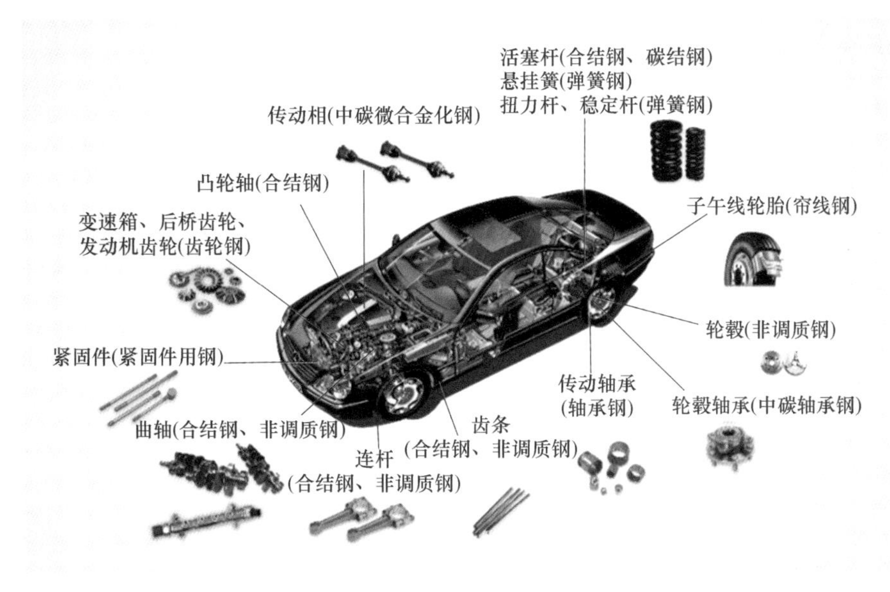

图 1-3-103　汽车上所用钢种图示

“中信泰富特钢兴澄特钢生产的汽车用钢在国内外都很有影响力。我们大冶特钢的汽车用钢用在哪里呢？有一汽、重汽、上汽、一拖等国内用户，以及德国和美国等国外的工厂。这些厂家从我们国内的锻造零部件配套厂采购，他们指定用大冶特钢的产品。我们在这一块是很有话语权的。”中信泰富特钢大冶特钢生产部部长张明介绍。

从乘用车用钢到商用车用钢，作为汽车用钢最大、最全、最优的材料生产商，中信泰富特钢汽车用钢实现了全覆盖，并将产品的质量做到了极致。

（三）传递汽车用钢服务的中国温度

“为用户创造价值，与客户实现共赢”的“1+4S”服务，让中信泰富特钢创造了服务的中国温度。所谓“1”，即 1 个市场理念：为用户创造价值，与客户实现共赢；“4S”，即 supply（供货支持）、support（技术支持）、service（服务支持）、solution（整体解决方案）。

目前，兴澄特钢的齿轮钢已批量供给世界五大变速器制造企业。据介绍，不同的车系有不同的钢种要求、不同的加工工艺，成分也千差万别，所以齿轮钢的牌号特别多，品种批量小、要求高。

中信泰富特钢一直在努力赋予齿轮钢更高的性能。比如，运用轴承钢的纯净技术提高齿轮钢的纯净度和均匀性，通过提高强度为齿轮减重；缩窄淬透性带宽，增强加工性能，帮助用户节能，等等。

中信泰富特钢技术专家说："过去，用户生产齿轮的渗碳时间是6个小时左右，现在用我们的齿轮钢渗碳时间减少一半以上；过去用户要对齿轮钢进行热锻加工，现在用户拿到我们的齿轮钢可以直接加工成型。这样，我们就帮助用户大大节约了能源。"

兴澄特钢特别重视与国际上的行业"领头羊"进行研发合作，不断延长钢材疲劳寿命，开发高端领域用途。他们认为，要拥有先进装备、具有世界领先的冶金理念和方法，更要积极与强手为伍。

如今，用中信泰富特钢的齿轮钢生产的齿轮创造了3万转/分钟的世界最高转速，疲劳寿命较其他厂商同类产品长一倍。该公司也成为欧洲著名客户在亚太地区的唯一一家供应商。

随着新能源汽车产业的飞速发展，兴澄特钢先后与特斯拉、奔驰、大众、通用、上汽、吉利等合作研发了一系列新能源汽车齿轮钢，并获得了汽车主机厂认证认可，目前兴澄新能源汽车齿轮钢产品研发处于国内领先水平。

"大冶特钢一直秉持为用户创造价值的经营理念，从用户的定位到用户的开发，都是瞄准直接用户的。目前，大冶特钢钢材的直供比例超过80%。"张明向记者介绍说。

大冶特钢跟用户之间点对点签订协议，协议的内容体现了用户非常个性化的要求。

以湖北襄阳轴承厂为例，重汽和陕汽都是襄阳轴承厂的客户，他们都指定大冶特钢作为原材料供应商。于是，大冶特钢就与襄阳轴承厂分别签订对于重汽的协议、对于陕汽的协议，襄阳轴承厂再根据不同的协议购买大冶特钢的轴承钢，将其按照要求加工成轴承后，分别发往重汽和陕汽。

"这也是我们大冶特钢在同行中的生产特色，就是小批量、多品种的整体解决方案。用户用我们的产品都用顺手了，就不会再用别人的，用户黏性也就提高了。"张明解释道。

2020年，中国汽车市场累计产销量分别为2522.5万辆和2531.1万辆，同比分别下降2.0%和1.9%，降幅较2019年分别收窄5.5%和6.3%。其中，2020年12月汽车产销量分别为280.4万辆和283.1万辆，同比分别增长5.7%和6.4%。2020年，我国汽车市场产销形势持续向好，月产销量自4月份以来总体保持同比高速增长势头。中国汽车行业的快速发展离不开中信泰富特钢等钢企强有力的支持。

一般轿车由1万多个不可拆解的独立零部件组装而成。结构极其复杂的特制汽车，如F1赛车等，其独立零部件的数量可达到2万个。中信泰富特钢在汽车钢领域的一步步飞速发展、一天天日新月异，就是因为中信泰富特钢始终专心专注、创新创造特钢产品，形成了可与世界强手比肩的品牌和体系能力，为实现中华民族复兴的特钢强国梦贡献了力量。

十七、钢管出口反倾销，全国胜诉第一家

"虽然中国出口商采取上诉的救济手段面临着旷日持久的问题，无法及时补救反倾销

措施带来的消极影响。但对于这一‘损害威胁’的案件，我们总要‘出拳还击’吧。如果没有一家中国企业站起来发出声音，是不是也显得有点过于软弱，有些忍气吞声了？赢也要赢得光彩，输也得输得气壮。我们要为中国钢管企业争口气！”2010年5月17日钱刚接受《中国证券报》采访。

雨后初霁的荆楚大地，春日融融，油菜花黄，绿野平畴，满眼秀色。

2009年3月29~31日，时任中共中央政治局常委、国务院总理温家宝在湖北省委书记罗清泉和省长李鸿忠等陪同下，到湖北进行考察调研。

而此时的新冶钢和其他同行正在积极向欧委会申请进行行业第二次抗辩听证会，牵头应诉欧盟对华无缝钢管反倾销案。

考察日的其中一个晚上，作为湖北省重点外贸出口企业，现中信泰富特钢集团董事长，时任新冶钢总经理、欧盟无缝钢管反倾销应对领导小组组长钱刚，向温总理汇报了企业受到的经济危机的影响，特别是受到了欧盟无缝钢管反倾销调查的巨大影响。

温家宝强调："在困难的时候，要挺起胸膛，靠信心、智慧和力量战胜困难。"

温总理的一番话让钱刚"要替中国企业出口气"的信心倍增。

（一）一条艰辛的路

从2008年7月9日，欧盟针对中国外径406.4毫米以下和碳当量0.86%以内的无缝钢管进行立案调查，到2009年12月31日，新冶钢正式向欧盟初审法院提起诉讼，到2016年4月以胜诉结束，历经近八年"抗战"。

2016年8月4日，新冶钢将一面题有"为国分忧情系钢铁、为企维权造福企业"的锦旗和感谢信赠予国家商务部贸易救济调查局。

该局副局长周大霖表示，新冶钢是国内无缝钢管行业的领军企业，在国际无缝机械钢管等品种市场上占有举足轻重的地位，为我国无缝钢管行业的健康发展和出口创汇作出了贡献。随着全球经济一体化，中国已进入国际大循环的链条中，贸易纠纷不可避免。新冶钢在应诉国外反倾销调查中积极应诉、上下联动、内外联合、有效沟通，在行业中起到了表率作用，效果良好。

这是一条艰难的道路。这其中的艰辛，只有亲历者才知道。

"不惜一切代价打这场官司"。按照中信泰富特钢集团领导指示，新冶钢早就做了长期鏖战的准备。一直从事国际贸易工作的原中信泰富特钢集团国贸公司总经理刘文学，耳闻目睹了整个无缝钢管反倾销调查和裁决程序中不合理、不公平的做法，对每一份努力和执着都记忆犹新。

（二）欧盟：举起"双反"大棒

2007年初，欧盟9家企业临时成立无缝钢管产业协会，在调查取证1年后，以"损害威胁"名义于2008年7月向欧委会提交反倾销立案申请，控告中国企业对无缝钢管业的未来发展构成"损害威胁"。

2009年10月，欧盟部长理事会发布公告称，裁定中国输欧无缝钢管对欧盟产业构成损害威胁，决定征收17.7%~39.2%的最终反倾销税。随后一天，美国商务部也宣布，将对中国出口的无缝标准管、管道管和压力管展开“双反”（反倾销和反补贴）调查。

对于这一以“损害威胁”来判定倾销的罕见案例，中方用大量的数据及事实证明，中国无缝钢管对欧盟出口完全是市场需求决定的，并未对欧盟产业形成冲击，欧盟产业主要指标都是正常的，没有遭遇“损害威胁”。

先是欧盟开始反倾销，再到美国、墨西哥和中东等国家和地区，刘文学说：“我们耳闻目睹了整个反倾销调查和裁决程序中不合理、不公平的做法，无论如何也接受不了这一结果。”

无缝钢管主要用于工程机械、石油、石化产品以及天然气等工业。

新冶钢是我国最早将无缝钢管产品打入欧洲市场的企业之一，在欧盟的销量曾连续几年位居全国第一。2007年和2008年，新冶钢出口欧盟的无缝钢管量分别为8.0万吨和6.2万吨，到2009年，这一数字猛跌至4000吨。反倾销案初裁后，销量几乎为零。后续几年出口欧盟的无缝钢管数量长期低位徘徊。

（三）新冶钢：要为中国钢管企业争口气

“虽然中国出口商采取上诉的救济手段面临着旷日持久的问题，无法及时补救反倾销措施带来的消极影响。但对于这一‘损害威胁’的案件，我们总要‘出拳还击’吧。”2010年5月，钱刚接受媒体采访时说，“如果没有一家中国企业站起来发出声音，是不是也显得有点过于软弱，有些忍气吞声了？赢也要赢得光彩，输也得输得气壮。我们要为中国钢管企业争口气！”

正是凭着这样的信念，在2009年10月终裁之后，2009年12月31日，新冶钢正式向欧盟初审法院提起诉讼。2010年2月5日，欧盟初审法院正式受理。欧盟初审法院经过长达三年的问卷调查、资料核查及法庭口头听证会，于2014年1月29日正式判决：新冶钢出口欧盟的无缝钢管“损害威胁”不成立。

然而，欧盟理事会提出了上诉，要求撤销初审法院这一判决，并将案件发回初审法院重新审理；新冶钢则要求欧盟法院驳回上诉。

“我们赢了，我们终于赢了……”，2016年4月18日，新冶钢总经理李国忠在早会会场传出喜讯：新冶钢近8年上诉“无缝钢管反倾销案”终于尘埃落定。“反倾销的胜诉，进一步增强了我们参与国际市场合作的信心”。

中信泰富特钢集团高层清醒地认识到，冰冻三尺非一日之寒，世界钢铁市场需求的恢复更是一个缓慢的过程。

尽管如此，作为全球最大的特钢集团、中国特钢的“领头羊”，中信泰富特钢集团从未停止“利用贸易救济手段维护集团的合法权益”的步伐，2016年4月27日，成立了以集团副总裁张银华为组长的反倾销协调工作小组，积极协调、指导旗下企业开展反倾销调查和反倾销应诉工作。

十八、能源用钢破垄断，颠覆创新占高端

从中国第一炉电渣钢到第一根极薄壁高温合金旋压管；从第一个飞机用高温合金涡轮

盘到第一根轧制的飞机大梁（毛坯）；从助力中国第一颗人造地球卫星升空到神舟系列飞船上天，到“嫦娥”奔月，再到“天宫一号”发射升空……中信泰富特钢以至精至善的追求，不断开拓着特钢“高精尖”的新境界。其能源用钢同样如此。

根据企业战略和领导决策，中信泰富特钢把能源用钢建成其第三大品牌。“钱刚董事长在大冶特钢当总经理的时候就提出来，要在大冶特钢建成三大精品基地：第一个是特殊钢棒材基地，第二个是中厚壁无缝钢管基地，第三个是高合金锻材基地。在每一个产品大类下面，我们又细分主导产品和目标客户。我们要成为目标客户的首选供应商。”中信泰富特钢大冶特钢总工程师周立新在接受知名媒体采访时说。

“中信泰富特钢的能源用钢产品主要是海洋自升式钻井平台用齿条板、弦管、高压耐蚀耐磨管、桩腿管等关键部位材料，以及风电、核电和火电用钢产品（包括大圆坯和大棒材）。能有今天的成就，我们靠的是颠覆性创新。”中信泰富特钢技术专家对记者表示。

（一）质量强：“零缺陷”出厂，真的可以

走进中信泰富特钢大冶特钢展览馆，一个直径 2 米的巨大圆环耸立在参观者眼前。

“这是轴承钢碾环件，是用来制作风电轴承套圈的。大冶特钢生产的碾环直径从 1.7 米到 6.3 米，具有集炼钢、锻造、碾环、热处理、机加工和探伤为一体的特点。”中信泰富特钢大冶特钢研究院副院长张志成介绍。

无论是核电与火电，还是油气开采，都关乎着人民生命财产安全，关乎着大国工程安全稳固。“‘零缺陷’出厂是我们的标准，是追求，也是一种理念。”周立新说。

（二）怎样做到“零缺陷”？

对从原料开始到客户使用结束全流程的质量控制和管理，是中信泰富特钢质量控制的基本要求。此外，中信泰富特钢具备先进的检测保障和评价能力。同时，中信泰富特钢研发的很多材料填补国内外空白，诸多国际先进的技术质量指标都是第一次出现，其评价结果与国际先进企业评价的结果保持高度一致。

穿上鞋套，走进一尘不染的中信泰富特钢试验检测中心，映入眼帘的是各类检测实验室。实验室内排列有序的检验设备正在有条不紊地运行，光谱仪、超声仪、定氢仪、后道研发设备、疲劳寿命实验设备、热模拟试验设备等一应俱全。这里也是一个一体化特殊钢新材料研发平台。

“你看这个仪器可以给钢棒做全身‘CT’，确定缺陷的位置、尺寸和分布，然后进行形态、塑性、成分等各种研究。”兴澄特钢研究院副院长黄镇介绍。

在检测中心墙上锃亮的通告栏里，记者看到一张员工安全责任确认表。其中，员工是否熬夜、是否有夫妻吵架等情况，都要在班组中进行安全互认。这是为啥？“只有心情舒畅地来上班，才能集中精神做好工作，保证检验、化验的结果准确度。”黄镇强调。

天然气储罐用钢 06Ni9DR 的研发可以算是一个以检测手段保障产品研发和质量要求的典型案例。

2017 年，江苏省江阴市准备上马两个 8 万立方米的液化天然气储罐项目，在国内第一

次采用双面金属罐体结构，即内罐和外罐，两者均采用06Ni9DR钢板，罐体结构复杂，要求钢板在-196℃的超低温环境下，依然能保持极佳的韧性与强度。因此，投标书中对06Ni9DR钢板综合性能的要求，在集合了国标、美标、欧标的基础上进一步提高，形成了极为苛刻的用户个性化标准。

开发该钢种不仅要求对9%的镍（Ni）成分进行有效合金化处理、产品表面质量无缺陷，而且对夹杂物及有害元素的控制要求极高，因为在超低温环境下，任何产品缺陷都会被无限制地放大，给最终使用造成极大的安全隐患。

没有通用标准，且安全性要求极高，这就对企业的检测能力和水平提出了极大挑战。

中信泰富特钢的工程技术人员与全球同行密切交流，采用科学方法反复测试验证，多手段表征，最终在最短时间内拿出了令人信服的评价方法，并请业主见证中信泰富特钢产品无瑕的品质。

“最终，产品力学性能及工艺性能等均是一次性检验百分之百合格；钢板可焊性试验达到了第三方最严苛的评价标准；为了能提供高效优质的服务，中信泰富特钢人还对强磁场条件下06Ni9DR钢板的焊接进行不间断式跟踪，并提供技术指导。无论是研发生产过程还是产品使用过程，这些实验和检测手段都起到了关键作用。”黄镇说。

“中信泰富特钢的产品质量，远超我们的预期。”一位客户代表这样反馈产品的实物质量。显然，“零缺陷”的自信换来了百分之百的满意。

齿条钢是决定海洋平台（见图1-3-104）安危的关键材料，全世界目前只有中信泰富特钢一家使用连铸工艺生产该产品。

图1-3-104 海洋平台

“海洋平台重量通常在1万吨以上，靠齿条实现升降。齿条钢必须具有优异的低温冲击韧性、切割加工性能以及整个厚度断面上性能的均匀性；更要长寿命，至少25年安全无忧。”苗丕峰，10年来一直潜心研究热轧钢板的中信泰富特钢钢板首席专家告诉记者，“这种材料除中国外全世界只有3个国家能生产。”

2014年8月，有客户拿着齿条钢的订单来到了中信泰富特钢。另外两个能生产齿条钢的德国和日本企业需要1~2年才能交货，而客户的要求是2个月交货。

这是对中信泰富特钢研发能力、生产组织能力的一次大考。中信泰富特钢通过一系列研发和生产努力，如期生产出了齿条钢，并通过了严格的抗氢致开裂测试。最终，客户认为中信泰富特钢的齿条钢“质量不比国外的差，有些指标比德国的还好”。

“通过这次开发，我们获得齿条钢相关发明专利授权6件，其中日本发明专利授权1件，中国发明专利授权5件，并获中国发明专利优秀奖、冶金科学技术奖二等奖。”苗丕峰说。如今，中信泰富特钢齿条钢国内市场占有率超过60%。

（三）工艺强

1. 工艺强：“100千克产品的合同”，我们能接

有着130年历史的中信泰富特钢大冶特钢，是面向国家先进能源发展和重点能源工程建设需求，开发核电与火电重大装备制造、深部油气开采、大型油气管线建设急需的高性能钢铁材料，研究特殊服役条件下材料组织性能退化与服役安全的老牌特钢企业。

“我们接受的最小一单合同产品是100千克。”周立新告诉记者，大冶特钢经常是1个月30多万吨产量对应7200多个订单。

“我们小棒生产线品种真是太多太多了！小棒生产线主要生产钢管坯。钢管这个产品在很多情况下是一根管子一个合同，5吨、3吨的都有。”大冶特钢生产部部长张明说。

在大冶特钢展厅里，有一张冶炼系统示意图。上面显示了从铁矿石、焦炭到高炉、转炉，从废钢到电弧炉，从精选原料到真空感应炉再到电渣重熔、真空自耗等3种不同的生产工艺流程。并且，每一种工艺的后续都配备了完整的精炼、铸锻轧和热处理工艺。

“这个示意图表明，我们能够实现目前任何要求的特钢品种生产，也意味着我们能够满足客户的任何交货条件，无论是锻造、铸造，还是‘双真空’；无论是管材、板材、棒材，还是银亮材。”张志成说。

装备是硬件，但是保持高水平的质量稳定性和生产顺行，离不开操作系统的高效精准。

“我们这个小棒生产线的操作系统里存了1万个以上的操作规程，对于每一个规格、品种都有相应的操作系统，也就是软件系统。”张明说。

2. 工艺强：创新能力强、更新换代能力强

工艺强，还体现在创新能力强、更新换代能力强。

“目前生产连铸圆坯直径达到1.2米，为世界首创，兴澄特钢能源用钢如风电用钢、石油钻井用钢、海洋平台系泊链用钢等，都用大圆坯、大棒材制造。最早的时候这些是用模铸工艺生产的，但是因为要切头、切尾，成材率只有80%左右，我们通过创新使用的连铸技术工艺是颠覆性的，突破冶金极限与理论限制，不断创新，直径从390毫米开始，逐步到450毫米、500毫米……直到1.2米的世界首创，可以在完全满足性能要求的前提下大幅度降低成本。”黄镇介绍说。

“十一五”期间，我国风电装机容量连年翻倍增长，水电、核电在建规模均居世界第一位，建成投产的百万千瓦级超超临界机组达21台（至2018年底已投产111台）。我国也是世界拥有超超临界机组最多的国家。这么多超超临界机组能在短期内顺利建成投产，

中信泰富特钢功不可没。中信泰富特钢常务副总裁王文金对当时的情景依然记忆犹新："由于超超临界高压锅炉管坯钢对产品质量要求极高，当时国内的特钢企业只能采用模铸工艺进行小批量生产，成本极高，产量却极低，根本无法满足各大电厂筹建机组的需求，大量依赖进口。"

为了解决高压锅炉管原材料的瓶颈问题，中信泰富特钢兴澄特钢迅速成立专题项目组与客户共同攻关，经过3个月上百次的反复试制的不懈努力，终于成功研发出采用连铸工艺大批量、低成本生产高压锅炉管坯钢的方法。

当时进口高压锅炉管坯钢P91的价格为每吨10万元且奇货可居，而就在兴澄特钢成功开发出连铸高压锅炉管坯钢后，其进口价格迅速降到了每吨4.5万元，在短短1个月后，进口价格又降到了每吨2万元。

"工艺技术的更新迭代，对整个行业的影响是非常大的。目前我们生产的大圆坯直径已经达到1米，是世界之最。未来海上风电向大型化、长寿命发展，对我们的要求就是进一步开发更高强度的材料。"黄镇说。

3. 工艺强：竞争力提升

工艺强必然带来巨大的竞争力提升。

2019年4月19日，R6级海洋系泊链钢颁证仪式在中信泰富特钢兴澄特钢举行。历时近3年时间，兴澄特钢研发出目前世界最高级别的R6级极限性能系泊链钢，填补世界空白，并顺利通过了DNVGL船级社（由挪威船级社与德国劳氏船级社合并成立）的认证，成为世界首家获得R6级系泊链钢认证证书的企业。

（四）品牌强：从被排斥到共担关税也要用

品牌得到认可是很不容易的事情。"凭借着中信泰富特钢超强的服务能力和卓越的产品品质，大冶特钢生产的中厚壁无缝钢管，两年前当进口关税被提高25%的时候，客户宁愿和我们各承担50%关税，也要用中信泰富特钢的产品。兴澄特钢石油钻具钢客户东营威玛反馈，其使用兴澄材料生产的高强度钻铤成功用于万米以上深度的钻井开采。可以说，他们对中信泰富特钢品牌是相当认可的。"中信泰富特钢销售公司副总经理姚海龙告诉记者。

品牌强了，市场自然就广了。2010年5月，江苏一家从事钻井工具加工的企业主动找到大冶特钢，希望从大冶特钢采购钢管替代目前从美国进口的同类产品。"当我们询问他们是如何知道大冶特钢能够生产这些产品时，用户告诉我们，美国的终端用户告诉他们，大冶特钢也能生产这种钢管，而且质量、交货、服务比美国产品更有优势。"可谓有口皆碑。周立新说，"随着品牌认可度在国际市场的不断提升，这种主动寻求合作的情况是越来越多。"有质量强、工艺强支撑的品牌，自然换来市场的认可与广阔的市场空间。

2008年欧盟对华无缝钢管进行反倾销立案调查，湖北新冶钢（现中信泰富特钢大冶特钢）被裁定征收27.2%的高额关税，涉案金额达6000万美元。2009年12月31日，新冶钢正式向欧洲初审法院提起上诉。4年以后，欧洲初审法院于2014年1月判决：欧委会在对华无缝钢管反倾销调查中裁定存在损害威胁的结论证据不充分，欧盟理事会基于该调查结果做出的反倾销征税决定不合法。欧盟理事会等方面再次上诉。又过了2年，2016年4月7日，欧洲法院做出终审判决，驳回欧盟理事会等方面的上诉请求，维持初审法院的判决结果。至此，新冶钢以零关税的战绩获得完胜。

“对于这一‘损害威胁’的案件，我们总要‘出拳还击’吧。”这是现任中信泰富特钢集团党委书记、董事长，时任新冶钢总经理的钱刚，在2010年接受记者采访时说的一句话，后来在业界广为流传。

（五）客户增值服务强

中信泰富特钢的品牌强，还来自于能为客户产品增值。

“其实我们很大一部分投入，不是为了实现市场增量，而是为了帮助用户解决问题。”张明介绍。

中信泰富特钢的客户中有制造煤机综采支架的企业。中信泰富特钢技术人员在走访客户的用户——一家煤矿企业的时候，听到矿长提出了一个新要求：“我们的综采支架每次用完就扔了，这样成本比较高。你们能不能研发一种可以回收利用的新材料？”

“于是，我们跟客户一起研发了一个高强钢品种。这种钢做出来的综采支架可以反复使用。这等于是为客户的产品增值，服务了客户的终端用户。”张明说。

2012年，欧洲顶尖风电制造商到访中信泰富特钢兴澄特钢，向其颁发风电用钢板质量认证证书。兴澄特钢成为国内第三家通过该公司风电钢板质量认证的钢板生产企业。在进一步合作中，兴澄特钢了解到客户需求，建成了剪切配送中心，提供等离子切圆/切扇形、打坡口、钻孔、包装等深加工服务，强化了双方合作。

这种为客户创造价值的做法也为中信泰富特钢向国际高端风电市场扩大市场份额奠定了坚实的基础。世界知名风力发电设备生产商逐渐成为中信泰富特钢的客户。2013年时，中信泰富特钢在全球高端风电市场占有率达到45%。

2021年兴澄特钢“高品质海洋、风力发电及页油岩开采钢制造技术和应用”项目获中国冶金科学技术奖三等奖；“石油开采完井工具用BMS A138Rev P钢的开发”项目获中国冶金产品实物质量品牌培育金杯奖；独立或与相关单位联合起草的《油田钻具用钢》《风电装备用螺栓钢》《深海油田钻采用高强韧合金结构钢棒》国标、行标、团标通过审定获批发布。《一种连铸坯生产深海采油井口装置用CrNiMo30C钢锻材的工艺》发明制造专利获欧洲专利授权。

十九、亚洲陆钻破纪录，钻具用钢显神威

2018年2月25日，南钢石油钻具钢助力油田开采创亚洲陆上钻井纪录，再次成为亚洲新纪录创造主力：南钢石油钻杆接头、钻铤用钢系列产品应用的中石化西北油田所属的顺北油气田的顺北鹰1井完钻井深8588米，打破去年6月中石化西南公司的8420米纪录，再创亚洲陆上钻井最深纪录。南钢钻具钢生产技术国内领先。

2017年6月26日，南钢钻杆接头用钢系列产品就已经应用在亚洲第一深井、西南第

一工程“川深1井”，并创造了当时8420米的亚洲纪录。2018年此次新纪录诞生，南钢石油钻具钢客户东营威玛石油钻具有限公司是此次中石化西北油田所属的顺北油气田的顺北鹰1井钻杆接头主力供应商，东营威玛石油钻具有限公司将南钢石油钻具钢材料制成钻杆接头、钻铤，供给中石化西北油田分公司。从2015年首次合作起至今，东营威玛石油钻具有限公司一直是南钢钻具钢重要客户，2018年对南钢的采购量比上年翻了一倍。

技术突破造就成本质量综合优势。石油钻具在钻井过程中高速运转，与岩石产生剧烈摩擦，承受很大的扭矩、冲击力，对石油钻具用钢的夹杂物级别和形态、低倍质量、强度、硬度、耐磨性、淬透性、冲击性等综合力学性能都提出极其严格的要求。自南钢2008年开始钻铤钢和钻杆接头用钢首批试制至今，已具有了一套成熟的钻具用钢生产工艺，可以结合不同客户的热处理特点进行化学成分设计，满足了不同客户的个性化要求，提高了客户热处理后钢材力学性能的稳定性；通过纯净钢冶炼技术实施、气体含量的控制等措施，解决了大规格钻铤钢探伤合格率的问题；开发了石油钻具用钢的连铸均质化工艺，提高了化学成分的均匀性，解决了行业内普遍的钻杆接头淬火开裂率偏高的问题，大幅提升了产品加工后的探伤合格率。现在南钢石油钻具钢月交货能力达到1万吨以上，能满足用户快速交货需要。产品钢质纯净度高、低倍和表面质量好。南钢石油钻具用钢在保证产品质量稳定性好的前提下，具有较强的成本质量综合优势，能够为用户创造更多的价值。

互利互赢政策服务增强客户黏性。南钢特钢事业部具有产销研一体化优势，从产品订货、产品质量管理到售后服务均有事业部的专人全流程负责跟踪管理，具有反应速度快、质量改进快、售后服务速度快的优点。不论采油行业如何变化，南钢服务客户的意识不变。为提升南钢钻具用钢行业竞争力，通过用户走访，吸纳用户建议，及时对年度政策进行适度调整，进一步维护了南钢钻具钢市场份额，接头用钢系列国内市场占有率保持第一。为缓解用户资金周转压力而实行的贴心销售政策，本着为客户解除后顾之忧的宗旨，使客户受益，增强了石油钻具钢用户对南钢的黏性。同时，拓展多方合作，与行业内龙头企业建立互利互赢局面，与河南、湖北、江苏等地一批大型企业建立了业务往来，这些石油行业配套企业与南钢的强强联合，进一步拓展了南钢石油钻具钢业务范围，2018年南钢石油钻具用钢与上年相比销量增加25%。

二十、独辟蹊径解难题，节镍钢板谱新篇

近年来，随着我国清洁能源战略的实施，天然气作为一种清洁能源，其产业链快速发展，国家规划建造超过200个LNG（液化天然气）储罐，约60艘LNG运输船，作为LNG储运设施的主要建造材料，镍系低温钢的需求量大幅增长。目前我国已实现LNG储罐（见图1-3-105）用9Ni钢规模化生产，解决了阻碍LNG产业链发展的“卡脖子”问题，结束了低温关键材料（9Ni钢）依赖进口的不利局面，并实现出口欧美、亚洲等国家。

南钢作为国内第一家成功开发LNG专用热轧低温带肋钢筋的企业，2014年为“三桶油”（中石化、中石油、中海油）等的多个LNG项目累计供应LNG专用钢筋1221吨。同时，南钢还是国内第一家开发配套连接套筒的企业。目前，两个替代进口的产品国内市场占有率均排名第一。

图 1-3-105　LNG 储罐
（照片源自中国海洋石油集团有限公司）

（一）人才管理支撑专攻“金字塔尖”

传统热轧带肋钢筋难以满足-162℃以下液态天然气低温储罐建造的要求。此前，国内天然气储罐用低温钢筋完全依赖进口，国外也仅有一两家钢厂能够生产。镍是影响镍系钢低温性能及成本的主要因素，但我国属于“贫镍”国家，镍金属对外依存度超过 60%，因此，在确保产品质量的基础上，实现低成本 LNG 储罐用节镍型 7Ni 钢开发及应用具有重要的可持续发展价值。

2011 年初，南钢 9Ni 钢供货与中石油大连 LNG 项目，标志着南钢 9Ni 钢实现规模化生产。2013 年首次进入 LNG 船用领域，打破了国外企业的长期垄断，填补了国内空白。2018 年首次走出国门，应用于国外 LNG 储运项目。目前正在陆续供给中国江苏滨海项目（中国在建最大 LNG 罐）、南通中级太平洋 LNG 船等项目用钢板，已累计供给 30 余台储运设施建造，国内市场占有率连续 9 年第一，获得国家制造业单项冠军产品、市场开拓奖、特优质量奖等众多殊荣。

2012 年 6 月，南钢总裁黄一新（当时为分管研发、销售的副总经理）在与“三桶油”合作中，了解到他们正为国内没有生产低温螺纹钢的企业而苦恼，进口产品价格昂贵，而国内很多钢企不具备低温力学检验能力。黄一新当即安排南钢研发中心着手调研。经过产品性能剖析、工艺路线探讨和检验、试验能力分析，研发团队认为，南钢完全可以研制出低温螺纹钢筋。在国内 LNG 行业快速发展、钢种需求量较大，且没有国产化先例的背景下，南钢从综合消化国外相关标准和各 LNG 接收站的设计规范入手，采取逆向思维，从确定用户交付标准开始，反推制定出相应的产品标准。

2013 年 5 月 21 日，南钢研发出热轧低温带肋钢筋，并通过中国钢铁工业协会的科技成果鉴定。

此间，南钢造就了一支 LNG 低温用钢技术人才团队，形成了以超低温为代表钢种的研发管理体系，这都为南钢后续开发精品钢材提供了生产管理经验，低温用钢产品也从板材拓展到了长材。同时，南钢还获得了“用于液化天然气储罐的超低温带肋钢筋及其制备方法”“一种用于金属材料低温拉伸试验的装置”“一种用于螺纹钢筋的低温拉伸试验系统”等 3 项发明专利和“一种用于金属材料低温拉伸实验的装置”“一种用于螺纹钢筋的低温拉伸试验系统”两项实用新型专利。

在LNG用9Ni钢方面，目前南钢是国内同时具备“三桶油”业绩和供应陆地、海上、船用产品的钢厂。

（二）打开机会窗口，服务赢得市场

2013年8月，中石化广西北海项目部进口了一批ϕ12~25毫米热轧低温带肋钢筋。按工程规范要求，产品必须由第三方检验。在得知南钢在当年5月通过了低温螺纹钢筋的新产品鉴定，是国内唯一具备生产和检验能力的钢厂后，项目部请求南钢支援。

此前，国内还没有-170℃左右低温下的检验、试验设备和检验方法，检验要求试样任意两点间温度差不超过5℃变量，任意一点温度与试验设定温度差也不能超过5℃变量，而普通钢材在这样的条件下，早就像玻璃一样脆了。

南钢立即组织了专业检验人员开展工作，自行研究和开发检试验方法。他们为中石化广西北海项目部免费检测样品100多个，及时发现了部分产品的质量问题，既保住了工程质量，又挽回经济损失，更为重要的是在国际上展现了中国制造的实力。

鉴于南钢率先获得低温螺纹钢筋新产品鉴定的实力和优质快捷服务的能力，2013年12月31日，中石化与南钢签订了试用南钢低温螺纹钢筋的技术协议和供货合同。

南钢为该项目部生产的ϕ12毫米产品是低温钢筋中最难生产和检验的规格。通过生产现场技术人员、操作工、理化室检试验人员的精心操作和加工，南钢仅用了不到3天时间就完成了原来预计需要5天完成的整个生产、试验过程，各项性能指标均一次性检验合格，最终实现了“10天生产交货、15天到工地”的快速响应服务。2014年1月13日，南钢首批86.756吨ϕ12毫米低温钢筋被运抵广西北海施工现场，从此打开了南钢低温螺纹钢的业绩之门。

2014年5月15日，南钢为中海油广西LNG项目提供了热轧低温带肋钢筋187.5吨。同年8月15日，南钢第2次中标中海油广西LNG储罐低温螺纹钢订单，涉及ϕ20毫米和ϕ12毫米产品共158吨。同年10月15日，南钢为中石油江苏LNG项目二期项目提供热轧低温带肋钢筋28.362吨，涉及ϕ20毫米和ϕ25毫米规格。至此，南钢已能够生产供应ϕ12毫米、ϕ16毫米、ϕ20毫米、ϕ25毫米全部4个规格低温钢筋。

南钢热轧低温带肋钢筋从研发到进入“三桶油”仅用了不到1年时间。这是南钢“产、销、研、服务”一体化特色的具体体现。

（三）满足更高要求，再补国内空白

自成功研制热轧低温带肋钢筋，研发能力和批量生产能力得到用户的肯定和信赖后，南钢仍然力求满足用户的更高要求。

在使用过程中，用户向南钢提出，希望南钢能够研发生产出为热轧低温带肋钢筋配套的专用套筒。由于此前该套筒一直依赖进口，没有现成的技术要求和数据支撑，南钢技术人员通过一次次到LNG储罐现场测量研究，一边从零开始摸索套筒材质和热处理工艺，一边在国内寻找加工厂，摸索出了独特的套筒加工方法，终于制造出令用户满意的套筒。

经第三方认证，南钢的热轧低温带肋钢筋、攻丝钢筋、套筒等的性能全部符合要求。

2014 年 5 月 15 日，南钢为中海油广西 LNG 项目提供了配套使用的低温机械连接用套筒 580 个。这是我国企业第一次在国内采购为低温钢筋配套的低温套筒。这也意味着南钢已经能够为 LNG 项目提供工程用钢等的一揽子解决方案。

2018 年起，南钢开展 7Ni 钢研发，设计 Mn-Mo-Ni 成分体系，提高 Mn 含量，添加 Mo 元素，降低 Ni 含量；采用两阶段控制轧制+超快冷在线淬火+两相区热处理的新一代 TMCP 技术，成功制造 7Ni 钢，填补了国内 Ni 系钢牌号空白。7Ni 钢比 9Ni 钢节省合金成本 22%以上，各项技术指标与 9Ni 钢等同。南钢率先通过 7Ni 钢锅炉压力容器用材料技术评审及江苏省新产品技术鉴定，已具备工程应用条件。目前南钢可以批量稳定生产 0. 5Ni、3. 5Ni、5Ni、7Ni、9Ni 等系列产品，实现材料规格全覆盖。

为实现中华民族伟大复兴的中国梦，南钢时刻以钢铁报国的精神准备着！

第四章 中国特殊钢标准的建立与发展

第一节 中国特殊钢行业标准与国家标准的建立与发展

中国特殊钢标准的建立与发展同中国的技术装备水平和国家的技术政策密切相关，中国特殊钢标准一直按民用标准和军用标准分开管理。中国特殊钢标准的发展历程大体可以分为六个阶段。

一、中国特殊钢标准演变的第一阶段（20世纪50~60年代）

这一时期中国标准化工作处于摸索、仿制阶段，主要是在学习苏联标准和总结我国实践经验的基础上，着手建立了以冶金工业部部颁标准为主体的标准体系。标准均为强制性的，基本建立了我国特殊钢标准体系的雏形。

新中国成立以来，中国政府就十分重视标准化事业。1949年中华人民共和国成立时，在中央技术管理局设置了标准规格处，专门负责工业生产和工程建设标准化工作，建立了企业标准和部门标准。1950年重工业部召开了首届全国钢铁标准化工作会议，对旧社会遗留下来的带有殖民地、半殖民地性质的技术标准进行彻底改造，有计划、有步骤地建立中国钢铁标准体系。1951年重工业部成立了钢铁标准规格委员会，组织翻译了全套苏联钢铁方面国家标准。1952年重工业部发布了23项钢铁部颁标准，于1953年4月1日正式实施。1956年重工业部撤销，由新成立的冶金工业部归口管理冶金领域的标准化工作。同年在国家科学技术委员会设立了国家技术标准局，规定“编制的部颁标准，试行一定时期，经过整顿修订，送国家技术标准局审查通过后，由国家技术标准局颁布为国家标准”的工作原则，进一步加强了标准化工作。

1957年冶金工业部发布了第一个无缝钢管的部颁标准“冶标11—1957《一般无缝钢管》”。由于当时我国标准牌号体系几乎是照搬苏联标准，所有牌号用注音字母表示，其牌号体系含有大量的镍铬钢，在实施几年后发现与我国缺镍少铬的资源情况极不相符。为了立足国内资源，1959年冶金工业部发布了一批特殊钢标准，在标准中引进了一批国外先进而适合我国资源特点的牌号，并列入了我国自主研制的牌号。

1962年冶金工业部组织翻译出版了苏联国家标准钢铁、焦化、耐火及有关理化检验方法共91册；同年发布第一批12项精密合金标准，包括35个牌号，因为当时精密合金只用于军工，这也是第一批部颁军工标准。同年国务院颁布了《工农业产品和工程建设技术标准管理办法》，确立了国家标准、部颁标准和企业标准三级标准体系。1963年国家科委在北京召开了“全国标准、计量工作会议”，着手编制标准化十年发展规则，使冶金标准化工作得到进一步的推进。1963~1965年是我国钢铁标准第一个快速增长期，冶金工业部每年制修订标准在200项左右，在标准的制修订中不断增加我国自主研制的新牌号。1966年4月冶金工业部在北京召开了《冶金产品标准工作会议》，吕东部长在会上作了重要指示，要求多利用国内富有元素，尽量少用或不用价格昂贵的稀缺金属，创出和发展我国自己的新产品，搞自己的标准，走自己的路。不能像第一个五年计划那样，照抄照搬苏联标准。为此，冶金工业部专门组织对现行标准中合金钢牌号按留用、推广、淘汰、限制四类情况进行了全面整顿。

截至20世纪60年代末，共有特殊钢产品标准100项（+6项技术协议），基本建立了我国特殊钢标准体系的雏形。为了满足一些产业的特殊需要，冶金工业部则以签订“技术协议”的形式加以补充规定。精密合金和高温合金只限于军工使用，所以标准全部都是军工标准。100项标准中只有5项国家标准，其余为部颁标准（其中42项军工部颁标准）。

二、中国特殊钢标准演变的第二阶段（20世纪70年代）

这一时期我国标准化工作处于自力更生发展阶段，一方面立足国内资源，搞自己的标准，建立符合中国国情的牌号体系；另一方面放眼世界，引进、消化、吸收国际、国外先进标准。但受“文化大革命”的影响，标准制修订速度放缓，标准水平普遍下降。

1973年冶金工业部组织对现行冶金产品标准进行了第一次全面整顿，主要内容是立足国内资源，搞好钢种标准；立足于备战，搞好军工专用材料标准；要从国民经济发展的需要出发，抓好生产量大、使用面广的产品标准，做好农业用钢和矿用钢标准；为支援世界革命，做好援外标准工作。通过对现有的合金钢钢种及标准的整顿，1977年整理出版了第一套《合金钢钢种手册》共五个分册，共收入303个牌号，其中标准牌号210个。

这一时期我国主张自力更生，立足国内资源，搞自己的标准。为了及时了解、掌握国外先进的标准，冶金部科技情报产品标准研究所开始收集和翻译国外先进标准。1973年首次翻译出版《国外标准汇编》（钢铁部分），1974年首次翻译出版《国外轴承钢标准译文集》，1975年首次翻译出版《国外工具钢标准译文集》，1979年翻译出版《英、美、法、苏、日、西德无损检验标准译文集》，以及国际（ISO）标准单行本600个、美国（ASTM）标准14册、西德（DIN）标准6辑、日本（JIS）标准7辑。这些国外先进标准的翻译出版提高了国内对国外先进标准的认识，受到社会的广泛欢迎，也为后来开展的采用国际标准和国外先进标准工作提供了技术基础。

20世纪70年代，我国陆续对现行的大部分特殊钢标准进行了修订，其中部分标准修订后上升为国家标准。新制定了YB 674—1973《航空用结构钢钢棒技术条件》、YB 688—1976《高温轴承钢Cr4Mo4V技术条件》、YB 687—1975《镍基耐蚀合金技术条件》、YB 684—1970《FD-2防弹钢板技术条件》等军工标准，并提供援朝标准185项，援外标准75项。

截至20世纪70年代末，共有产品标准131项（+4项技术协议），包括合金结构钢32项、弹簧钢14项、工模钢8项、高速钢3项、轴承钢5项（+4项技术协议）、不锈钢16项、耐热钢4项、耐蚀合金1项、高温合金23项和精密合金27项。这一时期有部分部颁标准上升为国家标准。

三、中国特殊钢标准演变的第三阶段（20世纪80年代）

这一时期我国标准化工作处于全面提高阶段。我国将采用国际、国外先进标准作为一项重要的技术政策，特殊钢标准水平得到显著提升，达到发达国家70年代末和80年代初的水平，形成了以国家标准为主、部颁标准为辅的标准体系。

改革开放迎来标准化的春天。为了快速提高我国标准水平，冶金部组织制定了一批采用国际先进标准的推荐性标准。同时，冶金工业部标准化研究所首次组织出版发行了《钢材标准高倍金相评级图谱》和《钢材标准低倍金相评级图谱》等图谱，为特殊钢产量质量检验提供了参照依据。

1982年3月17日，国家经委、国家科委和国家标准总局联合印发了“关于印发《采用国际标准管理办法（试行)》”的通知，将积极采用国际标准作为一项重大的技术政策，是技术引进的重要组成部分。同年11月，冶金工业部在北京召开了“采用国际标准和国外先进标准工作会议”。冶金工业部副部长陆达同志在会上提出二十年设想方案：头三年，钢材标准要基本上完成引进的工作；前八年，重要钢铁产品要按国际、国外先进标准组织生产；后十年，主要产品的实物质量要达到国际先进水平。为此，冶金工业部组织对现行冶金产品标准进行了第二次全面整顿。

1986年9月冶金部在北京召开了“冶金产品标准水平等级评议会”，冶金部总工程师周传典同志在会上传达了中央领导对提高产品质量和采用国际标准等问题的重要指示，并讨论通过了“冶金产品标准水平等级评级办法”。

为了鼓励进步，1987年3月国家标准局、国家物价局以国标发［1987］095号文发布对采用国际标准的工业产品实行优质优价的规定，规定产品质量达到国际先进水平标准的为“优等品”，达到国际一般水平标准的为“一等品”。同年5月，冶金部在北京召开了质量工作会议，提出了加速采用国际标准，实现产品升级“七五”规划和1987年计划，要求35个重点钢铁企业到1990年按国际标准和国外先进标准生产约200个品种，形成426条先进工艺、设备配套完善的生产线，并对国家特级、一级、二级企业提出了具体要求（见表1-4-1）。

表1-4-1 特殊钢企业评级要求

国家二级	国家一级	国家特级
按国际标准组织生产和获得国家优质、部优质产品称号的产品比例必须达到30%以上	按国际标准组织和国外先进标准组织生产的产品比例必须达到50%以上	按国际标准组织生产的产品比例必须达到60%以上，其中40%产品要达到国外先进标准水平

在改革开放、国际贸易和交流蓬勃发展的背景下，我国大量引进了国外的先进装备，对高端特殊钢的需求也不断提升，迫切需要标准的技术支撑。这一时期，国家学习国外先进经验，实行产品质量认证，促进了标准化工作蓬勃发展。不论特殊钢的钢种牌号系列还是技术指标均有了大幅度改进和提升，达到发达国家70年代末和80年代初的水平。很多冶金工业部部颁标准修订后上升为国家标准，国家标准占80%。

四、中国特殊钢标准演变的第四阶段（20 世纪 90 年代）

这一时期我国标准化工作处于全面整顿阶段，根据 1988 年颁布的《标准化法》，标准按属性（强制性或推荐性）和级别（国家标准或产业标准）进行划分，形成了我国特殊钢新的产品标准体系。

改革开放以后，标准化管理部门开始对管理模式进行一些有益的改革尝试，学习国际标准化的经验，按照领域建立标准化技术委员会。1988 年 12 月 29 日，全国人民代表大会常务委员会第五次会议通过了《中华人民共和国标准化法》，使标准化工作在新中国的历史上正式纳入了法制轨道。

1991 年 10 月 26 日，国家技术监督局以技监局标发［1991］531 号批准成立了“全国钢标准化技术委员会”，负责全国钢领域内的标准制修订工作，秘书处设在冶金工业部情报标准研究总所。委员会委员由生产、科研、教学、检验、用户等方面专家、技术人员和管理人员组成。技术委员会的工作方式是公开、透明、社会化和协商一致。

自 1988 年《标准化法》颁布实施以后，钢铁产业历时四年多时间完成了对现有产品技术标准的清理整顿，标准按属性（强制性或推荐性）和级别（国家标准或产业标准）进行了重新划分，标准水平也按国际先进 Y 级、国际一般 I 级、国内先进 H 级分为三个等级。在这次清理整顿中，大多数特殊钢标准调整为推荐性标准（GB/T 或 YB/T），其中包括大部分军用通用的高温合金、精密合金国家内部标准（GBn）转化为国家或产业推荐性标准。

1978 年国际标准化组织（ISO）理事会通过了中国标准化协会为该组织的正式会员。1979 年 1 月我国派冶金工业部钢铁设计研究总院沈念乔等三人参加了在德国科隆召开的 ISO/TC167/SC1 钢结构材料和设计分委员会的会议，从此我国开始在钢铁领域参与国际标准化组织（ISO）标准化活动。直到 1992 年我国承担了第一个钢铁领域的国际标准化组织 ISO/TC17/SC17《盘条与钢丝》秘书处工作，实现了从积极采用到实质性参与的跨跃。

这一时期，根据标准水平等级的划分，冶金部还开展了“优质优价”活动，推动了冶金企业采用高等级标准的积极性，促进了产品质量的提高，保障了钢铁工业的健康发展。1996 年我国钢产量突破 1 亿万吨，成为世界第一钢产量大国。

这一时期，国防科工委制定《军用标准化管理办法》《军工专用冶金产品标准化工作管理规定》和《军用冶金产品标准编写示例》等 14 项规章制度和具体实施细则，使冶金产品军标制（修）订计划、编制、审查、报批、归档等工作逐步走上规范化、制度化管理轨道。这一时期绝大多数冶金军用标准（YB、YBn）修订后上升为国家军用标准（GJB），冶金军用标准从此由冶金工业部部颁标准转化为以国家军用标准为主的标准体系。

五、中国特殊钢标准演变的第五阶段（21 世纪 00 年代）

这一时期我国标准化工作处于深入发展阶段，标准化工作不再是仅限于标准的制（修）订，已拓展到标准的前期基础研究工作，标准化事业得到了前所未有的发展，标准总体水平接近或达到 90 年代末国际先进水平。

进入21世纪后，特别是加入WTO后，我国的特殊钢在生产装备、技术水平、产量质量等方面都获得了迅速发展，我国成为名副其实的钢铁大国。为了适应加入世贸组织的挑战，加强新材料标准研究水平和国际标准化能力，国家科技部和国防科学技术工业委员会第一次在国家级科研课题中设立“标准研制”专项课题，给予经费支持，使标准化工作由标准制（修）订拓展到新材料标准化的基础研究工作，极大地支持了中国加入WTO之后的标准之需。

这一时期，由于国家机构改革，冶金工业部在1998年改组为国家冶金工业局，2003年国家冶金工业局撤销，因此冶金产业标准（YB）的制（修）订工作由新成立的工业和信息化部负责，国家标准由新成立的国家质量监督检验检疫总局、国家标准化管理委员会负责，国家军用标准由新成立的国防科学技术工业委员会负责。

这一时期，在全国钢标准化委员会下成立了“特殊合金”“特殊钢”和“轴承钢”三个分技术委员会，进一步加强了特殊钢领域标准制（修）订工作。2000年我国发布了我国第一个高碳轴承钢标准GB/T 18254—2000。各类特殊钢标准水平得到显著提高，标准牌号不断与国际接轨。实物质量水平与先进国家的差距也在缩小，为我国特殊钢产品替代进口，参与国际竞争发挥了重要作用。

这一时期，随着标准水平的提高，标准数量也显著增加。2004年国家标准化管理委员会开展了全国范围内的标准清理整顿，这也是对特殊钢标准的第三次整顿。在此次整顿中，有些特殊钢国家标准被整合修订，有些特殊钢国家标准转化为产业标准。

这一时期，我国又陆续承担了ISO/TC5《黑色金属管和金属配件》（2003年）、ISO/TC17/SC15《钢轨及其紧固件》（2004年）、ISO/TC156《金属和合金的腐蚀》（2008年）三个国际秘书处，并在其中担任了国际标准化组织领导人职务，主导制（修）订国际标准10余项，不断地向国际专家宣传中国标准，提高了中国标准的国际认可度。

这一时期标准化工作不再是仅限于标准的制（修）订，已拓展到标准前期基础研究工作，标准化工作更加扎实，标准总体水平接近或达到90年代末国际先进水平。

六、中国特殊钢标准演变的第六阶段（21世纪10年代）

这一时期我国标准化工作处于深入改革阶段，标准化工作已上升到国家发展战略层面，特别是新《标准化法》的颁布，使我国标准供给从单一的政府向培育发展团体标准二元结构转变，标准化在钢铁产业供给侧结构性改革、迈向高质量发展中发挥了基础性和引领性作用。

受国际金融危机的深层次影响，国际、国内市场持续低迷，国内需求增速趋缓，钢铁产业产能过剩矛盾日益突出，不仅资源、能源和环境问题日益严重，还造成产业无序恶性竞争，从2012年开始，全产业出现亏损。加快淘汰落后产能是这一时期转变经济发展方式、调整经济结构的重大举措，党中央、国务院高度重视淘汰落后产能工作，出台了一系列政策对淘汰落后产能工作做出了明确部署。2014年2月，李克强总理在质检总局呈报的《质检总局立足本职积极促进化解产能过剩矛盾》上批示“化解过剩产能中淘汰落后产能是关键，而标准化工作是基础。标准定了就要成为规则，不能破，各有关方面要据此采取措施”。在2014~2016年国家标准化管理委员会组织开展“化解产能过剩标准专项”三年行动计划中，完成了钢铁标准135项（包括市场准入和产业升级两类）的修（制）订工作，在淘汰落后产能任务中发挥了重要作用。

随着经济全球化不断深入，全球化一体化进程不断加快，开放与合作越来越受到全球各界人士的普遍认同。在此背景下，2013年9~10月，中国国家主席习近平在出访中亚和东南亚国家期间，先后提出共建“丝绸之路经济带”和“21世纪海上丝绸之路”的重大倡议，得到国际社会高度关注。2018年1月，国家标准化管理委员会发布了《标准联通共建“一带一路”行动计划（2018—2020年）》，全面推进了中国标准外文版的进程。截至2020年12月31日，我国钢铁领域已发布66项国家标准外文版，其中特殊钢产品标准38项，有助于推动中国标准走出去，加强联通共识。

2011年我国又承担了ISO/TC105《钢丝绳》国际秘书处。至此，我国已经承担了钢领域国际标准组织ISO秘书处5个，作为召集人主持制（修）订国际标准58项，积极贡献中国标准化工作经验和智慧。特别是ISO 5003：2016《43千克/米及其以上对称钢轨》标准，将我国实际获得成熟应用的U71Mn、U75V两个钢种牌号纳入标准，发挥钢轨国际标准在推进“一带一路”建设中的基础支撑作用，促进以钢轨标准“走出去”，带动中国装备、技术和服务走出去。

2015年国务院印发了国发［2015］13号文“深化标准化工作改革方案”，开启了我国特殊钢标准的第四次清理整顿。按照“一个市场、一条底线、一个标准”的原则，冶金产业43项强制性标准全部转化为推荐性标准。至此，冶金产业已经取消了强制性标准。

2017年11月4日修订后的《中华人民共和国标准化法》规定“标准包括国家标准、产业标准、地方标准和团体标准、企业标准”，标志着我国标准供给从单一的政府向培育发展团体标准二元结构转变，在中国标准化发展历史上具有里程碑的意义。截至2020年12月31日，已有20家社会团体在全国团体标准信息平台上自我声明公开的特殊钢团体标准有85项，涌现出一批创新的团体标准。在产品质量提升、发展质量提升、促进技术创新、迈向国际化等方面，为产业树立标杆、指明方向，充分发挥团体标准快速响应市场需求和创新需要的优势，加快推进新产品新技术的产业化与推广应用，适应了未来高端制造业对钢铁材料发展的要求。

这一时期，由于国家机构改革，国家军用标准调整由中国人民解放军总装备部统一负责，现由中央军委装备发展部统一负责。为了促进国民经济与武器装备建设融合发展，国家实施了军民通用标准建设工程，形成了“军转民”“民参军”“齐步走”的机制，打破军民标准界限，进一步提升了标准化工作在国家经济建设和国防建设中的整体支撑能力。

截至2020年，我国已经形成了完整的标准体系，标准总体水平接近或达到21世纪10年代末国际先进水平，部分标准水平达到国际领先水平。这一时期民营企业迅速发展，也积极投入到标准制（修）订工作中来。有些企业如久立特钢、永兴特钢还主导起草了特殊钢领域国家或产业标准。

中国特殊钢标准发展历程见表1-4-2。

表 1-4-2　中国特殊钢标准发展历程

类　别	政府类标准							团体标准
	20 世纪 50 年代	20 世纪 60 年代	20 世纪 70 年代	20 世纪 80 年代	20 世纪 90 年代	21 世纪 00 年代	21 世纪 10 年代	21 世纪 10 年代
合金结构钢	4	21	30	51	84	102	152	31
轴承钢	1	2+(5)	5+(4)	6+(2)	8+(2)	11	19	2
齿轮钢	0	0	0	1	1	1	6	0
工模具钢	2	5	8	9	16	19	31	3
弹簧钢	2	13	14	21	19	21	28	4
高速钢	1+(1)	4+(1)	3	6+(1)	4	3	4	6
超高强度钢	0	0	0	3	7	9	21	
不锈钢	2	10	16	43	51	63	116	85
耐热钢	1	3	4	7	11	12	31	6
高温合金①	0	23	23	16	19	15	15	0
耐蚀合金	0	0	1	8	8	9	19	0
精密合金	0	19	27	53	60	53	59	0
非晶合金	0	0	0	1	1	3	5	0
合　计	13+(1)	100+(6)	131+(4)	225+(3)	289+(2)	321	506	137

注：+后面括号内数字为协议数量。

①不包括国家军用标准。

进入新时代，我国经济已由高速发展的量的扩展，转入注重质量的提升，以高标准引领高质量发展正在形成共识。2020 年由中国钢铁工业协会、中国金属学会联合发起的《钢铁高质量发展标准引领行动》正在实施，将通过全球领先标准的制定、发布、宣贯，为钢铁产业树立标杆和典范，进一步彰显了中国钢铁产业的社会贡献，助力中国钢铁赢得国际尊重和认可。

第二节　中国特殊钢团体标准的建立与发展

一、国家政策的要求

2015 年 3 月 11 日，国务院印发《深化标准化工作改革方案》（国发［2015］13 号），从国家层面正式提出培育发展团体标准。2018 年 1 月 1 日，《中华人民共和国标准化法》（2017 年修订）实施，从法律上正式赋予团体标准地位。至 2020 年底，全国团体标准信息平台参与标准化工作的社会团体已达 4000 余家，公布团体标准 2 万余项。团体标准已成为我国新型标准体系的重要组成部分，正在快速发展。

国家标准委、民政部联合印发的《团体标准管理规定》（国标委联［2019］1 号）中明确指出，团体标准是依法成立的社会团体为满足市场和创新需要，协调相关市场主体共同制定的标准。团体标准属于市场自主制定的标准，侧重于提高竞争力，一方面解决“有没有”的问题，定位于填补标准空白，增加标准的有效供给，快速响应市场和创新的需求；另一方面，解决“好不好”的问题，定位于提高标准水平，瞄准一流引领发展，团体标准的技术要求不得低于强制性标准相关技术要求，鼓励制定高于推荐性标准相关技术要求的团体标准和具有国际领先水平的团体标准。

二、特钢产业高质量发展的需要

党的十九大将实现高质量发展作为战略目标，作为制造业重要原料支撑的特钢产业，在今后相当长的一段时期，瞄准高质量发展“提升供给质量”亦是其必然要求和主攻方向。标准是质量提升的“牛鼻子”，已成为高质量发展的重要工具和有力支撑，而做好团体标准化工作将是特钢产业质量提升的重要抓手。针对特殊钢产业技术工艺复杂、生产难度大、技术创新活跃、下游细分市场定制化要求高等诸多特点，积极开展特殊钢产业团体标准化工作，提高标准水平、填补标准空白，快速满足市场和创新的需要。用先进标准引领产业整体技术水平和质量水平提升，用定制化标准引领产业提升服务下游用户的能力和水平。对加快实现特钢产业高质量发展，满足消费升级需求，促进产业迈向中高端具有重要意义。

三、特钢协团标特点和进展

中国特钢企业协会于 2017 年成立团体标准化工作委员会（SSEA），秘书处设在冶金工业规划研究院，依托其专业技术和人才队伍优势，系统开展团体标准化工作，现已成为国家级团体标准试点。2019 年国家标准化管理委员会从 3000 余家社会团体中遴选 28 家单位开展“团体标准培优计划”，中国特钢企业协会成为钢铁产业唯一入选代表单位。

根据国家培育发展团体标准的导向，以及团体标准以满足市场和创新需要为目标，聚焦新技术、新产业、新业态和新模式，填补标准空白的定位。目前中国特钢企业协会已经正式发布实施了 100 余项团体标准。这些标准项目主要为特殊领域和专业用途的特殊钢产品标准，如高性能轴承钢、高性能冷镦钢、轨道交通装备用钢、汽车用钢、风电用钢、油气钻采集输用高品质特殊钢、高温合金、不锈钢、复合钢材以及功能性钢铁材料等，为更好地满足细分市场的实际需要、提升性能技术指标、填补标准空白、促进新产品新技术的推广应用发挥了巨大作用。

中国特钢企业协会 SSEA 团体标准具有先进性强、适用性广等特点，满足了新技术、新产品以及细分领域对标准的需求，得到了参与起草单位、相关生产企业、上下游企业的广泛应用，在业内具有较大影响力。其中 T/SSEA 0008—2017《不锈钢冶炼用工业废渣制烧结矿产品》、T/SSEA 0016—2018《轿车轮毂用轴承钢》、T/SSEA 0020—2019《单轨铁路道岔用耐候钢板》、T/SSEA 0034—2019《喷射成形高速工具钢》、T/SSEA 0039—2019《柔性显示屏用超薄精密不锈钢带钢》五项团体标准获评工业和信息化部“百项团体标准应用示范”。团体标准 T/SSEA 0009—2018《热轧合金钢棒》被海关采信，用于合金钢棒产品的出口检测。团体标准 T/SSEA 0010—2018《绿色设计产品评价技术规范　厨房厨具用不锈钢》被工业和信息化部采信，用于相关绿色产品的评价工作，并最终转化成了冶金产业标准。

第五章 中国特殊钢产业现状与展望

新中国特殊钢产业从恢复旧中国遗留下来的大连钢厂、抚顺钢厂、太原钢厂、大冶钢厂、重庆钢厂等起步，到在苏联的援助下新建了北满特殊钢、本溪特殊钢、上钢五厂、北京特殊钢厂，以及依靠自己的力量在“三线”重点建设了长城特殊钢厂、西宁特殊钢厂、陕西特殊钢厂、贵阳特殊钢厂等特殊钢厂，这样到1978年就构成了抚顺特殊钢、上钢五厂、长城特殊钢等一些以锻材锻件为主要特征的特冶生产线和数十家以特殊钢棒线材、板带材、无缝管生产线为特征的中国特殊钢生产企业布局，同时还设置了多个从事特殊钢研发机构和大学，从而形成了中国完整的特殊钢产业体系框架。

在此基础上，改革开放以来，随着民营和合资企业的崛起，大量引入了国外的先进技术和现代化装备，实现了特殊钢产业装备大型化和工艺现代化，极大地缩小了和工业发达国家的差距。进入21世纪，在市场环境倒逼和国家政策的推动下，中国特殊钢产业加快兼并重组、结构调整步伐，在集团化、专业化、产业延伸等方面都取得了很大进展，形成了中信泰富、中国宝武、太钢集团、东北特殊钢、天津钢管等大型特殊钢企业集团和专业化特殊钢企业，建成了不锈钢、电工钢、高速钢、合金钢棒线材、中厚板、无缝管、锻材、精密合金、高温合金、合金钢丝（制品）等专业化生产线。中国特殊钢产业通过调整与改进提升，形成了较为合理系统完整的品种结构与先进生产工艺装备的产业布局。中国已经成为世界最大的特殊钢生产和消费国，中国特殊钢产业是中国钢铁产业的重要组成部分，支撑着中国制造业和经济的持续快速稳定发展。

第一节 中国特殊钢产业现状

一、中国特殊钢产业和产品结构的不断优化

（一）中国特殊钢产业结构

随着中国特殊钢产业的持续发展，总体规模不断扩大，大多数特殊钢品种的产量占据了世界首位，为能源生产、交通运输、建筑设施、矿产开发、海洋工程、机械制造、人民生活等社会和经济发展，特别是国防建设发挥了重要的支撑作用。两弹一星、神舟飞船、导弹火箭、军机、信息通讯、舰船、坦克装甲车辆、枪炮弹等国之重器都离不开特殊钢。近年来，中国特殊钢产业的企业结构、工艺流程和产品结构不断演变以适应市场发展的需要，生产工艺与装备的不断创新，支撑了特殊钢产业转型升级。尤其在“十三五”期间，中国特殊钢产业在市场竞争中不断进行装备升级和技术创新，补短板、强优势。中国特殊

钢产业既形成了以中信泰富特钢集团、东北特殊钢、太钢为代表的大型综合性特殊钢企业，也有着宝武集团、鞍钢集团为代表的普特结合的超大型钢铁企业，还存在有河冶科技、中航上大、天工国际为代表的中小型专业化、有特色的特殊钢生产企业，另外还形成了具有特色的兴化不锈钢和黄石模具钢产业集群。总体看来，中国特殊钢生产企业的生产装备和工艺流程已达到国际先进乃至领先水平。

由于特殊钢应用领域的专业性和装备的特殊性，中国现有的特殊钢企业既有世界最大的专业特殊钢生产企业，也有年产仅有几万吨的小型特殊钢生产企业。

“十二五”期间与“十三五”期间中国特殊钢产量数据比较：

（1）中国特钢企业协会会员单位“十三五”期间预计优特钢粗钢产量 40200 万吨，较“十二五”期间增长 10.6%，需求平稳增长。

（2）中国特钢企业协会会员单位“十三五”期间优特钢粗钢产量中，合金钢 16300 万吨，较“十二五”期间增长 25.1%，占比增长 4.7%；低合金钢 6900 万吨，较“十二五”期间增长 9.3%，占比减少 0.2%；非合金钢 17000 万吨，较“十二五”期间增长 0.1%，占比减少 4.5%。

由上述数据可以看出，合金钢产量大幅度增长，产品结构得到明显优化。

据不完全统计，中国特殊钢大小生产企业超过 100 家，有年产特殊钢超过 1000 万吨的宝武集团、中信泰富，也有年产数百万吨的鞍钢集团、河北钢铁、东北特钢、南京钢铁、中天钢铁、沙钢集团等，还有一大批年产数十万吨及数万吨的中小特殊钢生产企业。

（二）中国特殊钢产品结构

据中国特钢企业协会（简称特钢协会）的会员企业数据统计，2000 年与 2020 年中国特殊钢典型品种粗钢及钢材产量的对比见表 1-5-1，从轴承钢、齿轮钢、弹簧钢等典型品种数量可以看出中国特殊钢具有庞大的产业规模。

表 1-5-1　2000 年与 2020 年中国特殊钢典型品种粗钢及钢材产量对比

指标名称	粗钢产量/吨		钢材产量/吨	
	2000 年	2020 年	2000 年	2020 年
合金工具钢	61206	281393	36856	266026
齿轮钢		3698865		3701474
轴承钢	845945	3973603	693776	3494057
高合金工具钢	96313	459870	66917	391872
高速工具钢	9453	96073	6561	80025
合金弹簧钢	206667	2554558	168505	2514435
高温合金	1575	15935	1298	8122

注：2000 年为 24 家特钢协会会员企业统计数据，2020 年为 35 家特钢协会会员企业统计数据。

中国特殊钢生产企业地域分布见表 1-5-2。

表 1-5-2 中国主要特殊钢生产企业地域分布

地区	主要特殊钢生产企业
华东	宝钢股份、宝武特冶、永钢、沙钢、兴澄特钢、南钢特钢、中天特钢、马钢特钢、芜湖新兴铸管、淮钢、天工国际、广大特材、青岛特钢、莱芜特钢、西王特钢、方大特钢、华润特钢、永兴特钢、青山不锈钢、吴航不锈钢、上上德盛不锈钢、兴化不锈钢集群等
华北	河钢石钢、天津钢管、河冶科技、太原钢铁、包钢、中航上大、永洋特钢、北冶材料、首钢吉泰安
东北	东北特钢、北满特钢、营口特钢、鞍钢、本钢特钢等
华中	舞阳钢铁、大冶特钢、武钢、凤宝管业、中原特钢、济源钢铁、黄石模具钢集群等
西北	西宁特钢、石嘴山钢丝、酒泉不锈钢
华南	宝武韶钢、广青不锈钢、联众不锈钢
西南	攀长钢、攀钢、六合锻造、贵阳特钢

通常特殊钢的发展水平在一定程度上反映了一个国家钢铁工业能力，美国、德国、日本、法国、俄罗斯等工业发达国家都具有强大的特殊钢产业。而特殊钢又是钢铁材料中的高技术含量产品，其生产能力和应用程度代表了一个国家的工业化发展水平。从世界范围钢铁工业的发展来看，钢铁产品结构的变化与国家工业化发展水平密切相关。通常一个国家工业化初期，经济建设以住房和低中端基础设施建设为主，大量需要普通工程结构钢；工业化中后期，经济建设重点逐步过渡到工业装备制造和重大工程项目建设，对特殊钢的需求就会增加，特殊钢占钢铁总产量的比值开始提升。

过去，中国特殊钢产量在钢铁总产量的占比较低，多年来中国特殊钢年产量占中国当年粗钢产量的5%左右。而工业发达国家，日本特殊钢年产量占总钢比约20%，法国和德国的特殊钢占比为15%~20%，由于产业结构特点不同瑞典的特殊钢占比则高达45%左右。近年来，中国机械和汽车产业的发展带动了特殊钢棒线材的生产，重大工程建设推动了特殊钢板带材的生产，石油化工促进了特殊钢无缝管的生产，而航空航天、能源等高端装备的发展需要大量的特殊钢锻材锻件，矿产开发则推进了对特殊钢铸件的需求。据多方面估算，2021年中国特殊钢占总钢比可达15%左右，在数量上达到了工业化国家的比率。

从未来中国特殊钢规模发展情况看，目前“以国内大循环为主、国内国际双循环相互促进加快形成新发展格局”是中国经济发展的基本国策。因此，判断我国特殊钢未来产量规模，需要多维度判断，而不能简单地从现阶段国内外特殊钢比这一指标推算出特殊钢发展规模。

首先，由于各个国家的发展阶段、模式特点不一样，对特殊钢的需求也不一样。如现在许多工业发达国家工业化已经结束，钢产量的需求峰值已经过去，钢产总量和特殊钢产量会相对稳定，特殊钢的比例相对比较高。而我国正处于钢产量需求峰值区间，钢产总量基数非常大，用这个时候的特殊钢比来比较是不太合理的。

其次，工业发达国家的钢产量对国外的依存度比较高，比如日本年产量1亿吨，出口比重占30%~40%，特殊钢出口量是600万~800万吨；而中国的钢产量需求市场主要在国内，中国每年出口正常年份在200万吨左右，所以用此时的特殊钢比和日本以及其他工业发达国家特殊钢产量比相比显然也是不太合适的。

第三，中国很多领域的产品在全球市场占有方面处于领先，在现有钢产量基础上大幅度提高特殊钢产量也不可能了。如特殊钢需求用量最大的汽车市场及产量，中国已经排名第一，还有中国是世界发电设备第一制造大国，造船工业世界第一，工程机械生产总量世界第一，中国 28 种家电产量世界第一，等等。

当然我们也要看到，世界特殊钢市场是一个整体，世界特殊钢领域的市场份额本质上是一个此消彼长的过程。特殊钢特别是高端特殊钢的生产能力能够反映一个国家钢铁工业能力，能力强的国家才有能力做出适合的选择、取舍。

中国是目前世界上最庞大的特殊钢生产国，不仅表现在形形色色的特殊钢生产企业形态和数量上，而且还表现在中国特殊钢产业几乎可以生产现有的所有特殊钢产品，正在支撑着国家制造业的高质量发展。

二、中国特殊钢工艺技术发展现状

中国特殊钢生产工艺技术不断优化，目前，我国特殊钢一般采用电炉流程（铁水/废钢—电炉—炉外精炼—模铸/连铸）或转炉流程（高炉铁水/废钢—转炉—炉外精炼—连铸）生产，高端特殊钢大多采用真空熔炼—电渣重熔—真空自耗的特冶流程生产。

（一）中国特殊钢冶炼新技术

1. 特殊钢炼铁工艺技术与设备的进展

A　烧结烟气内循环工艺技术

如兴澄特钢为利用烧结机热废气来达到节能、降低污染物排放目的，将 400 平方米烧结机采用了烧结烟气内循环烧结工艺技术，循环烟气取高风温、富氧、低硫烧结风箱支管烟气，混合环冷机低温段废气返回烧结机台车面，烧结烟气循环率 20%。2020 年 10 月投入运行，达到了如下效果：(1) 提高产量 5%；(2) 因循环的烟气温度能达到 180℃，并且含有未充分燃烧的 CO 气体，对烧结料层的热量和燃料加以补充，可以降低烧结固体燃耗 1.23 千克/吨；(3) 减少了烟气排放量，减轻脱硫脱硝系统烟气处理负担。

B　高炉封炉开炉综合操控技术

如兴澄特钢炼铁创新性地运用不降料面封炉及不扒料开炉技术，既避免了降料面存在的安全隐患，又大幅度降低了开炉成本。具体操作是休风停炉前使用企业内质量最好的焦炭，以使在长达 9 个月的封炉后能顺利开炉；休风停炉前保持炉况稳定顺行，封炉料大幅减轻焦炭负荷。停炉后做好保温工作，使热量损失降至最低。开炉前打通计划要开风口与铁口通道，开炉按炉缸冻结进行操作，仅开铁口两侧的两个风口进行送风，风量按每个风口平均风量控制，送风后铁口烧氧，保持风口铁口畅通。根据渣铁温度沿铁口两侧逐渐打开风口、加风量，直至风口全开，加全风量成功开炉。

2. 特殊钢炼钢工艺技术与设备的发展

电炉流程和转炉流程为产量较大的两个流程，适用品种非常广泛，在低成本、高效化、高洁净钢冶炼方面具备不同优势，目前的生产技术现状如下。

A 特殊钢的电炉冶炼技术

电炉炉型在20~150吨，对多品种小批量的特殊钢生产具有良好的适用性。电炉生产特殊钢，原料包括废钢铁、返回废钢、生铁、铁水、碳化铁、Corex 铁水、直接还原铁及热压块铁等。电炉普遍装备包括炉门水冷碳氧枪系统、自耗式碳氧枪系统、炉壁射流氧枪系统、炉壁多功能集束氧枪、炉壁烧嘴系统、碳枪系统、二次燃烧系统、喷粉造渣系统等，实现废钢切割、消除冷区、造渣埋弧、脱碳脱磷等功能。

在 Fuchs 电炉（竖式预热废钢）、Consteel 电炉（水平连续加料）、Quantum 电炉（量子电炉）、Ecoarc 电炉、Sharc 电炉、CISDI-Green 电炉等先进炉型中采用各种高效化生产技术，在全废钢条件下，目前国内部分电炉出钢到出钢周期已能到 30 分钟，经济指标能够达到金属收得率 90%~92%，全废钢的电耗 300 千瓦时/吨以下，电极消耗 1.0 千克/吨以下，单位公称容量能做到 10000 吨钢/(吨·年）以上。对于热装铁水工艺的电炉而言，能稳定地实现电炉冶炼周期 37~38 分钟、日产 37~38 炉的高水平。应用底吹后吨钢电耗可降低 10~50 千瓦时/吨，降低电极消耗 5%~10%，缩短冶炼时间 3~5 分钟。

电炉的自动化冶炼模型可以实现自主学习、自我完善数据积累、全程无人工干预，包括配料模型、电控模型、吹炼模型、泡沫渣模型等智能工艺单元，为高效低成本绿色冶炼特殊钢提供指导和帮助。

电炉采用废钢分选处理、连续加料预热、超高功率、多功能氧燃烧嘴和复合喷碳稳定造泡沫渣、平熔池、底吹搅拌、偏心底出钢、自动化控制等工艺技术进行高效化生产与不断发展完善的炉外精炼和连铸连轧技术相配套，已形成了自动化、机械化水平高、能耗低的专业生产体系。

全废钢电炉流程能耗低、环境负荷小，吨钢二氧化碳（CO_2）排放量仅为高炉—转炉流程的三分之一，具有即开即停、生产高效灵活、容易实现智能化控制等优势，是典型的低碳、环保、高效的钢铁制造流程。不断发展完善的电炉炼钢生产技术和控制水平，使电炉炼钢在生产特殊钢方面更具优势。

B 特殊钢的转炉冶炼技术

随着铁水预处理技术的发展，铁水脱硅、脱磷和脱硫技术的成功开发并应用于工业化生产，为转炉提供低磷、低硫铁水创造了条件。转炉顶底复吹技术的开发完善以及炉外精炼技术的发展，使转炉冶炼特殊钢的条件更加优越，转炉生产的特钢品种逐渐增多，转炉冶炼特殊钢的生产规模逐步扩大。

目前，国内外大量采用转炉（炉型 80~300 吨）冶炼合结钢、轴承钢、齿轮钢、弹簧钢、易切削钢等，日本采用转炉冶炼的特殊钢已占全部特钢产量的 75%以上，我国由于电价高、废钢少，采用转炉冶炼特殊钢具有更明显的成本优势。

转炉长流程用于生产特殊钢主要有以下优势：

(1) 反应速度快，生产周期短，易于与精炼、连铸形成高效化生产。随着高效连铸技术发展的需求和铁水预处理技术的深入开发，推动了转炉快速吹炼技术的研发，目前国内强化冶炼指标已达到国际领先水平，供氧强度一般在3.5立方米/(吨·分钟）以上，部分特钢厂的供氧强度达到4.5 ~5.0立方米/(吨·分钟)，吹氧时间缩短到9~13分钟，冶炼周期平均为20~30分钟。

（2）原料以高炉铁水为主，铁水质量稳定性和纯净度均优于废钢，更适合于冶炼超低五害元素（铅、锡、砷、锑、铋）及超低钛钢。铁水经预处理工艺后，采用双渣/双联脱磷工艺使得钢水纯净度得到进一步提高，硫的质量分数不大于0.005%，磷的质量分数不大于0.01%。转炉熔池深，可以利用N_2/Ar气体进行高效搅拌，有利于降低钢水中的溶解氧，钢渣反应比电炉更接近平衡，转炉钢水的气体含量低。如钢铁研究总院研发的转炉顶底复吹技术应用在大型转炉上可以控制终点碳氧积在0.0013~0.0015，可实现产品氧含量不大于0.0005%，氮的质量分数不大于20×10^{-6}。

（3）转炉更易于进行计算机智能控制，实现全自动吹炼。由于转炉的入炉原辅料比电炉原辅料的自动化数据采集可控性更好，在炼钢自动化控制方面更具优势，部分企业（如宝钢湛江钢厂）已经实现一键炼钢、无人远程炼钢。

C　特殊钢炉外精炼技术

炉外精炼是提高特殊钢产品质量、扩大品种的重要手段，是优化钢铁生产工艺流程、提高生产率、降低能耗和生产成本的有力手段。

目前，在利用炉外精炼设备冶炼处理特殊钢时，可选择的炉外精炼装备和方法主要包括钢包炉精炼法（Ladle Furnace，简称LF）、真空吹氩脱气法（Vacuum Degassing，简称VD）、真空吹氧脱碳法（Vaccum Oxygen Decarburization，简称VOD）、真空循环脱气法（由Ruhrstahl & Heraeus共同发明，简称RH）等。

目前LF精炼具有智能化供电与底吹技术、多工序协同匹配技术等，在特殊钢元素含量控制方面可以达到很高的质量水平：

（1）可生产出$w[S]<0.01\%$的钢，如果处理时间充分，可达到$w[S]<0.005\%$的水平，生产超低硫钢时$w[S]$甚至可达0.002%以下；

（2）可以生产高纯度钢，钢中大颗粒夹杂物（>40微米）几乎全部能去除；

（3）钢中T[O]可达到$(20\sim30)\times10^{-4}\%$的水平，结合RH/VD等精炼手段，成品轴承钢中T[O]可低至$<5\times10^{-4}\%$；

（4）钢水升温速度可以达到4~5℃/分钟，温度控制精度±(3~5)℃；

（5）钢水成分控制精度高，可以生产出诸如$w[C]\pm0.01\%$、$w[Si]\pm0.02\%$、$w[Mn]\pm0.02\%$等元素含量范围很窄的钢。

VD/VOD炉的冶金功能及精炼效果如表1-5-3和表1-5-4所示。

表1-5-3　VD/VOD炉的冶金功能

项目	搅拌	升温	合金化	脱气	脱碳	渣洗	夹杂物处理	生产调节
VD	△	—	▲	▲	□	△	△	△
VOD	△	△	▲	▲	▲	△	△	△

注：▲：强，△：一般，□：较弱，—：不具备。

表 1-5-4 VD/VOD 炉的精炼效果

项 目	VD	VOD
脱氢	至 0.0001%~0.0003%	至 0.0001%~0.0003%
脱氧	至 0.002%~0.004%	至 0.003%~0.006%
脱氮	Ar 最大可脱	Ar 最大可脱
脱硫	可脱	至 0.006%
脱碳	至 0.01%	至 0.003%
去夹杂	40%~50%	40%~50%
合金收得率	90%~95%	90%~99%
微调成分	可以	可以
均匀成分和温度	有效	有效
钢水温度升降	降	升
其他	一般和 LF 炉配合使用	与电炉双联生产不锈钢，电炉生产率提高 20%~50%，成本下降

20 世纪 90 年代后期，国际上在采用转炉—LF—RH 工艺生产特殊钢时，通过增加 RH 脱气循环时间、高铝砖耐火材料抑制钢水再氧化等技术，可使钢水含氧量降至 $9\times10^{-4}\%$以下。2000 年以后，特殊钢发展要求在提高钢水洁净度、大幅降低钢中总氧质量分数的基础上，进一步严格控制钢中最大夹杂物尺寸和硫化物夹杂，为此特殊钢生产技术逐步实现一系列工艺创新技术，包括强化真空精炼、延长真空处理时间、真空强化碳脱氧、夹杂物控制等特殊技术。此外，还有一些特钢企业开发的新技术，如兴澄特钢自主研究开发了一套完整的窄成分控制技术，实现了将钢水的成分控制在较窄的范围内。该技术主要应用于高端齿轮钢项目，优化了齿轮钢成分控制目标及精度要求，提高了淬透性带控制精度。通过稳定转炉装入制度，减小出钢量波动；完善钢水和合金称量系统，提高计量精度；降低炉渣、钢水氧质量分数，稳定元素收得率；调整 LF 精炼炉渣系以及送电、软吹时间的工艺措施；建立合金化加料计算机控制模型，减少人为计算误差。通过上述操作实现了齿轮钢窄淬透性带的控制，如供 ZF 公司产品的淬透性带宽控制在 3~5HRC 的比例超过了 95%，平均氧含量不超过 $6.9\times10^{-4}\%$。

基于几类典型炉外精炼设备的功能和特点，特殊钢炉外精炼的处理工艺多采用以下三种类型：（1）超高功率电弧炉—LF—VD/VOD—模铸/连铸工艺流程；（2）转炉—LF—RH—连铸工艺流程；（3）电炉/转炉—LF 炉+吹氩搅拌工艺。电弧炉+炉外精炼处理一般周期为 40~50 分钟，转炉+炉外精炼一般平均处理时间为 30~40 分钟。

（二）中国特殊钢连铸新技术

特殊钢由于合金元素复杂，对连铸坯的内部质量提出更高要求，近年来成功应用的关键技术为中间包加热技术和连铸坯压下技术。

1. 中间包加热技术

特殊钢对铸坯质量有很高的要求，大部分钢种在生产中要求稳定的低过热度浇铸，从而提高铸坯中心等轴晶比例，降低中心偏析，改善铸坯凝固组织。自20世纪80年代起已经开发出多种形式的中间包加热技术，包括化学加热方式、等离子加热方式、电磁感应加热方式、电弧加热方式和电渣加热方式等。其中，等离子加热和电磁感应加热方式是当前连铸中间包上应用最多且最成熟的加热方式，也是近年特殊钢企业十分关注的连铸冶金应用新技术。

目前国内已有多家钢厂陆续采用了该技术，如兴澄特钢、邢钢、沙钢、包钢、石钢等，多已完成了多炉连浇生产性的工业试验，中间包温控精度可达到±3℃。

2. 连铸凝固末端压下技术

末端压下技术是指通过在连铸坯液芯末端附近施加压力产生一定的压下量来补偿铸坯的凝固收缩量。一方面，可以消除或减少铸坯收缩形成的内部空隙，防止晶间富集溶质元素的钢液向铸坯中心横向流动；另一方面，轻压下所产生的挤压作用还可以促进液芯中心富集的溶质元素钢液沿拉坯方向反向流动，使溶质元素在钢液中重新分配，从而使铸坯的凝固组织更加均匀致密，起到改善中心偏析和减少中心疏松的作用。

凝固末端重压下技术是基于凝固末端轻压下技术、适用于大断面连铸坯的下一代连铸新技术，可以根除连铸坯的中心偏析与疏松缺陷，全面提高致密度，突破轧制压缩比的严格限定，替代超厚板坯连铸、真空复合焊接轧制、模铸等工艺流程，实现低轧制压缩比条件下厚板与大规格型材的生产。针对宽厚板连铸坯的增强型紧凑扇形段，其压下力较常规扇形段提升4倍以上，拉矫力提升2.5倍以上，且配备了液压、位移双控系统，可实现宽厚板坯凝固末端单段压下量16.5毫米、多段压下量40毫米。

此外，一些特钢生产企业还开发了低温浇铸技术，如兴澄特钢通过持续攻关改进，采取以下举措开发了低温浇铸技术，实现低过热度浇铸，能够将过热度控制在±5℃，达到了提质降耗的效果。其要点包括：（1）坚持“红包”出钢，保证钢包的正常周转；（2）控制好出钢后的钢包运行各环节时间以及温降；（3）做好钢包、中间包的保温；（4）开浇炉保证中间包的烘烤效果，减少温降；（5）采用中间包感应加热技术，实现低过热度浇铸。

低温浇铸技术能够抑制柱状晶的生长，减少柱状晶带的宽度，使其“搭桥”的概率大大降低，减小缩孔的尺寸和大小，增大中心等轴晶比例，改善中心偏析和中心疏松，板坯低倍C级比例达到90.95%以上。同时，低温浇铸能够降低电耗，减轻钢水对耐材的侵蚀，有利于提高钢水的纯净度。

（三）中国特殊钢轧制新技术

近些年，中国特殊钢行业在轧钢领域取得了长足进步，主要体现在钢材品种结构调整基本满足了国民经济发展需要；轧钢装备现代化和国产化工作的重大突破为提高产能、提升品种及质量创造了良好条件；轧钢生产技术经济指标进一步提高；轧钢技术自主创新取得一批重要成果；核心技术的自主创新出现了可喜进展。

1. 先进装备的提升和发展

高刚度大轧制力粗轧开坯轧机的应用，大棒材生产线的粗轧机组采用高刚度大轧制力轧机，后接短应力线连轧机组。这相比二火成材的初轧机，高刚度轧机具有大的开坯能力，除了与连轧机组衔接生产大尺寸棒材之外，生产线还可以生产大尺寸方坯、扁坯和管坯。高刚度轧机的使用，不仅扩大了特殊钢的产品规格，而且可以适用低温轧制生产的高附加值钢种，例如钢帘线、弹簧钢等。

棒线材减定径机组，相比常规的轧制工艺和设备条件下，产品的尺寸精度只能达到DIN1013标准的1/4~1/2，更高尺寸精度则需经冷拉、剥皮之后才能达到。现世界各国轧钢设备制造厂已研究开发出高刚度、高精度的轧制设备，从而为提高产品尺寸精度创造了条件。用于精密轧制的RSB和RSM减定径设备，都能使产品的尺寸偏差小于±0.15毫米，椭圆度小于0.1~0.15毫米。

就目前中国特殊钢高精度轧制技术，棒材生产采用三辊轧机代替传统二辊轧机，使得轧制变形更加均匀，组织性能波动更小，通过低温轧制以提高产品的力学性能。ϕ15~80毫米产品都可以实现“自由尺寸”轧制，通过在轧辊间或操作台调节辊缝及导卫可以在同一孔型上轧制规格范围很宽的产品；生产时在轧辊间可以简单而快速地准备替换的机芯，节约工装更换时间，提高产能；极大地减少了不同来料尺寸的数量，有利于减少上游机架的更换，进一步提高轧机的利用率，减少操作成本。利用三辊轧制高精度的特性，生产高精度要求的产品，如ϕ18~35毫米小规格产品，该品种材料公差为±0.2~±0.25毫米，椭圆度要求为0.2~0.25毫米。ϕ60~130毫米大规格产品尺寸精度达到1/4DIN水平。

以超快冷为核心的新一代控轧控冷（TMCP）技术，应用于热轧钢材生产取得了明显的效果，利用倾斜喷射的超快冷和层流冷却相结合的冷却原理，可以更有效地发挥固溶强化、细晶强化、相变强化、析出强化等各种强化手段的协同强化作用，加强材料组织性能的调控，实现轧制过程的高效化、减量化、高级化和集约化，充分挖掘钢铁材料的潜力，促进钢铁工业的可持续发展。

棒线材水雾汽化冷却装备技术，主要以气雾冷却为主要控冷单元，汽化蒸发吸热和强制换热机理相结合，控冷技术覆盖轧钢全流程，包括中轧机组间冷却、轧后阶梯型分段冷却、过程返温、冷床控温等冷却关键点控制，实现降温—返温—等温循环型冷却路径调控，精确控制钢筋组织均匀性和珠光体相变，优化氧化铁皮结构，有效控制纳米级析出物弥散析出效果，达到降本增效、节能减排的目的。

EDC控制技术，EDC为在线水浴韧化处理技术，由一组带辊道的水槽和一组热水循环系统组成。根据线材品种控冷要求，设置与冷却速度和水浴时间相匹配的工艺参数，以达到快速均匀冷却和产品特殊性能的实现。轴承钢通过EDC工艺，水浴冷却速率显著高于风冷，能够很好地改善控制网碳高碳钢。使用EDC快冷功能，能较好地控制网碳，实现传统风冷线不能达到的快速均匀冷却工艺；缆索钢能部分替代铅浴或盐浴，大大降低了吨钢电耗和生产成本，而且更加环保，产品的同圈性能差可以控制在 40 兆帕范围，大大减少断丝率；弹簧钢使用 EDC 工艺代替原风冷工艺，能够很好地提高弹簧钢表层硬度。

此外，无加热成型技术、在线热处理技术、低温轧制工艺、高速钢深冷处理技术等工艺的应用，降低了生产成本，提高了产品的质量，提高了生产效率。

2. 轧制工艺与组织调控技术

轧制塑性变形理论与数值模拟分析，基于 M3 组织调控的钢铁材料基础理论与高性能钢技术，新一代控轧控冷理论与技术，薄板坯连铸连轧钢中纳米粒子析出强化与控制理论，钢材组织性能精确预报、监测与控制理论技术等这些工艺和组织调控技术已被广泛应用。其中，由钢铁研究总院、北京科技大学、上海大学、东北大学、清华大学、山西太钢不锈钢股份有限公司参与的基于国家重点基础研究发展计划（“973”计划）“高性能钢的组织调控理论与技术基础研究”项目研发的以多相（Multi-phase）、亚稳（Meta-stable）、多尺度（Multi-scale）（简称 M3）为特征的组织调控理论，形成以第三代低合金钢、第三代汽车薄板钢和第三代马氏体耐热钢为代表的高性能原型钢技术，获 2018 年国家技术发明奖二等奖。基于这项技术生产的抗拉强度为 600～1500 兆帕级别时的强塑积（抗拉强度与断后伸长率的乘积）不小于 30 吉帕·%的第三代汽车钢，性能较第一代汽车钢翻番；高塑性第三代低合金钢相关技术已用于生产 X90/X100 超高强度管线钢获得低屈强比、X80 抗大变形管线钢、500 兆帕级桥梁钢、大型集装箱船板钢、高强度建筑钢。而由东北大学牵头，鞍钢、首钢、南钢、华菱钢铁、福建三钢、新余钢铁参与的“热轧板带钢新一代控轧控冷技术”荣获 2017 年度国家科技进步奖二等奖，由此技术研制出的系列热轧钢材先进快速冷却装备与控制系统已成为我国热轧钢材生产线主力机型，促进了我国钢材由“中低端”向“中高端”升级换代，其产品在西气东输、海洋平台、跨海大桥、第三代核电站、大型水面舰艇等国家战略性工程中得到广泛应用。

3. 绿色化轧制生产工艺技术

热带无头轧制及超薄带钢生产技术、热轧板带材表面氧化铁皮控制技术、长型材绿色化低能耗铸轧衔接技术、薄带铸轧技术、高鲜映性免中涂汽车外板制造技术、铁素体轧制技术、多线切分轧制技术等这些绿色化轧制生产工艺已被广泛采用，减少了能源消耗，降低了温室气体的排放。

4. 数字化、智能化轧制技术

大型复杂断面型钢数字化高质量轧制理论与技术，柔性化 45 米/秒高速棒材关键技术与装备，基于大数据全流程一体化管控的钢铁智能制造技术，基于深度学习的热轧带钢表面在线检测与质量评级，轧机震颤智能监控与抑制提速技术，数字化、智能化轧制工厂建设等这些数字化和智能化技术的应用，提高了生产的连续化率，提升了产品质量的等级。

三、建成覆盖主要品类的先进特殊钢生产基地

生产装备和工艺流程是生产特殊钢产品的硬件基础。在此基础上，针对各类特殊钢产

品性能开发出合适的生产工艺技术，开发新型特殊钢产品，形成高效率低成本生产技术，使特殊钢产品具有很好的稳定性和一致性，实现特殊钢生产的绿色化和智能化。

中国特殊钢发展到了今天已经具有世界最先进的生产装备和工艺流程，这里介绍一些企业的典型特殊钢生产工艺流程特点。

（一）特殊钢棒线材生产

特殊钢棒线材是特殊钢的主要产品类型，它包括了从中低碳到高碳的齿轮钢、紧固件钢、易切削钢、非调质钢、弹簧钢、轴承钢、高速钢、工具钢、气阀钢、耐热钢、不锈钢等。

中国许多特殊钢生产企业都拥有了世界先进的特殊钢棒线材生产装备和工艺流程，下面就目前中国典型特殊钢棒线材生产企业的工艺流程与装备做一梳理。

【案例 1】兴澄特钢棒线材生产线

兴澄特钢棒线材生产采用进口低杂质高品位铁矿冶炼，并以经过预处理深脱硫的优质铁水作为原材料供转炉或电炉炼钢。钢水 100%经过精炼和真空脱气去夹杂处理。连铸拥有中间包加热、三段式电磁搅拌、全过程保护浇铸及动态轻压下等最新装备和技术。在此基础上，依托领先的超纯净钢冶炼、轧制和热处理控制技术，最终实现高纯净、高均质特殊钢棒材生产。

兴澄特钢的棒材生产工艺流程如图 1-5-1 所示。

兴澄特钢年产特殊钢棒材产品超过 350 万吨，规格 ϕ14～350 毫米，典型品种有轴承钢、汽车钢（齿轮钢、易切削非调质钢、弹簧钢）、能源用钢（连铸圆坯）等。兴澄特钢是国内首家采用连铸工艺生产轴承钢的企业；目前年销量 100 万吨，从 2010 年起连续 11 年世界第一；2005 年前就得到瑞典 SKF、德国 SCHAEFFLER（LUK/INA/FAG）、日本 NSK 的质量认证，是获得 SKF“绿色通道”的第一家中国钢铁企业；2007 年获“中国名牌”称号，2019 年“高性能轴承钢”荣获工信部制造业单项冠军产品，是 SKF、SCHAEFFLER、NSK、NTN、SNR 及 JTEKT、东培、瓦轴、洛轴、人本、万向等国内外大轴承制造企业的稳定供应商，产品出口到德国、法国、日本、美国等 18 个国家和地区；开发的高档轴承钢，占据国内高端市场的 80%以上，广泛应用于航空、轨道交通、高端汽车、精密机床、工程机械、风电能源等领域。

兴澄特钢的汽车钢年销量超过 150 万吨，广泛应用于奔驰、宝马、奥迪、大众、沃尔沃、福特、通用、丰田、本田、日产、特斯拉及国内一汽、二汽、长城、吉利等厂汽车制造；批量供货 ZF、Aisin、Jatco、Eaton 和 GETRAG 等全球专业变速箱制造商，产品覆盖动力系统、底盘系统、传动系统三大系统。兴澄齿轮钢是德国 ZF 亚太地区唯一全球供应商（变速器齿轮用钢），其全球 23 家供应商质量排名居于前列，也是德国 ZF 全球质量免检产品。兴澄特钢开发的弹簧钢产品疲劳寿命超过 1000 万次；近些年开发的高均质、高强、高温渗碳、冷成型及超纯长寿命等节能环保型汽车钢在新能源车及重载卡车上得到广泛应用。

兴澄特钢开发的能源用钢年销量超 130 万吨，是目前国内外规格最大、产品档次最高、

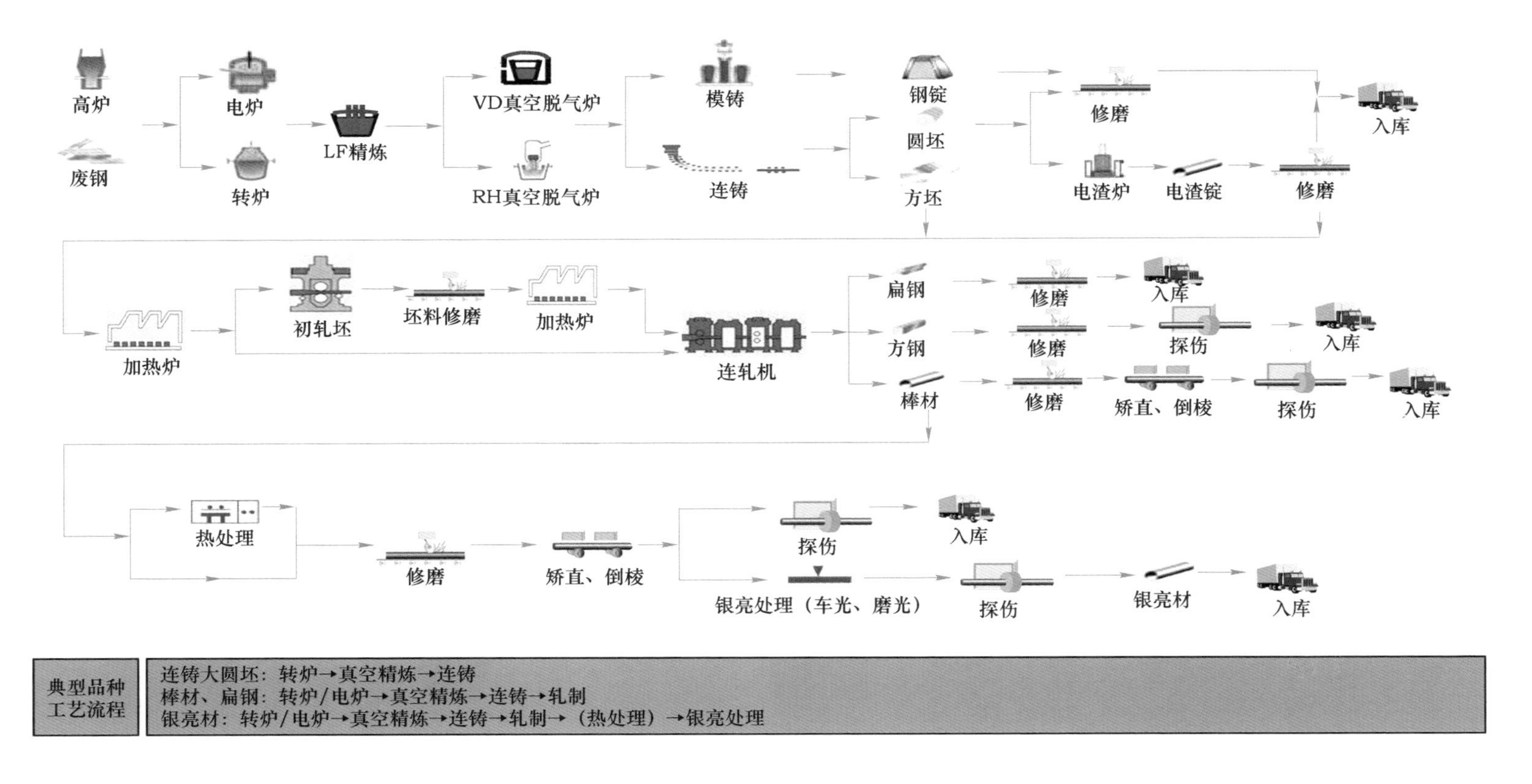

图1-5-1　兴澄特钢的棒材生产工艺流程示意图

产销量最大的连铸大圆坯生产和研发基地，拥有世界首创的 ϕ1200 毫米最大规格圆坯，全球首家采用连铸代替模铸生产风电核心部件变速箱齿轮钢（CrNiMo 系、ZF 全球首家指定供应商）。国内首家采用连铸代替模铸、锻坯生产超超临界高压锅炉管 P91 等。产品通过 ZF、GE、西门子、NGC、远景能源等国内外知名企业认证（圆坯）及 Schlumberger、BHGE、Weatherford、Halliburtion 等世界知名油服公司认证（油田钢）和 DNV、ABS、LR、NK、CCS、BV 六大船级社认证（系泊链钢 R3～R6）。产品广泛应用于大型风力火力发电机组、轨道交通、石油能源、工程机械、海洋船舶等领域。

【案例 2】大冶特钢中棒特殊钢棒材生产线

中棒厂是大冶特钢“高精度棒材生产基地”的主体生产厂之一，于 2015 年建成投产，是一条具备国际先进水平的全连轧特殊钢棒材生产线，生产规格为 ϕ45～130 毫米，设计生产能力为 90 万吨/年。该生产线是国内高标准齿轮钢和高标准轴承钢主要生产线之一，主要生产品种包括轴承钢、汽车用钢、合结钢、不锈钢、锅炉用钢、船舶用钢、军工钢、易切削非调质钢等，轧制特殊钢材具有高精度、高表面质量等特点，产品质量达到国际先进水平，基本代表了特殊钢轧制先进水平。

大冶特钢中棒特殊钢棒材生产线工艺流程如图 1-5-2 所示。

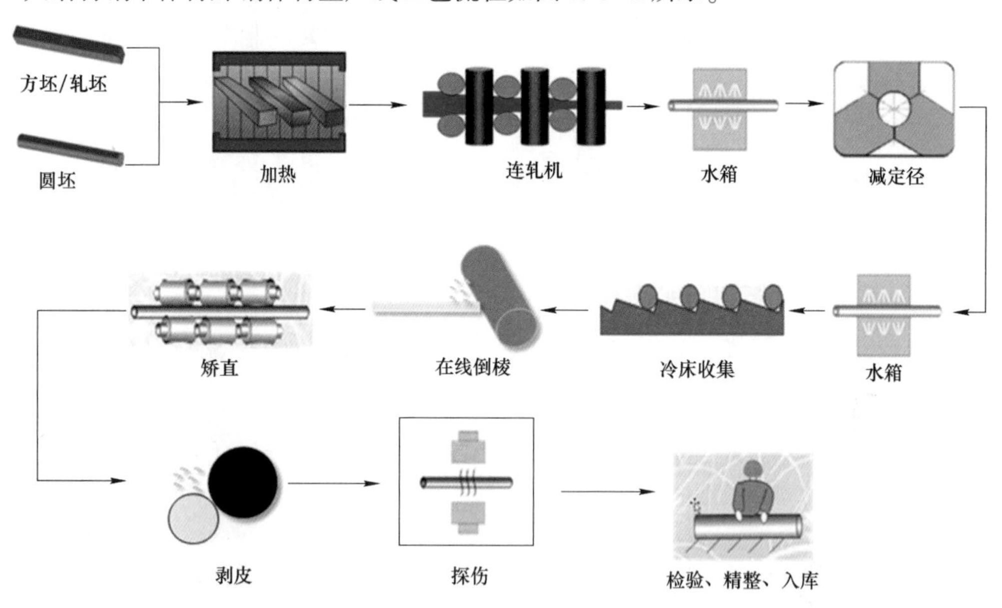

图 1-5-2 大冶特钢中棒特殊钢棒材生产线工艺流程示意图

1. 大冶特钢中棒特殊钢棒材生产线装备特点

（1）16 架达涅利短应力线轧机，其中粗轧机组为达涅利最大规格短应力线轧机，轧辊直径 960 毫米，可实现大压下轧制，最大道次压下量可达 100 毫米，最大压缩比达到 62；变形渗透力强，钢材心部可以得到完全压实。

（2）装备目前全球最大规格的三辊减定径轧机：500 毫米 KOCKS 轧机，ϕ45～130 毫米自由规格轧制，轧材尺寸精度 1/6～1/4 EN10060。

（3）最大规格的控轧控冷水箱：DANIELI 控轧控冷水箱，ϕ45～130 毫米规格控轧控冷，能细化晶粒，提升材料性能。

（4）布朗砂轮锯：全冷锯切，锯切断面平整，无飞边毛刺，保证端部不变形。

（5）在线倒棱设备：最快倒棱节奏 4 秒/支，与轧制节奏完全匹配，冷收集钢材可实现 100%在线倒棱，提高钢材端部质量。

（6）激光轮廓仪及测径仪：在线实时测量精轧机前的来料和最终轧制成品的尺寸，实时监控、及时调整，确保轧件尺寸精度符合要求。

（7）FOERSTER 漏磁+GE 超声联合探伤线：棒材全截面表面、近表面、内部探伤，无探伤盲区，可实现汽车用钢、高端轴承钢等重点品种“零缺陷”出厂。

（8）方圆坯共用孔型系统：生产组织灵活性提高，生产效率增加，质量稳定可靠。

大冶特钢中棒特殊钢棒材生产线装备如图 1-5-3 所示。

图 1-5-3　大冶特钢中棒特殊钢棒材生产线装备

2. 中棒产线主要品种

该产线坯料全部采用自产高品质连铸坯，铸坯规格为 300 毫米×400 毫米、ϕ390 毫米（连铸坯）；同时部分品种可采用模铸钢锭或电渣锭经过初轧机开坯的 300 毫米×300 毫米初轧坯。

（1）高端轴承钢品种年产量超过 50 万吨：通过持续开展加热、轧制工艺研究，产品质量稳定，并赢得全球排名前列轴承制造企业认可。

（2）精品齿轮钢品种年产量超过 15 万吨：通过持续开展加热、轧制工艺攻关，齿轮钢晶粒度、锭型偏析、带状等关键理化检验指标的检验合格率达 99.60%以上，在同行业中处于领先水平，受到国内知名齿轮钢用户的一致认可。

（3）精品非调质钢品种产量超过 5 万吨：通过新品种、新工艺的研究、开发，实现了控轧控冷工艺技术突破，突破了水箱冷却能力不足的设备瓶颈，在国内高端非调质钢市场中开发了一大批国内知名非调质钢用户和高端非调质钢品种，年均生产非调质钢 5 万吨以上，检验合格率到达 100%。

（4）连铸模具钢、不锈钢持续开发：在目前竞争日益激烈的特钢市场，面对原材料价格的不断上涨，为了进一步提高高端品种市场占有量，开发连铸坯轧制热作工模具钢品种，目前具备生产批量连铸坯 H13 生产工艺要求，模具寿命高于国内同类产品，产品质量得到用户好评。

3. 大冶特钢中棒特殊钢棒材生产线技术优势

（1）轧制高精度齿轮钢，具有中心偏析区对称性好、周向一致性好的特点，齿轮热处理后变形一致性好、精度高。

（2）大压下、大压缩比：最大压下量达 100 毫米，压缩比最小为 9，最大可达 62，变形渗透力强，棒材心部组织致密。

（3）大规格控轧控冷：可实现最大规格 ϕ130 毫米的棒材控轧控冷，轴承钢网状、CrMo 钢硬度、非调质钢性能、低碳齿轮钢组织等指标行业领先。

（4）大规格减定径：ϕ100 毫米以上自由规格轧制，尺寸公差带仅 EN10060 的 1/6~1/4，稳定性波动小于 0.2 毫米。

（5）双冷床设计：钢材平直度好，80%以上的下线钢材无需矫直，缩短后部精整流程，避免矫直缺陷。

（6）双加热炉设计，提升轧制效率，控制轴承钢品种加热速率，延长高温段均热时间。

【案例 3】河钢集团石钢棒线材生产线

2020 年河钢集团石钢通过环保搬迁建设了世界先进的特殊钢棒材专业化生产工艺流程，如图 1-5-4 所示。

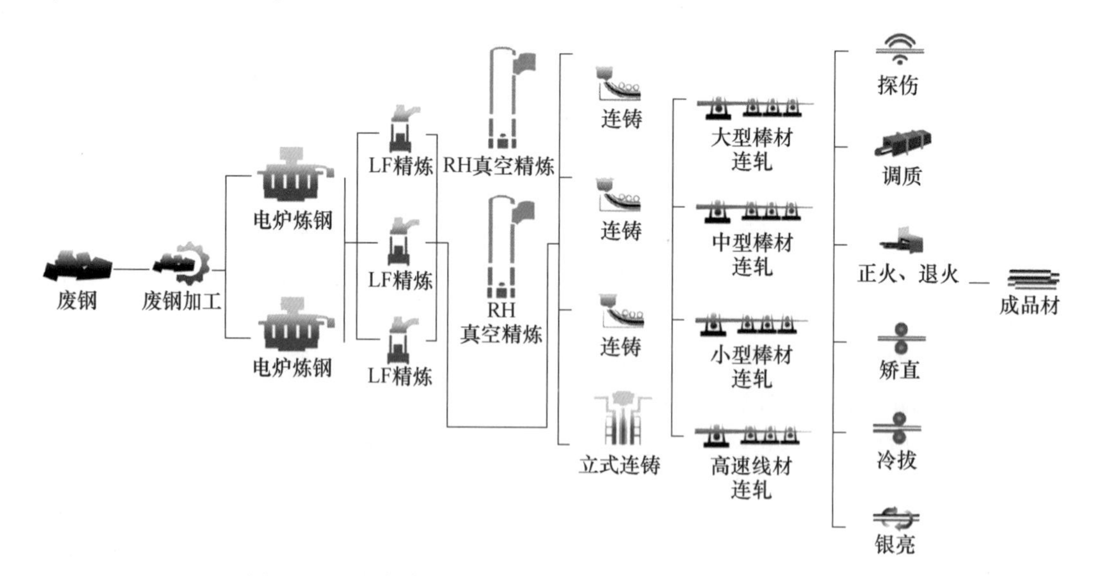

图 1-5-4　河钢集团石钢公司新区项目生产工艺流程示意图

河钢石钢新区项目 2020 年 10 月 29 日投产。项目主体投资 102 亿元，建设 2 座 130 吨电炉，配套精炼、连铸、轧钢及深加工工序。项目投产后形成年产钢 200 万吨、钢材 192 万吨的高端特殊钢棒线材的生产能力。

项目建设目标是着力打造全球特钢企业智能制造典范、国内钢铁长流程转短流程典范、城市钢厂成功搬迁典范、中国钢铁产业转型升级探索性典范和带动资源枯竭区域产业转型典范；力求建成具有20~30年超前竞争优势的最具竞争力特殊钢企业、代表河钢集团品牌形象的标志性企业和河钢乃至中国特殊钢未来示范工厂。

项目定位为“绿色、智能、节能、高质量、高效益”国内第一、国际一流。

绿色：将采用先进的环保治理技术，率先实现污染物全部超低、近零排放，消纳城市中水，做世界钢铁产业绿色清洁生产的标杆。

智能：首家全流程实施智能制造，做全球特殊钢企业智能制造的典范。

节能：采用先进的符合国际钢铁发展趋势和国家产业政策大力支持的节能环保型电炉及废钢预热、无焰燃烧等节能技术，做钢铁产业高效节能的示范。

高质量：首家采用直流竖炉、立式连铸机等国际先进技术，开发高质量特殊钢产品，做国内特殊钢产业高质量发展的先锋。

高效益：打造以高端轴承钢、高端齿轮钢和高端弹簧钢为代表具有国际先进水平的单项冠军产品，实现产品高端化、替代进口，产业链向上下游延伸，打造电炉短流程高效益生产的新模式。河钢集团石钢新基地指标先进性对比见表1-5-5。

表1-5-5　河钢集团石钢新基地指标先进性对比

指标项	新厂区	老厂区	国际先进
（1）绿色			
吨钢二氧化硫	0.19	0.88	≤1.0
吨钢颗粒物	0.25	0.63	≤1.0
吨钢氮氧化物	0.30	1.74	≤0.9
二噁英浓度（标态）	≤0.1纳克(TEQ)/立方米	≤0.3纳克(TEQ)/方立米	≤0.5纳克(TEQ)/立方米
COD	0	58.69	≤0.2
绿化覆盖率	50.3%	46%	45%
（2）智能			
废钢计量验质	远程无人化	人工	远程无人化
钢样分析	全程自动，数据不落地	人工	全程自动，数据不落地
一体化订单排产	生产订单计划自动排产率100%、人工调整率≤20%；订单交期应答准确度≤3天	全部人工	自动排产，计划执行自动实时反馈生产状态，实现按周交付
工业大数据平台	所有关键数据全部收集到大数据平台；质量异议可追溯率100%	无大数据平台，质量异议需人工追溯	有大数据平台
高效自动化炼钢	测温、取样、吹炼、出钢、出渣、灌砂、电极调节等全部自动化	全部人工	自动化炼钢
LF、RH智能精炼	LF电极智能调节、自动测温取样、智能吹氩、远程喂丝、覆盖剂自动添加、自动投料、钢包车自动定位及顶升、智能真空脱气	人工控制	自动化精炼

续表 1-5-5

指标项	新厂区	老厂区	国际先进
精饰线机器人应用	选定三条精饰线，每条线配置机器人不少于 10 个	无机器人应用	机器人、机械手应用
人均产钢量	1333 吨/人	414 吨/人	1000 吨/人
（3）节能			
吨钢能耗	220.3 千克标煤	585 千克标煤	300 千克标煤
吨钢水耗	≤1.9 立方米（含发电 2.5 立方米）	≤3.5 立方米（含发电 3.9 立方米）	≤2.5 立方米
吨钢耗电	≤280 千瓦时	≥500 千瓦时	≤300 千瓦时
（4）高质量			
铁前装备	无烧结机、高炉	1 台烧结机，3 座高炉	—
炼钢装备升级	2 座双竖井式废钢预热超高功率直流竖炉；RH 真空精炼炉替代 VD 精炼炉；1 台立式连铸机	2 座转炉和 1 座传统电炉；配备 VD 精炼炉、弧形连铸机；无 RH 真空精炼炉、立式连铸机	传统电炉 RH 真空精炼炉 弧形连铸机
轧钢装备升级	在大棒、中棒、小棒基础上，新增高线生产线，产品规格覆盖 ϕ5~260 毫米	大棒、中棒、小棒、异型钢生产线各 1 条，产品规格覆盖 ϕ13~180 毫米	产品规格覆盖 ϕ5~260 毫米
开坯大压下	最大单道次压下量不小于 100 毫米；改善中心疏松，中心疏松≤0.5 级	无	部分企业配备
控轧控冷（KOCKS 轧机）	中棒、小棒配备，可实现控轧控冷，改善表面质量和心部质量	无	配备控轧控冷（KOCKS 轧机）
产品纯净度	高碳铬轴承钢 T[O]≤5×10^{-6}，Ti 含量≤10×10^{-6}，Ca 含量≤3×10^{-6}，达到世界领先水平	高碳铬轴承钢 T[O]≤6×10^{-6}，Ti 含量≤15×10^{-6}，Ca 含量≤5×10^{-6}	高碳铬轴承钢 T[O]≤5×10^{-6}，Ti 含量≤10×10^{-6}，Ca 含量≤3×10^{-6}
产品均质性	高端齿轮钢钢材横截面 C 含量偏差≤0.01%、淬透性带宽≤3HRC，居于世界先进水平	高端齿轮钢钢材横截面 C 含量偏差≤0.03%、淬透性带宽≤5HRC	高端齿轮钢钢材横截面 C 含量偏差≤0.01%、淬透性带宽≤3HRC
钢材深加工比例	83%	50%	80%
（5）高效益			
独有产品比例	20%	10%	8%
效益	营业收入 250 亿元，利润 16 亿元，纳税 10 亿元	营业收入 153 亿元，利润 0.18 亿元，纳税 2.7 亿元	—

河钢石钢新厂区采用电炉短流程工艺，淘汰了能耗和排放相对偏高的高炉、烧结机铁前工序。

1. 工艺装备水平

炼钢电弧炉由世界综合冶金设计实力最强的西马克集团公司设计，为双竖井式废钢预热超高功率直流竖炉，在高质量、高效率、超低能耗、超低排放、智能化方面是世界最先进电弧炉的代表。粉尘排放（标态）≤10 毫克/立方米，二噁英排放（标态）≤0.1 纳克(TEQ)/立方米，完全满足京津冀超低排放标准，电耗≤280 千瓦时/吨，电极消耗≤0.78 千克/吨，冶炼周期≤45 分钟。

立式连铸机由国际知名的连铸机设计公司康卡司特设计。浇铸断面 460 毫米×610 毫米，是国际上断面最大的特钢大方坯连铸机，中国第一。建筑尺寸为地上建筑 16 米，地下深度 42 米，是世界上建造深度最深的连铸机。共采用二十多项先进技术，连铸坯质量水平控制最高，可以生产高纯净度轴承钢、高品质的帘线钢、弹簧钢，实现高铁轴承国产化；生产大规格大型装备原材料如工业齿轮、大规格曲轴，替代进口；生产高合金模具钢、工具钢，以连铸材代替模铸、电渣材。

新基地轧钢有高线、小棒、中棒、大棒四条线，可生产 ϕ5~260 毫米规格的特殊钢产品，实现了规格品种拓展。加热炉采用先进燃烧技术，低能耗、加热高均匀性控制。轧制采用世界领先的控轧控冷、低温轧制和大压缩比技术，轴承钢晶粒度达到 10 级水平，可替代进口供斯凯孚、铁姆肯等国际知名的轴承企业；减定径轧机采用世界上最好的德国 KOCKS 三辊减定径轧机技术，产品尺寸精度满足 1/6DIN 标准，生产丰田钢产品实现黑皮材替代银亮材交货。

高线装备是世界上最先进的特殊钢线材生产线，采用特钢领域领先的普锐特（美国摩根公司）第七代轧机技术。轧制速度 112 米/秒，为世界最高；产品尺寸精度满足±0.1 毫米，为世界最高。成品线材通过美国佑捷科技公司的在线热眼检测设备、美国佐治亚大学和北京大学联合技术团队的数据建模，为高端产品质量提供了保障。

2. 节能减排水平

新厂区采用节能减排优势更加突出的电炉短流程工艺，经初步测算，新厂区相比老厂区吨钢综合能耗降低 62%；吨钢水耗降低 46%；减排 86%废气、72%废渣，二氧化硫、颗粒物和氮氧化物排放总量减少 96%、71%和 76%。

全厂水处理中心践行绿色发展、循环发展的理念，以矿区城市中水为水源，生产、生活废水综合利用，实现厂区“污水零排放”。

水处理中心浓盐水分质盐结晶系统充分借鉴煤化工产业“零排放”经验，是冶金产业第一个采用分质盐结晶蒸发结晶工艺处理浓盐水的项目。核心设备蒸发器选用国产设备替代进口，降低投资 50%。提取的氯化钠、芒硝等结晶盐作为产品外售，较常规结晶产生的杂盐危废年节约处理成本近亿元，既有良好的环境效益，又有较好的经济效益。

3. 产品定位及质量水平

新基地产品定位于高端齿轮钢、轴承钢、弹簧钢、易切削非调质钢、合金结构钢、优质碳素结构钢、锚链及系泊链钢、钢帘线钢及合金工模具钢等特钢棒线材，满足汽车、工程机械、铁路及轨道交通、军工等产业对高端特殊钢材料高纯净度、表面零缺陷、尺寸高精度等质量要求，实现高端产品的全规格系列高效专业化生产，打造具有国际先进水平以高端装备制造轴承钢、汽车高端齿轮钢和铁路及轨道交通高端弹簧钢为代表的单项冠军产品，研发20%的独有产品，形成具有国际一流竞争力的产品集群。

产品纯净度：参见表1-5-5。

产品均质性：参见表1-5-5。

用户群高端化：

（1）高端轴承钢（计划50万吨/年，其中二火材、线材10万吨）。在现有产品基础上，发挥立式连铸机优势，替代模铸、电渣，向更大（ϕ120~200毫米）、更小（线材）规格延伸，开发高铁轴承、辊子料、轧机轴承、工业轴承（矿山、机械、轨道交通等）。

全力稳步拓展SKF、铁姆肯供应链体系。推动高端客户体系内的SKF3等高端产品开发认证，推动ϕ25毫米以下以盘卷状态交货；推进铁姆肯球化退火轴承钢增量，开发铁姆肯渗碳轴承钢。

（2）高端齿轮钢（计划80万吨/年）。汽车产业：重点推进宝马、奔驰、大众、丰田、通用、福特、上汽、一汽、东风、重汽等国内外整车厂“零部件及动力总成”齿轮钢市场的开拓。高铁及轨道交通产业：重点推进中车系高铁传动系统齿轮钢开拓。军工产业：重点推进军工航天齿轮钢开拓。船舶产业：重点推进船舶用大型齿轮用钢市场开拓。电力、通用机械产业：重点推进电机主轴、风电主轴市场。

（3）高端弹簧钢（计划15万吨/年）。轨道及高铁产业：重点围绕高铁、地铁车厢轴箱弹簧、隔振簧、转向架弹簧、弹条扣件用钢。汽车产业：重点围绕高端汽车用悬架簧、稳定杆、气门弹簧等。工程机械产业：重点攻坚张紧机构弹簧。链条用弹簧扁钢、重卡板簧用弹簧钢等高端扁钢。

（4）高端易切非调质钢（20万吨/年）。汽车产业：围绕宝马、奔驰、大众、沃尔沃、东风雷诺、蒂森克虏伯等高端汽车动力系统的非调质发动机曲轴、连杆用钢、活塞用钢、高压共轨燃油系统及底盘前轴、传动齿条、转向节等市场拓展。工程机械产业：重点推进供卡特、小松等MnV系列低温韧性高压油缸杆、轴类非调质市场开拓。矿山产业：重点推进张煤机、郑煤机等MnV系列直接切削高强高韧非调质钢市场开拓。标准件产业：重点推进天津中成新、济南中船低碳MnV系列8.8级及以上高强度螺栓市场开拓。

（5）高端碳合结钢（计划25万吨/年）。汽车产业：国外客户重点开发丰田、大众、本田、电装、NSK、捷太格特、武藏精密等，国内客户开发纳铁福、万向钱潮、大永精机、耐世特等高端用户。工程机械产业：卡特、徐工、小松、东碧等。军工产业：中通高、珠海963精工科技等。炮弹子弹用钢、坦克履带销轴用钢增量。重点推进钻铤钢、钻具、防腐抽油杆、高强钢（中煤张家口煤矿机械、山西晋煤金鼎煤机、54钢、A4330、高强度螺栓、海上风电用钢）增量。4级以上系泊链用钢的开发（R4、R5等）。

（6）工模具钢（计划10万吨/年）。利用立式连铸机取代模铸和部分电渣，通过低成本、高质量竞争抢占市场，开发新品种。重点对兴澄、东北特钢等国内特钢企业工模具钢客户强化交流对接，开拓新市场。

【案例4】中天钢铁棒线材生产线

中天钢铁棒线材生产线工艺流程示意图与线材平面布置图见图1-5-5和图1-5-6。

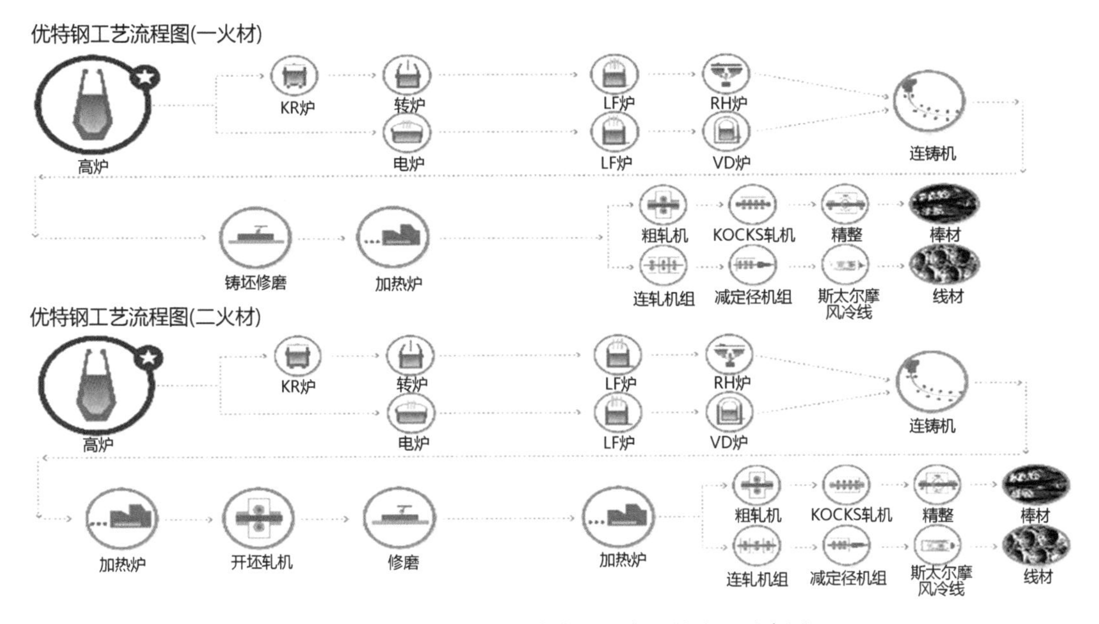

图1-5-5 中天钢铁的棒线材生产工艺流程示意图

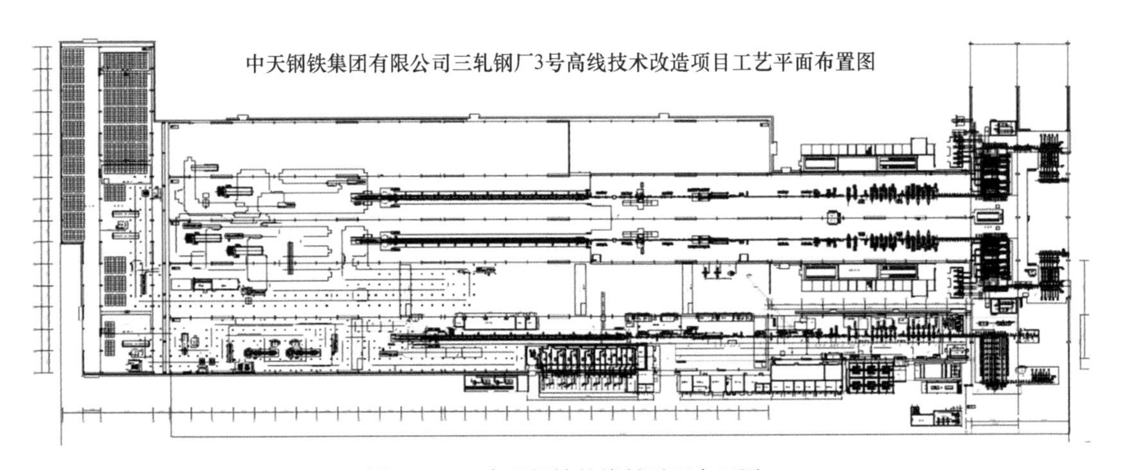

图1-5-6 中天钢铁的线材平面布置图

1. 中天特殊钢线材的装备技术

（1）引进PRIMETAL世界首条连铸小方坯160毫米×160毫米动态轻/重压下技术，根据凝固模型动态调整压下位置，显著改善铸坯低倍质量，中心疏松和中心缩孔级别降低至≤0.5级，中心偏析指数≤1.05。显著提升了帘线钢、缆索钢、轴承钢、弹簧钢的均质化、致密性质量水平，甚至达到轧坯的低倍质量，汽车钢产品可实现小方坯替代传统大方坯，实现高质高效经济节约型高档线材的制造。同时引进 PRIMETAL 大方坯 300 毫米×325 毫米动态轻压下技术、在线质量判定系统，生产高品质二火线材。

（2）坚持自主创新与国内外科研院所、研究机构产学研相结合，与德国亚琛、瑞典 ABB、北京科技大学、上海大学、钢铁研究总院等联合开发高洁净钢冶炼核心技术、脉冲磁致振荡 PMO 均质化技术、中间包均质器（中间包电磁搅拌技术）均匀中间包温度去除夹杂、自动微张力控制智能轧钢技术、QES 质量大数据分析处理等核心领先技术，见图 1-5-7。

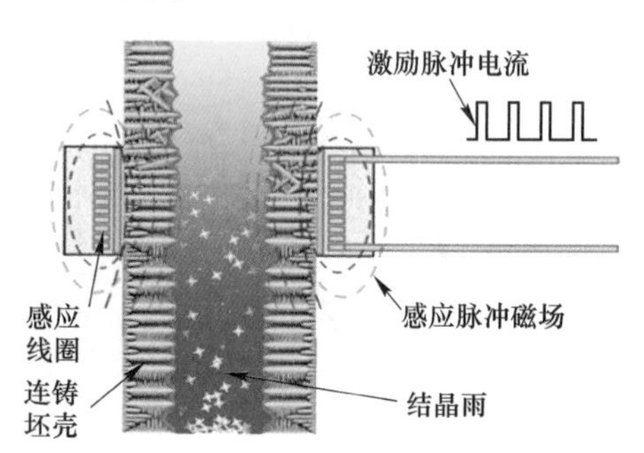

图 1-5-7　PMO 连铸凝固均质化技术原理示意图

基于凝固原理的原创技术，上海大学先进凝固技术中心在揭示了脉冲电流细化金属凝固组织机制的基础上提出了 PMO 技术。将脉冲电流导入环绕在铸坯表面的线圈中，在铸坯固液界面前沿形成特定的电磁效应，促进固液界面前沿金属熔体形核。这些晶核在电磁力作用下脱落、漂移、增殖，形成“结晶雨”，从而细化铸坯凝固组织。

（3）高速线材采用国际领先的生产线，轧制装备的能力持续提升，采用摩根的精轧机、MINI 轧机、RSM 减定径机组、西马克的 PSM 高精度轧机，开发应用热机轧制的技术，实现 750℃大变形低温轧制、700℃低温吐丝和低温卷取能力，实现特钢线材的在线组织调控，成功开发免退火 10B21/SWRCH35K、非调钢 ZTFT-8、滚动体轴承钢、汽车弹簧钢、桥梁缆索钢等高品质线材。

（4）特殊钢线材采用智能燃烧系统的加热炉，实现温度及炉内气氛的自动控制，降低氧化脱碳及能耗；智能轧制技术实现全程微张力轧制，大幅改善尺寸精度及表面质量；在线热眼 Hot-eye 探伤技术实现过程表面质量检测监控；中间坯自动表面及超声波探伤，确保钢坯的质量；Aspex 全自动扫描电镜研究分析钢中的夹杂物组成、尺寸及分布；为测试紧固件、弹簧、轴承的疲劳性能，引进接触疲劳、拉压疲劳和旋转弯曲疲劳试验机等。

2. 中天特殊钢线材产品技术水平

（1）帘线钢、切割丝产品采用低熔点塑性化+低模量化夹杂物控制技术，夹杂物尺寸≤10 微米；采用轻压下+重压下技术、控轧控冷在线组织技术，碳化物网状≤1.0 级，索氏体化率≥90%，可稳定生产切割丝及精细帘线钢产品，位于国内前列。

（2）汽车冷镦钢表面缺陷≤0.05 毫米，免退火冷镦钢 10B21 等，晶粒度达到 10 级，面缩≥70%，冷镦比 1/5，减免退火；非调质冷镦钢抗拉强度波动±15 兆帕，面缩≥72%，晶粒度 11 级，冷镦比 1/6.5，无开裂，可生产 9.8 级长杆螺栓；汽车紧固件 SCM435 可稳定控制 100%F+P 或 B+F，缩短下游加工工艺，实现绿色节能，销售量位于国内前列。

(3) 汽车弹簧钢 SAE9254 等关键指标：有害元素 Al、Ti 含量≤10×10^{-6}；夹杂物尺寸≤20 微米，中心偏析≤0.5 级，全脱碳 0，总脱碳≤0.5%D，通条波动±20 兆帕；悬架弹簧钢强度达到 2000 兆帕以上，面缩≥45%，疲劳寿命达到 50 万次。

(4) 大桥缆索用钢，采用轻压下+高温扩散+控轧控冷（雾冷+强风冷）技术，关键指标：磷、硫含量≤0.010%，碳化物网状≤1.0 级，索氏体化率≥90%，脱碳≤0.10 毫米，通条均匀性±20 兆帕，夹杂物 DS≤0.5 级，达到国内领先，可稳定生产 2000 兆帕级高强度缆索钢盘条，扭转≥25 次。

【案例 5】济源钢铁棒线材生产线

位于中原地区的济源钢铁是一个普特结合的钢铁企业，其特殊钢大棒卷具有特色。济源钢铁的大棒卷生产工艺流程示意图与大棒卷生产线见图 1-5-8 和图 1-5-9。

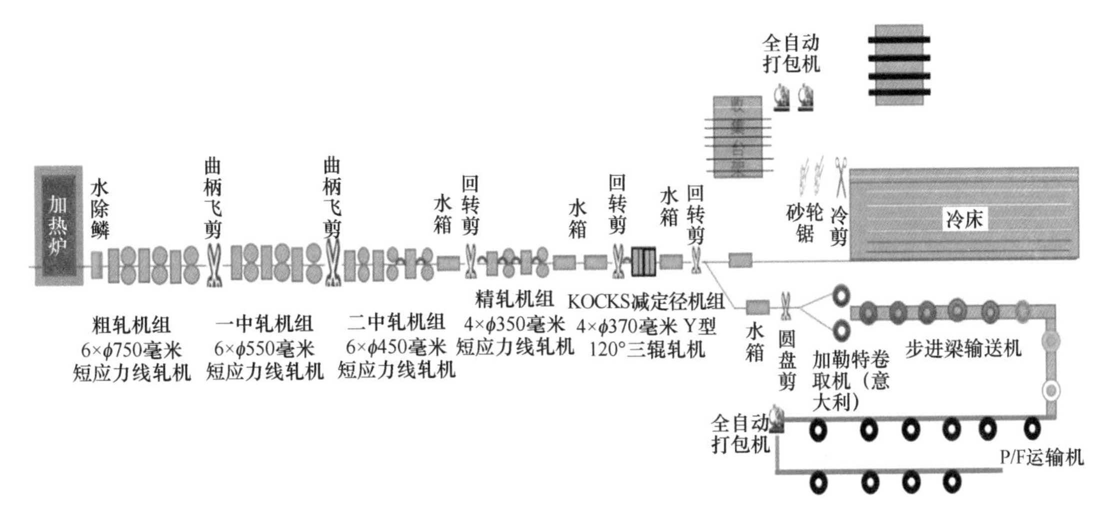

图 1-5-8 济源钢铁的大棒卷生产工艺流程示意图

图 1-5-9 济源钢铁的大棒卷生产线

济源钢铁自“十二五”以来投入约百亿元转型升级装备改造，拥有国内一流、国际领先的技术装备。炼钢拥有双工位 KR 铁水预处理、LF 真空精炼炉、RH/VD 真空精炼炉，全套引进 CONCAST 合金钢大圆坯弧形连铸机。轧钢系统拥有 6 条生产线，其中高性能基础件用特殊钢大棒材生产线全套设备从 DANIELI 引进；棒卷生产线、特殊钢小棒线引进 KOCKS 高精度三辊减定径重型轧机；高速线材生产线引进摩根七代 8+4 精轧。为满足高端用户需求，特钢产线配备了高档次、完备的钢坯及钢材精整设备。例如引进 ZDAS 两辊矫直机、FOERSTER 漏磁+GE 相控阵超声探伤仪、红外+OLYMPUS 超声探伤仪、ARES 保护气氛辊底式多功能连续退火炉等均是国际先进水平。

其中，高强度机械用钢棒卷生产线是 2009 年建成投产，年产能 65 万吨，产品覆盖轴承钢、弹簧钢、齿轮钢、冷镦钢、易切削非调质钢、汽车及工程机械用钢等优特钢，最高轧制速度 18 米/秒，可以轧制 ϕ15.3~90 毫米棒材和 ϕ14~42 毫米大盘卷，原料采用 200 毫米×200 毫米、240 毫米×240 毫米、250 毫米×300 毫米等坯型，实现大压缩比轧制。

棒卷生产线配备钢坯高温防脱碳自动在线喷涂设备，并采用步进式加热炉，采用二级脉冲控制加热，最大程度减少脱碳层，脱碳层小且稳定；采用国际上先进的高刚度短应力线轧机，并引进 4 架 KOCKS 三辊减定径机组，使轧件承受三向压应力，纵向延伸好、宽展小，而且在孔型中的变形均匀，可实现自由尺寸及控制轧制，生产的钢材尺寸精度高、表面质量好、组织均匀。

加勒特卷取机是轧制大盘卷的关键设备，包括气动分钢器、活动导辊及夹送辊、卷取机、卸卷机、升降机，卷取机卷取速度 2~18 米/秒，生产的大盘卷盘形好，最大卷重可达 2.7 吨。

为了实现控制轧制，棒卷线共设置五个水箱，0 号水箱位于二中轧之后、精轧之间，用于控制进入精轧轧件的温度。1~4 号水箱从达涅利引进，可以实现温度闭环控制，当冷却线不适合所生产的钢种时，可以用旁通辊道来运送轧件，旁通辊道安装在水箱小车上，可以方便地进行切换。并通过在线冷却技术，使钢材达到理想的组织与性能。

特殊钢棒线材也是始终发展的新材料，在生产工艺流程确定的基础上，通过工艺和材料技术研发，可以持续不断地提高产品质量，开发出新型的特殊钢产品，见表 1-5-6。

表 1-5-6 特殊钢棒线材的质量控制与创新品种

质　量	品　种
高纯净度：硫磷氧氮氢+砷锡碲铋铅	高温渗碳齿轮钢
高均匀度：碳偏、带状、碳化物	高强度耐延迟断裂紧固件钢
高组织度：晶粒度、组织类型与数量	易加工非调质钢
夹杂物类型、尺寸、数量、空间分布	2200 兆帕级抗疲劳弹簧钢
窄化学成分范围与淬透（硬）性	长寿命高碳铬轴承钢
高强度、高韧性、长寿命	2100 兆帕级缆索钢
表面质量与内部缺陷	4000 兆帕级帘线钢

特殊钢的品质发展与用户的高性能需求紧密相关。表 1-5-7 列出了量大面广产品的品质发展方向。

表 1-5-7 特殊钢棒线材典型钢种与发展方向

钢 类	棒材	线材	典型钢号	关键质量
齿轮钢	√		20CrMnTi	淬透性带、[O]、带状
非调质钢	√	√	49MnVS3	硫化物、窄成分区间
紧固件钢		√	ML35	[P]、冷镦性能
弹簧钢	√	√	60Si2Mn	碳偏、[O]、脱碳
珠光体钢	√	√	82B 硬线 U71Mn 钢轨	碳偏、[O]、脱碳、网碳
轴承钢	√	√	GCr15	[O]、Ti、夹杂物、网碳、碳偏

质量提升的过程也是新材料出现的基础，表 1-5-8 列出了主要特殊钢类型的新材料出现的方向。

表 1-5-8 特殊钢棒线材典型钢种与发展方向

钢 类	棒材	线材	典型钢号	新材料
齿轮钢	√		20CrMnTi	长寿命齿轮钢
非调质钢	√	√	49MnVS3	定制锻件钢
紧固件钢		√	ML35	耐延迟断裂钢
弹簧钢	√	√	60Si2Mn	抗疲劳破坏钢
珠光体钢	√	√	82B 硬线 U71Mn 钢轨	极限强度耐磨性能
轴承钢	√	√	GCr15	长寿命轴承钢

（二）特殊钢板带材生产

21 世纪以来，我国中厚板生产得到了迅速发展，装备技术和水平大幅度提升，新型强力轧机、控制冷却系统、自动化控制系统等主体设备取得了很大进展。矫直机、剪切机、冷床等辅助设备也上了一个新台阶。相关特殊钢板带生产企业在钢材品种开发上也取得巨大进展，低温钢、耐磨钢、工程机械、桥梁、建筑、锅炉压力容器、船舶与海洋工程、武器用中厚板相继研发并应用。

下面以中国中厚板生产具有代表性的企业作为典型案例来介绍中国特殊钢板带生产线的工艺与装备。

【案例 1】河钢集团舞阳钢铁公司宽厚钢板科研生产基地

河钢集团舞阳钢铁公司是我国第一家宽厚钢板科研生产基地，是国内生产宽厚板品种最全、规格范围最大、产品质量最高、应用领域最广的宽厚板生产企业，拥有两条世界先进水平的宽厚板生产线，具备长流程和短流程的生产能力。长期以来，河钢舞钢利用自身技术装备优势，通过深入理论研究及生产实践，掌握了大单重、特厚钢板成套生产工艺技术。

1. 特殊钢板带材冶炼装备及工艺流程

（1）特殊钢板带材冶炼流程。典型的特殊钢板带冶炼流程如图 1-5-10 所示。

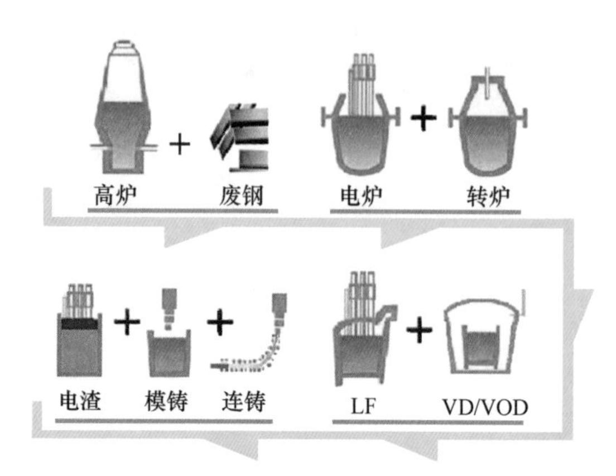

图 1-5-10 特殊钢板带冶炼流程

（2）冶炼主体装备和生产能力。河钢舞钢传统以电炉短流程生产多品种和规格的宽厚钢板产品，通过采购部分铁水，形成了成熟的废钢+铁水电炉冶炼模式。后投产 1260 立方米高炉 1 座，形成了长流程生产能力。

1）初炼：装配有 100 吨超高功率电炉 3 座，120 吨转炉 1 座。两种炉型均以铁水和废钢为原料，根据品种类型和生产条件进行不同的配比调整，冶炼覆盖所有品种。

2）精炼：装配有 100 吨 LF 精炼炉 7 座、VD 及 VOD 炉 5 座，钢水炉外精炼率 100%，真空脱气精炼率 95%，冶炼钢水纯净度高且有害元素含量低。

3）连铸：建有 3 条宽厚板坯连铸线，最大断面 330 毫米×2500 毫米，最大展宽成材可用坯重 26 吨。采用了结晶器液面自动控制、电磁搅拌 EMS、轻压下等技术措施。

4）模铸锭：大型模铸生产线 9 条，以生产扁锭为主，覆盖 11.4~55 吨等锭型。可生产钢板最大厚度 700 毫米，最大单重 40 吨。

5）电渣锭：50 吨板坯电渣重熔炉 3 台，开发出了 3 种坯料厚度规格。可生产优质电渣钢板，满足 400 毫米以上国标 I 级探伤能力。

2. 特殊钢板带材轧钢系统工艺流程及关键技术

典型特殊钢板带材轧钢系统工艺流程如图 1-5-11 所示。

河钢舞钢采用先进的轧制装备和控制技术，采用 4300 毫米和 4100 毫米两条双机架轧线。

（1）加热：两条轧线配备 6 台连续炉，可实现双排、单排长坯料的加热；可装坯料最厚 450 毫米，可实现钢锭开坯后的装炉轧制。配备 16 座均热炉，可实现钢锭的加热。

（2）轧制：轧机最大轧制压力 90 兆牛，粗轧机开口度 450 毫米和 1100 毫米，配有立辊轧机，轧制最大成品钢板单重 40 吨。轧机配有液压 AGC 厚度自动控制、弯辊控制等先进轧制技术。

（3）轧后冷却：两条产线分别配备超快冷和进口的 MULPIC 快冷装置，均可同时实现 DQ 和 ACC 两种功能。

（4）矫直：4100 毫米产线配备有预矫直机，可实现高强度钢板冷却后的良好板形；

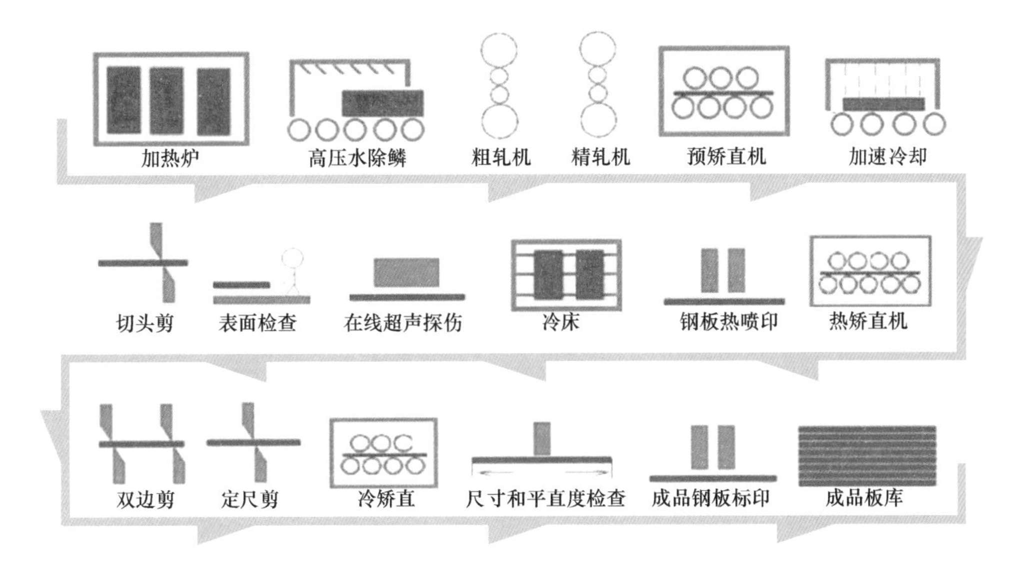

图 1-5-11　特殊钢板带材轧钢系统工艺流程

两条产线各配置有强力热矫直机。

（5）剪切：剪切线由在线自动探伤、切头剪、双边剪、定尺剪、试样剪、标印机、成品测量仪、冷矫直机等设备组成。剪切钢板最大宽度 3650 毫米。

3. 特殊钢板带材热处理装备和工艺流程

典型特殊钢中厚板热处理工艺流程如图 1-5-12 所示。

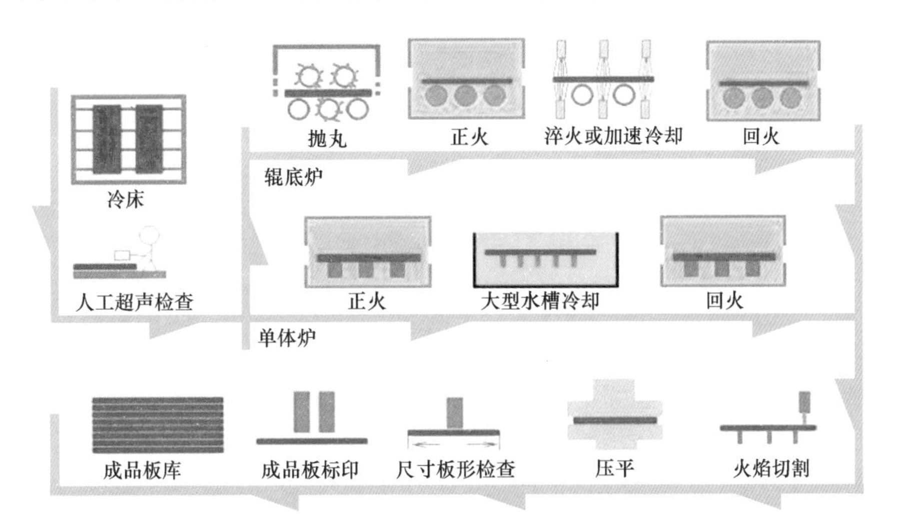

图 1-5-12　典型特殊钢中厚板热处理工艺流程

河钢舞钢建有国内最为齐全的厚板热处理设备，通过多年研发，形成了正火、正火控冷、分级淬火、回火等多项独有的热处理工艺技术，配合独有的设备优势，可满足多种特殊钢种和技术要求的热处理需要。热处理钢板最大厚度可到 450 毫米，最大宽度 4000 毫米，拥有 30 多座热处理炉群。

除上述的典型工艺与设备外，炉卷轧机是我国中厚板轧机新的生力军，目前已有南钢、安钢、韶钢、兴澄 4 套宽幅炉卷轧机。由于炉卷轧机在轧制规格、成材率方面具有优势，再加上新一代炉卷轧机装备水平的提高，因此其在中板生产领域中发挥重要作用。

我国热连轧带钢生产技术在新中国成立以后很长时期内相对落后，1958 年鞍钢建成第 1 套 1700 毫米带钢半连轧机组，1978 年武钢建成第 2 套 1700 毫米带钢连轧机组，而随后 1989 年宝钢建立 2050 毫米带钢热连轧机。

本钢的 2300 毫米热轧生产线是目前国内最宽的热连轧装备。该热连轧机组设计年产热轧板 515 万吨，可生产宽度 1000~2150 毫米、厚度 1.2~25.4 毫米的钢板。在节能环保上，水的循环利用率达 98%以上。该机组能够生产 X80 级别以上的石油管线钢、船用钢板、1000 兆帕以上的高强钢、高耐候结构钢、桥梁用结构钢、无间隙原子钢、双相及多相钢、相变诱导塑性钢等高附加值、高技术含量的板材。

中国现有 100 多套热连轧机组。它们标志着中国热轧带钢热连轧带钢生产发展到今天，技术已经相当成熟，中国国内板带钢的生产技术已代表了世界先进水平。这些热连轧机组很多可以生产耐磨钢、弹簧钢、工具钢、锯片钢、舰船钢、装甲钢等特殊钢。连续热连轧工艺技术逐渐替代了早期老式半连续、全连续和 3/4 连续工艺技术，成为当今热连轧的主流工艺技术。

当然，采用第 3 代热卷箱、实现恒温恒速轧制的优化的现代半连续热连轧工艺，应该是传统常规工艺中最合理、最科学、效率最高、效益最好的工艺，常规热连轧带钢生产线如图 1-5-13 所示。

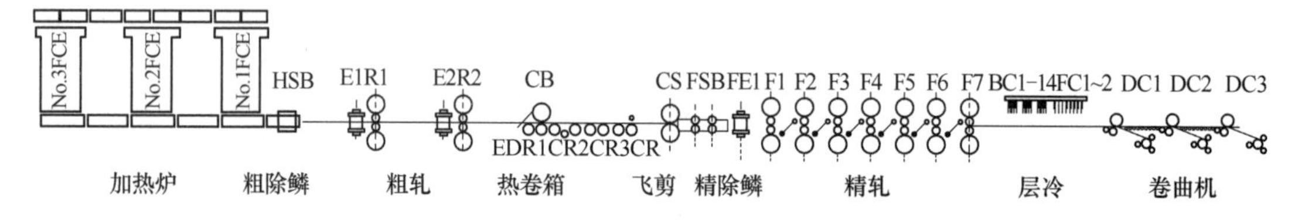

图 1-5-13　常规热连轧带钢生产线

经过优化采用热卷箱的传统常规现代半连续工艺，解决了以往各种传统常规工艺无法解决的批量稳定轧制高强超薄极限规格产品以及带钢全长组织性能均匀稳定的问题，进一步增强了生产线的工艺技术能力、市场竞争和生存盈利能力。

我国热轧宽带钢轧机所应用的技术主要有：连铸板链热装和直接热装技术、板坯定宽压力机、粗轧机立辊侧压短行程控制和宽度自动控制、中间辊道保温罩和带坯边部加热器、热卷箱系统、精轧机组全液压压下系统、精轧机板形控制技术、带钢层流冷却系统、全液压地下卷取机、主传动系统交流化、采用三级或四级计算机控制和管理系统。

今后我国应在对多种热连轧工艺进行深入研究的基础上，进一步优化和创新，探索一种符合低碳经济时代要求、具有强大全面工艺能力的新工艺新装备，为我国宽带钢热连轧生产线的新建和改建提供新的创新技术思路。

（三）特殊钢无缝管生产

自1953年鞍钢建成投产了第一套ϕ140毫米自动轧管机组（苏联援建项目）以来，中国已陆续自主开发、研制、设计、制造和建成投产了一大批小型穿孔机和自动、三辊、连轧、圆盘（狄塞尔）等轧管机组，以及先后引进并建成投产了一批（含二手设备）顶管、周期、大型自动、扩管、三辊轧管机组等生产无缝钢管的轧管机机型。尤其是通过近10年的快速发展，无论是生产技术装备水平还是产能均处于世界前列，中国已是名副其实的无缝钢管生产大国。但生产技术装备水平参差不齐，既有世界顶尖的连轧管机组，又有占一定产能且面临淘汰的穿孔+冷拔的落后机组。

热连轧管机成为无缝钢管生产的主流机型。在中国，包钢、鞍钢、天津钢管、衡阳钢管、攀成钢等企业先后引进数套连轧管机组，其中包括5套最先进的三辊连轧管机组；南通特钢、无锡西姆莱斯、山东墨龙共建设了4套国产的连轧管机组，推动了中国钢管工业的高速发展。

全球共有精密轧管机组33套，全部都在中国；三辊轧管机组共39套，中国占26套。此外，周期式轧管机组通过技术改造后仍被保留并得到了发展；挤压机作为不锈钢管和高合金钢管的主要生产设备，是其他机型所不可替代的机组；顶管机组、大口径斜轧扩管机组、大口径穿轧机组等也发挥着重要的作用。

中国钢管工业发展迅猛，生产能力快速提高。中国已经成为世界钢管生产、消费和出口第一大国。中国钢管产业的快速发展不仅促进了钢管技术改造和技术进步，提升了生产工艺和技术装备水平，也推动了钢管产品品种的开发，加快了产品质量、标准的进步，增强了中国钢管产品在国际市场上的竞争力。目前除了一些特殊高端专用管产品外，中国钢管品种和结构均能满足国家国民经济建设、科技发展和国防建设的需要。随着世界经济的发展、用户对无缝钢管品种质量要求的提高，以及市场竞争的加剧和环保要求的提高，无缝钢管生产技术装备将更加进步。中国无缝钢管的发展引领世界无缝钢管技术装备的走向。

中国特殊钢无缝管典型生产工艺与设备介绍如下。

【案例1】大冶特钢中厚壁无缝管生产基地

大冶特钢是国内最早具备无缝钢管生产能力的企业之一，可提供系列化、小批量、多品种、非标规格的定制化特殊钢中厚壁无缝钢管服务。自20世纪60年代起，大冶特钢投身参与国家重点项目研究，为祖国的航空航天和国防军工的事业发展及社会主义现代化建设提供了一批批高品质的特殊钢无缝钢管。从我国第一颗人造卫星上天，到华龙一号首发，祖国大地上均能看到大冶特殊钢无缝钢管的身影。

20世纪90年代初期，大冶特钢引进ϕ108毫米和ϕ170毫米ASSEL两套三辊精轧机组，初步形成一定的工业化规模。2009年，引进了世界上最大的ϕ460毫米ASSEL机组，产销量迅速翻番。2014年，全球规格跨度最大、最齐全的ϕ219毫米CPE机组投产，完成规格互补战略。至此，大冶特钢形成了全球规模最大、规格最全、质量领先的中厚壁无缝钢管生产基地。大冶特钢无缝钢管生产基地以ϕ108毫米、ϕ170毫米、ϕ460毫米的

ASSEL 机组群为核心，以 ϕ219 毫米 CPE 机组为品种、规格差异化互补，同时配套多条专业化的无缝钢管热处理线，年产无缝钢管 90 万吨，规格范围覆盖直径 ϕ51~533 毫米×壁厚 5.5~130 毫米。

大冶特钢生产的特殊钢无缝钢管外径精度可达±0.5%D，壁厚精度可达±5%S。主要品种有高端工程机械管、油气管、船舶及海洋工程管、锅炉及压力容器管、车辆及轨道交通用管、核电管、轴承管等。产品主要服务于航空、航天、军工、海洋、核电、风电、交通、油气、工程机械等领域。

大冶特钢致力于建成全球最具竞争力企业，积极提升品牌影响力，参与国际竞争，与全球各行业、各领域领军企业形成战略合作关系，无缝钢管产品在国际市场获得较多赞誉，批量出口欧洲、北美、南美、中东、韩国、日本、东南亚等国家和地区。大冶特钢无缝钢管品种在十余个细分市场领域市场占有率居于首位。

1. 装备特点

大冶特钢是全球冶金装备和工艺流程最齐全的特殊钢生产企业。冶炼、轧制、热处理等装备世界一流，具有高质量、高效率、超低能耗、超低排放、高智能化等特点。大冶特钢通过对冶金装备能力和工艺流程优化的大量实践研究，已形成了一套全流程、多机组协同的生产模型，使大冶特钢在无缝钢管的规格广度、品种高端化、定制化研发和交付快速响应等的综合服务能力上达到世界一流。

大冶特钢具有感应炉、真空炉、电渣炉、转炉、电炉等世界先进的多样化冶炼炉台，为无缝钢管提供多流程来源的高纯净、高稳定性冶金原材料。大冶特钢拥有 1350 毫米、750 毫米、650 毫米多台（套）轧机和 60 兆牛、45 兆牛、20 兆牛多台（套）快锻机等世界先进的轧、锻材生产线，为无缝钢管提供多规格、高标准的管坯原材料。管坯实物质量优于商品级的棒、锻材，达到企业内控指标。冶炼炉台的多样化和轧、锻制管坯的多流程制造能力，为多品种、小批量等高端化、差异化无缝钢管的服务能力提供了先决条件，也形成了大冶特钢无缝钢管均以 100%自主生产的高标准管坯为钢管原材料的质量保障能力。大冶特钢的厚壁无缝管生产工艺流程如图 1-5-14 所示。

大冶特钢的 ϕ108 毫米、ϕ170 毫米、ϕ460 毫米 ASSEL 无缝钢管机组群，采用先进的管坯加热智能燃烧系统、高精度辊缝自动化调节系统、高疲劳工装表面处理技术、无极可调辊模尺寸匹配技术等，具有产品质量表面优异、快速换规、非标规格生产、尺寸精度一致性高等特点，配套自动化精整线和齐全的无损检测自动化设备，可实现全流程自动化在线监测、检测、包装等。大冶特钢的厚壁无缝管生产设备如图 1-5-15 所示。

大冶特钢同时注重无缝钢管的延伸加工服务，优化产业链结构、节能减排，提供“近终型”无缝钢管材料，斥资配套了四条具有高度专业化和自动化的无缝钢管热处理生产线，实践过程中具有了完全自主专利、产权的成套热处理技术，结合热处理钢材自动化检测装备，可实现不同材质、规格、要求、用途等专业化延伸加工和交付。

2. 技术特点

大冶特钢中厚壁无缝钢管采用进口低杂质、高品位铁矿冶炼，并经过预处理深脱硫的

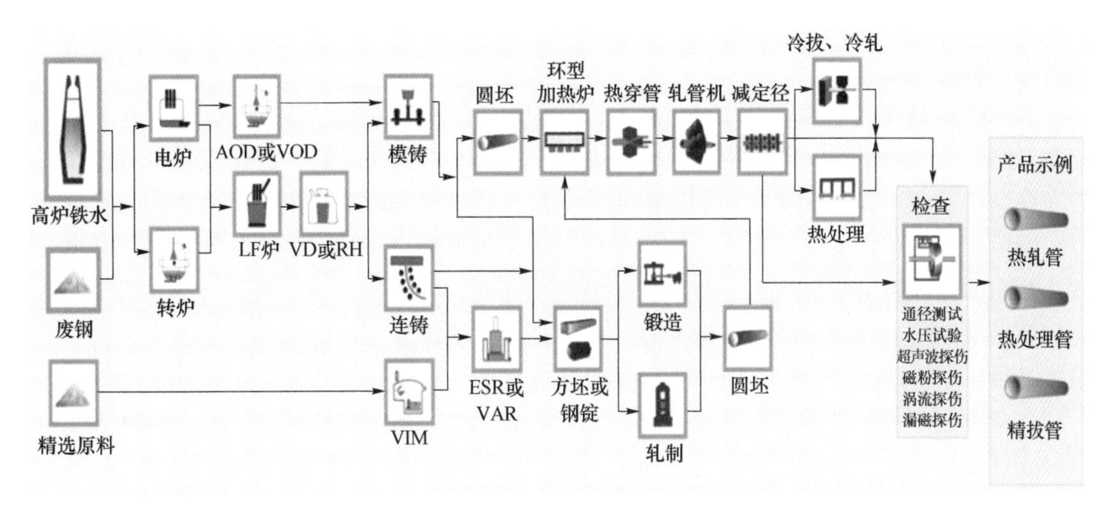

图 1-5-14　大冶特钢的中厚壁无缝管生产工艺流程示意图

图 1-5-15　大冶特钢的厚壁无缝管生产设备

优质铁水作为原材料供转炉或电炉炼钢。钢水 100%经过精炼和真空脱气去夹杂处理。连铸拥有中间包加热、三段式电磁搅拌、全过程保护浇铸及动态轻压下等最新装备和技术。轧线拥有多条进口高精度 ASSEL 三辊轧管机及全自动化热处理线，整体具有高质量、高效率、超低能耗、超低排放、高智能化等特点。在此基础上，依托领先的超纯净钢冶炼技术、高精度钢管轧制技术和高精细化热处理控制技术，最终实现超纯净、高精度、高均匀性无缝钢管的生产。

大冶特钢拥有自主研发且具有知识产权的“成分微调与淬透性预报”钢种设计开发的系统控制技术，可实现材料研发的预控研究，达到精准控制成分，实现产品成分达标率 100%，淬透性波动范围 1~2HRC 等。

大冶特钢具有领先的超纯净钢冶炼技术，有效控制无缝钢管非金属夹杂物分布、形态和数量以及最大化减少残余元素含量，实物质量可实现各类非金属夹杂物小于 0.5 级、硫含量小于 0.002%等。

大冶特钢自主创新的全流程协同轧制控制技术，集成系统化产品研发、制造模型，成分精准控制技术+精轧尺寸控制技术+独创厚壁合金钢管热处理技术，可获得具有大压缩比、组织紧密、横纵向综合性能优异的特殊钢无缝钢管，亦可实现高 Cr、高 Ni 等高端用途材料的特殊质量需求。

大冶特钢具有高精度轧管控制技术，可实现无缝钢管外径精度±0.5%D，壁厚精度±5%S，截面壁厚偏差小于公称壁厚的 10%。自主工模具设计专利，穿孔轧制过程实现毛管在孔型中宽展小，有利于金属的轴向延伸变形；轧制过程附加变形小，毛管内表面质量好、壁厚均匀；变形延伸系数大，变形分配灵活，可前移，有利于特殊品种轧制工艺的实现。ASSEL 高精度轧机轧辊自主设计，毛管集中变形，壁厚纠偏能力强，与穿孔机反向的螺旋斜向轧制可有效减小材料各向异性，确保横向性能优异，规格调整灵活，可支持小批量多品种生产。

自主专利产权热处理控制技术，全程自动控温系统，控温精度±5℃；无缝钢管旋转，外浸或外淋、内喷，水温恒定，冷却过程均匀，变形小；往返式冷床设计，回火后钢管在冷床上旋转自矫直，弯曲度≤1 毫米/米，残余应力≤1%，截面四象限硬度差<3HRC。合金及高合金调质无缝钢管，克服传统工艺（必须采用油淬或水基聚合物淬火）成本高、环境差的问题，引导用户修订其全球产品规范。石油、工程机械管等自主专利产品实物质量全球领先。

3. 产品应用

大冶特钢是国内最大的工程机械用管生产企业，通过近 10 年的高端化、差异化战略实施，不断深入产品结构优化，在工程机械用管优势领域继续领跑，同时在油气、高压锅炉、车辆和轨道交通等领域亦形成了行业引领。

目前，工程机械用管年销量 60 万吨，从 2008 年起连续 13 年位居世界第一，2006 年就得到美国卡特彼勒、日本小松、东碧的质量认证，是其唯一的中国钢管供应商。大冶特钢生产的工程机械管是卡特彼勒、小松、利勃海尔及三一、中联、徐工、郑煤机等国内外大型工程机械制造企业的稳定供应商，产品出口到欧洲、中东、北美、东南亚等多个地区。开发的高强度工程机械管、高寿命综采支架管、高性能特种油缸管等产品，屈服强度达到 1000 兆帕、-60℃冲击功达到 150 焦耳，填补国内空白，替代进口，占据国内高端市场的 60%以上份额。

大冶特钢车辆及轨道交通用无缝钢管，积极参与国产化项目建设和深入“低碳”技术研究，市场应用拓展成效显著，年销量增长率达到 20%以上。开发的变形量控制在微米级的乘用车涨紧轮用管、变速箱齿圈用管、高载疲劳大于 2400 次的乘用车冷旋锻传动轴用管等多项产品实现国产化，填补国内空白，批量应用于美国、德国等知名汽车品牌。开发的 620 兆帕级高品质车轴用管，通过美驰、赛夫华兰德等用户认可，成为其国内唯一指定供应商，批量出口北美、南美、欧洲等市场。开发的铁路车辆转向架用管、高铁吸能装置用管等产品实现国产化，成为中车等的指定钢管供应商。

大冶特钢油气用中厚壁无缝钢管年销量超过 20 万吨，是目前国内规格最大、产品档次最高、市场占有率最高的中厚壁油气用管生产基地，生产的井下钻具用管、螺杆钻具用管、超高压管汇系统用管等，弯曲度≤1 毫米/米、残余应力≤1%、整支管体硬度差

<3HRC，得到用户青睐，国内市场占有率超过70%。大冶特钢也是国内唯一同时通过北美多家油服全球供应商认证的企业，产品稳定供货国际五大石油服务公司，覆盖合金钢、马氏体不锈钢、双相不锈钢等多个系列。大冶特钢生产的高强度耐腐蚀管 H_2S 腐蚀测试超3000小时，较国外同类材料测试时间延长一倍，高寿命螺杆钻具用管、超高压压裂系统用管、钻杆接头用管等多项产品增补国内空白，实现顶替进口，相关产品在川南、大庆、长庆等区块得到批量应用。

大冶特钢的电站用中厚壁无缝钢管年销售量超过10万吨，是目前国内超超临界机组电站用钢管的主要制造企业，中大口径厚壁锅炉管国内市场占有率约40%。全国锅炉压力容器标准化技术委员会先后对大冶特钢的P91、P92钢管进行了技术评审，一致认为大冶特钢生产的高压锅炉用P91、P92无缝钢管满足锅炉安全技术规范和相关技术标准的要求，P91钢管600℃10万小时外推持久强度104兆帕（标准要求≥93兆帕），P92钢管625℃10万小时外推持久强度95.5兆帕（标准要求≥88兆帕），均达到世界先进水平。经实物对比，大冶特钢P91、P92无缝钢管显微组织控制水平高于国外公司，可以用于超（超）临界锅炉的过热器、再热器、集箱、蒸汽管道等部件。大冶特钢的锅炉管获得了国内外主要锅炉及管道公司认证，已被其纳入合格供应商。大冶特钢的电站用锅炉管凭借装备、生产、技术等优势，发展迅速，目前可以批量供应P92钢级以下的碳钢和合金钢锅炉管，以及核电用P36、P91无缝钢管，应用于中电投五彩湾660兆瓦电厂项目、华能瑞金1000兆瓦电厂项目、中核霞浦示范快堆核电项目等国内外重大火电项目。

大冶特钢为实现双碳目标，在无缝钢管产品的自主研发和引导产业链结构优化方面，积极投入，开发了多项“近终型”“替代型”新产品，在风电、新能源汽车、轨道交通、能源开采等领域，提高火电机组发电效率以及各项国产化课题项目研究中获得成功应用。

4. 展望

大冶特钢将以“定制化、柔性化、高端化”的管理模式，聚焦用户使用要求，通过“量体裁衣”的定制化服务，解决用户“快交付、多品种、小批量、高质量”需求。通过践行“低碳”理念，以“先期介入”的“产、用合作共赢”服务思想，及“产、销、研联动”的服务模式，聚焦用户全工序要求，以“近终型、全系列、一站式”产品的研发与交付能力服务市场和用户。

【案例2】风宝管业无缝管生产工艺流程

2010年以来，全球新建和改造的大中型轧管机组占较大比例，使大口径钢管短缺的局面得到了很大的改观。随着国外新机组建设和国内结构调整、机组改造，小口径（ϕ180毫米以下）轧管机组在一段时期内成为发展的主流。风宝管业89毫米连轧管厂为扩大产品规格范围，满足市场对小口径产品需求，占领小口径无缝钢管高端市场，开发了从273毫米、159毫米到89毫米规格全覆盖的精密轧管机组。

图1-5-16是风宝管业无缝管生产流程图。

图1-5-17是风宝管业273毫米精密轧管机组流程图。

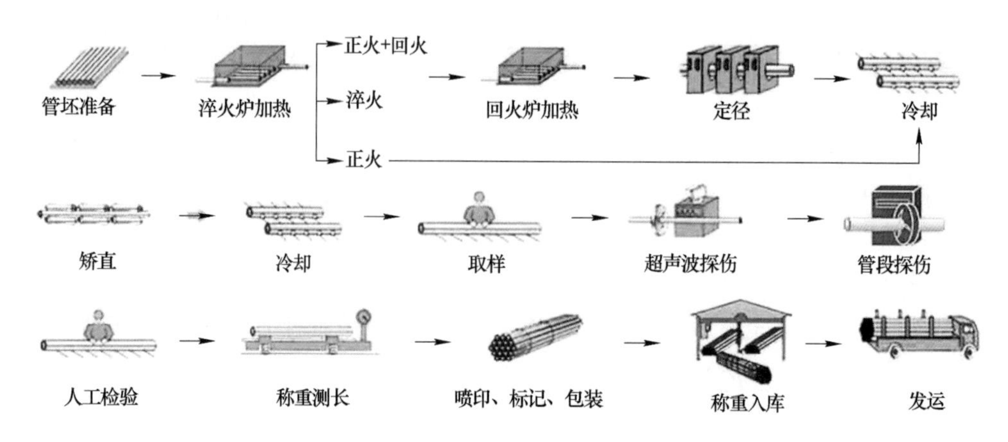

图 1-5-16　凤宝管业无缝管生产流程图

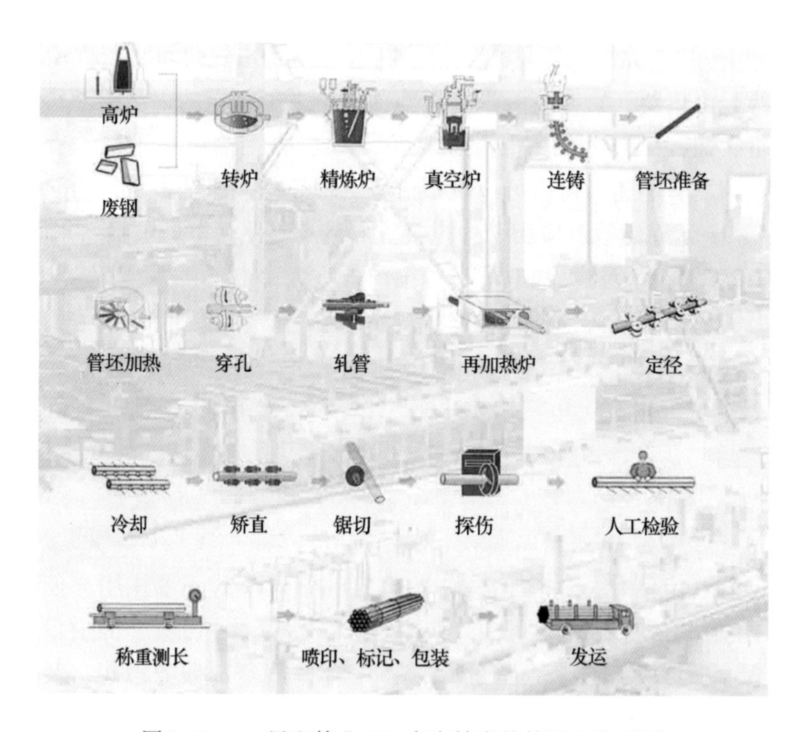

图 1-5-17　凤宝管业 273 毫米精密轧管机组流程图

凤宝管业 89 毫米无缝钢管项目于 2016 年 9 月动工、2017 年 12 月建成投产。项目主要包括 7 万平方米厂房、ϕ89 毫米无缝钢管连轧机组、3 条预精整生产线、一条热处理调质生产线和一条 25 米锅炉管专用热处理线及其公辅设施。集成了先进的连轧管生产工艺技术和核心装备，配备了完整的工艺控制模型。通过使用高响应液压伺服辊缝控制系统和高度自动化控制系统，实现了连轧管机的“削尖轧制”、张力减径机的壁厚控制和 CEC（头尾增厚端控制技术）控制，是世界首台生产小口径无缝钢管的六机架三辊限动连轧机，是以热代冷工艺典型代表机组，是工艺、设备、自动控制高度集成融合的现代化无缝钢管生产线。

机组设计年产量为20万吨无缝钢管，主要生产外径为ϕ25~114毫米、壁厚为3.0~12毫米的油套管、管线管、结构管、高中低压锅炉管、液压支柱管、船舶管、气瓶管、流体管以及根据用户特殊要求开发的轴承钢等产品，以生产高品质轻量化产品为主，为核电、石油工业配套供应高端无缝钢管。

在项目设计和建设过程中，充分考虑国家环保要求，采用当前国际最先进的深度烟气治理技术，烟气达到了特别限值排放要求，首次在钢铁产业采用先进余热发电技术，并能实现钢坯加热烟气余热回收利用，最大限度地降低了能源消耗；采用稀土磁盘及复合膜陶瓷过滤等国际最新水处理工艺技术，实现了生产用水的全部循环利用，工业用水零排放。

1. 89毫米连轧管厂主要设备

89毫米连轧管厂主要设备见表1-5-9。

表1-5-9 89毫米连轧管厂主要设备

设备名称	数量	供货厂家	设备主要性能
工程项目设计	1	中冶东方	工程项目可行性研究、工艺方案、施工图、非标设备设计和公辅设备设计等
环形炉	1	中洲炉窑	中径20米；最大加热能力60吨/小时；平均加热能力40吨/小时；最短出料周期30秒；圆坯规格ϕ150毫米×(1.46~3.5)米
穿孔机	1	太原重工	毛管：ϕ158毫米×(11.7~20.75)毫米×(4.85~8.50)米；壁厚公差：±6%~9%。装机容量：3170千瓦
连轧机	1	重庆赛迪	具有削尖功能的侧换辊六机架三辊限动连轧管机：连轧出口荒管128毫米×(3.77~11.74)毫米×(14.6~26.8)米；脱管出口120毫米×(3.84~11.94)毫米×(15.5~28)米
张减机	1	重庆赛迪	具有CEC功能的单机架传动28机架张力减径机：ϕ(32~114)毫米×(3~12)毫米×(21.5~90)米
管排锯	4	大连三高	锯切长度6~24米，锯切精度≤0~5毫米
矫直机	3	太原重工	矫直节奏：最大240支/小时；直线度：管端1.5毫米/1500毫米；管体1.0毫米/1000毫米；管体全长≤3毫米；椭圆度≤0.35%D
涡流探伤	2	钢研纳克	周向灵敏度差≤3分贝；信噪比≥10分贝；稳定性≤2分贝；漏报率0%；误报率≤2%；管端盲区≤200毫米；退磁效果：≤10高斯
漏磁探伤	1	华宇一目	探伤速度1.2~2.0米/秒；误判率：0.5%；漏报率：0%；稳定性：灵敏度波动≤±2分贝；信噪比：10分贝；周向灵敏度差：≤±2分贝；退磁效果：≤10高斯
测长称重	3	浙达精益	测长精度：≤±2毫米（全长）；称重精度：符合国家商业标准三级；称重分度值：0.1千克；喷标：喷标字符大小、间距可调；喷印点阵：16×16
成型打包机	3	太原科达	自动成型（六边形）手动打包。同一管捆钢管对齐端差异不大于5毫米；生产能力：最大240支/小时

续表 1-5-9

设备名称	数量	供货厂家	设备主要性能
煤气炉	3	冀州德晔	两用一备，煤气产量（标态）7500~9000 立方米/(小时·台)；煤气热值（标态）：6200 千焦/立方米（与煤有关）
辊底炉	1	阿瑞斯	表面光洁，有轻微氧化色，无氧化皮。正火产能 10 吨/小时；回火产能 6.7 吨/小时；球化退火产能 3.3 吨/小时
十辊矫直机	1	太原科达	可矫钢管最大长度 24.5 米。矫后精度：管端 0.8 毫米/1000 毫米；管体 0.6 毫米/1000 毫米；椭圆度≤0.1%D
淬、回火炉	各 1	北京凤凰	加热能力：11.2 吨/小时（平均），淬火炉出炉钢管纵向、横向断面温差：≤±8℃；回火炉出炉钢管纵向、横向断面温差：≤±5℃
淬火机	1	西安万合	规格范围：ϕ60~140 毫米；淬火后最大弯曲度：管端部分≤2 毫米/1000 毫米；管体全长≤20 毫米；马氏体含量 C90/T95 钢级≥95%，其他钢级≥90%
矫直机	1	太原科达	钢管规格 ϕ(48~140) 毫米×(3.68~22) 毫米（含管端加厚）。矫后精度：最大弯曲度：管端部分≤0.6 毫米/1000 毫米，管体部分≤0.5 毫米/1000 毫米，管体全长≤2.5 毫米
组合探伤	1	武汉中科	漏报率：0%；误报率：≤1%；信噪比：≥10 分贝；退磁效果：≤5 高斯（涡流）；周向灵敏度差：≤2 分贝；内外伤灵敏度差：≤2分贝（超声）；壁厚检测精度：≤±0.1 毫米

2. 89 毫米连轧管机工艺的先进性

三辊连轧管机组是当今无缝钢管生产的发展方向。长期以来，该设备的生产技术和工艺控制技术一直被两家国外公司所垄断，中国同类设备只能依赖进口，且相关设备均为 ϕ180 毫米 TCM 三辊连轧管机组成套设备。而我国太原重型机械集团和太原通泽重工自行设计制造的 ϕ180 毫米和 ϕ366 毫米三辊限动芯棒连轧管机组也只是在大规格中运用。

凤宝管业发挥企业自身钢铁工程领域多专业系统集成优势和核心装备制造能力，自主开发连轧管生产工艺技术和核心装备，在世界上首次将三辊六机架热连轧机组成功应用于小口径无缝钢管生产，采用了世界最先进的侧向换辊式三辊六机架连轧管机和 28 机架张力减径机，配备了完整的工艺控制模型，通过高响应液压伺服辊缝控制系统和高度自动化控制系统实现连轧管机的“削尖轧制”、张力减径机的壁厚控制和 CEC 控制功能，全线采用了自主开发的高速数据采集系统及监控系统，对生产过程进行可视化监控和数字化分析，生产线工艺、控制技术达到世界领先水平。该项目还创新生产工艺，实现了小口径无缝钢管生产的“以热代冷”，降低了传统冷轧/冷拔工艺的能耗、金属消耗和环境污染，为在国内全面应用推广奠定了基础和提供了技术保证，为钢铁产业向绿色制造、智能制造转型升级树立了标杆。项目自 2017 年 10 月热负荷试车成功以来，通过试生产的不断优化改进，两个月内完全实现连续稳定、高节奏灵活生产，逐渐发挥出连轧管机组生产的高质量、高效率、高成材率等优点。

89 毫米机组与凤宝管业 273 毫米机组、159 毫米机组、114 毫米机组一起实现企业无缝钢管产品规格系列化，使凤宝管业无缝钢管产能突破 140 万吨，达到产线预期，表 1-

5-10 是 89 毫米机组 2018 年投产后 3 年的主要指标完成情况。

表 1-5-10 89 毫米机组历年主要指标完成情况

年份	热轧量		入库量		成材率/%	合格率/%	吨管净煤耗/千克	吨管电耗/千瓦·秒
	数量/支	重量/吨	数量/支	重量/吨				
2018	613545	224434	1932475	201213	89.53	98.17	103	181
2019	697754	259366	2302690	235107	90.71	99.15	105	176
2020	739423	295826	2786682	270692	91.82	99.12	94	162

89 毫米连轧管厂主要产品包括 J55、N80-1、N80Q、L80、P110 等石油管，20G、15CrMoG 等气瓶管，45 号、37Mn 等高压锅炉管，27SiMn 等油缸管，26CrMo 等钻杆管和 GCr15 等轴承管。

3. 创新开发热轧轴承钢管技术

传统的轴承钢管生产方式为：炼钢—开坯—剥皮—穿孔—软化退火—冷轧—球化退火。凤宝管业采用热轧直接轧出轴承管成品的生产方式，是轴承管生产技术的巨大进步，推动了轴承管产业的变革。89 毫米连轧管厂制定可靠的试生产方案，成功试制出热轧轴承钢管，轴承钢管球化处理及硬度检验结果见图 1-5-18 和表 1-5-11。

图 1-5-18 热轧态轴承钢管与轴承钢管球化处理

表 1-5-11 热轧和退火轴承钢管硬度检验

钢管状态	检测部位	四象限布氏硬度（HBW）				
		Ⅰ	Ⅱ	Ⅲ	Ⅳ	平均值
轧态	横截面	341	337	341	335	338
球化退火	横截面	198	199	196	197	198
GB/T 18254—2016		179~207				

（四）特殊钢锻材锻件生产

锻材锻件虽然占特殊钢总量不多，但却是重要的一类特殊钢钢材，特别是通过特殊冶金设备冶炼，然后热锻成材或毛坯件的特殊钢材，它们往往应用于关键装备制造。中国一批特殊钢生产企业的特冶锻造生产装备和工艺流程已经达到了世界先进水平，其中大冶特钢、宝武特冶、抚顺特钢是代表企业。典型的特殊冶金的冶炼装备有真空感应炉 VIM、真空自耗炉 VAR、电渣炉 ESR 等，常用的锻造方式有快锻（press forging）、径锻（radial forging）、挤压等。

【案例 1】大冶特钢特冶锻材生产线

经过“十二五”到“十三五”期间的特钢流程再造，大冶特钢特冶锻材生产线实现了流程、主体生产装备及品种的升级换代，目前特冶锻造基地已经成为大冶特钢最具特色和发展潜力的板块。

通过引进先进的双真空冶炼设备和自动液压热锻设备取代传统自由锻锤生产，再通过消化、吸收双真空冶炼技术，与高等院校、研究院所、行业标志性企业的合作，开发出系列超高强度钢、高级模具钢、高温合金、特种不锈钢为代表的“三高一特”品种及军工产品等，目前已形成年产 15 万吨锻造产品，同品种规模同行第一，品种最齐全，是国内先进装备制造用锻造产品生产基地。

大冶特钢特冶锻材生产线典型锻造系统工艺流程示意图如图 1-5-19 所示。

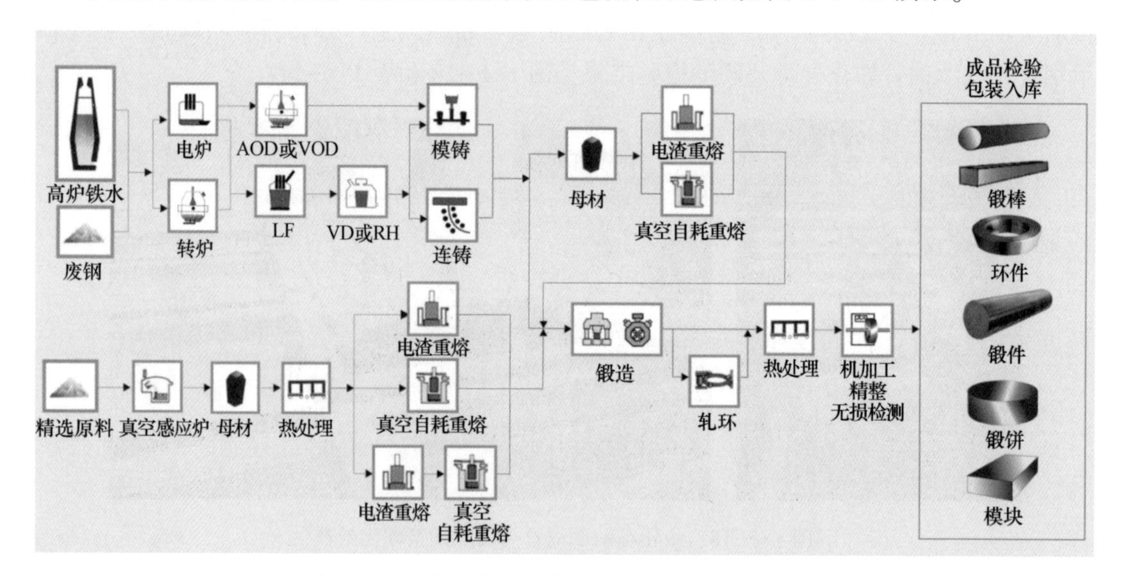

图 1-5-19 大冶特殊钢锻材生产线工艺流程示意图

主要生产锭型包括 0.5~20 吨电渣钢锭；1.0~ 12 吨真空感应、真空自耗钢锭及 630 千克~40 吨模铸电炉钢锭，配备先进的锻造装备和热处理技术，主要有 20/45 兆牛/60 兆牛快锻机组、16 兆牛径锻机组及热处理产线，如图 1-5-20 所示。依托大连铸坯冶金质量和断面优势，部分结构钢、工程机械用钢也采用连铸坯为原料，大幅度提高效率和降低成本。

（1）快锻产线：主要锻造装备有 20 兆牛、45 兆牛、60 兆牛快锻机组，锻造规格 300~1600 毫米，模块宽度最大 2000 毫米，快锻工装配置齐全，能完成镦粗、拔长、冲孔、切裁、胎膜等锻造工序，锻造产品外形多样化，可生产圆钢、方扁、模块、饼件及台

图 1-5-20　大冶特钢特冶锻材生产线部分设备

阶轴等。引进德国 MEER 的 60 兆牛压机，结合产品技术要求，宽砧大压下，满足锻造主变形工序要求，锻造频次最大可达 103 次/分钟，可实现全自动程序锻造功能，锻造尺寸控制精度可达±1 毫米，达到国际领先水平。同期引进的布林克曼热处理炉、DDS 操作手等。

（2）径锻产线：16 兆牛液压径锻机为德国西马克 MEER 公司设计制造，集机械、电控、液压于一体的精密锻造设备，锻造规格 80～500 毫米，为全自动程序控制锻造，可生产圆钢、方扁及台阶轴等，尺寸控制精度±1 毫米，达到国际先进水平。设备带有开放式可编程 COMFORGE 软件，通过程序设定可控制锻造钢料变形热效应与热损失之间的平衡，实现等温锻造，获得均匀的组织与性能，非常适合镍基合金等产品的锻造要求。

（3）热处理产线：配置有自动化淬火设备及高精度炉温均匀性热处理炉，特钢固溶处理可以做到最快入水，满足镍基合金、特种不锈热处理最窄工艺窗口控制要求，居于国内领先水平。高等级炉温均匀性，满足组织性能均匀一致性要求。

目前热处理及探伤过程通过 Nadcap 认证。

特冶锻造主要技术包括：分钢类全系列超纯原料钢制备技术，炼钢系统夹杂物控制和变形技术，钢锭全保护自动浇铸技术，双真空、电渣重熔及电炉大钢锭成分偏析控制技术，真空感应、真空自耗、保护性气氛电渣炉控制技术和工艺组合集成技术，智能锻造技术及特殊锻材均质化、组织超细化与析出相控制技术。

通过持续调整产品结构和市场开拓、技术攻关，大冶特钢特冶锻造产品已经形成高品质模具钢、高温合金、超高强度钢、特种不锈钢为代表的“三高一特”产品集群，并广泛应用于航空航天、军工、新能源、掘进工程、石油及页岩气、海洋工程、电力工程、制造业、轨道交通、工程机械等多个行业，并在多个细分市场获得市场占有率领先的成绩。

【案例 2】宝武特冶的锻材锻件生产工艺流程与高端产品

宝武特冶的锻材锻件生产工艺流程如图 1-5-21 所示。

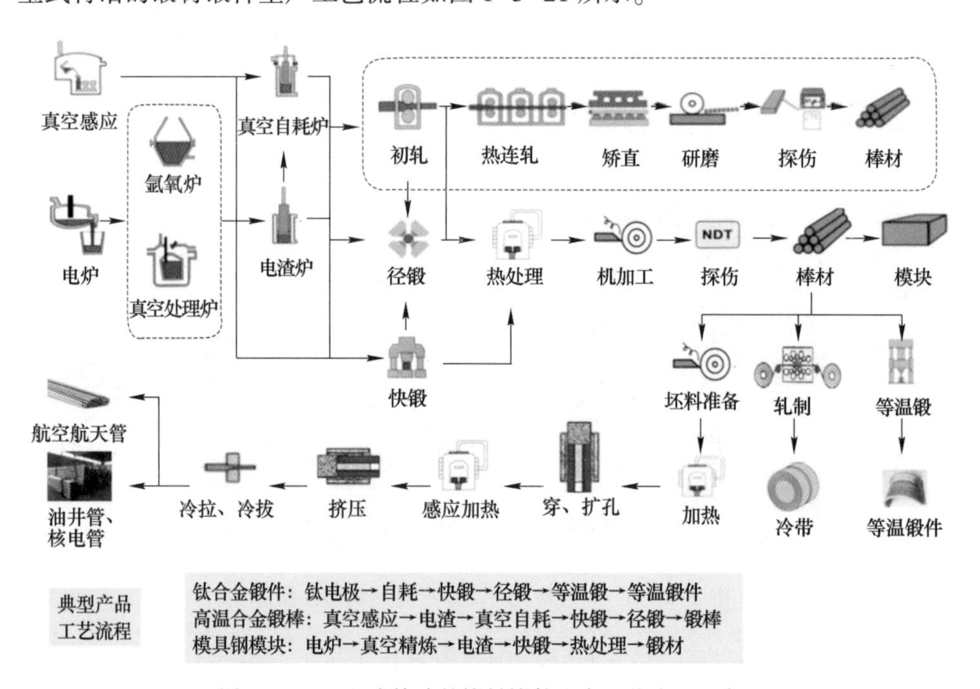

图 1-5-21　宝武特冶的锻材锻件生产工艺流程示意图

宝武特冶依托其先进的锻材锻件生产工艺流程，可以生产出多种高端特殊钢产品，如表 1-5-12 所示。

表 1-5-12　宝武特冶生产的高端特殊钢产品

序号	特殊钢类型	生产工艺流程
1	变形高温合金 宝武特冶最早为上钢五厂，国内最早采用双真空工艺冶炼高温合金，传承发展至今，双真空工艺已定型、成熟稳定，广泛用于航空航天发动机、燃气轮机转动热端部件制作	三联工艺+快径锻造真空感应 VIM+保护气氛电渣重熔 ESR+真空自耗重熔 VAR→快锻+径锻→棒材。当代国际主流工艺，部分锭型的工艺技术已定型，主要用于航空航天发动机高温合金转动件热锻部件制作
		双真空工艺+快径锻造真空感应 VIM+真空自耗重熔 VAR→快锻+径锻→棒材→热挤压→冷轧管材（主要是 GH3600 薄壁管材）

续表 1-5-12

序号	特殊钢类型	生产工艺流程
2	镍基耐蚀合金 宝武特冶是目前我国镍基耐蚀合金材料品种最多、年产量最高的企业，产品广泛应用于新能源、核能电站、油气开采等专业领域	电弧炉（中频炉）+AOD+LF 铸锭→快锻→板坯→轧制板材；电弧炉（中频炉）+AOD+LF 铸锭→快锻→径锻→管坯→热挤压→无缝管材；主要生产 800、600 系列，G3、028 等镍基耐蚀合金板管材
		电弧炉（中频炉）+AOD+LF 电极棒→保护气氛电渣重熔 ESR→快锻+径锻→管坯→热挤压→无缝管材；主要生产有特定技术要求的镍基耐蚀合金管坯和管材
		真空感应 VIM+保护气氛电渣重熔 ESR→快锻+径锻→管坯→热挤压→无缝管材（包括 U 型管）、真空感应 VIM+保护气氛电渣重熔 ESR→快锻+径锻→板坯轧板材、棒坯轧棒材；主要生产镍基耐蚀合金 690、625 等新一代核电关键配套管材、板带材和棒材
3	超高强度钢	电弧炉+AOD+LF（VD）+真空自耗重熔 VAR→快锻（+径锻）→锻棒材；主要生产航空航天用 300M、15-5PH、G50 等超高强度钢锻棒材，其中宝武特冶生产的单真空 300M 锻棒材是目前国内唯一一家用于民用航空飞机起落架的企业
		真空感应 VIM+真空自耗重熔 VAR→快锻（+径锻）→锻棒材；目前主要研发试制并小批量生产 C465、S53、M54、A100 等超高强度钢
4	高端模具钢	电弧炉+LF+VD+保护气氛电渣重熔 ESR→快锻；主要生产高端压铸模具用钢，如 PBH1（SWPH13）等
		电弧炉+LF+VD+保护气氛电渣重熔 ESR+真空自耗重熔 VAR→快锻；主要生产高耐腐蚀性、抛光性要求高的塑料模具钢，如 P33 等
5	耐热钢	电弧炉+AOD+LF（VD）+保护气氛电渣重熔 ESR→快锻+径锻→棒材→冷拉棒；主要生产 600℃及以上叶片钢及气阀钢，用于超超临界电站、燃气轮机及重载车辆
6	钛合金 上钢五厂是中国第一家为航空发动机提供钛合金的企业，上海钢研所是中国第一家开发钛合金等温锻技术及产品应用的厂家。目前整合后宝武特冶的钛合金等温锻造产线年产能 1 万件钛合金近终型零部件	海绵钛→压制电极、焊接电极棒→真空自耗重熔 VAR→快锻+径锻→棒材→超塑性等温锻造→近终型零部件；主要用于航空航天、舰船兵器用 TC4、TC11、TA15、TA19、TC17 等钛合金锻棒材及近终型零部件
		等离子冷床炉（PAM 炉）+真空自耗重熔 VAR→快锻+（径锻）→棒材；瞄准国际航空转动件钛合金先进工艺流程，目前正处于研究试验工作阶段

四、持续为中国制造提供关键材料支撑

近年来，中国特殊钢产业突破了一批关键产品的制约，带动并支撑了下游用钢产业的发展和升级换代，为实现中国制造业向产业链中高端攀升奠定了基础。经过几代钢铁人的不断努力，中国钢铁工业科技水平得到提高。伴随产业技术装备水平提升和质量体系的不

断完善，中国特殊钢产业产品结构得到优化，钢材产品质量大幅度提升，满足了国民经济产业结构演变带来的消费结构变化，推动了中国制造业向产业链中高端升级。一是，中国高性能钢材的生产和应用比例显著提高，带动并支撑了下游用钢产业的发展和升级换代；二是，钢铁工业紧跟市场需求，在新材料研发和解决“卡脖子”产品生产难题方面不断取得突破，一些产品已实现由跟随向领跑的跨越。目前，中国生产的汽车用钢、大型变压器用电工钢、高性能长输管线用钢、高速钢轨、轴承用钢、建筑桥梁用钢等钢铁产品已稳步进入国际第一梯队。

中国特殊钢产业紧跟市场需求，研发出一批高强度、高韧性、高塑性、低屈强比、高持久强度的先进钢铁材料，为中国制造提供了关键材料支撑。产品研发上取得的重大成果不胜枚举，如中信泰富特钢2060兆帕级桥梁缆索用钢实现全球首次应用，2200兆帕级超高强度弹簧钢丝和4000兆帕级超高强度帘线钢实现国产化，金刚线盘条拉到0.055毫米，万公里断丝率与进口材相当；宝武集团宝钢股份非调质连续油管CT120、高强高韧射孔枪管BG130P等产品实现全球首发；首钢全球首发35SWYS900、35SW1700-H新能源汽车用无取向电工钢；太钢研制的“手撕钢”——不锈钢精密箔材，厚度仅0.015毫米，宽度达600毫米，是世界上唯一可以批量生产宽幅软态不锈钢精密箔材产品的企业；鞍钢开发出第4代核电600兆瓦示范快堆项目316H奥氏体不锈钢，解决了该产品从无到有的“卡脖子”难题，是当时世界上唯一一家全部依靠自身装备生产这一产品的企业；南钢在中国率先研发出100毫米厚EH47、EH40集装箱船用止裂钢，止裂韧性远高于各国船级社规范要求，打破了国外企业的技术壁垒；宝钢股份自主研发的0.18毫米规格060等级（B18R060）极低铁损取向硅钢实现全球首发，是当时世界上铁损最低的取向硅钢；中信泰富特钢研发的R6系泊链钢填补了世界空白；本钢和东北大学共同研发生产的抗拉强度超过2000兆帕的热冲压成型超高强韧钢等。

没有中国特殊钢关键材料的突破，就没有中国制造的强大。“十三五”期间，一批钢铁高端产品成功用于特高压变电站、“华龙一号”核电机组、雪龙2号等“大国重器”和中俄东线天然气管道、亚马尔液化天然气项目、乌东德和白鹤滩水电站等重大工程建设以及国防军工领域。国产大飞机起落架用钢、高铁轮对用钢、高铁转向架用钢、盾构机用钢也已具备了国产化替代能力，为大飞机和高铁、盾构机制造全面实现关键部件国产化奠定了坚实基础。

中国特殊钢是国家重大装备制造和国家重点工程建设所需的关键材料。中国特钢行业在为国家重点项目、重点工程保驾护航的道路上迈出了更加稳健的步伐。聚焦部分中国特钢企业为航天工程、水电站建设、核电机组、铁路交通等重点工程提供关键材料的支撑，无疑充分展示了科技创新始终贯穿中国特殊钢产业的发展历程。

（一）长征五号B运载火箭

长征五号B运载火箭是在长征五号运载火箭基础上改进研制的新型运载火箭，其近地轨道运载能力和运载效率目前在中国处于最高水平。长征五号B运载火箭的成功首飞，进一步夯实了长征五号系列火箭运载能力在世界现役火箭第一梯队中的地位，是中国在航天强国建设征程中的一次重大胜利和最新成就。

从中国第一颗人造地球卫星、神舟系列飞船的上天到“嫦娥”奔月，再到“天宫”“天舟”升空，大冶特钢均为“长征”系列火箭提供了关键材料。中国宝武特种冶金公司（以下简称宝武特冶）、沙钢东北特钢等钢企为火箭发动机配套研发并提供了关键材料。宝武特冶为长征五号B运载火箭某型号液氢液氧发动机配套研制的超长高温合金精细薄壁管材和高温合金系列涡轮转子锻件等产品，满足各项使用要求，在飞行过程中的优异表现受到长征五号运载火箭型号办公室的肯定。东北特钢研制的多种型号特种不锈钢带材应用于该火箭发动机波纹管，具有优良的力学性能和焊接性能。东北特钢高度重视航空航天用材料的研发、生产及管理，从技术创新、工艺优化、产品质量、合同交付等各方面不断创新和改进，多年来为中国神舟系列宇宙飞船、嫦娥探月工程、天宫系列空间实验室及长征系列运载火箭等提供了大量关键材料。

（二）乌东德水电站

中国“西电东送”国家重大工程——乌东德水电站装机容量达1020万千瓦，是目前中国第四、世界第七大水电站，全年发电量将达到389.1亿千瓦时。中国宝武宝钢股份厚板部800兆帕级高强度调质钢用于该水电站水轮机组关键部件——蜗壳，具有高强度、强韧性、焊接性能优良等特性；宝钢全球首发的750兆帕级SXRE750热轧磁轭钢应用于该水电站10台水轮机组，其高强度、强韧性、高精度及高磁感性能满足大型水电工程水轮发电机转子用钢要求；宝钢3万吨优质高牌号电工钢助力该水电站大型发电机组和高等级变压器制造，宝山基地、青山基地供应了全部12台发电机组用无取向电工钢。首钢优质高磁感取向电工钢应用于该水电站38台DSP-315兆伏安/500千伏发电机组变压器，累计供货2000余吨。2017年以来，首钢针对该水电站对取向电工钢电磁性能、噪声指标、尺寸精度等方面的要求，与该水电站变压器供货商共同研发设计，于2018年底开始提供第一批次300吨27SQGD090产品。河钢5万余吨精品水电钢用于该水电站水轮机组转子支架中心体、扇形体及水电站压力钢管、岔管等关键设备；1600余吨HRB500E含钒高强抗震钢筋用于坝体关键支撑部位；11万余吨精品角钢用于为该水电站送电的广东、广西特高压多端直流示范工程。太钢为该水电站供应了磁极钢、高强磁轭钢、特种不锈钢等钢材品种，成为该工程关键材料的重要保供企业。

（三）“华龙一号”核电机组

“华龙一号”是中核集团研发设计的具有完全自主知识产权的第三代压水堆核电创新成果，设计寿命为60年。中国宝武宝钢股份武钢有限公司生产的硅钢片用于该工程发电机组定子铁芯制造。2014年，武钢中标“华龙一号”福清核电5号机组发电机定子用硅钢片的供料权。2017年，在福清核电5号机组供料检测合格、性能优良的基础上，武钢再次中标福清6号机组定子铁芯硅钢材料的供货权。河钢累计为该工程供应11万余吨高强螺纹钢筋、5000余吨高强钢板，其中有HRB500高强钢筋6万余吨、大规格钢筋4万余吨，产品全部应用于核岛主体、筏板基础、安全壳及核岛级设备制造等重要部位。鞍钢为该工程供货近1500吨，其中75吨核一级关键设备材料15MnNi应用于反应堆压力容器支撑部件。核反应堆压力容器是核电机组的核心设备，是保证放射性物质不外泄的安全屏障。太钢宽厚冷轧不锈钢产品应用于该工程5号机组非能动堆腔注水箱的不锈钢覆面。太钢为该工程专门设计出宽幅最大可达2000毫米、最厚可达6毫米的不锈钢冷轧板，产品具有钢质纯净、钢板表面光洁度高、施工焊缝少等特点。华菱衡钢生产的P280GH核电用管应用于该工程机组主给水管道。核电用管对产品品质要求十分严格。在生产过程中，华菱衡钢严格控制材料成分，全力降低钢中硫、磷等元素含量，确保产品性能优良。大冶特钢生产的特种无缝钢管用于制造“华龙一号”PCS热交换器，该设备是“华龙一号”全球首堆示范工程非能动安全壳热量导出系统的核心设备之一，设备制造厂反映该设备制造用钢管技术要求高、难于采购，大冶特钢产品研发人员了解情况后，迅速组织团队评估用户提出的技术要求和制定生产工艺，启动了PCS热交换器用无缝钢管的生产研发，在生产过程中，大冶特钢严控材料成分，优化轧管工艺，确保钢管质量满足技术要求。

（四）国产大型飞机制造

C919国产大型客机是中国拥有自主知识产权的中短程单通道商用运输机，是《国家中长期科学和技术发展规划纲要（2006—2020年）》确定的重大科技专项之一。研制和发展大型飞机，是一个国家工业、科技水平和综合实力的集中体现，是中华民族的百年夙愿。

C919大型客机从起飞到巡航的十几分钟之内，外部大气温度变化超过70℃。而在万米高空中，空气稀薄，机舱内外气压差非常大，因此，保证空气环境控制系统的可靠性，就显得十分重要。而大冶特钢生产的某牌号不锈钢就应用于飞机环境控制的阀门，控制着大飞机的“呼吸系统”。

国之重器“鲲龙”AG600是大飞机“三兄弟”之一，是继我国自主研制的大型运输机运-20实现交付列装、C919大型客机实现首飞之后，在大飞机领域取得的又一重大突破，填补了我国在大型水陆两栖飞机的研制空白，为我国大飞机家族再添一名强有力的“重量级选手”。AG600上天为飞机、着水为航船，水陆两栖的精妙设计对特殊钢材的强度、耐腐蚀等性能指标要求苛刻。大冶特钢组建专家团队，组织技术攻关，历时数月完成研发，并一次性通过AG600飞机生产厂家各项检验，成为其合格供应商，提供了关键部位支撑材料。大冶特钢还为国家大量项目提供了多批次结构钢锻件。

河钢舞钢作为国产大飞机项目用钢的供货方，积极开展390毫米厚的大厚度20MnNiMo电渣钢的研制生产，质量稳步提高，最终保证了大飞机项目用钢内部质量合格率达到100%。宝武特冶生产的最大直径达600毫米大飞机起落架用300M超高强度钢，突破了大飞机关键零部件上的技术封锁。抚顺特钢成功交付中国商飞新型宽体客机C929起落架物理样机用300M钢超大规格锻坯。300M钢装机试飞成功是大客机中国制造的最典型标志之一，代表中国高端特殊钢冶金水平获得世界民航认可，是中国高端特殊钢产业和航空高端制造产业走出国门，走向国际竞技舞台的开端和标志。

（五）高铁制造

高铁作为中国的名片之一，拥有世界尖端制造技术和多项知识产权。高速运行下车辆许多关键部件摩擦生热产生高温，所以要求其承力部件和保护部件在高温情况下仍具有很高的强度，普通钢铁材料已无法满足其使用要求，必须由高温合金等材料取代，其中合金成分比大于40%的GH2132合金被设计应用于高铁电动机护环，但由于GH2132合金化元素较多，生产时控制难度相当大。大冶特钢近年来投入巨资，已逐步完成了长流程技术改造，建成了国际先进的特冶锻造产线，引进了一批科研人才，为开发航空航天、舰船发动机、武器装备等高端装备制造业用超高强度钢、高温合金、高端模具钢、特殊不锈钢等高品质特殊钢产品创造了条件，新产品不断涌现，新工艺、新技术不断完善，产品品种向高端化和差异化方向发展。大冶特钢自主研发的高标准铁路电渣轴承钢，已成功应用于高速铁路客车和货车关键部件制造，均处于国际先进水平。大冶特钢通过制定合理的渣系、渣量、熔速等电渣工艺参数，解决了GH2132电渣大锭型易产生偏析、钢锭尾部钛元素易烧损等技术难题，成功试制出国内最大的高温合金GH2132电渣锭，经长时间载轨测试，质量稳定，技术指标完全满足要求，并通过中车认证和形成批量供货。由抚顺特钢负责提供的新型高铁轴承钢材料的国家“863”计划项目，即“高品质特殊钢核心技术重大装备用轴承钢关键技术开发”课题顺利通过国家科技部的技术验收，填补了中国不能生产时速200~250公里高铁轴承的空白。

中国轴承领域与国际先进水平的差距更多的不是轴承钢生产本身问题，而体现在标准制定和产业链的协同创新上。轴承钢与轴承是两个概念，先有高质量的轴承钢，再有高水平加工制造轴承的技术，才能制造出高水平的轴承。事实上，法国、德国高铁上的轴承，以及中国进口的高铁轴承，都在使用中信泰富特钢兴澄特钢生产的轴承钢。

（六）盾构机制造

盾构机是当前隧道施工的主力装备，也是中国成为全球工程高端装备制造技术先进国家的重要标志。在盾构机中，又以大直径盾构机的制造难度最大。此前大直径盾构机的核心技术长期被日本、德国等少数工业发达国家垄断，中国只能高价进口。近年来，中国企业不断创造盾构装备制造的奇迹，中国造盾构机的直径越来越大，实力越来越强。

2019年1月，采用中信泰富特钢大冶特钢盾构机主轴承用钢的国产首台直径11米级盾构机主轴承下线。这个直径4.8米、重约20吨的盾构机主轴承，打破了大直径主轴承的国外技术垄断，填补了国内空白。河钢舞钢为制造直径达15.03米的世界最大直径气垫式泥水盾构机供应了3000吨量身定制的钢板，包括厚度达250毫米的特厚板。刀盘是盾构机的最关键的部件之一，是盾构机掘进的牙齿，攀长特高性能盾构机刀盘用钢通过专家评审，至2020年底，攀长特研发的世界顶尖标准的高性能盾构钢已实现生产销售1800余吨，填补国内空白，实现替代进口产品。

中国最大直径盾构机，2020年9月，“京华号”超大直径盾构机在长沙下线。2021年两院院士大会上，习近平总书记提到了最大开挖直径达16.07米中国迄今研制的最大直径盾构机，它解决了超大直径、超长距离、超深覆土等隧道施工难题。

（七）北斗导航工程

古有司南，今有北斗。长三甲系列运载火箭作为北斗的“专列”，对特殊用途金属材料的质量要求非常苛刻，研制过程中既要稳定技术状态，控制更改的影响范围，又要不断创新改进，提高火箭的适应力和可靠性。2020 年 6 月 23 日，“大冶特钢造”助力长征三号甲系列运载火箭完成了北斗导航工程的全部发射任务。当晚，西安航天发动机有限公司发来贺信，感谢大冶特殊钢有限公司对中国航天事业的大力支持。我国北斗工程等一系列重大型号均使用了大冶特钢生产的某牌号无缝钢管，大冶特钢是“中国航天突出贡献供应商”，为我国圆满完成北斗组网、载人航天、探月等一系列任务作出了卓越贡献。

（八）超高压大功率油气压裂机组的制造

大力开发页岩油气、砂岩油气等非常规油气资源是支撑国家能源安全战略的战略举措，而超高压大功率油气压裂机组是高效开发非常规油气的核心装备。此前国内没有能够满足复杂地质、超高压、大功率的压裂装备，相关设备的核心技术主要被美国垄断。经过近 10 年的研究攻关，我国一举突破了压裂装备核心部件机理研究、高性能材料研发、压裂装备轻量化等关键技术，成功实现了超高压大功率油气压裂机组的国产化。

超高压管汇系统作为压裂机组的关键部件，长期在高压、腐蚀、冲击性环境下工作，对于材料的均匀性、致密性及洁净度均提出了极高的要求。大冶特钢作为唯一的国内供应商，为国产超高压大功率油气压裂机组持续稳定提供了超高压管汇系统用管，相关产品填补国内空白，并完全替代进口产品。

（九）港珠澳大桥

港珠澳大桥被冠以“超级工程”“千亿工程”“最长跨海大桥”，其施工难度之大、投资之巨居世界之最，能完成此工程的国家尚无其二；“120 年的设计使用寿命”目标，更是世界工程首次提及，且是在海洋复杂腐蚀环境条件下实现。这更是对产品技术、材料品质的考验，而支撑港珠澳大桥达到“120 年的设计使用寿命”的正是大冶特钢钢材生产的预应力高强超长钢筋。此钢具有性能好、强度高、轻量化、使用寿命长等特点。

（十）霞浦 600 兆瓦示范快堆建设

福建霞浦快堆示范工程厂址于福建省宁德市霞浦县，厂址规划建设 7 台核电机组，统一规划，分期建设。600 兆瓦示范快堆工程采用的是由中核集团自主研发的 CFR600 型池式钠冷快中子反应堆。该反应堆是在 65 兆瓦吨中国实验快堆的基础上，按照我国核电发展“热堆、快堆、聚变堆”三步走发展战略，参照国际最新标准和发展趋势进行设计。600 兆瓦示范快堆用 P36、P91 高品质大口径无缝钢管由大冶特殊钢有限公司制造。根据产品技术要求，大冶特钢制定了相关原料、冶炼、钢管轧制、热处理、检验等整条生产链的内控要求，保质保量按期完成产品交付。

（十一）核电站工程

大型先进压水堆核电站重大专项 CAP1400 示范工程是国家确定的 16 个重大科技专项之一。CAP1400 的示范电站选址位于山东威海市荣成石岛湾厂址，拟建设 2 台 CAP1400 型压水堆核电机组，设计寿命 60 年，单机容量 140 万千瓦，是我国当前在建的容量最大的国产核电机组工程。大冶特钢提供的大口径无缝钢管主要用来制作输送高温高压蒸汽的管道，相当于人体的血管，输送核反应堆反应加热的高温蒸汽到汽轮机进行做功、发电。

（十二）国家示范快堆

快堆是快中子增殖堆的简称，是第四代核能系统的优选堆型。快堆可将天然铀资源的利用率从压水堆的 1%提高到 60%～70%，对我国核电持续稳定发展具有重大战略意义。目前我国正在福建霞浦建设第一台 600 兆瓦示范快堆机组。

ER316H（KD）材料应用于福建霞浦示范快堆主容器及堆内构件的焊接，为获取室温性能、高温持久性能、耐蚀性能及高倍组织匹配良好的焊缝，该材料对化学成分、气体含量、残余元素、纯净度等要求非常严格，尤其是［H］和［Al］含量的要求近乎苛刻，此前国内尚无冶金厂可以批量、稳定供货。

大冶特钢自 2018 年对 ER316H（KD）焊丝钢进行研制，通过对真空感应和电渣重熔冶炼工艺研究，打破常规工艺，开辟出一条专门应用于该产品的冶炼工艺，在国内率先突破了该钢生产工艺瓶颈，产品质量达到国内领先水平。在交货期方面，充分发挥中信泰富特钢集团内部资源优势，采用“大冶特钢完成冶炼+开坯”“兴澄特钢完成盘条轧制”的协同作业方式，交货期缩短为 30 天以内。

第二节 中国特殊钢产业发展展望

“中国经济已由高速增长阶段转向高质量发展阶段”，这是十九大做出的新的历史性论断。随着中国社会主要矛盾转化为人民日益增长的美好生活需要和不平衡不充分的发展之间的矛盾，“高质量”已经成为未来一个时期中国特殊钢产业的发展目标。

在高质量发展阶段，中国特殊钢产业面临着复杂多变的国际国内形势，发展过程中的风险挑战自然少不了，虽然从目前中国特殊钢产业的产业集中度、产品产量所占比率，以及产品类型构成等方面与国外发达经济体相比仍有较大差距，但是，中国制造的持续快速发展，尤其是机械、汽车、机电、造船、能源、航空、航天以及国防等产业，对优质特殊钢的强劲需求，为国内特殊钢产业发展提供了较大的空间，特殊钢产业及其子产业面临着良好的发展机遇。

同时应该看到，中国经济长期向好的基本面没有改变，经济结构调整优化的前进态势没有变，中国特殊钢产业拥有世界最大最活跃的内需市场、世界最全最完整的产业体系、世界最多最丰富的人力资源、世界最新最先进的技术装备、世界最快最及时的服务体系，仍将长期保持强大的竞争力。在实现由低水平供需平衡向高水平供需平衡跃升的过程中，提高产品供给质量、改善产品供给结构将是推进中国特殊钢产业迈向中高端的新引擎。

一、中国特殊钢产业未来有待提升与发展的空间

（一）中国特殊钢产业有待提升的空间

几十年来，中国特殊钢发展成果有目共睹，如果说还存在一定差距，这个差距就主要体现在特殊钢高端产品上。随着国内特殊钢产业多年的发展进步，在主体流程和关键装备方面已经处于世界领先行列，中低端产品与国外差距越来越小，一些产品竞争力甚至超过同行，竞争优势的体现就是特殊钢钢材出口数量的逐年增长，但特殊钢高端产品还存在差距，如一些品种不是解决“好不好”的质量问题，而是首先解决“够不够”的数量问题，甚至是解决“有没有”的品种问题。

中国钢铁产业已经具备很强的国际竞争力，但存在有待解决的问题也不容忽视。目前，中国特殊钢产业结构呈现国有专业特殊钢企业、民营特殊钢企业、地方专业特殊钢企业和大型钢铁集团下属特殊钢企业并存的现状，虽然这四类企业各有千秋，但在钢铁产能总体严重过剩、高端特殊钢产品仍有缺口的复杂背景下，国内外市场一有波动，一些特殊钢企业的经营就举步维艰，甚至危及生存，其实质是竞争力严重不足。

这些问题的存在，极大地制约了中国特殊钢产业整体竞争力的提升，这些特殊钢生产企业的不足主要体现在以下几方面：

（1）研发能力不足。一些企业长期处于复制国外或者模仿国内先进企业产线和产品的过程中，甚至丧失了自主研发能力，这种状况极大地制约了企业发展。

（2）高水平特殊钢生产企业的高端产品与下游用户需求脱节。生产企业的研发与质量改进由于与使用端脱节而收效甚微，产品适应性不强。

（3）产业集中度低。目前中国特殊钢生产企业数量多、规模小、布局分散、集中度低。一些企业的产品小而全，产线专业化程度低，质量差、消耗高。

（4）企业间工艺技术装备水平参差不齐。一些特殊钢生产企业，经过全线各工序的系列改造和装备更新，引进世界一流的特殊钢装备，装备水平整体属于世界先进水平；而还有部分特殊钢生产企业，先进装备比例较低，试图在低端产品上通过扩大规模和低成本来获得生存，这种理念对于特殊钢企业而言是极其危险的，也不适应高水平特殊钢企业的发展。

（5）一些企业对关键及核心工序的重视程度不够，导致系统保障能力差；缺乏高水平的现场工程技术人员和富有经验的操作人员队伍，产品生产过程无法持续稳定，导致产品质量稳定性不够。

（6）一些企业对新技术应用和创新重视不够，研发投入不足，缺乏研发支撑，创新能力差，形成具有国际竞争力品牌要走的路还很长。

由此导致，中国特殊钢领域目前还存在“卡脖子”短板材料，主要分为三类：

第一类是正处于研发阶段，与国外存在较大差距，短期难以实现应用的产品。包括航空发动机用轴承钢、齿轮钢、高温合金，时速 350 公里以上高铁用轴承钢，630℃以上超

超临界火电机组叶片用高温合金、转子用耐热钢、紧固件用钢、焊材，四代核电蒸汽发生器用耐热钢，海洋油气钻采集输用特殊钢等钢材产品。这部分钢材主要从欧洲、日本和美国进口，技术差距较大，已经成为制约中国高端装备实现真正国产化的重要原材料，是真正的“卡脖子”产品。

第二类是已完成研制并得到用户试验验证，但尚未得到真正应用的产品。这部分产品包括高铁车轴、车轮、转向架用钢，飞机起落架用钢等。

第三类是已具备生产能力，但一致性、稳定性存在差距，还不能完全满足用户需求的产品。这部分产品主要集中在海工船舶、汽车、能源石化等相对传统的用钢领域。

（二）中国特殊钢产业未来发展的机遇与挑战

纵观中国特殊钢的发展历史，从无到有，不断发展壮大，在满足国家经济发展和国防工业建设中做出了重要贡献，但是与世界工业发达国家特殊钢相比，中国特殊钢产业处于“高速粗放”型发展状态，中国特殊钢产业与企业面临着诸多机遇与挑战。

一是在产业发展方面：随着国内特殊钢企业的技术进步和质量提升，同时产品性能不断稳定的情况下，无论是针对国内市场还是进军国际市场，中国特殊钢生产企业都应注意以下的发展趋势：

（1）就产业结构而言，应该考虑提升产业集中度，打造强势特殊钢集团。很多国内钢铁联合企业以盲目追求产能、降低生产成本、增加品种等方式来提高企业效益，这样的结果就是：普钢企业开始涉足特殊钢产品，由于其缺乏特殊钢生产经验，导致只能生产低端的特殊钢产品，这会给特殊钢市场造成一定的冲击和破坏。中国特殊钢产业目前集中度低，导致产业结构不合理，产品档次和质量低、生产消耗高，同时与上游原料产业谈判能力弱。由于多方竞争与下游用户难以形成牢固的供需关系，提升中国特殊钢产业集中度势在必行。

（2）就产品性能而言，应该提高产品质量和性能。中国的特殊钢产量占比总体低于国外，同时在产品性能上，也与国外同行有差距。应通过技术研究与洁净度综合控制，将中国特殊钢的综合性能提高到国际水平，使产品向特、精、高的方向发展，提高产品附加值，企业向低成本、高效率方向发展。

（3）就产品深度开发而言，应加强产品的深加工。中国特殊钢企业大多只生产特钢原材料，不进行产品的深加工，所以国内缺少特殊钢深加工制品。可以向国外同行学习，在钢铁产品生产与深加工方面做足功课，与零件需求企业联合开发近终型产品，在技术方面可引进吸收和自主创新两个路径双管齐下，在保证产品质量方面改良或引进新设备。

（4）就开发高端品种与健全标准而言，应该加大力度。虽然中国钢铁材料的国标、行标自 2012 年以来已有大幅更新换代，而且团体标准、地方标准自 2017 年以来也开始大幅度增加，但被国际认可的少，特殊钢产业的尤其如此，严重制约了中国特殊钢的国际竞争力。特殊钢生产应加大自身研发力度，或与特殊钢研发企业结合开发高端品种，同时建立相关标准，这是促进中国高级别特殊钢发展的必经之路。

二是在企业高端产品开发方面：中国特殊钢生产企业与研发企业应重点考虑以下几

方面：

（1）针对航空航天、高铁、电力装备、海洋工程等国防军工、重大工程、国家战略领域涉及的关键特殊钢材料，特别是中国正在研发还不具备批量生产能力的材料，应发挥好集中力量办大事的社会主义制度优势，形成攻克核心技术的强大合力，加快填补国内空白，提升关键材料保障能力。重点是突出企业主体作用，既要充分利用如中信泰富特钢集团、宝武特冶、东北特钢集团等龙头企业集团积累沉淀的技术、生产与组织优势，发挥其创新中坚力量作用，也要发挥中小企业“小、快、灵”的特点，实现专业化、定制化和特殊产品创新突破。

（2）对于高铁车轴、车轮、转向架用钢、飞机起落架用钢等已具备生产能力，但产品推广应用较少的钢材品种，建议生产与研发企业应加强与产品使用企业结合，对钢材服役数据进行积累和分析，相关问题和经验及时反馈到产品研发中，提升产品质量和稳定性。同时，积极向政府申请加大国产钢材在国家重点项目中的推广与使用，促进中国特殊钢产业高质量发展。

（3）对于已具备生产能力，稳定性不足的产品，建议特殊钢生产企业应加强材料基础研究以及夹杂物控制、洁净钢冶炼等关键工艺技术研发，提高质量控制力度，加强产品质量一致性，满足用户需求。

三是在特殊钢企业主动作为方面：企业需要围绕产业链、创新链和生态链布局。

（1）加强材料基础研究以及夹杂物控制、洁净钢冶炼等关键工艺技术研发，从应用角度出发开展腐蚀、疲劳等服役性能研究，提升研发生产和服务水平。

（2）要从全生命周期角度提升产品研发速度、质量控制水平和推广应用高强高韧等绿色钢材，构建健康有序的生态链。

（3）加强与上下游合作，利用产业联盟和基金，参与产业链合资、参股、并购等手段，打破行政、产业、企业性质等因素形成的壁垒，加强与下游产业融合发展。

（4）多措并举强化产业链协同，打造多产业融通创新生态圈，提升产业链整体水平。支撑下游用钢产业的发展和升级换代，实现中国制造业向产业链中高端攀升，是中国特钢产业的重要任务。为实现包括特殊钢产业与下游用钢制造产业产业链的价值提升，使产业链从低端向高端转变，中国特殊钢产业必须要有担当责任和危机意识，进行必备的技术储备和产品储备。第一，积极参与国际交流，加大高档特殊钢出口能力，通过与国际先进技术竞争，提升技术水平，为提升产业链做好技术、产品的储备；第二，通过与国外先进技术比较，梳理落后薄弱环节，创新工艺技术，后来居上，在产品上由跟随、并跑向领跑转变；第三，要瞄准科技前沿，不断奋进，勇于涉足“无人区”，为产业链的价值量提升到一个新高度做好充分的材料准备。

根据2020年中国机械、汽车、能源、石化、航空航天等重点用户产业运行情况，结合中国特殊钢企业协会统计数据，测算2020年中国优质特殊钢消费量约为13590万吨（包括优质非合金钢、特殊质量非合金钢、优质低合金钢、特殊质量低合金钢、优质合金钢、特殊质量合金钢和不锈钢）。

“十四五”期间，在供给侧结构性改革和建设制造强国等国家战略和相关政策带动下，中国产业结构调整将进一步推进装备制造、汽车等产业仍保持增长态势，优质特殊钢需求量仍将有所增长。综合预测，2025 年，中国优质特殊钢需求量约为 1.5 亿吨。

随着中国社会主要矛盾转化为人民日益增长的美好生活需要和不平衡不充分的发展之间的矛盾，“中国经济已由高速增长阶段转向高质量发展阶段”。高质量发展促进经济结构不断调整优化，推动中国制造产业迅猛发展，机械、汽车、机电、造船、能源、航空、航天、国防军工等产业的发展，又对中国特殊钢产生强劲的需求，因此特殊钢产业及其子产业面临着良好发展机遇。

中国特殊钢产业拥有世界最大最活跃的单一内需市场、世界最大最完整的产业体系、世界最大最充分的专业人才供应，正在形成独具特色的管理和服务体系，因此将长期保持较强的竞争力、继续塑造强大的生命力。

低碳、绿色、节能、高端产品开发、高稳定性的“高质量”发展已经成为未来一个时期中国特殊钢产业前进的目标。中国特殊钢产业将持续加大自主创新的力度，不断提高产品供给质量，实现由低水平供需平衡向高水平供需平衡的跃升，推进中国特殊钢产业迈向中高端。

二、高质量发展——中国特殊钢发展的时代主题和总目标

近年来，在中国大力推进供给侧改革和去产能的新形势下，特殊钢产业也面临新的挑战和发展机遇，几十年的技术积累和广阔的市场前景为特殊钢企业的转型升级提供了难得的机遇和有利条件，特殊钢企业能否在改革中实现转型升级事关企业生存，也承载着中国从钢铁大国向钢铁强国迈进的使命。

用户需求的高端特殊钢产品具有哪些特征？高端特殊钢产品稳定生产需要哪些支持条件？如何实现绿色制造和可持续发展？怎样打造具有国际竞争力的高端特殊钢企业？如何走出中国特殊钢产业转型升级的新路子？要解答这些问题，首先要转变观念，树立正确的特殊钢发展理念。由于特殊钢从原料、生产、装备、工艺、操作、过程控制、检验等环节具有与普钢产品不一样的特殊性，因而在发展理念、管理模式、研发技术保障、生产组织和质量控制、营销管理等方面与普钢产品有很大的差异。特殊钢特别是高端特殊钢发展的要素是：质量、品种、市场，世界上成功的高端特殊钢企业无一不是遵循这种模式发展壮大的，这也是特殊钢发展理念的核心。对于高端特殊钢企业而言，狭隘的成本和效率观念、以新产品开发数量和某一批次的产品质量领先来衡量技术支撑能力的观念、脱离直接用户的销售服务方式以及原料、工艺技术、装备、操作、过程控制分离管理的模式都是不正确的，也是与特殊钢发展关键要素不相适应的。

中国特殊钢企业要在正确的发展理念指导下，以市场和资本为纽带进行联合重组，实现产线的专业化分工和资源的最优化配置，通过专业化分工跳出多品种、小批量、低效率、无效益的怪圈。组建专业化产线和产品按用途或产品特性实现专业化生产是高端特殊钢生存发展的必由之路。就特殊钢企业而言，未来不需要一个企业能够生产众多的特殊钢产品，而是需要一个企业集中精力做精某一、两类产品。未来的特殊钢大型联合企业“转炉与电炉结合、不锈钢与结构钢兼容、连铸与模铸方式共存、锻造与轧制加工方式优势互

补”应该是理想的模式，中小型企业则应坚持走专业化道路。另外，资源的合理利用和最优化配置也是特殊钢稳定提升质量和降低制造成本的有效措施。对于特殊钢企业而言，缺少了资源系统的支撑是很难持续发展的，产线专业化程度越高，资源的合理利用就越重要。

近年来，国内部分普钢企业开始涉足特殊钢产品，由于缺乏特殊钢生产经验，而又习惯于通过扩大生产规模来提高经济效益的粗钢发展模式，导致只能生产低端的特殊钢产品，给特殊钢市场造成了一定的冲击和破坏。中国特殊钢产业集中度低，导致重复建设较多，产业结构不合理，低端产品同质化竞争严重，同时与上游原料产业谈判能力弱，与下游用户难以形成牢固的供需关系。中国特殊钢产业提升产业集中度势在必行。

特殊钢的生产，具有高技术壁垒、细管理需求、强品牌认证的高端加工制造的属性。不同于少批次、多批量的同质化品种的生产，细分种类较多的特殊钢生产企业，往往可以在不同的细分子领域纷纷脱颖而出，成为单项冠军，即隐形冠军。

特殊钢企业在专业化分工的基础上强化技术支撑力度，提升创新能力，依据产品特性完善系统支撑要素，提升过程保障能力，进而不断提升产品质量和稳定性。产品研发能力是一个特殊钢企业技术能力的重要标志，但不能完全代表一个企业的技术创新能力；企业的创新绝不是不仅仅局限于工艺技术，而是以产品为中心的涉及工艺技术、研发投入、市场营销、生产流程、质量控制、装备保障等环节，贯穿于企业经营管理全过程，其目的是全面提升产品的竞争力。创新能力是一个特殊钢企业核心竞争力的重要标志，也是企业发展的动力。

特殊钢品种的多样性和灵活性，使得特殊钢企业能够根据下游需求变化来主动调整产能结构，以便更好地适应需求发展的方向，增强产品整体的盈利能力。特殊钢企业需长时间投入高比例研发开支，持续开发新品种，维持特殊钢产品升级迭代节奏。特殊钢企业除完善自身体系外，必须要与高端产品用户全面联合，共同研发，进一步提升产品的使用性能，引导产品向制品化和近终型方向发展。中国特殊钢企业大多只生产钢材，不进行进一步的深加工。应向国外同行学习，在钢铁产品精深加工方面做足功课，加强技术装备引进和自主创新，与零部件需求企业联合开发近终型产品，实现共赢。特殊钢作为原材料必须要依托最终产品的发展而提升，特殊钢品质的提升也反过来推动了最终产品的发展。日本的汽车产业和特殊钢产业、德国的制造业和特殊钢产业、美国的军工和特殊钢产业都是在深度联合中实现了共同发展，从而双双领先于世界。

推行超低排放是钢铁产业绿色发展的必要措施。中国二氧化碳的排放力争 2030 年达峰，努力争取 2060 年实现碳中和，这是一个非常高的要求。中国特殊钢企业应形成多种技术协同的节能低碳发展模式，实施精益化、绿色化、智能化、标准化管理，构建完善的市场化节能减碳机制，建立更有效的节能绿色碳转型支撑体系。未来中国钢铁产量从节能减排方面看，冶炼能力要大幅压缩，在这个过程中，提高标准，提高产品的性能，使单位用钢量进一步降低，由此，特殊钢占比提高是大势所趋。

中国钢铁材料标准目前被国际认可较少，在世界上通行的更少，特殊钢尤其如此，严重制约了中国特殊钢的国际竞争力。一代材料、一代装备、一代产业，需要一代标准的支撑、指引、巩固。大力开发高端品种，及时建立标准，以领先的标准巩固高端品种的领先优势，是促进中国高级别特殊钢发展的必经之路。

正确的理念、整合和专业化分工、创新能力及运行体系支撑能力的提升、与用户的深度融合是高水平特殊钢企业发展的有效途径。对于特殊钢特别是高端特殊钢产品而言，技术的积淀和操作经验的传承是企业文化的重要组成部分，但这种积淀和传承只有在企业走上正确的道路和保持稳定的经营状态时才有意义。特殊钢企业成功的真谛是“持之以恒的把精品交给用户”，没有长时间的坚持和传承不可能生产出精品。就目前的形势而言，中国高水平特殊钢企业正面临着要么转型升级、要么被无情淘汰的抉择。作为世界第二大经济体，中国经济和中国制造业都离不开特殊钢的支撑，转型升级是中国特殊钢企业的职责和使命。

2021 年是“十四五”规划的开局之年，中国特殊钢产业应坚持以习近平新时代中国特色社会主义思想为指导，把握新发展阶段，贯彻新发展理念，构建新发展格局，以制造强国战略为指引，以科技创新为动力，以供给侧结构性改革为主线，以全面提升产业竞争力为目标，尽快攻克“卡脖子”材料和技术，提升产品质量，加快服务升级，深入实施绿色低碳发展战略，持续推动兼并重组，不断规范产业发展秩序，加快实现由特殊钢大国向特殊钢强国的转变，力争跨入全球特殊钢产业第一方阵。

中国特殊钢产业“十四五”发展目标是：到 2025 年，特殊钢产业供给侧结构性改革取得重大进展，综合竞争力实现大幅提升；创新能力明显增强，建成一批国际领先的创新领军企业；产品质量稳定性和一致性大幅提高，攻克一批关键短板钢材品种；绿色低碳发展全面推进，形成一批低碳绿色工厂，打造一系列绿色低碳产品；智能化水平迈上新台阶，培育形成一批智能车间和智能工厂；标准的国际影响力持续增强，制修订一批具有国际领先水平的标准。通过五年发展，努力形成技术先进、质量稳定、品牌突出、绿色低碳、经济效益好、综合竞争力强的特殊钢产业发展格局，建设一批具有国际竞争力的特殊钢强企，特殊钢强国建设取得显著进展。

（1）研发创新。到 2025 年，规模以上特殊钢企业研发投入占主营业务收入达到 2%以上；规模以上企业每亿元营业收入有效发明专利数达到 0.35 件。

（2）补齐短板。大幅提升关键钢材国内保障能力，实现关键钢铁材料的自主保障，支撑国民经济和制造业发展需求。在关键短板钢铁材料研发上取得重大突破，每年突破 3~5 种关键短板钢铁材料。

（3）兼并重组。打造形成一至二家具有国际领先水平的领袖级特殊钢企业集团，在特殊钢棒材、无缝钢管、不锈钢等领域分别形成一至二家具有国际先进水平的特殊钢领军企业，在工模具钢、高温合金等领域形成一批专业化“隐形冠军”和“小巨人”企业。

（4）绿色发展。产业 80%以上产能完成超低排放改造，重点区域内企业全部完成超低排放改造，实现污染物排放总量和能源消耗总量双降。深入推进低碳发展，低碳发展体系和制度逐步完善，能耗强度和碳排放强度实现双降。

（5）智能制造。智能制造水平显著增强，关键工序数控化率达到 85%左右，生产设备数字化率达到 60%，打造一批智能工厂。

（6）质量效益。产品质量稳定性、一致性和关键性能进一步提升，实物质量总体达到国际先进水平，客户满意度不断提升。遏制特殊钢产能快速增长，实现供需基本平衡，特殊钢产业经济效益明显改善，产业销售利润率高于钢铁产业平均水平。

（7）标准引领。高水平标准的供给持续提升，标准的国际认可和国际影响显著增强，每年新增具有国际领先水平的标准 10 项以上，每年以中国为主制修订国际标准 3 项以上。

三、自主创新——中国特殊钢发展的主线和必由之路

“十三五”期间特殊钢创新发展取得长足进步，中信泰富特钢集团、宝武集团、东北特钢集团等国内领先的特殊钢企业大力实施创新发展战略，一系列高端特殊钢产品实现全球首发、首次应用或进口替代，为机械、汽车、能源、航空、航天等下游重点产业发展提供了有力支撑。

但总体来看，中国特殊钢企业创新引领能力需要进一步加强。产业链上下游并未形成有效的协同创新生态，与国外先进企业相比大多仍处于跟随发展阶段。EVI（Early Vender Involvement，简称 EVI，即先期介入）服务尚未全面推广，仅中信泰富特钢、宝武集团等领先企业已形成比较完善的 EVI 服务体系，多数企业仍停留在起步阶段。高端人才不足，缺乏科技领军人才，在人才培养、人才梯队、激励机制建设等方面需要较大力度。

中国特殊钢产业创新能力不强主要是因为基础薄弱而企业重视程度不够、研发投入力度不够、主动性不强，重眼前利益轻长远发展、重生产经营轻技术创新的现象普遍存在。创新机制不完善，创新资源分散，不注重长期积累，未形成协同创新。此外，中国特殊钢产业通过对国外先进技术的“引进、消化、吸收”，迅速提升了装备技术水平，但是也形成了“跟随式”发展的惯性思维，原始创新能力不足。

据了解，只有少数特殊钢企业 R&D 投入率达到 3.0%以上，与首钢股份、宝钢股份等普钢企业基本相当，大部分特殊钢企业 R&D 投入率仍停留在 1.0%左右，低于钢铁产业平均水平。

针对自主创新需要进一步强化的问题，中国特殊钢产业要持续加强创新能力建设，寻求创新方向新的突破。

（一）加强创新能力建设

中国特殊钢产业整体创新能力的提升，是需要政府政策引导、企业积极作为、产业上下协同、社会生态建立等多方面共同努力的结果。

（1）建立多元化的科研投入机制。建立以政府投入为引导、企业投入为主体、社会投入为补充的科学合理的研发投入机制。推动企业将研发投入纳入年度预算，规范研发费用管理，切实保障研发费用用于创新活动。积极拓展创新投入的社会化渠道，充分利用资本市场支持钢铁产业创新发展，构建多元化融资渠道，设立特殊钢产业创新风险基金，建立知识产权质押融资市场化风险补偿机制，简化知识产权质押融资流程，推动建立特殊钢产业科技保险奖补机制和再保险制度，加快发展科技保险，开展专利保险试点，完善专利保险服务机制，吸引更多的社会资本参与特殊钢产业创新发展。

（2）强化企业主体地位。强化企业技术创新主体地位和主导作用，推动技术、人才、资金、数据等创新要素向企业集聚。领军企业要不断完善高水平研发机构建设，积极开展基础性前沿性创新研究，培育国际竞争力；中小企业坚持“专精特新”发展道路，聚焦专业化细分领域，如工模具钢、高温合金等，打造科技创新小巨人。大力支持企业完善创新体系建设，开展国家技术创新示范企业认定，并充分发挥引领带动作用，促进全产业创新发展。推动企业不断完善科研设备，积极参与国家科技项目和创新工程，争取更多的国家重点实验室、工程技术研究中心在特殊钢产业企业布局。此外，要通过兼并重组、资本运作等方式提升创新资源集中度，逐步解决创新载体分散，资金、设备、人才等创新资源重复配置问题。

（3）积极营造创新生态。鼓励特殊钢企业深化产学研用协同创新，大力推广应用EVI服务模式，围绕产业链部署创新链，围绕创新链部署资金链及人才链，强化各环节的衔接与协同，促进创新要素的高效流动和有效配置，着力突破单个主体资源能力限制，推动创新从单打独斗向协同作战转变，强化企业间、上下游用户间、科研院所间的协同创新，形成创新合力，共同营造上下游产业链协同创新生态。培育发展特殊钢产业技术转移机构，支持企业、高校、科研机构设立技术转移部门，搭建特殊钢产业技术转移人才培养体系，为科技成果产业化提供精准、高效、专业服务，加快推动特殊钢产业科技成果产业化落地，激励特殊钢产业企业以创新为驱动，真正实现发展动能转换。

（4）通过收益制度改革激发人才活力。以国家加快发展技术要素市场为契机，健全职务科技成果产权制度，深化科技成果使用权、处置权和收益权改革，开展赋予科研人员职务科技成果所有权或长期使用权试点，从根本上解决体制内职务科技成果的产权界定不清晰的问题，逐步建立与贡献相匹配的收益制度，吸引越来越多的人才参与到特殊钢产业科技创新活动中。推动特殊钢产业企业健全人才培养体系，采用内部培养与外部引进相结合的方式，搭建以领军人才为核心的多层次人才队伍。

（5）完善知识运营体系，形成尊重知识的氛围。特殊钢企业应加强知识产权策划，形成多维度的知识产权布局，强化知识产权战略管理和风险防范，通过生产、研发与销售各环节的一体联动开展全过程的知识产权预警、布局及维权，将知识产权的运营管理融入企业生产经营的全过程，支持有条件的企业逐步实现知识产权由防御向进攻战略进行转变，在企业、产业、国家各个层面积极营造尊重知识的良好氛围。

（二）寻求创新方向突破

准确把握特殊钢产业创新方向，集中资源在解决“卡脖子”关键材料问题，实现技术与工程方面的创新体系。

特殊钢产业重点技术创新方向有：

（1）炼铁工序创新方向：高炉炼铁信息化与可视化技术；高炉炉况综合测试与诊断技术；高炉炉缸炉身工作状态判断与修复技术；低碳炼铁技术；冶金碳捕集及高效利用技术；全氧冶金高效清洁生产技术等。

（2）炼钢工序创新方向：高效脱硫铁水预处理技术；钢包底喷粉高效精炼技术；氧化物冶金技术；厚规格结构钢坯的微观组织均匀细化控制技术；三次精炼技术；新一代特殊

钢洁净化、均质化精炼技术；一键炼钢和一键出钢技术；连铸全自动浇钢技术；炼钢全流程管控技术等。

（3）轧钢工序创新方向：跨工序产品质量交互分析与异常诊断技术；基于大数据的新产品研发技术；钢铁材料智能化设计与优化技术；耐高温、应力、腐蚀等服役环境适应性的材料设计技术；特殊钢微观组织精细化控制、精确成型与加工等产品质量稳定控制技术；特殊钢高速加热热处理、低温增塑轧制、变厚度轧制、新一代 TMCP 技术等高效轧制技术及装备等；无头轧制技术。

（4）智能制造创新方向：全流程、定制化的制造系统；特殊钢流程大数据时空追踪同步和大数据与知识混杂的挖掘分析技术；基于生产过程大数据和生产经验的高精度生产模型和知识库；关键工艺设备智能故障诊断和远程运维技术；钢铁全流程泛在无线通信网络的实现结构、通信协议和实现装备等。

（5）节能低碳创新方向：焦炉烟气余热梯级利用技术；荒煤气余热回收发电技术；烧结矿显热发电技术；高炉区域低品位余热冷热电三联供综合利用；高炉热风炉烟气余热梯级利用技术；转炉、电炉烟气余热利用技术；连铸坯显热利用技术；大型加热炉烟气源头减量及高效利用技术；余热源头减量就地利用与钢铁生产工艺的协同技术等。

（6）环保创新方向：多种污染物协同治理技术，无组织管控治一体化平台技术，高炉煤气精脱硫技术，氨逃逸控制技术，酚氰废水冷轧废水脱硫废液等难处理废水低成本处理技术等。

（7）产品高品质化创新方向：产品高品质化是特殊钢的主要发展方向，在量大面广的碳素钢基础上形成了枝繁叶茂的合金钢体系：

1）高强度低合金钢及低合金钢专业钢：管线钢、桥梁钢、汽车钢、耐候钢、建筑钢、造船钢、容器钢等（普通低合金钢一般不计入特殊钢中）。

2）合金结构钢：齿轮钢、螺栓钢、非调质钢、弹簧钢、轴承钢、轴钢、易切削钢等。

3）超高强度钢：低合金超高强度钢、二次硬化超高强度钢、马氏体时效钢、沉淀硬化不锈钢等。

4）工模具钢：碳素工具钢、合金工具钢、热作模具钢、冷作模具钢、高速钢等。

5）耐热钢与高温合金：9-12Cr 铁素体钢、奥氏体耐热钢、718 高温合金等。

6）不锈钢与耐蚀合金：300 系奥氏体不锈钢、400 系铁素体不锈钢、200 系奥氏体不锈钢、双相不锈钢、690 耐蚀合金等。

7）低温钢（如 9Ni 钢）、耐磨钢（如 Mn13 钢）、电热合金（铁铬铝）、无磁钢、磁性材料等特殊专业用途的中高合金钢。

（8）特殊钢生产工艺流程的冶金学方向：本章第一节第二小节梳理了中国特殊钢棒线材、板带材、无缝管、锻材锻件等四大生产工艺流程的进步。应该说，中国特殊钢产业具备了最先进的四大生产工艺流程。相比其他材形，特殊钢铸件的生产量比较小，在历史上我国又将其归属在机械行业，其生产工艺流程目前与世界发达国家还有差距，中国特殊钢产业需要关注其今后的发展，因此，我们将中国特殊钢生产工艺流程归纳为五大典型生产工艺流程，见表 1-5-13。

表 1-5-13 中国特殊钢五大典型钢材生产工艺流程

棒线材	电炉（转炉）冶炼—精炼—连铸—棒线材连轧—精整热处理
板带材	转炉冶炼—精炼—板坯连铸—热连轧或中厚板轧制—热处理
无缝钢管	冶炼—精炼—坯料—环形炉加热—穿管—轧管—加热—减定径—探伤精整
锻材锻件	冶炼—精炼—模铸（连铸）—快锻（径锻）成材—锻件加工
铸件	冶炼—（精炼）—铸造—热处理—机加工

如何保持中国五大典型特殊钢生产工艺流程的先进性与创新性，应该考虑材料冶金学与工艺流程工程学关系。

从特殊钢材生产的角度来看，特殊钢的材形与品质取决于不同的生产流程、装备与工艺，如图 1-5-22 所示。特殊钢材大多数是一个中间材料，还需要经过相关的制造工艺来形成特定零件。特殊钢之所以特殊，在于其产品的特性需要在全产业链中得以体现。从材料生产到零件制造，按照特殊钢产品的材形，其生产工艺流程是不同的，表现出不同的冶金学特点。为了不断提升上述中国五大典型特殊钢生产流程的水平，在特殊钢创新研发上需要考虑结合流程特点的冶金学研究，才能促进特殊钢工艺与材料的创新。

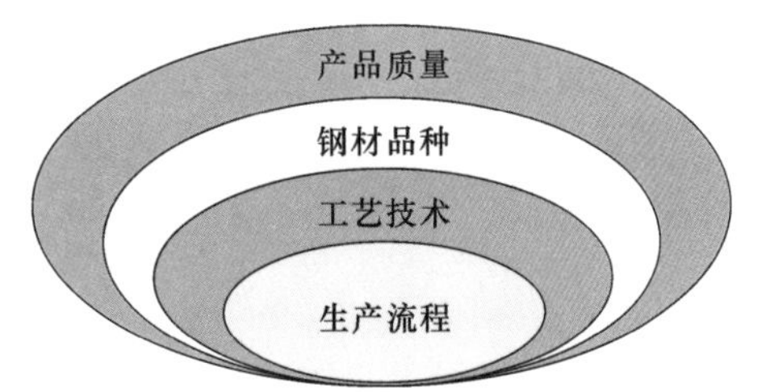

图 1-5-22 特殊钢的品质取决于生产工艺技术流程

无论工艺流程怎么变化，总体而言，特殊钢生产过程中一般会经历四个相变过程（见表 1-5-14），即炼铁流程的从铁矿石到铁水的相变、炼钢流程的从铁水（废钢）到钢水的相变、凝固（连铸）流程的从钢水到铸锭（铸坯）的凝固相变、材料轧制热处理流程的面心立方铁↔体心立方铁的固态相变。抓住这些主要矛盾，控制好这四个相变是高效率生产高品质特殊钢产品的关键。

表 1-5-14 特殊钢生产流程中的四个主要相变

炼 铁	炼 钢	凝 固	压延热处理
铁矿石	铁水或废钢	钢水	Gamma
铁水	钢水	铸锭（坯）	Alpha

具体到流程中，还将出现多种相变类型以及物理冶金学现象。在图 1-5-23 中，我们除了可以看到液固相变、固固相变，还可以看到伴随着凝固过程扩散出现的固溶、偏聚和析出，伴随着热变形过程中的奥氏体演变以及随后冷却过程的基体相变，伴随着固溶度的变化，从基体中析出各种化合物。

特殊钢的多样化是因为上述物理冶金现象所导致的组织变化的多样性，这正是特殊钢的魅力所在，这也是为什么我们要搞清特殊钢不同特性机理的缘故。只有机理清晰了，我们反过来就可以轻而易举地控制材料的性能。

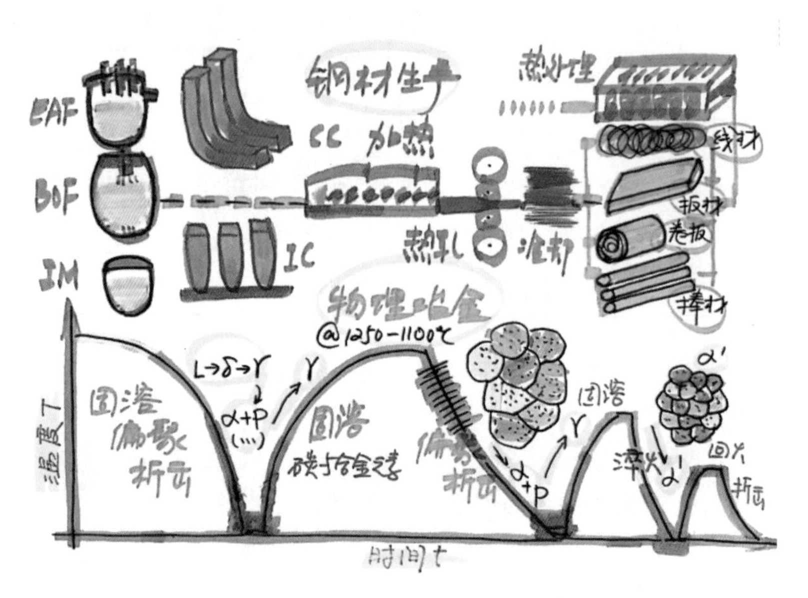

图 1-5-23 特殊钢材生产过程中的物理冶金学现象

除了关注并控制特殊钢生产过程中的物理冶金学现象，我们从特殊钢的特性上还需要在产业链上关注可能发生的物理冶金学现象并加以控制。归纳起来，在特殊钢全产业链中可以有三个基本物理冶金学现象，见表 1-5-15。实际上，这也是结合产业链流程提纲携领般地梳理归纳了特殊钢主要的物理冶金学现象，有利于特殊钢从业者理解物理冶金学的庞大内容。

表 1-5-15 特殊钢全产业链中的主要物理冶金学现象

相　变	变形与断裂	回复再结晶
(1) 液固相变 (2) 固固相变 (3) 固溶与析出 ⋮	(1) 应变 (2) 温度 (3) 应变速率 (4) 变形方式	(1) 应变 (2) 温度 (3) 应变速率

中国特殊钢企业不仅要关注钢材的生产本身工艺的改进与提高，而且还要关注特殊钢产品下游用户零部件制造企业的制造工艺需求与配合，更需要关注零部件及处理的服役失效或者服役评价，这是特殊钢的特殊之处。这三个因素始终存在，并影响着特殊钢企业的形态。

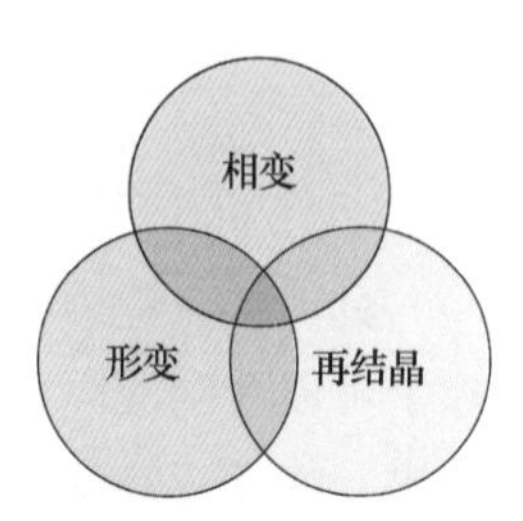

图 1-5-24 特殊钢生产、零件制造、服役过程中出现的三个主要物理冶金学现象

从物理冶金学角度观察特殊钢的材料生产、零件制造、服役失效产业链过程，我们见到的也就是相变、形变和再结晶三个主要物理冶金学现象，如图 1-5-24 所示。在服役过程中除了承受载荷发生形变之外，还需要承受环境的作用。这里的环境可能是腐蚀介质与温度变化等。上述物理冶金学归纳的目的是为了让我们的基础理论

研究更加简单化，抓住关键问题开展理论研究将促进特殊钢的生产工艺技术的不断创新。

通过合金化而形成的特殊钢构成了特殊钢的主体。近铁元素一类是以置换固溶为主的元素，还有一类是通过固溶和析出强化的合金化元素；远铁的元素在钢中可能是多种形态并存的多形合金化（polymorphic alloying），见图 1-5-25。

图 1-5-25　特殊钢的三大合金化类型

基于上述特殊钢体系，中国特殊钢持续高品质化发展。近年来，特殊钢的高品质化包括了新型高性能品种与高质量控制技术两个方面，同时还涉及低成本和环境保护的作用，见表 1-5-16，各企业在高品质化方面的进步显著。

表 1-5-16　特殊钢高品质化的要素

高质量	高性能	环境友好	低成本
窄化学成分 高纯净度 高均匀度 高组织度 高尺寸精度 高表面质量 稳定性 一致性	力学性能（强度、韧性、塑性等） 疲劳破坏/延迟断裂/腐蚀失效/持久蠕变 工艺性能适用 冷热加工性能 服役性能	材料生产、零件加工、服役应用过程中环境友好 稳定和经济地回收利用 特别在应用中通过高性能降低碳排放	材料生产、零件加工、服役应用过程中适应性好 合金成本和工艺成本低 容易加工制造零件 提高成材率

以特殊钢棒线材为例，可以看出其高品质的控制方向，见表 1-5-17。

表 1-5-17　主要特殊钢棒材与线材

钢　类	棒材	线材	典型钢号	关键质量	新材料
齿轮钢	√		20CrMnTi	淬透性带、[O]、带状	长寿命齿轮钢
非调质钢	√	√	49MnVS3	硫化物、窄成分区间	定制锻件钢
紧固件钢		√	ML35	[P]、冷镦性能	耐延迟断裂钢
弹簧钢		√	60Si2Mn	碳偏析、[O]、脱碳	抗疲劳破坏钢
轴承钢	√	√	GCr15	[O]、Ti、夹杂物、网碳、碳偏析	长寿命轴承钢

碳是钢中最重要的合金元素，铁碳相图的相变多样化是钢铁材料千变万化的基础。添加了其他合金元素后的铁碳相图的变化更加丰富。碳的赋存与踪迹是特殊钢材料生产和零件制造过程中需要重点考虑的问题，比如碳偏析、液析、带状、网状碳化物、碳化物析出相等形成与控制技术，见图 1-5-26。

通过控制特殊钢棒线材的质量，可以形成一些新型的特殊钢品种。几个主要特殊钢棒线材的近年来的服役性能演进与预测见图 1-5-27。

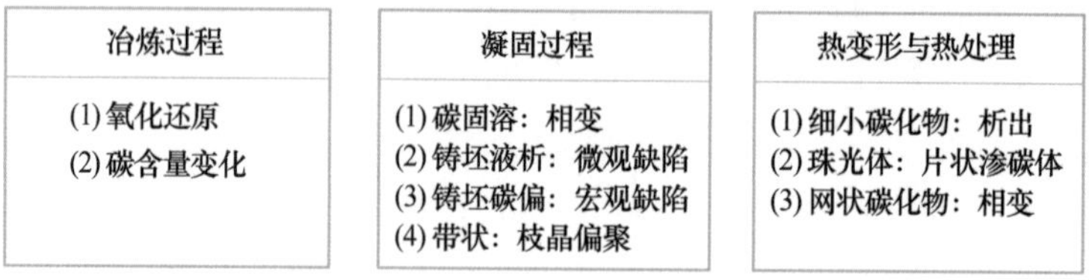

冶炼过程	凝固过程	热变形与热处理
(1) 氧化还原 (2) 碳含量变化	(1) 碳固溶：相变 (2) 铸坯液析：微观缺陷 (3) 铸坯碳偏：宏观缺陷 (4) 带状：枝晶偏聚	(1) 细小碳化物：析出 (2) 珠光体：片状渗碳体 (3) 网状碳化物：相变

图 1-5-26 在特殊钢材料生产和零件制造过程中碳的赋存与踪迹

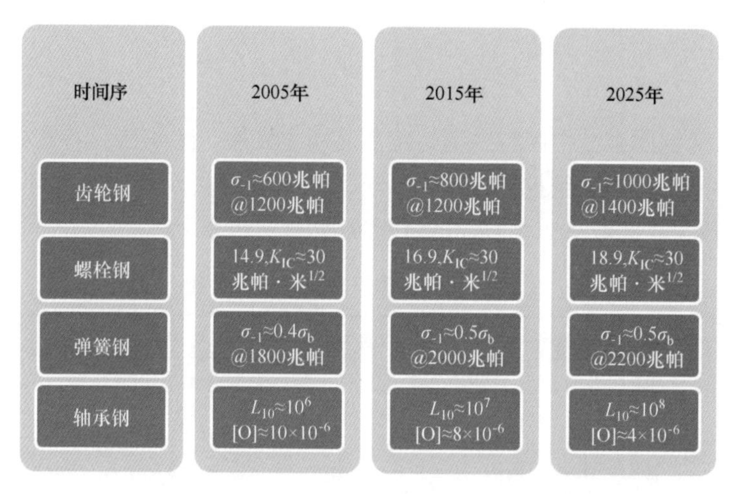

图 1-5-27 几个主要特殊钢棒线材的品质演进

特殊钢的性能极限化研究是特钢科研人员一直努力的方向，科研人员在包括了强度、塑性、韧性等性能的极限化方面持续探索，促进了更高强度的新型特殊钢的出现，见图1-5-28。

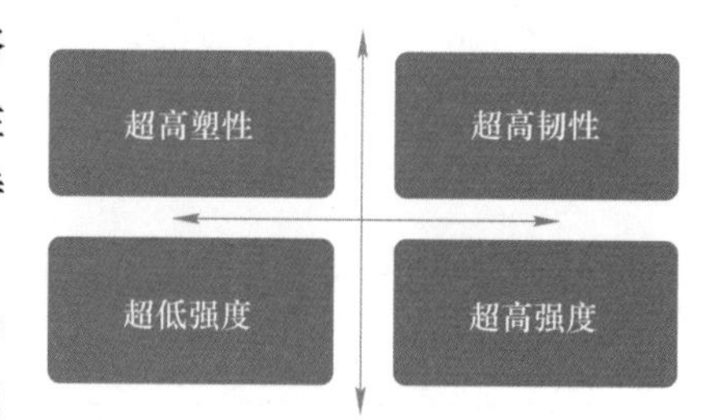

图 1-5-28 特殊钢的性能极限化

高强化是特殊钢的重要发展方向。人们一直努力尝试在提高强度的同时提高塑性和韧性。普碳钢的屈服强度为 200 兆帕级，随着强度提高塑性和韧性大幅度下降，见图 1-5-29 和图 1-5-30。一直以来人们都在努力提高特殊钢的韧性，特别是合结钢和超高强度钢的韧性，在强韧性匹配方面一直取得很好的进展，研发的新型特殊钢应用在极端服役环境下的各种装备制造。近年来国内外科研人员在提高塑性方面开展了大量的工作。这些科研促进了新型特殊钢品种的持续出现。

马氏体是很多特殊钢所具有的基体组织，见图 1-5-31。尽管人们对马氏体的获得与特性研究已经非常多，但依然存在一些未解问题。马氏体钢的强度对间隙固溶碳的强烈依赖关系可能改变吗？近年来，中国科研工作者一直在挑战特殊钢的强度极限，已经基本形成了抗拉强度 2200 兆帕级、2400 兆帕级的新型超高强度特殊钢的技术基础。

作为纯铁的代表的美国阿姆科铁和瑞典铁在一定程度上支撑了其高纯合金材料的生产。纯铁的性质一直是科技发达国家所关注的问题，比如纯铁的强度究竟是多少？美国 NIMS

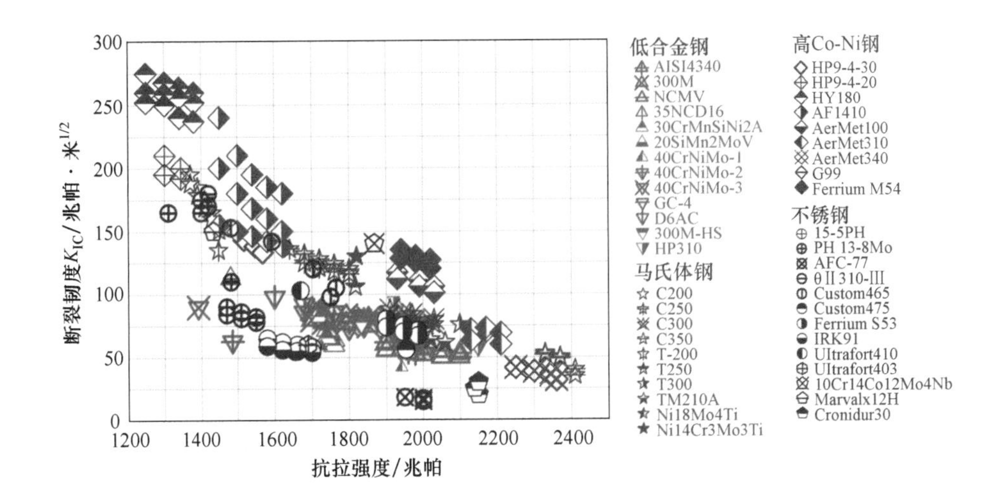

图 1-5-29　超高强度钢的强度与断裂韧性的倒置关系

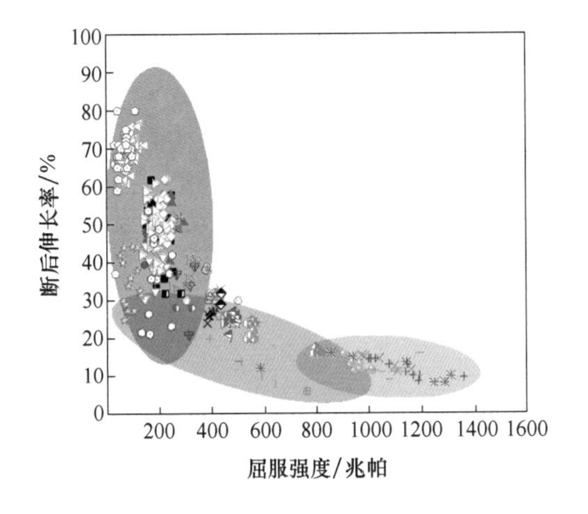

图 1-5-30　强度与塑性的倒置关系

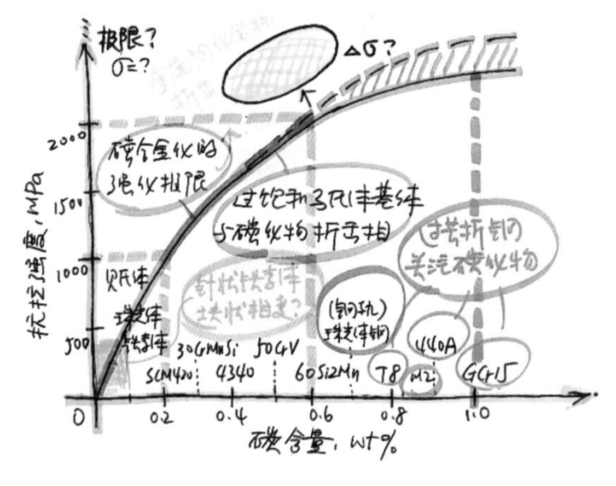

图 1-5-31　马氏体钢的强度与极限化挑战

等单位联合开展了国际合作研究，近期中国也在开展 2N～4N 级高纯铁的强度、耐蚀性、电磁性能等特性研究，目前的结果与已有的人们认识有较大差异，为进一步发挥铁基合金材料性能提供了基础参考。

应该说，特殊钢是始终为了满足服役需求而持续发展的新材料，见图 1-5-32。对其性能需求不仅仅是强度、塑性、韧性和冷热加工性能，更多的是伴随着零件制造过程中的性能要求和成本控制等。以紧固件用特殊钢的全流程为例，可以清晰地看出这种情况，见图 1-5-33。就像特殊钢的定义中所述及的，特殊钢的特殊性就表现在这些方面。

我们需要从零件或材料的服役失效出发，研究关键要素的控制技术。表 1-5-18 列出了常见的服役失效方式与主要机理，我们需要从技术基础研究出发，找出控制的关键因素。我国特殊钢科研已经发展到了一定程度，上述问题是我国特殊钢科研现在和未来一段时间需要关注的重要工作。

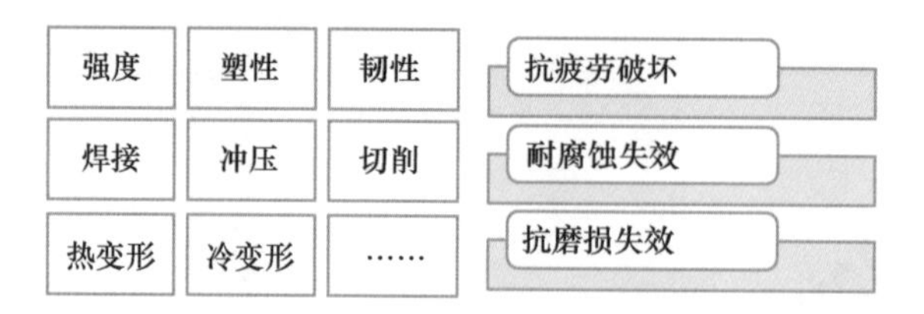

图 1-5-32 性能持续提高而不断发展的特殊钢新材料

图 1-5-33 冷镦钢生产与紧固件制造产业链中的主要技术要求

表 1-5-18 服役失效是特殊钢产品技术研发的出发点

特殊钢材料或零件的主要失效方式与可能机理	环境腐蚀：环境介质在非均匀地点的作用
	疲劳破坏：应力非连续地点集中与裂纹扩展
	延迟断裂：扩散氢的界面聚集与脆化
	摩擦磨损：工作界面相互运动
	高温蠕变：基体、界面、析出相的热稳定性
	低温脆性：界面强度与基体控制单元

现阶段，我们还有多少特殊钢品种不能够满足高端装备制造需求，即存在所谓“卡脖子”问题。

中国特殊钢发展到了今日，目前中国不能够生产的特殊钢材料为数很少了。但是，所生产的特殊钢是不是能够获得应用，的确还有一段路需要走。比如，动车转向架的轮对用车轴钢和车轮钢、大飞机起落架用300M钢锻件等。马钢可以生产轮对车轮钢，一些特殊钢企业可以生产轮对车轴钢，并且在用户的严格认证过程中。应该说，这样的卡脖子问题往往是因为认证体系的条件要求源自国外的限制。因此，解决这类的卡脖子问题，需要各方面的深度合作。中国特殊钢已经走到今天的全球最大规模产量、装备、人员与市场，未来可能应该更强调的是如何开展技术创新，包括了工艺、装备、流程和材料创新。需要从基础研究出发，将市场需求与学科发展紧密结合起来，通过技术创新与装备设计，逐渐形成中国领先的特殊钢生产与应用体系，以及应用评价体系。届时，今天我们看来的“卡脖子”问题也就自然不存在了。

（三）企业形态与技术、市场协同的创新

1. 持续演变中的中国特殊钢企业形态

在技术、工艺、装备创新基础上，特殊钢的特殊性与高品质性能体现最终靠企业生产

来保障与实现，中国特殊钢品质的提高离不开中国特殊钢企业的高质量发展。

工业化以来，国内外的特殊钢企业一直在发展演变。近年来的企业兼并重组成为重要的钢铁产业发展特征。推进兼并重组提高产业集中度是中国钢铁工业走向高质量发展的关键，也是钢铁产业全面落实深化供给侧结构性改革的关键。

当前，中国钢铁产业已处于兼并重组的风口机遇期，必须抓住当前机遇寻求兼并重组的突破口，按照市场化、法制化原则，加快全产业兼并重组进程。中国特殊钢产业作为关键基础材料的重要组成部分，肩负着制造强国建设的重要使命，必须通过兼并重组推进产业结构调整，集中技术、人才、科技资源，提高创新能力，打造世界一流的中国特殊钢强企，以有效解决市场秩序混乱、关键材料“卡脖子”等一系列问题。

近年来，中信泰富特钢、沙钢、建龙、普阳钢铁等分别重组整合了青岛钢铁、东北特钢、北满特钢、邢台钢铁等特殊钢企业，形成了大型综合性特殊钢企业与普特结合的钢铁企业。相比宝武、鞍钢、河钢等特大型钢铁企业的兼并重组，特殊钢产业集中度尚有提高的空间。据特殊钢协会统计，2020 年棒材前五家特殊钢企业产量占会员企业产量的 58.5%。

按照市场运作、企业主体、政府引导原则，鼓励国内优势特殊钢企业，以资产为纽带，采取参股、控股、资产收购、信托管理等多种方式，推动跨地区、跨所有制、跨产业链上下游兼并重组，着力打造一批产业竞争力强、市场占有率高和差异化、特色化、专业化突出的大型特殊钢企业集团，引导兼并重组企业集团加快专业化整合，强化集团内企业间的协同创新、优势互补，积极构建高质量特殊钢生态圈。

(1) 扶优扶强，建设具有国际先进水平的产业领军企业。一方面，鼓励和推动建设 1~2 家具有国际领先水平的特殊钢领袖级企业，开展国际合作和国际化布局；另一方面，推动龙头企业在特殊钢棒材、无缝钢管、不锈钢等特殊钢领域开展兼并重组，在各领域分别形成 1~2 家世界级特殊钢领军企业，减少重复建设和无序竞争，提升产业发展质量。

(2) 鼓励少数具有较强实力的产品专业化突出、品种质量优势明显的中小特殊钢企业，通过强强联合和优势互补，重点在工模具钢、高温合金等领域打造成有较强国际竞争力的专业化特殊钢企业，成为专精特新“小巨人”企业和产业隐形冠军。

(3) 在中小型特殊钢企业集中的地区，结合环境治理、布局调整和产业升级，鼓励其中优势企业以资产为纽带，推进联合重组，形成若干家大中型的特殊钢企业集团，彻底改变“小、散、乱”局面，提高产品质量和服务水平，提高区域产业集中度和市场影响力，优化市场秩序。

(4) 鼓励和引导兼并重组企业集团加快实施“专业化整合”，深入推进“一总部多基地”管控模式，加快一体化整合，做好规划、市场、资源、产品、生产、研发、服务和创新的协同，实现一体化协同发展、高效运作，积极构建高质量特殊钢生态圈，共创共享生态圈建设发展成果。

2. 中国特殊钢企业形态与技术、市场的配合

国内外特殊钢企业的发展演变明显表明形成特殊钢企业形态的影响因素很多，但主要

是技术和市场因素，技术影响市场进而推动特殊钢生产及相关企业形态的演变，企业体制形态反过来也会影响到技术进步和市场发展。纵观工业革命以来的世界特殊钢发展的历程，可以清楚地看到这一点。

从钢材生产到零件制造直至服役失效构成了特殊钢的产业链和生命周期。对于特殊钢而言，企业应该越来越关注“材料生产—零件制造—服役评价”的特殊钢技术和市场产业链。

（1）从技术进步角度考虑，特殊钢生产企业或应需要关注上述三个方面的诸多因素（见图 1-5-34），才可以形成具有竞争力的为用户所接受的产品。工业发达国家的特殊钢企业在工业化起步时期就与市场需求紧密相连，形成了相关的企业体制形态。中国改革开放以来，引进了许多先进机器装备技术，中国特殊钢企业在为这些机器装备制造提供特殊钢材料的同时也在不断演变。计划经济时期的材料生产和零件制造的条块分割在逐渐被打破，材料用户更需要特殊钢企业在技术方面给予更大的支撑，在汽车、高铁转向架、核电站等方面莫不如此。中国装备引进对特殊钢材料的需求促进了特殊钢产业的技术进步和企业体制形态的演变。

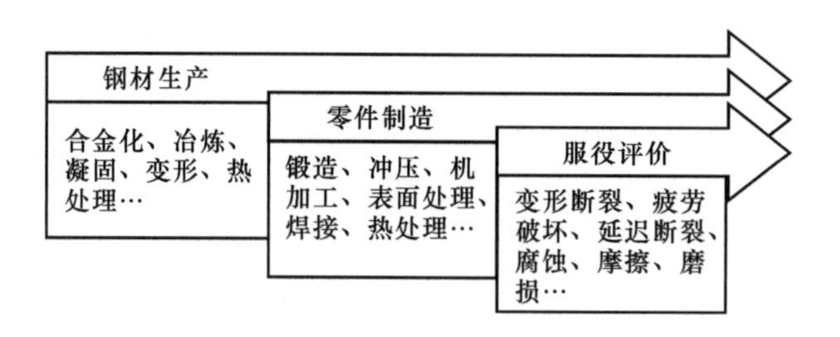

图 1-5-34 特殊钢的技术产业链

（2）从材料生产和应用的产业链角度考虑，特殊钢的特点就是全产业链地考虑材料生产、零件制造、服役评价的需求，这是特殊钢有别于普通钢的关键特征，如图 1-5-35 所示。

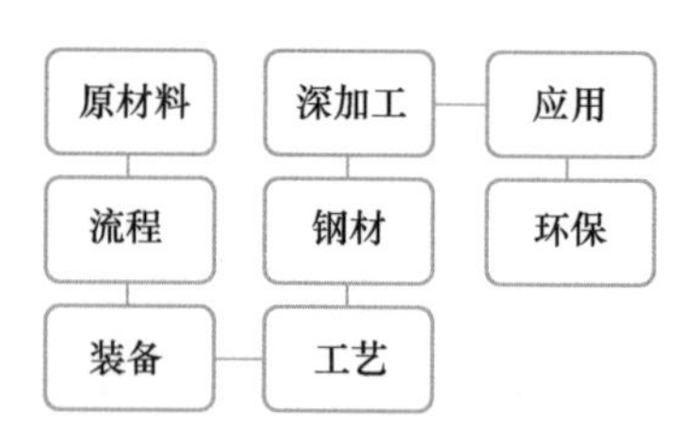

图 1-5-35 注重特殊钢生产与应用的全产业链需求

可以说，经过了 100 多年的发展，先工业化国家的特殊钢生产企业的体制各不相同，关键是市场需求和生产工艺流程技术进步所导致的。表 1-5-19 是一些典型国外特殊钢生产企业的材型与工艺流程。表中的国外特殊钢企业均为著名的老牌特殊钢生产企业，在多年的发展中不断演变，但依然具有很强的市场竞争力。在百多年特殊钢发展历史中，也有许多特殊钢企业倒闭，能发展到今天的这些特殊钢企业的经验值得研究借鉴。以冶炼方法划分，目前生产特殊钢的流程主要有三类：高炉铁水转炉流程、废钢电弧炉流程、特殊冶炼流程等。前两个流程适合生产量大面广的特殊钢产品，特殊冶炼流程适应生产市场需求不多的高品质特殊钢产品。

表 1-5-19　依据材型和生产流程决定的国外典型特殊钢企业

按材型分 / 按流程分	棒线材	无缝管材	中厚板	板卷	锻材	锻件	粉末冶金
铁水转炉	日本住金小仓	德国 V&M Hüttenwerke 德国 Krupp Mannesmann	瑞典 SSAB 德国 Dillinger Hüttenwerke	日本 Nisshin			
废钢电弧炉	日本大同 美国 Republic 德国 LSW	Tenaris 德国 V&M	法国 Industeel	Acerinox Otokumpu	西班牙 Sidenor 德国 DEW	日本爱知 德国 Georgsmarienhütte	
特殊冶金	美国 Carpenter 德国 DEW	瑞典 Sandvik 日本 Sumitomo	美国 SMC	美国 ATI	美国 Latrobe	法国 A&D	法国 Erasteel 美国 Crucible

（3）从特殊钢生产企业的产品生产工程学角度考虑，需要考虑各工序与产品的空间尺度问题，每个要素关注的尺度问题是不同的，要素相互关联考虑有助于流程优化与工序衔接，见图 1-5-36。钢材的尺度从米级到千米级，在生产流程与工序装备控制中需要获得稳定一致的质量，需要在米级到纳米级控制钢材的组织状态。在空间、时间、温度方面做到稳定一致的控制，经验固然非常重要，而实现信息化与自动化可以做到更加有效地控制。铸坯（锭）的宏观凝固枝晶组织与元素偏聚尺度粗化可以达到米级，细化可以到微米级；经过固态相变的基体组织可以粗大可以到毫米级，细化可以到亚微米级。钢材在生产过程中除了经历凝固相变之外，还要经历固态相变，而这些过程均是发生在产线上的，在时间顺序上的空间组织有效调控是实现钢材质量一致性稳定性的基础。生产流程和工序装备的尺度与钢材及组织尺度的匹配控制至关重要。

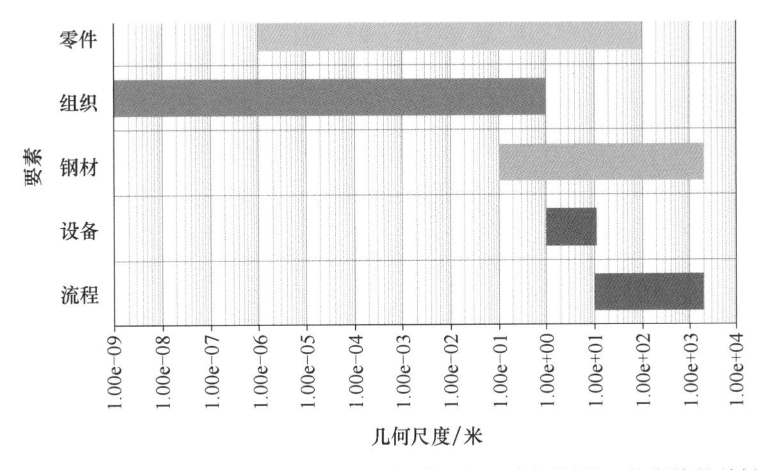

图 1-5-36　特殊钢生产工艺流程中的各单元的尺度问题是工艺衔接的关键

目前，双碳驱动的钢铁绿色化和智能化发展，结合特殊钢企业的新产品研发，势必给特殊钢企业带来巨大的变化。殷瑞钰的《冶金工程流程学》为钢铁生产企业的工艺流程设计和生产管理提供了理论基础，为中国特殊钢的工艺与产品的多尺度控制提供指导，这也是中国钢铁科技工作者在中国钢铁发展过程中总结凝练创造的科学。时间顺序的多尺度各要素控制是特殊钢企业体制的物质和技术基础。

技术、市场、体制三者相互作用与促进，中国特殊钢企业体制是在三个要素的相互作用下形成的，如图 1-5-37 所示。

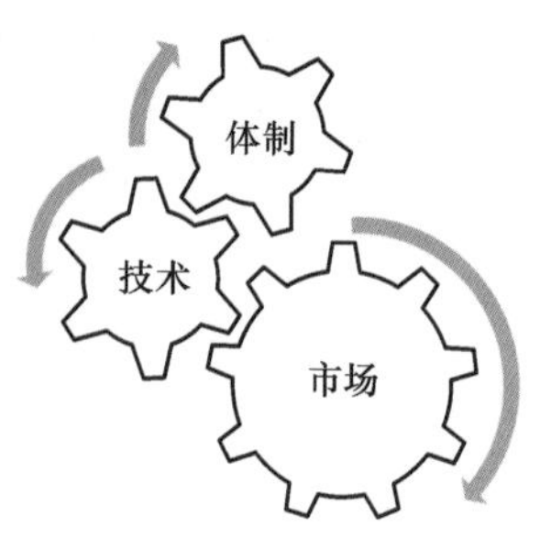

图 1-5-37 中国特殊钢企业的市场、技术、体制相互匹配发展

计划经济时期，中国的特殊钢企业是按照大而全的方式建设并运营的。中国特殊钢企业可以生产所有的特殊钢品种与材型。改革开放以来，以汽车为代表的机器制造对中国特殊钢的品质提出了更高的要求，先工业发达国家的装备和流程技术也不断进入中国，促进了原来计划经济下的中国特殊钢企业体制的演变。目前，中国已经有了如中信泰富一样的综合性特殊钢企业，如河冶科技的专业性高速钢特殊钢企业，如南京钢铁的普优特结合的特殊钢企业，如石家庄钢铁的汽车用特殊钢棒材生产企业，如中航上大的通过特殊冶金生产高合金钢的特殊钢企业，以及如天工国际这样具有国际竞争力的工模具特殊钢生产企业等。中国从计划经济体制下的相似度极高的特殊钢企业体制走到了市场经济体制下的各不相同的企业体制，充分证明了市场发展和技术进步对企业体制的相互作用。

考察先工业化国家的特殊钢生产企业，会发现几乎没有一模一样的特殊钢生产企业，百多年的工业化过程，各企业面临的市场需求和技术发展是不一样的，势必造成了目前的各不相同的特殊钢企业形态。市场、技术、体制的相互匹配发展，互相制约与互相促进。市场需求在持续发展，生产技术和产品技术在不断发展，需要与之适应的企业体制。

我们需要清醒认识中国特殊钢产业的现状：特殊钢产品的市场满足度持续提高，如耐蚀合金管、火电锅炉管、模具钢锻材、超级不锈钢板材、基础件用钢等；大型特殊钢企业的大规模流程现代化建设基本告一段落，进入了持续技改阶段；小型专业化特殊钢企业的“专精特”的特色正在展现，逐渐成为某些特定领域的独角兽。中国特殊钢的品质依然有很大的提升空间，特殊钢技术基础研发有待加强，原创的技术需要增多。作为特殊钢产量与应用的大国，我们有条件很好地解决上述问题。历史赋予中国将来在特殊钢领域需要出现更多的创新，引领世界特殊钢的发展方向。

参 考 文 献

[1] 李海涛．百年中国近代钢铁工业发展史研究综述 [J]．武汉科技大学学报，2011，13（6）：714～719，737.

[2] 方一兵，潜伟．汉阳铁厂与中国早期铁路建设 [J]．中国科技史，2005，26（4）：312～322.

[3] 黄逸平．旧中国的钢铁工业 [J]．学术月刊，1981（4）：9～14.

[4] 赵勇，魏嵬．抗战工业内迁与重庆钢铁工业重组 [J]．经济研究导刊，2009（34）：191～194.

[5] 蔡燮鳌，胡方青，梁丽娟．我国特殊钢现状及发展战略的思考 [J]．冶金管理，2009（6）：31～33.

[6] 周传典．新中国钢铁工业三十五年 [J]．钢铁，1985，20（1）：1～4.

[7] 谢放．张之洞与汉阳铁厂 [J]．武汉科技大学学报（社会科学版），2003（9）.

[8] 谢元林．我国特殊钢产业的现状及发展趋势 [J]．特钢技术，2016（1）：1～6.

[9] 柯燕，邓泽宏．中国冶金产业发展的历史回顾与展望 [J]．武汉科技大学学报（社会科学版），2003，5（3）：39～43.

[10] 周维富．我国钢铁工业 70 年发展成就及未来高质量发展的对策分析 [J]．中国经贸导刊，2019（24）：63～66.

[11]《陆达纪念文集》编辑委员会．陆达纪念文集 [M]．北京：冶金工业出版社，1997.

[12] 首钢长治钢铁有限公司．百年陆达 [M]．北京：冶金工业出版社，2014.

[13] 李浮之．长钢三十三年——李浮之回忆录 [M]．北京：冶金工业出版社，2011.

[14] 张训毅．中国的钢铁 [M]．北京：冶金工业出版社，2012.

[15]《邵象华文集》编委会．邵象华文集 [M]．北京：冶金工业出版社，2008.

[16]《特钢之梦》编委会．特钢之梦 [M]．北京：中信出版集团，2018.

[17]《中国共产党湖北志》编委会．中国共产党湖北志 [M]．北京：中央文献出版社，2017：28，184.

[18] 中国共产党湖北省黄石市组织史资料（1922～1987）[M]．武汉：湖北人民出版社.

第二篇

中国特殊钢产业科技进步

第一章　中国特殊钢的概念和类型

特殊钢是一个国家的工业化基础，对于工业门类最为齐全的中国，特殊钢材料的支撑作用就更为明显。特殊钢应用在国民经济、社会发展、国防军工的各个领域，是一个国家工业化的主要标志。

特殊钢是一个国家工业化的材料基础。国家工业化的重要标志是装备制造水平，装备制造的材料基础主要是特殊钢，工具和基础件是装备的“细胞”。特殊钢是能源生产的基础材料，用于建造包括火电、核电、水电、新能源、风电等电站；特殊钢一直是动力、机床、矿山机械、工程机械等机械设备必不可少的材料。特殊钢更是武器装备的关键材料，用于制造飞机、火箭、兵器、舰船、核武器、电子设备等。

不锈钢、电工钢、紧固件钢是生产和应用量最大的三类特殊钢。2020 年我国不锈钢产量达到了 3200 万吨，电工钢产量达到了 1300 万吨，紧固件钢产量达到了 900 万吨，如图 2-1-1 所示。

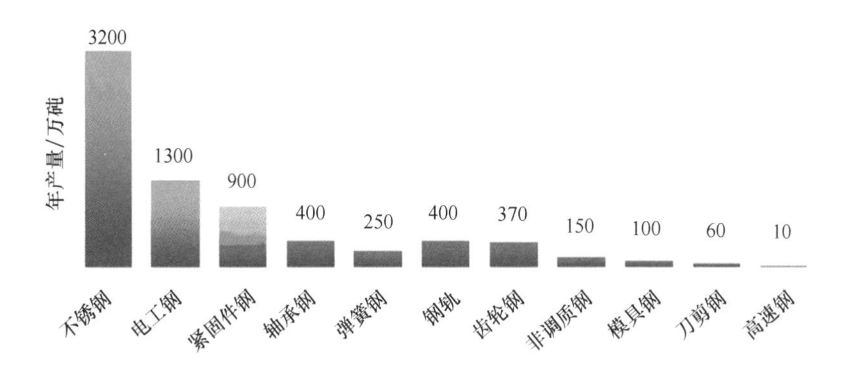

图 2-1-1　2020 年中国主要特殊钢钢类年产量

据统计，目前我国特殊钢产量占总钢产量的比例约为 15%，工业化国家的特殊钢占比为 10%~20%。在占比方面，我国特殊钢已经进入工业化国家行列。长三角地区的长江沿岸是特殊钢产能比较密集区域，中信泰富年产特殊钢 1400 多万吨，宝武集团年产特殊钢超过 1000 万吨，中天钢铁年产特殊钢 600 万吨，南京钢铁年产特殊钢 600 万吨、沙钢年产特殊钢 300 万吨，马钢年产特殊钢 200 万吨，永钢年产特殊钢 300 万吨，淮钢年产特殊钢 300 万吨，芜湖新兴铸管年产特殊钢 300 万吨，以上是较大的特殊钢生产企业，生产棒线材、锻材等特殊钢产品。在长三角地区还分布着一些特殊钢产业集群，它们共同构成了中国的特殊钢产业。

第一节 特殊钢的概念

一、特殊钢概念的考证

特殊钢的概念迄今莫衷一是。关于特殊钢的概念在国际上没有一个统一与固定的定义，各国特殊钢的概念都不相同。中国特殊钢的内涵与美国差别较大，与日本比较相近。在中国关于特殊钢通常的定义是：特殊钢是具有特殊化学成分、采取特殊工艺生产、具备特殊组织和性能、能够满足特殊需要的钢类。严格来讲，这是一个相对不确定的定义。不同人可以有不同的理解。实际上，特殊钢是相对普碳钢和普通一般低合金钢而言的具有更多性能要求的一类品种繁多的钢铁材料。还需要指出的是，历史发展表明，特殊钢内涵是随着技术发展和市场变化而改变的。

德国 Eduard Houdremont 在 1943 年出版的《Handbuch der Sonderstahlkunde》中是这样定义特殊钢的：特殊钢是具有特殊性能的钢铁合金，与大型联合钢厂生产的普通大众钢有区别。这些特殊性能可由合金成分、生产工艺及热处理方式来调控。满足这三个调控方式中的一个就可以确定一种钢为特殊钢。通常生产情况下同时运用这三种调控方式，后者尤其适用于合金成分比例较高的所谓合金钢。当然，人们不倾向于在钢中增加更高的合金含量，除非考虑生产、进一步加工和处理的所有方面的可行性，以及这些合金元素的优势被充分利用。然而，由于在许多情况下，上述三个特征中的一个会凸显出来，因此特殊钢领域可以细分为：（1）特殊合金成分的特殊钢；（2）特殊生产工艺的特殊钢；（3）特殊热处理工艺的特殊钢。可以看出，这个关于特殊钢的定义是考虑特殊性表现在材料生产、零件制造和服役的全流程中的。

德国 Franz Rapatz 在 1962 年出版的《DieEdelstahle》中是这样定义特殊钢的：欧洲标准对“特殊钢”定义如下，不同于大量的优质钢，特殊钢是通过热处理获得特性和/或具有特殊物理或化学性能的一类钢。非合金和低合金特殊钢的磷和硫含量必须低于 0.035%。通过热处理的合金钢不要求硫和磷也被视为特殊钢。但是，如果合金钢未经热处理，则应根据欧洲标准对钢依照普通钢和优质钢进行分类。大量的优质钢还包括高纯净电工薄带材的合金钢，只采用硅和铝作为合金元素。这段表述是指钢按产品质量分类为普通质量级、特殊质量级，相当于我国的钢分类。同时强调了特殊钢需要通过热处理来获得所需的特殊性能。

苏联科学院院士 A. C. 札依莫夫斯基在其 1965 年主编的《特殊钢》一书中阐述：特殊钢是一种与普通钢不同的具有特殊性能的铁基合金。这些特殊性能是由其化学成分、特殊的生产方法或加工方法造成的。只要具备上述任何一个因素，就可以称为特殊钢。特殊钢通常都具有上述三个特点。这种情况也适合于合金元素含量高的合金钢。在决定这些钢的使用合理性时，不仅应当考虑合金化的成本，还应当注意合金钢在以后加工时的那些优点。由于在许多情况下，即便根据上述三个特征中的一个特征也可以把某些钢归之于特殊钢，因此特殊钢可以依据化学成分、生产方法、加工方法三个特征来划分。札依莫夫斯基等人对特殊钢的定义和特征划分基本沿用了德国 Eduard Houdremont 的说法。同时，他也进一步强调了虽然特殊钢的高合金化会提高材料成本，但其后续加工和服役性能带来的优势会显著提高材料的竞争力。

日本谷野满和铃木茂在 2006 年出版的《铁钢材料の科学》中关于特殊钢的定义是：特殊钢的定义并不严格。特殊钢所包含的钢种和组成范围，因统计的取法和业界习惯而不同，此外，世界各国的定义也存在差异。在我国（日本国），除上述合金钢之外，还包括高品质的高级碳素钢。合金钢以外的特殊钢包含的钢种有：（1）碳含量（质量分数）大于 0.6%的碳素钢；（2）镇静钢；（3）Mn 系 H 型钢（保证淬透性的结构用钢）；（4）含硫易切削钢。另外，钢铁联盟认为，除了 600 兆帕以上的高强度钢之外，超过特定合金元素含量下限的钢种也定义为特殊钢。这个定义认为高级碳素钢与合金钢一样都是特殊钢，此外还包括了一些具有特别特征的钢类，把一部分强度超过 600 兆帕的低合金钢也认为是特殊钢。可以看出，日本与德国的特殊钢定义所包含的钢类基本相近，但是也不完全相同。

美国特殊钢所包括的钢类还要少一些。美国 SSINA（The Specialty Steel Industry of North America）和 AISI（American Iron and Steel Institution）关于特殊钢的定义包括了电工钢、合金钢、不锈钢、工具钢。实际上，还会把如高温合金（superalloy）在内的特殊合金（specialty alloy）也包括在内。在当代美欧钢类体系中有几个习惯用法的特殊名词 engineering steel、quality steel、SBQ（special bar quality），应该都是指以轴承钢为代表的中低合金类特殊钢，特别是这些钢类的棒线材，相近于我国现在广义的合金结构钢。所以，我们说到美国的特殊钢是以上两大类钢的结合。

法国的 François Leroy 和 Jean Saleil 在 1986 年出版的《特殊钢机械制造》（Les aciers spéciaux de construction mécanique）书中给出了特殊钢的定义：事实上，在相对传统的标准框架之外，现代特殊钢首先必须是能够以精确、可重复和可靠的生产方式实现较高技术指标、较好的成型能力，以及在服役状态下达到起初设计要求的高性能钢材。特殊钢可以是合金钢或非合金钢。与优质钢相比，特殊钢满足更严格或更多的使用标准。它们通常认为可以通过热处理过程获得特定特性，并且它们对热处理的响应是可重复的，这也是它们的主要特征之一。特殊钢在不同领域可以细分成不同种类，通常我们可以分为以下四大类：机械结构钢、工具钢、不锈钢、耐热钢。

第三版《大苏维埃百科全书》（1969～1978 年）中关于“特殊钢”的定义是：特殊钢，为制造特殊类型的产品或部件而设计的钢（有别于大规模生产的钢）。特殊钢可以是碳钢或合金钢（“特殊钢”一词经常被错误地等同于“合金钢”一词）。特殊钢因其冶炼和脱氧技术或特殊的铸造和加工方法，以其特殊的纯度而区别于成分类似的钢种。

1949 年新中国成立后，苏联派出专家帮助中国开展建设工作，我们第一个合金结构钢标准照搬苏联的国标 ГОСТ 4543。1957 年赫鲁晓夫撤走专家与技术资料，我们自己起草了 YBX—59 标准，但也没有跳出原来的框框。质量等级分优质、高级优质、特级优质，表述为钢号、钢号后加 A、钢号后加 E 三级。中国现在的高碳铬轴承钢标准就是按此理念起草的（GB/T 18254—2016），它的优点是表现出碳含量和主要合金元素含量，以及质量水平。

兴澄特钢原总工程师蔡燮鳌清晰地记得，1959年冶金工业部发布了一批特殊钢标准，在标准中引进了一批国外先进而适合中国资源特点的牌号，列入了中国自主研发的牌号。当时中国的特殊钢行业标准（冶标）有：YB4—59《优质碳素结构钢》、YB5—59《碳素工具钢》、YB6—59《合金结构钢》、YB7—59《合金工具钢》、YB8—59《弹簧钢》、YB9—59《滚动轴承铬钢》、YB10—59《耐酸不锈钢》、YB11—59《耐热不起皮钢及高电阻合金》、YB12—59《高速工具钢》等几大类特殊钢。再加上抚顺钢厂751研究所生产的高温合金、大连钢厂752研究所生产的精密合金，构成了当时的中国特殊钢体系。为了安排生产上述特殊钢，计划经济体制下曾经归属冶金工业部有八大特钢企业：本溪特钢、抚顺特钢、大连特钢、重庆特钢（102军工厂）、太原钢厂、北满特钢（齐钢）、大冶钢厂和北京钢厂。它们构成了新中国的特殊钢体系基础，由此可以看出我国的特殊钢内涵。

中国特殊钢学者多年来也一直尝试定义特殊钢。钢铁研究总院赵先存的定义被行业广为接受：具有特殊化学成分、采取特殊冶炼和生产方法生产的、具有特殊性能并应用在特殊场合的一类钢为特殊钢。在不同场合，也会有各种定义特殊钢的尝试。科技部在编写“十二五”高品质特殊钢“863”专项规划时，东北大学姜周华等提出特殊钢概念：特殊钢是指具备特殊的化学成分和组织性能、满足特定使用要求的钢铁材料，一般具有合金元素较多、生产工艺复杂、技术控制严格等特点，广泛应用于交通运输、能源、国防军工、航空航天、石油化工、机械制造等领域。特殊钢按照化学成分，可分为优质碳素钢、合金钢和高合金钢；按照用途，可分为轴承钢、弹簧钢、不锈钢、耐热钢、耐磨钢、工模具钢、电工钢等；按照产品形状，可分为扁平材、管材、棒线材、锻材等。

以上列出了中外特殊钢行业对特殊钢的认识历程和现实。在征求了国内30余位特殊钢领域的专家意见后，至少有一点是可以比较明确的，即兼顾主流特殊钢生产企业的现实情况，特殊钢是一个针对普通碳素结构钢和普通一般低合金钢而言的相对概念。

二、特殊钢的定义

普通碳素结构钢是指一类以碳合金化为主的铁碳合金，普通一般低合金钢也可以采用硅锰合金化或微合金化（如Q355、HRB400），是对基本力学性能如强度和塑性有要求，并满足良好焊接性能、良好冷热加工性能、良好切削加工性能要求的钢类。这是钢铁材料相比其他材料更具综合性能优势的基本特征。具有更多性能要求的钢类（如高强度、高韧性、耐热、低温、耐蚀、抗疲劳、耐磨损、弹性、膨胀、电磁性能等）可以归纳入特殊钢范畴。最常见的典型普通碳素结构钢和普通一般低合金钢有08Al、Q195、Q235、Q355、HRB400等。采用通常的转炉和电炉可以大批量高效率生产，对硫、磷、氧、氮、氢的控制要求是适应工艺流程的生产能力。普碳钢与普通一般低合金钢产量相加，目前占我国钢产量的80%左右，是量大面广的钢铁材料品种。我国特殊钢的产量占比已经达到了10%以上，由于各国的产业结构不同，工业化国家的特殊钢占钢产量的10%~30%。

特殊钢应该具有更高的强度（合金结构钢、高性能低合金钢、超高强度钢）、韧性

(低温钢)、物理性能（电工钢)、化学性能（不锈钢)、耐热性能（高温合金)、生物性能（抗菌毒钢)、工艺性能（易切削钢)。钢铁材料的品种多样化主要是表现在特殊钢品种的繁多，特别是通过合金化形成的各种合金钢。表 2-1-1 列出了普碳钢、低合金钢、特殊钢的主要特点差异。

表 2-1-1　普碳钢、低合金钢、特殊钢的特点

普碳钢	低合金钢	特殊钢
(1) 一般的强度和塑性，如 Q195、Q235； (2) 易焊接、易切割； (3) 良好的冷热变形能力； (4) 较好的切削加工性能	(1) 低合金钢，如 Q355； (2) 微合金钢，如 HRB400E； (3) 高强度易焊接，如 EH40 船板钢； (4) 高强度、高韧性，如 X80 管线钢； (5) 高强度、高塑性，如 DP590 汽车板	(1) 高强、高硬、高韧，如 40CrNi-2Si2MoVA（相当于 300M)； (2) 抗疲劳破坏，如 55SiCr； (3) 耐环境腐蚀，如 022Cr19Ni10（相当于 304L)； (4) 耐摩擦磨损，如 GCr15

相对于普碳钢和普通低合金钢，特殊钢的性能要求更高，这些性能要求体现在材料生产、零件加工和使用过程的全产业链过程中，如图 2-1-2 所示。

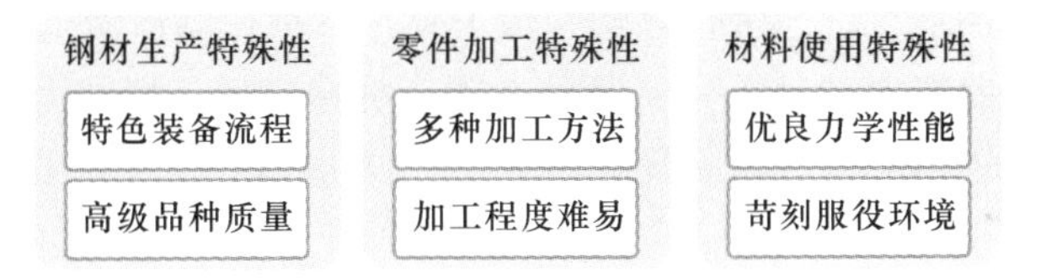

图 2-1-2　特殊钢的特殊性表现

综上所述并结合现实情况，特殊钢是相对普通碳素结构钢和普通一般低合金钢而言，具有更多性能要求的许多种钢的集合。正是因为性能要求的更多特殊性，所以这类钢表现出了化学成分的特殊性、材料生产与零件制造工艺的特殊性、使役环境的特殊性。特殊钢中种类最多的是合金钢，是在碳素钢中适量地加入一种或几种合金元素后使钢的组织结构发生变化，从而使钢具有各种不同的特殊性能，如强硬性、塑韧性、耐磨损、耐腐蚀、抗疲劳等，以及其他诸多优良性能。

针对我国现阶段的发展情况，特殊钢应该包括但是不局限：优质碳素结构钢、高性能低合金钢、合金结构钢（及机械零件用钢)、轴承钢、工具钢、模具钢、超高强度钢、耐热钢与高温合金、不锈钢与耐蚀合金、精密合金、电工钢、耐磨钢、低温钢等，它们在化学成分、生产工艺、加工过程、使役环境等一个或多个方面表现出了不同于普通碳素结构钢和普通一般低合金钢的特殊性。

特殊钢的内涵是持续变化的，是随着技术发展和市场需求而演变的。

受苏联技术标准体系的影响，中国大陆在 20 世纪末之前，特殊钢行业普遍认为电炉是生产特殊钢的主要流程。甚至只要是电炉钢厂就被认为是特殊钢厂。直到 21 世纪初，精炼及真空脱气技术的进步，使得采用转炉流程也可以生产出质量更好的同类品种，人们关于电炉生产特殊钢的观念逐渐转变了。

1958年创建的上钢五厂曾经被命名为7029厂，生产军工用特殊钢。殷匠一直在上钢五厂工作，所以在他最初印象中，特殊钢就是军工钢，1986年起他开始与日本住友金属接触，发现日本同行也是这么认为。历史上日本发动侵略战争，都需要军工钢。始建于第二次世界大战前的日本大同特殊钢、山阳特殊钢、爱知钢厂三大特殊钢厂都曾经是纯粹的军工厂，制造包括枪炮弹药的军火。战后的日本和平宪法规定日本不能再制造武器，随着汽车工业的发展，特殊钢才成了日本汽车用钢的代名词。

原冶金工业部副部长翁宇庆院士认为，特殊钢从成分、工艺和服役性能界别，从沿袭西北欧与俄日，到国内长期认识，虽然有变化而无统一表述，但是目前大体认识已被广泛接受。近来尚有一些不同认识值得注意：(1) 美国多从应用来区分特殊钢，量大面广的合金结构钢不算作特殊钢，而称谓之 quality steel 或 engineering steel 或 SBQ（special bar quality)，目前西欧也是这样的称谓。(2) 冶金工艺的发展，特别是电炉钢和炉外精炼的普遍采用使得许多过去认为的特殊钢不再是特殊钢，而应将特殊冶金方法生产的钢铁材料强调为特殊钢，如高温合金。(3) 粉末冶金材料、3D打印材料、金属基复合材料等已逐步纳入新型特殊钢的范畴。特别是工艺变革带来的具有新性能、新应用的材料应纳入特殊钢范畴。(4) 从质量划分为普、优、特三类钢依然值得推崇，但过去仅以硫、磷含量来区分，还应以氧、氮、氢气体含量，夹杂物级别，残余有害元素，低倍缺陷，截面均质性等因素加以区分。特殊钢需要突出“特”字：特殊性能、特殊质量、特殊工艺和特殊服役。

现在奥氏体不锈钢304板材与无缝管的生产可以比较容易地实现，在生产过程中、后续零件加工过程和服役应用中没有体现出更多的特殊性；低硅电工钢和中低牌号无取向硅钢许多厂可以没有太多难度地实现生产。可以说，这些许多年前的特殊钢，在技术进步的今天再被认为是特殊钢已经是不太合适了。

特别是在中国，超过了世界一半的钢铁生产与需求，导致了更大规模生产特殊钢是可行的，同时可以做到低成本稳定地生产与应用，这些特殊钢的生产和应用程度有如普碳钢。今天的特殊钢明天可能就是普通钢，因此特殊钢的内涵是持续变化着的。

第二节 特殊钢的类型

合金化往往被认为是重要的特殊钢特征，通过合金化可以改变铁碳合金的力学、抗应力腐蚀、耐腐蚀失效、耐摩擦磨损等性能，提高钢的服役寿命。随着合金化程度提高，可以获得更加独特的性能，当然合金化成本和生产工艺成本也会提高，实际生产和应用数量相比也会少许多。图2-1-3是按优特钢、合结钢、不锈钢、合金来划分说明合金含量与性能、产量、应用的基本关系，便于大家容易理解特殊钢的类型。

合金化除了形成多个特殊钢品种之外，还对钢材和零件生产全流程的纯净度（轴承钢)、均匀度（齿轮钢）和组织度（弹簧钢）提出了更高的要求。还有一类铁碳合金的特殊钢，比如作为轴类的45钢、弹簧的65钢、工具的T8A钢，在材料生产、零件加工和应用领域表现出其特殊性。

世界各国特殊钢定义与内涵不尽相同，我国特殊钢所包含的钢类与日本相近，而美国的特殊钢主要包括合金钢、不锈钢、高温合金、电工钢四类，如图 2-1-4 所示。

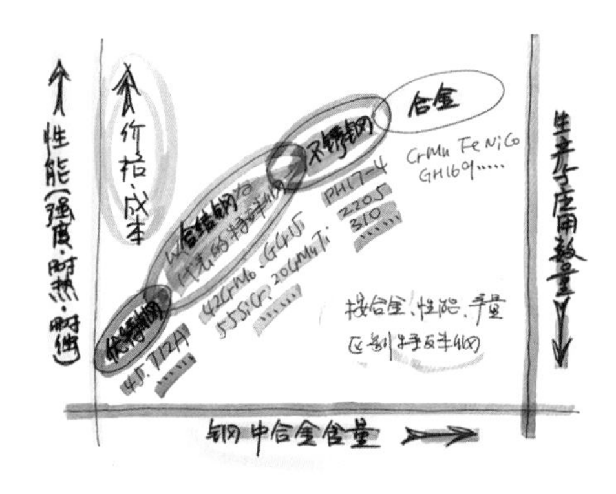

图 2-1-3　按合金含量、性能、产量表现特殊钢主要特征

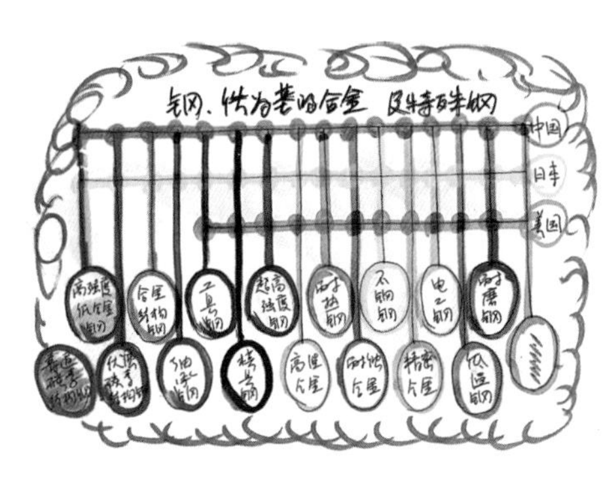

图 2-1-4　中国、日本、美国的特殊钢所包含的钢类

表 2-1-2 列出了特殊钢的主要类型以及常用的牌号，由此可以看出特殊钢的开放性与发展性。

表 2-1-2　特殊钢的主要类型及常用牌号

序号	特殊钢大类	特殊钢细分类	常用牌号
1	优质碳素结构钢	优碳钢	08Al、35、45、50、65Mn
		易切削钢	Y12、1215、12L14
2	高性能低合金钢	工程机械用钢	Q690
		锅炉压力容器用钢	16MnR
		桥梁用钢	Q500
		高建钢	Q420
		管线钢	X80
3	合金结构钢（及机械零件用钢）	通用合结钢	27SiMn、40Cr、42CrMo
		齿轮钢	20CrMnTi、SCM420
		铆螺钢	35CrMo、42CrMo
		非调质钢	38MnVS、C70S6
		弹簧钢	60Si2Mn、50CrV4
4	轴承钢	高碳铬轴承钢	GCr15
		渗碳轴承钢	G20Cr2Ni4
		不锈轴承钢	9Cr18、440C
		高温轴承钢	M50、M50Nil
5	工具钢	碳素工具钢	T8、T10
		合金工具钢	9SiCr、9Cr18
		高速工具钢	M2（W6M05Cr4V2）

续表 2-1-2

序号	特殊钢大类	特殊钢细分类	常用牌号
6	模具钢	热作模具钢	H13（4Cr5MoSiV1）
		冷作模具钢	D2、Cr12MoV
		塑料模具钢	P20（3Cr2Mo）
7	超高强度钢	低合金超高强度钢	4330、4340、300M
		二次硬化超高强度钢	AF1410、AerMet100
		马氏体时效钢	18Ni（250）
8	耐热钢	铁素体珠光体耐热钢	20g
		低合金耐热钢	2.25Cr1Mo
		9-12Cr 铁素体耐热钢	T/P91、T/P92
		奥氏体耐热钢	310、T/P347H
		气阀钢	4Cr9Si2、21-4N
9	高温合金	镍基高温合金	C-276、GH169
		铁镍基高温合金	Incoloy 800、A-286
		钴基高温合金	Stellite B
10	不锈钢	奥氏体不锈钢	304L、316L、201
		铁素体不锈钢	409、430
		马氏体不锈钢	4Cr13、5Cr15MoV
		双相不锈钢	2205、2101、2507
		沉淀硬化不锈钢	17-4PH、PH13-8Mo
11	耐蚀合金	镍铜蒙乃尔合金	Monel400
		镍铬钼哈氏合金	C-276、G3
		镍铁铬合金	Incoloy 800、Inconel 690
12	精密合金	软磁合金	1J46、1J22
		硬磁合金	N35（NdFeB）、2J83
		低膨胀合金	36Ni-Fe Invar
		弹性合金	3J9（2Cr19Ni9Mo）
13	电工硅钢	无取向硅钢	50W600
		取向硅钢	23QG100
14	耐磨钢	耐磨铸钢	ZGMn13Cr2
		耐磨钢板	NM550
15	低温钢	铁素体低温钢	9Ni
		奥氏体低温钢	304L
16	其他	电热合金	0Cr25Al5
		钎钢	55SiMnMo
		阻尼合金	Fe-12Cr-3Al
		高速重载钢轨	U71Mn、U75V
		冷拉拔珠光体钢丝	82B

第二章　中国特殊钢典型品种与工艺进步

特殊钢是支撑国家战略性新兴产业发展、国家重大工程和国防建设的关键材料，是钢铁材料中的高技术含量产品。特殊钢占钢产量的比重、产品结构、生产和应用等代表了一个国家的工业化发展水平。

改革开放40多年来，特别是近10多年，我国特殊钢行业大规模装备现代化改造的任务已基本完成，部分企业装备水平进入世界先进行列，逐步形成了以中信泰富特钢、宝武集团、东北特钢、山西太钢、西宁特钢、中天钢铁等大型特钢企业集团为主导的支柱企业，并形成了一批具有专业性品种的特钢企业。在产量增加的同时，品种结构得到了优化，重点品种在冶金质量、产品稳定性等方面得到突破。与此同时，中国特钢人秉承“在科学上没有平坦的大道，只有不畏劳苦沿着陡峭山路攀登的人，才有希望达到光辉的顶点”理念，紧紧瞄准“卡脖子”工程所需的特殊钢，立足本职工作创新发展，极大地促进了我国特钢行业的技术进步，提高了特钢领域的自主创新能力，取得了长足进步。例如：建立了我国630~700℃超超临界燃煤锅炉管耐热材料体系，并成功完成了电站锅炉建设所需上述新耐热材料全部尺寸规格锅炉管的工业制造；在轴承钢领域开发出基体组织和碳化物双细化热处理技术，将轴承钢接触疲劳寿命提高到原来的5倍以上，其产品已成功打入国际高端市场，批量供应SKF、NSK等国际顶级轴承企业，连续10年产销量世界第一；建立了我国高端压铸模用钢的品种体系及国家标准（GB/T 34565.1—2017），开发了满足国际先进标准（NADCA 207—2016）的高品质压铸模具钢系列化品种，实物质量达到国际先进水平；突破了齿轮钢窄淬透性带宽控制技术，材料质量稳定性大幅度提升，控制水平达到国际先进水平；自主研发了“宽幅超薄精密不锈钢带工艺技术系列产品”，其产品入驻国家博物馆等。上述成绩的取得，改变了受制于人的局面，有力地支撑了国家战略性新兴产业发展、国家重大工程和国防建设。

上一章我们主要讨论了特殊钢的概念和分类，实际上通常应用的特殊钢类型一是考虑学科特点（如超高强度钢），二是考虑性能特点（如不锈钢），三是考虑应用领域（如轴承钢）。特殊钢涉及的钢类比较多，各特殊钢类都会有其特征，为了让读者能够比较清晰地了解中国主要特殊钢类型特点，下面将按照各典型特殊钢类和代表性钢种牌号，进一步介绍中国特殊钢的品种质量现状。

第一节　合金结构钢

合金结构钢是特殊钢中量大面广的品种，广泛应用于汽车、机械、兵器等领域，包括低碳的易切削钢，中低碳的齿轮钢，中碳的调质钢、非调质钢、渗氮钢，高碳的弹簧钢，等等。随着我国装备制造业的发展，合金结构钢技术不断进步，特别是近20年来，我国合金结构钢出现了技术进步快、产业规模扩张快等特点。

一、齿轮钢

（一）概述

齿轮钢广泛应用于汽车、机械等行业，用于制造各种齿轮等基础件。长期以来，工业发达国家根据本国的资源条件，形成了各自的齿轮钢牌号系列，如德国的Mn-Cr系齿轮钢（16MnCr5H、20MnCr5H）、日本的Cr系齿轮钢（SCr420H）和Cr-Mo系齿轮钢（SCM420H）、美国的Cr-Ni-Mo系齿轮钢（SAE8620H）等。我国齿轮钢牌号系列的变化大致可划分为四个阶段：1949~1980年为第一阶段；1980~2000年为第二阶段；2000~2010年为第三阶段；2010年以来为第四阶段。

第一阶段的特点是全面照搬苏联的钢种系列。18CrMnTi钢是这个时期的主导钢种。这个时期，钢材的内在质量与国外齿轮用钢还有很大的差距，钢中的氧含量高达（40~50）$\times10^{-6}$，淬透性带宽高达20~26HRC；生产出的齿轮寿命短、精度差、噪声大，远不能满足我国汽车生产的需要。

第二个阶段的特点是从“六五”到“九五”，依靠我国自身的技术力量，完成了齿轮钢的精炼工艺、淬透性的计算预报及成分微调工艺、连铸工艺研究，使齿轮钢的内在质量显著提高。同时，引进了日本、德国和美国等国外的齿轮钢钢种系列，在品种和质量上满足了我国齿轮制造业的需要。GB/T 5216—1985《保证淬透性结构钢》纳入了18个常用的牌号，淬透性带宽也能保证在12HRC左右。

第三个阶段的特点是2000~2010年我国齿轮钢产量需求大幅度增加，同时伴随钢材的价格节节攀升，特别是在2004~2005年期间，钢材价格大幅上涨，市场竞争的压力迫使各齿轮厂寻求质量好、价格低的齿轮钢种。在这个时期，我国应用先进的工艺技术全面改造了Cr-Mn-Ti系齿轮钢，使钢中氧含量达到了（10~20）$\times10^{-6}$，钢的淬透性带宽缩小到6~7HRC，由单一品种扩展到H1~H6六个子钢号，以满足各种模数变速箱齿轮的需要。GB/T 5216—2004《保证淬透性结构钢》纳入了24个常用的牌号，淬透性带宽也能保证在6~8HRC。

第四个阶段的特点是2010年以来在保持齿轮钢高产量的同时，齿轮钢的质量日益提升。此阶段，我国齿轮钢的技术水平达到了国际先进水平，从跟跑到并跑，局部领域还处于领跑水平，从而支撑了我国汽车工业的爆发式增长，同时部分产品出口到国外。GB/T 5216—2014《保证淬透性结构钢》纳入了32个常用的牌号，淬透性带宽也能控制在6HRC以下，钢中氧含量稳定控制在20×10^{-6}以下，并且纳入了DS夹杂物的控制要求。淬透性带宽是齿轮钢的重要质量指标。

齿轮钢典型牌号20CrMnTiH的化学成分见表2-2-1，淬透性带宽要求见表2-2-2。

表 2-2-1　我国齿轮钢典型牌号 20CrMnTiH 的化学成分　（%）

C	Si	Mn	S	P	Cr	Ti
0.17~0.23	0.17~0.37	0.80~1.20	≤0.035	≤0.030	1.00~1.45	0.04~0.10

表 2-2-2　20CrMnTiH 齿轮钢的淬透性带宽要求（H 带、HH 带和 HL 带）

淬透性带范围		离开淬火端下列距离（毫米）处的硬度（HRC）										
		1.5	3	5	7	9	11	13	15	20	25	30
H	最大	48	48	47	45	42	39	37	35	32	29	28
	最小	40	39	36	33	30	27	24	22	20	—	—
HH	最大	48	48	47	45	42	39	37	35	32	29	28
	最小	43	42	39	37	34	31	29	27	24	21	—
HL	最大	45	45	44	41	38	35	33	31	28	26	24
	最小	40	39	36	33	30	27	24	22	20	—	—

在进一步提升齿轮钢质量稳定性的同时，未来齿轮钢的发展趋向主要包括：（1）高温渗碳齿轮钢及高温渗碳技术。目前，此项技术在德国等工业发达国家已实现商业化，可节省大量能源、显著提高效率。国内目前 960℃高温渗碳已经逐步开始应用。重点发展 960~980℃和 1000℃以上高温渗碳技术。（2）海上风力发电设备用齿轮钢。风电齿轮尺寸大、可靠性要求高，使用寿命要求在 20 年以上。尽管国内外风电齿轮和轴类材料选用成熟的 Cr-Mo、Cr-Ni-Mo 系钢种材料，但由于尺寸大，特别是随着海上风电风机功率的提高，如何保证齿轮组织和性能的均匀性有待进一步研究。（3）开发高性能齿轮钢（高强度、低变形、易加工），满足高端（重载、高精度）齿轮要求，特别是以 400 公里/小时高速铁路齿轮箱齿轮为代表的高端装备用齿轮钢。（4）精密制造齿轮用钢。以机器人谐波齿轮为代表，齿轮工业向智能化、精密化方向发展，需要齿轮钢材料适应工艺和使用发展要求。

（二）典型钢种

齿轮钢 20CrMnH 介绍如下：

（1）概述。齿轮钢是指可用于加工制造齿轮的特殊钢，主要包括渗碳钢、调质钢和渗氮钢。齿轮钢不但要有良好的强韧性，能很好地承受冲击、弯曲和接触应力，而且要求变形小、精度高。随着汽车向着高转速、高载重量、低噪声和轻量化的方向发展，要求齿轮用特殊钢材料应具有：

一是足够的心部淬透性，确保齿轮渗碳淬火时渗层和心部不出现过冷奥氏体分解产物，使齿轮获得足够的表面淬硬层和基体强韧性，以适应高速重载的需要。

二是齿轮渗碳淬火后变形小。齿轮获得小的淬火变形，减少磨削加工量，是降低振动和传动噪声的关键。

三是良好的成型性，包括热塑性成型、冷塑性成型和切削加工成型，使齿轮机加工量小、精度高。

四是良好的可热处理性，包括毛坯正火和产品渗碳淬火，在保证获得所要求性能的前提下，降低能源消耗，缩短生产周期。

高质量水平的齿轮钢应具有四个方面的性能指标，即特定的淬透性及窄的淬透性带宽、晶粒细小均匀、纯净度高、加工性能好。

（2）国内外标准及化学成分。国内外标准及化学成分见表 2-2-3。

表 2-2-3 国内外标准及化学成分

参考标准	牌号	化学成分（质量分数）/%					
		C	Si	Mn	P	S	Cr
GB/T 5216—2014	20CrMnH	0.17~0.22	≤0.37	1.10~1.40	≤0.030	≤0.035	1.00~1.30
BS EN ISO 683-3：2018	20MnCr5	0.17~0.22	0.15~0.40	1.10~1.40	≤0.025	≤0.035	1.00~1.30
ASTM A304—2011	SAE5120H	0.17~0.23	0.15~0.35	0.60~1.00	≤0.035	≤0.040	0.60~1.00

（3）淬透性。淬透性见表 2-2-4。

表 2-2-4 淬透性

热处理温度/℃		淬透性带宽（HRC）		
正火温度	淬火温度	J5	J9	J15
920±10	870±5	36~48	30~43	25~39

（4）晶粒度。钢材奥氏体晶粒度满足不小于 930℃×4 小时高温渗碳要求，晶粒度不小于 5 级。

（5）非金属夹杂物。钢材非金属夹杂物应达到表 2-2-5 的要求。

表 2-2-5 非金属夹杂物

类 别	A 类	B 类	C 类	D 类
细系	≤2.5	≤2.5	≤1.5	≤1.5
粗系	≤2.0	≤1.5	≤1.0	≤1.0

（6）应用。齿轮钢广泛用于汽车、工程机械、高铁、风电等交通运输领域以及机械传动装置等。

二、非调质钢

（一）概述

非调质钢是在传统碳钢的基础上加入 Nb、V、Ti 等微合金化元素，采用控轧（锻）控冷等强韧化方法，达到或接近调质钢力学性能的一类优质结构钢。20 世纪 70 年代的全球能源危机，促使人们开发一种更为高效、经济、节能的钢种，非调质钢由此诞生。因省去了调质处理（淬火+高温回火），非调质钢的应用可以节约工件生产中 700~900 千瓦·小时/吨的电耗，减少 30%~40%的能耗，降低 25%~38%的制造成本，并且很大程度上提高了零件成材率。非调质钢绿色环保的优点与近年来我国政府坚持发展绿色经济的理念相契合，因此，微合金非调质钢的开发与应用备受关注。随着人们对微合金理论、控轧（锻）控冷工艺和强韧化机理的认识，微合金非调质钢得到了进一步的开发和应用。非调质钢的突出优点使其在建筑、桥梁、石油化工、模具、工程机械、汽车零部件制造等诸多领域得到应用。目前，国外汽车上的许多锻件，如汽车曲轴、半轴、连杆等都已采用了非调质钢进行制造。国内对非调质钢的研究虽然起步较晚，但近年来也开发了一系列的非调质钢，并逐渐推广应用。

非调质钢种类繁多，按不同的分类标准可分为不同的类型，按轧制的型材可分为非调质钢线材、非调质钢棒材、非调质钢管材和非调质钢板材；按加工工艺可分为热锻用非调质钢、直接切削用非调质钢和冷作强化非调质钢；按组织类型可分为铁素体-珠光体型非调质钢、贝氏体型非调质钢和马氏体型非调质钢，这也是非调质钢发展的三个典型阶段。由于贝氏体型非调质钢和马氏体型非调质钢合金设计、工艺过程相对复杂，因此目前应用最广泛的仍然是铁素体-珠光体型非调质钢。

目前，大部分的铁素体-珠光体型非调质钢中普遍添加 V 元素，利用微合金化元素中 V 元素的析出强化效果，是提高非调质钢强度的重要途径。但是相同的强度级别下，铁素体-珠光体型非调质钢的韧性往往低于调质钢，能够满足对韧性要求不高的零件使用，主要用于曲轴、连杆前轴、半轴、螺栓（8.8 级和 9.8 级）等零件的制造。几种典型的铁素体-珠光体型非调质钢的化学成分及力学性能见表 2-2-6 和表 2-2-7。

表 2-2-6　铁素体-珠光体型非调质钢的化学成分（质量分数）　（%）

牌　号	C	Si	Mn	V	P	S
F35MnVS	0.32~0.39	0.30~0.60	1.00~1.50	0.06~0.13	≤0.035	0.035~0.075
F38MnVS	0.34~0.41	≤0.80	1.20~1.60	0.08~0.15	≤0.035	0.035~0.075
F45MnVS	0.42~0.49	0.30~0.60	1.00~1.50	0.06~0.13	≤0.035	0.035~0.075
35MnVS（中）	0.36	0.30	1.3	0.10	0.015	0.060
MM50（日）	0.51	0.22	0.81	0.08	0.010	0.031
49MnVS3（德）	0.42~0.50	≤0.6	0.6~1.0	0.08~0.13	≤0.035	0.045~0.065
SG45	0.42~0.50	0.17~0.37	0.50~0.80	≤0.10	≤0.035	≤0.035
Vanard 850（英）	0.30~0.50	0.15~0.35	1.0~1.5	0.02~0.20	≤0.035	≤0.05
45MnV（中）	0.42~0.49	0.17~0.37	0.8~1.0	0.08~0.13	≤0.035	≤0.035
45MnNbV（中）	0.42~0.49	0.15~0.35	0.9~1.2	0.08~0.13	≤0.035	0.035

表 2-2-7　铁素体-珠光体型非调质钢的力学性能

牌　号	R_m/兆帕	$R_{p0.2}$/兆帕	Z/%	A/%	A_K/焦	a_k/焦·厘米$^{-2}$
F30MnVS	≥700	≥450	≥30	≥14	—	—
F35MnVS	≥710	≥440	≥33	≥15	≥35	—
F38MnVS	≥800	≥620	≥25	≥12	—	—

续表 2-2-7

牌　号	R_m/兆帕	$R_{p0.2}$/兆帕	Z/%	A/%	A_K/焦	a_k/焦·厘米$^{-2}$
F45MnVS	≥810	≥490	≥28	≥12	≥25	—
35MnVS（中）	794	500	44	20	—	61.0
MM50（日）	810	540	39	16.5	—	42
49MnVS3（德）	800~900	≥500	≥8	≥20	≥15	—
SG45	800~900	≥590	≥40	10	—	—
Vanard850（英）	770~930	≥540	—	≥18	≥20	—
45MnV（中）	944	635	50	15	—	57.8
45MnNbV（中）	843	633	20	54	—	68.8

贝氏体型非调质钢按碳含量可以分为两类：一类是中碳贝氏体型非调质钢，其碳含量在0.20%~0.40%，此类钢根据不同的性能要求可能需要回火处理；另一类是超低碳贝氏体钢，其碳含量低于0.1%，甚至低于0.05%，此类钢冶炼时往往需要进行微钛处理。贝氏体型非调质钢的强度高于铁素体-珠光体型非调质钢，韧性较好，特别是低温韧性，同时，较铁素体-珠光体型非调质钢有更好的焊接性和耐疲劳性能。贝氏体型非调质钢的强度可达到800~1100兆帕，室温U形缺口的冲击吸收功在50焦左右；而超低碳贝氏体钢在保持1000兆帕强度的同时，冲击吸收功可达到130~190焦。此类钢能够承载较大程度载荷，主要应用于汽车保险杠、压力容器、工程机械、集装箱、舰船和桥梁等领域。几种典型的贝氏体型非调质钢的化学成分及力学性能见表2-2-8。

表 2-2-8　贝氏体型非调质钢的化学成分和力学性能

牌号	化学成分（质量分数）/%					力学性能			
	C	Si	Mn	Cr	V	R_m/兆帕	$R_{p0.2}$/兆帕	A/%	Z/%
VMC15-3	0.15	0.25	1.85	0.40	0.10	790	520	25	55
VMC20	0.20	0.25	1.85	0.40	0.10	860	575	23	55
VMC25	0.25	0.25	1.80	0.35	0.15	900	630	21	50
VMC30	0.30	0.25	1.75	0.40	0.20	960	705	17	40
F12Mn2VB	0.09~0.16	0.30~0.60	2.20~2.65	≤0.30	0.06~0.12	≥685	≥490	≥17	≥45
25MnCrV	0.24	0.28	1.96	0.49	0.15	950	—	—	—

1988年美国的P. H. Wright首次提出了第三代非调质钢的概念——马氏体型非调质钢。马氏体型非调质钢的组织为回火马氏体（板条马氏体+少量残余奥氏体），其强化方式是通过铌细化晶粒，并控制成分促进回火马氏体的形成。为保证一定强度的同时保证高韧性，这类钢的特点是碳含量较低，一般在0.04%~0.10%，为提高淬透性，Mn含量一般高于1.5%。马氏体型非调质钢按工艺类型可分为直接淬火自回火型和直接淬火再回火型。前者要求较低的碳含量，以便在淬火后得到全板条马氏体，然后通过调整合金元素含量使

钢的 M_s 点较高，并且 M_f 点高于 200℃，使其能够发生自回火现象。后者其实是利用轧制或锻造余热进行淬火，虽省去了淬火工序，但仍需进行专门的回火工艺。马氏体型非调质钢的强度最高，可达到 1400 兆帕，同时其屈服强度要比铁素体-珠光体型和贝氏体型非调质钢高出 1 倍，且有很高的低温冲击韧性，-30℃时的韧性是贝氏体型非调质钢的 4~5 倍，-60℃仍能保持 16 焦以上的冲击吸收功。但是其热加工工艺技术要求较高，因此推广和应用受到一定限制。日产汽车公司最先将此类钢用于车轮部分的转向节销；我国自主研发的自回火低碳马氏体钢也已成功应用于汽车的水泵轴上。几种典型马氏体型非调质钢的化学成分和力学性能见表 2-2-9。

表 2-2-9 马氏体型非调质钢的化学成分和力学性能

牌号	化学成分（质量分数）/%							力学性能	
	C	Si	Mn	S	Ti	Cr	V	R_m/兆帕	a_k/焦·厘米$^{-2}$
NQF10MAT	0.10	0.25	1.63	0.015	0.020	1.06	—	1064	88
KNF5MC	0.05	0.25	1.50	—	—	—	—	1010	130
B04HFG	0.04	—	2.95	0.025	—	2.03	0.05	999	135

（二）典型钢种

铁素体-珠光体型非调质钢 38MnVS6 介绍如下：

（1）概述。铁素体-珠光体型非调质钢 38MnVS6 是在中碳含锰钢的基础上添加微量的合金元素（V、Nb、Ti），通过控轧控冷使其性能达到中碳调质钢的水平，由于节能、环境保护的需要，非调质钢在汽车零部件、机械设备制造上得到了广泛应用，如曲轴、连杆、转向节、轮毂、高压共轨等零部件。非调质钢材料在汽车零部件的进一步轻量化、高强度化，简化零部件制造工艺以及实现制造过程中 CO_2 的减排中使用量越来越大，使用范围越来越广。

（2）各国牌号及标准。38MnVS6 钢是一种使用量相对较大的牌号，中国 GB/T 15712 标准牌号为 F38MnVS，欧洲 EN10267 标准牌号为 38MnVS6，美国 AISI/ASTM 标准牌号为 1538MV。

（3）国内外标准及化学成分。国内外标准及化学成分见表 2-2-10。

表 2-2-10 国内外标准及化学成分

参考标准	牌号	化学成分（质量分数）/%								
		C	Si	Mn	P	S	Cr	Mo	Cu	V
GB/T 15712	F38MnVS	0.34~0.41	≤0.80	1.00~1.50	≤0.035	0.035~0.075	≤0.30	≤0.10	≤0.30	0.08~0.15
EN10267	38MnVS6	0.34~0.41	0.15~0.80	1.20~1.60	≤0.025	0.020~0.060	≤0.30	≤0.08		0.08~0.20

（4）主要性能。主要性能见表 2-2-11。

表 2-2-11 主要性能

牌号	热轧状态下力学性能				硬度（HBW）
	屈服强度/兆帕	抗拉强度/兆帕	伸长率/%	断面收缩率/%	
F38MnVS6	≥550	≥850	≥12	≥30	250~290
38MnVS	≥520	800~950	≥12	≥25	—

（5）国内主要生产企业及用途。国内生产铁素体-珠光体型非调质钢的企业主要有兴澄特钢、大冶特钢、大连特钢、石家庄钢铁、南京钢铁等。现有的钢厂均采用连铸连轧低成本工艺。该钢种适用于制造汽车曲轴、连杆、活塞、转向节臂，高压共轨等汽车锻件。

三、螺栓钢

（一）概述

紧固件是一种用途极为广泛的机械基础零部件，其主要作用是连接和紧固。紧固件通常包括螺栓、螺柱、螺母、螺钉、垫圈、销、自攻螺钉、挡圈、铆钉、组合件等十几个类别，其中应用最广泛的是螺栓。螺栓按性能等级分为 3.6、4.6、4.8、5.6、5.8、6.8、8.8、9.8、10.9、12.9 共 10 个级别，其中 6.8 级以下为常用螺栓，8.8 级以上为高强度螺栓。螺栓钢按工艺路线又可分为非热处理型、调质型、非调质型及表面硬化型。6.8 级以下的紧固件多选用非热处理型中碳和低碳钢制造，无需淬火回火处理。高强度螺栓用钢通常为调质型中碳钢或中碳合金钢制造，需要进行淬火和回火处理，也可选用非调质钢、硼钢、F-M 双相钢或低碳马氏体钢。

高强度化是材料研究和发展的永恒主题。美国是世界上最早使用高强度螺栓的国家，早在 1938 年，美国就在桥梁维修中首次使用了高强度螺栓。高强度螺栓等紧固件多采用冷镦加工成型，因而螺栓等紧固件用钢又称冷镦钢。冷镦是在常温下利用金属塑性成型的，采用冷镦工艺制造紧固件，不但效率高、质量好，而且用料省、成本低。但是冷镦工艺对原材料质量的要求很高，作为冷镦用钢应具备的主要性能有：具有良好的冷成型性；对于冷镦变形要具有尽可能小的变形阻力和尽可能高的变形能力，为此，一般要求冷镦钢线材的硬度和强度尽可能低，通常要求不大于 HRB82，屈强比为 0.5~0.65；同时希望线材的冷加工强化系数越低越好（对冷作强化非调质钢除外），即不易产生加工硬化；为了避免在冷镦时引起裂纹，要求线材具有足够高的断面收缩率，一般要求低碳钢线材的断面收缩率应不低于 60%，中碳及低合金钢的断面收缩率不低于 50%~60%，合金钢的断面收缩率应不低于 50%；此外，在冷镦过程中，线材表面所受的应力最大，因此为了避免在冷镦时表面开裂，要求钢材表面质量良好，同时钢材的表面脱碳层要尽可能小。

延迟断裂是螺栓用钢高强度化时必须高度注意的问题。目前，主要通过组织细化、微合金化处理、减少晶界偏析等措施来提高高强度螺栓的耐延迟断裂性能。钢铁研究总院针对 12.9 级螺栓钢高强度化带来的延迟断裂、塑性和韧性降低等问题，通过添加微合金元素形成碳化物引入氢陷阱，控制耐候元素 Ni 和 Cu 含量，设计制备了 12.9 级耐候 40CrNiMoVNbCu 螺栓钢，并完成了合金成分、热处理工艺、组织与力学性能的优化研究。

耐候钢中添加 Si、Ni、Cr、Cu、Mo、Nb 等元素通过固溶强化、晶界强化、位错强化等机制提高了耐候钢母材的强度，从而实现螺栓耐候性和母材耐候性相匹配。

高强度螺栓生产初期，螺栓用材料基本上采用中碳钢和中碳合金钢，在冷镦后进行调质处理，以获得所需的强度和韧性。然而，这类钢材碳含量高、工艺性能差，在冷加工前需要进行耗能、费时的球化软化退火处理。因此，随着冷锻技术和产品向高强度、高精度、异形化的发展以及节能的需要，对材料冷镦工艺性提出了更高的要求，为此开发了可在二次加工中省去球化退火处理工序的低合金含量的低中碳硼钢。硼钢是近年来应用于冷成型工艺的新钢种，其特点是添加微量的硼元素（通常 0.0005%～0.005%），即可显著提高钢的淬透性。硼提高淬透性的效果与钢的碳含量有关，碳含量越低，效果越好。

冷作强化非调质钢是通过采用微合金化、控制轧制和控制冷却，使微合金化元素的碳氮化物弥散析出而产生沉淀强化和细晶强化，在此基础上再通过冷变形产生加工硬化，使钢的强度进一步提高，在不经过调质处理的情况下，即能达到所要求性能指标的一种新型结构钢。冷作强化非调质钢主要用来制造高强度螺栓。目前，制造的螺栓强度级别主要为 7T 级和 8.8 级，也制造 9.8 级、10.9 级甚至 12.9 级的高强度螺栓。一般 7T 级、8.8 级和 9.8 级螺栓用冷作强化非调质钢为碳含量 0.20%左右的 C-Mn 系钢中添加微量 V、Ti、Nb 等元素，其组织为铁素体+珠光体。10.9 级及其以上螺栓用冷作强化非调质钢则多为含碳 0.10%左右的 C-Mn 系钢中添加 Cr、Ti、B、Si 等元素，以提高淬透性，保证得到满意的强度、塑性和韧性，其组织主要为贝氏体。7T 级、8.8 级和 9.8 级螺栓，一般采用 ML35 或 ML40Cr 钢制造，并采用调质处理获得所要求的性能，该性能等级的螺栓应用量大面广。10.9 级高强度螺栓一般采用 40Cr、35CrMo 等合金结构钢经调质处理制作而成。

目前直径 30 毫米以下的高强度螺栓普遍采用我国自行研制的 35VB 钢，此钢种应用广泛，相关标准也比较完善；而超过 40 毫米的螺栓多采用 42CrMo 钢，是世界各国广泛使用的材料。由于风能发电机组安装环境恶劣，长期承受巨大的风力，同时工作环境温度一般在零下几十摄氏度，因此风电用大尺寸高强度螺栓不但要具有良好的抗拉强度和屈服强度，还应具有很好的低温冲击韧性，当材料的内部组织通过淬火全部为马氏体组织时，低温冲击性能最好，也就是说要保证淬透性才能提高材料的冲击值。42CrMo 钢的临界淬透直径为 40 毫米，超过 40 毫米需采用成本高的含 2%Ni 的 Cr-Ni-Mo 系材料。随着我国风力发电领域补贴逐年降低，下游用户迫切需要在保证力学性能的条件下降低螺栓材料成本。钢铁研究总院通过问题梳理，联合行业内主要材料生产企业、螺栓制造企业，在科技部重点研究计划项目支持下，通过设计合金成分，添加成本较低的合金元素 Al、B 来提高材料的淬透性，改善了大尺寸风电螺栓的心部力学性能，获得了性能更加优良且成本低廉的适用于大尺寸风电螺栓用材料。研制的新型 42CrMo 钢，最大淬透直径达到 80 毫米，满足风电螺栓的技术要求，形成了万吨螺栓钢产业应用示范线。目前常用的高强度螺栓钢有 35CrMo 和 42CrMo 等，其主要化学成分及力学性能如表 2-2-12 和表 2-2-13 所示。

表 2-2-12 35CrMo 和 42CrMo 钢的化学成分（质量分数） （%）

牌号	C	Si	Mn	P	S	Cr	Mo
35CrMo	0.33~0.38	0.10~0.30	0.60~0.90	≤0.025	≤0.025	0.80~1.20	0.15~0.25
42CrMo	0.38~0.45	0.17~0.37	0.50~0.80	≤0.025	≤0.025	0.90~1.20	0.15~0.25

表 2-2-13 35CrMo 和 42CrMo 钢的力学性能

牌 号	抗拉强度 R_m/兆帕	下屈服强度 R_{eL}/兆帕	断后伸长率 A/%	断面收缩率 Z/%	冲击吸收能量 A_{KU2}/焦	布氏硬度（HBW）
35CrMo	980	835	12	45	63	229
42CrMo	1080	930	12	45	63	229

（二）典型钢种

铆螺钢 ML35 介绍如下：

（1）概述。中碳的 35 钢是一种常见的优质碳素结构钢，是应用广泛的基础机器零件用钢，许多合金结构钢都是在其基础上添加合金元素形成的。“35”表示以万分之几计的平均碳含量，对应的冷镦钢牌号为 ML35（ML 为“铆螺”的拼音首字母）。该钢具有一定的强度，塑性、韧性良好，切削及冷成型加工性能较好，可表面淬火；焊接性能尚可，但焊前需要预热，焊后回火处理，一般不作焊接用途；通常以热轧、冷拉、车削抛光、正火或退火等状态交货，在正火态或调质态下使用，广泛应用于负载较大但截面尺寸较小的各种机械零件，如转轴、曲轴、轴销、杠杆、连杆、横梁、星轮、套筒、轮圈、钩环、飞轮、机身、法兰、垫圈、螺栓、螺母等。

（2）国内外标准及化学成分。与 35、ML35 钢对应的国外牌号为 1035（ASTM）、C35EC（ISO、EN）、S35C（JIS）、SWRCH35K（JIS）等，化学成分略有差别，如表 2-2-14 所示。由于紧固件对性能稳定性要求较高，团体标准 T/CSM 11—2020 在国标的基础上减小了碳含量范围，并降低了磷和硫含量的上限值。

表 2-2-14 化学成分（质量分数） （%）

牌号	标 准	C	Si	Mn	P	S
35	GB/T 699—2015	0.32~0.39	0.17~0.37	0.50~0.80	≤0.035	≤0.035
ML35	GB/T 6478—2015	0.33~0.38	0.10~0.30	0.60~0.90	≤0.025	≤0.025
1035	ASTM A29/A29M-16	0.32~0.38	根据需求	0.60~0.90	≤0.040	≤0.050
C35EC	ISO 4954：2018	0.32~0.39	≤0.30	0.50~0.80	≤0.025	≤0.025
	EN 10263-4：2017	0.32~0.39	≤0.30	0.50~0.80	≤0.025	≤0.025
S35C	JIS G 4051：2016	0.32~0.38	0.15~0.35	0.60~0.90	≤0.030	≤0.035
SWRCH35K	JIS G 3507-1：2010	0.32~0.38	0.10~0.35	0.60~0.90	≤0.030	≤0.035
ML35	T/CSM 11—2020	0.33~0.37	0.10~0.30	0.60~0.80	≤0.020	≤0.020

（3）物理性能。熔点 1514℃，密度 7.85 克/厘米^3，弹性模量 196 吉帕，剪切模量 76

吉帕，20~100℃线膨胀系数 1.17×10^{-5}/开，23℃热导率 21~52 瓦/(米·开)，23℃比热容 470~520 焦/(千克·开)，23℃电阻率 $(1.43\sim1.74)\times10^{-7}$欧·米。

（4）热处理及力学性能要求。ML35 可以通过调质处理获得所需的力学性能，见表 2-2-15。

表 2-2-15　推荐的热处理制度及性能

牌号	试样尺寸/毫米	推荐的热处理制度/℃			抗拉强度/兆帕	屈服强度/兆帕	断后伸长率/%	断面收缩率/%	冲击吸收功 A_{KU2}/焦	硬度(HRC)
		正火	淬火	回火						
35	25	870	850	600	≥530	≥315	≥20	≥45	≥55	—
ML35	≤16	—	870	510~540	≥800	≥640	≥12	≥52	—	22~32

（5）末端淬透性。ML35 钢末端淬透性见表 2-2-16 及图 2-2-1。

表 2-2-16　末端淬透性

牌号	淬火温度/℃	距淬火端部不同距离的硬度（HRC）								
		3 毫米	5 毫米	7 毫米	9 毫米	11 毫米	13 毫米	15 毫米	20 毫米	25 毫米
ML35	870±5	33~55	22~49	≤34	≤28	≤26	≤25	≤24	≤23	≤20

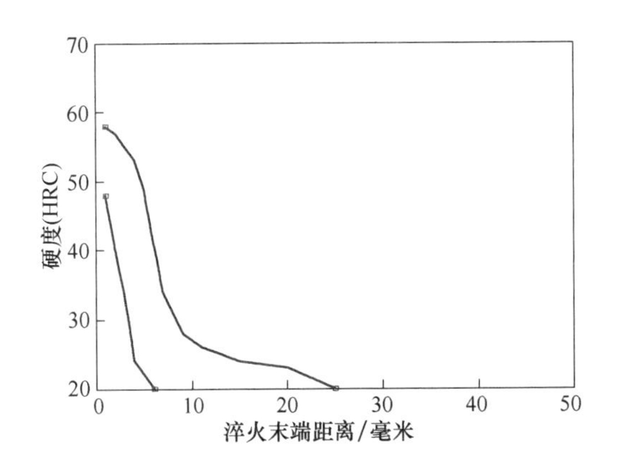

图 2-2-1　ML35 钢的淬透性带

（6）强韧化机理。通过调质处理（淬火+高温回火）得到回火马氏体组织，铁素体基体上分布细粒状碳化物，使钢的强度、塑性和韧性配合恰当，综合力学性能良好，如图 2-2-2 所示。

（7）CCT 与 TTT 曲线。等温转变（TTT）曲线如图 2-2-3 所示，连续冷却（CCT）曲线如图 2-2-4 所示。

（8）应用举例。ML35 圆棒和线材常经过冷镦成 8.8 级螺栓和螺钉等汽车用高强度紧固件，如图 2-2-5 所示。

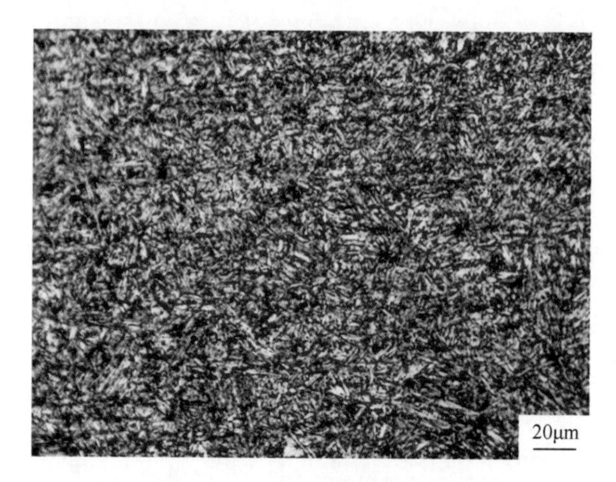

图 2-2-2 ML35 钢调质态组织
(870℃淬火+520℃回火)

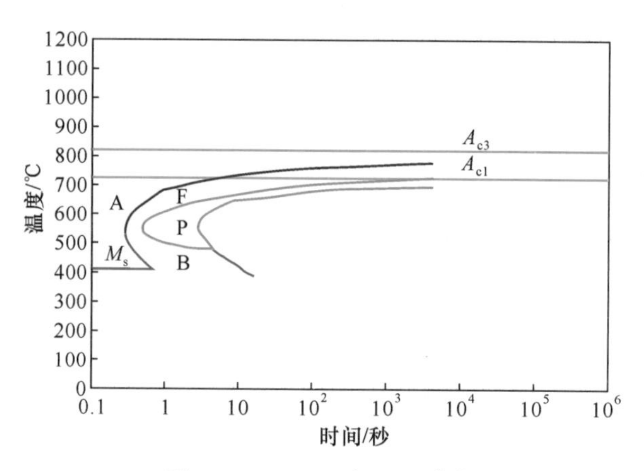

图 2-2-3 ML35 钢 TTT 曲线
(850℃奥氏体化)

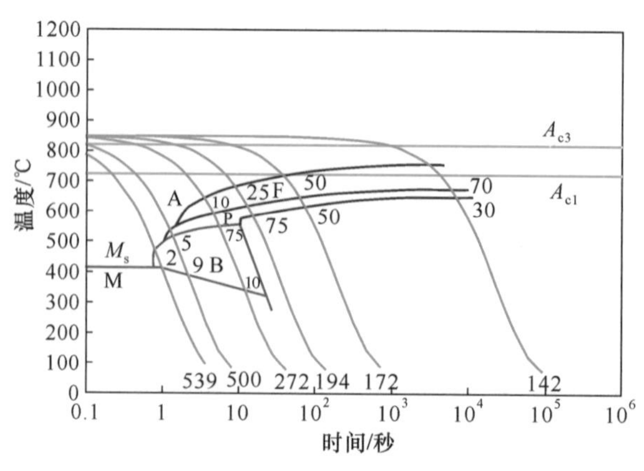

图 2-2-4 ML35 钢 CCT 曲线
(850℃奥氏体化)

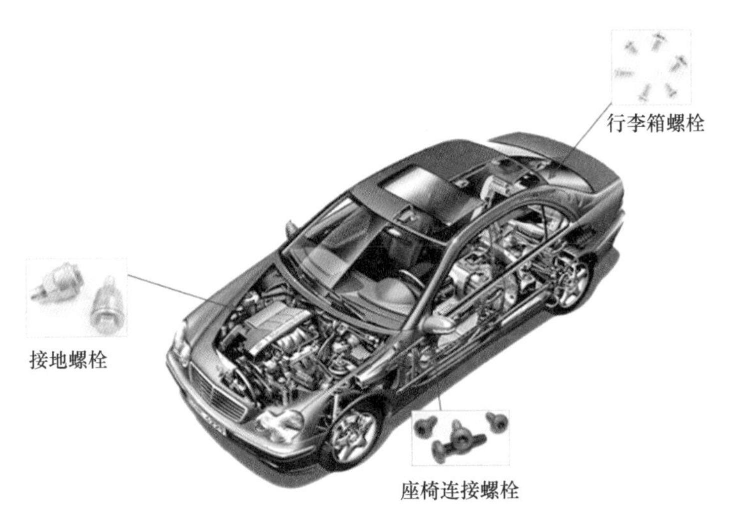

图 2-2-5　ML35 钢用于汽车 8.8 级螺栓
（舟山市 7412 工厂提供）

四、弹簧钢

（一）概述

弹簧钢顾名思义是用于制造弹簧的钢，弹簧钢主要应用于汽车、发动机制造业以及铁路行业。弹簧对材料的力学性能、抗疲劳性能、抗弹减性能、物理和化学性能、工艺性能的要求越来越高，其中抗疲劳破坏和抗弹性减退是贯穿于弹簧钢研究开发的主题。

所有弹簧产品中，气门弹簧对材料要求最为严格，特别是高应力及异型截面气门弹簧对材料要求近乎苛刻。例如，要求抗拉强度达到 2000 兆帕；对氧化物、硫化物的夹杂物等级要求均达到 0 级；异型截面材料对曲率、长短轴等有特殊要求。目前，国外气门弹簧专用弹簧钢生产主要集中在日本、韩国、瑞典，生产企业有日本铃木、日本三兴、日本住友、日本神钢钢线、韩国 KisWire、瑞典 Garphyttan 等，几乎垄断了我国全部异型截面和高应力气门弹簧钢市场。2000 年以后，随着新型发动机的开发，对发动机的旋转速度和轻量化、紧凑化的要求越来越高，因此日本开始采用 2100～2200 兆帕的 OT 钢丝。在此情况下，不仅要调整合金成分，还要对现有制造工艺进行改进，低温弥散硬化成为必不可少的工艺。然而，低温弥散硬化后的弹簧形状发生了变化，为了提高形状和尺寸的控制精度，控制整个制造工序中形状变化的技术开始引人关注。

汽车行业对悬簧强度的要求越来越高，对其设计应力要求提高到了 1100～1200 兆帕，为此日本通过向钢中添加合金元素开发出了高强度和高耐腐蚀疲劳强度的钢材。我国弹簧钢目前尚无法满足高档乘用车悬架弹簧用钢性能需求，强度 1200 兆帕及以上悬架弹簧产品用钢全部依赖进口。然而近年来，为规避资源风险、降低成本和实现原材料的全球化供给，要求使用标准钢（SAE9254）维持高强度，而且要求提高钢的韧性，因此越来越多地采用喷丸硬化处理取代处理费用高的表面硬化热处理。喷丸硬化处理将压缩残余应力作用于表面，可提高抗疲劳强度，减小表面缺陷的影响程度，因此近年来将它视为表面处理不可或缺的技术。随着表面强化技术的发展，悬簧的设计应力也达到了 1200 兆帕级。预计今后对高强度悬簧用钢的强度、韧性和耐腐蚀性及耐用性的要求将越来越高。未来，随着汽车轻量化，发展高强度、优良抗弹减性能和抗疲劳性能的汽车悬架用弹簧钢是提高我国高端装备零部件自主配套能力、有效替代进口的必然趋势。

（二）典型钢种

弹簧钢 55CrSi 介绍如下：

（1）概述。55CrSi 弹簧钢属硅铬系合金弹簧材料，其具有强韧性优良、抗回火稳定性好、松弛抗力高、疲劳寿命理想等特点，是目前用于汽车弹簧最有代表性的弹簧钢之一。

（2）国内外标准及化学成分。国内外标准及化学成分见表 2-2-17。

表 2-2-17 国内外标准及化学成分

参考标准	牌号	化学成分（质量分数）/%								
		C	Si	Mn	P	S	Cr	Ni	Cu	Cu+10Sn
GB/T 1222—2016	55SiCr	0.51~0.59	1.20~1.60	0.50~0.80	≤0.025	≤0.020	0.50~0.80	≤0.35	≤0.25	
EN 10089-1：2002	54SiCr6	0.51~0.59	1.20~1.60	0.50~0.80	≤0.025	≤0.025	0.50~0.80	—	—	≤0.60
ISO 683-14：2004	55SiCr6-3	0.51~0.59	1.20~1.60	0.50~0.80	≤0.025	≤0.025	0.50~0.80	—	—	≤0.60

（3）力学性能。力学性能见表 2-2-18。

表 2-2-18 力学性能

状态	力学性能				
	屈服强度/兆帕	抗拉强度/兆帕	伸长率/%	断面收缩率/%	冲击功（20℃）A_{KU}/焦
淬火+回火处理	≥1300	≥1450	≥6	≥25	≥8

（4）热处理工艺。860℃±20℃淬火+450℃±50℃回火；淬火冷却介质推荐为快速淬火油，回火后水冷或空冷。

（5）应用及生产厂家。55CrSi 弹簧钢是应用较为普遍的硅铬系合金弹簧材料，广泛用于制造汽车、拖拉机和铁路车辆上的螺旋弹簧、悬挂弹簧、悬架弹簧、板弹簧以及其他高应力下工作的重要弹簧，也适用于制作工作温度在 250℃以下非腐蚀介质中的耐热弹簧以及承受交变负荷及在高应力下工作的大型重要卷制弹簧。主要应用企业有慕贝尔、蒂森克虏伯、中国弹簧厂等，国外主要生产企业有德国撒斯特、日本神户、韩国浦项，国内主要生产企业有江阴兴澄、大冶特钢、江西新余、青岛特钢、济源钢厂等。

第二节　轴承钢

一、概述

轴承钢是制造轴承的主要材料，需要具有超高的纯净度和严格控制的夹杂物类型、尺寸、数量与分布等冶金质量，以及高的硬度、适当的韧性、较高的耐磨性和抗接触疲劳性能，满足滚动轴承对寿命和可靠性要求。轴承钢品质最高，性能要求苛刻，而且量大面广，种类繁多，被称为特钢之王。因为轴承服役条件的严苛性和复杂性，要求轴承钢不仅要具有高的冶金质量、优异的抗疲劳性能和良好的耐磨性能，同时要满足轴承的耐温、耐蚀和无磁等各种不同要求，以满足矿山机械、精密机床、冶金设备、重型装备与高端汽车等重大装备领域和风力发电、高速铁路及航空航天等新兴领域不同行业高端装备需求。在众多轴承钢品种中，GCr15 是量大面广的轴承钢类型，广泛用于航空航天、矿山机械、交通运输等装备领域。可以说 GCr15 冶金质量与性能的发展代表了整个轴承钢发展历程与方向。

按照轴承钢的化学成分及使用需求，轴承钢可分为高碳铬轴承钢、渗碳轴承钢、中碳轴承钢、不锈轴承钢、高温轴承钢和无磁轴承钢六大类型。其中高碳铬轴承钢的代表钢种有 GCr15、GCr15SiMn、GCr15SiMo、GCr18Mo、GCr15SiMo、G8Cr15 等，该类钢是轴承钢的主体，占我国轴承钢总量的 90%以上，也是欧洲滚动轴承用轴承钢的主要材料。渗碳轴承钢表面经渗碳处理后具有高硬度和高耐磨性，而心部仍具有良好的韧性，能承受较大的冲击，主要品种有 G20CrMo、G20CrNiMo、G20CrNi2Mo、G20Cr2Ni4、G10CrNi3Mo、G20Cr2Mn2Mo 等，渗碳轴承钢是美国滚动轴承的主打材料。中碳轴承钢主要为适应轮毂和齿轮等部位具有多种功能的轴承部件或特大型轴承，适用于制作掘进、起重、大型机床等重型设备上用的特大尺寸轴承，主要钢种有 G56Mn、G70Mn、G42CrMo 等。不锈轴承钢主要钢种有 G95Cr18、G102Cr18Mo、G65Cr14Mo，主要应用于化工、石油、造船、食品工业等部门。高温轴承钢具有高的高温硬度（58HRC 以上）、尺寸稳定性、耐高温氧化性，以及低的热膨胀性和高的抗蠕变强度。M50（8Cr4Mo4V）和 M50NiL 是含 Mo 的高温不锈钢，BG42 钢是高碳高铬的高温不锈轴承钢，工作温度分别在 350℃ 和 420℃ 以下；CSS-42L是一种高温不锈渗碳轴承钢，可以使用到 500℃ 以上；Cronidur30 钢是一种高氮（氮含量 0.40%）的超高强不锈钢，耐蚀性能比 440C 高出几十倍，主要应用于航空、航天工业的喷气发动机、燃汽轮机和宇航飞行器的制造领域。无磁轴承钢主要钢种有高强度和高硬度的 G60、GH05 以及 52 号合金等。

GCr15 作为通用轴承钢，适用于 150℃ 以下环境使用的各类轴承部件。近百年以来，高碳铬轴承钢 GCr15 的化学成分没有大的变化，而接触疲劳寿命提高了 100 倍以上，这与轴承钢冶炼技术的发展息息相关，钢中氧含量的降低，非金属夹杂物数量和尺寸的减少，使轴承钢的疲劳寿命大幅提高。研究表明，钢中氧含量从 30×10^{-6}左右降低到 5×10^{-6}，夹杂物总长度从 1 毫米/厘米^3 以上减小到 0.0001 毫米/厘米^3 以下，轴承钢的接触疲劳额定寿命（L_{10}）从 10^7次提高到 10^8次以上，如图 2-2-6 所示。

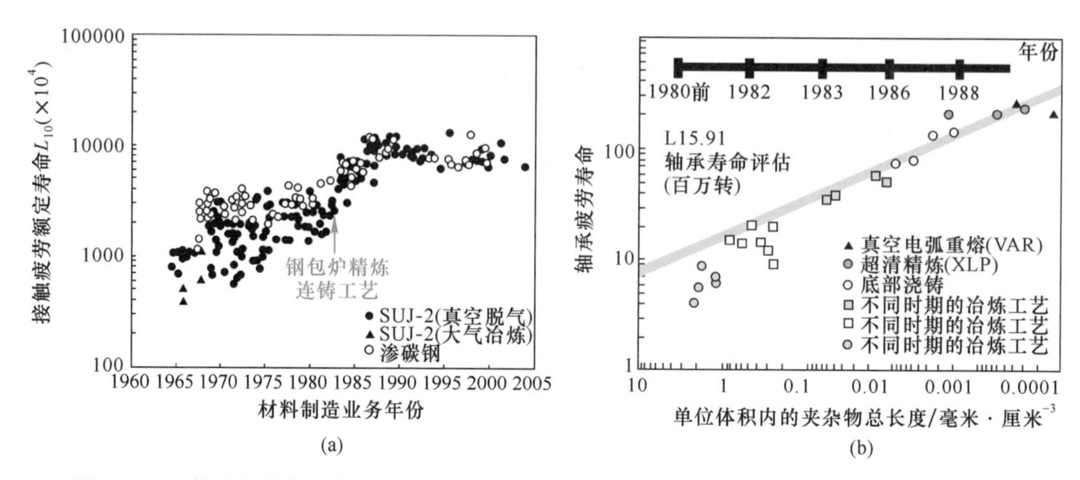

图 2-2-6 轴承钢接触疲劳寿命 L_{10} 随着研发时间的提升(a)以及 L_{10} 与夹杂物之间的关系(b)

第三代轴承钢则是耐蚀性能更高和耐温性更好的 CSS-42L 钢和 Cronidur30 钢。我国在第三代航空发动机用高性能轴承齿轮钢的研发方面与国外存在更大差距，需要进行高温渗碳不锈轴承钢 CSS-42L 和高氮不锈轴承钢 Cronidur30 等轴承齿轮钢的研发。CSS-42L 是美国拉特罗布特殊钢公司（Latrobe Special Steel Company）研制的表面硬化型轴承齿轮钢，属于第三代轴承齿轮材料，应用于宇航齿轮传动机构和涡轮螺旋桨主轴轴承等零部件。国内近年来也开始了第三代轴承齿轮材料的研究工作，研制的新型高温不锈渗碳轴承钢 G13Cr14Co12Mo5Ni2 经淬回火热处理后的抗拉强度可达到 1800 兆帕，屈服强度可达到 1400 兆帕，断裂韧性 K_{IC} 可达到 80 兆帕 · 米$^{1/2}$以上。该钢经表面渗碳热处理后室温表面硬度可达到 HV900（HRC67）以上，渗层深度可达到 1.0 毫米，心部硬度可达到 HV545（HRC52）。滚动接触疲劳寿命试验表明 G13Cr14Co12Mo5Ni2 的 L_{10} 比 G13Cr4Mo4Ni4V 高 10 倍以上，如图 2-2-7 所示。Cronidur30 钢是欧洲最早开发的，典型化学成分为含 0.30%的 C、15%的 Cr、1%的 Mo、0.4%的 N，该钢采用 C-Cr-Mo-N 合金体系，属于高耐蚀高氮不锈轴承钢。通过 N 的固溶强化，形成细小弥散的 $Cr_2(C,N)$ 碳氮化物和 $M_{23}C_6$ 碳化物的双强化机理。由于 Cronidur30 钢中含有 14%~16%的 Cr 和约 0.4%的 N，赋予了高氮轴承钢高的硬度、高的耐蚀性能和优异的抗接触疲劳性能。据报道，Cronidur30 钢的耐蚀性能比 440C 钢提高了 100 倍，接触疲劳寿命提高了 4 倍以上。但高氮不锈轴承钢 Cronidur30 的 N 的加入需要专门的加压冶炼装备（加压电渣炉 PESR）和非常复杂的冶炼工艺，以保证材料成分的均匀性和稳定性。

二、典型钢种

轴承钢 GCr15 介绍如下：

（1）概述。轴承钢最典型的牌号是高碳铬轴承钢 GCr15，该钢在 1901 年问世，1913 年美国最先将其纳入标准，至今已有百年的历史。GCr15 成分基本没有变化，但该钢的生产工艺经过了几次大的变革，质量大幅度提高，是超纯净高质量钢的代表。GCr15 钢中合金元素含量不高，价格便宜，综合性能良好，在淬火和回火后具有高而均匀的硬度，良好

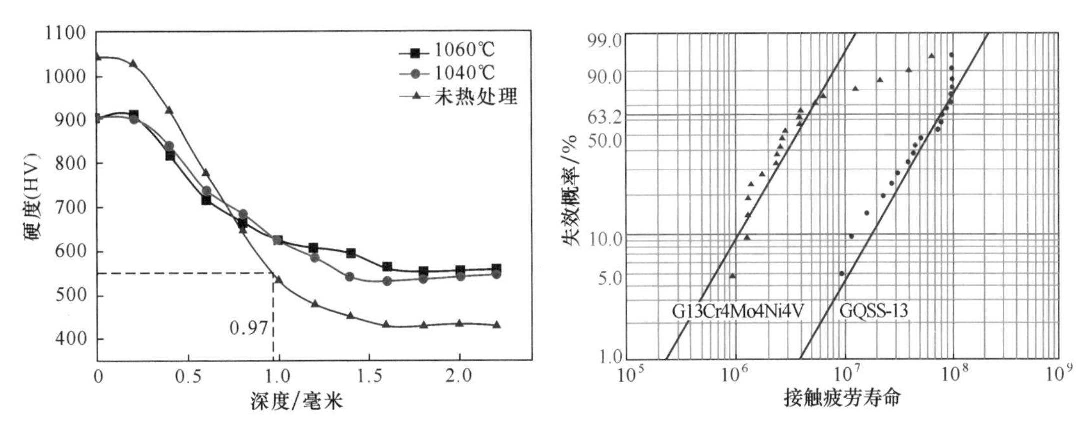

图 2-2-7　G13Cr14Co12Mo5Ni2(CSS-42L、GQSS-13)与 G13C4Mo4V(M50NiL)工业试制钢的经真空表面渗碳后的硬度变化及 200℃下的接触疲劳性能

的耐磨性，高的接触疲劳寿命。该钢的热加工变形性能好，球化退火后有良好的可切削性。轴承钢 GCr15 主要用于制造内燃机、电机车、机床、拖拉机、轧钢设备、钻探机、铁道车辆以及矿山机械等传动轴上的钢球、滚子和轴套等。

(2) GCr15 钢各国牌号及标准。GCr15 钢各国牌号及标准见表 2-2-19。

表 2-2-19　GCr15 轴承钢各国牌号及标准

国家或地区	中国	美国	日本	欧洲
牌　号	GCr15	52100	SUJ2	100Cr6
标　准	GB/T 18254	ASTM A295/A295M	JIS G 4805	EN ISO 683—17

(3) 化学成分。化学成分见表 2-2-20。

表 2-2-20　化学成分（质量分数）　(%)

C	Si	Mn	Cr
0.95~1.05	0.15~0.35	0.25~0.45	1.40~1.65

(4) 热处理工艺及主要性能。热处理工艺及主要性能见表 2-2-21~表 2-2-23。

表 2-2-21　推荐热处理工艺

退　火	淬　火	回　火
790~810℃炉冷，至 650℃出炉，空冷	880~950℃油冷	150~170℃空冷

表 2-2-22　退火态力学性能

热处理工艺	屈服强度/兆帕	抗拉强度/兆帕	断后伸长率/%	抗弯强度/兆帕
退火	860	520	30	1820

表 2-2-23 主要物理性能

密度/克·厘米$^{-3}$	弹性模量/吉帕
7.85	210

（5）力学性能及强韧化机理。高碳铬轴承钢 GCr15 采用高 C-Cr 合金体系，约 0.5% 的 C 固溶基体产生固溶强化，以获得 HRC58 以上的高硬度，满足轴承高承载和高抗接触疲劳性能要求，剩余的 C 与 Fe 和部分 Cr 结合生成（Fe，Cr）$_3$C 碳化物弥散分布于基体上满足轴承耐磨性的需求。Cr 除部分形成碳化物以外，其余固溶于基体当中，提高了轴承钢的淬透性和耐蚀性能。

轴承钢 GCr15 的发展方向是进一步降低钢中氧含量及其他有害元素和夹杂物含量，提高钢的纯净度、组织均匀性和表面质量。

（6）应用及生产厂家。GCr15 是最经典的轴承钢牌号，目前仍然是轴承钢中乃至特殊钢中产量最大的单一钢种，占到轴承钢总量的 85%以上。在我国，几乎所有特殊钢企业都生产 GCr15 钢种，其生产水平基本代表了企业洁净钢生产平台的水平，该品种也是国民经济各行业最基础材料之一，凡是有转动的地方或部件几乎都不可避免要使用该材料。国内主要生产企业有中信泰富特钢集团、宝武特钢、西宁特钢、东北特钢，近年来，一大批新兴优特钢企业如南京钢厂、中天钢铁、济源钢厂等也纷纷生产该品种，且取得很大进步；国际上主要有美国铁姆肯，日本山阳、大同、新日铁，欧洲 OVAKO 等。目前国内中信泰富特钢集团兴澄钢厂在高端轴承钢市场占有率具有明显的优势，而旗下大冶特钢在风电、铁路、矿山机械、大型工业轴承、轧机轴承、盾构机等细分市场也表现出色，是目前生产轴承钢品种、生产模式、流程最齐全的轴承钢生产企业，形成了高端模铸、电渣、特种冶炼、连铸四大板块，其中高端模铸钢、高端电渣钢处于国内领先地位。

国外生产轴承的主要企业包括瑞典 SKF、德国舍弗勒、美国铁姆肯及日本 NSK、NTN 等全球领先企业，国内以哈尔滨、洛阳、瓦房店为代表的老的轴承企业及人本集团、五洲新春、浙江天马、龙岩、银河等新兴轴承企业表现也非常出色。

第三节 模具钢

模具钢是用来制造各种类型模具的钢种，是工具钢中比重最大的钢种，占比超过 90%。根据用途和工作条件，模具钢通常分为冷作模具钢、热作模具钢和塑料模具钢三大类。几个常用模具钢钢种的化学成分见表 2-2-24。

表 2-2-24 常用模具钢化学成分（GB/T 1299—2014）

类别	钢号	ASTM	化学成分（质量分数）/%						
			C	Si	Mn	Cr	Mo	V	Ni
冷作模具钢	Cr12Mo1V1	D2	1.40~1.60	≤0.60	≤0.60	11.00~13.00	0.70~1.20	0.50~1.10	—

续表 2-2-24

类别	钢号	ASTM	化学成分（质量分数）/%						
			C	Si	Mn	Cr	Mo	V	Ni
热作模具钢	4Cr5MoSiV1	H13	0. 32~0. 45	0. 80~1. 20	0. 20~0. 50	4. 75~5. 50	1. 10~1. 75	0. 80~1. 20	—
塑料模具钢	3Cr2Mo	P20	0. 28~0. 40	0. 20~0. 80	0. 60~1. 00	1. 40~2. 00	0. 30~0. 55	—	—
	3Cr2MnNiMo	—	0. 32~0. 40	0. 20~0. 40	1. 10~1. 50	1. 70~2. 00	0. 25~0. 40	—	0. 85~1. 15

一、冷作模具钢

（一）概述

冷作模具钢主要用于在冷状态（室温条件）下对工件进行压制成型的模具，如冷冲裁模具、冷冲压模具、冷拉伸模具、冷挤压模具、冷镦模具、压印模具、辊压模具等。冷作模具品种多，应用范围广，采用的钢号很多，从碳素工具钢、合金工具钢、高速工具钢、硬质合金直至粉末高速钢和粉末高合金模具钢等，大部分属于高碳过共析钢或莱氏体钢。

冷作模具在室温条件下对金属成型，工作过程中所承受的应力和摩擦力很大，因此对冷作模具钢的性能要求非常苛刻，尤其是要具备较高的耐磨性。以高碳高铬 Cr12 型冷作模具钢最为常用，包括 Cr12、Cr12MoV、Cr12Mo1V1。高碳高铬冷作模具钢具有高硬度、高强度、高耐磨性和淬火变形小等优点，但是铸态组织中存在鱼骨状共晶碳化物，这种状态随着钢锭凝固速率缓慢和锭型尺寸的增大而加剧，虽然在锻轧生产中鱼骨状共晶碳化物被破碎，但钢中还存在碳化物分布不均匀性、碳化物的颗粒尺寸大及尖角、块状等不规则形状，导致 Cr12 型冷作模具钢的韧性较差。因此，该类型钢的发展重点方向是改善碳化物分布均匀性、尺寸和形貌，提高冲击韧性。

（二）典型钢种

冷作模具钢 Cr12MoV 介绍如下：

（1）概述。Cr12MoV 模具钢具有高的淬透性和耐磨性，淬火尺寸变化小，具有较高的韧性，多用于制造截面较大、形状复杂、工作负荷较重的各种模具和工具、量具等。Cr12MoV1 在 Cr12MoV 基础上提高了 Mo 和 V 含量，尤其是 V 的含量，因此耐磨性优于 Cr12MoV。

（2）各国牌号及标准。各国牌号及标准见表 2-2-25。

表 2-2-25　Cr12MoV 钢各国牌号及标准

国家或地区	中国	美国	日本	欧洲/德国
牌号	Cr12MoV	—	SKD11	—
	Cr12MoV1	D2	—	X153CrMoV12 /DIN 1. 2379

续表 2-2-25

国家或地区	中国	美国	日本	欧洲/德国
标准	GB/T 1299 GB/T 34564.1	ASTM A681	JIS G 4404	DIN EN ISO 4957

（3）化学成分。化学成分见表 2-2-26。

表 2-2-26 化学成分（质量分数） （%）

牌号	C	Si	Mn	P	S	Cr	Mo	V	Cu	Ni
Cr12MoV	1.45~1.70	≤0.40	≤0.40	≤0.025	≤0.008	11.00~12.50	0.40~0.60	0.15~0.30	≤0.25	≤0.25
Cr12MoV1	1.45~1.60	0.60	≤0.60	≤0.025	≤0.008	11.00~13.00	0.70~1.00	0.80~1.00	≤0.25	≤0.25
D2	1.40~1.60	≤0.60	≤0.60	≤0.030	≤0.030	11.00~13.00	0.70~1.20	0.50~1.10		
SKD11	1.40~1.60	≤0.40	≤0.60	≤0.030	≤0.030	11.00~13.00	0.80~1.20	0.20~0.50		

（4）热处理工艺及主要性能。热处理工艺及主要性能见表 2-2-27。根据 Crucible 公司发布的数据统计，D2 钢 1010℃空冷后在不同温度回火后的硬度及韧性如图 2-2-8 所示。Charp-C 缺口冲击功近似无缺口试样冲击功，保证每次试验断口位置一致。

表 2-2-27 推荐热处理工艺

牌号	预热温度/℃	淬火温度/℃	淬火介质	回火温度/℃	硬度（HRC）
Cr12MoV	800~850	980~1030	油或高压氮气	200±6	≥58
Cr12MoV1	800~850	980~1050	空气或高压氮气	200±6	≥59
D2	816	996~1010	空冷	204	≥59

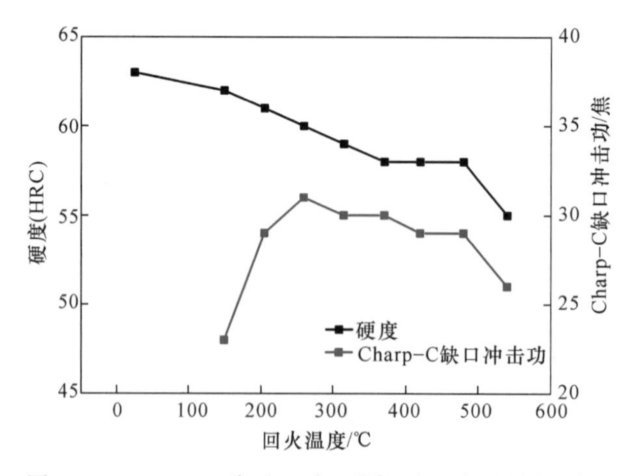

图 2-2-8 Crucible 公司 D2 钢不同温度回火后硬度及韧性

（5）冷作模具钢 Cr12MoV 国内外主要生产企业。1927 年美国 Gregory Comstock 申请了 D2 钢的专利，其 V 含量为 0.25%，与我国国家标准牌号 Cr12MoV 成分基本一致。目前冷作模具钢国外生产企业较多，包括安塞洛米塔尔、美国卡朋特科技（Carpenter Tech）、

Crucible、日本日立、奥地利伯乐（BÖhler）、瑞典一胜百（ASSAB）等。国内主要生产厂家有抚顺特钢、东北特钢、大冶特钢、长城特钢等企业。

二、热作模具钢

（一）概述

热作模具钢主要用于制造对高温状态下的金属进行热成型的模具，如热锻模具、热挤压模具、压铸模具、热剪切模具等。这类钢碳含量一般在 0.3%~0.5%，添加提高高温性能的钨、钼、铬、钒等合金元素。对特殊要求的热作模具有时还采用高合金奥氏体耐热模具钢、高温合金和难熔合金制造。热作模具钢用于将加热到再结晶温度以上的金属或液态金属成型的模具，因此要求热作模具钢具有良好的耐高温性能，如热强性、红硬性、抗冷热疲劳性能、抗回火软化性能等。尤其是液态金属压铸模具，模具钢在高温高压状态下，服役环境苛刻，型腔多向受力，需要具有很高的等向性能。提高模具钢的等向性能，改善钢的横向的韧性和塑性，使其与纵向性能接近，可大幅度提高模具的使用寿命，是压铸热作模具钢重点提升方向。目前，热作模具钢中应用最广泛的仍是美国发明的 H13 钢，北美压铸协会标准压铸用热作模具钢规定了 Premium Quality 和 Superior Quality 两个级别。在横向冲击韧性方面，Premium Quality 需要达到平均值 10.8 焦，单个最小值 8.1 焦；Superior Quality 需要达到平均值 13.6 焦，单个最小值 10.8 焦。

（二）典型钢种

热作模具钢 4Cr5MoSiV1 介绍如下：

（1）概述。4Cr5MoSiV1 钢是一种热作模具钢，对应美国的牌号是 H13 钢。该钢具有良好的淬透性和韧性，具有中等耐磨损能力，可以采用渗碳或渗氮工艺来提高其表面硬度。4Cr5MoSiV1 钢在较高温度下具有抗软化能力，有良好的切削加工性能，广泛应用于制造热挤压模具与芯棒、模锻锤的锻模和锻造压力机模具等。

（2）各国牌号及标准。各国牌号及标准见表 2-2-28。

表 2-2-28 各国牌号及标准

国家或地区	中国	美国	日本	欧洲
牌号	4Cr5MoSiV1	H13	SKD61	X40CrMoV5-1
标准	GB/T 1299—2014	ASTM A681：2007	JIS G 4404	EN ISO 4957

（3）化学成分。化学成分见表 2-2-29。

表 2-2-29 化学成分（质量分数） （%）

C	Si	Mn	Cr	Mo	V
0.32~0.45	0.80~1.20	0.20~0.50	4.75~5.50	1.10~1.75	0.8~1.2

（4）热处理工艺及主要性能。热处理工艺及主要性能见表 2-2-30~表 2-2-32。

表 2-2-30 推荐热处理工艺

退 火	淬 火	回 火
740~860℃炉冷至500℃出炉空冷	990~1040℃油冷	540~650℃空冷

表 2-2-31 淬回火后力学性能

热处理工艺	屈服强度/兆帕	抗拉强度/兆帕	断后伸长率/%	断裂韧性/兆帕·米$^{1/2}$
1050℃油淬+600℃回火	1397	1413	11.2	32.6

表 2-2-32 主要物理性能

密度/克·厘米$^{-3}$	弹性模量/吉帕
7.75	210

（5）力学性能及强韧化机理。钢中含有强碳化物形成元素 V 和中等碳化物形成元素 Cr，尤其是 V 形成的 VC 稳定性很高，溶解温度也很高，在 1020℃以上其溶解速度很慢。因此，提高淬火温度可以使得碳化物的溶解度增加，奥氏体中 V、Cr 含量增加，成分更均匀，这些碳化物形成元素作为钢中的主要固溶强化元素，使钢的硬度提高。同时，回火后的第二相更均匀地弥散析出，提高强度。H13 钢经高温淬火后，再经过低温回火，使二次相在基体上获得十分均匀的弥散形核，然后随着温度的升高，晶粒逐渐长大，最后 Cr_7C_3、VC、Mo_2C 等特殊碳化物在基体中大量弥散析出，使得硬度升高，韧性提高。Cr 可增强二次硬化的作用和提高淬透性。Mo 是形成 M_2C 碳化物的主要元素，与 Cr 等共同作用，产生强烈的二次硬化作用，增加 Mo 的含量可提高二次硬化峰的强度值。

三、塑料模具钢

（一）概述

塑料模具钢主要用于对塑料制品成型的模具。由于塑料的品种很多，性能各异，而且根据塑料制品的尺寸、形状复杂程度、精度、表面粗糙度和生产批量等各方面的要求不同，对制造模具的材料也提出了不同的性能要求，不少工业发达国家已经形成了范围很广的塑料模具钢系列，包括碳素塑料模具钢、预硬化塑料模具钢、易切削塑料模具钢、耐蚀型塑料模具钢、时效硬化型塑料模具钢、非调质型塑料模具钢、高耐磨塑料模具钢、渗碳型塑料模具钢和无磁塑料模具钢等。塑料制品的表面质量受模具表面质量直接影响，因此塑料模具钢更加关注抛光性能和表面花纹蚀刻性能。同时，诸如汽车保险杠、仪表盘、家电等塑料制品所需模具钢材的尺寸规格较大，要求塑料模具钢具有较好的切削加工性能和截面硬度均匀性。预硬化塑料模具钢是指将加工的钢材预先进行调质处理，以获得所需求的使用性能，再进行刻模加工，不需要再进行最终热处理就可以直接使用，从而可以避免由于热处理而引起的模具变形和开裂问题，因此预硬化塑料模具钢是塑料模具钢中应用最广泛的钢种。小尺寸模具通常采用 3Cr2Mo（ASTM P20）预硬化塑料模具钢；大尺寸模具，由于 3Cr2Mo 钢的淬透性不足，在 3Cr2Mo 钢基础上添加 Ni、Mn 元素发展了高淬透性的 3Cr2MnNiMo 预硬化塑料模具钢。通常预硬化塑料模具钢的预硬化硬度在 30~38HRC 之间，3Cr2MnNiMo 预硬化模块的尺寸可以达到厚度 1200 毫米及以上。

（二）典型钢种

塑料模具钢 3Cr2Mo 介绍如下：

（1）概述。3Cr2Mo 钢是一种通用型预硬化塑料模具钢，是各国应用较广泛的一种塑料模具钢。该钢是由美国 AISI 的 P20 转化过来的预硬化塑料模具钢，并已纳入国标 GB/T 1299—2014。3Cr2Mo 钢经预调处理后可以进行机械加工，具有良好的可加工性和镜面研磨抛光性能，机械加工成型后，型腔变形及尺寸变化小，经热处理后可提高表面硬度和模具使用寿命。

（2）各国牌号及标准。3Cr2Mo 钢是中国 GB/T 1299—2014 标准牌号 3Cr2Mo、中国 YB 标准牌号 SM3Cr2Mo、德国 DIN 标准材料编号 1.2311、瑞典一胜百（ASSAB）标准牌号 618、美国 AISI/ASTM 标准牌号 P20、美国 UNS 标准牌号 T51620、国际标准化组织（ISO）标准牌号 35CrMo2。

（3）国内外标准及化学成分。国内外标准及化学成分见表 2-2-33。

表 2-2-33　国内外标准及化学成分

参考标准	牌号	化学成分（质量分数）/%							
		C	Si	Mn	P	S	Cr	Mo	Ni
GB/T 1299—2014	3Cr2Mo	0.28~0.40	0.20~0.80	0.60~1.00	≤0.030	≤0.030	1.40~2.00	0.30~0.55	≤0.35
AISI	P20	0.28~0.40	0.20~0.80	0.60~1.00	≤0.030	≤0.030	1.40~2.00	0.30~0.55	—

（4）热处理工艺及主要性能。热处理工艺及主要性能见表 2-2-34。

表 2-2-34　热处理工艺及主要性能

状　态	力 学 性 能				硬　度	
	屈服强度/兆帕	抗拉强度/兆帕	伸长率/%	断面收缩率/%	HBW	HRB
硬处理（850℃淬火、550℃回火）	≥705	≥850	12	40	≤314	—

（5）国内主要生产企业及用途。国内生产 3Cr2Mo 钢的企业主要有宝钢特材、大冶特钢、抚顺特钢、唐山志威、江苏宏晟等。现在有的钢厂采用连铸板坯锻造生产塑料模块，或用连铸坯轧制成型棒材。该钢种宜用于制造大、中型的和精密的塑料模具，适宜制作汽车保险杠模具，电视机、电器外壳及洗衣机面板盖等大型塑料模具。

第四节　高 速 钢

一、概述

（一）高速钢及其品种的发展

高速钢，也称高速工具钢或锋钢，是一种具有高硬度、高耐磨性和高耐热性的工具钢，500℃条件下仍能保持高的硬度，且强度和韧性配合好，可以用来制造复杂的薄刃和耐冲击的金属切削刀具，也可制造高温轴承和冷挤压模具等。

1900年在巴黎国际博览会上表演高速钢切削成功，标志着高速钢的诞生，至今已有百余年的历史。

高速钢的韧性、成型性是任何脆性的超硬性工具材料所无法比拟的，而且高速钢刀具，尤其是复杂、精密刀具的制造成本较低，加之高速钢合金化、冶金生产及热处理技术的不断进步，使其自身的使用性能不断提高，因此，在多刃刀具（尤其是复杂、精密刀具）、经受冲击和振动的切削加工以及模具制造时，高速钢仍占据主要地位。由于高速钢的工艺性能好，强度和韧性配合好，主要用于制造复杂的薄刃和耐冲击的金属切削刀具，也可制造高温轴承和冷挤压模具等。高速钢应用分为切削刀具、模具、轧辊、耐磨件、油泵油嘴等细分市场。

高速钢是成分十分复杂的合金钢，其含有的典型合金元素有：碳、铬、钼、钨、钒和钴。钨、钼、钴的作用是改善材料的高温性能，使之能承受刀具和工件摩擦产生的热量，还能提高高温耐磨性。碳含量一般为0.70%~1.65%，合金元素总量达10%~25%。它在高速切削时，即使温度达到500℃仍能保持高的硬度，HRC为60以上，这种性能称为红硬性，是高速钢最主要的特性。而普通碳素工具钢经淬火和低温回火后，在室温下虽有很高的硬度，但当温度高于200℃时，硬度便急剧下降，在500℃时硬度已降到与退火状态相当的程度，完全丧失了切削金属的能力，这就限制了碳素工具钢制作切削工具的使用。

世界各国在高速钢品种开发方面，W系、W-Mo系及Mo系应该说均建立了比较完整的钢种系列。但是，随着高速钢合金化理论与刀具磨损机理的深入研究以及考虑到合金元素的资源有限性，将重新研究已有高速钢的化学成分的科学性和合理性，同时开发应用Si、Al、Cr等价格低廉合金元素的高速钢；Nb在高速钢中的应用得到了进一步的发展；低合金高性能的高速钢开发在国际上受到普遍重视；随着粉末冶金和喷射成型技术的发展，国外也开发大量的高碳、高钒的高速钢新品种，并且成为欧美等先进发达国家重点发展的方向，我国已经开始批量化生产和研制粉末冶金高速钢新品种。

1. Al和Si在高速钢中的应用

向高速钢中加入Al和Si元素以节约贵重的合金元素Co、W、Mo，得到了较好的应用。在高速钢中同时加入适量的Al和Si，可提高回火温度，避免单独加入Si时所引起的回火脆性，从而提高使用性能。有人提出Al和Si相互作用可提高刀具使用寿命的理论，并通过大量的实验已得到证实，在现有高速钢中单独加入适量的Al比单独加入Si更能提高刀具的使用性能。铝留在淬火基体中并形成小铝粒，切削时加快散热，阻止切削黏结于刃口，从而提高刀具寿命。我国自行研制开发了含高性能Al高速钢，其耐磨性能、红硬性基本与含Co 8%的M42相当，但生产中较易出现混晶现象。

2. 含Nb高速钢的研制

Nb是高速钢中一种很有用、有效的添加元素。在相当长的时间内，Nb的价格昂贵，

20世纪70年代中期，开始对Nb在高速钢中的使用加以研究，Nb在高速钢中可以替代V。在高速钢中加入Nb时，应重新考虑碳的含量，以保证足够的基体饱和度和二次硬化。在巴西的AcosVillares，已经生产出成分为C含量1.3%、Cr含量4.25%、Mo含量4.5%、W含量8%、Nb含量2.2%、V含量0.5%的高速钢，取得了良好的效果。该钢已进行稳定生产。世界著名的高速钢生产厂Kapfenberg的Bohler Edelstahl开发的含Nb高速钢S620，可以降低Co的加入量，其标准成分为含1.1%的C、4.3%的Cr、6.4%的W、5%的Mo、1.9%的V、1.1%的Al、0.07%的Nb，特别适用于Ni基和Ti基合金的间隙切割，其性能优于Co含量高的M42（Co含量8%）和T42（Co含量10%）。罗马尼亚的最大工具制造商Trigoviste works开发的含Nb高速钢的成分为：C含量1.1%、Cr含量4.4%、Mo含量4.6%、V含量1.6%、Nb含量0.7%。以钛作为孕育剂，使基体中的碳化物更好地分布，与更高合金含量的M2在热处理后达到HRC65相比，用这种钢制作的工具（钻头、螺丝攻）的性能提高了15%左右。但是到目前为止，对Nb在高速钢中的复杂作用认识还有待于进一步研究。

3. 低合金高速钢的开发

为了使高速钢得到好的使用性能、工艺性能和力学及物理化学性能，必须向高速钢中加入大量的稀缺贵重的合金元素，从而使得高速钢的价格昂贵，所以研制一些低合金高速钢来满足生产的需要，是各国学者一直在探索的课题。低合金高速钢是指合金含量主要是W当量不超过12%的高速钢（表2-2-35）。早在1939年，由苏联科学家H.A.明克维齐、A.Л.克雅也夫研制成无钨高速钢зи260、зи277，并在《低合金高速钢》中介绍其成分和使用性能。到目前为止，俄罗斯研究了近30种低合金高速钢，其中有些性能接近M2钢。欧美国家也是从20世纪30年代开始研究低合金高速钢的，如西德在1936~1939年间研制出了成分与苏联ЭК41、ЭК42同一类的低合金高速钢。70年代后又出现低合金高速钢开发热潮，瑞典的D950、D952、D953，波兰的SW3S2，美国的3-Y2-4-2等均属于低合金高速钢。俄罗斯的低合金高速钢占16%，瑞典50%的高速钢机用锯条试用D953（S-3-3-2）。我国的低合金高速钢的开发始于20世纪80年代，80年代初，上海五钢仿制了德国的ABCⅢ，钢铁研究总院与大连钢厂合作，全面研制低合金高速钢，首先消化国外成熟钢号D950，Vasco Dyne，随后我国自主研发，成功开发了低合金高速钢W3Mo2Cr4VSi钢和W4Mo3Cr4VSi钢，后者由钢铁研究总院、抚顺钢厂、河北冶金研究所及大连钢厂共同研制开发。

表2-2-35　国内外主要的低合金高速钢的主要化学成分（质量分数）　　（%）

钢号	国别	C	W	Mo	V	Cr	Si	其他元素
S3-3-2	德国	0.95/1.03	2.70/3.00	2.50/2.80	2.20/2.50	3.80/4.50	≤0.45	—
D950	瑞典	0.95	1.70	5.00	1.20	4.00	0.30	—
M50	美国	0.81	—	4.25	1.00	4.00	0.20	—
M52	美国	0.88	1.10	4.50	1.85	4.10	0.30	—

续表 2-2-35

钢号	国别	C	W	Mo	V	Cr	Si	其他元素
SW3S2	波兰	1.20	3.00	1.00	2.00	4.00	2.00	—
11M5	俄罗斯	1.06	—	5.14	1.20	3.83	—	—
11M5φ	俄罗斯	1.06	—	5.50	1.45	4.00	—	微量稀土
P2M5	俄罗斯	0.95/1.05	1.70/2.30	4.80/5.30	0.90/1.30	4.00	N, 0.05/0.08	Zr, 0.05/0.15
11P3AM3φ2	俄罗斯	1.02/1.12	2.50/3.30	2.50/3.00	2.20/2.60	4.00	N, 0.05/0.16	Nb, 0.05/0.20
VascoDyne	美国	1.00	1.60	4.00	1.95	3.75	0.85	—
W4Mo3Cr4VSi	中国	0.85/1.05	3.00/5.00	2.50/3.50	1.20/1.80	3.50/5.00	0.70/1.20	N, 0.02/0.08
W3Mo2Cr4VSi	中国	0.90/1.05	2.70/3.70	1.70/2.70	1.20/1.80	3.80/4.40	0.70/1.30	—

4. 3V 级高性能高速钢的品种开发

干切齿轮滚刀切削速度高达 150 米/分钟以上，代表了齿轮刀具的发展方向，带动了高性能高速工具钢和涂层技术的发展。传统工艺高速钢 V 含量不小于 2.5%或者 Co 含量不小于 4.5%称为高性能高速钢，受共晶碳化物偏析和颗粒度对韧性的影响，MC 颗粒度对可磨削性的制约，V 含量不超过 4%，对于含 Co 高性能高速钢，V 含量不超过 2%。国外率先发展了 3V 级高性能高速钢，很好地满足了高速切削技术发展的要求。我国早期采用传统工艺生产的 3V 级高性能工具钢，碳化物尤其是 MC 颗粒粗大，在制作复杂刀具时磨削困难，在刀具热处理过程中导致开裂，不能满足复杂刀具的易磨削长寿命要求。近年来，我国通过合金成分的优化设计、优化电渣重熔工艺、优化热加工工艺等工艺措施，成功实现了 3V 级高性能高速钢 MC 碳化物颗粒度由 15 微米以上控制到 10 微米以下，可磨削性与普通高速钢 W6Mo5Cr4V2（M2）相近，满足了工具行业三高一专（高效率、高精度、高可靠性和专业化）的数控化发展需求。

5. 粉末冶金与喷射成型高速钢的开发

高速钢自 1900 年问世以来，其生产大多采用传统冶金方法，即铸锭—锻轧工艺。由于高速钢合金含量高、化学成分复杂、铸锭尺寸大、冷却速度缓慢等缘故，在其凝固时不可避免地会产生粗大的莱氏体碳化物偏析组织。碳化物偏析是高速钢中存在的一个严重的质量问题，偏析的存在不仅给钢的锻、轧等热加工造成了困难，而且还明显地损害高速钢的各种性能，限制了高速钢合金含量的增加，影响了高速钢的发展。

A 粉末冶金高速钢

20 世纪 60 年代以后出现了粉末冶金高速钢，粉末高速钢技术是采用粉末冶金工艺制备高合金钢的制造技术，主要解决铸锻高速钢中碳化物偏析、晶粒粗大、加工困难等问题。粉末冶金在制粉过程中，粒度小于 50 微米的粉末冷却速度高达 10^5 开/秒，所得到的高速钢微观组织中碳化物以极细小的颗粒均匀地分布于基体，避免了熔炼法生产所造成的碳化物偏析而引起力学性能降低和热处理变形问题，能够大幅度提高钢的使用寿命。喷射成型工艺应用于制造高速钢，使得高速钢的综合性能与成本在粉末冶金高速钢的基础上又上了一个台阶。

高速钢刀具至今仍在加工业占有一席之地，主要归功于其制造工艺上的一项巨大进步——粉末冶金高速钢的诞生。

粉末冶金高速钢的主要工艺过程是：把已加入合金元素的预炼高速钢，用感应炉熔化，然后用高压气体（氩气或氮气）喷射使之雾化，再急冷而得到细小均匀的结晶组织（粉末），也可用高压水水喷雾化形成粉末；然后把颗粒装入一个大型的可压缩圆桶，进行热等静压，形成致密毛坯，然后进行锻造或轧制，制成刀具形状。

粉末冶金高速钢的最大特点是多种合金元素能在钢材内实现均匀分布，解决了原来铸锭法炼钢的一个固有的合金元素在钢内偏析的难题。偏析造成产品的不一致性，会影响材料的使用性能。此外，粉末冶金方法可以使钢中的合金元素含量大大增加，这在传统的铸锭炼钢工艺中是做不到的。

粉末冶金高速钢组织均匀，晶粒细小，其碳化物分布均为 1 级，碳化物晶粒尺寸在 2 微米以下；比相同成分的熔铸高速钢具有更高的抗弯强度、韧性和耐磨性，一般能高出 20%~50%；同时还具有热处理变形小、锻轧性能和磨削性能良好等优点。粉末冶金高速钢中的碳化物含量大大超过熔铸高速钢的允许范围，使硬度提高到 HRC67 以上，从而使耐磨性能得到进一步提高。含钒 5%时其可磨削性能相当于含钒 2%的熔炼高速钢，故粉末冶金高速钢中允许适当提高钒含量。如果采用烧结致密或粉末锻造等方法直接制成外形尺寸接近成品的刀具、模具或零件的坯件，更可取得省工、省料和降低生产成本的效果。粉末冶金高速钢性能优越、使用寿命长，适用于制造承受冲击载荷的刀具如铣刀、插齿刀、刨刀，小截面、薄刃刀具，以及昂贵的多刃刀具如拉刀、齿轮滚刀、铣刀等，具有显著的经济效益。

B 喷射成型高速钢

尽管粉末冶金工艺解决了一次碳化物粗大和偏析的问题，粉末冶金高速钢具有一系列的优点，但是粉末冶金高速钢的制造工序较复杂，昂贵的热等静压等设备、较低的能量利用率和不高的粉末收得率，使得粉末冶金高速钢的价格很高。为此，开发了喷射成型工艺制备粉末冶金高速钢。

喷射成型技术的基本原理是：将液态金属用高压惰性气体雾化成细小的熔滴，熔滴随气体飞行并快速冷却，在尚未完全凝固前沉积到铺定形状的基板上。喷射成型是制备新材料的一种半固态加工技术，雾化后不是形成单个的粉末颗粒，而是沉积为块状坯体。与粉末冶金工艺相比，工序更为简单，不需要热等静压等昂贵设备的投资，且所生产的材料具有与粉末冶金材料组织性能相似的特点。沉积块脱模后直接进行后续锻造，其余热也得到了充分的利用。图 2-2-9 是喷射成型技术制备粉末冶金高速钢的示意图。

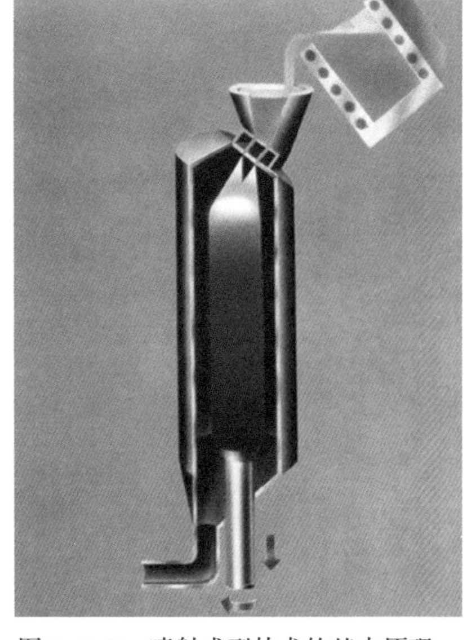

图 2-2-9 喷射成型技术的基本原理

C 我国粉末冶金高速钢与喷射成型高速钢的发展

我国自20世纪70年代中期以来，对粉末冶金高速钢进行了研制，如冶金工业部钢铁研究总院研制的粉末冶金高速钢FW12Cr4V5（牌号为FT15）和FW10Mo5Cr4V2Co12（FR71），北京工具研究所研制的水雾化的W18Cr4V（GF1）、W6Mo5Cr4V2（GF2）、W10.5Mo5Cr4V3Co9（GF3）。上海材料研究所研制的粉末冶金高速钢W18Cr4V（PT1）和W12Mo3Cr4V3N（PVN），力学性能和切削性能俱佳，在加工高强度钢、高温合金、钛合金和其他难加工材料中发挥了优越性。

喷射成型高速钢的研究在我国起步较晚，经历了一系列的发展过程也取得了较好的成绩。先后有河冶科技、江苏天工以及江苏福达等企业致力于喷射成型高速钢的研制。北京科技大学周国治院士、曲选辉教授、贾成厂教授、路新研究员以及张济山教授都从事喷射成型高速钢的研究工作，主要针对喷射成型高速钢的工艺控制、数值模拟、热处理工艺以及组织进行了研究。中航发北京航空材料研究院（621所）、钢研集团安泰科技均购置了真空喷射成型设备，可以实现喷射成型高速钢、高温合金的自主研发，并且针对工艺进行了深入的探究。河冶科技公司采用双喷嘴喷射成型设备，已经实现了多个经典牌号的喷射成型高速钢的批量生产。同时，河冶科技公司还自主研发了825K等牌号，为我国喷射成型高速钢的发展做出了贡献。

目前，我国在刀具和模具的制备上采用粉末冶金高速钢已经起步，并取得了较好的进展。安泰科技股份有限公司、北京科技大学、航空材料研究院、河冶科技有限公司承担的北京市科委“十一五”科技项目“高性能粉末冶金高速钢的研究与开发”课题圆满通过了验收，目前已经投入试生产。该课题重点解决了钢中氧含量和夹杂物的控制工艺和相关装备的改造，产品氧含量小于100×10^{-6}，成品的室温硬度大于HRC67，抗弯性能大于4000兆帕，综合性能与国外同类产品性能接近。北京科技大学的曲选辉教授带领同校的贾成厂教授、路新教授以及博士研究生刘博文、皮自强等组成的研发团队，针对喷射成型工艺数值模拟、喷余粉再利用以及组织性能演变做了较为深入的研究，成功建立了不同成分高速钢喷射成型工艺适配模型，通过添加La、Ce等稀土元素实现了喷余粉的高效利用，进一步探究了喷射成型高速钢组织及性能演变规律。北京科技大学与生产企业密切合作，为提高国产喷射成型高速钢的性能与品质做出了显著的贡献。

我国喷射成型高速钢的发展较为迅速，但是与发达国家尚存在一定的差距。在粉末冶金高速钢领域与先进工业国家的主要差距在于：自主开发能力不足、主要产品水平控制能力有待提高，工艺水平与自主研发的装备较为缺乏。

（二）高速钢生产工艺技术的发展

1. 高速钢的冶炼

冶炼高速钢绝大多数都用电弧炉，也有用2~3吨感应电炉生产高牌号少量的品种。电弧炉的吨位30吨的居多，过去以15吨左右的炉子为主，目前有逐步增大的趋势。30吨电炉都配备电磁搅拌装备。炉外精炼装备逐步用于高速钢生产，主要还是LF或LFVA，也有 SKF 钢包炉。炉外精炼在国外已经普及，用于高速钢生产的精炼设备有多种，经粗略统计，用 AOD 装备的较多，如法国的 ERASTEEL 公司的 SODERFORS 厂及法国的 Commentryenne 公司都使用 30 吨 AOD，美国 Vasco 合金钢公司使用 20 吨 AOD，德国 Thyssen 公司使用25 吨 AOD。日本大同特殊钢公司涉川厂使用30LF/VD，意大利 VALBRUNA 公司使用10 吨 LF/VD。这些公司的高速钢全部经过精炼。模铸钢锭仍是各国普遍采用的，根据开坯设备的实际能力、钢种牌号及成品尺寸选择不同的锭型，一般方锭的单重 260~1000 千克。过去，300 千克以下的小锭占有相当的比例，如瑞典的 FAGERSTA 和 UDDEHOLM 公司就是以小锭为主，以生产小型材而著名。近年来，因快锻与精锻的应用，生产效率提高，钢锭的单重有增加的趋势。

电渣重熔不仅能改善大断面高速钢材的纯洁度，更重要的是保证了大钢锭有较快的凝固速度，避免共晶碳化物的粗大，使得大断面成材时既能保证足够的锻压比，又能保证内部冶金质量，有的国家习惯于直径 100 毫米以上的用电渣材，有的则定 150 毫米以上用电渣钢。目前高质量高速钢普遍采用电渣重熔工艺生产，并且我国自主创新研制了电渣连续定向凝固技术（ESR-CDS）及装备应用于高速钢的生产。ESR-CDS 工艺通过控制铸锭凝固过程中的热流传递方向，凝固前沿的温度梯度和凝固速率，获得完全由与铸锭轴线平行的柱状晶组成的铸锭且枝晶干的生长方向保持一致，一方面消除了不同取向晶粒的交界区域，另一方面消除了不同生长方向枝晶交汇处严重的元素偏析和析出相的聚集，从而提高铸锭的热加工塑性。要得到定向凝固的铸锭必须满足以下三个条件：一是铸锭的热流传递方向与凝固方向相反且平行于铸锭轴线；二是合适的凝固前沿温度梯度；三是适当的凝固速率。传统电渣重熔工艺和电渣重熔连续定向凝固工艺的示意图见图 2-2-10，可见传统电渣重熔工艺无法对热流传递方向，无法对凝固前沿的温度梯度和凝固速率进行精确控制，形成的熔池较深，得到的铸锭组织由与凝固方向呈一定夹角的柱状晶组成，见图 2-2-10(c)。而电渣重熔连续定向凝固工艺采用连续抽锭式双电流回路设计，可以通过改变冷却方式控制热流的传递方向，通过控制侧向电流的大小来控制渣池的温度得到适当的温度梯度，通过控制抽锭速率和总电流的大小来获得合适的凝固速率，在合适的工艺条件下形成浅而平的熔池，从而使铸锭获得全部与铸锭轴线近似平行的柱状晶，见图 2-2-10(d)。

2. 开坯工艺设备

目前，开坯主要设备为 1000~2000 吨快锻机、精锻机及 750~850 毫米小初轧机。快锻机吨位大，可以镦拔作业，生产高质量的大断面材（直径 300 毫米以上）。快锻机采用快速多柱塞油泵直接传动，能提高空程和回程速度，实现快速行程；能自动控制活动横梁的压下量，使锻件尺寸精度大为提高。精锻机是先进的径向变形设备，生产效率高，能自动控制变形量，特别适合于 M42 等高牌号的高速钢的生产。但是精锻机的变形深度有限，锻透力相对较差，对碳化物的破碎显的不够，而且还易出中心孔洞等缺陷。初轧机的生产效率也较高，变形加工能力也较好，对于通用型、产量较大的钢种更适用，一般 750 毫米或 850 毫米较适合。

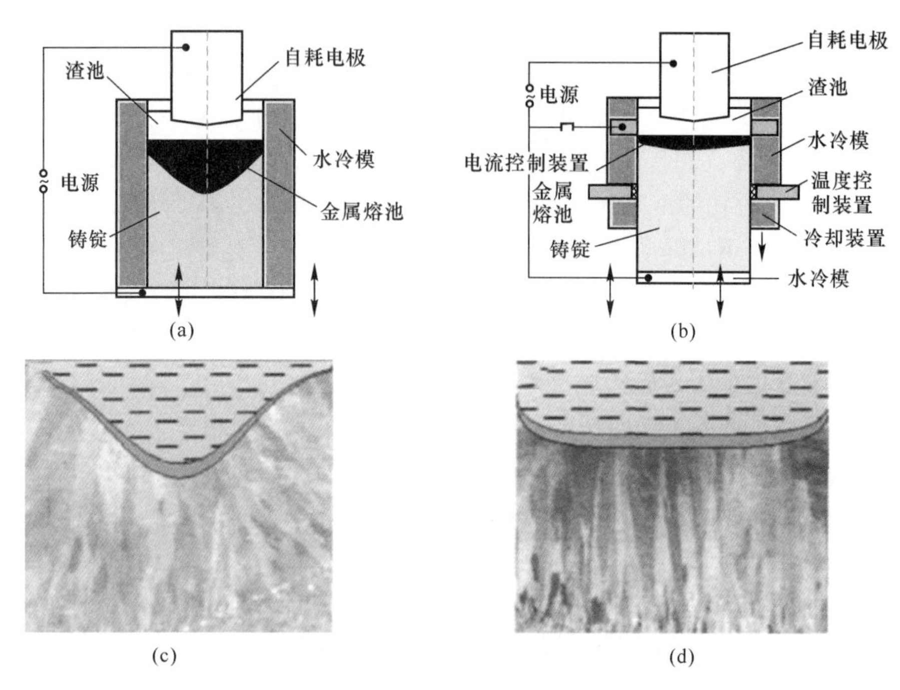

图 2-2-10 ESR 与 ESR-CDS 示意图

（a）ESR 凝固工艺示意图；（b）ESR-CDS 凝固工艺示意图；

（c）ESR 凝固工艺铸锭组织；（d）ESR-CDS 凝固工艺铸锭组织

3. 成材加工工艺装备

大断面材以采用精锻机最方便，生产效率高，尺寸公差有保证，不容易出现内裂质量问题。中小型材和钢丝已普遍采用高精度无扭连轧机，这种先进的轧机全线采用微机控制，步进式加热炉全封闭侧进侧出料，天然气平火焰烧嘴，加热温度均匀，工艺参数控制方便，加热速度快，脱碳轻。坯料出炉后，先经高压水除鳞，进入高刚度机架，一般棒材成品要通过 20 个机架，线材（直径 5.5 毫米）则须经过 30 道次。粗轧为平-立设置，粗轧后进保温辊道，跟踪轧制，保证粗轧过程速度不能过低而降温；中轧也是平-立辊，保持微张力轧制。盘圆精轧机组为 45°、无扭，BLOCK 轧机或 KOCKS 机组盘圆最小直径为 5.5 毫米，终轧速度为 30 米/秒（高速钢的轧制要求限制速度），单重 650 千克，尺寸精度高，保证公差为 1/4DIN。

4. 热处理技术与设备

棒材退火用保护气氛连续辊底炉，该炉全长 97.6 米，宽 2.0 米，进料端和出料端分别用真空锁气室封堵，防止外界空气进入，加热、冷却过程中，钢材始终与外界隔离，处在高纯度的保护气氛中。钢材不仅不发生氧化，原有的热轧氧化皮还部分还原。盘圆退火用保护气氛或真空罩式炉（或井式炉），压力为 $(2\sim3.5)\times10^5$ 帕。保护气氛为 N_2 基+氨分解 H_2 量 0.5%~3%，O_2 量小于 1×10^{-6}，气体消耗量 24 立方米/吨，处理钢材组织均匀，硬度波动范围较小，无氧化，无脱碳。日本日立公司安来工厂，则更倾向于采用真空退火热处理，其热轧材、钢板及盘圆均采用真空退火，真空度为0.667~6.667帕，同时在保温时间内充氮。真空及保护气氛退火不仅可以获得良好的成材表面，且能够减少氧化损失和后续深加工表面清理费用。

5. 精整工艺设备

国外特殊钢生产厂对钢材精整十分重视，精整作业的场地通常是成材轧制线的1~1.5倍，有的国家的精整工序水平高于轧机水平，如意大利LUCHHINI公司就是通过精整把产品质量的档次提高而畅销欧洲。高速钢材的精整线包括：粗矫→精矫→倒棱→剥皮→精矫→抛光→光谱仪分析→超声波涡流探伤及分检→测径及分检→自动打印→称重→自动打捆包装。

6. 在线检测设备

尺寸检测：激光测径仪设置于生产线上，在热轧线成品机架出口处的测径仪，测量精度为±0.05毫米，结果直接反馈到控制系统中。在冷作业线上检测出的超差钢材即被挑出。

表面缺陷检测：主要用荧光磁粉探伤仪和涡流探伤仪。荧光磁粉探伤仪用于圆钢的SAM探伤机分S型、T型、R型和C型。涡流探伤仪可检出的最小裂纹深度为0.4毫米，也可检测1100℃的热钢。日本EDD10ROTD-B型适用于直径4~25毫米的磨光钢丝，EDD10ROTD-C型适用于直径1~6毫米钢丝，深度0.05毫米，长度4毫米以上的发纹都可以发现，有缺陷部位被打印出标记并挑出。

内部缺陷检测：主要用超声波探伤仪。

7. 喷射成型和粉末冶金装备及工艺

粉末高速钢发明于20世纪60年代。喷射成型和粉末冶金技术利用超常规快速凝固的技术机理，可实现高速钢无粗大莱氏体碳化物偏析和聚集的较理想状态。河冶科技已经掌握了喷射成型制备工艺技术，并且开发出了系列化的喷射成型高速钢品种应用于高端切削刀具。

喷射成型和粉末冶金工艺不但解决了用常规锻铸方法的高速钢中的碳化物严重偏析、碳化物尺寸大的突出问题，而且使高速钢在合金化方面又有了新的突破。粉末冶金高速钢中碳和合金元素含量能够进一步提高，因此提高了钢的性能，把高速钢的发展推向了一个新的阶段。目前国外已经发展了第三代粉末冶金高速钢，第三代粉末冶金高速钢具有更高的洁净度，很低的夹杂物等级和气体含量，奥地利Bohler、法国Erasteel、美国Crucible等在此方面处于国际领先地位。国内江苏天工目前已经拥有世界先进的第三代气雾化制粉装备和粉末冶金生产线，具备了生产高品质第三代粉末冶金高速钢的生产能力。

（三）高速钢的质量水平进展

高速钢发展100余年来，质量水平在不断提高，但其总的发展趋势与其他钢铁材料相似，就是不断追求高质量、高性能和低成本，以不断适应现代切削技术的要求。

1. 化学成分实现窄范围精确控制

化学成分一般国际、国家标准均较宽，成分的变化对高速钢的二次硬化和过热敏感性有一定影响，碳和碳化物的形成元素的波动合成的影响更大，因此，国外先进的高速钢生产厂在用户给出的条件下，化学成分实际控制在更窄的范围。

2. 碳化物的均匀度提高、防止碳化物剥落和控制碳化物颗粒度

碳化物是莱氏体钢的主要特征，也是高速钢的红硬性和耐磨性高的物理本质。但要求碳化物分布均匀，颗粒细小是生产高速钢的质量追求最重要的目标之一。各国均有相应的检验标准。在碳化物严重不均匀的钢中，如果碳化物的颗粒粗大，则在碳化物的偏析带交汇处发生宏观尺度的堆积区，不但降低钢的强韧性，而且暴露在表面的堆积区还会造成严重的崩刃、掉块，影响工具的制造和使用寿命。大颗粒的碳化物在低倍组织表现为剥落。因此，需提高高速钢的碳化物均匀度和防止剥落。另外，大颗粒的碳化物，会降低钢的强韧性和加工塑性，对冷拔材的质量影响最大，我国钢丝标准中规定一般不超过 12.5 微米，其他国家未作规定，但国外先进的高速钢生产厂的钢丝产品中的碳化物颗粒远比国内的小，如日本日立金属的高速钢的钢丝不超过 3 微米，奥地利 BOHLER 的钢丝很少有超过 5 微米尺寸的碳化物。

3. 钢的纯洁度进一步提高

尽管高速钢中的碳化物大，各国的标准中对高速钢的夹杂物的水平并未作严格的规定，但是夹杂物是有危害的，尤其是在冷加工过程中易碎裂，可能造成裂纹源而影响钢的塑性和韧性，特别是热扭轧钻头的冷拔高速钢丝的表面微裂纹严重影响其热塑性；还会影响钢的焊接性能；而且含 Al 高速钢中的夹杂物尺寸大，对钢的强韧性也产生一定的影响；另外，对大型复杂刀具的寿命也有影响。

4. 钢的表面质量水平进一步提高

高速钢的碳含量较高，脱碳层是高速钢中的严重缺陷。国外为了减少钢的脱碳，采取了各种措施；我国目前已由大多高速钢均黑皮供货转变成可以采用磨光、拔皮、车削等状态供货，实现无脱碳、高尺寸精度表面质量。

二、典型钢种

高速钢 W6Mo5Cr4V2 介绍如下：

（1）概述。高速工具钢 W6Mo5Cr4V2 即牌号 M2 的钨钼系合金钢，具有高硬度、高韧性、耐磨性和红硬性优良的特点，可用于冷作模具，以及制造要求耐磨性和韧性配合良好的各种刀具和钻头等。该钢的热处理范围较之钼系高速钢更宽，脱碳敏感性低于钨系高速钢。

（2）各国牌号及标准。各国牌号及标准见表 2-2-36。

表 2-2-36 高速钢 M2 各国牌号及标准

国家或地区	中国	美国	日本	欧洲/德国
牌号	W6Mo5Cr4V2	M2	SKH51	1. 3343
标准	GB/T 9943	ASTM A600	JIS G 4403	DIN EN ISO 4957

（3）化学成分。化学成分见表 2-2-37。

表 2-2-37 化学成分（质量分数）① （%）

牌 号	C	Mn	Si	S	P	Cr	V	W	Mo
W6Mo5Cr4V2	0. 80~0. 90	0. 15~0. 40	0. 20~0. 45	≤0. 030	≤0. 030	3. 80~4. 40	1. 75~2. 20	5. 50~6. 75	4. 50~5. 50
CW6Mo5Cr4V2	0. 86~0. 94	0. 15~0. 40	0. 20~0. 45	≤0. 030	≤0. 030	3. 80~4. 50	1. 75~2. 10	5. 90~6. 70	4. 70~5. 20

①其他国家相应牌号成分基本一致。

（4）热处理工艺及主要性能。热处理工艺见表 2-2-38。不同温度淬火后，在 425~625℃范围内二次回火后 M2 高速钢硬度如图 2-2-11 所示。

表 2-2-38 推荐热处理工艺

牌 号	退 火	去应力	淬 火
W6Mo5Cr4V2	815~845℃缓冷	620~680℃空冷	1200~1220℃油或盐浴

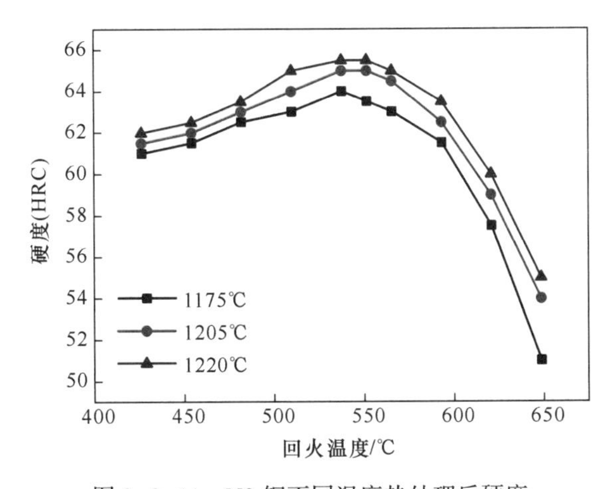

图 2-2-11 M2 钢不同温度热处理后硬度

（5）高速钢生产控制要点。1937 年美国 W Breelor 研发出的高速钢 M2，目前已是国际上产量最大、应用最广泛的高速钢。M2 生产工艺主要为熔炼、粉末冶金和喷射成型，我国主要以熔炼工艺为主。碳化物是 M2 钢中的重要组成相，主要包括 MC、M_6C 和 M_2C 等一次碳化物和 M_6C、MC、M_7C_3 和 $M_{23}C_6$ 等二次碳化物。碳化物的析出温度、元素含量、理化特征以及类型、尺寸和形状会直接影响其性能，是高速钢生产和研究中的难点，需要研发新设备和新技术，通过全流程工艺优化提高 M2 冶金质量和使用寿命。目前主要通过优化电渣工艺参数，控制热加工加热保温工艺以及锻造比，优化退火、淬回火预热、加热保温工艺、热处理次数、冷却工艺及深冷处理，变质处理等手段促进 M2 钢种形成颗粒细小、分布均匀的球状碳化物。

碳素工具钢 T8 介绍如下：

（1）概述。T8 钢是平均 C 含量为 0.8%的碳素工具钢，其按化学成分分类是一种高碳钢，按用途分类 T8 钢是一种工具钢。T8 钢淬火回火后有较高硬度和耐磨性，但热硬性低、淬透性差、易变形、塑性及强度较低。T8 碳素工具钢用作需要具有较高硬度和耐磨性的各种工具，如外形简单的模子和冲头、切削金属的刀具、打眼工具、木工用的铣刀、埋头钻、斧、凿、纵向手用锯，以及钳工装配工具、铆钉冲模等次要工具。

（2）各国牌号及标准。各国牌号及标准见表 2-2-39。

表 2-2-39 T8 钢各国牌号及标准

国家或地区	中国	美国	日本	欧洲
牌号	T8	W1A-8	SK75	C80U
标准	GB/T 1298	ASTM A686	JIS G 4401	EN ISO 4957

（3）化学成分。化学成分见表 2-2-40。

表 2-2-40 化学成分（质量分数） （%）

C	Si	Mn	Cr	Mo	Ni	Cu
0.75~0.84	≤0.35	≤0.35	≤0.25	≤0.20	≤0.20	≤0.25

（4）热处理工艺及主要性能。热处理工艺及主要性能见表 2-2-41~表 2-2-43。

表 2-2-41 推荐热处理工艺

退 火	淬 火	回 火
760~780℃炉冷至 500℃出炉空冷	780~800℃水冷	150~250℃空冷

表 2-2-42 淬回火后力学性能

热处理工艺	硬度（HRC）
800℃水淬	62

表 2-2-43 主要物理性能

密度/克·厘米$^{-3}$	弹性模量/吉帕
7.85	210

（5）力学性能及强韧化机理。碳素工具钢 T8 的性能除与凝固和变形工艺有关外，还决定于其碳含量。T8 钢淬火后，过剩碳化物数量较多，具有较高的硬度（不小于 HRC60）和较好的耐磨性，但缺点是淬透性低，淬硬层薄，心部硬度较低，当用在直径较大的工件上时，淬火时易产生变形和开裂倾向。T8 钢的抗回火性也差，故热硬性低，工作温度超

过250℃时硬度就明显下降，不能满足高速切削刀具和热作模具的性能要求，只适用于制造尺寸小、形状简单、切削速度不高的工具。因碳素工具钢T8不含合金元素，所以其价格较低，用途很广。

第五节　超高强度钢

一、概述

超高强度钢是为了适应航空和航天技术的需要而逐渐发展起来的一种高比强度的结构材料，一般将屈服强度超过1380兆帕的结构钢称为超高强度钢。超高强度钢在航空航天、能源、海洋船舶、国防军工等领域扮演着越来越重要的角色。尽管超高强度钢是由强度级别定义的一种特殊钢，但是其综合性能同样优异。例如，商用飞机起落架以及战斗机用超高强度钢材具备高强度、高韧性的特性；发动机轴用材具备高强度、抗疲劳、抗蠕变的特性；航空航天、海洋工程、能源等领域用材具备高强度、耐蚀的特性等。经过半个多世纪的研究发展，超高强度钢已成为材料科学与工程的一个专门学科领域。经过几十年的研究、发展，已经形成的几种典型的超高强度钢主要包括：

（1）低合金超高强度钢。低合金超高强度钢是由调质结构钢发展起来的，碳含量一般在0.3%~0.5%，合金元素总含量小于5%，其作用是保证钢的淬透性，提高马氏体的抗回火稳定性和抑制奥氏体晶粒长大，细化钢的显微组织，常用元素有镍、铬、硅、锰、钼、钒等；通常在淬火和低温回火状态下使用，显微组织为回火板条马氏体以及在马氏体板条内析出的ε碳化物，具有较高的强度和韧性。如采用等温淬火工艺，可获得下贝氏体组织或下贝氏体与马氏体的混合组织，也可改善韧性。其典型钢种有AISI4340、300M、30CrMnSiNi2A、40CrMnSiMoVA等。这种类型的钢具有成熟的制造工艺、低廉的成本，是应用最广的一类超高强度钢，广泛用于制造飞机大梁、起落架构件、发动机轴、高强度螺栓、固体火箭发动机壳体和化工高压容器等。这类钢具有较高的强度，一定的韧性和塑性，高的形变硬化指数和低的屈强比，可以满足大部分的工程应用需求。但在要求特别苛刻的条件下使用时，断裂韧性和抗应力腐蚀能力偏低，疲劳强度也有待改善。针对该类钢的缺点，一个重要的发展方向是寻求最佳的冶金工艺以提高钢的韧性，包括应用先进的炉外精炼设备进行脱气处理、采用微量元素控制夹杂物的形态以及直接采用真空感应炉熔炼加上真空自耗重熔提高钢的洁净度，以提高钢的韧性和疲劳强度。另一个发展方向为优化钢的合金设计，尤其是提高钢中镍的含量，已设计出了一些很有潜力的钢种。

（2）马氏体时效型超高强度钢。这类钢以高的强韧性配合和良好的工艺性能著称，典型的钢种包括18Ni系列的18Ni（250）、18Ni（300）以及无钴的T-250和T-300；含碳小于0.03%，含镍约18%，含钴约8%；根据钼和钛含量不同，钢的屈服强度分别可达到1373兆帕、1716兆帕和2059兆帕；从820~840℃固溶处理冷却到室温时，转变成微碳Fe-Ni马氏体组织，其韧性较Fe-C马氏体为高，通过450~480℃时效，析出部分共格金属间化合物相（Ni_3Ti、Ni_3Mo），达到较高的强度。镍可使钢在高温下得到单相奥氏体，并在冷却到室温时转变为单相马氏体，还具有较高的塑性和韧性，同时镍也是时效强化元素。钴能使钢的马氏体开始转变温度升高，避免形成大量残余奥氏体。这类钢的特点是强度高，韧性高，屈强比高，焊接性和成型性良好；加工硬化系数小，热处理工艺简单，尺寸稳定性好，常用于制造航空器、航天器构件和冷挤、冷冲模具等。该类钢近20年在合金设计上基本没有大的变化，主要的进展在于优化了钢的冶炼工艺，进一步提高了钢的韧性水平，另外，寻找合适的应用环境也是该类钢的发展方向之一。

（3）不锈超高强度钢。这类钢是不锈钢中的重要分支，是由于能源开发、石油化工以及航空、航天工业的迅速发展，增加了对高强度高韧性、具有较高耐蚀性且易加工成型和焊接以及综合性能良好的高强度不锈钢的需求而发展起来的。其强度来自低碳、高铬、高合金马氏体在时效过程中析出碳化物、金属间化合物沉淀。其典型的钢种有17-4PH、AM355、AFC-77、PH13-8Mo、Custom系列钢等。这类钢具有良好的耐蚀性、抗氧化性，因此主要用于制造耐腐蚀的化工设备零件、航空器结构件和高压容器等高强度构件。

（4）高温回火析出复合碳化物二次硬化组织的中合金和高合金系超高强度钢。目前这一系列的典型代表为高Co-Ni二次硬化马氏体钢，这类钢是以高韧性的Fe-Ni-Co马氏体为基体，在固溶状态下，不仅强度高，而且韧性好，当碳含量较低时具有良好的自回火能力。在正常时效状态以细小M_2C碳化物强化，具有优异的强韧性配合、高的疲劳强度、高的抗应力腐蚀能力，同时还具有较高的形变硬化指数、低的屈强比，在2000兆帕以下，高Co-Ni二次硬化马氏体钢是目前强韧性配合最好的钢类。其典型钢种有H11、9Ni-4Co、9Ni-5Co、HY180、AF1410、AerMet 100、AerMet 310及新近Questek开发的高耐蚀性二次硬化型超高强度钢S53等。这类钢在航空、航天领域中得到广泛的应用，主要应用在起落架、机身构件等主承力构件。进一步提高该类钢的强度水平并使得其韧性水平继续超过其他钢类，是二次硬化马氏体钢的发展目标之一。

至今，超高强度钢一直是材料科学前沿的重要部分和研究热点。随着航空工业的发展，特别是新型飞机的发展需要强度高、韧性好，而且耐蚀性好的结构材料，虽然不断出现各类新材料，但超高强度钢在弹性模量、冲击韧性和强度等方面依然具有很大的优势，在今天和可预见的未来，它仍将是不可替代的关键材料之一。

二、典型钢种

低合金超高强度钢4340和300M介绍如下：

（1）概述。4340和300M（原称为4340M）钢为美国牌号，是低合金超高强度钢。20世纪50年代初，美国在抗拉强度仅有980兆帕的合金钢4130钢基础上增加C元素及Ni元素的含量，提高了钢的强度、塑性和韧性，成功研制出第一代低合金超高强度钢4340。高强度和良好塑性、韧性的4340超高强度钢主要用来制造各种强度要求较高的工程结构，例如桥梁、船舶、车辆、高压容器、输油输气管道、大型钢结构等。由于4340钢存在着回火脆性的问题，因此在1952年，美国国际镍公司在4340钢的基础上添加了1.5%~2%的Si元素，并添加了V元素，开发出了300M钢。300M钢可以在较高的温度区间进行回火而不降低强度，扩大了回火温度范围，抑制了马氏体的回火脆性。300M 钢因拥有超高的强度、适当的塑性和一定程度的耐腐蚀性能等从而被广泛用作飞机起落架和压力容器用钢。

（2）各国牌号及标准。各国牌号及标准见表 2-2-44。

表 2-2-44　4340 和 300M 钢各国牌号及标准

国家	中国	美国	日本	德国
牌号	40CrNi2Mo	4340	SNCM439	36CrNiMo4
	40CrNi2Si2MoV	300M	—	—
标准	GB/T 3077—1999	ASTM A29M ASTM A579	JIS G 4053—2003	EN 10250-3—1999

（3）化学成分。化学成分见表 2-2-45。

表 2-2-45　化学成分（质量分数）　（%）

牌号	C	Mn	Si	Cr	Ni	Mo	V
4340	0.38~0.43	0.60~0.80	0.15~0.35	0.70~0.90	1.65~2.00	0.20~0.30	—
300M	0.40~0.46	0.65~0.90	1.45~1.80	0.70~0.95	1.65~2.00	0.30~0.45	0~0.05

（4）热处理工艺及主要性能。热处理工艺及主要性能见表 2-2-46~表 2-2-48。

表 2-2-46　推荐热处理工艺

牌　号	退　火	淬　火	回　火
4340	770~850℃缓冷	870~900℃油冷	200~300℃空冷
300M	770~850℃缓冷	870~900℃油冷	260~320℃空冷

表 2-2-47　淬回火后力学性能

牌号	热处理工艺	屈服强度/兆帕	抗拉强度/兆帕	断后伸长率/%	室温冲击功/焦	硬度（HB）
4340	850℃油淬 220℃回火	1630	1800	8.6	20	536
300M	870℃油淬 316℃回火	1690	1990	9.5	20	554

表 2-2-48　主要物理性能

牌　号	密度/克·厘米$^{-3}$	弹性模量/吉帕
4340	7.82	206
300M	7.83	206

（5）力学性能及强韧化机理。4340 低合金超高强度钢有着较高的强度、塑性和韧性，并且由于合金含量较低，因此在成本上有相对的优势。4340 低合金超高强度钢主要是通过

淬火和低温回火工艺来获得回火马氏体基体以及细小弥散的碳化物进行强化，其中马氏体的强度主要取决于其间隙固溶的C原子的含量，0.4%的C含量保证了4340钢高的屈服强度和抗拉强度，添加其他合金元素的作用在于改善钢的塑性、韧性，以及通过参与相变而间接影响性能。钢中0.7%的Mn含量促使钢获得较高的强度和硬度，提高了钢的淬透性，降低了M_s点，使淬火后钢中残余奥氏体量增加，提高了钢的塑性和韧性。Cr能提高钢的强度、耐磨性和耐腐蚀性，提高钢的淬透性。Ni是能同时提高钢的强度和韧性的元素，能有效地提高钢中残余奥氏体的稳定性，从而提升其塑性和韧性。钢中的Mo是强碳化物形成元素，在通常的奥氏体化温度下，难溶于奥氏体中，大部分以碳化物形式存在，细小的碳化物能够有效地钉扎晶界，从而细化奥氏体晶粒，提高钢的强韧性。钢中的Si元素除了能显著提高钢的弹性极限，还能有效阻碍回火过程中渗碳体的长大，从而提高了钢的回火稳定性。

300M钢的C、Si、Mo元素含量相对于4340钢都有所提高。高的C含量保证了300钢有着更高的强度和硬度。较高含量的Si元素能有效阻碍回火过程中渗碳体的长大，从而提高了钢的回火稳定性，提高钢的塑韧性。额外加入的V和Mo等强碳化物形成元素，在通常的奥氏体化温度下，难溶于奥氏体中，大部分以碳化物、氮化物等形式存在，能够有效地钉扎晶界，从而细化奥氏体晶粒，提升钢的强韧性。

二次硬化超高强度钢AerMet 100介绍如下：

（1）概述。二次硬化钢是指含有Cr、Mo、V等碳化物的合金钢，通过淬火后的马氏体在500~600℃之间回火时，硬度不仅不降低反而升高的二次硬化机理进行强化。1992年，Carpenter公司（Schmidt和Hemphill）为满足美国海军舰载喷气机起落架的性能要求，在AF1410的基础上开发出了AerMet 100超高强度钢，主要是对Ni、Co、Cr、Mo等合金元素进行调控，利用合适的固溶和时效热处理工艺，使其最大的抗拉强度达到1970兆帕。AerMet 100在超高强度钢中有着不错的综合性能，因此被广泛用于军事装备上（F/A-22，F-18起落架上）。

（2）各国牌号及标准。各国牌号及标准见表2-2-49。

表2-2-49 AerMet 100钢各国牌号及标准

国家	中国	美国	日本	德国
牌号	—	AerMet 100	—	—
标准	—	AMS 6532	—	—

（3）化学成分。化学成分见表2-2-50。

表2-2-50 化学成分（质量分数） （%）

C	Cr	Ni	Mo	Co
0.23	3.1	11.1	1.2	13.4

（4）热处理工艺及主要性能。热处理工艺及主要性能见表2-2-51~表2-2-53。

表 2-2-51　推荐热处理工艺

退　火	淬　火	回　火
750~850℃缓冷	880~950℃油冷	460~500℃空冷

表 2-2-52　淬回火后力学性能

热处理工艺	屈服强度/兆帕	抗拉强度/兆帕	断后伸长率/%	断裂韧性/兆帕·米$^{1/2}$
885℃油淬 482℃回火	1790	1970	15.5	125

表 2-2-53　主要物理性能

密度/克·厘米$^{-3}$	弹性模量/吉帕
7.88	194.4

（5）力学性能及强韧化机理。AerMet 100 二次硬化超高强度钢在钢中加入 Co、Ni、Mo、Cr 等合金元素，其强度主要来源于回火时形成细小且弥散的 M_2C 沉淀相和高位错密度的板条马氏体，是航空材料的发展热点。钢中 C 是通过间隙固溶强化，形成的碳化物使钢获得较高的强度，C 含量的增加也会使析出的碳化物量增加，从而使硬化的峰值获得提升。在二次硬化超高强度的钢中，碳含量一般在 0.2%~0.3%，主要是碳含量过高会影响材料的韧性，且使其焊接性能变差。Co 元素在二次硬化超高强度钢中主要起固溶强化作用，加入量一般在 8%~14%之间，Co 的加入能有效降低碳的自扩散系数，延迟位错亚机构的回复，且能与 Mo 元素起到协同作用，使 Mo 在马氏体中的固溶度降低，促使 M_2C 形核。Ni 是奥氏体稳定元素，使马氏体韧性得到提高。Co、Ni 都可以促进渗碳体回溶，为碳化物形成提供更多的碳含量，增加二次硬化效果。Cr 可增强二次硬化的作用和提高淬透性。Mo 是形成 M_2C 碳化物的主要元素，与 Cr 等共同作用，产生强烈的二次硬化作用，增加 Mo 的含量可提高二次硬化峰的强度值。

马氏体时效钢 C250 介绍如下：

（1）概述。马氏体时效钢是以无碳（或微碳）马氏体作为基体，时效时能产生金属间化合物析出强化的超高强度钢。1960 年，R. F. Decker 和 John Ash（INCO）在钢中加入 Mo 来提高韧性和焊接强度，同时加入 Co 来支撑 Mo 的强化作用，经过 Co 和 Mo 等合金元素含量的调整，开发出了 C250 超高强度马氏体时效钢。其中 250 是指钢经过硬化热处理后以千磅力/平方英寸为单位的名义屈服强度，其主要的沉淀物强化是依靠 Ni_3Mo、Ni_3Ti、Fe_2Mo。超高强度钢 C250 因其无碳或微碳，从而有着良好的焊接性能，被广泛应用于火箭与导弹的发动机、飞机起落架、超高压容器、原子能等高科技领域。

（2）各国牌号及标准。各国牌号及标准见表 2-2-54。

表 2-2-54　C250 钢各国牌号及标准

国家	中国	美国	日本	德国
牌号	Ni18Co8Mo5TiAl	C250（18Ni250）	—	—
标准	GB/T 1299—2014	ASTM A29/A	—	—

（3）化学成分。化学成分见表2-2-55。

表2-2-55　化学成分（质量分数）　　（%）

Ni	Co	Mo	Ti	Al
18.5	7.5	4.8	0.4	0.1

（4）热处理工艺及主要性能。热处理工艺及主要性能见表2-2-56~表2-2-58。

表2-2-56　推荐热处理工艺

退　火	淬　火	回　火
800~850℃缓冷	820~920℃油冷	480~510℃空冷

表2-2-57　淬回火后力学性能

热处理工艺	屈服强度/兆帕	抗拉强度/兆帕	断后伸长率/%	室温冲击功/焦
850℃油淬 480℃回火	1820	1850	12	35

表2-2-58　主要物理性能

密度/克·厘米$^{-3}$	弹性模量/吉帕
8.00	190

（5）力学性能及强韧化机理。马氏体时效钢C250是通过金属间化合物的析出来获得强化的，这与添加的合金元素的种类与含量有着直接的联系。固溶于马氏体时效钢的Fe-Ni基体中的钴可以通过相应的协作效应（synergistic effect），使Mo的金属间化合物（如Ni_3Mo，Fe_2Mo等）更易析出，Co还可以提高M_s温度，这就保证了合金固溶后获得全马氏体组织。Ni是奥氏体形成元素，它的存在扩大了奥氏体相区，使钢在加热时更易获得单相奥氏体，从而提高钢的塑性和韧性。Mo是形成金属间化合物的主要元素之一，同时Mo还能有效地阻止强化相沿原奥氏体晶界呈网格状析出，从而提升钢的断裂韧性。

第六节　耐热钢

一、概述

耐热钢（也称热强钢）是指在高温下具有良好化学稳定性并具有较高的高温强度的钢。耐热钢的发展与电站、锅炉、燃气轮机、内燃机、航空发动机等各个工业部门的技术进步密切相关。由于各类机器、装备使用的温度和承受的应力不同、应用场景各异，因此选用的材料也各不相同。最早在锅炉和加热炉中使用的材料是低碳钢，使用温度在200℃左右，压力仅为0.8兆帕，常选用20G一类低碳钢，使用温度最高不超过450℃，工作压力不超过6兆帕，随着各类动力装置使用温度不断提高，工作压力迅速增加，现代耐热钢的使用温度已经超过700℃，工作压力为几兆帕到几十兆帕，工作环境从单纯氧化环境发展到硫化气氛、混合气氛以及熔盐和液态金属等更复杂的环境。

按照钢种特性分类，耐热钢可以分为抗氧化钢和热强钢。抗氧化钢（或称耐热不起皮钢）在高温下（一般550~1200℃）具有较好的抗氧化性能及抗高温腐蚀性能，并有一定的高温强度，用于制造各种加热炉用零件和热交换器，制造燃气轮机、锅炉吊杆、加热炉底板和辊道以及炉管等，抗氧化性是主要指标，部件本身不受很大压力。热强钢在高温（通常450~900℃）工况下既要能承受相当的附加应力还要求具有优异的抗氧化、抗高温气体腐蚀能力，通常还要求承受周期性的可变应力，通常用作燃气轮机及汽轮机的转子或叶片、锅炉过热器、高温螺栓和弹簧、内燃机进排气阀、石油加氢反应器等。

耐热钢按合金含量分为低碳钢、低合金耐热钢、高合金耐热钢。

按组织分类，耐热钢一般可以分为低合金热强钢、马氏体型热强钢、阀门钢、铁素体型耐热钢、奥氏体型耐热钢等。

耐热钢应用最多的地方是电站锅炉及管道。电站用耐热钢是指电站关键承压部件用耐热钢，主要包括水冷壁、过热器、再热器、集箱和主蒸汽管道等，一般分为三大类：铁素体型耐热钢（包括珠光体、贝氏体和马氏体及双相钢）、奥氏体型耐热钢和耐热合金。电站锅炉管长期在高温、高压蒸汽环境下服役，一般设计要求锅炉管的使用寿命为30年。因此，要求电站用耐热钢具有高的热强性、抗高温蒸汽氧化、抗高温烟气腐蚀、良好的焊接性和冷热成型等综合性能。我国自主研发的典型耐热钢牌号有低合金耐热钢G102、马氏体耐热钢G115®、耐热合金C-HRA-1®、C-HRA-2®和C-HRA-3®等。其中，马氏体耐热钢G115®、耐热合金C-HRA-1®、C-HRA-2®和C-HRA-3®是钢铁研究总院刘正东教授团队历时十余年自主研发、可支撑我国630~700℃超超临界电站建设的主干型耐热材料。

G102钢（12Cr2MoWVTiB，以下简称G102钢）是钢铁研究总院刘荣藻教授团队于20世纪60~70年代在2%Cr-Mo-V钢的基础上成功研发的，并在当时中国先进燃煤电站锅炉制造中大量应用，解决了当年先进燃煤电站锅炉制造的急需。G102钢典型化学成分范围见表2-2-59。G102钢是低碳、低合金贝氏体型热强钢，具有优良的综合力学性能和工艺性能，其热强性和使用温度超过当时国外同类钢种，其最高金属壁温的热强性达到某些铬镍奥氏体耐热钢的水平，使我国高参数大型电站锅炉避免使用价格昂贵、工艺性稍差、运行中问题较多的铬镍奥氏体耐热钢，对降低锅炉成本、减少工艺困难、缩短制造周期和保证锅炉安全运行具有重要意义。

表2-2-59　G102钢典型化学成分范围（质量分数）　　（%）

C	Si	Mn	Cr	Mo	W	V	Ti	B	S，P
0.08~0.15	0.45~0.75	0.45~0.65	1.6~2.1	0.5~0.65	0.3~0.55	0.28~0.42	0.08~0.18	≤0.008	≤0.035

如前所述，钢铁研究总院刘荣藻教授研究团队在20世纪60~70年代成功研发了用于电站锅炉高温段小口径锅炉管制造的G102低合金耐热钢，首次明确提出和系统总结了电站锅炉钢的“多元素复合强化”设计思想，成功研制的G102锅炉管性能优异，其综合性能在当时处于国际同类材料的领先水平。自20世纪70年代以来，G102锅炉管大批量地用于国内高参数燃煤电站锅炉的制造，迄今仍然在应用。

从某种意义上来说，G102钢的成功研发和“多元素复合强化”设计思想的提出是电站

表 2-2-60 国内典型耐热钢牌号和化学成分（质量分数） （%）

序号	牌 号	C	Si	Mn	Cr	Mo	V	Ti	B	Ni	Al_{tot}①	Cu	Nb	N	W
1	12Cr1MoVG	0.08~0.15	0.17~0.37	0.40~0.70	0.90~1.20	0.25~0.35	0.15~0.30	—	—	—	—	—	—	—	—
2	07Cr2MoW2VNbB（T/P23）	0.04~0.10	≤0.50	0.10~0.60	1.90~2.60	0.05~0.30	0.20~0.30	—	0.0005~0.0060	—	≤0.030	—	0.02~0.08	≤0.030	1.45~1.75
3	10Cr9Mo1VNbN（T/P91）	0.08~0.12	0.20~0.50	0.30~0.60	8.00~9.50	0.85~1.05	0.18~0.25	—	—	≤0.40	≤0.020	—	0.06~0.10	0.030~0.070	—
4	10Cr9MoW2VNbBN（T/P92）	0.07~0.13	≤0.50	0.30~0.60	8.50~9.50	0.30~0.60	0.15~0.25	—	0.0010~0.0060	≤0.40	≤0.020	—	0.04~0.09	0.030~0.070	1.50~2.00
5	07Cr19Ni10（304）	0.07~0.13	≤0.30	≤2.00	18.00~20.00	—	—	—	—	8.00~11.00	—	—	—	—	—
6	10Cr18Ni9NbCu3BN（S30432）	0.04~0.10	≤0.75	≤1.00	17.00~19.00	—	—	—	0.0010~0.0100	7.50~10.50	0.003~0.030	2.50~3.50	0.30~0.60	0.050~0.120	—
7	07Cr25Ni21	0.04~0.10	≤0.75	≤2.00	24.00~26.00	—	—	—	—	19.00~22.00	—	—	—	—	—
8	07Cr25Ni21NbN（HR3C）	0.04~0.10	≤0.75	≤2.00	24.00~26.00	—	—	—	—	19.00~22.00	—	—	0.20~0.60	0.150~0.350	—
9	07Cr19Ni11Ti（TP321H）	0.04~0.10	≤0.75	≤2.00	17.00~20.00	—	—	4C~0.60	—	9.00~13.00	—	—	—	—	—
10	07Cr18Ni11Nb（TP347H）	0.04~0.10	≤0.75	≤2.00	17.00~19.00	—	—	—	—	9.00~13.00	—	—	8C~1.10	—	—
11	08Cr18Ni11NbFG②（TP347HFG）	0.06~0.10	≤0.75	≤2.00	17.00~19.00	—	—	—	—	10.00~12.00	—	—	8C~1.10	—	—

①Al_{tot}指全铝含量。

②牌号 08Cr18Ni11NbFG 中的“FG”表示细晶粒。

锅炉耐热钢发展历史上的一个极其重要的里程碑。通过“多元素复合强化”设计，G102钢的总体合金含量不高，成分匹配控制难度不大，工业生产稳定可控。尤为重要的是G102钢的成功研发把铁素体系耐热钢的使用温度上限向上拓展到蒸汽温度580℃附近（可安全地用到金属壁温600℃左右），这是一个非常大的进步。“多元素复合强化”设计思想为世界铁素体系耐热钢的进一步发展打开了一扇正确的大门，美国和日本在20世纪70~80年代成功研发并在电站建设中大量应用的07Cr2MoW2VNbB、10Cr9Mo1VNbN和10Cr9MoW2VNbBN等重要铁素体系耐热钢均借鉴了G102钢研发的成功经验和植根于“多元素复合强化”设计思想。

迄今，世界上最先进的商用超超临界电站蒸汽温度为600℃（二次再热温度620℃），其大量应用的典型耐热钢牌号有：10Cr9Mo1VNbN、10Cr9MoW2VNbBN、07Cr19Ni10、07Cr25Ni21NbN、07Cr18Ni11Nb等，其典型成分范围和常规力学性能要求分别见表2-2-60和表2-2-61。

表2-2-61　国内典型耐热钢常规力学性能

序号	牌　号	拉伸性能				冲击吸收能量 A_{KV2}/焦		硬　度	
		抗拉强度 R_m/兆帕	下屈服强度或规定塑性延伸强度 R_{eL}或 $R_{p0.2}$/兆帕	断后伸长率 A/%		纵向	横向	HBW	HV
				纵向	横向				
1	12Cr1MoVG	470~640	≥255	≥21	≥19	≥40	≥27	135~195	135~195
2	07Cr2MoW2VNbB (T/P23)	≥510	≥400	≥22	≥18	≥40	≥27	150~220	150~230
3	10Cr9Mo1VNbN (T/P91)	≥585	≥415	≥20	≥16	≥40	≥27	185~250	185~265
4	10Cr9MoW2VNbBN (T/P92)	≥620	≥440	≥20	≥16	≥40	≥27	185~250	185~265
5	07Cr19Ni10 (304)	≥515	≥205	≥35	—	—	—	140~192	150~200
6	10Cr18Ni9NbCu3BN (S30432)	≥590	≥235	≥35	—	—	—	150~219	160~230
7	07Cr25Ni21	≥515	≥205	≥35	—	—	—	140~192	150~200
8	07Cr25Ni21NbN (HR3C)	≥655	≥295	≥35	—	—	—	175~256	—
9	07Cr19Ni11Ti (TP321H)	≥515	≥205	≥35	—	—	—	140~192	150~200
10	07Cr18Ni11Nb (TP347H)	≥520	≥205	≥35	—	—	—	140~192	150~200
11	08Cr18Ni11NbFG (TP347HFG)	≥550	≥205	≥35	—	—	—	140~192	150~200

二、典型钢种

低合金耐热钢2.25Cr-1Mo介绍如下：

（1）概述。2.25Cr-1Mo是指Cr的含量在2.25左右，故1Mo是指Mo的含量在1%左右。2.25Cr-1Mo钢是铬钼低合金高强度钢，属于耐热合金钢，又被称之为SA387Gr22CL2或A387Gr22CL2。2.25Cr-1Mo钢是用于石油化工、核电、汽轮机缸体、火电等高温高压、与氢或氢混合介质接触的大型设备舞钢抗氢Cr-Mo钢的主要钢种。石油化工设备如焦炭塔、加氢反应器、催化反应器、常减压塔等，长期在高温、高压下工作，受载情况复杂，往往由于频繁的间断操作和开停工引起载荷、温度的波动，导致设备的疲劳失效。因此，对石化常用材料2.25Cr-1Mo钢复杂应力状态下疲劳性能的研究具有重要的理论价值和工程意义。2.25Cr-1Mo钢广泛用于热壁加氢反应器的制造，长期在高温（375~575℃）、高压（6.9~28兆帕）、临氢（H_2、H_2S）的恶劣环境下服役。

（2）各国牌号及标准。各国牌号及标准见表2-2-62。

表2-2-62 2.25Cr-1Mo钢各国牌号及标准

国家或地区	中国	美国	日本	欧洲/德国
牌号	2.25Cr-1Mo	P22	STBA24 STRA24	10CrMo910
标准	GB/T 3077	ASTM A335	JIS G 3462	DIN 17175

（3）化学成分。化学成分见表2-2-63。

表2-2-63 化学成分（质量分数） （%）

C	Si	Mn	Ni	Cr	Mo	Cu	P	S	Ti	V
0.10~0.15	≤0.13	0.30~0.60	≤0.25	2.75~3.25	0.90~1.10	≤0.25	≤0.025	≤0.025	0.015~0.035	0.20~0.30

（4）主要力学性能及处理工艺。2.25Cr-1Mo钢热处理后力学性能见表2-2-64。通过此类钢制造的产品，通常需经热处理（正火或调质）；其制成的零部件在使用前，通常需经过调质或表面化学处理（渗碳、氮化）、表面淬火或高频淬火等处理。

表2-2-64 热处理后力学性能

屈服强度/兆帕	抗拉强度/兆帕	断后伸长率/%	交货状态
280	450~600	18	正火，正火+回火

耐热钢9-12Cr介绍如下：

（1）概述。高Cr含量（9%~12%）可保证良好的淬透性，较低的碳含量较容易获得低碳马氏体钢。其成分特点主要通过V、Nb、N的析出强化，Mo、V的固溶强化和B的晶界强化。以P91为代表的含9%~12%Cr的马氏体钢，相当于国标10Cr9Mo1VNbN，不仅具有高的抗氧化性能和抗高温蒸汽腐蚀性能，还具有良好的冲击韧性和高而稳定的持久塑性及热强性能。在使用温度低于620℃时，其许用应力高于奥氏体不锈钢。在550℃以上，推荐的设计许用应力约为T9和2.25Cr-1Mo钢的2倍。P91钢是为了填补珠光体耐热钢和奥氏体耐热钢600~650℃温度区域使用的新汽水管道用钢，属于马氏体耐热钢，其最高使用温度为650℃。该钢实际上是在原9Cr-1Mo钢基础上加入V、Nb、N等强化元素而形成的新钢种。

（2）各国牌号及标准。各国牌号及标准见表2-2-65。

表2-2-65　各国牌号及标准

国家或地区	中国	美国	日本	欧洲/德国
牌号	10Cr9Mo1VNbN	P91	HCM95	X10CrMoVNNb91
标准	GB/T 3087	ASTM A335	—	EN 10028-2，DIN 17175

（3）化学成分。化学成分见表2-2-66。

表2-2-66　化学成分（质量分数）　　（%）

C	Si	Mn	Cr	Mo	S	P	Nb	V	Al
0.08~0.12	0.20~0.50	0.30~0.60	8.0~9.5	0.85~1.05	≤0.030	≤0.035	0.06~0.10	0.18~0.25	≤0.04

（4）热处理工艺及主要性能。热处理工艺及主要性能见表2-2-67和表2-2-68。

表2-2-67　推荐热处理工艺

厚度/毫米	交货状态
≤40	可以轧制状态供货，也可以正火处理、消除应力处理或正火加消除应力处理
>40	需正火处理

表2-2-68　热处理后力学性能

屈服强度/兆帕	抗拉强度/兆帕	断后伸长率/%
415	585	20

（5）主要工程应用。目前，P91钢材已用于丹东电厂（2×350兆瓦）、鸭河口电厂（2×350兆瓦）、盐城电厂（6×500兆瓦）、聊城电厂（2×660兆瓦）、洛磺电厂（2×350兆瓦）、珠海电厂（2×700兆瓦）、邹县电厂（2×600兆瓦）、梅洲湾电厂（2×300兆瓦）、外高桥电厂（2×900兆瓦）等工程中。河北电力勘测设计研究院参与设计的邯峰电厂（2×660兆瓦）主汽管道也采用了P91钢材，该单位曾对管道采用P91钢和P22钢材的不同情况作了比较，由于P91钢材管道壁厚减薄，比采用P22钢材可减少用材量40%以上，从而节省材料费、安装费30%以上。由于管道自重减轻，支吊架荷重也相应减小，支吊方便，设计、安装也方便，不但节省支吊架造价，也节省土建费用，经济效益很可观。

气阀钢4Cr9Si2和21-4N介绍如下：

（1）概述。排气阀是内燃机重要的工作零件和易损件，排气阀工作条件异常恶劣，在500~900℃高温、高压、汽油柴油等腐蚀性燃气中经受频繁往复地高速运动和摩擦，冲击负荷大。

4Cr9Si2是我国20世纪50年代从苏联引进的钢号，主要用于制造锅炉、汽轮机、动力机械、工业炉和航空、石油化工等工作温度低于650℃的零部件，具有较高的热强性，可用作内燃机进气阀、轻负荷发动机排气阀等。

21-4N（53Cr21Mn9Ni4N）是汽车发动机排气阀用典型的节镍奥氏体耐热钢，是美国在1950年左右采用Mn、N代Ni，并降低传统的高硅含量而开发的钢种。该钢主要通过碳、氮化物沉淀硬化，在700℃使用温度下具有高的强韧性和耐磨性，并具有冷热交变的组织稳定性和抗氧化性，广泛应用于制造排气阀。

（2）各国牌号及标准。各国牌号及标准见表2-2-69。

表2-2-69 4Cr9Si2和21-4N各国牌号及标准

国家或地区	中国	美国	日本	欧洲/德国
牌号	4Cr9Si2	—	SUH1	X45CrSi9
	21-4N	EV8	SUH35	X53CrMnNiN21-9
标准	GB/T 1221—1992 GB/T 12773—2008	SAE J775：1993	JIS 4311—2011 JIS 4311—2011	DIN 10090 EN 10090：1998

（3）化学成分。化学成分见表2-2-70。

表2-2-70 化学成分（质量分数） （%）

牌号	C	Si	Mn	Ni	Cr	N	P	S
4Cr9Si2	0.35~0.50	2.00~3.00	≤0.70	≤0.60	8.00~10.00	—	≤0.035	≤0.030
21-4N	0.48~0.58	≤0.35	8.00~10.00	3.25~4.50	20.00~22.00	0.35~0.50	≤0.040	≤0.030

（4）热处理工艺及主要性能。热处理工艺及主要性能见表2-2-71和表2-2-72。

表2-2-71 推荐热处理工艺

牌 号	调质工艺或固溶处理和时效工艺
4Cr9Si2	1020~1040℃油冷 + 700~780℃空冷
21-4N	1140~1200℃固溶+760~815℃空冷

表2-2-72 热处理后力学性能

牌 号	热处理工艺	屈服强度/兆帕	抗拉强度/兆帕	断后伸长率 A_{50}/%	硬度
4Cr9Si2	1020~1040℃油淬 700~780℃空冷	590	885	19	HB269
21-4N	1140~1200℃固溶 760~815℃空冷	580	950	8	HRC28

第七节 高温合金

一、概述

高温合金作为金属材料金字塔顶尖的产品，自诞生之日起便得到世界各国的重视并进行研究。高温合金代表了材料科学领域最前沿技术，是航空、航天、舰船、核电、高铁、石化、能源、汽车等领域必备材料，例如涡轮盘、叶片、涡轮轴、高温承力件、核电蒸发器管、高铁电机护环、油井管、超超临界电站管、涡轮增压器、高温螺栓等。

高温合金定义为以铁、镍、钴为基，根据设计要求在600℃以上的高温及一定应力的苛刻条件下仍可以保证零件使用功能并长期服役的一类金属材料，具有优异的高温强度、良好的抗氧化和抗燃气热腐蚀性能、复杂应力下良好的抗疲劳性能、断裂韧性等综合性能，又被称为“超级合金（superalloy）”。

高温合金具有生产难度大、技术含量高、研发与生产投入大等特点，国际上只有少数企业可以进行研发与生产，主要生产厂家包括 ALLVAC、SPECIAL METALS、CARPENTER、VDM 等。国内主要生产厂家为钢研高纳、中科院金属所、抚顺特钢、大冶特钢、宝钢特钢、长城特钢、西部超导等。

高温合金的分类。高温合金按基体元素可分为铁基（或称为铁镍基）高温合金、镍基高温合金和钴基高温合金；按强化方式可分为固溶强化型高温合金、时效强化型高温合金；按制备工艺可分为变形高温合金、铸造高温合金、粉末冶金高温合金、单晶高温合金、钛铝系金属间化合物、氧化物弥散强化高温合金。行业内通常按照制备工艺对高温合金进行分类，其中变形高温合金、粉末高温合金、单晶高温合金的介绍如下：

（1）变形高温合金。变形高温合金是目前用量最大的高温合金，占比超过70%，全球年需求量超过50万吨。变形高温合金经过特种熔炼、铸锭、热压力变形、冷变形、热处理等工序制备不同形状零件应用在相应的主机上。其通过 W、Mo 等元素进行固溶强化，通过 Al、Ti、Nb 等元素进行时效强化，通过热压力变形调整微观晶粒组织，通过热处理获得理想的强化相种类及形貌分布，进而获得优秀的高温性能。变形高温合金产品形状包括锻件、棒材、板材、管材、丝材、带材等。

变形高温合金的代表品种包括：应用范围最广的 GH4169 系列合金，凭借优异的性能广泛应用于军工、石化、能源等多个领域；难变形高温合金 GH4698、GH742、GH720Li、GH4065A、GH4099、GH4141 等，具有 γ′相等强化相数量多、热加工变形条件窗口小等特点，广泛应用于更加苛刻的热端服役条件；低膨胀类高温合金 GH907、GH909、GH783、GH242 等，凭借较小线膨胀系数的特性，广泛应用于封严环等零件，可提高整体发动机的热效率10%~15%；高耐腐蚀性高温合金 690、800、625、825、CN617 等，应用于有辐射与无辐射屏界的蒸汽发生器管、油（汽）田开采与传输等领域；焊接用的高温合金 HGH1040、HGH2042、HGH3533、HGH1068、HGH4169 等。

（2）粉末高温合金。粉末高温合金是利用特种熔炼而成的母合金，经过特殊的工艺制备金属粉末，在经过热等静压成型或用超塑性等温锻造成接近制品尺寸的方式制备的高温合金产品。其特点是由于粉末颗粒细小，凝固速度快，合金成分均匀，因而产品没有宏观偏析，性能稳定，加工性能良好，而且可以进一步提高合金化程度。粉末高温合金在先进的航空、航天发动机领域显示出强大的生命力，从第四代航空、航天发动机开始，包括粉末高温合金涡轮盘在内的多种零件通过应用评价，在航空发动机用高温合金中的比例不断提高。

粉末冶金的优点是组织均匀，无宏观偏析，屈服强度高、抗疲劳性能好，能够直接成型，可提高金属利用率、减少机械加工量、降低金属料成本等；缺点是金属粉末易于氧化和污染（会影响产品质量），工艺要求严格。

20世纪60年代末，美国人用惰性气体（或真空）雾化制取预合金粉，并采用热等静压、热挤压和超塑性等温锻造等现代粉末冶金工艺，制成了粉末高温合金。我国研制的第一代、第二代粉末高温合金FGH95、FGH96已经进入考核和应用阶段，第三代粉末高温合金FGH97正在研制进程中。

（3）单晶高温合金。单晶高温合金是指整个零件由一个晶粒组成的高温合金，是在定向凝固技术上发展而来的。根据合金的晶粒沿热流流失方向定向排列，基本消除垂直于应力轴的薄弱的横向晶界的原理，辅助外界力进行选晶，只允许其中一个晶粒生长直至充满零件型腔。因单晶高温合金由单个晶体为单位，因其合金化程度高，弥补了传统的铸锻高温合金铸锭偏析严重、热加工性能差、成型困难、工序最多、周期最长等难点。

单晶高温合金主要用于涡轮盘、压气机盘、鼓筒轴、封严盘、封严环、导风轮以及涡轮盘高压挡板等高温承力转动部件，先进的燃气涡轮发动机涡轮部位几乎都采用单晶空心叶片。单晶高温合金代表牌号包括：DD22、DD32、DD33、DD90、DD9、DD10等。

中国高温合金取得了巨大的工艺进步和技术创新。自1956年第一炉高温合金GH3030研制成功以来，中国高温合金走过了60余载。中国从消化吸收欧美、俄罗斯等国的设计理念，到学习、改进、自主设计的过程，构建了完整的高温合金体系；通过工艺和技术提升，具备了自主生产制造涡轮盘、燃烧室、叶片、紧固件等全部高温合金部件的能力，涉及100余个品种。中国高温合金取得的部分成就如下：

（1）高温合金材料应用能力提升。材料的强化形式从最初的GH2036的碳化物强化逐步提升至高比例γ′相强化，γ′相的体积分数从20%左右提升至50%以上；燃烧室用高温合金材料从600～900℃（GH3030、GH3039等）提高到1100～1200℃（GH3230、GH188等）；航空发动机叶片材料从当时能生产的GH4037和GH4033等发展到已经具备生产高纯净双真空工艺的GH2787和GH4169叶片，三联冶炼工艺的GH864叶片，难变形GH4720Li、GH4413、GH4220和GH4118叶片等多种高温合金叶片材料的能力。

（2）工艺技术进步。发动机盘件的直径不断增大，最大的燃机涡轮盘直径可达2000毫米；提升了入炉原材料的质量，抚顺特钢、大冶特钢、宝钢特钢等均开发了高纯净原料软铁，对原材料进行纯净化控制最终提高了钢液的纯净度；电渣熔炼高温合金的夹杂物水平大幅度提高，抚顺特钢、大冶特钢等均实现了非金属夹杂物总和小于2.5级的纯净度水平；由于工程化应用对大规格型材的需求，各企业不断进行技术改造和工艺探索，可生产的高温合金锭型不断增大，电渣锭实现直径1235毫米，自耗锭实现直径920毫米；实现快锻+径锻联合生产难变形高温合金的生产工艺路线。

（3）搭建了严格的全流程质量管控体系。从原材料、一次熔炼、二次熔炼、热压力加工、冷加工等各流程切实有效的采取质量检测措施，对各生产工序、各工艺节点进行控制，保证了工序流转准确、工艺执行严谨、产品质量稳定。

二、典型钢种

高温合金 GH4169 和优质 GH4169 介绍如下：

（1）概述。GH4169 是一种沉淀强化型变形高温合金，长期使用温度范围在-253～650℃之间，短时使用温度可达 800℃。GH4169 在使用温度范围内具有良好的综合性能，650℃以下强度较高，具有良好的抗疲劳、抗辐射、抗氧化、耐腐蚀性能，以及良好的加工性能、焊接性能和长期组织稳定性，适于制作航空、航天、核能和石油化工中的涡轮盘、环件、叶片、轴、紧固件及弹性元件、板材结构、机匣等，主要产品有热轧和锻制棒材、冷拉棒材、板材、带材、丝材、管材、环形件和锻件等。

优质 GH4169 在 GH4169 的基础上对合金中的碳、硫、铌和气体等含量进行了更为严格的控制。优质 GH4169 合金适合于制作航空发动机中各类转动件，可通过细晶锻造或超细晶锻造工艺，并通过高强类锻件热处理工艺或直接时效热处理工艺进行热处理后，获得高强度优质 GH4169 锻件。

GH4169 的熔炼工艺包括：真空感应熔炼（VIM）+电渣熔炼（ESR）两联工艺；真空感应熔炼（VIM）+真空自耗熔炼（VAR）两联工艺；真空感应熔炼（VIM）+电渣熔炼（ESR）+真空自耗熔炼（VAR）三联工艺；真空感应熔炼（VIM）+真空自耗熔炼（VAR）+真空自耗熔炼（VAR）三联工艺。其中最后一种三联工艺在中国尚未推广。

优质 GH4169 的熔炼工艺只有真空感应熔炼（VIM）+电渣熔炼（ESR）+真空自耗熔炼（VAR）三联工艺。

（2）各国牌号及标准。各国牌号及标准见表 2-2-73。GH4169 和优质 GH4169 除表中所述标准外，还有众多型号标准及企业间的协议标准。

表 2-2-73　GH4169 各国牌号及标准

国家或地区	中国	美国	日本	欧洲
牌号	GH4169 /优质 GH4169	Inconel 718 UNS NO7718	—	NC19FeNb
标准	GB/T 14992 GJB 5280 GJB 2611A GJB 3318A GJB 5301 GJB 712A Q/5B 4040 Q/3B 4048 Q/3B 4056 Q/3B 4054	ASTM B637 ASTM B564	—	—

（3）化学成分。化学成分见表 2-2-74。

表 2-2-74 化学成分（质量分数） （%）

牌号	C	Cr	Ni	Co	Mo	Al	Ti	Nb	Fe
GH4169	≤0.08	17.00~21.00	50.00~55.00	≤1.00	2.80~3.30	0.20~0.80	0.65~1.15	4.75~5.50	余
优质 GH4169	0.02~0.06	17.00~21.00	50.00~55.00	≤1.00	2.80~3.30	0.20~0.80	0.65~1.15	5.00~5.50	—
牌号	B	Mg	Mn	Si	P	S	Cu	Ca	Bi
GH4169	≤0.06	≤0.010	≤0.35	≤0.35	≤0.015	≤0.015	≤0.30	—	—
优质 GH4169	≤0.06	≤0.005	≤0.35	≤0.35	≤0.015	≤0.015	≤0.30	≤0.005	≤0.00003
牌号	Sn	Pb	Ag	Se	Te	T1	[N]	[O]	
GH4169	—	—	—	—	—	—	—	—	
优质 GH4169	≤0.005	≤0.0005	≤0.0005	≤0.0003	≤0.00005	≤0.0001	≤0.01	≤0.005	

（4）热处理工艺及主要性能。热处理工艺及主要性能见表 2-2-75~表 2-2-78。

表 2-2-75 热处理工艺

项 目	热处理制度	硬度（HB）
均匀化工艺	1150~1160℃×20~30 小时+1180~1190℃×110~130 小时或 1160℃×24 小时+1190℃×72 小时	
标准热处理	950~980℃±10℃×1 小时/OQ（或 AC 或 WQ）+720℃±10℃×8 小时/FC（50℃±10℃/小时）→620℃±10℃×8 小时/AC	341~461
直接时效处理	720℃±10℃×8 小时/FC（50℃±10℃/小时）→620℃±10℃×8 小时/AC	—

表 2-2-76 标准热处理后锻件力学性能

牌 号	温度/℃	屈服强度/兆帕	抗拉强度/兆帕	断后伸长率 δ_5/%	硬度（HBS）
GH4169	≥20	≥1030	≥1270	≥12	341~461
	≥650	≥865	≥1000	≥12	—
优质 GH4169	≥20	≥1030	≥1280	≥12	≥346
	≥650	≥865	≥1000	≥12	—

表 2-2-77 直接时效热处理后锻件力学性能

牌 号	温度/℃	屈服强度/兆帕	抗拉强度/兆帕	断后延伸率 δ_5/%	硬度（HBS）
优质 GH4169	≥20	≥1240	≥1450	≥10	≥388
优质 GH4169	≥650	≥1000	≥1170	≥12	—

表 2-2-78 标准热处理后 650℃持久性能

牌 号	σ/兆帕	τ/小时	δ_5/%	τ_H/小时
GH4169 / 优质 GH4169	690	≥25	≥5	≥τ

（5）力学性能及强韧化机理。GH4169 和优质 GH4169 合金的强化相包括碳化物和 $\gamma''(Ni_3Nb)$、$\gamma'[Ni_3(Al,Ti,Nb)]$，以 γ''相为主要强化相，在基体中弥散析出。但是随着时效时间增加或长期应用期间，有向 δ 相转变的趋势，致使强度下降；γ'相成球状弥散分布在基体中，对合金起到一定的强化作用，但效果弱于 γ''相。GH4169/优质 GH4169 典型的标准热处理组织如图 2-2-12 所示。

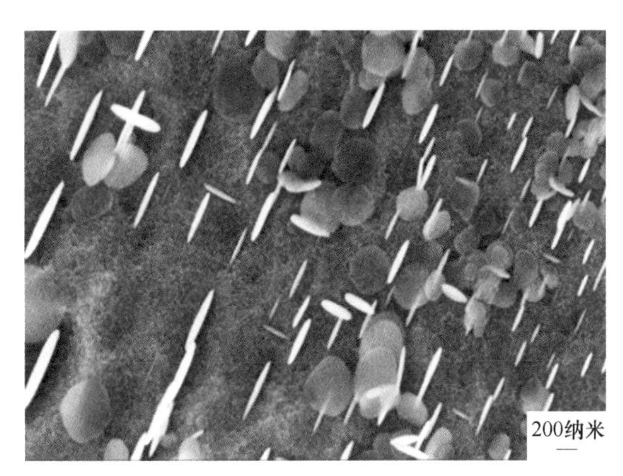

图 2-2-12　GH4169 标准热处理状态的组织

难变形高温合金 GH4698 介绍如下：

（1）概述。GH4698 是在俄罗斯 ЭИ698 合金的基础上添加微量元素及调整强化元素含量而进行改型的一种时效强化型镍基高温合金。GH4698 长期使用温度范围为 750~800℃，短时使用温度可达 850℃，在使用温度范围内具有良好的综合性能，具有很高的持久强度和拉伸强度以及良好的加工性能和长期使用组织稳定性，适于制作航空、航天发动机和燃气轮机涡轮盘、压气机盘等长寿命重承载零件。该合金 Al、Ti、Nb 含量高，大量的 γ'相致使热压力加工变形困难，是难变形高温合金的代表，主要产品有热轧和锻制棒材、环形件、盘件和锻件等。

GH4698 合金已经在多个型号航空发动机和舰用燃气轮机上应用，性能优异。抚顺特钢和大冶特钢均成功实现 6 吨真空自耗锭生产直径 420 毫米大规格棒材，且批次稳定性优秀，既为该合金的应用领域扩展奠定了基础又提供了质量保障。

GH4698 的熔炼工艺为：真空感应熔炼（VIM）+真空自耗熔炼（VAR）两联工艺。

（2）各国牌号及标准。各国牌号及标准见表 2-2-79。GH4698 除表中所述标准外，还有众多型号标准以及企业间的协议标准。

表 2-2-79　GH4698 各国牌号及标准

国家或地区	中国	美国	日本	欧洲
牌号	GH 698		—	ЭИ698
标准	GB/T 14992 GJB 3782 GJB 5280	—	—	—

续表 2-2-79

国家或地区	中国	美国	日本	欧洲
标准	GJB 5285 Q/GYB 05011 Q/GYB 05025 Q/GYB 05033 Q/GYB 665 Q/GYB 666 Q/GYB 667	—	—	—

（3）化学成分。化学成分见表 2-2-80。

表 2-2-80 化学成分（质量分数） （%）

C	Cr	Ni	Fe	Mo	Al	Ti	Nb
≤0.08	13.00~16.00	余	≤2.00	2.80~3.20	1.30~1.70	2.35~2.75	1.80~2.20
B	**Mg**	**Mn**	**Si**	**P**	**S**	**Cu**	**Ca**
≤0.005	≤0.008	≤0.40	≤0.60	≤0.015	≤0.007	≤0.07	≤0.005
Sn	**Pb**	**As**	**Sb**	**Bi**	**Ce**	**Zr**	
≤0.0012	≤0.001	≤0.0025	≤0.0025	≤0.0001	≤0.005	≤0.05	

（4）热处理工艺及主要性能。热处理工艺及主要性能见表 2-2-81~表 2-2-83。

表 2-2-81 热处理工艺

项 目	热处理制度	硬度（HB）
标准热处理Ⅰ	1100~1120℃±10℃×8 小时/AC+1000℃±10℃×4 小时/AC+775℃±10℃×16 小时/AC+700℃±10℃×16 小时/AC	—
标准热处理Ⅱ	1100~1120℃±10℃×8 小时/AC+1000℃±10℃×4 小时/AC+775℃±10℃×16 小时/AC	—

表 2-2-82 标准热处理后锻件力学性能

项 目	温度/℃	屈服强度/兆帕	抗拉强度/兆帕	断后延伸率 δ_5/%	硬度（HBS）
标准热处理Ⅰ	20	≥736	≥1180	≥14	302~363
标准热处理Ⅱ	20	≥730	≥1130	≥17	302~363

表 2-2-83 标准热处理后持久性能

项 目	温度/℃	σ/兆帕	τ/小时	δ_5/%	τ_H/小时
标准热处理Ⅰ	650	706	≥50	—	—
标准热处理Ⅱ	750	412	≥50	—	—

（5）力学性能及强韧化机理。GH4698 合金的强化相包括：碳化物（MC、$M_{23}C_6$），γ′，硼化物（M_5B_4）。其中以 γ″相为主要强化相，包括两种尺寸的球状 γ′相，小尺寸的 γ′

相弥散分布在晶内。在合金晶界面上有 MC、$M_{23}C_6$、M_5B_4 析出。标准热处理状态下，对晶界起主要强化作用的是 M_5B_4。

第八节 高强度不锈钢

一、概述

高强度不锈钢因其具有优异的强韧性匹配及耐蚀性，在航空航天、海洋工程、能源等关系国计民生的装备制造领域得到广泛的应用，如飞机的主承力构件、紧固件、卫星陀螺仪、飞船外壳、海洋石油平台、汽车工业、核能工业、齿轮和轴承制造等，是未来高端制造业装备部件轻量化设计和节能减排的首选材料。

合金元素是决定高强度不锈钢具有优良强韧性及耐腐蚀性能的关键因素之一。在超高强度不锈钢中，碳是主要的碳化物形成元素，适宜的碳含量可以保证钢的基体组织为高位错密度的低碳板条马氏体基体，保证钢具有满意的强度和韧性水平。而随着碳含量的增加，强度提高的同时会使钢的韧性降低，耐蚀性下降。氮在钢中以间隙原子存在，产生明显的固溶强化作用，同时保持较高的塑性和韧性，利用氮的固溶强化以及与钢中铌、碳形成 Nb(C,N) 析出，可大幅度提高钢的屈服强度。铬对钢的耐蚀性起着决定性作用，但是铬是很强的铁素体形成元素，铬含量过高会使基体中生成δ-铁素体，从而影响钢的热塑性，以及使横向韧性恶化、强度降低。在超高强度不锈钢中，铬会降低钢的 M_s 点，从而导致钢屈服强度的下降。镍是超高强度不锈钢中重要的韧化元素，镍可以提高马氏体基体的抗解理断裂能力，降低韧性塑性—脆性转变温度，保证钢具有足够的韧性，镍还可以降低 δ-铁素体的含量，改善钢的纵、横向性能，此外，它可以提高不锈钢的钝化倾向，改善马氏体不锈钢的耐气蚀和耐泥蚀性。在 PH13-8Mo 钢和 Custom465 钢中，镍会分别参与形成 NiAl 相和 Ni_3Ti 相提高钢的强度，但它在钢中的含量不能太高，镍对超低碳马氏体沉淀硬化不锈钢强韧性的影响，在 4.5%~5.5%（质量分数）的范围内，镍含量的增加会同时提高钢的屈服强度和韧性，而在 5.5%~6.0%（质量分数）的极窄区间内，提高镍含量则会导致钢屈服强度下降。钼的作用主要是增加回火稳定性和强化二次硬化效应，钼改善回火稳定性的机理是钼的加入形成了细小的密排六方 M_2C 碳化物，钼合金化的 M_2C 具有极高的析出驱动力，并且钼元素的扩散缓慢，使钢回火稳定性增强。钨与钼的作用相似，主要用于增加钢的回火稳定性、红硬性和热强性，钨也是 M_2C 形成元素，但含钨 M_2C 碳化物的形成温度高于含钼的 M_2C 碳化物，可以延缓过时效，同时还能提高钢在高温下的蠕变抗力。添加钴可以延缓马氏体位错亚结构回复，保持马氏体板条的高位错密度，从而为随后的沉淀相的析出提供更多的形核位置；另外，钴的加入提高了碳的活度，也即提高了碳化物的析出驱动力，可以促进更过细小弥散的 M_2C 碳化物析出。钴元素还会促进钢中铬元素的调幅分解，而铬的调幅分解会导致钢耐蚀性能的下降。铜在时效过程中形成的细小、弥散分布的富铜相，是含铜不锈钢产生强化的主要原因，在腐蚀介质中，氧化层下的铜富集层可以阻止氧化铁的进一步深入，有利于马氏体沉淀硬化不锈钢在盐酸和硫酸中的耐蚀性和抗应力腐蚀能力提升。钒可以和碳、氮形成碳化物或氮化物从而引起晶粒细化和析出强化，同时提高钢的强度和韧性。铌是强碳化物形成元素，其形成的 NbC、Nb_4C_3 具有极强的高温稳定性，对钢的蠕变极限、持久强度、临界转变温度、焊接性能等均有良好影响，且铌能显著细化晶粒，细晶强化效果好。钛在时效过程中形成 Ni_3Ti 强化相，但韧性损失较大，加上钛的偏析的影响，使钢断裂韧性明显下降。

高强度不锈钢的典型室温组织包括：细小的板条马氏体基体，适量的残余（或逆转变）奥氏体以及弥散分布的沉淀强化相。板条状马氏体由于其自身的高位错密度，具有很高的强度。亚稳残余（逆转变）奥氏体可以缓解裂纹尖端的应力集中从而提高材料韧性。时效处理过程中析出的纳米级强化相可以进一步提高钢的强度，按照析出相的合金组成可将其分为三类，即碳化物（MC、M_2C）、金属间化合物（NiAl、Ni_3Ti）以及元素富集相（ε 相、α 相）。在高强度不锈钢中，沉淀相的强化潜力取决于沉淀相的本质及其尺寸、数密度、体积分数及空间分布情况。典型超高强度不锈钢的化学成分和力学性能见表 2-2-84 和表 2-2-85。从表中可以看出，第一代超高强度不锈钢（15-5PH、17-4PH）强度级别较低（1200~1400 兆帕），此类钢中的主要强化相为元素富集相，如 ε-Cu 相；第二代高强度不锈钢（PH13-8Mo、Custom465）中，C 含量普遍较低（质量分数不大于 0.03%，下同），主要强化方式为 NiAl 和 Ni_3Ti 等金属间化合物强化；作为第三代高强度不锈钢的典型代表，Ferrium® S53 钢的诞生得益于材料基因数据和计算机技术，将 C 的质量分数增加到 0.21%，MC 和 M_2C 型碳化物的二次硬化作用使材料性能得到大幅度提升，不同于 Ferrium® S53 钢的合金设计理念，国产 USS122G 采用了碳化物与金属间化合物复合强化体系（MC、Laves 等），相比于 Ferrium® S53 钢具有更好的强韧性匹配。

表 2-2-84 典型高强度不锈钢的合金成分

钢号	C	Cr	Ni	Ti	Mo	Al	Cu	Co	Mn	W	Fe
17-4PH	0.07	16.0	4.0	—	—	—	4.0	—	≤1.0	—	余
15-5PH	0.04	15.0	4.7	—	—	—	3.0	—	≤1.0	—	余
PH13-8	0.03	12.6	7.9	—	1.7	1.0	—	—	—	—	余
Custom465	0.02	11.6	11.0	1.5	1.0	—	—	—	—	—	余
USS122G	0.09	12.0	3.0	—	5.0	—	—	14.0	—	1.0	余
Ferrium® S53	0.21	9.0	4.8	0.02	1.5	—	—	13.0	—	1.0	余

表 2-2-85 典型高强度不锈钢的力学性能

钢号	$R_{p0.2}$/兆帕	R_m/兆帕	K_{IC}/兆帕·米$^{1/2}$	A_{KU}/焦	强化相
17-4PH	1262	1365	—	21	Cu
15-5PH	1213	1289	—	79	Cu
PH13-8	1448	1551	—	41	NiAl
Custom465	1703	1779	71	—	Ni_3Ti
USS122G	1550	1940	90	—	Laves/α′
Ferrium® S53	1551	1986	77	—	M_2C

作为第一代高强度不锈钢的典型代表，15-5PH 钢的合金化特点是采用 15%左右的 Cr 来保证钢的耐腐蚀性能；加入的 5%左右的 Ni 含量可以起到平衡实验用钢的 Cr-Ni 当量的作用，使钢在室温得到马氏体组织，同时降低钢中 δ-铁素体；加入 4%左右的 Cu，起到了强化作用；少量的 Nb 可以与 C 形成 MC 相，起到了钉扎晶界、细化晶粒的作用。经过 550℃时效处理后，在马氏体基体上析出大量 fcc 结构的富 Cu 相。目前该钢种广泛应用于波音 737-600 型机翼梁、机身框架等，波音 757 的发动机吊架中梁保险销以及波音 767 主起落架前轴颈支架的钢销等均大量采用 15-5PH 不锈钢制造，我国成功首飞的 ARJ21 飞机也选用了 15-5PH 高强度不锈钢零件。

作为第二代高强度不锈钢的典型代表，PH13-8Mo 采用低碳的合金化设计，以 13%左右的 Cr 含量来保证钢的耐蚀性，8%左右的 Ni 含量可以弥补由于低碳而引起的 Cr-Ni 当量不平衡，降低 δ-铁素体含量，可使钢得到板条马氏体组织，加入 1%的 Al 可在钢中形成强化相，起到强化基体的作用，适合于制作要求高屈服强度、高韧性、无各向异性的大截面构件和高应力紧固件，已成为国外军机和民机的必选材料。例如美国 F-15 飞机上 44.2 万个紧固件中的 70%采用该钢制造，C-5 大型军用运输机的发动机装备零件、货舱材料、固定销轴类件，空客 A340-300 的机翼梁等亦采用该钢制造。

新一代超高强度不锈钢的成分设计时，为保证钢具有良好的耐腐蚀性能，一般钢中 Cr 的含量应大于 10%，Cr 也是降低马氏体相变温度的元素；加入 Ni 可以提高不锈钢的电位和钝化倾向，增加钢的耐蚀性能，提高钢的塑性和韧性，特别是钢在低温下的韧性，Ni 还会形成强化作用的 η-Ni3Ti 相；加入 Mo 主要是增加了二次硬化效应，2%左右的 Mo 可使钢在不同固溶处理条件下均保持较高的硬度，在时效过程中析出的富 Mo 析出相起到了强化作用，同时能使钢保持良好的韧性，Mo 还可以提高不锈钢耐海水腐蚀性能；加入 Co 可以抑制马氏体中位错亚结构的回复，为析出相形成提供更多的形核位置，降低 Mo 在 α-Fe 中的溶解度，促进含 Mo 的析出相生成，起到了间接强化的作用。钢铁研究总院于 21 世纪初开展了 1900 兆帕超高强度不锈钢的研究，所研制的 Cr-Ni-Co-Mo 系超高强度不锈钢兼备超过 1900 兆帕的超高强度和超过 90 兆帕·米$^{1/2}$的优良断裂韧性，以及良好的耐腐蚀和应力腐蚀性能，在舰载机起落架以及多种航空关键部件上具有广泛的应用前景。

二、典型钢种

沉淀硬化马氏体不锈钢 17-4PH 介绍如下：

（1）概述。17-4PH 合金是由铜、铌、铬构成的沉淀、硬化、马氏体不锈钢，其特性是经过热处理后，产品的力学性能更加完善，可以达到 1100~1300 兆帕的耐压强度。但这个等级不能用在高于 300℃（572℉）或非常低的温度下。它对大气及稀释酸或盐都具有良好的抗腐蚀能力，它的抗腐蚀能力与 304 和 430 一样。

（2）国内外标准及化学成分。国内外标准及化学成分见表 2-2-86。

表 2-2-86 国内外标准及化学成分

参考标准	牌号	化学成分（质量分数）/%								
		C	Si	Mn	P	S	Cu	Cr	Ni	Nb
GJB 2294—95	0Cr17Ni4Cu4Nb	≤0.07	≤1.00	≤1.00	≤0.035	≤0.025	3.0~5.0	15.0~17.5	3.0~5.0	0.15~0.45
GJB 8268—2014	05Cr17Ni4Cu4Nb	≤0.07	≤1.00	≤1.00	≤0.030	≤0.015	3.0~5.0	15.0~17.5	3.0~5.0	0.15~0.45
ASTM A564/A564M—19a	S17400	≤0.07	≤1.00	≤1.00	≤0.04	≤0.030	3.0~5.0	15.5~17.5	3.0~5.0	0.15~0.45
JIS G 4304—2012	SUS630	≤0.07	≤1.00	≤1.00	≤0.04	≤0.030	3.0~5.0	15.0~17.5	3.0~5.0	0.15~0.45
DIN EN 10088-3—1995	X5CrNiCuNb16-4	≤0.07	≤0.70	≤1.50	≤0.040	≤0.030	3.0~5.0	15.0~17.0	3.0~5.0	0.15~0.45

（3）力学性能。力学性能见表 2-2-87。

表 2-2-87 力学性能

参考标准	淬火或固溶	冷却介质	回火或时效	冷却介质	力学性能				硬度（HBW）
					屈服强度/兆帕	抗拉强度/兆帕	伸长率/%	断面收缩率/%	
GJB 8268—2014	1020~1060℃	水	—	—	—	—	—	—	≤363
	1020~1060℃	水	470~490℃，(1±0.1)小时	空气	≥1180	≥1310	≥10	≥40	≥375
	1020~1060℃	水	540~560℃，(4±0.25)小时	空气	≥1000	≥1070	≥12	≥45	≥331
	1020~1060℃	水	570~590℃，(4±0.25)小时	空气	≥865	≥1000	≥13	≥45	≥302
	1020~1060℃	水	610~630℃，(4±0.25)小时	空气	≥725	≥930	≥16	≥50	≥277

（4）物理性能。沉淀硬化马氏体不锈钢 17-4PH 的密度为 7.78 克/厘米^3；20℃弹性模量为 191 吉帕，320℃弹性模量为 181 吉帕；（1040℃水冷或空冷，480℃回火 4 小时空冷热处理态）20~100℃线膨胀系数为 10.8×10^{-6}/开，20~200℃线膨胀系数为 10.16×10^{-6}/开，20~300℃线膨胀系数为 11.36×10^{-6}/开；100℃热导率为 17.2 瓦/(米·开)，300℃热导率为 20 瓦/(米·开)，500℃热导率为 23 瓦/(米·开)，0~100℃比热容为 0.46 千焦/(千克·开)，20℃电阻率为 0.74 欧姆·毫米^2/米。

（5）强韧化机理。通过变动热处理工艺予以调整，马氏体相变和时效处理形成沉淀硬化相是其主要强化手段。

17-4PH 不锈钢的热处理理论基础是铁的同素异构转变。铁的同素异构转变导致 17-

4PH 不锈钢在加热和冷却过程中内部组织发生变化。

合金元素在析出强化过程中的作用及热处理工艺对其综合性能的影响时效过程中富铜相的析出是 17-4PH 不锈钢的主要强化机制。

(6) 应用。该钢一般应用于既有腐蚀性环境又有高强度要求的航空航天、食品、核工业中的轴类、汽轮机等部件，海上平台、直升机甲板、其他平台、食品工业、纸浆及造纸业、航天涡轮机叶片、机械部件及核废物桶。

第九节　不锈钢

一、概述

不锈是针对钢铁易锈蚀而提出的。在普钢应用的基础上，钢材锈蚀为普遍现象，造成钢铁设施不断地减重和失去力学性能而报废，为防止钢材锈蚀提出不锈方法的概念。人们通常从字面上理解，认为不会生锈的钢就叫不锈钢，但是从学术意义上来讲，并非如此。不锈是相对的，是相对于普碳钢材而言的，是有条件的，不同的环境、不同的介质、不同的时长，不锈钢同普碳钢一样会锈蚀。所以不锈钢不是绝对不锈，而是相对不锈。

不锈钢的耐蚀性主要取决于钢中所含的合金元素，而铬是使不锈钢获得耐蚀性的基本元素。除铬外，常用的合金元素还有镍、钼、钛、铌、铜、氮等，以满足各种用途对不锈钢组织和性能的要求。现行的国家标准规定，以不锈、耐蚀性为主要特性，且铬含量不小于 10.5%、碳含量不超过 1.2%的钢，叫不锈钢。

不锈钢一般系不锈钢和耐酸钢的总称。不锈钢指耐大气、蒸汽和水等弱介质腐蚀的钢，耐酸钢则指耐酸、碱、盐等化学浸蚀介质腐蚀的钢。不锈钢与耐酸钢在合金化程度上有较大的差异。不锈钢虽然具有不锈性，但并不一定耐酸，而耐酸钢一般具有不锈性。

不锈钢钢种很多，性能各异，常见的分类方法有：(1) 按钢的组织结构分类，如马氏体不锈钢、铁素体不锈钢、奥氏体不锈钢和双相不锈钢等。(2) 按照钢中的主要化学元素或钢中一些特征元素分类，如铬不锈钢、铬镍不锈钢以及超低碳不锈钢、高钼不锈钢、高纯不锈钢等。(3) 按照钢的性能特点和用途分类，如耐硝酸（硝酸级）不锈钢、耐硫酸不锈钢、耐点蚀不锈钢、耐应力腐蚀不锈钢、高强度不锈钢等。(4) 按钢的功能特点分类，如低温不锈钢、无磁不锈钢、易切削不锈钢、超塑性不锈钢等。目前常用的分类方法是按照钢的组织结构特点和钢的化学成分特点以及两者相结合的方法分类。

奥氏体不锈钢是不锈钢中最重要的钢类，其产量和使用量最大，牌号也最多，其中，铬镍奥氏体不锈钢在多种腐蚀介质中具有优秀的耐蚀性，并且综合力学性能良好，同时工艺性能和可焊性等优良，因而在多种化工加工及轻工等领域获得了最广泛的应用。铁素体不锈钢系指铬含量在 11%～30%，具有体心立方晶体结构，在使用状态下以铁素体组织为主的不锈钢。马氏体不锈钢是可以通过热处理（淬火回火）对其性能进行调整的不锈钢。双相不锈钢系指不锈钢中既具有奥氏体，又有铁素体组织结构的钢种，双相不锈钢的固溶组织中铁素体相与奥氏体相约各占一半，一般较少相的含量最少也需要达到 30%。

06Cr19Ni10是生产量和使用量最大、应用范围最广的奥氏体型不锈钢钢种，具有良好的抗晶间腐蚀性能，优良的耐腐蚀性能及冷加工、冲压性能，可作为耐热不锈钢使用。在固溶状态下钢的塑性、韧性、冷加工性良好；在氧化性酸和大气、水等介质中耐腐蚀性良好。022Cr19Ni10钢是在06Cr19Ni10基础上，通过降低碳含量和稍许提高镍含量的超低碳型奥氏体不锈钢，与06Cr19Ni10相比较，022Cr19Ni10钢强度稍低，但其敏化态耐晶间腐蚀能力明显优于06Cr19Ni10。06Cr19Ni10和022Cr19Ni10钢的化学成分见表2-2-88。

表2-2-88 06Cr19Ni10和022Cr19Ni10钢的化学成分（质量分数） （%）

牌 号	C	Si	Mn	P
06Cr19Ni10	≤0.08	≤1.00	≤2.00	≤0.045
022Cr19Ni10	≤0.030	≤1.00	≤2.00	≤0.045
牌 号	S	Ni	Cr	
06Cr19Ni10	≤0.030	8.00~11.00	18.00~20.00	
022Cr19Ni10	≤0.030	8.00~12.00	18.00~20.00	

06Cr19Ni10和022Cr19Ni10钢广泛应用于食品、化工、石化、石油、化肥、动力、原子能等行业，022Cr19Ni10钢更适合用于焊接后不进行热处理的设备、容器及零部件。

中国双相不锈钢近几年发展迅猛，随着双相不锈钢产量的增长，其在中国不锈钢中的占比也稳步提高。2019年，中国双相不锈钢的产量达到18.09万吨，其在中国不锈钢产量的占比达到0.6%。2205（022Cr22Ni5Mo3N、022Cr23Ni5Mo3N）是双相不锈钢中产量最大应用最广的钢种，它在中性氯化物溶液和H_2S中的耐应力腐蚀性能优于304L、316L奥氏体不锈钢及18-5Mo型双相不锈钢。2205（022Cr22Ni5Mo3N、022Cr23Ni5Mo3N）具有优异的耐应力腐蚀性能，耐孔蚀性能也很好，还有较高的强度及韧性等综合性能，可进行冷、热加工及成型，焊接性良好，广泛应用于石油开采、化学品船及各种化工装置上。022Cr22Ni5Mo3N、022Cr23Ni5Mo3N的化学成分见表2-2-89。

表2-2-89 022Cr22Ni5Mo3N、022Cr23Ni5Mo3N的化学成分（质量分数） （%）

牌 号	C	Si	Mn	P	S
022Cr22Ni5Mo3N	≤0.030	≤1.00	≤2.00	≤0.030	≤0.020
022Cr23Ni5Mo3N	≤0.030	≤1.00	≤2.00	≤0.030	≤0.020
牌 号	Ni	Cr	Mo	N	
022Cr22Ni5Mo3N	4.50~6.50	21.0~23.00	2.50~3.50	0.08~0.20	
022Cr23Ni5Mo3N	4.50~6.50	22.0~23.00	3.00~3.50	0.14~0.20	

二、典型钢种

不锈钢310S介绍如下：

（1）概述。310S不锈钢是奥氏体铬镍不锈钢，因镍（Ni）、铬（Cr）含量高，具有良好耐氧化、耐腐蚀、耐酸碱、耐高温性能。由于其组织为面心立方结构，因而在高温下有高的强度和蠕变强度。

（2）国内外标准及化学成分。国内外标准及化学成分见表 2-2-90。

表 2-2-90　国内外标准及化学成分

参考标准	牌　号	化学成分（质量分数）/%								
		C	Si	Mn	P	S	N	Cr	Ni	Mo
ASME SA213	S31008	≤0.08	≤1.50	≤2.00	≤0.045	≤0.030	—	24.0~26.0	19.0~22.0	—
GB 24511—2009	0Cr25Ni20	≤0.08	≤1.50	≤2.00	≤0.045	≤0.030	—	24.0~26.0	19.0~22.0	—
EN 10088-1：2005	X8CrNi25-21	0.08	1.00	2.00	0.045	0.030	—	24.0~26.0	19.0~22.0	—

（3）力学性能。力学性能见表 2-2-91。

表 2-2-91　力学性能

状　态	力学性能				硬　度		
	屈服强度/兆帕	抗拉强度/兆帕	伸长率/%	断面收缩率/%	HBW	HRB	HV
固溶处理	≥205	≥520	≥40	≥50	≤187	—	—

（4）物理性能。310S 不锈钢的密度为 7.8 克/厘米^3，无磁性，0~100℃线膨胀系数为 15.9×10^{-6}/开，100℃热导率为 14.2 瓦/(米·开)，0~100℃比热容为 0.50 千焦/(千克·开)。

（5）强韧化机理。310S 不锈钢是奥氏体铬镍不锈钢，奥氏体型不锈钢中增加碳的含量后，由于其固溶强化作用使强度得到提高，奥氏体型不锈钢的化学成分特性是以铬、镍为基础添加钼、钨、铌和钛等元素，由于其组织为面心立方结构，因而在高温下有高的强度和蠕变强度；熔点 1470℃，800℃开始软化，许用应力持续降低。

（6）应用。310S 不锈钢广泛用于石油、化工、医疗、食品、轻工、机械仪表等工业运送管道以及机械结构部件等，另外，在折弯、抗扭强度相同时，分量较轻，所以也广泛用于制造机械零件和工程结构；也常用于生产各种常规武器、枪管、炮弹等。

奥氏体不锈钢 316L 介绍如下：

（1）概述。316L 是一种不锈钢材料牌号，AISI 316L 是对应的美国标号，SUS 316L 是对应的日本标号。我国的统一数字代号为 S31603，标准牌号为 022Cr17Ni12Mo2（新标），旧牌号为 00Cr17Ni14Mo2，表示主要含有元素 Cr、Ni、Mo，数字表示大概含有的百分比。316L 是 316 不锈钢的低碳版本，冷加工后，316 可以产生与双相不锈钢等级相似的高屈服强度和拉伸强度。316L 属于 18-8 型奥氏体不锈钢的衍生钢种，添加有 2%~3%的 Mo 元素。在 316L 的基础上，也衍生出很多钢种，比如添加少量 Ti 后衍生出 316Ti，添加少量 N 后衍生出 316N，增加 Ni、Mo 含量衍生出 317L。

（2）国内外标准及化学成分。国内外标准及化学成分见表 2-2-92。

表 2-2-92 国内外标准及化学成分

参考标准	牌 号	化学成分（质量分数）/%								
		C	Si	Mn	P	S	N	Cr	Ni	Mo
GB/T 20878—2007	022Cr17Ni12Mo2	≤0.03	≤1.00	≤2.00	≤0.045	≤0.030	—	16.0~18.0	10.0~14.0	2.0~3.0
ASTM A959—16	S31603 316L	≤0.03	≤1.00	≤2.00	≤0.045	≤0.030	—	16.0~18.0	10.0~14.0	2.0~3.0
JIS G 4304—2012	SUS316L	≤0.030	≤1.00	≤2.00	≤0.045	≤0.030	—	16.0~18.0	12.0~15.0	2.0~3.0
DIN EN 10088-3：2005—09	X2CrNiMo17-12-21.4404	≤0.030	≤1.00	≤2.00	≤0.045	≤0.030	≤0.11	16.5~18.5	10.0~13.0	2.0~2.5
ISO/TS 15510：2003	X2CrNiMo17-12-2	≤0.030	≤1.00	≤2.00	≤0.045	≤0.030	≤0.11	16.5~18.5	10.0~13.0	2.0~3.0
GB/T 20878—2007	022Cr17Ni12Mo2	≤0.03	≤1.00	≤2.00	≤0.045	≤0.030	—	16.0~18.0	10.0~14.0	2.0~3.0

（3）力学性能。力学性能见表 2-2-93。

表 2-2-93 力学性能

状 态	力学性能				硬 度		
	屈服强度/兆帕	抗拉强度/兆帕	伸长率/%	断面收缩率/%	HBW	HRB	HV
固溶处理	≥177	≥480	≥40	≥60	≤217	≤90	≤200

（4）物理性能。316L 奥氏体不锈钢的密度为 8.0 克/厘米^3，纵向弹性模量为 193 吉帕，0~100℃线膨胀系数为 16×10^{-6}/开，100℃热导率为 16.3 瓦/(米·开)，0~100℃比热容为 0.5 千焦/(千克·开)，20℃电阻率为 0.74 欧姆·毫米^2/米。

（5）强韧化机理。钼元素的加入，使 316L 的高温强度提高，如持久、抗蠕变等性能。另外，316L 具有较低的层错能，这有利于形变孪晶的产生，而滑移和形变孪晶会使部分奥氏体相转变为马氏体相，发生相变诱导塑性机制，提高塑性。

（6）应用。316L 是纸浆和造纸用设备热交换器、染色设备、胶片冲洗设备、管道、沿海区域建筑物外部用材料，也可作高级手表的表链、表壳等用途，亦用于海水里用设备、化学、染料、造纸、草酸、肥料等生产设备，照相、食品工业、沿海地区设施、绳索、CD 杆、螺栓、螺母。

超级奥氏体不锈钢 904L 介绍如下：

（1）概述。超级奥氏体不锈钢 904L（00Cr20Ni25Mo4.5Cu；UNS：N08904；EN：1.4539）是一种碳含量低的高合金的奥氏体不锈钢，其中含 14.0%~18.0%的铬、24.0%~26.0%的镍、4.5%的钼，在稀硫酸中有很好的抗腐蚀性，专为腐蚀条件苛刻的环境而设计；具有较高的铬含量和足够的镍含量，铜的加入使它具有很强的抗酸能力，尤其对氯化物间隙腐蚀和应力腐蚀崩裂有高度抗性，不易出现蚀损斑和裂缝，抗点蚀能力略优于其他钢种，具有良好的可加工性和可焊性，可用于压力容器。

（2）国内外标准及化学成分。国内外标准及化学成分见表2-2-94。

表2-2-94 国内外标准及化学成分

参考标准	牌　号	化学成分（质量分数）/%									
		C	Si	Mn	P	S	N	Cr	Ni	Mo	Cu
GB/T 20878—2007	S31782	≤0.02	≤1.0	≤2.0	≤0.045	≤0.035	≤0.1	19.00~23.00	23.00~28.00	4.00~5.00	1.00~2.00
GB/T 24511—2017	S39042	≤0.02	≤1.0	≤2.0	≤0.03	≤0.01	≤0.1	19.00~21.00	24.00~26.00	4.00~5.00	1.20~2.00
ASTM A240/240M—15	N08904	≤0.02	≤1.0	≤2.0	≤0.045	≤0.035	≤0.1	19.00~23.00	23.00~28.00	4.00~5.00	1.00~2.00
JIS G 4305：2012	SUS890L	≤0.02	≤1.0	≤2.00	≤0.045	≤0.03	—	19.00~23.00	23.00~28.00	4.00~5.00	1.00~2.00
EN 10028-7：2008	X1NiCrMoCu25-20-5	≤0.02	≤0.7	≤2.0	≤0.030	≤0.01	≤0.15	19.00~21.00	24.00~26.00	3.00~4.00	1.20~2.00

（3）力学性能。力学性能见表2-2-95。

表2-2-95 力学性能

状　态	力学性能				硬　度		
	屈服强度/兆帕	抗拉强度/兆帕	伸长率/%	断面收缩率/%	HBW	HRB	HV
固溶处理	≥220	≥490	≥35	—	—	≤90	—

（4）物理性能。904L超级奥氏体不锈钢的密度为8.0克/厘米^3，纵向弹性模量为188吉帕，0~100℃线膨胀系数为15×10^{-6}/开，100℃热导率为13.7瓦/(米·开)，0~100℃比热容为0.5千焦/(千克·开)，20℃电阻率为1.00欧姆·毫米^2/米。

（5）强韧化机理。融入基体中的微合金原子造成晶格畸变，晶格畸变增大了位错运动的阻力，使滑移难以进行，从而使合金固溶体的强度与硬度增加。高的合金元素含量使其固溶强化，使钢具有较好的强度值。合金质量分数很高在凝固过程中易产生严重的宏观偏析，加速二次相的析出，适当提高冷却强度和降低浇铸温度可有效减轻超级奥氏体不锈钢铸锭的宏观偏析，提高综合力学性能。

（6）应用。904L常用于石油、石化设备，如石化设备中的反应器等；硫酸的储存与运输设备，如热交换器等；发电厂烟气脱硫装置，主要使用部位有吸收塔的塔体、烟道、挡门板、内件、喷淋系统等；有机酸处理系统中的洗涤器和风扇；海水处理装置，海水热交换器，造纸工业设备，硫酸、硝酸设备，制酸、制药工业及其他化工设备、压力容器，食品设备；制药厂的离心机、反应器等；植物食品如酱油、料酒、盐等的储存器具。对稀硫酸强腐蚀介质904L是匹配的钢种。

双相不锈钢2205介绍如下：

（1）概述。2205双相不锈钢的屈服强度比普通奥氏体不锈钢高1倍多，这一特性使设计者在设计产品时减轻了重量，让这种合金比316和317L更具有价格优势。这种合金特别适用于-50~600℉温度范围内，超出这一温度范围的应用也可考虑这种合金，但是有一些限制，尤其是应用于焊接结构的时候。

（2）国内外标准及化学成分。国内外标准及化学成分见表2-2-96。

表2-2-96 国内外标准及化学成分

参考标准	牌 号	化学成分（质量分数）/%								
		C	Si	Mn	P	S	N	Cr	Ni	Mo
ASTM A240	S32205	≤0.03	≤1.00	≤2.00	≤0.03	≤0.02	0.14~0.20	22.0~23.0	4.5~6.5	3.0~3.5
GB/T 1220—2007	022Cr22Ni5Mo3N	≤0.03	≤1.00	≤2.00	≤0.03	≤0.02	0.08~0.20	21.0~23.0	4.5~6.5	2.5~3.5
DIN 17440	1.4462	≤0.03	≤1.00	≤2.00	≤0.03	≤0.02	0.14~0.20	22.0~23.0	4.5~6.5	3.0~3.5

（3）力学性能。力学性能见表2-2-97。

表2-2-97 力学性能

状 态	力学性能				硬 度		
	屈服强度/兆帕	抗拉强度/兆帕	伸长率/%	断面收缩率/%	HBW	HRB	HV
固溶处理	≥500	≥670	≥35	—	≤227	—	—

（4）物理性能。2205双相不锈钢的密度为7.98克/厘米^3，纵向弹性模量为186吉帕，0~100℃线膨胀系数为13.7×10^{-6}/开，100℃热导率为23瓦/(米·开)，0~100℃比热容为0.45千焦/(千克·开)，20℃电阻率为0.88欧姆·毫米^2/米。

（5）强韧化机理。在双相不锈钢中因为空隙原子碳、氮与刃型位错可构成柯氏气团（Cottrell Ammphere），与螺型位错构成斯鲁（Snok）气团，当位错被气团钉扎时，位错移动阻力增大，为使位错摆脱气团而运动，就必须施加更大的外力，因而增加了钢的塑性变形抗力，从而使钼的屈服强度进步，达到了强化的意图。

（6）应用。2205双相不锈钢适用于中性氯化物环境，炼油工业，石油化学和化学工业，化学工业用输送管道，石油和天然气工业，纸浆和造纸工业，化肥工业，尿素工业，磷肥工业，海水环境，能源与环保工业，轻工和食品工业，食品和制药工业的设备，高强度结构件，海底管线，烟机脱硫，渗透脱盐淡化设备，硫酸厂，海洋工程紧固件等。

高碳马氏体不锈钢102Cr17Mo和90Cr18MoV介绍如下：

（1）概述。102Cr17Mo（原9Cr18Mo）和90Cr18MoV（原9Cr18MoV）钢为国产牌号，是高碳高铬马氏体不锈钢，具有高的强度，适用于要求具有不锈或耐弱介质以及耐稀氧化性酸、有机酸和盐类等腐蚀的滚球、轴承、优质刀剪、外科刀具、耐磨蚀部件等。然而该类高碳高铬马氏体不锈钢中极易形成不均匀的碳化物，影响钢的质量和性能。

（2）各国牌号及标准。各国牌号及标准见表 2-2-98。

表 2-2-98　102Cr17Mo 和 90Cr18MoV 各国牌号及标准

国家或地区	中国	美国	日本	欧洲/德国
牌号	102Cr17Mo （原 9Cr18Mo）	S44004 440C	SUS440C	X105CrMo17/1.4125
	90Cr18MoV （原 9Cr18MoV）	S44003 440B	SUS440B	X90CrMoV18/1.4112
标准	GB/T 20878 GB/T 1220	ASTM A959 ASTM A276	JIS G 4303	EN 10088-1

（3）化学成分。化学成分见表 2-2-99。

表 2-2-99　化学成分（质量分数）　　（%）

牌号	C	Si	Mn	P	S	Ni	Cr	Mo	V
102Cr17Mo	0.95~1.10	0.80	0.80	0.040	0.030	(0.60)	16.00~18.00	0.40~0.70	—
90Cr18MoV	0.85~0.95	0.80	0.80	0.040	0.030	(0.60)	17.00~19.00	1.00~1.30	0.07~0.12
440C	0.96~1.20	1.00	1.00	0.040	0.030	—	16.00~18.00	0.75	—
440B	0.75~0.95	1.00	1.00	0.040	0.030	—	16.00~18.00	0.75	—

（4）热处理工艺及主要性能。热处理工艺及主要性能见表 2-2-100~表 2-2-102。

表 2-2-100　推荐热处理工艺

牌　号	退　火	淬　火	回　火
102Cr17Mo	800~900℃缓冷	1000~1050℃油冷	200~300℃空冷
90Cr18MoV	800~920℃缓冷	1050~1075℃油冷	100~200℃空冷
440C	843~871℃炉冷	1010~1066℃油冷或空冷	149~177℃空冷，HRC58~59
440B	843~871℃炉冷	1010~1066℃油冷或空冷	149~177℃空冷，HRC58~59

表 2-2-101　淬回火后力学性能

牌　号	热处理工艺	屈服强度/兆帕	抗拉强度/兆帕	断后伸长率 A_{50}/%	硬度（HRC）
440C	1038℃油淬 316℃回火	1896	1965	2	56
440B	1038℃油淬 316℃回火	1862	1931	3	53

表 2-2-102 1038℃油淬后不同温度回火后硬度(HRC)①

牌 号	149℃	204℃	260℃	316℃	371℃	427℃
440C	60	59	57	56	56	56
440B	58~59	56~57	53~54	53	54	54

①回火保温时间 1 小时。

(5) 国内外主要生产企业。高碳高铬马氏体不锈钢技术水平要求高，制造难度大，国际上仅有蒂森克虏伯不锈钢公司、奥地利伯乐（Böhler)、美国卡朋特科技（Carpenter Tech)、日本 JFE 等企业可以生产该类钢种，可在以上企业官网上查到相关产品的简要产品信息，包括化学成分、热处理及性能特点等。国内掌握高碳高铬马氏体不锈钢生产核心技术的企业有限，主要包括太原钢铁集团、宝武集团、东北特钢、江浙地区特钢厂、阳江地区特钢厂等。

第十节 耐蚀合金

一、概述

耐蚀合金即金属抗腐蚀材料，主要有铁基合金（耐酸腐蚀不锈钢)、镍基合金（Ni-Cr 合金、Ni-Cr-Mo 合金、Ni-Cu 合金等)、活性金属等。

耐腐蚀不锈钢主要是指普通的耐大气或海水等腐蚀的 300 系列不锈钢 304 和 316L 等，较强抗腐蚀能力的奥氏体不锈钢 904L 和 254SMO，双相钢 2205 和 2507，含 Cu 的耐腐蚀合金 20 合金等。镍基耐蚀合金主要是哈氏合金及 Ni-Cu 合金等，由于金属 Ni 本身是面心立方结构，晶体稳定性使其比 Fe 能够容纳更多的合金元素，如 Cr、Mo、Al 等，从而达到抵抗各种环境的能力，而镍本身就具有一定抗腐蚀能力，尤其是抗氯离子引起的应力腐蚀能力。在强腐蚀环境，复杂的混合酸环境，含有卤素离子的溶液中，以哈氏合金为代表的镍基耐蚀合金相对铁基的不锈钢具有绝对的优势。

镍基耐蚀合金不仅在诸多工业腐蚀环境中具有独特的抗腐蚀甚至抗高温腐蚀性能，而且具有强度高、塑性和韧性好，可冶炼、铸造、冷热变形、加工成型和焊接等性能，被广泛应用于石化、能源、海洋、航空航天等领域。

活性金属也具有很好的抗腐蚀能力，典型代表是 Ti、Zr、Ta 等，其中最典型的代表是 Ti。钛材有着广泛的应用，主要用在一些不锈钢无法适应的腐蚀环境。钛材耐腐蚀原理：在氧化性气氛中，形成致密的氧化膜来提供保护，所以一般不能用于还原性较强或者密封性较高的腐蚀环境中（缺氧环境)，与此同时，钛材的应用温度一般小于 300℃。特别要注意的是，活性金属都不能用于含氟的环境（如 HF 酸环境可以选用哈氏 C2000、NiCu 合金等)。

高镍耐蚀合金是指镍含量不小于 30%，具有优良耐腐蚀性能的一类合金。其按镍含量的不同分为铁镍基耐蚀合金和镍基耐蚀合金，铁镍基合金的镍含量在 30%~50%之间，且（Ni+Fe）的量不小于 60%，镍基合金的镍含量则不小于 50%。镍基合金由于镍含量较高，与铁镍基合金相比晶体学稳定性更高，可以容纳更多的抗腐蚀元素如 Cr、Mo 等，且镍本身就具有一定的抗腐蚀能力，因此相对来说具有更好的耐蚀性能。高镍耐蚀合金中通常加入 Cr、Mo、Cu、N 等元素来提高合金的耐点蚀、耐晶间腐蚀、耐缝隙腐蚀或耐应力腐蚀能力，按主要组成元素的不同又分为 Ni-Fe-Cr、Ni-Fe-Cr-Mo、Ni-Fe-Cr-Mo-Cu、Ni-Cu、Ni-Cr、Ni-Mo、Ni-Cr-Mo(W)及 Ni-Cr-Mo-Cu 等多个合金系列，分别适用于不同的氧化性或还原性环境。

Ni-Fe-Cr 合金：有较强的抗氧化性介质腐蚀能力，热强度高，多用于热交换器、加热管、炉管及耐热构件。

Ni-Fe-Cr-Mo 合金：抗卤素离子点腐蚀，多用于海水淡化、湿法冶金、制盐、造纸及合成纤维工业的含氯离子环境。

Ni-Fe-Cr-Mo-Cu 合金：耐氧化物应力腐蚀及氧化-还原性复合介质腐蚀，多用于含硫油气田开采、硫酸及含有多种金属离子和卤族离子的硫酸装置等。

Ni-Cu 合金：在还原性介质中耐蚀性优于镍，而在氧化性介质中耐蚀性又优于铜，在无氧和氧化剂的条件下，是耐高温氟气、氟化氢和氢氟酸的最好的材料。

Ni-Cr 合金：抗强氧化性及含氟离子高温硝酸腐蚀，抗氯化物及高温高压水应力腐蚀，主要用于核电站蒸发器管、高温硝酸环境、热处理及化学加工装置等。

Ni-Mo 合金：主要在强还原性介质腐蚀的条件下使用，多用于热浓盐酸及高温中等浓度硫酸环境。

Ni-Cr-Mo(W)合金：主要在氧化-还原混合介质条件下使用。在高温氟化氢或氯化氢气体中，以及在含氯离子的氧化-还原介质中耐蚀性良好。主要应用于化工、核能及有色冶金中高温氟化氢炉管及容器，湿氯、亚硫酸、次氯酸、硫酸、盐酸及氯化物溶液装置，强腐蚀性氧化-还原复合介质及高温海水中应用装置等。

Ni-Cr-Mo-Cu 合金：具有耐硝酸、磷酸、热硫酸和盐酸腐蚀的能力，常用于含有硫酸和磷酸的化工设备中的反应器、热交换器、阀门、泵等。

国内高镍耐蚀合金主要生产厂商有宝钢特钢（棒材、管材、板材和丝材）、长城特钢（棒材、管材和板材）、太原钢厂（棒材、管材和板材）、抚顺特钢（棒材）、大冶特钢（棒材）、中航上大（棒材）和久立特材（管材）等。

高镍耐蚀合金中比较典型、应用量也较大的是 UNS N08825（国内牌号 NS 1402）。UNS N08825 属于 Ni-Fe-Cr-Mo-Cu 系列合金，镍含量在 42%左右，较高的镍含量使合金具有较好的抵抗氯离子应力腐蚀开裂的能力，合金中的铬为其提供了在硝酸和硝酸盐等氧化性环境下的优良的耐腐蚀性能，添加的钼和铜则增强了合金在硫酸和磷酸等还原性环境中的抗腐蚀性，钼同时也增加了抗点蚀和缝隙腐蚀性能。通过稳定化热处理，合金中少量的钛元素有助于改善晶间腐蚀性能。由于该合金在多种还原和氧化环境中具有优异的均匀腐蚀、点蚀、缝隙腐蚀、晶间腐蚀和应力腐蚀开裂性能，因此应用领域非常广泛，包括高含硫天然气输送及处理、石油精炼、酸生产装置、环保工程、热交换器及冷凝器、油气回收、核燃料后处理和放射性废物处理装置等。

二、典型钢种

高镍耐蚀合金 UNS N08825 介绍如下：

（1）牌号及标准。各国牌号及标准见表 2-2-103。

表 2-2-103 各国牌号及标准

国家	中国	美国	德国	日本
牌号	NS 1402	UNS N08825 (Incoloy 825)	2.4858	NCF 825
标准	GB/T 15011	ASTM B163	DIN 17751	JIS G 4903

（2）化学成分。化学成分见表 2-2-104。

表 2-2-104 化学成分（质量分数） （%）

C	Mn	Si	Cr	Ni	Mo	Cu	Ti	Fe
≤0.05	≤1.0	≤0.5	19.5~23.5	38.0~46.0	2.5~3.5	1.5~3.0	0.6~1.2	≥22.0

（3）性能。典型室温拉伸性能见表 2-2-105，主要物理性能见表 2-2-106。

表 2-2-105 典型室温拉伸性能

产品状态	抗拉强度/兆帕	屈服强度/兆帕	伸长率/%
钢管，退火	772	441	36
棒材，退火	690	324	45
板材，退火	662	338	45

表 2-2-106 主要物理性能

密度/克·厘米$^{-3}$	比热容/焦·(千克·℃)$^{-1}$	居里点/℃
8.14	440	<-196

第十一节 精密合金

一、概述

精密合金作为一个特殊的合金分类，不同于其他的钢铁合金材料，必须满足其在各种条件下伺服时指定的物理、力学等性能，更为关键的是物理性能。它在电子、宇航、船舶以及汽车等的特殊使用方面有着重要地位。通常将精密合金分为六大类，即 1J（软磁合金）、2J（永磁合金）、3J（弹性合金）、4J（膨胀合金）、5J（双金属）、6J（电阻合金）。

（1）软磁合金。此类合金是磁性材料中应用最广泛的合金，因其易磁化和退磁，所以在弱磁场中具有较小的矫顽力，其磁滞回线狭窄、面积小，是电子、电力、宇航、自动化仪器、仪表等行业中不可缺少的重要合金材料。

（2）永磁合金。此类合金由于具有高内禀矫顽力、高磁感矫顽力、高剩余磁感以及高磁能积和磁滞损失，因此当外界磁场为零时合金仍具有较强的磁性，被广泛用于制造磁滞电机、步进电机、无刷电机、发电机、传感器、扬声器、磁性开关、通讯机器、舌簧继电器、磁控管、磁性耦合器和磁性医疗器具等。

（3）弹性合金。此类合金一般分为两大类，即高弹性和恒弹性合金。其强度高、耐高温、无磁性和抗腐蚀性能优良，通常用于制造高端仪器及仪表中的膜片、膜盒、波纹管、发条、轴尖、机械滤波器振子、音叉谐振器、雷达和电子计算机中的延迟线等。

（4）膨胀合金。此类合金根据不同的伺服温度区间的膨胀要求差异，其不同的合金牌号具有不同的线膨胀系数，被大量用于封接线、阳极帽、电子束管、气象卫星、大地测量、彩电栅网以及宇航仪器仪表和电真空行业。

（5）双金属。此类合金能在指定的湿度和温度范围内自动工作，被广泛用于电冰箱、空调及大量家用和军用电器上的温度和湿度的控制系统，是制造航空器和航天器精密仪表、控制、遥测、电器、附件、电子装置和武器系统中的传感器和换能器的重要材料。

（6）电阻合金。此类合金是利用物质的固有电阻特性来制造不同功能元件的合金，主要有电热合金、精密电阻合金、应变电阻合金和热敏电阻合金。

二、典型钢种

殷瓦合金 4J36 介绍如下：

（1）概述。殷瓦（INVAR）合金 4J36 属于精密合金领域内的低膨胀合金，在温度低于居里点 230℃时具有很低的线膨胀系数，主要用于制造在气温变化范围内尺寸近似恒定的元件，广泛应用于航空、船舶、电子、石化、天然气、精密仪器（仪表、模具、量具）等行业。

（2）国外相近牌号及标准。国外相近牌号及标准见表 2-2-107。

表 2-2-107　国外相近牌号及标准

国家	中国	俄罗斯	美国	英国	日本	法国	德国
牌号	4J36	32 H 32H-B И	Invar Nilvar Unipsan 36	Invar Nilo36 36Ni	不变钢 CactusLE	Invar Standard Fe-Ni36	Vacodil36 Nilos36
标准	YB/T 5241	—	ASTM 和 ASM （板材 A658， 带材 B388）	BS（10088）	—	AFNOR A54301）	SEW（385）

（3）化学成分。化学成分见表 2-2-108。

表 2-2-108　化学成分（质量分数）　（%）

C	S	P	Si	Mn	Ni	Fe
≤0.05	≤0.02	≤0.02	≤0.30	0.20~0.60	35.0~37.0	余量

（4）物理性能。

1）密度：ρ 为 8.10 克/厘米^3。

2）熔化温度范围：1430～1450℃。

3）线膨胀系数：材料经热处理后 20～100℃的平均线膨胀系数不超过 1.5×10^{-6}/℃。

4）力学性能：热处理制度为 840℃±10℃，保温 1 小时，水淬；315℃±10℃，保温 1 小时，炉冷或空冷。4J36 拉伸性能见表 2-2-109。

表 2-2-109 4J36 拉伸性能

试样状态	拉伸性能				
	试验温度/℃	σ_b/兆帕	$\sigma_{0.2}$/兆帕	δ_5/%	ψ/%
退火	室温	300	490	35	75

（5）组织结构。4J36 是单向奥氏体组织，面心立方晶格结构。

（6）产品规格。可生产各种规格的棒材、板材、丝材、带材和锻件。

（7）主打产品介绍。

1）名称：4J36 宽厚板。

2）规格：(4～150)毫米×(800～5200)毫米×L(最长 25 米)。

3）交货状态：热轧或热轧+退火，表面可喷丸、抛光或酸洗处理。

4）应用：主要用来制造航空用模具（如 CRP 部件回火模具）、OLED 用模板和压力容器板等。用户为航空工业股份有限公司，常用规格为(10×1600×3500)毫米和(16×1800×5200)毫米。

高强殷瓦合金 S36 介绍如下：

（1）概述。倍容量用低膨胀精密合金制成的导线具备与普通导线相近的机械强度，允许工作温度高达 230℃，远高于普通导线的 80℃，线膨胀系数仅为普通导线的 1/5 左右。

（2）化学成分。化学成分见表 2-2-110。

表 2-2-110 化学成分（质量分数） （%）

C	Si	Mn	S	P	Cr	Mo	V	Ni	Fe	Al
0.18～0.32	0.15～0.40	0.20～0.60	≤0.02	≤0.02	≤0.30	2.0～2.6	0.50～0.80	37.7～39.0	余	—

（3）物理性质。

1）熔点：1430℃。

2）密度：8.11 克/厘米^3。

（4）力学性能。力学性能见表 2-2-111。

表 2-2-111 力学性能

抗拉强度/兆帕	断后伸长率/%（L=250 毫米）	线膨胀系数/℃$^{-1}$（室温～230℃）	线膨胀系数/℃$^{-1}$（230～290℃）
1150	>8	2.5×10^{-6}	9×10^{-6}

(5) 应用。主要应用于高压输电电缆，可利用现有线路走廊，在不更换铁塔以及其他设施的前提下，实现在相同的截面导线上传输相当于普通导线两倍以上的电流容量。由于倍容量输电导线优良的技术性能，输电系统的安全性能和电能质量都得到显著提高，因此其具有良好的市场前景和广阔的市场空间。

低膨胀高温合金 GH2909 介绍如下：

(1) 概述。GH2909 是 Fe-Ni-Co 基沉淀硬化型变形高温合金，使用温度在 650℃ 以下。该合金具有高强度、高冷热疲劳抗力、低线膨胀系数和恒定的弹性模量，以及良好的热加工塑性、冷成型和焊接性能。主要产品有棒材、丝材、板带材和环形件等。

(2) 国内外标准及化学成分。国内外标准及化学成分见表 2-2-112。

表 2-2-112 国内外标准及化学成分

参考标准	牌号	化学成分（质量分数）/%							
		C	Mn	Si	S	P	Ni	Co	Cr
GB/T 14992	GH2909	≤0.06	≤1.00	0.25~0.50	≤0.015	≤0.015	35.00~40.00	12.00~16.00	≤1.0
AMS 5884	Incoloy 909	≤0.06	≤1.00	0.25~0.50	≤0.015	≤0.015	35.00~40.00	12.00~16.00	≤1.0
参考标准	牌号	化学成分（质量分数）/%							
		Fe	Al	Ti	Nb	Ta	B	Cu	Mo
GB/T 14992	GH2909	余	≤0.2	1.30~1.80	4.30~5.20	≤0.05	≤0.012	≤0.5	≤0.2
AMS 5884	Incoloy 909	余	≤0.2	1.30~1.80	4.30~5.20	≤0.05	≤0.012	≤0.50	≤0.2

(3) 力学性能（固溶+时效）。力学性能见表 2-2-113。

表 2-2-113 力学性能

试验温度/℃	拉伸性能				组合/缺口持久性能			
	σ_b/兆帕	$\sigma_{0.2}$/兆帕	δ_5/%	ψ/%	σ/兆帕	$\tau_{光滑}$/小时	$\tau'_{缺口}$/小时	δ_5/%
室温	≥1205	≥965	≥8	≥12	—	—	—	—
650	≥930	≥720	≥10	≥15	510	$\tau_{光滑} \geq \tau'_{缺口}$	≥23	≥4

(4) 物理特性。该合金在 25~400℃ 温度范围的平均线膨胀系数为 $(7.2\sim8.1)\times10^{-6}$/℃，居里点（拐点）为 400~455℃，密度为 8.26 克/厘米^3，熔点为 1336~1384℃。

(5) 强韧化机理。GH2909 合金是以 Nb、Ti、Si、B 为主要强化元素的时效强化型合金，主要依靠 γ′相、ε 相和 Laves 相协调配合来进行复合强化。γ′相为面心立方结构，与基体共格；ε 相为正方结构，可以改善合金的高温缺口敏感性；Laves 相呈颗粒状沿晶界分布，可以起到阻碍晶界迁移、控制晶粒尺寸的作用。

(6) 应用。GH2909 合金可以广泛应用于燃气轮机和蒸汽涡轮的密封环、外环、隔热环、轴、机匣、叶片、护罩、紧固件和其他结构部件，主要生产厂家有大冶特钢、长城特钢、抚顺特钢等。

第十二节 纯铁与耐磨钢

一、原料纯铁

原料纯铁介绍如下：

（1）概述。原料纯铁是一种金属原材料，我国标准号为 GB/T 9971—2017。

（2）国内外标准及化学成分。国内外标准及化学成分见表 2-2-114。

表 2-2-114 国内外标准及化学成分

执行标准	牌号	化学成分（质量分数）/%										
		C	Si	Mn	P	S	Al	Ti	Cr	Ni	Cu	O
GB/T 9971—2017	YT1	≤0.010	≤0.060	≤0.100	≤0.015	≤0.010	≤0.020	≤0.100	≤0.050	≤0.020	≤0.050	≤0.030
	YT2	≤0.008	≤0.030	≤0.060	≤0.012	≤0.007	≤0.050	≤0.020	≤0.020	≤0.020	≤0.050	≤0.015
	YT3	≤0.005	≤0.010	≤0.040	≤0.009	≤0.005	≤0.030	≤0.020	≤0.020	≤0.020	≤0.030	≤0.008
	YT4	≤0.005	≤0.010	≤0.020	≤0.005	≤0.003	≤0.020	≤0.010	≤0.020	≤0.020	≤0.020	≤0.005
Q/TB 3044—2018	YT01	≤0.003	≤0.010	≤0.020	≤0.008	≤0.004	≤0.020	≤0.005	≤0.020	≤0.020	≤0.020	≤0.008
	YT2	≤0.008	≤0.030	≤0.060	≤0.012	≤0.007	≤0.050	≤0.020	≤0.020	≤0.020	≤0.050	≤0.015
Q/XG 180—2015	XGYT2	≤0.003	≤0.010	≤0.05	≤0.010	≤0.008	≤0.03	—	≤0.06	≤0.05	≤0.05	—
	XGYT1	≤0.008	≤0.012	≤0.08	≤0.015	≤0.010	—	—	≤0.06	≤0.05	≤0.08	—
	XGYT0	≤0.012	≤0.05	≤0.15	≤0.030	≤0.030	≤0.06	—	≤0.06	≤0.05	≤0.10	—
	XGYTE	≤0.025	≤0.10	≤0.15	≤0.030	≤0.035	≤0.08	—	≤0.06	≤0.05	≤0.10	—
Q/ASB 438—2016	YT1	≤0.008	≤0.03	≤0.10	≤0.012	≤0.010	≤0.05	—	≤0.03	≤0.03	≤0.05	—
	YT2	≤0.005	≤0.02	≤0.06	≤0.010	≤0.006	≤0.03	—	≤0.02	≤0.02	≤0.02	—
	YT3	≤0.002	≤0.01	≤0.02	≤0.003	≤0.003	≤0.005	—	≤0.01	≤0.01	≤0.01	—

（3）物理性能。密度为 7.86 克/厘米^3（20℃），熔点为 1535℃，沸点为 2750℃，比热容为 0.46 千焦/(千克·℃)。

（4）力学性能。力学性能见表 2-2-115。

表 2-2-115 力学性能

纯度/%	晶粒尺寸/微米	应变速率/秒$^{-1}$	屈服强度/兆帕	抗拉强度/兆帕	总伸长率/%
99.8	58±7	1.67×10^{-4}	165±15	271±13	46±8
		1.67×10^{-3}	180±13	275±12	54±6
		1.67×10^{-2}	212±11	285±15	47±7
		1.67×10^{-1}	242±7	289±17	48±7

（5）应用。原料纯铁作为各类精密合金、电工合金、电热合金、软磁合金、硬磁合金，超低碳不锈钢和粉末冶金、非晶态合金及永磁合金等的冶炼原料。

二、电磁纯铁

电磁纯铁介绍如下：

（1）概述。电磁纯铁是一种铁含量在 99.5%以上的优质钢，是一种低碳低硫低磷铁。

（2）国内外标准及化学成分。国内外标准及化学成分见表 2-2-116。

表 2-2-116　国内外标准及化学成分

<table>
<tr><th rowspan="2">执行标准</th><th rowspan="2">类别</th><th rowspan="2">牌号</th><th colspan="11">化学成分（质量分数）/%</th></tr>
<tr><th>C</th><th>Si</th><th>Mn</th><th>P</th><th>S</th><th>Al</th><th>Ti</th><th>Cr</th><th>Ni</th><th>Cu</th><th>O</th></tr>
<tr><td rowspan="4">GB/T 6983—2008</td><td rowspan="4">电磁纯铁</td><td>DT4</td><td rowspan="4">≤0.010</td><td rowspan="4">≤0.10</td><td rowspan="4">≤0.25</td><td rowspan="4">≤0.015</td><td rowspan="4">≤0.010</td><td rowspan="4">≤0.20~0.80</td><td rowspan="4">≤0.02</td><td rowspan="4">≤0.1</td><td rowspan="4">≤0.05</td><td rowspan="4">≤0.05</td><td rowspan="4">—</td></tr>
<tr><td>DT4A</td></tr>
<tr><td>DT4E</td></tr>
<tr><td>DT4C</td></tr>
<tr><td>Q/BQB 482—2009</td><td>电磁纯铁用冷轧钢带</td><td>DT4E</td><td>≤0.010</td><td>≤0.30</td><td>≤0.40</td><td>≤0.10</td><td>≤0.030</td><td>≤0.050</td><td>—</td><td>—</td><td>—</td><td>—</td><td>—</td></tr>
<tr><td rowspan="10">JIS C 2504—2000</td><td rowspan="10">电磁纯铁</td><td>SUY-0</td><td rowspan="4">≤0.030</td><td rowspan="4">≤0.20</td><td rowspan="4">≤0.50</td><td rowspan="4">≤0.030</td><td rowspan="4">≤0.030</td><td rowspan="4">—</td><td rowspan="4">—</td><td rowspan="4" colspan="4">—</td></tr>
<tr><td>SUY-1</td></tr>
<tr><td>SUY-2</td></tr>
<tr><td>SUY-3</td></tr>
<tr><td>A-12</td><td rowspan="6">≤0.030</td><td rowspan="6">≤0.10</td><td rowspan="6">≤0.03~0.20</td><td rowspan="6">≤0.015</td><td rowspan="6">≤0.030</td><td rowspan="6">≤0.08</td><td rowspan="6">≤0.10</td><td rowspan="6" colspan="4">—</td></tr>
<tr><td>A-20</td></tr>
<tr><td>A-60</td></tr>
<tr><td>A-80</td></tr>
<tr><td>A-120</td></tr>
<tr><td>A-240</td></tr>
</table>

（3）力学性能和磁学性能。力学性能见表 2-2-117，磁学性能见表 2-2-118 和表 2-2-119。

表 2-2-117　JIS C 2504—2000 标准中的力学性能

<table>
<tr><th rowspan="2">标　准</th><th rowspan="2">形　状</th><th colspan="2">硬　度</th></tr>
<tr><th>HV</th><th>HRB</th></tr>
<tr><td rowspan="2">JIS C 2504—2000</td><td>条/带</td><td>85~140</td><td>45~75</td></tr>
<tr><td>棒/线</td><td>110~195</td><td>60~90</td></tr>
</table>

表 2-2-118　GB/T 6983—2008 中的磁学性能①

牌号	矫顽力 H_c /安·米$^{-1}$	矫顽力时效增值 ΔH_c /安·米$^{-1}$	最大磁导率 μ_m /亨利·米$^{-1}$	磁感应强度 B/特斯拉						
				B_{200}	B_{300}	B_{500}	B_{1000}	B_{2500}	B_{5000}	B_{10000}
DT4	≤96.0	≤9.6	≥0.0075	≥1.20	≥1.30	≥1.40	≥1.50	≥1.62	≥1.71	≥1.80
DT4A	≤72.0	≤7.2	≥0.0088							
DT4E	≤48.0	≤4.8	≥0.0113							
DT4C	≤32.0	≤4.0	≥0.0151							

①B_{200}、B_{300}、B_{500}、…、B_{10000}分别表示磁场强度为200安/米、300安/米、500安/米、…、10000安/米时的磁感应强度。

表 2-2-119　JIS C 2504—2000 标准中的磁学性能①

牌号	矫顽磁场强度 /安·米$^{-1}$	磁通密度 T/安·米$^{-1}$					
		B_{100}	B_{200}	B_{300}	B_{5000}	B_{1000}	B_{4000}
SUY-0	≤60	≥0.9	≥1.15	≥1.25	≥1.35	≥1.45	≥1.60
SUY-1	≤80	≥0.6	≥1.10	≥1.20	≥1.30		
SUY-2	≤120	—	—	≥1.15	≥1.30		
SUY-3	≤240	—	—	≥1.15	≥1.30		
A-12	≤12	≥1.15	≥1.25	≥1.30	≥1.40		
A-20	≤20	≥1.15	≥1.25	≥1.30	≥1.40		
A-60	≤60	—	≥1.15	≥1.25	≥1.35		
A-80	≤80	—	≥1.10	≥1.20	≥1.30		
A-120	≤120	—	—	≥1.15	≥1.30		
A-240	≤240	—	—	≥1.15	≥1.30	—	

①截面面积小的棒、条、线的磁学性能应在S. R. 环试件上测定。

（4）物理性能。密度为7.86克/厘米^3（20℃），熔点为1535℃，沸点为2750℃，比热容为0.46千焦/(千克·℃)。

（5）应用。电磁纯铁主要用于电器、电讯、仪表和国防尖端工业制作电磁元件、电磁铁芯等。分为：铁芯用纯铁，软磁纯铁，磁粉离合器用纯铁，电子锁用纯铁，汽车活塞用电工纯铁，磁屏蔽用纯铁带，航空仪器仪表，军工纯铁，镀锌锅用纯铁中厚板，电子元器件用纯铁薄板，电磁阀、磁选机用纯铁，无发纹纯铁，电子管用纯铁，易车削电工纯铁。

三、高锰铸钢

高锰铸钢介绍如下：

（1）概述。高锰铸钢通常是指一种C含量为1.2%和Mn含量为13%的耐磨高锰铸钢，1882年由英国Hadfield所发明。由于其碳和锰含量高，使其在较大冲击或接触应力的作用下产生加工硬化，表面硬度迅速提高，从而产生高耐磨的表层，而其内层奥氏体仍具有良好的冲击韧性，因此成为其他耐磨材料无法比拟的最佳选择而被制成耐磨构件，广泛应用于工程机械和矿山机械等机械设备中。

（2）化学成分及力学性能。高锰铸钢的牌号由字母“ZG”后附元素符号 Mn 及其含量（质量分数）表示。1985 年制定了国家标准 GB/T 5680—1985《高锰铸钢铸件技术标准》，在 1998 年修改为国家标准 GB/T 5680—1998《高锰铸钢铸件》，列入的牌号有 ZGMn13-1、ZGMn13-2、ZGMn13-3、ZGMn13-4、ZGMn13-5。在 2010 年修订为国家标准 GB/T 5680—2010《奥氏体锰钢铸件》，列入的牌号有 ZG120Mn7Mo1、ZG110Mn13Mo1、ZG100Mn13、ZG120Mn13、ZG120Mn13Cr2、ZG120Mn13W1、ZG120Mn13Ni3、ZG90Mn14Mo1、ZG120Mn17、ZG120Mn17Cr2。各牌号化学成分见表 2-2-120。

表 2-2-120 高锰铸钢典型牌号及其化学成分

牌 号	化学成分（质量分数）/%						
	C	Si	Mn	Cr	Mo	P	S
ZGMn13-1	1.00~1.45	0.30~1.00	11~14	—	—	≤0.090	≤0.040
ZG120Mn7Mo1	1.05~1.35	0.3~0.9	6~8	—	0.9~1.2	≤0.060	≤0.040
ZG120Mn17	1.05~1.35	0.3~0.9	16~19	—	—	≤0.090	≤0.040

高锰铸钢在铸造状态下比较脆，硬度较高而塑性很低，这是由于铸件在砂型中冷却时，碳化物沿晶界析出，使塑性、韧性大为降低。ZGMn13 钢的铸态显微组织为奥氏体+碳化物+屈氏体。为了获得所需要的性能，高锰铸钢铸件必须进行水韧处理，即将铸件均匀地加热至不低于 1040℃的温度并保温一定时间，确保铸件中的碳化物基本上都固溶于奥氏体中，然后在水中淬火，以得到单一的奥氏体组织。表 2-2-121 是高锰铸钢典型牌号的力学性能。

表 2-2-121 高锰铸钢典型牌号的力学性能

牌 号	状态	σ_b/兆帕	$\sigma_{0.2}$/兆帕	δ/%	ϕ/%	a_k/焦·厘米$^{-2}$	HB
ZGMn13	铸态	343~392	294~490	0.5~5	0~2	9.8~29.4	200~300
	水韧处理	617~1275	343~471	15~85	15~45	196~294	180~225
ZG120Mn7Mo1	水韧处理	505~640	348~516	8~14	14~20	80~145.5	193~212
ZG120Mn17	水韧处理	≥750	≥430	≥30	≥30	≥100	200~240

（3）生产工艺。高锰铸钢 ZGMn13 的导热性差，钢液凝固慢，故显得流动性好，能浇铸出各种厚薄不同和形状复杂的大小铸件，重者可达数吨。高锰铸钢 ZGMn13 在浇铸时有形成粗大柱状结晶的倾向，导热性低，线收缩率大，故易形成较大的应力，对热裂较敏感、冷裂纹倾向大，宜采用低温浇铸，但不应低于约 1420℃，并应很好地脱氧，以防氧化物夹杂析出于晶界。

高锰铸钢 ZGMn13 水韧处理时的加热温度必须超过 1000℃，一般在 1050~1100℃。高锰铸钢 ZGMn13 晶粒在 1120℃以上有明显长大趋势，而当温度高于 1150℃时组织明显粗大。高锰铸钢 ZGMn13 的导热性差，因此加热速度要慢些；加热时间延长会发生脱碳和锰的烧损，淬火后表面会出现马氏体。高锰铸钢 ZGMn13 在出炉后应尽快水淬，出炉至水淬的时间间隔在生产条件下要求不超过 20~30 秒。高锰铸钢 ZGMn13 在 960℃以下可能会析出碳化物。水淬的冷却速率应达到 30℃/秒，如果冷却不足，沿奥氏体晶界将析出碳化物，并引起附近区域的预先分解，冲击韧度因而下降。水韧处理后的铸件根据要求及其复杂程度适当进行回火，回火温度不应超过 250℃。

（4）加工硬化。高锰铸钢 ZGMn13 经水韧处理后的硬度仅为 HB180~225，经冷变形后，表现出显著的加工硬化现象，变形层的硬度可以达到 HB500~800。从表层向内，钢的变形程度逐渐减少，硬度也逐渐降低。随冲击载荷的不同，硬化层的深度可以达到 10~20 毫米甚至更多。图 2-2-13（a）是 ZGMn13 和 40 钢的加工硬化能力，图 2-2-13（b）是表面硬化层硬度随层深的变化。硬化层表面具有高的硬度，又有好的韧性，因而具有较好的耐磨性能和抗冲击疲劳性能。在表面逐渐被磨耗的同时，在外载荷的冲击作用下，硬化层又不断向内发展维持一个稳定的硬化层。

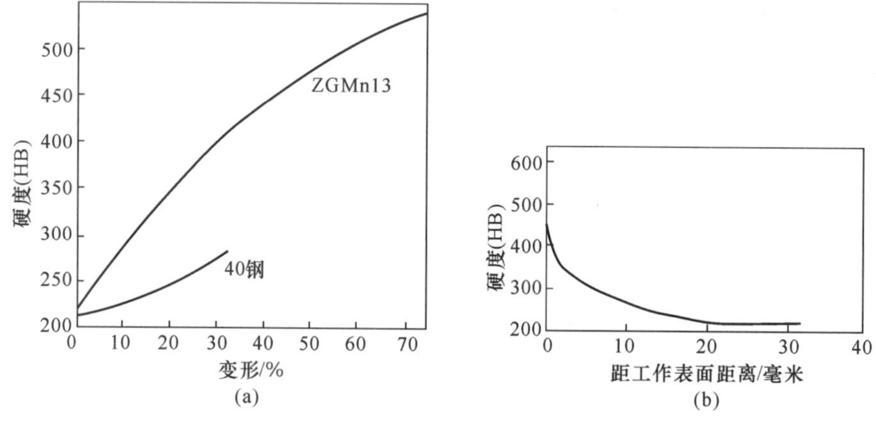

图 2-2-13 ZGMn13 和 40 钢的加工硬化能力(a)及表面硬化层硬度随层深的变化(b)

对高锰铸钢 ZGMn13 的硬化机制的研究，多年来争议不断，主要有 4 种：1）形变诱发马氏体相变；2）位错硬化；3）孪晶硬化；4）Fe-Mn-C 原子团硬化。但近年来的大量试验，使研究者们普遍认为高密度位错和形变孪晶机制是引起高锰铸钢加工硬化能力增强的原因。

第十三节 特殊钢材料制备新技术、新工艺、新方法

一、金属 3D 打印

增材制造（又称 3D 打印）技术，是一种通过简单二维逐层增加材料直接实现三维复杂结构的先进制造技术，具有数字化、智能化、成本低、周期短的特点。它突破了传统零件成型和加工制造技术的原理限制，从理论上来讲，不依赖于传统工业基础设施，仅仅通过简单的“二维数字打印”就可以直接制造出任意内部结构和外形、几何尺寸的高性能三维复杂结构。正因为相较于传统成型制造技术的变革性优势，3D 打印技术成为当前先进

装备制造、结构设计和新材料等技术领域的热点方向，欧美等发达国家纷纷将其列入国家发展战略。

对于金属增材制造过程及组织特征，由于金属 3D 打印技术拥有超高温、强对流的“微区超常冶金”特点，而且能使金属的凝固冷却速度高达数十万摄氏度/秒，具有“激冷快速凝固”的特点。这两种特点结合可以使金属 3D 打印技术彻底摆脱传统大型铸锭熔铸和锻造的原理性制约，使增材制造大型/超大型、复杂/超复杂金属构件具有晶粒细小、成分均匀、结构致密的快速凝固组织，并能方便地合成制备出传统冶金制备技术无法制备的新一代金属结构新材料。此外，利用金属 3D 打印技术制造的构件，其内部质量、晶粒结构、微观组织及性能，不仅不受零件尺寸、壁厚、位置的影响，而且在金属构件逐层熔化、逐层凝固的 3D 打印过程中，可以通过控制 3D 打印合金熔池的熔体冶金状态、凝固冷却速度、温度梯度等金属结晶条件及固态冷却等过程中的 3D 打印环境物理、化学条件，实现对零件不同部位材料的化学成分、晶粒尺寸、形态和取向以及微观结构的主动控制，充分发挥不同材料的性能优势，取长补短地把不同材料“按需设计”，定制于零件的不同部位，使增材制造梯度金属材料构件具有单一材料无法具备的特殊性能，解决传统制造中大型铸锭面临的晶粒粗大、组织疏松、化学成分偏析严重、塑性成型加工性能差等问题。

目前金属零件的增材制造技术主要有基于同轴送粉/送丝的激光熔化沉积（Laser Engineering Net Shaping，LENS）技术和基于粉末床的选择性激光熔化（Selective Laser Melting，SLM）技术及电子束熔化（Electron Beam Melting，EBM）技术，如图 2-2-14 所示。LENS 技术能直接制造出大尺寸的金属零件毛坯，SLM 和 EBM 技术可制造复杂精细金属零件。相比较而言，我国金属零件送粉/送丝“熔化沉积”技术的研究与应用已达到国际领先水平，例如北京航空航天大学、西北工业大学和北京航空制造工程研究所制造出了大尺寸金属零件并应用在新型飞机研制过程中，显著提高了飞机研制速度。但相比于增材制造技术最为领先的美国而言，我国在高精度金属粉末床选区激光熔化（SLM）技术的研发上与其还有较大差距。如美国宇航局的“毅力号”探测器计划于 2021 年 2 月 18 日登陆火星，该漫游车有 11 个金属 3D 打印部件；航空航天公司 Boom Supersonic 推出了一款超音速飞机 XB-1 将使用 21 个金属 3D 打印的发动机部件，火箭制造商 Relativity Space 公司正在建造 Terran1 火箭的升级版，大约 95%的部件是 3D 打印的，如图 2-2-15 所示。据报道，目前国外增材制造技术在航空领域有超过 12%的应用量，而我国的应用量则非常低。

增材制造技术正在成为一项对未来科技和产业发展具有重要影响的技术。我国前沿科技的发展需对 3D 打印高度重视、密切跟踪，紧紧抓住和用好新一轮科技革命和产业变革的机遇，以此作为推动我国制造业转型的重要利器和中坚力量。针对金属增材制造未来的发展方向及应用前景分析，主要给出以下三点建议：

（1）基于增材制造成型工艺的高性能合金设计与制备。现阶段金属增材制造粉末合金成分基本沿用对应牌号的锻件与铸件合金成分，但不同的合金设计应基于对应的材料制造工艺（铸、锻、焊、3D 打印），完全照搬其他工艺下的合金成分的工艺适用性并不能完全满足激光增材制造，应根据增材制造的成型特点（瞬时熔化与快速凝固）进行合金成分的重新设计。目前基于增材制造的新材料研制已成为国内外科研学者的研究热点。以 2019

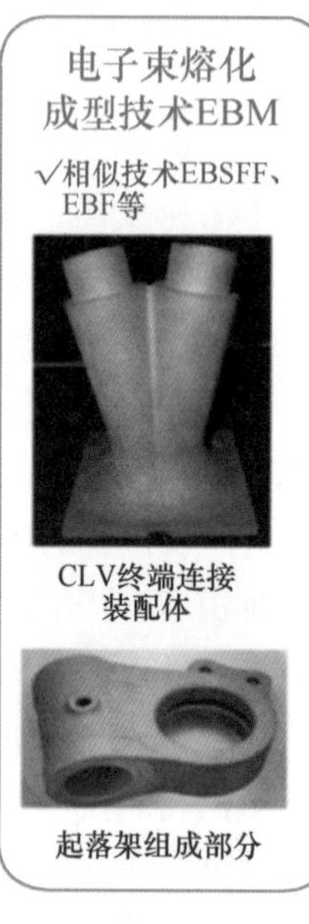

图 2-2-14 金属增材制造技术

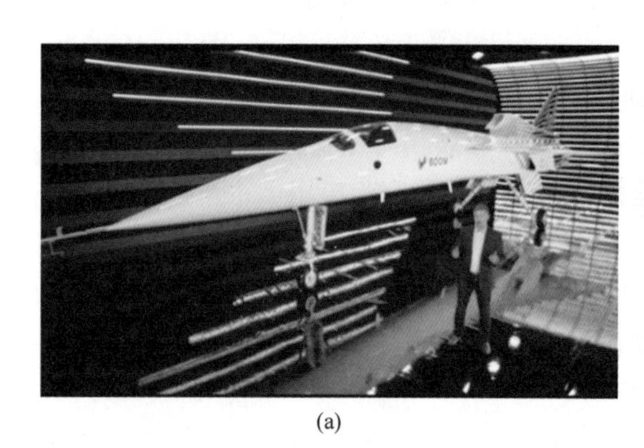

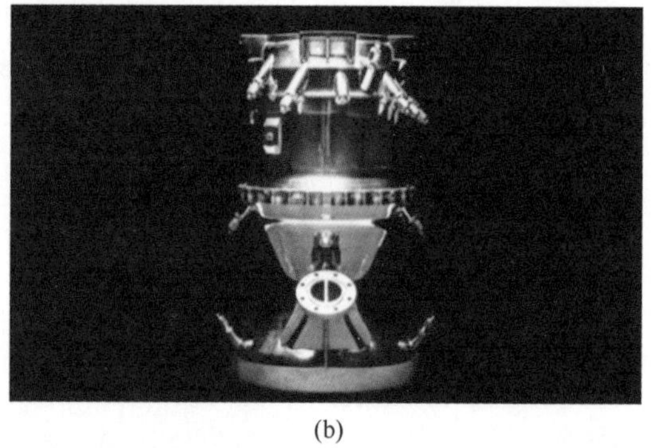

(a) (b)

图 2-2-15 金属增材制造技术在航空航天领域的典型应用

（a）超音速飞机 XB-1；（b）Terran 1 火箭

年度为例：英国材料商 OxMet Technologies 开发的专为 3D 打印工艺设计的耐高温、高强度镍基合金，在 900℃的高温下仍具有很高的强度。H. C. JX 日本矿业金属公司推出了一系列雾化钽、铌 3D 打印粉末，凭借高熔点、高耐腐蚀性以及高导热性和导电性，这些材料可用于化学加工、能源和其他高温环境行业。由皇家墨尔本理工大学、俄亥俄州立大学等多家机构共同开发了一款新型 3D 打印超强材料——钛铜合金。国内钢铁研究总院研发了一种适用于-196℃超低温服役环境下 3D 打印高强不锈钢粉末，该材料具备极佳的低温塑性和韧性，突破了增材制造超高强钢塑性和韧性低的技术瓶颈，可应用于宇航、超导工程与极地、深海工程等。此外，苏州倍丰吴鑫华团队开发的 Al250C 材料可达到目前用于 3D 打印的铝合金材料的最高水平，其拉伸强度超过 600 兆帕，屈服强度可达 580 兆帕。北京航空航天大学研发的一款新型 3D 打印抗疲劳高性能材料——镍钛合金，可以实现对具有长寿命、高性能的金属制冷剂进行独特的微观结构控制。

（2）功能材料与结构材料一体化设计。增材制造因其降维和逐点堆积材料的原理，给设计理论带来了新的发展机遇，一方面突破了传统制造约束的设计理念，为结构自由设计提供可能，另一方面超越传统均质材料的设计理念，为功能驱动的多材料、多色彩和多结构一体化设计提供新方向，从微观到宏观尺度上实现同步制造，实现结构体的“设计-材料-制造”一体化。

（3）高尺寸精度与智能化装备发展。目前增材制造设备在软件功能和后处理方面还有许多问题需要优化。如金属构件成型质量与智能化工艺控制，难加工材料的增材制造成型工艺，成型零部件后处理技术、增材制造材料工艺的质量评价标准等。这些问题直接影响设备的使用和推广，设备智能化是走向普及的保证。此外，作为一项正在发展中的制造技术，其成熟度还远不能同金属切削、铸、锻、焊、粉末冶金等制造技术相比，还有大量基础科研工作需要进行，包括对于增材制造（瞬时熔化与快速凝固）的冶金学与凝固学原理、高精度打印成型控制机理、零部件的后处理组织性能调控以及缺陷的检测与评价技术等，涉及到从科学基础、工程化应用到产业化生产的质量保证各个层次的研究工作。

二、材料集成计算与数据技术在特殊钢发展中的应用

进入21世纪，计算机及信息技术的极大发展推动了材料研发模式的转变。2011年，时任美国总统奥巴马宣布启动了“面向全球竞争力的材料基因组计划”（Materials Genome Initiative for Global Competitiveness，简称“材料基因组计划”），其核心在于通过计算、实验、数据、理论的集成，建立以数据驱动的材料设计新模型，变革传统的“试错法”研发模式，实现研发成本、研制周期的“双减半”。自此，世界各国陆续启动了类似的研究计划，如欧盟启动的第七框架计划下“加速冶金学”、日本启动的“信息集成型物质和材料研发计划”、俄罗斯发布的“2030年前材料与技术发展战略”等。我国在开展了深入的调研后，科技部于2015年启动了“材料基因工程关键技术与支撑平台”重点专项（建成“材料基因工程重点专项”），构建支撑我国材料基因工程研究和协同创新发展的高通量计算、高通量合成与表征和专用数据库三大示范平台，实现新材料研发由传统“经验指导式”向“理论预测、实验验证”新模式的转变及突破。

（一）数值模拟在特殊钢成分设计中的应用

由于特殊钢成分体系的多元性和复杂性，以及“成分-工艺-组织-性能”这一关联整体的不可拆分性，很难单纯通过计算模拟的手段直接获得满足性能要求的理想成分。但数值模拟可以通过建立局部逻辑提供特殊钢成分优化的方向，常用的如采用热力学计算对合金元素加入后基体物理性能及平衡相组成影响规律进行解析，揭示某合金元素的作用并推荐合理的加入量。“十三五”期间国家科技部对“先进制造业基础件用特殊钢及应用”进行立项，其中一种抗氢脆高强度紧固件用钢的研发过程很好地体现了数值模拟的先导作用。高强度钢中的MC型碳化物与BCC-Fe基体的界面，被认为是提高钢的抗氢脆性能的有效氢陷阱。基于密度泛函理论的第一性原理计算表明，多组元MC碳化物中的Cr、Mo

和 W 倾向于在 MC/BCC-Fe 相界面偏聚。界面的氢结合能与捕获位置、碳化物、合金元素均有关：相对于其他碳化物，TiC 与基体界面在整体上具有最高的氢捕获能力；除少数情况外，合金元素均在一定程度上降低氢捕获稳定性。基于这一理论指导了 12.9 级高强度紧固件的合金设计，利用 TiC 来提高钢的耐氢致延迟断裂能力，解决了高强度紧固件的氢脆敏感性问题，在同等强度条件下提高了紧固件用钢的耐延迟断裂性能。

（二）数值模拟在特种冶炼工艺发展中的应用

特种冶炼是高端特殊钢生产制造的关键环节。经过电渣重熔、真空自耗重熔可获得高纯净、低偏析、组织致密的特殊钢铸锭。我国特钢企业大量引进国外顶尖制造厂商（Consarc、ALD、Inteco 等）的冶炼设备，在硬件上已达到国际先进水平。近年来，特冶行业对冶炼过程可视化、装备原理解析及控制程度加深的需求越来越强烈，我国研究人员对特种冶炼过程的数值模拟越来越重视，以传统商用有限元软件配合模型开发起步，并引进国外业界常用的 Meltflow 等专用软件，在重熔工艺多尺度模拟上取得了较大进展。

宏观尺度上，重熔过程即金属熔池推进的过程，因此熔池的形貌及稳定性是影响铸锭质量的最重要因素之一。熔池偏深，由于凝固前沿的选择性吸附效应，在铸锭 1/2R 至中心位置容易产生偏析，即“黑斑”缺陷；熔池过浅，夹杂物在熔池中的运动不充分，抛杂效果降低，容易产生“白斑”缺陷。此外，熔池形貌的稳定性不仅影响铸锭表面质量，还影响铸锭内部的致密度。熔池形貌的模拟计算以传热机制为主，即电极棒与金属熔池（或渣池）上表面、渣池与金属熔池、铸锭与结晶器内壁（或渣皮）、结晶器壁与冷却水之间的换热等，其模型示意图如图 2-2-16 所示，即金属熔池的形貌主要由单位时间内熔化电极的热量导入和水冷结晶器、铸锭表面热辐射的冷却效率共同决定。

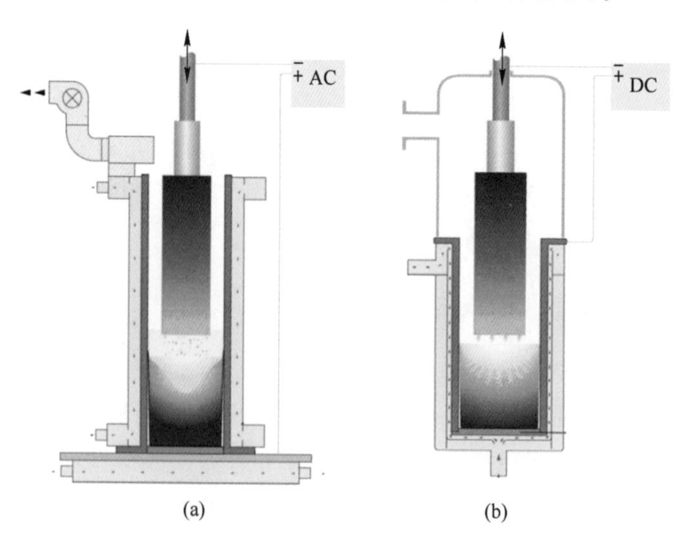

图 2-2-16　电渣重熔与真空自耗重熔示意图

（a）电渣重熔；（b）真空自耗重熔

近年来，研究人员将熔池中的电磁场引入到模拟计算中，其与重力和浮力的综合作用决定液态金属的运动方向，从而提高了熔池模型的使用范围及计算精度。在大量计算与实际生产的耦合研究中，研究人员逐步掌握了不同冶炼参数（熔速、电流、电压、电极尺寸、渣系成分、渣高、氦气压力、外加磁场等）、不同结晶器尺寸对金属熔池的形貌（液态熔池深度、糊状区深度、熔池形状等）的影响规律，如图 2-2-17 所示为不同熔速对金属熔池形貌的影响，并采用硫印实验、钢锭解剖等方法对熔池形貌的计算结果进行了验证。

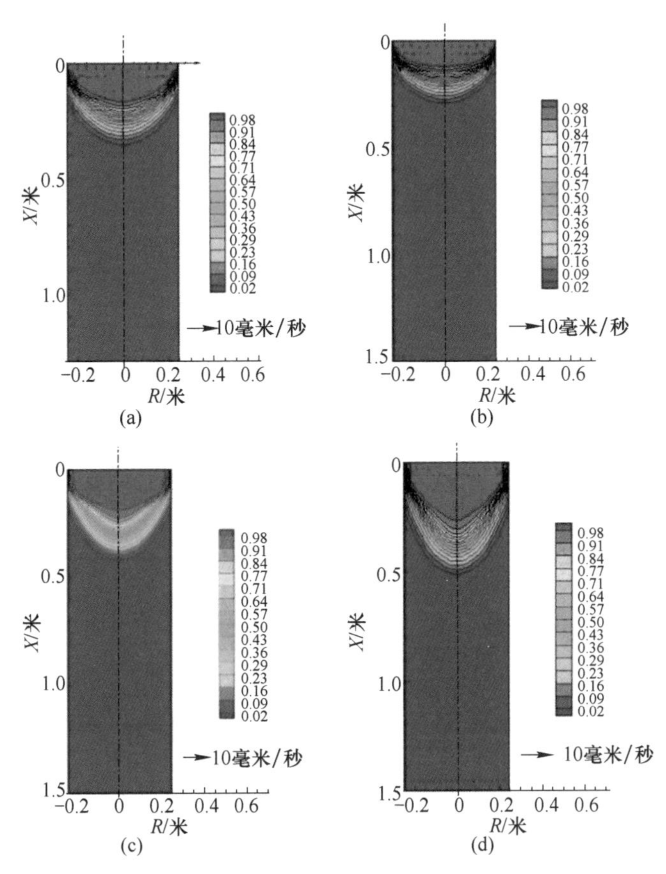

图 2-2-17　不同熔速下真空自耗重熔金属熔池形貌

（a）2.6 千克/分钟；（b）3.2 千克/分钟；（c）4.0 千克/分钟；（d）5.0 千克/分钟

在此基础上，在输入参数中补充金属形成柱状晶、等轴晶倾向的相关参数，可预测铸锭各部位一次、二次枝晶间距，与实验室表征的凝固组织进行对比验证；通过补充合金元素在枝晶干、枝晶间的偏析系数，可计算元素在铸锭中的宏观偏析情况；模拟中还可计算不同尺寸、不同密度及消融速度的夹杂物在熔池中的运动轨迹，预测铸锭不同位置出现夹杂物的概率。在大量计算的基础上，结合现场工艺的实施，研究人员及工艺人员不仅可在新品种开发及锭型增大情况下快速找到特种冶炼工艺参数优化的方向，实现低成本、短周期的工业化开发，且在现有品种高纯净度、低偏析的冶金质量提高及工艺稳定性提高方面具有重要意义，对我国特殊钢行业水准提升起到了重要推动作用。此外，模拟计算为多电极熔炼、电渣液态浇注空心锭、电渣板坯、电渣熔铸异型件等非常规复杂冶炼工艺提供了理论依据和技术支撑。

（三）集成计算数字化研发平台的研究进展

特殊钢集成计算材料工程——ICME（Integrated Computational Materials Engineering）平台最早由美国西北大学和 QuesTek 公司的 Olson 教授团队建立，也是世界范围内最成功的案例。整个模拟平台主要分为“材料设计（Materials by Design）”和“应用加速（Accelerated Insertion of Materials，AIM）”两大模块，集成多尺度计算软件、数据库及数据分析功能，分别历时 8.5 年和 6 年完成超高强度不锈钢 Ferrium S53、二次硬化超高强度钢 Ferrium M54 从最初设计研发到工程化及型号验证考核。我国从“十三五”开始，从高端装备、苛刻环境、工艺升级的特殊需求出发，颠覆特殊钢领域传统品种开发的模式，着手投入理性设计理念的集成计算数字化研发平台项目。这一类项目以某一专用需求出发，不止步于开发一种特殊钢满足装备需求，而且建立了集成多种尺度计算手段、实验室及工程化数据、数据分析挖掘功能材料设计平台，采用其平台研发的特殊钢只是一种成果验证。例如，高速碰撞用 2000 兆帕级超高强度钢数字化研发平台项目，针对高应变速率服役条件中绝热剪切破坏机制难以表征的问题，采用第一性原理、相场、有限元等手段在不同尺度上研究特殊钢热导率、绝热剪切带形成、宏观应力应变场造成的失效形式并对其机理进行探究，提出合金成分、组织设计的方向，并结合冶炼、热加工、热处理工艺的模拟计算，筛选出具有良好抗绝热剪切性能、满足装备要求指标且具有工业化可实现性的合金及工艺，且形成的数字化研发平台在类似服役条件的材料研发中具有推广意义。又如，增材制造工艺超低温高强度不锈钢数字化研发平台项目，针对增材制造工艺特有的大量增氧、超高速加热冷却、反复热循环等特点，进行氧化物无害化的热动力学设计、打印过程中温度场和应力应变场的有限元计算、非平衡/循环相变下微观组织形成原理的相场计算等多尺度计算，结合增材制造热态试验及样品微观组织表征，建立增材制造低温高强不锈钢“成分—工艺—组织—性能”一体化设计平台，这一平台具备可推广到其他采用增材制造工艺的特殊钢材料研发的潜力。

第三章　中国特殊钢典型钢种的标准

第一节　合金结构钢标准

一、我国合金结构钢标准的发展历程

我国第一个合金结构钢标准是1952年由重工业部发布的重7—52。重7—52的主要内容和评级图片是按苏联标准ГОСТ 4543—48制定的，共规定了18个系列共67个牌号，牌号体系是照搬苏联的，以Ni-Cr系为主。重7—52根据当时的生产条件，规定冶炼方法为平炉冶炼，并已开始按P、S等杂质元素含量将产品分为质量钢和高级质量钢（即后来的优质钢和高级优质钢）两个质量等级，对合金结构钢的生产和使用起到巨大的促进作用。

20世纪60~70年代，合金结构钢的应用范围逐步扩大，由钢铁研究院牵头将重92—55修订为YB 6—59。为了适应我国资源状况，YB 6—59标准删除了重92—55标准所有含Ni牌号、增加了Mn系和B系牌号，共计20个系列82个牌号。但因含Ni牌号仍在大量使用，1971年由大冶钢厂、本溪钢铁公司和太原钢铁公司等单位负责对YB 6进行了第一次修订时，YB 6—71恢复了原重92—55中部分含Ni牌号，包括了共计33个系列103个牌号。

20世纪80~90年代，随着我国改革开放的不断深入，在苏联ГОСТ 4543—71标准基础上，对标美国、日本、德国等先进标准，并结合我国生产实际情况，1982年本着实事求是、满足使用、便于使用、可用镍铬的精神，由大冶钢厂和冶金部情报标准研究总所负责对YB 6—71的牌号进行了梳理、精减、修订后上升为国家标准GB 3077—82，共有26个系列81牌号。1988年和1999年先后两次对GB 3077进行了修订，按照由生产型标准向贸易型标准转变的需要，标准的体系结构有较大变化，标准内容本着减少必保项目，增加协议项目，扩大适应范围的原则进行修改，牌号系列也逐渐与国际先进标准看齐，Cr-Ni系、Cr-Ni-Mo系牌号增多，而Mn系、Si-Mn系牌号减少，共有24个系列77个牌号。

进入21世纪后，按照钢铁行业高质量发展的要求，2015年再次对GB 3077进行了第三次修订。GB/T 3077—2015标准进一步增加了Cr-Ni-Mo系牌号的比例，共有24个系列共计86个。

GB/T 3077牌号系列的纳标历程见图2-3-1，合金结构钢标准的发展历程见表2-3-1，专用合金结构钢标准的发展历程见表2-3-2。

表 2-3-1 我国合金结构钢通用标准的发展历程

品种	20 世纪 50 年代	20 世纪 60 年代	20 世纪 70 年代	20 世纪 80 年代		20 世纪 90 年代	21 世纪 00 年代	21 世纪 10 年代
棒材	重 7—52《合金结构钢钢号及一般技术条件》	YB 6—59《合金结构钢钢号及一般技术条件》	YB 6—71《合金结构钢技术条件》	GB 3077—82《合金结构钢技术条件》	GB/T 3077—88《合金结构钢技术条件》	GB/T 3077—1999《合金结构钢》	—	GB/T 3077—2015《合金结构钢》
棒材	重 92—55《冷拉优质结构钢技术条件》	YB 194—63《冷拉优质结构钢技术条件》	—	GB 3078—82《优质结构钢冷拉钢材技术条件》		GB/T 3078—1994《优质结构钢冷拉钢材技术条件》	GB/T 3078—2008《优质结构钢冷拉钢材》	GB/T 3078—2019《优质结构钢冷拉钢材》
棒材	—	—	—	—		—	—	GB/T 34484. 2—2018《热处理钢 第 2 部分：合金钢》
板带材	重 96—55《合金结构钢薄钢板技术条件》	YB 204—63《合金结构钢薄钢板技术条件》	—	GB 5067—85《合金结构钢薄钢板》		YB/T 5132—1993（调整）《合金结构钢薄钢板》	YB/T 5132—2007《合金结构钢薄钢板》	—
板带材	—	—	—	GB 11251—89《合金结构钢热轧厚钢板》		—	GB/T 11251—2009《合金结构钢热轧厚钢板》	GB/T 11251—2020《合金结构钢钢板及钢带》
板带材	—	—	—	—		—	—	GB/T 37601—2019《合金结构钢热连轧钢板和钢带》
板带材	—	—	—	—		—	—	YB/T 4373—2014《合金结构钢热轧钢带》

续表 2-3-1

品种	20 世纪 50 年代	20 世纪 60 年代	20 世纪 70 年代	20 世纪 80 年代	20 世纪 90 年代	21 世纪 00 年代	21 世纪 10 年代
线材	—	—	—	—	—	—	YB/T 4453—2015《合金结构钢热轧盘条》
丝材	—	—	—	GB 3079—82《合金结构钢丝》	GB/T 3079—1993《合金结构钢丝》	YB/T 5301—2006（调整）《合金结构钢丝》	YB/T 5301—2010《合金结构钢丝》
管坯	—	YB 466—64《合金结构钢圆管坯》	—	GB 11171—1989《合金结构钢圆管坯》	YB/T 5221—1993（调整）《合金结构钢圆管坯》	—	YB/T 5221—2014《合金结构钢圆管坯》
管材	冶 11—57《无缝钢管》	YB 231—64《无缝钢管》	YB 231—70《无缝钢管》	GB 8162—1987《结构用无缝钢管》	GB/T 8162—1999《结构用无缝钢管》	GB/T 8162—2008《结构用无缝钢管》	GB/T 8162—2018《结构用无缝钢管》

表 2-3-2　专用合金结构钢标准的发展历程

类型	品种	20 世纪 50 年代	20 世纪 60 年代	20 世纪 70 年代	20 世纪 80 年代	20 世纪 90 年代	21 世纪 00 年代	21 世纪 10 年代
冷镦钢	棒材	—	YB 534—65《冷镦钢技术条件》	—	GB 6478—86《冷镦钢技术条件》	—	GB/T 6478—2001《冷镦和冷挤压用钢》	GB/T 6478—2015《冷镦和冷挤压用钢》
	线材	—	—	—	—	—	—	GB/T 28906—2012《冷镦钢热轧盘条》
		—	—	—	—	—	—	GB/T 29087—2012《非调质冷镦钢热轧盘条》

续表 2-3-2

类型	品种	20 世纪 50 年代	20 世纪 60 年代	20 世纪 70 年代	20 世纪 80 年代	20 世纪 90 年代	21 世纪 00 年代	21 世纪 10 年代
冷镦钢	丝材	—	YB 250—64《冷顶锻用碳素钢丝》	—	GB 5953—86《冷顶锻用碳素结构钢丝》	GB/T 5953—1999《冷镦钢丝》	GB/T 5953. 1—2009《冷镦钢丝 第 1 部分：热处理型冷镦钢丝》	—
		—	YB 251—64《冷顶锻用合金钢丝》	—	GB 5954—86《冷顶锻用合金结构钢丝》		GB/T 5953. 2—2009《冷镦钢丝 第 2 部分：非热处理型冷镦钢丝》	—
		—	—	—	—	—	—	GB/T 5953. 3—2012《冷镦钢丝 第 3 部分：非调质型冷镦钢丝》
	棒材、线材	—	—	—	—	—	—	GJB 9455—2018《装甲车辆用螺栓钢规范》
易切削钢	棒材	重 91—55《易切结构钢技术条件》	YB 191—63《易切结构钢技术条件》	YB 191—75《易切削结构钢技术条件》	GB 8731—88《易切削结构钢技术条件》	—	GB/T 8731—2008《易切削结构钢》	—
非调质钢		—	—	—	—	GB/T 15712—1995《非调质机械结构钢》	GB/T 15712—2008《非调质机械结构钢》	GB/T 15712—2016《非调质机械结构钢》
渗氮钢		—	—	—	—	—	—	GB/T 37618—2019《渗氮钢》
		—	—	—	—	—	—	GJB 9456—2018《装甲车辆用渗氮钢棒规范》

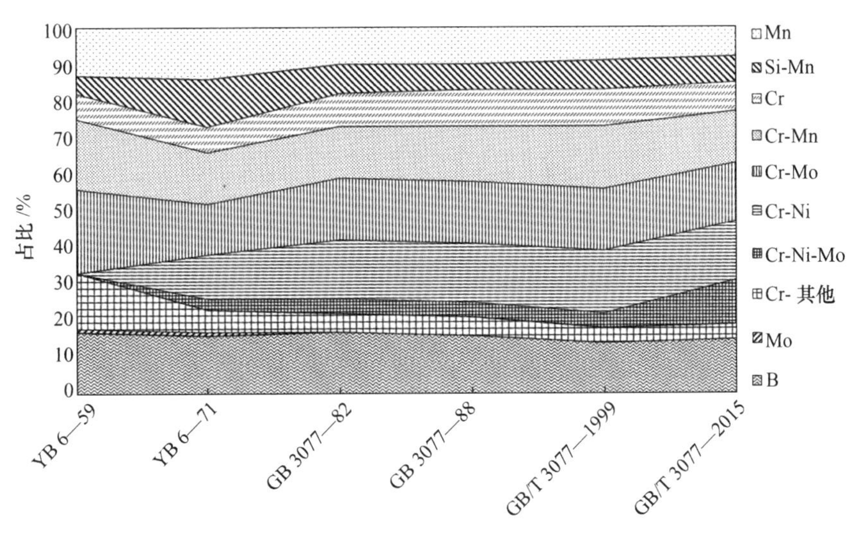

图 2-3-1　合金结构钢纳标牌号系列的发展情况

二、专用合金结构钢标准

（一）冷镦和冷挤压用合金结构钢

冷镦和冷挤压用钢常简称冷镦钢，主要品种包括棒材、线材和丝材，标准也相应的按品种来制定，其中 GB/T 6478 是冷镦钢的通用产品标准。

1965 年由太原钢铁厂负责首次制定了冶金部颁标准 YB 534—65《冷镦钢》。该标准是依据当时的生产情况，在与汽车、拖拉机等制造厂的供货协议的基础上，参照 ГОСТ 10702—63，TY 5208—55，ASTM A141—58、A406—59，BS 115—1961 编制的。该标准纳入了 10 个碳素钢牌号和 ML15Cr、ML20Cr、ML38Cr、ML40Cr 4 个合金钢牌号，适用于6~40 毫米热轧钢材（冷拉坯料）。

1986 年该标准由太原钢铁公司负责修订后上升为国家标准 GB 6478—86《冷镦钢技术条件》，取消了 ML38Cr，增加了 ML30CrMo、ML35CrMo、ML42CrMo、ML15MnB、ML15MnVB、ML20MnTiB 6 个牌号，共有 9 个碳素钢牌号和 14 个合金钢牌号，适用于5.5~40 毫米热轧钢材（冷拉坯料）。

2001 年由太原钢铁（集团）有限公司负责对 GB 6478 进行第一次修订，非等效采用 ISO 4954：1993，标准名称改为《冷镦和冷挤压用钢》。2001 年版 GB/T 6478 标准，纳入了非热处理型冷镦和冷挤压用钢 7 个牌号，表面硬化型 3 个牌号，调质型（包括含硼钢）24 个牌号，实现了我国标准与国际标准接轨，使我国冷镦钢的冷镦、冷挤压性能与力学性能一致性得到提高。适用于直径为 5~40 毫米热轧盘条和直径为 12~100 毫米热轧圆钢。

2015 年，随着冷镦和冷挤压工艺的发展，由江苏沙钢集团有限公司等负责对 GB/T 6478 进行第二次修订，将盘条的直径范围由 5~40 毫米扩大到 5~60 毫米，将 ML22Mn 调整为 ML20Mn，ML37Cr 调整为 ML35Cr，将 ML42CrMo 调整为 ML40CrMo，将 ML28B 调整为 ML30B；增加了 ML06Al、ML10、ML12Al、ML12、ML15Cr、ML30Cr、ML45Cr、

ML20CrMo、ML25CrMo、ML45CrMo、ML25B、ML25MnB、ML30MnB、ML40MnB 14 个牌号和 MFT8、MFT9、MFT10 3 个非调质型牌号，共列入 49 个牌号；其中 MFT8、MFT9 和 MFT10 3 个非调质钢牌号是我国自主研发的，通过微合金化+控轧控冷实现良好的综合性能，以减少传统的淬火、回火过程，是冷镦钢的一个发展方向。

（二）易切削结构钢标准

1955 年重工业部参照 ГОСТ 1414—54 制定了第一个易切削结构钢技术标准重 91—55，规定了 2 个低碳碳素结构钢牌号 Y12 和 Y20。1963 年冶金工业部制定了新标准 YB 191—63，代替重 91—55，增加了中碳 Y35 和高硫 Y40Mn，共有 4 个牌号。1975 年 YB 191—63 修订为 YB 191—75，新增高硫、低硅、低碳牌号 Y15。

20 世纪 70~80 年代，我国进行了铅系易切削钢研究并初步解决了铅系易切削钢在冶炼时的污染问题，进行了 Ca-S 牌号和 S-P 复合牌号的研究。1986 年由首都钢铁公司负责修订 YB 191—75，新增铅系牌号 Y12Pb 和 Y15Pb，新增低硫、低磷复合易切削钢 Y30 和加钙改变钢中夹杂物组成的新型钙系中碳易切削钢 Y45Ca，其中 Y12Pb、Y15Pb 和 Y45Ca 牌号为合金结构钢牌号，共有 9 个牌号。标准修订后上升为国家标准 GB 8731—88。

2008 年由首钢总公司、东北特殊钢集团公司、贵阳特殊钢有限责任公司、青岛钢铁集团公司、冶金工业信息标准研究院等单位共同负责对 GB 8731 进行第一次修订，增加了 Y08、Y45、Y15Mn、Y45MnS、Y08Pb 等国外常用牌号；并添加了我国专利 ZL 03 1 22768. 6 中的部分牌号 Y08Sn、Y15Sn、Y45Sn、Y45MnSn 和国内其他厂家正在生产使用的牌号 Y08MnS、Y35Mn、Y45Mn、Y45MnSPb，牌号总数达到 11 个，其中硫系 13 个、铅系 4 个、锡系 4 个和钙系 1 个。

除 GB 8731—2008 规定的牌号之外，不锈钢中也含有一些易切削型牌号，例如 GB/T 1220—2007《不锈钢棒》中规定了 Y12Cr18Ni9、Y12Cr18Ni9Se、Y10Cr17、Y12Cr13、Y108Cr17 5 个牌号。

（三）非调质机械结构钢标准

非调质机械结构钢应用时可省略调质处理工序，因而可以大幅度节约能源，降低制造成本 25%~38%，是“七五”期间国家重点科技攻关项目，优先支持发展的新钢铁材料。根据攻关结果，1994 年由大连钢厂和冶金部钢铁研究总院负责制定了 GB/T 15712—1995《非调质机械结构钢》，共规定了 9 个牌号，以钒系和锰钒系牌号为主，并通常添加一定的硫元素以提高切削性能。9 个牌号中，YF35V、YF40V、YF45V、YF35MnV、YF40MnV、YF45MnV 属于易切削非调质钢，硫含量为 0. 035%~0. 075%；F45V、F35MnVN、F40MnV 属于热锻用非调质钢，硫含量仅规定上限 0. 035%。

随着贝氏体非调质钢的大量使用，2008 年修改采用 ISO 11692：1994 将 GB/T 15712 第一次修订为 GB/T 15712—2008，定义修改为：通过微合金化、控制轧制（锻制）和控制冷却等强韧化方法，取消了调质热处理，达到或接近调质钢力学性能的一类优质或特殊质量结构钢。GB/T 15712—2008 标准除增加了贝氏体非调质钢牌号 F12Mn2VBS 外，还增加了 F30MnVS、F38MnVS、F49MnVS 等牌号，并将 YF45V 与 F45V、YF35MnV 与 F35MnVN、YF40MnV 与 F40MnV 分别合并为 F45VS、F35MnVS 和 F40MnVS，共有 10 个牌号；非金属夹杂物由协议保证项目修改为基本保证项目。

2016 年根据非调质机械结构钢在汽车行业的发展，对 GB/T 15712 进行了第二次修订。本次修订主要增加了机械、汽车行业用量很大的 F70VS、F38MnSiNS、F48MnV、F37MnSiVS、F41MnSiV、F25Mn2CrVS 6 个牌号，共有 16 个牌号，其中铁素体-珠光体牌号 14 个、贝氏体牌号 2 个。

（四）渗氮钢标准

GB/T 37618—2019《渗氮钢》是我国首次发布的渗碳钢标准。该标准是修改采用 ISO 683-5：2017《热处理钢、合金钢和易切钢　第 5 部分：渗氮钢》并参照 GB/T 3077—2015 以及相关国际先进标准来制定的，其中 20CrMoV5-7、34CrAlMo5-10、32CrAlMo7-10、41CrAlMo7-10、34CrAlNi7-10、31CrMoV9、31CrMo12、33CrMoV12-9、24CrMo13-6、40CrMoV13-9、8CrMo16-5 等牌号与 ISO 683-5 标准中牌号相对应，形成了 Cr-Mo、Cr-Mn-Mo、Cr-Mo-V、Cr-Mo-Al、Cr-Ni-Mo-Al 5 个牌号系列，共 16 个牌号。

第二节　轴承钢标准

重 10—52《铬合金滚珠与滚柱轴承钢技术条件》是 1952 年重工业部首次发布的 23 项钢铁标准之一。经过近 70 年的发展，我国的轴承钢标准已形成了高碳铬轴承钢、渗碳轴承钢、不锈轴承钢、高温轴承钢和中碳轴承钢等系列标准，建立了品种齐全、水平先进、与国际标准接轨的轴承钢标准体系。我国轴承钢标准的发展历程见表 2-3-3。现有标准 21 项，其中高碳铬轴承钢标准 8 项、渗碳轴承钢标准 4 项、高温轴承钢标准 4 项、不锈轴承钢标准 1 项、中碳轴承钢标准 3 项、环件及毛坯标准 1 项；推动了中国轴承钢标准水平和实物质量跨入世界前列，越来越多的国内企业生产的轴承钢得到世界著名轴承生产企业认可，为轴承工业的快速发展奠定了坚实的技术支撑，有力地保障了机械制造、铁路运输、汽车制造、能源工业和国防军工等行业的需求和发展。目前，我国纳入标准的轴承钢牌号已达 41 个（其中自主研发的牌号有 7 个），形成了不同钢种牌号系列，其中高碳铬轴承钢 12 个、渗碳轴承钢 9 个、中碳轴承钢 8 个、不锈轴承钢 3 个、高温轴承钢 9 个。中国的标准牌号已列入 ISO 683-17：2014《热处理钢、合金钢和易切削钢　第 17 部分：滚珠和滚柱轴承钢》，瑞典 SKF 公司 2018 年 11 月发布的标准中首次将“GB/T 18254—2016”标准号和“GCr15”牌号引入企标，标志着中国轴承钢标准已获得世界广泛认可。

本节分高碳铬轴承钢、渗碳轴承钢、不锈轴承钢、高温轴承钢、中碳轴承钢五部分分别介绍其标准发展的历程。

一、高碳铬轴承钢

高碳铬轴承钢也称全淬透性轴承钢，是轴承钢的代表钢种，标准数量最多，世界各国

表 2-3-3 中国轴承钢标准的发展历程

序号	类别	20 世纪 50 年代		20 世纪 60 年代	20 世纪 70 年代	20 世纪 80 年代		20 世纪 90 年代	21 世纪 00 年代		21 世纪 10 年代
1	高碳铬轴承钢	重 10—52《铬合金滚珠与滚柱轴承钢技术条件》	YB 9—59《滚珠与滚柱轴承铬钢技术条件》	YB 9—68《轴承铬钢试行标准》	—	YB(T)1—80《高碳铬轴承钢》	YJZ 84《高碳铬钢临时供货协议》	—	GB/T 18254—2000《高碳铬轴承钢》	GB/T 18254—2002《高碳铬轴承钢》	GB/T 18254—2016《高碳铬轴承钢》
2		—		军 甲—61《军用甲组轴承铬钢试制技术条件》	—	—		—	—		—
3		—		军 乙—61《军用乙组轴承铬钢试制技术条件》	—	—		—	—		—
4		—		军 丙—61《军用丙组轴承铬钢试制技术条件》	—	—		—	—		—
5		—		—	—	—		—	—		YB/T 4826—2020《高淬透性高碳铬轴承钢》

续表 2-3-3

序号	类别	20 世纪 50 年代	20 世纪 60 年代	20 世纪 70 年代	20 世纪 80 年代	20 世纪 90 年代	21 世纪 00 年代	21 世纪 10 年代
6	高碳铬轴承钢	—	—	—	—	—	—	GB/T 38885—2020《超高洁净高碳铬轴承钢通用技术条件》
7		—	—	—	—	—	YB 4107—2000《航空发动机用高碳铬轴承钢》	GJB 9657—2019《航空发动机用高碳铬轴承钢 GCr15 规范》
8		—	—	—	—	—	GJB 6484—2008《军用高碳铬轴承钢规范》	—
9		—	—	—	—	YB 4101—1998《铁路货车滚动轴承用冷拉轴承钢》	—	—
10		—	YB 245—64《滚珠及滚动轴承用铬钢丝》	—	—	—	GB/T 18579—2001《高碳铬轴承钢丝》	GB/T 18579—2019《高碳铬轴承钢丝》

续表 2-3-3

序号	类别	20世纪50年代	20世纪60年代	20世纪70年代	20世纪80年代	20世纪90年代	21世纪00年代	21世纪10年代
11	高碳铬轴承钢	—	—	YB/Z 12—1977《轴承钢管》	—	—	YB/T 4146—2006《高碳铬轴承钢无缝钢管》	YB/T 4146—2016《高碳铬轴承钢无缝钢管》
12	渗碳轴承钢	—	—	—	GB 3203—82《渗碳轴承钢技术条件》	—	—	GB/T 3203—2016《渗碳轴承钢》
13	渗碳轴承钢	—	—	—	—	YB 4100—1998《铁路货车滚动轴承用渗碳轴承钢》	—	—
14	渗碳轴承钢	—	—	—	—	—	—	GB/T 33161—2016《汽车轴承用渗碳钢》
15	渗碳轴承钢	—	—	—	—	—	—	T/SSEA 0076—2020《汽车变速箱用渗碳轴承钢》

续表 2-3-3

序号	类别	20 世纪 50 年代	20 世纪 60 年代	20 世纪 70 年代	20 世纪 80 年代	20 世纪 90 年代	21 世纪 00 年代	21 世纪 10 年代
16	不锈轴承钢	YB 10—59《不锈耐酸钢技术条件》	（65）冶技字第 362 号文、中汽技联字 1070 号文、（65）冶技字第 246 号文	—	GB 3086—82《高碳铬不锈轴承钢技术条件》	—	GB/T 3086—2008《高碳铬不锈轴承钢》	GB/T 3086—2019《高碳铬不锈轴承钢》
17	高温轴承钢	—	—	YB 688—76《高温轴承钢 Cr4Mo4V 技术条件》	—	—	YB 4105—2000《航空发动机用高温轴承钢》	GB/T 38884—2020《高温不锈轴承钢》
18		—	—	—	YB 1205—80《高温不锈轴承钢 Cr14Mo4 技术条件》	—	—	GB/T 38886—2020《高温轴承钢》
19		—	—	—	—	—	YB 4106—2000《航空发动机用高温渗碳轴承钢》	GB/T 38936—2020《高温渗碳轴承钢》
20		—	—	—	—	—	—	GJB 9658—2019《航空发动机用高温渗碳轴承钢 G13Cr4Mo4Ni4V 规范》

续表 2-3-3

序号	类别	20 世纪 50 年代	20 世纪 60 年代	20 世纪 70 年代	20 世纪 80 年代	20 世纪 90 年代	21 世纪 00 年代	21 世纪 10 年代
21	高温轴承钢	—	—	—	—	—	—	GJB 9659—2019《航空发动机用高温轴承钢 G80Cr4Mo4V 规范》
22	中、高碳轴承钢	—	—	—	—	—	—	GB/T 28417—2012《碳素轴承钢》
23	—	—	—	—	—	—	—	GB/T 29913.1—2013《风力发电设备用轴承钢 第 1 部分：偏航、变桨轴承用钢》
24	—	—	—	—	—	—	—	T/SSEA 0016—2018《轿车轮毂用碳素轴承钢》
25	环件及毛坯	—	—	—	—	—	—	YB/T 4572—2016《轴承钢 辗轧环件及毛坯》

都有专用的技术标准。我国最早的轴承钢标准是1952年发布的重10—52《铬合金滚珠与滚柱轴承钢技术条件》。随着中国的经济体制由计划经济向社会主义市场经济的转变，我国轴承钢标准逐步完成了由苏联标准向美国ASTM标准的转变。图2-3-2是我国高碳铬轴承钢标准的发展历程。

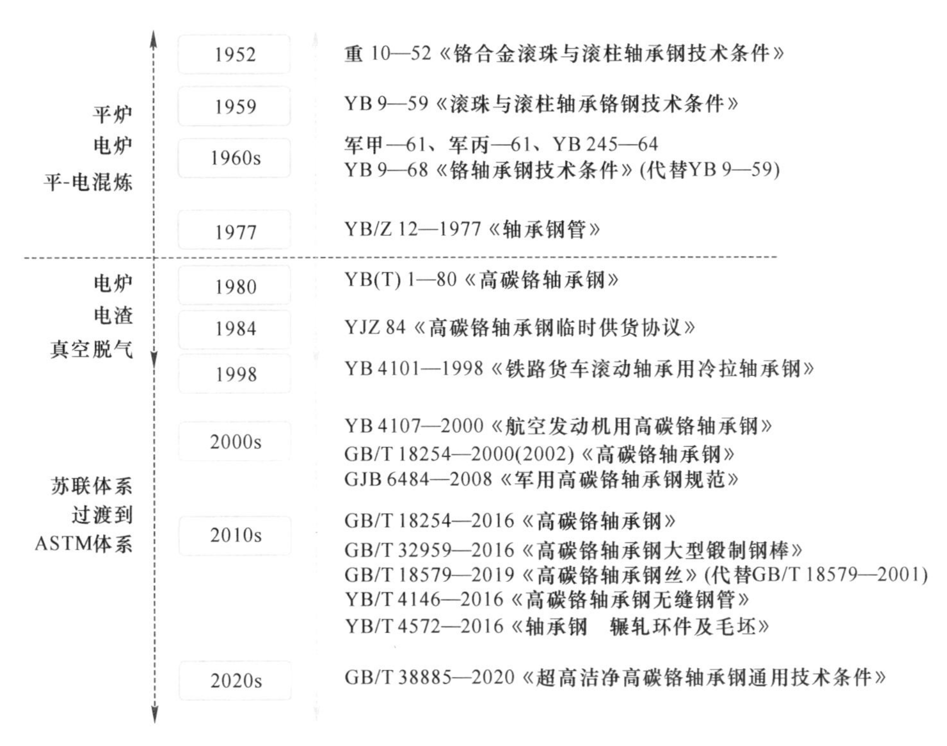

图2-3-2　我国高碳铬轴承钢标准的发展历程

高碳铬轴承钢标准发展的历程大体经历了以下四个阶段：

（1）20世纪50年代到70年代为标准建立阶段。当时国家执行全面学习苏联标准的方针，重10—52《铬合金滚珠与滚柱轴承钢技术条件》有5个牌号（ШХ6、ШХ9、ШХ12、ШХ15、ШХ15СГ），产品品种为条钢，其标准主要条款和评级图片均是按ГОСТ 801—47制定的。1959年冶金部组织钢铁研究院等单位在重10—52基础上，参照ГОСТ 801—58标准制定了部标准YB 9—59《滚珠与滚柱轴承铬钢技术条件》，取消了苏联牌号ШХ12，纳入了ISO 683—17中的牌号2个，牌号仍保持5个（GCr6、GCr9、GCr15、GCr9SiMn、GCr15SiMn），非金属夹杂物检验采用最大级别法（所有检验试样中任何试样上最恶劣视场的级别均不得超过规定的级别）。1968年修改为YB 9—68，标准水平较YB 9—59标准有所降低，主要表现在非金属夹杂物和碳化物的评级图片。1973年冶金部在钢种整顿时曾对YB 9—68标准进行修订，但未能取得进展。[1]

为了保证军工产品质量，1961年在YB 9—59标准基础上加严检验项目的合格级别和检验数量，冶金工业部和第一机械工业部共同制定了三项军工专用标准协议：军甲—61

[1] YB 9—68一直并行沿用至2005年被国家发展和改革委员会第45号公告废止。

《军用甲组轴承铬钢试制技术条件》为电渣钢，适用于制造航空、舰船等轴承用条钢；军乙—61《军用乙组轴承铬钢试制技术条件》和军丙—61《军用丙组轴承铬钢试制技术条件》为电炉钢，适用于制造坦克等轴承用条钢。军甲—61质量要求高，甚至一直保留到今天仍有用户要求按军甲—61订货。

为了满足轴承行业对制作滚动轴承滚动体和内外套圈用钢不同质量的需要，冶金部组织大连钢厂和上海第一钢铁厂等单位在YB 9—59基础上制定了YB 245—64《滚珠及滚动轴承用铬钢丝》（GCr6、GCr9和GCr15）和YB/Z 12—1977《轴承钢管》（GCr15、GCr15SiMn），主要特点是增加了钢丝和无缝钢管相关的要求及试验方法，使轴承钢品种标准日趋完善，初步建立了我国高碳铬轴承钢标准体系。

（2）20世纪80年代到20世纪末为标准国际化阶段。20世纪80年代改革开放，国家鼓励采用国际标准和国外先进标准，由苏联标准向国际通用标准转变。1980年我国打破苏联标准（ГОСТ 801）的长期束缚，参照了美国ASTM A295—1976、瑞典SKF D33及德国SEP 1520等标准条文、图片和检验方法，由冶金部标准化研究所牵头制定了冶金部推荐标准YB(T)1—80《高碳铬轴承钢》。YB(T)1—80标准主要特点是：取消了低铬牌号GCr6，对保留的GCr9、GCr15、GCr9SiMn、GCr15SiMn四个牌号的化学成分进行了适当调整，并增加了残余元素和成品分析允许偏差的规定；品种除圆钢外，还增加了冷拉材和钢管；规定必须采用电炉+炉外精炼、真空处理方法冶炼轴承钢；重新制作了低倍、显微组织、碳化物网状等评级图片，非金属夹杂物由国际上通用的JK图代替了YB 9—68标准图片，并且低倍、非金属夹杂物在钢坯上检验。YB(T)1—80标准的水平达到当时国外先进标准的水平。但由于YB(T)1—80标准水平较高，各钢厂改造进度不一，还不具备完全生产真空脱气钢的能力，同时轴承行业对派人驻钢厂验收或取消复验权也不满意，致使YB(T)1—80标准未能完全代替YB 9—68标准；但该标准当时对促进钢厂增加真空精炼设备、改进冶炼工艺、高温扩散、采用连续退火设备等均起到了良好作用。[1]

1983年9月冶金部和机械部联合制定了YJZ 84《高碳铬钢临时供货协议》，主要原则是标准水平高于YB 9—68，个别指标可在YB(T)1—80的基础上稍有降低。因此恢复低铬牌号GCr6；放宽了YB(T)1—80标准中的冶炼方法，列入"采用已经双方协商确定的电炉冶炼，经喷粉、电磁搅拌、吹氩处理或平电混炼，经RH处理等冶炼方法"；尺寸将正偏差改为正负偏差；网状碳化物的合格级别放宽到0.5级；低倍、非金属夹杂物取样在钢坯（材）上检验，若在钢材上检验低倍组织，则从任意6根钢材的任意端各取一支试样进行检验，生产商应制定出能确保钢材低倍组织检验合格的钢坯和判定制度，在未确定之前，低倍检验、判定和验收以钢材为准。对轴承厂建议控制钢中氧含量（质量分数）不大于20×10^{-6}，因当时生产和检测条件尚不成熟，YJZ 84规定积累氧含量数据（有能力的钢厂提供）。1990年钢铁研究总院、上海第五钢铁厂、抚顺钢厂、大冶钢厂等单位曾提出在YJZ 84基础上，参照ASTM A295—84和SKF D33（81年和88年的版本）制定"高碳铬轴承钢"国家标准计划，但对增加氧含量和残余元素As、Sn、Pb、Ti、Al含量和非金属夹

[1] YB(T)1—80于1999年8月18日被原国家冶金局以国冶管［1999］310号文废止。

杂物的控制等方面未取得一致意见，标准计划终止。

为了满足铁路运输和国防军工等行业的需求和发展，1998 年西宁特殊钢集团有限责任公司、西北轴承股份有限公司、大冶冶钢集团有限责任公司联合编制了《铁路货车滚动轴承用冷拉轴承钢》（GCr15），被国家冶金工业局批准为强制性冶金行业标准 YB 4101—1998，适用于制作重载、承受冲击载荷较大的铁路货车的轴承钢。

“八五”期间，国防科工委组织冶金行业和轴承行业联合攻关，采用真空感应炉+真空自耗炉冶炼工艺生产航空发动机主轴轴承，使轴承钢的疲劳寿命由 300 小时提高到 500 小时。2000 年由钢铁研究总院、上海五钢（集团）有限公司、抚顺特殊钢（集团）有限责任公司、洛阳轴承有限公司、贵州虹同轴承总公司联合编制了《航空发动机用高碳铬轴承钢》，被国家冶金工业局批准为冶金行业军用标准 YB 4107—2000。

（3）从世纪之交到 2010 年为标准快速发展阶段。2000 年在总结 YJZ 84 实施经验的基础上，根据我国炉外精炼钢的生产与应用技术的发展，由宝钢集团上海五钢有限公司、洛阳轴承研究所、冶金工业信息标准研究院、钢铁研究总院、大冶特殊钢集团有限公司、北满特殊钢股份有限公司、西宁特殊钢集团有限责任公司、大连钢铁集团有限责任公司等单位组成的标准编制组，完成了我国第一个高碳铬轴承钢国家标准 GB/T 18254—2000，该标准主要进步是取消了 GCr6、GCr9、GCr9SiMn 3 个牌号，增加了铁路机客车轴承用的 GCr4、GCr15SiMo、GCr18Mo 3 个牌号，其中 GCr15SiMo 是由钢铁研究总院和洛阳轴承研究所共同研制的，是制造有效壁厚 30~80 毫米的大型、特大型重载轴承的理想材料，可部分代替 GCr15SiMn；品种上增加了盘条；化学成分上增加了氧含量的控制指标，并将残余元素 Ti、Al、Pb、As、Sb、Sn 作为协议项目，其标准水平与 ASTM A295—1994《高碳耐磨轴承钢》标准相当。2001 年标准编制组对 GB/T 18254—2000 标准进行了第一次修订后编号为 GB/T 18254—2002，主要是增加对连铸钢的相关要求。同时在 GB/T 18254—2000 的基础上，由大连钢铁集团有限责任公司牵头对 YB 245—64 标准进行了修订，取消了 GCr6、GCr9 两个牌号，上升为国家标准 GB/T 18579—2001《高碳铬轴承钢丝》。GB/T 18254—2002 和 GB/T 18579—2001 标准的实施与推广，结束了之前一直没有国家标准，多标准、协议并存的局面，促进了连铸轴承钢的快速发展，推动了真空脱气钢取代电炉钢的进程。2005 年国家发展和改革委员会发布 2005 年第 45 号公告，YB 9—68《铬轴承钢技术条件》自 2005 年 7 月 26 日起废止，标志着中国完成了由电炉钢到真空脱气钢的转变，与国际先进标准接轨。2006 年由天津钢管集团有限公司、冶金工业信息标准研究院、常熟市豪威富钢管有限责任公司、浙江健力集团有限公司、湖北新冶钢有限公司、洛阳 LYC 轴承有限公司组成的标准编制组，在 GB/T 18254—2002 的基础上，对 YB/Z 12—77 进行修订，增加了 GCr18Mo 牌号，上升为行业标准 YB/T 4146—2006《高碳铬轴承钢无缝钢管》。2006 年由西宁特殊钢股份有限公司、洛阳轴承研究所、冶金工业信息标准研究院等单位负责，在军甲—61 的基础上编制的《军用高碳铬轴承钢规范》，被当时的国防科学技术工业委员会批准为国家军用标准 GJB 6484—2008。

（4）2010 年到现在为标准水平提升阶段。2016 年由宝钢特钢有限公司、洛阳轴承研究所有限公司、江阴兴澄特种钢铁有限公司、冶金工业信息标准研究院、钢铁研究总院、东北特殊钢集团有限责任公司、大冶特殊钢股份有限公司、西宁特殊钢股份有限公司等单位组成的标准编制组，完成了对 GB/T 18254—2002 标准的第二次修订。GB/T 18254—2016 标准主要特点是：取消了 GCr4，增加了由钢铁研究总院、洛阳轴研科技股份有限公司与浙江天马轴承公司合作研制的高性能、低成本、高可靠性 G8Cr15 新牌号；打破了“连铸材不推荐做钢球用钢”的禁区并制定了连铸材中心偏析图谱；对长期争论的 Sn、As、Sb、Pb、Al、Ti、Ca 含量、DS 类、氮化钛类等纯净度关键质量指标的检验、评价取得了突破性进展，已作为考核指标纳入标准；制作了热轧（锻）、软化退火材碳化物网状图片及碳化物显微组织 1000 倍图谱，球化退火材的碳化物网状与显微组织检验标准与轴承零件标准 JB/T 1255—2014《滚动轴承　高碳铬轴承钢零件热处理技术条件》相衔接，最终将轴承钢按冶金质量分为优质钢、高级优质钢和特级优质钢三个等级，其中优质钢为国际先进水平，主要满足中低转速、普通精度的通用轴承的需要；高级优质钢与 SKF D33—1：2009 标准相当，主要满足中高转速、较高精度和长寿命轴承的需要；特级优质钢达到国外先进实物质量水平，主要满足中高转速、高精度、长寿命、高可靠性、高安全性的专用轴承的需要，例如精密机床轴承、铁路轴承、风电主轴和增速器轴承等，满足了从低端用户到高端用户的选材要求，被行业公认为达到国际先进水平。许多国内企业生产的轴承钢得到了世界著名轴承生产企业认可。在 GB/T 18254—2016 标准的基础上，由东北特殊钢集团股份有限公司、浙江健力股份有限公司、大冶特殊钢股份有限公司等单位牵头，相继完成高碳铬轴承钢大型锻制钢棒（公称直径 400～1000 毫米）、钢丝、钢管和辗轧环件及毛坯等标准的制修订，编号分别为 GB/T 32959—2016、GB/T 18579—2019、YB/T 4146—2016 和 YB/T 4572—2016，使我国高碳铬轴承钢标准体系更加完善，其中 YB/T 4572—2016《轴承钢　辗轧环件及毛坯》为我国首次制定，标准牌号除采用了 GB/T 18254—2016 标准外，还采用了 GB/T 29913.1 中的感应淬火轴承钢和 GB/T 3202 中的渗碳轴承钢，并增加了燕山大学研制的高碳铬轴承钢 GCr15Si1Mo 和感应淬火轴承钢 40CrNiMoV 两个牌号。另外，充分参考借鉴了国外先进轴承钢标准，由钢铁研究总院牵头制定了 YB/T 4826—2020《高淬透性高碳铬轴承钢》，纳入了国际通用的 GCr11SiMn、GCr15SiMn2、GCr15Si1Mo、GCr18MnMo、GCr18MnMo1、GCr19SiMnMo1、G66Cr4Mn3Nb 等新牌号，其中 GCr15Si1Mo 和 G66Cr4Mn3Nb 为我国自主研制。该标准适用于制作有效壁厚或有效直径 20 毫米以上轴承套圈和滚动体用钢，也是对 GB/T 18254—2016 标准的补充。

为满足航空发动机主轴轴承不断增长的寿命要求和可靠性要求，在“九五”和“十五”的持续攻关下，双真空 GCr15 钢的冶金质量和组织均匀性均有提高，满足了现役和在研航空发动机主轴轴承长寿命、高可靠性用材的生产和订货需求。2017 年由钢铁研究总院牵头，在 YB 4107—2000 标准基础上，制定了 GJB 9657—2019《航空发动机用高碳铬轴承钢 GCr15 规范》和 GB/T 38885—2020《超高洁净高碳铬轴承钢通用技术条件》，以满足高端轴承钢高洁净度高疲劳寿命的需求。

二、渗碳轴承钢

渗碳轴承钢也称表面硬化轴承钢，是表面经渗碳处理后具有高硬度和高耐磨性而心部仍有良好的韧性，能承担较大冲击的钢种。1981 年由大冶钢厂负责编制了 GB 3203—82《渗碳轴承钢技术条件》，标准包括六个牌号：20CrMo、G20CrNiMo、G20CrNi2Mo、G10CrNi3Mo、G20Cr2Ni4、G20Cr2Mn2Mo。该标准适用于制作承受冲击载荷较大的轴承，如轧机、重型机械、铁路机车、矿山机械轴承的内外圈或滚子。1994 年大冶冶钢集团有限责任公司（原大冶钢厂）曾提出对 GB 3203—82 标准进行修订，但因显微组织带状图谱问题没有达成一致意见，标准修订计划终止。直到 2016 年，大冶特殊钢股份有限公司（原大冶钢厂）才完成对 GB 3203—82 标准的第一次修订。GB/T 3203—2016 标准将轧制圆钢直径扩大到 200 毫米，锻制圆钢直径扩大到 600 毫米，增加了我国自主研制的 G23Cr2Ni2Si1Mo 贝氏体钢，增加了 Ti、O、H、Al、Ni、Mo 含量和 DS 类非金属夹杂物的限制要求；对于争议较大的带状组织评级问题，参照国外标准改为协议项目，由供需双方协商确定取样部位、检测方法和评级标准；进一步提高我国渗碳轴承钢的标准水平和可操作性，部分技术指标达到国际先进水平。在此期间，为了满足铁路货车轴承的需要，由西宁特殊钢集团有限责任公司、西北轴承股份有限公司、大冶冶钢集团有限责任公司等单位负责制定了强制性冶金行业标准 YB 4100—1998《铁路货车滚动轴承用渗碳轴承钢》，采用牌号为 G20CrNi2MoA，其碳含量要求较 G20CrNi2Mo 钢更为严格。

三、不锈轴承钢

不锈轴承钢主要用于制造在腐蚀环境下工作的轴承及某些部件，以及工作温度不超过 250℃工作条件下使用的耐蚀轴承，也可用于制造低摩擦、低扭矩仪器、仪表的微型精密轴承。不锈轴承钢的种类很多，但我国主要应用的是高碳马氏体不锈钢。中国最早使用的不锈轴承钢借鉴了不锈钢标准 YB 10—59《不锈耐酸钢技术条件》，使用的典型牌号为 9Cr18，相近于苏联的 95X18。随着航空、船舶及仪表工业不断发展，不锈轴承钢的需要量逐年增加，YB 10—59 标准已满足不了国内需要。1965 年冶金工业部技术司与中国汽车工业公司签订了（65）冶技字第 362 号、中汽技联字 1070 号文附件 3 的 9Cr18 技术条件和（65）冶技字第 246 号文附件 2 的 9Cr18Mo 技术条件。按此技术协议生产直到 1983 年 3 月 1 日，由大连钢厂负责制定的 GB 3086—82《高碳铬不锈轴承钢技术条件》正式实施。GB 3086—82 标准有两个牌号：9Cr18 和 9Cr18Mo（相当于 ASTM 440C）。9Cr18 和 9Cr18Mo 极大地满足了石油化工、造船、食品工业、原子反应堆等对耐蚀轴承钢的需要。

由东北特殊钢集团有限责任公司和冶金工业信息标准研究院等单位负责，2008 年对 GB 3086 标准完成了第一次修订，GB/T 3086—2008《高碳铬不锈轴承钢》标准特点：一是按 GB/T 221—2006《钢铁产品牌号表示方法》的要求修改了牌号表示，即 G95Cr18（9Cr18）和 G102Cr18Mo（9Cr18Mo）；二是增加了由钢铁研究总院与宝钢特钢公司等研制成功的低碳、低铬新牌号 G65Cr14Mo，与 G95Cr18 相比碳化物较少，硬度、耐腐蚀性与 G95Cr18 相当，而抗接触疲劳性能较优越，可用于高精度、低噪声要求的轴承；三是增加了热轧盘条、剥皮钢材和磨光钢材等品种。2019 年对 GB/T 3086 标准完成了第二次修订，GB/T 3086—2019 标准主要是增加了共晶碳化物尺寸、无损检测的评定及要求，对非金属夹杂物统一了军用和民用的要求，并增加了 DS 类非金属夹杂物的评级要求，进一步提高了标准水平。

四、高温轴承钢

高温轴承钢按钢类可分为三类：高速工具钢、高温不锈轴承钢和高温渗碳钢。由上钢五厂负责制定的 YB 688—76《高温轴承钢 Cr4Mo4V 技术条件》，是我国最早制定的高温轴承钢标准，该标准只有一个高速工具钢 Cr4Mo4V（相当于 M50），冶炼方法是电渣重熔，主要用于制造航空发动机主轴轴承。1980 年由抚顺钢厂负责制定了 YB 1205—80《高温不锈轴承钢 Cr14Mo4 技术条件》，Cr14Mo4 是 9Cr18Mo 的改进型，冶炼方法是电渣重熔或真空感应加电渣重熔（VIM+ESR），适用于制造耐较高温度的不锈轴承钢热（锻）轧、冷拉或磨光条钢及钢丝。2020 年我国在 YB 688—76 和 YB 1205—80 标准的基础上，首次制定了三个高温轴承钢国家标准，冶炼方法均为电渣重熔，其中 GB/T 38886—2020《高温轴承钢》纳入了钼系 Cr4Mo4V、钨系 W9Cr4V2Mo、W18Cr5V 及钨钼系 W6Mo5Cr4V2、W2Mo9Cr4VCo8 五个高速工具钢牌号，GB/T 38884—2020《高温不锈轴承钢》纳入了 G105Cr14Mo4（Cr14Mo4）、G115Cr14Mo4V（相当于 UNS S42700）两个高温不锈轴承钢牌号，GB/T 38936—2020《高温渗碳轴承钢》纳入了 G13Cr4Mo4Ni4V（相当于 UNS K91231）、G20W10Cr3NiV（2W10Cr3NiV）两个高温渗碳轴承钢牌号，其中 G20W10Cr3NiV（2W10Cr3NiV）为钢铁研究总院自主研发的牌号。

为了提高航空发动机用高温轴承钢的质量，在“八五”期间国防科工委组织冶金行业和轴承行业联合攻关，采用真空感应炉+真空电弧炉冶炼工艺生产航空发动机用高温轴承钢，其使用寿命达到 500 小时，并于 1996 年通过鉴定。基于此，2000 年冶金工业局制定了 YB 4105—2000《航空发动机用高温轴承钢》、YB 4106—2000《航空发动机用高温渗碳轴承钢》两项冶金行业军用标准。为满足航空发动机轴承不断增长的寿命要求和可靠性要求，“九五”和“十五”持续攻关，轴承钢的冶金质量和组织均匀性均有提高，因此，在上述两个冶金行业军用标准的基础上，制定了 GJB 9658—2019《航空发动机用高温渗碳轴承钢 G13Cr4Mo4Ni4V 规范》和 GJB 9659—2019《航空发动机用高温轴承钢 G80Cr4Mo4V 规范》两项国家军用标准。

五、中、高碳轴承钢

中、高碳轴承钢也称感应淬火轴承钢。为了满足汽车轮毂轴承单元和风电特大型轴承的需求和发展，2011 年由江阴兴澄特种钢铁有限公司、冶金工业信息标准研究院、洛阳轴研科技股份有限公司、湖北新冶钢有限公司等单位组成的标准编制组，首次制定了 GB/T 28417—2012《碳素轴承钢》和 GB/T 29913. 1—2013《风力发电设备用轴承钢　第 1 部分：偏航、变桨轴承用钢》，前者纳入的典型牌号有 G55（相当于 C56E2）、G55Mn（相当于 56Mn4）、G70Mn（相当于 1070M）；后者有 G50Mn2、G42CrMo（相当于 43CrMo4）、G55CrMnMo、G55SiMoV 四个牌号，该标准也适用于制作掘进、起重、大型机床等重型设备上的特大尺寸轴承。

第三节　齿轮钢标准

发达国家对齿轮钢标准的研究可追溯到第二次世界大战之后。20 世纪 40 年代起，美国、日本、西德、英国、苏联、法国、意大利、瑞典等国先后制定了按淬透性能交货的齿轮钢工业标准或国家标准。我国对齿轮钢标准的研究起步较晚，在 20 世纪 70 年代才开始积累数据，并尝试按淬透性能签订技术协议，以改变过去按力学性能订货导致的硬度不均、尺寸波动、淬火困难等问题。1985 年在汽车、机械行业与钢厂签订的技术协议基础上，由冶金部钢铁研究总院、大冶钢厂、本钢公司一钢厂、首钢特殊钢公司、冶金部情报标准研究总所、东北工学院等单位共同起草了以保证淬透性为主的结构钢标准，编号为 GB 5216—85 的《保证淬透性结构钢技术条件》。该标准适用于机械制造用直径或厚度不小于 30 毫米的保证淬透性的热轧及热锻结构钢条钢，共包含 45H、20CrH、40CrH、45CrH、40MnBH、45MnBH、20MnMoBH、20MnVBH、22MnVBH、20MnTiBH、20CrMnMoH、20CrMnTiH、20CrNi3H、12Cr2Ni4H、20CrNiMoH 十五个牌号，淬透性的订货方式可采用 A、B、C、D 四种方法订货，标准的总体水平达到了国际上 20 世纪 70 年代的水平，既体现了齿轮钢质量水平的先进性，又具备了在我国实施的可行性。

自 2001 年我国加入 WTO 后，特别是汽车行业的快速发展，促进了我国齿轮钢生产与应用的显著提升。但大量国外齿轮钢产品进口到国内，对国内市场形成较大的冲击，尤其是我国生产的齿轮钢牌号较少，且以 20CrMnTi 为主，淬透性带范围过宽，面临着与进口产品竞争的压力，迫切需要通过标准修订升级促进产业升级。2004 年由钢铁研究总院、江阴兴澄特种钢铁有限公司、冶金工业信息标准研究院、辽特集团抚顺特钢股份公司、西宁特殊钢有限责任公司、辽特集团大连金牛股份公司等单位负责完成了 GB/T 5216 的第一次修订。GB/T 5216—2004 标准增加了 15CrH、20Cr1H、15CrMoH、20CrMoH、22CrMoH、42CrMoH、16CrMnH、20CrMnH、15CrMnBH、17CrMnBH、20CrNi2MoH 十一个牌号，删除了很少使用的 20MnMoBH 和 22MnVBH 两个牌号，共有 24 个牌号；在保留原淬透性带（基带，或 H 带）的基础上，将淬透性带进一步划分为上 2/3 带（HH 带）和下 2/3 带（HL 带），末端淬透性可按实测也可按公式进行计算。

“十二五”到“十三五”期间，我国齿轮钢的生产和应用取得了重大进步，其产量从不到 40 万吨迅速增加到 2013 年的 300 万吨左右。随着我国制造业质量提升、高端化、智能化发展的需要，各类重大装备对齿轮钢产品提出了更高、更具个性化的需求，例如风电装备普遍装配大尺寸齿轮，且维修频率低，对齿轮钢有更高的淬透性和长寿命要求；时速 200 千米/小时以上的高速列车齿轮箱中的齿轮，其线速度高达 35 米/秒以上，工作环境极为苛刻；机床用齿轮要求更高的精度，对影响零件变形和加工精度的淬透性提出了非常严苛的要求。为高端装备配套的专用齿轮钢产品不断涌现，经全国钢标准化技术委员会特殊钢分委员会研究决定，以 GB/T 5216 标准为基础，针对风电、机床、高铁、汽车、军工等重点领域制定专用的齿轮钢标准。目前，我国齿轮钢标准体系呈现出 1+6 的特点，即以 GB/T 5216—2014《保证淬透性结构钢》为通用产品标准，以 GB/T 33160—2016《风力发电用齿轮钢》、GB/T 37786—2019《数控机床用齿轮钢》、YB/T 4741—2019《轨道交通用齿轮钢》、GJB 8516—2015《轮式装甲车辆用重载齿轮钢棒规范》、GJB 9451—2018《航空发动机齿轮用合金结构钢棒规范》、《汽车用渗碳齿轮钢》（即将发布）为专用产品标准形成的标准体系，共纳入 41 个牌号，新增牌号有 25CrH、28CrH、35CrMoH、17Cr2Ni2H、22CrNiMoH、27CrNiMoH、40CrNi2MoH、18Cr2Ni2MoH 等，为确保高性能齿轮的使用性能提供了保证。

第四节 工具钢标准

人类的生产与生活都离不开工具的使用。作为工具钢（刃具、模具和量具）主要原材料的碳素工具钢、合金工具钢和高速工具钢，其质量、数量、品种、规格和成本，对机械制造等行业的影响很大，在各种生产活动中具有非常重要的作用，其产品标准化对各类产品质量和生产效率的提高具有重要的意义。1952 年重工业部颁布了全国首批 23 项钢铁产品标准，其中就包括重 6—52《碳素工具钢分类及技术条件》、重 8—52《合金工具钢分类及技术条件》和重 22—52《高速工具钢分类及技术条件》三项工具钢标准。随着现代工业和高新技术的发展，对于工具钢的产品质量、品种规格的要求不断提高，特别是模具作为工业产品的主要成型工具，已成为一个新兴的行业。2012 年我国对工具钢标准体系进行了进一次改革，将“模具钢”从工具钢标准中分离出来单独成体系制定标准。经过近 70 年的发展，工具钢标准从低水平逐渐向高水平发展，至今已形成了较为完整的标准体系，现有标准 45 项（见表 2-3-4），其中碳素工具钢 9 项、合金工具钢 12 项、高速工具钢 11 项、模具钢 13 项，纳入标准牌号近百个，基本满足工具行业的供货需要，综合水平已达到国际先进水平。下面分碳素工具钢、合金工具钢、高速工具钢和模具钢四部分介绍其标准的发展历程及现状。

表 2-3-4 工模具钢标准数量

类　别	碳素工具钢	合金工具钢	高速工具钢	模具钢
国家标准	2	6	2	9
国家军用标准	2	0	0	0
行业标准	5	6	3	1
团体标准	0	0	6	3
合　计	9	12	11	13

一、碳素工具钢

重 6—52《碳素工具钢分类及技术条件》是由重工业部发布的我国第一个碳素工具钢标准，该标准是ГОСТ 1435—42 的翻版，包括 T7～T13 和 T8Mn 八个牌号，分优质钢和高级优质钢两个质量等级，适用于制造工具用热轧、锻制、冷拉碳素工具钢条钢。该标准于 1955 年作了第一次修订，重 6—55 按照ГОСТ 1435—54 标准，补充了退火状态珠光体组织的 10 级评级图及网状碳化物 5 级评级图，但合格级别由双方协议规定。1958 年由大连钢厂负责对该标准作了第二次修订，并由冶金工业部发布为 YB 5—59，增加了显微组织和网状碳化物合格级别的规定，标准可操作性有了较大的提高，对指导我国碳素工具钢的生产和质量控制起了重要的作用。以 YB 5—59 标准为基础，我国制定了碳素工具钢板（YB 538—65）、钢丝（YB 548—65），以及手表用碳素工具钢带（YB 318—64）、锯带用冷轧钢带（YB 530—65）及军工用钢（YB 483—64 和 YB 689—76）专用产品标准共 6 项。

1976 年对 YB 5—59 标准进行修订并上升为国家标准 GB 1298—77。GB 1298—77 主要对显微组织和脱碳层深度作了较大的修改。珠光体组织由 YB 5—59 标准中 10 级评级图简化为 6 级，网状碳化物由原 5 级评级图简化为 4 级，并重新制定了图片。脱碳层深度采用线性公式 0.25 毫米+1.5%d（d 为钢材直径或边长，毫米）代替原来按钢材尺寸组距规定，避免了原标准中某些相邻尺寸钢材脱碳层允许深度相关太大给工艺控制和生产管理带来的困难。GB 1298—77 标准脱碳层的规定较为合理，也符合生产实际情况，此规定一直延用至今。但有些工具厂和军工厂认为 YB 5—59 标准中 10 级评级图对热处理工艺的制定和调整更具有指导意义，所以 GB 1298—77 标准实施后的一段时间内，有些用户仍使用原 10 级评级图。

1985 年由重庆特殊钢厂、大连钢厂和冶金工业部情报标准研究总所负责对 GB 1298 作了第一次修订。随着时间的推移，人们逐渐认可 GB 1298—77 标准中 6 级珠光体组织评级图，所以 GB 1298—86 标准继续沿用了 GB 1298—77 标准中的评级图。这次修订的最大特点是采用 ASTM A686—79 标准，在标准中增加了低倍组织评级图片，但合格级别由供需双方协商；明确规定了成品钢材或钢坯化学成分允许偏差，热轧材弯曲度由每米不大于 6 毫米修改为 4 毫米，标准水平显著提高，达到国际一般水平。与此同时，碳素工具钢板和钢丝标准也作了相应修订并上升为国家标准，并新制定了 GB 8712—88《家用缝纫机针用钢丝》；两项行业军工标准也上升为国家军用标准（见表 2-3-5）。

表 2-3-5　碳素工具钢标准发展历程

序号	品种	标准编号	标准名称	标准演变
1	条材及盘条	GB/T 1299—2014①	《工模具钢》	重 6—52、重 6—55、YB 5—59、GB 1298—77、GB 1298—86、GB/T 1298—2008
2	条材	GJB 1665—1993	《弹芯用 T12A 冷拉钢规范》	YB 483—64
3	板带材	GB/T 3278—2001	《碳素工具钢热轧钢板》	YB 538—65、GB 3278—82
4		GJB 1495—1992	《弹链、弹夹用冷轧钢带规范》	YB 689—76
5		YB/T 5058—2005	《弹簧钢、工具钢冷轧钢带》	YB 5058—83、YB/T 5058—1993
6		YB/T 5062—2007	《锯条用冷轧钢带》	GB 3529—83、YB/T 5062—1993
7	丝材	YB/T 5322—2010	《碳素工具钢丝》	YB 548—65、GB 5952—86、YB/T 5322—2006（调整）
8		YB/T 5187—2004	《缝纫机针和植绒针用钢丝》	GB 8712—88、YB/T 5187—1993（调整）
9	盘条	YB/T 4854—2020	《切割钢丝用热轧盘条》	

①GB/T 1298—2008 与 GB/T 1299—2000 整合并修订为 GB/T 1299—2014。

2007年由重庆东华特殊钢有限公司、东北特殊钢集团公司（大连）和冶金工业信息标准研究院负责对GB 1298—86和GB/T 227—1991《工具钢淬透性试验方法》作了整合修订为GB/T 1298—2008，主要是增加了“盘条”，明确了酸浸低倍组织合格级别的规定，增加了对残余元素W、Mo、V含量的规定。2012年由东北特钢集团抚顺特殊钢股份有限公司、钢铁研究总院、冶金工业信息标准研究院等单位负责对GB/T 1298—2008《碳素工具钢》与GB/T 1299—2000《合金工具钢》进行整合修订为GB/T 1299—2014《工模具钢》。GB/T 1299—2014标准只保留了GB/T 1298—2008中高级优质碳素工具钢的技术要求，并取消了成品钢材或钢坯化学成分允许偏差，标准水平达到国际先进水平。

目前，我国有碳素工具钢标准9项，包括国家标准2项、国家军用标准2项，行业标准5项；有T7~T13和T8Mn八个牌号，具体的标准发展历程见表2-3-5。

二、合金工具钢

1952年原重工业部发布了我国第一个合金工具钢标准重8—52《合金工具钢分类及技术条件》。该标准是按照苏联ГОСТ 14958—39标准编制的，共包括29个牌号。1955年按照ГОСТ 5950—51对重8—52进行了修订，重8—55标准牌号增加到31个，以镍铬钢或铬钢为主。1959年由钢铁研究总院负责在重8—55标准基础上，根据我国资源情况制定了我国冶金工业部标准YB 7—59《合金工具钢技术条件》。YB 7—59标准保留了重8—55标准中牌号22个，新增牌号34个（苏联1个，民主德国22个，我国自主研制牌号90Mn2，其他国外牌号9个），使标准牌号增加到56个。YB 7—59标准中首次列入了北满钢厂提供的珠光体球化组织、残余网状碳化物和高碳高铬钢碳化物不均匀性三套评级图片（但没有规定具体的合格级别），对当时我国合金工具钢的生产和使用水平的提高起到了一定的促进作用。

1977年对YB 7—59标准中的牌号按“重复的加以合并，落后的加以淘汰、先进的加以推广，空白的加以补充”的原则进行了整顿，在此基础上制定了我国第一个合金工具钢国家标准GB 1299—77《合金工具钢技术条件》。GB 1299—77标准中牌号首次按用途分为量具刃具用钢、耐冲击用钢、冷作模具钢、热作模具钢和堆焊模块用钢五个系列，除保留了YB 7—59标准中21个牌号外，增加了Cr4W2MoV、6W6Mo5Cr4V、Cr2Mn2SiWMoV等12个我国自主研制新牌号，共33个牌号，其中量具刃具用钢9个、耐冲击工具用钢3个、冷作模具钢12个、热作模具钢8个和堆焊模块用钢1个。由于当时国内高性能热作模具钢研究工作开展的较少，不少牌号还不够成熟，冶金部专门制定了合金工具钢推荐钢号指导性技术文件（YB/Z 10—76），列入了5Cr4W5Mo2V、4Cr5MoSiV1、5CrSiMnMo、4Cr4Mo2WSiV四个高性能的热作模具钢，以促进高性能的热作模具钢的研发、生产与应用。除整顿牌号系列外，GB 1299—77标准重新制定了珠光体球化组织、残余网状碳化物和高碳高铬钢碳化物不均匀性三套评级图片，同时增加了评级原则，规定了合格级别，在推动我国合金工具钢生产和质量提升中发挥了重大作用。1985年由首钢特殊钢公司负责对GB 1299标准作了第一次修订，对这三套评级图片作了适当的修改，使之更加符合生产和实际使用要求。GB 1299—85标准在牌号系列上增加了无磁模具钢和塑料模具钢，也是33

个牌号，除保留了 GB 1299—77 标准中 22 个牌号外，增加了 11 个新牌号，包括 Cr5Mo1V（相当于 A2）、Cr12Mo1V1（相当于 D2）、4Cr3Mo3SiV（相当于 H10）、4Cr5MoSiV1（相当于 H13）和 3Cr2Mo（相当于 P20）等世界先进牌号，以及国内自主研制的使用效果较好、生产量大、质量稳定的新牌号，如 3Cr3Mo3W2V、4CrMnSiMoV、5Cr4Mo3SiMnVA1、5Cr4W5Mo2V、7Mn15Cr2Al3V2Mo 等；同时还引入了 ASTM A681—79 酸浸低倍组织评级图片作为协议项目，标准水平达国际一般水平。2000 年由首钢特殊钢公司、冶金工业信息标准研究院负责对 GB 1299 标准作了第二次修订，GB/T 1299—2000 标准对酸浸低倍组织合格级别作了规定，增加了耐冲击工具用钢 6CrMnSi2Mo1V（相当于 S5）、5Cr3MnSiMo1V（相当于 S7）以及塑料模具钢 3Cr2MnNiMo（相当于 718）等国外先进牌号和我国自主研制的冷作模具钢 7CrSiMnMoV。

为了推动钢铁工业品种结构调整，有效促进模具钢产业在我国的健康快速发展，自 2012 年起全国钢标准化技术委员会特殊钢分委员会（SAC/TC183/SC16）对工具钢标准体系进行了一次全面的调整与规划。首先是将 GB/T 1298—2008《碳素工具钢》和 GB/T 1299—2000《合金工具钢》整合修订为 GB/T 1299—2014《工模具钢》，作为工模钢的通用产品标准。GB/T 1299—2014 除纳入了 GB/T 1298—2008 标准中 8 个刃具模具用碳素工具钢牌号外，还增加了 47 个新牌号，包括 6CrW2SiV 耐冲击工具用钢，9Cr2V、9Cr2Mo、9Cr2MoV、8Cr3NiMoV、9Cr5NiMoV 五个轧辊用钢，MnCrWV、7CrMn2Mo、5Cr8MoVSi、Cr8Mo2VSi、W6Mo5Cr4V2、Cr8、Cr12W、7Cr7Mo2V2Si 八个冷作模具用钢，4CrNi4Mo、4Cr2NiMoV、5CrNi2MoV、5Cr2NiMoVSi、4Cr5MoWVSi、5Cr5WMoSi、4Cr5Mo2V、3Cr3Mo3V、4Cr5Mo3V、3Cr3Mo3VCo3 十个热作模具用钢，SM45、SM50、SM55、4Cr2Mn1MoS、8Cr2MnWMoVS、5CrNiMnMoVSCa、2CrNiMoMnV、06Ni6CrMoVTiAl、2CrNi3MoAl、1Ni3MnCuMoAl、00Ni18Co8Mo5TiAl、2Cr13、4Cr13、4Cr13NiVSi、2Cr17Ni2、3Cr17Mo、3Cr17NiMoV、9Cr18、9Cr18MoV 十九个塑料模具钢，2Cr25Ni20Si2、0Cr17Ni4Cu4Nb、Ni25Cr15Ti2MoMn、Ni53Cr19Mo3TiNb 四个特殊用途模具钢，共有 92 个牌号，进一步完善了我国工模具钢牌号体系。与国外同类标准（ISO、ASTM、JIS 等）相比，该标准取消了成品钢材化学成分允许偏差规定，增加了非金属夹杂物、超声检测等检验项目，标准水平达到国际先进水平。该标准的实施极大地促进了我国工模具用钢的生产及应用，提高了我国工模具钢整体质量水平。

近年来，全国钢标准化技术委员会按照工模具钢标准体系发展规划，一是将“模具钢”从工具钢标准中分离出来单独制定标准，更好地满足了先进制造业的发展需要；二是在 GB/T 1299 标准下，制定了一些专用的工具钢标准，如锯片基体用钢板、铲刀刃用钢板、农机刃具用热轧钢板和钢带等（见表 2-3-6），更好地服务了市场需求。

表 2-3-6　合金工具钢标准发展历程

序号	品种	标准编号	标准名称	标准演变
1	条材及盘条	GB/T 1299—2014①	《工模具钢》	重 8—52、重 8—55、YB 7—59、GB 1299—77、GB 1299—85、GB/T 1299—2000

续表 2-3-6

序号	品种	标准编号	标准名称	标准演变
2	条材	GB/T 1301—2008	《凿岩钎杆用中空钢》	YB 159—63、GB 1301—77、GB/T 1301—1994
3		YB/T 155—1999	《电渣熔铸合金工具钢模块》	
4	板带材	GB/T 33811—2017	《合金工模具钢板》	
5		GB/T 24181—2009	《金刚石焊接锯片基体用钢》	
6		YB/T 4688—2018	《金属冷切圆锯片基体用钢》	
7		YB/T 4689—2018	《金属热切圆锯片基体用钢》	
8		YB/T 4519—2016	《铲刀刃用钢板》	
9		YB/T 4685—2018	《农机刃具用热轧钢板和钢带》	
10	丝材	YB/T 095—2015	《合金工具钢丝》	YB/T 095—1997
11	制品	GB/T 6481—2016	《凿岩用锥体连接中空六角形钎杆》	YB 2003—78、GB 6481—86、GB/T 6481—1994、GB/T 6481—2002
12		GB/T 26280—2010	《凿岩用硬质合金整体钎》	

①GB/T 1298—2008 与 GB/T 1299—2000 整合并修订为 GB/T 1299—2014。

我国现有合金工具钢标准 12 项，包括国家标准 6 项、行业标准 6 项，具体的标准发展历程见表 2-3-6；现有合金工具钢标准牌号 84 个，其牌号沿革见表 2-3-7。

表 2-3-7 合金工具钢标准牌号沿革

类　别	YB 7—59	GB 1298—77	GB 1298—85	GB/T 1299—2008	GB/T 1299—2014
量具刃具用钢	26	9	6	6	6
耐冲击工具用钢	5	3	3	5	6
冷作模具钢	13	12	10	11	19
热作模具钢	11	8	12	12	21
塑料模具钢	0	0	1	2	21
轧辊用钢	0	0	0	0	6
特殊用途模具钢	1	1	1	1	5
合　计	56	33	33	37	84

三、高速工具钢

1952 年重工业部发布了我国第一个高速工具钢标准重 8—52《高速工具钢技术条件》。该标准是参照苏联标准 ГОСТ 5952—51 制定的，仅规定了ㄙ 18 和ㄙ 9（即 W18Cr4V 和 W9Cr4V2）两个牌号。因标准的技术水平较低，执行后发现难以满足用户的要求。1957 年 12 月，冶金部钢铁工业局与一机部第二机器工业局达成《工具钢材特殊技术条件》协议（以下简称《五七工特》），其中涉及碳素工具钢、合金工具钢及高速工具钢牌号共 6 个。在重 22—52 的基础上，《五七工特》对 2 个牌号ㄙ 18 和ㄙ 9 规定了严格的质量要求：不允许有萘状断口，碳化物不均匀度合格级别加严 1 级，低倍组织缺陷不允许超过 1 级。

《五七工特》的质量要求高，但因当时钢厂的生产水平较低、交货难度大，导致成品的合格率较低。即便如此，《五七工特》的出现对我国高速工具钢的技术进步仍起到了推动作用，部分技术要求甚至一直保留至当今的技术标准中。

1959 年由钢铁研究总院牵头，根据我国高速工具钢的生产与使用情况，制定了首个部颁标准 YB 12—59《高速工具钢技术条件》，主要从以下两个方面来对标准内容进行完善：一是增加了高钒的 W12Cr4V4Mo 和低钒的 W9Cr4V 两个牌号纳标；二是解决了碳化物不均匀度级别评级问题，即根据刀具品种分别规定碳化物级别，碳化物评级图片采用 ГОСТ 5952—51 标准图片。

YB 12—59 标准虽然部分解决了当时钢厂和工具厂关于碳化物不均匀度评级的问题，但在起草过程中，对低倍组织和非金属夹杂物的评级标准，尚缺乏考虑，也忽略了红硬性的指标要求。标准也反映了我国当时在关键金属资源保障和冶金生产装备方面落后的现实情况。1963 年大冶钢厂根据用户的要求将高速工具钢交货的尺寸偏差确定为正偏差，制定了 YB 193—63《高速工具钢热轧及锻制圆钢和方钢品种》标准，对高速工具钢的尺寸、外形及允许偏差进行了单独规定，形成对 YB 12—59 标准的补充。YB 12—59 和 YB 193—63 这两个标准的实施，成为未来近 20 年内我国高速工具钢主要的交货依据。

直到 20 世纪 70 年代，我国高速工具钢的产量有大幅增长，已超过英国、日本，与美国、西德相当，但进口量也大，供不应求。同期高速工具钢的生产技术也有了提升，生产上普遍采用锻压比更大、冷却条件更好的扁锭，以改善碳化物不均匀性。虽然生产上取得了不小的进步，但与国外先进水平相比，差距仍然较大。一是牌号单一，仅 W18Cr4V 就占总量的 95%以上，W-Mo 系牌号、高性能牌号产量极少；二是品种单一，基本以棒材为主，丝材、板材、扁钢极少；三是在碳化物不均匀度、低倍碳化物剥落、尺寸偏差和表面质量等方面，钢厂与用户分歧较大。为满足工业发展的需要，1975 年由大连钢厂牵头，制定了新的高速工具钢标准 YB 12—77《高速工具钢技术条件》，同时代替原 YB 12—59 和 YB 193—63。YB 12—77 主要在以下三个方面作了突破：

一是删除了产量少、性能差的 W9Cr4V2 和 W9Cr4V 两个牌号，引入了国外先进的 W-Mo 系钢，如 W6Mo5Cr4V2 牌号（相当于 M2 钢），改变了我国高速工具钢一直以 W 系钢为主导的框架；根据我国的资源特点和经济建设与国防建设的需要，纳入了许多新研制的牌号，包括后来蜚声国际市场的 W6Mo5Cr4V2Al（相当于 M2Al）钢及高钒、含钴等超硬型牌号，规定的牌号共计 9 个，反映了我国高速工具钢系列开始向工业发达国家标准体系靠近。

二是修改了碳化物不均匀性评级办法，将原标准碳化物不均匀度一套 10 级图片，分成了网状、带状两套 10 级图片，分别进行评定，选取使用最多的 W18Cr4V 作为制定图片的基础。

三是新增了检验酸浸低倍碳化物剥落的要求，并给出了评级图片，允许级别按照钢厂的生产水平和用户的需求分为两组供选择。

YB 12—77 标准在原标准的基础上有了很大提升，但钢厂和用户分歧仍然较大，主要存在的问题有：用户希望按 W 系和 W-Mo 系两类分别对碳化物均匀性评级，对大块和角状碳化物也应另行分级；规定的钢材尺寸按正负相等偏差以及表面质量分“压力加工用”和“切削加工用”两个档，用户不愿接受。由于钢铁、工具两行业对标准的分歧一直未统一，所以 YB 12—77 标准虽经颁布实施，但未发挥实际作用。许多钢厂和用户之间仍按原协议供货。

1980 年年底，为解决 YB 12—77 标准适用性不强的问题，冶金企业与用户参考美国 ASTM A600 高速工具钢标准共同制定了冶金部推荐标准 YB(T)2—80《高速工具钢部推荐标准》。该标准有牌号 16 个，其中保留了 YB 12—77 标准中牌号 6 个，新增国际上通用的先进牌号 10 个，形成了通用型、高性能（加钴、高钒）型和超硬型三类牌号系列，标准水平高于《五七工特》的水平。YB(T)2—80 标准基本上统一了供需双方对 YB 12—77 标准的分歧，在技术水平上也是先进的。但钢厂因设备条件限制未能全面实施。冶金部和机电部遂于 1984 年制定两部协议，即《高速工具钢临时供货协议》（YJG84），对 YB(T)2—80 标准的部分内容作了放宽，但最终在生产供货上落实的也不多。

这一时期，高速工具钢丝成为生产的热门产品。从 20 世纪 70 年代末到 80 年代初，我国工具制造业生产的麻花钻头等小型刀具出口逐年增加，对 W6Mo5Cr4V2 钢丝的需求量剧增，每年大量进口。为转变这种被动局面，大连钢厂率先对 W6Mo5Cr4V2 钢丝的生产技术和产品质量进行攻关，取得了突破，顶替了进口。在此基础上，我国制定了第一个高速工具钢产品的国家标准 GB 3080—82《高速工具钢丝》。既总结了我国的生产和使用的经验，又参考了日本日立公司的企业标准，标准水平处于国际先进水平。

YB(T)2—80 和 GB 3080—82 标准共同构成了新的高速工具钢标准体系。但仍未解决 YB 12—77 标准遗留的大块和角状碳化物的评级问题，只在标准中作为一项特殊要求由钢厂和用户协商。为了给钢厂和用户提供碳化物评级的依据，由大连钢厂、上海第五钢铁厂和冶金部标准化研究所负责，在进行大量试验研究工作的基础上，制定了 GB 4462—84《高速工具钢大块碳化物评级图》国家标准，确定了大块碳化物评级图的系列、划分原则、界限尺寸等。GB 4462—84 标准的制定，是高速工具钢产品标准的重要补充，为高速工具钢质量水平的提高起到了积极作用。

1986 年，冶金企业全面开展采用国际标准和国际先进标准的工作，促进了我国高速工具钢各品种国家标准的制定工作。1988 年，GB 9941—88《高速工具钢钢板技术条件》、GB 9942—88《高速钢大截面锻制钢材技术条件》、GB 9943—88《高速工具钢棒技术条件》三项国家标准同时发布。GB 9941—88 和 GB 9942—88 由重庆特殊钢厂、大连钢厂、机械工业部成都工具研究所和冶金工业部情报标准研究总所负责，主要是依据“六五”科技攻关相应专题成果制定的，规定的牌号有 W18Cr4V、W6Mo5Cr4V2、W9Mo3Cr4V、W6Mo5Cr4V2Al 四个，成分参照 GB 9943—88。直径 120~250 毫米大截面锻材标准单列是考虑到生产工艺的特殊和钢中共晶碳化物的特性。标准中列有三个生产量较多的牌号 W18Cr4V、W6Mo5Cr4V2 及 W9Mo3Cr4V。碳化物不均匀度评级采用 DIN 17350、SEP 1615 图片，在退火状态（不经淬火+回火处理）检验。GB 9943—88 由大连钢厂和冶金工业部情报标准研究总所负责，整合了原 YB 12—77、YB(T)2—80、YJG 84 等冶标或协议，形成高速工具钢统一的棒材标准。新标准适用于 120 毫米以下的高速钢棒材，主要以

YB(T)2—80 为基础，凡能采用国际先进标准 ASTM A600 的尽量采用，如牌号系列、尺寸偏差、弯曲度、交货长度及表面质量等。在牌号中也收入了我国自行研制并已大量生产的 W9Mo3Cr4V 和 W6Mo5Cr4V2Al 等牌号。共晶碳化物不均匀度、低倍组织及脱碳层等项目则考虑到我国长期以来生产供货的习惯，按原冶标执行。

为满足机器锯条的专用要求，由河北省冶金研究所和冶金工业信息标准研究院负责制定了 YB/T 084—1996《机器锯条用高速工具钢热轧钢带》行业标准，规定了宽度 28~54 毫米、厚度 1.25~2.50 毫米的高速工具钢热轧钢带，牌号与 GB 9941—1988 相同，成分参照 GB 9943—1988。

进入 21 世纪后，特别是加入 WTO 后，我国成为高速工具钢生产大国，我国的高速工具钢在生产装备、技术水平、产量等方面都获得了迅速发展，实物质量水平与先进国家的差距在缩小，牌号也在不断与国际接轨。另外，国内高速工具钢的需求也日趋多样化，一般机床刀具要求降低成本、稳定质量、提高性能；数控刀具要求高度稳定性、军工产品要求更高的硬度和寿命、DIY 刀具要求价格低廉等的个性化质量要求日益明显。原标准 GB 9943—88《高速工具钢棒技术条件》中的牌号系列是以标准 ASTM A600 为基础选定的，ASTM A600 自 1992 年修订后一直未有较大变动；而 ISO 4957：1999 标准较为先进，其牌号齐全、化学成分范围窄、热处理性能稳定性好，能够代表当前国际高速工具钢方向。

鉴于以上情况，2008 年由东北特殊钢集团有限责任公司、河冶科技股份有限公司、重庆东华特殊钢有限公司、冶金工业信息标准研究院等单位负责对 GB 9943—88、GB 9942—88、GB 4462—84 三项标准整合修订为 GB/T 9943—2008《高速工具钢》。本次修订的主要特点有：一是删除使用较少的 W18Cr4VCo5 和 W18Cr4VCo8，纳入了 ISO 4957：1999 标准中 W3Mo3Cr4V2（相当于 HS3-3-2）、W4Mo3Cr4VSi、W2Mo8Cr4V（相当于 HS1-8-1）、W6Mo6Cr4V2（相当于 HS6-6-2）、W6Mo5Cr4V4（相当于 HS6-5-4）、W6Mo5Cr4V3Co8（相当于 HS6-5-3-8）、W10Mo4Cr4V3Co10（相当于 HS10-4-3-10）等规定的牌号和我国自主研发的牌号 W4Mo3Cr4VSi；二是按化学成分可分为 W 系和 W-Mo 系两类，按性能可分为低合金高速钢（HSS-L）、普通高速钢（HSS）、高性能高速钢（HSS-E）三类。由于碳化物不均匀度、脱碳层等指标均按 W 系和 W-Mo 系分别进行评级，按成分分类可使标准更直观，便于对有关条款的理解，按照这个分类方法，19 个牌号中有 2 个是 W 系，其余全部为 W-Mo 系；按性能分类是根据全国刀标委修订的 GB/T 11171—2008《切削刀具-高速钢分组代号》，对 W 当量、Co、V 等元素的界限值进行规定，以规范市场、打击假冒伪劣的低合金高速工具钢生产厂。

这一时期，GB 9941 也与 GB 9943 同步进行了修订，新标准 GB/T 9941—2009《高速工具钢钢板》增加了新牌号 W6Mo5Cr4V2Co5。

GB 3080 高速工具钢丝标准由大连钢铁集团公司和冶金工业信息标准研究院负责，于 2001 年完成了第一次修订。但 GB/T 3080—2001 标准在 2006 年根据国家标准清理整顿中调整为 YB/T 5302—2006，其名称和内容没有变化。2010 年，新修订的标准 YB/T 5302—2010 发布。

窄带产品标准 YB/T 084 也在 2016 年由河冶科技股份有限公司和冶金工业信息标准研究院负责完成了修订，名称改为《高速工具钢热轧窄钢带》，删除了 W18Cr4V，新增了 W4Mo3Cr4VSi、W6Mo3Cr4V2、W3Mo2Cr4V2Si 三个牌号。

自 2018 年新《标准化法》实施以后，团体标准得到法律地位并快速发展。目前已有 3 个社会团体发布了 6 项高速工具钢标准，填补了粉末冶金高速工具钢和喷射成型高速工具钢标准的空白。

我国现有高速工具钢标准 5 项（见表 2-3-8），其中国家标准 2 项，行业标准 3 项；标准牌号 19 个，按成分划分有 2 个 W 系牌号 W18Cr4V、W12Cr4V5Co5，其余为 W-Mo 系牌号（代表牌号 W6Mo5Cr4V2），按性能划分有低合金高速钢（HSS-L）2 个、普通高速钢（HSS ）7 个、高性能高速钢（HSS-E）10 个。

表 2-3-8 高速工具钢标准发展历程

序号	品种	标准编号	标准名称	标准演变
1	条材及盘条	GB/T 9943—2008	《高速工具钢》	重 22—52、《五七工特》、YB 12—59、YB(T)2—80、(YJG 84)、GB 9943—88、GB 9942—88、GB 4462—84
2	条材	YB/T 5257—1993	《F370X（FT15）粉末冶金高速工具钢技术条件》	
3	板带材	GB/T 9941—2009	《高速工具钢钢板》	GB 9941—88
4		YB/T 084—2016	《高速工具钢热轧窄钢带》	YB/T 084—1996
5	丝材	YB/T 5302—2010	《高速工具钢丝》	GB 3080—82、GB/T 3080—2001、YB/T 5302—2006（调整）

四、模具钢

自 20 世纪 90 年代末，随着家电、电子、仪器仪表、汽车等相关行业领域高速发展，塑料模具钢市场需求量越来越大，质量要求也越来越高。针对塑料模具钢使用特点，1997 年由本溪钢铁公司特殊钢公司、北满特殊钢股份有限公司和冶金部钢铁研究总院等单位负责制定了 YB/T 094—1997《塑料模具钢用扁钢》（现已废止）、YB/T 129—1997《塑料模具钢模块技术条件》（现已废止）和 YB/T 107—1997《塑料模具钢用热轧厚钢板》（现已废止）三项模具钢行业标准，适时引进了代表国际先进水平的 3Cr2Mo（相当于 P20）、3Cr2NiMnMo（相当于 718）钢，并根据塑料模具不同加工条件和使用环境选择了不同质量档次的 10 个牌号，第一次完成了我国塑料模具钢牌号系列化、标准化的工作。但国外对 3Cr2Mo（P20）、3Cr2NiMnMo（718）钢通常以预硬化状态交货，而国内当时钢厂以预硬化状态交货还有困难，所以标准规定通常以退火状态交货。随着汽车、家电、电子、仪器仪表等行业对高端模具钢的需求不断提高，2009 年我国在 GB/T 1299—2000 和 YB/T 094—1997 基础上，参照 ASTMA 681—94（2004）《合金工具钢》和北美模具压铸协会 NADCA 207—90 标准由宝山钢铁股份有限公司、冶金工业信息标准研究院、东北特殊钢股份有限公司、攀钢集团四川长城特殊钢有限责任公司等单位负责制定了 GB/T 24594—2009《优质合金模具钢》(现已废止)。GB/T 24594—2009 标准在牌号设置上选用了 GB/T 1299 和 YB/T 094 标准中一些常用的、订货量较大的模具钢牌号，并增加了 4Cr5MoSiV1A (北美模具压铸协会的 H13) 和制造高镜面的塑料模具钢 1Ni3Mn2CuAl 牌号；在冶炼方法上，明确规定钢应采用真空脱气处理或电渣重熔冶炼方法，以满足模具材料的高纯净度、高寿命的需求；扩大了标准适用规格的上限，以适应模具日趋大型化的使用需求；并明确规定塑料模具钢和无磁模具钢可以根据需方要求按预硬化状态交货；在内在质量上，除 GB/T 1299—2000 规定的化学成分、硬度、低倍断口及脱碳外，还等效采用北美模具压铸协会 NADCA#207—90 增加了钢材的纯净度、晶粒度、退火显微组织、带状碳化物偏析，冲击韧性及超声波等项目的检测要求，标准水平明显提高，并与 GB/T 1299—2000 标准形成既相关联而又有不同质量层次的等级，以满足不同用户的需求。但由于受国内企业设备状况及生产能力限制，且各冶金厂家所生产的模具钢品种、规格及质量相差很大，同时也考虑不同用户对产品质量的不同要求，所以 GB/T 24594—2009 标准对厚度 6~130 毫米×305~610 毫米的热轧扁钢的尺寸允许偏差值及非金属夹杂物的合格级别均分 3 个组别，其中 1 组达到国际先进水平。

近年来，为适应我国模具业向高纯净度、高等向性、高韧性、高均匀性方向发展，生产高档模具钢产品，我国生产模具钢的骨干企业均做了大量的技术装备改造工作，引进了具有国际先进水平的模具钢生产设备和技术，极大地拉动了国内模具钢的生产和研制，促进了模具钢标准化进程。自 2012 年起我国对工模具钢标准体系进行了进一步改革，将“模具钢”从工具钢标准中分离出来单独制定标准，按照塑料模具钢、热作模具钢和冷作模具钢制定标准。目前共有标准 10 项（见表 2-3-9)，包括基础标准 2 项、塑料模具钢标准 5 项、热作模具钢 1 项和冷作模具钢 2 项，牌号 48 个，初步建立了我国模具钢标准体系，综合标准水平已达到国际先进水平。

表 2-3-9　模具钢标准的发展历程

序号	类型	标准编号	标准名称	曾用标准编号
1	基础	GB/T 1299—2014①	《工模具钢》	重 8—52、重 8—55、YB 7—59、GB 1299—77、GB 1299—85、GB/T 1299—2000
2		GB/T 33811—2017	《合金工模具钢板》	
3	塑料模具钢	GB/T 35840. 1—2018	《塑料模具钢　第 1 部分：非合金钢》	
4		GB/T 35840. 2—2018	《塑料模具钢　第 2 部分：预硬化钢棒》	
5		GB/T 35840. 3—2018	《塑料模具钢　第 3 部分：耐腐蚀钢》	
6		GB/T 35840. 4—2020	《塑料模具钢　第 4 部分：预硬化钢板》	
7		YB/T 107—2013	《塑料模具用热轧钢板》	YB/T 107—1997
8	热作模具钢	GB/T 34565. 1—2017	《热作模具钢　第 1 部分：压铸模具用钢》	GB/T 24594—2009

续表 2-3-9

序号	类型	标准编号	标准名称	曾用标准编号
9	冷作模具钢	GB/T 34564.1—2017	《冷作模具钢　第1部分：高韧性高耐磨性钢》	
10		GB/T 34564.2—2017	《冷作模具钢　第2部分：火焰淬火钢》	

①GB/T 1298—2008 与 GB/T 1299—2000 整合并修订为 GB/T 1299—2014。

第五节　弹簧钢标准

从 1952 年我国第一项弹簧钢基础标准的制定，到今天已有近 70 年的历程。期间随着行业的不断发展和进步，标准数量从少到多，牌号系列由单一到多元，技术要求也逐渐由低到高，我国弹簧钢标准已形成以 GB/T 1222 为基础的较为完整的标准体系，现有标准 32 项，其中国家标准 9 项、国家军用标准 8 项、行业标准 11 项、团体标准 4 项；牌号系列和品种种类范围覆盖了机械、汽车、轨道交通、兵器、航空、工程机械等诸多应用领域。弹簧钢标准的发展历程如表 2-3-10 所示。本节以 GB/T 1222 的演变历程为主线来介绍我国弹簧钢标准体系的发展。

重 9—52 是 1952 年重工业部批准发布的首批 23 项钢铁标准之一，是等同苏联标准 ГОСТ 2052—43 编制的。标准中共有 17 个牌号，包括碳素钢 4 个（65、70、75、85），Mn 系 1 个（65Mn），Si-Mn 系 5 个（55MnSi、55Si2Mn、60Si2Mn、60Si2MnA、70Si3MnA），Si-Cr 系 1 个（60Si2CrA），Si-Cr-V 系 1 个（60Si2CrVA），Si-Mn-W 系 1 个（65Si2MnWA），Cr-V 系 1 个（50CrVA），Cr-Mn 系 2 个（50CrMn、50CrMnA），Si-Ni 系 1 个（60Si2Ni2A）。标准规定的 Si-Mn 系牌号最多，生产方式只限于平炉或电弧炉冶炼，对脱碳层没有具体要求、根据用户需要而定，体现了整体较低的标准技术水平。但在当时条件下对我国弹簧钢的生产及使用仍起到了很大的指导作用。

随着我国汽车、机车车辆等制造工业的发展，对弹簧钢的质量要求更高，1959 年冶金工业部批准了部颁标准 YB 8—59《热轧扁形及螺旋弹簧钢技术条件》。该标准是在重 9—52 基础上参考苏联 ГОСТ 2052—53，结合国内情况及实际使用要求而制定的，碳含量的规定范围由原 0.10%缩小为 0.08%，脱碳层作为必检项目，牌号由 17 个增至 25 个，即将原 60Si2Ni2A 牌号去掉，增加 7 个苏联牌号（60Mn、55SiMn、60SiMn、60SiMnA、50Si2Mn、63Si2MnA、50CrMnVA）和 2 个民主德国牌号（65SiCrA 和 30W4Cr2VA），其中 30W4Cr2VA 为耐热弹簧用钢。标准水平有了明显提升，初步形成系列，技术指标也较完善。

1964 年为了满足汽车、拖拉机制造的发展的需要，冶金部颁布了 YB 213—64《热轧优质扁形弹簧钢》，包括 65Mn、55SiMn、60SiMn、60SiMnA、50Si2Mn、60Si2Mn、60Si2MnA、63Si2MnA、50CrMn、50CrMnA、50CrMnVA 11 个牌号，在宽度公差、厚度公差、非金属夹杂物、晶粒度、表面质量、脱碳层和化学成分等方面均严于 YB 8—59。除 YB 213—64 外，这一时期还制定了 YB 484—64 等 11 项专用弹簧钢产品标准（见表 2-3-10），

表 2-3-10　我国弹簧钢标准的演变历程

<table>
<tr><th>品种</th><th>20 世纪 50 年代</th><th>20 世纪 60 年代</th><th>20 世纪 70 年代</th><th>20 世纪 80 年代</th><th>20 世纪 90 年代</th><th>21 世纪 00 年代</th><th>21 世纪 10 年代</th></tr>
<tr><td rowspan="7">棒材</td><td rowspan="2">重 9—52《热轧扁钢及螺旋弹簧钢技术条件》</td><td>YB 8—59《热轧扁钢及螺旋弹簧钢技术条件》</td><td rowspan="2">GB 1222—75《热轧弹簧钢技术条件》
YB 847—75《热轧弹簧扁钢品种》</td><td rowspan="2" colspan="2">GB 1222—84《弹簧钢》</td><td rowspan="2">GB/T 1222—2007《弹簧钢》</td><td rowspan="2">GB/T 1222—2016《弹簧钢》</td></tr>
<tr><td>YB 213—64《热轧优质扁形弹簧钢》</td></tr>
<tr><td>—</td><td>—</td><td>—</td><td>—</td><td>—</td><td>—</td><td>GB/T 33164.1—2016《汽车悬架系统用弹簧钢　第 1 部分：热轧扁钢》</td></tr>
<tr><td>—</td><td>—</td><td>—</td><td>—</td><td>—</td><td>—</td><td>GB/T 33164.2—2016《汽车悬架系统用弹簧钢　第 2 部分：热轧圆钢和盘条》</td></tr>
<tr><td>—</td><td>—</td><td>—</td><td>—</td><td>—</td><td>—</td><td>YB/T 4740—2019《工程机械涨紧机构用弹簧钢》</td></tr>
<tr><td>—</td><td colspan="3">YB 484—64《武器用梯形弹簧钢技术条件》</td><td>GJB 1956—1994《武器用梯形冷拉弹簧钢规范》</td><td>—</td><td>GJB 1956A—2020《武器用梯形冷拉弹簧钢规范》</td></tr>
<tr><td>—</td><td>—</td><td colspan="2">YB 682—77《武器用冷拉合金弹簧圆钢》</td><td>GJB 1957—1994（G1—1997）《武器用冷拉合金弹簧圆钢规范》（修改单 1）</td><td>—</td><td>GJB 1957A—2020《武器用冷拉合金弹簧圆钢规范》</td></tr>
<tr><td>板材</td><td>—</td><td colspan="2">YB 543—65《弹簧钢薄钢板技术条件》</td><td>GB 3279—82《弹簧钢热轧薄钢板》</td><td>GB 3279—89《弹簧钢热轧薄钢板》</td><td colspan="2">GB/T 3279—2009《弹簧钢热轧钢板》</td></tr>
</table>

续表 2-3-10

品种	20 世纪 50 年代	20 世纪 60 年代	20 世纪 70 年代	20 世纪 80 年代	20 世纪 90 年代	21 世纪 00 年代	21 世纪 10 年代
盘条	—	—	—	—	—	—	GB/T 33954—2017《淬火-回火弹簧钢丝用热轧盘条》
	—	—	—	—	—	—	GB/T 33975—2017《高速铁路扣件用弹簧钢热轧盘条》
	—	—	—	—	—	—	YB/T 4853—2020《气门弹簧用热轧盘条》
	—	—	—	GB 4355—84《琴钢丝用盘条》	YB/T 5100—1993《琴钢丝用盘条》		
带材	—	—	—	—	—	—	YB/T 4372《弹簧钢热轧钢带》
	—	YB 531—65《热处理弹簧钢带》	—	GB 3530—83《热处理弹簧钢带》	YB/T 5063—1993（调整）《热处理弹簧钢带》	YB/T 5063—2007《热处理弹簧钢带》	
	—	YB 208—63《弹簧钢、工具钢冷轧钢带》	—	GB 3525—83《弹簧钢、工具钢冷轧钢带》	YB/T 5058—1993（调整）《弹簧钢、工具钢冷轧钢带》	YB/T 5058—2005《弹簧钢、工具钢冷轧钢带》	
	—	—	—	—	GJB 3321—1998《航空用不锈钢冷轧弹簧带规范》		
	—	—	—	—	—	YB/T 5310—2006《弹簧用不锈钢冷轧钢带》	YB/T 5310—2010《弹簧用不锈钢冷轧钢带》
丝材	—	YB 217—64《弹簧垫圈用梯形钢丝》		GB 5222—85《弹簧垫圈用梯形钢丝》		YB/T 5319—2006（调整）《弹簧垫圈用梯形钢丝》	YB/T 5319—2010《弹簧垫圈用梯形钢丝》

续表 2-3-10

<table>
<tr><th>品种</th><th>20 世纪 50 年代</th><th>20 世纪 60 年代</th><th>20 世纪 70 年代</th><th colspan="2">20 世纪 80 年代</th><th colspan="2">20 世纪 90 年代</th><th>21 世纪 00 年代</th><th>21 世纪 10 年代</th></tr>
<tr><td rowspan="8">丝材</td><td rowspan="2">—</td><td colspan="2">YB 218—64《铬钒弹簧钢丝技术条件》</td><td colspan="2" rowspan="2">GB 5220—85《阀门用铬钒弹簧钢丝》</td><td colspan="4" rowspan="2">YB/T 5136—1993（调整）《阀门用铬钒弹簧钢丝》</td></tr>
<tr><td colspan="2">YB 285—64《铬钒弹簧钢丝》</td></tr>
<tr><td>—</td><td>—</td><td>—</td><td colspan="2">GB 4357—84《碳素弹簧钢丝》</td><td colspan="2">GB 4357—89《碳素弹簧钢丝》</td><td colspan="2">GB/T 4357—2009《冷拉碳素弹簧钢丝》</td></tr>
<tr><td rowspan="2">—</td><td rowspan="2">YB 550—65《重要用途弹簧钢丝》</td><td rowspan="2">—</td><td colspan="2">GB 4358—84《琴钢丝》（同时继承了 YB 248—64 的Ⅰ和Ⅱa 组钢丝）</td><td>YB/T 5101—1993（调整）《琴钢丝》</td><td>GB/T 4358—1995《重要用途碳素弹簧钢丝》</td><td>YB/T 5311—2006（调整）《重要用途碳素弹簧钢丝》</td><td>YB/T 5311—2010《重要用途碳素弹簧钢丝》</td></tr>
<tr><td colspan="2">GB 4359—84《阀门用油淬火-回火铬钒碳素弹簧钢丝》</td><td colspan="2">YB/T 5102—1993（调整）《阀门用油淬火-回火碳素弹簧钢丝》</td><td rowspan="4">GB/T 18983—2003《油淬火-回火弹簧钢丝》</td><td rowspan="4">GB/T 18983—2017《油淬火-回火弹簧钢丝》</td></tr>
<tr><td>—</td><td>—</td><td>—</td><td>GB 2271—80《阀门用油淬火-回火铬钒合金弹簧钢丝》</td><td>GB 2271—84《阀门用油淬火-回火铬钒合金弹簧钢丝》</td><td colspan="2">YB/T 5008—1993（调整）《阀门用油淬火-回火铬钒合金弹簧钢丝》</td></tr>
<tr><td>—</td><td>—</td><td>—</td><td colspan="2">GB 4362—84《阀门用油淬火-回火铬硅合金弹簧钢丝》</td><td colspan="2">YB/T 5105—1993（调整）《阀门用油淬火-回火铬硅合金弹簧钢丝》</td></tr>
<tr><td>重 113—55《碳素弹簧钢丝》</td><td>YB 248—64《碳素弹簧钢丝》（后部分内容调整到 GB 4358—84）</td><td>—</td><td colspan="2">GB 4360—84《油淬火-回火铬钒碳素弹簧钢丝》</td><td colspan="2">YB/T 5103—1993（调整）《油淬火-回火碳素弹簧钢丝》</td></tr>
</table>

续表 2-3-10

品种	20 世纪 50 年代	20 世纪 60 年代	20 世纪 70 年代	20 世纪 80 年代	20 世纪 90 年代	21 世纪 00 年代	21 世纪 10 年代
丝材	—	—	—	GB 4361—84《油淬火-回火硅锰合金弹簧钢丝》	YB/T 5104—1993（调整）《油淬火-回火硅锰合金弹簧钢丝》	GB/T 18983—2003《油淬火-回火弹簧钢丝》	GB/T 18983—2017《油淬火-回火弹簧钢丝》
	—	YB 249—64《合金弹簧钢丝》	—	GB 5218—85《硅锰弹簧钢丝》	GB/T 5218—1999《合金弹簧钢丝》	YB/T 5318—2006（调整）《合金弹簧钢丝》	YB/T 5318—2010《合金弹簧钢丝》
				GB 5219—85《铬钒弹簧钢丝》			
		—		GB 5221—85《铬硅弹簧钢丝》			
	—	—	—	GB 10564—89《非机械弹簧用碳素弹簧钢丝》	YB/T 5220—1993（调整）《非机械弹簧用碳素弹簧钢丝》		YB/T 5220—2014《非机械弹簧用碳素弹簧钢丝》
	—	—	—	YB（T）11—83《弹簧用不锈钢丝》	—	GB/T 24588—2009《不锈弹簧钢丝》	GB/T 24588—2019《不锈弹簧钢丝》
	—	—	—	GJB 714—89《引信用不锈弹簧钢丝》			
	—	YB 647—67《特殊用途碳素弹簧钢丝》	—	—	GJB 1497—1992《特殊用途碳素弹簧钢丝规范》		
	—	—	—	—	GJB 3320—1998《航空用不锈钢弹簧丝规范》		
	—	—	—	—	—	GJB 5259—2003《航空用合金弹簧钢丝规范》	GJB 8738—2015《航空用合金弹簧钢丝规范》
	—	—	—	—	—	GJB 5260—2003《航空用碳素弹簧钢丝规范》	GJB 8739—2015《航空用碳素弹簧钢丝规范》

包括3项板带材标准、8项丝材标准，主要面向机械、军工、汽车等下游行业。这些标准构成了我国未来弹簧钢标准发展的基础。

1975年冶金部和国家标准局在YB 8—59和YB 213—64基础上制定了国家标准GB 1222—75《热轧弹簧钢技术条件》，共包含19个牌号，其中15个取自YB 8—59，纳入了我国自行研制的55SiMnVB、55SiMnMoV、55SiMnMoVNb、55Si2MnB四个牌号，并对热轧钢材硬度（分为5组）作了规定，以保证生产中下料、冲孔等工序的顺利进行，脱碳层、尺寸偏差等指标也有所加严。另外，由于扁钢品种的标准内容较少，便于使用和修改，用户也主要面向汽车行业，因此又将其中的热轧扁钢的内容分离出来，单独列为一项标准，即YB 847—75《热轧弹簧扁钢品种》。该标准中共列入平面扁钢、平斜扁钢、单面双槽扁钢、双面凹扁钢4种截面形状的扁钢，列入规格共计95个，供用户及设计单位选用。

20世纪80年代，GB 1222—75和YB 847—75两项标准经多年应用之后日益显露出不足之处，尤其是在改革开放、对外贸易蓬勃发展的情况下，标准不能很好地适应国内外弹簧钢产品的贸易需要。其主要体现在：

（1）牌号以Si-Mn系为主。GB 1222—75规定的Si-Mn系牌号4个，在Si-Mn系基础上再加入W、Mn、V、Nb、B等元素的牌号5个。这与美国、英国、日本、西德及ISO标准的Cr-Mn系牌号体系差异很大，用户和设计部门选材受到限制。Si-Mn系牌号在性能上有不少劣势，其淬透性低、脱碳倾向大，不如Cr-Mn系。

（2）牌号与大多数国家对应性差。合金钢牌号中仅有5个与美国标准的牌号相对应，3个与日本标准对应，4个与ISO标准对应。

（3）淬透性。多数国家标准以淬透性代替力学性能为主要供货要求，日本JIS G 4801：1977已将力学性能由必保项目改为协议项目，并考虑把淬透性作为必保项目。GB 1222—75以保证力学性能为供货条件，这一点甚至连国内用户也不再认可。

（4）标准水平与国外先进标准有一定距离。如二级脱碳标准、尺寸偏差等均低于国外标准。

为进一步提高我国弹簧钢质量及在国际上的通用性，1982年由重庆特殊钢厂、北京红冶钢厂和冶金部标准化研究所负责，开始了对GB 1222的第一次修订。新标准主要参考JIS G 4801：1977标准修订，增加了55CrMnA（相当于SUP9、SAE5155H）、60CrMnA（相当于SUP9A、SAE5160H）、60CrMnBA（相当于SUP11A、51B60H）、60CrMnMoA（相当于SUP13、SAE4161H）四个牌号，增加了冷拉材和YB 847—75中扁钢品种规定，淬透性交货方式参照ISO标准规定分为按力学性能或淬透性两种方式交货，从而使标准更完整，有利于生产管理和使用。

随着车辆制造、铁路、机械等行业的技术进步，对弹簧钢提出了更高质量要求。2005年由江阴兴澄特种钢铁有限公司、冶金工业信息标准研究院、重庆特殊钢有限公司、首钢集团红冶钢厂等单位负责对GB/T 1222进行了第二次修订。此次修订的主要进步：一是根据平炉冶炼已被彻底淘汰的现状，弹簧钢的冶炼方法由钢厂自行选择；二是删除了用户很少使用的55Si2Mn、60CrMnMoA、55Si2MnB三个牌号，增加了用量较大的55SiCrA牌号；

三是将高级优质钢的磷、硫含量分别加严0.005%，即不大于0.025%。GB/T 1222—2007标准的实施，极大地满足了我国当时的装备制造业及汽车行业发展的需求。

但是，随着汽车的轻量化和高性能化以及国内火车运行速度的不断提高，均对弹簧钢的质量提出了新的更高的要求，2013年启动对GB/T 1222的第三次修订。标准编制组由江阴兴澄特种钢铁有限公司、冶金工业信息标准研究院、方大特钢科技股份有限公司、河南省生产力促进中心、江苏永钢集团有限公司、北京交通大学、西宁特殊钢股份有限公司、大冶特殊钢股份有限公司等单位组成。新标准的主要进步：一是增加了80、70Mn、38Si2、40SiMnVBE、55SiCrV、56Si2MnCr、60CrMnMo、51CrMnV、52CrMnMoV、60Si2MnCrV、52Si2CrMnNi 11个牌号及相关技术要求，其中40SiMnVBE是我国专利牌号；二是将非金属夹杂物列为必检项目；三是增加了平面大圆弧弹簧扁钢、平面矩形弹簧扁钢两个截面形状及尺寸要求，取消了单面双槽弹簧扁钢截面形状及相应要求，标准水平达到国际先进水平。GB/T 1222—2016标准已于2017年9月1日正式实施，将进一步减小我国弹簧钢与国外知名企业产品的差距，提升我国弹簧钢产品的国际竞争力。

第六节　超高强度钢标准

超高强度钢是20世纪40年代以后逐渐发展起来的一种新结构材料，其最先是为了满足飞机结构上用的有高比强度的材料进行研究的，现在已大量应用于火箭发动机外壳、飞机起落架、机身骨架和蒙皮、高压容器以及常规武器的零件等方面。我国的超高强度钢标准化始于20世纪70年代，是随着航空航天发展的需要逐步发展起来的，其标准按成分及使用性能分为低合金超高强度钢、中合金超高强度钢和高合金超高强度钢。现行的标准有21项（见表2-3-11），包括低合金超高强度钢12项和高合金超高强度钢9项（其中二次硬化型马氏体钢2项、马氏体时效钢6项、沉淀硬化不锈钢1项）；只有1项国家标准，其余均为国家军用标准，尚未形成完整的标准体系，其标准演变的历程见表2-3-11。

表2-3-11　超高强度钢标准演变的历程

类型	细分类	20世纪70年代	20世纪80年代	20世纪90年代	21世纪00年代	21世纪10年代
低合金超高强度钢	通用基础标准	—	—	—	—	GB/T 38809—2020《低合金超高强度钢通用技术条件》
	—	YB 674—73《航空用结构钢钢棒技术条件》		GJB 1951—94《航空用优质结构钢棒规范》	GJB 1951—1994《航空用优质结构钢棒规范》	GJB 1951A—2020《航空航天用优质结构钢棒规范》
	—	—	—	GJB 2608—96《航空用结构钢厚壁无缝钢管规范》	GJB 2608A—2008《航空用结构钢厚壁无缝钢管规范》	GJB 2608A—2020《航空用结构钢厚壁无缝钢管规范》

续表 2-3-11

类型	细分类	20 世纪 70 年代	20 世纪 80 年代	20 世纪 90 年代	21 世纪 00 年代	21 世纪 10 年代
	—	—	YB 1209—84《航空用 40CrMnSiMoVA钢棒技术条件》		GJB 5061—2001《航空航天用超高强度钢锻件规范》	GJB 5061—2001《航空航天用超高强度钢锻件规范》
	—	—	—	—	GJB 5063—2001《航空航天用超高强度钢钢棒规范》	GJB 5063—2001《航空航天用超高强度钢钢棒规范》
	—	—	—	—	GJB 5064—2001《航天用超高强度钢钢板规范》	GJB 5064—2001《航天用超高强度钢钢板规范》
	—	—	YB 1210—83《航空用 40CrMnSiMoVA钢管技术条件》		GJB 5065—2001《航空航天用超高强度钢无缝钢管规范》	GJB 5065—2001《航空航天用超高强度钢无缝钢管规范》
	—	—	YB 1211—83《航空用 40CrMnSiMoVA 钢圆管坯技术条件》		—	—
	—	—	—	GJB 3322—98《航天固体火箭发动机用超高强度钢热轧环件规范》		
低合金超高强度钢	—	—	—	GJB 3323—98《航天固体火箭发动机用超高强度钢焊丝规范》		GJB 3323A—2018《航天固体火箭发动机用超高强度钢焊丝规范》
	—	—	—	GJB 3324—98《航天固体火箭发动机用超高强度钢板规范》		GJB 3324—98《航天固体火箭发动机用超高强度钢板规范》
	—	—	—	GJB 3325—98《航天固体火箭发动机用超高强度钢锻件规范》		GJB 3325A—2019《航天固体火箭发动机用超高强度钢锻件规范》
	—	—	—	GJB 3326—98《航天固体火箭发动机用超高强度钢棒规范》		GJB 3326A—2019《航天固体火箭发动机用超高强度钢棒规范》
	—	—	—	—	—	GJB 8545—2015《28CrMnSiNi4MoNb 钢棒规范》
	—	—	—	—	GJB 5514—2005《45CrNiMo1VA 钢用焊接钢丝规范》	GJB 8743—2015《45CrNiMo1VA 钢用焊接钢丝规范》（调整）

续表 2-3-11

类型	细分类	20 世纪 70 年代	20 世纪 80 年代	20 世纪 90 年代	21 世纪 00 年代	21 世纪 10 年代
高合金超高强度钢	二次硬化型马氏体钢	—	—	—	—	GJB 9449—2018《航空航天用高韧性超高强度钢 16Co14Ni10Cr2Mo 棒材规范》
		—	—	—	—	GJB 9450—2018《航空航天用抗应力腐蚀超高强度钢 23Co14Ni12Cr3MoE 棒材规范》
	马氏体时效钢	—	—	—	—	GJB 9446—2018《超高强度无钴马氏体时效钢钢棒规范》
		—	—	—	—	GJB 9663—2019《超高强度马氏体时效钢钢棒规范》
		—	—	—	—	GJB 9452—2018《航天用超高强度无钴马氏体时效钢钢板规范》
		—	—	—	GJB 6480—2008《航天用 00Ni8Co7Mo5Ti 冷轧钢带规范》	GJB 8746—2015（调整）《航天用 00Ni8Co7Mo5Ti 冷轧钢带规范》
		—	—	—	—	GJB 9453—2018《超高强度无钴马氏体时效钢钢管规范》
		—	—	—	GJB 5513—2005《00Ni18Co8Mo5TiAl 马氏体时效钢挤压管规范》	GJB 5513—××××《00-Ni18Co8Mo5TiAl 马氏体时效钢管规范》
	沉淀硬化不锈钢	—	—	—	—	GJB 8268—2014《航空用沉淀硬化不锈钢棒规范》
合计		1	3	7	9	21

一、低合金超高强度钢标准

30CrMnSiNi2A 钢是航空上应用最早、最广泛的低合金超高强度钢，它是在 30CrMnSiA 钢基础上加入 1.4%~1.8%Ni 发展而来的。1973 年由抚顺钢厂和航空工业部 621 所共同编制的 YB 674—73《航空用结构钢钢棒技术条件》，首次将 30CrMnSiNi2A 钢纳入标准中。20 世纪 90 年代，抚顺钢厂和鞍钢无缝钢管厂牵头制定的 GJB 1951—1994《航空用优质结构钢棒规范》和 GJB 2608—1996《航空用结构钢厚壁无缝钢管规范》也将 30CrMnSiNi2A 钢纳入到国家军用标准中。这两项国家军用标准 2020 年再次修订为 GJB 1951A—2020 和 GJB 2608A—2020，但 30CrMnSiNi2A 钢的主要成分和基本性能变化不大。

由于 30CrMnSiNi2A 钢的韧性相对较低，我国在 30CrMnSiNi2A 钢的基础上自主研制了无镍的 40CrMnSiMoVA（GC-4）。该钢经淬火加低温回火后有高的强度和良好的抗疲劳断裂性能。1983 年由本溪钢铁公司和航空工业部 621 所共同编制了航空用 40CrMnSiMoVA，钢棒（YB 1209—83）、钢管（YB 1209—83）和钢坯（YB 1209—83）三项冶金工业部军工标准。

为了满足固体火箭发动机用超高强度钢的需要，1996 年由马鞍山钢铁股份有限公司、陕西钢铁研究所、太原钢铁（集团）有限公司、抚顺特殊钢股份有限公司、冶金部钢铁研究总院、北满特钢股份有限公司、冶金工业信息标准研究院联合航天工业总公司内蒙古指挥部 41 所和 359 厂、航天工业总公司 41 所等单位组成了标准编制组，完成了固体火箭发动机用超高强度钢系列标准的编制工作，1998 年由中国人民解放军总装备部批准发布为第一批超高强度钢国家军用标准，包括固体火箭发动机用超高强度钢热轧环件（GJB 3322—1998）、焊丝（GJB 3323—1998）、钢板（GJB 3324—1998）、锻件（GJB 3325—1998）、钢棒（GJB 3326—1998）五项标准，共有 30Si2MnCrMoVE（D406A）、33Si2MnCrMoVREE（406）、35Si2MnCrMoVE 三个钢牌号，其中 35Si2MnCrMoVE 是我国立足国内资源自主研制的牌号；GJB 3323 标准纳入了三个焊接用钢牌号 H04SiMnCrNiMoV（H04）、H10SiMnCrNiMoV（H10）和 H20SiMnCrNiMoV（H20），技术指标达到了当时的设计要求。这些标准的实施，为保证固体火箭发动机的生产及应用起到了关键作用。

随着低合金超高强度钢的研制、生产与应用不断成熟，2001~2005 年期间，由抚顺特殊钢（集团）有限责任公司、鞍山钢铁集团公司、冶金工业信息标准研究院联合航空材料研究院、148 厂、沈阳航天新光集团公司等单位组成了标准编制组，以 YB 1209—83、YB 1210—83、YB 1211—83 三项标准为基础，完成了低合金超高强度钢系列标准的编制工作，由当时的国防科学技术工业委员会批准发布为五项航空航天用超高强度钢通用标准，包括锻件（GJB 5061—2001）、钢棒（GJB 5063—2001）、钢板（GJB 5064—2001）、钢管（GJB 5065—2001）、焊丝（GJB 5514—2005）。这五项标准中，牌号除保留了 40CrMnSiMoVA（GC-4）外，还增加了国内已经生产与应用的国外先进的牌号 40CrNi2Si2MoVA（相当于 300M）、45CrNiMo1VA（相当于 D6AC）、28Cr3SiNiWMoVA（相当于 F154）、40CrNi2MoA（相当于 4340）、25CrNiWVA 等，技术指标可以满足当时的设计要求，为推进国产钢替代进口发挥了重要的作用。[1]

[1] 2000~2009 年期间，民口配套系统国家军用标准由国防科学技术工业委员会负责。

2015年中国人民解放军总装备部批准发布了由中国工程物理研究院牵头起草的28CrMnSiNi4MoNb（G-50）钢棒规范，编号为GJB 8545—2015。28CrMnSiNi4MoNb（相当于G50）钢是由我国自主研发的新型无钴高韧性超高强度钢。

2017~2020年期间，由中央军委装备发展部主持陆续对上述标准进行了修订。目前新修订的GJB 3323A、GJB 3324A、GJB 3326A标准已正式实施，除保留了原标准牌号外，还增加了30Cr3SiNiMoVA钢和H10Cr3SiNiMoVA 、H10Ni7Co3Mo1Cr1A两种焊丝，标准综合水平也有了较大的提高。其他几项标准也正在修订之中。

随着国产大飞机C919和CR929的研发成功，促进了低合金超高强度钢"军转民"的进程。由钢铁研究总院、抚顺特殊钢股份有限公司、冶金工业信息标准研究院、航空工业沈阳飞机设计研究所、中国航天科技集团7414厂、中国航天科工六院210所、西北工业集团有限公司、中国商飞上海飞机设计研究院等负责起草的《低合金超高强度钢通用技术条件》，已于2020年6月2日被国家市场监督管理总局、国家标准化管理委员会批准发布为国家标准，编号为GB/T 38809—2020。该标准作为低合金超高强度钢通用基础标准，将为推广低合金超高强度钢"军转民"应用起到关键作用。

截至目前，我国已基本建立了低合金超高强度钢标准体系，共有12项标准，14个牌号（包括焊接用钢5个），品种规格较全，有钢棒、锻件、无缝管、钢板、焊丝等，标准水平达到国际先进水平，可以满足国民经济和国防建设高质量发展的需要。

二、高合金超高强度钢标准

为了弥补低合金超高强度钢韧性不足的缺点，我国自20世纪70年代开始研发18Ni马氏体时效钢。按强度级别可将其分为三个级别：18Ni（250）、18Ni（300）、18Ni（350）。按合金元素作用可将其分为两类：一类是保证钢实现由单相奥氏体转变为马氏体，如镍、钴；另一类是为了使马氏体基体具有充分的沉淀强化能力，如钼、钛，也称无钴马氏体时效钢。由于其含有镍和钴等资源短缺元素，使其推广应用受到限制，直到20世纪80年代我国才开始研制，主要面向其在固体火箭发动机的应用。进入21世纪，我国研发的00Cr18Co8Mo5TiAl（250）马氏体时效钢各项指标已完全满足美国航空材料标准要求，生产的产品已能完全满足使用要求，用此钢制造的发动机已通过数百次的试验考核。由钢铁研究总院和宝山钢铁股份有限公司分别牵头制定了《00Ni18Co8Mo5TiAl马氏体时效钢挤压管规范》《航天用00Ni8Co7Mo5Ti冷轧钢带规范》两项18Ni（250）马氏体时效钢标准，被当时的国防科学技术工业委员会批准为国家军用标准，编号分别为GJB 5513—2005和GJB 6480—2008（现调整为GJB 8746—2015），这两项标准的技术指标可以满足当时的设计要求，可以替代进口。

近年来，随着我国国民经济和国防建设进入高质量发展阶段，高合金超高强度钢作为关键材料得到推广应用，也促进了高合金超高强度钢标准化的发展。仅2018~2019年，中央军委装备发展部就批准发布了7项高合金超高强度钢标准，其中：

（1）18Ni马氏体时效钢标准4项，包括超高强度马氏体时效钢棒（GJB 9663—2019）标准，其牌号有三个强度级别00Ni18Co8Mo5TiAl（C250）、00Ni18Co10Mo5TiAl

(TM210A)、00Ni18Co12Mo5TiAl（C350）；还有无钴马氏体时效钢钢棒（GJB 9446—2018)、钢板（GJB 9452—2018)、钢管（GJB 9453—2018）三项标准，其牌号有两个强度级别 00Ni12Cr5Mo3TiAlV（T150)、00Ni19Mo3Ti1Al（T250)。二次硬化型马氏体钢标准 2 项，即 GJB 9449—2018《航空航天用高韧性超高强度钢 16Co14Ni10Cr2Mo 棒材规范》、GJB 9450—2018《航空航天用抗应力腐蚀超高强度钢 23Co14Ni12Cr3MoE 棒材规范》。

（2）沉淀硬化不锈钢标准 1 项，即 GJB 8268—2014《航空用沉淀硬化不锈钢棒规范》。包括 05Cr17Ni4Cu4Nb、07Cr17Ni7A1、05Cr15Ni5Cu4Nb、05Cr15Ni5Cu2Ti、13Cr15Ni4Mo3N、07Cr16Ni6、07Cr12Mn5Ni4Mo3Al 七个牌号。

至此，基本形成了我国高合金超高强度钢标准体系雏形，其中 18Ni 马氏体时效钢标准包括了棒、板、管三个品种以及 250 兆帕、300 兆帕、350 兆帕三个强度级别牌号，体系较为健全。这些标准的水平均达到国际先进水平，有利地保障了我国国防建设高质量的发展需要。

第七节　耐热钢标准

耐热钢标准一般按性能分为抗氧化钢和热强钢。我国的耐热钢标准最早于 1952 年发布。从最早期的低碳钢、低合金钢到成分复杂的、多元合金化的高合金钢，现有标准共 32 项，其中国家标准 26 项、国家军用标准 2 项、行业标准 2 项，团体标准 2 项；纳入标准中的牌号约 145 个，按组织类型可分为珠光体型、奥氏体型、铁素体型、马氏体型和沉淀硬化型五大类，已建立较为完整的耐热钢的标准体系，分为基础标准、通用产品标准和专用产品标准三大部分（见表 2-3-12)，基本满足了各工业部门对耐热钢的不同使用需求，为促进我国电站、锅炉、燃气轮机、内燃机、航空发动机等各工业部门高质量发展起到了重要作用。

表 2-3-12　我国耐热钢现行的标准体系明细表

<table>
<tr><th rowspan="3" colspan="2">标准体系</th><th rowspan="3">序号</th><th rowspan="3" colspan="2">标准编号及标准名称</th><th colspan="5">牌号数目/个</th></tr>
<tr><th>低碳、低合金</th><th colspan="4">高合金</th></tr>
<tr><th>珠光体型</th><th>奥氏体型</th><th>铁素体型</th><th>马氏体型</th><th>沉淀硬化型</th></tr>
<tr><td colspan="2">基础标准</td><td>1</td><td>GB/T 20878—2007</td><td>《不锈钢和耐热钢　牌号和化学成分》</td><td>0</td><td>37</td><td>13</td><td>19</td><td>6</td></tr>
<tr><td colspan="2" rowspan="2">通用标准</td><td>2</td><td>GB/T 1221—2007</td><td>《耐热钢棒》</td><td>0</td><td>18</td><td>4</td><td>17</td><td>3</td></tr>
<tr><td>3</td><td>GB/T 4238—2015</td><td>《耐热钢板和钢带》</td><td>0</td><td>21</td><td>5</td><td>3</td><td>6</td></tr>
<tr><td rowspan="5">专用标准</td><td rowspan="5">棒</td><td>4</td><td>GB/T 8732—2014</td><td>《汽轮机叶片用钢》</td><td>0</td><td>0</td><td>0</td><td>11</td><td>1</td></tr>
<tr><td>5</td><td>GB/T 12773—2008</td><td>《内燃机气阀钢钢棒技术条件》</td><td>0</td><td>7</td><td>0</td><td>7</td><td>0</td></tr>
<tr><td>6</td><td>GB/T 36027—2018</td><td>《核电站用奥氏体不锈钢棒》</td><td>0</td><td>7</td><td>0</td><td>0</td><td>0</td></tr>
<tr><td>7</td><td>GB/T 38820—2020</td><td>《抗辐照耐热钢》</td><td>0</td><td>0</td><td>0</td><td>2</td><td>0</td></tr>
<tr><td>8</td><td>GJB 2294A—2014</td><td>《航空用不锈钢及耐热钢棒规范》</td><td>0</td><td>4</td><td>1</td><td>4</td><td>0</td></tr>
</table>

续表 2-3-12

标准体系		序号	标准编号及标准名称		牌号数目/个				
					低碳、低合金	高合金			
					珠光体型	奥氏体型	铁素体型	马氏体型	沉淀硬化型
专用标准	板	9	GB/T 713—2014	《锅炉和压力容器用钢板》	8	0	0	0	0
		10	GB/T 34915—2017	《核电站用奥氏体不锈钢钢板和钢带》	0	13	0	0	0
		11	GB/T 38875—2020	《核电用耐高温抗腐蚀低活化马氏体结构钢板》	0	0	0	2	0
		12	GB/T 24511—2017	《承压设备用不锈钢和耐热钢钢板和钢带》	0	20	0	0	0
		13	GB/T 32796—2016	《汽车排气系统用冷轧铁素体不锈钢钢板和钢带》	0	0	3	0	0
	管	14	GB/T 5310—2017	《高压锅炉用无缝钢管》	13	8	0	3	0
		15	GB/T 20409—2018	《高压锅炉用内螺纹无缝钢管》	7	0	0	2	0
		16	GB/T 13296—2013	《锅炉、热交换器用不锈钢无缝钢管》	0	26	2	1	0
		17	GB/T 24593—2018	《锅炉和热交换器用奥氏体不锈钢焊接钢管》	0	22	0	0	0
		18	GB/T 28413—2012	《锅炉和热交换器用焊接钢管》	5	0	0	0	0
		19	GB/T 6479—2013	《高压化肥设备用无缝钢管》	6	0	1	1	0
		20	GB/T 24512.2—2014	《核电站用无缝钢管　第 2 部分：合金钢无缝钢管》	1	0	0	0	0
		21	GB/T 24512.3—2014	《核电站用无缝钢管　第 3 部分：不锈钢无缝钢管》	0	8	0	0	0
		22	GB/T 30073—2013	《核电站热交换器用奥氏体不锈钢无缝钢管》	0	7	0	0	0
		23	GB/T 30813—2014	《核电站用奥氏体不锈钢焊接钢管》	0	7	0	0	0
		24	GB/T 31941—2015	《核电站用非核安全级碳钢及合金钢焊接钢管》	4	0	0	0	0
		25	GB/T 30065—2013	《给水加热器用铁素体不锈钢焊接钢管》	0	0	14	0	0
		26	GB/T 32970—2016	《高温高压管道用直缝埋弧焊接钢管》	5	0	0	1	0
		27	GB/T 33167—2016	《石油化工加氢装置工业炉用不锈钢无缝钢管》	0	6	0	0	0
		28	YB/T 4173—2008	《高温用锻造镗孔厚壁无缝钢管》	8	1	0	3	0
		29	YB/T 4781—2019	《热交换器用翅片焊接钢管》	0	0	1	0	0
		30	T/CISA 003—2017 T/CSTM 00017—2017	《电站用新型马氏体耐热钢 08Cr9W3Co3VNbCuBN（G115）无缝钢管》	0	0	0	1	0

续表 2-3-12

标准体系		序号	标准编号及标准名称		牌号数目/个				
					低碳、低合金	高合金			
					珠光体型	奥氏体型	铁素体型	马氏体型	沉淀硬化型
专用标准	管	31	T/CISA 004—2017 T/CSTM 00016—2017	《电站锅炉用新型耐热不锈钢 06Cr22Ni25W3Cu3Co2MoNbN（C-HRA-5）无缝钢管》	0	1	0	0	0
	圆饼	32	GJB 2455—1995	《航空用不锈及耐热钢圆饼和环坯规范》	0	1	0	4	0

本节按基础通用产品标准和专用产品标准分别介绍其主要标准的发展历程。

一、基础通用产品标准

重 20—52《高合金不锈钢、耐热钢及高电阻合金品种标准》是 1952 年重工业部颁布的 23 项标准之一，共有 29 个耐热钢及高电阻合金牌号，这些牌号基本都是沿用苏联标准的系列。随着我国冶金技术的发展和在节约镍、铬耐热钢研发方面取得的成果，在重 20—52 标准的基础上，我国颁布了第一个耐热钢部颁标准 YB 11—59《耐热不起皮钢及高电阻合金技术条件》，删除了重 20—52 中大部分高铬镍钢，引进了不少铬硅钢及铬硅铝钢，并根据用途分为不起皮钢、耐热钢和电热合金三组，共有 31 个牌号。但 YB 11—59 未能有效实施，主要原因是删除的高铬镍钢国内仍在按原标准订货和生产；而新增的铬硅钢、铬硅铝钢，如 Cr3Si、Cr13SiAl 等，由于国内缺乏生产和使用经验，也少有生产和订货。

1973 年冶金部对现行的钢铁标准进行了整顿，将 YB 11—59 修订后上升为国家标准 GB 1221—75《耐热钢技术条件》。与 YB 11—59 标准相比，GB 1221—75 在标准结构和技术要求上都有较大变动：一是电热合金单独制定标准，不再纳入此标准中；二是淘汰了原来的大部分铬硅系铁素体耐热钢；三是首次按组织类型将耐热钢分为铁素体型、奥氏体型、马氏体型，增加了 13 个牌号的铬镍耐热钢及国内研制的节镍铬耐热钢，共有 27 个牌号。这为当时耐热钢牌号的管理和耐热钢产品的生产、订货等起到了良好的规范作用。

20 世纪 80 年代初，我国实行积极采用国际标准和国外先进标准战略。冶金部组织相关单位对美国、日本、西德、苏联和国际标准化组织（ISO）的相关标准进行研究分析后，认为日本标准通用性较强，其牌号大多数与美国、西欧及国际标准的牌号相对应，因此决定以日本 JIS 的不锈钢和耐热钢标准体系为主，结合我国实际生产和使用情况，建立一套新的不锈钢和耐热钢标准体系，并完成了针对不锈钢和耐热钢的钢棒、钢板、钢带、钢丝四个品种的 20 项标准。其中包括 GB 1221—84《耐热钢棒》和 GB 4238—84《耐热钢板》两项标准，标准中采用日本 JISG 4311（1981）中的 28 个牌号，尤其引进了较多新型阀门耐热钢牌号，如 5Cr21Mn9Ni4N、2Cr22Ni11N、3Cr20Ni11Mo2PB、2Cr25N、8Cr20Si2N 等牌号，标准水平有明显提升。为了满足我国汽车工业、家电行业、厨具设施等行业的快速发展，1992年和2007年又先后两次完成了对GB 1221《耐热钢棒》和GB 4238《耐热钢板》两项标准的修订，主要目的是增加铁素体和马氏体不锈耐热钢牌号02Cr11NbTi、02Cr11Ti等，因为我国以生产奥氏体系列不锈耐热钢为主，又是镍资源贫乏、锰资源独有的国家，中国快速增长的不锈耐热钢产能将面临镍资源严重紧缺的局面。这些标准的实施，无论是在调整产品结构上还是在国产替代进口方面都发挥了重要作用。

随着我国国民经济的高速发展，一批代表国际一流技术水平的炉外精炼设备、连铸连轧设备、高速精轧设备在我国相继投入运行，标志着我国不锈耐热钢生产的硬件、软件已具备当今国际一流水平，使得我国在特殊耐热钢品种开发及应用方面成为可能。在传统耐热钢的基础上，节约资源型高性能耐热钢在国家重点行业的关键设备上得到了成功应用，由我国自主设计成分的耐热钢也广泛应用于各行各业，为修订标准、提高标准水平奠定了基础。2015年由山西太钢不锈钢股份有限公司、宝钢不锈钢有限公司和冶金工业信息标准研究院负责对GB 4238《耐热钢板和钢带》进行了第四次修订。此次修订纳入了6个新的耐热钢牌号（近年来应用成熟的稀土耐热钢05Cr19Ni10Si2CeN、08Cr21Ni11Si2CeN，国内自主设计的高硅奥氏体型耐热钢16Cr20Ni14Si2和高碳粗晶的奥氏体型耐热钢07Cr19Ni11Ti、07Cr17Ni12Mo2、07Cr18Ni11Nb），共有35个牌号。对厚度不大于3毫米的钢带和钢板的断后伸长率试样变更为非比例A50毫米试样，使我国标准测量数据与国际接轨。

GB/T 20878—2007《不锈钢和耐热钢牌号和化学成分》是由冶金工业信息标准研究院编制的我国第一个关于不锈钢和耐热钢牌号和化学成分国家标准。该标准共纳入不锈钢和耐热钢牌号143个，其中耐热钢或可作耐热钢使用的牌号共76个，包括奥氏体型39个、铁素体型13个、马氏体型19个、沉淀硬化型5个。该标准的制定替代了GB/T 1221《耐热钢棒》作为耐热钢牌号标准的作用，成为我国现行的耐热钢牌号的基础标准。

二、专用产品标准

耐热钢标准的发展是和高温工作的动力机械的发展需要密切相关的。按主要用途我国已制定了17项专用耐热钢产品标准，包括锅炉和热交换器用、汽轮机叶片用、内燃机用、核电用、石油装置用、航空航天发动机用等。本节主要介绍锅炉用耐热钢标准（GB/T 5310）、汽轮机叶片用耐热钢标准（GB/T 8732）、内燃机气阀用耐热钢标准（GB/T 12773）、核电用抗辐照耐热钢标准（GB/T 38820、GB/T 38875—2020）的标准发展历程。

（一）锅炉用耐热钢标准

1958年我国自主设计制造的高压火电机组诞生，为适应电力工业发展的要求，原冶金部、机械部参考苏联чмту 2579—1954“高压锅炉管及过热蒸汽导管”和чмту 2580—1954“锅炉和蒸汽输送管”等标准制定了我国第一项高压锅炉管部颁标准YB 529—65《高压锅炉用无缝钢管》，共纳入了低碳、低合金型耐热钢20、12CrMoA、15CrMoA、12Cr1MoVA四个牌号。

20世纪60~70年代，随着我国大量的高压、超高压火电机组相继投运，新研制的

12Cr2MoWVTiB（G102）、12Cr3MoVSiTiB、12MoVWBSiXt 等耐热钢牌号在高压锅炉管的成功应用，为修订 YB 529—65 奠定了基础。YB 529—70《高压锅炉用无缝钢管》中删除了 12CrMoA 牌号，新增了 15MnV、12MnMoV、12Cr2MoWVTiB、12MoVWBSiXt、12Cr3MoVSiTiB 五个牌号，共有 8 个耐热钢牌号，极大地满足了大容量超高压火电机组的要求。

1983 年在总结 YB 529—70 标准 10 余年的生产执行和使用情况的基础上，由鞍山钢铁公司牵头，通过对比分析 ISO 标准、德国 DIN 17175 和美国 ASTM 213、ASME 213 等国外先进标准，完成了对 YB 529—70 的修订并上升为国家标准 GB 5310—85《高压锅炉用无缝钢管》。该标准共有 10 个耐热钢牌号，其中引进了三个先进牌号，即 DIN 17175 标准中的 12Cr2Mo（相当于 10CrMo9-10）、1Cr19Ni9（相当于 TP304H）和 1Cr19Ni11Ti（相当于 TP347H）。

20 世纪 90 年代是冶金技术和火电设备制造技术飞速发展的年代，优良的新型火电机组用材也日臻成熟。为了满足国内电力、锅炉行业对新材料的技术要求，1995 年由成都无缝钢管厂和原冶金部信息标准研究院共同起草完成了对 GB 5310 标准的第一次修订。GB 5310—1995 标准共纳入 14 个耐热钢牌号，其中新增引入了五个先进牌号，即 20MnG（相当于 SA106B）、25MnG（相当于 SA210C）、20MoG（相当于 SA209-T1）、10Cr9Mo1VNb（相当于 T91/P91）和德国的 15MoG（相当于 15Mo3），满足了锅炉行业出口电站锅炉和制造超临界压力锅炉的需求。

进入 21 世纪后，随着我国发电设备逐渐向高效率的超临界和超超临界机组方向进发，对电站锅炉管材也提出了更高要求，国内钢管制造业的制造装备、工艺技术水平也有了跨越式进步。2008 年和 2017 年我国对 GB 5310 进行了两次修订。GB 5310—2008 标准删除了 1Cr18Ni9，新增引入了 10 个先进牌号：07Cr2MoW2VNbB（相当于 T23/P23）、15Ni1MnMoNbCu（相当于 15Ni1MnMoNb5-6-4）、10Cr9MoW2VNbBN（相当于 T92/P92）、10Cr11MoW2VNbCu1BN（相当于 T22/P22）、11Cr9Mo1W1VNbBN（相当于 T911/P911）、07Cr19Ni10（相当于 TP347H）、10Cr18Ni9NbCu3BN（相当于 S30432）、07Cr25Ni21NbN（相当于 TP30HCbN）、07Cr19Ni11Si（相当于 TP321H）和 08Cr18Ni11NbFG（相当于 TP347HCbN）。GB/T 5310—2017 又增加了钢牌号 07Cr25Ni21（相当于 TP310H）。至此，GB/T 5310 标准共纳入珠光体型、奥氏体型、马氏体型等 24 个耐热钢牌号。这些牌号基本涵盖了目前国内高压、亚临界、超临界、超超临界电站锅炉使用的材料，可更好地满足国内锅炉制造业的使用要求。

（二）汽轮机叶片用耐热钢标准

我国汽轮机制造业在 20 世纪 50 年代和 80 年代先后经历了两次大的引进。通过对引进技术的消化、吸收、国产化，逐渐形成了 30 万千瓦、60 万千瓦乃至 100 万千瓦的牌号系列。1986 年由本溪钢铁公司第一钢厂负责在 GB 1221—84《耐热钢棒》基础上，参照国外标准 ГОСТ 18968—73、JIS G 4303—81、DIN 17440—85、美国西屋公司 P. D. S10705 等标准，制定了第一个汽轮机叶片用钢国家标准 GB 8732—88《汽轮机叶片用钢》，品种包括条钢（圆钢、方钢、扁钢）和异型钢材，主要用于生产 30/60 万千瓦以下汽轮机用的动叶片和静叶片材料。该标准共纳入了 GB 1221—84 中 1Cr13、1Cr12、2Cr13、1Cr11MoV、1Cr12W1MoV、2Cr12MoV 六个牌号，引进了美国西屋公司的牌号 1Cr12Mo（相当于 403）、2Cr12NiMo1W1V（相当于 C-422）和 0Cr17Ni4Cu4Nb（相当于 PH-474），以及由本钢和哈尔滨汽轮厂自主研制的牌号 2Cr12Ni1Mo1W1V 共 10 个牌号，其中马氏体型 9 个，沉淀硬化型 1 个。该标准除化学成分、低倍组织的要求均严于 GB 1221—84 外，还增加了非金属夹杂物、δ-铁素体含量和发纹等技术要求，但由于缺少非金属夹杂物检验数据积累，非金属夹杂物要求仅限 1Cr12Mo、2Cr12NiMo1W1V 和 0Cr17Ni4Cu4Nb 三个牌号。其标准综合水平达到当时国际标准的一般水平。该标准自发布实施以来，对我国当时汽轮机叶片用钢的生产、协调供需关系等起到了重要的指导作用。

2004 年鉴于国内汽轮机行业对叶片钢要求的变化及冶金厂生产能力的提高，本溪钢铁（集团）特殊钢有限责任公司和冶金工业信息标准研究院联合对 GB 8732 进行了第一次修订。此次修订主要特点：一是取消了一直未生产使用的 2Cr12Ni1Mo1W1V，并可用 1Cr13 替代 1Cr12；引进了美国西屋公司的牌号 2Cr11NiMoNbVN（相当于 I2），共有 9 个牌号，其中马氏体型 8 个、沉淀硬化型 1 个；二是将奥氏体晶粒度作为必检项目；三是 δ-铁素体含量指标修改为两个等级（5%和 10%）。修订后 GB/T 8732—2004 标准的综合水平已达到了国际先进，可以满足生产 60 万千瓦及 60 万千瓦以下汽轮机用的动叶片和静叶片的需要。

随着我国电力建设向大容量、高参数方向的加速发展，对汽轮机叶片用钢提出了新的需求。2013 年由东北特殊钢集团有限责任公司、四川六合锻造股份有限公司、无锡透平叶片有限公司、攀钢集团江油长城特殊钢有限公司、冶金工业信息标准研究院、宝钢特钢有限公司、大冶特殊钢股份有限公司、西宁特殊钢股份有限公司、本钢集团有限公司等单位完成了对 GB/T 8732 的第二次修订。此次修订一是纳入了广泛应用于国内外超临界、超超临界机组叶片用钢的 14Cr12Ni2WMoV、14Cr12Ni3Mo2VN、14Cr11W2MoNiVNbN 三个牌号，共有 12 个牌号；二是进一步加严了 δ-铁素体含量和非金属夹杂物要求；三是根据无锡透平叶片有限公司和杭州汽轮机公司等用户的意见，增加了超声检测要求。此次修订，标准编制组最大限度满足了用户需要，充分体现了我国冶金设备和技术的进步，为促进我国汽轮机叶片用钢产品质量的提高发挥了重要作用。

（三）内燃机气阀用耐热钢标准

1991 年以前，我国按 GB 1221 用于阀门钢的生产和采购。然而，由于气阀成型和使用时工作条件的特殊性，GB 1221 很难满足阀门的实际生产和使用需要。国际上许多国家都建立了阀门钢的专用标准，如 ISO、DIN、BS、NF 和 SAF 等都制定有气阀钢的专用标准。实际上，我国从 20 世纪 70 年代就为气阀钢钢材立足国内做了大量工作，通过多项工艺和技术攻关，使我国气阀钢的牌号系列、产品质量等基本满足了当时气阀钢的使用需求，为我国制定阀门钢专用标准奠定了基础。

1991 年由重庆特殊钢厂和冶金工业情报标准研究所负责，在 GB 1221—84 的基础上，参考 ISO 683-15：1976 制定了我国第一个阀门钢专用产品标准 GB/T 12773—91《内燃机气阀钢钢棒技术条件》。该标准规定了适用于内燃机气阀用的直径不大于120毫米的热轧、锻制圆钢和直径不大于25毫米的冷拉及银亮钢，共纳入6个当时国际通用的气阀钢牌号：5Cr2Mn9Ni4N（相当于SUH35）、2Cr21Ni12N（相当于SUH37）、4Cr14Ni14W2Mo（相当于45X14H14B2M）、4Cr9Si2（相当于SUH1）、4Cr10Si2Mo（相当于SUH3）、8Cr20Si2Ni（相当于SUH4）。

随着我国内燃机的不断推陈出新，内燃机的工作温度越来越高，使得气阀工况越来越苛刻。2006年，在修改采用最新版ISO 683-15：1992的基础上，由宝钢股份特殊钢分公司、钢铁研究总院、冶金工业信息标准研究院、重庆东华特殊钢有限责任公司、马勒三环气门驱动（湖北）有限公司、江苏申源特钢有限公司等单位组成的标准编制组，对GB/T 12773—1991《内燃机气阀钢钢棒技术条件》进行了第一次修订。该标准新增了8个耐热钢牌号（包括两个高温合金牌号GH4751和GH4080A），其中86Cr18W2VRe是钢铁研究总院在85Cr18Mo2V基础上研发的专利新产品，其热加工性能相比85Cr18Mo2V有明显改善；增加了对酸浸低倍组织的合格要求，并将原标准中作为双方协商项目的非金属夹杂物列为了必检项目，标准水平已达到国际先进水平，满足了我国内燃机用阀门钢的使用需求。

（四）核电用抗辐照耐热钢标准

近年来，我国在积极推进铅基堆、钠冷快堆等第四代先进核能系统和聚变堆的研发，并于2006年加入了全球规模最大的科技合作项目“国际热核聚变实验堆（ITER）”。相比于第二代、第三代反应堆，第四代核能系统的结构材料将承受高流强高能中子辐照、高温液态金属腐蚀等，对结构材料的性能要求更严苛，抗辐照耐热钢在这种强烈的需求环境下应运而生。

我国自主研制的10Cr9W1VTa（CLAM）钢和20Cr11W2VtaSi（SIMP）钢是在10Cr9Mo1VNb耐热钢基础上进行低活化设计和成分优化得到的，通过低活化设计后，材料经过中子辐照后产生的放射性主要来源于短寿命和中等寿命的放射性元素，这样经过两三百年之后，材料的放射性就将衰减至可以进行处理的水平，并最终实现其循环利用，是最有可能率先应用于第四代核能系统、聚变堆等新型反应堆的结构材料。此前国内外均无抗辐照耐热钢相关的标准可供参考，严重制约了该类材料工程应用及发展。为此，“十三五”期间，由冶金工业信息标准研究院牵头，由中国科学院合肥物质科学研究院（中国科学院核能安全技术研究所）和中国科学院金属所分别主编起草完成了GB/T 38820—2020《抗辐照耐热钢》和GB/T 38875—2020《核电用耐高温抗腐蚀低活化马氏体结构钢板》两项核电用抗辐照耐热钢的专用标准。这两项标准的制定，将我国自主研制的10Cr9W1VTa（CLAM）钢和20Cr11W2VtaSi（SIMP）钢推向了国际舞台，也为我国未来抢占世界核能的制高点提供了重要的支撑作用。

第八节　高温合金标准

高温合金是指以铁、镍、钴为基，能在600℃以上的高温及一定应力作用下长期工作的一类金属材料。因高温合金在航空、航天、石油化工等各重要领域都属于关键战略材料，许多关键材料和关键技术指标都具有保密性，导致我国高温合金的标准化工作一直是通过不同计划管理渠道进行的。目前现行高温合金标准共52项（见表2-3-13），包括基础1项，变形高温合金36项、铸造高温合金7项、粉末高温合金2项，试验方法6项。

回顾高温合金标准近60年的发展历程（见表2-3-13），可以归纳为下面几个阶段。

一、20世纪50年代到60年代——标准建立

我国自1956年开始试制、生产时，一直沿用苏联材料技术条件AMTY的翻译本。但由于我国的设备条件与苏联不尽相同，生产工艺也有差别，因此需要制定适合我国国情的技术标准。1961年抚顺钢厂根据冶金部的指示，起草了我国的高温合金标准草案，并召集有关单位进行了讨论。1963年由冶金部、三机部技术司联合主持，对7个合金牌号、6个产品标准草案和5个检验方法标准作了进一步的讨论、修改，通过此次修订，使标准内容更具体，条款更完善。会后国内又有一些高温合金的生产厂、科研院所和使用单位参与到高温合金标准的制定工作中，不断对条款进行修改和完善，明确了合金化学成分及其偏差、成品材表面外形及尺寸的要求；增加了断口疏松和分层测量级别的要求，盘件低倍晶粒大小的要求，合金高倍晶粒度级别的要求以及晶粒大小和带状组织的要求等。通过反复修改、补充以及试行后，冶金部于1965年、1967年先后颁布了23个高温合金冶金部部颁标准，涵盖了锻制圆饼、锻件、锻制和轧制棒材、热轧及冷轧板材、冷拉材和丝材等当时可生产的各类高温合金品种。这些部颁标准的诞生不仅对冶金工艺的改进和发展起到了直接推动作用，也保证了国产高温合金的质量稳定性。

二、20世纪70年代到80年代初——国家标准体系的建立

70年代后期，随着我国高温合金的应用由航空、航天推广到民用行业。1981年，冶金部和国家标准局组织冶金部标准化研究所、钢铁研究总院、抚顺钢厂、长城钢厂、大冶钢厂、上海第五钢铁厂等单位组成标准编制组，重新修订上述高温合金部颁标准，并上升为国家内部标准（GBn），同时制定了高温合金牌号标准GBn 175—82，纳入了当时国内生产使用成熟的材料牌号，在航空航天定型产品和民用高温合金材料的订货生产中执行。这些国家内部标准具有以下特点：一是统一了高温合金命名规则；二是统一了同类产品的技术规范，按产品用途和品种编制各类产品国家标准，取代了分牌号的部颁标准；三是规范了各标准的项目、格式，内容更具体，更明确。

三、20世纪80年代初到90年代末——航空行业标准体系和国家军用标准体系的建立

（一）航空行业标准的建立

20世纪80年代初期，根据航空、冶金工业部关于“航空用重要金属材料应制定航空专用标准”的协议精神，航空部门开始制定航空用高温合金的行业标准（HB）。1982年

表 2-3-13　高温合金标准的演变历程

类别	细类别	20 世纪 60 年代	20 世纪 80 年代	20 世纪 90 年代	21 世纪 00 年代	21 世纪 10 年代
基础		—	GBn 175—82《高温合金牌号》	GB/T 14992—94（调整）《高温合金牌号》	GB/T 14992—2005《高温合金和金属间化合物高温材料的分类和牌号》	
变形高温合金	棒材	—	—	—	—	GB/T 25828—2010《高温合金棒材通用技术条件》
		YB 642—67《GH130 热轧棒材技术条件》	GBn 176—82《转动部件用高温合金热轧棒材》	GB/T 14993—94（调整）《转动部件用高温合金用热轧棒材》	GB/T 14993—2008《转动部件用高温合金用热轧棒材》	
		YB 510—65《GH32 及 GH33 高温合金棒材条件》				
		YB 636—67《GH49 热轧棒材技术条件》				
		YB 635—67《GH37 及 GH43 热轧棒材技术条件》				
		YB 509—65《GH30 高温合金棒材技术条件》	GBn 177—82《普通承力部件用高温合金热轧和锻制棒材》	YB/T 5245—93（调整）《普通承力件用高温合金热轧和锻制棒材》		
		YB 511—65《GH36 高温合金棒材技术条件》				
		YB 641—67《GH140 热轧及锻制棒材技术条件》				
		YB 643—67《GH33 直径 20~55 毫米以外的棒材技术条件》				
		YB 637—67《GH36 冷拉及低热拉制棒材技术条件》	GBn 178—82《高温合金冷拉棒材》	GB/T 14994—94（调整）《高温合金冷拉棒材》	GB/T 14994—2008《高温合金冷拉棒材》	

续表 2-3-13

类别	细类别	20 世纪 60 年代	20 世纪 80 年代	20 世纪 90 年代	21 世纪 00 年代	21 世纪 10 年代
变形高温合金	棒材	—	GJB 713—89《航天用 CH4169 合金圆棒》			GJB 713A—2020《航天用高温合金棒材规范》
		—	—	GJB 1955—94《航天用 GH 1131 高温合金热锻轧棒材规范》		
		—	—	GJB 1953—94《航空发动机转动件用高温合金热轧棒材规范》	GJB 1953A—2008《航空发动机转动件用高温合金热轧棒材规范》	GJB 1953A—2020《航空发动机转动件用高温合金热轧棒材规范》
		—	—	GJB 2456—95《航天用 GH4141 高温合金热轧棒材规范》		
		—	—	GJB 3165—98《航空承力件用高温合金热轧和锻制棒材规范》	GJB 3165A—2008《航空承力件用高温合金热轧和锻制棒材规范》	GJB 3165A—2020《航空承力件用高温合金热轧和锻制棒材规范》
		—	—	GJB 2611A—96《航空用高温合金冷拉棒材规范》	GJB 2611A—2006《航空用高温合金冷拉棒材规范》	GJB 2611A—2020《航空用高温合金冷拉棒材规范》
	板带材	—	—	—	GB/T 25827—2010《高温合金板（带）材通用技术条件》	
		YB 507—65《高温合金冷轧薄板技术条件》	GBn 180—82《高温合金冷轧薄板》	GB/T 4996—94（调整）《高温合金冷轧板》	GB/T 14996—2010《高温合金冷轧板》	
		YB 634—67《GH35 冷轧薄板技术条件》				
		YB 639—67《GH140 冷轧薄板技术条件》				
		YB 508—65《GH39 高温合金热轧板技术条件》	GBn 179—82《高温合金热轧钢板》	GB/T 4995—94（调整）《高温合金热轧板》	GB/T 14995—2010《高温合金热轧板》	
		YB 640—7《GH140 热轧板材技术条件》				
		—	—	GJB 1952—94《航空航天用高温合金冷轧板规范》	GJB 1952A—2008《航空航天用高温合金冷轧板规范》	GJB 1952A—2020《航空航天用高温合金冷轧板规范》

续表 2-3-13

类别	细类别	20 世纪 60 年代	20 世纪 80 年代	20 世纪 90 年代	21 世纪 00 年代	21 世纪 10 年代
变形高温合金	板带材	—	—	GJB 1954—94《航天用 GH1131 和 GH3600 高温合金冷轧板规范》	—	GJB 1954A—2015《航天用 GH1131 和 GH3600 高温合金冷轧板规范》
		—	—	GJB 2611-96《航空用高温合金冷拉棒材规范》	GJB 2611A—2006《航空用高温合金冷拉棒材规范》	GJB 2611A—2020《航空用高温合金冷拉棒材规范》
		—	—	GJB 3317—98《航空用高温合金热轧板规范》	GJB 3317A—2008《航空用高温合金热轧板规范》	GJB 3317A—2020《航空用高温合金热轧板规范》
		—	—	GJB 3318—98《航空用高温合金冷轧带材规范》	GJB 3318A—2006《航空用高温合金冷轧带材规范》	
	盘环件	—	—	—	—	GB/T 25830—2010《高温合金盘（环）件通用技术条件》
		YB 512—65《GH34 及 GH36 高温合金圆饼技术条件》	GBn 182—82《2Cr3WMoV（GH34）锻制圆饼》	YB/T 5246—93（调整）《2Cr3WMoV（GH34）锻制圆饼》		
		YB 644—67《GH135 圆饼锻制技术条件》	GBn 181—82《高温合金锻制圆饼》	GB/T 14997—94（调整）《高温合金锻制圆饼》	YB/T 5351—2006《高温合金锻制圆饼》	
		YB 645—67《GH33 圆饼锻件》				
		—	GBn 183—82《高温合金环件毛坯》	GB/T 14998—94（调整）《高温合金环件毛坯》	YB/T 5352—2006《高温合金环件毛坯》	
		—	—	YB 4069—91《GH 4133B 合金盘形锻件》	—	—

续表 2-3-13

类别	细类别	20 世纪 60 年代	20 世纪 80 年代	20 世纪 90 年代	21 世纪 00 年代	21 世纪 10 年代
变形高温合金	盘环件	—	—	GJB 3782—99《航空用高温合金锻制圆饼规范》	—	—
		—	—	GJB 3020—97《航空用高温合金环坯规范》	GJB 3020A—2005《航空用高温合金环坯规范》	GJB 3020A—2015《航空用高温合金环坯规范》
		—	GJB 712—89《航天用GH4169 合金锻制圆饼》	—	GJB 712A—2001《航天用GH4169 高温合金锻制圆饼规范》	GJB 712A—2020《航天用 GH4169 高温合金锻制圆饼及盘件规范》
		—	—	GJB 3782—99《航空用高温合金锻制圆饼规范》		
	管材	—	—	—	—	GB/T 28295—2012《高温合金管材通用技术条件》
		—	GBn 188—82《一般用途高温合金管》	GB/T 15062—94（调整）《一般用途高温合金管》	GB/T 15062—2008《一般用途高温合金管》	
		—	YB 1206—80《航空用高温合金冷拉（轧）无缝管》	—	—	—
		—	—	GJB 2297—95《航空用高温合金冷拔（轧）无缝管规范》	GJB 2297A—2008《航空用高温合金冷拔（轧）无缝管规范》	
		—	—	—	GJB 5060—2001《航天用高温合金 GH3600 精细薄壁无缝管规范》	GJB 9454—2018《航天用高温合金 GH3600 精细薄壁无缝管规范》
	丝材	—	—	—	—	GB/T 25831—2010《高温合金丝材通用技术条件》
		YB 638—67《高温合金冷拉焊丝技术条件》	GBn 184—82《焊接用高温合金冷拉丝》	YB/T 5247—93（调整）《焊接用高温合金冷拉丝》	—	YB 5247—2012《焊接用高温合金冷拉丝》

续表 2-3-13

类别	细类别	20 世纪 60 年代	20 世纪 80 年代	20 世纪 90 年代	21 世纪 00 年代	21 世纪 10 年代
变形高温合金	丝材	—	GBn 186—82《冷镦用高温合金冷拉丝》	YB/T 5249—93（调整）《冷镦用高温合金冷拉丝》	—	YB 5249—2012《冷镦用高温合金冷拉丝》
		—	—	GJB 2612—1996《焊接用高温合金冷拉丝材规范》		
		—	—	GJB 3167—1998《冷镦用高温合金冷拉丝材规范》		
		—	—	GJB 3527—1999《弹簧用高温合金冷拉丝材规范》	—	GJB 3527A—2014《弹簧用高温合金冷拉丝材规范》
铸造高温合金	母合金	—	—	—	—	GB/T 25932—2010《铸造高温合金母合金通用技术条件》
		—	GBn 185—82《铸造高温合金母合金》	YB 5248—1993《铸造高温合金母合金》		
		—	—	—	GJB 5512.1—2005《铸造高温合金和铸造金属间化合物高温材料母合金规范 第 1 部分：普通精密铸件用铸造高温合金母合金》	GJB 8742.1—2015（调整）《铸造高温合金和铸造金属间化合物高温材料母合金规范 第 1 部分：普通精密铸件用铸造高温合金母合金》
		—	—	—	GJB 5512.2—2005《铸造高温合金和铸造金属间化合物高温材料母合金规范 第 2 部分：定向凝固柱晶铸件用铸造高温合金母合金》	GJB 8742.2—2015（调整）《铸造高温合金和铸造金属间化合物高温材料母合金规范 第 2 部分：定向凝固柱晶铸件用铸造高温合金母合金》

续表 2-3-13

类别	细类别	20 世纪 60 年代	20 世纪 80 年代	20 世纪 90 年代	21 世纪 00 年代	21 世纪 10 年代
铸造高温合金	母合金	—	—	—	GJB 5512.3—2005《铸造高温合金和铸造金属间化合物高温材料母合金规范　第 3 部分：单晶铸件用铸造高温合金母合金》	GJB 8742.3—2015（调整）《铸造高温合金和铸造金属间化合物高温材料母合金规范　第 3 部分：单晶铸件用铸造高温合金母合金》
	精铸件	—	—	—	—	GB/T 28411—2012《高温合金精铸结构件通用技术条件》
		—	—	—	—	GB/T 28412—2012《高温合金精铸叶片通用技术条件》
粉末高温合金		—	—	—	—	GB/T 38815—2020《等离子旋转电极雾化高温合金粉末》
		—	—	—	—	GB/T 38941—2020《等离子旋转电极雾化制粉用高温合金棒料》
	试验方法	YB 513—65《高温合金棒材纵向断口试验法》	GBn 187—82《高温合金低倍、高倍试验方法及评级图》	GB/T 14999.1—94《高温合金棒材纵向低倍组织酸浸试验法》	GB/T 14999.1—2010《高温合金试验方法　第 1 部分：纵向低倍组织及缺陷酸浸检验》（部分替代 GB/T 14999.5—94）	

续表 2-3-13

类别	细类别	20 世纪 60 年代	20 世纪 80 年代	20 世纪 90 年代	21 世纪 00 年代	21 世纪 10 年代
粉末高温合金	试验方法	YB 514—65《高温合金棒材纵向低倍组织酸浸试验法》	GBn 187—82《高温合金低倍、高倍试验方法及评级图》	GB/T 14999.2—94《高温合金横向低倍组织酸浸试验法》	GB/T 14999.2—2010《高温合金试验方法　第 2 部分：横向低倍组织及缺陷酸浸检验》	
		YB 515—65《高温合金横向低倍组织酸浸试验法》		GB/T 14999.3—94《高温合金棒材纵向断口试验法》	GB/T 14999.3—2010《高温合金试验方法　第 3 部分：棒材纵向断口检验》 （部分替代 GB/T 14999.5—94）	
		YB 516—65《GH32 及 GH33 显微组织试验法》		GB/T 14999.4—94《高温合金显微试验法》	GB/T 14999.4—2010《高温合金试验方法　第 4 部分：轧制高温合金条带晶粒组织和一次碳化物分布测定》 （部分替代 GB/T 14999.5—94）	
		YB 517—65《高温合金板材晶粒度试验法》		GB/T 14999.5—94	废止	
		—	—	—	GB/T 14999.6—2010《锻制高温合金双重晶粒组织和一次碳化物分布测定方法》	
		—	—	—	GB/T 14999.7—2010《高温合金铸件晶粒度、一次枝晶间距和显微疏松测定方法》	

发布了叶片棒材、冷轧薄板通用产品标准（HB 5198、HB 5199）；后续为配合各个航空发动机型号的研制生产需求，又陆续制定并发布了多项单个合金牌号单一品种的航空行业标准。高温合金试验方法航空行业标准也自 20 世纪 80 年代初期开始建立，包括：高温合金化学分析方法标准，高温合金棒材、圆饼及盘件超声波检验标准，抗氧化测定试验方法标准。20 世纪 80 年代后期，我国航空行业在与美国普惠公司合作开展某燃气涡轮发动机制造技术研究中引入了全面质量管理，制定了高温合金熔炼和成材工艺认可规范、供应厂工程认可规范、锻件生产工艺认可规范（HB/Z 154~156—89）三项质量控制标准。

（二）国家军用标准的建立

高温合金国家军用标准的制定始于 20 世纪 80 年代后期。GH4169 合金因具有良好的高温下高强度和超低温下良好的低温性能的相容性，在长征系列型号上得到了广泛应用。为此上海第五钢铁厂和航天部 703 所共同制定了最早的两项高温合金国家军用标准（GJB）——航天用 GH4169 圆棒、圆饼规范。后续冶金部、航天部又根据航天型号发动机的研制生产需求，陆续制定了多项高温合金国家军用标准。20 世纪 90 年代初期，冶金部与航空部也开始陆续制定航空用变形高温合金的国家军用标准。这些国家军用标准在国家内部标准的基础上制定完成，纳入了当时航空、航天各型号生产使用成熟的多个合金牌号，并在航空航天产品的订货生产中得到了广泛的应用和贯彻实施。

到 20 世纪 90 年代末，我国高温合金标准逐步形成了国家标准、国家军用标准、行业标准的统一体系，初步形成了涵盖变形和铸造高温合金各类品种的产品标准、配套热工艺和测试方法标准的高温合金标准体系，如图 2-3-3 所示。

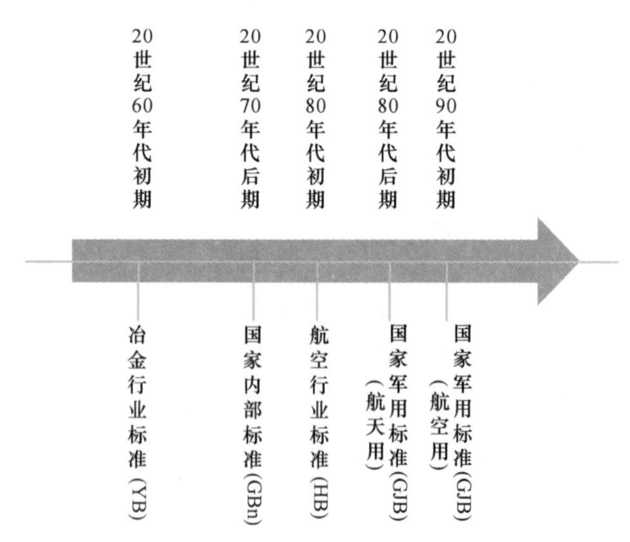

图 2-3-3　我国高温合金标准体系发展概况

四、21 世纪 00 年代到 10 年代——标准体系的完善

随着高温合金生产应用水平的提高，一批批定型发动机用高温合金新材料成熟应用，

自2000年以来，冶金工业信息标准研究院组织陆续对已有高温合金标准进行了全面的修订工作，保证了我国高温合金标准化工作的先进性与实用性，并形成了目前的高温合金国家标准体系。在此次修订过程中，由钢铁研究总院、冶金工业信息标准研究院负责完成了对GB/T 14992—1994的修订。此次修订的主要内容包括：一是修改了高温合金牌号的分类和命名规则；二是增加了定向凝固柱晶高温合金、单晶高温合金、弥散强化高温合金等先进的新材料；三是增加了金属间化合物高温材料的分类和牌号。通过此次修订，2005年版的标准中共包括了变形高温合金、等轴晶铸造高温合金、定向凝固柱晶高温合金、单晶高温合金、焊接用高温合金丝、粉末冶金高温合金、弥散强化高温合金和金属间化合物高温材料八个种类，共纳入了177个高温合金和金属间化合物高温材料牌号，其中我国自主研制的牌号有8个，标志着我国高温合金的研制已由仿制进入了自主创新阶段。

随着铸造高温合金叶片及粉末高温合金涡轮盘在航空发动机上的成熟应用，钢铁研究总院、北京航空材料研究所、冶金工业信息标准研究院联合开展了铸造高温合金国家军用标准的制定。GJB 5512—2005《铸造高温合金和铸造金属间化合物高温材料母合金规范》包含了三部分，第1部分：普通精密铸件用铸造高温合金母合金；第2部分：定向凝固柱晶铸件用铸造高温合金母合金；第3部分：单晶铸件用铸造高温合金母合金。每一部分均纳入了当时军工用多个铸造高温合金牌号，也进一步完善了高温合金的国家军用标准体系。

第九节　耐蚀合金标准

耐蚀合金是以耐蚀性为核心，含镍量不小于30%的一系列合金的统称。根据合金基体组成元素，耐蚀合金可分为铁镍基合金（含镍30%~50%且镍加铁不小于60%）和镍基合金（含镍不小于50%）。经过近50年的发展，我国已基本建立了品种齐全、水平先进，与国际标准水平接轨的耐蚀合金标准体系（见表2-3-14），现有国家标准19项，包括基础标准1项、产品通用技术条件标准3项、通用产品标准10项和专用产品标准5项，全面覆盖了耐蚀合金棒、板带、盘条和丝材、锻件、管材等产品类型；现有耐蚀合金牌号85个（其中自主研制牌号11个），涵盖了变形耐蚀合金（包括焊接用）和铸造耐蚀合金，以及镍-铬系、镍-钼系、镍-铬-钼系、镍-铬-钼-铜系、镍-铬-钼-氮系、镍-铬-钼-铜-氮系六个合金系列，标准水平达到国际先进水平，将进一步推动耐蚀合金产业的发展。

我国自20世纪50年代开始仿制、改进国外牌号的镍基耐蚀合金，当时主要是以满足原子能工业的发展需要为目的，到20世纪70年代已能生产10多个牌号产品。1975年由冶金部钢铁研究院牵头制定了第一个耐蚀合金部颁标准YB 687—75《镍基耐蚀合金技术条件（试行）》，共有7个牌号（见表2-3-15），其中自主研制牌号3个，仿制改进牌号1个，仿制牌号3个，在用途上概括了各种高温酸（还原、氧化、混合）、碱及含有卤族元素的特殊介质和腐蚀条件，为我国耐蚀合金进一步发展奠定了必要的基础。

表 2-3-14 现行耐蚀合金标准体系

<table>
<tr><th colspan="2">基础标准</th><th colspan="2">通用技术条件标准</th><th colspan="2">通用产品标准</th><th colspan="2">专用产品标准</th></tr>
<tr><th>标准编号</th><th>标准名称</th><th>标准编号</th><th>标准名称</th><th>标准编号</th><th>标准名称</th><th>标准编号</th><th>标准名称</th></tr>
<tr><td rowspan="10">GB/T 15007—2017</td><td rowspan="10">耐蚀合金牌号</td><td rowspan="3">GB/T 37792—2019</td><td rowspan="3">《耐蚀合金焊管通用技术条件》</td><td>GB/T 37605—2019</td><td>《耐蚀合金焊管》</td><td rowspan="2">GB/T 30059—2013</td><td rowspan="2">《热交换器用耐蚀合金无缝管》</td></tr>
<tr><td>GB/T 37791—2019</td><td>《耐蚀合金焊带》</td></tr>
<tr><td>GB/T 37612—2019</td><td>《耐蚀合金焊丝》</td><td rowspan="2">GB/T 37610—2019</td><td rowspan="2">《耐蚀合金小口径精密无缝管》</td></tr>
<tr><td rowspan="4">GB/T 37609—2019</td><td rowspan="4">《耐蚀合金焊带和焊丝通用技术条件》</td><td>GB/T 15008—2020</td><td>《耐蚀合金棒》</td></tr>
<tr><td>GB/T 37607—2019</td><td>《耐蚀合金盘条和丝》</td><td rowspan="2">GB/T 36026—2018</td><td rowspan="2">《油气工程用高强度耐蚀合金棒》</td></tr>
<tr><td>GB/T 37620—2019</td><td>《耐蚀合金锻材》</td></tr>
<tr><td>GB/T 37614—2019</td><td>《耐蚀合金无缝管》</td><td rowspan="2">GB/T 38681—2020</td><td rowspan="2">《工业炉用耐蚀合金无缝管》</td></tr>
<tr><td rowspan="3">GB/T 38589—2020</td><td rowspan="3">《耐蚀合金棒材、盘条及丝材通用技术条件》</td><td>GB/T 38688—2020</td><td>《耐蚀合金热轧厚板》</td></tr>
<tr><td>GB/T 38689—2020</td><td>《耐蚀合金冷轧薄板及带材》</td><td rowspan="2">GB/T 38682—2020</td><td rowspan="2">《流体输送用镍-铁-铬合金焊接管》</td></tr>
<tr><td>GB/T 38690—2020</td><td>《耐蚀合金热轧薄板及带材》</td></tr>
</table>

表 2-3-15 YB 687—75 标准中耐蚀合金类型和牌号表示方法

合金类型	类型代号	合金代号	合金牌号	说 明
Ni-Cr	NS1	NS11	0Cr30Ni70	仿制改进
Ni-Mo	NS2	NS21	0Ni65Mo28Fe5V	仿制 HastelloyB
Ni-Cr-Mo	NS3	NS31	00Cr16Ni75Mo2Ti	自行研制
	—	NS32	00Cr18Ni60Mo17	仿制 Chromet-3
	—	NS33	00Cr16Ni60Mo17W4	仿制 HastelloyC
Ni-Cr-Mo-Cu	NS4	—	—	—
暂缺	NS5	—	—	—
暂缺	NS6	—	—	—
Fe-Ni	NS7	NS71	00Cr26Ni35Mo3Cu4Ti	自行研制
沉淀硬化型	NS8	NS81	0Cr20Ni75Ti2AlNb	自行研制
铸造	NS9	—	—	—

20 世纪 80 年代是我国耐蚀合金研发和生产的快速发展期，为标准制定奠定了基础。1988 年由当时的冶金部情报标准研究总所、冶金部钢铁研究总院、大连钢厂、冶金部长城钢厂、上海第五钢铁厂、抚顺钢厂等单位组成的标准编制组，参照美国、日本、苏联或德国标准等先进国家标准，制定了耐蚀合金牌号、棒、热轧板、冷轧薄板、冷轧带、冷轧（拔）无缝管、焊丝和锻件八项国家内部标准（GBn），并修改了牌号表示方法。其中 GBn 271—88《耐蚀合金牌号》标准有 23 个变形耐蚀合金牌号，除删除了 YB 687—75 中的 NS7 外，还新增加了国际上通用的典型牌号 17 个：NS111、NS112、NS113、NS312、NS313、NS314、NS315、NS322、NS131、NS334、NS335、NS336、NS337、NS141、NS142、NS143、NS341。GBn 274—88《耐蚀合金焊丝》有 10 个焊接用耐蚀合金牌号：HNS141、HNS143、HNS311、HNS311、HNS321、HNS322、HNS331、HNS332、HNS333、HNS337；共有牌号 33 个。

由于当时国产耐蚀合金主要应用于军工和核工业领域的设备改造或部件更换，化学、石化、机械及能源、环保、海洋开发等工业领域使用的大型装备用材，尤其是作为关键材料的高性能耐蚀合金主要依赖进口，制约了国内耐蚀合金的研发、生产与发展进程。自 20 世纪 90 年代以后，我国耐蚀合金标准化工作基本处于停滞状态，仅在 1993 年和 2005 年两次国家标准清理整顿时，分别由原国家内部标准（GBn）调整为国家标准（GB/T ）或黑色冶金行业标准（YB/T），再由国家标准（GB/T ）调整为行业标准（YB/T），但两次调整只修改了标准编号，标准内容未进行任何修改；其中在 2005 年国家标准清理整顿时，GB/T 15011—1994《耐蚀合金冷轧（拔）无缝管》废止，详见表 2-3-16。

进入 21 世纪以来，随着我国产业结构调整，主导产业由资本密集型向中度技术密集型转移，能源、化工、航空航天等逐渐成为国家优先发展的行业，对耐蚀合金的需求不断增加，带动了耐蚀合金研发与生产的发展，迫切需要标准化支撑国产耐蚀合金在石油、化工、新能源等领域的推广应用。2008~2015 年间，由钢铁研究总院、东北特殊钢集团有限责任公司、攀钢集团江油长城特殊钢有限公司、冶金工业信息标准研究院等单位牵头，先

表 2-3-16 耐蚀合金标准演变的历程

20 世纪 70 年代		20 世纪 80 年代			20 世纪 90 年代		21 世纪 00 年代		21 世纪 10 年代	
标准编号	标准名称	标准编号	标准名称	参考的国外标准	标准编号	标准名称	标准编号	标准名称	标准编号	标准名称
YB 687—75	镍基耐蚀合金技术条件	GBn 271—88	《耐蚀合金牌号》	ASTM 2269A ГОСТ 5632—1972	GB/T 15007—1994（调整）	《耐蚀合金牌号》	GB/T 15007—2008	《耐蚀合金牌号》	GB/T 15007—2017	《耐蚀合金牌号》
		GBn 272—88	《耐蚀合金棒》	ASTM B408—1982 JIS G 4902—1984	GB/T 15008—1994（调整）	《耐蚀合金棒》	GB/T 15008—2008	《耐蚀合金棒》	GB/T 15008—2020	《耐蚀合金棒》
		GBn 273—88	《耐蚀合金热轧板》	ASTM B168—1983 JIS G 4902—1984 ASTM B333—1983	GB/T 15009—1994（调整）	《耐蚀合金热轧板》	YB/T 5353—2006（调整）	《耐蚀合金热轧板》	YB/T 5353—2012	《耐蚀合金热轧板》
							—	—	GB/T 38688—2020	《耐蚀合金热轧厚板》
		GBn 274—88	《耐蚀合金焊丝》	ASTM B473—1982 JIS G 4901—1981	YB/T 5263—1993（调整）	《耐蚀合金焊丝》	YB/T 5263—2014	《耐蚀合金焊丝》	GB/T 37612—2019	《耐蚀合金焊丝》
		GBn 275—88	《耐蚀合金冷轧薄板》	ASTM B168—1983 JIS G 4902—1984 ASTM B333—1983	GB/T 15010—1994（调整）	《耐蚀合金冷轧薄板》	YB/T 5354—2006（调整）	《耐蚀合金冷轧薄板》	YB/T 5354—2012	《耐蚀合金冷轧薄板》
							—	—	GB/T 38689—2020	《耐蚀合金冷轧薄板及带材》
		GBn 276—88	《耐蚀合金锻件》	ASTM B564—1982 DIN 7527—1975	YB/T 5264—1993（调整）	《耐蚀合金锻件》	YB/T 5264—1993（调整）	《耐蚀合金锻件》	GB/T 37620—2019	《耐蚀合金锻材》
		GBn 277—88	《耐蚀合金冷轧（拔）无缝管》	ASTM B407—1984 ASTM B167—1983	GB/T 15011—1994（调整）	《耐蚀合金冷轧（拔）无缝管》	GB/T 30059—2013	《热交换器用耐蚀合金无缝管》	GB/T 30059—2013	《热交换器用耐蚀合金无缝管》
							GB/T 15011—1994（废止）	《耐蚀合金冷轧（拔）无缝管》	GB/T 37614—2019	《耐蚀合金无缝管》
		GBn 278—88	《耐蚀合金冷轧带》	ASTM B409—1980 ASTM B168—1983	GB/T 15012—1994（调整）	《耐蚀合金冷轧带》	YB/T 5355—2006（调整）	《耐蚀合金冷轧带》	YB/T 5355—2012	《耐蚀合金冷轧带》

后对 GB/T 15007—1994《耐蚀合金牌号》（原 GBn 271—88）、GB/T 15008—1994《耐蚀合金棒》（原 GBn 272—88）等现行的 6 项耐蚀合金标准进行了修订，标准水平显著提高；同时，由攀钢集团江油长城特殊钢有限公司、冶金工业信息标准研究院、永兴特种不锈钢股份有限公司、浙江久立特材科技股份有限公司、江苏银环精密钢管股份有限公司等单位负责制定了 GB/T 30059—2013《热交换器用耐蚀合金无缝管》（见表 2-3-16），极大地促进了国产材料顶替进口材料的进程。GB/T 15007—2008 标准共有 46 个牌号，变形耐蚀合金牌号除保留了原 GBn 271—88 标准中 23 个牌号，铁镍基耐蚀合金中新增加镍-铬-钼-氮系、镍-铬-钼-铜-氮系两类含氮合金系列及 NS1501、NS1601、NS1602 我国自主研制的 3 个含氮牌号，铁镍基耐蚀合金中新增 10 个世界通用典型牌号（其中镍-钼系合金 2 个，镍-铬-钼系 4 个，镍-铬-钼-铜系 4 个）；铸造耐蚀合金牌号由 0 增加至 10 个（其中铁镍基耐蚀合金中的镍-铬系 1 个，镍基耐蚀合金中的镍-铬系 1 个，镍-钼系 2 个，镍-铬-钼系 6 个）；将牌号表示 NS 后三位数字改为四位数字，即在原第二、第三位数字间加“0”，如 NS1101、NS3101，并增加了统一数字代号，以适应耐蚀合金发展的需要。加上 YB/T 5263—2014《耐蚀合金焊丝》标准中 13 个焊接用耐蚀合金牌号，至此我国已纳标的耐蚀合金牌号达 59 个。

从 2015 年开始我国耐蚀合金发展迎来了重要机遇，国家相继出台的一系列新材料发展规划，如《中国制造 2025》（2015 年）、《关于加快新材料产业创新发展的指导意见》（2016 年）、《新材料产业发展指南》（2017 年）、《新材料标准领航行动计划（2018—2020 年）》等，均将耐蚀合金作为高端装备用重点产品。为了促进我国重大工程项目用耐蚀合金材料实现国产化，向国外先进水平看齐，2016 年至 2020 年间，由全国钢标准化技术委员会特殊合金分委员会（SAC/TC83/SC10）组织，参照 ASTM 标准体系，结合我国实际生产与应用情况，对现有我国耐蚀合金标准进行了一次清理整顿，共制修订标准 18 项（见表 2-3-15 和表 2-3-16），其中修订国家标准 2 个，新制定国家标准 17 个（包括 6 项行业标准上升为国家标准）。截至 2020 年现有耐蚀合金国家标准共 19 个（见表 2-3-16），基本完成了新的耐蚀合金标准体系的建立。GB/T 15007—2017 标准变形耐蚀合金新增纯铜和镍铜两个合金系列和焊接用耐蚀合金牌号，共有 76 个牌号，包括 52 个变形耐蚀合金牌号、14 个焊接用变形耐蚀合金牌号以及 10 个铸造耐蚀合金牌号，充分反映了我国近些年耐蚀合金材料的飞速发展和技术进步，同时进一步完善了我国耐蚀合金的合金系列和牌号系列；修改了“统一数字代号”，增加了与国际通用牌号的可对比性，如 NS1101 的统一数字代号 H08800（对应美国的 N08800），更加便于耐蚀合金国内外交流与贸易发展；同时还对“耐蚀合金复合板（或管）的牌号表示方法加以规定，受到标准相关方的广泛认可。

第十节　精密合金标准

精密合金一词来源于苏联，是指具有特殊物理和化学性能的金属材料，属于“金属功能材料”或“金属电子材料”的范畴。按照 GB/T 37797—2019《精密合金　牌号》的规定，精密合金标准主要包括软磁合金（1J）、变形永磁合金（2J）、弹性合金（3J）、膨胀合金（4J）、热双金属（5J）和精密电阻合金（6J）六种合金，是电子电讯、导航和控制系统、电真空器件、低压电器、家用电器、精密仪器仪表等行业不可缺少的重要材料。

我国精密合金标准化工作起步于20世纪50年代中期，我们采取走出去、请进来的办法，派人去苏联中央黑色冶金科学研究院下属的精密合金研究所学习，带回了大批珍贵的技术资料。1958年在北京、大连、上海等地区建立了精密合金研究与生产基地，有计划地仿制苏联的精密合金牌号，同时邀请苏联专家来我国指导科研与生产。经过几年的努力，1961年12月，冶金部首次发布了我国精密合金部颁标准12项，包括铁镍软磁合金（YB 129—62），铁钴钒软磁合金（YB 130—62），铁钴钒永磁合金（YB 131—62），变形永磁钢（YB 132—62），低膨胀合金（YB 133—62），铁镍定膨胀合金（YB 134—62），铁镍钴玻璃封接合金（YB 135—62），膨胀合金无缝管（YB 136—62），热双金属（YB 137—62），弹性元件用合金（YB 138~139—62），无磁、耐腐蚀、高弹性合金（YB 140—62）；共纳入了35个牌号。这些标准基本参考苏联标准编制的，合金的性能指标低。由于当时精密合金只限于军工使用，所以这12项标准也是冶金行业第一批军用标准。

20世纪70年代，根据国家科委召开的无线电仪器仪表金属材料会议要求和国防专案工程的需求，精密合金行业得到了全面发展。在总结前期精密合金研制、实际应用、积累试验数据的基础上，由冶金部钢铁研究院、冶金部情报标准研究所、上海市钢铁研究所、陕西钢铁研究所、大连钢厂、北京钢丝厂、上海电器科学研究所、上海开关厂、上海钟表元件二厂等单位组成的精密合金标准起草小组，从1969年开始对精密合金标准进行了第一次全面制修订工作。12项产品标准修订后成为10项，又新制定了1项牌号标准和16项产品标准也相继发布。截至1979年，标准数量达到27项，包括1项国家标准GB 1234—76《高电阻电热合金》和26项冶金部部标准，标准牌号由35个上升为170个（见表2-3-17）。这一阶段，标准中合金的各项性能指标均有一定的提高，特别是标准中纳入了1J2、1J6、1J8~1J10、1J32、1J52、1J66、1J77、1J82、1J84，2J3、2J5、2J7、2J9、2J21、2J23、2J25、2J65、2J66、2J71、2J72，3J4、3J5、3J7、3J8、3J23、3J32~3J38、3J51、3J54~3J56、3J58~3J60、3J81、3J82，4J10~4J15、4J19、4J20、4J24、4J27、4J31、4J33、4J34、4J75，5J26，6J3、6J5、6J7、6J9、6J10、6J15、6J20、6J21、6J35、6J36六十八个牌号且均是我国自主研制的，标志着我国精密合金的标准工作已由仿制阶段步入发展创新阶段。

表2-3-17 精密合金标准牌号的沿革

分 类	YB 685—69	GBn 291—89 GB/T 15018—1994	GB/T 37797—2019
1J软磁合金（不包括硅钢、非晶纳米晶）	1J1、1J2、1J6、1J8~1J10、1J12~1J14、1J16、1J17、1J20~1J22、1J30~1J34、1J38、1J41、1J42、1J44、1J46、1J47、1J50~1J52、1J54、1J64~1J68、1J76~1J86，共45个	删除1J1、1J2、1J8~1J10、1J14、1J20、1J21、1J41、1J42、1J44、1J47、1J64、1J68、1J81、1J82、1J84； 增加1J18、1J36、1J40、1J87~1J91； 共35个	删除1J89、1J90、1J91、1J17、1J18； 增加1J251（1J21）、1J227（1J27）、1J348（1J48）、1J475C（1J75C）、1J484X（1J84X）、1J487X（1J87X或1J87C）、1J488X（1J88X）、1J492X（1J92X或1J92）、1J493X（1J93X或1J93）、1J494X（1J94X或1J94）、1J495X（1J95X或1J95）； 共48个

续表 2-3-17

分 类	YB 685—69	GBn 291—89 GB/T 15018—1994	GB/T 37797—2019
2J 变形永磁合金（不包括稀土永磁合金）	2J3～2J5、2J7、2J9～2J13、2J20～2J25、2J27、2J51～2J54、2J61、2J63～2J66、2J71、2J72，共27个	删除2J3、2J5、2J20、2J22、2J24、2J54、2J61、2J66、2J71、2J72；2J11～2J13改编为2J31～2J33； 增加2J67、2J83～2J85； 共23个	删除2J51、2J52； 共21个
3J 弹性合金	3J1～3J8、3J21～3J25、3J31～3J38、3J51～3J60、3J81～3J82，共33个	删除3J2～3J8、3J23～3J25、3J31～3J38、3J51、3J52、3J54～3J57、3J59、3J81～3J82； 增加3J40、3J53P、3J53Y、3J63； 共11个	增加3J348（3J59）、3J347（3J61）、3J347（3J61）、3J345（3J65）、3J341（3J68）、3J349（3J71）、3J468（3J78或3J68）、3J520（3J09或3J9）； 共19个
4J 膨胀合金	4J5、4J6、4J9～4J12、4J15、4J18～4J20、4J24、4J27、4J29～4J36、4J42、4J43、4J45、4J47～4J50、4J58、4J75，共29个	删除4J5、4J9～4J20、4J24、4J27、4J30、4J31、4J35、4J31、4J48、4J75； 增加4J28、4J40、4J44、4J46、4J78、4J80、4J82； 共21个	增加4J341（4J41）、4J531（4J59）、4J332A（4J32A）、4J342K（4J42K）、4J339（4J35）； 共26个
5J 热双金属（GB/T 4461）	5J11、5J14、5J16～5J26、5J101，共14个	删除5J14、5J20～5J22、5J26； 增加5J1378、5J1070、5J1306A、5J1306B、5J1411A、5J1411B、5J1417A、5J1417B、5J1220A、5J1220B、5J1325A、5J1325B、5J1430A、5J1430B、5J1435A、5J1435B、5J1440A、5J1440B、5J1445A、5J1445B； 共30个	GB/T 4461—1992版：删除5J1378、5J1478、5J1578、5J1220A、5J1220B，增加5J1380、5J1580、5J1413、5J1309A、5J1309B、5J1320A、5J1320B、5J1433A、5J1433B； GB/T 4461—2007版：5J1445A、5J1445B、5J1450A、5J1450B、5J1085； GB/T 4461—2020版：增加5J2209、5J2270、5J2370、5J2715、5J3405、5J3708、5J3810、5J3812、5J3815、5J3820、5J3840； 共50个
6J 精密电阻合金	6J3、6J5、6J7、6J9、6J10、6J15、6J20～6J23、6J35、6J36，共12个	删除6J3、6J5、6J7、6J9、6J21、6J35、6J36； 增加6J24； 共6个	增加6J425（6J25）、6J426（6J26）、6J520（6J27）、6J526（6J28）； 共10个
7J 热电偶合金	7J10、7J13、7J30、7J40、7J41～7J43、7J94、7J95、7J97，共10个	—	—
合计	170	126	174

20世纪80年代，为适应我国改革开放，我国实施了采用国际标准和国外先进标准的技术路线。随着彩电工程的引进和家用电器工业的发展，民用精密合金的需求量越来越大，对国产精密合金提出了更高的要求。国防科工委和电子工业部对精密合金提出了“七专”质量控制与反馈措施。冶金部对相关生产厂进行了改造，引进先进技术设备，我国精密合金标准水平亟待提高。由陕西钢铁研究所、大连钢厂、冶金部钢铁研究院、上海钢铁研究所、冶金部情报标准研究总所、首都冶金研究所、首钢钢丝厂、重庆钢铁厂、上海电器科学研究所等单位组成的精密合金标准起草小组，通过对比分析苏联、日本、美国及国际电工IEC等标准，在总结过去十几年标准实际应用及科研、生产实践中所取得的一系列创新成果的基础上，对精密合金标准进行了第二次全面制修订工作。此次修订主要特点：一是加强了牌号、术语及定义、包装、标志和质量证明书等基础标准和试验方法标准的制定，特别是“七五”期间我国百吨级非晶带材中试生产线的建成（带材宽度达到100毫米），我国首次发布了GBn 292—89《快淬合金的分类和牌号》，为规范非晶材料的发展起到了重要技术基础支撑作用；二是产品标准在合金牌号及化学成分、性能指标、尺寸偏差、表面质量等方面逐渐与国外先进标准靠拢，标准水平按性能指标分为三级，其中Ⅰ级达到当时的国际先进水平，Ⅱ级和Ⅲ级达到当时的国际一般水平，综合标准水平可以达到苏联、美国、日本等先进国家七八十年代的标准水平。这一阶段的标准制修订后均被国家标准总局批准为国家内部标准（GBn）或国家标准，标准总数由27项增长至52项；但纳入标准的牌号由170个减少至126个，删除的牌号除划分为机械工业部的“热电偶合金”外，还有一些是没有实际应用的牌号。

20世纪90年代，我国进行了第一次标准清理整顿。取消了国家内部标准（GBn），将现行的精密合金国家内部标准（GBn）全部调整为国家标准或行业标准并进行了重新编号，但标准内容没有修改。这一期间，为了满足军工的需要，原国防科学技术工业委员会批准发布了6项国家军用标准，其中软磁合金1项、变形永磁合金1项、弹性合金3项、精密电阻合金1项，这些标准主要由陕西钢铁研究所、钢铁研究院、上海钢铁研究所、冶金工业信息标准研究院等单位牵头编制。截至1999年，标准总数为59项，其中国家标准26项、国家军用标准6项、行业标准27项。

21世纪00年代，我国进行了第二次标准清理整顿。为了减少标准数量，部分精密合金标准进行了整合修订，国家标准和行业标准数量由53项减少至41项。这一时期，我国突破了非晶带材在线自动卷取技术，并建成年产20万只非晶铁芯中试生产线（带材宽度达到220毫米）和年产600吨非晶配电变压器铁芯生产线。为了促进非晶合金产业化进程，国家科技部在继续支持纳米晶带材及其制品产业化开发的同时，将“非晶材料标准体系及配套磁测系统研究”列入了重大科技攻关项目。由冶金工业信息标准研究院牵头，联合钢铁研究总院国家非晶微晶合金工程技术研究中心（安泰科技非晶纳米晶制品分公司）共同编制了我国第一个非晶纳米晶合金带材及带材磁性能测试方法标准。2003年11月获得国家质量监督检验检疫总局批准发布，标准编号及名称为GB/T 19345—2003《非晶纳米晶软磁合金带材》和GB/T 19346—2003《非晶纳米晶软磁合金交流磁性能测试方法》。由于当时我国的非晶纳米晶带材产业尚处于发展初期，虽然国内已有数十家非晶带材生产企业，但规模最大的安泰科技只有千吨级中试线，其他大多数企业是年产能在数十吨的小规模生产厂甚至作坊式企业，非晶纳米晶带材的生产工艺水平参差不齐，带材产品质量还无法严格控制，甚至一些关键技术指标还没有成熟的测试方法。同时，我国非晶纳米晶合金的应用水平也处于初级阶段，仅有美国 Allied 公司在上海组建了合资企业（上海置信），利用进口非晶带材生产配电变压器铁芯。无论电力行业还是电力电子行业，主流企业对非晶纳米晶材料了解都很少，还不能根据使用要求对非晶纳米晶带材提出有针对性的技术要求。GB/T 19345—2003 的制定与实施，对我国的非晶纳米晶合金的产业化发展及推广应用起到了指导性作用。2005 年获得中国钢铁工业协会、中国金属学会冶金科学技术奖二等奖。这一时期，由宝山钢铁股份有限公司特殊钢分公司、钢铁研究总院、陕西精密合金股份有限公司、冶金工业信息标准研究院等单位牵头，新制定了 5 项国家军用标准，其中软磁合金 1 项、变形永磁合金 2 项、弹性合金 2 项，国家军用标准数量由 6 项增长至 11 项。

进入 21 世纪以来，随着我国对能源和环境保护的重视不断加强，促进了精密合金领域技术的快速发展，涌现出的新材料、新产品陆续制定了相应的标准，例如 GB/T 31942—2015《金属蜂窝载体用铁铬铝箔材》和 GB/T 36516—2018《机动车净化过滤器用铁铬铝纤维丝》。非晶带材制造技术也取得巨大突破，我国建成了万吨级铁基非晶带材生产线，产品质量已经与日立金属、德国 VAC 等并驾齐驱。我国成为世界上第二个独立掌握铁基非晶宽带产业化技术的国家，已经拥有比较成熟的非晶变压器设计技术，非晶铁芯和非晶变压器生产企业达数十家，从非晶带材到非晶变压器的产业链已初具规模，对铁基非晶宽带的技术要求、铁芯和变压器生产工艺、产品检测等已初步形成完整的技术系统。与此同时，非晶纳米晶带材在电力电子行业也获得认可，广泛应用于电力互感器、电能计量互感器、漏电保护互感器、高频开关电源变压器、共模电感、高频电抗器与滤波电感等，对非晶纳米晶合金带材也提出了差异化的质量要求。2014 年由中国钢研科技集团有限公司（安泰科技股份有限公司）、冶金工业信息标准研究院、长沙天恒测控技术有限公司、宝山钢铁股份有限公司、中国计量科学研究院等单位组成编制组，开始对 GB/T 19345 和 GB/T 19346 进行第一次修订。同年，国际电工委员会 IEC 也启动了 IEC 60404-8-11/NP《磁性材料　第 8-11 部分：单项材料规范　半工艺状态交货的铁基非晶带材》和 IEC 60404—16/NP《用单片测试仪测量铁基非晶片(带)磁性能的方法》两项国际标准的制定，日本为召集国，我国是重要的参与国，宝钢股份公司的周星博士为中国专家发言人，长沙天恒测控技术有限公司参与了国际比对试验。因此，此次修订是与国际标准同步进行的，借鉴了很多国际先进技术，也贡献了中国智慧和经验。2017 年 10 月获得国家质量监督检验检疫总局、国家标准化管理委员会的批准发布。新标准综合水平达到国际先进水平，初步建立了我国非晶纳米晶合金标准体系。

总之，经过 60 多年的努力，我国精密合金标准从无到有，从仿制到创新，基本形成与国防建设、工业生产和人民生活紧密结合的标准体系，如图 2-3-4 所示，现有标准 67 项，包括基础标准 4 项（见表 2-3-18）、软磁合金 12 项（见表 2-3-19）、非晶纳米晶合金 6 项（见表 2-3-20）、变形永磁合金 8 项（见表 2-3-21）、弹性合金 16 项（见表 2-3-22）、膨胀合金 14 项（见表 2-3-23）、热双金属 1 项（见表 2-3-23）和精密电阻合金 6 项（见表 2-3-24），共有精密合金牌号 174 个（见表 2-3-17），对高新信息技术和国防现代化发展起着基础和支撑作用。

表 2-3-18 精密合金基础标准的演变历程

<table>
<tr><th>类别</th><th>20 世纪 60 年代</th><th>20 世纪 80 年代</th><th colspan="2">20 世纪 90 年代</th><th>21 世纪 00 年代</th><th>21 世纪 10 年代</th></tr>
<tr><td rowspan="2">牌号</td><td>YB 658—69《精密合金产品牌号表示方法》</td><td>GBn 291—89《精密合金牌号》</td><td colspan="3">GB/T 15018—1994（调整）《精密合金牌号》</td><td>GB/T 37797—2019《精密合金牌号》</td></tr>
<tr><td>—</td><td>GBn 292—89《快淬合金的分类和牌号》</td><td colspan="2">GB/T 15019—1994（调整）《快淬金属的分类和牌号》</td><td>GB/T 15019—2003《快淬金属分类和牌号》</td><td>GB/T 15019—2017《快淬金属分类和牌号》</td></tr>
<tr><td>技术通则</td><td>—</td><td>GBn 112—81《精密合金的包装、标志和质量证明书的一般规定》</td><td>GB/T 13297—1991《精密合金包装、标志和质量证明书的一般规定》</td><td>YB/T 5242—1993（调整）《精密合金包装、标志和质量证明书的一般规定》</td><td>YB/T 5242—2013《精密合金包装、标志和质量证明书的一般规定》</td><td>GB/T 13297—2021《精密合金包装、标志和质量证明书的一般规定》</td></tr>
<tr><td rowspan="5">术语</td><td>—</td><td>GBn 279—88《精密合金领域内磁学特性和磁学量术语与定义》</td><td colspan="2">GB/T 15013—1994（调整）《精密合金领域内磁学特性和磁学量术语与定义》</td><td colspan="2"></td></tr>
<tr><td>—</td><td>GBn 280—88《弹性合金领域内的物理特性和物理量术语与定义》</td><td colspan="2">GB/T 15014—1994（调整）《弹性合金领域内的物理特性和物理量术语与定义》</td><td colspan="2" rowspan="4">GB/T 15014—2008《弹性合金、膨胀合金、热双金属、电阻合金物理量术语及定义》</td></tr>
<tr><td>—</td><td>GBn 281—88《膨胀合金领域内的物理特性和物理量术语与定义》</td><td colspan="2">GB/T 15015—1994（调整）《膨胀合金领域内的物理特性和物理量术语与定义》</td></tr>
<tr><td>—</td><td>GBn 282—88《热双金属领域内的物理特性和物理量术语与定义》</td><td colspan="2">GB/T 15016—1994（调整）《热双金属领域内的物理特性和物理量术语与定义》</td></tr>
<tr><td>—</td><td>GBn 283—88《电阻合金领域内的物理特性和物理量术语与定义》</td><td colspan="2">GB/T 15017—1994（调整）《电阻合金领域内的物理特性和物理量术语与定义》</td></tr>
</table>

表 2-3-19　软磁合金标准演变历程

<table>
<tr><th>类别</th><th>20 世纪 60 年代</th><th colspan="2">20 世纪 70 年代</th><th colspan="2">20 世纪 80 年代</th><th>20 世纪 90 年代</th><th>21 世纪 00 年代</th><th>21 世纪 10~20 年代</th></tr>
<tr><td rowspan="5">工业纯铁</td><td rowspan="2">YB 206—63 工用纯铁薄板技术条件》</td><td rowspan="2">YB 206—70《电工用纯铁薄板》</td><td rowspan="4">YB 200—75《电工用纯铁》</td><td colspan="2">GB 9971—88《原料纯铁》</td><td></td><td>GB/T 9971—2004《原料纯铁》</td><td>GB/T 9971—2017《原料纯铁》</td></tr>
<tr><td colspan="2">GB 6983—86《电磁纯铁棒材技术条件》</td><td></td><td rowspan="3">GB/T 6983—2008《电磁纯铁》</td><td rowspan="3">GB/T 6983—××××《电磁纯铁》</td></tr>
<tr><td rowspan="2">YB 200—63《电工用纯铁棒技术条件》</td><td rowspan="2">YB 200—70《电工用纯铁材技术条件》</td><td colspan="2">GB 6984—86《电磁纯铁热轧厚板技术条件》</td><td></td></tr>
<tr><td colspan="2">GB 6985—86《电磁纯铁冷轧薄板》</td><td></td></tr>
<tr><td>—</td><td>—</td><td>—</td><td colspan="2">YB(T)34—86《电磁纯铁冷轧薄板》</td><td>（1999 年废止）</td><td>—</td><td>—</td></tr>
<tr><td rowspan="5">铁镍合金</td><td rowspan="3">YB 129—62《铁镍软磁合金》</td><td colspan="2" rowspan="3">YB 129—70（Ⅰ）、（Ⅱ）（暂行）《铁镍软磁合金》</td><td>GBn 198—83《高初磁导率软磁合金技术条件》</td><td rowspan="4">GBn 198—88《铁镍软磁合金技术条件》</td><td rowspan="4">—</td><td rowspan="4">—</td><td rowspan="4">GB/T 32286.1—2015《软磁合金　第 1 部分：铁镍合金》</td></tr>
<tr><td>GBn 199—83《高磁导率较高饱和磁感应强度软磁合金技术条件》</td></tr>
<tr><td>GBn 202—83《矩磁合金技术条件》</td></tr>
<tr><td>—</td><td colspan="2">—</td><td>GBn 159—82《铁镍钴软磁合金 1J403》</td></tr>
<tr><td>—</td><td colspan="2">—</td><td colspan="2">GBn 161—82《高硬度高电阻高磁导合金》</td><td>GB/T 14987—1994《高硬度高电阻高磁导合金》</td><td>—</td><td>GB/T 14987—2016《高硬度高电阻铁镍软磁合金冷轧带材》</td></tr>
</table>

续表 2-3-19

类别	20 世纪 60 年代	20 世纪 70 年代	20 世纪 80 年代		20 世纪 90 年代	21 世纪 00 年代	21 世纪 10~20 年代
铁镍合金	—	—	—		YB/T 086—1996《磁头用软磁合金冷轧带材》	—	YB/T 086—2013《磁头用软磁合金冷轧带材》
	—	—	—		GJB 2152—1994《耐蚀高磁导率软磁合金规范》	—	GJB 2152A—××××《耐蚀高磁导率软磁合金规范》
	—	YB 667—70（暂行）《恒导磁合金》	GBn 201—83《恒磁导率合金技术条件》	GBn 201—88《恒磁导率合金技术条件》	GB/T 15003—1994（调整）《恒磁导率合金技术条件》	GB/T 14986—2008《高饱和、磁温度补偿、耐蚀、铁铝、恒磁导率软磁合金》	GB/T 14986.1—2018《软磁合金 第 1 部分：一般要求》 GB/T 14986.3—2018《软磁合金 第 3 部分：铁钴合金》 GB/T 14986.4—2018《软磁合金 第 4 部分：铁铬合金》 GB/T 14986.5—2018《软磁合金 第 5 部分：铁铝合金》
	—	YB 668—70（暂行）《磁温度补偿合金》	GBn 204—83《磁温度补偿合金技术条件》	GBn 204—88《磁温度补偿合金技术条件》	GB/T 15005—1994（调整）《磁温度补偿合金技术条件》		
技术通则	—	—	GBn 197—83《软磁合金尺寸、外形、表面质量、试验方法和检验规则的一般规定》	GBn 197—88《软磁合金尺寸、外形、表面质量、试验方法和检验规则的一般规定》	GB/T 15001—1994（调整）《软磁合金尺寸、外形、表面质量、试验方法和检验规则的一般规定》		
铁铬合金	—	—	GBn 160—82《耐蚀软磁合金 1J36、1J116 和 1J117》	GBn 160—88《耐蚀软磁合金技术条件》	GB/T 14986—1994（调整）《耐蚀软磁合金技术条件》		

续表 2-3-19

类别	20 世纪 60 年代	20 世纪 70 年代	20 世纪 80 年代		20 世纪 90 年代	21 世纪 00 年代	21 世纪 10~20 年代	
铁铝合金	—	YB 669—70（暂行）《铁铝系磁性合金》	GBn 203—83《铁铝软磁合金技术条件》	GBn 203—88《铁铝软磁合金技术条件》	GB/T 15004—1994（调整）《铁铝软磁合金技术条件》	GB/T 14986—2008《高饱和、磁温度补偿、耐蚀、铁铝、恒磁导率软磁合金》	GB/T 14986.1—2018《软磁合金　第 1 部分：一般要求》 GB/T 14986.3—2018《软磁合金　第 3 部分：铁钴合金》 GB/T 14986.4—2018《软磁合金　第 4 部分：铁铬合金》 GB/T 14986.5—2018《软磁合金　第 5 部分：铁铝合金》	
铁钴（钒）合金	YB 130—62《铁钴钒软磁合金》	YB 130—70《铁钴钒软磁合金》	GBn 200—83《高饱和磁感应强度软磁合金技术条件》	GBn 200—88《高饱和磁感应强度软磁合金技术条件》	GB/T 15002—1994（调整）《高饱和磁感应强度软磁合金技术条件》			
	—	—	—		—	GJB 6479—2008《铁钴钒软磁合金冷轧带材规范》	GJB 8745—2015（调整）《铁钴钒软磁合金冷轧带材规范》	GJB 8745A—××××《铁钴钒软磁合金带材规范》
磁致伸缩材料	—	—	—		—	—	GJB 9781—2020《舰船用超磁致伸缩材料规范》	

表 2-3-20　非晶纳米晶合金标准的演变历程

类别	20 世纪 80 年代	20 世纪 90 年代	21 世纪 00 年代	21 世纪 10 年代
基础标准	GBn 292—89《快淬合金的分类和牌号》	GB/T 15019—1994（调整）《快淬金属的分类和牌号》	GB/T 15019—2003《快淬金属分类和牌号》	GB/T 15019—2017《快淬金属分类和牌号》
产品标准	—	—	GB/T 19345—2003《非晶纳米晶软磁合金带材》	GB/T 19345.1—2017《非晶纳米晶合金　第 1 部分：铁基非晶软磁合金带材》
				GB/T 19345.2—2017《非晶纳米晶合金　第 2 部分：铁基纳米晶软磁合金带材》
方法标准	—	—	—	GB/T 19346.1—2017《非晶纳米合金测试方法　第 1 部分：环形试样交流磁性能》
	—	—	—	GB/T 19346.2—2017《非晶纳米晶合金测试方法　第 2 部分：带材叠片系数》
	—	—	—	GB/T 19346.3—2021《非晶纳米晶合金测试方法　第 3 部分：铁基非晶单片试样交流磁性能》

表 2-3-21　变形永磁合金标准演变历程

类别	20 世纪 60 年代		20 世纪 80 年代	20 世纪 90 年代	21 世纪 00 年代	21 世纪 10~20 年代
变形永磁合金	YB 131—62《铁钴钒永磁合金》	YB 131—69《铁钴钒永磁合金技术条件》	GBn 172—82《铁钴钒永磁合金》	GB/T 14989—1994（调整）《铁钴钒永磁合金》		GB/T 14989—2015《铁钴钒永磁合金》
	YB 132—62《变形永磁钢》	YB 132—69《变形永磁钢技术条件》	GBn 174—82《变形永磁钢》	GB/T 14991—1994（调整）《变形永磁钢》		GB/T 14991—2016《变形永磁钢》
	YB 660—69（暂行）《磁滞合金技术条件》		GBn 171—82《磁滞合金冷轧带》	GB/T 14988—1994（调整）《磁滞合金冷轧带》	GB/T 14988—2008《磁滞合金》	
			GBn 173—82《铁钴钼磁滞合金热轧（或锻）棒材》	GB/T 14990—1994（调整）《铁钴钼磁滞合金热轧（或锻）棒材》		
	—		GBn 254—85《变形铁铬钴永磁合金》	YB/T 5261—1993（调整）《变形铁铬钴永磁合金》		YB/T 5261—2016《变形铁铬钴永磁合金》
	—		—	GJB 1958—1994《磁滞陀螺电机用磁滞合金冷轧带材规范》		GJB 1958A—2015《磁滞陀螺电机用磁滞合金冷轧带材规范》
烧结永磁合金	—		—	ZBH58003—1990《烧结钕铁硼永磁材料》	GJB 6485—2008（前国防科工委颁布，已作废）《烧结钕铁硼永磁材料规范》	GJB ××××—××××《烧结钕铁硼永磁材料规范》
	—		—	—	GJB 6486—2008（前国防科工委颁布，已作废）《烧结钐钴永磁材料规范》	GJB ××××—××××《烧结钐钴永磁材料规范》
	—		—	—	—	GJB 9662—2019《烧结稀土永磁辐向整体环规范》
	—		—	—	—	GJB 8487—2015《航天用高强韧度永磁材料规范》
铸造永磁合金	—		—	—	—	GJB 8515—2015《惯性导航系统用铂钴永磁材料规范》

表 2-3-22 弹性合金标准演变历程

类别	20 世纪 60 年代	20 世纪 70 年代	20 世纪 80 年代	20 世纪 90 年代	21 世纪 00 年代	21 世纪 10 年代
技术通则	—	—	GBn 215—84《弹性合金的尺寸、外形、表面质量、试验方法和检验规则的一般规定》	GB/T 15006—1994（调整）《弹性合金的尺寸、外形、表面质量、试验方法和检验规则的一般规定》	GB/T 15006—2009《弹性合金的尺寸、外形、表面质量、试验方法和检验规则的一般规定》	
高弹性合金	YB 140—62《无磁、耐腐蚀、高弹性合金》	YB 140—73《无磁、耐腐蚀、高弹性合金 3J21》	GBn 217—84《弹性元件用合金 3J21 技术条件》	YB/T 5253—1993（调整）《弹性元件用合金 3J21 技术条件》		YB/T 5253—2011《弹性元件用合金 3J21 技术条件》
	—	YB 670－73（试行）《轴尖用合金 3J22》	GBn 216—84《轴尖用合金 3J22 丝材技术条件》	YB/T 5252—1993（调整）《轴尖用合金 3J22 丝材技术条件》		YB/T 5252—2011《轴尖用合金 3J22 丝材技术条件》
	—	—	GBn 162—82《抗震耐磨轴尖合金 3J40》	YB/T 5243—1993（调整）《抗震耐磨轴尖合金 3J40》	GJB 5262—2003《抗震耐磨高弹性合金规范》	GJB ××××—××××《3J40 高弹性合金规范》
	—	—	GB 5217—85《发条用高弹性合金 3J9（2Cr19Ni9Mo）》	YB/T 5135—1993（调整）《发条用高弹性合金 3J9（2Cr19Ni9Mo）》		YB/T 5135—2014《发条用高弹性合金 3J9 冷拉丝》
	—	—	—	—	—	YB/T 4420—2014《发条用高弹性合金 3J9 冷轧带》
	—	—	—	—	GJB 5062—2001《高强度弹性合金 3J33 棒材规范》	—
	—	—	—	—	—	GJB 9458—2018《航空用 3J78 高温高弹性合金规范》

续表 2-3-22

类别	20 世纪 60 年代	20 世纪 70 年代	20 世纪 80 年代	20 世纪 90 年代	21 世纪 00 年代	21 世纪 10 年代	
高弹性合金	YB 138—62《弹性合金 Ni36CrTiAl 技术条件》	YB 138—73《弹性元件用合金 3J1、3J53》	GBn 220—84《弹性元件用合金 3J1 和 3J53 技术条件》	YB/T 5256—1993（调整）《弹性元件用合金 3J53 技术条件》		YB/T 5256—2011《弹性元件用合金 3J1 和 3J53 技术条件》	GB/T 34471.2—2017《弹性合金 第 2 部分：恒弹性合金》
恒弹性合金	YB 139—62《恒弹性合金 Ni42CrTi 技术条件》						
	—	YB/Z 2—73《频率元件用恒弹性合金 3J53、3J58》	GBn 218—84《频率元件用恒弹性合金 3J53 和 3J58 技术条件》	YB/T 5254—1993（调整）《频率元件用恒弹性合金 3J53 和 3J58 技术条件》		YB/T 5254—2011《频率元件用恒弹性合金 3J53 和 3J58 技术条件》	
	YB 469—64《手表用镍 42 铬钛合金游丝》	—	GBn 260—86《手表游丝用恒弹性合金 3J53Y 丝材》	YB/T 5262—1993（调整）《手表游丝用恒弹性合金 3J53Y 丝材》		YB/T 5262—2011《手表游丝用恒弹性合金 3J53Y 丝材技术条件》	
	—	—	GBn 163—82《正温度系数恒弹性合金 3J63》	YB/T 5244—1993（调整）《正温度系数恒弹性合金 3J63》			
	—	—	GBn 219—84《频率元件用恒弹性合金 3J60 技术条件》	YB/T 5255—1993（调整）《频率元件用恒弹性合金 3J60 技术条件》		YB/T 5255—2013《频率元件用恒弹性合金 3J60 冷拉丝技术条件》	

续表 2-3-22

类别	20 世纪 60 年代	20 世纪 70 年代	20 世纪 80 年代	20 世纪 90 年代	21 世纪 00 年代	21 世纪 10 年代
恒弹性合金	—	—	—	GJB 2153—1994《高稳定低频率温度系数恒弹性合金规范》		GJB 2153A—2018《高稳定低频率温度系数恒弹性合金规范》
	—	—	—	GJB 3313—1998《频率元件用恒弹性合金规范》		GJB 3313A—××××《频率元件用恒弹性合金规范》
	—	—	—	GJB 3315—1998《小扭振频率温度系数恒弹性合金规范》		GJB 3315A—××××《小扭振频率温度系数恒弹性合金规范》

表 2-3-23 膨胀合金和热双金属标准演变历程

<table>
<tr><th>类别</th><th colspan="2">20 世纪 60~70 年代</th><th colspan="2">20 世纪 80 年代</th><th>20 世纪 90 年代</th><th>21 世纪 00 年代</th><th>21 世纪 10 年代</th></tr>
<tr><td>技术通则</td><td colspan="2">YB 665—69《膨胀合金的品种规格、尺寸公差、表面质量、检验方法、验收规则》</td><td>GBn 100—81《膨胀合金的品种规格、尺寸公差、表面质量、检验方法和验收规则的一般规定》</td><td>GBn 100—87《膨胀合金的尺寸、外表、表面质量、试验方法和检验规则的一般规定》</td><td>GB/T 14985—1994（调整）《膨胀合金的尺寸、表面质量、试验方法和检验规则的一般规定》</td><td colspan="2">GB/T 14985—2007《膨胀合金的尺寸、外形、表面质量、试验方法和检验规则的一般规定》</td></tr>
<tr><td rowspan="2">定膨胀合金</td><td colspan="2">—</td><td>GBn 97—80《低钴定膨胀玻璃封接合金 4J44 技术条件》</td><td rowspan="2">GBn 97—87《铁镍钴玻封合金 4J29 和 4J44 技术条件》</td><td rowspan="2">YB/T 5231—1993（调整）《铁镍钴玻封合金 4J29 和 4J44 技术条件》</td><td rowspan="2" colspan="2">YB/T 5231—2005《定膨胀封接铁镍钴合金》</td></tr>
<tr><td>YB 135—62《铁镍钴玻璃封接合金》</td><td>YB 135—69《铁-镍-钴玻璃封接合金 4J29》</td><td>GBn 101—81《铁镍钴玻封合金 4J29 技术条件》</td></tr>
</table>

续表 2-3-23

<table>
<tr><th>类别</th><th colspan="2">20 世纪 60~70 年代</th><th colspan="2">20 世纪 80 年代</th><th>20 世纪 90 年代</th><th>21 世纪 00 年代</th><th>21 世纪 10 年代</th></tr>
<tr><td rowspan="8">定膨胀合金</td><td colspan="2">YB 662—69《铁-镍-钴瓷封接合金 4J34、4J31、4J33》</td><td>GBn 102—81《铁镍钴瓷封合金 4J33 和 4J34 技术条件》</td><td>GBn 102—87《瓷封合金 4J33、4J34 技术条件》</td><td>YB/T 5234—1993（调整）《瓷封合金 4J33、4J34 技术条件》</td><td colspan="2" rowspan="2">YB/T 5231—2005《定膨胀封接铁镍钴合金》</td></tr>
<tr><td colspan="2">—</td><td colspan="2">GBn 98—80《低钴定膨胀陶瓷封接合金 4J46 技术条件》</td><td>YB/T 5232—1993（调整）《低钴定膨胀陶瓷封接合金 4J46 技术条件》</td></tr>
<tr><td colspan="2">YB 663—70《铁镍铬封接合金 4J6、4J47、4J48、4J49》</td><td>GBn 106—81《铁镍铬玻封合金技术条件》</td><td rowspan="2">GBn 103—87《铁镍铬、铁镍封接合金技术条件》</td><td rowspan="2">YB/T 5235—1993（调整）《铁镍铬、铁镍封接合金技术条件》</td><td colspan="2" rowspan="2">YB/T 5235—2005《定膨胀封接铁镍钴、铁镍合金》</td></tr>
<tr><td rowspan="3">YB 134—62《铁镍定膨胀合金》</td><td rowspan="3">YB 134—70《铁-镍定膨胀合金》</td><td>GBn 103—81《铁镍玻封合金技术条件》</td></tr>
<tr><td>GBn 104—81《杜美丝芯合金 4J43 技术条件》</td><td>GBn 104—87《杜美丝芯合金 4J43 技术条件》</td><td>YB/T 5236—1993（调整）《杜美丝芯合金 4J43 技术条件》</td><td colspan="2">YB/T 5236—2005《杜美丝芯用铁镍合金 4J43》</td></tr>
<tr><td>GBn 107—81《铁镍定膨胀合金 4J58 技术条件》</td><td>GBn 107—87《线纹尺合金 4J58 技术条件》</td><td>YB/T 5238—1993（调整）《线纹尺合金 4J58 技术条件》</td><td colspan="2">YB/T 5238—2005《线纹尺用定膨胀铁镍合金 4J58》</td></tr>
<tr><td colspan="2">—</td><td colspan="2">GBn 105—81《铁镍铜玻封合金 4J41 技术条件》</td><td>YB/T 5237—1993（调整）《铁镍铜玻封合金 4J41 技术条件》</td><td colspan="2">YB/T 5237—2005《玻封铁镍铜合金 4J41》</td></tr>
<tr><td colspan="2">YB 136—62《膨胀合金无缝管》</td><td colspan="2">—</td><td>—</td><td colspan="2">—</td></tr>
</table>

续表 2-3-23

<table>
<tr><th>类别</th><th>20 世纪 60~70 年代</th><th colspan="2">20 世纪 80 年代</th><th>20 世纪 90 年代</th><th>21 世纪 00 年代</th><th>21 世纪 10 年代</th></tr>
<tr><td rowspan="6">定膨胀合金</td><td>YB 664—70《铁铬玻璃封接合金》</td><td>GBn 109—81《铁铬玻封合金 4J28 技术条件》</td><td>GBn 109—87《铁铬玻封合金 4J28 技术条件》</td><td>YB/T 5240—1993（调整）《铁铬玻封合金 4J28 技术条件》</td><td colspan="2">YB/T 5240—2005《玻封铁铬合金 4J28》</td></tr>
<tr><td>—</td><td colspan="2">GBn 99—80《无磁定膨胀陶瓷封接合金 4J78、4J80、4J82 技术条件》</td><td>YB/T 5233—1993（调整）《无磁定膨胀陶瓷封接合金 4J78、4J80、4J82 技术条件》</td><td colspan="2">YB/T 5233—2005《无磁定膨胀瓷封镍基合金》</td></tr>
<tr><td>—</td><td colspan="2">GBn 108—81《无磁磁尺基体用铁锰合金 4J59 技术条件》</td><td>YB/T 5239—1993（调整）《无磁磁尺基体用铁锰合金 4J59 技术条件》</td><td colspan="2">YB/T 5239—2005《无磁磁尺基体用铁锰合金 4J59》</td></tr>
<tr><td>—</td><td colspan="2">—</td><td colspan="2">YB/T 100—1997《集成电路引线框架用 4J42K 合金冷轧带材》</td><td>YB/T 100—2016《集成电路引线框架用 4J42K 合金冷轧带材》</td></tr>
<tr><td>—</td><td colspan="2">—</td><td>—</td><td>—</td><td>GB/T 38960—2020《低温定膨胀合金》</td></tr>
<tr><td>—</td><td colspan="2">—</td><td>—</td><td>—</td><td>GB/T 38940—2020《硅组件用精密封接合金》</td></tr>
</table>

续表 2-3-23

<table>
<tr><th>类别</th><th colspan="2">20 世纪 60~70 年代</th><th colspan="2">20 世纪 80 年代</th><th>20 世纪 90 年代</th><th>21 世纪 00 年代</th><th>21 世纪 10 年代</th></tr>
<tr><td rowspan="5">低膨胀合金</td><td>YB 133—62《低膨胀合金》</td><td>YB 133—69《低膨胀合金 4J36、4J32》</td><td>GBn 110—81《低膨胀合金 4J36 和 4J32 技术条件》</td><td rowspan="3">GBn 110—87《低膨胀合金 4J32、4J36、4J38 和 4J40 技术条件》</td><td rowspan="3">YB/T 5241—1993（调整）《低膨胀合金 4J32、4J36、4J38 和 4J40 技术条件》</td><td colspan="2" rowspan="3">YB/T 5241—2005《低膨胀铁镍、铁镍钴合金》</td></tr>
<tr><td colspan="2">—</td><td>GBn 111—81《易切削低膨胀合金 4J38 技术条件》</td></tr>
<tr><td colspan="2">—</td><td>GBn 132—81《高温低膨胀合金 4J40 技术条件》</td></tr>
<tr><td colspan="2">—</td><td colspan="2">—</td><td>—</td><td>—</td><td>GB/T 38938—2020《高强度低膨胀合金》</td></tr>
<tr><td colspan="2">—</td><td colspan="2">—</td><td>—</td><td>—</td><td>GJB 9661—2019《航空航天用低膨胀铁镍钴合金规范》</td></tr>
<tr><td>热双金属</td><td>YB 137—62《热双金属》</td><td>YB 137—69《热双金属技术条件》</td><td colspan="2">GB 4461—84《热双金属带材》</td><td>GB/T 4461—1992《热双金属带材》</td><td>GB/T 4461—2007《热双金属带材》</td><td>GB/T 4461—2020《热双金属带材》</td></tr>
</table>

表 2-3-24 精密电阻合金标准演变历程

20 世纪 60 年代	20 世纪 70 年代	20 世纪 80 年代	20 世纪 90 年代	21 世纪 10 年代
YB 253—64《高电阻电热合金丝》	GB 1234—76《高电阻电热合金》	GB 1234—85《高电阻电热合金》	GB/T 1234—1995《高电阻电热合金》	GB/T 1234—2012《高电阻电热合金》
YB 666—69《镍铬合金电阻细丝》		GBn 252—85《镍铬电阻合金丝》	YB/T 5259—1993（调整）《镍铬电阻合金丝》	YB/T 5259—2012《镍铬电阻合金丝》
—	YB 671—77《6J22、6J23 电阻合金细丝》	GBn 253—85《镍铬基精密电阻合金丝》	YB/T 5260—1993（调整）《镍铬基精密电阻合金丝》	YB/T 5260—2013《镍铬基精密电阻合金丝》
—	—	—	—	GB/T 31942—2015《金属蜂窝载体用铁铬铝箔材》
—	—	—	—	GB/T 36516—2018《机动车净化过滤器用铁铬铝纤维丝》
—	—	—	GJB 1667—1993《火工品用精密电阻合金规范》	GJB 1667A—××××《火工品用精密电阻合金规范》

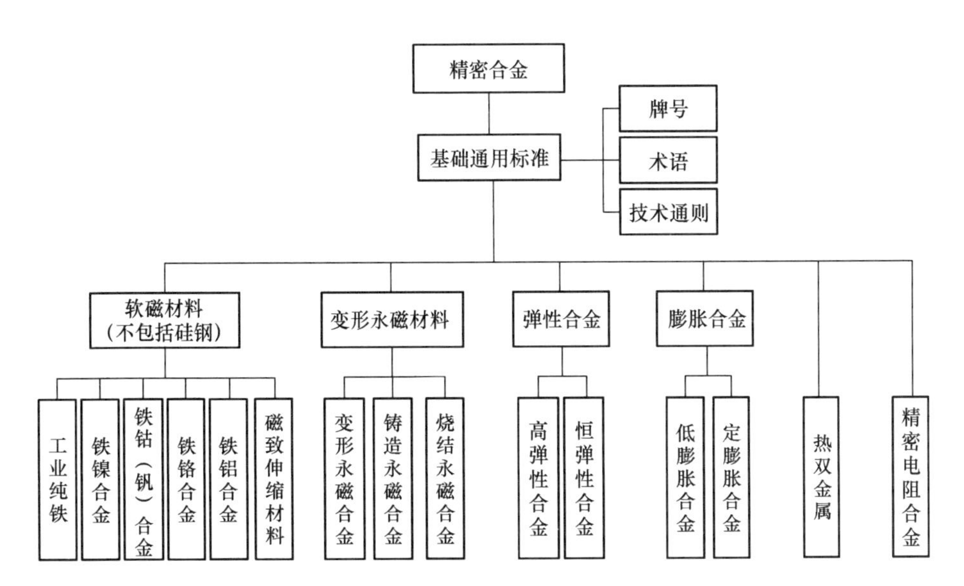

图 2-3-4 精密合金标准体系框架图

第四章 面向国家重大需求与经济主战场的中国特殊钢典型产品研发

第一节 面向国家需求的重大装备用关键材料研发

一、新中国高温合金第一炉 GH30 诞生

1956 年 3 月 26 日，抚顺钢厂（现沙钢集团东北特钢抚顺公司，简称抚顺特钢）成功冶炼出新中国第一炉高温合金 GH30，从此开始了我国高温合金产业从无到有、从低级到高级、从仿制到独立创新的发展过程。

（一）任务下达

解放之初，抚顺特钢是全国第一家恢复生产的特殊钢企业。新中国的第一炉锋钢、第一炉钎子钢、第一炉航空用耐热不锈钢、第一炉高速钢等都是从抚钢生产出来的。

在 20 世纪 50 年代中期，我国仍处于一穷二白的境地，国民经济的发展刚刚起步，特别是经过抗美援朝战争洗礼的中国人民，极需要一个和平稳定的发展环境。1956 年初，重工业部（冶金工业部的前身）部长助理刘彬同志，召见抚顺钢厂副厂长兼总工程师毕克祯同志，并指示说：仿苏的米格飞机和即将研制的新型飞机，将要用国产的高温合金代替进口的高温合金制造飞机发动机。经部党组讨论决定，要抚钢把这项艰巨的任务承担起来，研制工作将由北京钢铁研究院帮助抚钢共同完成。随后抚钢的副总工程师兼技术科长张培元同志和北京钢铁学院毕业的叶济生同志，又专程到重工业部接受具体任务，受到重工业部钢铁局李振南局长的接见，李局长首先传达了党和国家的重大决策，同时代表重工业部和第二机械工业部联合决定，要求抚顺钢厂在苏联专家和北京钢铁研究院的帮助下，完成高温合金的研制和生产任务，从而揭开了新中国高温合金试制、生产的序幕。

（二）艰难起步

接到这一任务，抚钢上下立即行动起来，责成厂长吴峰桥、生产副厂长兼总工程师毕克祯同志主抓这项工作，由副总工程师兼技术科长张培元同志具体负责，抽调全厂最精明强干的技术骨干，在研究所组建专攻高温合金的第一研究组，首批成员为叶济生、黄旦平、唐凤勇和于善元等，在很短时间内，抚钢聚集和组建了一支强大的技术骨干力量，为新中国高温合金的崛起奠定了基础。

1956 年的 3 月上旬，苏联专家在重工业部钢铁局人员的陪同下来到抚钢，共同组成试制小组（见图 2-4-1）。炼钢前的准备工作相当复杂，要求苛刻，所用的高纯度材料，有

的要从外地调拨，有的需要进口，一切原材料进厂后，都要经过一系列分析处理。因为钢锭加工前需要扒皮，所用的钢锭模要重新设计制造，要从方形改为圆形，经过十几天的努力钢锭模制造出来了。苏联专家建议，在正式冶炼 GH30 之前，先进行两次镍洗炉，以保证铁含量小于 1%。在首次镍洗炉过程中，为保证洗炉效果，技术人员有意延长了洗炉时间，但结果不理想，铁含量依然超标。随后，技术人员与工人一起对炉体进行整修，把残余铁挖出，趁炉内余温降到 300~400℃时，工人把身上穿的工作服浇上冷水，冒着高温进炉内进行清理，每五六分钟轮换一次，然后用卤水加镁砂打结炉底，炉壁采用大块模板，用风锤打固。这个土办法虽然与苏联专家的意见不同，但得到了苏联专家的认可，再次洗炉时，铁含量终于达到标准。

图 2-4-1　参加新中国第一炉高温合金 GH30 冶炼的抚顺特钢工程技术人员与苏联专家朱也夫合影（1956 年 3 月）

（前排右起：刘长刚、毕克祯、朱也夫、田树梓，后排右起：邱如琦、张培元、叶济生）

铁含量超标问题解决了，材料准备又成了难题。在当时的国力条件下，高温合金生产对原材料的要求接近于苛刻，不仅要求纯洁度，而且要求清洁度和粒度，如镍板的纯度要求大于 99%，表面无气泡和油污，金属铬含量要高于 98%，表面不允许有绿锈，同时对造渣材料、电极、镁砂、耐火材料等都有严格的要求。抚钢发动工人力量，对进厂的所有原材料都进行了分类、打磨、清洗、干燥，对萤石和白灰等，则由人工一块一块的精心挑选。

（三）首次试制

1956 年 3 月 26 日，一个永载我国高温合金发展史册的日子。这一天，经过 2 个多月的精心准备，新中国第一炉高温合金 GH30 在抚顺钢厂炼钢车间 3 吨电弧炉开始试炼（见图 2-4-2）。

在正式冶炼之前，先进行两次镍洗炉，装料前，工人需要检查电极是否有接头，如有接头，必须立即打掉，这项工作极其艰苦和困难，因为在电极提升时呈白色，温度可达

图 2-4-2 抚顺特钢用于生产高温合金的 3 吨电弧炉

1500℃，根本无法靠近。为了打掉接头，工人们轮番上阵，有的眉毛烧着了，有的脸被烤掉了皮，即便是在这种高温和高强度压力下，大家也不叫一声苦，不说一声累。

跟班生产的工程技术人员，都是刚刚毕业不久的大学生，在尘土飞扬、弧光闪闪的炼钢炉旁，他们与工人一起摸爬滚打，毫无怨言。如叶济生、邱如琦等同志，从原材料准备、洗炉、直到高温合金冶炼完毕，一直不离开现场，饿了啃口窝窝头，渴了喝口凉水，困了抽空在炉边打个盹，首次试炼完成后，走在回家的路上，精神突然一放松，路就走不动了，只好坐在马路牙子上休息片刻，才艰难的走回家。

首次试制，抚钢共冶炼了两炉高温合金 GH30，浇铸成 500 公斤圆锭，经扒皮后转至锻钢车间 5 吨蒸汽锤加工成坯料。

二、国防建设做贡献 “八一”车间立头功

大冶钢厂“八一”车间始建于 1960 年，是我国重点军工产品生产基地之一，在新产品、新材料、新工艺和新技术研发方面获得无数殊荣。1978~1985 年，大冶钢厂产品获各种奖励达 42 项次，其中获国家发明奖 5 项，全国科学大会奖 9 项，国家经贸委金龙奖 4 项，冶金工业部科技成果奖 14 项，国家银牌奖 1 项，部、省和市级优质产品奖 9 项，多次受到党中央、国务院、中央军委及国防科工委的嘉奖和表彰，其中多项奖励来自“八一”车间产品。

大冶钢厂“八一”车间从起初的小规模建立到后来的大规模扩建，再到成为全国知名军品生产车间，每一个阶段都有着一段让人刻骨铭心、难以忘却的故事。

（一）在战火硝烟中蹒跚起步

1950 年美国侵朝战火延及我国边境后，7 月 8 日，根据中共中央和东北局的指示，将大连钢厂的主要设备和大部分人员迁往湖北省黄石市华中钢铁公司。为夯实国家军工基础，为国家国防事业做贡献，1952 年起，华中钢铁公司迅速对一些军工用钢进行试炼和试轧。

试炼和试轧的过程开始并不顺利，技术不精通、生产装备跟不上，质量提升主要靠自主摸索，这些都是大冶钢厂（1953 年华中钢铁公司更名为大冶钢厂）军工产品冶炼当年面临的困难。为了不负国家重托，时任大冶钢厂厂长江敏（见图 2-4-3（a））亲自点将，将这一任务交给时任副厂长的陈振江（见图 2-4-3（b））全面负责。陈振江历任装备部副科长、中心试验室主任、厂技术科科长，是一位有勇有谋的技术人才，负责军工钢生产研究多年，有着丰富的研发经验。为了起好步、稳起步，陈振江亲自主持制定了原料厂、冶炼、加工等技术规程，积极组织科技人员与工人向高水平产品攻关，先后建起了真空冶炼等车间和检测仪器设备。在大家的群策群力下，大冶钢厂 1954 年向军工部门提供钢材 6983 吨。

(a)

(b)

图 2-4-3　1955~1965 年任大冶钢厂厂长、党委书记的江敏(a)和
1960~1971 年任大冶钢厂副厂长、革委会主任的陈振江(b)

由于国际时局变化，20 世纪 60 年代，苏联停止供应我国军用金属材料。在此背景下，中央号召各大钢铁企业走自力更生道路，通过建立攻关基地来实现自制代替进口。1960 年 4 月，大冶钢厂的中心试验室成立第二研究室，专门从事军工用新材料的研究试制工作。同年 8 月，建成工业性试验的“八一车间”（1966 年底迁入新建的电渣车间），进行高温合金研发和生产，以满足国防装备用钢需要。

也是从这个时候开始，大冶钢厂正式拥有了属于自己的“八一”军品生产车间。

（二）在装备升级中做大做强

产品要完善，装备是基础。为了给生产提供条件，大冶钢厂内外兼修——从国外引进先进装备，同时自主开展设备改进，举一切力量为“八一”车间军工钢生产提供条件。

1960 年 7 月，大冶钢厂修建一座生产试验性的电渣车间，车间内安装 10 座电渣炉。1962 年，“八一”车间电渣炉进行全面技术改造，初步完成了以单臂单相固定式为主体的电渣重熔生产工序。1963 年，4 号电渣炉的容量更新改造为 1.2 吨中型电渣炉。1964 年 3 月，武汉黑色冶金设计院根据上级批准冶钢的电渣改建扩建内容，对“八一”车间迁建和增建2.5吨电渣炉基建工程以及填补后步工序进行设计，“八一”车间迁入闲置的原混合炼钢厂房内。1965年8月1日，由冶钢自制的2.5吨单臂单相底座双车式电渣炉建成投入试生产。它配备2100千伏安变压器，工作行程6.2米，自耗电极断面尺寸为250~300毫米，年产电渣钢锭（单产）2500吨，是当时全国最大的重熔设备，为生产重型电渣坯创造了条件。

1966年，大冶钢厂新建1.2吨双臂单相电渣炉1座。1967年，完成新建2号电渣炉及改建的3号、4号电渣炉。1969年1月8日，2.5吨电渣炉及红炉、冷作、电修车间开工。1970年，建成1.2吨单臂单相电渣炉1座。1971年5月8日，2座2.5吨单臂单相电渣炉全部竣工投产。

20世纪60年代中期，大冶钢厂生产航空用钢和高温合金钢的电渣炉如图2-4-4所示。

图2-4-4　20世纪60年代中期，大冶钢厂生产航空用钢和高温合金钢的电渣炉

从1966年迁建开始到1971年，经过为期6年的电渣炉更新改造措施工程，“八一”车间已形成初具规模的特种冶炼单位，共拥有1.2吨电渣炉3座，2.5吨电渣炉3座，1吨电渣炉1座，设备设计能力为年产电渣钢锭12100吨。1972年，大冶钢厂又兴建1.2吨电渣炉2座。8月7日，1.2吨双臂单相抽锭式电渣炉2座在三炼钢破土动工。

到1985年，大冶钢厂拥有电渣炉9座、真空自耗炉1座、感应炉5座，年产特殊钢和高温合金14500吨，生产的钢类有碳素结构钢、合金结构钢、合金工具钢、轴承钢、不锈钢和高温合金等，生产的钢种有150多个，为军工生产做出了新贡献。

（三）在质量提升中浴火重生

抢占先机靠的是机遇，独占鳌头靠的是不断的推陈出新。为了不负中央重托，时任大冶钢厂厂长的江敏要求在设备不断升级换代的同时加大质量的管控和新技术的研发工作，将大冶钢厂造、“八一”车间造的品牌做大做强。

提到大冶钢厂“八一”车间生产的军工产品质量提升，有几个关键人物值得我们铭记，他们是大冶钢厂当年的高级工程师苏能四、中心实验室副主任李觉民，还有宋丕纲、方仲华、沈建平、张世卿、黎辉等老一辈技术研发人才。他们成功完成了电渣熔铸 122 榴弹炮身管毛坯的试验，开创了“以铸代锻”新工艺。先后成功进行了电渣熔铸飞机起落架试制，100 毫米高炮身管毛坯试制（1980 年，电渣熔铸 100 毫米高炮身管毛坯获五机部科技成果奖），电渣熔铸“707”潜望镜管空心管坯试制等任务。其中电渣熔铸“851”二级涡轮盘获冶金工业部科技成果一等奖和国家发明创造三等奖。为提高钢锭表面质量，在国内首创“石墨渣保护浇铸”新工艺。

1960 年，“八一”车间传来喜讯，在科技人员宋丕纲、方仲华、沈建平、张世卿等人的努力下，特殊钢电渣重熔工艺试验取得了新的成果：一是完成了“大断面”（130 毫米×130 毫米）自耗电极电渣冶炼及小型工业性电渣冶炼操作工艺；二是在宋丕纲提议下创造了“液体渣引燃”新工艺，为迅速、安全、稳妥地建立电渣重熔工艺做出了贡献。

1963 年，苏能四为提高坦克发动机曲轴钢的发纹合格率、疲劳寿命和成材率等，总结出一套较完善的生产工艺。1979~1983 年连续数年使生产的 2000 多吨曲轴钢的发纹合格率达 100%。在 5 个航空用钢晶粒度的攻关中，摸索出了钢中铝的合适含量，找到控制钢坯加热的最佳温度，从而使其晶粒度合格率提高到 95%以上。苏能四还参与研制 GC-4 钢，并以钒代钛提高了钢的韧性和强度。同时，苏能四还参与研制了坦克重负荷氰化齿轮钢。1984 年该两项新材料获国家发明三等奖。他获得冶金工业部新材料研制二等奖。

黎辉等人采用新工艺研制新型材料用周期轧制工艺，研制成功双面非对称不等宽的飞机机翼主梁毛坯；中心试验室副主任李觉民等自制旋压机；研制成功液体燃料火箭用 GH131 合金旋压管材、1Cr18Ni9Ti 不锈钢的变截面及大直径超薄壁等多规格旋压管材；采用电渣熔铸技术，先后研制出 100 毫米高炮身管坯、潜艇用潜望镜管空心管坯，以及歼 6 与轰 5 飞机起落架、发动机环形件和“851”1 级 GH136 涡轮盘等。1973 年 9 月，大冶钢厂“八一”工厂试制成功“851”二级涡轮盘 5 个，交 430 厂机加工并作台架试车。1980 年大冶钢厂生产的 55SiMnVB 单面双槽弹簧扁钢荣获国家银质奖（见图 2-4-5）。1981 年，电渣熔铸“851”二级涡轮盘获冶金工业部科技成果奖一等奖，1982 年获国家发明创造三等奖。

1960~1966 年，大冶钢厂“八一”车间的军工材料交货量逐年增加，7 年内共计达 20.16 万吨，比 50 年代增加约 7 倍。其中军工用钢种约 100 个，新增军工用钢标准达 81 个，分别比 50 年代末期增加 5 倍和 15 倍，开创了大冶钢厂军工材料生产全面发展的鼎盛时期，为国家国防建设做出了重大的贡献。

图 2-4-5　1980 年大冶钢厂生产的 55SiMnVB 单面双槽弹簧扁钢荣获国家银质奖

三、齐心携手铸脊梁　“歼六”主梁护国防

大冶钢厂档案馆一张泛黄的“冶金工业科技成果奖”奖状勾起我们对国产轧制飞机主梁毛坯的回忆。1968 年 5 月，大冶钢厂在不超预算、不超时间、不超指标的基础上，成功轧制中国首根“双面非对称不等宽周期断面”飞机主梁毛坯。

（一）“歼六”停产

20 世纪 60 年代初，国际形势异常严峻，党中央适时地提出了“调整、巩固、充实、提高”的八字方针，国防建设成为我国当时的重中之重。此时的大冶钢厂却相对处于历史最好时期，对炼钢、轧钢、锻造生产项目实施一期扩建改造，并从德国引进 850 毫米初轧机。一期扩建工程竣工投产后，为大冶钢厂成为一个大型特殊钢厂奠定了基础，大冶钢厂由此步入了全国重点特殊钢企业之列。1961 年大冶钢厂党委提出要“扭亏为盈”“转普为优”，把大冶钢厂建成“穿黄袍马褂”为国防军工服务的特殊钢厂，因此为国防军工服务的思想更加深入人心。

“歼六”飞机是仿苏米格 19 机型，左右机翼各有一根主梁，单重 55 公斤，承载着飞机自重和起飞、降落与各种飞行状态下的所有载荷，是飞机最主要的受力件。沈阳 112 厂从 1958 年研制到批量生产，其主梁毛坯一直由苏联供应。后来苏联单方撕毁协议，停止供坯，造成我国“歼六”飞机生产陷于停顿，我国空军装备升级计划面临受挫。被迫改由上海五厂炼钢、上钢三厂炼钢、再送上海重型机庆厂用万吨水压机模压成型，但这种飞机大梁模锻压坯一是重量大，单重 380 公斤（苏联供坯单重 330 公斤），称之为“肥头大耳”；二是生产周期长、效率低、数量少，严重供不应求，使飞机主梁成为整机生产的“卡脖子”难题，出现“以梁定机”的被动局面。生产飞机主梁毛坯核心技术受他国封锁，国产锻压飞机主梁毛坯供量不足的困境，使“歼六”飞机的生产受到严重制约，趋于停产状态。

（二）紧急求援

正当沈阳112厂上下一筹莫展之时，厂里一位叫董立存的质检工，偶见铁路钢轨，寻思出轧制飞机主梁毛坯的想法，于是便带着这个“奇思妙想”到各大钢厂寻求支援。要知道锻压飞机主梁毛坯技术才刚起步，还想要轧制生产飞机主梁毛坯？求援的结果可想而之，没有钢厂愿意接下这根“硬骨头”。

虽然四处碰壁，但是112厂董立存仍没有放弃这个“突发奇想”，多次找领导、厂长，厂长终于被他的精神所打动，让他和一名锻工去试试。于是二人持介绍信先后来到东北一家大型钢铁公司和几家特钢生产厂，回答都是“干不了”。他们仍不甘心，便四处打听哪里还有大钢厂可以生产，当听说湖北有个大冶钢厂时，二人便千里迢迢南下，直接找到大冶钢厂中心实验室。

1967年初的一天，大冶钢厂中心实验室张秀芳同志接待了董立存二人，并将他们带到大冶钢厂一轧钢厂。一轧钢厂主任赵元新立即召集初轧工长、小型工长及技术人员黎辉一同查看图纸。黎辉发现这是个“头”大“尾”小、形状奇特的双面非对称不等宽周期断面产品，各截面形状、尺寸相差悬殊，完全不符合轧制变形原理，初看之下绝无轧制可能，但他并不死心，便从各个角度观察许久之后产生灵感，直觉有可轧之处，便想了一下说：“应该可以轧。”未曾想这句并不肯定的话却让沈阳112厂老董激动不已，他紧紧拉着黎辉的手说：“太好了，终于见到有人说可以干了！”于是赵元新当即拍板：“好吧，那我们就试试！”

（三）选定冶钢

十几天后，董立存带着沈阳112厂张厂长一行重返大冶钢厂，要求大冶钢厂试轧“歼六”飞机主梁。他们认为大冶钢厂的条件好，既能炼钢，还有850毫米轧钢机，可以独立完成上海几家工厂的工作。一轧钢厂副厂长魏元三组织召开专题会，讨论轧制主梁毛坯事宜。黎辉细致讲解轧制方案并展开讨论，但大家都只是务虚谈认识，并未触及方案本身。会上魏厂长鼓励大家说道：“我们不但要干，而且一定要干成！”会后迅速成立主梁坯研制小组，董立存与张木轩等好几位同志协助黎辉开展飞机主梁外形尺寸的设计和加工轧辊技术的研发。车间主任赵元新专门在厂里找了间房当设计室，并借算盘和财务部门唯一一台手摇计算机等工器具帮助解决一些实际问题，为设计飞机主梁毛坯尽可能创造好的工作条件。

当时，一轧钢厂包含850毫米初轧、500毫米中型和430/300毫米小型三套新轧机，承担着大冶钢厂大部分钢材生产任务。虽然碳素结构钢、碳素工具钢、合金结构钢、合金工具钢、轴承钢、弹簧钢、高速工具钢、不锈钢“八大类”钢种齐全，但形状简单，清一色为方圆扁钢。除500毫米轧机开工时生产过一点自用角钢外，从未生产过异型钢。面对国外技术封锁，国内各大钢厂又无轧制飞机主梁毛坯经验可借鉴，大冶钢厂一轧钢厂却接下如此艰难的任务。这是因为大冶钢厂人有一种急国防之所急、一心服务国防军工的精气神，只要国防建设需要，就会全力以赴完成任务。

（四）自主研发

“由于每轧一次，都需重新制作一次孔型，所以工作量大。到了夏天，轧辊房温度高达40多度，我们经常赤膊上阵，日夜奋战，只为早一天轧制出主梁毛坯。”白发苍苍的原大冶钢厂高级工程师、飞机机翼主梁毛坯及轧辊孔型设计者黎辉在接受采访时，回忆起当年的情景仍记忆犹新（见图2-4-6）。

图2-4-6 原大冶钢厂高级工程师、飞机机翼主梁毛坯及轧辊孔型设计者黎辉接受采访

由于“歼六”飞机主梁坯长两米余，外形复杂、尺寸要求严格，轧辊孔型设计很关键，只能用850毫米初轧机轧，不能使用任何定点喂钢装置。这就意味着不能采取逐步变形方案，只能一次成型。然而断面如何成型？各截面间距（即长度）又如何保证？是此次试制工作的突破口和发力点。第一个环节是设计。黎辉等技术人员在无先例借鉴的情况下，大胆探索使用特殊的构图和计算前后滑方法，解决了道道难题完成了轧辊孔型设计（见图2-4-7）。第二个环节是孔型加工。由于每轧一次都要重做一次孔型，工作量很大，并且轧辊孔型的车制难度非常大，尤其孔型中出现凹凸部分，无法全用车床车制。经过工人与技术人员共同研究，使用一半用车床车削、一半用人工铣凿的方法，经过20多个日夜的辛苦，终于完成了孔型的车制加工。第三个环节是轧制。由于坯料在轧制中变形量大，轧钢机主电机的最大动力不能满足需求，轧制被迫中断。一轧钢车间主任赵元新带领技术人员对主电机采取强力磁削措施，才使轧制顺利进行。大家按照“一稳二准两个度”的标准来操作，苦战三天三夜，主梁坯初步试制成型。用二辊可逆

图2-4-7 黎辉在测量飞机主梁毛坯尺寸

式 850 毫米轧机轧制“歼六”飞机机翼主梁毛坯，这项轧制工艺在国内外均属首创。经过 17 个月的多次试轧，6 次修改设计和轧制，不断积累经验和完善轧辊孔型，累计测取 4387 个数据，从中求得一个全周期平均前滑系数后，终于在 1968 年 5 月，成功轧制出中国自主研发的首根“双面非对称不等宽周期断面”飞机主梁毛坯。

与锻压坯相比，轧制主梁毛坯单重减轻 26. 3%，材料利用率提高 5. 2%，加工工时节省 33. 5%，成本降低 48%，具有重量轻、材料省、加工易、成本低的特点，成分特性均优于苏联的模压坯。不仅提高了生产效率，使“歼六”飞机的年产量增加 2 倍 ，而且解决了国产模锻件飞机毛坯供不应求的“瓶颈”难题，填补了国内空白，为生产飞机主梁用毛坯闯出了一条新路。

（五）光辉开端

“歼六”飞机轧制主梁毛坯的成功研制，不仅将轧制飞机主梁毛坯的关键核心技术掌握在自己手中，打破了国外技术封锁，成功实现以产顶进，而且产量也实现成倍增长，数量可“敞开供应”，彻底改变了“歼六”飞机的生产局面，为我国发展航空工业做出了积极贡献。

新中国成立后，国内各大钢厂均开始试制“歼六”飞机主梁毛坯，大冶钢厂轧制的飞机主梁毛坯质量稳定，得到国家领导人的高度评价。

飞机主梁毛坯的成功轧制，让大冶钢厂载誉满满。1977 年获冶金工业部先进科技成果奖（见图 2-4-8）；1987 年获国家发明奖二等奖。“歼六”飞机从 1964 年正式装配空军到 2010 年正式退出空军编制系列共服役 46 年，是空军装配最多、服役时间最长的主力战机。大冶钢厂确保了“歼六”飞机从 1964 年至 2010 年服役的 46 年间飞机主梁毛坯的稳定供应，对巩固国防、保卫国家安全起到了至关重要的作用。

奖状

为表彰对发展我国冶金工业起了重要作用的科技成果，特颁发奖状，以资鼓励。

受奖项目：周期轧制飞机大梁毛坯

受奖单位（个人）：大冶钢厂

中华人民共和国冶金工业部

图 2-4-8　1977 年“周期轧制飞机大梁毛坯”获冶金工业部先进科技成果奖

（六）再铸辉煌

1970年5~6月份国际形势异常严峻，中央空军副司令兼航空领导小组组长曹里怀来到大冶钢厂，要求立即研制“强-5”飞机主梁毛坯，当时厂军代表更是要求一轧钢厂马上开始生产，为“八一”建军节献礼。时间紧任务重，黎辉深知研制“强-5”飞机主梁毛坯的意义和重要性。

强烈的爱国主义情怀驱使黎辉和大冶钢厂攻关团队用整整一周时间绘出全部草图，边设计边加工轧辊孔型，仅用一个多月时间，硬是赶在“八一”之前轧成强-5飞机主梁毛坯，运往南昌320厂加工，经检验全部合格（后因钢的内部质量“亮点亮线”未澄清，该厂未大量使用）。9月15日，在上海召开全国航空毛料精化会议，由曹里怀主持。黎辉代表大冶钢厂作研制强-5飞机主梁毛坯报告。报告讲完后曹司令从他身旁站起来带头鼓掌，赞扬大冶钢厂这种为国防建设作贡献的精神，号召大家向大冶钢厂学习。

除“歼六”“强-5”两机主梁毛坯外，还用430/300毫米小型轧机轧制成功三种型号强-5飞机配重和一种“歼六”飞机配重。前三种为不对称异形扁钢，由于两边变形不均，侧弯严重，轧制难度很大。后一种为特薄T形钢，其腰为3.5毫米×50毫米，其腿长50毫米以上，而腿厚仅1.5毫米，且腰腿均无斜度，要满足这些标准，在普通轧机上是无法轧制的。黎辉便在成前孔和成品孔轧辊上大胆创新，先将上下辊做成大的方框孔型，再将一对不传动的小立辊放入其中，由三辊构成一个T形孔，使普通平辊轧机变成了“立辊万能轧机”。这种产品技术含量高，开创了中国先例。四种产品都按时交付使用，且到广交会展览，展示出大冶钢厂服务国防军工的底气和实力！

四、好马护国 新13管佩剑——新13号管研发

（一）历史背景

1972年在我国某项目试验过程中发现设备用钢管出现问题。上钢五厂黄能兴、乔增智、蒋淮海、周志华四人受公司党委委派参加中央军委某办公室召开的该项目分析会。周恩来总理还为此迅速作了全面周详的批示。

由某总师办组织在上海召开“五一〇”会议，会议决定由中国科学院金属研究所承担该项目用管的缺陷分析。经分析发现管上的裂纹是穿晶裂纹，腐蚀产物中的某元素浓度高，这表明是由该元素的富集引起了应力腐蚀裂纹。

为此，某工业部和冶金工业部决定由钢铁研究总院研制该项目用新型合金材料。1978年，钢铁研究总院以六室朱尔谨、陆世英团队自行设计成功研制了新13号合金。1978年，由上钢五厂试制的新13号合金无缝钢管作项目用管，1982年，冶金工业部和某工业部对新13号合金无缝钢管进行了鉴定。鉴定会上决定：今后该项目采用新13号合金管并由上钢五厂生产提供。

（二）新13号合金管研制

1983年1月8日，由冶金工业部某工办组织召开了协调会，上钢五厂技术副厂长侯树

庭带队参加会议。经会议讨论，上钢五厂与某厂及军代表室、某工业部某所（以下简称某所）、钢铁研究总院等单位一起签订了“某项目用新 13 号合金管的专用供货技术条件”，技术条件除规定了严格的合金成分和高要求的力学性能外，对钢管的内外表面质量也提出了苛刻的要求。尤其是内壁的清洁度，要求在经过酸洗即清洗后，再用白布绳子系好后在钢管内反复通擦，直到用白布通过钢管内壁后该白布依旧洁白如初，即做到“白进白出”，这样高的要求在当时是前所未有的。

上钢五厂承接该项任务后，发动全厂员工，进行生产全流程工序的严格质量把关。冶炼采用真空感应加电渣重熔双联工艺（比之前某钢号的改进工艺——电炉加电渣重熔的双联冶炼工艺又有进一步改进），精确控制了最佳的合金成分范围，在制管加工过程中，工人师傅们对每支钢管都小心、仔细地操作，但是由于钢管产品要求很高，特别是钢管内外表面质量不合格导致了钢管的成材率相当低，这直接影响了产品的交付周期和经济指标。为此，上钢五厂党委书记张毅在全厂干部会议上表示：“即使我厂损失一千万，也要完成好新 13 号合金钢管的生产任务。”这样的决心给了大家很大的鼓励，随即成立了攻关组，由陆文龙、黄静娴、郑兆麟、陈佩菊等人组成。攻关组提出了采用成品检验后处理的方法解决外表面的质量问题。对于钢管内表面的清洗问题，成立了由钢铁研究总院、某所、上辅厂、上辅厂军代室、上钢五厂组成的攻关组，对酸洗、清洗工艺进行攻关，上钢五厂的蒋淮海、黄静娴、朱诚、陈佩菊等人参加攻关，制定了新 13 号合金钢管的清洗工艺。历时近两年半，到 1985 年 6 月，上钢五厂交付了该项目用新 13 号合金管。接着，上钢五厂又承接了新一批该项目用合金管的生产任务。上钢五厂清洗场地及生产的新 13 号合金管见图 2-4-9。

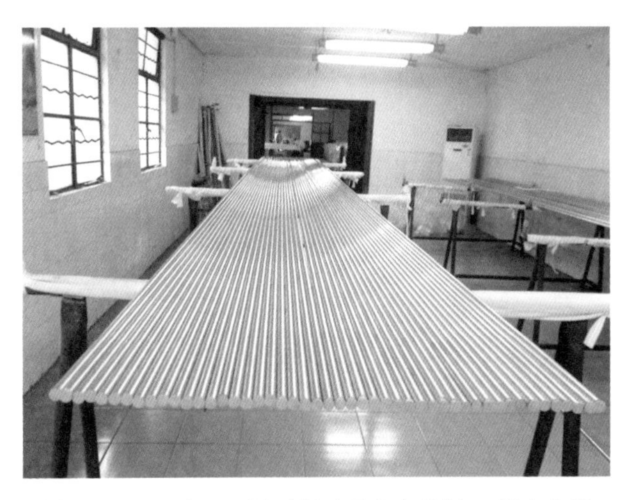

图 2-4-9　上钢五厂清洗场地及生产的新 13 号合金管

1990 年 12 月，上钢五厂参与的新 13 号合金研制成果获国家科技进步奖一等奖（见图 2-4-10）。1992 年，上钢五厂新 13 号合金管工艺质量负责人陈佩菊同志获上海市劳动模范称号。1999 年，上钢五厂一等奖获得者黄静娴同志荣获“中华人民共和国成立 70 周年纪念奖章”。

获奖项目：新13号合金研制
获奖单位：上海第五钢厂 等
奖励等级：一 等
奖励日期：一九九零年十二月
国家科学技术进步奖
评审委员会

为表彰在促进科学技术
进步工作中做出重大贡献，
特颁发此证书，以资鼓励。

图 2-4-10 新 13 号合金研制获国家科技进步奖一等奖证书照片

（三）不断优化工艺，新 13 号合金管质量不断提升

1. 制管工艺不断优化

自 1985 年 6 月至 2000 年 6 月期间，上钢五厂不间断地生产、交付新 13 号合金管，质量不断提升，但与国外同类产品相比存在一定的差距，如表面的光洁度、尺寸精度、平直度、内壁清洁度等。这些差距的存在，其主要原因在于所采用的加工装备和加工工艺与国外先进水平相比存在较大的差异，上钢五厂采用的是冷轧+冷拔生产工艺，最终由冷拔拔制出成品。而国外同类产品均采用全冷轧的生产工艺，最终由高精度冷轧管机轧制出成品，其表面的光洁度、尺寸精度、平直度均有较好的质量水平。为确保工程设计使用寿命，势必要对当时的新 13 号合金管生产工艺进行改进，即在当时现有装备的条件下充分发挥某高精度轧管机的优势，试验全冷轧工艺。为此，于 2000 年 7 月，宝钢特钢成立了包括郑兆麟、陈佩菊、黄妍凭等人的试制团队，钢管车间投入了大量的人力物力，开展了新 13 号合金管全冷轧工艺的试制工作。经过半年多的努力，在某所、钢铁研究总院、某厂及军代表室的大力支持下，于 2001 年 3 月 6 日，通过了“新 13 号合金管冷轧工艺评审”，新工艺生产的管材表面质量、光洁度、尺寸精度、平直度均有大幅提高。2009 年宝钢特钢新 13 号合金管制管工装负责人倪建平获中央企业劳动模范称号。

2. 荒管生产工艺的改进

2013 年之前供货的新 13 号合金管的荒管生产工艺均采用热穿孔生产工艺。宝钢特钢为提高产品质量和制造能力，于 2009 年对钢管产线进行了升级换代，建成了热挤管生产线。宝钢特钢在前期试验的基础上，认为采用热挤压供坯的新 13 号管完全能满足产品使用要求。宝钢特钢于 2011 年 5 月成立了由施赛菊、黄妍凭等人组成的试制团队，进行了热挤压供坯新工艺的试制工作，期间得到了某所周寿康、汪潇，以及钢铁研究总院宋志刚、郑文杰等的大力支持。2012 年 12 月通过了工艺评审，2013 年 1 月 5 日，宝钢特钢、某厂及军代表室三方签订了新 13 号冷轧管技术条件。2014 年 12 月实现热挤压供坯工艺新 13 号冷轧管的某项目用管供货。

3. 新 13 号冷轧管交付外形由直管供货优化为 U 形管供货

随着我国国防装备的改进和生产技术的发展，最新装备设计对某项目用新 13 号合金管提出了更高的要求。宝钢特钢的生产装备已满足不了改进型新 13 号 U 形管的要求，于是宝钢特钢与宝银特种有限公司（以下简称宝银）联合试制某项目用新 13 号合金 U 形管。在某所和钢铁研究总院的大力支持下，先后完成了试制批和预制批产品的生产，最终于 2017 年 7 月通过了新 13 号 U 形合金管转厂（宝银）的产品鉴定。2018 年 7 月实现了新 13 号改进型 U 形管产品的供货（见图 2-4-11）。

图 2-4-11　宝钢特钢和宝银合作试制生产的新 13 号合金 U 形管

新 13 号合金管是中国自主开发成型专用产品，在“从无到有、从有到优”的 30 多年发展历程中，倾注了某所和钢铁研究总院、某厂、军代表室及上钢五厂、宝钢五钢、宝钢特钢人的心血，实现了国产某项目新 13 号合金管的研制试制、生产交付，从此全面装备了我国某项目，为国防装备现代化做出了重大贡献。

五、特钢材料有神功　长征五号冲天穹

（一）航天发动机用 GH4169 高温合金涡轮转子锻件

作为高温合金的典型牌号，GH4169 合金在航天发动机研制和批产方面有着举足轻重的作用。数十年来，宝钢特钢、宝武特冶开发的 GH4169 材料成功用于我国的长征二号、三号和四号等系列型号运载火箭的一、二级转子的制造，长期为运载火箭进行保驾护航，产品质量稳定可靠。

2016 年 11 月 3 日，我国长征五号运载火箭成功首飞，这标志着我国新一代大推力运载火箭总体技术水平进入国际先进之列，这是我国由航天大国迈向航天强国的重要标志。随后，中国航天科技集团、北京航天动力研究所等向当时的宝钢特钢发来感谢信，感谢宝钢特钢对长征五号运载火箭研制工作和中国航天事业的支持。其中北京航天动力研究所指

出："……贵单位为长征五号运载火箭两型液氢液氧发动机配套研制的高温合金件、高温合金管材及高温合金棒料满足首飞各项使用要求，在飞行过程中表现优异，为两型液氢液氧发动机的顺利研制奠定了坚实基础，为长征五号火箭的成功首飞做出了重要贡献……"

首飞成功的长征五号运载火箭上的这个芯一级液氢液氧发动机（见图2-4-12）用的高温合金锻件关键材料是由宝钢特钢GH4169团队负责研制的。回忆起这些年来液氢液氧发动机用GH4169合金技术攻关的过程和现场生产所经历的点点滴滴，总是让人五味杂陈，百感交集。

图2-4-12 液氢液氧发动机照片

首次接触长征五号运载火箭液氢液氧发动机用GH4169材料，是在2004年8月底的上海。在那个酷热难耐的夏季，北京航天动力研究所的吕艳等带着锻件草图和采购技术条件来到当时的宝钢特钢进行技术交流和商务洽谈，参与技术交流的有宝钢特钢的老专家周奠华老师，GH4169材料主管陈国胜和王庆增。双方对该材料的研制工作进行了深入交流并签订了试制技术协议。该系列部件包括一、二级××盘，××转子和轴等四个不同规格的部件。后来由于交付周期原因，××转子部件的研制工作与宝钢特钢擦肩而过……

2006年2月，中国航天集团北京航天动力研究所再次来到上海和宝钢特钢沟通洽谈。由于前期介入的另外两家单位承制的××转子部件某关键技术指标的实测值过低，且部件的高、低温综合性能较差，致使液氢液氧转子部件的研制成为长征五号大推力火箭的突出"瓶颈"。

鉴于航天飞行的高风险，为确保航天飞行的高度可靠性，确保新一代大型运载火箭的可持续发展，研制组织与性能满足设计要求的某型号大型液氢液氧运载火箭发动机系列转子部件，已成为国内一个迫切需要解决的、至关重要的新产品研制课题。由于当时已有国内其他厂家进行过前期试制，但未达到预期效果，所以，宝钢特钢GH4169团队接到任务时感到压力特别大。

老专家金鑫和周奠华老师鼓励大家勇挑重担，必须完成好这项研制任务。最初的课题组成员包括周奠华、王建平、陈国胜、吴瑞恒、周建华、王庆增、张健英等12人。2007年6月，毕业一年多的研究生王资兴从钛合金室调入高温合金研究室，和周奠华老师一起负责课题研究工作。

在这四个部件中，盘轴一体化的部件的研制难度最大。标准要求转子的盘部具有良好的高温塑性、高温强度和持久性能，同时要求部件的轴部具有较高的室温塑性和低温综合性能，即同一部件要有双组织、双性能。

宝钢特钢GH4169团队面对艰巨研制任务，既感到兴奋、荣耀，又觉得压力特别大。团队下决心一定要开发出符合要求的产品，为国家航天事业的发展助一臂之力。在金鑫、庞克昌和周奠华等老前辈的指导下，课题组经过多次研究及仔细分析，结合宝钢特钢的设备特点并借鉴相关技术方面积累的优势和经验，先由吴瑞恒博士进行成型工艺的计算机模拟。

系列部件的研制工作从易到难，根据前期计算机模拟的结果，先后成功试制出了组织性能合格的一级和二级部件。接下来开始转子和轴部件的试制。计算机模拟给出了盘轴一体转子部件的成型工艺方案，必须选用异形坯料才能确保部件组织均匀。异形坯料的制备成了工艺瓶颈。

课题组的王庆增高工曾于2004~2006年牵头，在当时国内某设备上成功试制出太行发动机用GH4169合金系列规格的细晶棒和部件棒坯。这个单重达几百公斤的大规格变截面部件试制成功后不久，即投入批量生产。由于部件尺寸精度高、晶粒组织均匀、综合性能良好，深得用户信赖。借助GH4169合金部件方面积累的工艺技术经验，老专家周奠华带领张健英高工等课题组人员一道深入生产一线，根据试制坯料的技术要求，对变形工艺参数进行了多次优化调整，成功制出了航天转子用异形坯料。随后，将特制的异形坯料经过一火制成转子毛坯。

首次工艺试验告捷，试制部件组织性能基本满足要求。但同时也暴露出了问题：高温合金变形抗力特别大，转子轴部锥度比较小，无法顺利脱模。怎么办？团队成员之一的车间首操金伟国，根据自身经验提出了巧妙的模具方案。该方案马上被采纳并实施，后续试验证明效果非常好，一举解决了脱模难题。转子部件产品见图2-4-13。

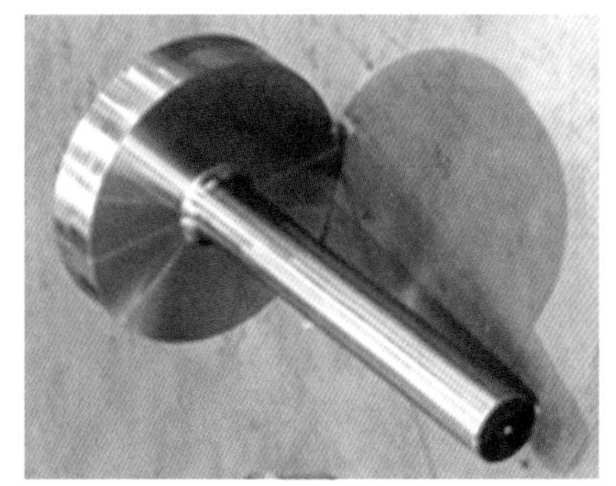

图2-4-13　GH4169转子部件产品

除了上述四个部件，构成液氢液氧发动机的GH4169材料还包括大量具备高强韧性特殊技术要求的棒材。这些材料的研制无一不浸透团队们的辛勤汗水。

首批试制成功后，该系列锻件又进行了后续的数批次改进试制。每次的生产过程中，团队成员吴静、王庆增、王资兴、卢威、代朋超都会用近乎苛刻的要求对待每个工序，不放过任何一个小的细节，发现问题后一项一项不断改正和优化。随着经验积累和技术进步，GH4169的生产工艺也越来越成熟，产品日趋稳定。2012年，GH4169团队的老专家周奠华老师退休了，陈国胜首席也于2015年退休，接过接力棒的是王资兴和王庆增，他们分别领衔GH4169系列产品研发和现场生产制造，并开始带教新人。陆续加入团队的田沛玉、余式昌、代朋超、卢威、石磊、胡仁民、俞忠明、李博、杨庆、张灵敏等人也快速成长，在产品开发中崭露头角，有的甚至能独当一面。氢氧转子用GH4169合金部件批产试制技术负责人的接力棒也于2019年3月交到余式昌博士的手中。由于在航天转子研制上做出的突出成绩，GH4169团队的王资兴于2017年4月获人力资源社会保障部、工业和信息化部、国防科工局、国资委及中央军委政治工作部联合颁发的“长征五号运载火箭首次飞行任务突出贡献者”称号（见图2-4-14）。

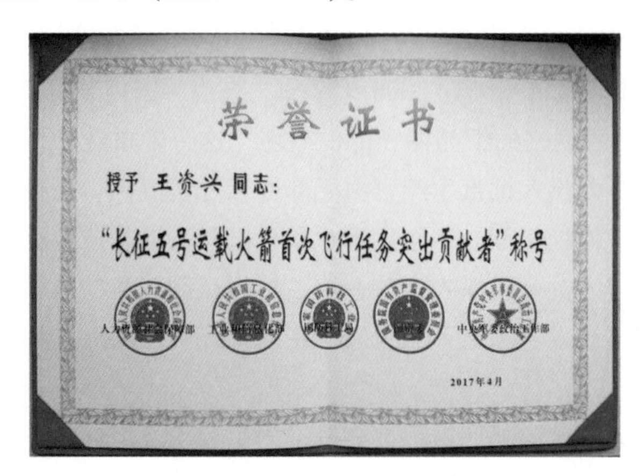

图2-4-14 GH4169项目组成员受到国家五部委的联合表彰

（二）航天发动机用GH3600高温合金精细薄壁管材

超长、薄壁、小口径GH3600合金精细薄壁管材，是我国长征系列氢氧火箭发动机核心材料。火箭发动机对管材组织、高温力学性能、表面粗糙度、表面清洁度和尺寸精度等技术指标要求近乎“零缺陷”，技术门槛极高，制造难度大。在20世纪80年代，我国在小口径薄壁高温合金管材产品和制造技术方面处于完全空白，而国外一直对我国进行长期严密的封锁，我们根本无法采购到此类产品。

1987年，当时的航天部一院提出研制600合金变截面方管，用于我国长征系列发动机。由于使用技术要求高，研制管材的难度很大，国家将其作为“七五”攻关项目下达立项研究。承担课题的负责单位是上海钢铁研究所，承担单位有钢铁研究总院、上钢五厂、航空航天部703所、航空航天部11所和航空航天部211厂。

600合金，是美国国际镍公司1939年研发的镍-铬-铁基固溶强化合金，在国外使用面很广。但是，当时在我国对该合金的研究很少，故缺少资料和经验，尤其是合金管材方面的资料更少。课题承担单位，结合课题性能指标的要求，以600合金为基础，对合金中关键元素的含量范围进行了大量的研究和创新，最后确定了合金最佳的控制成分，并取名为GH600合金。在管材研制方面也是突破了冶炼、热加工、制管工艺、组织性能控制等一系列技术，历经5年多的研制，终于试制出了质量优异的成品管材（见图2-4-15）。

1994年，试制的GH600管材通过鉴定，管材的微观组织、力学性能、表面质量、耐腐蚀性能、焊接性能和应用性能等全面达到技术指标要求，同年应用该管材的火箭首飞成功。

1997年，航天用GH3600精细薄壁管材项目获上海市科技进步奖一等奖、冶金工业部科技进步奖二等奖，1998年获得国家科技进步奖三等奖。

1999年，项目负责人原上海钢铁研究所童潮山教授级高工作为上海市冶金局的唯一代

图 2-4-15　GH3600 成品管材照片

表，出席了在北京召开的“两弹一星”表彰大会，受到中央领导的亲切接见。

到了 2005 年的时候，随着我国航天事业的蓬勃发展，特别是一系列重大工程的启动实施，对 GH3600 合金精细薄壁管的需要量迅猛增加，原有的生产能力已无法满足要求。

2006 年，宝钢特钢开展了国家“十一五”攻关项目航天用 GH3600 合金精细薄壁管质量攻关研究工作，通过管坯制备、热穿孔、冷轧、清洗和热处理等工艺研究，开发出了先进的 GH3600 精细薄壁管材的成套制造工艺技术，解决了一系列难点问题，成材率比原先有了大幅提升，产量提升了 5 倍多，在产量和质量上满足了长征系列火箭发动机用管材的迫切需求。

与此同时，我国大推力火箭“胖五”的研发也紧锣密鼓的开展，相比其他火箭，“胖五”的“身躯”比普通运载火箭“魁梧”得多，它的氢氧发动机需要配套更长的精细薄壁管材，对其力学性能、尺寸精度、表面质量和组织要求等更加苛刻！

2008 年，国家航天负责单位将重担压给了当时的宝钢特钢。宝钢特钢没有任何犹豫，果断决定承担这一关键材料的研发任务。

宝钢特钢将超长 GH3600 管材的研制列为重大工作专项开展，成立了以公司主管领导、钢管厂厂长为首的领导小组和以特钢技术中心、钢管厂、制造部为首的技术研发团队，以及以钢管厂冷轧管分厂航天航空生产作业区为首的现场质量技术攻关团队。团队成员包括童潮山、欧新哲、龚张耀、袁卫昌、邵卫东、王东华、徐鑫军、陈久峰、陈家昶、施赛菊、高雯、梁锋、沈新墨。

历经近 5 年不分昼夜的数轮试制、优化、稳定，首创了超长、薄壁、小口径 GH3600 合金管材全流程制造工艺技术，成功开发出超长规格管材，于 2012 年完成了首批的交付，并通过航天部门的试车考核，2014 年开始批量供货，助力新一代大推力火箭多次成功发射。

2016 年 11 月 3 日 20 时 43 分，我国运载能力最大、推力最强的新一代运载火箭——长征五号在海南文昌航天发射场首次成功发射。

2019 年 12 月 27 日 20 时 45 分，长征五号遥三运载火箭在中国文昌航天发射场发射升空，火箭飞行正常，成功将实践二十号卫星送入预定轨道，飞行任务取得圆满成功。

2020 年 5 月 5 日，长征五号 B 运载火箭首次飞行取得圆满成功，实现我国空间站阶段飞行任务首战告捷，为全面实现我国载人航天工程第三步发展战略奠定坚实基础。

1987~2021 年的 30 多年里，不管是原上海钢铁研究所还是上钢五厂、宝钢特钢和宝武特冶，都在践行钢铁报国的使命，一代一代特钢人都在 GH3600 精细薄壁管材的研制开发、生产工艺、标准制定等方面付出了汗水和智慧，为我国航天工业发展做出了重要贡献。

（三）星箭解锁包带00Ni18Co7Mo5Ti马氏体时效钢

00Ni18Co7Mo5Ti 马氏体时效钢自 20 世纪 60 年代初研制成功以来，由于其性能优于各类型的高强度钢，特别是具有很好的强度和韧性的配合，因而受到各国冶金材料科技工作者和材料使用者的极大重视。目前，马氏体时效钢在性能和产量上取得了很大进展。

已正式用于工业上的马氏体时效钢，其基本成分为碳含量不大于 0.03%、镍含量为 18%~25%，并添加有各种能产生时效强化作用的合金元素钴、钼、钛、铝、铌等。

马氏体时效钢，加热到 800℃以上将迅速转变为奥氏体（即固溶处理），空冷就能转变成马氏体，故室温状态下基本是马氏体组织，残余奥氏体量很少。转变后，马氏体的硬度只有 HRC30 左右，时效后约能达到 HRC52。马氏体时效钢不仅有高的强度，更可贵的是它在具有高强度的情况下，仍然具有良好的塑性、冲击韧性和断裂韧性。这就表明马氏体时效钢在高强度状态下使用时具有很好的安全可靠性。

1987 年，应中国航天科技集团 703 所某星箭及卫星整流罩解锁配套项目所需，上海钢研所开始研发 00Ni18Co7Mo5Ti 钢带，用于宇航飞行中捆扎飞船和火箭的解锁包带材料，需要弹性极限高，焊接性能优良，热处理工艺简单且变形极小，这类材料及制造国际上是高度保密的，根本无法从他国购买，当时美国采用的解锁包带材料是钛合金 βT2，我国如仿制当时需要解决如大型真空炉及一系列精密苛求的工具，技术难度大、代价和风险极高，通过反复研究分析和实验室设计最后选择了 00Ni18Co7Mo5Ti，在国内属于首创。

经过两年的创新试制于 1989 年研制定型，先后用于长征二号火箭发射成功并通过鉴定（实物照片见图 2-4-16），项目主要研制人员是上海钢研所的邵晋德、吴江枫，后由宝钢特钢、宝武特冶刘尚潭、刘冠华负责，并且在 2002 年 3 月和 12 月发射的神舟三号、四号搭载模拟飞行中获得成功。2003 年 10 月 15 日，中国首次载人飞船（搭载宇航员杨利伟）神舟五号发射成功，标志着该材料通过宇航考验。

2003 年 10 月 18 日，中国航天科技集团总经理、中国载人航天工程副总指挥张庆伟在全国 10 个行业协会（联合会）的表彰会上向 00Ni18Co7Mo5Ti 星箭解锁包带授予中国“神舟”和“神箭”配套应用“中国第一世界名牌”称号。时至今日，星箭解锁包带已在登月、天宫一号等四种大型运载火箭中得到应用，并已成功发射了 若干颗国内外卫星，该材料的成功开发，替代了 βT2 钛合金包带材料。与 βT2 钛合金相比，该材料既可节约昂贵的设备投资，又能在性能要求上超越 βT2 钛合金，达到了国外同类产品的先进水平，补充了我国用高强钢材制作星箭解锁包带的空白，该产品已于 2004 年编入我国有关行业标准序列。

图 2-4-16　星箭解锁包带实物照片

（四）7715D 高温钛合金

1. 神舟系列号用 7715D 高温钛合金的前世

1979 年，由于国营黎阳机器公司设计改进型航空发动机需要选择能在高温下正常工作的耐热钛合金，要求上海钢研所研制综合性能优于 BT9、TC11 合金的 7715B 和 7715C 耐热钛合金。采用 7715B 制造的第六级压气机转子叶片装于该型发动机上，通过工艺长期试车，叶片工作正常，分解后故障检查无异常情况。7715C 制造的第八级压气机转子叶片，装于该型上进行超转试车，并通过航空部和冶金工业部联合鉴定。7715B 和 7715C 通过试车考验，表明上海钢研所有能力研制我国新一代航空发动机所需的高温钛合金。

1985 年底，航天部八一研究所承担预研项目“远地点卫星运载火箭发动机”，需使用高温短时耐热钛合金。1986 年上海钢研所在 7715 系列基础上研制了 7715D 合金。该合金先后经过多次地面试车及模拟高空试车考验，各项指标均达到技术要求。

航天部有关部门对此给予良好评价，决定正式生产上天零件，为发射准备提供了保障。

2. 神舟系列号用 7715D 高温钛合金的今生

上海航天局在成功选材并使用 7715D 钛合金后（见图 2-4-17），对该合金提出更高的技术要求，拓展应用到神舟号飞船中去。神舟飞船的推进舱轨、姿控双元推力室用发动机对 7715D 合金技术要求很高，结构设计时需采用比重轻、耐腐蚀、耐高温，并与燃室身部 C-103 要有优良的焊接性能，与液体推进剂 N_2O 和 MMH 要达到航天一级相容性，并要求批量的稳定性，为此宝钢特钢以罗月新高工为首的钛合金技术团队针对神舟号设计提出的要求进行了进一步的研究，并先后提供多批、多规格优质棒材。至此，我国自行设计的神舟号系列飞船已经用上了宝钢特钢研制的 7715D 高温钛合金制造的三个发动机。

上海航天局 801 研究所应用 7715D 钛合金制造的“神舟”飞船推进舱轨、姿控双元推

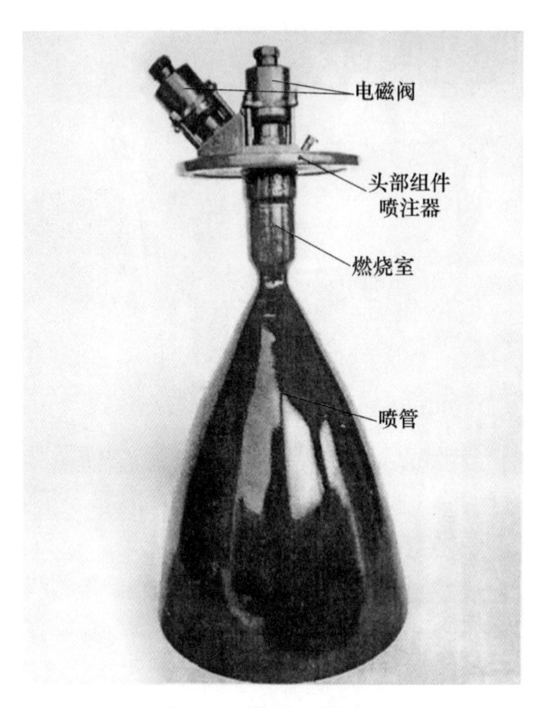

图 2-4-17 7715D 钛合金零部件在神舟号发动机上的示意图

力室，经过数十次地面和多次上天飞行试验，证明使用情况良好，无故障。7715D 高温钛合金成功服役于我国首次载人飞船“神舟五号”，并获得了中国航天科技集团公司的高度认可和赞扬。

由于 7715D 具有密度低、耐腐蚀、耐高温的特点，深受航天系统设计师们的青睐，在神舟系列飞船上得到应用后，7715D 进一步被选用到嫦娥系列火箭关键部件上，7715D 钛合金技术团队（罗月新、李雄、陆琪、孙继峰、丁晨）在冶炼大型铸锭、热加工工艺优化、棒材径锻工艺等关键技术领域进行了攻关和研究，顺利研制出了 7715D 等温锻件和多规格棒材，为我国探月工程“绕、落、回”三步走发展规划做出了重要贡献，为此也得到了航天单位的大力赞扬和感谢。

长征五号 B 运载火箭首次飞行获得圆满成功后，长征五号运载火箭型号办公室向宝武特冶发来了感谢信。

六、七侠客联手护国 GH4169G 插翅鲲鹏

“北冥有鱼，其名为鲲。鲲之大，不知其几千里也，化而为鸟，其名为鹏；鹏之背，不知其几千里也；怒而飞，其翼若垂天之云。”

——庄子《逍遥游》

（一）登太行拨云见日，护明珠七剑合璧

航空发动机是飞机的“心脏”，是尖端制造业的典型代表；它被誉为现代工业“皇冠上的明珠”；它体现了一个国家的工业基础、科技水平和国防实力。

新中国的航空发动机生产始于20世纪50年代，我国航空发动机的生产走过了从测绘仿制到自主设计和创新的艰难50年。21世纪初，“太行”发动机的研制成功和定型批产，标志着中国航空发动机成功实现了从涡喷到涡扇、从二代到三代、从中推力到大推力的三大跨越，我国也成为世界航空发动机领域的五大常任理事。

现代航空发动机（见图2-4-18）的关键部件是用高温合金制造的。高温合金被誉为“先进发动机的基石”，它的用量占先进航空发动机总质量的40%~60%。航空发动机的核心机（见图2-4-19）由压气机、燃烧室和涡轮等三部分构成，空气经压气机快速压缩后在燃烧室与燃料混合燃烧，产生高温高压气体推动涡轮旋转做功，持续不断地给飞机提供动力。通常采用提高燃烧室至涡轮前温度的方法来提升发动机的热效率，以降低碳排放量、减少生态污染。

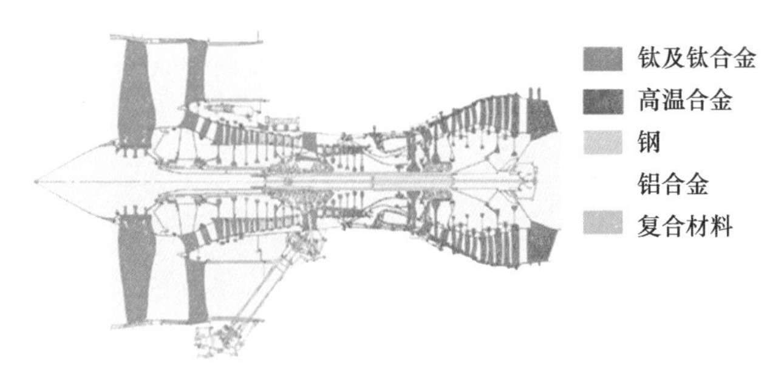

图2-4-18　航空发动机用材料及其位置和分布

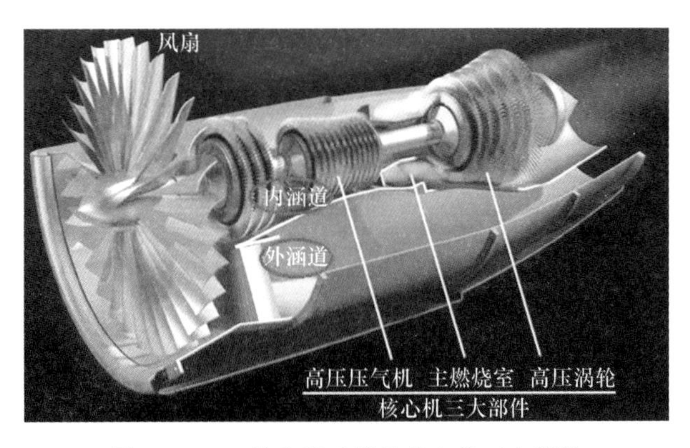

图2-4-19　航空发动机的核心机三大部件

数十年来，欧美国家从未停止过对这类高温合金新合金的研究和改进；西方也从未停止这类高温合金关键工艺与核心技术对中国长期实施严密的技术封锁。为此，中国高温合金研发者需要持续改进和发展新合金，研制升级换代的新材料，为中国的新型战机和大型运输机等研制出功能更强大的“心脏”。

进入21世纪，研制某新型发动机用GH4169G材料的任务由中国科学院金属研究所（以下简称中科院金属所）、宝钢特钢及其他相关单位共7家共同承担，项目由中科院金属所孙文儒博士总负责。

（二）群英会忧心忡忡，胡院士指点迷津

项目组召开启动会当天，中科院金属所82岁高龄的胡壮麒院士亲临会场，指导研制工作，简要介绍了新合金GH4169G的前世和今生。

早在20世纪90年代末，中科院金属所胡壮麒院士和孙文儒博士等研究发现，在GH4169中添加微量磷和硼，可大幅提升其高温持久与蠕变性能。在GH4169成分基础上，采用磷、硼微合金强化方法成功开发了新合金——GH4169G，这是具有我国自主知识产权的新材料。GH4169G在保持原合金优异综合性能的基础上，成倍地提高了持久和蠕变寿命，并将使用温度由650℃提高到680℃。

与会专家对仅有宝钢特钢一家冶金厂承担新合金的冶炼试制工作颇为担忧。GH4169G研制的难度要比航空发动机常用的GH4169高得多。尽管有些忧心忡忡，专家们最终还是通过了项目组的试制方案，督促项目组要抓紧时间，鼓励团队为国家勇挑重担。

（三）三千里风雨兼程，陈首席返乡“接生”

在启动会召开之前，宝钢特钢已着手自筹资金开展相关试验研究工作。

宝钢特钢主管科研工作的陆江帆副总经理当即在试验方案上批示：“GH4169G为宝钢特钢重点战略产品，本次试验为国家某重点项目进行前期研究。请各相关部门按试验方案保质、保量、按进度要求完成。切记此试验的重要性！”

担任宝钢特钢课题负责人的是宝钢专家陈国胜首席，课题组主要成员包括王庆增、刘丰军、王资兴、张建英、丁燕、杨桦、陈杰、刘琳、童英豪、刘启燕、高雯、郁蕾芸等人。

陈国胜首席在寒冬腊月的一天从沈阳匆忙赶回上海又马不停蹄地直奔宝钢特钢冶炼生产现场。赶到冶炼车间的时候已过中午12点，现场的冶炼生产是24小时连续运转，当天凌晨1:50已开始加料装炉熔化，按照常规节奏，这个时间点已开始准备浇铸电极了。可炉前的两次成分分析数据出了问题，有个元素成分不合格，怎么办？

可以形象地把真空感应炉的冶炼过程比作是炒菜。首次烹饪GH4169G这道新菜，到了该出锅装盘时发现味道不对（成分不合格）。陈国胜首席当即调整油盐酱醋等调味辅料加入比例，随即热炒，一会大火烹制（高温脱气）、一会小火慢炖（控温精炼），GH4169G这道新菜直到下午四点半才出锅装盘（浇铸电极），现场的工人师傅们一看，这炉料比平时多用了几个小时，最终确认成分全部合格。

从那时起，在陈国胜首席的指导下，宝钢特钢逐步建立和完善了新合金GH4169G冶炼的微量元素精控技术，并沿用至今。

转眼间到了阳春三月、草长莺飞的季节，新合金GH4169G棒材的首轮锻造工艺试验喜获成功。来自中科院金属所的孙文儒、刘芳、张伟红和于连旭以及宝钢特钢的陈国胜、王庆增、刘丰军、王资兴、卢玉明、徐庆等人现场见证了首批棒材的锻造成型。当时尽管大家已连续奋战三十几个小时，然而并不觉得疲劳，脸上洋溢着幸福的笑容。这个劳动节过得充实、快乐，幸福属于奋斗者。

（四）众英豪齐心助力，通络丹活血化瘀

首战告捷！前期试制的 GH4169G 棒材工艺验证比较顺利，但研制工作面临的考验依然严峻。冶金偏析和细晶棒材的组织均匀性控制，这两个关键技术迟迟未能取得重大突破。

随着工业化生产 GH4169G 锭型的扩大，如果不能提高冶炼工艺稳定性、消除铌和硼的偏析，新合金将无法在航空发动机获得应用。这时的 GH4169G 就像个患了先天性心脏病并伴有骨质疏松症的孩子。

为提高新合金熔炼工艺过程的稳定性和冶金质量，项目组开展新的冶炼工艺技术的试验研究和摸索。此后生产的 GH4169G 棒材，全部采用新型工艺冶炼。用真空感应+电渣重熔冶炼制备的致密无缩孔电极代替了原来的真空感应浇铸电极，大幅提高了成品锭冶炼的工艺稳定性。新工艺产品的硫含量达到了国际先进水平。

宝钢特钢全面突破了新合金超纯净、高均质冶炼的关键工艺与核心技术。

（五）细晶棒千锤百炼，软包套再立新功

随着航空发动机的技术进步，设计盘锻件形状渐趋复杂、尺寸规格越来越大，在盘件的模锻成型时，不同部位的压下量不同，有些部位由于变形量太小，导致盘件的局部存在粗大晶粒，这给发动机长期稳定运行带来隐患。

为提高研制航空发动机运行的可靠性，要求合金棒材的晶粒组织均匀细小。众所周知，GH4169 的晶粒组织细化和均匀性控制是变形高温合金中难度最高的，也是最为复杂的。试验研究发现添加磷、硼后的 GH4169G，它的热加工工艺温度窗口也随之收窄。实现新合金大规格棒材的晶粒组织细化和稳定控制的难度可想而知。细晶锻造成了新合金应用的拦路虎。

不能通过提高加热温度的方法延长变形时间窗口，那就通过减缓锻制过程中的散热来延长工艺窗口的变形时间。思路决定出路，软包套保温锻造技术就是顺着这个思路逐步建立和不断发展并最终完善起来的。

随着一系列新技术的持续开发成功，新合金研制的路障被逐一清除。GH4169G 细晶大棒材的研制水到渠成（见图 2-4-20），棒材的综合检验结果表明，各项技术指标优异，满足型号设计要求。

图 2-4-20　GH4169G 合金大规格锻制棒材（车光）

（六）盘锻件装机考核，新合金修成正果

宝钢特钢成功研制出 GH4169G 细晶大棒材，为某型发动机盘锻件研制战役打响了第一枪。为了研制发动机涡轮盘锻件，项目组负责人孙文儒博士带领团队披星戴月走遍了大江南北。新合金 GH4169G 就像个翩翩少年，跟着课题组爬山涉水遍访名师，从长江入海口的上海宝山出发，首先来到烟波浩渺的太湖之滨的惠山旁，在无锡透平经受 3 万吨螺旋压力机的锤击洗礼。

太湖初学有成之后，GH4169G 恋恋不舍地离开江南水乡，直奔祖国的大西南继续求师学艺。在贵州苗寨旁，GH4169G 细细品尝热模锻造的味道；再入四川，GH4169G 品尝美食“麻、辣、烫”，找来万吨压机帮消化。

少年 GH4169G 出蜀，越秦岭，入陕闭门深造。西出长安有咸阳，咸阳城外访高人，GH4169G 拜访了陕西宏远的秦卫东博士。秦博士率领宏远团队倾囊相助，首先对盘锻件的成型工艺进行计算机模拟，然后深入锻造生产一线，逐一检查压机、加热炉和工装的准备情况，唯恐漏掉或疏忽了某个细节影响验证的精度。模拟、验证、优化调整，验证后再模拟、再修改，项目组就这样在讨论和争执中不知度过了过了多少个不眠之夜。功夫不负有心人，压气机盘和涡轮盘等锻件研制成功！

项目组通力合作成功研制出 GH4169G 系列盘锻件（见图 2-4-21~图 2-4-24），经过几个台份发动机的装机试车考核，结果合格，GH4169G 终成正果。

（七）朝至尊蛾眉淡扫，早行人珠峰山小

某型发动机用 GH4169G 棒材工程化生产工艺首次贯通。2012 年 6 月，通过 XX 型号发动机的工艺评审。2013 年 10 月，通过 YX 发动机高压涡轮盘锻件工艺评审。2014 年 1 月，通过 ZX 发动机压气机盘锻件的工艺评审。2015 年 10 月，陈国胜首席光荣退休，王资兴和王庆增接力前行；GH4169G 合金研制和工程化生产持续稳步推进。2017 年 6 月，召开

图 2-4-21 GH4169G 合金盘锻件一（锻态）

图 2-4-22 GH4169G 合金盘锻件二（粗加工）

图 2-4-23　GH4169G 合金 X 涡轮盘锻件三（锻态）

图 2-4-24　GH4169G 合金盘锻件四（粗加工）

“ZX 发动机用 GH4169G 整体叶盘锻件应用研究课题协调会”。ZX 发动机整体叶盘的研制，对 GH4169G 提出了更为严苛的技术要求！不管遇到什么困难，宝钢特钢 GH4169G 团队都将一如既往地并肩奋斗、勇往直前！课题的研制工作有序推进。2019 年 1 月，宝武特冶 GH4169G 研制课题组负责人的这个接力棒，传到了余式昌博士的手上。薪火相传，生生不息。2020 年 9 月，XX 型号发动机用 GH4169G 项目通过国家验收。2021 年元旦，星期五，天气晴转多云，气温-1～5℃。像往常一样，早八点半前走进泰和路 679 号，这是三个月前启用的宝武特冶公司的新总部。这也是宝钢特钢第 1 炉 GH4169G 的诞生地。

坐在办公桌前写下这行字的时候，随手翻了一下日历，GH4169G 通过国家验收，到 2021 年元旦整整过了 100 天。

回首四千个日夜前的 2010 年 1 月，宝钢特钢一行四人在陈国胜首席带领下匆匆赶往沈阳，启动会仿佛就在昨天，依稀历历在目……

要让设计放心，让型号放心，让中国的飞机拥有更加强健的“心脏”！

正如鲁迅先生所说，“希望本是无所谓有，无所谓无的。这正如地上的路；其实地上本没有路，走的人多了，也便成了路。”

七、开创等温锻先河　填补国内空白

（一）背景概述

随着航空工业的发展，为了减轻飞机的重量，提高发动机的性能，设计部门越来越多地采用重量轻而强度高、塑性和其他综合性能好的钛合金作为发动机零部件和飞机结构件，尤其军用飞机对结构材料的要求更高。这使得高比强、中温性能好、耐腐蚀性能优良的钛合金成为现代军用飞机的主要结构材料之一。

钛合金材料具有变形抗力大、变形温度高、变形温度范围狭窄等特点，普通锻造只能成型比较粗的锻件，通过机加工，切削掉大量金属，导致材料利用率低，机加工周期长、成本高。超塑性等温锻造工艺是利用材料的超塑性，用小吨位的油压机将模具和被加工材料置于相同的超塑性温度下，以设定的变形速度锻造成型出尺寸大、形状复杂的精密锻件。通过这种精锻工艺生产的航空发动机部件，既能完全满足严格的组织、性能标准要求，又能大大减少零部件的机加工余量，彰显出它在技术和经济上的优越性。

1977~2020年，上海钢研所、上钢五厂、宝钢五钢、宝钢特钢到宝武特冶经过40多年的发展，等温锻造已形成系列的专业化生产线，主要设备包含500吨、800吨、2000吨、3000吨、6300吨和8000吨液压机。钛合金材料涉及7715D、STi-80、TA10、TA15、TA19、TB6、TC2、TC4、TC6、TC11、TC17、TC25、Ti-55531等，大、中、小型钛合金精密等温锻件已开发生产100多种，大多已投入生产，最大锻件的投影面积达1.3平方米，产品广泛应用于国产航空发动机、飞机以及未来主力战机等，实现了我国战机关键钛合金产品的国产化和产业化，填补了国内空白，打破了国外垄断。

（二）研究开发历程

1965年，上海钢研所、上钢五厂等单位承担了某工程用BT10钛合金轧棒、锻棒和饼盘的试制任务。

1973年，由于大型客机工程的需要，为稳定TC4的质量，上海钢研所和上钢五厂等一起组成了攻关组，对钛合金的冶炼、加工工艺进行了大量的试验工作，确定了较合理的工艺参数，使我国航空用钛材的工艺和质量水平有所提高，满足了工程的要求。

1977年，上海钢研所在三室主任许嘉龙的主持下开展了钛合金超塑性特性研究，并进行了超塑性加工工艺研究。由庞克昌任钛合金超塑性研究组组长，组员有曹振新、李增强等人。

在当时检测技术、检测设备有限的情况下，发现钛合金的高温延伸性非常好，获得了TC4钛合金超塑性拉伸的详细试验数据（见图2-4-25），成为以后等温锻造的理论基础。

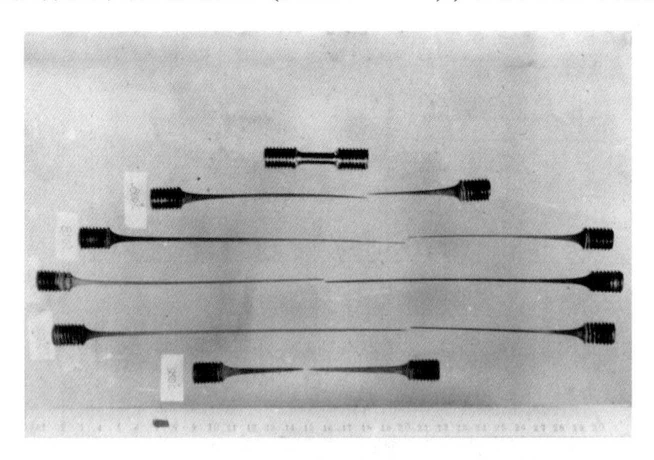

图2-4-25 TC4钛合金拉伸的超塑性试样

在当时制造技术、制造产线和装备有限的情况下，利用一台500吨粉末压机，通过自主设计的试验需要的模具、模具加热炉，配备了压力、位移等仪表，开展钛合金超塑性压缩特性研究，取得了大量数据，为等温锻造工艺制定提供了非常有用的数据支撑。

研究发现，钛合金具有良好的超塑性，在一定温度下，在相当低的变形速度下，其流变抗力只有20兆帕以下，伸长率达2000%。这在普通锻造条件下是无法达到的，基于钛合金这种超塑特性提出了全新的成型技术——超塑性等温锻造。

1. 首战告捷，TC4钛合金阀板成功开发应用

1979年，上海钢研所添置了一台超塑性等温锻造专用的500吨液压机，与上海大隆机器厂合作，设计制造无余量精密锻件模具，研究了等温锻造工艺参数对锻件成型性和组织性能的影响，获得了最佳工艺参数，成功锻造了供小化肥设备用TC4钛合金甲胺泵进排液阀板的无余量精密锻件（见图2-4-26），总计提供了100多套，获得了等温锻造技术实际应用的初步经验。

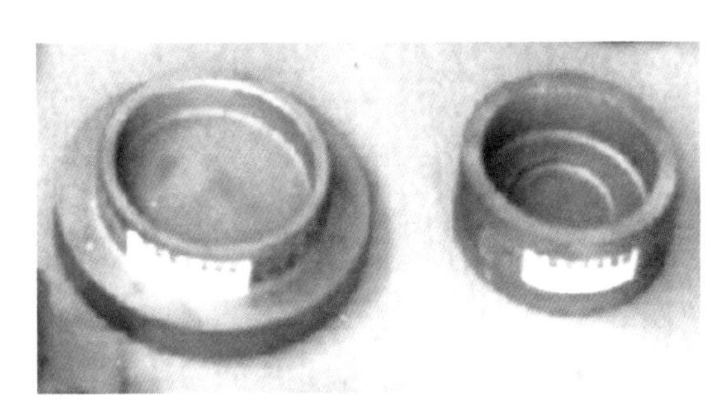

图2-4-26　TC4钛合金甲胺泵进排液阀板的无余量精密锻件

2. 踏入航空发动机领域

20世纪50年代初，美国在飞机上顺利地应用了钛合金，占1%结构质量，开拓了航空工业使用钛的先河。至70年代，航空发动机钛的应用逐渐增多。

1981年上海钢研所和国营100厂合作，开展TC4钛合金喷嘴壳体等温锻件研制工作。喷嘴壳体钛合金锻件原先是通过普通锻进行生产，共计需要5火次，4套模具生产，工序生产时间较长，而且生产出来的锻件还有很大的飞边。为了改善生产效率，稳定产品质量，上海钢研所由庞克昌和李增强组成研发小组，与国营100厂的冶金处长李雪松一同开展技术研究，内容包括模具、坯料和成型工艺等系统设计。基于钛合金的超塑特性，决定用一块矩形坯料在高温合金模具中，采用超塑性等温锻造一火一次成型，于1981年锻造成功后，经装于某型发动机上进行长期工艺试车，顺利通过台架长期试车考核。1985年6月通过航空工业部和冶金工业部的联合鉴定后，进行批量供货。锻件实物图详见图2-4-27。

看到钛合金有如此优异的超塑性，国营100厂的冶金处长李雪松提出是否可以实现空心锻件的生产。原来国营100厂有一种TC6钛合金锻件作动筒，当时应用于出口航空发动机，生产任务急。但是普通锻生产的工序多、质量不稳定而且生产周期长。

为了解决用户的燃眉之急，充分利用钛合金材料的超塑性，在之前技术积累的前提下，历时10个月，试制成功TC6钛合金空心作动筒等温挤压精密锻件，既满足了产品尺寸和性能要求，也保证了用户出口订单的及时交付。在1983年该锻件装于某型发动机上顺利通过了台架工艺长期试车考核。经首批试制后，进行小批生产并销往国外，直至目前还在批量生

产。1984年7月由航空工业部技术局曾凡昌主持，该锻件通过了冶金工业部和航空工业部联合鉴定。等温挤压空心作动筒研制和应用成功是钛合金等温挤压新工艺在我国航空工业上首次工业尝试。这也是中国首件成功应用于航空发动机的钛合金等温锻造精锻件，并获得冶金工业部1984年科技成果奖三等奖。锻件实物图详见图2-4-28。

图2-4-27 喷嘴壳体锻件

图2-4-28 TC6钛合金空心作动筒

钛合金等温精锻工艺的研究和应用成功，开辟了钛合金应用的新途径，解决了航空工业中某些复杂零件的加工问题，简化了工序，减少了材料消耗，降低了成本，从而取得了更高的经济效益。

3. 等温锻件产业化发展——盘轴类锻件大显身手

1990年，为加快科研成果的产业转化，上海钢研所成立了具有独立法人资格的企业，名为上海钢铁研究所超塑性研究中心（以下简称超塑中心）。主要任务是开展钛合金等温锻件产业化的应用研究。早期参与人员有庞克昌、劳金海、王晓英和张立建，后期逐渐发展到20余人。

在20世纪70年代上钢五厂为某型发动机成功研制生产了TC11钛合金锻棒（中国首次用钛合金制作压气机盘）的基础上，超塑中心为某型发动机在国内首次采用等温锻造新工艺试制了TC11钛合金压气机八级盘精锻件。首次在航空工业应用领域填补了钛合金超塑性等温精密锻件的国内空白。紧接着开展了某型发动机的三~七级盘和某型发动机TC11钛合金压气机二级、四级盘的试制生产，取得了完全成功。TC11钛合金材料、盘模锻件工艺研究获国防科技进步二等奖。

超塑中心在获得航空工业部主管部门的支持后，于1995年立项，在西安航空发动机公司（以下简称430厂）见证下，于1996年借用上海航标厂的2000吨油压机试制成功并实现供货。最先取得研制生产的是TC11钛合金二级盘、三级盘和后轴颈，TC4钛合金前轴颈。

TC17盘是发动机的关键，超塑中心与沈阳黎明航空发动机公司合作，采用超塑性等温锻造技术，通过多次工艺试验，攻克了材料组织和性能等多个技术难关，试制成功了各级盘、轴颈和隔套锻件。

十年磨一剑。为了加快钛合金产业的发展，2000年起宝钢五钢与上海钢研所合作建成了国内最完整、最先进、产能最大的钛合金专业生产线——从海绵钛电极压制、真空自耗冶炼、锻造开坯到等温锻造成品全流程专业生产线。至正式定型鉴定时，宝钢五钢、宝钢特钢通过先进的等温锻造技术几乎生产了该工程所有钛合金锻件。

宝钢为大推重比航空发动机研制生产的 Ti17 钛合金整体叶盘（投影面积国内最大）等产品达到当代国内一流、国际先进水平。

先进高推比涡扇航空发动机从设计到制造，均为中国自主完成。西方国家对中国航空发动机技术采取严格管控措施，为保证材料的供应不被“卡脖子”，国家要求实现材料的国产化供应。宝钢特钢、宝武特冶启动了先进高推比航空发动机关键部件用近净成型钛合金模锻产品研发及应用项目，对保障我国先进战机关键钛合金产品自主供应起到重要的作用。本项目相关的几个发动机材料在选材时都经过了设计方的综合考量，对钛合金部件提出了耐高温、高断裂韧性、高强度和高抗蠕变性的严格指标要求。

各部位钛合金等温精密锻件（见图 2-4-29）都有各自的性能特点，其共性特点是耐高温、大尺寸。为得到大尺寸异型钛合金锻件，最终的成型是利用钛合金在一定温度下的超塑性，通过对模具加热，在一定变形速率下，进行等温锻造。通过对大尺寸、复杂异型锻件的研制所积攒的经验与成果，也必将促使我国钛合金锻件整体成型技术有一个大的提升。本项目的研制成功，解决了我国高推比航空发动机关键钛合金材料的“卡脖子”问题，带动了我国钛合金锻件成型技术整体提升，保障了先进战机关键材料的自主可控。

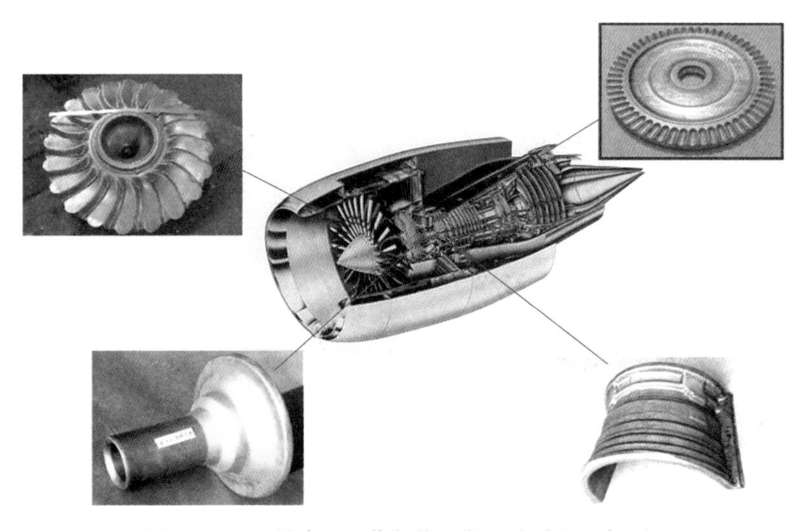

图 2-4-29　钛合金工作部位（航空发动机局部图）

4. 等温锻件产业化发展——结构类锻件崭露头角

XX 型歼击机是为满足在航空母舰上使用而改进研制的远程、重型、超音速、高机动性的全天候舰载歼击机。战技性能和服役环境要求舰载机比歼 XXB 型飞机需要承受更高的冲击载荷并具有更强的抗腐蚀能力。因此，主承力框第 34 框由铝合金材料改为了 TA15 钛合金材料，如果沿用歼 XXB 型飞机钛合金承力框的多段锻件焊接成型，经过工序多、协调专业多，整个锻件加工周期延长，锻件加工会成为舰载机批量生产的瓶颈。

发展大型锻造技术是大势所趋。我国等温锻造技术日趋成熟，锻件从小到大已经生产了几十种，在3000吨压机上已经锻了0.48平方米的大锻件，为特大型钛合金锻件的锻造开创了一种新的方法，使34框整体锻造成为可能。

为了保障TA15钛合金大型框模锻件在新一代飞机上的应用，通过充分技术沟通，中航工业沈阳飞机设计研究所（简称601所）同意宝钢特钢通过等温精密锻造的工艺按照整件生产交付，但是研制费用以自筹为主。

要实现交付目标，需要解决的关键问题是ϕ400毫米大规格棒材的制备技术、批量生产的质量稳定性控制，解决大型模具浇铸开裂问题以及采用等温锻造方法研制34框整体锻件等。

2007年春节前后，在宝钢特钢王立荣总经理助理的统一协调指挥下，材料技术团队闵新华、计波、朱益藩、纪仁峰等人在TA15棒材研制经验的基础上，结合新的工艺要求，开展了TA15钛合金大规格棒材的冶炼技术和热加工工艺技术深化研究，解决了大型铸锭成分微区偏析问题，采用循环加热工艺和晶粒细化充分改善棒材组织均匀性，提高了特大规格棒材的探伤等级，ϕ400毫米棒材的技术水平达到国内领先水平。同时棒材的制造技术成功申报了国家发明专利。成型技术团队庞克昌、李雄、王资兴、李建伟等人通过计算机模拟等手段，反复论证模具浇铸工艺、模具设计、脱模机构以及成型工艺的合理性，并在杨磊（原上钢五厂锻造厂快锻车间主任，2005年获全国劳模称号）的亲自指挥下完成锻件的荒坯制作。最终在不到1年的时间里，解决了直径达到1700毫米的大型模具浇铸开裂难题，创造了12T真空感应炉浇铸铸件的先例，实现了钛合金在复杂型面上超塑性变形距离650毫米的纪录，成功完成了34框精锻件的研制。

为新一代飞机研制生产的TA15钛合金整体锻件属于飞机机构件，型面结构最复杂，此锻件的试制成功除减少材料消耗外，还节省了3/5以上的机加工时间，代表宝钢特钢的等温锻造技术已达到当代国内一流、国际先进水平。2014年TA15钛合金等温框锻件制造技术及应用获中航工业集团一等奖，国防科技进步奖二等奖。

（三）重点产品及主要获奖

重点等温精密锻件代表性产品照片见图2-4-30~图2-4-35。

图2-4-30 TA15钛合金框架件

图2-4-31 Ti17钛合金整体叶盘

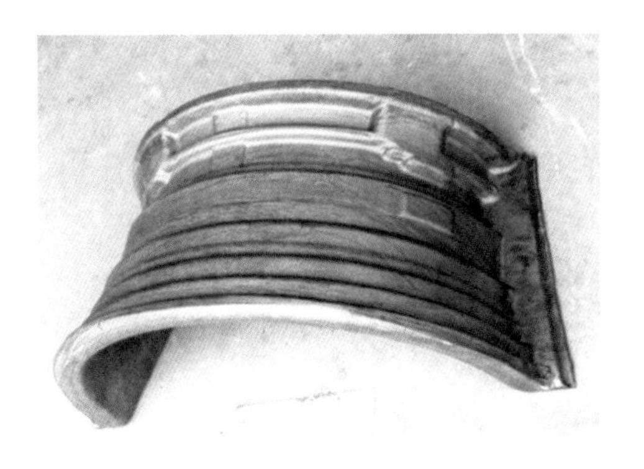

图 2-4-32　TA19 钛合金机匣

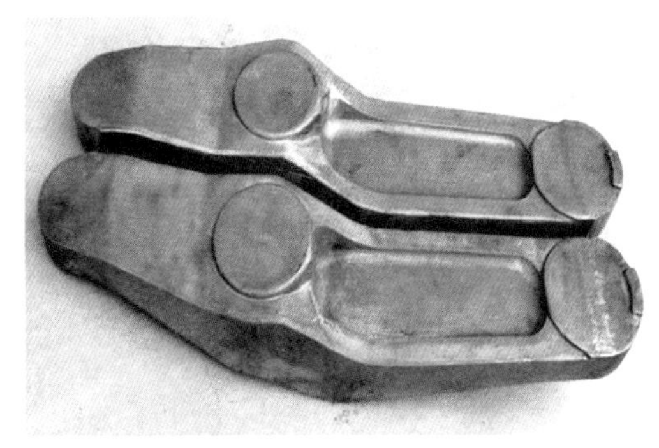

图 2-4-33　TC18 钛合金轮叉

图 2-4-34　TC11 钛合金空气导管

图 2-4-35　TC6 钛合金风扇盘

主要获奖：1983 年“涡喷十三发动机 TC11 钛合金模锻件的研制、应用”获航空工业部科学技术成果一等奖；1985 年“WP-13 用高温合金和钛合金”项目获冶金工业部科学技术成果一等奖；1987 年 TC11 钛合金材料、盘模锻件的工艺研究荣获国家科学技术进步奖一等奖（获奖证书见图 2-4-36）；2000 年“大型优质钛合金盘及管坯等温锻件研制”获得中华人民共和国国防科技工业委员会颁发国防科学技术奖二等奖（获奖证书见图 2-4-37）；2014 年“TA15 钛合金框大型模锻件制造技术及应用”获得 2014 年国防科学技术进步二等奖，同时获得中航工业集团 2014 年科学技术进步奖一等奖。

八、怀拳拳之心研制　成国之重器新料——发动机材料专项“GH738 异型丝材研制”纪实

（一）引言

飞机制造是一个国家战略力量的重要标志，也是世界航空工业技术的塔尖，由于历史的原因，长期以来我国在这一领域落后于世界工业强国。2012 年，中国自主研制的某型飞机成功首飞，这标志着我国已跻身世界独立自主研发飞机的航空大国之列，为打造一支与世界工业强国相媲美的战略空军奠定了坚实的基础，战略意义重大而深远。

当某型飞机首飞成功的消息公布后，距离首飞地千里之外的北京北冶功能材料有限公司（以下简称北冶公司），“GH738 异型丝材研制”项目的参与者们欢呼雀跃，一派节日

证 书

获奖项目：TC11钛合金材料、盘模锻件的工艺研究

获奖单位：上海第五钢铁厂等

奖励等级：壹 等

奖励日期：一九八七年七月

证书号：87-KG3-1-05-02

国家科学技术进步奖
评审委员会

图 2-4-36 国家科技进步奖一等奖证书

国防科学技术奖
荣誉证书

No. 2000GFJ2191-1

为表彰在推动国防科学技术进步、对国防现代化建设作出突出贡献者，特颁此证，以资鼓励。

获奖项目：大型优质钛合金盘及管坯等温锻件研制

获奖者：庞克昌

获奖等级：二等奖

获奖日期：二〇〇〇年十二月

图 2-4-37 国防科技进步奖二等奖证书（获奖者庞克昌）

气氛，项目负责人章清泉喜极而泣。“GH738 异型丝材研制”项目是发动机材料专项中的重要项目之一，旨在自主研制发动机核心部件用关键高温合金材料，打破国外材料垄断和技术封锁。项目自启动至顺利完成验收，历时 8 年，是“材料专项”中第一批完成验收的项目，受到有关领导和专家高度评价。为了攻克大国重器核心关键材料，北冶公司团结协作，举北冶之力研制完成了合金冶炼工艺优化等 13 项研究内容，掌握了合金成分均匀化等 4 项关键核心技术，形成了自主知识产权，交付了各项性能合格的多批次多个规格产品，所加工的零件顺利通过了试车考核和首飞验证，彻底打破了国外的这方面的材料垄断和技术封锁。

正如钢铁大王卡内基传记作者 Peter Krass 所说："每一块钢铁里，都隐藏着一个国家兴衰的秘密。"飞机首飞的背后隐藏着北冶公司的初心和爱国情怀，也隐藏着北冶人不为人知的感人故事。

（二）把困难留给自己，把时间留给国家

当北冶公司承担"发动机材料专项"中"GH738 合金异型丝材研制"项目时，项目负责人章清泉感到既光荣又自豪，但马上就陷入了深深的思考，一种无形的压力接踵而至。原来，该项目要求首批多种规格异型丝样品要在不到半年的时间内交付，在研制经费尚未到位的情况下，完成合金的冶炼、热加工、冷加工、性能测试等 30 多道生产工序，同时还要完成材料工艺适应性匹配研究和各种配套加工设备的设计和制造，这无论对于她个人、团队还是北冶公司，都是一个很大的挑战。

在这种情况下，北冶公司专门召开了项目启动会，公司各级领导、车间工艺技术人员和项目组成员 20 余人参加了会议。会议传达了北京市、国家管理机关关于项目批复的文件。北冶公司副总经理刘淑波进行了项目启动动员，向参会人员介绍了该项目的立项背景、紧迫性、重要性以及完成该项目的深远意义，要求项目组及各有关单位，要以高度的政治责任心、严谨的科学态度对待本项目，组织策划要全面、细致、可操作，职责分工要明确，节点进度必须确保，要求各参会部门积极配合，通力协作，确保高质量完成项目任务，项目实施过程严格执行保密制度。

在"GH738 合金丝材研制"项目启动会和课题组联合会议上，用户单位总冶金师试探性地提出，为了争取材料装上验证机，北冶公司能否将首批材料的交付时间由 6 月份提前至 3 月底。这意味着要在接下来的 52 天之内完成交付，其中还包含 7 天春节和双休日。面对这样的紧迫要求，北冶公司参会领导没有丝毫的犹豫，当场表态："请领导和专家放心，虽然任务非常艰巨，但是我们有决心和能力完成好任务，有困难我们留给自己，为国家争取更多的时间。"

第二天，北冶公司副总经理专门召集会议，向参会人员传达了任务要求，说明了时间的紧迫性和项目的重要性，并且制定了详细的工作时间表，时间节点细化和精确到半天，这意味着每 4 个小时就要有一个节点任务完成，并要求周末不放假，连续加班，以确保按既定节点完成任务。

为了保证进度，材料热加工工艺研究、冷变形工艺设计与计算、材料工艺性能研究、成品丝孔型轧辊设计与制作、矫直抛光设备的设计、购买和安装等十几道工序必须同步有序进行。为此，项目组制定了详细周密的实施计划和应对突发问题的解决方案，并进行了人员分工。在 52 天时间里，项目组完成了 7 炉真空自耗冶炼，开展了 15 组冷拔（轧）工艺试验和 9 组热处理实验，进行了 153 个力学性能检测，65 个显微组织分析。为了缩短外购设备、零件的资金审批环节所需时间，北冶公司专门为该项目打开了绿色通道：订购合同签订后，项目负责人可直接拿着合同找财务部长申请资金，立即给设备供应厂家打款，

其中购买的抛光机从签订合同到厂家送货仅用了6个小时的时间，这就是北冶效率！

北冶公司举全厂之力，日夜奋战，终于在3月26日向用户交付了质量合格的首批产品，比原计划提前了3个多月，创造了北冶公司新材料研制历史上的奇迹，而奇迹的背后蕴含的是北冶人浓厚的爱国情怀和一诺千金的企业信誉。

把困难留给自己，把时间留给国家，始终把党和国家的利益摆在至高无上的位置，这就是北冶人的初心和使命，也是北冶人的思维逻辑和价值取向。

（三）饮水思源，自筹180万资金保障项目顺利完成

习近平总书记曾引用古人的话“落其实者思其树，饮其流者怀其源”，来说明饮水思源、不忘初心的重要性。GH738异形丝研制过程中也发生了一件“饮水思源”的故事。

GH738异形丝不仅对力学性能、组织性能等综合性能有较高的要求，而且对丝材的表面质量要求极为严格，表面不仅不允许有氧化铁皮、结疤、裂纹、拉痕和折叠等缺陷，更不允许有深度超过0.05毫米凹坑和裂纹。现有的表面缺陷检测方法如荧光、兰姆波探伤等均无法实现异形丝的表面检测。因此，项目组经过多方调研，决定采用在线涡流探伤检测方法，这种方法可以实现连续、高效、精确地检测出丝材的表面缺陷。但当时国内外所用的在线涡流探伤装置仅可以检测截面形状为圆形的管材、棒材和丝材，在线检测异形截面丝材的涡流探伤装置很少有企业能够制造。

2010年3月，项目组走访了国内几家涡流探伤仪的生产厂家，其中仅有一家公司有能力并同意为本项目设计制造异形丝涡流探伤仪。由于此设备的购买属于计划外开支，因此，项目组专门给公司领导打报告，说明了此环节对于保证丝材表面质量的有效性和重要性，北冶公司党委领导班子经过研究并征求意见后，毅然决然地作出了掷地有声的重要决定：50年前党能用经费建立北冶公司，今天我们也能自筹资金保障国家项目顺利完成，立即从公司内部研发经费中拨出180万元，用于涡流探伤仪及辅助工装设备的购买。

2010年5月份，北冶公司购进了智能双通道金属管棒涡流探伤仪。同时，还定制了尺寸和频率与GH738异形丝材相匹配的涡流线圈。随后抓紧开展了探伤仪调试，自行设计安装了传动装置，并制作了对比试样。经过反复调试和试验，终于实现了连续、高效、精确的异形丝表面质量检测，为丝材成品交付把住了质量关，为发动机安全运行提供了可靠保障。这种方法属国内首创，申请了国家发明专利并获得了授权。

经过2005年企业改制，北冶公司已然成为独立经营、自负盈亏的市场主体，2010年利润总额不超3000万元，企业经营也十分困难，自掏腰包180万元并不是一件轻松的事。但在国家大义面前，北冶人有一本明白账，那就是：饮水思源，记利当记天下利！

（四）赤子之心，与国同行

爱国精神与报国情怀是企业的灵魂，北冶公司自1961年诞生之日起，就承载着党和国家的殷殷重托，始终把爱国情和报国行融入企业核心文化和价值追求。建厂60年来，国家发生了史诗般翻天覆地的可喜变化，北冶公司也经历了改革发展的浪潮洗礼，但不论时代怎么发展，市场环境如何变幻，北冶公司的初心始终未改，红色基因代代相传。60

年来，北冶公司共承担国家重大项目300余项，为国家研制急需的关键金属材料100余项，自身也发展成为我国重要的特种金属功能材料研究、试制和生产基地。如果把60年来北冶公司的发展史比喻为一条奔腾不息的长河，发动机材料专项“GH738异型丝材研制”就是这条长河中最美的一朵浪花。

历史证明，北冶公司是一支党和国家可以依靠、可以信赖的国家特种金属功能材料研究、开发和产业化力量，为我国航空事业的发展做出了突出贡献，未来仍将不忘初心，牢记使命，永葆红色基因，永怀赤子之心，与国同行，为我国航空事业的崛起贡献新的更大的力量！

第二节　面向经济主战场的国家重大工程用钢研发

一、多国船级社通过认证——标注兴澄牌R6级系泊链钢最强最韧

在兴澄特钢品种繁多、令人眼花缭乱的产品目录中，有一个极细的分支产品叫系泊链钢，这是兴澄特钢开发创新产品的一个代表。以高强度、高韧性、耐腐蚀为主要特点的海洋石油钻井平台用系泊链钢，因长期浸泡在海水中，要经受海水腐蚀、海浪冲击、风暴考验，服役环境极其恶劣，其对质量的要求非常严格。针对国内此类产品的空白，兴澄特钢立项开发了“高强度、高韧性海洋系泊链钢热轧棒材”，先后开发出了三级半、四级系泊链钢，并于2002年被列入国家级火炬计划，产品质量获得国内外认可。三年后，更因一场自然灾害而使其备受关注。2005年，美国“卡特里娜”飓风袭击墨西哥湾，飓风过后，人们惊讶地发现，海洋石油钻井平台上的系泊链断了许多，唯有中国兴澄特钢生产的四级系泊链依然牢固地“坚守在岗位上”，没有一根断裂！这成了兴澄特钢产品跻身世界一流产品行列的“活广告”。一时间，国内外锚链厂的订单如雪花般纷至沓来。

2008年9月，我国收到了一份来自大洋彼岸英国北海油田传来的喜讯：兴澄牌$\phi76$毫米四级系泊链钢生产的系泊链，在英国北海油田使用五年后的定期例行检查中，被检测为其耐腐蚀性能等综合指标高于欧洲企业的产品，质量水平世界最高，并高度认可。兴澄特钢打破了40年来海洋石油平台用系泊链产品由日本、瑞典、西班牙垄断的历史，在国内最早通过ABS、BV、DNV、LR四家船级社的工厂和产品质量认证。四级泊链钢自1998年开始研发，当时由于各国船级社只规定性能要求，没有统一的化学成分、工艺路线等标准，兴澄特钢就与用户单位双方合作，共担风险，自行研究，借鉴国外相关的前沿技术生产经验，在国际领先水平的特钢生产线上进行了一年多的摸索和调试，终于生产出了填补国内空白的高韧性、高强度四级海洋系泊链钢，当年即被评为国家级新产品，并于2000年申请了国家专利，2003年获得国家发明专利的授权。然而兴澄特钢并没有就此止步，而是持续改进，不断完善，使得产量、质量稳步提高，2008年与国内最大的锚链厂亚星锚链结成了战略合作伙伴关系，联合开发质量更优、档次更高的系泊链新品，以满足国内外市场的发展需求，R3-R4S市场占有率接近100%。与客户形成了稳定的战略合作伙伴关系是兴澄特钢提高企业竞争力的一大法宝，一方面由于自己产品质量要求高，客户不会轻易

转向；另一方面，兴澄特钢为全方位满足客户工程要求，通过各级部门、相关领导的支持配合，提高服务质量，缩短交货周期，系泊链的交货周期从原来的两个月，到目前从开始报计划到最终交货最快仅用了25天，得到客户的充分好评。如兴澄和亚星合作几十年，兴澄特钢相关部门的技术人员配合亚星，到船级社认证，协助配合扩大认证，规格越来越大，级别越来越高，技术人员、销售人员一起帮助亚星解决技术上的难题攻关，随叫随到，2019年7月，为了解决R3S质量难题攻关，在客户那里一待就是半个月。

2018年，兴澄特钢与国内最大的系泊链供应商亚星锚链共同开发，通过了壳牌、美孚、SBM等石油公司的体系认证。同年，兴澄特钢与招商局工业集团、亚星锚链缔结三方友好合作关系后，三方精诚合作，共同促成了R6级系泊链钢的成功研发和认证。R6级海洋系泊链属于极限性能系泊链，目前仅有DNV船级社于2018年7月首次公布的R6级系泊链标准进行定义。该标准不仅要求R6级链连续整体热处理后具有高强度和高韧性，而且需要提供在外加电位（阴极保护）条件下的抗氢脆能力。也就是说，即使有优良的耐海水腐蚀和应力腐蚀性能，也还需要突破国内外一致认定的海水中析氢脆化的禁区。因此，R6级极限海洋链钢的开发成为国内钢厂乃至终端用户的共同目标，也是推动国家海洋能源进一步发展的关键一环。国家工信部也曾经下达“开发海工材料中强韧性水平最高的R6级系泊链”的课题。2019年4月，兴澄特钢获得DNV船级社R6级系泊链钢证书，成为世界上首家获得该证书的钢企（见图2-4-38）。

图2-4-38 全球首张R6级海洋系泊链钢船级社证书颁证仪式

2019年以来，兴澄特钢技术团队通过采用复合贝氏体相变技术、复合微合金和高氮技术等，消除了连铸坯裂纹和控制了大直径链环淬火冷却，保证链环获得极细纳米碳化物，提高了链环的韧性和海洋耐腐蚀性能；通过独家技术调整生产工艺，使海洋链用大圆钢均匀度提高了1倍，洁净度提高了一个数量级；通过大量的现场研究与试验工作，逐步掌握了微合金化试验效果在生产中的运用技术，在高碳钢类型产线上增加了生产高端低碳钢的功能，为R6级链钢的生产打下了良好的装备基础；同时，为适应严苛的生产标准，团队形成了超过常规要求的管理和操作规程。兴澄特钢提前进行了链环的力学性能和环境性能评价，将其从产业链的下游前移，实现了供货理念的升级。

2021年，兴澄特钢成功开发了达到和超过R6级有档链钢国际标准的极限性能海洋链钢产品，且截至2021年9月，成功生产R6级有档链钢近千吨，圆满且高效地实现了其产业化。兴澄特钢R6级有档链钢拟配套的某钻井平台，由十来支数十公里长的大型长链构成，设计高度超过世界第一高楼迪拜塔（828米），是巴黎埃菲尔铁塔高度的6.7倍。

统计数据表明，兴澄特钢R6级有档链钢的对应标准抗拉强度上限1250兆帕的低温冲击功仍然高于标准的60焦耳；其力学性能对热处理工艺的敏感性减少一半，对应强度上限的海水环境服役性能劣化抗力提高1倍；其工程能力指数提高50%；它还拥有针对钢的腐蚀电位提高导致阴极过保护析氢的解决方案。

二、高级海工钢助力国家海洋战略

2019年3月22日，河钢舞钢成功获得934吨F级超高强海工钢板的独家供货权，应用在世界上一流的多用途船——JSD 6000深水井架铺管船核心部位、5000吨起重机的建造。这标志着河钢舞钢最高级别海工钢替代进口，首次成功实现大批量工业应用，助力国家海洋战略。

JSD 6000深水井架铺管船长216米，宽49米，能够容纳399人。该船集成了J-Lay型、S-Lay型和井架铺管船的功能，建成后将成为世界一流的多用途船。该项目投入使用后，必将显著增强我国的深水铺管能力，对实现国家海洋强国战略目标影响深远。

河钢舞钢在与一高端客户对接中，获悉其要建造JSD 6000深水井架铺管船的需求后，立即组成营销服务团队前期介入，与用户共同研究替代进口钢板方案，并根据项目用钢要求的超高强度、低屈强比、超低温度冲击韧性等特性，打造精准、个性的供货方案。在研发过程中，河钢舞钢不断优化工艺、调整设备参数，完善提高了轧制和调质设备能力，实现了大厚度超高强海工钢的全厚度细晶组织、高强韧性及超强的造船工艺适应性，成功研制了客户需要的海洋工程用钢的顶级产品——超高强海工钢板：分别为最大厚度为50毫米的LR/EH69和最大厚度为180毫米的LR/FH69。

在高端海工钢的研发领域，河钢舞钢不断加大研发力度，先后开发成功了420~690兆帕海洋工程用高强钢板，以及自升式海洋平台桩腿用半圆板、齿条板A514GrQ、A517GrQ，大线能量焊接钢板，大型集装箱船舱口围板以及上甲板用止裂钢板等高等级造船及海上采油平台用高强钢板，并顺利通过ABS、DNV等多家船级社的质量认证，填补了国内空白。

三、敢为天下先，世界首创 ϕ1200 毫米连铸圆坯

兴澄特钢0号连铸机在2021年底投产，ϕ1200毫米超大直径连铸圆坯面世，兴澄特钢再一次创造新的世界纪录。

兴澄牌连铸圆坯的规格从ϕ350~1200毫米，属于世界最大、最全，质量水平稳定，属国内最好水平，表面质量、气体含量、低倍组织、夹杂物水平、中心缩孔、疏松、偏析等各项指标都达到良好的水平，满足客户质量要求，市场占有率全国最高。取得这样的骄

人成绩并非易如反掌，其开发过程艰辛不易，但也记录了一段兴澄特钢人创新的辉煌历史。

（一）勇创新、敢创新、善于创新，成就世界首创

创新是一个民族进步的灵魂，是一个国家兴旺发达的不竭动力，也是一个企业可持续发展的根本保证。一个没有创新精神的企业，在大浪淘沙中终究会被淘汰。多年来，兴澄特钢一直以自主创新作为企业的第一竞争力，也是兴澄特钢战胜经济危机的另一个秘密武器。兴澄特钢拥有一支勇于创新、敢于创新、善于创新的团队，这是兴澄特钢的财富，也是兴澄特钢持续发展的推动器。

面对全球金融危机不断蔓延和产品激烈的市场竞争，兴澄特钢原总经理张文基深深明白，企业要发展，产品必须要进行结构调整，大众化产品竞争力较弱，要想在这惨淡的市场中站立起来，除了全员奋战，还必须要有独占鳌头的产品。

早在 2007 年 8 月，兴澄特钢便已成功投产 ϕ600 毫米高合金连铸圆坯。该产品不仅填补了国内空白，国外也仅有比利时 EIIWOOD 公司能够生产。在此之前，兴澄特钢开发的连铸大圆坯从直径 220 毫米做起，到 250 毫米、280 毫米，再到 350 毫米、390 毫米、450 毫米、500 毫米、550 毫米，一步步向前，而 ϕ600 毫米高合金连铸圆坯的投产使兴澄特钢的高合金连铸圆坯达到了国际先进水平。

就此止步？这不是兴澄特钢的作风。2008 年，张文基在一次与客户的交流中突发灵感："何不再次突破，生产更大直径的高合金连铸圆坯？"

为何是突发灵感而非如同过去那样每达到一个水平就立即要更进一步？这正是问题所在，也是为什么在当时世界上没有超过 ϕ600 毫米的高合金连铸圆坯。因为做这个产品的人都知道越大越难。它由钢水连续浇铸，有一个凝固的过程，更大的直径，第一，无法克服中心碳偏析；第二，表面的质量不过关；第三，中心裂纹大，很难改善。这是当时大直径高合金圆坯难以解决的三大世界难题，很多钢厂 ϕ500 毫米都无法过关。向直径高于 600 毫米挑战？虽说不是天方夜谭，却是困难重重，挑战不断。

兴澄特钢一路走来，正是通过一步步的攻坚克难才得以发展壮大，正是有着不断挑战的精神才有着领跑同行的地位。这一次，兴澄特钢再次向困难挑战。

在创新面前，要成功必然伴随着一次次的失败，破天荒第一次拉拔如此大的坯，更是困难重重，不过，兴澄人早已做好了心理准备。没有先例可循，没有现行技术支撑，只能摸着石头过河。在项目建设期间，设备人员加班加点，积极协调安装、设备厂家、供货、备件质量等关键要求。安全人员积极配合，积极预防，杜绝事故的发生。工程技术人员在必须保密的前提下，尽可能地查找资料、模拟推算各种技术参数，确保运行顺利及产品质量优良。

在实验过程中，二炼钢国内先进的仿弧形液压振动装置，屡次出现振动不同步停振、漏油等罢工现象，为改善提升产品质量与档次中心疏松、中心碳偏析，兴澄特钢研发的小方坯轻压下设备、中间包塞棒吹氩装置等技术起到了重要的作用，然而轻压下设备初投用

时，拉速提高后带来的铸坯划伤、拉矫辊塌陷等一系列问题也接踵而至……

然而，工艺技术突破，关键装备发展，绝非易事，须非凡的勇气与强大的攻坚克难决心，走别人未走之路，并持之以恒，才能使其成为企业创新的孵化器、成功的法宝。二炼钢正是以这样的勇气与决心，一步一步、呕心沥血地去克服、去解决困难，不断地对拉矫机能力、二次冷却设备优化等一系列工艺技术与设备条件进行改进与完善。当分厂引进的大方坯感应加热设备、动态轻压下技术成熟运用时，终于使轴承钢低过热度浇铸成为现实，钢的等轴晶率、中心疏松、缩孔及偏析得到了明显改善。当兴澄特钢二期工程全线完成后，各分厂在分厂领导、高级工程师、技术人员以及一线职工的齐心协力下，开始了高品质、高标准的新产品攻关创新工作。

2008 年 9 月，兴澄特钢成功投产 R17 米弧形半径连铸机。骄人的成绩背后蕴藏着数不尽的艰辛。兴澄特钢经历了一次次尝试、失败、分析、改进、对比。为了改善中心裂纹问题，分厂技术人员反复讨论、模拟，在对拉速、二冷水、电磁搅拌等多次试验后，终于解决了连铸圆坯中心裂纹长的问题，产品的中心疏松、偏析有了较大的改善。2008 年，兴澄特钢成功投产的 ϕ800 毫米高合金连铸圆坯，不仅填补了国内空白，刷新了中国企业新纪录，更打破了世界纪录，震惊了全行业。

2010 年 10 月 19 日，ϕ900 毫米大规格连铸圆坯在兴澄特钢生产成功。随着作业长一声令下，钢水喷溅而出，汩汩流入结晶器；随着铸坯的顺利拉出和不断延长，现场所有人的脸庞都被这光和热所映红。在微有凉意的秋夜里，每个兴澄特钢炼钢人的心情却无比激动和自豪，往日的辛苦和劳累都随之烟消云散。从开发到生产，仅用两百天的时间，就成功生产出 ϕ900 毫米大规格连铸圆坯，兴澄特钢刷新了自己的纪录，创造了又一世界奇迹。

然而，当各大钢厂还在为 ϕ900 毫米连铸圆坯感到惊艳时，2011 年 11 月 21 日，伴随着鞭炮齐鸣，世界最大规格 ϕ1000 毫米连铸圆坯在兴澄特钢二分厂炼钢三号连铸机成功下线。兴澄特钢不断地创造奇迹，再一次刷新了自己的纪录。这是兴澄特钢人不畏艰难勇于前进的体现，也正是这种精神，使得兴澄特钢一直走在行业的前端。

迄今为止，兴澄特钢的连铸圆坯已覆盖 ϕ280～1200 毫米的尺寸范围。连铸圆坯的兴起，为兴澄特钢走向世界的高端产品中又添一张耀眼夺目的新名片。

兴澄特钢 ϕ1200 毫米连铸圆坯，不仅填补了世界空白，更实现了以连铸坯代替模铸坯的工艺技术突破，大幅提升了下游企业产品质量、材料利用率和生产效率，节材降耗 10%以上。2010 年，兴澄特钢凭借成功开发的 ϕ600 毫米大规格连铸圆坯（当时国内最大）获得冶金科学技术奖二等奖；随着生产规格进一步扩大到 ϕ1200 毫米的世界首创，其生产技术和生产线在 2016 年又获国家科技进步奖二等奖；圆坯制作风电机组关键部件技术于 2018 年再获冶金科学技术奖三等奖。近年来，兴澄特钢开发的风电机组最核心材料——机舱变速箱高温渗碳齿轮用钢，解决了风机失效频繁的难题，被国内风电知名企业远景能源授予“质量之星”荣誉，再一次引领同行，实现世界首创，订单量更是逐年成倍增长，这样的殊荣彰显了兴澄特钢作为世界一流核心连铸技术拥有者的重要地位。

（二）产品高质量，支撑人品战略走市场

兴澄特钢大规格连铸大圆坯产品相继问世，在不长时间内得到了市场的认可。从最早的钢管用户到环锻厂家，再到阀体、车轮、轴类锻件厂家，客户范围不断扩大，产品应用范围与日俱增，规格从 ϕ280~1200 毫米近 20 个，品种有碳钢、碳锰钢、中低合金钢、高合金钢等 380 多个钢种，成为全球规格最多最大、产能最高、产品覆盖类型最广、产品档次最高的连铸大圆坯生产基地，年生产能力达 150 万吨，产品受到国内外用户的青睐。目前，ϕ800 毫米高合金连铸大规格圆坯，在经过销售人员坚持不懈地努力下，很多国内知名龙头企业采购大规格连铸圆坯时的第一选择就是兴澄特钢的产品。凭借着良好的做人做事原则，客户都愿意将自己熟知的好单位介绍给兴澄。哪怕是自己的竞争对手，许多新单位都是老客户相互推荐而开发出来的。人品战略，不仅仅体现在生产中，在销售过程中更因良好的人品成就了良好的市场。

在 2006~2007 年时，当时的风电客户只用钢锭，把钢锭先锻再做成环，虽然看出连铸坯的发展方向，都出于各方面的原因不大愿意采用，当时兴澄特钢的领导王文金总在拜访客户时大力推荐兴澄产品的特性，与客户的产品相结合的优势，说服了当时客户的采购与技术负责人。然而虽然说服，客户内部的阻力还是很大，当时也顶住了压力，答应先试制，结果最终出来的性能指标不亚于钢锭，甚至在一些产品系数上比钢锭还要好，所以后面就逐步的推开并应用起来。

2014 年德国采埃孚（ZF）集团基于对兴澄特钢棒材性能数据的掌握，认为兴澄特钢的圆坯可以应用到风电齿轮箱上，这是对兴澄特钢材料的信任，在 2016 年开始批量试用。

2019 年 6 月，德国西门子对兴澄特钢的风电大圆坯展开认证，为此德国总部派人员三次来到企业开展认证，受疫情影响，以及全球风电材料供应短缺，再加上兴澄特钢风电用大圆坯的优异质量，他们打破了一般 2 年的认证期，到 2020 年 6 月，短短一年就开始批量供货。目前在风塔主机里面的 90%钢材用量，兴澄特钢都能够提供，而且很多关键零部位，兴澄特钢也是市场唯一供应商。

2016 年 3 月初，在百度贴吧、新浪论坛等相关网站突然出现了题为《大唐偏关后海风电场所发生倒塔，劣质法兰酿祸端》的文章，直指兴澄特钢风电塔筒法兰用钢存在严重质量问题，致使大唐偏关后海风电场发生倒塔事故。这篇报道在整个风电行业产生巨大影响，一时间国内国际风电巨头和客户纷纷向兴澄特钢提出质询。面对突发事件，兴澄特钢董事长和总经理两位主要领导要求公司相关部门高度重视事件，坚信自身品牌，捍卫品牌形象。2016 年 3 月 9 日，由销售副总经理挂帅的专项调查小组，联合工商、公安机关开展风电用钢打假活动。专项调查小组人员前往事故现场，了解情况，搜集证据，沟通交流，核实材料，并以最快时效向相关客户和媒体发出第一份授权律师声明，明确指出“报道中提到的产品质量保证书系假冒”的事实，兴澄特钢将继续追查造假的始作俑者。

2016 年 3 月 10 日，由于真相查明，迫于压力，造假的始作俑者山西某公司董事长亲自带领相关人员赴兴澄特钢，承认发生倒塔事件的风电法兰使用的原材料风电用钢不是兴

澄特钢提供的，报道中出现的兴澄特钢的《产品质量证明书》是伪造的，并向兴澄特钢做出诚恳致歉，同时承诺赔偿兴澄特钢的一切名誉损失。在处理这一事件过程中，兴澄特钢高层认为“坏事可以变好事”，于是委托律师事务所向相关客户和媒体发出第二份授权律师声明。这份特别的事件声明包括以下内容：“兴澄特钢生产销售的合金钢连铸大圆坯，规格有直径250毫米、800毫米、900毫米、1200毫米（图2-4-39）等12个规格系列，年产销量达到80多万吨，是国内规格最齐全、生产规模最大、产品质量档次最高的风电行业用钢，深受德国西门子、丹麦维斯塔斯、西班牙歌美飒等国际高端风塔制造商的青睐。兴澄特钢始终坚持‘质量第一，为客户创造价值’的经营理念，始终把产品质量放在首位，绝不参与并抵制低价无序竞争行为，欢迎广大用户对兴澄特钢予以监督。”兴澄特钢“风电用钢”的打假行动，让大量客户回流，订单大幅增加，风电产品制造商对兴澄特钢品牌的认可度和行业影响力大大提升。

图2-4-39　兴澄特钢 ϕ1200毫米大规格连铸圆坯世界首创

目前，兴澄特钢风电用大圆坯虽已拥有了良好的市场，但也正因为如此，使得竞争对手奋勇追赶、群雄逐鹿。面对如此局面，兴澄特钢敢想敢为，高瞻远瞩，不断创新，不断攀登高峰。

四、核电关键材料打破国外垄断

上钢五厂自1974年起为秦山核电站成功开发核电稳压器和蒸发器核容器用钢、主管道用不锈无缝钢管、堆芯件棒定位格带、燃料组件包壳管、核反应堆压力容器主螺栓材料等。

40多年来上钢五厂、宝钢五钢、宝钢特钢、宝武特冶为我国的核反应堆及核装置提供了许多关键承压材料，典型的材料包括堆内构件材料用GH4169、GH4145棒丝带环件、0Cr18Ni11Ti管材等，驱动机构用材料GH2132、0Cr13、1Cr13、17-4PH及H825钴基合金等，控制组件及核燃料材料用0Cr18Ni11Ti、316Ti、15-5Ti包壳管等，压力壳材料用1Cr13及螺栓材料等，核回路和压力容器材料用GH600合金管材等，可控核聚变装置用超导体套管316N等，是我国核反应装置承压材料主要的研制配套供应商之一。

自20世纪80年代开始，我国采取多种形式发展核电，同时逐步开展核电设备的国产化。迄今为止，我国已能独立生产制造百万千瓦级核电主体设备。围绕国产化新一代核电站 AP1000、CAP1400、高温气冷堆，华龙一号建设，宝钢特钢主动承担使命责任，实现了关键材料国产化自主保障，打破了国外垄断和技术封锁，维护了国家核电战略安全。这里讲述了核电蒸发器用 TP405 支撑板、690 合金水室隔板，爆破阀用 690 合金锻件，高温气冷堆关键材料 625 合金，主泵电机屏蔽套 C276 合金薄板的研发及应用发展。

宝武特冶为石岛湾、三门、徐大堡、红沿河、卡拉奇、福清、宁德、惠州、太平岭、田湾、漳州、三澳项目累计供货核蒸发器 TP405 支撑板 472 张；为石岛湾、徐大堡、三门、海阳、彭泽、桃花江、防城港、宁德、惠州、太平岭、三澳项目累计供货核蒸发器 690 合金水室隔板 122 张（含小板）；爆破阀剪切盖 690 合金 ϕ254 毫米至 ϕ515 毫米六个规格棒交付约 10 吨；高温气冷堆 625 合金产品按期交付 158 吨（其中板材 105 吨、管材 42 吨、棒材和线材 11 吨）；核电主泵屏蔽磁用 C-276 薄板 0.4 毫米、0.7 毫米两个规格交付 280 张。

宝武特冶“先进核能核岛关键装备用耐蚀合金系列产品自主开发及工程应用”获 2019 年冶金科学技术奖一等奖。

（一）核电蒸汽发生器用 TP405 支撑板

蒸汽发生器用 TP405 不锈钢板支撑板是 AP1000 及 CAP1400 关键材料之一，用于支撑核电蒸汽发生器内上万根传热管。该钢板尺寸最大直径达到 4348 毫米，最多需要在钢板上加工 2 万多个支撑孔，对材料的成分、力学性能、板形、表面质量、可加工性能要求苛刻，生产难度非常大。在宝钢特钢成功开发该产品之前，全球仅有一家企业能提供二代及三代核电需要的支撑板，但仍然无法满足 CAP1400 的要求。

宝钢特钢自 2012 年初开始联合上海电气核电设备有限公司（以下简称上核公司）、上海核工程研究设计院（以下简称 728 院）等设备制造与设计单位开展了 AP1000、CAP1400 蒸汽发生器用 TP405 支撑板的研制，组建了以宋红梅、黄海燕为负责人的从研发、试制到应用的核心团队。

蒸汽发生器支撑板是目前压水堆核电站中宽度最大的不锈钢板，对成分、力学性能、内部探伤、板形要求极其苛刻。该产品对高硫高铝不锈钢的成分控制、锻造过程中的表面质量控制、轧制及热处理过程的板形及性能控制等提出了很高的要求，制造难度很大。针对以上技术难点，宝钢特钢及宝钢研究院在以下关键技术方面进行了技术攻关：（1）405 不锈钢成分准确控制；（2）大型钢锭的锻造开坯；（3）超宽不锈钢的轧制、板形与尺寸精度控制技术；（4）超宽不锈钢的热处理技术。

经过 2 年多的攻关，宝钢特钢于 2014 年 6 月底成功实现首批 CAP1400 用 TP405 不锈钢支撑板交货，各项性能指标达到要求，部分性能指标甚至超过国外同类产品水平（产品实物见图 2-4-40 和图 2-4-41）。这标志着宝钢特钢在 TP405 蒸发器支撑板领域打破了国外垄断，实现了国产化。2015 年开始，宝钢特钢先后成功开发出 AP1000 用蒸发器支撑板、华龙一号用蒸发器支撑板及应用于二代加核电的 Z10C13 蒸发器支撑板，这标志着宝钢特钢具备核电 SG 用支撑板全面供货能力。

图 2-4-40　TP405 板材

图 2-4-41　TP405 板材加工成支撑板

（二）核电蒸汽发生器用 690 合金水室隔板

690 合金水室隔板是核岛蒸汽发生器的关键部件，核岛蒸汽发生器反应堆冷却系统（RCS）压力边界的主要组成部分，主要作用是转移堆芯中产生的热量，其关键部件下封头耐蚀合金水室隔板将蒸汽发生器下封头热量交换前后的冷却剂分隔开，工况要求其承受多相高温介质的侵蚀，其完整性直接影响能量的传递及电站的稳定运行，因此对其力学性能、耐腐蚀性、板面尺寸精度等都有很高的要求。目前三代核电技术主要采用综合性能优异的 690 合金厚板制造水室隔板。

蒸汽发生器水室隔板是目前压水堆核电站中单件规格最大的镍基合金厚板，由于其单重大、厚度大、板幅宽，所需锭型已达高合金钢锭的极限尺寸。不仅规格最大，而且要求最高，UT 探伤要求远高于同类产品。国外高合金制造厂家也不承接该产品制造合同，尤其是 CAP1400 机组水室隔板规格更大，技术、制造难点尤为突出。

自 2013 年 1 月开始，宝钢特钢和上核公司、728 院等设备制造与设计单位联合开展了 AP1000、CAP1400 水室隔板的研制。宝钢特钢组织了强大的研发团队，由宝钢特钢、宝钢研究院等相应单元的跨部门技术、工艺专家组成，项目负责人是徐长征。在整个产品制造过程中，研发团队紧密合作、严谨踏实、扎根一线、协同作战，成为产品研制成功的坚实保障。锻造开坯时，为确保制造过程顺利，掌握一手数据，项目负责人徐长征、首席研究员马天军和锻造首席操作师杨磊连续跟班两夜一天近四十多个小时，彻夜加班做热处理试验以制定热处理制度。钢板热处理时，正值上海创历史的高温酷暑季节，为了掌握热处理炉的炉温均匀性，徐长征、温宏权、黄海燕等同志全然不顾热处理工业炉前超过 50 多度的高温进行埋偶测温试验。矫平时，为了达到核电苛刻的平面度要求，技术专家和工人师傅汗流浃背但仍一点点地在压矫机前矫平板面，并四处积极寻找高精度的加工厂家。机加工时，为保证加工质量和进度，研发团队一个半月的时间内先后 10 次去加工协作单位进行交流，并现场查看实际加工情况，甚至有时亲自动手修磨抛光板材。无损检测时，由于水室隔板的技术要求很高，对最终加工后接触到的液体介质控制要求非常严格，渗透探伤后不能用水清洗，只能用酒精擦洗数遍，徐长征、黄海燕、邢钊、顾智勇、朱沁晨、罗经晶等几位员工从上午 8 点一直做到次日凌晨 2 点，耗时 18 个小时才完成整个渗透检测过程，全然不顾疲惫和寒冷，坚守在现场直至产品清洁、干燥、装箱后才返回休息。在客户交货期重叠、产能冲突的情况下，贺瑞东、胡洋聪、徐智勇等人积极协调各方，确保了产品如期交付。

2013 年 12 月成功研制了 CAP1000 蒸发器用水室隔板（见图 2-4-42）、于 2015 年 9 月成功研制了 CAP1400 蒸发器用水室隔板（见图 2-4-43），完成了该产品的全球首发。形成了具有我国自主知识产权的从冶炼到热处理的全流程制造技术，填补了国内空白。

图 2-4-42 CAP1000 用 690 合金水室隔板

图 2-4-43 CAP1400 用 690 合金水室隔板

2017 年开始研制华龙一号项目用蒸发器用水室隔板，牌号为 NC30Fe。欧标的 NC30Fe 钢板需先通过 M140 产品评定才能交付使用，评定试样多达上千个，宝钢特钢、宝武特冶花了大量的人力物力进行评定试验工作，而且不同的厚度规格、不同的设计单位都需重新评定，目前已通过中广核设计院的防城港项目 50 毫米厚钢板的 M140 评定和宁德项目、惠州项目、太平岭 60 毫米厚钢板的 M140 评定，并已交付使用。另外，由中国核动力院设计的漳州项目 62 毫米厚钢板也通过了 M140 产品评定，所有评定试验结果均满足要求，成品钢板的性能满足采购规范要求，也实现了漳州项目两个机组的产品交付（见图 2-4-44）。

图 2-4-44 华龙一号用 690 合金水室隔板

（三）爆破阀剪切盖用 690 合金大规格棒材

爆破阀是 AP1000、CAP1400 等非能动反应堆的特有、关键设备，属核一级承压部件，有着极其重要的安全性和可靠性要求。剪切盖是爆破阀工作的关键组成部分，不仅需要依靠密闭的剪切盖来保证爆破阀关闭时的密封性，确保不会发生泄漏，而且在事故阶段，还需要保证剪切盖的顺利切断，确保阀门开启，阻止事故进一步向核岛外扩展。因此，对剪切盖选用的 690 合金材料的性能及检测条件提出了严格限制，最大规格为 ϕ515 毫米，如此大的尺寸却有着严苛的性能和微观组织要求，对材料提出了巨大的挑战。

爆破阀剪切盖用大规格690特种合金棒材制造主要围绕因“大”而生的“均匀化制造”问题，贯穿整个生产制造流程，包括冶炼、锻造、热处理等技术领域，难点虽然由“大”而生，但远非简单的几何尺寸问题，而在于不同尺度下传热、传质、流动、塑性成型及热弹塑性本构关系各有不同特点。其最终性能取决于各环节一系列的组织演化过程，因此需要同时解决铸锭成分均匀、热加工变形均匀、热处理加热/冷却温度场均匀的问题。除此之外，爆破阀剪切盖用镍基合金棒材的技术要求要比ASME SB-166UNS N06690合金更加严格，不仅增加了350℃高温力学性能、晶间腐蚀等技术指标，而且对于抗拉强度、延伸率、屈服强度等力学性能指标均有上下限的要求，更为苛刻的是，抗拉强度与延伸率的乘积（强塑积）也有上下限的限定，且拉伸测试时受应变速率单值限定，性能控制难度极大。

核电爆破阀剪切盖用690合金大规格锻棒的国产化研制工作由宝钢特钢承担，联合钢铁研究总院和中核苏阀科技实业股份公司（以下简称中核苏阀）共同合作开发，是“产、研、用”的典型结合。

爆破阀剪切盖用690合金大规格棒材的国产化研制团队成员主要有：徐长征、马天军、张健英、杨桦、季宏伟、高雯、杨磊、唐在兴、曹海波、顾艳、杨智豪、苏玉华、许斌、姜毅敏、周卫东、姚雷、沈海军、吴瑞恒、何煜天、敖影、宋志刚（钢研总院）、丰涵（钢研总院）、李军业（中核苏阀）、王志敏（中核苏阀）、倪项斌（中核苏阀）等技术专家、一线技术人员、生产人员、制造管理人员，凝聚了广大员工的汗水和智慧。

通过几年来的技术攻关，贯通了生产工艺，具备了产业化制造能力，于2013年10月成功制造了满足爆破阀剪切盖苛刻要求的690合金ϕ254毫米、ϕ362毫米棒材，并顺利交付用户使用。

于2015年7月又成功制造了更大规格的ϕ315毫米至ϕ515毫米的棒材（见图2-4-45），由728院会同中核苏阀在宝钢特钢组织召开了专家验收评审。大规格棒材产品组织及力学性能全部满足标准要求，填补了国内空白，实现了第三代核电站爆破阀剪切盖该关键设备与零部件用材的国产化，完全可替代进口，打破了国外市场垄断与技术壁垒。上述四种规格的棒材通过了专家评审后顺利交付用户使用。

图2-4-45　690合金ϕ515毫米和ϕ315毫米规格棒材

2020年，随着重大专项示范工程的逐步推进，宝武特冶承接了国家科技重大专项压水堆示范工程2号机组爆破阀剪切盖690合金大规格棒材的制造任务。

（四）高温气冷堆关键材料625合金

模块式高温气冷堆核电站具有固有安全性，系统简单，发电效率高，用途广泛，具有经济竞争性，是能源市场需要的第四代先进核反应堆堆型之一，2006年作为国家重大专项，列入了国家中长期发展规划。蒸汽发生器是高温气冷堆核岛的关键部件，入口氦气温度高达750℃，使得蒸汽发生器入口腔室以及换热组件中的零部件的长时工作温度也达到750℃，换热组件全部采用难变形的镍基高温合金UNS No6625板、管和棒材制造，工作工况对产品的室温性能、750℃高温瞬时和长时持久性能、晶粒度、晶间腐蚀和尺寸精度都有极为严格的要求。

UNS No6625合金是一种难变形的镍-铬-钼基固溶强化合金，合金具有较高的强度和耐腐蚀性能，在石油化工领域使用面很广。但是，该合金作为核电用钢，特别是要在750℃的高温下长期使用，在我国研究很少，故缺少资料和经验，而且蒸发器还需要大单重的板材和管材产品，在国际上也是空白。首座20万千瓦山东石岛湾示范堆蒸汽发生器建设初期，发现材料要求的750℃高温长时持久数据核心指标国内没有，而且大单重的板材和管材制造国际上当时也是空白，一度遇到了材料采购难的问题，项目举步维艰。

2012年12月，蒸发器设备制造厂哈电集团（秦皇岛）重型装备有限公司首次与宝钢特钢就如何制造高温气冷堆用核级UNS No6625合金材料进行技术交流。当时就提出了对一些指标进行实验室验证的想法。

从2013年1月到2014年8月，宝钢特钢与设计单位清华大学、项目总包单位中核能源科技有限公司以及728院的专家针对关键性能指标进行讨论。与此同时，宝钢特钢也完成了7个轮次的实验室研究工作。通过多轮次实验，逐步的掌握了关键元素C、Ti、Al和晶粒度对合金材料750℃高温瞬时强度和持久强度影响规律，揭示了成分-组织-性能的匹配机理，获得了正确的、有价值的科研数据，为石岛湾高温气冷堆示范项目的顺利推进起到了积极作用。

2014年9月，首座高温气冷堆示范项目蒸汽发生器用UNS No6625材料公开招标。鉴于前期宝钢特钢充分的研究工作，经过2个月的评估过程，于2014年11月5日宝钢特钢中标首座高温气冷堆示范堆蒸发器原材料线材、棒材、中板、薄板、带材和无缝管全部的制造合同。

宝钢特钢在接到这项任务后，于2014年底成立了项目组，马天军、欧新哲为负责人，主要参与人有徐文亮、黄妍凭、龚张耀、马明娟、吴静、姚丽江、武超、黄庆华、高雯。又成立了以公司主管领导和各分厂为主的推进组，全厂发动，采用了所有的生产产线，开展了多轮次的产品试制，满足高温气冷堆“多品种：线材、棒材、中板、薄板、带材和无缝管”“多规格：管材最小规格ϕ9毫米×1毫米~最大规格ϕ286毫米×33毫米；板材最薄0.4毫米~最厚80毫米；棒线材：最小直径ϕ8.5毫米~最大直径155毫米”和“综合性能要求高”的整体配套供货要求。

历经多年的研制，宝钢掌握了高温气冷堆核电核级要求的UNS No6625镍基合金宽板、大口径管和大棒材产品的全流程关键工艺技术，打破了国外对我国的技术壁垒，产品的室温性能、750℃高温瞬时和长时持久性能、晶粒度、晶间腐蚀、水压试验、PT检验、超声波探伤、涡流探伤和外观尺寸等技术指标均达到国际先进水平，填补了国内空白，满足了高温气冷堆项目装备及关键部件对625镍基合金产品的需要。研制的625板材、管材和棒材产品已全部应用于具有自主知识产权的世界首台商用高温气冷堆示范项目（山东石岛湾）蒸汽发生器核心部件换热单元的制造，宝钢特钢核级625合金线材、棒材、中板、薄板、带材和无缝管材的成功研制（见图2-4-46），实现了第四代核电站蒸汽发生器关键设备与零部件用材的国产化，标志着我国核电材料又向核电高端领域迈进了一步。

图2-4-46　625合金板、管、卷实物照片

（五）核主泵屏蔽套用C-276合金宽幅薄带

我国已能独立生产制造百万千瓦级核电核岛的绝大部分主设备，当时唯有核主泵还没在国内生产制造完成过，百万千瓦级核主泵一直依赖进口，核主泵的国产化已成为制约我国成套提供百万千瓦级核电主设备的瓶颈之一，而核主泵用镍基合金关键材料的制造成为重中之重。

核主泵屏蔽套所用材料为耐腐蚀非磁性金属C-276合金（ASME SB575 UNS N10276），它的高合金度特别是大量高密度的Cr、Mo和W化学元素的构成和力学性能使其成为可以适应核主泵运行各种工况条件的优选材料，但同时也会使合金制造过程中具有较高的热变形抗力，而且在凝固过程中容易产生较严重的枝晶偏析，形成一些Cr、Mo或W的富集相，造成合金热加工塑性下降，冶金质量难以控制，普遍存在着热加工性极差、轧制易开裂等问题，在屏蔽套所需的大型钢锭中显得尤其突出，并成为极难克服的技术瓶颈之一。

因CAP1400核电设备规格更大，所需薄板的板幅更宽，超过1000毫米，为AP1000屏蔽套宽度的1.2倍左右，最薄规格屏蔽套的厚度尚不足0.4毫米，且对性能、板形和表面质量有其特殊的要求，是技术难度极高的宽幅难轧薄板，国外也无CAP1400核主泵屏蔽套的制造实绩。而且屏蔽套限制向中国出口。屏蔽套用C-276合金薄板的研制已经成为CAP1400核电自主建设最大的瓶颈，如不能研制成功，则CAP1400核电屏蔽主泵无法制造，将会面临主泵技术路线更改的严峻问题，这会给第三代先进压水堆核电自主建设带来很大的风险。

为支撑国家核电发展战略，2012 年宝钢特钢组建了项目团队，负责人为马天军、徐长征，主要参与人员有杨桦、沈新墨、俞忠明、童英豪、朱春恋、李博、杨磊、高雯、朱军、武超、贾俊彪、黄庆华、姚雷、姚丽姜、刘清明、赵欣、吴成军等人。2012 年末，哈尔滨电气动力装备有限公司访问宝钢特钢的时候，大家都没有意识到这个合金屏蔽套薄板的制造难度有多大，于是便信心满满地开始了研制。但很不幸的是，从冶炼开始，便给了大家当头一棒——成分控制不住（主要是碳含量），这让当时的项目负责人马天军和徐长征初步感受到了难度之大，之后更是遇到了锻造严重开裂、热轧开坯大面积表面开裂、无法热轧成卷、热轧钢卷边部开裂、冷轧钢卷表面起皮、高钼合金光亮退火表面氧化等一系列问题。但当时的公司领导庞远林总经理、陆江帆副总经理和刘孝荣总经理助理都给予了坚定的支持，时任宝钢集团董事长徐乐江也亲自做了指示，坚决完成核电关键材料国产化，解决“卡脖子”技术。因此，虽然原材料昂贵、科研投入巨大、产出经济效益回报较小，但公司上下均没有退缩。与此同时，核电用户也非常的着急，国家核电技术公司副总经理曲大庄亲自来宝钢特钢调研情况，用户哈尔滨电气动力装备有限公司李梦启副总经理、李雅范副总师及秦斌产品工程师也积极地协助解决相关问题，共同申报了国家科技重大专项。在技术上，宝钢特钢联合了钢铁研究总院宋志刚团队（宋志刚、丰涵、郑文杰、浦恩祥）全面展开了对 C-276 合金材料的基础研究，并对整个生产流程精细化操作。为保证碳含量，冶炼现场连一片纸屑都不允许出现；为了确保坯料无缺陷，对坯料实行百分百表面目视和渗透检验，因为表面裂纹非常微小，混在磨削表面极难辨识，徐长征等人为了检验缺陷，基本上都是趴在坯料上排除缺陷，一天下来，膝盖都是肿的，现场的工人师傅们也是非常的细致，微裂纹无法使用自动设备修磨，便顶着三十多度的酷暑采用手持式砂轮进行人工修磨，决不让缺陷进入下道工序，基本确保了坯料“零”缺陷；为掌握第一手资料，技术人员全程跟踪生产过程，无论生产是安排在白天还是黑夜、工作日还是节假日，技术人员总会随时出现在生产现场。在这种众志成城的氛围之下，最终攻克了层层技术壁垒和工艺难关，破解了国际上对我国出的一道“卡脖子”难题。

经过近 4 年的长期攻关，历经 5 个轮次的试制，宝钢特钢终于攻克了该类难变形镍基耐蚀合金的各种工艺难关和技术瓶颈，摘取了这颗特种合金产品皇冠上耀眼的明珠，形成了具有宝钢自主知识产权的从冶炼、轧制到热处理的全流程制造技术。这也是宝钢特钢特种合金板带产线设计的最高等级品种系列。该产品的成功研制，不仅提升了我国特种合金板带产品的制造能力、丰富了产品品种、增强了同类产品市场竞争力，同时也为保障国家能源战略安全和核电自主建设起到了重要的支撑作用，为核电强国梦的实现做出了宝钢特钢人的贡献（产品实物见图 2-4-47~图 2-4-49）。

2016 年 3 月 31 日，宝钢特钢的核电关键材料研制工作再传捷报，全球首卷 CAP1400 核电主泵屏蔽套用镍基合金 C-276 薄板成功下线。这标志着宝钢承担的国家科技重大专项取得里程碑式的重大突破，该类产品的制造技术水平步入了国际第一梯队。也意味着宝钢特钢成为继美国之后全球范围内第二家能够制造核电主泵屏蔽套薄板的企业，也是唯一一家提供 CAP1400 核电主泵屏蔽套薄板的企业。

核电主泵屏蔽套用 C-276 薄板材料参加了国家“十二五”科技创新成就展。

图 2-4-47　C276 冷轧卷

图 2-4-48　C-276 薄板

五、“上天入地”大国有重器　核电北斗“鲲龙”必盖特钢印

（一）大冶特钢助力“华龙一号”核电机组商运

2021 年 1 月 30 日，“华龙一号”全球首堆福建福清核电站 5 号机组投入商业运行，标志着我国成为真正自主掌握第三代先进核电技术的国家，实现了由核电大国向核电强国的跨越。PCS 热交换器是“华龙一号”全球首堆示范工程非能动安全壳热量导出系统的核心设备之一，该 PCS 热交换器用特种无缝钢管由中信泰富特钢集团大冶特殊钢有限公司（以下简称大冶特钢）研制。

图 2-4-49　C276 屏蔽套

PCS 热交换器设备制造厂家在采购 PCS 热交换器用特种无缝钢管时遭遇卡脖子难题，大冶特钢钢管研究所了解情况后，迅速组织团队评估用户提出的技术要求和生产风险，并按核电体系要求，制订质保大纲、制造大纲、质量控制计划，最终通过项目主体单位的严格审核，启动了 PCS 热交换器用无缝钢管的生产研发。之前大冶特钢在核电领域主要是供应二回路管道用无缝钢管，而用户这次对用于全球首台“华龙一号”核电机组 PCS 热交换器的钢材原料要求特别高，所以需要对供应商的质量体系、过程能力进行反复认证审核。因此，PCS 热交换器用钢合同开工前，大冶特钢钢管研究所研发人员依据质量计划制定了全流程全工序作业指导书、工艺卡，并组织技术交底，专业技术人员对生产全过程进行跟踪，随时解决各种问题，确保了项目每个重要节点的顺利实现。大冶特钢高品质高效率供货满足了核电项目需求，得到了用户高度肯定，为福清核电 5 号机组成功投运提供了有力保障。

据了解，近年来大冶特钢已先后向国核 CAP1400 压水堆示范工程、霞浦核电工程提供了特殊钢材料，为打造中国核电“国家名片”持续贡献着大冶特钢力量。

（二）大冶特钢研发风电轴承钢填补国内空白

2021 年 4 月 12 日，从中国钢铁工业协会获悉，中信泰富特钢集团旗下大冶特钢大功率风电关键部件用高端轴承钢荣获“2020年度中国钢铁工业产品开发市场开拓奖”。该产品用于海洋离岸6兆瓦以上的大功率风机上，填补了国内空白。

我国将于2030年实现碳达峰，并于2060年实现碳中和，在这样的背景下，风力发电的发展越来越强劲。大冶特钢研发人员介绍，风电机组安装于高山、沙漠、海洋离岸，工作环境差，受力和振动情况复杂，要求20年不失效。5兆瓦以上的超大功率风机主轴轴承钢及风电轴承滚动体用钢尺寸规格大，对钢材的纯净度、偏析及均匀性要求更高。为满足行业发展需求，大冶特钢通过“产、销、学、研、用”五位一体的联动，研发出“模铸保护浇铸工艺”“惰性保护气体电渣重熔技术”“分段式控轧控冷技术”等多项具有自主知识产权的关键核心工艺技术，开发出的大功率风电关键部件用高端轴承钢实物质量和性能指标达到国际先进水平，获得国家、省部级科技奖励，还参与了十余项国家、行业轴承钢标准的制定。

近年来，依靠先进的工艺技术能力和产品实物质量，大冶特钢风电轴承钢获得知名轴承企业和行业的认可，大功率风机主轴轴承及风电轴承滚动体用高端轴承钢国内市场占有率达到85%以上。在国际市场开拓方面，大冶特钢开发的高端风电轴承钢产品出口到欧洲、印度等国家知名轴承企业，填补了我国在该领域高档钢材出口的空白。

“产品开发市场开拓奖”由中国钢铁工业协会设立，每两年评选一次。获奖产品具有高技术含量、高附加值的特点，在行业发展中起导向作用。从2008年至今，中国钢铁企业中仅50项产品获此殊荣。

（三）“大冶特钢造”助力赋能北斗三号最后一颗组网卫星成功发射

古有司南，今有北斗。2020年6月23日9时43分，长征三号乙运载火箭将北斗三号卫星送入预定轨道成功组网，至此“大冶特钢造”助力长征三号甲系列运载火箭完成了北斗导航工程的全部发射任务。当晚，西安航天发动机有限公司发来贺信，感谢大冶特钢对中国航天事业的大力支持。

信中说，我国北斗工程等一系列重大型号均使用了大冶特钢生产的某牌号无缝钢管，大冶特钢科研生产人员为我国圆满完成北斗组网、载人航天、探月等一系列任务做出了卓越贡献。

“火箭准时点火，完美飞行，长三甲系列火箭承担了北斗工程全部的发射任务，发射成功率100%。”中国航天科技集团长征三号甲系列火箭总设计师姜杰在发射现场接受央视采访时表示。

100%成功率的背后，是长三甲系列火箭研制团队对技术创新和火箭可靠性的不懈追求，是像大冶特钢这样提供关键部件用特殊钢的航天型号物资供应商的坚强支撑。“大冶特钢等航天型号物资供应商大力协同，奋力拼搏，研发生产的各种类型的钢铁材料等为航天型号科研生产任务的顺利实施提供了有力的保障。”2021年5月，中国航天科技集团授予大冶特钢“中国航天突出贡献供应商”荣誉称号。

长三甲系列运载火箭作为北斗的“专列”，对特殊用途金属材料的质量要求非常苛刻，研制过程中既要稳定技术状态，控制更改的影响范围，又要不断创新改进，提高火箭的适应性和可靠性。面对挑战，大冶特钢一代又一代研发团队完成了多项技术攻关，攻克了一系列研制难题。对于北斗三号来说，此次发射是北斗导航卫星收官之作；而对于大冶特钢来说，却是迈向承担国家重大科研项目更高、更宽广的舞台的开始。

（四）“鲲龙”AG600 打上大冶特钢烙印

国之重器“鲲龙”AG600 水陆两栖飞机在荆门成功首飞，全国上下为之振奋。2019 年 10 月 24 日，大冶特钢党委书记、总经理李国忠说，支撑 AG600 飞机关键部位所用的特殊钢来自大冶特钢，这让他们倍感自豪。

据介绍，AG600 飞机上天为飞机，着水为航船，水陆两栖的精妙设计对特殊钢材的强度、耐腐蚀等性能指标要求苛刻。2015 年，大冶特钢组建专家团队进行技术攻关，历时数月完成研发，并一次性通过 AG600 飞机生产厂家各项检验，成为其合格供应商。

作为我国大飞机“三兄弟”之一的 AG600 相继实现陆上和水上的成功首飞，是继我国自主研制的大型运输机运-20 实现交付列装、C919 大型客机实现首飞之后，在大飞机领域取得的又一重大突破，填补了我国大型水陆两栖飞机的研制空白，为我国大飞机家族再添一名强有力的“重量级选手”。

（五）大冶特钢助力世界首台 8.8 米超大采高综采设备全国产化

2019 年 12 月 3 日消息，6.2 米、6.3 米、7 米、7.2 米、8 米……大冶特钢生产的 S890 高强度无缝钢管支撑中国液压支架新高度不断刷新，直到在陕北神府煤田投入运营的 8.8 米超大采高综采装备液压支架，其支护高度、工作阻力、支护中心距均创世界之最。

12 月 2 日，大冶特钢无缝钢管生产线上，一根根通红的钢管裹着热浪转入下道工序。最终，这批高强度无缝钢管将发往郑煤机加工成煤矿综采设备，而这种用作支撑的“内柱管”被称为“生命支柱”。

在神东煤炭集团上湾煤矿内，128 台支架一字排开，一批总重量超过万吨的“钢铁巨人”支撑着 3 层楼高的工作面，通过它们的合力保障，采煤机就可以源源不断的“一口吞掉”以前需要多次分层开采的特厚煤层，实现了 8 米以上特厚煤层高产高效开采，提高了资源回收率。这些“钢铁巨人”主要由世界首台 8.8 米超大采高智能化采煤机和 8.8 米超大采高综采装备液压支架组成，设备国产化率达 100%。“这是我们 2017 年完成的订单。”钢管研究所潘先明对这个 2015 年实现量产的 S890 高强度无缝钢管新产品记忆犹新，这是大冶特钢围绕市场、满足客户需求的杰作之一。

想把亿万年才形成的乌金从地下挖出来绝对不是一件容易的事。神东煤炭集团上湾煤矿地处蒙、陕、晋三省区煤炭资源富集区，属于特厚煤层，资源赋存条件可谓是得天独厚，但这同样也意味着，要想高质高效采煤，选择合适的开采设备和技术更为重要。

8.8 米大采高设备对大冶特钢来说是一个全面的挑战，因为是主要核心设备，国内外都没有现成的，像采煤机、液压支架，如果在国外定制，要么是采购周期长，要么是价格特别贵。根据国外厂商的报价，8.8 米大采高所需要的采煤机定制价格要 6000 万元，液压支架的采购总价更是高达 8 亿元，而且国外厂商也要根据订单重新进行研发。同样是搞研发，靠我们国内的企业能不能实现 8.8 米呢？

“随着煤矿综采支架的大型化，仍在使用的材料的强度和综合性能跟不上，希望能开发更高级别更高强度的钢管，以顶替曼内斯曼昂贵的材料。”2010 年潘先明一行走访用户时收到这样的求援。这种高级材料十年前在国内无论是技术研发，还是材料处理都是空白，客户如需要，只能以每吨 25000 元的价格从国外购进。为了突破这个瓶颈，大冶特钢决心自主研发，替代进口。几年间，研究人员一心扑在研发上，否定了一个又一个方案，改良了一道又一道工序，终于取得成功。S890 高强度无缝钢管投入量产后，价格不仅大大降低，还带动了其他材料的销售。“我们瞄准国际巨头的高端产品，从设计、工艺、原材料、品质等方面进行了全方位提升，致力于实现高端装备国产化。”潘先明说。目前大冶特钢该类产品已陆续打入国际市场。

六、690 合金 U 形管保障核电战略安全

（一）项目背景

发展核电是我国能源战略的需要。核电蒸汽发生器用 690 合金 U 形传热管是核电站核岛中关键核心材料，超长、薄壁、小口径，技术要求极高，工艺流程很长，制造难度极大。2010 年之前，世界上仅有法国 Valinox、日本 Sumitomo 和瑞典 Sandvik 三家企业能够生产这种产品，其制造技术一直被国外垄断，国内制造空白，全部依赖进口，导致其进口价格居高不下，严重威胁我国核电发展和能源安全。实现 690U 形传热管国产化是中国核电制造业的急切期盼，更是我国几代钢铁人的梦想！

宝钢集团有限公司，承担起了填补国家空白的重任和使命。宝钢特钢联合北京科技大学、中国核动力研究设计院、苏州热工院、钢铁研究总院、宝银、上海核工程研究设计院、中国核动力研究设计院、中国科学院金属所等国内著名科研院所，在国家科技部“863”计划和国家重大专项重点科研项目的支持下，对核电蒸汽发生器用 690U 形传热管国产化、产业化技术进行了多年艰苦攻关，突破多项关键制造技术，在国内率先开发出具有自主知识产权的核电蒸汽发生器用 690U 形传热管全流程制造技术，产品实物质量达到国际同类产品先进水平，并建立了 690U 形传热管全流程专业化生产线，形成批量生产。2010 年 12 月 26 日，用于防城港 1 号核电机组的 690U 形传热管首批成品发往用户，标志着宝钢特钢成为国内首家、世界第四家能批量生产该产品的企业，实现了核岛关键材料蒸汽发生器用 690U 形传热管的国产化和产业化，填补了国内空白，打破了国外垄断，使我国摆脱了长期依赖进口的局面。

2010~2020 年十年间，宝钢特钢、宝武特冶已累计交付 8 个核电机组 21 个蒸汽发生器用 690U 形传热管 335 万米。产品主要应用于防城港 1 号机组、国家重大专项 CAP1400 示范工程 1 号 2 号机组、巴基斯坦卡拉奇 2 号机组、防城港 3 号 4 号机组、宁德 6 号机组、漳州 2 号机组等大型压水堆核电机组，有力地支撑了我国核电建设和发展，提高了我国核电国际竞争力，促进了我国“一带一路”建设和核电“走出去”战略的实施，对保障我

国能源安全、改善大气环境意义重大。

（二）研究开发历程

早在20世纪80年代中期，上钢五厂就开始研制核电蒸汽发生器用690合金传热管。在当时制造技术、制造产线和装备有限的情况下，试制出了少量690合金管样管，进行了一些组织力学性能和耐腐蚀性能试验，积累了一些经验。1986年，由于切尔诺贝利核电站事故的发生，核电材料试制工作一度停滞。2005年，在国家“积极发展核电”方针指导下，核电站建设和核电材料研发迎来了春天。宝钢特钢开始了新一轮核电蒸汽发生器用690合金U形传热管工程化研制及产线建设。

由于核电蒸汽发生器用690合金U形传热管技术要求极高，除了关键制造技术的攻关和突破外，完整的制造产线和高精度生产装备也非常重要。2007年宝钢集团投资15亿元人民币，在宝钢特钢已有特冶产线的基础上，新建了热挤压生产线和U形管专业化生产线。针对U形管专业化生产线，宝钢特钢与江苏银环精密钢管有限公司合资成立宝银特种钢管有限公司（以下简称宝银），核电蒸汽发生器用690U形传热管产业化项目就此奠基，新建的热挤压生产线和U形管专业化生产线均于2009年9月投产。至此，宝钢特钢成为国内唯一拥有从冶炼、锻造、热挤压，到冷加工制管、热处理、弯制U形管、无损检验等完整产业化生产线的企业，为我国核电关键核心材料的国产化、产业化提供了产线及装备保障。

1. 二代加核电蒸汽发生器690U形传热管研发

2008年，宝钢特钢承担了国家科技部“863”计划课题项目“核电蒸汽发生器传热管研制和工程化生产技术研究”，主要针对二代加核电蒸汽发生器用690U形传热管工程化生产技术开展研究。参研单位有宝钢特钢、北京科技大学、中国核动力研究设计院、苏州热工院等，研制团队成员有张立红、邵卫东、陈佩菊、朱海涛、王西涛、董建新、吴洪、刘飞华等人。研究团队经过攻关，突破了690合金超纯净熔炼工艺和微量元素控制技术、热挤压工艺及控制技术、冷加工及中间热处理工艺技术、弯管工艺与技术、成品管材热处理工艺和组织控制技术、管材无损检测技术等，掌握了从投料冶炼到成品U形管制造的全流程制造工艺技术，获得授权专利6项，技术秘密3项，发表论文9篇。2010年8月，研制的二代加核电蒸汽发生器用690合金U形传热管通过中国广东核电集团核级设备鉴定与评定中心工艺评定，获得“核级关键部件制造工艺评定认可证书”。

2009年7月21日，宝钢特钢、宝银在北京钓鱼台国宾馆与中国广东核电集团公司、东方电气（广州）重型机器公司等核电制造企业签订了核电蒸汽发生器用690合金U形传热管国产化第一单合同，即防城港项目1号机组3个蒸汽发生器用690合金U形传热管150吨合同任务，时任宝钢集团董事长徐乐江及国家相关部委领导见证了这份合同的签订时刻。

2010年6月和8月，宝钢特钢热挤压管和宝银U形管分别获得国家核安全局颁发的核安全机械设备制造许可证。

2010年12月26日，举行了国产690合金U形管首发仪式，标志着宝钢特钢成为国内首家世界第四家能批量生产核电蒸汽发生器690合金U形传热管的企业。2012年3月，首个国产化合同全部完成交付。2015年10月，装有宝钢特钢和宝银生产的690合金U形传热管的防城港项目1号核电机组成功实现并网发电。

2. 第三代加核电蒸汽发生器690U形传热管研发

在成功开发并产业化二代加核电蒸汽发生器690U形传热管基础上，2010年，宝钢特钢牵头承担国家重大专项课题项目“核电蒸汽发生器690合金U形管研制和应用性能研究”，开始了针对第三代核电蒸汽发生器用690U形传热管的关键材料特性、关键制造技术以及耐腐蚀性能等进行深入研究。参研这个项目的单位有宝钢特钢、钢铁研究总院、宝银、上海核工程研究设计院、中国核动力研究设计院、中国科学院金属所等。项目负责人由宝钢特钢总经理谢蔚担任，后因领导调整，由宝钢特钢陆江帆副总经理担任项目负责人；项目技术负责人为张立红首席工程师；项目参与工程技术人员有朱海涛、宋志刚、徐雪莲、陆卫中、马明娟、吴青松、桑卫钧、丰涵、杨桦、童英豪、高雯、龚张耀、黄妍凭等人。

研发团队精诚合作经3年奋战，自主开发了高精控碳、高均匀、超纯净冶炼及控制技术；首创了690合金管高信噪比高精度公差及表面控制技术；自主研发了超长、薄壁、小口径690合金管在线脱脂控制技术；自主开发了690合金U形弯管高精度控制技术；形成了从内控成分匹配—高精冶炼—精细制管—TT热处理全流程组织性能控制技术等。掌握并形成了690U形结热管全流程制造工艺技术，同时掌握了多项腐蚀性能对比试验数据和腐蚀应用性能评价方法。获授权专利29项、技术秘密11项、发表论文15篇，形成研究报告22项，形成技术标准3项，形成工程化制造程序文件40多项。宝钢特钢和宝银制造的核电蒸汽发生器用690U形管成品管实物照片如图2-4-50所示。

图2-4-50 宝钢特钢、宝银制造的三代核电690U形管成品管

2013年9月，国家能源局组织专家对研发的第三代核电蒸汽发生器用690U形传热管产品进行鉴定，认为宝钢特钢主承担研发的第三代核电蒸汽发生器用690U形传热管产品实物质量水平达到国际同类产品先进水平，部分性能优于国外产品。

鉴于核电用镍基U形管已经满足国内核电站制造企业的使用要求，具备替代进口的能力，宝钢集团于2013年9月向国家工业和信息化部提交“关于重大技术装备进口税收政策目录修订建议的报告”，2014年国家财政部、工业和信息化部、海关总署、税务总局联合发文，自2014年2月18日起，镍基U形传热管不再享受进口免征关税和进口调节增值税。

（三）三代核电国产690U形传热管产品的交付

2013年8月，承接首批代表第三代核电技术的国家重大专项示范工程CAP1400核电1号和2号机组3个蒸汽发生器用690合金U形传热管375吨合同任务。2014年6月24日首批第三代示范工程核电机组用690U形传热管产品发往用户，2015年7月完成全部交货任务。2014年6月，承接首批代表“华龙一号”核电技术出口巴基斯坦卡拉奇K2机组核电3个蒸汽发生器用690合金传热管165吨合同任务。2015年2月28日首批传热管产品发往用户，2015年8月完成全部交货任务。2016年9月，承接“华龙一号”防城港3号机组3个蒸汽发生器用690合金U形传热管合同任务。2017年3月完成全部交货任务。2017年5月，承接“华龙一号”防城港4号机组3个蒸汽发生器用690合金U形传热管合同任务。2018年3月完成全部交货任务。2018年5月，承接“华龙一号”宁德6号机组3个蒸汽发生器用690合金U形传热管合同任务。2019年5月完成全部交货任务。2018年6月，承接“华龙一号”漳州2号机组3个蒸汽发生器用690合金U形传热管合同任务。2019年7月完成全部交货任务。这些核电机组国产690U形传热管产品的交付，比国产化之前材料采购价格累计节约了15亿元人民币。

（四）人才培养与研究成果

由生产企业与国内著名科研院所联合起来的二代、三代核电国产690U形传热管研究开发团队，不仅完成了国家任务、出来成果，还锻炼培养了人才，如项目技术负责人张立红荣获了2013年央企劳模、龚张耀荣获了2015年上海市劳模、杨磊荣获了2005年全国劳模和2017年上海市工匠，宝银朱海涛荣获2012年无锡市劳模、汤国振荣获2018年江苏省五一劳动奖章等荣誉。

宝钢特钢等单位联合研发的核岛关键核心材料蒸汽发生器用690合金U形传热管实现国产化、产业化工程应用项目荣获冶金科学技术奖特等奖、上海市科技进步一等奖、国家科技进步奖二等奖（见图2-4-51）。宝银“××蒸汽发生器用690TT传热管”获第二届中国军民两用技术创新应用大赛金奖 。宝钢特钢和宝银制造的核岛关键核心材料蒸汽发生器用690合金U形传热管参加了2011年3月“十一五”国家重大科技成就展展示，以及参加了2016年6月国家“十二五”科技创新成就展（见图2-4-52），还参加了2017年11月中央企业“贯彻落实新发展理念，深入实施创新驱动发展战略，大力推动双创工作”成就展等展示。

七、十年磨一剑，实现核一级设备密封关键材料国产化

（一）背景概述

在国家战略政策要求和支持下，我国已经实现了核电主设备，包括反应堆压力容器、稳压器、蒸汽发生器等的自主研制，但作为反应堆压力容器的密封元件——反应堆压力容器C型密封环仍然依赖进口，C型密封环被称为核电行业静密封王冠上的明珠。作为反应堆压力容器的密封元件，反应堆压力容器C型密封环用于反应堆压力容器筒体法兰与顶盖

国家科学技术进步奖

证　书

为表彰国家科学技术进步奖获得者，特颁发此证书。

项目名称：压水堆核电站核岛主设备材料技术研究与应用

奖励等级：二等

获 奖 者：宝钢特钢有限公司

2017年12月6日

证书号：2017-J-215-2-01-D03

图 2-4-51　国家科技进步奖二等奖证书

图 2-4-52　参加 2016 年 6 月国家“十二五”科技创新成就展

法兰之间的密封，是防止放射性物质泄漏的重要屏障，肩负着保证核反应堆不泄漏、不失压的重大责任，一旦密封失效，后果将十分严重。长期以来国内核电站反应堆压力容器 C 型密封环均从国外进口，主要原因是对材料质量要求极高，零件加工工艺严苛，国内尚无法生产。半个多世纪以来，反应堆压力容器 C 型密封环一直被国外垄断，不仅价格昂贵，而且采购周期长、受制于人，威胁着我国核电的安全持续运行。因此，要保证核反应堆的正常起堆运行，反应堆压力容器 C 型密封环的供应保障至关重要。同样，为保障 C 型密封环的供应，其所用材料的供应也至关重要。只有密封环用合金材料达到国产化，才能保证密封环彻底实现国产化，从根本上摆脱对国外的依赖，保证密封环的供应。

习近平总书记指出：“关键核心技术是要不来、买不来、讨不来的”，C 型密封环用材料就是这类技术。为了彻底打破国外垄断，解除核电装备持续安全的潜在威胁，中国广核集团有限公司（以下简称中广核集团）于 2011 年 1 月将 C 型密封环研制纳入“尖峰计划”项目，随后进行了项目竞标。北京北冶功能材料有限公司（以下简称北冶公司）从众多竞标单位中脱颖而出，拿到了 C 型密封环用材料的国产化研制项目，并与中广核集团和苏州宝骅密封科技股份有限公司（以下简称苏州宝骅）组成了联合研制团队，北冶公司材料研究所耐蚀研究室承担了新产品的国产化研制任务。

（二）C 型密封环用 X750 丝材和 600 带材样件介绍

根据 C 型密封环在执行密封功能时所需的较大压缩和回弹变形、紧密度等密封指标，并考虑焊接、成型等制造工艺性能，采用 X750 丝材作为内层螺旋弹簧的制造材料，采用 600 带材作为中间包覆层材料。这两种材料均由北冶公司承担研制。图 2-4-53 为 C 型密封环照片和结构示意图。

根据 C 型密封环使用工况、条件以及弹簧受径向压缩并产生较大位移和均布密封载荷的要求，对 C 型密封环弹簧用的 X750 丝材和中间层用 600 带材的纯净度、组织均匀性、室

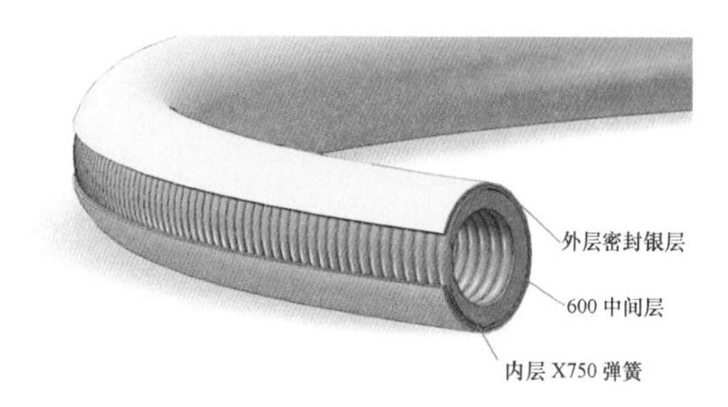

图 2-4-53　C 型密封环照片和结构示意图

温和高温强度、缠绕、弯曲、表面质量等性能均规定了严苛的技术指标要求。

（三）开展的主要工作

由于 C 型密封环位置关键、责任重大，因此，对其所用材料各项要求均极为严格，项目技术难点包括：（1）5 类非金属夹杂物级别总和要求不大于 1 级，而国内生产的高温合金非金属夹杂物级别通常在 1.5 级以上；（2）两种合金晶粒度级差均要求不大于 1.5 级；（3）性能均匀性要求非常严格，600 合金带材的强度波动范围必须控制在 100 兆帕以内，X750 丝材的强度波动范围必须控制在 260 兆帕以内；（4）表面质量要求极为严格，对 0.5 毫米厚的 600 成品带材要求进行兰姆波探伤和液体渗透检测，探伤标准高于国标中 1 级要求，要求直径 1.8 毫米的 X750 丝材进行 100%涡流探伤检测，此规格已经超出国标的检测范围，检测标准为国标中 1 级要求。

针对以上技术难点，耐蚀研究室开展了以下工作：

（1）合金纯净度控制。首先进行原材料优选，Ni、Cr 采用杂质元素含量少的批次，其他元素均采用满足国标特品或一品要求的原材料；同时，根据合金平衡相图计算结果和实际生产经验，制定了合理的真空感应冶炼工艺，对于电渣重熔过程，仔细选择渣系材料及设计配比，针对合金元素种类及含量，设计新型五元渣系；同时，采用带保护气氛电渣重熔冶炼设备和合理的电渣重熔冶炼工艺，并现场跟踪冶炼过程。在电极棒及辅料准备、冶炼过程控制等方面进行了探索。

（2）为了获得较为均匀的组织，在热加工过程中，根据合金动态再结晶规律，设定合理的锻造及热轧工艺，严格控制加热温度、道次变形量，保证热加工组织均匀性；在冷加工热处理过程中，根据合金再结晶退火规律，控制好退火温度及速度，保证热处理过程组织再结晶充分且无异常长大。通过这些工作，两种合金晶粒较为均匀，晶粒度级差小于 1.5 级。在这一过程中，引入了热加工工艺参数设定需依据动态再结晶规律这一概念，为科研员设计合理热加工工艺参数和提高热加工质量提供了参考。

（3）C 型密封环用 X750 合金丝材强度范围要求较窄，同时组织均匀化要求较高，而且也限定了部分工艺参数。为达到工艺及组织性能要求，需要多次进行工艺摸索，包括道次变形量、热处理温度及走丝速度等。先后进行了 20 余次工艺摸索，才最终确定了满足组织性能要求的工艺参数。

（4）要求成品丝材进行 100%涡流探伤，并且国标 1 级标准进行探伤。首先设计和制作了配套的涡流线圈和探伤标样，然后，设计安装了配套的探伤设备，使得探伤设备和拔丝设备良好配合，丝材在经过最后一道拔制后先进行探伤再绕制到拔丝罐上；在实际探伤过程中不断摸索和优化检测参数，包括频率、相位及增益等参数的调整，实现了高标准要求的在线检测，并通过合理放置打标器，能较为准确地标记出报警缺陷位置，非常有利于后续缺陷去除。

经过不断摸索和优化，北冶公司首次成功实现了 $\phi1.8$ 毫米细丝的在线涡流检测，同时，也是在国内外首次将在线涡流检测技术应用于C型密封环用丝材检验，实现了对丝材100%全长度表面质量的有效控制。

通过该项目的研制，北冶公司掌握了合金纯净度冶炼控制技术、组织均匀化控制技术、组织性能控制技术以及丝材表面质量控制技术。所研制的X750合金丝材和600合金带材各项性能均达技术指标要求，并达到或超过国外实物水平。

（四）产品推广应用情况

2014年1月，X750合金丝材和600合金带材通过了国家能源局组织的工程样件评审。

2016年1月5~7日，采用北冶公司研制的材料制作的C型密封环全尺寸产品在中国一重阳江5号反应堆压力容器上成功进行了出厂水压试验。

2016年2月27日，研制的C型密封环通过出厂水压试验总结专家评审，评审专家一致认为：C型密封环在中国一重进行的水压试验是成功的，密封性能良好，建议在核电工程中应用。

2016年4月29日~5月10日，研制的C型密封环全尺寸产品在阳江4号机组进行冷态功能试验并顺利完成，这是国产C型密封环的首次工业化应用。

2016年8月22日~9月23日，研制的C型密封环全尺寸产品在阳江4号机顺利完成了热态功能试验。

2016年11月26日，研制的C型密封环通过了中国通用机械工业协会组织的“水压堆核电站反应堆压力容器C型密封环冷热试工程应用总结评审会”的评审，评审委员会一致认为：C型密封环在阳江4号机组冷热试的工程应用是成功的，已具备在核电运行机组应用的条件。

2017年7月，研制的C型密封环全尺寸产品在阳江5号机组顺利完成了冷态功能试验。

2017年12月，研制的C型密封环全尺寸产品在阳江5号机组顺利完成了热态功能试验。

2018年2月10日，研制的C型密封环通过了中国通用机械工业协会和中国机械工业联合会重大装备办公室共同组织的“核电站反应堆压力容器C型密封环产品通过机组装料运行阶段应用评审”。专家组一致认为：研制的C型密封环产品在反应堆压力容器出厂水压试验、冷态和热态功能试验中的工业应用是成功的，产品的工艺稳定性和可靠性得到了验证，具备在新建机组装料运行阶段和在役机组上应用的条件。

2018年5月，研制的C型密封环全尺寸产品在阳江5号机组完成装料首循环试验。

2019 年 7 月 2 日，研制的 C 型密封环通过了中国机械工业联合会和中国通用机械工业协会共同组织的“压水堆核电站反应堆压力容器 C 型密封环产品工程应用成果评审”。评审委员会认为：研制的 C 型密封环产品经过反应堆压力容器水压试验、机组冷热态功能试验及阳江 5 号机组商运首循环成功应用，证明产品制造工艺成熟、性能稳定、质量可靠，可在新建及在运核电站上推广应用。

2020 年 4 月，研制的 C 型密封环全尺寸产品应用于防城港核电站 1 号机组。

2020 年 8 月，研制的 C 型密封环全尺寸产品应用于阳江核电站 6 号机组。

2020 年 10 月，研制的 C 型密封环全尺寸产品应用于防城港核电站 2 号机组。

从 2015 年 5 月开始至今，北冶公司每年与苏州宝骅签订订货合同，向对方提供 C 型密封环用 X750 合金丝材和 600 合金带材，实现了稳定批量供货。

该项目从立项策划到成果总结，可谓“十年磨一剑”，从材料开发到加工工艺研究，从无损检测到各类试验，从包装运输到现场安装，实现了原材料、工艺、制造、检测、台架等的完全国产化，取得了完整的技术突破，摘得了核电站最顶端静密封技术的明珠，为我国核电持续安全发展做出了贡献。这项成果标志着由北冶公司、中广核集团和苏州宝骅历时 10 年联合研制的压水堆核电站反应堆压力容器 C 型密封环完全实现了国产化，也标志着由北冶公司材料研究所耐蚀研究室牵头研制的核一级设备密封关键材料 X750 丝材和 600 带材彻底打破了国外长达半个多世纪的材料垄断，实现了商业化应用。北冶公司成为打破国外垄断的 C 型密封环材料国内“首创者”和“破冰人”。

八、C919 起落架 300M 钢国产化

（一）项目背景概述

C919 国产大型客机是我国拥有自主知识产权的中短程单通道商用运输机，是《国家中长期科学和技术发展规划纲要（2006—2020 年）》确定的重大科技专项之一。研制和发展大型飞机，是一个国家工业、科技水平和综合实力的集中体现，是中华民族的百年夙愿。起落架是飞机上关键的承力件，极大地影响飞机的使用与安全，因此起落架用材 300M 钢的质量要求非常高，须满足高均质、高强度、高疲劳性能及良好的韧性等严苛技术要求。全机 300M 钢用量占特殊钢用量的 70%以上，占全机重量 3.5%，对我国大型客机国产化具有重大意义。

宝钢特钢作为我国航空材料主要配套单位之一，C919 项目启动之初，便先期加入上海飞机设计研究院的牵头筹备组，自筹资金并联合国内三家著名科研院所开展了预研工作，为后期按时完成研制任务争取了宝贵时间。2010 年国产大型客机 C919 的总负责单位中国商用飞机有限公司（以下简称中国商飞）确定大客机的起落架承包制造商为德国利勃海尔公司，宝钢特钢正式开启了起落架 300M 钢国产化试制生产历程。

国产化 300M 钢是我国首次按照国际民航材料规范要求，在国际民航产品制造体系和民航产品质量管理体系要求的前提下试制大飞机起落架材料，完成 300M 钢的大尺寸棒材批量稳定技术研究，形成大飞机关键材料的国内配套能力，真正形成国内大飞机产业能

力，为我国制造业的产业升级做出贡献。

宝钢特钢、宝武特冶2010~2020年试制300M钢期间，在C919国产化所有项目中创造了多个第一：300M钢棒最早完成材料研制任务的转阶段评审；成为国内首家通过C919国外转包供应商批准的材料供应商；首家通过C919飞机起落架活塞杆的装机评审；材料成功装机应用；成为国内首家为民用大型飞机提供起落架的钢铁材料供应商；技术成果以专报形式上报国务院，创所有钢铁材料成果之最。300M钢装机C919试飞成功具有重大里程碑意义，是大客机C919中国制造的最典型标志之一，代表中国高端特钢冶金水平获得世界民航认可，是中国高端特钢产业和航空高端制造产业走出国门，走向国际竞技舞台的开端和标志。

（二）研发试制历程

国产化目标不仅是棒材质量达到技术指标要求，而且要满足商业运行需要，在全球采购的形式下同时具备质量和价格的竞争能力，能够确保国产300M钢材料在大客机起落架承包商利勃海尔公司的全球采购中占有一席之地。中国商飞决定C919配套用300M钢棒的冶炼工艺路径必须与国际接轨，采用“电炉+炉外精炼+真空自耗”（简称单真空）低成本冶炼生产工艺制造300M钢棒。大客机用的超大规格300M钢无论技术标准要求、冶炼工艺路径、制造技术以及生产管理体系均不同于以往300M钢制造要求。就其技术标准内容而言，棒材的化学成分有21个元素要求之多，且钢锭的头尾增加主要元素偏差范围限制要求；在力学性能方面，增加了断裂韧性、V型开口冲击韧性及疲劳性能等多项检测项目要求，最严苛的是棒材强度方面又增加了测试值偏差的新要求，这对棒材制造单位的生产工艺稳定性和测试技术提出了极高要求，而且合格指标都是目前国际上最高标准要求。就其制造工艺而言，采用电炉+炉外精炼+真空脱气+真空自耗熔炼工艺进行工业化生产试制300M钢在国内是首次，达到国产化全新技术要求，其中300M钢电极的冶炼技术、ϕ810毫米钢锭真空自耗熔炼工艺和超大规格棒材的超细晶加工工艺都是技术盲区。就其质量保证体系而言，与世界接轨的民航产品工业化批量稳定生产的质量保障体系在国内基本还是空白领域。也就是说民机用300M钢的制造技术和技术积累属于零起点。

2010年，宝钢特钢成立项目团队，项目技术负责人为赵肃武，主要成员有杨庆、金成、徐传兵、罗辉、刘军占、张文华、江成斌、周小弟等人。2011年参与了由钢铁研究总院牵头负责的300M钢超大规格棒材研制国家课题，2017年参与了由中国第二重型机械集团德阳万航模锻有限责任公司牵头的大型客机用300M钢的研制及应用研究国家课题。2010~2020年试制期间先后完成20炉80多个批次300M钢合格棒材的工业化工艺试制；先后完成40吨电炉超纯净冶炼工艺技术研究、ϕ740毫米大规格电极锭浇铸技术研究、ϕ810毫米钢锭真空自耗炉熔炼技术研究、ϕ810毫米钢锭细晶锻造工艺、大规格棒材退火工艺以及棒材NADCAP检测等多项工艺技术研究，解决了制造系统中诸多工艺难点，包括高强度的最佳成分配比、高纯净电炉熔炼工艺研究、大气条件下电极浇铸工艺研究、真空自耗均质重熔工艺、大尺寸300M钢棒材力学性能一致性控制、大尺寸棒材细晶组织锻造、连续批次稳定性的技术研究等，填补了国内两项冶炼技术空白。最终形成了具有自主知识产权的全流程300M钢超大棒材制造工艺技术，保证了棒材质量满足技术条件要求。

2011 年至 2012 年 6 月期间，钢铁研究总院对宝钢特钢 17 炉批次钢棒进行全面性能检测，检测结果全部达到 300M 钢材料规范的合格技术要求。北京航空材料研究院复验了 4 炉批钢棒，检测结果同样合格。利勃海尔公司复验 1 炉钢棒，结果也满足产品技术标准要求，并给出宝钢特钢 300M 钢棒材纯净度质量优于国外同类产品的结论。

在进行制造工艺技术研究的同时，中国商飞上海飞机设计研究院工程部先后 12 次对宝钢特钢相关生产现场、设备精度、工艺技术文件以及管理文件进行了审核，完成 300M 钢锻棒生产能力综合评估，宝钢特钢建立了符合民航产品管理要求的 300M 钢质量保证管理体系。从采购原料环节入手，规范原料生产商供应商的资质及原料采购技术要求，明晰原材料入厂复验检测规定；通过固化每道工序的关键工艺参数，明确操作要求；专项设备定置管理及维护要求；对岗位操作人员进行专项培训，提升检测系统资质，通过 NADCAP 国际认证；所有生产环节均通过中国商飞的审核认证，形成了中国商飞工程部批准的首个民航产品的生产过程控制文件编制，即宝钢特钢 300M 钢锻棒的生产过程控制文件（简称 PCD）成为国内大客机国产化材料中第一个获预批准的 PCD 文件。

三家权威机构的合格检测结果以及通过商飞预批准的 PCD 文件，说明宝钢特钢生产的多批多炉 300M 钢超大规格棒材合格，生产工艺可以固化，具备材料转阶段评审条件。

2012 年 6 月，中国商飞主持召开了宝钢特钢生产的“300M 钢超大规格棒材研制”转阶段评审会，钢铁研究总院、北京航空材料研究院和中国二重万航模锻厂的诸多行业内知名专家参加会议，并高度肯定了 300M 钢超大规格棒材质量好且稳定，通过了研制材料的转阶段评审（俗称“上图评审”），标志 C919 起落架 300M 钢超大规格棒材质量合格，可以进入工业化批量生产阶段。

2013 年德国利勃海尔公司对宝钢特钢提供的 31 批次 119 个疲劳测试数据、277 个强度测试数据以及化学成分等检测数据和关键生产工序的关键工艺参数执行的稳定性进行了数据评估，现场审核项目完全闭环处理，最终获得合格认定的满意结论。300M 钢棒实物见图 2-4-54。

图 2-4-54　宝钢特钢生产 300M 钢棒

2014 年 2 月 26 日德国利勃海尔公司给宝钢特钢颁发了其规定的最严格级别 B 类 300M 钢生产许可证，成为 C919 项目国内首家通过外商认可的材料供应商。同年 8 月份，用宝钢特钢 300M 钢棒生产的锻件又通过利勃海尔公司性能考核。

2015年宝钢特钢通过中国商飞对300M钢综合能力复查审核评估，ϕ300毫米棒料通过C919飞机起落架（见图2-4-55）活塞杆的装机评审。

图2-4-55 宝钢特钢300M钢棒制作的C919飞机起落架

2016年宝钢特钢三炉三批次300M钢棒料通过适航符合性验证，宝钢特钢成为中国商飞合格供应商。

2018年宝武特冶再次通过利勃海尔公司对300M钢综合生产能力的二方认证。

2019年12月27日10时15分C919“106”架机成功首飞（见图2-4-56），其起落架活塞杆用的300M钢材料由宝武特冶提供。

图2-4-56 C919“106”架飞机成功首飞

2020年14炉批ϕ400毫米用于制造C919飞机起落架外筒及支撑杆的300M钢棒料全部通过钢铁研究总院的第三方合格检测，完成批量稳定性工业化评估，并批量供货C919用于起落架制作。

九、核心科技引领世界超高强缆索钢发展

随着世界经济快速发展和桥梁建造技术的进步，世界桥梁逐渐向大跨度、大载重、长寿命、低风阻等方向发展。为了满足大型桥梁的建设需求，在桥梁建设用钢领域持续占据一席之地，中信泰富特钢集团兴澄特钢主动加大科技研发投入，并加强与下游用户的技术交流和合作，积极参与国内特大型跨江、跨海桥梁的建设实践，积累经验、钻研技术难

点，不断实现关键技术突破。

最终，兴澄特钢运用超纯净冶炼技术、特殊浇铸工艺控制技术及自主研发的 XDWP（Xingcheng Direct Water Patenting）水浴韧化热处理等核心技术，以温度场、流场、液位等关键参数智能匹配，实现了短流程、高效、绿色环保、低耗的桥梁缆索用盘条制造，成功开发出 1860 兆帕、1960 兆帕、2000 兆帕、2060 兆帕等超高强度桥梁缆索用盘条，应用于国内多座大型桥梁。期间共取得专利 16 项，其中发明专利 7 项，核心专利 2 项。多项研发成果实现了国内第一、国际领先，引领高强度桥梁缆索用钢发展。

（一）实现国产化

南沙大桥位于珠江口主干流之上，全长 12.891 千米，其中坭洲水道桥主跨长 1688 米，位列世界第三，其桥梁缆索首次全面使用了国产盘条。兴澄特钢开发的 1960 兆帕悬索桥缆索用盘条，较之前主流同类产品提升了约 200 兆帕，是当时国内悬索桥缆索用盘条强度之最，成功实现了替代进口，批量应用于南沙大桥。

2018 年，兴澄特钢“1960 兆帕悬索桥主缆索股技术研究”成果获得了“中国公路学会科学技术奖特等奖”。

（二）国际领先

2020 年 7 月通车的沪苏通公铁两用长江大桥是世界上首座超过千米跨度双塔双层公铁两用桥梁，也是世界上首座采用 2000 兆帕平行钢丝拉索的斜拉桥。

沪苏通公铁两用长江大桥采用的就是兴澄特钢自主研发的 2000 兆帕桥梁缆索用盘条，实现了该级别桥梁缆索用盘条的世界首次应用。2019 年，兴澄特钢“超千米高速铁路（公铁两用）斜拉桥斜拉索关键技术与应用”研发成果获得了江苏省综合交通运输学会科学技术奖特等奖；“绿色制造 2000 兆帕系列超高强度桥梁缆索用盘条关键技术研究和应用”通过中国钢铁工业协会组织的专家评审，并获得“国际领先水平”评价；“超高强度耐久型桥梁缆索绿色高效成套技术研究与应用”成果获得 2021 年度冶金科学技术奖一等奖。

（三）批量稳定供货

2021 年初通车的五峰山公铁两用长江大桥，位于润扬长江大桥和泰州长江大桥之间，是中国首座公铁两用悬索桥，世界首座高速铁路悬索桥，也是世界上运行荷载最大的高铁悬索桥。大桥单根主缆直径约 1.3 米，重达 16580 吨，为目前世界第一大直径主缆，对缆索用盘条性能要求较高。兴澄特钢 1860 兆帕桥梁缆索用盘条以抗拉强度高、性能稳定、生产高效等优势，成为五峰山长江大桥主缆用钢首选，成功大批量供货五峰山长江大桥建设项目。

（四）突破极限

正在建设中的深中通道（见图 2-4-57）是国家“十三五”重大工程之一，是继港珠澳大桥之后又一世界级的超大“桥、岛、隧、地下互通”集群工程，是世界最大跨径海中悬索桥、世界最高海中大桥，采用了目前世界上最高强度的“兴澄牌”2060 兆帕桥梁缆索用盘条。

图 2-4-57 深中通道

该工程将是2060兆帕桥梁缆索用盘条的国际首次工程应用，产品开发难度极大。兴澄特钢不惧挑战，突破创新，自主研发 XDWP 水浴韧化热处理等核心技术，为深中通道桥量身定制2060兆帕桥梁缆索用盘条。至今兴澄特钢已批量交付产品超15000吨，总交付量将近2万吨。

2021年正在兴建的南京仙新路桥2100兆帕-ϕ5.4毫米级大桥缆索盘条2.5万吨全部由兴澄独家提供，取得了新的突破和进展。

（五）求索无止境

一个有追求的企业就要不断探索，以创新为驱动，持续进行更高强度桥梁缆索用盘条关键技术研究，利用自身优势突破超高强度缆索盘条生产瓶颈，与用户紧密合作，实现高效率、低成本、快交付、优服务的绿色制造产业链，为中国大型桥梁的建设作出更大贡献。

十、走向国际的燃机叶片用钢

20世纪90年代初，全球燃机技术迅猛发展，燃机叶片钢需求量与日俱增，美国通用电气（GE公司）实施战略转移，把燃机叶片钢采购市场从欧美市场逐步转向亚洲市场，尤其是中国市场。1999年，宝钢五钢克服困难，自力更生研制出满足GE公司要求的7E/9E级、7F/9F燃机压气机叶片GTD-450、403Nb材料，此后20年，保持国内独家供应，为成都航发科技股份有限公司外贸出口任务的完成，为我国出口创汇的业务扩展起了重要作用。

（一）背景概况

1990年，第一台F级燃机在美国投入运行，1992年由GE和阿尔斯通联合研发的9F

燃机问世，全球燃机技术迅猛发展，燃机叶片材料需求激增。1998 年，GE 公司的一级供应商中航工业成都发动机（集团）有限公司（以下简称 420 厂）黄振夏副总、李洁副总带着技术中心主任尹湘蓉、质保部部长陈根超、采购处长王泽光等一行人千里迢迢找到了宝钢五钢研究二所，寻求联合开发 GE 公司 7E/9E 级、7F/9F 燃机压气机叶片材料，时任研究二所所长金鑫接待了 420 厂的客人。据 420 厂人员介绍，GTD-450（B50A789）和 403Nb（B50A790）材料是由美国的 CARPENTER 钢铁公司和 GE 公司在 1970~1980 年间共同研制、发展而成的，1980 年专利到期后就成为 GE 公司的企业牌号，此后一直沿用，主要用于制作燃机的动静叶片。金鑫所长当时立即召集了材料研究二室的产品研发技术人员吴逢吉、吴佩林师徒二人，同时组织质保部相关人员一起对 GE 材料规范及质量要求进行了研究和讨论。根据宝钢五钢的装备产线及耐热不锈钢材料的生产经验，毕业于清华大学的吴逢吉老师思考后说“应该可以生产”。未曾想这句话在 18 个月后变成了现实，2000 年 1 月 5 日，宝钢五钢 GTD-450、403Nb 材料通过 GE 产品认证，产品可直接出口国外。首批由宝钢五钢生产的 GTD-450 和 403Nb 棒材经成都航空科技股份有限公司制成叶片后已安装在 GE 燃机上，完全满足 GE 公司的要求，实物质量水平国内领先，达到了国际水平。期间，不断有法国、意大利、韩国、日本、巴基斯坦等多家外国公司向宝钢五钢了解和咨询 GE 叶片钢的生产情况和产品价格。GE 叶片钢大大提高了宝钢五钢、宝钢特钢、宝武特冶在国际上的知名度。

（二）研发历程

当时摆在宝钢五钢面前的是一系列困难：（1）国内无任何相关技术和数据资料；（2）材料技术规范各项技术指标要求高；（3）几百页的英文版材料技术规范及相关资料需消化吸收等。时任研究二所所长的金鑫非常重视 GE 叶片钢产品试制开发工作，除了安排负责产品技术研发的吴逢吉、吴佩林师徒二人抓紧消化吸收资料和完成详细的技术方案，还组织召开试制准备会，会上金鑫所长鼓励大家说：“我们一定会干成功的”，要求大家在半年时间内完成 GTD-450、403Nb 材料的试制工作，一年时间内完成 GE 公司的各项测试工作，争取一年半时间内通过 GE 公司产品认证工作。会后迅速成立了研制小组，消化吸收外来资料后技术人员在 20 天内完成了 40 多页的中英文材料制造方法工艺计划书并提交给美国 GE 公司审批。1998 年 10 月，在得到 GE 公司预批准后，宝钢五钢与 420 厂签订了首批 GTD-450、403Nb 共计 17 个规格约 68 吨棒材技术开发合同。为确保产品试制工作的顺利进行，研制小组技术人员坚持每个工序现场跟踪，亲自掌握第一手资料，及时优化生产工艺参数，使产品达到最好的组织与性能状态。在全体人员的共同努力下，首批棒材产品于 1999 年 7 月一次性试制成功。在随后的 3 个月内完成所有项目的热处理试验及测试项目，并于 1999 年 10 月正式提供样品发往美国进行产品实物质量评估。1999 年 12 月，首批棒料通过美国 GE 公司委托的第三方权威机构（Law Engineering and Environmental Services）实物质量检测。2000 年 1 月 5 日，宝钢五钢生产的 GTD-450、403Nb 不锈钢棒材获得了 GE 公司的第一张合格证书。至 2006 年，403Nb（B50A790）材料技术规范从试制时的 A 版不断升级至 B、C、D 版；至 2018 年，GTD-450（B50A789）材料技术规范从试制时的 B 版不断升级至 C、D、E、F、G、H 版。GE 叶片材料的每次升级换版都伴随着材料制造方法工艺计划（MPP）和内部技术文件的升级换版工作，部分版次还需完成首件认证评估 FPQ。

（三）走向辉煌

GE 叶片材料试制成功的 1999 年，420 厂组建成立成发科技股份有限公司，主营业务为航空发动机和燃气轮机零部件的生产制造。获得 GE 叶片材料合格认证的 2000 年开始至 2004 年，宝钢五钢生产的 GTD-450 和 403Nb 叶片材料已实现销售收入近 4000 万元，GE 叶片材料已然成为成发科技股份公司的拳头产品。此后宝钢五钢、宝钢特钢一直保持着 GE 叶片材料国内独家供应。GE 燃机叶片材料的成功开发，也让宝钢五钢、宝钢特钢载誉多多，2002 年，申报的“燃汽轮机耐热不锈钢棒材的研制”荣获 2001“中国人寿杯”上海企业青年创新成果大赛“四个一”大赛一等奖、上海市优秀新产品二等奖，2003 年“燃汽轮机耐热不锈钢棒材”项目荣获中国钢铁工业协会、中国金属学会冶金科学技术奖三等奖。2014 年 6 月，成发科技股份公司迎来了最辉煌的时刻，与 GE 公司成功签署了 5 年燃气轮机压气叶片的供货合同，宝钢特钢作为 GE 叶片材料国内唯一的原材料供应商受邀参加了签约仪式。同年 8 月，成发科技股份公司熊奕副总经理带队走访宝钢特钢，与宝钢特钢刘孝荣总经理助理签订了 GE 叶片钢（B50A789、B50A790、B50A365 三种材料）原材料 5 年合作意向书。

（四）锦上添花

2003 年 H 级燃机时代开启，GE 公司发布了第一台 50Hz 的 H 级燃机——9H，2014 年 GE 公司推出了 HA 级燃机——50Hz 的 9HA 燃机和 60Hz 的 7HA 燃机。随着燃机效率的提高，403Nb（B50A790）材料逐步被 403Cb+（B50A365）材料替代。2012 年，成发科技股份公司承接了部分 H 级燃机叶片的制作任务，寻求与宝钢特钢继续合作开发 GE 新材料 403Cb+（B50A365）。在前期 GE 叶片材料生产数据及技术资料积累的基础上，宝钢特钢仅用了 4 个月即完成产品试制工作，2 个月顺利完成了首件测试评估及产品认证工作，有力地支撑了成发科技股份公司的外贸业务拓展。GE 叶片钢实现了宝钢五钢、宝钢特钢、宝武特冶从无到有，从简单仿制到自主技术集成的跨越，打造了一张走向国际的特钢新名片。

十一、优质超低温钢板助力国家清洁能源重大储运

2021 年 9 月 26 日上午，在顺利完成配套设施 72 小时性能测试后，中石油江苏 LNG 接收站三期扩建工程项目部向江阴兴澄特种钢铁有限公司发来喜讯，由兴澄特钢提供 9Ni 钢板所制造的 T-1205、T-1206 两座 20 万立方米 LNG 储罐（见图 2-4-58）开始向外输管道供应天然气，项目取得圆满成功。该工程是国家天然气产供储销体系建设与《长江三角洲区域一体化发展规划纲要》重大战略中的重点工程，荣获“优秀设计一等奖”“石油优质工程金奖”“国家优质工程奖”。该工程的顺利投产，将江苏 LNG 接收站的整体储气能力提高了 60%，进一步增强了“一带一路”海外气源接收储存、天然气供应和调峰保障能力，对助力实现“双碳”目标具有重要意义。

图 2-4-58　T-1205、T-1206 LNG 储罐

2011 年，兴澄特钢开始独立自主研发 LNG 储罐用 9Ni 钢板，工程技术人员开创性地采用转炉氧化性环境脱磷技术、超低过热度连铸技术、高精度轧钢技术、钢板亚温热处理技术、钢板非磁性吊运技术等，打破国内外技术封锁，产品综合实力迅速进入国内第一梯队，实物质量获得了包括中石化、中石油、中海油等企业的认可。

8 万立方米的江阴 LNG 储罐项目为国内最大的双金属全容储罐，内、外壁均采用兴澄特钢生产 9Ni 钢材料，钢板厚度 5~32 毫米；-196℃低温冲击吸收能量大于等于 120 焦耳。在此项目工程施工中，首次将国产钢板与国产焊材进行匹配，兴澄特钢 9Ni 钢板极佳的可焊性获得了专家一致好评，第一次在大型 LNG 储罐中批量使用国产焊材，一举解决了 9Ni 钢板焊接材料这一卡脖子难题，打破了国外产品的垄断（见图 2-4-59（a））。

2018 年兴澄特钢生产的 9Ni 钢板走出国门，出口“一带一路”沿线国家，这是中国 LNG 储罐用 9Ni 钢板第一次批量出口，产品实物质量获得外方高度评价（见图 2-4-59（b））。

2021 年投产的江苏 LNG 储罐项目则是同时期最大的储罐项目，钢板从 2019 年开始陆续交付。该批钢板在生产过程中遭遇到了疫情的艰难时刻，“疫情不是理由，疫情只是考验!”，兴澄特钢人迎难而上，克服了一切困难，技术上反复推敲，精心组织生产，确保了产品性能一次性 100%合格，按时按量实现了产品交付，获得客户赞赏。

兴澄特钢坚守科技创新，创新的 9Ni 钢板产品获得广泛认可，先后通过全国锅炉压力容器标准化技术委员会、BV 等 9 个船级社及 TUV CE 认证，并通过江苏省新产品鉴定，进入江苏省重点推广新产品目录；申请并授权 4 项发明专利；参与起草《低温压力容器用镍合金钢板》等两项国家标准；获得中国创新方法大赛江苏赛区决赛一等奖，正在申报冶金金杯奖。

(a)

Instructions and Performance evaluation

of A553-1 (9%Ni) steel plates for

HAI LINH VUNG TAU LNG RECEIVING TERMINAL AND REGASIFICATION

Since 2018, our company has used A553-1 (9%Ni) steel plates produced by Jiangyin Xingcheng Special Steel Co., Ltd. on two 90,000 bimetallic LNG tanks in VUNT TAU LNG terminal project, with a total of about 4,000 tons.

The A553-1 (9%Ni) steel plates produced by Jiangyin Xingcheng Special Steel Co., Ltd. has excellent appearance and surface quality, excellent chemical composition, low harmful elements, pure steel, excellent and stable mechanical properties, and good contract execution.

IT IS HEREBY CERTIFICATION.

TỔNG GIÁM ĐỐC
Lê Văn Đám

(b)

图 2-4-59 采用 9Ni 钢板建成的 LNG 储罐

科技创新，永无止境。在创新的路上，企业就要坚守初心，勇立潮头，瞄准客户潜在需求，满足客户未来需要，向着更高端的钢种持续努力研发。

十二、GH2674 涡轮盘解决重燃“卡脖子”技术

（一）背景概述

R0110 重型燃气轮机，是 2001 年以沈阳黎明航空发动机集团公司（以下简称 410 厂）

为研制总成单位、沈阳航空发动机设计研究所（以下简称606所）为总设计单位，联合清华大学、中国科学院等科研院所和有关企业，共同开发联合研制的。R0110重型燃气轮机研制项目被列为国家“十五”期间“863”能源领域重大专项。

2002年年底，410厂由副总冶金师崔树森带队，走访宝钢五钢，介绍了R0110重型燃机的背景和核心关键材料大型高温合金涡轮盘的情况，采用的材料是俄罗斯牌号ЭП674，最大的涡轮盘毛坯直径达到2118毫米，最大毛坯单重6吨多，制造难度非常大，高温力学和持久性能要求很高。

当时我国的高温合金主要是依托航空发动机发展起来的，最大的高温合金钢锭ϕ508毫米，单重只有3吨，而涡轮盘锻件最大直径是1250毫米，由宝钢五钢冶炼制坯，委托西南铝公司采用3万吨水压机生产。而本次的锻件，涡轮盘锻件直径要达到2200毫米以上，推算到钢锭要达到10吨，这是我国高温合金冶炼和锻造的一次巨大的技术突破和飞跃。当时具备装备能力的只有宝钢五钢公司有20吨保护气氛电渣炉和4500吨快锻机满足要求，是国内既有大型高温合金锻件经验，又具备装备能力的企业，因此410厂将宝钢五钢列为重点合作伙伴。

2003年年初，钢铁研究总院高温所赵光普教授、李殿国高工走访宝钢五钢，表达了双方合作开发重型燃机涡轮盘的想法，通过双方的交流最终达成了合作研发的意向，期间最令人印象深刻的是赵光普教授的表态：“坚信我们中国人通过自己的努力，一定能完成大型涡轮盘的研制。”

宝钢五钢迅速成立了重型燃机材料研发团队，包括时任宝钢五钢特种冶金公司总经理金鑫、副总经理王立荣、材料二室主任谢伟、王林涛高工等人，具体由马天军和赵玉才高工负责，周奠华副总工和陈国胜高工也参与前期的方案交流。针对R0110重型燃机用超大高温合金涡轮盘技术难点进行分析，认为ЭП674材料与GH2132合金成分相近，增加了Al、Ti含量，同时添加了Ce和Zr两种稀土元素，总体上材料特性比较熟悉，只是持久性能要求高于GH2132合金。赵玉才高工是GH2132合金烟气机盘的开发者（获国家科技进步奖二等奖，于2019年荣获“庆祝中华人民共和国成立70周年纪念章”），经验丰富，确定了先采用双真空工艺，冶炼1炉的ЭП674合金，锻造后测试全面性能，重点掌握持久性能是否满足要求。大型钢锭和锻造开坯具备能力，涡轮盘锻造国内只有30000吨压机，无法满足生产需求，需要委托国外生产，涡轮盘锻造初步确定目标企业包括美国的Wyman-Gordon公司和俄罗斯的WSMPO-AVISMA。

2003年3月，进行双真空冶炼的ϕ170毫米钢锭的性能评估，摸索成分控制及热处理工艺，确认材料性能可以满足标准要求，初步掌握了热加工工艺参数。

2003年10月，马天军、赵玉才一道赴沈阳410厂商谈高温合金锻件的技术条件，410厂参加标准制定的有郜清安、赵兴东、宋金贵、方波、王岩等人，通过讨论最终将钢种牌号命名为GH2674，GH是“高”“合”拼音首字母，2表示铁基时效强化型高温合金，674延续了ЭП674的数字部分；确定了标准成分范围和性能，以及取样和探伤等重要的标准指标，形成了两份技术条件《GH2674合金涡轮盘锻件技术条件》和《GH2674合金环形锻件技术条件》。

2003 年年底，通过了 410 厂的采购招标，宝钢五钢成功中标 GH2674 合金盘锻件和环锻件，并组建了宝钢五钢、钢研总院、410 厂研发团队，宝钢五钢负责产品研发，钢研总院高温所进行性能评价，410 厂协调指导，GH2674 合金超大涡轮盘研制正式启动，当时，在 R0110 重型燃气轮机所有材料中，只有 GH2674 合金超大涡轮盘国内没有能力锻造生产，是典型“卡脖子”材料，也是重型燃气成败的关键材料。

（二）研发历程

1. GH2674ϕ900 毫米大型电渣钢锭成功研制开发

承接项目后组织专家团队进行工艺方案制定，经过论证，确定了采用 20 吨电炉+AOD+LF 冶炼两支 10~13 吨八角锭，锻造电极，电渣重熔 10 吨电渣锭，ϕ900 毫米，采用 4000 吨快锻机开坯，最难的是锻造，国内没有能力生产。通过调研得知美国和俄罗斯可以采用 50000 吨以上的压机生产，但前期没有合作，工程进度比较紧张，国外是否愿意生产是个问题，即使可以生产，进度必定严重拖期，因此，如何锻造比较迷茫。宝钢五钢副总经理王立荣提出是否可以像擀饺子皮一样，一锤头一锤头分步锻造，减小每锤压力，也许可以通过 4500 吨快锻机实现超大涡轮盘锻造。沿着这个思路，团队对关键的一些细节如如何锻造、如何过程保温等进行了讨论，认为具有可行性。最后金鑫总经理拍板先按这一工艺路线走，然后再评估。金总的表态令人记忆犹新：“大家不要有压力，不要怕失败，实在不行我们到美国或俄罗斯采购大型涡轮盘，不惜一切代价完成我们的超大涡轮盘任务。”

宝钢集团高度重视，将 R0110 和 XX25000 两个重型燃气轮机的涡轮盘一起作为“高温合金大型铸锭和锻件工艺研究”列入集团重大科研专项，马天军任项目负责人。

2003 年 12 月 9 日，GH2674 合金正式开始第一炉冶炼，采用 20 吨电炉冶炼 13 吨八角锭，并取得成功，成分满足设计要求，钢锭锻造成电极，并完成电极精整。

2004 年 3 月 2 日，国内最大的高温合金电渣钢锭，ϕ900 毫米、重 10 吨的 GH2674 合金试制成功。钢锭经 4500 吨快锻机锻造成 ϕ700 毫米棒材坯料（见图 2-4-60）。

图 2-4-60 GH2674 合金 ϕ900 毫米 10 吨电渣钢锭锻造开坯

2. GH2674 合金四级涡轮盘实现突破

涡轮盘坯料成功试制，给项目团队增加了很大的信心，经过反复论证和设计最终确定先锻造直径 ϕ1848 毫米的四级涡轮盘，宝钢五钢锻造厂厂长王文革、首席操作专家杨磊、锻造厂高温合金专家张健英等细化了锻造工艺细节，制作了专用的工装和辅助设备，并采用碳钢进行实物模拟锻造，后来把这种锻造工艺命名为“分区锻造”工艺，并申请了专利。

2004 年 4 月 1 日，GH2674 合金 4 级涡轮盘开始试制，当时的现场可以说是盛况空前，410 厂和钢铁研究总院高温所派人跟产，宝钢五钢几乎所有的高温合金技术人员和锻造的专家和领导都到场。

锻造过程由王文革厂长和首操杨磊（2005 年被评为全国劳模）亲自指挥，经过一个晚上，在 4 月 2 日成功开发出国内最大的 ϕ1848 毫米的高温合金涡轮盘（见图 2-4-61）。

图 2-4-61　GH2674 合金四级涡轮盘机加工

锻造后的四级涡轮盘在锻造厂进行固溶，经设备公司机加工，锻件经时效处理后，性能满足技术要求，表面经低倍腐蚀检验证明无偏析等冶金缺陷，GH2674 合金四级涡轮盘完成试制，如图 2-4-62 所示。

图 2-4-62　GH2674 合金 ϕ1848 毫米×136 毫米四级涡轮盘

3. 中国最大的高温合金涡轮盘实现突破

四级涡轮盘试制成功后，项目团队进行了经验总结，并准备开始试制剩余的三级到一级涡轮盘，吴瑞恒博士参与项目锻造过程数值模拟，模拟分区锻造过程应力场和温度场，进一步细化工艺，完善了“分区锻造”和“柔性保温”技术，一次性完成三级到一级涡轮盘锻造，一级涡轮盘最大直径超过2200毫米，涡轮盘毛坯单重达到6.3吨后又完成后轴颈、前挂盘、连接环的试制，经热处理、机加工等工序，产品尺寸精度、组织、性能全部满足技术标准要求。2005年4月8日，完成全部锻件产品的开发，如图2-4-63所示。

图2-4-63 GH2674合金一级涡轮盘(ϕ2118毫米)及二、三级盘、后轴颈及连接环

2005年年底，宝钢五钢、宝钢特钢通过自主创新工艺开发的R0110重型燃机GH2674合金涡轮盘，化学成分、尺寸、表面精度、组织及性能，经410厂入厂复验和钢铁研究总院组织及性能检验，全部满足标准要求。

经过3年的准备、试制和自主开发，宝钢五钢圆满完成了R0110重型燃机超大型高温合金GH2674涡轮盘的试制任务，解决了国产重型燃气轮机用材瓶颈和“卡脖子”技术难题。

回忆18年前的2003年GH2674合金涡轮盘的研发过程，依旧感慨万千，以当时的技术装备能够完成任务，依靠的是团队合作和勇于创新的精神，能够实现大型钢锭和超大涡轮盘的研制是非常了不起的，极大推动了中国高温合金大型钢锭和大型锻件的发展和进步，引用宝钢集团重大科研专项结题评审的评价：采用“分区变形”+保温技术相结合的高温合金热加工工艺生产超大型盘件是一项重大创新成果，达到国际先进水平，在4000吨快锻机上生产出国外必须采用5万吨以上压机才能生产出的高温合金超大盘件是一项创举，具有中国特色自主知识产权。

大型高温合金铸锭和锻件工艺技术获2008年上海市科技进步奖三等奖。

十三、引领特钢产品国际新市场——煤炭采运用超级耐磨钢新花飘香溢海外

2014年底，兴澄特钢研究院来了一批特殊客人，他们是中煤张家口煤矿机械有限责任

公司（以下简称张煤机）康韶光总工艺师、钢铁研究总院孙新军教授等一行。这次来访，康总带来了一个极具挑战的新材料科研计划——新一代煤炭采运用超级耐磨钢。

高性能耐磨钢是支撑煤炭采运装备安全、高效运行的关键基础材料。煤炭采运典型耐磨部件——刮板输送机中部槽的可靠性，是决定矿山综采开机率的主要因素。中部槽一旦失效，将导致整个矿山采运停滞，经济损失巨大。据不完全统计，我国每年因磨损而报废的中部槽多达 50 万～60 万节，按 2013 年全国煤炭产量 37 亿吨及采煤机械化平均水平 45%统计，全国刮板输送机每年因磨损引起的资金投入超过 150 亿元。

根据煤炭采运实际情况，张煤机提出了对新材料的几点要求：钢板耐磨性必须达到瑞典 SSAB HARDOX450 的 1.5 倍及以上；为了保证钢板切割、折弯、焊接等应用工艺性能，不得增加钢板硬度；60 毫米大厚度钢板心部硬度必须达到表面硬度的 90%以上等特性。从这几个条件单独来看，似乎都有方法达到，但放到一起，却有着绝对的不可调和性。

为了推进这款新材料的研发，张煤机同时提出了 100 吨的试订单。康总介绍说，张煤机也曾找过国内其他知名钢厂，但难度太大，都未能实现。他们希望兴澄特钢能接下这个研发任务，满足客户的需求。

接还是不接？时任兴澄特钢特板事业部部长李国忠认为，兴澄特钢作为国内特殊钢新材料、新工艺、新技术的研发基地，就是要做别人所不能做、不敢做的，要敢于挑战。2015 年 11 月 8 日，经过初期多支钢锭的冶炼摸索，新材料 ZM4-13 迎来了第一次连铸生产。为了这次生产，研发人员和现场工程师对窄成分控制、气体含量控制、保护渣的选择、连铸设备检查、参数调整等，都做了充分的准备。但由于现有的连铸模型并不能胜任超高 Ti 钢的生产等技术因素，首次连铸未能取得预期效果。在场研发人员在失利面前并未泄气。经过两个多月的精心准备，重新设计模型、水口、保护渣，精细检测开浇前的所有设备、钢包。2016 年 2 月 22 日，第一炉 ZM4-13 终于顺利地拉出了连铸机。为了检验这款新材料的实际应用效果，在之后的几个月中，兴澄特钢研发人员紧密跟踪，走下矿井，亲手测量第一手磨损数据。经多方数据表明，百万吨的过煤量，钢板磨损损失比 HARDOX450 减少 30%以上（用户证明见图 2-4-64）。

这一结果大大鼓舞了张煤机和兴澄特钢的研发团队。2016 年 5 月，张煤机传来消息，其下属几家客户指定采用兴澄特钢生产的新型耐磨钢代替进口 HARDOX 钢板。2017 年 10 月 25 日，由中国煤炭工业协会主办的第十七届中国国际煤炭采矿技术交流及设备展览会在北京中国国际展览中心盛大开幕。展会以“绿色、转型、升级”为主题，以“智能制造、引领未来”为口号，集中展示了当今世界煤炭开发与利用的新技术、新工艺与新材料、新装备，展示了中国煤炭工业和世界煤炭工业的最新发展成就。展会上，张煤机展示了兴澄特钢生产的新一代超级耐磨钢（见图 2-4-65）。参会客户一致评价，这款新产品引领了煤矿采运行业刮板输送机制造方向的变革，制造了行业的轰动。这一新材料的诞生，满足了客户的新需求，引领了特钢产品新的市场。

该新型高耐磨性钢板的成功研发打破了行业马氏体耐磨钢设计的传统理念，首创了 TiC 超硬粒子析出增强型马氏体耐磨钢制造的新理论和新工艺，打破了国外在高耐磨性钢板制造上的垄断。由于成果突出，经济效益显著，这个项目获得 2017 年中国煤炭工业科

应用证明

自 2018 年至今，中煤张家口煤矿机械有限责任公司采用基于国家重点研发项目课题（课题编号 2017YFB0305102）开发的 TiC 超硬粒子增强型马氏体耐磨钢板，批量应用于煤矿刮板输送机中底板，设备宽度覆盖 764～1350mm，设备装机功率 400～3000kW，设备长度 150～300 米，输送物料为煤，含矸量 10%～50%。成功应用于神华、中煤、淮矿等所属大型煤矿，百万吨过煤磨损量较进口优质耐磨钢板降低了二分之一到三分之一，设备使用寿命显著提高。

特此证明

中煤张家口煤矿机械有限责任公司

2020.7.2

图 2-4-64 中煤张家口煤矿机械有限责任公司应用证明

图 2-4-65 兴澄特钢宽板连铸机生产的新型耐磨钢

学技术奖二等奖（见图 2-4-66）；获 2021 年中国“煤机行业‘十三五’科技创新成果”（见图 2-4-67）；为国家钢铁行业、煤炭行业的科技进步做出了突出的贡献，对国家“碳中和、碳达峰”目标的早日实现意义重大。

2017 年 12 月 5 日，《科技日报》第一版刊登题为《高强高韧低密度钢强度媲美钛合金》的报道（见图 2-4-68），引发材料领域各行各业的广泛关注。文章指出：兴澄特钢与北方材料科学与工程研究院“国家千人计划”团队经过 3 个多月合作攻关，实现了高强高韧低密度钢产品的工业化制备，成功轧制不同规格的钢板，板形良好，无损探伤高于工

表彰和奖励
为煤炭行业科技
进步做出突出贡
献的组织和个人

特颁发此证书

中国煤炭工业科学技术奖
获奖证书
证书编号：2017-247-D03
获奖项目：重载刮板输送机新型高强耐磨钢板研究与应用
获奖等级：二等奖
获奖单位：江阴兴澄特种钢铁有限公司
发证机构：中国煤炭工业协会
中国煤炭学会

图 2-4-66　中国煤炭工业科学技术奖

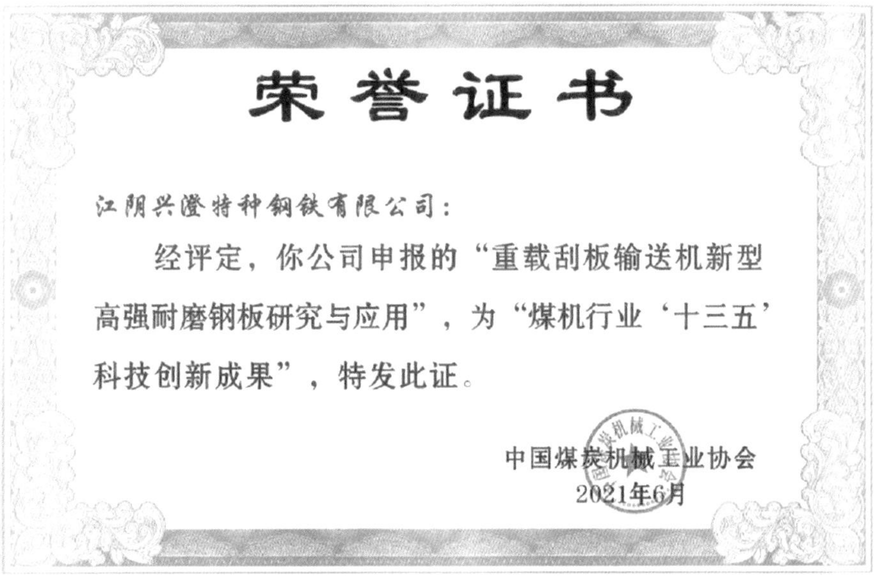

荣誉证书

江阴兴澄特种钢铁有限公司：
经评定，你公司申报的“重载刮板输送机新型高强耐磨钢板研究与应用”，为“煤机行业‘十三五’科技创新成果”，特发此证。

中国煤炭机械工业协会
2021年6月

图 2-4-67　中国“煤机行业‘十三五’科技创新成果”

业 1 级水平。这一突破使我国低密度钢生产技术提升到国际领先水平。

在开发这个新产品的过程中，兴澄特钢组成由特板研究所、三炼钢分厂、厚板分厂以及公司炼钢、轧钢、热处理专家组成的研发团队，确定了基本的工艺路线，研究并解决炼钢、浇铸、轧钢过程中一个个具体的生产工艺问题。经过 3 个多月的全力攻关，第一块 45 毫米厚规格高强高韧低密度钢轧制完成；经现场质检，钢板板形良好、表面无裂纹、无损

科技日报

2017年12月06日 星期三

高强高韧低密度钢强度媲美钛合金

科技日报江阴12月5日电（记者过国忠）记者5日从江阴兴澄特种钢铁有限公司获悉，由该公司与北方材料科学与工程研究院“国家千人计划”团队经过3个多月合作攻关，实现了高强高韧低密度钢产品的工业化制备。目前，已成功轧制不同规格的钢板板型良好，无损探伤高于工业1级水平。这一突破使我国低密度钢的工业化生产技术处于国际领先水平。

据了解，鉴于能源短缺与高安全性要求，钢铁材料的高强韧化与低密度化成为国际研发热点，但其技术难度很大。兴澄特钢联合攻关组先后解决了材料结构、热处理、生产工艺等技术难题，所生产的高强高韧低密度钢的密度低于7.0g/cm3，比常规钢的密度降低10%—15%，同时具备良好的强韧性，其比强度、比刚度可与钛合金媲美，综合制造成本仅与普通不锈钢相当。此钢在车辆、船舶、航空航天及军事领域的轻量化与安全服役等方面，都有广泛应用前景。

据介绍，兴澄特钢以“建成全球最具竞争力的特钢企业”为愿景，经过20余年发展，现已成为我国特钢行业龙头企业，被《国家钢铁工业“十二五”规划》列为四大特钢产业基地之一和中国特钢技术引领企业。

图 2-4-68　2017 年 12 月 5 日，《科技日报》第一版发表关于兴澄特钢《高强高韧低密度钢强度媲美钛合金》的报道

探伤高于工业 1 级水平；经实验室检验，钢板密度小于 7.0 克/立方厘米，钢板强度、韧性等各项力学性能均满足设计要求。

看到钢板各项性能的检验数据，北方材料科学与工程研究院专家再次为兴澄特钢点赞。然而兴澄人却并不满足于此，主动提出：既然厚规格钢板可以生产，为什么不再努力一把生产薄规格钢板，实现低密度钢的厚度规格全覆盖！与厚规格钢板相比，薄规格钢板生产难度更大。钢板越薄，意味着终轧温度越低，所需要的轧制力越大，钢板的板形、表面质量将更加难以控制。在困难面前，兴澄特钢再次选择了团队合作。经过一个多月的反复修改，一份薄规格低密度钢板轧制工艺方案最终提交给北方材料科学与工程研究院，并获得专家的一致肯定。

十四、优特钢板撑起神华宁煤世界级工程

2016 年 12 月 28 日，神华宁煤集团 400 万吨/年煤炭间接液化示范项目正式投产。在神华煤制油工程建设中，河钢舞钢成功研发生产并供应了 132 毫米厚 SA387Gr11 钢板，再次彰显了中国宽厚板领军企业形象。

神华宁煤集团 400 万吨/年煤炭间接液化示范项目总投资 550 亿元，是目前世界上单套投资规模最大、装置最大、拥有中国自主知识产权的煤炭间接液化示范项目，也是国内首个煤炭间接液化示范项目，投产后可实现年均销售收入 266 亿元，年产油品 405 万吨。该项目对于解决我国油气资源短缺、平衡能源结构、推进国家中长期能源发展战略，降低对外依存度、保障国家能源安全，具有非常重要的战略意义。

该项目投产后（见图 2-4-69），每年可就地转化煤炭 2046 万吨。煤制油消化的煤炭

约占神华集团全年产量的三分之一，每吨煤发展煤制油的价值相当于原煤直销的 7 倍。2013 年，国家发改委正式批复神华宁煤煤制油项目，这也是“十二五”期间国家发改委核准的第一个煤炭深加工项目。新华社发文评价其是一个在荒漠上崛起的具有战略意义的“世界级工程”，承载着我国煤炭清洁化利用和破解煤炭产能过剩困局的重任，承担着“后石油时代”为我国能源装备制造提供技术战略储备的使命。煤制油可实现一举多得，既能改变能源使用结构，利于环境保护，又保障了国家能源安全，还符合当下供给侧结构性改革、大力推进科技创新的大方向。

图 2-4-69　神华宁煤建设现场

2017 年 7 月 20 日，在习近平总书记视察神华宁煤集团煤制油项目一周年之际，神华宁煤集团隆重召开神华宁煤集团煤制油项目建设总结表彰暨消缺改造百日会战动员大会。河钢舞钢作为唯一一家钢铁企业受到神华宁煤集团邀请参加大会，并在会上被神华宁煤集团评为煤制油项目建设“优秀供应商”。消息传来，河钢舞钢全体干部职工倍感自豪、倍受鼓舞，决心创造出更大的业绩献礼国家重点项目。

神华宁煤煤制油项目受到党和国家领导人的高度关注，在该项目投产之际，习近平总书记对这一项目的建成投产作出重要指示，代表党中央对项目建成投产表示热烈的祝贺，向参与工程建设、生产运行、技术研发的广大科技人员、干部职工表示诚挚的问候。习总书记指出，这一重大项目的建成投产，对我国增强能源自主保障能力、推动煤炭清洁高效利用、促进民族地区发展具有重大意义，是对能源安全高效清洁低碳发展方式的有益探索，是实施创新驱动发展战略的重要成果。这充分说明，转变经济发展方式、调整经济结构，推进供给侧结构性改革、构建现代产业体系，必须大力推进科技创新，加快推动科技成果向现实生产力的转化。

2017 年 2 月 8 日，神华宁煤集团给河钢舞钢发来感谢信：“贵我双方携手建设的神华宁煤煤制油示范项目投产成功，不仅是神华宁煤集团发展史上的一件大事和喜事，也是贵我双方共同推进国家煤炭清洁高效利用转化战略、实现合作共赢的一座辉煌里程碑。”在信中，神华宁煤集团再次对河钢舞钢在“世界级工程”——神华宁煤煤制油示范项目建设中做出的贡献给予高度评价。

在项目建设中，河钢舞钢为项目关键设备研发供应的费托反应器用钢创造了世界第一和唯一，这是河钢舞钢在中国宽厚板行业地位和实力的又一次证明。

时间回溯到2011年初。在神华宁煤煤制油项目用材招标会上，核心装置费托反应器用钢的具体参数首次公布，就令到场的国内外多家知名钢企吃了一惊。设计要求为SA387Gr11临氢铬钼钢，关键指标要求675℃、保温24小时、长时间模拟焊后-10℃冲击韧性大于等于80焦，是全世界首次提出如此苛刻的技术要求。参与招标的日本钢铁公司认为，要生产满足现有标准的钢板几乎不可能，要求降低技术指标。现场一片安静。“项目所需的所有特种钢材我们都能生产，保证按需供货。”打破安静的正是河钢舞钢！

因特而立、因特而兴的河钢舞钢，始终将瞄准高端作为自身的战略发展定位。助力中国首个煤炭间接液化示范项目实现中国制造，必须当仁不让。这是作为宽厚板民族品牌的一份担当，更是一份神圣的责任。

承接别人不敢接的钢，在河钢舞钢历史上已不是第一次。此前，河钢舞钢已经在奥运“鸟巢”“大飞机”项目等150多个国家重点工程中大展身手，为推进民族用钢国产化写下辉煌篇章。

在一次次完美完成国家重点工程用钢任务的过程中，河钢舞钢不仅积累了丰厚的技术储备，更展现出超强的研发生产能力，逐步奠定了国内宽厚板领军企业的地位。河钢舞钢也因此受邀参加了国家发改委在北京召开的神华宁煤煤制油工程装备与材料国产化协调会，参与项目用钢国产化研发工作。

2012年2月14日，河钢舞钢与神华宁煤集团签订战略合作协议，确定河钢舞钢为神华宁煤煤制油项目核心装置——8台费托反应器（见图2-4-70）用特种钢板的唯一材料供应商。

图2-4-70　神华宁煤煤制油项目核心装置费托反应器

在详细了解了河钢舞钢技术研发实力和辉煌的产品业绩后，该项目负责人之一、神华宁煤集团副总经理姚敏表示："用河钢舞钢板，我们完全放心！"

赢得订单仅仅是开始，真正要生产出满足用户需求的"世界级"难度钢板，需要的是硬实力。

作为全球单套规模最大的神华宁煤煤制油项目，承担着37项重大技术、装备及材料自主国产化任务，被誉为"国家示范型实验室"。河钢舞钢承担的任务是研制项目核心装置——8台费托反应器用特种钢板，这是工程急需的国产化关键材料。

项目研发刚一开始，河钢舞钢就遇到了前所未有的困难，首批合同156块、4294吨临氢铬钼钢对成分和性能要求十分严格。钢板要求磷含量控制精度较普通钢板精确10倍以上，最大模拟焊后时长比常规要多出三分之一。更为严苛的是，在如此复杂的生产工艺情况下，此批产品交货期只有两个月。

为了"国字号工程"，再难也要拿下。多年的特钢领域生产经营历练，让"特钢文化和底蕴"深植每名员工心底。面对困难，拥有"高端精品研发DNA"的河钢舞钢人并没有退缩，而是冷静分析问题，给出解决路径。

"我们当前的技术和装备完全能够达到钢种所需要求，只要在生产组织和工艺优化方面多下些功夫，难题定能迎刃而解！"

河钢舞钢创新管理模式，首次推行了生产单位一把手直接对高端钢种生产负责制度，专门成立以主要领导为首、主管领导牵头的领导小组，第一时间组织项目用钢的研发、生产和供应，从制度上为钢板研发生产打通了"绿色通道"。

此批产品对钢种成分要求十分严格，而且又是首批生产，没有成熟技术经验。如何将钢种成分精准控制在极窄范围之内，成为此次攻关的最大挑战。

"轧制此产品先后需要20道工序，任何一个环节出现细微纰漏都可能前功尽弃，真可谓一着不慎满盘皆输。"钢板设计人员表示。

为确保钢板质量，河钢舞钢重新优化了生产组织模式，在科技部下发的大工艺方案之外，相关生产单位都制订了自己的具体工艺方案。将20道工序的工艺细化为近百项具体的标准化操作规定，将每个工艺细节、每个操作岗位的责任都明确落实到人。

"每一块钢板在每一道工序都是'透明行走'。"河钢舞钢容器钢一档主管工程师袁锦程介绍。打开他负责宁煤项目用钢时期的生产记录，每一块钢板的锭型、开坯日期、开坯尺寸等信息都一目了然。在另一份"熔炼各炉钢的成分分析表"上，钢种冶炼日期、碳硅锰等各种主要元素的具体含量也被一一清晰标注。

经过近两个月艰苦奋战，首批高难度宁煤项目用钢合同完美交货：产品合格率100%，计划外为零。河钢舞钢板凭借优异的产品质量、良好的焊接性能受到用户高度赞誉。

5年来，河钢舞钢累计为神华宁煤煤制油项目供应钢材4.9万吨，全部为高温铬钼合金钢、抗硫化氢腐蚀钢、低温容器钢、球罐钢等高端钢板，平均单价达到1万元以上。尤其是项目核心装置——8台费托反应器用钢板，总量达1.6万吨，单项工程用钢总量之多、供应钢板档次之高乃至生产质量之高，在河钢舞钢历史上都极为罕见。

河钢舞钢不仅是宁煤煤制油工程用钢的供应者，还是工程建设的直接参与者。从2011

年项目启动到2016年项目建成，河钢舞钢直接参与并见证了工程的每一个重要节点。2011年10月，河钢舞钢参加了国家发改委在北京召开的神华宁煤煤制油工程装备与材料国产化协调会；2012年2月，签订了战略合作协议；2013年9月，参加了工程开工仪式；2016年4月，参加了新华社组织召开的宁煤煤制油工程座谈会；2016年11月，参加了中共中央办公厅组织召开的宁煤煤制油工程进度督导检查会；2016年12月，参加了工程投产仪式。神华宁煤集团副总经理姚敏评价说："河钢舞钢研制的产品质量超越了国外先进钢企。"

与神华宁煤集团的成功合作，进一步强化了河钢舞钢在石化行业用钢的领先地位。几年来，河钢舞钢陆续收获了陕西未来能源100万吨/年清洁能源项目、山西潞安集团高硫煤清洁利用项目等多项费托反应器用钢合同，累计供货高端精品特钢22万吨，产品还先后出口中亚、中东等地区，企业影响力得到显著提升。

十五、实现电站耐热材料跨越发展

国内发展超超临界燃煤发电机组伊始，所用关键材料全部依赖进口，价格昂贵且受制于人。上钢五厂自20世纪80年代开始研制生产20G、R102、T91等铁素体耐热钢管，90年代重点研制TP304H、SP32H、TP374H等奥氏体耐热钢管，进入21世纪宝钢五钢、宝钢特钢重点研制生产S30432、S31042等奥氏体耐热钢管，标志着火电领域用精品钢管依赖进口局面被打破。在攻克仿制难关后，宝钢特钢、宝武特冶陆续与钢铁研究总院、中科院金属所、西安热工院等单位合作，研发出用于630℃超超临界电站的G115新型马氏体高温钢，用于700℃超超临界电站的C-HRA-1、C-HRA-2、C-HRA-3、GH984G和BT700-1等新型高温合金，解决了国内建设高参数先进超超临界电站所急需的材料问题。其中G115属于全球首发的新型材料，技术水平和成熟度全球领先，即将用于全球首座最高参数的630℃超超临界示范电站大唐郓城项目，实现了国产关键材料的跨越式发展。

（一）项目背景

我国经济高速发展，在我国电力能源构成中，燃煤发电量占70%以上，CO_2、SO_x、NO_x等污染物的年排放量几千万吨。专家认为，煤的清洁高效利用是一个关键问题，其中最重要、最有效的途径是发展超超临界火电机组。

目前我国的发电机组已进入大容量、高参数的发展阶段，2002年国家科技部把"超超临界燃煤发电技术"研究课题列入"863"计划，并由国内近20个科研机构、大专院校及电力设计、制造单位参与课题的各项研究任务。

发展超超临界机组在设计和制造中有许多关键技术需要解决，其中开发热强度高、抗高温烟汽腐蚀和抗高温汽水介质腐蚀、可焊性和工艺性能良好、价格低廉的材料是最关键的问题。

为了打破超超临界锅炉用高等级锅炉用钢长期被国外垄断的局面，缓解资源瓶颈问题，降低锅炉制造成本，使锅炉制造行业尽快摆脱受制于国外的被动局面，对于600℃超超临界电站高压锅炉用S30432（Super304H）和S31042（HR3C）高温不锈钢无缝钢管，宝钢五钢于2000年开始跟踪研究开发，采用产学研用联合攻关的机制，发挥整体优势，解决600℃超超临界电站高压锅炉用高温不锈钢无缝钢管材料国产化与应用工艺问题，并实现了新疆农六师100万千瓦超超临界机组首台套供货的业绩。

600℃超超临界电站所用的耐高温材料，国外尚有成熟的牌号供仿制，要发展更高参数的超超临界机组，国外已无成熟材料可用，国内唯有创新。2015年，国家能源局确定了发展新一代630℃超超临界示范机组的方针，而宝钢特钢早在2008年就已经与钢研总院开展了630℃超超临界电站用钢的预研工作，经过十余年的持续投入和研发，成为研发出全球首个也是唯一一个能用于630℃超超临界电站的成熟材料G115新型马氏体高温钢。

宝钢特钢、宝武特冶的电站材料研发，践行成熟一代、研发一代、储备一代的可持续发展策略。从2011年开始，宝钢特钢的研发团队同时开始了700℃超超临界电站材料的研发。与钢铁研究总院合作，研发了用于700℃超超临界机组的C-HRA-1、C-HRA-2和C-HRA-3等一系列高温合金。与中国科学院金属所合作开发的GH984G，与西安热工院合作开发的BT700-1也均已用于华能南京电厂700℃超超临界试验平台，到目前已运行超过4万小时，性能良好。

（二）研发历程

1. 600℃超超临界电站关键材料的研发

2000年，宝钢五钢开始跟踪国外600℃超超临界电站材料的发展，以过热器和再热器用Super304H和HR3C小口径锅炉管为切入点，开始跟踪研究；2002年宝钢五钢立项进行全面研究Super304H和HR3C小口径锅炉管。作为生产型企业，宝钢五钢、宝钢特钢最重要的任务是实现产品工程化应用，所以，重点研究的是生产制造工艺，包括高纯洁度S30432和S31042钢的冶炼工艺技术研究、S30432和S31042管坯制造工艺技术的研究、制管工艺技术研究、热处理工艺技术研究；并对S30432和S31042钢管的应用性能及技术开展全面研究，包括钢管性能试验，常温和高温力学性能、时效性能、持久强度等试验，钢管的焊接工艺试验研究及性能试验，钢管加工工艺试验研究及性能测定。2010年和2011年通过了全国压力容器标准化技术委员会技术评审，产品应用至今，性能良好。

600℃超超临界电站用S30432和S31042钢管（见图2-4-71）研发成功后，填补了国内空白，“600℃超超临界火电机组钢管创新研制与应用”项目在2014年12月获得国家科学技术进步奖一等奖（见图2-4-72）。

2. 630℃超超临界电站关键材料的研发

仿制只是起点，宝钢特钢的研发团队再接再厉，在钢铁研究总院刘正东院士团队的直接指导下，成立了以徐松乾首席专家和赵海平高工为核心的研发团队，于2008年开始了更高参数630℃超超临界电站用钢的预研工作，经过早期的材料对比筛选，从G112和G115中选出了性能更优的G115作为630℃超超临界电站材料。

G115的研发，经历了四个阶段，即机理研究，小炉子试制，材料筛选阶段；中试验证阶段；40吨电炉工业化试生产阶段；全面解决工程化应用问题阶段。这四个阶段，共经

图 2-4-71 S31042 成品管

国家科学技术进步奖

证 书

为表彰国家科学技术进步奖获得者，特颁发此证书。

项目名称：600℃超超临界火电机组钢管创新研制与应用

奖励等级：一等

获 奖 者：徐松乾

中华人民共和国国务院

2014年12月12日

证书号：2014-J-215-1-01-R14

图 2-4-72 获国家科学技术进步奖一等奖证书（获奖者徐松乾）

历了十余年的时间，对于一个原创的新材料，尤其是要用于高温高压管道的电站材料，遇到了无数的问题和困难，也解决了无数的问题和困难。

第一阶段：小炉子试制、材料筛选阶段（2009～2011 年）。在刘正东院士的牵头下，准备筛选两种可用于 630℃超超临界电站的新材料，一种是 12Cr 的 G112，一种是 9Cr-3W-3Co-B 的 G115。在钢研总院前期实验室研究的基础上，宝钢特钢开展了一系列计算相图、热模拟、金相及 SEM 组织分析等工作，制定了冶炼、热加工和热处理工艺，对 G112 和 G115 同时展开试制，并开展系统的全面性能实验。经过全面的组织和性能对比分析，尤其是对长时时效后组织的演化和长时持久性能的分析研究，发现 G115 更适合作为 630℃超超临界电站的材料，遂决定放弃 G112，对 G115 开展进一步的深入研究。

第二阶段：中试验证阶段（2012～2014 年）。在明确了研究方向后，开展了 G115 的中试研究，对全流程各工序的工艺进行深入的系统研究，制定相关的内控标准。该轮试制，用 5 吨的真空感应炉共冶炼了 3 炉，开展热模拟实验研究，发现随着锭型的增大，热加工性能等关键指标也发生了明显的变化，通过分析生产中出现的缺陷，对 G115 原来设计中的某些添加元素进行了优化。根据中试第一炉的分析检测结果，调整了内控成分、关键性能指标等，制定了相关的技术条件。第二炉和第三炉的试制出一批钢管、锻棒和热轧板，分别提供给上海发电设备成套设计研究院、上海锅炉厂、东方锅炉厂（以下简称东锅）等单位，开展了性能评估和焊接试验，为后续改进提供方向。

第三阶段：40 吨电炉工业化试生产阶段（2015～2018 年）。该阶段启动的前提是获知国家将启动 630℃超超临界示范项目。由于宝钢特钢的前瞻性研究打下了良好的基础，630℃示范项目启动之初，宝钢特钢就拿出了详实的数据，获得专家组的认可，成为 630℃示范项目唯一的备选材料。

该阶段试制，解决了 40 吨电炉冶炼成分精确控制，钢水纯净度控制和 13.5 吨大锭型的浇铸及热处理问题，解决了大钢锭的锻造和热处理问题，尤其是通过变形量和热处理工艺的优化，大幅度提高了管坯的组织均匀性。G115 大口径管挤压和热处理工艺，使得关键性能指标（冲击性能和高温拉伸性能等）有了大幅度的提高。制管从一开始的挤压开裂到最后的挤压稳定成型，表面质量良好，有了质的飞越。

此阶段，制定了 Q/OAPD 2753—2017《电站用新型马氏体高温钢 08Cr9W3Co3VNbCuBN（G115）管坯与型材》和 Q/OAPD 2253—2017《电站用新型马氏体高温钢 08Cr9W3Co3VNbCuBN（G115）无缝钢管》企业标准，初步具备了工程应用的条件。于 2017 年通过了全国压力容器标准化技术委员会技术评审。

第四阶段：全面解决工程化应用问题阶段（2019～2020 年）。在向东锅提供了几批 G115 大口径管之后，东锅反馈，壁厚超过 80 毫米的厚壁管焊接之后在热影响区发现若干显微缺陷。宝武特冶迅速行动，多次赴东锅现场交流，查看焊接过程，了解焊材、焊接工艺等细节，经过与钢铁研究总院专家的综合研判，确认是母材的问题，遂开始第四阶段试制。

该阶段主要解决了大口径厚壁管焊接热影响区显微缺陷的问题。宝武特冶研发人员根据数值模拟和第一、第二阶段生产的经验，通过大量实验，研判通过改进冶炼、热加工和热处理工艺能够解决焊接热影响区显微缺陷的问题。遂多管齐下，采用 DOE 正交试验法制订了 9 套方案，验证不同成分、不同锭型、不同冶炼工艺、不同锻造工艺、不同热处理工艺对解决焊接缺陷的影响。实际结果表明，其中 3 套方案的工艺可以基本有效地解决焊接热影响区显微缺陷的问题，经过两轮验证性生产，东锅焊接后证明通过工艺调整已经完全解决了 G115 大口径厚壁管焊接热影响区显微缺陷的问题，为 630℃超超临界示范项目的工程应用扫清了最后一个拦路虎。G115 从钢锭、锻造、制管到成品管照片见图 2-4-73。

宝钢特钢、宝武特冶厚积薄发，十年磨一剑，在国际上首次成功研发出了可用于 630℃超超临界机组的新型高温材料 G115，成为全球唯一一个可用于 630℃超超临界机组的成熟材料，大幅度领先于国外同类材料的研发。其重大意义在于，中国在该领域首次走到了世界前列，实现了从仿制到创新引领的超越。630℃超超临界机组的发电效率可提升至 50.16%，煤耗可降低至 245 克/千瓦小时，比现有的 600℃超超临界机组每年可节煤 2 亿吨，减少污染物排放 5 亿吨。在创新的引领驱动下，G115 实现了国产材料的全面超越，未来大量 630℃机组的投建和低参数机组的升级改造，G115 将为节能环保做出重大贡献，同时也创造了较大的社会效益和经济效益。

3. 700℃超超临界电站材料的研发

2010 年 7 月 23 日，国家能源局举行了“国家 700℃超超临界燃煤发电技术联盟”启动仪式，我国依托能源、电力、设备制造和冶金行业及科研院所、高等院校等，正式组建和启动了国家 700℃超超临界燃煤发电技术创新联盟，我国能源行业技术进步又迈上一个新台阶。据介绍，700℃超超临界燃煤发电技术创新联盟的宗旨是，通过对 700℃超超临界燃煤发电技术的研究，有效整合各方资源，共同攻克技术难题，提高我国超超临界机组的

图 2-4-73 G115 钢锭、锻造、制管到成品管

技术水平，实现 700℃超超临界燃煤发电技术的自主化，带动国内相关产业的发展，为电力行业的节能减排开辟新路径。

我国先进超超临界技术发展策略：采用引进技术消化吸收与国内自主创新研发相结合的技术路线，重点解决设计技术、关键部件、高温材料应用性能等核心技术问题，形成我国具有自主知识产权的超超临界发电成套设备设计制造技术，具备产品自主优化和自主升级能力。

宝钢特钢从 2011 年开始了 700℃超超临界电站材料的研发，与国内科研院所积极合作，发挥各自的优势，实现研发效率的最大化。与钢铁研究总院合作，研发了用于 700℃超超临界机组的 C-HRA-1、C-HRA-2 和 C-HRA-3 等一系列高温合金；与中国科学院金属所合作开发的 GH984G、与西安热工院合作开发的 BT700-1 也取得重大进展。通过系统的研发试制，掌握了一系列镍基、铁镍基高温合金的冶炼、轧制、制管和热处理等成套热加工技术，试制出符合设计要求的高温过热器管，以及建立了相应的生产技术体系。生产出的 C-HRA-1 大口径管，C-HRA-1（见图 2-4-74）、C-HRA-3（见图 2-4-75）、GH984G（见图 2-4-76）、BT700-1 小口径管均已用于华能南京电厂 700℃超超临界试验平台，到目前已运行超过 4 万小时，性能良好，为未来建设 700℃超超临界示范电站做好了材料准备。

图 2-4-74　700℃超超临界电站 C-HRA-1 小口径高温合金管

图 2-4-75　700℃超超临界电站 C-HRA-3 高温合金管

十六、助力电子行业发展　研发集成电路用材

（一）背景

集成电路是微电子工业和微电子技术的核心，是电子工业的基础，广泛运用于通信、消费类电子、工业仪器、运输和国防等领域。集成电路产业的发展对整个高新技术产业群

有着巨大影响和较强的渗透性，对国民经济的发展起到明显的倍增效应，已成为我国产业结构升级和实现工业化、现代化的关键环节。

图 2-4-76 700℃超超临界电站 GH984G 高温合金管

集成电路引线框架是半导体器件和集成电路的封装材料，是构成集成电路的重要部分。它起连接半导体芯片接头和外部电路，传输信号并散热，以及机械支撑等作用。我国集成电路产业的快速发展，为集成电路引线框架材料提供了良好的市场机会。集成电路引线框架材料主要有铁镍型的 FeNi42 合金和高强度的铜合金。FeNi42 合金由于其线膨胀系数与硅片相近，又有良好的力学性能和高精度的成型加工性能，是制造引线框架高端产品的必需，其用量近年来占整个引线框架市场的 10%左右。

我国集成电路产业经过 30 多年的发展，取得了很大的进步，但与国际先进水平相比还比较落后。制约我国集成电路产业发展的一个重要因素就是与集成电路产业发展配套的产业基础设施薄弱。

长期以来由于我国集成电路整体水平较低，绝大部分芯片依靠进口；同时受我国集成电路封装能力不足的影响，加之我国集成电路引线框架加工能力还很薄弱，引线框架行业大部分高端产品还需要进口，而占引线框架 10%的铁镍系引线框架，基本上完全依赖进口。2000 年以来，国内半导体封装企业发展速度远远快于上游封装用材料引线框架生产企业的发展速度，造成国内引线框架产品供不应求，更迫切地需要引线框架材料的国产化进程的加快。

集成电路对现代引线框架用铁镍系合金有严格的要求。

（1）基于大生产的需要，引线框架的生产采用连续自动化生产方式。为适应这种生产方式，要求作为原材料的钢带平直度要好，残余应力小，卷重要大。若钢带存在弯曲，则在连续冲压时会发生送料迟缓，而且还会产生钢带表面划伤。

（2）集成电路的集成度越来越高，导致内引线越来越细，结构越来越复杂。为使焊线作业能够自动进行，要求引线框架材料有更高的强度、硬度，冲裁时变形小，保证作业中能自动对位，不偏移。

（3）引线框架材料制造需经多道工序：冲裁或蚀刻成引线框架模样→表面镀金、银芯片焊、线焊、封装→脚部镀锡→钎焊、与基片结合等。所以要求引线框架材料有好的表面处理特性，如好的镀金、银及钎焊特性。

面对集成电路封装行业对铁镍型集成电路引线框架材料的巨大需求，2005 年北京北冶功能材料有限公司（以下简称北冶公司）开展了镍型集成电路引线框架材料 FeNi42 合金带材产业化的技术攻关，突破了引线框架材料产业化、国产化的两大关键技术：一是集成电路引线框架材料平直度控制技术；二是材料表面控制技术。利用北冶公司现有精密合金生产线，适当增加部分关键设备，进过十多年的艰苦工作，建成了一条年产量可达 3000 吨、产值近 5 亿元的集成电路引线框架的生产线，实现了集成电路引线框架材料的国产化与产业化，打破了国外垄断，部分替代了进口，从而为中国集成电路产业健康发展提供了材料支持，为进一步完善集成电路产业链发挥重要作用。

（二）研究开发历程

我国在集成电路引线框架用高精度 FeNi42 合金带材的研制上走过了很长的道路。“六五”期间，由原冶金工业部组织西安、上海、北冶等研究所开展了集成电路用引线框架材料的专项研究任务。北冶所作为项目研究的成员单位，对集成电路引线框架材料进行了较深入的研究，先后开展了“大规模集成电路引线框架用类 4J42 合金的技术研究”（1981~1985 年）和“集成电路引线框架用 TTL401 铜基合金（C194 型）研究”（1982 年），但均未得到实际应用，更没有达到产业化大生产的规模。其中主要原因之一就是当时一些制约大批量稳定生产的关键工艺还没有得到最终解决，加之工艺装备和管理方面的差距，致使我国这类产品的市场一直被国外厂商独霸。

1992 年北冶公司承接了国家配套科研项目，为直八、直十一研制高精度不锈钢平直带，用于直升机传递膜片联轴节挠性元件的制作，其最终目标是替代进口，满足直升机的批产要求。通过几年的技术攻关，在高精度冷轧带材平直度上取得了重大的技术突破，钢带平直度不大于 5 毫米/米，实物质量达到了进口料的水平，项目获得了北京市科技进步三等奖。

20 多年来，北冶公司一直把实现铁镍型集成电路引线框架材料产业化作为奋斗目标，从来没有停止过对与之相关的工艺技术和关键设备的攻关和探索。1997 年、2001 年北冶公司继续努力在改进冷带板形上下功夫，通过北京市自然科学基金资助的“高平直度薄钢带消除残余应力的研究”“真空荧光屏显示屏用阵列材料研究”等项目不断在制约钢带板形平直度上进行机理研究和生产实践，2002 年、2005 年分别获得了北京市科技进步三等奖。同时对公司的质量管理体系也在不断完善和改进。功夫不负有心人，北冶公司陆续在一些关键工艺技术方面取得了突破，技术改造同步进行，建立了严格有效、运行良好的质量管理体系，企业的综合实力有了较大提高。北冶公司由易到难，先从荧光显示屏阵列用钢带开始，逐步替代了进口。在此基础上，2005 年北冶公司立项开展了“铁镍型集成电路引线框架材料产业化技术研究”，系统开展了合金成分、纯净度、热轧、冷轧加工工艺及热处理工艺对合金性能、表面、板形及冲压加工性能的影响研究，突破了铁镍型集成电路引线框架材料 FeNi42 合金薄带平直度控制技术、带材表面控制技术等关键技术，实现了集成电路用镍型引线框架材料产业化。

（三）取得成果

目前，北冶公司已是国内铁镍型高精度集成电路引线框架材料唯一供应商，年产销量超过 2500 吨，成为集成电路用铁镍型引线框架材料第二大供应商，为打破国外对铁镍型集成电路引线框架材料的垄断、初步实现该材料的自主可控奠定了坚实基础，为完善集成电路产业链发挥了重要作用。特别是在近几年中美贸易战和 2020 年全球新冠肺炎病毒疫情肆虐严峻形势下更加凸显了重要的战略意义。

特别是2015年以来，北冶公司的铁镍型集成电路引线框架材料BYP27（4J42K）产品质量稳步提升，产能逐渐扩大，并得到了宁波康强电子有限公司等国内主流集成电路引线框架企业的认可，产品销售规模逐年增加。2015年至今，北冶公司累计销售0.1毫米厚度为主的铁镍型集成电路引线框架BYP27（4J42K）带材6000多吨，销售额6个多亿，取得了较大经济效益和良好的社会效益。

铁镍型集成电路引线框架材料产业化项目于2012年获得了北京市科技进步三等奖，北冶公司主持编写的冶金行业标准YB/T 100—2016《集成电路引线框架用4J42K合金冷轧带材》于2016年10月22日发布、2017年4月1日正式实施。

十七、协同合作研发新钎钢——开发无Ni、Cr特钢

硅锰钼系列的特钢，有代表性的几个钢号是60Si2Mn、60SiMnMoV、55Si2MoV、55SiMnMo、35SiMnMoV、40MnMoV等，但成功用于制作小钎杆的是55SiMnMo、40MnMoV、35SiMnMoV。这三个钢号很少用在其他方面，成为小钎杆专用钢，故称其为钎钢。

钎杆是矿山、交通、国防等部门开山凿洞的工具，有大钎杆、小钎杆之分。大钎杆用于凿大孔、深孔；小钎杆用于凿小孔（一般孔径约40毫米）、浅孔（深1.5~1.8米）。大钎杆和小钎杆所用钢材系列不同，这里只介绍国产小钎杆专用钢材研发过程，不讨论大钎杆所用的钢材。

小钎杆用于凿洞，就是在岩石上凿成一定深度圆形孔，俗称砲眼，然后在砲眼里填满炸药，点火起爆，将大块岩石破成为小块。凿砲眼的工具由三部分组成，即凿岩机、钎杆（钎钢）、钎头（WC硬质合金或人造金刚石）。在凿砲眼过程中，凿岩机所产生的能量，通过钎杆传给钎头，钎头也称钻头将岩石凿成细粉排出而成孔，钎杆杆体具有传递能量的作用，钎杆的凿岩寿命就是指杆体的耐用度。如果钎杆的寿命低，将限制大功率高速凿岩机的使用，在作业过程中频繁更换钎杆，影响凿岩效率。

在工程上，小钎杆作业灵活，使用广泛，消耗量比较大。在20世纪70年代以前，国产的小钎杆都是用碳8（牌号T8）钢制造，凿岩寿命很短，如凿硬度$f=8\sim10$的岩石，其凿岩寿命只有15~20米/根；在同等条件下，瑞典的95CrMo钢小钎杆，其寿命超过200米/根。然而从1980年起，国内凿岩工程开始普遍采用国产55SiMnMo钎钢小钎杆，其凿岩寿命早已达到瑞典钎杆先进水平。

那么这种由中国科研人员自主开发的55SiMnMo钎钢小钎杆经历了哪些艰辛或曲折的研发过程呢?

20世纪60年代，由于当时国内矿山开发、铁路建设、国防战备等工程需要大量钎杆用于开山、凿洞，1966年，冶金工业部组织成立了国产钎钢开发工作队，任命新抚钢厂的王新典为队长，翁宇庆等为主要成员，开始科研攻关。经一年努力，工作队设计、实践选定了55SiMnMo为小钎杆的杆体材料。由于“文革”的原因，工作队中途解散。1969年，冶金工业部再次组织钎钢世界水平赶超队，任命翁宇庆为队长，徐曙光、黎炳雄等人再次参与。赶超队经实践与研究认同了55SiMnMo、40MnMoV和35SiMnMoV三个钢号材料的优

点，并制作成一批小钎杆，在矿山现场试验，其凿岩寿命已达到百米钎水平，有望赶上瑞典山多威克世界王牌钎杆水平，但此项工作也因“文革”而停顿下来。到1974年冶金工业部第三次组织钎钢协作组，重启钎钢研究，任命徐曙光为组长，董鑫业、黎炳雄、李承基、林鼎文、刘正义等人都是协作组主要成员，参加协作组的单位比较多，包括了产学研三方面，团队达百人。任务是对钎杆的制造工艺攻关，目标是使其钎钢工程化、产业化。

钎钢协作攻关组在继承前两次材料研究开发基础上，携手从制造工艺与组织性能提高上攻关，克服了很多困难，终于攻下难关。研发中，华南理工大学先后组成5个小分队（老师+毕业班学生），由林鼎文等协助刘正义带队到新抚钢厂、贵阳钢厂、河北铜矿、红透山铜矿等试验基地参加了协作组的主要工作，为55SiMnMo钢小钎杆产业化做出了贡献。在此基础上刘正义又继续对小钎杆金相组织B_4型贝氏体形态做了深入的研究，从理论上证明了实践的结果，再指导实践，保证小钎杆质量稳定。对B_4型贝氏体进一步的研究，扩大硅锰钼系列特钢应用范围，意义重大。

从1966年冶金工业部开始组织联合攻关，历经十几年3次接续协同的开发，国产高寿命小钎杆成功实现了工程化、产业化。从1980年起，以40MnMoV为内衬管的55SiMnMo小钎杆迅速占领了国内市场。国产化的55SiMnMo钢小钎杆完全满足了国内市场需求，还有部分出口，至今其应用已达40年之久。

以国产55SiMnMo为代表的小钎杆钎钢，是硅锰钼系特钢，是我国科研人员自己创新研发的特钢钢种，其“特”体现在以下5个方面：

（1）不含铬、镍元素。硅锰钼系特钢是中国人根据国情创造的一个优秀钢种，成功用于钎杆。在改革开放前，中国缺铬、镍元素，在国际上遭受以美国为首的资本主义国家封锁禁运，而国内的矿藏量较少，而当时的勘探也跟不上，有限的镍、铬元素优先供军品使用，国家政策是提倡、鼓励大力研发不含镍、铬，而采用国产富有元素（硅、锰、钼、钒）的新钢种，这个政策，时至今日都没有变。改革开放以来，我国不断从国外进口较多的镍、铬矿产品，仅广东省阳江市从印尼、菲律宾进口的镍矿，就可冶炼高镍、铬304（0Cr18Ni9Ti）牌号不锈钢达200万吨/年。现在每年全国生产不锈钢达3000万吨，成为世界不锈钢生产大国。但从长远角度考虑，以及考虑国外政局、政策的稳定性等因素，稀缺或战略资源不能依赖进口，仍需支持发展无镍、铬钢种。

国外有很多性能良好的钢种，普遍都含有铬、镍元素，几乎是无铬、镍不成钢。我国钢材标准中也有不含铬、镍的钢，其力学性能也良好，如60Si2Mn、55Si2的弹簧钢，而55SiMnMo钎钢就是在这两个钢基础上改进而来的，加入了钼。钼是我国富产元素。从相变C曲线上看，钼可强烈地使珠光体转变区右移，使贝氏体转变区左移，有利于小钎杆在空冷正火条件下贝氏体的形成，避免珠光体的出现。钼还可提高钢的静强度和疲劳强度。硅的含量较高，可提高钢的强度，特别是提高钢的弹性，但硅的含量也要限制，因为硅容易使钢高温脱碳；热加工变形阻力大；冶炼时钢水温度高，不利于40MnMoV衬管的嵌镶。锰也是我国富产元素，它可提高钢的淬透性，保证钢在空冷正火条件下，获得一定比例的块状复合结构，保证小钎杆的硬度。

（2）小钎杆几何外形形状设计特别。在工程应用上，小钎杆要求所用钢材的加工性能好。以 55SiMnMo 小钎杆为例，要实现其工艺性与加工性有两大难点。

第一大难点是，一条有服役能力的新的小钎杆，是一条细长厚壁异形空心管，长约 2.2 米，中心孔直径 6 毫米，外表是等边六角形，两平行边相距 22 毫米或 25 毫米（两种规格），在直径 6 毫米内孔表面还嵌镀一层壁厚 0.5～1 毫米、材质为 40MnMoV 的薄壁钢管。等边六角形小钎杆外表分为 4 节，分别叫钎尾、钎梢、钎肩、杆体。在距细长杆体一端叫钎尾，长 108 毫米，外形保持不变，即等边六角形，但钎尾端面硬度要求 HRc55～58，需要采用局部淬火+回火热处理；在距端面 108 毫米处，有一中空圆柱形凸台，直径约 40 毫米，它是用模具热锻-挤出来的，锻-挤中空六角形厚壁管成圆形，内外变形量不同，容易出现内孔皱折，皱折尖角的应力集中成为疲劳源，致钎杆短命；在细长杆体的另一端呈圆锥体，叫钎梢，长约 80 毫米，用模具热压锻而成；其他长约 2 米，都叫杆体。小钎杆制造过程中的难点，首先是冶轧方面的难点，在六角中空型材的内孔表面，嵌镀一层牢靠的 40MnMoV 薄壁管（俗称内衬管），40MnMoV 内衬管与 55SiMnMo 母体内孔表面之间要求冶金结合，牢固而不能分离。

第二大难点是，钎肩的热锻-挤，保证内孔没有皱折。以上两大难点都在相关专著中有介绍，本文不再赘述。

（3）小钎杆在服役中，所受应力状态特别复杂。根据有关测试分析：凿岩机施加给钎尾端面高频（2000 次/分钟）冲击力，冲击力通过杆体以弹性波形式传递给钎头（35SiMnMoV 钢为母体，嵌镶硬质合金），坚硬的岩石对钎头的阻力，使杆体产生弯曲，而杆体又在连续旋转中，并受到一个比较大的弯曲力，杆体还受到扭力、岩浆冲刷磨损等因素影响，在一定条件下，各种应力会叠加，产生共振，造成钎杆损伤或折断，损伤的积累可使钎杆以疲劳形式断裂失效。

（4）对钎钢的材质有特别要求。小钎杆材质应具有良好的吸振能力，即有较好的循环韧性，材质还应有较大内耗，在适当塑性和韧性条件下，抗弯疲劳强度要高，缺口敏感性要低，脆断倾向要小，良好的加工工艺性（主要是要求容易热锻-挤和热处理）。对材质的要求是通过金相组织来保障的。实践证明，对许多钢制零件如轴类件，抗弯和抗疲劳性能好，缺口敏感性小的金相组织是回火索氏体。片状珠光体的疲劳强度很低，但它的内耗大。回火索氏体是用淬火+回火热处理后获得的，因淬火变形大，对细长的小钎杆不能用淬火热处理。最佳的办法是用空冷正火热处理，虽有变形，但比较小，可以控制和矫直。

（5）55SiMnMo 钢金相组织特别。55SiMnMo 钢是一种新型的特殊贝氏体钢，在空冷正火热处理后，其金相组织可转变成 B_4 型贝氏体+块状复合结构，对 B_4 型贝氏体深入的研究，不仅对提高和稳定 55SiMnMo 小钎杆寿命有决定性意义，而且还丰富了相变理论，为金相组织研究增添了新领域。在这方面也有专著论述，在此也不多说了。需要强调的是 B_4 型贝氏体是由条状铁索体+条状富碳奥氏体组成；块状复合结构又是由马氏体+下贝氏体组成，两者加起来，金相组织的组成相数达到 5 个，这么复杂的组成相，在普通的钢里少见。相对回火索氏体（铁素体+碳化物两个相），条状的铁素条和富碳奥氏体的几何尺寸粗大。正因为金相组织有上述特点，决定了正火态 55SiMnMo 钢小钎杆具有优异的力学性能，例如：抗拉强度高、韧性好，缺口敏感性小，抗疲劳性能好，内应力小、循环韧性高，内耗大、具有降低宏观共振的能力等。这些都是55SiMnMo小钎杆高寿命的原因。

在机械制造方面，综合力学性能要求比较高的机件，一般都是用优质的含铬、镍的中碳低合金钢（40Cr、35CrNiMo）等，采用调质热处理，先淬火再高温回火，得到回火索氏体金相组织，硬度在HRc28~32之间。根据研究，55SiMnMo钢空冷正火的组织，适当控制正火冷却速度，将硬度控制在HRc30左右，那是轻而易举的事。两者的抗疲劳性能很接近，但后者只要一次正火热处理，变形又小；前者需要两次热处理，淬火引起的变形又大。不含铬、镍的Si-Mn-Mo-V系列的中国特色的钢，需要作更广泛的实践研究，扩大应用范围。

小钎杆钎钢新钢种的创新研发历程，记录了20世纪60~70年代由冶金工业部集合国内各方研发力量，坚持不懈地组织科研联合攻关避免简单重复的历史记忆，彰显了我们国家集中力量办大事的制度优势，也留存了在一个特殊年代遭国外技术和物资封锁禁运时，中国科研人员不畏艰辛因地制宜成功开发特钢钢种的一个侧面和自立自强创新科研的精神，这或许对当今与未来科研人员科技创新有所启迪。

十八、主攻“卡脖子”关键技术，粉末冶金填补国内空白

国际金属在线发布了卡中国脖子的几种钢铁产品，其中合金粉末品种依然不足，中低端产品产能过剩和高端、高品位金属粉末依赖进口的矛盾日渐突出。尤其是粉末高温合金和粉末高速钢，目前应用于现代航空发动机、航天器和火箭发动机以及舰船和工业燃气轮机的关键热端部件材料基本依赖进口，“卡脖子”问题日益突出。面对国际在合金粉末领域的技术垄断，天工国际有限公司独辟蹊径，投入亿元研发出粉末冶金生产技术，于2019年建成了国内首条粉末冶金规模化生产线，并已量产，产品供不应求。与此同时，天工生产的粉末冶金被工信部纳入“卡中国脖子”的重点攻关项目，并肯定了天工成功打破粉末冶金“卡脖子”关键技术国际垄断，填补国内空白，成为国内唯一掌握粉末冶金规模化生产技术的企业，也正因为粉末冶金关键技术的突破，目前无论美国如何增加关税，唯独对天工的粉末工模具钢进口不加任何关税，天工的材料出口不受任何限制，就是得益于关键技术的引领作用。

材料是国民经济建设、社会进步和国防安全的物质基础。新材料产业，尤其战略性和前沿新材料是国家科技进步的基石，是“发明之母”和“工业粮食”。当前我国已经成为材料生产大国，新材料产业规模年均增速保持在25%左右，尽管新材料产业取得了长足的进步，但依然面临三个主要问题：一是能耗高，万元GDP能耗为世界平均水平的2倍多；资源利用率不高，有色金属矿产资源利用率为60%，比发达国家低10%~20%；二是附加值低，未能从根本上实现由劳动密集型产业向技术密集型产业的跨越；三是环境污染问题突出。材料产业大而不强，中、低档产品产能过剩、高档产品不足，无法自给，部分高档产品仍依赖进口，迫切需要转型升级，这都坚定了天工摒弃“高能耗、高成本、高污染”模式、走创新发展之路的决心。

作为新材料产业细分领域的典型代表的天工，以生产新材料细分领域中的高速工具钢、模具钢产品为主营业务以及钛合金和切削工具为主的生产制造商，国家重点高新技术

企业、中国重点特钢生产领域旗舰民营企业，中国民营企业制造业500强，世界工模具钢强企前两强。近年来，天工在做精、做专、做强原有产品的同时，瞄准我国特殊钢领域的产业空白，站在产业发展的最前沿，向新材料产业发展新高地发起了冲击，开展了一系列探索。

顺应资源能源节约、环境保护和产业转型升级的需要，高性能高速钢及粉末高速钢用量将不断增加。其中，粉末高速钢的年用量将从目前的400吨上升至1000吨。粉末冶金工模具钢优势明显，目前全球年产能在2万吨左右，主要生产国是美国和瑞典。日本生产的粉末冶金高速钢属于第一代，年产量1000吨左右，主要用于满足本国及东南亚市场需求。目前真正代表国际先进水平的第三代粉末冶金工模具钢主要出自奥地利的Bohler-Uddeholm集团及法国的Erasteel集团。在我国，粉末冶金工模具钢仍处于研究室小范围实验阶段，规模化生产仍然是空白，产品全部依赖由法国、奥地利、美国、日本等国进口。

鉴于粉末冶金高速钢、模具钢及钛合金属当今世界科技含量最高的新材料，具备成分均匀、组织偏析小，易实现更高产品合金化；与传统生产工艺相比较，其材料强韧性、几何尺寸稳定性、等向性等性能均大大提升的特点，致力于打造世界新材料产业基地的天工，在不增加炼钢产能的基础上，调整产品结构，充分利用现有炼钢产线提供钢水制粉，立足粉末钢锭、近净成型、增材制造（包括低碳模具、不锈钢、3D打印）三个方向，于2018年一期投资3.2亿元，启动建设国内第一条年产2000吨粉末冶金生产线，以求打破国际垄断，填补国内空白。该生产线于2019年11月正式建设投产，目前其产品被广泛应用于汽车、航空航天、复杂刀具、激光熔覆、3D打印等生产制造和技术应用多个领域，完全替代了进口，成为国内唯一一家生产粉末冶金产品的企业。

粉末冶金项目建设是天工进军国际高端领域的重要一步，天工人将尽最大努力把天工制造打造成为中国制造的名片。

十九、能源大舞台，显威助力

（一）制造世界级水电用钢

1. 15万吨特种钢建功三峡工程

2016年9月18日，目前世界上技术难度最高、规模最大的升船机——三峡升船机正式进入试通航阶段。消息传来，河钢舞钢人倍感自豪。河钢舞钢为三峡升船机项目建设提供了2600余吨大厚度钢板。

从1998年到2016年，从开发出三峡工程用“中华第一板”，到被国家指定为国内唯一三峡发电机组用钢板定点企业，再到三峡24扇永久船闸4万吨闸门用钢全部河钢舞钢造，又到建功于三峡工程的收官之作——三峡升船机制造。18年间，河钢舞钢以“代表民族工业、担当国家角色”为己任，为举世瞩目的三峡工程研发生产15万吨高端宽厚钢板，占该工程同类产品总用量的80%以上。其中，多个产品填补我国空白，创造国内之最，为三峡工程建设作出了卓著功勋。

三峡工程是当今世界上最大的水利枢纽工程，其建筑主要由大坝、水电站厂房和永久通航建筑物三大部分组成。三大部分工程建设中，关键部位均大量使用了河钢舞钢高端钢板。

在三峡大坝建设中，三峡工程施工栈桥急需特殊规格的钢板，河钢舞钢积极承担了重任。河钢舞钢轧钢主设备的最大宽度为3900毫米，而三峡工程需要宽度在4000毫米以上的钢板。河钢舞钢科研人员针对工程要求，改进立辊轧机工艺，使其最大开口度从4000毫米增大到4300毫米。创新轧制工艺，采用控轧轧制法，取消正火工序，提高了钢板表面质量。在前期试轧取得经验的基础上，河钢舞钢又拆除了轧机前护板、四辊轧机后部辊道护板等，确保了特宽板轧制一路畅通，最终轧制出宽度达4020毫米的钢板，被誉为“中华第一板”。此举不仅满足了三峡工程的需要，而且填补了国内冶金产品的一项空白，也为设备超极限生产，提供国家、用户急需产品积累了成功经验。

在三峡发电机组建设中，河钢舞钢被国家指定为国内唯一三峡发电机组用钢板定点企业。河钢舞钢与国内一著名大型动力集团合作，累计研发生产出三峡发电机组用钢Q345R等12个品种、3万吨钢板，主要用于水轮机、发电机顶盖、底环、控制环的制造，使原先要进口的大型发电机组用钢实现了国产化。三峡电厂专门用于吊装定子、转子的1200吨大吨位起重设备，是目前世界上最大的厂房天车，它全部采用河钢舞钢的钢板制造。

三峡永久性船闸是世界上落差最大、施工规模最大的船闸，可容纳万吨级船队，船舶通过船闸时，就像上下五级台阶，故有“大船爬楼梯”的比喻。永久船闸共有24扇人字闸门，三分之二的人字门高36.75米、宽20.2米、厚3米，重达850吨，面积接近两个篮球场，其外形与重量均为世界之最，号称“天下第一门”。制造永久性船闸对钢材的韧性、强度等技术要求极为苛刻，有关部门点名，船闸用钢非河钢舞钢生产不可。接受这一艰巨任务后，河钢舞钢科技部门、生产单位齐心合力，改造设备、改进技术工艺，生产出具有特殊性能要求的合金结构钢Q345B、Q345D、DH32累计4万吨，全部用于制造三峡永久性船闸24扇巨型闸门。

三峡升船机是三峡工程的收官之作，经历了漫长的论证、设计和建设过程，被誉为三峡工程最后的“谜底”。三峡升船机过船规模为3000吨级，船舶在承船厢里像乘垂直电梯一样在空中升降，故有“小船坐电梯”之说。三峡升船机为国内首次采用齿轮齿条爬升平衡重式垂直升船机，是当今世界上技术难度和规模最大的升船机。三峡升船机建设共用河钢舞钢高端钢板2600余吨，其中1800余吨低合金钢Q345D-Z25，钢板厚度规格为30~130毫米，用于升船机船闸制造；800余吨合金结构钢42CrMo，钢板厚度规格为20~150毫米，用于升船机抬升机构齿条制造。

凭着“一流的品种、一流的质量、一流的服务、一流的交货期”，河钢舞钢产品赢得三峡工程的青睐。建功三峡，让河钢舞钢人激情满怀。在河钢集团总体战略指引下，作为中国首家宽厚钢板生产科研基地，河钢舞钢秉承“创中国名牌，出世界精品”之志，坚定建设最具竞争力的宽厚板领军企业的目标，河钢舞钢将不断创新，谱写更多的钢铁辉煌和中国骄傲。

2.“白鹤”展翅膀，“长龙”挺脊梁

2018年3月22日上午，在河钢舞钢三和盛机建公司钢加车间厂房内，4块厚度260

毫米、钢种为 SXQ500D-Z35 的高级别水电用钢板加工件正准备装车，发往东方电气集团旗下子公司东方电机有限公司（以下简称东电）。其余 6 块同一牌号的钢板将于近日发往哈尔滨电气集团哈尔滨电机厂有限责任公司（以下简称哈电）。两家客户将采用该牌号的高端钢板制造白鹤滩水电站机组座环和浙江长龙山抽水蓄能电站机组座环。哈电和东电，目前均是河钢舞钢高级别水电钢的高端直供客户。

凭借过硬的质量以及服务和品牌优势，河钢舞钢赢得了来自国内知名水电设备制造商哈电的订单，为客户提供 529.892 吨的 SXQ500D-Z35 高级别水电用钢板，用于制造仅次于三峡工程的世界第二大水电站——白鹤滩水电站的机组座环；携手中国最大的发电设备制造和电站工程承包特大型企业之一的东电，为其提供制造长龙山抽水蓄能电站机组座环用的钢板 405.62 吨和白鹤滩水电站机组座环用的钢板 456.24 吨。截至 3 月 22 日，河钢舞钢已按合同为哈电供货 265 吨，为东电供货 425 吨，钢板性能合格率达到 100%。

白鹤滩水电站的装机总量达 1600 万千瓦，建成后它将成为仅次于三峡电站的世界和中国第二大水电站，也是中国继三峡、溪洛渡、乌东德之后的第四座千万千瓦级巨型水电站。该工程的规模决定了其施工难度极高，复杂的地形地质条件和高的技术指标等因素也给施工带来巨大挑战。长龙山抽水蓄能电站是“西电东送”的配套项目，总装机容量为 210 万千瓦。在电站建设材料及关键部位用钢的选择上，哈电、东电慎之又慎，在钢板成分及焊接性能方面提出的要求极为苛刻，要求竞标企业按照技术要求提供 SXQ500D-Z35 这种低合金高强度钢的焊接评定试样。在评定河钢舞钢提供的试样满足要求后，鉴于对河钢舞钢产品质量的信任，哈电集团和东电集团最终选择了河钢舞钢作为该项目的材料供货商。

接到合同后，河钢舞钢科技部电渣钢研究所针对该钢的生产重点和难点，提前制定措施，并在冶炼、制坯等关键环节派人一路跟踪、协调。设备岗位职工加强设备巡检，以确保设备顺行保障生产。操作人员严格执行工艺操作规程，精心操作设备。特别是在关键工序，为了保证钢板性能合格率，保证不同测温点的温度偏差在 5℃ 以内，除了利用热电偶定时测定外，岗位操作人员还通过测温孔进行及时观察和调整，常常错过了吃饭时间。经过科技、设备、生产人员的共同努力，该钢板最终顺利生产。

钢板的检验过程同样苛刻。河钢舞钢检验合格后通知哈电集团和东电集团来人将试样带回检验，合格后通知第三方检验机构——上海材料研究所。当试样在上海材料研究所检验合格后，双方再派人对每一块钢板逐张进行头尾检验（探伤），各项指标全部达到要求后，哈电集团和东电集团允许钢板在三和盛机建公司进行切割深加工。

为了能早日加工完毕，将切割件及时交付客户，三和盛机建公司组织精兵强将，克服诸多困难，全力配合科技部及销售人员做好钢板深加工工作。SXQ500D-Z35 钢板在切割过程中易产生气泡、崩坑等意外情况，影响钢板切割外形和交检。SXQ500D-Z35 钢板实际价值高，不能出现任何闪失。三和盛机建公司安排经验丰富、责任心强的切割人员进行操作（人不离机床），尽可能降低切割风险；由于钢板在切割前需要先去掉氧化皮进行探伤，探伤后再行切割，经验丰富的操作人员先测量出钢板切割件的平面度（客户要求整板差不能超过 4 毫米），对于不符合要求的切割件还要进行精心的人工修磨。

最终，长 5400 毫米、宽 1900 毫米、厚 260 毫米的圆环形钢板在三和盛机建公司成功首切。

首批加工件交付客户使用后，得到客户高度评价。截至目前，河钢舞钢向两家客户交付的该钢板加工件的性能合格率全部达到了 100%。

自 2016 年以来，河钢舞钢研发的高级别水电钢备受战略大客户青睐，连续拿到乌东德水电站、吉林敦化水电站压力钢管用 780 兆帕级高端钢板合同，以及乌东德水电站、白鹤滩水电站、安徽绩溪抽水蓄能电站等巨型水轮机组座环和固定导叶制造用的大厚度高级别水电钢合同。

随着河钢舞钢并联式营销模式的积极推进，将会有越来越多的高端用户成为河钢舞钢的大客户，也必将推动河钢舞钢产品销售实现更大的跨越。

3. 助力世界装机容量最大抽水蓄能电站用钢

2018 年 7 月 9 日，6 块钢种为 SQ500Q-Z35 的大厚度高级别水电用钢板加工件顺利运达安德里茨（中国）有限公司，其余 11 块处于河钢舞钢三和盛机建公司加工和三方认证过程之中。该产品将由安德里茨（中国）有限公司用于制造世界装机容量最大的抽水蓄能电站——河北丰宁抽水蓄能电站的水轮发电机组座环。

河北丰宁抽水蓄能电站总装机容量为 360 万千瓦，总投资 69 亿元。一期工程装机容量 180 万千瓦，工期为 6 年零 8 个月，2021 年完工；二期工程建成后，该电站将成为世界上最大的抽水蓄能电站，可有效缓解北京、天津和冀北电网夏季用电“吃不饱”的现状，每年可节省标煤 24 万吨，减少二氧化碳排放 57 万吨。

继数次中标河北丰宁抽水蓄能电站一期工程项目用钢合同后，凭着独特的品种质量优势和良好的产品服务能力，河钢舞钢再次赢得国际水电设备制造巨头——安德里兹集团的订单，为安德里茨（中国）有限公司提供 900 吨钢板及其加工件。其中，164.628 吨 SQ500Q-Z35 钢板用于制造河北丰宁抽水蓄能电站机组座环，其余 700 余吨钢种为 WDB620 的钢板用于制造该机组蜗壳。

已有 166 年历史的安德里茨集团，是一家全球化的领先设备供应商，集团总部坐落在奥地利格拉兹市。其核心业务是服务于水电、金属成型和钢铁行业等。服务范围涵盖 6 大洲，目前在全球同时运营超过 220 个加工基地以及服务部，销售网络遍及全球。安德里茨（中国）有限公司是隶属于奥地利安德里兹集团的外商独资公司，先后通过 ISO 9001、OHSAS 1800 等体系及产品认证，并在 2009 年获得“高新技术企业”称号。

河钢舞钢水电钢在国内高端水电钢市场独领风骚，高级别大厚度水电钢具有焊接性能好、力学结构良好、低温冲击韧性强等优点，运行中能够承受巨大的水压力和冲击负荷，在得到国际知名水电设备制造公司信赖的同时，也深受国内战略大客户的青睐。2015 年以来，在连续拿到乌东德水电站、河北丰宁抽水蓄能站、吉林东化水电站、计 2 万余吨的压力钢管用 780 兆帕级高端钢板合同的同时，又接连在乌东德水电站、白鹤滩水电站、安徽绩溪抽水蓄能电站等巨型水轮机组座环和固定导叶制造用大厚度高级别水电钢合同招标中中标数千吨，在国家重大水电工程建设材料国产化进程中书写出光彩夺目的新篇章。

2016年8月，河钢舞钢再次斩获大厚度水电钢S500Q-Z35订单200吨，用于制造河北丰宁抽水蓄能电站首批两台大型水轮发电机组座环。此前，河钢舞钢已经向此电站一期工程供应4000余吨水电高强钢，用于制造抽水压力钢管。这单合同的最终敲定，意味着该电站一期工程最高等级的水电钢全部由河钢舞钢独家供应。

2018年初，河钢舞钢以集团战略客户委员会会议精神为指针，全方位对接客户，积极推进营销创新，大胆探索销售并联模式，延伸产业链条，在与订货商及业主密切协商基础上，供应白鹤滩、长龙山等电站用钢由供应钢板改为提供钢板加工件，进行产品深加工，调结构、增效益。

河钢舞钢销售分公司接到丰宁抽水蓄能站合同后即同对方商讨钢板加工事宜，并顺利达成一致意见。三和盛机建公司接到切割任务后，在进一步总结切割经验的基础上，从工艺制定、参数选择、切割人员技术匹配方面做了充分的考虑，组织精兵强将，克服诸多困难，全力做好钢板的深加工工作。该Q500Q-Z35钢板单重达9.548吨，厚度达到285毫米，比白鹤滩水电站环板加工件还要厚25毫米。针对用户对切割面质量要求高、不允许焊补，切割过程中易产生气泡、崩坑等情况，三和盛机建公司安排经验丰富、责任心强的切割人员进行切割，从割嘴选择、垂直线度控制等方面着手，尽可能降低切割风险。最终，第一批6块长4886毫米、宽1700毫米、厚285毫米的Q500Q-Z35环板在三和盛机建公司成功加工完毕。经检验，钢板加工件的性能合格率达到了100%。

（二）瞄准新能源，锻造“新坐标”

河钢舞钢两万吨高端海上风电钢助力我国“海上三峡”风电场建设。

2018年2月25日，河钢舞钢斩获两万吨高端海上风电用钢，用于我国江苏大丰海上风电项目建设。

江苏大丰海上风电项目场址中心距离岸线约45公里，涉海面积约97平方公里，是我国离岸距离最远的海上风电项目。项目总装机容量为300兆瓦，项目计划应用8米以上大直径单桩基础，规模化安装国内大功率海上型风电机组，敷设国内最长的50公里三芯220千伏海缆，为我国海上风电开发远海化、关键技术国产化、施工作业体系化等方面起到重大推动作用。该项目也是中国三峡集团实施“海上风电引领者”战略、全力打造“海上三峡”的进程的重要一步。

近年来，拥有充沛资源并且还易于消纳的海上风力发电行业成为业内关注的焦点。与陆上风力发电相比，海上风力发电汇集了资源更加丰富、不用占据城镇用地、发电利用小时长、能够大规模开发等诸多的优势，使得海上风力发电成为了国家新能源重点发展的行业。

2018年以来，河钢舞钢全面把市场和客户开发摆在首位，从营销体制机制创新到强化产线四大支撑体系，进行全方位创新工作。紧随行业发展趋势、紧盯行业新兴产业，加强信息收集整理分析，加强客户技术研究，有针对性地研究客户需求，保证产品让客户满意。加强客户关系管理和维护，为客户开展产品质量、交货期、产品使用性能、售后等全方位一站式服务。强化技术研究团队介入客户生产工艺环节，为客户提供一揽子材料解决方案。

在得知集中采购的消息后，河钢舞钢及时派出专门人员介入跟踪项目进展情况。由于首次合作，河钢舞钢专门邀请客户到产线考察并进行交流。经过全方位考察交流，客户对河钢舞钢的生产资质、生产能力、质量控制、物流运输、售后服务、供货业绩等各方面给予高度赞扬和称赞，由此获得了客户的高度信任。

截至目前，河钢舞钢先后中标我国多个重大海上风电项目建设。在已经建成的海上风电项目中，单位容量最大的项目——东台 200 兆瓦海上风电项目，全球首个批量潮间带风电项目——龙源如东 150 兆瓦海上风电场海上风电机组，亚洲装机容量最大的风电场——华能如东近海“双十”风电场项目等都大量使用了河钢舞钢生产的优质高端海上风电钢。

（三）精品助力“一带一路”，电站用钢扬帆远航

2018 年 9 月 28 日下午 5 时，当最后一块精品高强钢在河钢舞钢三和盛公司作业现场被工人们精心喷涂之后，它将和先前进入该公司成品库的 27 块穿着美丽“旗袍”的钢板一起，靓装走出国门，漂洋过海出口到印度。此次出口的 28 块、420 吨钢板，用于印度超大型热力发电设备——电站锅炉相关设施的制作。借助国家“一带一路”倡议的东风，2020 年河钢舞钢出口印度精品高强钢近 3000 吨。

河钢舞钢积极响应中共中央总书记、国家主席习近平提出共建“丝绸之路经济带”和“21 世纪海上丝绸之路”的倡议，认真落实集团战略客户管理委员会会议精神，把市场和客户开发工作摆在所有工作的首位，以新思维、新理念、新方式深化与客户的合作。全方位对接客户，增加与客户的黏度。围绕“一带一路”沿线国家，重点开拓南亚、东南亚新兴市场。在风电、水电、矿山等重大项目领域积极开发客户。印度位于 21 世纪海上丝绸之路倡议布局的两个端点——远东和西欧的中间地带，因而具有重要的地缘战略地位。河钢舞钢进出口公司应时而动、顺势而为，根据国外用户需求，积极协调科技及生产部门多方联动，多次与客户加强沟通。

经过不懈努力，河钢舞钢先后与印度客户签订了 5 单近 3000 吨钢板合同。针对该钢板尺寸及钢种元素等要求特殊、质量要求高的特点，公司生产部及各生产环节高度重视。职工们在生产中进一步增强质量意识，以更高的质量标准和脚踏实地的工作作风守住质量根基。在钢板交货前的最后一道喷漆环节，河钢舞钢三和盛职工精益求精，力求使钢板穿上靓丽的外套——“防锈涂层”，最终让出口产品“长上嘴巴”，闯出“口碑”，提升了河钢舞钢的品牌影响力。

鉴于河钢舞钢钢板质量优良、服务优质，印度客户的后续订单正在陆续签订中。

（四）打破垄断，Ni 系耐海洋环境桥梁钢助力国产化

2020 年 6 月 5 日，“一带一路”重点项目、福厦高铁—泉州湾跨海大桥标尾段渡线连续梁完成浇筑，标志着该标尾段主体工程顺利完工。河钢已累计为该项目研发供应 1Ni 耐海洋环境桥梁钢板万余吨，全部用于承重关键部位的建造。

1Ni耐海洋环境桥梁钢板被行业公认为是“新世纪绿色环保钢种”之一，是体现钢企研发竞争力的标志性产品，主要应用于桥梁、工程机械、海洋设施等领域，除具有高韧性、高强度、抗疲劳、抗层状撕裂等特性外，还具有良好的焊接性、易加工，以及耐海洋环境腐蚀特性。该钢的成功研发生产，打破了日本钢铁企业在1Ni耐海洋桥梁钢的垄断地位，对国内1Ni耐海洋环境桥梁钢板的开发，以及国家重大项目所需耐海洋环境桥梁钢国产化起到示范作用。

二十、铁镍基合金油井管全面国产化

铁镍基合金油井管是目前油井管产品中合金含量最高、生产流程最复杂、制造难度最高的产品，其主要应用于如我国西南、中东等地区国内外的高酸性油气资源的开采，自该产品于2008年由宝钢特钢与宝钢股份有限公司联合开发首次实现国产化以来，国内高酸性气田所用管材实现了“100%中国造”，有力地保障了我国川东北地区天然气资源的开发，为战略能源工程保驾护航。

（一）油气资源开发领域的“世界级难题”

随着经济持续增长和环境保护压力不断增大，我国能源消费结构开始从煤炭、石油向天然气倾斜。全球天然气储量超过1200万亿立方米，但约有40%属于高含H_2S和CO_2的高酸性气藏。我国高酸性气藏比例达到60%，特别是21世纪初发现的普光、元坝、罗家寨等特大型气田，H_2S和CO_2的分压高达数十个大气压，氯离子浓度超过10%，加之井底温度高、压力大，属于典型的高温高压高酸性的“三高”气田，也是迄今为止发现的腐蚀性最强的气田，其开发是公认的“世界级难题”。

（二）材料紧缺、受制于进口，宝钢特钢勇挑重担、甘当先锋

在“高温、高压、高酸性”如此苛刻的应用环境下，常规的碳钢、低合金钢、马氏体及双相不锈钢油井管均会发生严重腐蚀或开裂，导致管材快速失效，只有合金含量超过60%的铁镍基奥氏体合金才能满足其长期安全服役要求。富含剧毒H_2S的天然气一旦发生泄漏，后果不堪设想，如2003年12月23日的重庆市开县井喷事故，造成243人遇难。不仅如此，由于管材服役条件极为恶劣，需要同时满足高强度、高韧性、抗挤毁、抗内压、高气密封、高耐腐蚀等使用要求，因此对所用管材产品的成分、纯净度、析出相、螺纹气密封性等均提出了极高的控制要求，研发和生产难度极大。

在我国高酸性气田开采之初，由于国内对此类材料的研究与制造技术处于完全空白，产品只能全部依赖进口，导致进口价格畸高，售价达到每吨80万元以上，交货周期长达9个月以上，不仅严重影响了西南高酸性气田的开发进度和“川气东送”战略工程的实施，而且带来了巨额的外汇采购成本。为此，2006年，宝钢特钢站在国家战略产品研发高度，与宝钢股份联合中国石油大学（北京）、中国石油化工股份有限公司共同组成了产学研用联合攻关组。联合攻关项目组由邵卫东、张忠铧牵头负责，除来自中国石油大学（北京）的陈长风等人、中国石油化工股份有限公司的张庆生等人外，项目组主要成员来自宝钢特

钢、宝武特冶、宝钢股份中央研究院、钢管条钢事业部等单位的技术业务骨干，包括贾如雷、董英豪、高雯、龚张耀、庄伟、马明娟、丁维军、罗蒙、刘绍锋、王琍、杨军、张春霞等人。项目组围绕合金化和组织控制技术、关键制造技术及针对性的腐蚀评价等进行系统攻关。

（三）目标清晰，系统策划，终获破局

联合攻关项目组目标明确，铁镍基合金油井管的研发目标就是要建立从材料成分设计—冶炼—锻造—热挤压—热处理—冷轧—特殊扣加工—适用性评价—使用技术等全过程的铁镍基合金油井管生产技术体系，实现高温高压高酸性气田用铁镍基合金油井管的国产化。

项目组针对铁镍基合金油井管产品的制造难点，从材料技术、制造技术、腐蚀机理及使用技术等几个方面策划开展了系统研究，攻克了超纯净铁基合金的电弧炉单炼技术和镍基合金电弧炉+电渣重熔技术、铁镍基合金无缺陷管坯锻造及钢管热挤压加工技术、不同钢级铁镍基合金油井管的热处理及冷轧工艺技术、铁镍基合金油井管的特殊螺纹接头纳米复合镀层技术及螺纹加工技术、高温高压高酸性环境下铁镍基合金适用性评价和使用技术等关键技术难题。在国内首次开发出 5 个钢种（包括 BG2532、BG2830、BG2250、BG2235 和 BG2242）、8 个钢级牌号、11 个规格的铁镍基合金系列油井管产品；掌握了不同品种合金成分最佳配比、超低氧和低偏析电弧炉冶炼和浇铸、无分层缺陷热挤压、固溶处理和冷轧、螺纹防粘扣镀层以及适用性选材和腐蚀评价等系统集成性关键技术，形成了覆盖铁镍基合金油套管产品所有品种、规格、钢级的全面供货能力，并使我国高端油井管的制造技术跃居国际先进水平，保障了国家能源安全。

2008 年项目组开发的产品首次实现国产化供货，首批油井管下井见图 2-4-77。

图 2-4-77　首批油井管下井

2007 年 7 月 9 日和 2008 年 11 月 4 日，由中国石化重大装备国产化办公室两次组织了以李鹤林院士为组长的专家评审会，分别对铁、镍基合金油井管进行了评审。评审组认为宝钢特钢铁、镍基合金油井管的综合质量达到国外同类产品的先进水平。

（四）项目成果与国产化应用

经过项目组每位成员的艰辛努力和辛勤付出，铁镍基合金油井管研发项目共获得授权专利 7 项，制定国家标准 1 项，发表技术论文 16 篇，形成企业技术秘密 16 项。其中铁镍基奥氏体合金的 σ 有害析出相的合金化设计和控制、电弧炉冶炼和直接浇铸技术、高钼镍基合金的大锭型电渣重熔工艺技术以及腐蚀适用性评价和选材技术处于国际先进水平；项目获得 2014 年上海市科学技术奖二等奖，获得 2015 年冶金科学技术奖一等奖。

从2008年所开发的铁镍基合金油井管产品首次实现国产化供货开始，至2010年我国铁镍基奥氏体合金油井管自给率就已达到100%，目前其系列产品已在中石化普光、元坝、塔河以及中石油龙岗、龙王庙等国内所有高酸性气田得到全面应用，并自2016年起实现批量出口。截至2020年，已累计供货超过13300吨。

铁镍基合金系列油井管产品的成功开发与国产化，不仅使铁镍基合金油套管价格回归正常水平，降价幅度达到50%以上，为国家节约采购成本超过数十亿元，而且有力地支撑了我国高温高压高酸性气田安全经济高效的开发，为我国的能源战略安全做出了巨大贡献。

二十一、高端油井管ZT-FJE直连型螺纹接头问世

2020年11月9日，随着最后一支ϕ114. 30毫米×7. 37毫米P110 ZT-FJE直连型螺纹接头套管从PT-13产线下线，靖江特殊钢有限公司（以下简称靖江特钢）高端油井管产品又一新品种横空出世（见图2-4-78），这其中凝结了靖江特钢研究院管材分院所有科研技术人员的心血和现场检测人员的汗水，在大家的共同努力下，终于验证了PT-13智能化螺纹加工生产线高水平、高质量的加工能力，这不但丰富了靖江特钢特殊扣油井管产品系列，也印证了靖江特钢将着力发展高端油井管产品的能力和决心！

图2-4-78 直连型螺纹接头套管

2020 年国庆节前夕，中石化某油田联系靖江特钢和中信特钢研究院管材分院，询问是否可以生产一种小口径又不带接箍的直连型套管。研究院管材分院的技术人员耐心地与客户进行了沟通与交流，了解到客户所描述的这种产品是一种高端的小口径直连型螺纹接头套管。所谓直连型接头就是区别于普通的接箍连接形式，将管子的两端直接加工成内螺纹和外螺纹，两管之间直接连接。直连型特殊扣是公认的开发难度高、加工难度大、连接性能低的特殊扣产品，但其无接箍的特殊结构又使其在小井眼钻井、开窗侧钻修井等复杂工况下发挥出巨大的下入顺畅的优势。

此前，由于国内市场上的产品无法满足上述客户提到的高难度需求，国内各大油田一直在采购国外进口产品，这样不仅成本高，交货期也不能得到有效的保证。油田需要的 ϕ114. 30 毫米×7. 37 毫米 P110 这种规格套管属于外径小、壁厚薄、强度高的产品，螺纹接头既要实现最大的连接效率，又要具备可靠高效的能力，螺纹加工工艺对管材本身的几何尺寸要求非常高，并且公母端螺纹设计一定要达到最优化、最合理的过盈配合等，以上这些都对研究院管材分院的专家们提出了更高更严的要求。

（一）客户的需求，永远是新产品开发的方向，更是公司前进的动力

研究院管材分院领导在接到螺纹研究所的汇报之后，立即向公司领导汇报此次客户的高难度需求，公司领导立即决定，面向全公司技术人员召开会议。公司总经理在会议上明确表示，这是靖江特钢走上新征程的机会，一定要抓住，要求全体员工知晓此项目的重要性，并现场组织全体技术人员根据客户提出的要求，列明所有技术难点及涉及的技术领域，同时在会议现场成立项目课题组，其中包含金属冶炼专家、钢管轧制行家、金属热处理专业资深人士、螺纹设计领域行业精英等。公司领导的作为体现了对此项目的重视。项目课题组成立之后，责任在肩，定期召开项目例会，仔细研究客户产品工况情况，大家各抒己见，激烈讨论。

经过反复论证，专家们针对每个重点生产环节做出特殊设计要求，必须实现从炼钢的成分控制到管体轧制、热处理、矫直、无损探伤等各道工序做到精益求精，严格执行各项技术指标。为确保螺纹加工前的管材质量，研究院管材分院与钢管事业部技术人员还成立了套管原料质量攻关小组，要以良好的力学性能和精密的几何尺寸为直连型螺纹加工提供保障。

由于该规格套管的径壁比大，设计难度很大。为了保证接头的连接强度，采用钩形螺纹的连接形式；同时为了确保准确的拧接定位，在管端部设有直角扭矩台肩定位。ZT-FJE 接头具有容易对扣、不易错扣、抗粘扣能力强、操作方便等优点（见图 2-4-79）。

（二）废寝忘食携手奋战勇攻关，立高端油井管国产化里程碑

在靖江特钢全力奋战和研究院管材分院领导的全力指导下，公司技术人员齐心合力、攻坚克难、加班加点、夜以继日、不辞辛劳。研究院管材分院办公室里的灯彻夜长明，专家们无数次的沟通、优化、改进设计方案，无数次奔走在通往实验室的小路上；实验室里无数次响起上卸扣试验的机械声，无数次的验证设计，摸索扭矩，整管检测中心 24 小时

图 2-4-79 ZT-FJE 接头

不间断进行接头性能试验（见图 2-4-80）。专家们可以在任何时间、任何地点对本项目的技术难点进行深入讨论，将“工作即是生活，生活即是工作”演绎得淋漓尽致，同时也体现出了一名技术人员对待科研的热爱与真挚情感。

图 2-4-80 直连型螺纹接头套管研发过程

时间紧，任务重，研究院管材分院技术人员顶住了巨大的压力，在最短的时间内编制并下发了管体生产工艺要求和螺纹加工的检验规程，规范操作人员的加工、检验流程。钢管事业部接到任务后，立即组织生产线上技术人员对制造工艺和检验标准进行统一学习并消化，建立生产小组，制订生产方案，科学组织生产，科研专家与生产人员共同盯现场，解决问题。

经过 1 个月的努力奋战，终于不负众望，高质量完成了中石化某油田订单，及时保证了油田的生产用管需求（见图 2-4-81）。当研发人员探讨出最优方案时，当试验结果显示检测合格时，当现场技术人员制定最优生产方案时，当第一批产品生产成功时，所有技术人员那激动的心情、欣慰的表情，就像是看到自己刚出生的孩子，那一刻，便无所谓辛劳，无所谓艰苦。

图 2-4-81 直连型螺纹接头套管交付客户

当新鲜出炉的直连型气密扣产品发运到客户的库房里时，客户与中信泰富所有参与人员同样的激动，因为这是通过全体研究人员共同努力实现高端油井管产品国产化的重要里程碑。如果能够成功下井应用，将为客户节省巨额的油气开采成本，也标志着靖江特钢在高端油井管制造领域的过硬能力和领先地位，更是代表着中国在管材行业的实力得到了进一步的提升。

（三）精细服务全流程丝丝入扣，用心打造特钢强国新品牌

从入库商检到转运井场，每个人的心里都充满着期待。套管入井前，中信泰富特钢研究院管材分院技术服务人员与井队技术人员充分沟通与交流，确定了这种直连型套管的吊运、拧接、下入的具体操作方案。由于直连型套管没有用于吊卡悬挂的接箍，所以只能使用气动卡盘配合提升短节来进行管柱提升。这种用偏薄管体加工成内外螺纹的产品进行直接拧接，管子端面容易碰伤变形，为此井队操作人员平稳吊运精细对扣，顺利且圆满地将套管下入到目的层井深，整个过程所有接头拧接定位非常稳定，最终套管柱试压保压一次完成（见图 2-4-82），现场所有人无不拍手称赞——靖江特钢产品过硬。这一刻，是每个靖江特钢人的荣耀时刻。

靖江特钢始终立足于服务油气开采需要、高端管材发展需求。在勇攀行业技术高峰的过程中，靖江特钢人筚路蓝缕、顽强拼搏，攻克一系列重要难题，依靠自主研发、技术创新，在较短时间内，实现了从无到有、从赶超到领跑的跨越，用心打造特钢强国新名片！

图 2-4-82 直连型螺纹接头套管成品应用

二十二、西气东输国产双相不锈钢管

（一）历史背景

2000 年 2 月国务院第一次会议批准启动“西气东输”工程，这是仅次于长江三峡工程的重大投资项目，是拉开“西部大开发”序幕的标志性建设工程。

规划中的“西气东输”管道工程分为三线，其中一线工程东西横贯，直线距离达到 4200 千米。采取干支结合、配套建设方式进行，管道输气规模设计为每年 12 立方千米。工程计划在 2000~2001 年内先后动工，于 2007 年全部建成，是中国距离最长、管径最大、投资最多、输气量最大、施工条件最复杂的天然气管道。实施西气东输工程，有利于促进我国能源结构和产业结构调整，带动东部、中部、西部地区经济共同发展，改善管道沿线地区人民生活质量，有效治理大气污染。这一项目的实施，为西部大开发、将西部地区的资源优势变为经济优势创造了条件，对推动和加快新疆及西部地区的经济发展具有重大的战略意义。

天然气进入千家万户不仅让老百姓免去了烧煤、烧柴和换煤气罐的麻烦，而且对改善环境质量意义重大。仅以一、二线工程每年输送的天然气量计算，就可以少烧燃煤 1200

万吨，减少二氧化碳排放2亿吨、减少二氧化硫排放226万吨。

2002年7月4日，西气东输工程试验段正式开工建设，一线工程计划2004年国庆前全线建成投产。工程建设进度的核心是工程建设用关键材料的及时供应。新疆克拉2号气田地面工程建设非标设备用00Cr22Ni5Mo3N换热管就是核心关键材料之一。

（二）竞标历程

按照西气东输一线工程2004年国庆前全线建成投产的计划，倒推新疆克拉2号气田地面天然气净化工程建设完工日期，克拉2号气田地面工程中24台原料气预冷器非标设备用00Cr22Ni5Mo3N换热管必须在2004年1月初开始交货，2月底前全部交完。而该工程用00Cr22Ni5Mo3N钢管的招标是在2003年10月国庆期间进行的。要在3~4个月内完成工程需求的约200吨高质量00Cr22Ni5Mo3N双相不锈钢钢管的制造是十分困难的，不掌握技术、没有良好的生产组织是不可能完成的。西气东输工程部门原计划优先选择的是进口，原因是国内钢厂没有规模化生产00Cr22Ni5Mo3N双相不锈钢管的业绩，得不到项目业主的信任。宝钢五钢并没有放弃，交货期是国外公司不可能做到的，这是宝钢五钢的优势，另外还有价格优势，参加竞标宝钢五钢还是有机会的。根据招标文件要求，宝钢五钢提前就技术问题与用户进行沟通，提前进行了技术准备和生产准备。

当时参加竞标的公司有三家，一家国外著名公司，一家国内民营公司，第三家就是宝钢五钢。在竞标过程中，国外著名公司明确表明，从签订合同起6个月后可开始交货，9个月后交完，这无法满足工程进度要求，而且价格高。国内民营公司计划采购进口管坯生产钢管，说是保证能满足工程进度要求。而宝钢五钢从炼钢到制管，全部在自己公司内生产，并明确表态：完全按招标交货期要求，按计划完成制管，做不到按规定认罚。

为了说服工程项目部采用宝钢五钢的00Cr22Ni5Mo3N双相不锈钢钢管，宝钢五钢特派技术专家朱诚教授级高级工程师和钢管厂厂长杨张鸣同志到新疆应标，现场答辩。经过进度、质量、价格等方面几番较激烈的角逐后，用户综合考虑，宣布双相不锈钢管由宝钢五钢中标。最终宝钢五钢竞得该标的绝大部分，合计150吨各种规格00Cr22Ni5Mo3N双相不锈钢管钢管。

为什么工程项目部会信任宝钢五钢的技术和制造能力？这决不是偶然的，一是上钢五厂、宝钢五钢长期以来为国家军工、核电、航空、航天、石油化工生产了众多高要求不锈钢管，生产装备齐全；更重要的是上钢五厂在国家支持下，与钢铁研究总院等单位合作，在20世纪80年代就开展了第一代双相不锈钢18-5Mo的研究开发工作，先后试制了各种规格的18-5Mo双相不锈钢钢管约100吨。1990年12月，上钢五厂等单位完成的“炼油、石油化工用双相不锈钢的开发和应用”项目获得国家科学技术进步奖一等奖（见图2-4-83）。

在钢铁研究总院吴玖教授等专家的帮助下，上钢五厂以朱诚、陈佩菊、陆文秀等人为首的技术团队已掌握了第一代双相不锈钢的核心制造工艺技术。20世纪90年代，上钢五厂又进行了第二代双相不锈钢研究，掌握了关键技术。这是西气东输工程项目部信任宝钢五钢的关键。

（三）生产历程

在参与竞标的过程中，宝钢五钢就已成立了技术攻关与生产团队，全流程工艺技术由朱诚教授级高工、徐松乾主任负责，王建勇参加。分工序技术负责人：炼钢王子庆、锻造开坯陆韶斌、初轧开坯顾新根、管坯轧制张玩良。生产进度的关键在钢管厂，因此，专门成立了由钢管厂厂长杨张鸣担任团队长的生产组织团队和由钢管技术科长朱辉担任负责人的钢管技术团队，钢管团队主要参加人有詹才俊、仲丁生、戴伟国、吴建云、郑云青、孙纪涛、黄妍凭、陆卫中、陈永芳、王绪年、戎强、陆永麟、唐军、苗新军、钱建辉等，团队以技术为主，包括了钢管制造的全过程。

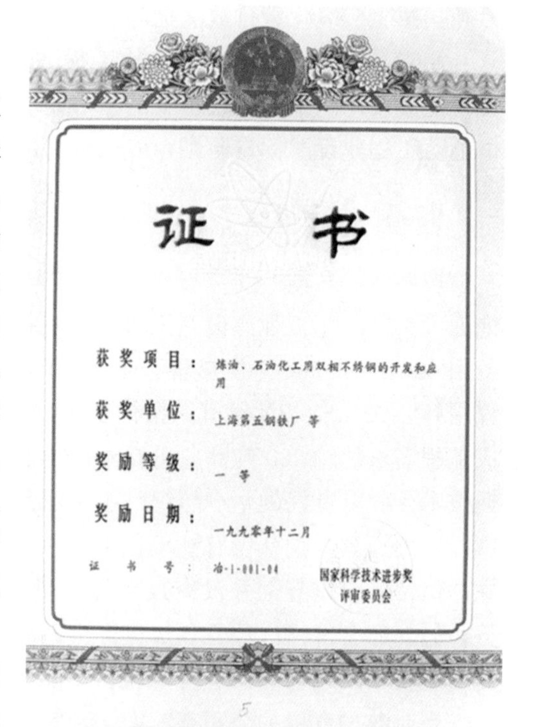

证书

获奖项目：炼油、石油化工用双相不锈钢的开发和应用

获奖单位：上海第五钢铁厂 等

奖励等级：一 等

奖励日期：一九九零年十二月

证书号：冶-1-001-04

国家科学技术进步奖
评审委员会

图 2-4-83　获国家科技进步奖一等奖证书照片

在朱诚、杨张鸣同志到新疆参与竞标的同时，在上海的团队成员时刻准备着启动生产程序。新疆竞标现场的同志第一时间把中标信息和最终的技术标准传真回公司，在上海的同志立即完善制造工艺方案，启动炼钢、开坯和管坯制造程序。钢管制造完全按 Sandvik 公司的供货条件“SAF22-05 换热器技术条件”生产，并增加了按 ASTM A923—01 检测双相不锈钢有害金属相的试验方法中的 C 法进行氯化铁腐蚀试验，要求点腐蚀率不大于 10 毫克/(平方分米・天)。2003 年 10 月 11 日第一炉 00Cr22Ni5Mo3N 双相不锈钢冶炼完成。等到竞标的同志回到上海时，第一批 4 炉钢的管坯制造已经完成了。这就是宝钢五钢速度、团队的力量。为确保保质保量完成生产任务，并考虑 00Cr22Ni5Mo3N 双相不锈钢的实际市场需求和工艺稳定开发之需要，宝钢五钢决定多炼钢。至 2003 年 12 月 27 日计划的最后一炉 00Cr22Ni5Mo3N 双相不锈钢冶炼完成，宝钢五钢采用 18 吨 AOD 共冶炼了 42 炉 00Cr22Ni5Mo3N 双相钢；采用了不同锭型、不同开坯方式进行管坯生产，以释放产能。实际生产过程中，钢锭开坯实际投入 37 炉，生产出热轧管坯 476.06 吨，热穿成合格荒管 15387 支，计 399.483 吨。按合同量要求，保守考虑预计制管成材率，该批合同实际投入下道生产的荒管计 285.465 吨。经过多道次的精整、冷轧、冷拔、热处理加工，生产出合格的各种规格的成品钢管 149.28 吨近 15 万支。涉及 19 毫米×3/2 毫米、33.7 毫米×3.6/6.5 毫米、48.3/63.5 毫米×5.6 毫米、88.9/114.3 毫米×6.3 毫米、168.3 毫米×3.6 毫米多规格管材。

成品钢管经西安石油工业专用管材质量监督检验中心、上海钢铁研究所测试中心和四川石油勘测设计院测试中心三家单位检验合格后，00Cr22Ni5Mo3N 双相不锈钢成品钢管发货张家港市化工机械有限公司，用于制造新疆克拉 2 号气田地面工程中 24 台原料气预冷器非标设备。

(四) 完成该批双相不锈钢钢管生产的意义

这次成功中标并按时完成该批双相不锈钢钢管生产的意义重大是，打破了长期以来一直依赖瑞典 Sandvik 进口双相不锈钢钢管的局面，表明宝钢五钢具备了在不锈钢精品领域与国外厂商一决高下的实力。从此，宝钢五钢的双相不锈钢迅速得到市场认可，既赢得了市场，也创造了良好的效益。

二十三、高速重载显神力，城轨动车溢光彩

“火车跑得快，全靠车头带!”作为穿入两个车轱辘固定在机车上承受车身重量的车轴钢圆棒，在时速上百公里的高速机车及动车上，其安全运行的重要性不言而喻。首钢贵阳特殊钢有限责任公司（以下简称首钢贵钢）的高速重载机车及动车组车轴钢产品是随着中国铁路从 1997 年到 2020 年的高速发展而研发成长起来的。

车轴钢是首钢贵钢的特色品牌之一，产品已广泛应用于乌克兰、马其顿、南非、印度、塞尔维亚、土耳其等涉及亚洲、欧洲和非洲的十几个国家三十多个城市的货运机车、动车组、地铁和城铁上。首钢贵钢已成为国内重要的高端车轴钢锻造生产基地。

(一) 担起重任，啃下“硬骨头”

2015 年 8 月 28 日，中车集团株洲电力机车有限公司（以下简称株机公司）董事长、总经理周清和到访首钢贵钢，与首钢贵钢党委书记、董事长张兴，总经理（时任总工程师）汪凌松座谈时，深情回忆起 2004 年以来双方共同开发高速重载机车车轴钢的往事，称之为“烈火中产生的情感”。

那是 2004 年，当时中国南车集团和西门子联合在北京与铁道部签订了 180 台 DJ4 大功率交流传动电力机车采购合同，合同总价值达 70 多亿元人民币，其中株洲电力机车有限公司占全部合同份额的一半以上，约 40 亿元人民币。

根据该合同规定，株机公司通过引进、消化吸收德国西门子公司先进的“欧洲短跑手”系列电力机车的设计与制造技术，向大秦铁路提供时速 120 公里的 DJ4 大功率交流传动电力机车。该车代表世界重载快速货运领域的先进水平，将主要用于长达 630 公里的大秦铁路保障“晋煤外运”，以满足该线煤炭年运输能力近期和远期的要求。从 2003 年至 2004 年，株机公司一直在国内寻找高速铁路机车车轴用钢——EA4T 的科研和生产单位，但由于该钢技术含量高、生产工艺复杂，一直被众多钢铁企业拒之门外。

株机公司 20 世纪 90 年代以来一直使用贵钢的合金钢棒材产品，是贵钢的车轴钢老用户。2004 年接到株机公司的紧急求助电话后，贵钢时任公司党委书记胡支国、总经理侯羽卒本着提高企业研发能力替代进口 EA4T，毅然决策“要不惜血本研发车轴钢技术!”现任首钢贵钢公司总经理助理的杨接明作为亲历者，感慨万分：“废次材都堆成小山喽。车轴钢抽真空生产需要大量蒸汽，贵钢当时控制食堂使用蒸汽，职工吃着夹生饭也无怨言。”又深情地说：“这是锻造硬核研发实力的攻坚战，我们咬牙坚持下来喽。”

2006年8月，贵钢供给株机公司8炉钢坯，株机公司采用这些钢坯制成的车轴通过了西门子公司首件产品认证，得到很高的评价，被称为“中国车轴制造的重要里程碑”，获得德国西门子颁发的产品认证证书，西门子公司正式授权株机公司采用贵钢生产的EA4T钢坯制造大功率机车车轴。

由于生产线不完善，特别是产业化的关键技术还没有得到突破，前期研发产品合格率往往不到40%，而业内类似产品的合格率不低于60%。这意味着，这样生产下去，贵钢只要生产就会亏本。从2008年到2010年，贵钢每年在车轴钢研发和生产上的亏损额在300万元左右。在贵州省科技重大专项和国家科技支撑计划的资助和引领下，贵钢在全球金融危机影响最严重的2009年又投资1.0亿元，建起了3000吨快锻生产线，进一步为EA4T车轴钢的生产和研发提供了充分条件。

自2008年实施“高速重载列车关键材料及制品研发”项目以来，贵钢的科技人员围绕“EA4T钢关键成分参数的控制与高均质、纯净化的冶炼工艺”“EA4T钢大锭模的设计及凝固条件研究”“EA4T钢组织均匀化热加工工艺及在线温度控制技术”“大截面EA4T钢细化晶粒的热处理新工艺”及“大截面EA4T钢的显微组织结构与强韧性、疲劳断裂关系的规律”等方面的技术难题展开攻关研究。到了2010年，产业化的关键技术得到了突破，当年就实现EA4T车轴钢的批量生产，实现盈利300余万元。

“研发是一个长期的过程，这个过程往往会很艰辛，但是研发成功，就会觉得很欣慰。”杨接明说，“现在，EA4T钢不仅在国家引进、消化的重大项目——世界先进水平高速重载机车上交付使用，而且已经全面推广到当前世界上技术先进、单台机车功率最大的再创新项目——国产8轴大功率机车以及地铁用车轴的生产上。生产技术人员掌握了高标准车轴钢材的成套技术，培养了工程硕士等高科技人才数十人。”

（二）一场展示研发实力的攻坚战

有志者事竟成。时任贵钢副总工程师的王筑生是贵州省钢铁专家、国内相关行业公认的技术领军人物，是国家标准GB/T 1301—2008《凿岩钎杆用中空钢》、行业标准YB/T 4324—2013《高速、重载列车车轴用钢坯》的第一制定人。他主持申报的“十一五”贵州省科技重大专项“铁路重载、高速高于公里/小时列车车轴用钢的研究与开发”验收的同时，由他主持的“十一五”国家科技支撑计划项目“高速、重载机车及车辆车轴用钢”在2011年6月圆满通过国家验收的基础上，于2012年5月通过了贵州省科技厅组织的科技成果鉴定，其鉴定意见为“项目达到国际先进水平”，并且获得了2012年度贵州省科技进步奖二等奖。

“刚接到这个任务时，我们心里也没谱儿，这是一个技术含量极高的科研项目。”回忆起当时攻坚EA4T时的情景，王筑生仍感慨万分。2005年，株机公司与首钢贵钢开展EA4T的合作开发，当年生产了15炉EA4T车轴钢，株机公司制成DJ4车轴并提交给西门子进行产品认证，认证结果是“贵钢车轴的抗疲劳性能差，1/2R处组织不均匀，带状明显，未通过西门子对产品的认可”。

经首钢贵钢与株机公司多次交流，搞清楚了问题原因：株机公司提供给贵钢的产品标准与欧标 EN13261 的技术水平差距大。并经过双方联合技术攻关，走产学研之路，找到了质量突破的方向。2006 年 8 月，贵钢与株机公司联合试制的首件车轴成功地通过了西门子公司的首件产品认证。

2016 年底，EA4T 车轴钢获得国家新产品证书，获得贵州省科技重大专项立项。2007 年底，获国家科技支撑项目“高速重载列车关键材料及制品研发”立项，贵钢与贵州大学材料学院和贵州省材料结构与强度重点实验室签订了技术合作协议，两个合作单位有强大的科研实力，拥有多名长期从事冶金材料及冶炼新技术研究的专家。课题总经费需求 8500 多万元，其中自筹资金 7300 多万元、国家科技支撑计划专项资金 1200 余万元。

2012 年首钢贵钢成功通过 IRIS 认证，成为国内钢铁企业中目前唯一取得国际铁路行业标准（IRIS）认证的车轴钢市场企业。

在成功开发 EA4T 车轴钢之后，首钢贵钢又陆续就 30NiCrMoV12、DZ2、EA1N 等车轴用钢同株机公司和株洲中车天力锻业公司开展联合开发。通过相关项目攻关，2016 年即获得了纯净钢冶炼系统技术，该技术广泛用于首钢贵钢公司拳头产品中空钢、车轴钢以及高铁动车组车轴钢的研发中。仅在 2016 年，该技术的运用就使车轴磁粉探伤报废率降低约 10%，同时为首钢贵钢成功开发高铁动车组车轴钢创新了条件。

（三）锻造出精品，车轴钢出口亚欧

韩大卫是首钢贵钢公司现任营销部部长，他过去长期在锻钢事业部工作，为 EA4T 产品的成功研发付出了艰苦努力。

韩大卫说：“当年 EA4T 研发不知道走了多少弯路、碰了多少壁、吃了多少闭门羹，说起来可真是一把辛酸泪，不过还好我们坚持下来，完成了这项艰巨的任务。”

2006 年，EA4T 项目研发正式立项，韩大卫作为锻钢团队负责人，带领研发人员根据客户提供的技术标准和要求进行了专题分析，制订了产品开发计划，从钢种来看，难度不是太大。然而现实却给了大家狠狠一击，研发产品生产试制后，探伤报废率高，冲击功检测发现不合格，合格率不足 40%，废品一大堆，干到最后大家几乎想放弃。就当大家都想要放弃的时候，韩大卫站了出来，“EA4T 研发项目不能放弃，我们一定要坚持下去，出问题我承担。”看着韩大卫坚毅的面庞，铿锵有力的保证，研发团队放弃的念头渐渐消散。

针对前期的失利，韩大卫与团队人员进行认真的分析总结，重新梳理开发思路。一是带领研发团队成员探访业内的专家和教授，讨经验、查问题，又通过翻阅大量的参考技术文件，对德文版技术文件重新进行翻译，纠正标准误差，做到技术支撑准确无误。二是与中车项目研发团队、技术管理团队进行沟通，并深入对方生产现场进行全面的流程跟踪，摸清对方生产流程与检验过程；在短短三个月的时间内，韩大卫前往中车天力锻业公司生产现场十余次，找到对方相关负责人，请求给予技术支持，就是凭着这股子不放弃、不服输的劲头打动了对方，就此双方展开了越来越紧密的合作并最终签订了战略合作协议。三是带领团队成员根据技术文件要求和客户现场调研成果及时调整产品开发方案，与采购、炼钢、技术中心人员一起，制定系统全面的开发方案，围绕原料分选、钢液冶炼、模铸钢锭、产品锻造、环境影响、产品检验等工序制定了保障措施。每一道工序韩大卫都亲力亲

为，最长的一次产品开发跟踪，韩大卫在单位一待就是十多天，白天正常工作，晚上现场跟班。通过各方面努力，EA4T 产品质量得以大幅提升，产品综合合格率也从不足 40%提高到 75%以上。

2012 年以来，首钢贵钢在董事长张兴、总经理汪凌松等领导的重视下，经过干部职工坚持不懈的打拼，在原有 EA4T 车轴钢的基础上，研制成功了 30NiCrMoV12、DZ2 等高端动车组车辆用车轴钢系列品种，并拥有了车轴钢核心生产技术。首钢贵钢生产的车轴钢产品已广泛出口应用于亚洲、欧洲和非洲的十几个国家。

2019 年，首钢贵钢车轴钢通过德国铁路公司（DB）的德国铁路特许供应商资格认证（HPQ）和中铁检验认证中心（CRCC）等审核认证。同年，装配了首钢贵钢车轴钢的动车组列车奔驰在长株潭城际快铁上。采用首钢贵钢车轴钢生产的车轴产品如图 2-4-84 所示。

图 2-4-84 采用首钢贵钢车轴钢生产的车轴产品

路漫漫其修远兮，首钢贵钢还将围绕中国高铁车轴的完全替代进口继续努力，并通过出口动车组列车在亚欧地区的高速运行，以及国内长株潭城际快铁的运行绩效，为中国高铁这一国家名片增光添彩。

二十四、磨特钢剑数十年，树优质钢板新名牌

（一）河钢舞钢 3.5Ni 钢垄断国内市场

2018 年 9 月末，随着某高端客户将原本由国内某知名企业生产的 500 吨 3.5Ni 钢板转为由河钢舞钢供货，河钢舞钢实现了国产 3.5Ni 钢的 100%独家制造。2020 年前 10 个月，河钢舞钢为 13 家高端用户量身定制 3.5Ni 钢，总量达到 7500 吨，是 2019 年全年供货量的 3 倍。目前，河钢舞钢生产的 3.5Ni 钢垄断国内市场，以名牌产品的骄人业绩让特钢之路熠熠生辉。

2020 年以来，河钢舞钢深度优化客户结构，不断创新商业模式，发挥三级联保体系作用，实现了与高端用户的无缝对接；持续优化产品结构，坚持品种路线不动摇，不断扩大品牌优势和影响力，以过硬的工程业绩和优异的产品质量赢得更多高端用户的青睐。河钢

舞钢生产的3.5Ni钢经锅容标委评审的厚度达150毫米，为国内外之最，且零下101℃低温冲击韧性优良，优于日本同类产品。产品广泛应用于神华榆林、恒力石化、浙江石化、万华化学、新疆天业、宁夏宝丰能源等石油化工、煤化工项目。

自2008年研发成功后，经过十年磨砺，河钢舞钢的3.5Ni钢主要技术指标已经达到或者超过目前世界上生产3.5Ni钢最多、水平最高的阿赛洛集团的实物水平，并且可以保证交货态、最大模焊态、最小模焊态等性能以及国内外同行都难以克服的板厚1/2处低温冲击性能，成为河钢舞钢的高端名牌产品。2017年9月，河钢舞钢召开名牌战略实施动员大会，明确提出加快实施名牌战略，全面提升舞钢产品核心竞争力和市场占有率，重塑河钢舞钢中国宽厚板第一品牌形象，并将3.5Ni钢、5Ni钢、9Ni钢等Ni系低温钢确定为河钢舞钢六类名牌产品之一。

2018年以来，由河钢舞钢主管领导和科技部相关技术人员组成的市场开拓团队积极外拓市场、开拓用户。在恒力石化炼化有限公司新建的燃料气转化装置甲醇洗涤塔项目建设过程中，得知业主已将第一单合同交给法国阿赛洛公司之后，推广人员多次找到业主，从多方面与进口产品作比较，终于让对方心悦诚服。第二单合同近900吨的3.5Ni钢，业主直接指定使用河钢舞钢钢板，以替代进口。浙江石化4000万吨/年炼化一体化项目的煤焦制气装置变换气吸收塔、非变换气吸收塔、中压闪蒸塔等关键设备都需要使用3.5Ni钢。河钢舞钢科技部副部长庞辉勇先期介入，与工程设计单位——中石化宁波工程公司深入接触，了解到制造单位准备进口3.5Ni钢。他从产品的供货资质、业绩、性能、交货期、价格等方面一一进行比较，详细罗列河钢舞钢的产品优势。客户在进行综合比较后，最终同公司签订了1850吨的用钢合同。在中海油惠州炼化1000万吨炼油、100万吨乙烯改扩建项目中，考虑到河钢舞钢生产3.5Ni钢已有十多年经验且工艺成熟、钢板性能稳定，一次性合格率高，生产周期较短，而进口产品一般交货期较长（比公司的交货期要多出3个月），最终业主和设计院直接指定该项目再吸收塔、预脱甲烷塔等设备制造所用的1400吨3.5Ni钢由河钢舞钢独家供货。

在当下这个已经由单纯的产品质量和价格竞争升级为客户服务竞争的时代，需要以细致入微的服务赢得市场的认可、赢得客户的信赖。河钢舞钢的科研、销售团队认真贯彻集团重点工作分析推进会议精神，始终把客户和市场开发工作放在首位，聚焦为对方创造价值，在实现合作共赢中牵手高端用户。在浙江石化4000万吨炼油项目中，了解到设计院所选用钢种的钢板厚度达到118毫米，河钢舞钢科技人员与设计院、业主反复沟通，最终说服他们选用河钢舞钢提供的08Ni3DR钢板替代进口的SA203E钢板，使钢板厚度降到90毫米，整个项目所需的3.5Ni钢减少200吨，帮助业主节省了1000万元的材料采购费用。无独有偶，在内蒙古某高端客户的项目建设过程中，最初客户选用的是SA203E钢板，最大厚度为128毫米。河钢舞钢科技人员先期介入，经过深度沟通，最终说服业主同意选择使用08Ni3DR，使钢板最大厚度降至98毫米，大大降低了采购成本。

十年磨一剑，今朝亮锋芒。自2008年以来，作为河钢舞钢的名牌产品之一，河钢舞钢3.5Ni钢的生产工艺不断完善成熟，钢板性能稳定，有极强的质量保障能力，生产周期明显短于国外企业，受到了设计院、设备制造厂及业主一致的高度认可。随着河钢舞钢深入贯彻集团系列会议精神，不断创新商业模式，依靠品种质量路线，走特钢道路，靠品质获胜，以服务取胜，3.5Ni 钢在国内的石油化工、煤化工行业得到了更加广泛的应用，累计供货量近 20000 吨，年供货量也由 2008 年的 200 吨飞速增长到 2020 年前 10 个月的 7500 吨，牢牢掌握了该钢的国内市场“话语权”。

（二）助推大单重特厚 Cr-Mo 钢板实现国产化

2020 年 7 月，河钢舞钢喜获国内一次性设计加工能力最大的炼油项目——中委合资广东石化 2000 万吨/年重质原油加工工程项目钢板订单。河钢舞钢为该项目供货的 Cr-Mo 钢最大厚度达 172 毫米，单重达 49.58 吨，订货厚度和钢板单重均创同类钢板国内之最，打破国外垄断，填补国内空白，实现石化行业该类钢板的国产化。

中委合资广东石化 2000 万吨/年重油加工工程项目由中国石油集团与委内瑞拉国家石油公司共同出资建设，项目建成投产后，对做强做优广东省石化产业，保障国内成品油市场稳定和维护国家能源安全都具有重要意义。临氢 Cr-Mo 钢长期工作在高温高压环境下，对钢的各项技术指标要求极高。特别是该项目订购的这批钢将被应用于制造热高压分离器的核心部件，由于受钢板单重限制，生产工艺复杂，技术难度大，在此之前，仅有国外极少数钢厂能够生产。

为打破国外垄断，满足重大石化项目的国产化需求，河钢舞钢研发团队充分发挥技术优势，积极投入该类大单重特厚 Cr-Mo 钢的研发试制中。河钢舞钢充分利用技术和设备的优势，依靠自身工艺创新突破诸多技术难题，主要有创新采用锻-轧结合的生产工艺方式，有效改善钢锭内原有的偏析、疏松、气孔、夹渣等缺陷，解决了该类钢板大规格、大单重和高探伤等级标准的钢板生产过程中产生的技术和设备限制问题等，成功研发出该类大单重特厚钢板。

河钢舞钢高度重视此批大单重特厚 Cr-Mo 钢订单的批量生产，针对项目的特殊要求，进一步完善研发试制、生产组织和工艺过程控制及发运方案等，组成小微团队对整个生产流程进行监控，全程负责该钢生产，以确保产品的质量和交货期。截至目前，河钢舞钢先后为该项目供货万余吨特厚板。

（三）成功研发 200 毫米厚高性能临氢铬钼钢板打破国外垄断

经过严格检验，2018 年 2 月 28 日，河钢舞钢 200 毫米厚临氢铬钼钢板各项性能指标均满足客户要求并入库，这标志着河钢舞钢研发生产的国内最厚临氢铬钼钢板获得成功，从而打破了国外对制造大型石化关键装备材料的垄断局面。这种钢板被用于我国湛江石化基地建设。

临氢铬钼钢板是河钢舞钢确立的“名牌产品”之一，该品种是炼油化工中加氢裂化、加氢精制装置的加氢反应器的主要材料。此类钢板可以长期在高温、高压、临氢环境中使用，材料不仅满足基本的常规力学性能，还满足高温下强度，抗回火脆化及氢腐蚀要求，并具有良好成型性能、焊接性和焊接工艺适应性等。

随着大厚度石化设备用钢板的需求量及厚度级别越来越高，国内临氢设备对其性能及质量也越来越严格，不仅要求钢板在高温长时模焊后性能满足标准要求，还要求钢板有较好的表面质量和良好的机械加工性能。

为了能够迅速占据200毫米级大厚度、大单重临氢铬钼钢板市场，河钢舞钢根据我国湛江石化基地需求，承接了192毫米厚和200毫米厚临氢铬钼钢板研发生产任务。为了满足客户的要求，河钢舞钢发挥技术优势，与业主、设计院进行密切对接，深入研究技术标准和要求，制定了严格苛刻的技术工艺标准，改进创新炼钢、轧制、热处理及线下处理工艺。经过两个多月的技术攻关，河钢舞钢采用先进的材料设计理念、独特的热处理工艺、领先的裂纹及炸裂控制技术，先后攻克了成分控制、钢板炸裂、表面裂纹等多项技术难题，研发生产出的200毫米厚临氢铬钼钢板性能完全满足标准要求，且与标准相比有较多的余量。

河钢舞钢200毫米厚临氢铬钼钢板以其独特的品种优势、质量优势、品牌优势，再次巩固和提高了河钢舞钢国内临氢铬钼钢板市场占有率第一地位。

（四）河钢舞钢LNG低温奥氏体型高锰钢填补国内空白

2018年11月9日，在河钢舞钢生产线上，成功轧制出厚度为20毫米的船用LNG低温奥氏体型高锰钢板，经检验钢板性能完全符合标准要求，-196℃冲击韧性优良，产品性能指标远超IMO最新要求，达到国际先进水平，这是国内第一也是国内唯一成功实现工业化生产的低温奥氏体型高锰钢板，随后河钢舞钢进行了一系列的工艺优化工作。

近年来LNG储罐用高锰钢因其低廉的价格和优异的塑韧性而备受瞩目，与目前广泛应用的9%Ni钢相比，LNG储罐采用高锰钢可大幅降低制造成本，它将是传统LNG储罐低温材料的最好替代者，具有较好的应用前景。自2017年开始，河钢舞钢与中国船级社、中国船舶重工集团公司第七二五研究所、中集集团、河钢钢研、焊材配套厂以及高校等研究机构自发联合组成研发应用平台，以国家重点项目为依托，开展我国LNG低温奥氏体型高锰钢的研究和应用工作。

河钢舞钢和河钢钢研院克服生产组织困难，解决了合金加入量大、浇铸温度低、易偏析、低温变形抗力大、轧制工艺及板形控制等关键技术问题，采用先进控制技术，在国内首次实现船用LNG低温奥氏体型高锰钢的工业化生产，为国内低温高锰钢的生产起到示范和引领作用，标志着河钢舞钢在新一代船用LNG低温奥氏体型高锰钢研发领域实现重大突破。河钢舞钢也成为继韩国浦项之后，世界上又一家具有自主知识产权船用LNG低温奥氏体型高锰钢生产技术的钢铁制造厂。

新一代船用LNG低温奥氏体型高锰钢的成功研发，使河钢舞钢具备了为高端客户提供新一代船用LNG储罐低温钢的能力。目前，依托搭建的行业研发应用平台，河钢舞钢正与相关单位联合开展焊材开发、试罐制造及钢板认可等工作，同时与高端客户进行深度对接，进一步完善新一代船用低温奥氏体型高锰钢的工业生产和应用技术，为推动高锰钢产业链国产化进程奠定基础。

二十五、铸就模具钢领军品牌

D2模具钢成为苹果公司制造新一代手机外壳模具用钢；冷作模具钢交货期获外商点

赞；D2产品交货速度行业领先；预硬钢控制水平达国内一流；攀长钢高端模具扁钢用于国外顶级汽车关键材料；攀长钢模具钢成就华为手机“范儿”。攀长钢获“模具材料制造著名品牌企业”称号；攀长钢获评工模具行业“最具影响力钢厂品牌”。在一次又一次的自我超越中，“长特制造”的名牌越来越光彩夺目！

让我们一起走进攀长钢的拳头产品模具钢品牌的故事。

（一）皇帝女儿不愁嫁

秋日，通往攀长钢轧钢厂的厂区道路，在黄绿相间的法国梧桐树叶的掩映下，美得像一幅油画，而扁钢生产线正是这幅油画的精髓——老旧的厂房、简陋的二层黄色办公小楼。这是有着50年历史的生产线，你走近这里，却丝毫没有落后感，你看到的是职工们在现场来回忙碌，每名职工的脸上都神采奕奕。

扁钢作业区的前身是长城特钢第四钢厂热带分厂，攀钢重组长钢后，该作业单位虽然又经历了数次机构变迁更名，而厂区道路两旁的法国梧桐还是那样的健壮，即使修整了树冠，也充满了巨大的生命力。

20世纪90年代初，汽车大梁板是这个生产分厂的拳头产品，被誉为“皇帝的女儿”。“提货的汽车排队一直能排到七里坡，短尺钢都需要提前预订”，谈起当年汽车大梁板火热的销售情景，老师傅们都会滔滔不绝地道来。然而，睿智的工厂领导和技术人员们当时已经嗅到了危险信号，空前繁荣火爆的市场背后，是工艺简单、投入门槛低廉，普钢汽车大梁板的低成本同质化竞争必将愈演愈烈。

为了能更好地生存发展下去，领导们认为，在工装设备并不占优的先天不足的情况下，还必须寻求一种新的需求渠道。

市场是检验产品的唯一标准。模具被称为“工业之母”，是工业产品的主成型工具，模具制造已经成为新兴行业，在全球范围内其增长速度远高于其他行业。

为此他们通过考察市场，应声提出了开发模具钢，并通过以轧代锻工艺，轧制工模具钢，为现有工装产线的生命延续开辟了新的道路。

没有市场，工厂领导就带上产品到沿海的小加工厂去推销，跑遍了浙江、深圳、广东等地。

功夫不负有心人。经过不断的沟通交流，与用户介绍长钢的模具钢产品，让用户对长钢产品的了解逐渐加深，直到达成合作意向。一直到现在，双方合作仍在进一步加深。几经磨炼，一个当年以带钢开坯为主的中间环节生产线，最终成长为产品远销东南亚的工模具扁钢材料生产基地。今天的辉煌，是扁钢产线几代人的青春热血奉献的结晶。

（二）万丈高楼平地起

想要制作精密的模具，就需要提供高质量、高性能的模具钢。钢铁分析人士说，模具钢分散在几十个企业生产，而且模具钢供货周期很短，一般在30天左右，对于钢铁企业而言，生产模具钢的设计和备料期不超过10天，导致订单的交货期更加紧迫。多种因素制约了国产模具钢质量的提高和性能的提高。

然而，面对重重困难，面对高端客户近乎苛刻的需求，唯有增强自己的硬实力，让自己的产品在市场上经风雨、见世面，发挥竞争的优势，这对于正在转型升级的攀长钢来说，是需要魄力和实力的。

面对打造国内模具钢第一品牌的核心任务，攀长钢扁钢生产线站在创新发展的风口浪尖，以行业最优水平为标杆，打造技术最优、管理最优、持续盈利最优的产线。

最美产线才能成就优质品牌！这是攀长钢扁钢生产线全体干群的共识。

如何打造最优产线？

2017 年 7 月份，工序流转卡制度在轧钢厂扁钢作业区试行，由此，进入扁钢作业区的每一块钢都自始至终有了一张“身份证”，有了身份证号码——生产编号，而这些“身份证”就在扁钢作业区调度室的专柜里存放着。生产编号、炉号、钢号、重量、支数、成品规格都登记得清清楚楚，一目了然。

“进入扁钢生产线的每一块钢从轧制到成材都配上一张工序流转卡，这张卡将一直伴随这块钢走完整条生产线，方便了管理，提高了作业效率。”扁钢生产线倒班作业长郭东兴奋地说。

生产管理员每天生产前都会到调度室查看工序流转卡，产品走到了哪一个工序，上一步工序的炉座号、装炉出炉时间、哪个班组生产的，下一步该做什么都明白无误。每一道工序都及时填写，并签上姓名，每天班组交接班都会对流转卡填写情况进行检查，大大提高了过程管理水平，加速了产品流转，确保了产品质量完全达到用户要求。

工序流转卡试行后，堵住了以前管理上的漏洞，找钢不用再查台账，更不需要现场翻个“底朝天”。产品只要精整结束，管理员即可登记入库，彻底杜绝了以前月末集中入库的老大难问题，真正做到了均衡生产、均衡入库。

狠抓产品质量是工作的重中之重，是市场最有效的“敲门砖”。

只有把握生产过程中的每个环节，严格按照生产工艺要求进行控制，才能保证最终产品的质量。

扁钢生产线对重点产品实行了项目负责制，从坯料验收、轧制到退火、精整，通过工序流转卡把全过程串起来，每个操作工手中都有“责任田”，都是质检员，对产品质量负责。技术和质检部门每天对现场产品质量进行抽查，不合格的产品立刻下发整改单，“请”上现场曝光板，并在微信群里公开信息。

同时，相关负责人还与用户保持密切联系，针对用户需求提供个性化服务，对扁钢的硬度要求哪怕是 2 度的差别，他们都会用不同的工艺温度进行处理，让产品质量完全满足用户要求，赢得了用户的充分信任和高度赞扬。

此外，提升基础管理，确保生产稳妥顺当，安全高效。

多规格、多品种、小批量一直是模具扁钢合同的特点，扁钢生产线精整跨如同国内一流模具钢产品的大展台，把扁钢生产线的定置管理成果展示得淋漓尽致。除按区域对不同品种进行摆放外，对优质客户和出口材还设置了专门的堆放区。对所有产品端头进行逐块喷漆，实行色标管理，Cr12 喷上红色、O1 喷上绿色、D2 喷上蓝色、SKD-11 喷上蓝色+白色……

2017 年末，攀钢管理创新部组织攀钢钒、西昌钢钒等单位基础管理专家，对相关单位基础管理工作推进情况进行督导检查。在本次检查中，攀长钢轧钢厂扁钢作业区名列第一名。

鞍钢集团党委常委、副总经理，攀钢集团有限公司党委书记、董事长段向东在攀长钢调研时，对扁钢作业区超强的执行力和扎实的基础管理给予了高度评价，并要求攀钢管理创新部牵头，深入扁钢作业区，挖掘其在“五制配套”管理推行进程中的典型做法。

2018 年，扁钢作业区党支部书记、作业长练仕均获得“四川省企业十佳基层管理者”。

打造最优产线、提升产品竞争力没有最好、只有更好。作为攀长钢利润的重要创造者，轧钢厂扁钢生产线不辱使命、厚积薄发，在“新长钢建设”中，向着打造国内模具钢第一品牌迈进。

（三）酒香也怕巷子深

2017 年初，一则消息在网络上激发热评：苹果手机打上攀长钢烙印！攀长钢为富士康提供苹果手机外壳模具钢！

此次供应模具钢的厂家，除了攀长钢，还有日本一家生产模具钢的公司，其产品均将用于制造新一代苹果手机外壳模具。

据悉，从第一代 iPhone 到 iPhone8，苹果手机的外观不断在改变，iPhone5 的全镁铝合金外壳，在手机生产领域还开启了一股金属外观件的风潮。

2017 年，攀长钢 D2 模具钢在富士康公司组织的苹果 8 外壳模具钢招标中，赢得 215 吨首批订单及其配套产品 H13、4MoSiV1 等后续交货量 3000 余吨。攀长钢 D2 模具钢及其系列产品，以完美的质量和快速的交货期，赢得了用户的信任。2018 年 2 月 22 日，春节长假过后上班第一天，攀长钢又接到富士康公司 239 吨的订单，并成为苹果公司在亚太中国区指定的专用外壳模具材料供应商。

攀长钢接到的每笔 D2 模具钢合同，用户对模具钢的外观和内部质量要求高，特别是表面要求抛丸处理，公差控制严格，并要求耐冲压次数达到 8000 次以上，与进口模具钢同等标准。该公司以精益生产管理和基础管理提升为依托，按生产列车时刻表组织生产，全力以赴确保产品质量和交货期，确保了每笔合同顺利交付用户。

时间进入 2019 年，中美贸易摩擦升级，处于风口浪尖的华为被美国列入出口管制“实体名单”中，攀钢作为开发先进材料的国有企业，能为华为做点什么呢？

攀长钢公司相关负责人表示，正在生产的 D2 模具钢，将通过国内某著名经销商发往华为，用于制作华为手机外壳模具。截至目前，攀长钢已向华为供应了 1200 余吨 D2 系列模具钢。

“能为华为生产手机壳模具钢，我们倍感自豪。我们一定严格按用户要求交货，把对华为的支持融入到每一件高质量产品中。”攀长钢负责人表示。

攀长钢开发生产出的 D2 等系列高品质模具钢，冲压次数等同进口模具钢标准，产品合金元素和组织的均匀性在行业达到较高水平，内部纯净度高、均匀性好、抛光度好，为生产高质量模具提供了保障，广泛运用于飞机、汽车、手机等领域，产品品牌认可度逐年提升，一个又一个新的传奇不断上演。

6月份，华东某高端客户与攀长钢公司签订117吨高端D2模具扁钢合同，该批材料全部用于国外宝马、奔驰等顶级汽车关键材料，继为德国克拉斯集团、蒂森克虏伯供货后，再次为世界顶尖企业提供高端模具材料。

此外他们还将目光投向更广阔的天地。与江苏某企业签订耐蚀合金板材供货订单，为全球知名石油公司壳牌集团提供制作石油炼化空冷器的关键材料，这是壳牌集团首次采购中国特钢企业生产的耐蚀合金板材；成功入围中石化在建最大项目中科炼化一体化工程核心部位，目前，国内具备为中石化重点工程高端材料供货能力的企业仅有2家；生产的高速工具钢成功登陆欧洲市场，用交货期和质量，继续拓展欧洲市场“生命线”……

（四）蓄势更待迸发时

强力对接市场，依靠科技创新，攀长钢在国内外模具钢市场中开疆拓土，取得一系列新突破，先后开发了热作模具钢、冷作模具钢和塑料模具钢三大系列30多种产品。其中，高合金冷作模具钢为国内首家开发，处于国内领先地位。

截至2017年，攀长钢组织生产塑料模具钢产品合同共计1万吨，与国内外模具钢用户建立了良好关系，直供战略客户达70%，占据了国内市场份额的60%，销售总额超1.2亿元。

2018年5月21日，攀长钢轧钢厂扁钢作业区一班成功轧制了6.4毫米×600毫米超宽、超薄D2模具扁钢，成为国内生产同类产品的领先者。凭借优良的产品质量和快速的交货期，受到德国客商的关注并达成订单，德国客户对攀长钢模具扁钢的需求在不断扩大；2018年8月6日，韩国一公司与鞍钢国贸签订63吨M2扁钢合同，创单笔高速工具钢订货纪录；2018年12月13日，攀长钢高温合金室向轧钢厂模具扁钢生产线下发单笔142吨耐蚀合金板材合同，合同金额超千万元，这是攀长钢耐蚀合金板材最大的单笔订单；2019年年初，从国贸公司传来喜讯，攀长钢成功与韩国、德国、波兰客户签订总量为670吨的模具扁钢合同，成为2019年攀长钢产品出口第一批订单。

随着攀钢科技创新力度的加大，制约攀长钢模具钢生产的控轧控冷、高温回火等多项技术难题被相继攻克，已开发出以CGH13高端热作模具钢、1.2085高端塑料模具钢等为代表的十多种中高端模具钢产品，改变了部分产品依赖进口的局面，受到苹果、富士康及韩国一些知名企业的青睐。

近年来，随着我国经济的快速发展，对模具钢需求日趋旺盛。围绕国家“富国与强军相统一”的军民融合发展战略，攀长钢积极参与国家“十三五”模具材料升级计划；以市场为导向，依靠科技创新，加快打造攀长钢模具钢产线开发。相继打造出初轧、扁钢、连轧、锻造等工艺产线；建立产品、产线、销售机制，深入推进产销研服一体化，从客户订单采购、产线、生产质量控制、合同交付、用户使用全流程跟踪，不断提升用户满意度，打造企业品牌，使攀长钢焕发出新活力。

此外，结合模具钢的发展趋势，新时代高质量发展的要求，攀长钢在两级集团的强力支持下，已作出相应技改规划。除对现有模具钢产线同步配套建设相关辅助设备外，下一步，还将对现有电渣能力进行扩能改造，对三区现有真空感应炉、自耗炉、非真空感应炉等电渣设备设施进行搬迁改造，实现生产集中管理，提高冶炼质量和生产效率，降低冶炼成本。

在新一轮转型升级的浪潮中，攀长钢更加专注于生产研发，致力于模具钢的以产顶进工作。一是联合国内知名科研机构进行高端工模具产品开发，走“高、精、尖”产品路线；二是加强管理，逐步实现标准化作业，稳定产品内外部质量，树立高端工模具钢品牌，增强国内外用户对攀长钢产品的信心；三是根据产品用途，细分市场，做到产品设计、模具加工及热处理、使用指导、售后等各方面可延续性技术服务。

奋进中的攀长钢，以建设国内极具竞争力、极具特色的高端特殊钢材研发制造基地为战略目标，正朝着打造国内模具钢第一品牌迈进，全面推动模块开发、高端厚扁钢及锻造圆钢的市场拓展，打造扁钢、棒材、模块全系列产品体系，逐步成长为国内领先的模具钢供应商和服务商，迸发出领军行业的新活力。

二十六、百桥凌云架　天堑变通途

桥梁被喻为土木工程“皇冠上的明珠”。飞速发展的中国，正涌现出一批世界级的超大型桥梁工程，这些注定要成为新时代的里程碑与标志物。一桥飞架南北，天堑变通途，桥梁沟通大江南北，连贯河湖东西，成为我们实现“中国梦”道路上的坚强纽带。河钢舞钢怀揣钢铁报国的初心，以重大工程用钢国产化为己任，用钢铁脊梁撑起中国近200座“皇冠上的明珠”，这里举几个河钢舞钢生产的各类钢板在助力国家建设征程上发挥重要作用的案例。

（一）高强钢板托起苏通大桥创纪录

2008年6月30日上午，拥有1088米世界第一跨径的苏通大桥正式通车。这是中国建桥史上建设标准最高、技术最复杂、科技含量最高的特大型桥梁工程。

苏通大桥，被认为是中国由“桥梁建设大国”向“桥梁建设强国”转变的标志性建筑。大桥所在地区一年中江面风力达6级以上的有179天，年平均降雨天数超过120天，雾天31天，还面临着台风、季风、龙卷风的威胁；水文条件复杂、基岩埋藏深。

这座投资78.9亿元的大桥，作为当今世界跨径最大的斜拉桥、长江上第165座大桥，创下了最大主跨（斜拉桥）、最深基础、最高桥塔、最长拉索四项世界之最，达到了中国桥梁建设的最高水平，是我国建桥史上工程规模最大、综合建设条件最复杂的特大型桥梁工程，它代表着中国乃至世界桥梁建设的最高水平，被称作世界桥梁的“珠穆朗玛峰”，足以堪称“天下第一桥”。著名的美国国家地理杂志曾以《无与伦比的工程》为题，对苏通大桥作了专访报道。

苏通大桥共使用舞钢高强桥梁板3.1万吨，其中1.5万吨用于制作大桥的根桩，1.6万余吨用于建造大桥的桥面结构。

（二）精品钢板撑起港珠澳大桥“钢筋铁骨”

2018年10月24日上午，港珠澳大桥正式通车，举国欢庆，一桥飞架粤港澳，实现了天堑变通途。

作为世人瞩目的标志性国家工程，港珠澳大桥要经受复杂的海床结构、恶劣的自然环境、超长的跨海距离等极限挑战。伶仃洋上的每一次台风、巨浪、地震甚至是海水侵蚀对它来说都是一次次致命的威胁。跨海大桥、海底隧道、人工岛，每一项任务都充满了未知的挑战。

在港珠澳大桥的建设过程中，河钢舞钢累计为港珠澳大桥提供 5.5 万吨高端精品宽厚板，用于钢箱梁及大桥的重要标志性建筑“白海豚塔”、进口、人工岛的建造，撑起了“中国第一桥”的“钢筋铁骨”，并创造了多个“第一”：首次实现了高级别 Q420qD 钢板的屈服强度与抗拉强度的合理配套，使钢板具有超强韧性，保证了大桥在伶仃洋中的基础稳固，满足桥梁使用寿命 120 年，抗八级地震的设计要求；首次实现了批量生产多厚度规格（6~150 毫米）Q420qD（Z15）、Q345qD（Z15）、Q355NHD（Z15）、Q370qD 等高级别桥梁钢钢板的高延伸性、高可焊接性等技术要求均超出桥梁钢国家标准要求；首次保证了厚度 80 毫米以上桥梁板 Q420qD 的一次性能合格率达 100%。自港珠澳大桥建设伊始至主体工程全部完工，所有由河钢舞钢供货的港珠澳大桥用宽厚钢板没有出现一起质量异议。河钢舞钢也以优质服务及质量保证等，得到大桥建设单位的高度评价。

（三）高品质桥梁钢板助力郑济高铁横贯黄河

2019 年 1 月，河钢舞钢在万里黄河上再树丰碑，公司独特的产品业绩和闪亮的品牌及配套的个性化服务，赢得郑济铁路工程的 7 万余吨用钢合同，其中，为郑济高铁黄河特大桥供应高品质桥梁钢板 3.8 万吨，将用于该桥的钢桁梁及关键承重部位建设。

郑济高铁是我国中原地区“米”字形高速铁路网的最后一笔，郑济铁路黄河特大桥，则是郑济高铁的控制性节点工程。大桥全长 4377 米，为公铁共建段，集多项新技术于一身，是我国桥梁建造技术新水平的标志性工程。

舞钢承担的近 7 万吨高品质桥梁钢板在郑济高铁黄河特大桥建设用钢铁材料中要求最严，生产和质量控制难度极大。为满足用户定制化需求，河钢舞钢专门成立了“郑济铁路桥梁钢小微团队”，对生产工艺进行优化，各工序加强质量控制，满足用户对钢板低屈强比等方面的特殊性能要求，板形控制良好，保证了钢板保质保量交付用户。

（四）高性能钢板托起高铁桥梁通四方

2019 年 10 月，河钢舞钢生产的 3028 吨低屈强比特殊高性能桥梁钢板发往用户，应用于我国跨度最大的铁路钢箱混合梁斜拉桥——鳊鱼洲长江大桥关键部位建设。

鳊鱼洲长江大桥设计全长为 3.537 千米，是安九铁路重点控制性工程，也是目前国内线路最多、荷载最大的铁路箱梁斜拉桥，具有体量大、结构形式复杂多样等特点，多项设计指标达到了高铁桥梁的最高水平。鳊鱼洲长江大桥关键部位用钢除了要满足常规的国家标准外，还对钢板的屈强比和屈服强度、抗拉强度波动范围等提出了诸多附加要求。河钢舞钢瞄准客户特殊需求，开启“鳊鱼洲长江大桥小微团队”创新机制，制订专用工艺方案，最终，桥梁钢各项质量指标完全满足客户特殊要求，且提前 3 天交货。

（五）助沪苏通长江大桥，建功世界超级工程

2020年7月1日，沪苏通长江大桥正式通车。这座举世瞩目的超级工程的关键承重部位所需的5.6万余吨高级别桥梁钢板全部由河钢舞钢供货。

沪苏通长江大桥以1092米的跨越震撼世界，属世界最大跨径的公铁两用斜拉桥，也当之无愧的成为我国又一座具有里程碑意义的大桥。大桥关键部位对材料强度、韧性、焊接性等有特殊需求。河钢舞钢与业主和设计、建设单位深度对接，攻破了超低的屈强比和超严的板形控制等近10项技术瓶颈，河钢舞钢为这个项目“量身定制”了高端低屈强比的TMCP型Q370q钢板，产品各项性能全部优于客户要求，深受客户青睐，指定关键部位所需的特种钢板全部由河钢舞钢供应。

二十七、弹簧扁钢高质量发展之路

在美丽的赣鄱大地，在英雄城南昌的东方，一颗钢铁行业的新星，犹如璀璨的明珠，在这片红土地上闪耀全国，上演了崛起的动人传奇，他就是方大特钢，一家年产钢近400万吨的钢铁上市公司，全国领先的弹簧扁钢、汽车板簧精品生产基地。

沐浴着党和政府的阳光雨露，方大特钢由弱到强，由强到优，闯出了一条快速发展的辉煌道路。方大特钢源于1958年创建的南昌钢铁厂，回溯以往，一直以建筑材为主，虽有弹扁、板簧等所谓的特色产品，产量规模较大，但是大而不优不强，后续发展缺乏有力支撑。如何才能在产能过剩的钢铁业竞争中取胜呢？基于对国际国内经济形势、钢铁行业发展趋势的深入思考，根据“钢铁业结构性过剩问题十分突出，其中低端产品产能过剩，而技术含量高、附加值高的产品领域市场竞争力不足”的现状，方大特钢决定转型升级调整结构，实施产品档次升级，从追求做大转向做精、做优、做强，先做强后做大，致力于把弹簧扁钢战略产品做到极致。

弹簧扁钢是方大特钢极具特色的差异化特殊钢产品。方大特钢在弹簧扁钢产品技术和开发方面，主要是瞄准汽车板簧轻量化和空气悬架的趋势以及用户的定向要求，研发高应力少片簧用高性能弹簧扁钢，以及高速客车、豪华城市客车用的空气悬架导向臂用厚截面弹簧扁钢。在高性能弹簧钢核心技术方面，先后开展了抗拉强度1600兆帕、1800兆帕、2000兆帕级等高强度弹簧钢研发，其中1600兆帕、1800兆帕级高强度弹簧钢已经推广应用于商用车少片簧、空气悬架导向臂；2000兆帕级高强度弹簧钢研发试验研究也已经取得阶段性进展。在高质量弹簧钢方面，方大特钢针对重卡由“国五”向“国六”切换的契机，研发高质量、综合性能优良的弹扁产品推广到“国六”重卡车型，研发出口高质量弹簧钢产品进入国外大型板簧生产企业。

（一）起草编制国家标准《汽车悬架系统用弹簧钢　第1部分：热轧扁钢》

随着汽车工业的迅猛发展，以及汽车设计、制造水平的提高，对汽车用材料及零部件提出了更高的技术、质量要求。作为汽车零部件的重要物件之一，汽车钢板弹簧及圆簧制造用弹簧钢技术、质量水平直接影响汽车性能改进、功能完善和寿命的延长，生产、使用

高性能、高质量的弹簧钢已成为冶金与汽车行业的共识。而以前执行的 GB/T 1222—2007《弹簧钢》标准系非汽车用弹簧钢专属标准，其规定的钢种范围涵盖全部工业弹性元件用钢，标准技术条件设置比较宽泛，质量指标难以满足汽车钢板弹簧制造业技术要求。

2013 年在第十二届全国人大一次会议上，方大特钢参会代表向大会提出“关于修改机动车弹簧钢标准，促进转变发展方式，节约资源，保护环境，减少雾霾的建议”，建议修改机动车用弹簧钢标准，推广使用高质量弹簧扁钢，以降低能耗保护环境。同时，方大特钢以身作责，牵头制定《汽车悬架系统用弹簧钢　第 1 部分：热轧扁钢》国家标准，标准的技术指标相当于或严于国外先进国家标准，推动弹簧扁钢向高性能、高质量发展，促进了弹簧扁钢生产技术进步。

为高质量按时完成该标准制定任务，方大特钢与冶金工业信息标准研究院通力合作。2016 年国标委公布 17 号公告，《汽车悬架系统用弹簧钢　第 1 部分：热轧扁钢》位列其中。2017 年 9 月 1 日，由方大特钢与冶金工业信息标准研究院共同起草、编制的《汽车悬架系统用弹簧钢　第 1 部分：热轧扁钢》（GB/T 33164. 1—2016）国家标准正式执行。据该标准审查会纪要，与会代表一致认为该标准的技术指标相当于或严于国外先进国家标准的规定，达到国际先进水平。该标准的发布与实施，将进一步与国际先进标准接轨，有利于促进汽车悬架系统用弹簧扁钢向高性能、高质量的方向发展，提高国内制造水平，推动生产技术进步、提高国际竞争力；促进国内汽车性能改进、功能完善和寿命的延长，具有显著的经济效益和社会效益。

（二）2000 兆帕级高应力板簧用钢

在车辆行驶过程中，钢板弹簧承受车轮对车架的载荷冲击，消减车身的剧烈振动，保持车辆行驶的平稳性和对不同路况的适应性。在车辆行驶过程中，车辆悬架用弹簧构件反复承受应力的负荷，因此，板簧的疲劳耐久表现异常重要。同时，为提升商用车的舒适性，通常希望板簧刚度降低，这就要求钢板弹簧具有高的应力负荷承受能力。此外，商用车的轻量化要求，也需要板簧构件中各片厚度减薄，从而达到悬架系统减重的效果，板簧的应力水平进一步提高。综上，部分车型板簧的最大试验应力高达 1300 兆帕，因此，需要开发下一代的高应力板簧用弹簧钢材料及相应的板簧制造技术。

现在常用的弹簧扁钢产品主要包括 60Si2Mn、50CrV、52CrMnMoV 等，其屈服强度主要在 1200~1500 兆帕，抗拉强度在 1300~1800 兆帕，且中高碳的合金设计导致材料的韧性较差，已经无法满足汽车厂的高应力板簧用钢需求。基于此，方大特钢联合国内知名大学的国家重点实验室研究团队在 2000 兆帕热冲压用钢的研发基础上，通过钒微合金化设计结合独特的热处理工艺，利用纳米级的碳化钒析出大幅改善弹簧钢马氏体基体韧性，开发了新一代的 2000 兆帕高应力板簧用钢。通过产品取样分析可知，开发材料的屈服强度达到 1700 兆帕以上，抗拉强度超 1950 兆帕，-40℃的 U 形试样冲击功大于 40 焦，显示出极佳的强韧性结合。与现有板簧产品相比，强度提高可达 20%以上且韧性提高达 80%以上。在台架疲劳测试上，采用该 2000 兆帕级弹簧钢的板簧可在最高应力水平达到 1300 兆帕的负荷下保持 25 万次不发生断裂，展现出优异的疲劳服役性能。

全新的2000兆帕板簧用钢运用在国内某知名客车企业的高端品牌客车上，其高应力板簧性能指标达到了国外先进板簧水平，于2020年10月底，成功完成了道路实验，测试结果均满足用户要求，为国内客车企业解决高应力板簧的卡脖子问题提供了技术支撑。

（三）高端高强导向臂材料

随着汽车轻量化的高速发展，中国各大商用车制造厂都在努力推出新车型适应市场的需求，作为汽车悬架系统的核心部件——汽车钢板弹簧也须同步研发以适应新车型的设计要求。因此，需要服役应力更高、寿命更长的弹簧钢材料制作板簧部件。这种材料不仅需要更高的强度，还要匹配良好的屈强比、塑韧性和弹性极限以获取优良的综合力学性能，同时还应具备高淬透性和良好的加工性能以满足汽车板簧制造工艺的要求，从而实现弹簧钢优异的抗弹减性能和抗疲劳性能。方大特钢开发的1800兆帕级超高强弹簧钢作为市场上少有的超强级产品，可取代美国Hendrickson公司导向臂材料，大大节约汽车板簧的制造成本，提升汽车整车的市场竞争力。方大特钢顺应汽车行业的发展趋势，紧盯用户需求及其潜在需求，积极走访调研产业链下游、终端用户等，细分市场的特性标准、需求，针对用户的各类产品设计标准、使用要求，综合进行成分实验优化，采用先进的生产工艺、原料、设备技术，严格控制弹扁产品的纯净度、表面质量和内在组织质量，开发出两类1800兆帕级的超高强弹簧钢产品，分别适用于重卡高应力变截面少片簧和商用牵引车及高档客车用空气悬架导向臂（见图2-4-85），其制成的产品顺利通过疲劳实验验证，有力推动了汽车悬架系统的材料变革及行业应用发展，对汽车轻量化、节能减排具有重要意义。

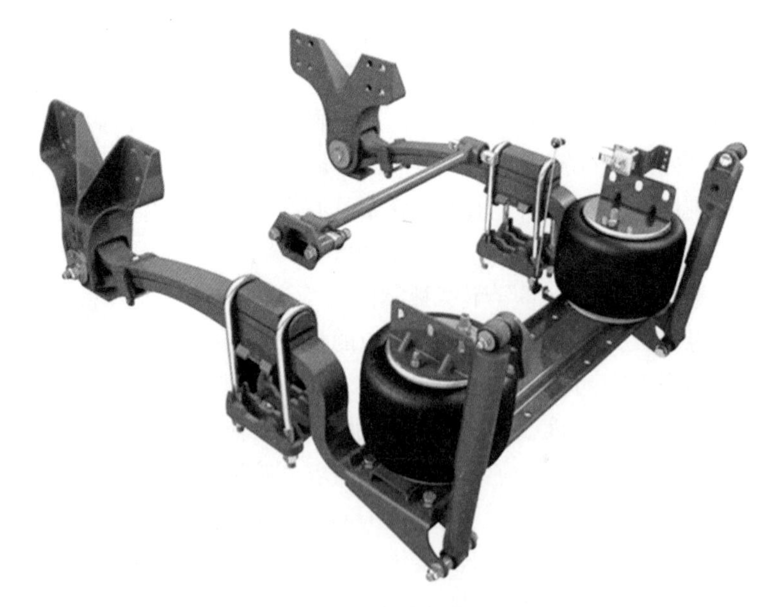

图2-4-85 高端高强导向臂

（四）矩形截面弹簧扁钢

随着国内汽车轻量化发展趋势，空气悬架系统及变截面少片簧越来越广泛。生鲜水果、疫苗等冷链车、危化品车、大型豪华客车、豪华高端重卡等高端商用车型空气悬架国产化的需求日益增长。同时越来越多的重卡汽车也采用了变截面少片簧以达到减重目的。欧盟标准 EN 10092-1 中的“C”类矩形截面扁钢需求逐步明朗化。方大特钢致力于在弹簧扁钢行业做大做强，为顺应行业需求，逐步开发了矩形截面弹簧扁钢（见图 2-4-86）以及 52CrMoV4、FAS3550 等高强度钢种。随着行业发展，扁钢厚度向更厚发展。目前市场需求 60 毫米厚度扁钢已纳入开发范围，该类扁钢宽厚比减小、生产稳定性差、控制难度大。方大特钢组织技术力量进行攻关，目前可批量供应 56 毫米厚度扁钢。

图 2-4-86　矩形截面弹簧扁钢

（五）单筋单槽异形截面弹簧扁钢

2015 年，俄罗斯某军工企业紧急采购单筋单槽弹簧扁钢，使用在俄罗斯重型军车上，作用是在复杂的战争环境中防止片簧错位以及消除常规板簧的固定螺栓剪断。该产品外形特殊，生产难度大，国际市场上难于采购，国内尚无此类外形弹簧扁钢产品。此前俄罗斯主要在印度、日本采购。方大特钢组织技术人员完成单筋单槽异形截面弹簧扁钢的开发(见图 2-4-87)，产品得到了用户的好评，填补了国内空白。

图 2-4-87　单筋单槽异形截面弹簧扁钢

近年来随着汽车轻量化的发展，下游客户板簧配套企业对弹簧扁钢提出了越来越高的要求，即更高的表面质量、更高的钢水洁净度、更高的公差精度、更低脱碳层深度和更低的脱碳倾向，从而达到淬透性更好、截面更厚和性能更高的要求。于是，该公司从供给侧入手，重点瞄准汽车板簧轻量化和空气悬架的发展趋势，一方面提高弹扁产品实物质量，满足板簧高疲劳寿命要求；另一方面开发高性能弹扁产品，满足板簧高应力设计要求。同时，逐步开发更厚截面弹扁产品，满足变截面板簧和空气悬架导向臂需求。近年来，方大特钢研发出上百个品种规格系列弹扁新品，如针对一汽集团高应力、变截面板簧产品需求，定向研究开发的 FAS3550 新型弹簧钢，可完全满足国内汽车板簧轻量化发展趋势下对高应力、变截面板簧的需求，成为目前国内高端弹簧扁钢的代表产品。近期，方大特钢又成功开发2000兆帕级超高强度弹簧钢。方大特钢已成为国内品种规格最全、产能最大的弹扁生产企业。

创新是高质量发展的第一动力。方大特钢立足生产经营实际和技术创新的重点、难点，以项目为依托，开展一系列卓有成效的“产学研用”合作，促进了企业的转型升级和高质量发展。

凝心聚力，砥砺前行。站在新的历史起点上，方大特钢正以前所未有的坚定步伐，坚持绿色发展理念，致力于精细化管理，创新发展活力，全面提质增效，打造高质量发展新引擎，朝着把公司打造成为全球最大的弹簧扁钢生产基地目标奋勇迈进！

二十八、助力“超级显微镜”，大工程烙上企业印

如果说39年前的一次握手——河钢舞钢与中科院对我国第一台高能物理质子直线加速器的制造合作让河钢舞钢确立了我国重要钢铁企业的地位，那么39年后的今天，双方在中国最大的科学装置——散裂中子源项目的良好合作中，河钢舞钢再次赢得了中科院发来的感谢信，则是河钢舞钢贯彻集团战略部署，高度聚焦产品和市场，全方位创新经营创新管理，大力延伸产业链、深化与客户合作的必然。

（一）做高端精品，建一座丰碑

1979年9月，河钢舞钢历经11个月的艰辛攻关，研制出了我国第一块大型铜钢复合板Tu1/20g，用于我国第一台重大科学装置项目——中科院高能物理直线加速器腔体制作，为我国尖端科研事业进步做出了重大贡献。中国科学院发来第一封感谢信，并向中共中央国务院打报告，称河钢舞钢研制的铜钢复合板实物质量达到了西德进口的水平，完全能够替代进口。

2015年10月，在中科院大科学装置散裂中子源项目基地展厅，作为河钢舞钢与中科院深厚友谊的见证。“HBIS河钢舞钢”的醒目标识被植固到散裂中子源项目沙盘中进行长期展示。沙盘位于基地展厅的正中央，是中央领导人、国外友人、社会各界要人到基地来的首个参观地。

2017年8月28日，中国散裂中子源首次打靶成功，获得中子束流。这标志着散裂中子源主体工程顺利完工，进入试运行阶段。至此，河钢舞钢已有7000吨优质特厚钢板用于该项工程建设，累计为该工程的谱仪钢屏蔽体、隧道屏蔽墙钢屏蔽体、靶站内外部钢屏蔽体、磁铁支架、废束站等加工制作了1359件钢板加工件。

2020年3月25日，被《人民日报》称为“超级显微镜”的散裂中子源通过了中科院组织的工艺鉴定和验收，成为中国最大的科学装置，和正在运行的美国、日本与英国散裂中子源一起，构成世界四大脉冲散裂中子源。

2020年5月22日，河钢舞钢收到来自中国科学院高能物理研究所发来的第二封感谢信。中科院高能物理研究所在信中除了表达真挚的谢意外，还表示将继续在为国家建设更多的科技基础设施项目中，期待与河钢舞钢三和盛机建公司进一步的合作！

河钢舞钢之所以与中科院散裂中子源项目合作如此顺利，除了在保持宽厚板优势的基础上，还在联合设计、加工制造、现场安装和售后服务上做文章。这正是河钢集团倡导的结合宽厚板优势，延伸产业链、深化与客户合作的具体体现！

（二）创新赢得尊重，克难方能致胜

在散裂中子源这一国家超级工程建设中，业主单位对于需用钢材的规格及质量均提出了苛刻要求。关键工程需要关键材料。基于河钢舞钢强大的技术质量保证能力，业主单位指定项目所用超厚钢板由河钢舞钢独家供应。

过去，作为一家宽厚板企业，河钢舞钢主要向客户供应钢板。然而，这次河钢舞钢还将向客户高质量供应超出钢板之外的服务。

光荣的任务落在河钢舞钢三和盛机建公司肩头。经过不懈努力，凭借多年积累的加工经验，河钢舞钢三和盛机建公司拿到了第一批总量3000多吨的钢屏蔽体和磁铁支架钢板加工合同。

在这一国家重大项目建设中，河钢舞钢三和盛机建公司的钢板深加工水平得到了证明和进一步提高。对方项目图纸上只给出了一个外部轮廓和使用要求图，拆分细节以及加工、安装细节都没有图，面对如此“简洁”的图纸，三和盛研发中心内部专家，有着30多年的设计、绘图经验的王德清深感责任重大。一个高8.4米、包括96个组装的大型设备，只有一张平面图，要想开工，就得先将其转换为立体图。而要把这个平面图全部转换为立体图，相当于重新设计一遍，涉及的零件模型就有338种，工作量之大可想而知。面对领导和工友们期待的目光，王德清毅然决定，一定要不辱没使命，啃下这块硬骨头！根据标高和分层方案，2D加工图纸的转换，需要转换CAD装配图纸97张，零件加工图纸300多张，输出文件、图纸资料1000余份。按预定工期，所有工作必须在一个月内完成。从接到任务那一刻起，王德清就没有休息过一天。他晚上11点之前从来没有回过家。为尽快把图纸绘完，大年三十晚上，万家团圆，他却匆匆吃完饭就赶到公司，继续奋战在电脑前。最终，在大年初一的夜里11点46分，王德清将所有图纸全部完成，比计划时间整整提前一周！

工件制作中技术标准之高、工艺之复杂、流程之繁琐，都是前所未有。以外部钢屏蔽体为例。该屏蔽体由一块块200毫米厚的不同形状钢板工件组合而成。其内部包括96个小组装，每一个小组装由2~5块切割而成的钢板构成，分为拖车筒部分、核容器部分、质子束部分。整体组装后长9.54米，高达8.4米，有3层楼高。按照要求，钢板切割面组成的装置外形整体垂直度误差不得超过3毫米（国标为6毫米）；不同的钢板切割块叠加在一起，需要一根螺栓来连接，对螺栓孔的同轴度要求极高。因此，钢板切割和后期加工安装难度巨大。承担加工制作任务的河钢舞钢三和盛机建公司，经过多次试验、计算，最终圆满完成了加工、装配、安装任务。再一次用行动践行了“您只需提供图纸，我们为您提供完美解决方案”的服务宗旨。

GPPD束线钢屏蔽体是通用粉末衍射谱仪的重要组成部分，它能有效屏蔽高能粒子辐

照，同时为其他部件提供支撑及安装空间，其总重约173吨。在整个项目中，河钢舞钢三和盛充分发挥自身优势，加强与中科院沟通、联合设计，做到了双方互赢互利。制作中，每块钢屏蔽体从原机加工保证改为了用数控火焰切割，尺寸公差控制在2毫米之内，不仅满足了对方设计及使用要求，而且使我方的预算成本降低了很多。

为了按期完成项目，生产科和相关作业区的领导一道，不分昼夜，长期奋战在现场，对各个生产节点严格控制，他们平均每天都工作12个小时以上。最终，所有工件全部按期完成。

2015年9月9日，中科院的验收人员来到河钢舞钢机建公司加工制作现场，看到光洁如镜、整齐划一的组装件，连声赞叹："没想到，你们将工件做得这么精致，真不愧是品牌企业！"中科院鉴定验收组专家一致认为，河钢舞钢生产的中科院散裂中子源内外部钢屏蔽体特厚板加工组件29Z~96Z制造精度满足要求，通过出厂验收，专家验收组在钢屏蔽项目验收单上签上了"验收合格"的字样，中科院随即决定，将工件的安装任务也交给三和盛机建公司。

至此，三和盛机建公司承接中国科学院1548吨钢屏蔽项目，历时近1年的艰苦奋战，一次通过验收，成为公司在产业链延伸道路上的里程碑。为和中科院下一步的合作奠定了基础。也为河钢舞钢宽厚板销售拓展了新的渠道。

（三）服务无微不至，精心赢得精彩

接到新任务后，为了确保工件在东莞基地的安装质量，机加工车间自行铺设预安装场地分阶段进行预组装。正值夏天，三和盛机建公司机加工车间赵耀民师傅带领4名工人到达东莞基地进行现场安装。安装工作在户外一个直径9米、高9米的筒子里面进行。里面还有许多提前放置的设备，空间极为狭小，真可谓是"螺蛳壳里做道场"。潮湿、闷热的天气，在里面待着都让人汗流浃背，更别说在里面干活了。中科院给的工期是10天。三和盛机建公司的师傅们怀揣一个信念：一定要将活儿干到最好，给河钢舞钢三和盛机建公司争光！他们分两班，白天晚上连轴转，每天都工作到夜里12点，仅用4天4夜时间就全部完成组装任务。活儿干得又快又好不说，又尽其所能帮助中科院解决、修正了安装设计中存在的一些问题，这远远地超出了中科院的预期。

中科院物理研究所所长在工地协调会上专门对河钢舞钢三和盛机建公司提出表扬："我们想到的，你们做到了。我们没想到的，你们也做到了！你们是所有供货单位中产品最好、安装速度最快、安装质量最好的。你们的工作效率和敬业精神令人敬佩！"这对于河钢舞钢三和盛机建公司来说，是最好的奖励和莫大的荣誉！

在这个由单纯产品质量和价格的竞争升级为客户服务竞争的时代，需要我们以挑灯夜战的精神跟上市场的变革，需要我们以细致入微的服务赢得市场的认可，需要我们以精益求精的品质引领市场的需求，更需要我们以与客户建立利益共同体和共享平台的做法赢得客户的满意。

问渠那得清如许？为有源头活水来。唯如此，才会有更多的国家重点工程项目烙上"河钢舞钢印"！

二十九、中国铁基高温合金的研发历程与历史功绩

（一）高温合金的发展历程

高温合金的问世和发展与20世纪30年代末期航空涡轮发动机的生产和发展密切相关。20世纪初国际镍公司（INCO）首次开发出来一种称为Monel的Ni-Cu镍基合金。1909年美国用120吨Monel板材造了纽约的宾夕法尼亚火车站，由于Ni-Cu合金具有良好的耐蚀性，这个火车站至今还在使用。1939年英国研制出Whitlle涡轮发动机，同年英国Monel镍公司首先研制成功一种低碳含钛的镍基合金Nimonic75，这是一种至今还在使用的镍基高温合金。随后英国Monel镍公司又开发出一种加入Ti、Al形成$Ni_3(Ti,Al)$型γ′强化相作为首个应用第二相强化的镍基高温合金Nimonic80。1942年优质的Nimonic80A材料成功地用于制造航空涡轮发动机叶片。随后英国Monel公司又加入其他合金元素而成功开发出Nimonic90、Nimonic100、Nimonic105和Nimonic115等一系列合金而形成了世界闻名的Nimonic系统，其使用温度可以从原先的650~700℃提高到900~950℃，从而满足了当时喷气式飞机对涡轮喷气发动机的动力要求。

1941年美国亦根据开发涡轮喷气发动机的需求而研发各种类型的高温合金，例如卡博特（Cobat）公司（后改名为Haynes公司）发展了Hastelloy系列镍基高温合金，同时国际镍公司（INCO）、特殊金属公司（Special Metals Corp.）及全真空冶金公司（Allvac）等都先后开发出了Waspaloy、Udimet500、700等一系列的借γ″相强化的典型镍基变形高温合金。与此同时，美国的普惠（PW）和通用电气（GE）以及Cannon-Muskegon等公司亦相应地开发出了一系列多晶、定向和单晶等铸造镍基高温合金，以不断满足航空发动机发展的需求。

由此可见，国际高温合金的发展史基本上是以镍合金为基础的镍基合金发展史。

（二）中国铁基高温合金的研发历程

我国自1956年3月在抚顺钢厂生产第一炉高温合金亦是仿造国外的镍基合金而揭开了自行生产高温合金的序幕。当时国际上研发出来的高温合金基本都是镍基合金，因为镍在高温直至室温始终保持面心立方奥氏体而显示其良好的组织稳定性。但是我国发展高温合金初期的20世纪五六十年代，当时国家资源上缺镍，我们要用自己舍不得吃的几十吨大虾才能换来一吨镍。就是在这样严峻的形势下，我国要生产和发展高温合金，这就迫使我们尽可能以铁代替镍来节省国内当时紧缺的镍，而明确提出“铁基代镍基”的战略方针。

20世纪60年代中国科学院金属研究所首先做了大量的试验，开发出了当时牌号为“808”的铁基高温合金。“808”牌号其寓意是几乎试验了808次小炉而研发出这个成熟的高温合金，后来命名为GH2135，用来作为航空发动机中用量最大的涡轮盘材料。继而钢铁研究总院亦开发出了铁基涡轮盘材料GH2130。因此，在700~750℃下使用的涡轮盘材料都可以用具有我国特色的铁基高温合金而投入工业大生产，这类铁基合金其产量达数千吨。

航空发动机是在高温下受力最复杂而且工作环境非常恶劣的转动件，如在800~850℃下工作的涡轮叶片。这类叶片材料原来都是沿用镍基高温合金GH4033和GH4037。钢铁研究总院和上海钢研所分别开发出了GH2130和GH2302作为替代镍基的铁基高温合金叶片材料。原冶金工业部直属高校北京钢铁学院（现北京科技大学）于20世纪60年代初面对当时严峻的国际环境，在北京市委和冶金工业部决定下成立了特冶系高温专业。陈国良任教研室主任，谢锡善任实验室主任。钢院高温合金教研室此时也大力开展铁基高温合金的研究。除教研室自身在实验室研发了一批新型铁基高温合金外，也同钢厂合作大力研究为当时歼六战机使用的铁基高温合金的涡轮盘材料。教研室还和上海钢研所协同开发出新型铁基高温合金叶片材料GH2302，从而促进了铁基合金进入实际生产，作为800~850℃下使用的涡轮叶片材料。这项研究卓有成效，后来获得了国家发明四等奖。

航空发动机中工作温度最高的部件是高温燃气发生器，俗称火焰筒。火焰筒的温度可以高达1600℃以上，在有气冷的条件下，作为筒件的金属部件亦要承受950℃下的高温运行。火焰筒由板材合金焊接制成，在大力协同的条件下北京航空材料研究院成功地研发了铁基高温合金板材GH1140而可以替代当时的一些镍基板材合金。GH1140可以使用到800℃高温。为了满足更高温度的要求，钢铁研究总院亦相继开发出GH1015和GH1016一批板材合金，可以在900℃以下使用。除了上述这些变形高温合金外，在铸造高温合金中亦开发出了如K214那样含镍40%~45%可用到900℃的铁基高温合金。

（三）我国自主创新的铁基高温合金举例

至此，当时为装备我国空军战机发动机的一批国际上通用的镍基合金在我国都可以用铁基高温合金来代替而满足了国防急需。显然，这里所列的铁基高温合金不是一点镍都没有，实际上是如表2-4-1所列，以铁为基含有一定量镍（25%~45%）的铁基高温合金。

由此可见，我国高温合金工作者成功地发展了应用到700~900℃温度范围内代替镍基的铁基高温合金是具有独创性的。不仅解决了我国国内国防的急需，而且在世界铁基高温合金的发展史上亦具有突破性的重要意义，在上述铁基高温合金中产量最大的有固溶强化为主的板材合金GH1140以及基于γ'第二相强化的涡轮材料GH2135。

（四）结语

由于铁基高温合金与镍基合金相比组织稳定性较低而且抗氧化腐蚀性能较弱，使得铁基高温合金在高温下使用时存在一定的局限性。

我国是一个矿藏丰富的国家，自从发现了甘肃金川大型镍矿并且得到有效开发后，我国彻底改变了缺镍的状况，给镍基高温合金提供了良好的生产和发展条件，从而逐步结束了“以铁代镍”来研发与生产高温合金的时代，目前绝大部分过去“以铁代镍”的高温合金如GH2135、GH2130和GH2302等都已逐步退出使用，只有GH1140合金板材仍然具有一定的用途。

即便如此，我们也不可否认在当时我国缺少镍资源的情况下，我国相关科研所、高校的材料科研人员与企业生产人员自力更生、自主开发与生产出铁基高温合金，来满足我国

表 2-4-1　我国自主研发的高温合金牌号、主要成分及其最高使用温度

类别	牌号	主要成分/%												最高使用温度/℃
		C	Cr	Ni	W	Mo	Nb	Al	Ti	V	N	B	Fe	
板材	GH1140	0.06~0.12	20~23	36~40	1.4~1.8	2.0~2.5	0.2~0.6	0.2~0.6	0.7~1.2	—	—	≤0.05	余	850
	GH1015	≤0.08	19~22	34~39	4.8~5.8	2.5~3.2	1.0~1.6	—	—	—	—	≤0.01	余	950
	GH1016	≤0.08	19~22	32~36	5.0~6.0	2.6~3.3	0.9~1.4	—	—	0.1~0.3	0.13~0.25	≤0.01	余	950
棒材	GH2130	≤0.08	12~16	35	5.0~6.5	—	—	1.4~2.2	2.4~3.2	—	—	≤0.02	余	800
	GH2302	≤0.08	12~16	38~42	3.5~4.5	1.5~2.5	—	1.8~2.3	2.3~2.8	—	—	≤0.01	余	850
盘材	GH2135	≤0.06	14~16	33~36	1.7~2.2	1.7~2.2	—	2.0~2.8	2.1~2.5	—	—	≤0.015	余	750
	GH2761	0.02~0.07	12~14	42~45	2.8~3.3	1.4~1.9	—	1.40~1.85	3.20~3.65	—	—	≤0.015	余	750
铸造	K214	≤0.1	11~13	42~45	6.5~8.5	—	—	1.8~2.4	4.2~5.0	—	—	0.05~0.15	余	900

国防工业的迫切需求，应该说为我国的国防和民用工业做出了不可磨灭的重大历史贡献。

值得指出的是，开发和应用具有我国特色的铁基高温合金在世界上亦是具有独创性的，亦为世界高温合金领域研发做出了重要的历史性贡献。

三十、勇攀高峰建高楼

（一）优质高建钢助力腾讯微信广州总部大楼建设

2020年3月，河钢舞钢一举赢得腾讯微信广州总部大楼项目用钢订单，近千吨40~100毫米厚优质高强建筑用钢Q390GJC将全部用于该大楼关键部位的建设，为坐拥10亿家以上用户的微信总部新家撑起钢铁脊梁。

位于广州琶洲互联网创新集聚区核心区的该建筑总面积17.39万平方米，合同额超25亿元。它是集科研、办公及配套设施为一体的超高层建筑，同时也是腾讯公司广州地区对外接待的重要门户及企业文化建设的集聚区。

河钢舞钢深入推进“两个结构”再优化，强力实施名牌精品战略，高度关注客户的个性化需求。在与腾讯微信广州总部大楼项目对接中了解到，鉴于该工程项目的重要性，项目建设方对钢材的质量有严苛要求：所用Q390GJC-Z15至Z35系列高建钢的屈强比、不平度、碳当量以及焊接敏感性指数等指标大大超出标准要求，且要求55毫米厚度以上钢板须正火轧制，对钢中硫元素的含量要求也极高。河钢舞钢针对客户的特殊要求，在组织营销技术服务团队与设计方、业主、钢结构制造方等深入沟通基础上，根据项目用钢要求抗震、易焊接、抗低温冲击、抗扭曲等性能特点，对生产工艺进行优化，为其“量身定制”高端建筑用钢；同时，对产品运输及交货期做出周密细致安排，全方位满足客户需求。凭借雄厚的技术实力和优质的服务，河钢舞钢赢得了客户的高度认可，最终赢得了订单。

（二）高建钢板擎起“东莞第一高楼”

2019年1月，河钢舞钢600余吨Q345GJC、Q420GJC优质高强度建筑结构钢板发往客户，产品用于东莞国贸中心项目建设。河钢舞钢已累计为该项目供货达3000余吨，订单兑现率稳定在100%。

河钢舞钢坚持走特钢道路，以“两个结构”调整推动产品升级，依托大客户经理制，发挥三级联保体系的作用，全面推进高端客户的开发与维护、保养。持续加大直供直销力度，“一对一”深度对接“国字号”等具有社会影响力的重点工程、重点项目，提升市场份额。牢固树立“服务增值”理念，实施全流程跟踪服务，收集反馈意见，改善工艺操作，有针对性地优化生产工艺，提升服务水平。强化生产作业标准，严格执行成分设计要求，提高冶炼控制和轧制水平，向高端客户提供“嵌入式”服务，确保质量满足客户个性化要求。

正在施工中的东莞国贸中心项目，建设高度已达300米，已成为“东莞第一高楼”。东莞市所处的粤港澳大湾区，是继美国纽约湾区和旧金山湾区、日本东京湾区之后的世界第四大湾区。

（三）高强度建筑用钢为蓉城“锦上添花”

2018年9月，河钢舞钢为世界500强之一的“绿地集团”量身定制的1550吨高强度建筑用钢已全部发往客户，另有680吨在签合同正在生产，产品用于建设我国西部第一高楼——四川成都绿地中心蜀峰468项目。

成都绿地中心的主塔楼蜀峰设计高度468米，是绿地468摩天街区的重要组成部分，这是目前开工建设中我国西部的第一高楼。该标志性建筑一共有101层，因其塔楼棱面阴阳交错，远远望去，就像是成都市花——芙蓉花，建成后将成为成都市富有寓意的超高层建筑。

用于建造该高楼的钢板品种为Q390GJC-Z35高强度结构用钢。由于该楼施工中的工艺难度极大，在钢结构方面，要求吊装对接误差不超过3毫米，这对构件加工精度、成品保护措施、吊装定位、焊接和测量等要求极高，也就对钢板质量提出了更高要求。舞钢销售部西南西北处四川区域销售员孙琰珏在获悉项目信息后，主动出击，依托河钢舞钢高层建筑结构用钢板的品牌优势，积极为客户提供服务；生产过程中，河钢舞钢生产部高度重视，派专人跟踪协调。在为客户交付首单1300吨后，优质的产品和周到的服务满足了客户和项目进度需求，客户又接连签订了第二、第三单合同。

绿地中心蜀峰468的建成，将为蓉城“锦上添花”。

参 考 文 献

[1] 刘正义 . 55SiMnMo钎钢金属学原理 [M]. 北京：冶金工业出版社，2017.
[2] 北京科技大学高温材料及应用研究室 . 锡精于勤 善劳在奋 [M]. 北京：冶金工业出版社，2018.

第三篇

中国主要特殊钢企业贡献

华 北 地 区

第一章　河钢集团舞阳钢铁有限责任公司

一、企业概况

河钢集团舞阳钢铁有限责任公司（以下简称河钢舞钢）是我国首家宽厚钢板生产科研基地，中国宽厚钢板研发制造旗帜性企业。拥有 4100 毫米+4100 毫米和 4200 毫米+4300 毫米两条技术先进的双机架宽厚钢板生产线，配套有国内宽厚板行业优势明显的钢锭模铸线及钢板热处理设施，具有雄厚的研发制造实力。资产总额近 200 亿元，职工 8000 多人。具有年产钢 500 万吨、宽厚钢板 360 万吨、销售收入 200 亿元的综合实力。

河钢舞钢原为国防军工建设项目。1971 年 2 月，国务院主持召开舞钢建设专题会议，决定了舞钢工程的主要内容。1978 年 9 月，我国自行设计、自行制造、自行安装的中国“轧机之王”四米二宽厚板轧机热试轧一次成功，一举结束了中国不能生产特宽特厚钢板的历史。

50 年来，河钢舞钢专注于宽厚板研发制造，坚定“人无我有、人有我优、人优我特、人特我精”的经营方针，坚持“创中国名牌、出世界精品”的企业目标，厚植“走高端、出精品”的文化基因，确立了明显的产品和技术领先优势。在河钢舞钢生产的 16 大系列、350 多个牌号的宽厚板产品中，有 220 多个替代了进口或采用外国标准生产，60 多个品种出口美国、德国、日本等发达国家和地区，树立起了强大的民族品牌形象，河钢舞钢成为我国重要的宽厚钢板国产化替代进口基地。

河钢舞钢产品广泛应用于国家载人航天工程、国家大飞机工程、国防军工项目、国家战略能源工程、三峡工程、北京 2008 奥运工程、港珠澳大桥、北京首都机场等 300 多个国家重大工程、重大技术装备项目，发挥了关键作用。2005 年 9 月，中国钢铁工业协会命名河钢舞钢的四米二宽厚板轧机为“中国钢铁工业功勋轧机”，以表彰其卓越贡献。2008 年 9 月，中共中央、国务院向河钢舞钢颁发中国钢铁行业唯一一个北京奥运会特别荣誉奖，以表彰其重大贡献。

面向未来，作为河钢集团旗下的特钢劲旅，河钢舞钢秉承钢铁报国之志，坚持专业化的高质量发展之路，不忘初心，牢记使命，将不断创造更多的钢铁辉煌和中国骄傲！

二、历史沿革

1970 年 5 月，国家计委、冶金工业部立项建设河南舞阳特厚板钢铁联合企业，一期工程设计年产 50 万吨钢、40 万吨钢板、60 万吨铁，投资概算 67988 万元，简称平舞工程。

1978 年 9 月，我国自行设计、自行制造、自行安装的第一台 4200 毫米宽厚板轧机在舞钢建成投产，一举结束了中国不能生产特宽特厚钢板的历史。

1981 年，舞钢成功研制开发出国家重大科研项目——重离子回旋加速器罩筒制造用板。

1986 年，以 75 吨电炉为主体设备的舞钢炼钢一期工程建成投产，我国钢铁行业没有大型电炉的历史宣告结束。

1991 年，国家统计局公布 1990 年中国 500 家大中型工业企业名单，按固定资产净值排序，舞钢名列第 150 位。

1991 年 12 月，我国引进的第一座 90 吨超高功率电炉在舞钢建成投产。中央电视台新闻联播节目播出 90 吨电炉热试消息。人民日报以《我国目前容量最大、技术最先进的电炉在舞阳钢铁公司建成》进行报道。

1994 年，《人民日报》公布全国现代企业制度百家试点企业名单，舞钢名列其中。

1997 年，在党和国家领导人的关注和支持下，舞钢加入邯钢集团，改制为邯钢集团控股的有限责任公司。

1998 年 10 月，舞钢应三峡工程建设急需，成功研制开发出宽达 4020 毫米的超宽钢板，被誉为“中华第一板”。

2003 年，中国载人航天工程办公室向舞钢颁发证书，内称：舞阳钢铁有限责任公司在参与中国载人航天工程研制、建设、试验的协作配套工作中，为我国首次载人航天飞机任务的圆满完成做出了突出贡献。

2006 年，举世瞩目的第 29 届奥运会主会场——国家体育场“鸟巢”工程顺利完成钢结构整体卸载。中央电视台新闻频道《走进奥运》栏目组记者来舞钢，实地采访舞钢为奥运场馆建设用钢的研制生产情况。舞钢研制开发的、具有自主知识产权的 Q460E/Z35 钢板应用于“鸟巢”，使奥运场馆建设用钢实现了全部国产化。该钢板填补了世界空白。社会各界对舞钢予以高度关注。

2007 年，舞钢公司新百万吨宽厚板生产线建成投产。舞钢形成了年产 300 万吨钢、260 万吨宽厚钢板的综合实力，资产总额近百亿元。

2007 年，中央电视台《激情广场》栏目组在舞钢公司录制节目，庆祝舞钢业绩。

2008 年，河钢集团正式组建，舞钢加入河钢集团。

2009 年，北京当代十大建筑评选揭晓，其中首都机场三号航站楼、国家体育场、国家大剧院、国家游泳中心、北京电视中心、国家图书馆（二期）、国家体育馆等七座建筑关键部位均使用河钢舞钢板建造。

2014 年 1 月，在年度国家科学技术奖励大会上，河钢舞钢“特厚钢板生产关键技术研发与创新”项目，因解决了制约特厚板生产的一系列技术难题，形成了独特的特厚板生产工艺路线，荣获国家科技进步奖二等奖。

2014 年，河钢舞钢原料结构优化项目建成投产，彻底打破了河钢舞钢原料结构瓶颈，对促进企业降本增效、推动产业转型升级具有重要意义。

2018 年，伟大的变革——中国改革开放 40 周年成就展在北京举办，三峡、西气东输、西电东送、奥运“鸟巢”、国产大飞机、港珠澳大桥等 40 多个“国之重器”展现河钢舞钢力量。

2019 年，河钢舞钢 4300 毫米宽厚板精轧机升级改造项目建成投产，形成了 4100 毫米+4100 毫米、4200 毫米+4300 毫米两条双机架宽厚板生产线，企业实力迈上新台阶。

2020 年 1 月，在国家科学技术奖励大会上，河钢舞钢作为主要参与单位完成的《高品质特殊钢绿色高效电渣重熔关键技术的开发和应用》荣获 2019 年度国家科学技术进步奖一等奖。

2020 年，瞄准客户期望，聚焦产品和市场两大主题，与强者同行，河钢舞钢掀起了“解放思想，对标改进”新高潮，着力培育打造市场竞争新优势。

三、主要成果

河钢舞钢获得国家科技进步奖一等奖、二等奖各一项，获得省部级科技进步奖近百项，获得全国质量奖、中国名牌产品、中国驰名商标、全国五一劳动奖状、中国外贸出口先导指数样本企业等重大荣誉，多系列产品获得冶金实物质量金杯奖。

河钢舞钢先后制定了《临氢设备用铬钼合金钢板》《厚度方向性能钢板》《建筑结构用钢板》《核电站用碳素钢和低合金钢钢板》等 9 个国家标准。

河钢舞钢因国家特殊需要而建设，因具有特殊优势而发展，胸怀钢铁报国之志，积极担当国家责任，做出了非凡贡献。

在 2019 年举行的中国改革开放 40 周年成就展上，从卫星发射、载人航天、大飞机制造、国家散裂中子源项目、新型主战坦克装甲、大型船舰制造到三峡工程、西气东输工程、北京 2008 奥运工程、港珠澳大桥等 40 多个国之重器，由河钢舞钢产品支撑制造。

建功鸟巢，举世瞩目。河钢舞钢为“鸟巢”建设自主研发的 110 毫米厚 Q460E-Z35 高端钢板，填补了世界空白，最终实现了“鸟巢”用钢全部“中国造”。2008 年 9 月，在北京奥运会总结表彰大会上，河钢舞钢荣获“北京奥运会特别荣誉奖”，也是受到表彰的唯一材料供应企业。

西气东输主干线长达 4859 公里，河钢舞钢生产的 2 万多吨 X70 管线钢板，打破了日韩钢厂对西气东输主干线用钢的垄断，并迫使进口钢材价格每吨下降上万元，为国家节约了大量外汇，这是主干线唯一使用的国产钢材。

河钢舞钢 15 万吨高端钢板撑起三峡工程。为三峡工程开发了 4000 毫米以上的特殊规格钢板，填补了国内冶金产品的一项空白；研发生产的三峡发电机组用钢实现了三峡发电机组用钢国产化。三峡双线五级闸门的 24 扇永久性船闸用钢全部为舞阳宽厚板，计 4 万多吨。三峡升船机抬升机构齿条制造所需的合金结构钢 42CrM 以及世界最大的厂房天车——三峡 1200 吨起重机也用河钢舞钢产品制造。

神华宁煤400万吨/年煤制油工程承担着37项重大技术、装备及材料自主国产化任务，号称“国家示范型实验室”。河钢舞钢专项研发的132毫米厚SA387Gr11高端钢板，实现了煤制油核心装置用钢全部中国造。该钢和鸟巢用钢一样，均为世界首创。

河钢舞钢5000余吨高端核电钢用于“华龙一号”全球首堆——中核集团福清核电5号机组的常规岛及核岛设备制造。制造的超宽高延伸率核电机组安全闸门用钢，可在飞机冲撞等极端情况下保证核电机组安全。研发的核岛级核电钢18MND5、16MND5等，结束了我国高级别核电用钢长期依赖进口的局面。

中国首座公铁两用跨海大桥——平潭海峡公铁两用大桥是我国施工难度最大的桥梁。该桥址所在的平潭海峡，为世界三大风口海域之一，具有风大、浪高、水深、流急等特点，最大浪高约9.69米，被称为“建桥禁区”。建设中主要应用了舞阳宽厚板，总量6万余吨。

河钢舞钢为中国大飞机制造的核心设备——世界最大的8万吨模锻压机机架，用舞钢完全自主知识产权的390毫米厚电渣重熔钢板制造。

中国最大的大科学装置——散裂中子源项目建设中，河钢舞钢累计为该工程的谱仪钢屏蔽体、隧道屏蔽墙钢屏蔽体、靶站内外部钢屏蔽体、磁铁支架、废束站等供应200毫米超厚钢板加工件1359件、7000多吨，获得“中国散裂中子源工程重大贡献参建单位”殊荣。

河钢舞钢研制的我国第一块大型铜钢复合板Tu1/20g，规格为（4毫米+16毫米）×3200毫米×4000毫米，用于我国第一台重大科学装置项目、我国第一座高能加速器，国家“八七”工程——北京正负电子对撞机项目建设。中国科学院专程向中共中央国务院打报告，称赞舞钢生产的铜钢复合板超过了西德的水平，完成可以替代进口。

中国载人航天工程办公室颁发奖状，表彰河钢舞钢在中国首次载人航天项目中做出的独特贡献。河钢舞钢荣获了中国航天首次载人航天任务、首次载人航天交会对接任务、中国航天突出贡献供应商等多个荣誉奖牌。

四、特色工艺装备

河钢舞钢的特色工艺装备有：

（1）初炼—LF精炼—VD—连铸—坯料清理—连续炉加热—轧制（包括热轧、控制、TMCP）—（钢板堆垛缓冷）—翻板检验—（探伤）—切割、取样、检验—合格后切割定尺、标印、入库。

主要钢板为：普碳低合金、碳素结构钢、部分合金结构钢经控冷、TMCP交货的品种钢。

（2）初炼—LF精炼—VD—连铸/模铸— 坯料清理—连续炉/加热炉加热—控轧控冷—钢板堆垛缓冷—翻板检验—（探伤）—正火—切割、取样、检验—合格后切割定尺、标印、入库。

主要钢板为：大厚度的普碳低合金、碳素结构钢、锅炉容器钢、桥梁、建筑类钢板等。

（3）初炼—LF 精炼—VD—连铸/模铸—坯料清理—连续炉/加热炉加热—控轧控冷—钢板堆垛缓冷—翻板检验—（探伤）—回火—切割、取样、检验—合格后切割定尺、标印、入库。

主要钢板为：合金结构钢、碳素结构钢等。

（4）初炼—LF 精炼— VD—连铸/模铸—坯料清理—连续炉/加热炉加热—控轧控冷—钢板堆垛缓冷—翻板检验—（探伤）—正火—回火—切割、取样、检验—合格后切割定尺、标印、入库。

主要钢板为：锅炉汽包板、容器钢、部分高合金钢等。

（5）初炼—LF 精炼—VD—连铸/模铸—坯料清理—连续炉/加热炉加热—控轧控冷—钢板堆垛缓冷—翻板检验—（探伤）—淬火—回火—切割、取样、检验—合格后切割定尺、标印、入库。

主要钢板为：Cr-Mo 容器钢、部分高合金钢、耐磨钢、海工钢、高强钢、低温容器钢等。

五、未来展望

河钢舞钢将在以习近平新时代中国特色社会主义思想的指引下，高举“创中国名牌、出世界精品”旗帜，实施名牌战略，引领行业发展，保持在品牌、品种路线、研发能力、高端市场领先优势基础上，以建设最具竞争力宽厚板钢领军企业为愿景，坚定扛起“中华第一板”大旗，为人类文明制造绿色钢铁。

第二章 天津钢管制造有限公司

一、企业概况

天津钢管制造有限公司（以下简称天津钢管或TPCO）常被人亲切地称为“大无缝”，是中国能源工业钢管基地。天津钢管主要经营范围是：钢管制造及加工，金属制品加工，有色金属材料制造、加工及技术开发、转让、咨询、服务等。主导产品为能源用管，覆盖了石油化工、海洋工程、军工、电力、专用管等领域。天津无缝钢管工程项目作为国家“八五”重点工程，于1992年热试投产，其冶炼、轧制、加工主体生产设备主要从国外引进。经过近30年的发展，公司已具备年产铁96万吨、钢300万吨、无缝钢管350万吨的生产能力，在无缝钢管领域成为参与国际竞争的行业主力军，产销量连续多年世界第一，以跨越式发展跻身全球钢管行业前三强。在油井用管领域，国内石油套管市场占有率保持在40%、高端产品达到近70%，具有不可替代的作用；出口近百个国家和地区，全球前50强的石油公司中，近八成的公司对天津钢管的产品给予合格认证，并被多家公司列为指定供货商。天津钢管的崛起，加速了我国无缝钢管行业现代化进程，带动了行业发展整体水平，在造就我国成为无缝钢管第一生产大国的地位，进而改变世界无缝钢管市场格局的光辉历程中发挥了主力军的作用。更为重要的是，改写了“洋管”漫天要价的历史，使我国油田打井成本大幅下降，为我国能源工业的安全发展提供了坚实的保障，“TPCO”现已成为中国能源工业钢管基地，是国内具有国际竞争实力的无缝钢管企业，跻身世界钢管行业前列。

公司先后荣获全国五一劳动奖状、全国文明单位和三次国家级企业管理创新成果一等奖，还被授予“国家质量管理卓越企业”和“国家创新型企业”等称号。

天津钢管经过近30年的历史沉淀和长期的探索与实践，在产品冶炼、轧制、热处理等关键技术领域拥有了自己的核心技术，积累了大量宝贵研发、生产经验，培养了一支高素质的人才队伍，造就了一大批经营管理、科技开发和技能操作人才，形成了天津钢管特有的生产技术优势、人力资源优势和管理优势，凸显了企业在市场竞争中的优势地位。在行业内，天津钢管已树立起“TPCO”品牌形象，并享有较高的声誉。石油套管成为“中国名牌产品”。无缝钢管成为“中国名牌出口商品”。

经过近30年的建设与发展，天津钢管公司产品由原设计的3个钢级、几十个品种发展到100多个钢级、近万个品种规格，并形成特有的TP系列产品，产品涵盖了石油钻采、海洋、核电、工程机械、军工等领域。深海管线、超深井、热采井、高抗腐蚀、高强高韧、海工结构管、钛合金管等产品处于行业领先水平，并率先进入了可燃冰开采领域。

油气开采领域：天津钢管在国内率先开发了拥有自主知识产权的9大系列、40多个钢级、100余种规格的TP系列高端油井管产品，有效解决了以塔里木盆地、川渝高含硫气田为代表的国内非常规油气复杂区块的开采难题，成为用户普遍采用的井身结构设计和产品选择方案。多次刷新亚洲石油套管下井纪录，最深达到 8882 米。凭借产品设计、装备能力等综合实力，天津钢管拥有一批国内供货能力不可替代产品。是国内首家具备批量生产并成功下井应用钛合金油井管的企业，首次应用于超深高含硫油气田，管串下井深度 6500 米，创造了钛合金油管使用长度与重量两项世界纪录。

海洋工程领域：天津钢管是国内生产海洋工程无缝钢管钢级、规格范围全，生产和出口总量大的知名企业。开发了 X42～X100 等钢级的管线管，并大量应用于海洋工程领域。在国内率先通过了包括世界三大船级社挪威船级社（DNV）和美国船级社（ABS）在内的 11 家第三方机构认证，具备在海洋等特殊领域供货资质。海洋用绕管率先通过了德西尼布工程咨询公司的认可，并成功应用于马士基北海项目。是首家高强度海工桩腿管通过美国船级社认证的国内企业，X80Q/X100Q 高钢级海工结构管等成功实现国产化，打破了长期被国外少数企业垄断的局面，大幅降低了进口产品售价。

军工核电领域：天津钢管具备研发多种军工产品的能力。天津钢管开发的核电产品率先实现了常规岛用无缝钢管国产化；P9、P91 和 P92 在行业中得到了广泛应用，产品性能达到国际水平。

其他行业领域：天津钢管的高强韧射孔枪产品在国内外得到广泛应用。高端工程机械用管 550 钢级国内市场占有率超过 70%，770 钢级产品已完全替代了进口，890 钢级产品部分替代了进口。开发的 960 钢级管材引领了起重机臂架管产品前沿。耐低温钢产品可应用到最低-196℃的工况环境，已批量应用到国内外多个大型石化项目。在重点工程项目上，开发的产品先后在三峡大坝、北京鸟巢、上海世博会场馆、天津达沃斯场馆、冬奥会场馆等国家重点工程项目批量应用。

国际市场：多年来，天津钢管大力开发国际市场，无缝钢管出口量常年保持在国内前列，出口占比稳定在 10%以上。自 2004 年以来，连年进入中国进出口企业 500 强行列，2013 年位列中国一般贸易出口企业 100 强第 36 位，2017 年被正式授牌成为天津自主品牌出口领军企业。

天津钢管代表产品见表 3-2-1。

表 3-2-1　天津钢管代表产品

主要产品	主要用途		代表品种
油管与套管	油气开采、可燃冰开采	普通油气井	N80、J55、K55、P110
		高抗挤毁	TP80T～TP130T
		热采井	TP90H～TP120H
		抗硫化氢腐蚀	TP80S～TP125S
		抗二氧化碳腐蚀	Sup-13Cr 等
		抗硫化氢及二氧化碳腐蚀	TDJ028、钛合金等
		超深井	TP140V 等
		低温	TP140DL 等
		射孔枪	CrMoV 钢如 TP155P 等

续表 3-2-1

主要产品	主要用途	代表品种
石油钻杆	钻铤 钻杆 扶正器	4145H、4137H、26CrMo4S/2 等
油气输送管	油气输送、深海耐海水腐蚀管线钢	X52~X100QS
高压气瓶和蓄能器管	高压容器制造、车载大气瓶	30CrMo、37Mn 系列、34CrMo4 系列、4130X 等
液压支柱管	机械加工行业	27SiMn、30CrMnSi 等
高、中、低压锅炉管	锅炉、电站	20G、15CrMoG、12Cr1MoVG、106B、106C、T11、T22、T/P91 等
核电管	核电站	20 控 Cr、WB36CN1、HD245 等
石油裂化管、高压化肥管、化工管	石化行业	1Cr5Mo 等
车桥管、桥箱管	汽车制造行业	20Mn2、SM-745、20CrMo4 等
工程机械管	旋挖机钻杆、起重机臂架	TP850RD、TP960E 等
结构管、机械管	机械、桥梁、建筑结构等	20、40Cr、42CrMo 等
流体输送管	液、气输送	16Mn、Q235 等
耐磨管	矿浆输送	TP-NM360 等
轴承、轴套		GCr15、GCr15SiMn、GCr15SiMo
冷拔油缸		XYQ420、XQ720 等

二、历史沿革

建设天津钢管是党和国家的战略决策，目的是“以产顶进”，实现石油管材国产化，保证我国能源工业发展的需要。早在 20 世纪 60 年代初，随着大庆油田的崛起，我国甩掉了用“洋油”的帽子。20 世纪 80 年代，我国油气勘探开发蓬勃发展，原油产量超过了 1 亿吨/年，基本解决了当时国内石油短缺能源供应紧张的局面。但直到 20 世纪 90 年代初，油田的勘探开发需要大量的油井管材，国内生产在产量、质量上都难以满足油田快速发展和建设的需要，石油专用管材 90%以上仍依赖进口，为此国家每年不得不花大量的外汇。实现石油管材国产化，是石油工业发展的迫切需要，也是国家赋予冶金工业战线的重大历史使命。为了解决油井管国产化问题，20 世纪 80 年代中期，国家有关部委、天津市政府共同筹划在天津建设一座现代化无缝钢管厂（一条全流程的专业化石油套管生产线）。1987 年 12 月，国家计委批复了在天津建设无缝钢管项目，并列为“八五”重点工程。该项目设备全部从国外引进，包括 150 吨的超高功率电弧炉及炉外精炼、250MPM 限动芯棒连轧管机组、热处理线、管加工线，以及用于油井管实验和研发的成套装备等。该项目的建成投产，一举改变了我国油井管长期依赖于进口的局面，打破了国外企业对油井管产品的垄断，同时，也拉开了中国油井管国产化快速发展的序幕。

天津钢管项目于 1989 年开工建设，工程建设期间，老一辈大无缝人与广大参建人员，以建设世界一流现代化工厂的豪情壮志，“吃三睡五干十六”，时间不断、空间占满，夜以继日、苦干攻坚，克服各种预想不到的困难和突如其来的挑战，高速度、高质量地推进工程建设，仅用三年时间就在盐碱地上建立起了一座现代化的钢城，并荣获了“中国建筑工程鲁班奖”。

1992 年 6 月、12 月炼钢、轧管线分别建成投产；1993 年热处理线、管加工线也陆续建成投产。

天津钢管的发展一直得到了党中央、国务院的亲切关怀，习近平、江泽民、胡锦涛等历届中央领导都曾多次亲临视察，要求建设成为世界级钢管基地。

通过持续不断的技术改造，150 吨超高功率电炉由设计年产能力 60 万吨提升到 120 万吨。轧管一套机组突破 100 万吨，是原设计能力的两倍，单机产量实现突破。2002 年，与国外联合研发建设了 PQF 三辊式高精度连轧管机组，代表了当今世界无缝钢管生产工艺技术的先进水平。其他新建项目坚持引进与自主研发、制造相结合，设备国产化率达到 90%。无缝钢管产能由 50 万吨扩大到 350 万吨，实现了“以产顶进”的建厂初衷，保证了我国能源工业快速发展的需要，天津钢管的综合实力跻身世界钢管行业前三强。

1987 年，国家计委批复在天津建设无缝钢管项目，并列为“八五”重点工程。

1989 年，无缝钢管公司工程指挥部成立，项目开始破土动工。

1991 年，经天津市政府批准建立天津钢管公司。

1992 年 6 月 27 日，炼钢热负荷试车成功。

1992 年 12 月 4 日，轧管系统热轧线全线贯通。

1995 年 12 月，通过国家工程竣工验收。

1999 年，公司实现“债转股”。

2001 年，按《公司法》改制为天津钢管有限责任公司，建立法人治理结构。

2004 年，经天津市政府批准更名为“天津钢管集团有限责任公司”。

2006 年，成立天津钢管集团股份有限公司。

2010 年，注册成立天津钢管制造有限公司，是天津钢管集团股份有限公司的全资子公司。

2019 年，公司进行混合所有制改革，引入战略投资者上海电气集团，重组天津钢管制造有限公司，实现强强联合，为公司发展注入新动能。

三、主要成果

天津钢管作为无缝钢管行业的领军企业，持续推进技术创新，组建了以石油专用管产品开发为主的研发队伍，能够为全球能源开发所需无缝钢管提供完整的配套解决方案。经过多年科研开发和技术积累，形成了一大批自主知识产权的 TP 系列油井管产品，截至 2020 年 11 月，累计获得国家专利授权 400 余项，获得国家、省部及行业科技奖 105 项，其中国家科技进步特等奖 1 项、二等奖 7 项，天津市科学技术奖 52 项，冶金科学技术奖 27 项。

重点自主创新产品简介：

（1）特大型超深高含硫气田安全高效开发技术及工业化应用。该项目荣获由国家科技部评选的 2012 年度国家科学技术进步奖特等奖，这是天津钢管集团作为主要完成单位之一，获得的国家科技进步最高奖项。天津钢管承担了该项目子课题“高含硫气田抗硫化氢应力腐蚀套管的研制”。成功开发出TP90S和TP95S抗硫化氢应力腐蚀套管和高强度的TP110SS和TP110TS高抗挤毁、抗硫化氢应力腐蚀套管，以及X52S钢级大外径厚壁抗硫管线管。产品质量达到国外同类产品先进水平，价格降低了35%~50%。极大地减少了油田的开发成本，同时为公司创造了可观的效益。

（2）高性能射孔枪管关键生产技术与产品开发研究。该项目获得2012年度天津市科技进步奖一等奖。项目重点研究石油天然气开发所急需的高性能高精度射孔枪用无缝钢管的关键生产技术与产品开发。由于射孔枪管的使用环境极为苛刻，其质量对油井寿命影响极大，因此其质量要求极高，生产难度极大。天津钢管开发出了钢级和规格成系列的射孔枪管。TP155P是目前世界上最高级别的射孔枪管，连续通过了美国、加拿大等石油公司100多次严酷的射孔评价测试，产品打入美欧市场。该钢管出口售价昂贵（2800~3700美元/吨），目前在中国只有天津钢管一家成功开发并实现批量生产，在世界上也只有一到两家极少数的钢管制造厂能够正式批量化生产和供应此类钢管。

（3）高强韧性抗挤毁石油套管的关键生产技术开发及应用。项目获2013年度天津市科技进步奖一等奖。该项目开发出系列化的高性能高抗挤毁石油套管，有效地解决了严重困扰油田生产的油气井套损坏问题。形成了一套高抗挤毁石油套管的生产技术，并获得了3项发明专利。这一成果使天津钢管集团的高抗挤毁石油套管生产技术水平达到国际领先。

（4）海洋钻井平台结构用高性能无缝钢管的关键材料技术开发及应用。项目围绕大型自升式钻井平台桩腿用X80Q、X100Q结构管的技术要求，研究并解决了材料成分和组织的优化设计、高纯均质化冶炼—连铸工艺、高精度轧管工艺、精确热处理工艺及环焊工艺等多项关键技术问题，研制开发出高性能结构管。开发出的高性能结构管通过了CCS船级社认证，并且以国内第一个、全球第二个的速度通过了美国船级社ABS的海洋结构管认证。产品已应用到多个平台，累计供货达到1.8万余吨。该项目实现了高性能结构管的国产化，打破了国外企业的垄断，使得国外该产品价格降低了约50%。

（5）S135高强韧性钻具用管生产技术与产品开发。项目获2014年度天津市科技进步奖二等奖。开发出的高强度高韧性钻具管，使我国高强度钻杆产品实现国产化。实现国家深井能源采掘技术自主化，从而使我国战略能源石油天然气开采具有更高的经济安全性和知识产权自主性。

（6）绿色高效电弧炉炼钢技术与装备的开发应用。项目获得2019年度国家科学技术进步奖二等奖。天津钢管与北京科技大学共同组成项目团队，针对始终困扰着我国电弧炉炼钢技术发展的全废钢电弧炉能量消耗高、质量不稳定、污染物排放等重大关键问题，研发了超高功率智能供电、高效深度洁净冶炼、绿色输送废钢预热和高效协同控制集成等绿色高效电弧炉炼钢技术，在装备、工艺、控制、产品质量和绿色环保等多方面均取得了创新重要成果。天津钢管主要承担电弧炉高效深度洁净冶炼技术的研发，突破了全废钢电弧炉高品质钢生产技术瓶颈。项目在公司成功应用后，不但提高了销售额和利润，还对节能减排有着重要意义，经济及社会效益显著。加速电弧炉炼钢技术的发展，对我国钢铁工业实现绿色低碳制造、推动高质量发展至关重要，对钢铁工业高质量发展具有重大战略意义。

（7）核电用无缝钢管关键技术开发及应用。项目获得2019年度冶金科学技术奖三等奖。为满足国内核电站建设对高性能无缝钢管的迫切需求，打破国外技术垄断，提升产品技术含量和开展产品质量控制，项目组开展联合攻关完成了核电用无缝钢管关键材料技术研制。经过近10年的技术创新及小批量试制，完成了从材料成分优化设计—炼钢控制技术控制—PQF轧制精准控制—热处理精细组织控制等工作，实现了核电用无缝钢管关键材料的国产化和自主化。已获得授权国家发明专利4项，在国内外公开期刊发表相关论文11篇。产品的开发，打破了国外企业的垄断，实现了产品国产化。累计开发生产60余个规格核电用钢管7950.9吨，主要应用在目前我国CPR100、AP1000以及“华龙一号”等三大核电站技术类型，涉及20余台核电站机组的管道建设。产品附加值高，经济效益和社会效益显著。该项目开发开展具有重大的技术创造性，大力推动了我国电力行业向清洁能源转型。对于全面落实十九大报告提出的“壮大清洁能源产业”起到了重大作用。

（8）钛合金无缝管高效热轧技术与高性能钛合金油管开发应用。项目获得2019年度中国腐蚀与防护学会科学技术奖一等奖。国际上多数气田井下均含有高浓度CO_2、H_2S及单质硫等强腐蚀性介质，我国70%的主产区块腐蚀苛刻程度堪称世界之最，油井管如何安全经济选材一直是困扰行业安全规模开发大气田的突出难题。钛合金具有优异的耐海水腐蚀、高比强度、优异的耐腐蚀及抗应力腐蚀开裂性能、优良的抗疲劳和抗蠕变性能，被公认为是镍基合金材料的理想替代产品。项目首创性的把钛合金材料与高效无缝钢管生产技术结合，实现了生产工艺的创新。完成了钛合金油井管的钢种创新、坯料制备、高效轧制、组织性能调控、特殊螺纹设计及评价等发明创新。项目的研究成果不仅填补了国内外苛刻腐蚀环境用钛合金油井管的市场空白，也为钛合金材料开拓了新的制造工艺模式与应用领域。

四、特色工艺装备

（一）生产工艺流程与装备

天津钢管始终坚持高起点、高标准的定位原则。始建初期，从德国、意大利、美国、比利时、英国等国引进了当时世界先进的炼钢、轧管、管加工和直接还原铁设备和技术；整个生产过程采用基础自动化、过程计算机、管理计算机三级自动控制，并且拥有完备、先进的在线和离线检测设备、技术分析手段，成为20世纪90年代国内技术先进的大规模石油管材专业生产基地。

1. 炼钢系统

炼钢系统拥有150吨、100吨、90吨超高功率三套电弧炉及连铸、精炼设备。

（1）一炼钢电炉、精炼、连铸全部引进德国曼内斯曼德马克公司技术及装备。使用和装备了国际上一系列先进工艺技术和设备，如大容量变压器有载调压、水冷炉壁、水冷炉盖、炉盖第四孔除尘、高位料仓连续加料、大型机械自耗式氧枪机械手、偏心炉底出钢，并配备有气雾冷却KT超音速氧枪和KT碳粉喷枪等。精炼为150吨双工位LF炉及一套

VD 真空处理炉；配套连铸可生产 ϕ210 毫米、ϕ270 毫米、ϕ310 毫米、ϕ350 毫米圆坯，连铸机弧形半径 10.50 米。2003 年将四流连铸改造为六流连铸。连铸采用全程氩气保护浇铸、结晶器液面自动控制、结晶器电磁搅拌、二冷配水动态控制等先进技术。

（2）二炼钢超高功率电弧炉从意大利 Tenova 公司引进，2005 年 10 月对该电炉进行了扩容改造，出钢量由 90 吨提高到 100 吨。采用偏心炉底出钢，拥有炉门及炉壁碳、氧枪系统；精炼为 100 吨双工位 LF 炉及一套双工位 VD/VOD 处理炉；配套连铸可生产 ϕ150 毫米、ϕ210 毫米、ϕ251 毫米、ϕ270 毫米圆坯。六流浇铸，连铸机弧形半径 10.50 米。连铸采用全程氩气保护浇铸、结晶器液面自动控制、结晶器+末端电磁搅拌、二冷配水动态控制等先进技术。

（3）三炼钢 90 吨超高功率电弧炉从意大利 Tenova 公司引进，采用偏心炉底出钢，拥有炉门及炉壁碳、氧枪系统；精炼为 100 吨双工位 LF 炉及一套 RH 处理炉；配套连铸可生产 ϕ310 毫米、ϕ350 毫米、ϕ400 毫米、ϕ450 毫米、ϕ500 毫米圆坯。五流浇铸，连铸机弧形半径 14.0 米。连铸采用全程氩气保护浇铸、结晶器液面自动控制、结晶器+末端电磁搅拌、二冷配水动态控制等先进技术。

2. 轧管系统

拥有各具特色的四种机型、七套无缝钢管生产线。

ϕ250MPM 限动芯棒连轧机组全套设备于 1992 年由意大利皮昂帝公司引进。环形加热炉从意大利皮昂蒂公司引进，中径 ϕ48 米。

1992 年 12 月，ϕ250MPM 轧机建成投产，代表了 20 世纪 90 年代初世界最先进水平，设计年产 50 万吨，2007 年实现 100 万吨，实现世界单机产量新突破。

ϕ168PQF、ϕ460PQF、ϕ258PQF 三辊式连轧机组均由天津钢管与德国米尔公司共同设计研发，采用三辊高精度连轧机组，能轧制高合金管、不锈钢管，产品椭圆度、直度、壁厚均匀度及管体质量均好于限动芯棒连轧机组生产的钢管。分别于 2003 年 9 月、2007 年 3 月、2008 年 4 月建成投产。其中 ϕ168PQF 三辊式连轧机组为世界首套。

ϕ508 机组于 2012 年 5 月在淮安建成投产。

ASSEL 机组工艺技术和装备水平处于同类机组先进水平。设计年产 20 万吨。2005 年 5 月建成投产。

冷轧冷拔机组主要生产不锈钢管，主要设备有冷轧机、冷拔机及 500 吨扩拔机、配套矫直机、探伤设备等。2003 年 2 月投产。

ϕ720 项目斜轧扩径机组是世界第二套、国内第一套斜轧扩管机，无缝钢管领域首创四辊热定径机。

3. 管加工系统

钢管主业在主厂区拥有 5 条热处理线、24 条管加工线，年加工能力达到 150 万吨以上。主厂区以外管加工线 10 余条。车丝机设备主要从美国、比利时、西班牙、日本引进。拥有 41 套电磁、超声、磁粉、涡流等探伤设备。

（二）质量保证

1. 品牌建设

公司坚持实施精品战略，确立了“精料、精炼、精轧、精加工、精心工作”的五精方针，从原料进厂到产品出厂，确保每道工序都进行严格的质量检验，整个生产过程和影响产品质量的各个环节始终处于受控状态，从而确保实物质量达到世界领先水平。

针对石油套管的特殊性和高风险性，天津钢管坚持与国际惯例和先进管理模式接轨，在体系认证方面，公司于1994年打破先有两年运行业绩再申请认证的惯例，通过美国石油学会API认证，取得了石油套管的API会标使用权。1995年通过北京国金恒信ISO 9001质量体系认证，1996年通过瑞士SGS ISO 9001认证。截至目前，天津钢管还通过了中国、美国、挪威、英国劳氏船级社等多项认证，壳牌、美孚、道达尔、沙特国家石油公司、BP石油公司等118家国际大石油公司和工程公司的第二方认证审核，先后与壳牌、雪佛龙、美孚、泰国国家石油公司等国际知名大油公司签订了长协合同。

2. 检测及科研设备

作为天津钢管科技创新机构，技术中心成立于1994年，拥有先进的理化检测仪器，其中包括当今世界上先进的实验研究设备。1996年被批准为国家级技术中心，是国家认定的具有国家实验室资格的研究单位。实验室通过了CNAS认可。拥有专业试验研究室15个，大型精密试验研究仪器设备400余台套。2006年，天津钢管又投资建设了世界先进的管材研发中心，并拥有了全流程中间试验线；2012年，组建了天津市油井管材技术工程中心。同时，投巨资引进世界先进的油井管材研究评价试验系统，配备了四套大型全尺寸复合加载实验装置及多台辅助设备（包括600吨、1500吨、2000吨和3000吨四台联合力试验机），能整套模拟井下试验系统，试验范围涵盖所有规格、钢级。其中3000吨试验机是世界上水平最先进、载荷能力最高的卧式联合力试验机，能够有效模拟套管管柱在复杂井况下所受复合载荷的服役情况，可完成国际螺纹最高评价标准ISO 13679中推荐的所有试验项目。还拥有一个全国最大的硫化氢腐蚀实验室，能够完成SSCC、HIC等抗硫化氢腐蚀试验，达到国际一流试验水平。

第三章 河冶科技股份有限公司

一、企业概况

河冶科技股份有限公司（以下简称河冶科技）位于河北省石家庄市经济技术开发区世纪大道17号，占地面积300亩，在册员工900人，是央企三级子公司，属混合所有制的中外合资企业，是研发和生产相结合的专业化工模具钢生产企业，高速工具钢产销量全球第一，产品质量位于国内领先水平，2000年当选中国特钢行业高速工具钢专业组组长单位，是石家庄市工业50强企业。

公司建有“河北省企业技术中心”“河北省高速工具钢工程技术中心”“博士后科研工作站”“院士工作站”，与先进钢铁材料技术国家工程研究中心合作设立河冶工模具钢研究中心，公司检测中心获得国家实验室认可证书。

公司主要产品分为传统工艺、粉末冶金和喷射成型工艺制备的高速工具钢、高端模具钢、耐蚀耐磨钢三大类；按品种分为锻材、锻坯、热轧圆钢、方扁钢、盘条、冷拉材、剥皮材、磨光材、钢板、热轧钢带、冷轧钢带、刀具毛坯等12个系列。产品广泛用于工具、模具、汽车、航空、军工、冶金、汽轮机等行业，面向国内26个省市、国外10余个国家和地区销售，被国内外众多知名企业所认可。

二、历史沿革

1974年，重建河北省冶金研究所（公司原母企业），开始研究生产高速钢，首创了“IF+ESR”生产工艺。

1986年，河北省冶金研究所主动参与市场竞争，启动规模化、专业化生产高速钢。

1996年，改名为河北省冶金研究院。

1998年，出现经营困难，通过组织变革，转变经营理念，得以起死回生。

2000年，以高速工具钢生产线为基础成立河北冶金科技股份有限公司，成为股份制企业，建立质量体系，塑造河冶品牌。

2003年，安泰科技投资控股，公司更名为“河冶科技股份有限公司”。

2006年，日本住友商事集团成为公司战略伙伴，公司成为中外合资企业。

2008年，在石家庄经济技术开发区投资建设新厂。

2015年，荣获河北省政府质量奖。

2018年，设立“院士工作站”。

2020年12月，公司获得河北省“绿色工厂”称号。

三、主要成果

河冶科技长期坚持“自主创新研发+产业化”的发展路线，先后开发了粉末冶金高速钢、喷射成型高速钢，高性能丝锥用3V级丝锥钢、螺杆专用材料、高性能模切辊专用材料、ϕ0. 8~3. 0毫米高速钢钢丝、汽车领域精冲模具钢等新产品，公司技术创新研发投入占比超过3%，新产品产值率超过30%。

公司承担或参与国家、省市项目11项，获得河北省科技进步奖13项、河北省技术发明奖1项、河北省冶金科学技术奖42项。主持参与编写国家及行业标准20余项。获得发明专利授权33项。

四、特色工艺装备

河冶科技现有建筑面积16万平方米，生产设备598台套，主要包括20吨高合金冶炼炉、25吨LF精炼炉、25吨VD真空脱气炉、电渣重熔炉、喷射成型生产线、20兆牛快锻机、SX55精锻机、工模具钢棒线材连轧生产线、棒线材银亮材生产线等，设计年产高合金工模具钢40000吨。

五、未来展望

河冶科技秉持“聚焦客户，共创共享”的核心价值观，聚焦工模具产业，持续推进技术和服务管理模式的创新，由生产制造型向技术服务型转化，以专业化、智能化、绿色化为着力点，坚持“强核心、补短板、放产能”的管理思想，落实高质量发展。以两化融合体系建设为基础，加大智能制造技术开发，打造先进、高效、绿色、智能标杆生产线，提升组织管控能力和效率。坚持“多品种、小批量、高质量、低成本、快交付、强服务”的经营方针，巩固工具市场、开拓模具市场、扩展国际市场，实现效率效益倍增，履行社会责任 ，争做全球工模具材料领域的引领者。

第四章　河钢集团
石家庄钢铁有限责任公司

一、企业概况

河钢集团石家庄钢铁有限责任公司（以下简称河钢石钢）是河钢集团特钢板块标志性企业，始建于1957年，现已发展成为京津冀唯一专业化特钢棒材生产企业，国内外高端装备制造业材料主要供应商。

主导产品齿轮钢、轴承钢、弹簧钢、易切削非调质钢、合金结构钢、优质碳素结构钢等，广泛应用于汽车、工程机械、轨道交通、能源工程等领域，主要客户包括奔驰、宝马、丰田、沃尔沃及蒂森克虏伯、卡特比勒、斯凯孚、铁姆肯等国内外知名企业，产品畅销全国并出口世界30余个国家和地区。多项产品先后荣获国家产品实物质量“金杯奖”及“特优质量奖”。连续多次荣获“河北省政府质量奖”。

二、历史沿革

1957年12月13日，石家庄钢铁厂筹建处成立，先后建设起3座15立方米和10座55立方米小高炉，以及2座5吨空气侧吹转炉和小型轧钢，标志着石钢从此诞生。1966年初投产历史上第一座电炉炼钢设备——5吨电炉，铁、钢、材生产能力进一步提高至10万吨、6万吨、5万吨。

1989年起，连年获评全国500强企业，由地方中小型企业发展成为国家冶金重点大中型企业，并于1996年成功改制组建为石家庄钢铁有限责任公司。

“九五”之初，石钢提出了依靠边缘工艺技术，创造边缘产品，抢占边缘市场的“边缘发展战略”，开始了由普钢向优钢的战略转型。在国内首创转炉冶炼45号钢，在国内45号钢市场占有率曾达到35%以上，钢产量突破100万吨，钢材产量83万吨。

“十五”初期，石钢将企业发展重心转到依靠核心技术，创造特色产品，抢占核心市场的轨道上来，“边缘发展战略”进一步延伸为“边缘——精进战略”，踏上了优转特发展道路。60万吨棒材连轧生产线的投产和丰田钢的冶炼成功，标志着石钢的特钢生产装备和工艺操作水平产生了质的飞跃。

2004年，石钢钢产量实现207万吨，钢材产量178万吨。仅用4年时间实现了由100万吨钢规模到200万吨钢产能的跨越。

2006年6月，中信泰富（香港）集团收购石钢80%股权，石钢改制为中外合资企业。

2010年3月，河北钢铁集团（现河钢集团）收购中信泰富（香港）集团在石钢的全部股权，石钢成为河钢集团全资子公司。同年5月，建厂以来最大规模的节能减排综合治理工程开始实施，河钢石钢企业和生产经营面貌焕然一新。公司在不扩充产能的情况下，以客户结构调整推动产品结构升级，高端特殊钢产品全面进入世界500强中装备制造企业和世界汽车零部件百强企业中的汽车用钢企业，成为国内外高端装备制造业材料主要供应商。

2018年12月，河钢石钢环保搬迁产品升级改造项目正式开工建设。

2020年10月，河钢石钢新区投产。

三、主要成果

河钢石钢是国家高新技术企业、国家博士后创新实践基地和国家博士后科研工作站。拥有国家级理化检测中心和高端产品试验研究室、省级企业技术中心、省级企业重点实验室，配备具有国际先进水平的研究、检测、分析设备。

多年来，河钢石钢始终秉持“一切为了满足客户需求”的理念，持续推进技术进步和管理创新，目前拥有工程机械以轧代锻特种型钢产品开发技术、轿车涨断连杆用非调质钢的关键生产技术等7项独有技术，先后多次主持或参加国家重点研发计划项目、国家科技支撑计划项目等。目前主持或承担的在研国家课题3项：国家重点研发计划项目《面向特钢棒材精整作业的机器人系统》、国家科技支撑计划项目《先进制造业基础件用特殊钢及应用》中《低成本高强韧非调质钢关键技术开发与应用》和《长型材智能化制备关键技术》中《多品种小批量棒线材智能化定制及应用示范》。

主持或参与制、修订标准16项，包括国家标准6项、行业标准1项及团体标准9项，其中5项为第一起草单位。连年荣获质量管理体系及中、英、美、韩、挪等船级社认证；累计获授权专利277件，其中发明专利28件、实用新型专利249件；获得软件著作权38项；共有170多项成果分获科学技术奖，其中“先进制造用高品质钢洁净化制备集成关键技术”等21项项目获得省级及以上科学技术奖。

河钢石钢产品已全面进入世界500强中的38家装备制造企业，与世界汽车零部件100强企业中的31家用钢企业全面建立合作关系，与全球工程机械制造商50强中的22家企业建立了稳定供货关系。在汽车、工程机械、轨道交通、新能源、核电、矿山机械、建筑及桥梁等全国特钢棒材市场应用领域斩获多个“单项冠军”，其中包括：减震器活塞杆、发动机气门挺柱用钢；商用车发动机曲轴、发动机钢制活塞；高压油缸杆、底盘涨紧弹簧、四轮一带用钢；重载铁路弹簧扣件用钢；风力发电风电主轴轴承钢和齿轮钢，风电螺栓用钢。地铁扣件、隔振弹簧和机车防侧翻扭杆广泛应用于国内各大城市地铁建设；高铁复兴号动车机组新节能永磁同步主电机主轴用钢成功替代进口；核电弹簧应用于出口巴基斯坦的华龙一号核电站；高强度的桁架球头用于上海地标性建筑之一的上海浦东国际机场；特殊钢棒材成功用于港珠澳大桥高强度斜拉杆制造，为这一世界桥梁建筑史中的奇迹做出了贡献。

四、特色工艺装备

（一）工艺装备领先

电炉炼钢：拥有2台全球运行成本最低、性能最优、环保高效的130吨双竖井废钢预热炉型直流电弧炉。

立式连铸：世界最大断面、深度最深、质量控制水平最高，采用中间包感应加热、动态轻压下等 20 多项先进工艺技术的矩形坯立式连铸机。

高速线材轧机：全球轧制速度最快、产品精度最高的普锐特（美国摩根）第七代高线轧机。

KOCKS 三辊轧机：目前世界精度最高、稳定性最好的 500 毫米 KOCKS 三辊轧机，可实现自由尺寸轧制，满足客户个性化需求。

绿色环保：采用最先进的电炉二噁英环保治理技术，率先实现污染物全部超低、近零排放，全部消纳城市中水。

节能降耗：采用国际最先进的废钢预热、无焰燃烧等节能技术，实现资源、能源充分利用。

创新创效：全球冶金行业首家采用分质盐结晶、蒸发结晶工艺处理浓盐水，副产品结晶盐可作为产品销售，全面实现变废为宝。

（二）产品档次提升

充分利用当今世界最高端的工艺装备、最先进的管理、最雄厚的技术力量，立足于智能制造，在钢材纯净度、均匀性、表面质量、尺寸精度等方面达到世界领先水平；实现外资、合资品牌汽车发动机、变速箱、新能源汽车等特钢材料的国产化；重点开拓铁路、风电等高端轴承钢、轨道交通用钢、工模具钢等市场。通过立式连铸替代模铸、以轧代锻，形成 20%独有产品，培育更多行业领先产品和替代进口的产品；打造更多具有国际先进水平的“单项冠军”产品，在世界上树起更加响亮的河钢品牌。

（三）客户结构高端

不断拓展与宝马、奔驰、大众、丰田、通用等世界著名汽车制造商的合作，全面进入 SKF、NSK、铁姆肯等世界八大轴承制造企业，持续巩固卡特彼勒、小松、日立等高端工程机械客户群，进一步挺进高铁、核电、风电、新能源汽车等高端装备制造业。通过大力开发高端线材、工模具钢等客户，实现高精尖新材料新领域的新突破。利用专业化的服务，打造不可替代的定制化、个性化的产品，形成高端专有客户群。

五、未来展望

河钢石钢将在河钢集团领导下，落实新发展理念，继续推进产品结构和客户结构再优化，打造全球特钢企业智能制造的典范、国内钢铁长流程转短流程的典范、城市钢厂成功搬迁的典范、中国钢铁产业转型升级探索性的典范、带动资源枯竭区域产业转型的典范，成为“绿色、智能、节能、高质量、高效益”的国际一流、代表河钢集团品牌形象的标志性特钢强企，实现企业高质量发展。

第五章　钢铁研究总院

一、企业概况

钢铁研究总院在新中国波澜壮阔的冶金与金属材料科技发展史中始终令人瞩目，一直是我国科技改革大潮中的排头兵，在砥砺前行中与共和国钢铁工业共同成长，几代人不忘初心，追求卓越，谱写下科技报国华美篇章。

钢铁研究总院是我国金属新材料研发基地、行业共性关键技术开发基地和冶金分析测试权威机构，研发领域主要包括金属功能材料、先进钢铁材料、金属基复合材料、焊接材料、冶金流程工艺及装备技术、资源综合利用技术、分析测试技术等。承担了大量的国防军工新材料研发任务，先后研制了近千种高技术新材料，满足了我国“两弹一星”、长征系列运载火箭、神舟系列飞船、探月工程、核动力装置、先进战机、舰船、主战坦克及装甲车辆等国防军工重点型号建设需求；面向国家重大工程和国民经济重点行业需求，围绕材料品质提升、产品用户技术、资源综合利用与节能环保等领域，开发了一批新产品、新工艺、新技术、新装备，为能源石化、交通建筑、海洋工程、电子机械等提供了强力材料技术支撑，引领支撑了冶金及用户行业转型升级和创新发展。

钢铁研究总院现拥有两院院士 7 人，国家级奖励 200 余项、省部级奖励 800 余项，授权专利 300 余项，国家级技术创新战略联盟、工程（技术）研究中心、重点实验室 7 个。拥有 2 个博士后科研流动站，2 个一级学科授权点，10 个博士学位授权点和 11 个硕士学位授权点。

多年来，钢铁研究总院始终围绕钢铁生产工艺技术、先进钢铁材料品种开发等深耕细作，打造了一支特别能战斗的科研精英团队，培育了一批“高、专、特、精”的技术成果和专有产品。

二、历史沿革

1952 年，钢铁工业试验所成立，从全国选调了一批有经验的专家和技术骨干进行充实，这标志着我国第一个全国性钢铁科学研究机构的诞生。

1959 年，起草制定了我国钢铁材料的第一套合金钢标准，涉及 245 个钢号，初步解决了国家对合金钢的需要，为我国的合金钢生产奠定了基础。

1978 年，钢铁研究总院遵照“科学技术要与经济社会协调发展”“科学技术必须面向经济建设”的原则，坚决贯彻“调整、改革、整顿、提高”的方针，加强技术服务和成果推广。

1979 年，正式定名为钢铁研究总院。

1984 年，根据国家科委、国家体改委（84）262 号文的精神，钢铁研究总院开始实行由事业费开支改为有偿合同制（承包责任制）的改革试点。

1985年，开始全面试行有偿合同制。在改革中，钢铁研究总院始终把完成国家重点科研项目放在首位，同时大力开展成果推广、技术服务和新产品试制，实行承包责任制，把事业费改为专题合同制，并在人事、干部、机构等方面进行改革。

1999年，国务院对经贸委管理的10个国家局所属242个科研院所实施管理体制重大改革，钢铁研究总院转制为中央企业工作委员会直属的大型科技企业，从此，钢铁研究总院由事业制的科研院所彻底转变为全面所有制企业，致力于建立全新的现代企业制度。

2000年，钢铁研究总院下属安泰科技股份有限公司成功上市，并创下了沪、深股市的三项第一：由科研院所转制为中央直属大型科技企业后作为主发起人设立的第一家上市公司；创下沪深股市最高发行市盈率，加权市盈率44.27倍，全面摊薄市盈率50.94倍；创“双高”认证企业一次募集资金量新高。

2006年，钢铁研究总院更名为中国钢研科技集团公司，冶金自动化研究设计院并入中国钢研科技集团公司成为其全资子企业。

2007年，为继续保留、使用和发扬“钢铁研究总院”这一知名品牌，由原钢铁研究总院的全资子公司更名，并将中国钢研科技集团公司下属的研究所机构和国家级研究中心整合组成“钢铁研究总院”，下辖有9个研究所、室，5个国家级研究中心。

2009年，设立董事会，更名为中国钢研科技集团有限公司。

2012年，根据中国钢研科技集团有限公司“十二五”战略规划要求和改革总体思路，经研究决定，重组钢铁研究总院（中央研究院）。重组后的钢铁研究总院是中国钢研科技集团有限公司的科技创新核心，主要承担国家和行业纵向科研任务、前瞻性和基础性研究任务、战略性新兴产业等新领域研究任务。

三、主要成果

自主研发大型转炉高效绿色化复吹工艺技术在宝武、鞍钢、首钢等特大型钢企成功应用，复吹强度和碳氧积达到国际领先，节能减排效果显著，该成果荣获2020年度冶金科学技术奖特等奖。

提出了“钢铁产品质量能力评级”解决方案，可根据用户需求，形成特定生产线类别、特定产品类别的质量能力分级评价结果，形成的评级结果可作为用户采购招标的参考依据。

开发出的基体组织和碳化物双细化热处理技术，可使轴承钢的接触疲劳寿命提高至原来的5倍；开发出的表面超硬化热处理技术，可使轴承钢的接触疲劳寿命提高至原来的10倍。

在抗氢脆合金设计方面取得重大突破，通过对氢陷阱及其组分Mo元素对氢扩散的影响研究，设计出成本更低的12.9级螺栓钢。

自主设计了“高纯净冶炼—电渣重熔—高温扩散—多向锻造—超细化处理—球化退火”的集成创新工艺，开发出满足国际先进标准的高品质压铸模具钢系列化品种。

开展了航空航天等军用超高强度钢体系化研究。并且基于纳米尺寸碳化物+β-AlNi相的复合强化理论，开发出1900~2100~2500兆帕系列超高强度钢，自主研发出1900~2200兆帕超高强度不锈钢。

在不锈钢及耐蚀合金方面，开发了包括690合金、新13号合金、双相不锈钢、超级奥氏体不锈钢等产品，用于核能、舰船、航空、航天、海洋工程、化工、石化、纺织、造纸和建筑等行业。

自主开发出LNG建造所需全套9Ni钢镍基焊接材料，打破了国外垄断，实现国产LNG镍基焊材零的突破。开发的焊接材料已成功在江阴LNG项目上得到实罐应用。

在船舶及海洋工程结构用钢研发、高性能管线钢研发、高性能建筑用钢微合金化理论与应用、材料热力学计算与数据库研发方面具有国内领先的优势。

在我国航天、航空、航海、地质、地震、计量标定、激光物理以及低温物理等多个领域研制了上百种特殊用途的高精度磁屏蔽装置、数间屏蔽房，磁屏蔽性能达到国际先进水平。

以“新一代钢铁材料的重大基础研究”“超超临界火电机组钢管创新研制与应用”和“压水堆核电站核岛主设备用钢关键技术”为代表的技术开发工作，为钢铁工业技术进步以及国民经济发展做出了突出的贡献。

（一）新一代钢铁材料的重大基础研究

“新一代钢铁材料的重大基础研究”作为国家首批“973”项目。翁宇庆院士带领团队开展了通过晶粒细化和洁净化提高微合金钢强度和韧性的基础研究，研究发现了奥氏体热变形可以诱导（强化）铁素体相变（DIFT），在微合金钢种特别超细（1微米）铁素体组织（原来工业生产中，铁素体晶粒尺寸为20~40微米）；对铁素体/珠光体钢提出了形变诱导铁素体相变理论；分析了厚板坯连铸连轧工艺中出现纳米尺寸析出物促进超细晶现象，对贝氏体钢提出了形变诱导析出和中温转变控制理论；对高强度合金结构钢提出了抗延迟断裂理论。工艺技术上介绍了实现超细品钢强韧性的相应工艺，如超细钢的化学冶金、凝固冶金、电磁冶金、焊接技术等。该项目2004年荣获国家科技进步奖一等奖。

为了解决钢铁材料在高强度条件下如何获得优异塑性和韧性的问题，董瀚教授带领团队提出了“高性能钢的M3组织调控理论和技术”，阐明了M3组织强化和韧塑化机理，解决了强度提高导致塑性和韧性下降的问题。通过研究亚稳奥氏体在变形过程中的演变规律，发现随亚稳奥氏体含量提高和稳定性降低，材料动态加工硬化率逐步提高，推迟了颈缩产生，大幅提升了塑性和抗拉强度，从而明确了亚稳奥氏体含量与稳定性是强塑积调控的关键因素，为高强塑积第三代汽车钢研发提供了理论基础；基于界面增强和增韧原理，提出通过调控层状超薄奥氏体及其相变后形成的超薄马氏体板条块，能够同时提高强度和韧性，为屈服强度1000兆帕级、冲击功200焦低合金钢研发指明了方向。

在该项目M3组织调控及强韧塑化机理研究基础上，创新发明了高强塑积第三代汽车钢和新一代高强高韧塑性低合金钢，实现了在汽车、管线、桥梁等领域的应用。该项目研发成果创新发展了钢铁物理冶金理论，为未来高性能钢铁材料研发提供理论指导。

2018 年“基于 M3 组织调控的钢铁材料基础理论研究与高性能钢技术”获得国家技术发明奖二等奖。

（二）超超临界火电机组钢管创新研制与应用

600℃超超临界技术是迄今世界最先进商用燃煤发电技术，其研发瓶颈是 25Cr、18Cr 和 9Cr 高压锅炉管。主要技术难点：（1）我国不掌握材料成分最佳配比和生产过程控制技术；（2）国外 25Cr 管高温持久强度低、韧性差，18Cr 管晶间腐蚀倾向严重、抗蒸汽腐蚀性能差，9Cr 管含 δ 铁素体持久强度低，这是世界性难题。

钢铁研究总院刘正东院士带领团队经 20 余年研究和实践，通过半定量化解构强韧化机制研究，发现关键元素在高温加力长时过程中随强韧化单元变化规律，建立其固溶度积和热力学曲线，丰富和发展了耐热钢“多元素复合强化”设计理论，提出服役环境下优先失稳源问题和耐热材料的“选择性强化”设计观点，为耐热材料最佳成分范围确定和生产工艺研发提供了理论基础。突破了通过适度粗晶和强化晶界兼顾持久强度和抗蒸汽氧化性能关键技术，研发 1250℃控温控冷工艺调控析出相和晶粒尺寸，发现晶界碳化物粗化机理并利用硼晶界偏聚减缓其粗化速率，解决了持久强度和抗氧化难以兼顾难题，形成耐热钢管成套制造技术集成。

研发了高强韧 25Cr 钢管成套生产技术，使持久强度提高的同时韧性提高 3 倍；确定了 18Cr 钢管窄成分范围和 7~8 级晶粒度控制方法，在保持持久强度和抗氧化性能的同时消除了晶间腐蚀；研发了 9Cr 钢管无 δ 铁素体成套技术。打破国外产品垄断，10 余年间国产高压锅炉管国内市场占有率从 27%跃升到 86%、国外市场占有率从无到 25%，彻底改变了世界耐热钢管市场格局，使我国电站耐热钢管采购费降低 45%，电站单位造价降低 20%。至 2016 年底我国已建 600℃电站约 200 吉瓦（占全球 90%以上），节煤减排效果非常显著，中国已成为燃煤发电技术领先的国家。

自主研发了低合金耐热钢 G102、马氏体耐热钢 G115、耐热合金 C-HRA-1、C-HRA-2 和 C-HRA-3 等；成功建立了 630~700℃超超临界燃煤锅炉管耐热材料体系，并完成了电站锅炉建设所需上述新耐热材料全部尺寸规格锅炉管的工业制造。

（三）压水堆核电站核岛主设备用钢关键技术

压水堆是核电主体，我国已建 56 台核电机组中 53 台为压水堆。世界最先进第三代压水堆首堆均在我国建设，其高安全、长寿期、大型一体化设计对核岛主设备（包括压力容器、蒸发器、主管道、传热管等）材料技术提出前所未有挑战，其成分优化和制造工艺是世界性工程科技难题。

经长期探索和工程实践，发现影响核岛大锻件韧性和退火后强韧性的本质因素，突破 300~600 吨级钢锭超大锻件韧性提升和退火后强韧性优化匹配控制关键技术，确定了满足安全、长寿、大型一体化核岛超大锻件综合性能要求的极窄成分范围。研究冶炼—浇铸新方法，改善大钢锭偏析和夹杂。自主研制超大特厚异型大锻件研究专用装置，建立制造过程中热—力—组织—性能对应关系，解决了锻造开裂、晶粒控制和性能均衡提升难题，形成核岛主设备材料成套生产技术集成。

成功研制压力容器和蒸发器全套508-3钢大锻件、世界首批异型整锻316LN钢主管道大锻件、世界首批堆内F6NM钢压紧弹簧环锻件和690U传热管等，保障了先进三代压水堆核电首堆建设，国内市场占有率从零跃升到90%以上，主导了我国核岛主设备材料市场定价权，使其采购价降低60%，核电工程单位造价降低30%，全面实现了压水堆核岛主设备材料技术产业化，推进我国成为世界核电技术和产业中心。

四、未来展望

今后，钢铁研究总院将继续秉承“科技报国、服务社会”的理念，突出国家战略导向，服务行业发展，致力于成为国家金属材料技术及重大共性关键技术的引领者和金属材料全生命周期解决方案一体化服务的提供者，努力建设成为世界一流的金属材料研究院，在社会主义现代化新征程中做出新的、更大的贡献。

第六章 北京北冶功能材料有限公司

一、企业概况

北京北冶功能材料有限公司（以下简称北冶公司）是北京市中关村科技园区内的国家高新技术企业。经过60余年的发展，北冶公司已由一个科研院所发展成为科研、试制、生产一体化的科技型企业。涉及领域涵盖国防军工、航空航天、集成电路、电子电力、能源交通、汽车工业等行业，解决了国家多个领域高端金属材料的“卡脖子”问题，实现了进口替代，研发能力、产销规模居国内同行业领先地位。

二、历史沿革

1960年1月，北京冶金研究所正式成立，所址在北京广安门外北京钢厂院内，占地面积11297.8平方米，使用面积只有3256.75平方米。

1963年，在当时北京市委书记郑天翔亲自过问和决策督办下，将清河的北京第三钢厂撤销，其厂址作为冶金研究所的新所址。

1964年初，所址由广安门外北京钢厂迁往清河的原北京第三钢厂，同时组建了所属的冶金试验厂，主要任务是承担金属材料研制的工艺试验和生产；在搬迁工程中，由于备战小三线的原因，研究所的科研部分在1965年底迁到了北京市密云县原北京密云炼铁厂的旧址。

1968年，北京冶金研究所的名称撤销，更名为北京冶金试验厂，同时科研部分也全部由密云迁回清河，与原试制生产合在了一起。

1973年，北京试验厂更名为北京冶金研究所。

1983年初，北京冶金研究所由原北京市冶金局管理，整建制划归首都钢铁公司管理；同年更名为北京特殊钢公司冶金研究所，具体由首钢特钢公司管理。

1986年，由首钢特殊钢公司冶金研究所更名为首都钢铁公司冶金研究所，由首钢公司直接管理。

1988年，冶金研究所和首钢钢研所合并，更名为首都钢铁公司冶金研究院。

1989年，首钢成立技术中心，研究所和钢研所分设，更名为首都钢铁公司冶金研究所。

1992年，更名为首钢总公司冶金研究所。

1994年，变更为首钢总公司冶金研究院。

2002年1月，完成院所转企改革，更名为北京首钢冶金研究院。

2005年7月，完成投资主体多元化改制，成立了北京北冶功能材料有限公司。

三、主要成果

（一）奖项荣誉

60 多年来，北冶公司共开展国家、省市、部级等上级项目、企业横向委托项目和自选课题 500 余项，突破了多项制约产品生产的关键工艺技术，形成了多项科研成果，并获得国家级科技进步奖 3 项、省部级科技成果 60 项。

1987 年获得北京市科技进步奖二等奖、技术开发优秀项目三等奖的“黑白显像管用阳极帽材料的研制”项目，解决了合金化学成分均匀稳定问题、热锻开裂问题。通过合金的生产工艺措施的改进，提高了合金表面光洁度，并摸索出适于冲压的机械性能。研制合金的化学成分、膨胀性能范围窄，完全符合阳极帽材料要求，合金的质量与国外公司标准金属相当。合金制造的阳极帽烧氢后的氧化膜致密均匀、白度适当，氧化膜与玻璃黏着性强，封接后放气量小，显著提高了封接性能和显像管寿命，首次实现了阳极帽材料国产化。

1988 年获得北京市科技进步奖二等奖、技术开发优秀项目二等奖的“磁头材料 SH1、SH5、SH304 国产化研究”项目研制的产品精度高，尺寸公差严于国内标准并接近日本实物水平，其多项物理、机械工艺和磁性能达到日本购买标准，与日本实物水平相当。板形达到日本实物水平，侧弯≤1 毫米/米，板形平整度达 1/200；卷重≥30 千克（0.5 毫米厚以上料），与日本实物水平相当。经用户测定组成磁头后电磁性能达到日本原装磁头水平，磁头综合合格率高于日本产品≥83%的标准，达到 87%以上，使用寿命达 1300 小时，达到日标超过 1000 小时的要求。供货状态不同于国内标准对软磁产品有硬度等要求，对不锈钢则有严格的介于硬软态间的硬度要求，该产品研制填补了国家空白。

1988 年获得冶金部科技进步奖三等奖的“C1023、C263、C130、C242 铸造高温母合金性能研究”项目，采用净化炉料、强化真空感应炉熔炼工艺、设计铸造用金属铸模、真空重熔浇铸试样等各项技术措施，以保证在按时交付合格试制品的同时，完成科研协议中规定的各主要性能的测试工作。研究结果是高温力学、高温持久、高周疲劳、冷热疲劳等主要指标均已达到或超过罗罗公司所记载的相应数据水平。

1989 年获得北京市科技进步奖二等奖的“引进软磁合金铁芯制品生产线消化吸收技术成果”项目，从德国真空熔炼公司（VAC）引进了我国第一条软磁合金铁芯制品生产线。通过对引进设备与技术进行的消化吸收，实现了原材料、备品备件国产化，保证了设备正常运转。同时，优化研制了新型高初始磁导率 Fe-Ni-Cu 合金，该合金伏安特性高、抗过载能力强、温度稳定性好，可用于制作各种型号漏电开关铁芯。因此，应用引进生产线和新型高初始磁导率 Fe-Ni-Cu 合金研发生产的铁芯磁性能高（μ_4 = 15 万～20 万特斯拉），稳定性好，达到国际先进水平，在国内居领先地位，促进了我国低压电器特别是漏电保护开关技术的发展。

1990 年获得北京市科技进步奖三等奖的“867-Ⅱ工程用软磁合金”项目，为 867-Ⅱ工程研制了七大类 15 个牌号的软磁合金，具有优良的磁性能。其中 10 余个牌号达到国内外同类合金的先进水平。该课题主要解决了867-Ⅱ工程的高效、可靠、小型化问题，所研制的全部15个材料，完全满足了工程的需要，体现了重大的社会效益。

1990年获得北京市科技进步奖三等奖的“Ku5铸造型高温耐蚀合金”项目，研制的材料主要用于650~927℃要求有高的强度和1000℃以下有良好抗氧化性能的部件，是燃机叶片用料，达到国外同牌号合金的水平，填补我国动力燃机用材一项空白，为国内首创。合金合格率高，工艺及性能稳定，合金质量良好。Ku5合金具有广泛的推广前景，今后可在汽车、拖拉机制造增压器、海面用快艇的发动机叶片上应用。

1991年获得北京市科技进步奖二等奖的“彩色显像管用大卷重高精度弹簧不锈钢带研究”项目，其研制的产品是国家“七五”攻关专题大卷重弹簧不锈钢带研究中的一种新材料，用来制作彩管电子屏蔽压片。采用太钢AOD精炼、板坯连铸，首钢冶研所冷精轧、拉伸弯曲矫直，经反复试验完成了研制任务。尺寸公差、外观表面质量均满足使用要求，材料理化性能达到日本实物水平。该材料生产工艺成熟、稳定，已具备批量生产能力。

1992年获得国家科技进步奖二等奖的“非晶态百吨级中试线和材料应用研究”项目，包含百吨级自动卷取铁基非晶态合金中试线和非晶合金新材料及其应用研究两大部分。其中百吨级自动卷取铁基非晶态合金中试线的成果，包括设计资料、铁基非晶制带工艺、自动卷取、自动控制及降低成本等内容，作为“七五”攻关成果可生产合格的100毫米宽2605S2的非晶带材；非晶合金新材料及其应用研究成果包括开关电源、脉冲变压、磁头、电感等用9种新的非晶材料及其应用成果。

1994年获得北京市科技进步奖二等奖、经委新品一等奖的“新型优质磁头材料(SH6、SH8、SH40A)（磁头芯片、廉价外壳)”项目，研制出五个新型优质磁头材料，包括：磁头外壳用SH6和SH8合金，磁头导带板用SH40A不锈钢和磁头芯片用CZ-8和CZ-9合金。SH8和CZ-8可替代日本住友生产的Pc-80和Pc-271合金，SH6可替代日本东芝生产的LPC合金，CZ-9合金则是具有优良磁性和耐磨性的双声道磁头芯片材料。这四个软磁合金采用了高导磁合金最佳成分和工艺设计的技术原理，严格控制成分和加工工艺，使之比一般高导磁合金（1J79、1J85）具有合适的磁电、力学、深冲、耐磨耐应力性能。SH40A则是在SUS304（18-8型）不锈钢基础上降低了C含量，增加了Ni含量，调整了Ni、Cr含量比，从而提高了组织稳定性，大大降低了合金的剩磁，比国外同类产品的磁性低一个数量级，是一种专门用于磁记录或彩电设备中的弱磁不锈钢。这五个合金基本上达到了进口同类产品的实物水平。

1996年获得国家科技进步奖二等奖的“彩管用不锈钢及双金属特种钢带产业化研究”项目，是“八五”国家重点科技攻关项目“特种钢带的研制”的一项成果。该项目研制的特种钢带包括高精度弹簧不锈钢带、高精度无磁不锈钢带、固相复合双金属、横拼双金属。该项目解决了特种钢带的一系列关键技术：理化性能高稳定性技术、生产具有一定粗糙度表面的技术、保障钢带尺寸、板形高精度技术、横拼双金属焊缝质量控制技术等。已大批量用在彩色显像管、黑白显像管等电子工业引进生产线上，取代了进口钢带。

1997年获得冶金部科技进步奖二等奖的“磁记录用高精度大卷重特种钢带”项目，属于新材料和应用科学领域，是“八五”国家重点科技攻关项目。该项目研制了磁头芯片，外壳，隔离片和导带叉用软磁合金。并对合金中低于0.001%的21种痕量元素、31个分析方法进行研究。项目确定的测定下限≤0.0005%，测量精度（RSD）≤20%，所建立的分析方法具有高灵敏、高精度、简便有效、准确度高等特点，在灵敏度、测定下限和测定精度等方面达到国际冶金痕量分析先进水平。首次系统地解决了超纯净冶炼技术及高质量金属材料对痕量元素的检测要求。同时掌握了磁记录用特种钢带生产的一系列关键技术，解决了高磁导率合金最佳成分设计应力敏感这一难题；创立了 Ni 基合金单片拼成大卷重的工艺路线；将特种钢带的尺寸精度比国际提高了 1 倍以上，首创了 Ni 基合金薄带板形的冷拉矫控制技术等。

1997 年获得冶金部科技进步奖二等奖的“电磁波屏蔽与吸收用金属材料及制品研究”项目，针对多种电磁波产生及传输特点，综合分析了不同材料的电性、磁性对电场、磁场及平面波反射吸收能力和材料的加工性能、力学性能，解决和攻克了多项关键技术，率先研制出具有多层结构，兼有优良电性、磁性的电磁波屏蔽用功能材料金属丝网，该合金丝网性能如下：117 目/英寸合金丝网，屏蔽效能 10 千赫兹～500 兆赫兹，SE＝80～61 分贝，最高达到 83 分贝，透光率≥60%；250 目/英寸合金丝网，屏蔽效能 10 千赫兹～1 吉赫兹，SE＝83～75 分贝，最高达到 90 分贝，透光率≥35%。具有透光率好、丝网柔软、手感好等特点，可与玻璃、塑料复合成型，用于军用、民用计算机显示器用屏蔽玻璃、计算机键盘、打印机窗口及触摸开关用屏蔽薄膜。

1998 年获得北京市科技进步奖二等奖的“新型热磁敏感功能材料”项目，为国家“八五”科技攻关项目。研制出的低居里点（T_c）、高饱和磁感应强度（B_s）的新型复钴热磁合金材料，以螺旋形缠绕在输电线路上，将材料的电磁能转换成为热能，有效地避免了输电线路严重覆冰所导致的料动、短路，甚至断杆、倒塔杆等事故。新合金 20℃时 B_s≥0.4 特斯拉居里点≤80℃，单重发热在－5～10℃时≥14 瓦/千克，－15～0℃除冰效果显著，常温电能损耗小，可应用于我国严重覆冰区输电线路，防、除冰效果显著，且无环境污染。

1998 年获得北京市科技进步奖三等奖的“直升机用高精度 1Cr17Ni 不锈钢平直带的研究”项目，研制的 1Cr17Ni 不锈钢带是用于制造直升机主减、尾轴、尾减上的关键件弹性膜片和挠性元件，工作温度为－50～80℃。该合金材料的特点：高精度，即对钢带的表面粗糙度、表面质量、侧弯等要求较高；高平直度，即钢带的不平度≤5 毫米/米；消除应力退火，即对钢带进行消除应力退火，使其二次平直度达到使用要求；综合性能的良好搭配，即实现了 σ_b、$\sigma_{0.2}$、σ_s 的合理搭配。

1999 年获得北京市金桥工程项目三等奖的“激光毛化技术改进精密合金和高合金钢带生产技术和产品质量”项目，利用激光加工技术完善产品冷轧工艺，为提高冷带表面质量提供有效的手段。采用激光毛化轧辊进行钢带的冷加工，可有效地消除冷轧钢带表面压坑、划伤、麻坑等缺陷，提高冷带表面质量，使冷带成材率提高 1%，并对优化轧制工艺起到了积极的作用，轧制速度显著提高，降低了轧制成本，提高了劳动生产率。目前该技术已成功地应用于北冶公司的精密合金和高合金钢带生产中。

2000 年获得北京市科技进步奖三等奖的“高磁导率合金设计研究”项目，在理论分析基础上，对大量数据信息进行统计处理，从而修正和发展了“磁性原子比”理论，获得三类合金的最佳成分设计规律。对新规律进行充分的验证，对结构不敏感参数——饱和磁化强度以及最佳磁性合金的镍含量进行理论计算值和实测值比较，二者符合率极高，此项工作国内外均无报告，为高磁导率合金设计奠定了理论基础。

2001 年获得冶金部科技进步奖三等奖的“现代数字通讯网非晶元器件及应用开发”项目，包括基础性研究及新的 ISDN 非晶磁芯产品系列两部分。获得的基础性研究成果是国内外首次提出，并利用基础性研究成果，进一步指导了新材料开发，开发出新型高起始磁导率恒导磁合金。在 ISDN 非晶电感铁芯的研制方面较好地完成了“九五”攻关目标，形成了较为完整的 ISDN 非晶元器件产品系列，并初步实现产业化；专题组开发出 8 种牌号，用铁基超微晶和非晶材料替代了钴基非晶，降低了成本，关键技术有突破，对超微晶高起始磁导率机制和感生磁各向异性来源的基础性研究提出了一些新的见解。

2002 年获得北京市科技进步奖三等奖、中国发明协会第十四届全国发明展览会铜奖的“高平直度薄钢带消除残余应力的研究”项目，通过对金属薄钢带残余应力的研究，采用轧制、剪切、拉矫和去应力退火的综合工艺路线，降低了钢带的残余应力，改善了残余应力的分布，获得了高平直度的合金冷轧带材，薄钢带应力标准偏差由原来的 30 兆帕以上降为 10 兆帕左右，项目所研究的特种金属薄钢带具有优异的平直性（厚度为 0.18 毫米薄钢带，其水平翘曲小于 1 毫米/米，悬垂翘曲小于 20 毫米/米），达到了国外同类材料实物水平。解决了国内长期以来单纯依靠去应力退火未能较好改善薄钢带板形的技术难题，在国内首次获得宽度在 200 毫米以上的高平直度金属薄钢带，替代了部分进口材料，从而降低了相关器件生产企业的生产成本。

2005 年获得北京市科技进步奖三等奖的“真空荧光显示屏用阵列材料的研究”项目，通过对真空荧光显示屏阵列材料在高温湿氢气氛中的氧化过程研究，获得了阵列材料在高温湿氢气氛中的氧化规律，提出了控制粗糙度对氧化膜形成机理的新认识。在上述机理认识的基础上，通过系统研究，探索出阵列材料氧化膜控制的优化工艺：表面粗糙度 *Ra* 应控制在 0.30 微米以下，氧化膜厚度应控制在 1~2 微米，氧化膜结构 Cr_2O_3 与（Fe，Mn）Cr_2O_4 两相比例为 1∶1。在合理利用表面粗糙度改善氧化膜工艺技术方面具有创新性。

2011 年获得北京市科技进步奖三等奖的“铁镍型集成电路引线框架材料产业化”项目，掌握了 Zr、S 等元素对元件冲压性能的影响规律，优化了合金化学成分和冷轧加工工艺，解决了冲压元件毛刺大、引线精度差等长期困扰引线框架元件国产化的问题；突破了引线框架极薄钢带平直度控制技术，攻克了极薄钢带板形控制、优异表面质量和材料性能等多项技术难关，掌握了工艺因素、残余应力、材料结构相互影响关系及其对极薄钢带材料平直度和材料性能的影响规律，获得了高平直度引线框架薄钢带；在掌握引线框架材料关键技术基础上，通过锻造、热轧、冷轧加工及热处理工装设备的配套与综合工艺制度的建立，建成了国内第一条引线框架材料生产线。项目实施后，整体技术达到了国内领先水平，研发的引线框架系列产品已成为公司新的经济增长点。同时项目还实现了集成电路引线框架材料的国产化，产品推广到国内十几家引线框架制造行业重点企业，已逐步实现对进口料的替代，不仅为国内企业节约了大量外汇，还推动了我国集成电路产业链上各企业国际竞争力的提高。

2015 年获得北京市科技进步奖三等奖的"4J72 锰基合金冷带批量生产研究"项目，突破了 4J72 锰基合金用低气体含量、低杂质金属锰锭及其制备方法难题，掌握了合金冶炼、浇铸，大锭型热加工、冷加工及焊接等加工工艺中的关键控制技术，并发明了锰基合金金相检验显示方法。研制的 4J72 锰基合金生产工艺流程属国内首创，合金化学成分、气体含量、非金属夹杂物水平均与国外产品相当，并实现了 4J72 锰基合金冷带批量稳定生产，产品达到了国际先进水平，获得了良好的经济效益。

2019 年获得北京市科技进步奖二等奖的"高纯净铸造高温合金母合金关键技术及产业化研究"项目，针对高纯净铸造高温合金母合金制备的特殊要求，自主研发出 3 吨 VIM 真空炉，打破了美国、德国对该领域设备的技术封锁，实现了大型真空感应炉设备的国产化；在国内首次提出了铸造高温合金中 45 种痕量有害元素的控制方法及标准，Pb、Tl 等 45 种痕量有害元素含量之和完全符合全球要求最为严格的 GE 公司标准要求，处于国际先进水平；在国内首次采取真空造渣脱硫工艺，开发了超低氧、氮、硫的成套控制技术，开发的高纯净高温合金氧、氮含量处于国内领先水平。

（二）专利课题

北冶公司高度重视知识产权保护工作。建立了知识产权管理制度，强化对专利、商标等知识产权的保护；推进公司特色和先进产品、技术等进入知识产权保护范围，在公司新产品、试制产品开发过程中，形成高温母合金、变形高温合金、复合材料产品、制造方法、检测方法等发明和实用新型专利 50 余项；积极推行技术创新专利化和产业化，实现了专利的挖掘和利用。

北冶公司拥有 60 多年从事特种金属功能材料科研和产品生产的历史，承担国家、省市、部级和首钢总公司科研课题 500 余项。其中承担的国家"863"项目、国家"两机"专项项目、国家科工局配套项目，突破、解决、掌握了高精度冷轧钢带的板形和表面控制、难变形高温合金带材、细丝材、异型材的加工制备及特种母合金的冶炼等多项关键技术，提升了产品质量，丰富了产品品种，实现了产品的升级换代。研究开发的多项产品填补了国内空白、达到国际水平，广泛应用在航天、航空、电子、船舶及核工业等行业。

（三）标准制定

北冶公司在产品研发和生产中，密切关注产品国标、国军标、行标的更新信息，注重加快国标、国军标、行标在公司应用的更新速度；积极参与国标、国军标及行标的标准修订工作，将北冶公司较为成熟的优势或特色产品及技术纳入标准，提高了北冶公司技术话语权和企业知名度。共主持或参与制、修订《金属材料热膨胀特征参数的测定》等国家测试标准 4 项；《高硬度高电阻铁镍软磁合金冷轧带材》等国家产品标准 2 项；《火工品用精密电阻合金规范》等国家军用标准 10 项，主持或参与制修订《集成电路引线框架用 4J42K 合金冷轧带材》等冶金行业标准 14 项；提高企业标准对产品的覆盖面，在新产品及试制产品领域，对有技术先进性和特色的精密合金、变形高温合金、复合材料等制定近百项产品企业标准，提升了公司竞争能力。

（四）认证许可

北冶公司经过60多年的艰苦奋斗，已发展成为以科技为依托，以市场为导向，集科研、试制、生产为一体的高科技企业，形成了一套工艺先进、装备齐全、技术水平国内一流的完备的科研、开发、生产体系；拥有较高水平的生产试验装备和齐全的理化检测手段，并于2017年通过CNAS实验室认可；在经营、生产、科研等方面已经具备完整、成熟的质量管理体系。2001年，北冶公司取得质量管理体系认证证书，2009年7月重新通过GJB 9001C国军标质量管理体系认证，2013年通过了IATF16949汽车产品管理体系认证，2021年通过了AS9100D航空质量管理体系认证；北冶公司于2006年3月获得军工科研生产许可证，2008年通过了北京市企业技术中心认定，2009年5月通过国家高新技术企业审核，2009年12月被评为中关村国家自主创新示范区百家创新型企业试点单位，2011年10月被评为国家火炬计划重点高新技术企业。

（五）产品方面

1. 铸造高温母合金

铸造高温母合金为航空、航天、船舶、特种车辆的发动机、起动机、增压器等提供铸造用母材，其质量要求非常严格。北冶公司是国内最早研发生产铸造高温合金的基地之一，具有深厚的研究生产能力及技术储备。生产的铸造高温母合金主要包括K403、K418、K418B、K23、K163、K242、K130、K640、K536、K417、K4169、K424、K4648、K424、IN738、IN718、713C、Nimonic90、GMR235、Mar-M246等镍基高温母合金；ST33-10、ST33-12、1.4957、1.4957C、1.4785等铁基高温母合金；CoCrMo、K605、K188等钴基高温母合金和DZ40M、DZ477、DZ417G、BYDZ01等定向柱晶母合金。研发生产的铸造高温母合金品种多、规格全、性能优良，达到了国内同类产品的先进水平。部分产品满足国军标、航空标准要求，达到了国际先进水平，取代了进口，成为国家军用产品定点供应单位。铸造高温母合金年生产能力可达5000吨，产品规格ϕ30~100毫米。2020年，铸造高温母合金产量3000余吨，国内市场占有率超过30%，是目前国内最大的铸造高温合金母合金生产基地。

2. 高精度冷轧钢带

高精度冷轧钢带是北冶公司的支柱产品，主要包括变形高温合金（GH625、GH738、GH536、GH605、GH600等）、磁性合金（1J85、1J79、1J50、1J116、S1J80A、1J22等）、膨胀合金（4J42K、4J29、4J36、426等）、弹性合金（3J1、3J21、3J40、3J53等）、电阻电热合金（Cr20Ni80、N40、N25、N75等）、特殊用途不锈钢（0Cr16Ni14、15-7Mo、303、0Cr17Ni7Al），包含（0.05~1.0）毫米×350毫米各种规格冷轧钢带，广泛应用于航

空、航天、船舶、电子、交通、能源及家用电器等领域，年生产能力可达3500吨。特别应用在航空发动机热端部件、密封部件、电子控制系统原件的高端变形高温合金、精密合金及特殊用途不锈钢，实现了进口替代生产，满足了我国重点工程自主可控建设的需求。

3. 异型截面小型材

异型截面小型材主要包括耐蚀、耐热、高强等高温合金、精密合金和不锈钢的丝、棒材产品，广泛应用于我国航空、航天、舰船等动力操纵系统和发动机密封系统。异型截面小型材产品主要包括GH738、InconelX750、HGH1140等变形高温合金，BYR1、S3J43A、BYP132、S6J30A等精密合金，SS18E、SS91、PH13-8Mo等特殊用途不锈钢。生产的异型截面小型材品种规格多、异型截面复杂、表面质量好，并可生产1.0~10毫米之间不同尺寸宽度的系列产品，具备批量生产的能力，产能可达1000吨/年。

4. 复合金属材料

复合金属是由两层或两层以上具有不同物理性能的金属通过加工成为一体的金属复合体。广泛用于电子、航空、航天领域。复合金属材料主要包括电阻型双层复合热双金属带材“5J1480”“5J1580”“5J1070”；电阻型三层复合热双金属带材“BYS14R40”“BYS13R06”“BYF301”等系列金属复合材料，产品规格1.5毫米×(100~300)毫米，材料厚度和宽度均处于国内领先水平。

5. 晶态铁芯制品

根据市场需求，北冶公司利用自身高精度冷轧钢带方面的技术优势，进行制品化延伸开发。研发生产的晶态铁芯制品包括卷绕铁芯、冲压叠片铁芯、异型铁芯、霍尔传感器用铁芯、磁屏蔽器件、互感器制品等，广泛应用于工业控制、安防、汽车、新能源等领域。生产的各类铁芯的制备技术处于国内领先、国际先进水平。北冶公司生产的高性能坡莫合金铁芯，在国内外具有领先优势，是法国施耐德集团的核心供应商；为世界前两大霍尔传感器制造商霍尼韦尔公司和LEM公司研发、供应的系列霍尔传感器用坡莫合金铁芯，可广泛用于自动控制中信号采集、检测及控制，如高速铁路、汽车、楼宇安防等方面。

（六）行业地位

经过60多年的努力，北冶公司在国内高端特种金属材料的生产研发方面处于领先地位，是国内可以与国外公司在细分领域展开市场竞争的企业，因为国外材料生产厂商均为涉猎多领域生产的大企业，没有一家与北冶公司在行业内完全相同。特别在高端金属功能材料领域，北冶公司已成为国内产品范围最广，市场占有率最大的公司。

经过多年的发展，北冶公司已掌握了高端金属功能材料和高端金属结构材料关键生产控制技术，形成了完整的生产和管理体系，培养了强大的新材料研发能力，具备了进一步发展高端金属新材料的产业基础。

四、特色工艺装备

北冶公司经过60多年的自我滚动发展，投资建设了精密合金、高温合金及特种不锈钢的研究开发、试制和生产所需的生产设备及相关的配套设施：25千克、200千克、500千克、3000千克真空感应熔炼炉，1500千克、2000千克中频感应炉，300千克电渣炉，10兆牛快锻，2吨、750千克、150千克锻锤，四辊、三辊热轧机，扁坯修磨机，复合轧机，四辊、二十辊冷轧机，盘圆轧机，拔丝机，钢带拉伸弯曲矫直机，钢带表面羽布抛磨机，光亮连续退火热处理炉，冷带清洗机组，无张力纵剪机组，铁芯制品卷绕、涂层、热处理、测量装备等，形成了铸造高温合金生产线、高精度特种金属材料冷轧带材生产线、特种金属材料棒材生产线、特种丝材中试线、软磁铁芯及制品生产线、特种金属复合材料生产线等6条生产线，生产180多个牌号的特种功能金属材料，2000余种规格的带材、丝材、棒材、铁芯、冲制件及电子元器件，产销规模居国内同行前列。

五、未来展望

未来发展中，北冶公司将本着聚焦主业、做优做强的原则，充分利用企业现有技术、人力资源，围绕国家重大专项和军工配套任务开展研发工作，满足国家需求；围绕进口替代和引领行业技术进步，满足市场需求；聚焦高端金属功能材料和高端金属结构材料的研发和生产，打造国内领先和世界一流的高端金属材料企业。

第七章　山东钢铁股份有限公司莱芜分公司特钢事业部

一、企业概况

山东钢铁股份有限公司莱芜分公司特钢事业部（以下简称山钢特钢）目前拥有两条电炉生产线，两条转炉生产线，三条先进的轧钢生产线和三条精整探伤线，具备年产400万吨钢、年产钢材260万吨的生产能力，可提供ϕ16~310毫米规格热轧圆钢，ϕ500~800毫米连铸圆坯，汽车结构件用钢、齿轮钢、轴承钢、工程机械用钢、风电能源用钢、工模具用钢等产品，充分满足用户多品种、多规格、系列化、个性化需求，是中国特大型特钢企业，山东省最大的特殊钢生产基地和研发基地。

二、历史沿革

始建于1965年，最初名称为新成铁工厂，是当时全国15个以生产军工用钢为主的“小三线”钢铁厂之一，隶属于山东省冶金工业公司。

1970年，七〇一工程指挥部（莱芜钢铁厂前身）建立后，留归其领导，先后改称七〇一五厂、莱钢第一钢厂和莱钢特殊钢厂。

1980年前以生产军工钢为主，1980年后转产民用钢材，是莱钢股份有限公司主要生产单位之一，山东省重点特殊钢生产基地，国内规模较大的特殊钢生产厂。

1997年8月，莱钢进行股份制改造后，改称莱芜钢铁股份有限公司特殊钢厂。

2011年，公司对特殊钢系统及相关产线、业务进行整合，组建改称山钢股份莱芜分公司特钢事业部。

50年来，山钢特钢秉承“艰苦创业，改革创新，团结进取，争创一流”的光荣传统，“学习、超越、领先”的企业精神，经过几代特钢人的艰苦努力和顽强拼搏，从1.5吨电炉起步，逐步将一个名不见经传的小三线军工厂发展成为包括电炉炼钢、转炉炼钢、连铸、成材、精整以及相应辅助系统，年产400万吨钢、260万吨钢材综合生产能力的全国特大型特殊钢生产企业、山东省特殊钢精品生产和研发基地，为振兴民族产业和国民经济发展做出了重要贡献。不负使命、弘扬光荣传统，凝聚发展力量，激励广大干部职工以更加坚定的信念应对当前市场危机，全面推进“振兴做强、跻身前列”目标的实现。

三、主要成果

（一）重大奖项

山钢特钢为中国特殊钢的发展做出了重大贡献。在国防军工、民用工业领域共研制开发生产了上千种新材料、新产品，获得了多项国家级、部委级及省级荣誉，具体奖项如表3-7-1和表3-7-2所示。

表3-7-1 山钢特钢奖项名录（国家级）

年份	名称及奖项（国家级）
1987	40Cr、ϕ28~75毫米合金钢结构钢热轧圆钢全国冶金工业优质产品
1987	莱芜钢铁总厂一钢300小型材加热炉评为1986年度节能冠军炉
1989	莱钢特殊钢厂中轧车间轧机班在四化建设中成绩优异授予全国先进班组称号（五一劳动奖状）
1990	第一钢厂计量合格证一级——国家计量局
1991	40Cr热轧圆钢冶金工业优质产品——冶金工业部
1995	授予莱芜钢铁总厂特殊钢厂保卫科为全国冶金先进公安保卫集体
1995	计量合格证一级——国家技术监督局
1997	企业档案工作目标管理国家二级——国家档案局
1996	冶金工业优秀质量管理小组——冶金工业质量管理协会
2001	OHSAS18001：1999职业安全卫生管理体系认证证书
2005	莱钢特殊钢厂二炼区域工艺监管站2005全国优秀质量管理小组——中国质量协会、中华全国总工会、共青团中央、中国科学技术协会
2006	《快乐大家》在第五届全国“四进社区”文艺展演活动中获铜奖——山东省文明办、文化厅（局）
2006	2006中国优秀企业形象单位
2007	冶金行业优秀质量管理小组——中国质量协会冶金工业分会
2008	莱芜钢铁股份有限公司特殊钢厂生产的20CrMnTiH和SCM822H系列齿轮钢符合齿协CGMA001—1：2004《车辆齿轮用钢技术条件》要求——中国齿协、中国汽车工程学会齿轮加工委员会、中国齿轮质量监控贸易协作网
2020	20CrMnTiH系列齿轮钢金杯优质产品奖——中国钢铁工业协会

表3-7-2 山钢特钢奖项名录（部委、省市级）

年份	名称及奖项（部委、省市级）
1982	高质量通用高速钢W9Mo3Cr4v获冶金工业部科学技术成果一等奖
1983	涡喷十三发动机TC11钛合金模锻件的研制、应用获航空工业部科学技术成果一等奖
1985	“WP-13用高温合金和钛合金”项目获冶金工业部科学技术成果一等奖
1986	高温合金中微量元素的控制及其作用研究荣获冶金工业部冶金科学技术奖一等奖
1987	YL型烟气轮机用GH132合金和K213合金精铸叶片的研制荣获冶金工业部冶金科学技术研究成果一等奖
1989	炼油、石油化工用双相不锈钢的开发和应用荣获冶金工业部科学技术进步奖一等奖
1991	高温合金的开发及创新荣获冶金工业部科学技术进步奖一等奖
1991	ϕ55~130毫米七辊钢材棒材矫直机项目荣获机械电子工业部科学技术进步奖一等奖
1992	JFZ20复合转毂式矫直机项目获冶金工业部科学技术进步奖一等奖

续表 3-7-2

年　份	名称及奖项（部委、省市级）
1992	加微量元素镁锆的 GH4133B 合金及工艺研究项目获冶金工业部科学技术进步奖一等奖
1993	WZ8A 发动机用高温合金（铸造和变形）的研制和应用研究项目获冶金工业部科学技术进步奖一等奖
1993	齿轮钢的淬透性预报、计算机、设计、成分微调与窄带细晶粒钢的研究和生产项目获冶金工业部科学技术进步奖一等奖
1994	桑塔纳轿车非调质曲轴用钢研制及模锻件性能试验获上海市科学技术进步奖一等奖
1997	高温合金小口径薄壁管研制荣获上海市科学技术进步奖一等奖
2000	FWP-14 发动机用 GH761 合金及其应用研究荣获中国科学院科学技术进步奖一等奖
2014	压水堆核电站核岛主设备材料技术研究与应用获冶金科学技术奖特等奖
2014	TA15 钛合金框大型模锻件制造技术及应用获中航工业集团科学技术进步奖一等奖
2015	铁镍基合金油套管关键工艺技术及产品开发获冶金科学技术奖一等奖
2016	先进压水堆核电站核岛关键设备材料技术研究与工程应用获北京市科学技术奖一等奖
2016	压水堆核电蒸汽发生器用 690 合金 U 形管产业化制造技术及产品开发获上海市科学技术奖一等奖
2019	先进核能核岛关键装备用耐蚀合金系列产品自主开发及工程应用获冶金科学技术奖一等奖

（二）国家标准制定优钢-船用锚链钢认证

（1）证书编号 QD18W00014—01，认可机构中国船级社，牌号 M2、M3，认可范围 ϕ130 毫米×7000 毫米。

（2）证书编号 AMMM00002JC，认可机构挪威船级社，牌号 DNV. GL VLK2、VLK3，认可范围≤ϕ130 毫米。

（3）证书编号 QDO31577—SP001，认可机构韩国船级社 Grade2、Grade3，认可范围≤ϕ130 毫米。

（4）证书编号 TA131322E，认可机构日本船级社 KSBC50、KSBC70，认可范围≤ϕ130毫米。

（5）证书编号 SAC—T1882337，认可机构美国船级社 U2、U3、U3，认可范围≤ϕ130 毫米、≤ϕ160 毫米。

（6）证书编号 MD00/4389/0001/1，认可机构英国船级社 U2、U3，认可范围≤ϕ130 毫米。

（7）证书编号 43302/A0 BV，认可机构法国船级社 Q2、Q3，认可范围 ϕ20～130 毫米。

（三）山钢特钢所获质量体系及专业认证

山钢特钢始终遵循“以质为命塑品牌”，强化产品工艺技术研究，不断优化完善工艺及装备，全面提升产品核心竞争力，砥砺前行，山钢特钢获得众多质量体系及专业认证。

（1）体系标准：IATF 16949。认证名称：质量管理体系认证。

（2）体系标准：GB/T 24001。认证名称：环境管理体系认证。

（3）体系标准：GB/T 19022。认证名称：测量管理体系认证。

（4）体系标准：ISO 9001。认证名称：质量管理体系认证。

（5）体系标准：GB/T 19001。认证名称：质量管理体系认证。

（6）体系标准：GB/T 23001。认证名称：信息化和融合化管理体系认证。

（7）体系标准：GB/T 23331。认证名称：能源管理体系认证。

（8）体系标准：GB/T 28001。认证名称：职业健康安全管理体系认证。

（9）体系标准：SYPT—263—12。认证名称：金属洛氏硬度测试满意证。

（10）体系标准：GB/T 5216—2014。认证名称：冶金产品实物质量认证证书。

（四）国家及行业标志性、影响力成果

1966 年 5 月，位于泰沂山区核心地带的黄羊山北麓，“山梁红旗猎猎、谷底炮声隆隆”。在“备战备荒为人民”“好人好马上三线”的时代号召下，数千名建设者从祖国四面八方赶来，积极投身于当时国务院重点规划的全国“小三线”军工体系 15 家钢铁厂之一的山东钢厂（新成铁工厂）火热建设之中。

1968 年 8 月，历时 3 年多的时间，创业先辈们顺利完成了筹建、选址、基建、设备安装等众多任务。列入一期工程的 1.5 吨电炉、5 吨电炉、ϕ550 毫米轧机、ϕ300 毫米轧机、20 吨双链冷拔机及相应的钢带拉丝等生产线陆续建成投产。

1971 年，先后试制和生产了军用 37 高炮用钢 PCrNi1Mo、7.62 步枪用钢 50BA、82 迫击炮用钢 38CrA、40 火箭筒用钢 18Ni12Mo2Ti 等，以及民用合结钢、不锈钢、轴承钢等共计八大类特殊钢 110 个钢种。

1980 年，根据党中央、国务院有关小三线工厂军转民，直接为经济建设服务的指示精神，停止军工产品生产全部转为民用钢材。

1994 年 3 月，利用亚洲银行贷款，莱钢引进的德国柏林钢厂 50 吨超高功率电弧炉项目举行开工奠基典礼。建设者们边设计、边施工、边安装调试这项极不熟悉、有些还是相当破旧、又严重缺少图纸资料的二手设备工程。经过 20 多个月的艰苦卓绝顽强奋战，特钢人在缺少外方技术支持的情况下，独立自主地完成了 2 亿多元的工程。

1995 年，特殊钢厂电炉钢和钢材产量达到 15.1 万吨和 24.6 万吨；争创并保持了 1 个国优、3 个部优、6 个省优和 1 个山东名牌；6 种产品通过了国际国内采标认证和生产许可证检查认可；主要经济技术指标达到或超过国家二级企业标准；职工人均年收入过万元。

2001 年开始，莱钢实施《莱钢电炉钢系统提高核心竞争力工程方案》，利用三年时间，对电炉钢系统工艺和产品结构进行优化，完成系列化配套改造，使特钢系统形成 50 吨超高功率电炉（20 吨电炉）—LF 精炼—VD 精炼—连铸—连轧—精整的短流程工艺系统。

2003 年，特钢电炉钢和钢材产量双双超越百万吨，跨入全国特大型特钢企业行列。

2005 年末，列入全国排名的 19 项主要经济技术指标中，有 15 项指标进入全国前六

名，10 项指标进入全国前三名，50 吨电炉利用系数、50 吨电炉冶炼时间、20 吨电炉电极消耗、连铸比等 4 项指标位居全国第一，企业吨钢盈利水平跃居全国前三名。齿轮钢占据国内市场份额的 45%，并成为首批通过 ISO 9002 质量管理体系、ISO 14001 环境管理体系和 OHSAS 18001 职业安全卫生管理体系国家认证企业。

2013 年，山钢特钢确立走新型工业化发展道路，引进达涅利、西门子技术，建设 100 吨电炉生产线，推进了特钢产业由传统向现代化迈进的步伐。2018 年底，在几代特钢人的努力奋斗下，山钢特钢已发展成为中国特大型特钢企业，山东省特殊钢精品生产基地，具备年产 400 万吨钢、260 万吨优特钢棒材生产能力。

目前，山钢特钢主要产品包括汽车用钢、超临界电站锅炉用钢、风电用钢、海洋工程用钢、非调质钢、工模具钢、轧辊用钢等六大系列，以及矿山机械用钢、铁路用钢。规格主要为 $\phi16 \sim 310$ 毫米热轧圆钢和 $\phi500 \sim 800$ 毫米连铸圆坯。主导产品先后被评为国家冶金产品实物质量“金杯奖”产品、冶金行业品质卓越产品、“山东名牌”产品和山东省免检产品。

山钢特钢生产的汽车用钢通过 IATF 16949 质量管理体系认证，可满足德标、美标、日标、欧标等国外标准质量要求，通过一汽、东风、江淮、重汽等企业的二方审核，进入高端乘用车市场，全国市场占有率达 18%；超临界 12Cr1MoVG 及其以下级别电站锅炉用钢取得了“压力管道元件”特种设备制造许可证，并成为国内三大锅炉厂哈锅、东锅、上锅的合格供应商，是该系列产品全国仅有的 5 家生产单位之一；风电用钢包括系列化差异化 S355NL 风电法兰用钢、CrMnMo/CrNiMo 系风电主轴、齿圈用钢、42CrMo 系偏航轴承用钢等品种，已进入山东伊莱特、大连弗马斯、浙江恒润、中船重工、徐州九鼎等国内高端风电设备加工企业；F45MnVS 非调质钢通过蒂森克虏伯二方认证，应用于乘用车凸轮轴制造，成功打入欧盟市场，荣获冶金产品实物质量“金杯奖”。稀土轴承钢项目取得重大突破，形成了高端品种洁净钢生产平台，自主调试控轧控冷工艺，打通两火成材工艺路线，各项质量指标全面达到国标高级优质水平，疲劳寿命突破 10^7 次。

2021 年 1 月 4 日，中国钢铁工业协会发布的 2020 年冶金产品实物质量品牌培育产品名单中山钢特钢 20CrMnTiH 系列齿轮钢获“金杯优质产品”奖。该产品特点为性价比高、氧含量低、纯净度高、带状组织级别低、淬透性窄且稳定；主要用于商用车齿轮零部件加工；应用企业有法士特、汉德车桥、株洲齿轮、綦江齿轮、万里扬、温岭精锻、浙江双环等国内高端齿轮企业。

“金杯优质产品”奖冶金产品实物质量认定活动，是中国钢铁工业协会在钢铁行业组织开展的认定评价活动，也是国内唯一一项针对钢铁行业实物产品质量进行认定的评价活动。

四、特色工艺装备

（一）特色装备

100 吨电炉生产线主体装备有 100 吨超高功率电弧炉 1 座、120 吨 LF 钢包精炼炉 2

座、120 吨双工位 VD 炉 1 台、*R*16.5 米五机五流合金钢连铸机 1 台、中 1350 毫米×1+中 950 毫米×4800 毫米×2 半连轧机组 1 套，同时拥有矫直、倒角、扒皮、涡流探伤、超声波探伤等精整设备；50 吨电炉生产线主体装备有 50 吨 UP 超高功率电弧炉 1 座、50 吨 LF 钢包精炼炉 1 座、60 吨双工位 VD 真空脱气炉 1 台、*R*11 米三机三流大方坯合金钢连铸机 1 台；转炉炼钢系统主体装备有 600 吨混铁炉 1 台、120 吨氧气底复吹转炉 2 座、LF 精炼炉 2 座，80 吨 VD 精炼炉 1 座、六机六流方坯连铸机 1 台、合金钢连铸机 1 台、脱硫喷吹扒渣系统 1 套（3 个工作位）；轧钢成材系统有 650 毫米×1/550 毫米×1/中 550 毫米×4 合金钢半连轧机组、中 550 毫米×1/300 毫米×4/350 毫米×1 热轧机组、中 550 毫米 1/450 毫米×6/中 350 毫米×6 热轧机组各 1 套，同时拥有高压水除鳞、相控阵超声波漏磁联合探伤等先进精整设备。

新区连铸车间大圆坯连铸机 2013 年 8 月投产，由达涅利公司设计，核心设备均由国外引进，弧形半径 16.5 米，浇铸断面为 ϕ500 毫米、ϕ650 毫米、ϕ700 毫米、ϕ800 毫米四种规格，配备自动开浇模型、动态配水模型、液芯凝固模型、连续矫直、铸坯优化模型、质量专家判定模型、数据分析系统等先进工艺技术，年产量达到了 89 万吨。

（二）工艺装备升级改造项目

山钢特钢电炉生产线、新区轧钢生产线、小型轧钢生产线推进技改技措项目，增上后续精整、探伤生产线，改变特钢产线工艺装备不平衡、不充分，生产线个别功能不完善的现状，提升装备保障能力，满足高端市场开拓需求。

新中型产线是山钢特钢新旧动能转换的开篇之作，它于 2018 年 5 月开工建设，历时一年，2019 年 6 月试车成功，目前已投产。它取代大型和中型两条落后轧线，实现特殊钢产品提档升级、助推企业高质量发展。

新中型轧钢生产线配套建设一条精整生产线，新中型产线轧钢机组布置为：7 架 ϕ850 毫米粗轧机组+6 架 ϕ750 毫米中轧机组+ 4 架 ϕ650 毫米精轧机组+4 架 ϕ550 毫米 KOCKS 减定径机组。

精轧机组和减定径机组后各有 3 组水箱。产品规格 ϕ50～130 毫米，定尺长度 4～12 米，设计年产能 80 万吨。

新中型轧钢生产线工艺布局呈倒 S 排列，产线有效长度约 1000 米。包括坯料加热、连续轧制、控轧控冷、定尺分段、缓冷收集等工序，配备 MES、ERP 等信息化管理系统。具有资源集约化、产线智能化、环境绿色化、产品高端化、质量可控化五大特点。

齿轮钢瞄准高端乘用车领域客户，打入大众、通用和吉利等国内知名汽车齿轮制造市场；轴承钢已具备为哈轴、瓦轴、洛轴供应原材料的资格，船用锚链圆钢取得中国船级社 CCS、英国劳氏船级社 LR、挪威船级社 DNV 等七国船级社认可证书；工程机械用钢通过了山推、小松、沃尔沃认证，高压锅炉管用钢通过了东锅、哈锅、上锅认证；汽车用非调质钢通过了 ThyssenKrupp 认证。

山钢特钢目前主要生产优碳钢、合结钢（含弹簧钢、非调质钢）、齿轮钢、轴承钢、能源用管坯钢、风电用钢、锚链及海洋系泊链用钢。

2020年山钢特钢生产的七大类钢种产品如下：

（1）优碳钢，代表钢号20~45、SAE1080、20Mn~65Mn、S10Cr~S60Cr，规划产量18万吨，所占比例9.00%。

（2）合结钢（含弹簧钢、非调质钢），代表钢号40Cr、42CrMoA、35MnBM、60Si2MnA、F45MnVS、F38MnVS、25MnCrNiMoA、35CrMnSiA，规划产量75万吨，所占比例37.5%。

（3）齿轮钢，代表钢号20CrMnTiH及子钢号、SAE8620H、SCM822H、20MnCr5，规划产量48万吨，所占比例24.00%。

（4）轴承钢，代表钢号GCr15、GCr15SiMn、G55SiMoVA，规划产量10万吨，所占比例5.00%。

（5）能源用管坯钢，代表钢号20G、12Cr1MoVG、P12、P22、27CrMoNbTi、L360，规划产量20万吨，所占比例10.00%。

（6）风电用钢，代表钢号S355NL、42CrMo4、42CrMoA、17CrNiMo6、34CrNiMo6，规划产量26万吨，所占比例13.00%。

（7）锚链及海洋系泊链用钢，代表钢号22MnCrNiMoA、CM490、CM690，规划产量3万吨，所占比例1.50%。

五、未来展望

山钢特钢按照山东省重点建设内部精品钢生产基地要求，以“振兴做强，跻身前列”为发展愿景，以“齿轮钢创品牌、轴承钢求突破”为发展定位，践行“构建生态圈、打造新标杆”方略使命任务，聚焦产业布局、“五位一体”、对标找差、质量提升、智能制造等重点工作，着力建设精品特钢新区，全力加快品种钢结构调整和新旧动能转换步伐，开创高质量发展新局面，跻身全国特殊钢核心企业。

第八章　西王特钢有限公司

一、企业概况

西王特钢有限公司（以下简称西王特钢），隶属于西王集团有限公司，始建于2003年12月，位于山东省邹平市西王工业园内，于2012年2月在香港联交所主板上市。西王特钢现为中国钢铁工业协会会员单位、中国特钢企业协会常务理事单位、中国废钢铁应用协会理事单位、中国再生资源理事和山东再生资源理事单位、高新技术企业。经过十几年的快速成长和蕴积，西王特钢已成为一家集烧结、炼铁、炼钢、轧钢、特材为一体的行业知名企业。公司拥有完善的产业链，主要生产轴承钢、模具钢、齿轮钢、弹簧钢、耐热钢、轴类钢、高强钢、焊接用钢等八大领域特殊钢新材料，广泛应用于汽车、工程机械、铁路、海洋钻采、风电及新能源等行业领域，形成了以轴承钢、高强钢、铁路车轴钢、高端钎具钢、特殊领域用钢等为主导的产品系列，具有年产300万吨钢材的生产能力。

二、历史沿革

2003年，西王特钢有限公司成立，第一条中小型棒材生产线投产。

2007年，西王特钢第二条中小型棒材生产线投产。

2009年，80吨电炉建成投产，同年高速线材生产线投产。

2011年，西王特钢大棒材生产线建成投产。

2012年，西王特钢在香港联交所上市；同年被认定为国家认可实验室。

2015年，西王特钢与中科院金属研究所正式签署战略合作协议，开展实质性全面合作；同年经山东省发改委批准，企业被认定为山东省企业技术中心。

2016年，西王特钢进行产品结构转型升级，“现代冶金企业制造集成智能管控系统的研发及应用”获批立项为山东省重点研发计划项目。

2017年，西王特钢车轴钢产品通过中国中车CRCC产品认证，成为山东省第一家通过该项认证的钢铁企业。

2018年，西王特钢成为国家国民经济动员中心；同年经全国钢标委批准，设立了国内唯一一个“特殊钢国家标准研发工作站”；经山东省科技厅批复，西王特钢成为山东省高端装备用特殊钢新材料工程技术研究中心。

2019年，企业成为中国知识产权联盟会员单位及冶金专业委员会委员单位；企业技术研发中心被授予全国钢铁工业先进集体荣誉称号。

2020年，企业获批筹建山东省特殊钢新材料技术创新中心。

2021年，西王特钢被列入山东省制造业高端品牌持续培育企业名单。

三、主要成果

（1）中国科学院金属研究所和西王特钢联合承担了国家工信部2019年工业强基项目“高端轴承钢及润滑脂实施方案”。

（2）西王特钢联合长春中车研发的寒带高速动车车轴钢，解决了寒带车轴钢超低温韧性指标达不到设计要求的技术瓶颈问题，产品通过了长春中车轨道客车有限公司的产品认证，西王特钢成为能为中国中车高速动车车轴钢供货的A类供应商。

（3）2018年9月27日，经中国国家标准化委员会批准，由西王特钢主持制定《深海油田钻采用高强韧合金钢棒》国家标准，填补了国内海洋钻采装备特种钢的空白。

（4）西王特钢与中科院、北科大联合研发出铁路重载货车用新型集成制动梁新材料，采用非热处理达到高性能的免变形技术，解决了进口材料热处理后发生形变的老大难问题，技术达到世界先进水平，获得国家授权发明专利，成为中国铁路重载货车集成制动梁新材料的独家供货企业。

（5）西王特钢被中国兵器工业集团授予集团级供应商。

（6）西王特钢已获得授权专利116个，主持和参加国家标准、行业标准制修订41个，先后荣获滨州市科技进步奖一等奖、滨州市专利重大奖、山东省科技工作者创新大赛一等奖和最具投资价值奖，以及中国产学研合作创新成果奖、中国机械工业科学技术发明一等奖等。

四、特色工艺装备

2015年1月5日，中科院金属研究所以10项核心技术入股西王特钢，成为西王特钢的新股东，双方合作打造了首条国内领先、国际先进的高端装备用特殊钢清洁智能化制备示范生产线。

西王特钢建成了国内冶金行业集成度高的信息化和智能化系统，项目涵盖了经营管控、生产执行等12个子系统，对原有的自动化设备进行了改造升级。实现了从销售订单到生产执行、成本利润核算的横到边、纵到底的全方位立体智能管控模式，达到了物流、信息流、资金流三流同步，实现了产销一体、管控一体、业财一体，从原料入厂到产品出厂全过程信息化管控，智能管控系统还与西王集团的智慧物流、企业ERP系统实现了无缝对接。

西王特钢近年来环保总投资10亿元以上，率先实施了脱硝等环保项目，成为目前山东省首家建设烟气脱硝项目的钢铁企业；实现了原燃料全封闭料场等环保治理，各工序污染物实际排放数值远低于国家超低排放限值要求。2018年11月6日，西王特钢被国家工信部认定为“绿色工厂”。

五、未来展望

西王特钢按照“做精特钢”的发展战略，深化与中科院的战略合作，发展稀土特殊钢新材料产业，将国家强基工程项目和中科院弘光专项八大系列特殊钢产品在西王特钢产业化，打造国家高端稀土特殊钢新材料保障基地，实现企业可持续高质量发展。

第九章 中航上大
高温合金材料股份有限公司

一、企业概况

中航上大高温合金材料股份有限公司（以下简称中航上大或公司）成立于 2003 年 9 月，位于河北省清河县，是一家拥有中航重机、国投矿业和京津冀产业基金参股的混合所有制军民融合企业。公司致力于高温合金、耐蚀合金、超高强度钢等国家关键战略材料高值、高效、高技术循环再生利用，先后担负“国家稀有金属再生利用示范工程”“国家‘城市矿产’示范基地”等重大项目的建设任务。

中航上大是国家级高新技术企业，自主研发了无污染清洗、高纯净化熔炼、分级使用管理、高品质锻造等关键技术，形成了完善的国家关键战略材料循环再生利用技术体系；拥有 40 项国家专利（发明专利 9 项），2 项高温合金科技成果。公司建有院士工作站、博士后创新实践基地、高温合金再生技术与新型变形材料联合实验室、河北省特种合金再生工程技术研究中心、河北省企业技术中心，是河北省军民融合型企业、河北省军民融合产学研用示范基地，河北省战略性新兴产业重点企业。

中航上大拥有国际先进的特种冶炼能力，主要生产设备包括德国 ALD 三联真空冶炼工艺生产线、20 吨纯净化炉/30 吨纯净化炉/AOD/LF/VOD 精炼生产线、60 兆牛/25 兆牛快锻生产线、450/320 轧制生产线、冷拔生产线等，可年产高温合金、耐蚀合金、超高强度钢、精密合金、超级不锈钢、特种不锈钢、高档模具钢等材料 12 万吨，广泛应用于航空、航天、船舶、兵器、核电、石油、化工、电子、海洋工程等领域。

中航上大以材料兴国为崇高使命，以强军富民为精神寄托，以守正创新为立身之本，以精准严谨为行为准则，致力于成为国家关键战略材料保障基地和全球高端装备制造核心材料顶级供应商，坚持走循环发展之路，全力推动我国高端装备制造业高质量发展。

二、历史沿革

2003 年，河北上大合金炉料有限公司成立。

2007 年，更名为河北上大再生资源科技有限公司。

2010 年，中航重机股份有限公司增资入股，更名为中航上大金属再生科技有限公司。

2011 年，筹建“中航工业再生战略金属及合金工程”。

2015 年，更名为中航上大高温合金材料有限公司。

2015 年，国投矿业投资有限公司增资入股。

2016 年，“中航工业再生战略金属及合金工程”全面竣工投产。

2020 年，公司股改完成，整体变更为中航上大高温合金材料股份有限公司。

三、主要成果

2008 年 12 月，获河北省财政厅、发改委颁发的“河北省循环经济示范试点单位”。

2009 年 12 月，获中国民营科技促进会颁发的“全国优秀民营科技企业民营科技发展贡献奖”。

2010 年 12 月，获河北省中小企业局颁发的“河北省产业集群龙头企业”。

2011 年，获中国专利年会组织委员会颁发的“中国专利年会创新奖”。

2012 年，中航上大被工信部列为“国家稀有金属再生利用示范工程”。

2013 年，中航上大被国家发改委列为“国家‘城市矿产’示范基地”。

2018 年 5 月，获河北省总工会颁发的“河北省五一劳动奖状”。

2019 年 4 月，“低成本高品质航空发动机高温合金 GH4169 棒材制备和应用技术”“航空发动机紧固件用高性能变形高温合金冷拉棒材（GH6159、GH4141、GH4169）制备及应用技术”，通过国家工业信息安全发展研究中心科技成果验收鉴定。

2019 年 9 月，获中国航空创新创业大赛组委会颁发的“第四届中国航空创新创业大赛一等奖”。

2020 年 11 月，获科技部火炬中心、中关村管委会、国家国防科技工业局信息中心颁发的“第五届中国创新挑战赛暨中关村第四届新兴领域专题赛总赛第一名”。

2021 年 4 月，获中华全国总工会颁发的“全国五一劳动奖状”。

四、特色工艺装备

（一）生产能力

公司的主要生产设备有：

一台 20 吨 AOD 炉、一台 20 吨 2 号电炉、一台 20 吨 LF 精炼炉、一台 20 吨 VD/VOD 炉、一台 30 吨纯净化炉、两台 6 吨抽空心锭电渣炉、两台 6 吨 ALD 保护气氛电渣炉、一台 3 吨电渣炉、一台 24 吨气保电渣炉、两台 6 吨真空自耗炉、一台 1 吨真空感应炉、一台 3 吨/6 吨真空感应炉、一台 6 吨真空感应炉、一台 25 兆牛快锻机、一台 60 兆牛快锻机、一台快锻 20 吨操作机、两台轧机、一台 30 吨和一台 10 吨的冷拔机、两台拉丝机、两台调直压锻机、一台轧头机、一台无心车床、一台矫直机。

（二）质量保障

公司检测中心总建筑面积约 2000 平方米，通过了 ISO/IEC 17025 国家认可实验室认证，是河北省耐腐蚀合金材料重点实验室，现有试验检测设备 52 台（套），设备整体水平达到国内领先、国际先进。

主要检测设备有：

（1）成分分析设备：直读光谱仪、S8 型 X 荧光光谱仪、红外碳硫检测仪、气体检测仪、ICP 电感耦合等离子光谱发生仪、1 台四级杆电感耦合等离子质谱。

（2）性能分析设备：电子万能材料试验机、电子万能试验机、电子高温持久试验机、摆锤式冲击试验机等。

（3）探伤分析设备：超声波探伤仪、探伤仪。

公司已经获得了 ISO 9001：2015 质量管理体系认证、ISO 14001：2015 环境管理体系认证、ISO 45001：2018 职业健康安全管理体系认证、AS9100D 航空质量管理体系认证、GJB 9001C—2017 武器装备质量管理体系认证、欧盟压力设备 PED 认证、API 石油与天然气行业认证、ISO/IEC 17025 国家认可实验室认证、三级保密资格证、武器装备科研生产许可证、装备承制资格证。

（三）产品结构

中航上大主要生产高温合金、耐蚀合金、超高强合金、精密合金、特种不锈钢、高档工模具材料、汽轮机叶片钢、燃气轮机用钢、超超临界电站用材料等高档特种合金材料，广泛应用于航空、航天、船舶、兵器、核电、石油、化工、电子、燃汽轮机、高铁、机械制造等领域，并可以根据客户对新材料的需求，组织对新材料的研发及生产。公司现已成为航空工业、航天科工、中广核、中国中车、中国一重、东方汽轮机、武进不锈、久立特材、新兴铸管、天津大无缝等国内高端装备制造企业的合格供应商。

（四）科技研发

中航上大聚力国家关键战略材料循环利用领域，按照自主可控、填补空白、补齐短板、创新超越的基本思路，对高温合金再生利用先进工艺技术进行持续攻关和探索实践，率先在我国构建形成高温合金精准回收再生利用闭环体系，开创了我国高温合金发展史上的三个先河：一是建成最适合我国国情的高温合金闭环再生体系；二是成功将再生高温合金应用到航空发动机，成为国内唯一一家具备航空发动机用再生高温合金制备能力和资质的企业；三是颠覆国内传统高温合金生产企业的制备理念和方式，构建起我国高温合金高质量发展的全新格局。

目前，公司拥有各类技术人才 120 余人，其中教授级高级工程师 8 人、高级工程师 26 人、博士 15 人。自主研发了无污染清洗、高纯净化熔炼、分级使用管理、高品质锻造等关键技术，拥有 40 项专利技术（9 项发明专利），2 项高温合金科技成果通过部级鉴定。建成了国家资源综合利用（废旧合金再生利用）行业技术中心、河北省企业技术中心、河北省特种合金再生工程技术研究中心、院士工作站、博士后创新实践基地、高温合金再生技术与新型变形材料联合实验室等科研平台，与英国罗罗公司、乌克兰巴顿研究所、英国 360 公司、俄罗斯电钢厂、中科院金属所、北科大、621 所、钢铁研究院等建立了长期技术合作关系。

2019 年 5 月 17 日，“低成本高品质航空发动机高温合金 GH4169 棒材制备和应用技术”“航空发动机紧固件用高性能变形高温合金冷拉棒材（GH6159、GH4141、GH4169）制备及应用技术”2 项科技成果，通过国家工业信息安全发展研究中心鉴定，中科院曹春晓院士等专家组成员给予高度评价：该项目具有自主知识产权，技术水平达到国内领先、国际先进，在降低成本、保护环境、保障重要战略资源及打破国外垄断等方面具有重要意义，可产生显著的军事、经济和社会效益，前景广阔。

中航上大“GH4169 合金返回料再生利用生产技术”在“第四届中国航空创新创业大赛”和“第五届中国创新挑战赛暨中关村第四届新兴领域专题赛”中荣获第一名。

2020 年，“航空发动机用高温合金大规格棒材关键制备技术及应用示范”项目被河北省科学技术厅列为“河北省高温合金产业链科技创新重大专项”；“航空发动机高强紧固件用 GH6159 冷拉棒材研制”等 2 个课题入围河北省融办 2020 年专项资金重点支持项目。全年完成新品首试制 34 项、自主科研项目 26 项，其中核电产品 316H 率先突破技术瓶颈，研发速度、交货数量居于国内领先水平；攻克了双相不锈钢 2205 锻材性能低温冲击难题，占据国内双相钢领域领先地位；持续优化汽轮机叶片钢 1Cr11Co3W3MoVNbNB 和超级奥氏体不锈钢 S31254 工艺，产品质量和交付及时性获用户认可；GH6159 合金冷拔棒材研制工作取得重大成功，冶金质量均匀性、棒材性能稳定性得到大幅提升，并完成 ϕ10.5 毫米的交付，填补了国内完全依赖进口的空白；“十三五”期间参与的 X 型号航空发动机生产定型等 7 个重大攻关项目全部按期结题验收，GH4169、GH907、GH4738、GH4141 等材料进入正式批产供应流水，公司高温合金批产能力持续增强。

与此同时，公司积极参与更多型号任务攻关，GH4099、GH720、GH698、GH230、GH909、20Cr25Ni20、C250、C300、D6AC、D406A 等 10 余种材料在航空、航天、兵器等型号攻关任务中完成立项，部分产品当年立项，当年即完成评审或小批量试用，军品产能全面释放。

五、“十四五”发展规划

“十四五”是我国军工高质量发展的关键时期，高温合金返回料闭环再生应用作为未来满足国家对高端材料需求的重要一环，相继被写入科技部、工信部、国家国防科工局等“十四五”重大项目规划，中航上大作为高温合金高值、高效、高技术循环再生的开创者，已经成为“补短板”的核心力量。在此期间，中航上大将围绕建设国家高性能、低成本、快速制造新业态，充分利用闭环再生高温合金理念模式的核心优势，建设“国家高温合金高性能、低成本、快速制造基地”，并在航空发动机上实现全面推广应用。

第十章 北京科技大学特钢研发与成果

一、北京科技大学从事特钢研发沿革

北京科技大学（以下简称北科大）历史渊源可追溯至1895年北洋西学学堂创办的中国近代史上第一个矿冶学科。1952年，学校由天津大学（原北洋大学）、清华大学等6所国内著名大学矿冶系科组建而成，名为北京钢铁工业学院，是新中国建立的第一所钢铁工业高等学府。1960年，更名为北京钢铁学院，并被批准为全国重点高等学校。1984年，成为全国首批正式成立研究生院的高等学校之一。1988年，更名为北京科技大学。1997年5月，学校首批进入国家“211工程”建设高校行列。2006年，学校成为首批“985工程”优势学科创新平台建设高校。2014年，学校牵头的，以北京科技大学、东北大学为核心高校的“钢铁共性技术协同创新中心”成功入选国家“2011计划”。2017年，学校入选国家“双一流”建设高校。2018年，学校获批国防科工局、教育部共建高校。目前，学校已发展成为一所以工为主，工、理、管、文、经、法等多学科协调发展的教育部直属全国重点大学。学校现有1个国家科学中心，1个“2011计划”协同创新中心，2个国家重点实验室，2个国家工程（技术）研究中心，2个国家科技基础条件平台，1个国家科技资源共享服务平台，2个国家级国际科技合作基地，58个省、部级重点实验室、工程研究中心、国际合作基地、创新引智基地等。2007年，学校作为第一所教育部直属高校牵头承担了国家重大科技基础设施项目——重大工程材料服役安全研究评价设施，筹建国家材料服役安全科学中心。

学校已形成“学风严谨，崇尚实践”优良传统，为社会培养各类人才20余万人，许多人已成为国家政治、经济、科技、教育等领域尤其是冶金、材料行业的栋梁和骨干。

二、北京科技大学参与研发中国特殊钢的研究成果与应用

在特殊钢研发领域，学校重点依托冶金与生态工程学院、材料科学与工程学院、新材料技术研究院、工程技术研究院、融合创新研究院、钢铁共性技术协同创新中心、国家材料服役安全科学中心、北京材料基因工程高精尖创新中心、国家材料腐蚀与防护科学数据中心、新金属材料国家重点实验室、钢铁冶金新技术国家重点实验室等10余个国家级技术平台以及冶金工程、材料科学与工程两个特色优势学科力量，面向经济主战场、面向国家重大需求，发挥学校优势助力钢铁与特殊钢企业联合研发新钢种、新工艺、新设备，已取得了许多基础研究与应用技术的成果，如“块体非晶合金的结构和强韧化研究”“一维氧化锌的界面调控及其应用基础研究”“电弧炉炼钢复合吹炼技术的研究应用”“高性能特种粉体材料近终形制造技术及应用”等大批科研成果已在国民经济建设中发挥出重要作用，获得巨大经济效益和社会效益。

（一）院士、专家领衔坚持聚焦“卡脖子”和国家重大需求

学校结合学科优势，创新科研机制，与行业龙头企业合作开展联合攻关，破解制约我国相关领域发展“卡脖子”问题，一是围绕产业技术创新关键问题开展合作，突破产业发展的核心技术，形成产业技术标准；二是建立公共技术平台，实行产权共享和技术转移，加速实现科技成果的商业化运用，提升产业整体竞争。

（1）谢建新院士牵头与中国重燃合作，开发重型燃气轮机用长寿命耐腐蚀单晶高温合金和变形高温合金新材料，开展基于大数据模拟仿真技术的高性能大尺寸构件制备，建立支撑重型燃气轮机设计、安全评价和寿命预测的材料数据库和分析管理平台，努力在重点型号任务中形成示范应用。

（2）毛新平院士牵头与中国中钢、宝武集团、北汽集团合作，开展以航空及铁路轴承用钢、高性能齿轮用钢、高档轿车用高强度汽车钢以及大型精密模具用钢等为代表的先进钢铁材料研发与应用研究，着力突破高端装备用先进钢铁材料的设计、制造及应用评价等一系列关键技术。

（3）张跃院士牵头与有研集团合作，面向国家芯片用关键材料的重大战略需求，瞄准未来芯片制造技术，聚焦二维半导体材料，从关键材料研制、新技术开发、成果孵化和产业转化的全产业链研究体系出发，着力打通基础研究向应用成果转化的关键环节。

（4）吕昭平教授团队研发的新一代“超高强钢”入选“2017 年中国科学十大进展”。

（5）朱荣教授主持的“二氧化碳在炼钢的资源化应用技术”入选“2018 年世界钢铁工业十大技术要闻”。

（6）韩静涛教授团队研制的弹性伸杆机构随“张衡一号”“嫦娥四号”卫星成功发射。

（7）李成明教授团队研制的金刚石扩热板成功应用于北斗系列卫星。

（8）“典型宽禁带半导体氧化物的界面调控与应用基础研究”“块体非晶合金的结构和强韧化研究”“复杂组分战略金属再生关键技术创新及产业化”“高性能特种粉体材料近终形制造技术及应用”“绿色高效电弧炉炼钢技术与装备的开发应用”等获得国家自然科学奖二等奖。

（二）结合企业需求、支持重点企业发展

1. 助力首钢集团开发汽车用钢

配合首钢开发出 7 大类 37 个牌号的汽车用钢，实现首钢汽车板从无到有，缩短产品研发周期。合作开发的新钢种有纳米粒子强化超高强钢、一种新型超高强 TAM 钢、抗氢脆热冲压成型钢组织性能研究、超深冲性能双相钢、具有 TRIP 效应的贝氏体高强钢、汽车用热轧酸洗高强钢等。

2. 协助鞍钢联合攻关

结合企业技术创新需求，联合研发新钢种等，成果获国家级一等奖 2 项、国家级二等

奖4项、省部级特等奖4项、省部级一等奖15项、省部级二等奖13项，如“低碳铁素体/珠光体钢的超细晶强韧化与控制技术”获国家一等奖，“宽带钢热连轧生产成套关键技术与应用”“高性能造船用钢制造技术创新与集成”“鞍钢1700中薄板坯连铸连轧生产工艺技术”获国家二等奖，以及“高质量钢轨及复杂断面型钢轧制数字化技术开发及应用”“宽带钢热连轧自由规程轧制关键技术及应用”获得省部级一等奖，“低成本高性能DP490~DP780冷轧双相钢及超低硅热镀锌双相钢关键技术及应用”“鞍钢TMCP船体及海洋平台用钢系列产品及其生产技术”“鞍钢超低碳贝氏体桥梁用钢Q420qD钢板的研制”获得省部级二等奖等。成果已在行业内推广应用，如“宽带钢热连轧生产线”系统已在国内50余条宽带钢热轧生产线、铝合金板带热轧生产线上推广转化，相关技术于2017年在印尼（1780毫米）获得应用。应用表明，自主研发的系统在实物质量、控制精度、可维护性等诸方面达到或超过国际先进水平。

（三）结合国家科研需求与企业工程

1. 北京科技大学冶金与生态工程学院特殊钢研究成果

由王新华教授创建的北京科技大学冶金与生态工程学院的洁净钢研究团队，是国内率先开展洁净钢生产技术与特殊钢冶金工艺技术的课题组。团队长期以来一直立足国家重大战略需求，圆满完成科技部“973”“863”攻关等系列重大项目，与宝武马钢、邢钢、中信泰富特钢集团青钢、鞍本攀钢等国内知名企业成功开展了多项技术研发合作，具有厚实的底蕴和工作科研工作积累。

研究团队已经在特殊钢冶金工艺技术与钢中夹杂物控制技术领域取得多项重要创新性学术成果和重大技术突破，在特殊冶金工艺技术领域所取得的示范性科学成果包括：

（1）在国内率先开发了时速250千米、350千米高铁轮轴材料（车轮与车轴）冶金技术工艺，实现高铁关键行走部件特殊钢材料的国产化，填补了国内空白，打破了国外垄断，为提升我国高铁关键材料的自主可控能力做出了突出贡献。

（2）洁净钢团队姜敏副教授领衔的“Si脱氧深拉拔钢丝中夹杂物控制技术”项目成功解决了线径0.12毫米甚至更细直径规格时晶体硅片切割钢丝断丝技术问题，在国内率先开发了0.11毫米直径太阳能晶体硅片切割钢丝冶金技术工艺，所生产的切割丝热轧盘条连续地拉拔29000公里不断丝，产品填补了国内空白，打破了国外垄断，使我国成为继日、德、韩之后世界少数能生产切割钢丝的国家。该技术工艺研究成果已授权发明专利3项，具有自主知识产权；获省部级科技二等奖一项、三等奖一项，具有国际先进性，不仅适于生产高品质切割钢丝，同时适合生产汽车轮胎子午线。

2. 钢铁冶金新技术国家重点实验室高质量特钢研发成果

（1）“稀土在钢中的应用技术”，不仅能够细化特殊钢中碳化物改善钢的性能，而且还有利于改善高强钢焊接性能，对需要大线能量焊接的钢板生产有重要的指导意义，并对应用稀土生产高品质洁净钢有重要的参考价值。其特殊钢中碳化物减小了49.5%，凝固组织二次枝晶间距减小了 19.0%，稀土 Q690D 高强钢中稀土夹杂物尺寸均小于 2 微米，相同焊接热输入下，焊接热影响区性能最高提升 2 倍，具有国际先进水平。这个技术可应用于相同生产工艺下，对焊接性能要求较高的高碳当量高强度厚钢板生产，如应用于高层建筑、海洋平台、造船、管线和桥梁工程等领域的高品质厚钢板生产，满足大线能量焊接需要，保证焊接热影响区的性能不低于母材的性能。形成的细小夹杂物控制技术，可用于其他高洁净度高品质钢生产，进一步提高产品质量和合格率，已应用于某企业批量化生产高强钢。

（2）“特殊钢中碳化物控制技术”应用于高端模具钢、高速钢、高碳马氏体不锈钢等特殊钢碳化物控制，通过稀土/镁等变质处理细化特殊钢中一次碳化物技术、特殊钢凝固过程中减轻元素偏析控制一次碳化物、基于高温扩散退火–终轧温度–轧制变形量综合调控一次碳化物的技术、特殊钢中二次碳化物控制技术、集碳化物控制与组织控制于一体的热处理技术，实现碳化物细小、均匀、弥散分布，满足了特殊钢性能需求。成果已应用多家特殊钢生产企业，特别是应用于阳江十八子精密特钢有限公司生产高碳马氏体不锈钢中碳化物控制。其淬火、回火后钢的硬度达到 HRC57；平均晶粒尺寸小于 3 微米，二次碳化物平均尺寸小于 1 微米。制成的刀具锋利度达到 122 毫米（国标为大于 25 毫米），锋利耐用度 712 毫米（国标为大于 110 毫米），同类产品共晶碳化物控制水平达到国际先进水平，二次碳化物在尺寸、分布、形貌方面超过德国及我国台湾地区的产品水平。该成果技术有助于解决工模具钢生产以及大工业生产高碳马氏体不锈钢、轴承钢等特殊钢中碳化物控制问题，对提升产品质量、降低废品率具有重要意义。特别是应用于刀剪用高碳马氏体不锈钢的生产，有助于实现高品质刀剪的国产化，对突破国外对高品质刀剪市场的垄断、提升我国在国际刀剪市场的影响力产生深远影响。

（3）“特殊钢硫化物夹杂控制冶金关键技术”，开发了四类高硫钢硫化物夹杂控制技术，即低碳高硫易切削钢中硫化物控制及切削性能改善技术，以 1215MS 为代表，建立了以精确控制钢水自由氧含量为核心的“低碳高硫易切削钢中硫化物控制及切削性能改善技术”，解决了高氧高硫条件下连铸坯表面质量问题，大幅改善了钢的切削加工性能；中碳高硫易切削钢中硫化物均匀化控制技术，以 SAE1144、44SMn28 为代表，形成了以精确控制钢液中氧化物成分和氧含量的“中碳高硫易切削钢中硫化物均匀化控制技术”，明显降低了因硫化物尺寸过大导致的冷拉拔开裂比例，大幅改善了钢的切削加工性能；非调质曲轴钢中“镁铝尖晶石+MnS”氧化物冶金技术，通过控制钢液成分以及凝固条件，得到镁铝尖晶石+MnS 双层结构氧硫化物，显著降低了因超长条状硫化物导致的曲轴磁痕缺陷比例，明显提高了轧材的横向塑性，显著增加了轧材的强韧性；高铝钙硫系汽车用钢中“氧化物+(Ca, Mn)S”双层结构氧硫化物控制技术，通过在凝固过程中获得大量氧化物+(Ca,Mn)S 双层结构氧硫化物，成功生产出高铝钙硫系汽车用钢（Al 含量≥0.02%、S 含量≥0.03%、Ca 含量≥0.002%），实现连铸多炉连浇，轧材中得到了大量均匀分布的、纺锤状硫化物，得到了外商用户认可。

（4）“高标准轴承钢冶金关键技术”，实现了全冶炼过程脱氧制度设计与控制、全冶炼过程精炼渣系设计与控制、全冶炼过程搅拌制度优化、真空处理工艺、全冶金过程夹杂物特征的预测与控制、原辅材料的要求及选择、连铸过程夹杂物演变规律等关键工艺。该技术已经与国内多家特殊钢企业进行了合作，所生产的轴承钢满足斯凯弗、舍弗勒、恩斯克、铁姆肯等国内外知名轴承公司严格的产品要求。

（5）“基于非铝脱氧工艺的高品质轴承钢关键冶金技术”，是长期从事高品质钢生产、洁净钢与夹杂物控制、连铸新技术、冶金过程模拟与优化等工作的包燕平教授领衔开发的项目。该技术采用非铝脱氧方式，解决了小方坯连铸的连浇性差的问题，大大提高了小方坯连浇炉数，降低了生产成本和减少了质量异议，提高了产量和效益，可代替铝脱氧轴承钢应用于实际生产，已应用于中天钢铁，并得到了抗疲劳性能较优的轴承钢。这种非铝脱氧工艺处于国内先进水平，采用硅锰脱氧和真空脱氧方式冶炼轴承钢，全氧含量能稳定控制在（$6\sim8)\times10^{-6}$，具有与5×10^{-6}铝脱氧轴承钢相似的超高周疲劳寿命。

3. 工程技术研究院特殊钢研发成果

（1）高性能钛合金的注射成型技术，钛注射成型技术已成为国家“十四五”重点研发计划之一，以“先进粉末冶金钛材料研究室”首席教授路新带领的团队，以服务国家创新战略为导向，围绕航空航天、海洋工程、生物医用、电子通信等领域对轻质高强金属材料的需求，致力于以钛基合金为代表的球形粉体制备、材料成分结构设计、制件近终成型以及材料服役性能表征、微合金强韧化机理等方面的系统理论和应用技术研究，为高性能、高稳定性、低成本钛基合金制品的研发和产业化应用提供理论和技术支持。团队研发出低成本钛材料金属注射成型技术，研究成果“高性能钛合金的注射成型技术”获得国家自然科学基金优秀青年科学基金、国家自然科学基金、北京市自然科学基金、国防军工及校企联合等20余项国家级和省部级科研项目的支持，获得中国有色金属工业科学技术一等奖、中国发明协会发明创新一等奖、中国生产力促进中心协会创新发展奖等多项行业协会科技成果奖项，已授权国家发明专利15项和PCT国际专利2项，多种产品成功应用于航天、汽车、医疗、消费电子等领域，如与航天五院529厂合作开发了航天器用Ti-6Al-4V合金空心节点球，与中国兵器科学院合作开发了汽车用TiAl合金增压涡轮，与深圳艾丽佳科技有限公司合作开发了多种智能可穿戴和3C电子等产品。

（2）高锰钢冶炼与连铸技术。高锰钢和超高锰钢具有超高强度，超高韧性、塑性、耐磨性等，一直是新型钢铁材料研发的热点，大量应用于耐磨钢、无磁钢、液化天然气储运和高强塑性汽车用钢。

以刘建华教授为主的研究团队长期从事先进材料研发、炉外精炼及绿色冶金技术的研究，在气泡冶金、高锰钢冶金与连铸、智能冶炼等领域取得诸多原创性成果。团队开发了高锰钢AOD冶炼、转炉冶炼、二氧化碳与氧气混合吹炼脱碳保锰工艺技术，研究了高锰钢低成本生产技术；深入解析了高锰钢凝固特性，形成了系列高锰钢凝固组织、偏析、析出物及高温力学性能调控技术，开发了高锰钢连铸裂纹敏感性定向凝固测试方法和热力环测试法与设备等，具有自主知识产权，研究成果已授权发明专利3项，国际领先。已与中原特钢合作制备了3000毫米×1000毫米×340毫米的25Mn3Si3Al坯锭；与涟钢合作成功开发了Mn13转炉-连铸生产工艺技术；与北部湾新材料有限公司成功开发了高锰不锈钢低成本生产技术等，可实现装炉冶炼终点钢中 Mn 含量大于 2.5%，以及连铸 Mn 含量大于 5%，可显著提高中高锰钢生产合金化，降低吨钢成本；显著提高中高锰钢表面质量和内部质量，连铸坯质量达到模铸锭质量水平。

（3）高品质热轧带卷产品开发及组织性能控制，以江海涛研究员为主的团队主要从事金属结构材料的开发及组织性能控制技术。团队在国家自然科学基金项目、中央高校基本业务经费支持下，以及与马鞍山钢铁集团、宝武武钢集团横向项目合作开发下，为实现热轧带卷产品高强度、高韧性、耐不同服役环境腐蚀的综合性能需求，通过基于材料基因特性的多尺度材料设计技术、无缺陷铸坯制造技术、新一代控轧控冷技术、全流程仿真技术等，开发了“高品质热轧带卷产品开发及组织性能控制”技术，实现了高品质热轧带卷产品的自主开发与稳定化生产。已与马鞍山钢铁集团合作，开发出 X42~X100 系列管线钢线钢产品，其中 X100 管线钢达到屈服强度 760 兆帕、抗拉强度 900 兆帕、伸长率 16%~22%、-20℃冲击功 210 焦性能指标，X80 管线钢达到屈服强度 580 兆帕、抗拉强度 670 兆帕、伸长率 32%~38%的高性能。团队还与国内其他钢铁集团合作开发了高扩孔性热轧双相钢、锯片用中高碳钢、耐磨钢、耐候耐蚀钢等。技术成果具有自主知识产权，已授权发明专利 5 项，具有国际先进水平，其中“高钢级 X70~X80 热轧管线钢的研制”获得冶金科学技术奖二等奖、安徽省科学技术奖一等奖，为我国石油化工等行业提供高品质管材支持，摆脱了国外对我国石化等关键行业的技术封锁。

（4）FeCrAl 不锈钢箔材生产技术。在国家自然科学基金项目“增氢析氢法钢中夹杂物深度去除基理研究”和中央高校专项资金资助项目“气泡浮选去除夹杂物技术研究”支持下研发的“FeCrAl 不锈钢箔材生产技术”生产的 FeCrAl 不锈钢具有线膨胀系数相对较低、高温抗氧化性强、生产成本较为低廉等优势，生产内燃机尾气净化器载体材料不锈钢箔材厚度达到 50~60 微米，1100℃抗氧化时间达到 800~1000 小时，达到国内先进水平。该技术已在东北特钢、太钢等国内部分钢铁企业实现工业化应用。

4. 新金属材料国家重点实验室特殊钢开发成果

（1）节能降噪低成本高附加值高硅钢薄带。以教育部长江学者特聘教授、国家“973”计划首席科学家、国家科技重大项目负责人、新金属材料国家重点实验室主任林均品教授、梁永锋教授领衔的团队，长期从事结构-功能金属间化合物（主要包括 Fe-Si 系合金、高温 TiAl 合金）、难变形材料强加工及组织精确控制、脆性难加工金属间化合物韧塑化改善机制、制备加工及性能改善、新型多孔材料等方面研究。团队基于 2 项自然基金、2 项“973”项目资金支持开发的 Fe-6.5%Si（质量分数）高硅钢薄带制备技术，利用单辊甩带快速凝固方法制备高硅钢薄带，具有短流程、高效率的特点。由于快速凝固制备的薄带从无序相区快冷，最大程度抑制了高硅钢中有序相的生成和长大，薄带具有一定的弯折能力，可进行缠绕，热处理后也具备一定的韧性和塑性，满足加工、使用要求，能够批量稳定生产 60 毫米宽高硅钢薄带，解决了高硅钢薄带塑性加工性能差、成材率低等问题，填补了国内空白；开发的 Fe-4.5%Si 高硅钢，在成熟工业设备基础上，可实现 Fe-4.5%Si 高硅钢薄带的成功制备，有望在新能源汽车驱动电机、中高频变压器等领域实现性能升级，以解决我国对高速电机、高频变压器等高端电力电子装备对高性能软磁材料的迫切需求。以该技术生产的高硅钢薄带产品在高频（400 赫兹）电机中，相比普通硅钢铁损降低 67%；在高频（20 千赫兹）变压器中，相比普通非晶噪声降低 30%。该技术具有自主知识产权，已授权发明专利 1 项，成果国际领先。

由高硅钢制造的 10000 转/分钟高速电机，具有节约材料、传动效率高、噪声小、动态响应快等优点，已用于制造家电中空调或冰箱离心式压缩机等，还可用于制造电动汽车驱动马达；高硅钢还可制造燃气轮机驱动的高速发电机，由于高硅钢可使发动机具有体积小、重量轻、机动性强等优点，已应用于重要设施的备用电源、独立电源或小型电站等能源等领域，也可应用于要求噪声低的中频变压器（400 赫兹~10 千赫兹）应用领域，如舰船、航空电源等。

（2）冶金法制备高硅电工钢冷轧薄带和丝材。新金属材料国家重点实验室高硅钢研究组依托国家“973”计划“脆性难加工材料精确控制制备加工的基础研究”“高性能 6.5% Si 高硅钢板带的精确控制制备技术”、国家“863”计划“超低铁损变压器用高硅电工钢开发”和国家自然基金“Fe_3Si 基合金变形过程中金属间化合物塑性改善的物理本质”等项目支持，开发的“低铁损高塑性冷轧 6.5%Si 高硅电工钢制备新技术”，可制备多种规格的厚度 0.05~0.3 毫米，宽度 50~150 毫米的薄带，能够实现高硅钢带卷的连续带张力冷轧，产品具有良好的软磁性能，铁损、噪声、强度等性能和良好的综合力学性能，达到国外同类产品水平；对于高硅钢热轧棒材，利用高能电脉冲或电化学处理能够有效提高材料的变形能力，实现在室温拉拔，可制备出直径 0.2~0.5 毫米的丝材，丝材表现出优异的力学性能，室温下屈服强度可达 1400 兆帕，断裂伸长率达到 5.4%。高硅电工钢丝材具有良好的加工性能和优异的软磁性能。成果具有自主知识产权，成果已授权发明专利 5 项，获教育部技术发明一等奖，处于国际先进水平。

Fe-6.5%Si 高硅电工钢是高性能电工钢，具有极低的铁芯铁损，接近 0 的磁致伸缩系数和较高的强度，是制造小型轻量化、低噪声、低能耗机电产品的重要材料，其薄带材可制造高频工况下变压器和高速电机，应用于汽车、舰船、飞行器等有静音要求的装置，以及应用于风能、太阳能、混合动力汽车；Fe-6.5%Si 合金棒材还可用于高可靠长寿命电器开关，代表新一代高效节能电工钢的发展方向。生产丝材的电化学拉拔新技术，还可生产高品质的缆绳、弹簧用钢丝等。

（3）宽工艺化高 B_s 铁基纳米晶软磁合金。随着我国“5G 技术”和“新基建”的快速发展，要求变压器向小型化和高效化发展。提高变压的工作频率是电源小型化和高效化的最有效解决方案，因为变压器磁芯的体积和重量与工作频率（f）的平方根成反比。虽然提高工作频率有利于变压器的小型化和高效化，但也会显著的增加磁芯的损耗。铁基纳米晶软磁合金由于具有低的矫顽力、高的磁导率和高的电阻率被认为是最具有竞争力的绿色环保软磁材料。

北京科技大学新金属材料国家重点实验室研究员惠希东教授率领的团队长期从事非晶/纳米晶软磁材料的研究，依托国家自然科学基金“基因性团簇变异增韧铁基非晶纳米晶合金的理论与方法”项目、国家重点研发计划“特种软磁合金设计及工程化集成技术开发”

项目和企业横向“新型铁基非晶纳米晶软磁合金研制、开发和应用”项目等的研究开发出宽工艺化高 B_s 铁基纳米晶软磁合金生产技术。由该技术开发的新型 Fe-B-P-C-Cu 系纳米晶软磁合金，通过提高 α-Fe 相在晶化过程中的形核速率，利用 α-Fe 相形核和长大之间的相互竞争关系，降低软磁性能对升温速率的敏感性；通过调整 Cu_3P 元素团簇的析出速率和长大速率，可使退火时间长达 60 分钟，升温速率低至 20K/分钟，即在 693~723K 退火时的最佳退火时间可以延长到 60 分钟，在 723K 退火 30 分钟后合金具有最佳的综合软磁性能，H_c 为 7.0 安/米，B_s 为 1.80 特斯拉，μ_e 为 17000，远高于目前工业化生产的 $Fe_{73.5}Si_{13.5}B_9Cu_1Nb_3$（FINEMET）纳米晶合金 B_s 只有 1.24 特斯拉的指标，成功解决了高 B_s 铁基纳米晶软磁合金对退火升温速率和保温时间高敏感性的问题。该技术具有高的非晶形成能力、宽的最佳退火温度区间（60K）、长的最佳退火时间（60 分钟）、低的升温速率要求（20K/分钟）和低的生产成本等优势，满足了目前工业化生产的需求，具有国际先进水平。该技术拥有自主知识产权，研究成果已授权发明专利 2 项，已应用于洛阳中赫新材料电器设备有限公司、安泰科技股份有限公司等。

华 东 地 区

第十一章 中信泰富特钢集团

第一节 集团概况

一、企业概况

中信泰富特钢集团股份有限公司（以下简称中信泰富特钢），是中国中信股份有限公司下属企业，集团旗下江阴兴澄特种钢铁有限公司、大冶特殊钢有限公司、青岛特殊钢铁有限公司、靖江特殊钢有限公司、铜陵泰富特种材料有限公司、扬州泰富特种材料有限公司、泰富特钢悬架（济南）有限公司和浙江泰富无缝钢管有限公司，形成了沿海沿江产业链的战略布局。

中信泰富特钢具备年产1400多万吨特殊钢生产能力，工艺技术和装备具备世界先进水平，是目前全球钢种覆盖面大、涵盖品种全、产品类别多的精品特殊钢生产基地，拥有合金钢棒材、特种中厚板材、特种无缝钢管、特冶锻造、合金钢线材、连铸合金圆坯六大产品群以及调质材、银亮材、汽车零部件、磨球等深加工产品系列，品种规格配套齐全、品质卓越并具有明显的市场竞争优势，产品畅销全国并远销美国、日本以及欧盟、东南亚等60多个国家和地区，获得了国内外高端用户的青睐。

中信泰富特钢秉承“诚信、创新、融合、卓越”的理念，以造福社会为己任，努力建设环境友好型、资源节约型和社会和谐型企业，着力创建全球最具竞争力的特钢企业集团。

中信泰富特钢集团总部大楼见图3-11-1，2018年获得“钢铁行业改革开放40周年功勋企业”荣誉称号（见图3-11-2）。

二、历史沿革

1908年，汉冶萍煤铁厂矿有限公司成立。

1913年，汉冶萍公司在第一届股东大会上正式确定筹建“大冶新厂”。

1948年，资源委员会华中钢铁有限公司成立，接受汉冶萍公司全部资产。

1953年，中央人民政府重工业部钢铁工业管理局华中钢铁公司改名为大冶钢厂。

1956年，江阴钢厂前身“铁、木、竹手工联社”成立。

图 3-11-1　中信泰富特钢集团总部大楼

图 3-11-2　钢铁行业改革开放 40 周年功勋企业

1993 年，由香港中信泰富投资控股的合资企业江阴兴澄特种钢铁有限公司成立。

1997 年，大冶特殊钢股份有限公司 A 股深交所上市。

2004 年，香港中信泰富收购冶钢成立湖北新冶钢有限公司，并通过湖北新冶钢控股大冶特殊钢股份有限公司，百年冶钢成为中信大家庭一员。

2008 年，香港中信泰富投资控股的铜陵泰富特种材料有限公司成立。香港中信泰富独家出资组建的扬州泰富特种材料有限公司成立。中信泰富特钢集团成立。

2017 年，中信泰富特钢集团收购青岛特殊钢铁有限公司。

2018 年，中信泰富特钢集团收购华菱锡钢并改名为靖江特殊钢有限公司。中信泰富特钢集团收购济南帅潮实业有限公司并改名为泰富特钢悬架（济南）有限公司。

2019 年，中信泰富特钢集团收购浙江格洛斯无缝钢管有限公司并改名为浙江泰富无缝钢管有限公司。大冶特殊钢股份有限公司实施重大资产重组，中信泰富特钢集团实现整体上市，上市公司更名为中信泰富特钢集团股份有限公司（证券代码：000708）。

三、主要成果

中信泰富特钢优化资源配置，依托于以企业为主体、研究院为平台的开放式技术创新体系，推进技术进步，取得了丰硕成果。“十三五”期间，集团及下属企业承担或参与国家“十三五”项目 12 项，获得国家科技进步奖一等奖 1 项，获得中国专利优秀奖 1 项。主持参与编写国家及行业标准 30 余项。获得专利授权 745 项，其中发明专利 191 项。

中信泰富特钢是目前全球特钢规模最大、品种最全的精品特殊钢生产基地，工艺装备完备和生产技术先进，重点发展的特钢生产技术、关键品种等已在国内起到引领作用，已成长为我国特钢市场引领者、主导者和行业标准制定者，是中国钢铁工业协会副会长单位和中国特钢企业协会会长单位。

四、特色工艺装备

中信泰富特钢拥有国内特钢行业最先进的工艺装备，整体装备已具当代世界先进水平。

在特殊钢生产工艺方面，拥有炼钢、精炼、连铸、热送、连轧“五位一体”短流程特钢长材生产线；拥有烧结、球团、炼铁、炼钢、LF 精炼、RH 真空脱气、连铸、连轧工艺的长流程特殊钢长材生产线；国内装备最齐全、断面最大的合金钢方坯连铸机。

在特殊钢长材生产方面，拥有从国外引进的具有火焰表面清理功能的合金钢大棒、中棒生产线；拥有世界领先的可实现控轧控冷、轧材尺寸高精确控制的合金钢中棒、小棒生产线；拥有可实现控轧控冷的专业化线材生产线。

在无缝钢管生产方面，拥有 ϕ108 毫米、ϕ170 毫米、ϕ219 毫米、ϕ258 毫米、ϕ460 毫米锥形辊穿孔机、三辊轧管机、二辊定径机，相控阵超声探伤仪，构成了配套完善的合金无缝钢管生产线。

在特钢板材生产方面，拥有 3500 毫米板卷生产线和 4300 毫米中厚板生产线。

在特种钢材生产方面，拥有引进的真空感应炉、真空自耗炉和保护气氛电渣炉，拥有从国外引进的径锻机、具有先进水平的国产快锻机和辗环机。

在特钢长材延伸加工方面，拥有引进的棒材剥皮机、盘圆剥皮机、碾光机、无芯磨床、在线/离线无损探伤设备及多台棒材可控气氛连续热处理炉，构成了国际先进的银亮材加工生产线。

在产品质量保证方面，拥有特钢棒材、板材和钢管调质热处理生产线；引进的多条抛丸、矫直、倒棱、无损探伤精整生产线，可确保产品的表面质量与内在质量。

五、未来展望

中信泰富特钢将顺应钢铁发展的新形势，坚持走产品高端化、生产专业化、经营全球化、管理精益化、质量零缺陷的发展道路，努力把集团建设成为棒材、管材、板材、锻材、线材等特钢产品的研发和生产基地，形成与社会、自然、利益相关者和谐共赢的、最具竞争力的世界一流特钢企业集团。

第二节　江阴兴澄特种钢铁有限公司

一、企业概况

江阴兴澄特种钢铁有限公司（以下简称兴澄特钢）隶属中信泰富特钢集团股份有限公司，是中国中信集团下属的高度专业化的特钢生产企业。自1993年合资以来，公司以“创建全球最具竞争力的特钢企业集团”为愿景，经过20余年的发展，现已成为中国特钢行业龙头企业，被国家钢铁工业“十二五”规划列为四大特钢产业基地之一和中国特钢技术引领企业，是国家“火炬计划”重点高新技术企业、全国节能先进集体、全国首批“两化融合”示范企业、全国首批绿色制造示范企业、国家技术创新示范企业、中国进出口质量诚信企业、中国出口质量安全示范单位、国家知识产权示范企业，先后获得多项国家冶金产品实物质量金杯奖、全国质量奖、中国质量奖提名奖、亚太质量组织全球卓越绩效奖（世界级奖）、中国专利奖优秀奖、国家科学技术进步奖二等奖、冶金科学技术奖一等奖等奖项。

兴澄特钢地处江阴国家高新技术产业开发区的滨江厂区占地4200亩，北临长江，自建10万吨级远洋码头两座，拥有公路、运河、长江和远洋海运等发达的交通物流优势。

兴澄特钢具备年产铁500万吨、炼钢690万吨、轧材660万吨的生产能力，为全球60多个国家和地区的用户提供多规格、多品种、高品质的特殊钢产品及整体服务方案。拥有世界领先的棒材、线材、板卷材生产线9条，生产及检测等主要装备均从国外引进，生产过程均采用国际先进工艺。兴澄特钢现已发展成为全球产品规格最全、单体规模最大的特殊钢棒、线、板卷材生产企业，主要产品有高档轴承钢、齿轮钢、弹簧钢、易切削非调质钢、系泊链钢、连铸合金大圆坯、帘线钢、特厚钢板、管线钢、耐磨钢、高强钢、压力容器钢、船舶及海洋工程钢、模具钢等，主要服务于交通、石化、机械、海工、风电、核电、军工等产业，其中高标准轴承钢已连续19年产销量全国第一、连续10年全球销量第一，汽车用钢连续14年产销量全国第一。

中信泰富特钢研究院兴澄分院拥有国家级技术中心、国家级认可实验室和博士后科研工作站，先后承担“十五”“十一五”“十二五”“十三五”“863”和“火炬计划”等多项冶金课题的项目攻关，主持或参与起草修订了多项国家和行业技术标准；具有强大的研发实力，保障和提升产品品质，同时携手外部院士专家共同研发创新型、变革性材料，以技术突破引领中国特钢产业转型升级。

二、历史沿革

1956 年，铁、木、竹手工联社成立。

1970 年，更名为要塞农机修造厂。

1972 年，更名为江阴钢厂。

1986 年，建设花山厂区。

1993 年，与中信泰富有限公司合资成立江阴兴澄特种钢铁有限公司。

1995 年，滨江一期“四位一体”短流程特殊钢生产线建成投产。

2002 年，第一座 450 立方米高炉建成投产。

2003 年，两座 10 万吨级长江专用码头建成投用。

2005 年，滨江二期 100 吨转炉、LF 精炼炉、RH 真空脱气炉以及小方坯、大方坯、大圆坯连铸机相继建成投产。

2006 年，滨江二期小棒生产线建成投产。

2007 年，滨江二期大棒生产线建成投产，滨江二期生产线全线建成。

2009 年，滨江三期钢板炼钢 150 吨转炉、LF 精炼炉、RH 真空脱气炉及宽板、厚板连铸机、3200 立方米大高炉生产线投产。

2010 年，滨江三期钢板 3500 毫米中板生产线建成投产。

2011 年，滨江三期钢板 4300 毫米厚板生产线建成投产，滨江三期钢板生产线全线建成。

2013 年，特殊钢线材厂建成投产。

2016 年，中信泰富特钢集团特钢深加工产业项目暨集团科研大楼项目开工。

2017 年，钢板深加工和线材深加工生产线建成投产。

2019 年，中信泰富特钢集团整体上市。

三、主要成果

兴澄特钢获得国家科技进步奖一等奖 1 项（2019 年“高品质特殊钢绿色高效电渣重熔关键技术的开发和应用”）、二等奖 2 项（2015 年“高品质特殊钢大断面连铸关键技术和装备开发与应用”、2010 年“高品质中高碳特殊钢棒线材连续生产技术与工艺开发”），省部级科学技术奖特等奖 2 项、一等奖 2 项，二、三等奖 25 项。

承担国家“十五”“十一五”“十二五”“十三五”科技攻关项目 11 项（其中 2015 年参与“多尺度模拟和先进生产装备结合开发长寿命超纯净轴承钢”国际科技合作与交流项目；2016 年牵头承担“轴承钢冶金质量控制基础理论与产业化关键共性技术研究”，参与“高强度弹簧钢及切割钢丝关键技术开发及示范应用”“汽车齿轮用钢质量稳定性提升关键技术开发及应用”“工模具钢冶金过程的共性技术”；2017 年承担“适用于常规工况的高耐磨性钢板工业制造技术”，参与“690 兆帕级桥梁钢和 2000 兆帕级桥索钢研制开发”）、国家“863”计划 2 项、国家级企业技术中心创新能力建设项目 2 项、江苏省重大成果转化专项资金项目 4 项；新产品或成果通过省部级以上鉴定 133 项；获国家级新产品

14 项、冶金实物质量金杯奖 78 项，并承担国家、省火炬计划项目 33 项，这些新产品、新技术均达到国内领先或国际先进水平。拥有中国授权专利 691 件，其中发明专利 139 件；授权 PCT 发明专利欧洲 2 件、美国 1 件、俄罗斯 1 件；获中国专利优秀奖 2 项、江苏省专利优秀奖 1 项、无锡市专利金奖 3 项。主持或参与完成国家标准、行业标准、团体标准 64 项，其中国家标准 41 项，以第一起草单位完成 24 项，已成功立项《桥梁缆索钢丝用盘条》ISO 国际标准。

质量体系通过 ISO 9001、IATF 16949、GJB 9001C 和 API Q1 认证。

国外产品认证：欧盟 CE 认证、美国 API 认证、日本 JIS 认证、澳大利亚 ACRS 认证、阿根廷 S-mark 认证、俄罗斯 GOST 认证、十国船级社认证等。

国内产品认证：GHC 铁路用钢认证、易派客法人信用认证及产品认证等。2018 年度，兴澄特钢凭借自身的科研成果和创新实力，被认定为“国家知识产权示范企业”。

兴澄特钢在技术研发方面，依托“开发前策划性能预测，开发中全过程监控，开发后产品检验和科学评估”的技术研发体系，逐步摆脱了国内特钢产品档次低的落后局面，其轴承钢、汽车用钢、能源用钢等主要产品通过了国外高端用户的认证，形成了棒、线、板、坯特殊钢批量供货，产品技术水平已跻身于国际领先行列。

四、特色工艺装备

兴澄特钢拥有世界领先的棒材、线材、板卷材生产线 9 条，拥有 3200 立方米大高炉，150 吨、120 吨转炉及 100 吨电弧炉，国内外最大的 ϕ1200 毫米的合金钢圆坯连铸机，3500 毫米炉卷轧机，4300 毫米宽厚板轧机以及大、中、小棒材连轧生产线等世界先进水平的生产工艺及装备，生产及检测等主要装备均从国外引进，生产过程均采用国际先进工艺，拥有国家级技术中心、国家级认可实验室、国家技术创新示范企业、国家知识产权示范企业和博士后科研工作站，是一家高度专业化的特钢研发和生产基地。

按照“领先国内同行 5 年，达到国际先进水平”的原则进行设备更新和改造，先后引进国际先进的生产、检验设备设施，仅“十三五”战略规划期间投资 55 亿元，如三期工程从奥钢联及达涅利引进的具备 100%铁水深脱硫及精炼脱气设备，从日本引进的中间包感应加热设备，都处于行业绝对领先地位。浇铸坯型涵盖方坯、圆坯和板坯，坯料规格变化自由度大，与轧材产品规格对应性强，能够满足公司轧钢生产质量和浇铸经济性需求。配备国内一流、国际领先的检测设备达 470 余台（套），形成装备领先的竞争优势。

（一）炼铁

炼铁现有高炉 3 台，分别是 1280 立方米、1500 立方米、3200 立方米，属于国内先进水平的大中型高炉，具有环保、节能、降噪、减排、高风温、高效、长寿、自动化、智能化和集控等特点。

高炉产线一体化智能制造设备，填补了国内大炼铁产线系统级智能制造的空白，形成了良好的示范应用推广效果，打造了国内首个从配矿—烧结—高炉的炼铁产线一体优化的云-边-端协同项目，为多项工信部专项典型示范案例，在冶金行业及国家工信部智能制造方面形成良好的宣传示范作用。

（二）炼钢

炼钢现有100吨电弧炉1台、120吨转炉2台、150吨转炉2台，设备设计制造具有当代国际先进水平，分期从德国、意大利、日本等引进了国外先进设备。主要引进了国外近年来开发的、已有应用实绩并符合发展趋势的先进技术和设备，建成专业化的短流程生产系统，保证转炉炼钢厂拥有世界一流的技术和装备。

拥有国内第一家使用转炉生产特钢的企业：利用铁水和辅料的优势，使转炉钢水终点碳得到控制，同时通过底吹砖和底吹配套设备改进、底吹工艺的优化、炉底精确控制等方式，做到炉龄寿命与底吹砖寿命同步，为纯净钢生产创造条件。

转炉使用的是德国先进的除尘技术——转炉静电干法除尘（LT法），其优点是：（1）初期除尘效率能达到99%，能捕集1微米以下的细微粉尘；（2）可处理烟气量大且高温（可高达500℃）、高压和高湿（相对湿度可达100%）的场合能连续运转，并能实现自动化；（3）具有低阻的特点，电除尘器压力损失仅100~200帕；（4）煤气回收效率高，吨钢煤气回收量达125立方米，行业内领先。

炼钢设备有先进的连铸自动浇铸系统、电磁搅拌系统、感应加热系统、下渣检测系统等质量控制设备。为提高产品综合性能，轧制过程中使用大压下，使材料致密度更高，还引进和研发了连铸轻压下设备和大压下设备。炼钢的先进设备为钢水的高纯净度、高性能打下了设备基础。

（三）棒材轧制

棒材轧制现有3条轧制线，都是具有国际先进水平的连轧机组。主要设备包括步进式加热炉、多机架连轧机组、KOCKS轧机、飞剪、冷剪、砂轮锯及其他相应的配套设施。为达到节能目的，钢坯还采用了热送热装工艺。机组具有生产异型材及合金钢的功能。中轧机组后、精轧机组设有穿水冷却及温控设施，可适应轧制合金钢及异型材的需要。轧机采用了高刚度、短应力线轧机，以提高产品的精度。在精轧机组后设有测径仪，在线检测棒材及异型钢材的动态尺寸；还设有棒材表面检测仪，可自动监督产品的质量状况。为了适应多品种轧制，机组中设有平立转换机架、万能/水平转换机架。

其中关键设备KOCKS减定径机由三辊组成，为三辊轴线呈120°布置的减定径高精度轧机。轧机在轧制过程中可及时调整轧件尺寸，提高产品质量和成材率，适用于轧制超精度钢及合金线棒材等。

（四）板材轧制

板材轧制现有厚板和中板2条生产线，都是技术装备现代化的中厚板生产线。厚板轧机车间是以生产厚板为主的生产线，生产线装备轧制连铸坯和大钢锭轧制设备以及钢板剪切精整设备，生产线主要由板坯/钢锭加热炉、四辊粗轧机、四辊精轧机、预矫直机、DQ+ACC冷却装置、热矫直机、冷床、切头剪、双边剪、定尺剪、冷矫直机、压平机、超声波探伤、火焰切割机等组成。

中板轧机车间既可以生产钢卷，又可以生产钢板，生产线装备有生产钢卷和钢板的轧制设备以及钢板剪切精整设备，生产线主要由板坯加热炉、炉卷轧机、层流/加速冷却装置、地下卷取机、热矫直机、冷床、切边剪、定尺剪、冷矫直机、超声波探伤、火焰切割机等组成。

以上生产线皆采用了成熟、可靠、先进、实用的技术和设备，如液压厚度自动控制技术、板形控制技术、液压宽度控制技术、控制轧制和加速冷却技术、高效全液压矫直设备、高精度剪切设备、全线现代化的三级计算机控制系统等，使该生产线成为自动化水平高、产品质量好、成本低、生产指标先进的现代化中厚板线。

（五）线材轧制

特殊钢线材厂主要工艺及装备由意大利达涅利公司提供，设计公司为北京中冶京诚公司，整体技术达国内领先水平。全线装备有端进侧出双蓄热步进梁连续式加热炉、高精度短应力连轧机组、顶交精轧机组、精轧机组、TMB（减/定径机）、飞剪、夹送辊、活套、水箱、吐丝机、风冷线、打包机、PF线等先进技术装备。主要生产的规格为 ϕ4.5~25毫米，成品的最高线速度可以达到120米/秒，年生产能力为50万吨。

（六）后道探伤设备

探伤设备大多是进口设备，包括德国GE超声波探伤仪、德国FOERSTER漏磁探伤仪、加拿大OLYMPUS相控阵探伤仪等探伤设备，它们对棒材内部、表面轧制的质量进行缺陷检测。高水准、高精度的检测测量，为轧制工艺提供重要的分析数据，对满足客户要求、对轧制的成品棒材精整工序起到把关的重要作用。公司在“十三五”期间新增21条探伤线，投资额高达1.32亿元。

（七）先进检测设备

（1）高纯净钢检测技术与评价：配有进口高频探伤仪及快速夹杂物分析仪、电子场发射扫描电镜等精确检测设备。

（2）钢组织均匀性检测与工艺应用技术：配有进口电子探针、原位分析仪、X射线应力仪、高温数字显微镜及热模拟试验机、热膨胀相变仪、差示热分析仪。

（3）钢中扩散氢及性能的研究：配有进口电解充氢装置、TDS测氢仪+慢拉伸试验机。

（4）钢的疲劳性能测试与分析技术：配有进口电液伺服疲劳试验机、旋转弯曲疲劳试验机、线材旋弯疲劳机、高频疲劳试验机及接触疲劳试验机。

（5）硫化氢HIC腐蚀试验：配有热电硫化氢气体分配器及热电硫化氢应力腐蚀等抗HS耐腐蚀设备。

（6）四点弯曲腐蚀试验：配有四点弯曲夹具，配合HIC容器桶共同使用。

以上设备均是国内一流的研发、生产、检测设备，其中部分为国内独有设备，满足了公司前沿产品研发的需要。

五、未来展望

兴澄特钢将不断激发创新活力，持续实现科研提升和技术突破，推动科技成果的应用转化及产业化，以科技推动实现“特钢强国梦”；致力于完善特殊钢科研基地建设，掌握行业技术、市场发展和用户需求，保持“多引领”态势；开发国际前沿原创高端特殊钢产品，瞄准“六高”，力争不断提升核心产品的高稳定、高可靠、高强度、高止裂、高适配性、高疲劳寿命，精准定位，力争在大变形、低密度、耐腐蚀、节能环保、绿色制造等方面实现重大突破；进一步提升创新团队凝聚力，提升技术人才培养优胜劣汰的良性循环机制。

“十四五”期间，为实现“创建全球最具竞争力特钢企业集团”的发展愿景，公司将深耕特钢主业，坚定不移走“品种、质量、效益型”道路，以“引领全球特钢产业发展”为目标，围绕国家产业结构调整，坚持价值创造、绿色发展、技术创新和发展模式创新，加快推进智慧冶金和数字化转型，带动行业由应用型集成工艺向原创型研发工艺转变，提速发展全球布局，积极承担国家使命，助推产业链高质量发展。

第三节 大冶特殊钢有限公司

一、企业概况

大冶特殊钢有限公司（以下简称大冶特钢）是中国“钢铁摇篮”，其前身大冶铁厂是清末汉冶萍煤铁厂矿有限公司的重要组成部分。

大冶特钢隶属于全球最大的特钢企业——中信泰富特钢集团，是其沿海沿江产业链战略布局中的重要一环。

大冶特钢工艺技术和装备具备世界先进水平，形成了以轴承钢、汽车用钢、能源用钢、先进制造业用钢等为主的产品阵容，产品在轴承、汽车、风电、核电、油气、工程机械、海洋工程、工模具制造、航空航天等领域表现卓著，并远销五十多个国家和地区，深得用户青睐。

从中国第一炉电渣钢的出炉到中国第一根高温合金旋压管的诞生，从中国第一根飞机大梁毛坯的轧制到“飞豹”“歼-20”的横空出世，从中国第一颗人造卫星的夺目升天到天宫、嫦娥、北斗的惊世腾空，这里升腾了一个又一个的强国梦想。

二、历史沿革

1908 年，汉冶萍煤铁厂矿有限公司成立。

1913 年，汉冶萍公司股东常会正式确定筹建“大冶新厂”。

1916 年，汉冶萍公司董事会授“汉冶萍煤铁厂矿有限公司大冶钢铁厂之章”给大冶新厂，大冶钢铁厂正式定名。

1924 年，汉冶萍公司将大冶钢铁厂和大冶铁矿合并为一个机构，定名“大冶厂矿”。

1938 年，国民资源委员会下令将汉冶萍公司所属厂矿设备运往重庆另建新厂。同年 10 月，汉冶萍公司大冶厂矿沦陷，日军设立“大冶矿业所”。

1945 年，国民政府经济部接收日本制铁株式会社大冶矿业所，成立“日铁保管处”。

1948 年，“资源委员会华中钢铁有限公司”成立，并由华钢接收汉冶萍公司全部资产。

1949 年，中国人民革命军事委员会武汉军事管制委员会接管“老华钢”，正式定名为“中原临时人民政府华中钢铁公司”。

1950 年，中央重工业部命令将大连钢厂特殊钢车间迁入华钢，并另添部分设备，将华钢改建为特殊钢厂。

1953 年，原华中钢铁公司奉命改厂名为大冶钢厂。厂名全称“中央人民政府重工业部钢铁工业管理局华中钢铁公司大冶钢厂”。

1994 年，大冶钢厂实施公司制改制，成立“冶钢集团公司”，同时“大冶特殊钢股份有限公司”挂牌。

1995 年，“冶钢集团有限公司”揭牌。

1997 年，大冶特殊钢股份有限公司 A 股在深交所上市。

2000 年，东方钢铁有限公司并入冶钢集团有限公司。

2004 年，香港中信泰富投资控股的湖北新冶钢有限公司成立，并通过新冶钢控股大冶特殊钢股份有限公司，百年冶钢成为中信大家庭一员。

2006 年，湖北中特新化能科技有限公司成立。

2007 年，湖北新冶钢特种钢管有限公司成立。

2019 年，湖北新冶钢特种钢管有限公司更名为大冶特殊钢有限公司，保留大冶特钢“百年老字号”。同年，大冶特殊钢股份有限公司实施重大资产重组，并更名为中信泰富特钢集团股份有限公司。

2020 年，大冶特殊钢有限公司承接大冶特殊钢股份有限公司经营性资产。

三、主要成果

（一）部分国家级奖项

100 多年来，大冶特钢为国防装备、民用工业领域做出了重大贡献。1964~2019 年获得的国家级、部委级突出奖项如下所示：

1964 年，“军用甲组滚珠轴承钢”获全国新产品一等奖。

1978 年，“飞机起落架及电渣熔铸 100 高炮管”获全国科技大会奖。

1978 年，“电渣熔铸 100 高炮身管、炮尾毛坯”获全国科技大会奖。

1978 年，“电渣熔铸潜望镜空心管坯”获全国科技大会奖。

1978 年，“电渣熔铸‘851’涡轮盘”获全国科技大会奖。

1978 年，“抗磁不锈钢”获全国科技大会奖。

1978 年，“航空发动机用高温轴承钢”获全国科技大会奖。

1978 年，“新型航空齿轮钢”获全国科技大会奖。

1978 年，“铁基变形高温合金”获全国科技大会奖。

1978 年，“飞机（歼六）主梁毛坯”获全国科技大会奖。

1981 年，“新型高强韧性冷模具钢”获国家经委新产品金龙奖。

1984 年，“中型坦克用氰化齿轮钢”获国家经委新产品金龙奖。

1984 年，“铁道车辆用轴承钢”获国家经委新产品金龙奖。

1986 年，“轴承钢控制轧制的研究”获国家科委重大贡献奖。

1987 年，获得国家发明创造奖二等奖。

2015 年，“高品质特殊钢大断面连铸关键技术和装备开发与应用”项目获国家科技进步奖二等奖。

2017 年，“炼焦化学产品绿色回收成套关键技术及应用”获湖北省科技进步奖一等奖。

2019 年，“高品质特殊钢绿色高效电渣重熔关键技术的开发和应用”获国家科学技术奖一等奖（见图 3-11-3）。

2020 年，工程机械用特殊钢获工信部制造业单项冠军产品（见图 3-11-4）。

国家科学技术进步奖

证　书

为表彰国家科学技术进步奖获得者，特颁发此证书。

项目名称：高品质特殊钢绿色高效电渣重熔关键技术的开发和应用

奖励等级：一等

获 奖 者：大冶特殊钢股份有限公司

中华人民共和国国务院

2019 年 12 月 18 日

证书号：2019-J-215-1-01-D07

图 3-11-3　国家科学技术进步奖一等奖证书

证　书

制造业单项冠军产品

（2021年 — 2023年）

企业名称：大冶特殊钢有限公司

主营产品：工程机械用特殊钢

工业和信息化部　中国工业经济联合会

2020年12月21日

图 3-11-4　制造业单项冠军产品证书

（二）国家标准制定

大冶特钢大力开展并推动标准化工作，不仅主动参与国家标准、行业标准、团体标准的制/修订工作，也积极参与国际标准组织的各种工作和活动，目前公司已经成为 ASTM（美国材料与试验协会）组织会员，也有专家在 ASME（美国机械工程师）学会中国国际工作组工作，积极参与 ASME 委员会在中国的学术交流活动。作为具有百年传承的特钢企业，公司牵头制定的标准均处在国内领先水平，在行业内声誉较好，认同度较高。主持或参与国家标准、行业标准及团体标准等的制定共 50 项，其中 19 项为第一起草单位。

（三）国防装备领域及重点工程项目

1954~1985 年期间，大冶钢厂向国家提交高端特种钢材 117 万吨，为各种航空航天和核能等国防工业的生产与科研单位提供材料，其中高温合金 30 多个牌号 8500 吨。

20 世纪 60 年代初期，大冶钢厂根据国家下达的国防装备科研生产任务，在常规兵器方面先后承担了炮弹弹体用钢、弹用深冲钢、穿甲燃烧弹弹头冷拉钢和反坦克炮弹用钢管的试制与生产任务。生产的钢号有碳素炮弹钢 D55、D60，合金炮弹钢 60Cr2MoA、60Cr2Ni2MoA、35Cr3NiMoA 和 35CrMnSiA，低碳深冲钢 S10A、S15A、S20A，弹头用钢 T12A 及火箭用钢 30CrMnSiA 计 16 个，坦克扭力轴用钢 45CrNiMoVA，齿轮用钢 12CrNi3A、20Cr2Ni4A 及 40Cr10Si2Mo 阀门钢，坦克履带板用钢 20CrMnSiNi2A 等各种规格的钢材 514997 吨。

在航空材料方面：自 50 年代初期起，开始试制航空用结构钢棒材，到 1985 年年底共生产各类碳素结构钢约 8600 吨、合金结构钢 42000 吨、不锈钢约 10600 吨、轴承钢约 5800 吨，总计约 7 万吨，另外还提供各种牌号的高温合金材 8400 多吨，为我国航空工业的发展做出了积极的贡献。1965 年大冶钢厂开始大规模试制航空发动机用高温合金，包括用作涡喷发动机涡轮叶片的高温合金 GH33、GH37、GH49、GH135；用作航空发动机涡轮盘、承力环及各种紧固件的高温合金 GH36、GH132；用作航空发动机涡轮盘的高温合金 GH698；用作涡轮喷气发动机燃烧室、火焰筒安装边、涡轮外环等零件的 GH30；发动机轴用钢 40CrNiMoA、18Cr2Ni4WA；涡轮喷气飞机用压气机盘用钢 30CrMnSiA；叶片钢 Cr17Ni2，1966~1985 年 Cr17Ni2 钢共交货 1185 吨；供 410 厂、420 厂制造压气机叶片钢 1Cr11Ni2W2MoV 共交货 2279 吨；航空发动机齿轮用钢 18Cr2Ni4WA、12CrNi3A、12Cr2Ni4A、20CrNi3A 以及 14CrMnSiNi2MoA，供 331 厂的 14CrMnSiNi2MoA 从试制到 1988 年共交货钢材 88 吨。

2010 年与贵州安大厂合作，采用电炉+16t 气体保护电渣炉生产的 ϕ450 毫米锻棒，开发的燃机用某牌号主轴，通过 410 厂、606 所主持的转产鉴定。

2010 年开始与上海航天八院合作，开发壳体用某牌号超高强度钢，2012 年通过合格供应认证、产品鉴定和海陆空军方扩点鉴定，结束了大冶特钢无生产超高强度钢设备和技术的历史，率先实现了一站式供货、一条龙服务，充分发挥了人才优势、管理优势、品种开发优势、装备优势和地理优势。

2012 年修订了国标《航天用高温合金冷加工无缝钢管规范》，为大型运载火箭用高温合金无缝钢管的不断扩容奠定了坚实的基础。独家定点生产的航天用某牌号冷加工无缝钢管，主要用于长征系列运载火箭发动机上，从第一颗人造卫星发射到历次发射，从神舟系列到天宫系列。

2016 年通过《AG600 项目合格供应商认证》和《AG600 飞机起落架金属材料生产工艺文件差异分析报告》备案，在 AG600 项目中提供了钢棒和钢管。

2015 年首次采用 VIM+VAR 双联工艺研制 T250，并在 170 毫米机组成功生产出 ϕ146 毫米×18 毫米钢管，分别提供成品样管给西安航天动力机械厂（7414 厂）和上海新力动力设备研究院（810 所）0.176 吨和 1 吨。该产品是国内独家采用穿轧减工艺生产含镍 20%的马氏体时效钢 T250，填补了国内空白。

在民用工业领域：大冶特钢通过冶炼工艺的集成创新和技术攻关，创造性地解决了非真空冶炼较真空工艺 Al、Ti、Nb、P、Si 元素难控制等技术难题，在国内首次突破性实现了采用“电弧炉+电渣重熔”的冶炼工艺生产出高纯净；低 P、Si；高 Al、Ti 气阀用高温合金热轧棒材，其中产品 N 含量达到 30×10^{-6}、各类非金属夹杂物达到 0~0.5 级，实物质量水平达到国际知名企业同等水平，满足了国内高端汽车发动机气阀用高温合金材料技术要求，由于生产成本较国内传统工艺降低了 20%以上，完全可以替代进口。

大冶特钢通过制定合理的渣系、渣量、熔速等电渣工艺参数，解决了 GH2132 电渣大锭型易产生偏析、钢锭尾部钛元素易烧损等技术难题，成功地试制出国内最大的高温合金 GH2132 电渣锭，经长时间载轨测试，质量稳定，技术指标完全满足要求，并通过中车认证和形成批量独家供货，解决了我国高铁材料国产化的需求。

大冶特钢利用真空感应炉+轧制开坯+轧制线材+冷拉盘圆强强联合的组合生产工艺，完成了“特种船舶 H921A 埋弧焊丝用盘圆开发”课题工作，为我国特种船舶埋弧焊丝用盘圆开辟了一条新的生产途径。

国家配套科研项目“ZXHD 用超高强度钢及超大尺寸锻件研制”用钢 G31L 由钢研总院设计，并在实验室完成相关性能指标检测评定后，指定大冶特钢负责工业化生产。大冶特钢重点开展了超大锭型电渣重熔工艺的试验研究，制定相关工艺文件及标准。目前已完成试验件和标准件首件的生产及性能检测评价工作，产品满足相应的技术标准要求，成功开发了一种高强钢新材料。

大冶特钢依靠雄厚的技术优势和先进的生产工艺装备，经过对外方技术资料的消化，精心设计的生产工艺成功研制出满足用户需要的产品，如动车储能器飞轮叶片 4340 钢铁材料，并在 150 千瓦、200 千瓦两种型号上成功使用，实现了以产顶进。

大冶特钢采用电炉+电渣工艺路线生产的航天用经济型超高强度 D6AE 无缝钢管，性能指标达到真空感应+电渣工艺路线的水平，实物质量完全满足用户使用要求，产品的市场占有率达到 90%以上。

2018 年年底开始进行航空发动机用某牌号钢棒材研制，ϕ24 毫米棒材质量达到国内先进水平，通过了航空发动机两个新型号叶片工艺评审及装机前质量评审，标志着大冶特钢生产的特种不锈钢首次进入航空转动件领域应用。该材料大规格锻材也研制成功并推广至航空发动机相关型号应用，已经形成批量稳定生产，满足了国家高端特种领域的使用需求。

大冶特钢快速成功研发出某牌号不锈钢 ϕ800 毫米锻材，大力助推了国家重型燃气轮机项目进展。大冶特钢对压气机盘用某牌号不锈钢进行了研发试制，突破了成分优化控制技术、大钢锭高纯净低偏析冶炼技术和 ϕ800 毫米大规格锻材组织均匀性控制、退火防炸裂工艺控制等多项关键技术，产品各项指标检验全部符合标准要求，且炉批产品质量稳定，尤其是钢的纯净度、产品冲击值和高温持久性能等达到国内领先水平。目前采用大冶特钢提供的锻材生产的压气机盘已经应用于 R0110 燃机，对于提高中国的综合国力具有积极的推动作用。

1999 年，大冶特钢使用“电炉→小棒厂→108 毫米机组”产线生产出 1E2892 销套，成为国内首家此类无缝钢管供货企业。

从 2006 年开始大冶特钢坚持打造风电轴承钢品牌，经过十多年的努力，已经打造成为国内最大最强的大规格风电轴承钢生产基地，为 SKF、舍弗勒、TIMKEN、NTN、瓦轴、洛轴等知名企业提供高端风电主轴、变速箱等轴承钢，市场占有率 70%以上。

2006~2014 年大冶特钢通过了全球最著名的轴承企业瑞典 SKF 公司、德国 FAG 公司、日本 NSK 公司、美国 TIMKEN 公司、BRENCO 公司、印度 NBC 公司等的认证。其中 SKF 通过 16 个牌号、27 个产品类别，FAG 通过牌号 9 个、15 个产品类别，是国内通过认证牌号、类别最多、规格最大的钢铁企业。

2007 年大冶特钢首次通过世界轴承顶尖制造商瑞典 SKF 公司模铸钢的认证，首次通过认证的牌号为 SKF48、SKF42，随后产品认证不断扩展，到 2012 年，SKF5、SKF6、SKF7、SKF24、SKF157、SKF255（K）等牌号不断通过 SKF 认证，形成了 SKF 在中国的唯一模铸轴承钢供应基地。

随着 SKF 的认证和推动，2008 年大冶特钢通过了德国舍弗勒认证；2010 年通过美国 TIMKEN 和 BRENCO 认证；2012 年通过日本 NSK、NTN 认证。

2008 年年初大冶特钢开始进行石油机械管的研发。当时，国内石油机械管的生产基本处于空白，高端的钻完井固井工具以进口成品或进口材料机加工为主。大冶特钢在这些产品方面的研发，不仅发展了钢管制造的尖端技术，而且填补了国内空白，满足了国家急需。2009 年年中，首批材料送往美国进行测试，测试结果出人意料的好，一举打破了铁姆肯在此领域的垄断，先后通过了斯伦贝谢、哈里伯顿、贝克休斯等国际五大石油服务商的认可，成为国内首家得到国际油服市场全面认可的钢管制造企业。大冶特钢在石油机械领域抹去了很多规范中“不允许使用中国材料”的描述，为中国制造增添了一抹亮色。

2010~2012 年大冶特钢开发的真空脱气铁路轴承钢，通过美国 BRENCO 公司和德国 FAG 的认可，在铁路系统实现了真空脱气钢替代电渣钢并在国外获得广泛应用，处于国际先进水平，属于国内首次并且唯一一家生产企业，产品填补了国内空白。

2010 年大冶特钢生产的 41XX 系列石油机械管通过了贝克休斯认证，被列入合同供应商名录，大冶特钢成为国内唯一同时得到国际五大石油服务商认可的企业。

2012 年大冶特钢生产的 13Cr 厚壁管先后通过斯伦贝谢、哈里伯顿认证，成为国内首家通过认证的企业。

2012 年大冶特钢生产的 C110 厚壁耐腐蚀机械管通过了美国 CTS 试验室 SSC 检测，最大壁厚达 50 毫米，打破了铁姆肯、特纳瑞斯对高强度厚壁耐腐蚀机械管的垄断，首次实现了国产化。此材料生产的完井工具，在国内西南地区油田实现了批量应用。

2012 年 6 月港珠澳大桥桥梁工程建设全面展开，柳州欧维姆公司作为通航斜拉桥配套供应商，负责大桥主体工程中的 44 座桥墩共 105 节段墩身预应力高强拉杆、锚固部件的配套应用。大冶特钢的研发工程师为欧维姆港珠澳大桥项目定制了大规格、超长长度的高性能的钢铁原材料产品，这些材料由欧维姆加工成国内最大直径的预应力混凝土用高强度拉杆。从试供到项目完成，累计为港珠澳大桥桥梁工程供应了 3000 余吨高品质钢材。在助力港珠澳大桥的同时，大冶特钢还帮助柳州欧维姆公司开发了大直径预应力高强度拉杆及其锚固体系，填补了国内空白，并使该技术方案在广东虎门二桥、云南虎跳峡大桥、大渡河大桥、香格里拉大桥、武汉鹦鹉洲长江大桥等大型特殊桥梁上应用和推广。目前基本实现国内哪里有大型桥梁建设，哪里就有大冶特钢材料搭建的钢筋铁骨。

2013 年大冶特钢生产的螺杆定子用管首次实现批量出口，成为国内唯一得到 Dyna-drill、NOV 等国际一线螺杆钻具制造商认可的企业。

2014 年大冶特钢作为第一单位起草 GB/T 34484.2—2018《热处理钢　第 2 部分：淬火及回火合金钢》，该标准 2018 年 9 月 17 日发布，为国内调质材的应用奠定了坚实的基础。

2015 年大冶特钢生产的 SAE4340H+QT 材料应用于和谐Ⅲ型货运机车，成为国内唯一可实现冷装配膨胀量满足 0.0889～0.1016 毫米的供应商，实现以产顶进，并通过北车集团、大连机车、常客股份以及铁路总局代表四家单位联合认证审核。

2015 年首次开发的 4715 高压管汇用管成功应用于涪陵地区页岩气开采，实现了进口材料的全面替代。

2016 年大冶特钢开发的 HS125 级别高温、高强度耐腐蚀钢管，得到哈里伯顿认可，成为国内第一家、世界第二家通过此认证的企业。

2017 年 4130M 125KSI 高温耐 H_2S 腐蚀材料成功打入哈里伯顿用钢量最大的核心工厂，成为全球除 TIMKEN 外唯一能生产此钢的企业。

2017 年出口阿特拉斯 AISI4330V+NQT 深井钻具用钢锻材产品性能取得重大突破，打破 TIMKEN 全球独家供货的格局，获得用户认可。

2018 年大冶特钢通过了南高齿最大的终端客户 GE 公司的认证，并成为 GE 公司在国内的唯一指定供货商。

2018 年开始与上海大学合作，开发新型共振机关键部件用高强度 GLZ-1 锻件国产化材料，2019 年顺利通过路面试车，实现以产顶进。

2018 年大冶特钢与国内某知名钻杆厂合作开发的 S120 级别高强度耐腐蚀钻杆，成功通过 SSC 测试，并顺利应用于中东某油田。此品种为国内首次批量生产并应用，打破了西方企业对此类高强度耐腐蚀钻杆的技术垄断。

2019 年成功开发世界最大的电气设备生产商——巴西 WEG 公司 42CrMoS4+QT 调质异形锻件，产品应用于风电整机行业排名第一的维斯塔斯风电主轴。

2019 年供 BHGE 公司 AISI4145MOD+QT 认证料外送 SGS 检验合格，满足用户“BMS

A154”和“ST01”双标要求，顺利通过 BHGE 公司总部认证。

2019 年，大冶特钢与国内某知名螺杆钻具制造厂合作开发的螺杆钻具，在新疆油田创造了一次下井使用寿命超过 400 小时的国内新纪录，产品使用寿命超过了进口同类产品。

大冶特钢生产的销套管，产品通过卡特彼勒、小松、东碧（TOPY）、韩国现代、韩国斗山、沃尔沃（VOLVO）建机、三一重工、徐工建机等国内外知名企业认可，且独家供货于卡特彼勒、小松、东碧等用户，连续多年获得卡特彼勒的银牌供应商。

（四）行业地位

大冶特钢通过转变思维调结构、抢抓机遇调结构、瞄准高端市场调结构一系列实质性举措实现三大转变，由大众供应商向专业供应商转变。近几年，大冶特钢在着力提升质量、不断拓展品种规格的同时，强化了对客户的个性化服务，致力于“一对多”向“一对一”营销模式的转变。由注重国内市场向国际国内均衡发展的转变。为了打造具有国际竞争力的特钢企业，大冶特钢发扬“敢于问鼎世界一流的制造商，敢于攀登国际一流质量高峰，敢于向国际一流的同行亮剑”的精神，通过加强重点用户的战略合作、积极推进产品认证、实行外贸合同绿色通道等措施，有效推动了国际市场的开发。大冶特钢的经营越来越呈现国际化，拥有 API（美国石油学会）、TUV（南德意志集团）、AC9100C（美国航空航天质量管理体系）等通往国际市场的认证“绿卡”近 50 余张，为拓展国际市场、实现产品市场由东南亚等地区向欧美等经济发达地区转移创造了良好条件。

四、特色工艺装备

大冶特钢经过 100 多年的发展建成了具有当代国际一流水平的特种冶金及锻轧加工、材料热处理生产线，其中包括特种冶金（VIM、ESR、VAR）年产能 10 万吨；电炉炼钢（20 吨电炉+LF+ADO+模铸，年产能 15 万吨；60 吨电炉+LF+RH/VD+连铸/模铸）年产能 100 万吨；转炉炼钢（120 吨+LF+RH+连铸）年产能 300 万吨；锻材生产线（2000 吨/4500 吨/6000 吨快锻及 1600 毫米径锻）年产能 15 万吨；合金棒材生产线（500 毫米半连轧机组、650 毫米连轧机组、750 毫米连轧机组、中棒线连轧机组）年产能 300 万吨；中厚壁特殊无缝钢管生产线（108 毫米、219 毫米、460 毫米阿塞尔轧管机组、219 毫米顶管机组）年产能 90 万吨；热处理生产线（170 毫米、325 毫米、460 毫米、518 毫米钢管热处理生产线、锻造热处理生产线、小棒热处理生产线）年产能 30 万吨；银亮材/车削材年产能 10 万吨。

大冶特钢主要生产镍基合金、合金结构钢、碳素结构钢三大类材料，涉及高温合金、耐蚀合金、特殊不锈钢、特种结构钢、高强钢、轴承钢、齿轮钢、工模具钢八大项专业产品，涵盖品种多达 800 多个。

五、未来展望

立足新发展阶段、贯彻新发展理念、构建新发展格局，大冶特钢紧紧围绕“十四五”规划布局谋划，聚焦高质量发展主基调，深入推进“棒材差异化、钢管专业化、锻材高端化”战略，不断提高高附加值产品生产比例，抢抓机遇为客户“做精料、供精粮”，培育高精特新产品开拓市场，不断增强企业的生存力、竞争力、发展力、持续力，向着创建全球最具竞争力的特钢企业集团的愿景目标前进。

第四节 青岛特殊钢铁有限公司

一、企业概况

青岛特殊钢铁有限公司（以下简称青岛特钢）是中信泰富特钢集团全资子公司，始建于1958年，前身是青岛第三钢铁厂，原址位于青岛市李沧区，2013~2015年年底搬迁至青岛西海岸新区董家口循环经济区，2017年5月正式加入中国特钢龙头企业——中信泰富特钢集团。

青岛特钢核准产能417万吨，2016年建成投产精品特钢产能300万吨，2019年启动搬迁项目续建，2021年达到417万吨产能。总占地面积9300余亩，紧邻董家口港40万吨级矿石码头，地理位置十分优越，具有不可比拟的物流优势；引进美国摩根、意大利达涅利和德国西马克等公司所产当前国际先进的工艺设备，采用全线无扭轧制和无张力、微张力轧制技术，确保产品质量。2020年，青岛特钢实现工业总产值143亿元。

青岛特钢始终致力于技术创新和产品创新，主打线材、棒材、扁钢三大品种系列，精品特钢比例达到70%以上，钢帘线及胎圈钢丝用钢盘条、特种焊接用钢盘条、弹簧扁钢、桥梁缆索用钢等产品具有较高的市场知名度。钢帘线、胎圈钢丝用钢盘条全国占比超过45%，2018年成功开发出特高强度C97D2-E级钢帘线用盘条，对推动汽车轮胎产业结构升级和相关技术提升具有重要意义；特种焊接用钢盘条全国占比近50%，广泛应用于工程机械、船舶制造、海洋工程、高铁、车辆、管线、压力容器、核电等生产领域；汽车板簧、导向臂用钢板弹簧用钢国内占比达40%，2018年与富奥辽弹公司及东北大学合作成功开发抗拉强度不小于1800兆帕高强弹簧扁钢产品，弥补了国内少片、单片簧所需高强材料的空白，2020年成功开发宽厚比小于2的多个规格导向臂扁钢产品，弥补了国内导向臂产品所需异型材料的空白；桥梁缆索用钢强度刷新世界纪录，替代进口，实现原料国产化，为实现钢铁强国梦做出了卓越贡献。产品获得“冶金产品实物质量金杯奖”“中国名牌”“中国公路学会科学技术特等奖”等殊荣。

青岛特钢在实施环保搬迁项目过程中，环保投资占总投资11%左右（约18亿元）。一方面，各工序采取先进的节能技术，从源头上最大程度地减少能源投入和过程废物的产生；另一方面，配套CCPP发电工程、TRT发电工程、烧结余热发电等15项重大节能及循环利用工程，最大限度地提高能源资源利用水平。搬迁项目投产后，又新增建设光伏发电、上升管荒煤气余热利用等项目。续建项目建设过程中，环保设施投资约占工程静态投资16.77%（约8.4亿元），采用国内先进技术和设备、节能减排的工艺技术、低碳经济的制造流程，各工序能耗及综合能耗指标处于国内先进水平。目前，青岛特钢自发电率达到

75%，废水零排放，中水回收利用比例达到35%。2017年，青岛特钢荣获国家工信部颁发的首批“绿色钢厂”称号。2018年，青岛特钢荣获中国钢铁工业协会颁发的“清洁生产环境友好型企业”称号。2020年，青岛特钢全面达到超低排放要求，吨钢污染物排放量达到清洁生产一级指标水平。

通过环保搬迁、战略重组、深化国企改革创新，青岛特钢将特种钢材、绿色环保、蓝色经济有机融合，充分发挥“互联网+”先导作用，推动新一代信息技术与传统冶金工业深度融合，开启了高质量发展的新篇章。

二、历史沿革

1958年，青岛第三钢铁厂成立。

1962年，青岛第三钢铁厂正式更名为青岛钢厂。

1988年，山东鲁南铁合金厂并入青钢，根据山东省冶金工业总公司［88］冶鲁计字第45号文件，青岛钢厂更名为青岛钢铁总厂；青钢同华美钢铁有限公司合资在深圳成立华海机械工程有限公司，经国家批准直接对外出口钢材产品。

1990年，青钢第一高速线材厂投产，轧出第一根6.5毫米规格高速线材。

1992年，根据青岛市政府青政发［92］159号文件，青岛钢铁总厂更名为青岛钢铁总公司，并成为市直属企业。

1994年，根据青岛市政府青政发［1994］112号文件，以青岛钢铁集团公司为核心层，以青岛自行车公司、青岛人造板厂、青岛制钉厂等16个单位为子公司，组建青岛钢铁集团公司，青岛钢铁集团公司工商注册登记为第一名称，青岛钢铁总公司登记为第二名称。

1996年，炼铁1号高炉热负荷试车成功，炼出第一炉铁水，从此告别有钢无铁的历史。

1997年，3号连铸热负荷试车一次成功，全面替代了地盘浇铸，把工人从热、累、脏的环境中解放出来。

2000年，炼钢厂3号热风化铁炉关停，标志着二次化铁工艺彻底淘汰，既保护了环境，又优化了工艺。

2001年，为适应债转股需要，根据青岛政发［1999］259号文件，以青岛钢铁集团公司为主体组建青岛钢铁控股集团有限责任公司，注册资本40747万元；经国务院批准，国家开发银行、中国工商银行对青岛钢铁总公司（即青岛钢铁集团公司）实施债转股，成立青岛钢铁有限公司，顺应了现代化企业要求。

2003年，青岛钢铁首条具备国际先进水平的轧钢生产线——第二高速线材生产线投入使用。

2004年，3号高炉成功实现喷煤，标志着青钢炼铁步入以煤代焦的行列。

2005年，青钢自产捣固焦炉顺利出焦，结束了焦炭全部外购的历史。

2006年，首台共用型TRT投用，标志着青钢炼铁的资源回收利用迈上新台阶。

2010年，青钢第四高速线材优特钢生产线投产，为开发合金线材打下了坚实的基础。

2011年，青岛市国资委以《青岛市政府国资委关于青钢集团设立青岛特殊钢铁有限公司的批复》（青国资规［2011］19号）同意青钢集团设立青岛特殊钢铁有限公司作为搬迁项目承载主体，从事搬迁项目的征地、前期规划设计及后续建设运营。

2012年，经过长达10年的不懈努力，青钢环保搬迁项目正式获得国家发改委核准。

2015年，青钢环保搬迁项目彻底完成了从原料场、焦化、烧结、高炉、炼钢到轧钢的全线贯通，揭开了青钢“二次腾飞”的新篇章；青钢老厂区全部关停。

2016年，2号高炉点火成功并投入试运行，标志着青钢环保搬迁项目一步工程全面进入试生产阶段，当年共生产钢材188万吨；12月17日，青岛市政府与中信集团签署了《关于中信泰富特钢集团与青岛特钢公司合作的意向书》，共同推动青岛特钢向国内一流特钢企业转型升级。

2017年，青岛市政府与中信集团签署了《关于青岛特钢公司重组合作的框架协议》，青钢集团与中信集团签署了《关于青岛特殊钢铁有限公司100%股权的企业国有产权无偿划转协议》；5月15日完成股权交割，青岛特钢正式加入中信泰富特钢集团。

2019年，烧结烟气超低排放改造完成，标志着青岛特钢迈入环境友好型企业行列；10月11日，青岛特钢随中信泰富特钢集团整体上市；12月启动搬迁续建项目；2021年3月建成投产。

三、主要成果

（一）重大奖项

多年来，青岛特钢专注于长材领域的发展，形成了自己独特的产品特色，在胎圈帘线用钢、焊接用钢、桥梁悬索用钢等领域均达到国内领先水平，获得多项国家、省、市级奖励，主持和参与制定和修改了多项国家和行业标准，成为行业的领头羊。具体奖项如表3-11-1和表3-11-2所示。

表3-11-1 国家奖项名录

年 份	名称及奖项（国家级）
1997	“连铸焊条钢LH08A”获国家经济贸易委员会国家级新产品奖
1998	“拉碳法冶炼45钢无扭控冷热轧盘条（直径6.5毫米）”获国家经济贸易委员会国家级新产品奖
2001	“直径6~12毫米钢筋混凝土用HRB400（小规格）热轧带肋钢筋”获国家经济贸易委员会国家级新产品奖
2002	“钢筋混凝土用HRB400（小规格）热轧带肋钢筋”获中国钢铁工业协会、中国金属学会冶金科技进步奖三等奖
2004	“H10MnA、H10Mn2、H10MnSi焊接用钢盘条”获冶金科技进步奖三等奖
2006	“焊接用钢盘条”获中国钢铁工业协会冶金产品实物质量金杯奖
2010	“焊接用钢盘条”获中国钢铁工业协会冶金产品实物质量金杯奖
2015	“海洋工程装备用特种合金焊接材料项目”获国家发改委、工业和信息化部关于产业转型升级项目2015年中央预算内投资计划

续表 3-11-1

年　份	名称及奖项（国家级）
2016	“低成本生产高质量钢绞线和帘线钢用钢的关键技术和产业化”获中国钢铁工业协会、中国金属学会冶金科学技术奖二等奖
2018	“高炉喷煤评价体系研发及应用”获中国钢铁工业协会、中国金属学会冶金科学技术奖一等奖
2018	“高品质钢洁净化智能控制的多维多尺度数值模拟仿真技术及应用”获中国钢铁工业协会、中国金属学会冶金科学技术奖三等奖
2018	“1960 兆帕悬索桥主缆索股技术研究”获中国公路学会科学技术奖特等奖
2018	“1960 兆帕桥梁缆索镀锌钢丝用离线盐浴盘条”获中国钢铁工业产品开发市场开拓奖
2018	“1960 兆帕桥梁缆索镀锌钢丝用离线盐浴盘条”获中国钢铁工业协会、中国金属学会冶金科学技术奖三等奖
2019	“汽车用热轧弹簧扁钢”获中国钢铁工业协会冶金产品实物质量金杯奖

表 3-11-2　省部级、行业协会奖项名录

年　份	名称及奖项（省部级、行业协会）
2001	“LS08 拉丝用钢盘条”获山东省科技进步奖三等奖
2002	“钢筋混凝土用 HRB400（小规格）热轧带肋钢筋”获山东省科技进步奖二等奖
2008	“高强度胎圈钢丝用钢盘条的研发”获山东省科技进步奖三等奖
2009	“青钢牌焊接用钢盘条 ϕ5.5~20.0 毫米”获山东省质量技术监督局山东名牌奖
2011	“C72D2、C82D2 钢帘线用钢热轧盘条”获山东省科技进步奖三等奖
2016	“低成本生产高质量钢绞线和帘线钢用钢的关键技术和产业化”获中国钢铁工业协会、中国金属学会冶金科学技术奖二等奖
2017	“高质量硬线钢低成本生产的关键技术”获教育部科学技术进步奖二等奖

（二）国家及行业标准制定

制、修订了《焊接用钢盘条》（GB/T 3429—1994、GB/T 3429—2002、GB/T 3429—2015）、《制丝用非合金钢盘条》（GB/T 24242.1—2009、GB/T 24242.2—2009、GB/T 24242.4—2014）、《钢帘线用盘条》（GB/T 27691—2017）、《钢板弹簧》（GB/T 19844—2018）等国家标准，以及《轿车轮毂用碳素轴承钢》（T/SSEA 0016—2018）、《轿车稳定杆用弹簧钢》（T/SSEA 0015—2018）、《桥梁缆索钢丝用盘条》（YB/T 4264—2020）等行业/团体标准。

（三）国家及行业标志性、影响力成果

2018 年与富奥辽弹公司及东北大学合作成功开发出抗拉强度不小于 1800 兆帕高强弹簧扁钢产品，弥补了国内少片、单片簧所需高强材料的空白，目前该产品已在少片、单片板簧上广泛使用。

2019 年 4 月，南沙大桥（原称虎门二桥）建成通车。南沙大桥全长 12.891 千米，其

中埕洲水道桥主跨1688米，共有两根主缆，总重约30120吨；每根主缆由252根通常长索和6根背索组成，每根索股包含127根直径5毫米高强镀锌钢丝，标准强度1960兆帕，是国内首座、国际第二座应用1960兆帕强度级别桥梁缆索的大桥。青岛特钢完成了一条主缆盘条原料的供货任务，实现了1960兆帕级桥梁缆索盘条的国产化。

2019年9月，沪通长江大桥合龙。该桥为目前世界上最大跨度的公铁两用斜拉桥，其主航道桥为双塔五跨斜拉桥，主跨1092米，采用了直径7毫米、强度达2000兆帕的斜拉索，单根吊重近1000吨，是世界最高强度级别的桥梁缆索的首次工程应用。青岛特钢为该桥供货桥梁缆索盘条原料上万吨，标志着我国超高强度桥梁缆索产品达到世界领先水平。

2020年，青岛特钢成功开发生产出宽厚比小于2的多个规格导向臂扁钢产品，弥补了国内导向臂产品所需异形材料的空缺，目前国内因该异形扁钢产品的产出，导向臂产品已开始在国内掀起开发生产的高潮，多数生产的导向臂产品进行出口。

四、特色工艺装备

（一）炼钢系统

炼钢系统采用一罐到底技术，KR法预脱硫，炼钢用铁水硫含量可控制在0.002%以内。转炉采用全自动一键炼钢，具有冶炼成分精准，成分波动小特点。干燥库和合金烘烤装置有效降低了钢中的氢含量。采用LF+RH精炼炉进行钢水精炼，使钢水更加纯净。采用电磁搅拌和轻压下技术，降低连铸坯的成分偏析和结晶偏析，改善铸坯内部质量。

（二）轧钢系统

高速线材轧线具有当今世界线材轧制领域前沿的热机轧制技术：全线平立交替；引进摩根、达涅利世界先进的精轧机组，引进仲巴赫测径仪、意大利达涅利轮廓仪和美国OG公司HOTEYE，可以精确控制料型尺寸和监控盘条表面缺陷状态。轧后产品性能高度均匀一致，通条抗拉强度偏差小于30兆帕，通条尺寸偏差小于±0.10毫米，实现了完全意义上的精密轧制。产品精度达到国标C级或DIN标C级，产品力学性能满足高品质要求，具有较强的市场竞争能力。

棒材轧线引进德国西马克PSM三辊减定径轧机，采用先进的电控系统，自动化程度高，辊缝调整采用液压系统控制，尺寸精度可满足1/4DIN。棒材冷床双制动滑板系统可有效增加收集效率；矫直栅双槽收集，覆盖保温罩，控冷能力强；齿条步进，可有效减少划伤发生率。

扁钢粗轧机组选用大机型，原料采用180毫米×240毫米、240毫米×300毫米大断面坯料，压缩比大，可有效消除产品心部缺陷。粗轧机组辊径大，可实现低温轧制，有效降低弹簧钢脱碳深度。精轧机采用减定径机组，为液压预紧大压下高刚度机组，具备国际先进水平，轧机刚度极高，可保证料件尺寸精度高。成品机架后设有测径仪，采用高精度专有的光学系统和激光技术及数字视频处理技术，具有稳定、高精度测量特点，能够实现产品100%在线检测。

（三）热处理方面

高速线材轧线自主设计建造了 QWTP（Qingdao Wire Toughness Patenting，线材韧化处理）生产线，是国内钢铁企业中第一条线材离线盐浴索氏体化处理专业生产线，也是具有独立知识产权世界上唯一的“线材离线盐浴处理”环保型生产线。通过对热轧风冷盘条的离线“奥氏体化加热+等温盐浴索氏体化处理”提高盘条的组织性能，实现 1960 兆帕级及以上超高强度级别桥梁缆索镀锌钢丝用盘条生产。

五、未来展望

未来，青岛特钢将主动适应新常态，将“红色钢材、绿色环保、蓝色经济”有机融合，深耕精品特钢主业，建成世界最高效率的绿色优特钢生产基地。依托临海临港区域优势，发展精品钢材深加工产业集聚。同时加快推进智能化制造，依托中信泰富特钢业内风向标式的品牌拉动和辐射效应，进军特钢领域第一梯队，实现新的跨越式发展。

第五节　靖江特殊钢有限公司

一、企业概况

靖江特殊钢有限公司（以下简称靖江特钢）隶属于中信泰富特钢集团股份有限公司，前身为创建于 1958 年的无锡钢厂，位于长江之滨的江苏省靖江市，企业先后荣获全国质量诚信标杆企业、泰州工业“十佳百强”企业，产品多次荣获国家银质奖、冶金部优质产品、冶金产品实物质量金杯奖、江苏省名牌产品等荣誉称号。

靖江特钢建有超高功率电炉炼钢、连铸方坯和圆坯生产线，合金棒材热轧生产线，ϕ258 毫米 PQF 三辊连轧管热轧生产线，ϕ100 毫米 ASSEL 三辊热轧生产线，钢管深加工生产线等。具备年产 60 万吨无缝钢管和 70 万吨棒材的配套产能。主要钢管品种涵盖油套管、管线管、气瓶管、油缸管、工程机械用管、锅炉管，以及深海管线、超深井、热采井、高抗腐蚀、高强高韧、海工结构管及气密封特殊螺纹接头等。棒材产品涵盖轴承钢、管坯钢、齿轮钢、工模具钢、合结钢、优碳钢、弹簧钢、锚链钢、不锈钢、纯钛、钛合金、气阀钢及方钢等多种高附加值的特钢棒材和高钢级无缝钢管管坯等。通过了特种设备制造许可证、API、PED/AD2000/CPD、BV、ABS、DNV. GL 等各类认证。

靖江特钢以“创建全球最具竞争力的特钢企业集团”为愿景，现致力于成为全球无缝钢管制造技术领先、产品规格齐全、质量管理卓越的优势企业，为能源、工业等领域客户提供高品质产品解决方案及个性化技术支持等服务。

二、历史沿革

1958 年，在全国大炼钢铁的热潮中，无锡市钢铁厂应运而生，结束了无锡市无铁、无钢、无材的历史。

20 世纪 60 年代初先后建成了小高炉、小转炉、小电炉、小型材生产线、小无缝生产线，1965 年角钢和铁丝首次批量出口国外。

80 年代受国家委派援建巴基斯坦钢管厂。

80 年代至 90 年代锡钢进入快速发展期。建成了 ϕ650 毫米、ϕ750 毫米开坯车间，5 吨锻造车间，30 吨较高功率电炉，30 吨超高功率电炉，小方坯连铸生产线以及热轧棒材、线材和钢管生产线，实现了由生产普钢向生产优特钢的转变。锡钢成为全国 18 家重点特钢企业之一，建成江苏省 30 万吨合金钢基地。

1991 年，无锡锡润轧钢有限公司奠基，两年后棒材生产线正式投产，国内率先用高速线材轧机轧制轴承用高质量优合线材。

1993 年 10 月，李岚清副总理来锡润轧钢有限公司视察。

1994 年，江苏锡钢集团正式挂牌成立，成为国家大型一档企业，1995 年位列全国 500 家最大工业企业第 294 位。

1995 年 4 月 30 日，“五一”前夕，荣毅仁走访锡钢职工虞惠生家庭。

1999 年年初，锡钢坚定提出“三年扭亏两年实现，年内实现扭亏为盈”的目标，得到冶金部董贻正司长的高度肯定。

2002 年，公司实行资产重组，香港华润控股 51%，锡钢拥有 49%的股权，2005 年，香港华润集团整体收购锡钢。

2007 年 7 月 18 日，湖南华菱钢铁集团有限责任公司（以下简称华菱集团）与华润集团签署了《关于江苏锡钢集团有限公司之增资认股协议》，华菱集团取得 55%的股权。2011 年 4 月 29 日，华菱集团与华润集团签署了《产权交易合同》，锡钢集团成为华菱集团持股 100%的全资子公司。

2007 年 11 月，锡钢集团与江苏省靖江经济开发区举行“整体搬迁项目签约仪式”，锡钢搬迁进入实施阶段。2008 年 12 月，江苏华菱锡钢特钢有限公司（以下简称华菱锡钢）正式成立，是锡钢集团的全资子公司。2009 年 5 月，锡钢搬迁改造工程在靖江新港园区隆重奠基。

2010 年 10 月，华菱锡钢棒材生产线热负荷调试一次性取得成功，此后，ϕ100 毫米 ASSEL 三辊热轧生产线、100 吨超高功率电炉炼钢生产线相继进入试生产。2011 年 3 月，ϕ258 毫米 PQF 连轧管热轧生产线热负荷调试成功。2012 年 1 月，热处理生产线、探伤生产线、一般管加工线、专用管加工线、水压、倒棱、喷标等后道深加工全面运行，华菱锡钢具备了 30 万吨钢管深加工能力，一期工程全面建成。

2018 年 6 月 22 日，中信泰富特钢集团收购华菱锡钢，正式更名为靖江特殊钢有限公司。

三、主要成果

（一）重大奖项

靖江特钢自 1958 年建厂 60 多年来为中国特殊钢棒线材及管材的发展做出了重大贡

献，多次获得国家级、省级、市级表彰。具体奖项如表 3-11-3 所示。

表 3-11-3　获奖情况一览表

序号	年　份	奖　励　名　称
1	1978	蒋荣初：全国质量标兵
2	1979	蒋正庆：全国新长征突击手
3	1979	无锡钢厂无缝钢管车间为冶金部红旗单位
4	1983	国家质量奖银质奖章（四方牌轴承用冷拔无缝钢管）
5	1988	马宗况："1988 年度国家有突出贡献的中青年专家"光荣称号
6	1991	许忠兴：全国劳动模范、全国五一劳动奖章、全国优秀生产能手称号
7	1993	袁士春：全国优秀工会积极分子
8	1996~1998	1996 年唐瑞敏：省劳动模范，1998 年全国五一劳动奖章
9	1997~2000	江苏省名牌产品（四方牌轴承钢、合金链条钢、无扭控冷热轧圆盘条）
10	1997	1997 年度冶金产品实物质量"金杯奖"证书（轴承线材）
11	2002~2007	冶金产品实物质量金杯奖（GCr15）
12	2002~2003	江苏省名牌产品（四方牌轴承钢圆钢、齿轮钢）
13	2004	冶金产品实物质量金杯奖
14	2006~2009	冶金产品实物质量金杯奖（淬透性齿轮钢棒材）
15	2007~2010	冶金产品实物质量金杯奖（N80 钢级非调质热轧油管）
16	2013~2016	冶金行业品质卓越证书
17	2014	郭琼琼：全国钢铁工业劳动模范
18	2017	2017~2019 年气瓶用无缝钢管金杯奖证书
19	2020	冶金产品实物质量"金杯优质产品"称号：气瓶用无缝钢管 37 兆牛
20	2018	兰格钢铁网 无缝钢管十大优质品牌企业
21	2004	万祖根：江苏省五一劳动奖章
22	2018	扶贫永寿县爱心企业
23	2019	2019 年全国质量诚信标杆企业

（二）国家标准制定

靖江特钢凭借在无缝钢管技术研发中的突出优势，推动企业产品开发，提高产品创新水平和产品质量，抢占无缝钢管技术的制高点，参与 GB/T 6479—2013《高压化肥设备用无缝钢管》、GB/T 9948—2013《石油裂化用无缝钢管》、YB/T 5035—2020《汽车半轴套管用无缝钢管》、GB/T 18248—2021《气瓶用无缝钢管》《液压缸用热轧无缝钢管》、T/SSEA 0148《管线输送系统用抗 H_2S 腐蚀无缝钢管》、T/SSEA 0149《油套管用抗 H_2S 腐蚀无缝钢管》等多项国家标准、行业标准、企业标准起草制定。

（三）质量体系及专业认证

靖江特钢在特种材料研发制造领域深耕几十年，得到了国内外相关组织机构及合作厂商的广泛认可，获得中华人民共和国特种设备生产许可证，质量管理体系认证证书，API Q1 、API 5L、API 5CT、ABS、BV、CCS 工厂认可、DNV、GL、AD2000、CPR、PED、GOST 实验室认可，职业健康安全、测量、环境、能源管理体系认证等众多质量体系及专业认证。

（四）国家及行业标志性、影响力成果

靖江特钢建厂以来，在生气勃勃的技术革新与技术革命活动中，专业技术人才发挥了积极的作用，取得了显著成果，为特殊钢的发展做出了积极的贡献。

（1）斜辊式钢管矫直机辊型曲线设计。1963 年 3 月由无缝钢管车间机械技术员张栋男设计，并成功地运用于生产。在此之前，全国无缝钢管矫直一直沿用苏联谢涅尔亚柯所设计的公式，实际使用和理论证实都有很大的缺陷。张栋男根据生产实践，设计出了新的公式。1963 年以后，锡钢自采用张栋男设计的辊型曲线法而制作的矫直机投产以后，无缝钢管一级品率稳定，基本上消除了过去由于矫直而造成的钢管出格降级，此后该工艺逐步在全国推广。1977 年 12 月，锡钢张栋男首创的矫直辊型曲线通过了冶金工业部审定，并获当年冶金工业部科技成果奖，1978 年又获全国科学大会成果奖。

（2）液压技术应用于 10 吨电炉。1973 年 1 月，锡钢将液压技术首先成功地应用于一炼钢三座电炉，取代了原来的机械传动装置。1974 年，又将液压传动装置应用于 10 吨电炉，它的特点是操作稳定、缩短冶炼时间、降低电耗，在 1978 年省科技大会上获成果奖。

（3）无缝钢管两次穿孔新工艺。1965 年，钢管车间进行模拟两次穿孔试验，取得了一系列数据，1975~1976 年，无缝钢管车间技术员马宗況与北京钢铁学院协作，在 76 毫米小型无缝钢管热轧机组上采用了两次穿孔新工艺，经过几十次的生产性试验，成功地用 75 毫米管坯，经两次穿孔，轧制出（65~70）毫米×2.5 毫米/140 毫米×(7~10)毫米荒管，实现了一机顶三机（一台穿孔机顶一台轧管机、两台均整机）。与原生产工艺相比，具有投资少、产品规格范围大、壁厚不均值小等优点，为全国 40 套同类型机组改造挖潜闯出了新路。1977 年 12 月，受到冶金工业部的奖励，1978 年获省科学大会科技成果奖。

（4）无缝纯铁管。1977 年，锡钢和科研单位合作完成的纯铁管，荣获 1978 年全国科学大会成果奖。该项目是科研单位负责研究、设计，锡钢无缝钢管车间拉拔制成，产品用于国防尖端工业，填补了国内的空白。

（5）轴承钢管轧后快速冷却工艺。1982 年由锡钢钢管车间与北京钢铁研究总院合作，研究轴承钢管轧后快冷工艺，由总工程师马宗况组织主持，于 1989 年完成，1984 年 4 月通过冶金部技术鉴定，并获冶金工业部科技奖。采用该工艺能保证轴承管水冷后及退火后管材的硬度及组织均匀一致，网状物可降低 1 级，基本在 1，5 级以下，使管子具有更好的强韧性，可增大变形量，减少中间工序；接触疲劳寿命为原工艺的 1.7 倍，达到了日本山阳钢管水平，同时可缩短球化退火时间 1/3 左右（6~7 小时），每吨管子节油 50 公斤，成材率提高 3.5%，每年可多获利 23 万元，此外，由于缩短退火时间，每年多增产轴承钢管材 200 吨。

（6）1991年12月，公司重点产品20CrMnTiH齿轮钢通过省级鉴定，质量达到国内先进水平，填补了江苏省齿轮钢生产空白。

（7）90年代，锡钢生产的汽车弹簧用钢60CrVAT用于桑塔纳、别克轿车。伴随中国铁路大提速，锡钢开发生产了高速铁路用弹簧钢。

（8）1996年2月27日，国家级重大项目运用低息政策贷款引进炼钢设备落户锡钢，此项目是与卢森堡保尔·沃特公司签署的。

（9）“轿车铁路弹簧钢”被列入1999年度国家重点新产品计划和2003年度国家火炬计划项目，“汽车用高级窄淬透性齿轮钢”被列入2003年度国家火炬计划项目，压力容器用合金焊条钢获2003年度国家重点新产品，四方特钢获得国家火炬计划重点实施企业。

（10）2019年，ZT155V高强高韧套管获得海外首个订单，同时也是中国油井管生产厂家在海外应用的最高钢级。

（11）2020年，ZT-FJE直连型特殊扣产品在中石化下属油田成功下井使用，替代日本同类型产品，为国家高端油套管国产化做出贡献。

四、特色工艺装备

靖江特钢于2010年搬迁完工至今，建成了具有当代国际一流水平的无缝钢管和棒材热轧生产线：ϕ258毫米PQF三辊连轧管热轧生产线、热处理生产线（2条先进的无缝钢管热处理专用生产线以及1条在线正火热处理生产线）、5条油套管螺纹加工生产线、合金棒材热轧生产线等。

PQF连轧管机组从德国SMS MEER引进，配备了先进的连轧工艺监控系统（PSS）、连轧自动辊缝控制系统（HGS）、定径机工艺辅助设计（CARTA-SM）、物料跟踪系统（MTS）和质量保证系统（QAS）等工艺控制和质量保证技术。

热处理生产线装备精良，配套有步进梁式齿条淬火炉、步进梁式齿条回火炉、德国GE、FOERSTER公司超声漏磁组合探伤机、在线热处理正火炉。其中：步进梁式加热炉，炉膛纵向分段、横向分区，炉温按区段自动控制，温度均匀，因而性能均匀稳定。淬火冷却介质为水，冷却方式为外淋加内喷，外淋水流量和内喷水压力、流速在很大范围内可调，可满足不同材质、不同规格钢管对冷却强度的要求。热处理钢管经高压水除鳞、热定径，表面质量好，尺寸精度高。

油套管螺纹加工生产线主要配套有DMG-MORI管体车丝机、喷砂机、拧接机、接箍机器人、高温磷化室。其中：PT7和PT13车丝线通过智能化升级改造，在引进日本DMG-MORI管体车丝机的基础上配备智能接箍拧接单元、智能螺纹保护器拧接单元、全自动水压机、自动测量称重和喷漆机、智能化在线打包机、离线管端变频加热收口机等先进配套设备。接箍生产线配备DMG-MORI接箍车丝机6台，接箍激光打字机、接箍自动磁粉探伤机、接箍自动喷漆线、高温磷化室等先进设备。

合金棒材热轧生产线，主要生产ϕ40~150毫米合金棒材，主体设备中粗轧开坯机采用850毫米二辊可逆轧机，连轧机采用了国内先进的高刚度短应力轧机，10组机架平立交叉设计，可实现无扭微张力轧制。为保证产品质量及提高产品附加值，矫直、倒棱、探伤、退火及滚磨等组合设备形成的离线精整设施较为完整，其中，先进的超声波+涡流探伤机组由国外引进，能充分满足客户的各种技术需求。

五、未来展望

“十四五”期间全面完成产品结构调整，形成以油套管为主的产品结构格局，步入钢管行业第一梯队。

具体发展目标为：油气能源油管形成自有高端产品系列，抗腐蚀产品及特殊扣产品实现市场突破，大幅提高机械管、锅炉管、气瓶管比例。根据复杂工况，开发适应市场需求的新钢级、新产品，并提高自身产品性能，达到市场要求，提高客户满意度。

第十二章　宝武特种冶金有限公司

一、企业概况

宝武特种冶金有限公司（以下简称宝武特冶）的前身是1958年成立的上海第五钢铁厂（以下简称上钢五厂），上钢五厂是专业生产特殊钢和特种合金的大型国有企业，是当时中国特钢企业界的“排头兵”。1998年上钢五厂并入宝钢集团，先后更名为宝钢集团五钢有限公司（以下简称宝钢五钢），宝钢股份特殊钢分公司、特钢事业部，宝钢特钢有限公司（以下简称宝钢特钢）。2018年成立宝武特冶。

宝武特冶传承了上钢五厂、宝钢五钢、宝钢特钢的发展愿景、战略方向、企业文化和人文品格，继承了特种冶金专业产线装备。60多年的工艺技术积淀，持续产品创新发展，努力实现由钢铁向特种冶金材料的转型升级。

宝武特冶以践行国家战略为使命任务，围绕中国宝武“一基五元”新材料战略发展布局，聚焦先进装备制造业和国防军事工业，重点配套发展镍基合金、高合金钢、钛及钛合金专业产品品种，努力成为特种冶金关键材料的行业引领者。

二、历史沿革

1958年，上海市委批准上海机修总厂年产2万吨合金系统方案；9月1日，第一炉合金钢出厂；9月14日，正式成立上钢五厂；9月，上钢五厂转炉车间破土动工；10月，转炉车间冶炼了第一炉钢水。

1959~1991年，分别建成电炉炼钢一车间、二车间，初轧厂，三车间（特冶车间），钢管车间，轧钢一、二、三车间，锻压车间，带钢车间，银亮拉丝车间。

20世纪60年代，上钢五厂曾用军工名“7029”厂。

1992年，建成30万吨合金钢棒生产线。

1995年，上海沪昌钢铁有限公司成立（由原上钢五厂改制组建）。

1996年，上海五钢（集团）有限公司成立（由上海沪昌钢铁有限公司为主组建）。

1997年，建成100吨直流电弧炉五机五流中小方坯特殊钢连铸生产线。

1998年11月17日，经国务院批准，以宝山钢铁（集团）为主体，联合重组上海冶金控股（集团）公司和上海梅山（集团）公司成立了上海宝钢集团有限公司，上海五钢（集团）有限公司更名为宝钢集团五钢有限公司。

2003年，宝钢五钢托管上海钢铁研究所（以下简称“上海钢研所”）、上海第二钢铁厂。

2005年，宝山钢铁股份有限公司收购宝钢五钢核心资产组建宝钢股份特殊钢分公司。

2009年，组建宝钢特钢事业部（特殊钢分公司整体划归特钢事业部）。

2012 年，宝钢集团回购宝钢股份特钢事业部组建宝钢特种材料有限公司、宝钢特钢有限公司。

2013 年，宝钢集团批准宝钢特钢有限公司吸收合并宝钢特种材料有限公司。

2016 年，宝钢、武钢合并成立中国宝武钢铁集团有限公司，宝钢特钢成为中国宝武全资一级子公司。

2018 年 10 月，中国宝武批准成立宝武特种冶金有限公司，是中国宝武的全资一级子公司。

三、主要成果

上钢五厂、宝钢五钢、宝钢特钢、宝武特冶 60 多年来为中国特殊钢及特种合金的发展做出了重大贡献。在国防军工、民用工业领域共研制开发生产了上千种新材料、新产品，共获得了 321 项国家级、部委级、省（市）级、行业协会科技进步及新产品成果奖，其中国家科技进步奖一等奖及国防科技进步奖一等奖 8 项，国家部委、省（市）及行业协会科技进步奖一等奖 21 项。共主持或参与国家标准、国家军用标准制定 76 项，其中 39 项为第一起草单位。在体系、能力、产品认证认可方面主要获得 AS9100D 航空质量管理体系认证，GJB9001C（2017C 版）武器装备质量管理体系认证，HAF 民用核安全设备制造许可证（镍基合金管核安全一级），TSG07—2019 特种设备生产许可证，NADCAP 实验室热处理及无损检测特种工艺认证，API 石油与天然气行业认证，国家认可实验室认证。至 2020 年，宝武特冶拥有有效专利 318 件，其中发明专利 252 件（授权 140 件，受理 112 件）。

（一）航空航天及国防军工配套领域

60 多年来，在航空航天及国防军工配套领域开发的新材料、新产品超过 300 项，这里展示的成果主要以航空航天为主，部分有民用飞机及发动机用材料。

1959 年，上钢五厂为米格 15 战斗机试制生产了航空用 18XH13A、30XTHA、12XH3A 和 30XTCA（苏联牌号）四个牌号合金结构钢棒材交付空军 13 厂，这是上钢五厂也是上海地区第一家企业为我国国防军工战斗机领域提供国产化航空用结构钢材料。

1961 年，上钢五厂为米格 15 战斗机配套试制生产了我国第一支航空不锈钢无缝管 1Cr18Ni9Ti ϕ6~10 毫米×1 毫米。当时牛油加石灰作为润滑剂的冷拔技术获得 1964 年国家科委发明奖。同样在 1964 年为米格 15 战斗机试制生产了我国第一批航空用 1Cr18Ni9Ti 宽 400 毫米、厚 0.3~0.5 毫米不锈钢钢带。

1965 年，上钢五厂为涡喷 6 发动机配套试制生产了双真空熔炼（真空感应加真空自耗重熔）GH37 高温合金，经加工成叶片于 1966 年在成发（420 厂）涡喷 6 发动机台架试车顺利通过 200 小时考核，标志着高温合金双真空工艺在我国首次获得成功，全面开创了中国高温合金用于发动机转动件装置的产业化历程。上钢五厂被冶金工业部确立为中国第二个高温合金生产基地。

1966 年，上钢五厂为航空发动机配套，成功采用电弧炉加电渣重熔工艺生产了航空用轴承钢 ZGr15，是我国最早研制生产航空轴承用钢的企业之一，20 世纪 80 年代采用双真空熔炼工艺成功试制生产了航空发动机用转动轴承用钢 ZW10Cr3Ni4 及 W18Cr5V，90 年代采用双真空熔炼工艺成功试制生产了航空发动机用高温部件及主轴轴承用钢 8Cr4Mo4V 及 S13Cr4Ni4Mo4V，这些轴承材料广泛用于我国涡喷、涡扇发动机。

1968 年，上钢五厂为“09 工程”配套成功试制了 ϕ406 毫米 BT6 钛锭及 ϕ660 毫米 TA15 钛锭（当时国内能生产的最大直径钛锭）。以此为基础为国产 WP6、WS8、WP13、WP7、WP15 及 14 号机等提供了压气机盘和相关零部件用 TC4 及 TC11 钛合金饼、环、棒材。

1970 年，上钢五厂为“701 工程”配套试制了 ЭП395 合金、BT6 钛合金及 1Cr18Ni9Ti 不锈钢管；80 年代试制了卫星用不锈轴承钢 9Cr18Mo。

1978 年，上钢五厂为长征三号火箭发动机试制了涡轮转子用 GH40 高温合金，这是我国最早为国产火箭发动机配套的高温合金之一。与此同时也为国产洲际导弹工程试制了整体涡轮转子用 GH169 高温合金和人造地球同步通讯卫星工程用无磁不锈钢和沉淀硬化用不锈钢。上海钢研所成功研制东风系列导弹用一号、二号高温钎焊合金材料，至今定点配套。

1980 年，上钢五厂为涡喷 7 乙发动机成功研制生产了高温合金用 GH37、GH49、GH33、GH39、GH44、GH4145 多个牌号锻材用于涡轮盘、叶片制作，作为整机大协作项目获得国防重大技术改进成果协作奖一等奖。1980 年，上钢五厂为轰六发动机成功研制生产的 GH136 电渣熔铸涡轮盘（一级盘）是当时高温合金界的重大创新成果，获得国家发明奖三等奖，国防科技重大成果奖一等奖。

1981 年，在 20 世纪 70 年代上钢五厂为涡喷 13 发动机成功研制生产了 TC11 钛合金锻棒（中国首次在 WP13 用钛合金制作压气机盘）的基础上，上海钢研所为涡喷 13 发动机在国内首次采用等温锻造压挤新工艺试制了压气机盘用 TC11 钛合金，首次在航空工业应用领域填补了等温锻件国内空白。1983 年，成功研制 TC6 钛合金作筒空心精密等温锻件，这是我国首件成功应用于航空发动机的近终型等温锻造精锻件。2000 年，起宝钢五钢与上海钢研所合作建成了国内最完整、最先进、产能最大的钛合金等温锻造专业生产线。宝钢特钢 2006 年为舰载机研制生产的 TA15 钛合金锻件（结构最复杂）及 2013 年为大推重比航空发动机研制生产的 Ti17 钛合金整体叶盘（投影面积国内最大）达到当代国际一流先进水平。1987 年 TC11 钛合金材料、盘模锻件工艺研究获国防科技进步奖一等奖，2014 年 TA15 钛合金等温框锻件制造技术及应用获中航工业集团一等奖、国防科技进步奖二等奖。

1983 年，上钢五厂为“09 工程”定点研制生产我国第一批新 13 号镍基耐蚀合金管（00Cr25Ni35AlTi）用于核潜艇，1990 年获国家科技进步奖一等奖。

1989 年，上海钢研所为长征系列运载火箭及卫星工程成功研制生产了 00Ni18Co7Mo5Ti 星箭解锁包带材料；2003 年，神舟五号发射成功后载人航天工程对该材料授予中国神舟、神箭用第一世界名牌称号。1995 年，成功研制生产中国第一支 GH3600 高温合金薄壁管，至今该产品已在长征五号大推力运载火箭应用。1997 年，成功研制了我国高温钛合金 7715D。2004 年，宝钢五钢为长征三号火箭成功研制生产了发动机用涡轮转子用高温合金 GH4169。这些产品目前国内定点为“神舟神箭”专项配套。2019 年 12 月 27 日，我国运载能力最大的长征五号火箭在海南文昌发射基地成功发射；2020 年 5 月 5 日，长征五号 B 运载火箭首次飞行取得圆满成功；2020 年 11 月 24 日，长征五号遥五运载火箭发射嫦娥五号月球探测任务取得圆满成功，标志着宝钢特钢、宝武特冶为我国航天事业做出了突出贡献。

1996 年，上钢五厂为涡扇 10 发动机成功研制生产三联工艺 GH4169 高温合金用于涡轮盘轴转动件制作。1999 年，为斯贝发动机配套，成功研制生产 GH901、GH163、GH80A、GH1015 高温合金及 2Cr10Cr13NiV、W18Cr5V、3Cr13、2Cr17Ni3、40Cr3MoVA、0Cr17Ni5Mo3 等特种耐磨、不锈、结构材料；2002 年起，这些材料批量应用于我国三代及四代主战飞机。

2002 年，宝钢五钢为舰用重型燃气轮机研制生产动力系统 1-6 级高温合金 GH742、GH4698 涡轮盘，至 2010 年起国产化专项配套批量生产。

2012 年，宝钢特钢为四代航空发动机成功研制生产新型变形高温合金涡轮盘 GH4169G；2016 年，成功研制生产 GH4169D、GH4045、GH720Li 高温合金，满足了四代航空发动机国产化定型进程需要。

2014 年，宝钢特钢成为罗尔斯·罗伊斯（R. R）公司合作供应商，为发动机生产 M152、FV535 材料。

2016 年，宝钢特钢为国产 C919 飞机成功研制生产起落架用钢 300M，是商飞国内唯一定点供应商。2019 年 12 月 27 日由宝钢特钢、宝武特冶生产的 300M 钢用于 C919（106 架）客机，顺利完成首飞。

（二）重大工程配套及民用工业领域

60 多年来，在民用工业领域特别是重大国家工程配套材料产品方面做出重大贡献，这里仅罗列了具有代表性的重要成果。

1975 年，上钢五厂为“728 工程”成功研制生产了 GH4169A 高温合金丝材。1981 年，成功试制 GH4169A 0.3~0.4 毫米定位格带。1985 年，为核电堆内构件和驱动机构试制生产了 0Cr13、1Cr13、9Cr18、0Cr17Ni4Cu4Nb、0Cr18Ni10Ti 等牌号产品品种，涉及棒、丝、带、管材。1990 年，成功研制生产了燃料组件用不锈钢包壳管，填补了国产空白。至 2010 年底，为国内 18 个核电机组驱动机构提供 50%不锈钢、镍基合金专项产品。

1981 年，上钢五厂自主设计建成了国内第一套轴承钢 LF 炉外精炼和真空脱气装备，这是当时国内最先进的轴承钢冶炼工艺装备。表征了轴承钢寿命重要参数氧含量从大于 30×10^{-6} 步入小于 20×10^{-6} 下降通道，大颗粒夹杂物出现率显著下降，提高了轴承钢实物质量水平，缩短了与国际轴承钢质量水平的差距。1990 年真空精炼轴承钢热轧圆棒获国家优质产品金奖。1997 年，国内第一条 100 吨直流电弧炉（DC+LF+VD+CC）五机五流连铸生产线投产，轴承钢氧含量从 20×10^{-6} 步入小于 10×10^{-6} 下降通道，经试验验证，轴承钢的寿命与模铸轴承钢寿命相当。

1986 年，上钢五厂开创了我国汽车零部件用钢国产化进程。1989 年试制生产的 16~

28MnCr5 齿轮钢用于桑塔纳轿车至 1991 年完成 15 万公里跑车试验，与此同时 20CrMoH、19CrNi5、CF45、CF53、20CrMnT、8620H、20CrMoS、37CrS4HC、18CrNi8、60Si2Mn、60Si2CrVA 等诸多代表牌号汽车零部件用钢产品实现国产化。

20 世纪 80~90 年代，上钢五厂生产的 40Cr 棒材产量为国内特钢之首，用于上海柴油机厂东风牌 6135G 柴油机获国优产品，用于上海 50 匹拖拉机为部优产品，用于梅花牌扳手获外贸荣誉出口证书。20CrMnTi 棒材质量国内首屈一指；U2、U3 海船用锚链用于“向阳红”科考船；W6Mo5Cr4V2 棒材用于上海工具厂麻花钻头产品荣获国家金奖；60Si2Mn 弹簧钢带用于三五牌台钟荣获金奖。

1990 年，上钢五厂为炼油、石化行业成功研制生产 00Cr18Ni5Mo3Si 双相不锈钢管，获得国家科技进步奖一等奖；20 世纪 90 年代后期成功研制生产 2205 双相不锈钢管，是我国最早提供双相不锈钢管的企业。

1994 年，上钢五厂为超临火电机组成功研制生产了 T91 管，同时重点研制生产了 TP304H、TP321H、TP34H 奥氏体耐热钢管（其中 TP34H 钢管国产化首次应用），至今广泛应用于国内电站锅炉制造。2005 年起，重点研制生产了超超临界火电机组用 S30432、S31042 奥氏体耐热钢管，可长期在高温高压下服役，管壁温度可达 630~670℃，钢管高温持久和抗氧化性能测试均达到进口同类钢管水平，2010 年底，四家电厂应用了该管材，成为国内首次国产化的标志，打破了依赖进口的局面。

2001 年，宝钢五钢在国内首家成功研制生产了 SWPH13 热模具钢，纵模向等向性达到 90%，超细晶显微组织达到国际公认的 AS5 级水平，达到北美压铸协会 NADCA204-90 标准，打破了进口高温热作模具钢一统国内市场的局面。2005 年，成功试制生产了 24 吨重特大规格模块（采用 35 吨锭生产），成为国内首家能够提供高质量大型预硬化塑料模块产品的企业。

2005 年起，宝钢特钢为超超临界汽轮机叶片用钢研制生产了 X 系列、B50A 系列，K11C 系列近 30 个牌号产品；2009 年，成功开发出自主知识产权的超超临界汽轮机 620℃耐热叶片钢 12Cr11Co3W3Cu2MoVZrB，至今替代进口的中高端叶片材料不断提升，保障了国产化发展的需求。

2007 年，宝钢特钢为油气开采领域成功试制了国内第一支 BG2250 镍基合金油井管；2008 年，成功试制了 BG2830 镍基合金油井管（钻探深度 5800 米）；2010 年形成了 BG2250、BG2830 和 BG2532 三个代表牌号、强度等级 790~862 兆帕的油井管产品，国内市场占有率 80%，全面替代进口，至今已累计交付超过 1.33 万吨。

2010 年，宝钢特钢承担了国家重大科技专项“核电蒸汽发生器 690 合金 U 形管研制及应用性能研究”课题，同年为防城港一号机组生产了二代加核电蒸发器 690 合金 U 形热管 150 吨，实现了国产化，替代进口，成为当时中国唯一一家、世界第四家蒸气发生器 690 合金 U 形管生产企业。在工艺技术方面实现了全流程制造，成分精控、高纯净冶炼、热挤压成型、冷轧表面控制、在线脱脂、固熔 TT 热处理及组织控制、高精弯管关键工艺技术控制和集成。至今已为二代加、AP1000、CAP1400、卡拉奇项目、华龙一号等核电机组提供了 21 台套 690 合金 U 形管，管材累计达 335 万米。2016 年获上海市科技进步奖一等奖，2017 年获国家科技进步奖二等奖。

2012 年，宝钢特钢为新能源领域多晶硅项目成功试制生产镍基合金 800H 板、管材，采用电弧炉立式连铸轧制板材，关键技术体现在 650℃高温抗氧化性能达到国际一流水平，采用热挤压制管国内配套供应约占 80%，替代进口。

2012 年，宝钢特钢为炼油一体化项目高压空冷器装置成功试制生产了镍基合金 825 板管材，采用电弧炉立式连铸轧制板材，关键技术指标体现在更耐腐蚀特性指标，板材国内供应最高，管材采用热挤压制造，替代进口。

2013 年，宝钢特钢为核电 AP100、CAP1400 成功研制生产镍基合金 690 水室隔板，关键技术体现在大锭熔炼及超纯净，电渣均质化与稳定性控制，大规格板材及尺寸精度控制及大单重板整体热处理和组织性能控制。690 水室隔板最大宽幅达 4300 毫米，国内唯一供应，替代进口。

2014 年，宝钢特钢为核电 AP1000、CAP1400 成功研制生产 TP405 支撑板，关键技术体现在成分精控、大钢锭锻造、超宽轧制精控及整体热处理性能控制，打破了国外垄断，实现了国产化，并为国内唯一供应商。

2015 年，宝钢特钢为新能源光热发热项目成功试制生产了镍基合金 625（改进型），国内首家供应，关键技术指标 700℃高温疲劳性能和抗硝酸热腐蚀性能达到设计要求。

2015 年，宝钢特钢为 20 万千瓦核电高温汽冷堆成功研制生产了镍基合金 625 板、管、锻材，关键技术指标满足 750℃疲劳性能和抗氧化性设计要求，是国内唯一板材、管材及棒材整体供应商。

2015 年，宝钢特钢为“国家 700℃超超临界试验机组”研制生产了 C-HRA-1（740）、C-HRA-3（617）、GH984G 3 种高温合金锅炉管材料，是国内唯一全面提供高温管材的厂家，至今产品已运行 4 万小时，性能良好。

2016 年，宝钢特钢为核电 AP1000、CAP1400 成功试制核电主泵屏蔽套用镍基合金 C276 薄板，实现了全流程生产，是国内唯一生产厂家，打破了国外对该材料的技术封锁和禁运，是我国重大科技成果的里程碑突破之一，保证了战略安全。

四、特色工艺装备及主导产品

宝钢集团自 1998 年至今投入近 150 亿元人民币，建成了具有当代国际一流水平的几条产线：（1）特种冶金及锻轧加工产线。特种冶金 VIM、ESR、VAR、EB、PAM，年产能 8 万吨；2000 吨/4500 吨/6000 吨快锻及 1300 毫米径锻，年产能 10 万吨；高合金棒材生产线，年产能 10 万吨；500 吨/800 吨/2000 吨/6300 吨/8000 吨油压机，精密成型等温锻件年产能 1 万件。（2）特种金属及合金板带产线。40 吨电炉+LF+ADO+立式连铸，年产能 30 万吨；粗轧板材及炉卷轧机年产能 28 万吨；六辊及二十辊精密冷轧机组年产能 7.5 万吨。其中立式连铸、板带粗轧、炉卷及冷轧于 2018 年底起封存。（3）特种金属及高合金钢无缝管产线。2500 吨扩孔机、6000 吨卧式挤压机，年产能 2 万吨；高速冷轧及精密冷轧管机组年产能 0.5 万吨；核电 U 形管（与宝银公司合作），精密冷轧、制管及特殊热处理装备，年产 U 形管能力 1000 吨。（4）合金钢长材产线。不锈钢棒线材 60 吨电炉+AOD、

VOD、VD小方坯连铸连轧棒线材年产能30万吨；合金钢棒材年产能50万吨，银亮材年产能7万吨。其中100吨直流电弧炉+五机五流连铸生产线2012年10月关停，800毫米初轧机组于2015年10月关停。

宝武特冶目前主要生产镍基合金、高合金钢、钛及钛合金三大类材料，涉及高温合金、耐蚀合金、精密合金、特殊不锈钢、特种结构钢、钛及钛合金六大项专业产品和品种。主导产品名录如表3-12-1所示。

表3-12-1 宝武特冶主导产品名录

系　列	品　种	冶金工艺特点	重点应用领域
镍基合金	高温合金（GH4169（含G/D）、GH720Li、GH4065、GH738、GH3600、GH4742、GH4698等代表牌号）	真空感应+真空自耗 真空感应+电渣重熔 真空感应+电渣重熔+真空自耗	航空航天 重型燃机
	耐蚀合金（BG2250、BG2830、BG2532、625、825、690等代表牌号）	真空感应+电渣重熔 电弧炉+电渣重熔	油气开采 石油化工 核电与新能源
	精密合金（Ni36系列牌号）	电弧炉+电渣重熔	倍容量导线 航空复材模具 OLED
特殊不锈钢	超高强度不锈钢（15-5PH、（Super）PH13-8Mo、S46500、S280、S53等代表牌号）	真空感应+真空自耗 电弧炉+真空自耗	航空航天
	耐热不锈钢（600℃及以上耐热钢及合金、叶片钢，重载车辆气门阀门钢及合金等系列产品）	电弧炉+电渣重熔 真空感应+电渣重熔	超超临界电站 燃气轮机 气门阀门
	超级奥氏体不锈钢（UNS NO8367、S31254等代表牌号）	电弧炉	能源电站 环境保护
	双相不锈钢（S32750、F53等代表牌号）	电弧炉	石油化工
特种结构钢	超高强度结构钢（G50、300M、A100、M54、C250/300等代表牌号）	真空感应+真空自耗 电弧炉+真空自耗	航空航天
	大模数齿轮用钢（17CrNiMo6等代表牌号）	电弧炉	重载机械、汽车
	重载结构用钢（Cr-Ni-Mo系列代表牌号）	电弧炉	重载机械、汽车
	高端模具钢（P级H13等代表牌号）	电弧炉+电渣重熔	压铸模具
钛及钛合金	TC4、TC11、TA15、TA19、Ti17等钛合金材料及近终型零部件系列产品	真空自耗 冷床炉+真空自耗	航空航天 舰船兵器

五、未来展望

（1）发展愿景：全球特种冶金关键材料行业的引领者。

（2）公司使命：践行国家战略使命任务，成为为先进装备制造业及国防军事工业配套特种冶金关键材料研发与供应最核心的企业。

（3）战略定位：实施技术优势驱动的产品专业化、差异化发展战略。以市场为导向，聚焦镍基合金、高合金钢、钛及钛合金材料领域，突出“耐高温、抗腐蚀、高强韧”专业产品品种的最具市场竞争力的优势地位。

（4）现阶段发展目标：

1）万吨级镍基合金：具有全球影响力和国际品牌地位；

2）十万吨级高合金钢：专业产品最具竞争力优势，具有知名品牌地位；

3）千吨级钛合金：航空航天专业产品核心配套。

（5）重要举措：

1）实施“一总部，多基地”发展路径，努力拓展延伸加工服务产业链；

2）机制体制改革创新，资本与技术和产业结合，力争科创板上市；

3）持续对标找差，推进“高科技、高效率、高市占、绿色化、国际化”的三高两化措施落实；

4）集聚人才工匠优势，传承创新企业文化，打造国际知名品牌。

第十三章　马鞍山钢铁股份有限公司特钢公司

一、企业概况

马鞍山钢铁股份有限公司特钢公司（以下简称马钢特钢）是“十二五”期间马钢为着力解决轨道交通、能源及汽车等领域的高端制造用材料国产化需求，打造我国乃至国际一流的高端轨道交通用钢生产基地而实施的重大技改工程。

马钢特钢一期工程于2010年2月开工建设，先后投资35亿元，拥有世界先进的电炉、精炼、大圆坯连铸/大方坯连铸/模铸炼钢生产线及大棒材、优质合金棒材、高速线材3条轧钢生产线及配套精整线。年设计生产各类特殊钢用钢坯及棒材100万吨、高速线材50万吨。

历经10年持续发展，马钢特钢已拥有一流的特殊钢研发团队和先进的制造管理团队，累计开发1500余个钢种，拥有轨道交通关键零部件、能源核心装备、汽车和工程机械关键零部件、高端制造用特殊钢四大产品系列。主要产品有车轮钢、车轴钢、管坯钢、环件钢、轴承钢、齿轮钢、弹簧钢、非调质钢、冷镦钢等。

马钢特钢产品先后通过了国铁集团CRCC、中国船级社、中车、一汽、上汽、法铁、德铁、北美AAR、GE轨道、蒂森克虏伯、采埃孚、西门子、卡麦隆等100余家国内外知名企业的认证和许可。公司多项产品远销海外30多个国家和地区，先后荣获冶金行业“金杯特优产品”“品质卓越产品”“行业领导品牌”称号。“马钢高速车轮制造技术创新”“重载车轴钢冶金技术研发创新及产品开发”等荣获冶金科技进步奖一等奖。

二、历史沿革

2011年10月，第一炉钢水冶炼成功。

2016年5月，整合高速线材生产线。

2018年8月，优棒生产线建成投产。

2020年4月，大方坯连铸机热负荷试车一次成功。

三、主要成果

（一）承担政府项目

马钢特钢重视产品研发，参加国家级、省部级等政府科研项目20余项，主要项目如下：

2009~2012年，承担铁道部科技项目——大功率机车轮对自主创新。

2009~2012 年，承担安徽省科技计划项目——高速动车组车轮的研究与开发。

2009~2017 年，承担铁道部科技项目——动车组车轮自主创新。

2011~2014 年，承担安徽省自主创新专项——轨道交通高端车轮研究开发及产业化。

2012~2014 年，承担安徽省科技攻关计划项目——液化天然气储罐建设工程专用低温钢筋的研制。

2012~2014 年，承担安徽省自主创新专项资金项目——7 兆瓦级风力发电系统关键零部件用铁基新材料产品开发。

2013~2015 年，承担安徽省科技攻关计划项目——重载及高速列车用高品质齿轮钢关键技术开发。

2013~2015 年，承担安徽省科技专项资金项目——轨道交通用车轴钢和动车组轮轴产品开发及产业化。

2013~2015 年，承担安徽省国际科技合作计划——出口韩国准高速车轮开发。

2014~2015 年，承担安徽省科技攻关计划项目——基于超高功率电炉流程的 LZ50 车轴钢产品开发。

2014~2017 年，承担中国铁路总公司项目——时速 350 公里中国标准动车组轮轴设计研究。

2015~2017 年，承担安徽省科技重大专项计划项目——轨道交通高速重载轮轴用钢关键共性工艺技术研究及其产品开发。

2015~2017 年，承担安徽省科技重大专项计划项目——先进轨道交通关键零部件动车组联轴器和高速列车制动盘研发及产业化。

2015~2018 年，承担国家“863”项目——30 吨轴重重载列车车轮材料服役行为及关键设计、制备技术。

2015~2019 年，承担国家“973”项目——高速、重载轮轨系统金属材料与服役安全基础研究。

2016~2018 年，承担安徽省科技重大专项计划项目——时速 350 公里高铁用高性能车轴产品开发。

2017~2021 年，承担国家重点研发计划——高端装备典型构件用特殊钢的示范应用研究。

2018~2020 年，承担中国工程院重大战略咨询项目——高速轮对产品产业化战略研究。

2019~2021 年，承担工信部工业强基工程——高性能齿轮渗碳钢工程实施方案。

2019~2022 年，承担安徽省科技重大专项——和谐电力机车车轮剥离损伤行为及优化研究。

2020~2023 年，承担安徽省科技重大专项——3 万吨级及以上重载列车用轮对产品研发及产业化。

（二）获得重要奖项

马钢特钢成立 10 多年来获得国家重大奖项近 10 项，其中冶金科技进步奖一等奖

3 项。

“马钢高速重载车轮制造技术创新与应用”技术成果，经中国金属学会组织中国工程院、冶金行业、中国中车等权威专家评价：成果整体达到国际先进水平，其中重载车轮和大功率机车轮技术国际领先，该产品填补了国内空白，为国内首创，世界先进。获得的重要奖项如下：

2011 年，重载铁路列车用车轮钢及关键技术研究项目，获得中国钢铁工业协会、中国金属学会冶金科学技术奖二等奖。

2012 年，铁路货运重载车轮项目，获得中国钢铁工业产品开发市场开拓奖。

2014 年，免后续热处理节能型冷镦钢产品开发及应用技术项目，获得冶金科技进步奖二等奖。

2014 年，铁路车辆用重载车轮项目，获得安徽省专利金奖。

2015 年，高品质铁路机车用整体车轮关键制造技术研究与产品开发项目，获得中国钢铁工业协会、中国金属学会冶金科学技术奖一等奖。

2016 年，高品质整体机车车轮项目，获得中国钢铁工业产品开发市场开拓奖。

2018 年，马钢高速车轮制造技术创新项目，获得中国钢铁工业协会、中国金属学会冶金科学技术奖一等奖。

2019 年，重载车轴钢冶金技术研发创新及产品开发项目，获得中国钢铁工业协会、中国金属学会冶金科学技术奖一等奖。

2020 年，多元集成的质量策略在高速重载车轴钢开发中的创新应用项目，获得中国质量协会质量技术优秀奖。

（三）标志性成果

马钢特钢成立十年来获得的标志性成果主要如下：

高速车轮：完成我国高速车轮的自主研制，实现产品、技术国产化。其中时速 200~250 公里车轮通过 64 万公里装车考核，350 公里中国标准动车组用车轮通过 CRCC 认证，成为了国内首家获得高速车轮生产和销售资质的企业。被评为 2017 年“质量之光”魅力品牌。

大功率机车车轮：实现大功率机车车轮关键技术的突破，打破了国外的技术、产品垄断，实现国产化替代，其中 28800 千瓦大功率机车用车轮全球首发、国际领先。

重载车轮：新型重载车轮达到国际领先水平，实现产品产业化，其中 45 吨轴重重载车轮实现全球首发、国际领先。

国铁车轴：国内首家成功采用连铸替代模铸工艺生产车轴坯，批量供应市场，引领行业新发展。

重载车轴：重载车轴钢 LZ45CrV 国内首家通过了铁总认证，并实现批量应用。

高铁车轴：国内唯一一家采用连铸工艺生产时速 350 公里 DZ2 轴坯，并通过 CRCC 认证、CSTM 试验技术能力评价；采用基于材料基因工程方法，成功研发出了时速 400 公里高铁车轴 DZ3，车轴整体疲劳满足 1 亿次疲劳周次要求。

高速车轴：研发的EA1N、EA4T车轴通过韩国、法铁认证，实现批量出口应用。

高线产品：国内首次实现高速线材热机械轧制工艺技术与装备的自主开发与创新，拥有在线软化处理高性能低成本冷镦钢的核心技术和自主知识产权；开发的轨道交通移动装备用高强高韧紧固件精丝产品技术指标达到了国际先进水平。

低温钢筋：国内首家成功开发出LNG储罐用低温钢筋，打破了依赖国外进口的局面，成功示范应用于中石化广西北海LNG项目，目前已成功应用多个LNG项目。

齿轮钢：国内唯一一家通过了GE轨道齿轮钢三级（AGMA923）材料认证；复兴号齿轮钢高铁齿轮用18CrNiMo7-6已通过120万公里装车考核，批量装车运行；采用连铸和连铸连轧工艺的18CrNiMo7-6的连铸坯及热轧圆钢产品应用于风电齿轮箱中的关键齿轮部件。

深海采油树用钢：国内首家采用连铸—锻造工艺开发出深海采油树用钢，产品获得行业领军企业认可。

马钢轮轴等产品被评为多项国家重点新产品、安徽省重点新产品、安徽省新产品和安徽省高新技术产品。

（四）标准制定

马钢特钢共主持或主要参与国家标准、行业标准制定10项，其中国际标准1项、国家标准4项、行业标准5项。

国际标准：《Railway Rolling Stock Material-Ultrasonic Acceptance Testing》。

国家标准：《非调质冷镦钢热轧盘条》《非调质冷镦钢钢丝》《冷镦及冷挤压用钢》《铁路机车、车辆车轴用钢》。

行业标准：《铁路货车用辗钢整体车轮》《机车用有箍车轮　第2部分：轮箍》《液化天然气储罐用低温钢筋》《轨道交通用齿轮钢》《绿色设计产品评价技术规范　非调质冷镦钢热轧盘条》。

四、特色工艺装备

（一）工艺流程

冶炼产线：电弧炉冶炼—LF炉精炼—RH真空精炼—连铸圆坯/连铸方坯/模铸—精整。

轧钢产线：（1）连铸坯—加热—开坯—六连轧—圆钢/方坯—精整；（2）方坯—加热—粗中轧—预精轧、精轧—三辊减定径—精整—优棒；（3）方坯—加热—粗中轧—预精轧、精轧—减定径—控制冷却—高线。

（二）炼钢系统

1. 电炉

1座110吨超高功率电弧炉，于2011年11月投产，引进自德国SMS-Concast，设计年产钢水能力 120 万吨。配备 CONSO 喷枪和喷碳系统，高效冶炼，冶炼周期 40 分钟以内。采用先进的偏心炉底出钢技术，为提高钢水的洁净度创造良好的条件。

2. 精炼

（1）LF 精炼炉：2 座 LF 精炼炉，满足钢水成分、温度精确控制，高效脱氧、脱硫及去除钢中有害杂质等要求。

（2）RH 真空脱气炉：1 座双工位 RH 真空脱气炉，引进德国 SMS-Mevac 高效真空脱气技术系统。

3. 连铸/模铸

圆坯连铸机和方坯连铸机各 1 台，模铸线 1 套，年产能 110 万吨。

（1）圆坯连铸机：五机五流大圆坯连铸机，于 2011 年 11 月竣工投产。该连铸机引进意大利 Danieli 设计制造，弧形半径 15 米，断面尺寸为 ϕ380 毫米、ϕ450 毫米、ϕ500 毫米、ϕ600 毫米、ϕ700 毫米，设计年产能 80 万吨。大圆坯连铸机采用了大包全程保护浇铸、大包下渣自动检测系统、大容量中间包、中间包钢水连续测温、结晶器液面自动控制系统、结晶器电磁搅拌、铸流电磁搅拌、末端电磁搅拌、二冷自动配水、铸坯自动切割系统、铸坯自动出坯系统、在线自动喷号系统、铸坯缓冷装置和完备的连铸控制模型（凝固模型、尾坯优化模型、铸坯质量判定模型）等。

（2）方坯连铸机：五机五流大方坯连铸机，于 2020 年 4 月竣工投产。该连铸机引进意大利 Danieli 设计制造，弧形半径 14 米，断面尺寸为 250 毫米×250 毫米、320 毫米×410 毫米、380 毫米×450 毫米，设计年产能 55 万吨。大方坯连铸机采用了大包全程保护浇铸、大包下渣自动检测系统、大容量中间包、中间包钢水连续测温、中间包感应加热系统、结晶器液面自动控制系统、结晶器电磁搅拌、末端电磁搅拌、动态轻/重压下系统、二冷自动配水、铸坯自动切割系统、铸坯自动出坯系统、在线自动焊标系统、铸坯缓冷装置和完备的连铸控制模型（凝固模型、尾坯优化模型、铸坯质量判定模型）等。

（3）模铸：模铸可浇铸圆、方、多角锭，浇铸钢锭单重 2～109 吨，年产能 2 万吨；采用专业浇铸车、浇铸氩气保护、浇铸流量精确控制、浇铸过程温度检测等技术。

（三）轧钢系统

1. 精品特钢大棒生产线

精品特钢大棒生产线于 2011 年 10 月建成投产，年设计产能 78 万吨，规格 ϕ95～280 毫米、方钢 90～380 毫米、长度 4～13 米。

主要设备包括：步进梁式加热炉 2 座，高压水除鳞设备 1 套，1150 毫米二辊可逆式开坯机 1 台，10 兆牛液压剪 1 台，6 架连续式轧机 1 套，测径仪 1 台，在线表检设备 1 台，固定式定尺钢锯 2 台、固定式火切机 1 台，步进式冷床 2 座，打号机 1 台，全自动方坯表面修磨机 4 台，圆钢自动修磨机 4 台，10 兆牛压力矫直机 1 台，十辊矫直机 1 台，方坯超声波探伤线1条，方坯磁粉探伤线1条，圆钢联合探伤线1条，144平方米车底式退火炉1台，84平方米退火炉1台。

精品特钢大棒生产线主体轧制设备由中冶华天设计制造，采用当前最新工艺技术和装备，实现高质量稳定生产特种大规格棒材。所用坯料规格为380毫米×450毫米连铸方坯；ϕ380毫米、ϕ450毫米、ϕ500毫米、ϕ600毫米、700毫米连铸圆坯。

2. 精品特钢优棒生产线

精品特钢优棒生产线于2018年8月建成投产，年设计产能40万吨，规格ϕ16~90毫米、长度4~12米。

主要设备包括：步进梁式加热炉1座，高压水除鳞设备1套，22架平立交替短应力轧机，KOCKS减定径机组和水箱，布朗砂轮锯2台，达涅利二辊矫直机1台，麦尔二辊矫直机1台，倒棱机2台，圆钢自动修磨机2台，FORSTER漏磁+GE超声波联合无损探伤设备2套，打捆机2台。

精品特钢优棒生产线采用先进的控轧控冷和高精度轧制技术，产品质量稳定、尺寸精度高，尺寸精度达到欧标1/4DIN。所用坯料规格为ϕ280毫米、250毫米×250毫米连铸坯或轧制坯。

3. 精品特钢高线生产线

精品特钢高线生产线于1987年建成投产，年设计产能50万吨，规格ϕ5.5~25.0毫米，是国内第一条高速线材生产线。

主要设备包括：步进梁式加热炉1座，高压水除鳞设备1套，30架平立交替连轧机组1套（短应力轧机12架次、无扭无张力轧制机组6架次、精轧V型超重载轧机8架次、减定径低温轧机组4架次），智能夹送辊1台，非接触式光学测径仪3台，在线表检设备1台，冷却水箱14组，吐丝机1台，斯太尔摩风冷线1条，集卷站1座，卧式打捆机1台，PF运输线1条。

精品特钢高速线材生产线主体轧制设备由西马克设计制造，采用当前前沿工艺和装备，实现高质量稳定生产特种线材盘条。所用坯料规格为150毫米×150毫米方坯。

4. 精品特钢深加工生产线

（1）精品特钢中小棒精加工生产线：于2017年3月建成投产，年设计产能4.2万吨，规格ϕ10.5~90毫米，长度1.3~7米。

主要设备包括：卷到棒银亮线1条，棒到棒银亮线3条，多功能连续式辊底炉2条；线到棒开卷线2条，矫直线2条，银亮材定尺线3条，砂轮磨床6台，砂带磨1台。

精品特钢中小棒精加工生产线采用SMS设备，产品质量达到国内一流水平，具备自动化控制技术，产品质量稳定。

（2）精品特钢线材精加工生产线：精品特钢线材精加工生产线于2018年6月建成投产，年设计产能8万吨，产品规格ϕ2~30毫米。

主要设备包括：罩式炉 6 座，全自动环形隧道式酸洗线 1 条，线材拉拔机 8 台。

精品特钢线材精加工生产线采用德系设备，装备水平国内一流，实现高质量稳定生产特殊钢精加工线材。

五、未来发展

马钢特钢战略定位：快速打造宝武精品特钢基地、成为全球长材引领者，瞄准对标全球和我国一流企业，创综合竞争力第一，实现高科技、高市占、高效率、国际化、生态化。

马钢特钢将通过不懈努力，实现“技术”“品牌”“效率”“规模”“智慧”“绿色”六大引领。

第十四章 南京钢铁股份有限公司

一、企业简介

南京钢铁股份有限公司（以下简称南钢），位于南京市江北新区，是江苏钢铁工业摇篮、国家级高新技术企业。始建于1958年，2000年南钢股份上市，2010年完成重大资产重组并实现整体上市，2013年4月获工信部认定钢铁行业首批规范经营企业。先后荣获“全国质量奖”“全国文明单位”“全国用户满意企业”“中国最佳诚信企业”、改革开放40周年功勋企业、国家级绿色工厂、国家知识产权示范企业、国家工业互联网试点示范、“十大卓越品牌钢铁企业”、入选新华社民族品牌工程等重要荣誉，连续四年被评为钢铁行业“竞争力极强”（最高等级A+）企业。

南钢是全球最大的单体中厚板生产基地之一及国内具有竞争力的特钢长材生产基地，瞄准中国制造业升级及进口替代，以专用板材、特钢长材为主导产品，聚焦高强度、高韧性、耐腐蚀、高疲劳等特钢，广泛应用于能源、石油石化、建筑桥梁、轨道交通、船舶及海洋工程、工程机械、汽车机械及复合材料等行业（领域），并为国家重点项目、高端装备制造业转型升级提供新材料，在关键“卡脖子”领域实现多项突破，致力于为大国重器提供可造之材。

近年来，122个产品通过省级以上新产品鉴定，109个产品达到国际领先、国际先进水平，9%Ni钢荣获“国家制造业单项冠军产品”、管线钢荣获国家级绿色设计产品。产品通过国内外170多家知名企业认证，出口130个国家和地区，优势高端产品保障了200多个重、特大工程建设，产品成功应用于可燃冰开采“蓝鲸一号”、第三代核电全球首堆示范工程“华龙一号”、港珠澳大桥、北京冬奥会、雄安高铁、大兴机场等多项国内大国重器及重点工程，以及卡塔尔足球世界杯体育场馆、克罗地亚佩列沙茨跨海大桥、黑河大桥等“一带一路”重大项目工程。

二、历史沿革

南钢始建于1958年，是国家战略布局的18家重点钢企之一，是中国特大型钢铁联合企业。

1958年2月，国务院批文标志南钢诞生。

1960年2月，第一炉钢水顺利出炉。

1960年8月，小轧车间轧出第一支圆钢。

1970年9月，薄板车间建成投产，轧出江苏省第一块薄板。

1996年7月，南京钢铁集团有限公司成立。

2000年9月，南钢股票在上海证券交易所上市。

2003 年 4 月，南钢集团有限公司进行了“三联动”改革。

2004 年 9 月，中厚板卷厂工程全线贯通。

2009 年 10 月，荣获“全国质量奖”。

2012 年 5 月，“双锤”商标成为中国驰名商标。

2014 年 12 月，成立炼铁、特钢、板材和公辅四大事业部。

2016 年 2 月，新产业投资集团成立。

2020 年 12 月，发布“十四五”发展战略。

三、主要成果

（一）突出贡献

（1）南钢轴承钢已有 18 年的生产历史，特别是高端轴承钢的生产制造，目前已全面通过 SKF、Scheaffler、NSK、JTEKT、NACHI、TIMKEN、AKS 等国际高端轴承企业的认证，并全面量产供货。南钢轴承钢年产量 20 万吨以上，可为下游客户提供热轧圆钢、退火圆钢、退火银亮圆钢、热轧盘条等多种形式、多种交货状态的产品。具备了全面向高端民用轴承钢领域（汽车、家电等）供货的能力和业绩，目前南钢轴承钢制造的轴承产品已全面用于大众、丰田、通用、福特、奔驰、宝马、吉利、长城等多家合资和自主品牌整车厂。

（2）南钢弹簧钢主要应用于汽车、工程机械和铁路，研发的 2000~2100 兆帕超高强度汽车悬架簧用钢表面质量好，纯净度高，疲劳寿命高，技术达到国内领先水平；南钢开发的铁路扣件弹簧钢全面替代欧洲进口，覆盖京沪线、武广线、郑西线、杭长线等 17 条国内高铁线。

（3）南钢汽车用钢为奔驰、宝马、丰田、本田等高端车型提供发动机、变速箱、传动轴等系列用钢，是国内汽车用钢第一梯队。汽车传动用高性能易切削钢，用于制造汽车发电机用超越皮带轮、汽车转向器涡轮、电磁阀等精密机械，南钢成功开发并全面替代进口材料，打破国外垄断，主要用户有博世、舍弗勒、耐世特、诺力凯等。汽车用大马力发动机曲轴用钢，国际上独家实现连铸材对模铸材的量产替代，技术水平处于国际领先地位，填补国际产品及技术空白。2019 年获得冶金科学技术奖二等奖。

（4）南钢于 2013 年打破国际垄断，成功研发出超低温环境钢筋，国内第一单成功供货中石化洛阳院，公开出版国际上第一个完整的低温钢筋产品企业标准，结束了低温钢筋全部依靠进口的历史。目前南钢的产品广泛应用于中石化北海 LNG、中海油天津和福建漳州 LNG、中石油江苏启东和浙江平湖 LNG、广州燃气 LNG 等 16 个国家新能源重点工程项目中。

（5）南钢成功研发出高铁刹车盘用钢，实现了我国在高铁动车组制动盘产品和技术领域的国产化，打破德国、法国和日本等高铁技术强国对刹车盘产品的技术和市场垄断。

（6）南钢石油钻具用钢通过上海海隆、曙光集团等一大批石油钻具生产龙头企业质量认可，进入中石化、中石油等企业分供方网。2018 年 6 月，南钢钻杆接头用钢应用于西南第一工程“川深 1 井”，完钻深度 8420 米，刷新了中石化的九项钻井纪录，创造了当年亚洲第一深井的记录。2019 年 2 月，南钢石油钻杆接头用钢应用于新疆塔里木盆地西北油田顺北鹰 1 井。顺北油气田位于新疆塔里木盆地，是世界上埋深最大的油田之一，完钻井深 8588 米，再次刷新亚洲陆上钻井最深纪录。

（7）南钢研发的免涂装耐候钢桥用系列螺栓钢，填补了国内空白。南钢承接国家“十三五”重点研发项目，采用先进的生产工艺技术，成功开发出高耐候、高抗延迟断裂、高韧性桥梁用 10.9 级和 12.9 级耐候螺栓钢。其中，耐候螺栓钢已在黑河大桥、广州沉江桥、陕西平镇高速桥等 7 座桥上应用示范，为我国新一代绿色、大跨度及轻量化钢结构耐候桥梁提供材料基础。

（8）南钢是国内首家批量生产超低温（-196℃）9%Ni 钢，替代进口，连续 9 年国内市场占有率超过 80%，为国家能源安全提供保障，并荣获国家重点新产品、国家单项冠军产品、国家特优质量奖。低温压力容器用 9Ni 钢获中国钢铁工业协会“金杯特优产品”，高碳铬轴承钢等 24 个产品获冶金实物质量“金杯奖”，冷镦和冷挤压用钢热轧盘条等 16 个产品获“冶金行业品质卓越产品”，多个产品还被授予“江苏省名牌产品”“江苏精品”、江苏省高端制造“双百品牌”“苏浙皖赣沪名牌产品 100 佳”等荣誉。

（9）南钢研发的 1000 兆帕级以上超高强度工程机械用钢，率先打破国外长期技术垄断，成功替代 SSAB，累积供货 50 万吨，实现设备轻量化节能减排。

（10）南钢油气输送用管线钢首批应用于西气东输工程，独家供货低温超厚超宽管道项目，应用于南海荔湾 1500 米深海项目，填补国内空白，是国内唯一一家通过全球最大的石油公司沙特阿美抗酸管线钢认证的钢厂。

（11）南钢研发的止裂钢打破国外技术壁垒，成功开发世界最厚 100 毫米厚止裂钢，独家供货国内最大 24000 标箱集装箱船。

（12）南钢研发的邮轮用宽薄板独家供货国内首艘大型豪华邮轮项目，产品替代进口，填补国内空白，实现了邮轮建造用钢国产化。

（13）南钢桥梁用钢板独家供货南京长江五桥、南京长江大桥改造。耐候桥梁钢产品独家供货国内首座免涂装铁路桥——川藏线雅鲁藏布江藏木特大桥。

（二）证书奖项

2020 年世界钢铁企业技术竞争力排名中，南钢位列世界第 14 名、中国第 5 名、江苏省第 1 名。南钢拥有硫化物形态控制技术、大变形渗透轧制等 58 项专有技术；承担国家级项目近 30 项，其中“863”计划 2 项、国家重点研发计划项目 9 项及工业强基项目 3 项；拥有有效专利 1038 件，其中发明专利 412 件；累计申请 PCT 专利 75 件，9 件获得欧洲、韩国、日本、德国等国外授权；其中“一种低压缩比热轧 9Ni 钢厚板的制造方法”获第 19 届中国专利奖优秀奖。主持/参与制定国家标准、行业标准、团体标准 54 项，其中国家标准 31 项；累计获得省部级以上科技奖励 47 项，其中“热轧板带钢新一代控轧控冷技术及应用”等 3 项成果获国家科技进步奖二等奖；“高品质系列低合金耐磨钢板研制开发与工业化应用”“新型系列耐腐蚀结构钢开发关键技术创新及产业化”等6项成果获得省部级科学技术奖励一等奖。

（三）体系认证

南钢按ISO 9001、API Q1、IATF 16949、ISO/TS 22163等国际质量管理标准要求建立质量管理体系并持续改进完善，以ISO 9001体系覆盖所有生产线进行基础管理，结合汽车、铁路、核电、石油等专业管理体系特殊要求，吸收精髓、融合共通；是钢铁行业内首家通过ISO/TS 22163认证的板材制造企业，对公司拓展铁路用钢产品、提升行业竞争优势、获得轨道交通原材料国产化的通行证以及规范铁路用钢的经营管理均具有重要意义。

南钢船用产品率先通过CCS、DNV、LR、ABS、BV等10国船级社认证，是国内为数不多通过10国认证的企业。3. 5Ni、5Ni、9Ni等低温镍合金钢板通过船级社认证及中国特种设备检测研究院技术评审，7Ni为国内首家通过技术评审的企业；低温型钢LT—FH36、耐蚀型钢等品种国内首家通过8国船级社认证，替代进口产品；100毫米EH40/EH47止裂钢国内率先通过船级社认证，为国内认证厚度最厚，并实现批量供货；钢板产品通过美国API会标、欧盟CE/PED/FPC/AD2000、日本JIS、马来西亚SIRIM、印度BIS等出口产品认证，提高了市场竞争力。

南钢通过卡特彼勒、沙特阿美、壳牌、道达尔、舍弗勒、通用、大众、丰田、东风康明斯、中石油等国内外400余家高端顾客二方审核认证，抗酸管线钢是沙特阿美国内唯一通过其认证的企业，汽车钢体系通过东风日产ASES体系评价，高标轴承钢通过SKF等8大企业的体系审核，并已实现供货。

（四）研发创新

南钢聚焦前瞻性、原创性新材料、新工艺、新技术研究，聚集清华大学、东南大学、中科院金属所、英国帝国理工、瑞典国家冶金研究院等国内外高校院所创新资源，建立了“产销研用+服务”一体化的精益研发体系，打造形成了南钢英国研究院、日本冶金研究院等2个国际级、国家材料环境腐蚀平台等3个国家级、江苏省高端钢铁材料重点实验室等5个省级的“2+3+5”开放式高端研发平台，并与行业龙头用户合作成立了20余个联合研发中心，为核心技术的研发及应用提供有力的支撑。

四、特色装备、工艺技术、优势产品

南钢的主体生产装备达到国际领先水平，钢铁冶炼配套各种精炼装置16台套，为高纯净特钢冶炼提供了良好的条件。板材拥有生产品种规格覆盖最齐全、分工最合理的生产制造装备，5000毫米宽厚板轧机的扭矩、轧制力系行业领先，3500毫米中厚板（卷）轧机国内配置最完整，2800毫米中厚板同类轧机轧制效率最高；特钢长材生产装备长短流程合理配置，拥有全球最先进的合金钢连铸机、KOCKS棒材轧机，具有世界独特的前置控温、高精度轧制、多级控冷等控制功能。配套各类热处理炉10台套，为高品质特钢的组织调控提供了设备保障。

（一）特色装备

1. 长材炼钢轧钢设备

（1）南钢长材炼钢产线。炼钢设备包括铁水预处理、转炉/电炉、LF 精炼炉、RH/VD 真空精炼炉和连铸机。其中两台大方坯连铸机分别从奥钢联和西马克引进，连铸装备国际领先，均装备了大包下渣检测系统、保护渣自动添加系统、结晶器液面自动控制系统、自动开浇系统、结晶器电磁搅拌和末端电磁搅拌装置、二级动态控制系统、动态轻重压下装置，具备高端轴承钢、汽车钢、齿轮钢、弹簧钢等品种的生产能力。

（2）大棒产线。南钢大棒线是一条国内先进的、现代化的、生产效率最高的半连轧特殊钢大棒材生产线，生产规格为 ϕ50~250 毫米。装备了数智化控制的步进梁式双排道蓄热式加热炉，可以实现自动换向、自动装钢出钢、二级系统物料跟踪、全视场温度监控等；精轧机为 RSB500++型四机架减定径机组，能实现自由尺寸轧制，满足用户对高精度产品的要求，是国内最大的高尺寸精度圆钢生产线；砂轮锯全套引进欧洲设备，是目前国内最大的砂轮锯。

（3）中棒产线。中棒线关键设备从意大利和德国引进，是国内效率最高的中棒生产线，生产规格为 ϕ16~80 毫米。轧线装备 7 组水箱，控轧控冷满足不同品种对性能的差异化控制要求；精轧机为 RSB370++型四机架减定径机组，实现自由尺寸轧制，满足用户对高精度产品的要求。

（4）高速线材产线。高速线材生产线主要设备从意大利达涅利公司和美国摩根公司引进，是我国最早从国外引进的高速线材生产线之一，生产规格为 ϕ4~40 毫米，为高线和大盘卷复合生产线。其中装备在线测径仪和在线热眼检测装置，产品的尺寸控制稳定，线材表面质量优良，满足用户对高精度产品的要求。

（5）带钢产线。南钢带钢线于 1995 年改造而成，生产规格为（1.5~8.5）毫米×最大 315 毫米。其中 2017 年对中精轧进行 AGC 改造，带钢产品尺寸控制稳定，尺寸精度高。

（6）精整探伤产线。南钢精整装备 6 条进口联合探伤线，探伤线采用国际先进的相控阵超声波、红外、漏磁及涡流技术，探伤规格为 ϕ10~250 毫米，探伤精度达到国际领先水平。从欧洲引进辊底式合金钢棒材多功能热处理生产线，主要用于轴承钢、弹簧钢及汽车用钢在保护气氛下完成正火 、软化退火、球化退火热处理。

（7）延伸加工产线。南钢为满足客户的特殊要求，装备了棒材联合拉拔线（ϕ16~80 毫米）、调质银亮线（ϕ16~80 毫米）以及淬火钢丝生产线（ϕ5~20 毫米），可稳定供应拉拔材、银亮材以及调质材。

2. 板材炼钢、轧钢设备

（1）南钢板材炼钢生产线。南钢炼钢设备包括铁水喷吹预处理、转炉、LF 精炼炉、RH 真空精炼炉和连铸机，其中 3250 毫米×150 毫米铸机为全世界最宽铸机之一。

（2）2800毫米中板产线。2800毫米中板产线1972年筹建，1975年基本建成，1986年3月恢复建设，1986年7月24日成功轧制出了江苏省内的第一块中板。近年来产量、劳动生产率在全国同类型企业中名列前茅。

（3）3500毫米炉卷产线。3500毫米炉卷产线配备世界上最宽的数字化步进梁式加热炉，轧件长度可以达到400米以上，生产效率国内名列前茅。

（4）5000毫米宽厚板产线。5000毫米宽厚板轧机项目是当今世界上装备精良、流程紧凑、工艺完备、竞争力强的现代化宽厚板生产线。产品规格为（6~250）毫米×（1800~4850）毫米，产品品种包含船体用结构钢、管线钢、锅炉和压力容器用钢板、桥梁用结构钢、建筑结构用钢板、高强度结构用调质钢板、工程机械用高强度耐磨钢板等，高端品种板材占比达70%。配备单机架5000毫米可逆式CVC轧机，扭矩2122千牛·米，轧制力120兆牛，同类型轧机最大；机架刚度达到9500千牛/毫米。

（5）热处理生产线。南钢板材拥有6个连续式热处理炉，并运用新一代数学模型、大数据智能分析技术实现智能化、智慧化热处理生产，同时采取生产高度集成的炉群控制。

（二）工艺技术

1. 长材炼钢、轧钢技术

A　炼钢技术

高纯净度：轴承钢氧含量$\leqslant 5\times10^{-6}$，最小3×10^{-6}；微观夹杂物国际领先；宏观夹杂物国际一流。轴承的接触疲劳寿命达10^7次以上。

夹杂物塑性化：轧材夹杂物的$CaO-Al_2O_3-SiO_2$三元系分布达到了国际先进水平，满足2000兆帕弹簧疲劳要求。

汽车钢硫化物夹杂变性处理集成技术开发：实现高硫易切削钢硫化物纺锤化，达到国际先进水平。

偏析控制技术：通过连铸拉速/冷却工艺/电磁搅拌及轻压下集成的技术，齿轮钢、轴承钢等钢种的偏析控制达到国际先进水平。

B　轧钢技术

高精度材控制技术：采用轧制精度控制技术、冷床保温控制冷却技术等，南钢棒材公差控制能力达到1/5 DIN标准，热轧态平直度能力可达0.2%。热轧态交付能够满足精锻工艺、冷锻工艺、高精度机加工工艺的标准要求，同时可实现直径公差自由尺寸轧制，满足用户加工工艺定制化要求。

特色钢种的组织控制技术：通过在线控轧控冷技术生产的传动轴用钢正火材，性能完全达到离线正火材要求。

“零脱碳”控制技术：成品线材的全脱碳控制在0。

中低碳钢铁素体晶粒度和奥氏体晶粒度复合控制技术：通过冶炼成分控制、控轧控冷技术及轧后正火工艺等工艺集成控制，实现了中低碳钢奥氏体细晶控制，产品的铁素体晶粒度5级以上、奥氏体晶粒度7级以上。

2. 板材炼钢、轧钢技术

A 炼钢技术

南钢板材炼钢工程于2004年6月27日生产出第一块板坯，主要炼钢工艺生产路线包括转炉—LF—RH—CCM、转炉—LF—CCM和转炉—RH—LF—CCM。生产过程中采用高纯净度钢冶炼技术和高效无缺陷铸坯生产技术。

高纯净度钢冶炼技术：滑板+挡渣锥双挡防止下渣，提高转炉出钢钢水纯净度；精炼工序高碱度造渣技术和RH炉高真空度高效化洁净技术；连铸工序全程无氧化浇铸技术，中间包及结晶器流场控制技术和开浇收尾坯操作，减少夹杂物数量，提高钢水的洁净度。

南钢板材高效率无缺陷铸坯生产技术：主要包括结晶器在线调宽技术、连铸自动漏钢报警技术、结晶器液面自适应控制技术、铸机全程动态轻压下技术、二冷自动配水工艺、辊式二冷区电磁搅拌技术。

B 轧钢技术

钢板高美观度控制技术：通过除鳞设备的升级改造和优化，摸索出一套涵盖销售、生产、物流等各环节的表面质量管理体系。南钢工程机械用钢通过VOLVO、HITACHI、KOMATSU、HYUNDAI等国外用户认证，覆盖卡特、徐工、三一、小松等国内外知名工程机械制造商。

极限宽薄规格产品生产控制技术：结合南钢3500毫米炉卷轧机产线设备工艺特点，通过模型优化、冷却水自动控制、自主创新卷取机模型等措施，摸索出4~5毫米产品的成套生产技术，实现了4~5毫米厚、2250~3150毫米宽的低温容器钢、耐磨钢、高强板、海工板的批量工业生产，打破了国外公司对这类产品技术和市场的垄断。

（三）优势产品

1. 长材优势产品

（1）轴承钢：主要应用于国内外的汽车制造、家电等领域。产品纯净度和组织均匀性好。疲劳寿命达到了1×10^7次以上。

（2）弹簧钢：棒材主要应用于汽车稳定杆和工程机械，线材主要应用于汽车悬架簧、制动簧和高铁扣件，钢带主要应用于汽车离合器、保险带卷簧、涡卷、卡簧。产品表面质量好，纯净度高，疲劳寿命高。

（3）汽车用钢：南钢的汽车用钢已覆盖动力、传动、转向、行驶等五大系统。动力系统用钢涵盖发动机曲轴、连杆、活塞、凸轮轴等零部件，传动轴用钢实现行业覆盖；转向器用钢成功进入多个国内外著名转向器企业，汽车紧固件用钢由8.8级逐步升为14.9级高强度螺栓，应用于汽车发动机、底盘系统。

（4）石油钻具用钢：市场占有率在国内多年领先，并出口欧洲、北美。产品具有钢质纯净、成分均匀、力学性能稳定等特点。

（5）高压锅炉管坯钢：用于生产高压给水加热器用无缝冷成型碳钢U型管。覆盖国内外市场，出口美国、加拿大、南美地区、韩国、日本、新加坡等。

（6）工程机械钢：实现“四轮一带”全覆盖。具有高纯净性、高耐磨性以及高淬透性等特点。2020 年南钢工程机械用钢获全国市场质量信用 AA 等级荣誉。

（7）非调质液压活塞杆用钢：该产品具有较高的强韧性，可直接加工使用，生产效率高，具有较强的生命力与市场竞争力，应用于国内油缸龙头企业江苏恒立液压等。

（8）耐磨热轧钢带：南钢耐磨热轧钢带广泛应用于混凝土泵车输送管，市场占有率50%以上。通过工艺改进，将使用寿命提高了 1 倍以上，混凝土输送量达到 6 万立方米以上。通过江苏省新产品鉴定，达到国内领先水平。

（9）特种焊丝钢：成功开发出全系列高强焊丝钢、核电焊丝钢、管线钢焊丝钢、耐热焊丝钢、耐候焊丝钢、大线能量焊丝钢等多个品种。高强合金焊丝成功应用于“世界第一吊”徐工 4 千吨级履带式起重机的建造。耐候焊丝应用于川藏铁路拉林藏木特大桥和北京水源地官厅水库特大桥的建设。大线能量焊丝适应现代钢桥高效智能化焊接制造的新需求。

（10）电动汽车长螺杆用钢：用于制作新能源电池包长螺杆。采用 EVI 模式，根据终端用户需求，通过产业链联合研发，最终实现非调质工艺替代调质工艺，极大缩短了产业链生产周期，实现了产业链深度融合。

（11）大马力发动机曲轴用钢：国际上独家实现连铸材对模铸材的100%量产替代，技术水平国际领先。2019~2020 年连续两年获得东风商用车技术降成本奖，2019 年获得冶金科学技术奖二等奖。

（12）轨道交通用钢高铁刹车盘用钢：采用连铸连轧技术替代国外铸造工艺，实现高铁刹车盘用钢的批量化生产和供货。

（13）贝氏体高强韧汽车用非调质钢：具有优异的强韧性匹配，广泛应用到商用车转向节、转向节臂、前轴、摇臂、地质钻管等零部件，目前已经逐步进入各大重卡主机厂并获得认可。

2. 板材优势产品

（1）高端工程机械用钢：南钢工程机械用钢 Q1100E 为国内首次生产供货。产品主要用于 200 吨以上大型汽车式起重机吊臂、履带式起重机拉板和重型港口机械等关键结构件，以及 100~400 吨电动轮自卸车车斗、80~200 吨大型挖掘机挖斗、堆取料机衬板等关键矿山装备耐磨部件。

（2）天然气输送用大口径管线用钢：南钢大口径高等级管线用板具有良好的可焊性、高强度、高韧性和优异的抗裂纹扩展能力。生产的 1219~1422 毫米大口径天然气输送用管线钢（X70M、X80M）供货国内外重大管道工程，如鄂安沧管道工程、北京燃气天津南港 LNG 外输管道工程、TAPI 管道等。

（3）LNG 储罐用超低温 9Ni 钢：超低温 9Ni 钢主要应用于液氧罐、LNG 储罐、LEG 储罐、LPG 储罐、乙烷船等大型超低温储运设施建造；南钢超低温 9Ni 钢性能优异、可焊性好，替代进口，广泛用于中石化北海 LNG、中海油滨海 LNG 和江南船厂全球最大乙烷运输船等项目，产品出口至欧美、亚洲等地区。南钢 9Ni 钢获得国家重点新产品、国家单项冠军产品、国家特优质量奖、中国专利优秀奖、国家金杯特优产品等殊荣。

（4）石油储罐用钢：南钢石油储罐用钢大线能量焊接性能优异，强韧性匹配合适，批量应用于中石油、中石化、中海油、浙江石化、大连恒力等大型石油储罐建造项目，累计供货超过 40 万吨，市场占有率、供货业绩国内名列前茅。

（5）高级别水电用钢：南钢在国内率先通过 48 毫米厚度 1000 兆帕级水电用钢焊接性能评定。焊接性能优异，600 兆帕级及以下牌号水电钢可实现免预热焊接，800 兆帕级水电钢预热温度可以降低至不大于 100℃。产品累计销售超过 15 万吨，批量供货于国内外大型水电工程项目。

（6）核电用钢：南钢自主研发的新一代钢制安全壳用 4500 毫米超宽规格 SA—738Gr. B，该规格产品的成功开发填补了国内空白。南钢核电系列用钢应用于“华龙一号”“玲珑一号”等项目。

（7）豪华邮轮用钢：南钢邮轮用宽薄船板产品被广泛应用于邮轮、极地邮轮和客滚船等项目，产品入选了江苏省重点推广应用的新技术、新产品目录，同时获得了 2020 年冶金科学技术奖三等奖。用于国内第一艘极地探险邮轮项目和国内首艘大型邮轮项目。

（8）桥梁用钢：南钢桥梁钢应用于杭州湾跨海大桥、美国旧金山新海湾大桥、平潭海峡大桥 、拉林铁路臧木雅鲁藏布江铁路桥（国内首座免涂装耐候铁路桥梁）、澳氹第四跨海大桥等国内外重大工程项目。南钢 2017 年获中国联合钢铁网全国钢铁产业链桥梁板优秀制造商 A 级企业，桥梁钢板获中国钢铁工业协会 2018 年度冶金产品实物质量认定“金杯奖”。

五、企业未来发展规划

展望“十四五”，南钢立足“钢铁+新产业”双主业发展，通过创新驱动、数字化转型、新产业升级，实现“绿色、智慧、人文、高科技”的高质量发展。以建设国际一流的现代化精品特钢基地为目标，在特钢产业链关键“卡脖子”环节实现更多突破，保障我国高端制造业产业链、供应链稳定可控。

第十五章　江苏沙钢集团淮钢特钢股份有限公司

一、企业简介

江苏沙钢集团淮钢特钢股份有限公司（以下简称淮钢公司）位于开国总理周恩来的故乡——江苏省淮安市，主要从事黑色金属冶炼及压延加工业务，主要产品为汽车用钢、工程机械用钢、铁路用钢、弹簧钢、轴承钢、船用锚链钢、高压锅炉管用钢、管坯钢等，产品主要用于汽车制造、铁路、机车、锅炉、造船、机械制造业等行业。

淮钢公司始建于1970年，公司厂区横跨京杭大运河两岸，占地面积约300万平方米，目前拥有总资产111亿多元，职工5000余名，其中各类专业技术人员3000余名。作为淮安市重点企业，淮钢公司连续多年销售超百亿元，税收贡献持续居全市前列，企业曾先后荣获全国五一劳动奖状、全国精神文明先进单位、全国企业文化建设百佳贡献单位、江苏省思想政治工作优秀企业、江苏省节能先进单位等系列荣誉。

二、历史沿革

江苏沙钢集团淮钢特钢股份有限公司前身——清江钢铁厂始建于1970年10月，1986年4月更名为淮阴市冶金工业公司，1996年12月改制为江苏淮钢集团有限公司，并以此为核心，组建了省级企业集团——江苏淮钢集团。2006年6月，江苏淮钢集团与江苏沙钢集团有限公司实现联合重组，成为沙钢集团特钢板块。

三、主要成果

“淮钢”牌是江苏省著名商标，弹簧钢、轴承钢、合金结构钢、管坯钢、船用锚链钢等产品获“冶金产品实物质量认定”证书。齿轮钢系列产品获得东风等知名汽车企业及其配件厂认可。高铁扣件用弹簧钢国内市场占有率30%以上，产品质量获得英国潘得路实验室认可；工程机械用合结钢得到卡特彼勒、小松等国外知名企业认可。连铸工艺生产车轴用钢通过国金衡信认证；货车车轮用钢通过国金衡信、德国莱茵公司AD2000认证。高压锅炉管坯钢通过了国内三大锅炉厂的质量认可，产品多次获得“金杯奖”“品质卓越奖”等荣誉称号。连铸合金圆坯产品通过GE等能源装备企业认证。特种扁钢产品拥有较高市场知名度，叉车扁钢全球市场占有率达50%以上。牵头编制了行业标准《风电法兰用连铸圆坯》及团体标准《油气开采阀类用合金结构钢》。牵头制定了《货叉用扁钢》行业标准及《铁路辙叉用贝氏体合金扁钢》团体标准。

近年来，为助推企业高质量发展，公司一直注重自主知识产权创新工作。公司建有省级企业技术中心、省级重点实验室、省级工程技术研究中心、博士后工作站、研究生工作站等创新平台，累计承担了省、市级科技计划项目 11 项，获市级以上科技进步奖 30 项，获授权专利 82 件。其中，“大轴重长寿命重载铁路用无碳贝氏体合金钢及组合辙叉研制开发”项目获得 2020 年度中国钢铁工业协会、中国金属学会冶金科学技术奖二等奖，“高纯净度工程机械用钢冶炼关键技术创新与产业化”获得 2020 年度全国钢铁行业职工技术创新成果二等奖，“高品质石油钻采、风力发电能源装备用钢技术研发及产业化”获得 2018 年度江苏省职工十大科技创新成果奖，“一种 RH 真空处理过程中的脱氢增氮控制方法”发明专利获得 2019 年度江苏省职工十大发明专利奖，“一种高强度、长寿命贝氏体铁路辙叉用扁钢及其生产工艺”发明专利获得了 2020 年度江苏省职工十大发明专利奖。

四、特色工艺装备

淮钢公司拥有焦化、烧结、高炉炼铁、电/转炉炼钢、LF 精炼、RH/VD 真空脱气处理、方/圆坯连铸、连轧、热处理、无损探伤及银亮材延伸加工等全工序特殊钢生产工艺流程。公司配备了意大利达涅利合金钢圆坯连铸机及轧钢生产线，德国 KOCKS 减定径机组、GE 超声波探伤、forester 涡流探伤、MAIR 剥皮机等国际先进的冶炼、轧钢及延伸加工设备。

五、未来展望

“十四五”期间，淮钢公司以中高端特钢产品为主，重点打造形成 2~3 个国内市场占有率达到 50%左右的全国名牌产品，进一步提高市场占有率和话语权，建成具有淮钢公司特色的产品体系。借助智能制造、技术装备升级，进一步提高生产效率，打造质量效益型特钢基地。打造沙钢集团节能低碳、超低排放改造和绿色工厂建设示范基地。围绕特钢生产加工服务，形成集特钢生产、延伸加工、装备制造和物流贸易于一体的现代化特钢产业集群。

第十六章　中天钢铁集团有限公司

一、企业概况

中天钢铁集团有限公司（以下简称中天钢铁），位于江苏省常州市，成立于2001年9月，前身为武进轧钢厂，是一家产销超千亿的国家特大型钢铁联合企业，全球单体最大的优特钢棒线材制造基地。

作为节能减排先进单位，中天钢铁累计投入超150亿元，实施低温余热发电、TRT余压发电、烧结脱硫脱等120余项节能减排、循环利用工程。主要环保指标均已达行业领先水平，中天钢铁成功入选为国家级“绿色工厂”、常州市首批低碳示范单位。

中天钢铁年产钢1300万吨，其中600万吨优特钢，产品主要涵盖轴承钢、帘线钢、冷镦钢、齿轮钢、机械用钢、高压锅炉管、弹簧钢、焊丝钢等高技术、高品质、高附加值钢种700余种，并远销全球近70个国家和地区，广泛用于汽车、工程机械、轨道、军工、船舶、石油化工、海洋工程、风电等领域。

二、历史沿革

1973年7月，武进轧钢厂挂牌成立。

1979年1月，武进轧钢厂更名为武进钢厂。

1993年7月，武进钢厂更名为江苏武进钢铁集团公司。

2001年9月，成立中天钢铁集团有限公司，成为自主经营、自负盈亏的民营企业。

2005年，中天钢铁产销双超百亿，首次进入中国企业500强榜单。

2008年，中天钢铁钢铁产能突破500万吨。

2011年，中天钢铁营销超500亿元。

2013年，中天钢铁产能突破1100万吨，营业收入突破1000亿元，成为常州市首家千亿企业。

2016年，中天钢铁优特钢产能突破600万吨，成为全球最大优特钢棒线材精品基地。

2017年，中天钢铁以千亿营收规模蝉联江苏省百强民企榜单第六位、常州市第一位。

2018年，中天钢铁位列2018年中国民营企业制造业500强第12位、中国民营钢铁企业第2位。

2019年，中天钢铁在2020中国和全球钢铁需求预测研究成果、钢铁企业竞争力评级发布会上评为A级企业。

2020年，荣获第六届中国工业大奖，成为首家荣获“中国工业大奖”企业奖的民营钢企。

三、主要成果

中天钢铁共获得 7 项冶金科学技术奖，其中一等奖 1 项、二等奖 1 项、三等奖 5 项。中天钢铁自主研发创新的 PMO-EMS 组合电磁调控技术为国际首创技术，达到国际领先水平，特钢线材在线组织调控技术达到国际先进水平。中天钢铁“基于双机架 MINI 轧机的高品质特殊钢线材 TMCP 技术创新与开发应用”等 2 个项目获得省级科技进步奖。

中天钢铁的高碳铬轴承钢等 17 项产品获得冶金产品实物质量“金杯奖”。易切削钢产品等 3 项产品获得“冶金行业品质卓越产品”。合金结构钢等 3 个产品获得江苏省名牌产品。

轴承钢：中天钢铁生产的轴承钢产品，平均氧含量≤5.0×10^{-6}，钛含量≤10×10^{-6}，各类夹杂物总和≤2.5 级；碳化物不均匀性网状≤2.0 级，带状≤1.5 级；脱碳≤0.5%D，表面质量≤0.08 毫米。

帘线钢：中天钢铁生产的帘线钢盘条，具有优良的拉拔性能及表面质量，盘条索氏体化率高（80 级≥90%）、通条性优良（通条≤50 兆帕），用于制造轮胎子午线用钢。帘线钢盘条可以深拉拔到比头发还细，细到 0.15 毫米的帘线。

齿轮钢：中天钢铁生产的齿轮钢产品，有德系标准 16～28MnCr5 及 16～18CrMnB 系列，日系 SCM420H、美标 SAE8620H 等多系列钢种。齿轮钢产品淬透性带宽≤4HRC，平均氧含量≤12×10^{-6}。

弹簧钢：中天钢铁的 55SiCrA、55Cr3、60Si2MnA、60SiCrVAT 等高品质弹簧钢，产品表面无全脱碳，总脱碳≤0.40%。其中，60SiCrVAT 钢种时铁道部指定钢种之一，通过铁科院 300 万次疲劳寿命检验。

中天钢铁参与《高碳铬轴承钢》《钢帘线用盘条》《淬火-回火弹簧钢丝用热轧盘条》等 8 项国家标准编制，获得“国家标准创新贡献奖”。

中天钢铁通过《武器装备质量管理体系》认证，通过 IATF 16949 质量管理体系，实验室通过 CNAS 认证的国家认可。

中天钢铁高强度钢用于杭州湾大桥、上海环球金融中心等多项国家重点工程项目。稀土高强钢用于制造 70 周年国庆阅兵装备。

中天钢铁具备智能智慧管理系统，广泛应用于设计、生产、营销等各个环节，建成 ERP、MES、STIS、QES 、NC 等核心业务系统。

2012 年，获得“2012 年度江苏省创新创造领航企业”。

2016 年，获得“中国质量诚信企业”。

2017 年，获得“江苏省 AAA 级质量信用企业”。

2018 年，被评为“中国十大卓越品牌钢铁企业”。

2019 年，荣获诚信示范经营认证企业，获得“2019 年江苏省工业互联网示范工程‘五星级上云企业’”。

2020 年，中国企业 500 强第 161 位，制造业 500 强第 65 位，江苏省百强民营企业第 7 位。连续十六年位居中国企业 500 强。

四、特色工艺装备

中天钢铁具有先进的优特钢制造设备，是国内优特钢棒线材规格最全、工序最完善、设备最先进的优特钢企业之一。

公司配置6条优特钢线材生产线，产品规格 ϕ5.5~42毫米，各条生产线采用差异化技术装备，以适应特殊钢线材的不同用户的质量要求，实现高品质优特钢线材的专业化生产分工，实现高速高效化生产。

主要特色工艺装备如下：

（1）转炉炼钢引进国际先进技术。实现一键式智能炼钢。采用顶底复合吹及副枪技术，显著提高了脱磷、脱硫效率，采用滑板挡渣、转炉下渣红外检测系统和炉后扒渣设备等技术。

（2）大方矩连铸机，引进德国西门子-奥钢联连铸机，采用中间包塞棒、结晶器液面自动控制、电磁搅拌、全程保护浇铸、大包下渣检测、自动加渣、凝固末端动态轻压下和整体内装水口等技术。

（3）小方坯连铸机，采用全程保护浇铸、中间包塞棒、结晶器液面自动控制、电磁搅拌和凝固末端动态轻压下等技术。配置国内首套Primetal小方坯动态轻（重）压下技术，显著提升铸坯低倍及中心偏析质量，偏析指数≤1.05。

（4）连铸机配置脉冲磁致振荡（PMO）技术。脉冲磁致振荡（PMO）-电磁搅拌（EMS）组合电磁调控技术，为国际首创技术，显著提升铸坯低倍及中心偏析质量，偏析指数≤1.06。

（5）连铸机配置国际首套中间包均质器，该中间包电磁搅拌均质化技术能极大地促进钢水流动，改善中间包流场，达到均匀钢水温度并去除夹杂物的目的，进一步提高钢水洁净度。

（6）钢坯或轧坯精整线，配套先进的连铸坯（或轧坯）抛丸、磁粉探伤、超声波探伤、修磨剥皮设备及铸坯防脱碳涂料自动喷涂设备。可大大提高连铸坯表面质量，为轧钢输送“无缺陷”钢坯。

（7）线材生产线，引进国际先进的摩根高速线材生产线，并配备减定径机组，具备国际领先的控轧控冷技术，110米斯太尔摩线，并带佳灵装置的快速均匀冷却，温度波动范围≤15℃，并可以在线检测产品尺寸公差，尺寸可达国标最高的C级精度。

（8）线材生产线，配置FLUKE TV40在线固定式红外热像仪。提高斯太尔摩风冷线温度控制及检测能力，保证高速线材产品的组织及性能的稳定性。

（9）小棒材生产线，引进德国KOCKS高精度轧机，尺寸精度可以达到德国1/4~1/6DIN标准，全线设置7段水冷箱，可以实现对轧件的热机械轧制。

（10）棒线材生产线，配置在线热眼检测，引进2套美国OG公司热眼装置（灵敏度为0.05毫米），提升摩根高速线材和小棒材生产线，轧钢过程的监控能力，保证高速线材及小棒材高端产品的表面质量稳定性。

（11）棒材自动精整线，引进德国FOERSTER漏磁、美国GE相控阵超声、联合探伤机组、ROHMANN 涡流及挪威 IRTECH 红外探伤机组，能够快速、无损伤地检测棒材内外部质量。

（12）高精度大盘卷生产线，在国际上首次采用三辊 PSM 减定径机组出成品，大盘卷线材生产线最大规格 ϕ42.5 毫米，可实现自由尺寸轧制，尺寸精度符合德国 1/4DIN 标准，具备较强的低温轧制能力，最低轧制温度≤750℃。

五、未来展望

中天钢铁以成为国内第一方阵的优特钢生产企业为目标，凭借一批具备核心竞争力的拳头产品，成为下游重点用钢企业开发高精尖产品的首选钢厂之一。形成以汽车用钢为引领，工程机械用钢与中高端装备制造用钢为基础的优特钢品种结构。产品实物质量达到国内一流水平，并在国际上具有一定的影响力，是国内最具竞争力的汽车零部件用钢、工程机械用钢、中高端装备制造用钢生产基地。

第十七章　方大特钢科技股份有限公司

一、企业概况

方大特钢科技股份有限公司（以下简称方大特钢）是一家集采矿、炼焦、烧结、炼铁、炼钢、轧材生产工艺于一体的钢铁联合企业，是弹簧扁钢和汽车板簧精品生产基地。在岗员工 7500 人左右（其中钢铁本部 5600 人左右），资产总额约 155 亿元，占地面积约 3300 亩。

方大特钢产品主要包括弹簧扁钢、热轧带肋钢筋、圆钢（含圆管坯）、高线、盘螺、大盘卷、汽车板簧、汽车扭杆和稳定杆等，形成了“长力”牌弹簧扁钢和“海鸥”牌建筑钢材两大系列品牌优势，“长力”和“海鸥”商标是江西省知名商标。弹簧扁钢、汽车板簧、易切削钢在国内市场占有率位居前列，在市场内具有较强的竞争力。

方大特钢坚持普特结合的产品路线，以创新为驱动，通过持续的管理提升，优化品种结构，实施精品战略，走“低成本、差异化、特色化”的发展道路，保持环保技术领先，保持综合工艺水平领先，保持吨钢利润率行业领先。继续做好产品结构优化，巩固优势品种，开发具有市场竞争力的普特结合产品；实施弹扁战略，不断优化品种结构，提升品牌质量，提高整体的盈利能力和市场竞争力。创新驱动战略，优化技术人才队伍储备，完善产学研用协同的创新体系，继续激发和引导创新活力，建设行业领先的品种开发和工艺创新研发平台，围绕低能耗冶炼技术，节能高效轧制技术，全流程质量检测、预报和诊断技术，钢铁流程智能控制技术，高端装备用钢等领域持续创新，争创国家技术创新示范企业。

方大特钢致力于打造具有竞争力的弹簧扁钢、汽车板簧、易切削钢精品生产基地。方大特钢坚持“诚信为本，合作双赢”的经营理念，与广大合作伙伴精诚合作，携手并进，共创美好未来。

二、历史沿革

1958 年 8 月，南昌钢铁厂建厂（方大特钢源于南昌钢铁厂）。

1963 年 3 月，一号电炉建成投产，标志着南昌钢铁厂具备了生产优特钢的能力。

1971 年，与南昌市科学研究所、一机部拖拉机研究所密切合作，试炼 25MnTiBR 代替 18CrMnTi，作为齿轮用钢获得成功。

1973 年，组建板簧工段，正式开始弹簧扁钢及板簧的生产。

2003 年 9 月，以其所属的电炉厂、轧制厂和板簧厂等经营性净资产为主体发起设立股份公司，江西长力汽车弹簧股份有限公司获国家证监委批准在上交所挂牌发行上市。

2006年3月，弹簧钢由电炉冶炼转为转炉冶炼，试生产60Si2Mn弹簧钢获得成功。

2006年12月，南钢以资产认购江西长力汽车弹簧股份有限公司非公开发行股票，实现整体上市，新上市公司更名南昌长力钢铁股份有限公司。

2006年，南钢带钢厂与长力轧制厂进行产线置换，建立新的弹扁生产线，开始专业化生产弹簧扁钢。

2008年11月，轧钢厂弹扁线技改工程正式开工建设，改造后的弹扁线为一条专业化的弹簧扁钢生产线，设计年生产弹簧扁钢80万吨。

2009年12月，辽宁方大集团正式入主，南昌钢铁厂改制为民营企业并更名为“方大特钢科技股份有限公司”。

2010年2月，优特钢线开始建设，以生产弹簧扁钢、优特钢为主，设计年生产优特钢产品60万吨。

三、主要成果

（一）奖项、荣誉

方大特钢先后获得亚洲名优品牌奖、中国企业500强、最具成长性上市公司、最具社会责任感上市公司、第十四届中国上市公司金牛奖百强、中国钢铁工业先进集体、全国用户满意企业、江西省优强企业、江西省先进企业等荣誉，被授予“科学发展观研究基地”“全国企业党建工作先进单位”和“江西省企业文化建设示范单位”。

自1999年起至今，方大特钢的弹簧扁钢产品连续获得国家冶金产品实物质量认定“金杯奖”；“炼钢-连铸过程精益制造的关键技术与集成应用”获2016年教育部科学技术进步奖二等奖；“130~150系列扁钢新品开发”获2016年省优秀新产品三等奖；“德标矩形厚截面弹簧扁钢”获2016年省优秀新产品一等奖；“高质量50CrMnVA新型弹簧扁钢”获2017年省优秀新产品二等奖；“高性能51CrV4弹簧扁钢”获2017年省优秀新产品三等奖；“FAS3550高性能弹簧扁钢”获2019年省优秀新产品一等奖。

（二）专利、课题

方大特钢积极参与国家重大课题项目，2008年6月~2010年6月，承担“十一五”国家科技支撑项目“基于微合金化高强度高品质新型电力铁塔专用角钢生产技术研究”，开发规格∠5号~∠12.5号的Q420T和Q460T系列高质量等级输变电铁塔用高强度热轧角钢，产品性能满足YB/T 4163—2007《铁塔用热轧角钢》标准要求，并按内控标准批量生产交货，产品具有国内外同类产品先进水平。高强度角钢在电力铁塔上的推广应用，大大提高了我国输变电系统抗击自然灾害的能力，电网安全进一步提高，为国民经济发展提供了更好的基础保障。

方大特钢大力推动专利工作开展，共获得授权专利202项，其中近5年较为典型的特殊钢方面的专利共14项，在表3-17-1中列出，为方大特钢和行业的技术进步做出了一定贡献。

表 3-17-1　近 5 年方大特钢特殊钢方面的专利

序　号	专 利 名 称	获得时间
1	一种新型钢液氧氢检测柜	2015 年 3 月 11 日
2	结晶器保护渣双路自动分渣装置	2015 年 4 月 29 日
3	弹簧扁钢弯曲度基准检测装置	2015 年 12 月 9 日
4	热轧型钢冷剪机刀具	2016 年 5 月 18 日
5	改进的热轧矩形扁钢成品立辊轧槽结构	2016 年 8 月 24 日
6	钢材冷剪自动剔废装置	2016 年 10 月 26 日
7	铸坯表面缺陷传承到轧材的精确定位方法	2019 年 2 月 22 日
8	轧钢厂冷床保温装置	2019 年 3 月 29 日
9	一种层片状缺陷分布的超声三维成像检测方法	2019 年 8 月 6 日
10	一种单辊自适应快速修复装置	2020 年 5 月 26 日
11	一种内圆面增材制造或修复的一体化成型装置	2020 年 6 月 16 日
12	一种单辊辊齿多工位同步修复装置	2020 年 8 月 4 日
13	热轧扁钢平辊轧机出口卫板装置	2020 年 8 月 18 日
14	一种单辊自适应堆焊修复装置	2020 年 9 月 1 日

（三）标准制定

方大特钢相关技术人员在全国钢标委特殊钢分会中担任委员职务，主持《汽车悬架系统用弹簧钢　第 1 部分：热轧扁钢》（GB/T 33164. 1—2016）国家标准制定，参与《汽车悬架系统用弹簧钢　第 2 部分：弹簧圆钢》（GB/T 33164. 2—2016）、《弹簧钢》（GB/T 1222—2016）、《钢板弹簧技术条件》（GB/T 19844—2018）、《优质结构钢冷拉钢材》（GB/T 3078—2019）、《低合金超高强度钢通用技术条件》（GB/T 38809—2020）、《工程机械涨紧机构用弹簧钢》（YB/T 4740—2019）国家标准制、修订项目。

（四）管理体系认证、认可方面

方大特钢在汽车悬架系统用弹簧钢材料研发制造领域发展五十余年，得到了国内外相关组织机构及合作厂商的广泛认可，获得了众多管理体系及专业认证。

（五）产品方面

方大特钢近几年在弹簧扁钢产品技术和开发方面，主要是瞄准汽车板簧轻量化和空气悬架的趋势以及用户的定向要求，研发高应力少片簧用高性能弹簧扁钢，以及高速客车、豪华城市客车用的空气悬架导向臂用厚截面弹簧扁钢。

（六）行业地位、管理特色

弹簧扁钢是方大特钢的战略产品，方大特钢一直致力于做精、做优、做强、做细分市场的龙头企业，紧跟汽车及板簧行业发展趋势，推进弹簧扁钢向高质量、高端、高附加值方向发展。方大特钢围绕做精、做优、做强的核心思想，为促使弹扁战略推进工作更加深入开展，公司成立弹扁战略推进组，从保销、保供、保质、低成本四个方面推进工作，更好地适应市场变化，做到快速反应，并最大限度地满足用户需求，做好用户服务。弹扁产品国内市场占有率持续位居国内前列，一度占据国内市场的半壁江山。

四、特色工艺装备

方大特钢现拥有三座 80 吨顶底复吹转炉、三座 80 吨 LF 精炼炉、一座 90 吨 VD 脱气炉，四台 5 机 5 流弧形方坯连铸机，应用下列先进工艺使弹簧扁钢专业化生产技术达到了国内先进水平。

（1）采用转炉顶底复吹冶炼工艺及出钢下渣自动检测技术。

（2）LF 炉双底透数控吹氩白渣精炼工艺。

（3）双工位高真空脱气（VD）精炼处理。

（4）采用 R9 米合金钢弧型连铸综合技术（如大包可升降浇铸、下渣检测、内装整体式浸入水口、液面自动控制、结晶器+凝固末端组合式电磁搅拌、计算机控制二冷配水），达到国际先进水平。

轧钢厂现拥有弹扁线、优特钢线两条专业化弹扁生产线，采用以下国内先进工艺技术，产品质量达国内先进水平。

（1）采用蓄热式步进梁加热炉，加热均匀、氧化烧损少、脱碳少、加热质量高。

（2）采取高压水二次除鳞，一次除鳞压力高达 30 兆帕，去除钢坯表面氧化铁皮，产品表面质量好。

（3）粗、中、精轧机选用国内先进可靠的结构型式，平立交替布置，轧件无扭转，产品公差尺寸稳定。

（4）轧机采用微张力控制轧制，最大限度保证产品尺寸精度。

（5）步进齿条式冷床，冷床床面上设有保温罩，能满足高性能弹簧扁钢缓冷的要求。产品的平直度好，硬度合适，有利于用户加工。

（6）在线测宽测厚仪，有利于产品公差尺寸的控制。

（7）采取低温轧制工艺，脱碳控制水平国内领先，处于国际先进水平。

（8）国内第一家使用自动打包、在线称重设备，包装整齐、规范、标识清晰。

五、未来展望

方大特钢将聚焦“特钢”属性，实施产品“差异化、精细化”的竞争战略和技术转型，加速弹扁等特色产品的提档升级，增强企业竞争实力。

围绕“产城共融、和谐相处”的总体目标，积极推进环保技改工作，打好消除“白烟”的攻坚战，向着打造国家 4A 级旅游景区的目标扎实推进。

第十八章　天工国际有限公司

一、企业概况

天工国际有限公司（以下简称天工）始建于1981年，是中国重点发展先进基础材料、关键战略材料、前沿新材料及精密切削刀具生产制造商，于2007年在香港联交所主板上市。天工是国家重点高新技术企业，中国民营企业、中国民营企业制造业500强，中国五金工具出口质量安全示范企业，中国钢研战略所认定的国内重点特殊钢企业民企榜首，世界工模具钢强企前两强、中国第一位，欧盟“双反”案首例成功胜诉企业，中国唯一获出席欧盟钢铁保障措施听证企业，中国应诉美国反补贴诉讼唯一获最低税率出口的新材料企业，土耳其反保障措施胜诉企业。其高速工具钢入选制造业单项冠军，2021中国卓越钢铁品牌、2021中国特钢企业卓越品牌。天工建有中国首条工模具钢粉末冶金工业化生产线，与钢铁研究总院成立了中国首个粉末冶金研究院，天工已形成从矿业、新材料生产到精密切削刀具制造一体化的科研、生产、销售、服务体系。

天工是全产业链、全品种特种新材料生产企业，产品被广泛应用于航空、汽车、海洋、高速列车及石油化工等行业，以及机械加工、3D打印、增材制造等不同领域，产品畅销欧美等世界近百个国家以及中国香港、中国台湾等地区。在美国、俄罗斯、印度、韩国、捷克、土耳其、加拿大、意大利、墨西哥、泰国等国家和地区设有分公司，与德国蒂森克虏伯、S+B、OB、美国SB、VIKING、奥地利奥钢联等世界级材料商，以及德国博士、美国TTI、史丹利百得等世界级精密切削刀具采购商建立了紧密的研发、生产合作关系。

天工坚持走产、学、研相结合发展之路，与中国钢铁研究总院、乌克兰国家新材料研究院中国分院、东南大学、南京工业大学、南京航空航天大学等建立了良好的产学研合作关系，与钢铁研究总院共同组建了高速钢研究中心，建立了中国首个粉末冶金研究院，与东南大学成立了高速钢及工具工程技术研究中心，与南京工业大学成立江苏省海洋工程新材料实验室，建有江苏省博士后科研工作站。天工已成为中国先进基础材料高速工具钢、工模具钢，关键战略材料钛合金和前沿新材料粉末冶金最前沿、最权威的实验基地和科研中心。

1987年开始生产精密切削刀具产品，涵盖所有孔加工刀具产品、螺孔加工刀具产品以及整体硬质合金刀具产品，中国每出口三支切削刀具就有一支产自天工。1992年开始生产高速工具钢，产品涵盖圆钢、扁钢、方钢、钢丝、直条等所有品种，是中国高速工具钢产品最齐全的厂家，占全球市场的35%，占国内市场的53%。2005年开始生产模具钢，以冷作、热作、塑胶模具钢为主，产品涵盖圆钢、扁钢、模块等所有产品，占全球市场的

19%，占国内市场的42%。2012年开始生产钛合金，位居民营企业第一位，2019年开始研发生产前沿新材料粉末冶金，已成功打破“卡脖子”新材料技术国际垄断，填补国内空白，成为国内唯一。

二、历史沿革

1981年，借贷2000元艰难起步。

1984年，生产的电视天线风靡市场。

1987年，第一支工具麻花钻诞生，孔加工刀具产业发展之路正式开始。

1992年，产业链延伸，产出第一炉高速工具钢。

1994年，产值首次突破亿元大关。

1995年，获得自营进出口权。

1996年，销售首次突破亿元大关。

1997年，高速工具钢产量荣登中国第一。

1999年，自营出口突破1000万美金。

2002年，螺纹刀具丝锥厂建成投产，刀具产品向高端化迈进。

2004年，高速工具钢产量荣登世界第一，中国第一家应诉土耳其反倾销并胜诉，同年11万伏变电站建成。

2005年，产出第一炉模具钢。

2007年，天工成功登陆国际资本市场，成为镇江第一家也是唯一一家在香港主板上市的企业。

2010年，首个海外分公司——韩国分公司成立，所有烟囱拆除，全部使用天然气，同年建成了企业大型污水处理站。

2011年，工模具钢综合实力位列世界工模具钢强企前四强，中国第一位开始生产钛及钛合金，11月6日第一支钛锭成功产出。

2012年，672套职工安居房全部建成。

2015年，开始生产硬质合金刀具。

2016年，海外分公司增至11家，中国特殊钢首例欧盟“双反”案天工胜诉，成为中国特殊钢行业首个成功案例，使中国整个行业受益，为中国长了志气，扬了国威。

2018年，天工应诉美国反补贴诉讼抗辩成功，成为中国唯一获最低税率出口的钢铁企业，不仅给中国钢铁行业提振了巨大信心，而且让全世界更多了解到中国的市场地位。同年，天工高速工具钢入选全国制造业单项冠军。

2019年，填补国内空白，打破国际垄断的中国首条粉末冶金规模化生产线在天工建成投产，突破粉末冶金“卡脖子”关键技术，打破国际垄断，成为国内唯一一条粉末冶金规模化生产线。工模具钢综合实力跃居世界工模具钢强企前两强，仅次于世界知名的奥地利奥钢联集团。

2020年，继荣获丹阳、镇江市长质量奖后，荣获江苏省省长质量奖；海外首个精密切削刀具生产工厂在泰国络加纳建成投产。

三、主要成果

在几十年的发展历程中，天工构建了完整的特钢生产链和特钢产品体系，并聚焦“特”字，将工模具钢产业做到了特钢细分领域“最大”和“更强”；在坚守“不变”和“变”中螺旋式发展，不变的是坚守特钢主业，符合国家发展战略方向，“变”的是不断转型升级，丰富特钢种类和产品，将特殊应用领域的特钢产品做到极致。2018 年天工高速工具钢荣膺中国“制造业单项冠军”，再次证明了天工高速钢“特钢中的特钢”的地位。2019 年底，中国首条工模具钢规模化生产线在天工建成投产，天工与钢研总院成立了中国首个粉末冶金研究院，粉末冶金产品被工信部纳入“卡脖子”重点攻关项目。天工致力打破国际粉末冶金“卡脖子”关键技术垄断，成为国内唯一掌握粉末冶金全流程规模化生产技术的企业，天工正走在中国钢铁行业发展的最前沿，助力中国钢铁行业从“钢铁大国”向“钢铁强国”目标迈进。

四、未来展望

站在产业发展最前沿，将自主创新放在企业发展的首要位置，集中精力开展“卡脖子”材料关键技术的研究，不惜一切代价在引领世界工模具钢产业发展上下功夫，瞄准我国特殊钢领域高端产品和关键技术空白，以满足全球高端制造需求为己任，千方百计研究攻克“卡脖子”的材料关键技术，推进进口产品的国产化进程。将不断攻克“卡脖子”材料关键技术，填补“卡脖子”材料关键技术国内空白作为公司发展的主攻方向；继续规划粉末冶金第二期扩能，用两年时间，实现万吨粉末生产规模，达到全球第一，并完成粉末丝锥生产线建设，全部用粉末材料生产切削刀具产品；扩大中国汽车及高端制造所需刀具国际工业级市场，特别是航空航天精密级行业的市场占比，打破国防军工用刀具靠进口的历史，致力于成为世界工模具钢粉末和切削刀具粉末材料最大的生产制造企业。

第十九章 江苏永钢集团有限公司

一、企业概况

江苏永钢集团有限公司（以下简称永钢集团），地处江苏省张家港市，创办于1984年，经过30余年的发展，现已成为一家以钢铁为主业，新型贸易、绿色建筑、装备制造、新能源等多元产业协调发展的综合性企业集团。有员工13000余人，2020年营业收入1010亿元，在全国民营企业500强中排名第93位。

永钢集团年产钢能力1000万吨，坚持“高品质钢铁材料服务商”的战略定位，加快推进产品“普转优、优转特、特转精”提档升级步伐，目前优特钢产销比例超70%，产品广泛应用于机械制造、汽车、船舶、风电、核电等领域，销售到全球112个国家与地区，长材出口量行业领先。

永钢集团累计获得授权专利743项，其中发明专利259项，“超超临界发电机组用焊丝钢”和“贝氏体非调质钢”产品填补国内空白；连续五年获评“钢铁行业竞争力特强企业”，荣获国家科技进步奖、国家火炬计划、全国守合同重信用企业、江苏省省长质量奖等多项省级以上荣誉，是首家同时获国家工信部“绿色工厂”和“绿色供应链管理示范企业”认定的钢铁企业。

面向未来，永钢集团将着力推进“产业”“人才”“管理”“品牌”升级，打造一家跨领域、跨区域，具有全球一流竞争力的综合性企业集团。

二、历史沿革

1984年4月，以30万元起家创办“沙洲县永联轧钢厂”，8月20日建成投产。

1987年，上马“250”轧钢生产车间，开启规模化发展道路。

1993年，自主设计的“520”短引力半连轧生产线投产，实现工装技术质的飞跃。

1994年，以永联轧钢厂为主体组建成立江苏永钢集团公司。

1995年，“650”开坯生产线“一火成材”工艺开创国内先河。

1998年，被国家冶金工业局列为轧钢重点大中型企业。

1999年，产钢量突破100万吨。

2002年，首次进入中国民营企业500强。

2003年，341天建成百万吨炼钢项目，成为钢铁生产长流程企业。

2004年，营业收入首次超过100亿元。

2009年，相继建设1080立方米高炉、120吨转炉、高速线材生产线等项目，开启产品提档升级之路。

2012年，钢材外贸出口首次突破100万吨。

2013年，实施绿色制造、智能制造、品牌制造，贯彻产品“普转优、优转特、特转精”发展战略。投产110吨电炉、120吨两台LF钢包精炼炉、大断面弧形连铸机、大棒生产线、康卡斯特小方坯连铸机及摩根高速线材轧机，年产钢能力达到1000万吨。

2014年，钢材外贸出口达280万吨。

2020年，营业收入首次超过1000亿元。

三、发展成果

（一）技术能力

永钢集团拥有一支1160余人的研发队伍，并在上海、苏州等地建设“飞地”导入高端研发人才和技术，年研发投入超11亿元，研发投入占比达3.3%（销售额）左右，建有国家级博士后科研工作站，省级企业技术中心和省级工程技术中心等科研载体。与钢铁研究总院、乌克兰国家科学院、北京科技大学、东南大学等科研院所在特钢产品研发方面广泛开展产学研合作。累计获得授权专利743件，其中发明专利259件，在冶金信息标准研究院钢铁行业专利创新指数评选中，位列中国民营钢铁企业第一名；参与国际、国行标制（盘条的尺寸与偏差）修订58项，其中主导制、修订标准25项；承担国家重点研发项目4项，省级科技项目10余项；获国家科技进步奖1项，省部级科技进步奖6项。

（二）体系认证

永钢集团1996年首次通过了ISO 9001质量管理体系认证，是全国最早一批通过的钢铁企业之一，随后又通过了ISO 14001环境管理体系、ISO 45001职业健康安全管理体系等多项管理体系认证。随着公司产品的转型升级，2007年公司理化检测中心通过了中国合格评定国家认可委员会实验室认可，成为国家级实验室；2015年通过了（IATF 16949）TS 16949国际汽车行业质量管理体系认证，2017年通过了中国船级社工厂认证。多项重点产品已通过了宝钢、海陆、哈锅、远景能源、道森、南高齿、中车、GE、西门子等多家国内外知名企业的二方认证，以及日本JIS、马来西亚MS、印度IS、中国船级社等多项三方认证。

（三）创新成果

近年来，永钢集团始终秉承“高品质钢铁材料服务商”定位，大力推动钢铁产品的“普转优、优转特、特转精”，致力于提升优特钢产销比，不断在产品的差异化、高端化、高新化、系列化上下功夫，形成了建筑用钢、交通用钢、能源用钢三大产品集群。目前企业优特钢产销占比突破了70%，产品销往全球112个国家和地区。值得一提的是，永钢集团研发的贝氏体非调质钢、P91特种焊丝钢还填补了国内相关领域空白，“直接切削用非调质钢”“以轧代锻大棒产品”等拳头产品也具备了往行业内“单打冠军”方向发展的潜质和条件。

（1）风电用钢：受风电装机补贴政策的影响，2020年国内新增装机容量预计达到35

吉瓦，是历史峰值。永钢集团发挥自身装备和技术优势，抢抓机遇，2020 年销量突破 20 万吨，市场占有率达到国内前三。同时，随着技术进步，下游用户为追求更低的成本，风电机组不断向更大功率发展，其中陆上风电由目前 2.×兆瓦级别机组为主逐步向 3.×兆瓦和 4.×兆瓦级别机组发展，海上风电由目前 4.0~6.0 兆瓦为主向着更大的机组发展，永钢集团紧跟市场发展趋势，在 2020 年下半年成功开发了 900 毫米圆的连铸圆坯，并在年底启动了新连铸机的筹建，新的圆坯连铸机设计断面 1.2 毫米，配套了先进的表面和芯部质量控制技术，将更好地满足风电机组向更大功率发展的用钢需求。同时还建设 3 万吨模锻产线供风电齿轮毛坯，提高产业链整体质量控制水平。

（2）高端能源管坯钢：凭借成本优势和质量优势，永钢集团开发的 P91、P92 连铸圆坯应用于高端能源领域，市场占有率超 40%，产品得到国内外用户高度认可，已成为永钢集团标志性的引领产品。近期，国内市场逐步放开了 P91、P92 连铸圆坯的认证，市场需求量将进一步增加，为公司特钢的发展创造了机遇。

（3）特种焊丝钢：中国焊接装备数量、焊接材料产量全球第一，但大多是中低端产品，在高温、低温、高强焊材及高端焊接装备领域，基本依赖进口或是国外企业在国内加工制造。2018 年，永钢集团成功开发低碳马氏体耐热焊丝钢 SA335P91 盘条，该产品用于锅炉汽轮叶片焊接等高端用途，摆脱了依赖进口的现状，填补了国内空白，现阶段已批量交付东锅、济锅、越南等多家知名火电厂使用，且部分客户反馈永钢集团产品与进口品质相当；同时，永钢集团着力解决材料及装备领域难点问题，提升产业链整合能力，联合成立了“苏州市产业技术研究院绿色制造熔接技术研究所”，该所致力于打造一个公共服务平台，集聚研发、人才、产业资源解决产业瓶颈，聚焦高端焊接材料、智能焊接装备、先进焊接工艺的研究，补齐苏州高端焊接产业短板，整合产业资源，提高焊接产业国际竞争力。

（4）非调钢：为了有效降低下游用户的加工成本、减少能源消耗，近年来，永钢集团持续投入，对产线进行升级改造，围绕轴类件、杆类件相继开发了直接切削用非调质钢、热锻用非调质钢、免退火冷镦钢及以轧代锻产品，大力发展绿色、节能环保型产品。自主研发的大规格切削非调质钢规格在 ϕ75~300 毫米，打破了我国以往不超过 60 毫米规格的限制；其中贝氏体型的 YG1401 可替代规格 ϕ160~300 毫米的 42CrMo 调质钢轧材和锻材；铁素体+珠光体型的 YG4201 及 YG4203，可替代规格 ϕ75~160 毫米的调质钢 42CrMo、40Cr。非调质钢替代调质钢的使用，减少了由于调质产生的高能耗，降低了碳排放，同时缩短了用户产品生产周期，使智能化生产成为可能。

（5）车轴钢：通过了美国 AAR 认证，并通过了太原重工轨道交通设备有限公司、中车铜陵 CRCC 的合格供应商许可，具备向中国铁路总公司供货的资质。

（6）工程机械用钢：通过化学成分精控、纯净钢冶炼和控轧技术等工艺手段，使圆钢成分与性能均匀，淬透性稳定，纯净度高。主要用于加工底盘件用履带链轨节、销轴、销套、轮体等零部件，广泛应用于挖掘机、推土机、装载机、矿山建设等专业生产设备。

（7）帘线钢：采用国内首创的全新成分体系和工艺开发的高附加值加铬帘线钢，合股断丝率是国际上最优质的产品——日本新日铁帘线钢的 1.1 倍，基本持同等水平，其整体实物质量达到了国际先进水平，得到了日本住友金属、普利司通、韩国晓星等国际知名用户的认可；此外，帘线胎圈用钢热轧盘条，已覆盖0.175毫米（NT）、0.237毫米（ST）等极限规格和超高强度钢帘线产品的用钢需求，其关键技术处于国内先进水平，占国内市场需求总量的15%。

（8）桥梁缆索用钢：采用国内首创的一火材小钢坯生产工艺路线，配合全新的成分设计和规格搭配开发的QS87Mn盘条，突破了二火材盘条的垄断市场，其中1860兆帕级桥梁缆索钢生产技术更是填补了国内空白。

（9）弹簧钢：汽车悬挂簧对材料的强韧性匹配要求苛刻，从组织控制、晶粒细化、表面无缺陷等方面入手，开发出高疲劳性能的系列弹簧钢，可替代进口材料生产的高疲劳寿命弹簧钢，应用于1930兆帕级别悬架簧、柴油机气门簧用油淬火钢丝，客户包括日本住电、韩国DSR、宝通线材、海纳特钢等国内外知名企业。

（四）主要产品及应用领域

永钢集团产品分建筑、交通、能源用钢三大系列，涵盖非合金钢、低合金钢、合金钢、弹簧钢、轴承钢、工模具钢、钢筋混凝土用钢和预应力混凝土用钢、非调质钢八大类。主要产品名录见表3-19-1。

表3-19-1 永钢集团主要产品名录

序号	细分类	主要产品	应用领域
1	优质碳素钢	45~80、60-T、70-T	主要用于加工钢丝绳、弹簧等
2	预应力钢绞线用钢	SWRH42A/B - B/Cr ~ SWRH82A/B - B/Cr、SWRH72B(Cr)-S、PS82B、SWRS87Mn、92Si	主要用于电缆主缆用承重钢丝、拉丝材、钢丝绳、镀锌钢绞线、光缆用钢丝、弹簧，以及桥梁的系杆、拉索及体外预应力工程等
3	冷镦及冷挤压用钢	A系列、K系列、B系列、免退火系列、ML系列、G系列、SCM系列、B7系列、Q系列等	主要用于制作4.8~12.9级紧固件
4	帘线钢	LX70A、LX80A、GLX70A、GLX80A、LX85A、LX90A	主要用于制造轮胎子午线钢丝
5	胎圈钢丝用钢	C72DA、C82DA	主要用于制造胎圈钢丝
6	桥梁缆索用钢	QS82Mn、QS82Cr、QS87Mn、QS87MnL、QS92Si	主要用于跨江、跨海和跨山等领域桥梁缆索用镀锌钢丝
7	轴承钢	GCr15、GCr15A、GCr15SiMn、GCr18Mo、S55G	主要用于制造轴承套圈、滚动体
8	弹簧钢	65Mn、65~85、SiCr系列、SiMn系列、CrV系列	广泛用于铁路机车、汽车、工程机械等领域
9	工模具钢	45H~65H、50BV30、SAE6150H、60CrV、H11、H13、8418、32Cr3Mo1V	主要用于制作高端手工具，五金工具、挤压模具、压铸模具
10	焊接用钢	H08、SWRY11、ER70S-6、AB系列、SA335P91、H08稀土系列、ER70S-G、ATL700-Ti等	主要用于制造各类焊条、焊丝，广泛应用于造船、重型机械制造、铁道车辆制造等领域

续表 3-19-1

序号	细分类	主要产品	应用领域
11	碳素结构钢	10~70（Mn）、S45 系列、C45 系列、45	主要用于制作机械、液压、机床、船舶、起重设备等的轴、连杆、曲轴、曲柄销、轧辊、回转支承、阀体等
12	合金结构钢	Cr 系列、CrMo 系列、4130、4340、F22、38CrMoAl、42CrMoA、40CrNiMo、40Cr、42CrMo、20CrMo、40Cr、42CrMoA、42CrMo4、40Cr	主要用于制作矿山机械、工程机械、液压、机床、汽车、起重设备等的轴、齿轮、连接件、结构件
13	低合金高强钢	16Mn 系列、Q355 系列、S355J2、A350LF2、LF6、Q355 系列、S355 系列	主要用于制作机械、石油、水利、船舶、建筑等领域的设备连接件、结构件等
14	工程机械用钢	35MnB、15B36Cr、1E1287（卡特）、45B、42CrMo、40CrB、40Mn2、KT-B1	主要用于制作工程机械的链轨节、销轴、销套、支撑轮
15	管坯钢	10~45、20G、SA106、SA210、Q355、T/P 系列（不含中高合金）、15CrMoG、12Cr1MoVG、26CrMo、27Mn2、4130X、T/P 系列（中高合金）、WB36、29CrMoVNb、CB770、CB890、27CrMoNbTi、27CrMo44	主要用于制作石油开采、天然气传输、火力发电等工业领域的钢管
16	非调钢	MnV 系列、MnVS 系列、MnS 系列、HDFT45、46MnVS6、C70S6、HY4520、HL740、SY740、YG1401、YG4201	主要用于制作机械设备活塞杆、拉杆、推杆、注塑机拉杆（哥林柱）及汽车曲轴、半轴等
17	磨球钢	B2、B3、B6、BU、S650A、S550A	主要用于制作冶金、矿山、水泥等领域的磨球
18	车轴车轮钢	LZ50、EA1N、CL60	主要用于制作铁路货车、客车、地铁、轻轨等轨道交通车辆的车轴
19	齿轮钢	20CrMnTi、18CrNiMo7 - 6HH、CrMnTi 系列、CrMo 系列、MnCr 系列、CrNiMo 系列、CrNi 系列、18CrNiMo7-6H，20CrMnMoH	主要用于制作汽车、风电、机械行业的齿轮零部件

四、优势工艺与装备

（一）智能化炼钢生产线

（1）拥有瑞士康卡斯特 110 吨电炉 1 座、德国泰戈 120 吨 LF 钢包精炼炉 2 座，双工位 VD 炉 1 座、由达涅利设计、核心部件供货的大断面弧形连铸机 1 台，专门生产 ϕ380~900 毫米的大圆坯，供大棒产线。

（2）150 吨转炉、康卡斯特小方坯连铸机，专门生产 160 毫米×160 毫米小方坯，供高速线材生产线。

（3）50 吨转炉、康卡斯特方坯连铸机，生产 220 毫米×220 毫米方坯，供中小棒生产线。

（二）智能化优特钢线材生产线

2012年底建成投产了拥有摩根六代轧机等关键设备的轧钢线材五车间生产线。该车间采用双线布置，年设计产量共计140万吨，单条生产线设计年产量各为70万吨。主要生产优质特种焊丝钢、工程机械及汽车用冷镦钢、帘线钢、桥梁缆索用钢等产品。成品规格范围：ϕ5.5~26.0毫米。

主要设备：侧进、侧出蓄热式步进式加热炉、平立交替轧机、摩根精轧机及减定径机组、森德斯打包机等。控制系统由ABB设计供货。

（三）精品优特钢中小棒生产线

2019年4月建成投产，弥补了永钢集团中、小圆棒的空白。该生产线包括优特钢圆棒轧钢生产线、轧材热处理线及联合精整作业线。使用连铸坯和二火方坯，坯型选择灵活，主要钢坯规格为220毫米×220毫米×12000毫米、160毫米×160毫米×12000毫米，产品规格为ϕ20~100毫米，年设计生产能力50万吨（实际年产量可达70万吨）。主要产品系列有：合金结构钢、齿轮钢、轴承钢、非调质钢、锅炉用钢、工程机械用钢、工模具钢及汽车用钢等。

主要设备：该产线装备达到国际一流水平，拥有风凰工业炉制造的单蓄热加热炉，使用转炉煤气，有利于减少脱碳；达涅利供货的轧机和飞剪，对于料形控制和轧制稳定起到保障作用；减定径采用KOCKS三辊RSB 5.0机组，可以实现自由尺寸轧制，生产高精度产品；精轧机后使用测径仪、减定径后采用LAP提供的轮廓仪，对热轧长材进行尺寸和断面轮廓的实时在线测量，可降低不合格品的比例；阿瑞斯辊底式热处理炉，主要用于轴承钢球化退火热处理、弹簧钢及合金钢软化退火热处理，年热处理能力为3万吨；另外达涅利供货1300吨冷剪、布朗砂轮锯及森德斯供货打包机等，均处于国际先进水平。

（四）智能化精品大棒生产线

大棒产线设计年产能80万吨，工装配置达到国内先进水平，主要生产优质碳素钢、合金结构钢，同时也具备齿轮钢、轴承钢、船舶用钢、油田用钢、弹簧钢、工模具钢、锚链钢及系泊链钢等生产能力，能够充分满足汽车、能源、船舶、化工、电力等行业用钢的需求。成品规格：圆钢ϕ75~350毫米，方钢（坯）160~380毫米，矩形坯（200~362）毫米×(210~400)毫米，定尺长度：4000~12000(15000)毫米。

主要设备：蓄热式步进梁式加热炉1座，主要用于连铸圆坯加热；蓄热式均热炉3座，最大装炉量120吨；单机架ϕ1320毫米二辊可逆式开坯机，辊身长度2800毫米、最大开口中心距2310毫米、上轧辊最大抬升行程980毫米；由9架无牌坊短应力线高刚度轧机组成连轧机组，平立交替布置，连轧机组主要生产ϕ75~350毫米圆钢及160毫米×160毫米方钢（坯）；连轧机成品机架后配置剪切装置，主要用于小于ϕ165毫米连轧成品圆钢的切头、切尾、事故碎断及倍尺分段功能；生产线后道配置一条具有抛丸、矫直、漏磁（涡流）表面探伤、超声波探伤组合的精整线，另外还配有单机组压力矫直机、砂剥机等精整手段；后道配置缓冷坑57座，用于成品圆钢及方钢（坯）的缓冷，另外配置3台退火炉，主要根据用户要求提供退火/正火状态的棒材。

（五）模铸生产线

自2013年开始投产，拥有1条模铸生产线，8个浇铸位，单炉次最多可产出110吨左右钢锭，目前具备生产规格为4.5~50吨的能力。

五、发展规划

持续深耕钢铁领域，从产线装备升级改造、推进绿色低碳循环发展、延伸上下游产业链、推进智能制造等方面来驱动高质量发展。力争把风电用钢、高端管坯钢、非调钢、以轧代锻产品、汽车用冷镦钢、帘线钢、桥梁缆索及高强绞线用钢、特种焊丝钢、高强及功能性螺纹钢等产品打造为拳头产品，培育出5个单打冠军产品。

第二十章　芜湖新兴铸管有限责任公司

一、企业概况

芜湖新兴铸管有限责任公司（以下简称芜湖新兴铸管）是新兴铸管股份有限公司所属全资子公司及核心企业，隶属于国务院国资委监管的大型中央企业——新兴际华集团有限公司。

2003 年 4 月 27 日，经国务院国资委批准，新兴铸管股份公司和原新兴铸管集团共同出资对芜湖钢铁厂进行重组，成立芜湖新兴铸管有限责任公司。公司主要经营业务有离心球墨铸铁管、钢铁冶炼及压延加工、铸造制品等，其中球墨铸铁管主要应用于城市供排水和长距离输水，国内的市场占有率约为 45%，行销 120 多个国家和地区；钢材产品广泛应用于机械加工、汽车制造等领域；以优质碳素钢、合金结构钢、低合金高强钢、轴承钢等产品为主的优特钢产品体系，已形成公司新的经济增长点。

多年来，芜湖新兴铸管生产经营持续向好，主要经营技术指标不断优化，企业经济效益稳步提高。2020 年，实现营业收入 152. 5 亿元，为重组前的 36. 3 倍；利润总额 13. 2 亿元，为重组前的 33. 1 倍；净资产从 5. 3 亿元增长到 86. 8 亿元，为重组前的 16. 4 倍；上缴税金达到 8. 2 亿元，为重组前的 54. 8 倍，累计上缴税金 80. 6 亿元，已逐渐发展成为芜湖市骨干工业企业。

2020 年，芜湖新兴铸管荣获“企业信用评价 AAA 级信用企业”“安徽省百强企业制造业第 18 位”“芜湖市质量与标准化协会优秀单位”“芜湖市履行社会责任杰出企业”等荣誉称号。近年来，先后荣获全国五一劳动奖状、全国先进基层党组织、全国创新型企业、中央企业先进集体、安徽省五一劳动奖章、第九届安徽省文明单位、安徽省诚信企业、安徽省节能先进企业、安徽最具投资价值成长型企业等荣誉称号。在环境治理、维护稳定、加速发展等方面多次受到省市领导的表扬，被誉为“安徽省国企改制的样板”。

二、历史沿革

芜湖新兴铸管经历了三次创业阶段，面对严峻复杂的经济形势，芜湖新兴铸管党委团结带领全体党员和广大员工坚定信心、抢抓机遇，坚持效益优先，精益组织生产，强化过程管控，圆满完成了各阶段经营目标。

（一）一次重组创佳绩

芜湖新兴铸管前身为芜湖钢铁厂。芜湖钢铁厂创建于 1958 年，曾是冶金部 56 家地方骨干企业之一，由于历史原因，企业长期亏损，生产难以维系。2003 年 4 月，由新兴铸管集团和新兴铸管股份公司共同出资重组成立。2008 年，为便于经营，经股份公司收购，成为新兴铸管股份全资子公司。

通过近10年的装备、技术升级和产品结构调整，芜湖新兴铸管已从一个单纯的炼铁企业逐步转型发展为产品多元化（包括铸管、铸件、棒材、线材等）的冶金铸造企业，拥有世界上单体最大、产品规格最齐全的现代化铸管车间，为全球铸管行业技术领导者。

（二）二次创业续辉煌

“十二五”期间，本着高度的社会责任感，芜湖新兴铸管积极响应芜湖市委、市政府号召，借助“安徽省皖江城市带承接产业转移示范区”的国家级区域发展规划，整体搬迁至三山经济开发区，淘汰落后和过剩产能，建设现代化的离心球墨铸铁管、优特钢和大型铸件生产基地。

2015年10月，弋江老厂区安全、平稳停产。芜湖新兴铸管不仅对百万芜湖市民践行了央企承诺，更实现了工艺流程、装备及产品结构的全面升级，走出了一条高产高效、低碳环保发展之路。

（三）三次创业再出发

“十三五”期间，芜湖新兴铸管牢固树立高质量发展理念，积极开展自动化、信息化、智能化改造升级，大力推动党建统领、科技引领、智能制造、人才强企和绿色发展。

芜湖新兴铸管聚焦结构调整和产品创新，逐渐形成以高碳硬线钢、冷镦钢、高品质CrMo钢、大断面锻造用钢以及磨球钢为代表的产品，在优特钢行业的中高端市场站稳了脚跟。一个世界一流的球墨铸铁管和制造用钢研发生产基地正在皖江大地蔚然崛起。

三、主要成果

（一）产品简介

1. 铸管产品

离心球墨铸铁管是芜湖新兴铸管主导产品，它具有同碳钢接近的力学性能，机械强度高、韧性好，同时具有铸铁特有的耐腐蚀性能，逐渐成为当今世界给排水领域最安全可靠的管材。芜湖新兴铸管有限责任公司可以提供符合ISO 2531/7186或EN545/598等标准要求、规格范围为DN80~2600毫米的球墨铸铁管产品。

芜湖新兴铸管球墨铸铁管产品被广泛应用于国际国内各大供水工程，如南水北调、延安引黄、巴拿马市政供水工程、土耳其输水工程、杭州千岛湖项目、雷神山医院、火神山医院等。国内市场占有率超过45%，30%以上的产品销往世界120多个国家和地区。

2. 管件产品

芜湖新兴铸管是全国最大的管配件生产基地之一，可生产规格范围为DN80~2200毫米的管配件类产品，具备年产3万吨球铁管件和2万吨铸件的生产能力，30%的产品出口到世界上120多个国家和地区。铸件产品包含涉水类、机床类和建材类三大系列产品，产品主要销售于华东地区市场，辐射全国范围。产品在中国国际铸造博览会上连续六年荣获“优质铸件金奖”。

主要产品有内水泥外防腐系列管配件、内高铝外防腐系列管配件、环氧涂层系列管配件、聚氨酯涂层系列管配件、检查井系列管配件、管廊支架等。

3. 钢材产品

公司钢材产品主要涉及工业线材、优特圆钢、建筑用钢三大品种，所生产钢铁产品规格涉及 ϕ6.5~480 毫米，年生产能力 400 万吨，主要覆盖高强度冷镦钢、磨球钢、齿轮钢、链条钢、电机爪极用钢、风电用钢和工模具用钢等特征产品，广泛应用于汽车、石油、工程机械、风电、能源、矿山、工模具等领域。

芜湖新兴铸管钢材产品成功应用于长江三峡工程、京沪高铁、首都机场、浦东机场等国家重点工程，被国家冶金工业部列为“确保防洪等重点水利工程推荐使用建筑材料”，多次获得“冶金产品实物质量金杯奖”和“冶金行业品质卓越产品”。芜湖新兴铸管荣获“全国工业线材行业优质钢厂品牌”“安徽省建筑钢材领导品牌”“大桥局集团年度优质供应商”“商合杭项目部优质供应商”等荣誉称号。

（二）科技创新

芜湖新兴铸管坚持“科技兴企”方针，加大技术研发投入和科技平台建设，助推设备布局、工艺质量、技术水平的全面升级。

芜湖新兴铸管建有“安徽省认定企业技术中心”“安徽省球墨铸铁管工程技术研究中心”“芜湖新兴铸管有限责任公司理化检测中心国家实验室”“博士后科研工作站”“北京科技大学博士后冶金工作室”“燕山大学博士后压力加工工作室”。先后与北京科技大学、安徽工业大学、重庆大学、上海大学、中南大学等国内知名院校合作，联合进行产品开发和工艺技术研究，引进博士后 2 名。

芜湖新兴铸管荣获安徽省科技进步奖二等奖 1 项（2017 年《特大口径热模离心球铁管关键技术研发与产业化》）；参与的《含碲高端特殊钢冶金工艺技术的开发和应用》荣获冶金工业科学技术奖；获得安徽省科技重大专项资金项目 2 项（2017 年《真空脱气轴承钢的开发研究》、2018 年《环保型非铅系汽车用易切削钢的研究与应用》）；2020 年新产品 QTZD-1 型管廊用球墨铸铁直管段支墩通过安徽省经济和信息化厅新产品认证，2021 年新产品 1214Te 通过安徽省经济和信息化厅新产品认证。

芜湖新兴铸管拥有授权专利 413 件，其中发明专利 156 件；参与制定标准 7 项，其中行业标准 2 项、团体标准 5 项。

（三）质量保证

芜湖新兴铸管通过 IATF 16949 汽车用钢体系认证、ISO 9001 质量管理认证、ISO 10012 测量体系管理认证、CNAS 国家实验室认证。

芜湖新兴铸管着力于产品转型升级，加大对新工艺、新技术、新装备的引入力度，成功开发环保型非铅系汽车用钢、真空脱气轴承钢、车轴用钢、高端冷镦钢等一系列优特钢产品，引进中间包等离子加热技术、连铸在线压下技术、电磁脉冲 PMO 技术等，并成功应用于优特钢生产线，产品品质大幅提升。

其中，齿轮钢产品质量以实现齿轮小变形、低噪声、高疲劳寿命为目标，通过引进新装备、新技术和质量攻关，实现了齿轮用钢低氧含量、高洁净度、窄淬透带的控制。

冷镦钢产品具有夹杂物级别低、冷镦性能好、脱碳层深度低、表面质量优良等特点，能够满足不同层次用户的使用要求。

易切削钢产品具有切削性能良好的特点，夹杂物形态、氧含量等质量控制水平及稳定性相对较好。

四、特色工艺装备

铁前系统装备 2 座 58 孔 6 米焦炉、2 座 1280 立方米高炉、2 台 265 平方米烧结机，配置有行业一流的工业、环保设备，如高炉串罐无料钟炉顶、高炉软水密闭循环系统、烧结烟气脱硫设备等。目前已通过国家环保局的环保评测，生产成本长期保持长江流域前三甲。

炼钢系统拥有 2 套铁水预处理设备、2 座 120 吨顶底复吹转炉、3 座 LF 钢包精炼炉、1 套 RH 真空精炼炉、1 台 R9 米 10 机 10 流刚性引锭杆全弧型连铸机、1 台 R9 米 10 机 10 流柔性引锭杆直弧型连铸机、1 台 R14 米 6 机 6 流柔性引锭杆全弧型连铸机、1 台 R14 米 4 机 4 流柔性引锭杆全弧型连铸机。连铸机配套有首末电磁搅拌、自动加渣、自动液面控制、铸坯自动喷号等智能自动化设备。主要工艺包括铁水一罐到底、KR 法铁水预处理、转炉一次干法除尘、RH 深脱碳技术、炼钢—轧钢连续热装热送、连铸采用直弧和精确火切定尺技术等，并预留副枪技术；在节能环保工艺项目上，包括转炉煤气回收、烟道蒸汽蓄热器回收、干法除尘等先进技术，具备生产多规格、多型号钢种，适应不同市场需求的生产能力。

轧钢系统拥有 4 个车间、5 条生产线。2 条高速线材生产线中，1 条为国产设备，主要生产建筑用盘螺；1 条为美国摩根六代 8+4 机组，可生产 ϕ5.5~22 毫米优质盘圆；1 条 20 连轧小棒生产线，以生产螺纹钢为主；1 条 16 连轧中棒生产线，主要生产 ϕ40~130 毫米圆钢；1 条开坯机+8 连轧大棒生产线，主要生产 ϕ140~350 毫米圆钢。

铸管系统拥有水冷球墨铸管生产线 3 条，采用水冷金属型离心铸造工艺，产品范围为 DN80~1200 毫米铸铁管，配备 3 种高效机型，共 7 台离心机，连续式退火炉 1 台；热模铸管生产线 1 条，产品规格 DN1100~2600 毫米，配备热模法离心机 2 台，台车式退火炉 4 台。后线配备喷锌机、水压机、涂衬机、养生炉、切环、倒角、内磨机等辅助设备，喷号机器人、在线测厚等自动化检测设备。配套特喷生产线 1 条，可生产 DN600~2200 毫米特殊涂层产品。

铸锻系统铸件车间拥有国内一流，全球技术领先的“真空消失模铸造工艺”生产线 1 条，该工艺可通过模块自由组合得到各种所需的产品模型，灵活机动；拥有行业内独一无二的可按用户要求研发生产任何规格产品的能力、在煤粉砂静压工艺造型铸造工艺方面国内领先生产线 1 条；拥有采用日本东久公司生产的造型主机、全球技术领先的“黏土砂铸造生产线”1 条。锻造车间拥有 1 台 1300 吨德国西马克四锤头径锻机，1 台 2500 吨锻压机，1 台环形加热炉、2 台台车加热炉、1 台双室加热炉、2 台单室加热炉和 5 台退火炉等主体设备，并有热锯、修磨机、矫直机、车床、带锯等辅助设备。

五、未来展望

芜湖新兴铸管将聚焦主责主业，以推进高质量发展为主题，以服务国家战略为宗旨，将党的领导全面融入公司治理各环节，进一步提升产业基础，深化改革创新，持续提升综合实力和核心竞争力，存量做稳、主业做强、特色做优、产品做精、管理做细，成为品质技术一流，生产效率一流，经济效益一流，服务管理一流，整合能力一流的世界铸管行业领导者和冶金行业领先者，全面筑牢可持续高质量发展竞争优势。

立足新发展阶段、贯彻新发展理念、构建新发展格局，芜湖新兴铸管有限责任公司将思想再解放，目标再提高，到“十四五”末期，在“十三五”基础上努力实现营收翻番、利润翻番、工资翻番，为人民健康引水，擘画百年铸管，为再造一个新兴铸管努力奋斗。

第二十一章 张家港广大特材股份有限公司

一、企业概况

张家港广大特材股份有限公司（以下简称广大特材）成立于2003年，占地面积800余亩，总部位于江苏省苏州张家港市，集特殊金属材料生产、快速锻造、机械加工、铸钢、热处理和产品研发为一体，是港城第一家科创板上市企业，国内先进钢材料科创第一股（股票代码：688186）。公司注册资本16480万元人民币。公司经营范围包括：特种材料的制造、加工、销售；机械产品制造、加工、销售，钢锭生产锻造，机械及零部件、金属制品购销；自营和代理各类商品及技术的进出口业务（依法须经批准的项目，经相关部门批准后方可开展经营活动）。目前已形成合金材料和合金制品两大产品体系，产品广泛应用于新能源风电、轨道交通、机械装备、军工装备、航空航天、核能电力、燃气轮机、海洋石化、半导体芯片装备等高端装备制造业。

二、历史沿革

2003年3月，投资1700万元落户凤凰镇建办张家港广大钢铁有限公司。

2006年7月，在普钢转特钢基础上，拓展产业链投资锻造，成立张家港市广大机械锻造有限公司，纳税超千万。

2010年5月，全面更新冶炼锻造设备，扩大生产规模，至2012年现代化的冶炼、锻造车间陆续投入使用，产品更具竞争力，纳税超5000万元。

2014年4月，进军如皋，改造宏茂铸钢、设立宏茂重锻公司，实力不断增强，奠定行业地位，实现跨江发展。

2015年3月，规划落地精加工产业，实现产线再延伸；瞄准行业更高端领域，2016年落地航空航天、舰船燃气轮机等用特殊合金锻件精加工产线，实现华丽蜕变。

2020年2月，上交所科创板上市，规划凤凰园区精密加工、如皋风电产业园等拓展新能源风电产业，企业发展迈上新台阶，纳税超亿元。

2021年1月，与东方电气集团东方汽轮机有限公司共同出资设立德阳广大东汽新材料有限公司，实现央企混改，为完成“十四五”百亿销售目标奠定基础。

三、主要成果

广大特材CRH6城际动车组锻钢制动盘获评国家科技部、商务部、环保部、质检总局等4部委的国家重点新产品称号，同年获得江苏省新产品奖，该产品实现进口替代。2019年“高品质模铸齿轮钢材料的研发与应用”项目通过中国金属学会组织由原中国工程院副院长、钢铁研究总院院长干勇院士担任评价委员会主任，中国工程院刘玠院士和金属学会常务副理事长赵沛担任副主任，谢蔚、刘浏、刘宇等9名行业内权威专家组成评审组评审，一致认为该产品技术水平达到国际先进水平。广大特材始终立足于战略新兴产业的新材料领域，凭借自主创新，推动了中国高端风电齿轮钢从净进口国向全球最大出口国的转变。也正是凭借自主创新，广大特材高品质齿轮钢、高品质模具钢产品已成为当前的核心产品之一，在轨道交通齿轮箱，以及风电齿轮箱等细分领域，广大特材产品市场占有率持续保持全国第一，世界前列。在核能电力领域，广大特材是国内首次成功突破6吨低活化马氏体钢核聚变堆先进包存结构材料电渣技术的企业，技术水平达到国际先进，已用于国内自主四代“华龙一号”堆，并获得客户认可；在军事工业领域，高温合金、超纯不锈钢等材料在军机发动机部件、核潜艇动力系统等方面实现批量供应，在海洋石化等各领域耐蚀合金及特种不锈钢供应已进入稳定放量阶段，用其制造的酸性油气石化管道已实现进口产品的替代，在二代国产航母、新一代核潜艇、白鹤滩水电站等举世瞩目的国家战略工程中，都有广大特材的身影。在企业管理方面，广大特材引入卓越绩效等管理模式获评苏州市市长质量奖等。

四、特色工艺装备

广大特材拥有60吨电炉及相配套的VD、VOD等精炼、真空浇注设施，具有连铸、大型铸造等先进工艺，拥有先进的超纯净熔炼设备CONSARC牌3吨真空感应熔炼炉、6吨真空自耗炉及5~20吨保护气氛恒熔速电渣重熔炉，5000吨、4000吨、3600吨、2000吨、1000吨快速锻压机和配套的取料机，ϕ6.3米碾环机，以及配套的连续炉、台车炉、退火炉等热处理炉30多台套；数控龙门镗铣床、重型数控卧式车床、高速数控龙门钻床等精加工设备50余台套。公司拥有包括蔡司金相显微镜、扫描电镜（SEM/EDS）、X射线荧光光谱仪、原子荧光光谱仪、万能试验机、高温拉伸试验机，以及各类无损探伤设备、各类硬度仪等在内的先进实验和检测设备，通过CNAS认证。广大特材可实现特殊钢从材料生产、铸造、快速锻造、热处理、精密加工以及相关的产品研发检测全链条的工艺产业链，确保每一道工序都获得最佳工艺质量控制。

五、未来展望

广大特材“十四五”期间将继续推进科技创新和高质量发展工作，将“做好碳达峰、碳中和工作”作为重点工作，推进“大型海上风电铸件生产线二、三期”（2020年江苏省重大项目）“航空航天发动机、舰船燃气轮机用等高温合金锻件精加工项目”“大型高端装备用核心精密零部件项目”（2021年重大项目）的建设，将德阳广大东汽新材料有限公司民企与央企混改做出成绩。预计各版块项目达产后可完成年销售100亿元、利税30亿元。充分利用好国内扩大内需的机遇，紧抓新能源、新材料等产业的发展形势，做好自身的发展，为行业经济发展做出应有的贡献。

第二十二章　省部共建高品质特殊钢冶金与制备国家重点实验室（上海大学）

省部共建高品质特殊钢冶金与制备国家重点实验室（以下简称特殊钢国重）是立足长三角地区的特殊钢生产与材料的国家重点实验室，努力打造特殊钢方面的科学研究、技术创新、工程实践有特色的国家重点实验室。

特殊钢国重是主要依托上海大学冶金工程学科和材料学科，面向上海和长三角地区先进装备制造业创新发展对高品质特殊钢的重大需求，以提升本区域特殊钢冶金企业生产高品质特殊钢技术水平、满足区域内先进装备业发展的需求为导向，建设特殊钢冶金和制备领域一流的重点实验室。经过多年的发展，实验室现建有特殊钢公共实验平台、中航商发联合实验室、上海市绿色再制造工程中心、上海特种铸造工程技术研究中心、上海大学超导强磁场应用研究中心、上海大学先进凝固工程中心、上大新材料（泰州）研究院、上海大学（浙江）高端装备基础件材料研究院等多个特色研发中心和中试研究基地。特殊钢国重具有一流的试验设备，设备原值达1.5亿元，实验室教学与科学研究场地达到15000平方米。实验室从影响特殊钢发展的5个关键方向，即冶金熔体结构、电磁冶金、凝固、新材料、资源综合利用等开展深入研究工作。目标是成为高品质特殊钢冶金和材料领域国内一流、国际知名的基础理论研究基地、关键共性技术研发基地、高素质人才培养基地，为上海、长三角乃至全国特殊钢行业的创新发展、转型升级、创新引领做出贡献。

上海大学冶金工程专业源自1960年成立的原上海工学院的冶金系（下设炼钢和有色金属两个专业），“文化大革命”中上海工学院撤销并入上海机械学院，改革开放后原上海工学院的部分脱离出来成立了上海工业大学，后成立了材料系，材料、冶金两个专业仍是学校主要组成部分。1994年新上海大学由上海工业大学、上海科学技术大学、上海大学和上海高等科学技术学校合并组建成立，冶金工程（含钢铁冶金和有色冶金）是主要学科之一。

1995年7月由上海市科学技术委员会批准成立了上海市钢铁冶金新技术开发应用重点实验室，首任主任为蒋国昌教授。1997年实验室钢铁冶金专业获批博士点，2000年批准为上海市“十大重中之重”重点学科，2001年钢铁冶金被评为国家重点学科，2002年9月经科技部批准建设“现代冶金与材料制备国家重点实验室培育基地”，主任为丁伟中教授。2005年实验室与钢铁研究总院合作，成功获批“先进钢铁材料技术”国家工程中心，上海大学“现代冶金与材料制备国家重点实验室培育基地”也成为该国家工程中心的南方实验基地。2015年2月经科技部批准建设特殊钢国重，任忠鸣教授担任主任。2016年冶金工程入选上海高峰学科，2017年获批“现代冶金与材料学科创新引智基地”，2020年冶金工程学科获批国家级一流本科专业建设点，2021年成功获批上海市首批双学士学位项目

“冶金工程-信息管理与信息系统双学士学位项目”以及国家留学基金委的国重实验室专项留学项目“创新型人才国际合作培养项目”。

特殊钢国重现有教师120余人，有徐匡迪、周邦新、张统一、周国治（双聘）和刘玠（双聘）5位院士，有长江学者3人，“杰青”5人，国家特聘专家及青年专家各1人，“优青”5人及各类省部级人才20余人。迄今已培养以中国工程院院士干勇、美国工程院院士谢宇、甘肃省委书记尹弘为代表的冶金院校、钢铁企业、政界领导等杰出校友数百人。

特殊钢国重及其前身是依托学校冶金工程学科和材料学院建立。在老一辈冶金科学家徐匡迪院士、蒋国昌教授的带领下，特殊钢国重锐意创新、积极进取，围绕行业近期的“卡脖子”技术和未来10~15年面临的关键科学问题，开展深入的基础和应用研究，取得了一系列的创新成果。

一、研发特殊钢精炼新工艺技术

20世纪80年代，徐匡迪教授在喷吹冶金技术领域成绩斐然，创造性地提出了真空循环脱气加喷粉处理大型转炉钢水的技术，冶炼出高质量的低硫和低氧钢，此项技术获得了英国和瑞典的发明专利，相关技术还被应用于英国北海油田的石油管线钢和苏联西伯利亚输油气管线钢的制造中。他所设计的SGDF喷粉罐在国内78家中小企业中被采用，成为国内外高洁净和超低硫钢的关键精炼技术之一，徐匡迪教授也因此成为我国“喷射冶金”领域的奠基人。徐匡迪教授于1995年当选为中国工程院院士，2002年当选为中国工程院党组书记兼院长。

在金属精炼技术领域，周国治院士和鲁雄刚教授开发了固态电解质脱氧新技术，可在5~10分钟之内，将钢中的氧含量降低到15×10^{-6}以下，从而为高温金属无污染脱氧精炼开辟了新途径，该技术获得上海市技术发明奖一等奖。

任忠鸣教授率领团队开展了在连铸中间包和结晶器中施加交变电磁场去除夹杂物和气体等技术研究，实现中间包脱氧效率提升3倍、汽车钢板坯因夹杂物导致的不良品率下降60%的良好效果，先后在太原钢铁公司、宝钢等企业开展试验和应用研究，为宝钢提升连铸中电磁搅拌技术做出了重要贡献。该技术还扩展应用于高性能铜材生产中，所生产的高导电无氧铜全面代替进口供应我国高能加速器等大科学工程中。该成果获得上海市技术发明奖一等奖。

为提高工模具钢、轴承钢、高温合金等特殊钢的洁净度，钟云波教授（长江学者）团队独创磁控电渣重熔新技术，利用外加多模式静磁场，与电渣重熔本身必须施加的强大交变电流作用，形成强大的震荡洛伦兹力效应，可以细化熔滴、提高液膜层中的速度梯度，从而大幅提升电渣锭的纯净度和洁净度。此外，强大的震荡洛伦兹力还可以细化枝晶，抑制粗大的网格状碳化物形成，而静磁场不存在集肤层效应，能应用于大尺寸的电渣重熔过程，因此磁控电渣重熔制备的大尺寸特殊钢电渣锭具有高洁净、高纯净、超细晶、超细碳化物、高性能等特点，目前该技术已用于M2高速钢、镍基高温合金、轴承钢的工业化试验，效果显著。本领域研究获得上海市技术发明奖一等奖、教育部科技进步奖二等奖，以及 EPM2015 国际会议的"Excellent Poster Award"和美国 TMS 学会"Nagy El-Kaddah Best Paper Award"。

二、研究外场凝固过程与理论，提高特殊钢质量

在合金凝固组织控制理论和技术研究上，任忠鸣教授团队在电磁场下金属凝固过程的基础理论研究中，发现了热电磁力细化结晶组织和影响金属液流动效应、磁致过冷效应、影响原子扩散和磁致塑性等新效应，建立起基本理论模型，对特殊钢、特种合金的凝固过程形成多尺度、多维度调控，能显著提升其冶金质量。此研究成果获得 2020 年上海市自然科学一等奖和 2014 年教育部自然科学二等奖。任忠鸣教授与法国 EPM Madylam 实验室的 Yves Fautrelle 教授联合培养了李喜博士和王江博士，李喜博士获得 2015 年中法国际合作的最高奖——法中奖。将上述电磁场效应用于轴承钢、高温合金、硅钢的连铸过程，将连铸坯的等轴晶率提高到 50%以上，甚至达到 70%，大幅提升了特殊钢连铸的冶金质量。

翟启杰教授团队系统研究了脉冲电磁场对特殊钢连铸坯组织细化的机制，首次提出脉冲磁致振荡（PMO）新技术，用于 GCr15 轴承钢的连铸过程，使等轴晶率大幅度提高，疏松缩孔缺陷显著降低，碳偏析从原来的±0.1%降低到±0.03%。该技术获得 2017 年国家技术发明奖二等奖、2014 年上海市技术发明奖一等奖、2020 年中国钢铁工业协会冶金科技进步奖一等奖。

航空发动机和燃气轮机高温合金叶片一直是我国的短板，被发达国家"卡脖子"。针对这一状况，在徐匡迪院士的直接领导下，任忠鸣教授领衔高温合金叶片中心开展了高温合金叶片精密制造技术攻关，主持了国家"航空发动机和燃气轮机重大专项"的重大基础研究项目和上海市重大专项项目等，与中航发商用航空发动机公司组建了"发动机高温材料联合创新中心"。先后攻克了商用航空发动机用双层壁超冷空心单晶叶片、F 级 256 兆瓦重型燃气轮机单晶空心叶片、H 级 400 兆瓦级重型燃气轮机单晶空心叶片等高难度叶片高稳定性陶瓷芯和定向凝固精密铸造技术，成功研制出对应的单晶空心叶片试验件。同时引入超强磁场，利用超强磁场的洛伦兹力和热电磁力效应，能有效抑制高温合金变截面定向凝固中杂晶的形成，提高其取向度，显著提升了单晶叶片的冶金质量，为我国突破发达国家技术封锁、研发自己的发动机和燃气轮机提供了重要技术支持。

三、研发多种新型特殊钢技术

在钢材组织性能控制和新钢种开发上，李麟教授与何燕霖教授突破传统材料开发过程的"试错法"，将科学计算技术、先进实验技术和工业生产新流程进行系统集成，形成了高强度高塑性汽车用钢的成分、组织和工艺控制并重的设计理论。基于磷的偏聚动力学分析和铝对亚稳奥氏体相热力学影响的计算，采用 Al 或 P 替代 Si 成功研发具有我国自主知识产权的 590 兆帕和 780 兆帕级别相变诱发塑性（TRIP）钢；通过多尺度、多相组织的热力学分析实现对汽车钢板合金体系相变行为的有效调控，获得了孪晶诱发塑性叠加相变诱发塑性、强塑积高达 80 吉帕·%的新型吉帕级高锰钢，以及强塑积 30 吉帕·%的第三代 TRIP 钢，这些超高性能新钢种在鞍钢集团实现批量生产和应用，取得了显著的经济效益，

先后获得国际相图委员会工业奖，冶金科学技术奖一等奖和二等奖，并且形成了具有影响力的学术成果，李麟教授受邀成为美国金属学会（ASM）丛书编委会编委和美国《钢铁及合金大百科全书》编委，在国内外发表有关热力学及其在材料设计中应用研究的专著7本。

在钢的高性能化技术基础研究和高品质特殊钢技术研发上，董瀚教授创新了稀土多形合金化理论，形成高效稳定的稀土合金化生产技术，提出了提高普碳钢耐蚀性的绿色化和低成本解决方案，为我国过量高丰度镧铈稀土资源利用提供了途径。该技术被《世界金属导报》评为2020年世界钢铁工业十大技术要闻首条。由稀土行业协会组织、干勇为组长的专家评价委员会一致认为该成果形成了具有中国特色的新型耐蚀钢理论和技术，总体达到国际领先水平。同时，董瀚教授构建了全链条“材料生产-零件制造-服役评价”的集成研发体系，解决了强度提高、延迟断裂和疲劳破坏敏感性增大的科学难题，大幅提高了关键基础件材料的服役寿命。

为实现特殊钢的成型和提升最终的服役性能，吴晓春教授团队在许珞萍教授指导下，持续开发了热作模具钢、冷作模具钢、工具钢、塑料模具钢和芯棒等多种工模具钢的锻造、轧制、热处理工艺的研究，解决了工模具钢的高等向性、高硬度、高韧性、高冷热疲劳性能等难题，为宝武特冶、中信泰富、长城特钢、合力模具、奔驰、特斯拉等众多企业解决了多种模具钢加工成型的卡脖子问题，其等向性和使用寿命等技术参数达到甚至超过国际一流水平。本领域的研究获得“十五”“十一”五国家支撑计划、“十三五”科技部重点研发计划重点项目的资助，获得上海市技术发明二等奖，相关技术以3000万元价格入股，组建“上大鑫伦工模具钢有限公司”，目前批量产品已经投放市场，取得了良好的经济和社会效益。

为提升特殊钢的服役性能，钟云波教授团队率先提出多级异质层片结构强化理论，利用共晶高熵合金中硬性相和软性相的协同强化及背应力强化机制，抑制或者控制硬性相中裂纹的萌生和扩展过程，提升软性相和硬性相的变形能力，从而实现共晶高熵合金具有极佳的强度和更好的塑性。相关研究成果发表在国际著名刊物《Nature Communications》（高被引论文）和《Materials Today》上。2021年，钟云波教授团队进一步采用特种定向凝固技术，将硬相和软性共晶层片调控成鱼骨结构，在不降低共晶高熵合金强度的前提下，将塑性较常规条件制备合金提高3倍。研究表明，具有鱼骨结构的共晶高熵合金，其硬性相中微裂纹大量萌生来缓冲应力，并形成塑性补偿，而微裂纹扩展到软性相层片时，裂纹尖端圆化，不再扩展；软性相层片不断变形和强化，最终形成了高达3倍的均匀塑性。该研究成果发表在国际顶级刊物《Science》上，该论文为第一作者、第一单位、通讯作者均来自上海大学的首篇Science论文。该种多级异质层片结构和鱼骨结构有望用于高性能轴承钢、工模具钢、高合金钢等特殊钢领域，从而大幅提升特殊钢材料的性能及服役安全性。

四、开发绿色冶金新工艺技术

“炼钢就是炼渣”，钢铁冶金过程离不开多种类型的熔渣，而高温熔渣的结构对冶金的传质、传热和反应行为等起着重要的作用，但熔渣属于高温熔体，高温辐射强烈，且缺乏合适有效的高温原位液态物质探测手段。蒋国昌教授、尤静林教授和吴永全教授开展了高温拉曼光谱和布里渊散射分析技术的研究，开发出温度高达2200K的原位拉曼光谱检测技术和装备，近来引入皮秒门控技术和高温悬浮技术等，进一步提升了检测灵敏度和准确度，同时结合计算模拟等理论方法定量解析高温熔渣、熔盐的微观团簇结构，沟通与宏观热力学及物性的相关性，为理解渣金反应过程提供了全新的手段和视角，该领域的基础研究处于国内领先和国际前沿，为高温冶金过程和相关领域高温物质的深入研究提供了全新的手段。该领域研究获得国家自然科学基金多项重点项目的资助，出版了系列学术专著《冶金/陶瓷/地质熔体离子簇理论研究》（2007）《A Study of Ion Cluster Theory of Molten Silicates and Some Inorganic Substances》（2009）《熔融金属物理初步》（2012）等。

在冶炼新技术开发上，丁伟中教授首创铬矿石熔融还原生产低铬（20%Cr左右）铁水（不锈钢母液）技术开发研究，于1998年在255立方米高炉中一次试验成功，以工业规模生产出990吨含铬铁水，最高铬含量达到20%以上，铬的回收率98%，进而通过转炉吹炼成不锈钢，大大降低不锈钢生产成本。曹兆民和陈嘉颖副教授等开发了音频化渣技术，为监测转炉炼钢过程提供了新手段。该技术已在数十家钢铁企业应用，产生显著经济效益。

为提升高端汽车外板的表面质量，杨健教授开发了结晶器流场高温在线测量方法，结合数值模拟计算和物理模拟研究，实现了不同厚度、不同宽度连铸结晶器流场的精细化控制，大幅度地抑制了保护渣卷渣、大型夹杂物和气泡型夹杂引起的表面缺陷；并开发了汽车外板表面缺陷精确解析技术，基于钢水和钢渣协同控制的汽车外板钢水高洁净度与夹杂物控制技术，实现了高端汽车外板表面质量的大幅度提升。该成果已成功应用于宝钢、首钢迁钢、京唐、鞍钢、河钢唐钢、邯钢、华菱涟钢等多家钢铁企业。

转炉双渣法脱磷是在同一个转炉内，先进行脱硅、脱磷操作，中间倒渣后，再进行脱碳操作，将脱碳渣留在炉内，用于下一炉次转炉脱磷。目前新日铁和韩国浦项双渣法应用比例超过80%，但是此技术在我国的应用比例仍小于5%，无法实现稳定生产。针对该工艺技术难题，杨健教授开发了脱磷渣碱度精确控制技术，在大幅度提高脱磷率的同时，还提高了中间倒渣率，实现了双渣法的稳定生产。对比传统的单渣法工艺，可以降低石灰消耗量25%以上，降低渣量25%以上，每吨钢降低钢铁料消耗5公斤，降低出钢钢水全氧含量和出钢渣中全铁含量10%以上，既显著提高了钢水洁净度，又大幅度降低了生产成本。该项技术成果已应用于邯钢、宁钢等钢铁企业。

碲被誉为“现代工业、国防与尖端技术的维生素”，中国90%以上的碲应用于半导体行业，冶金行业鲜有应用及报道。付建勋教授理论研究揭示了碲在钢中的存在形式、转变规律和作用机理、碲对钢材性能的影响规律，并将碲冶金技术成果引入高品质特殊钢的产业化应用，相关技术已在19家钢厂产业化推广，原创性开发出碲系易切削钢、碲系非调质钢、碲系不锈钢，碲系模具钢，有力促进了我国特殊钢产业的技术升级。碲系易切削钢有效解决了钢中硫化物各向异性问题，大幅改善了钢材的切削性能，产品顺应了环保无铅的发展趋势，有效替代含铅易切削钢，带动国产易切削钢行业的产品升级。碲系非调质钢成功开发出C70S6Te、40MnVNTe、C38N2Te、45MnVTe、30MnVSTe、S43CVSiTe、

38MnVSTe、48MnVTe、SVh40C 等十余个碲系非调质钢系列产品，有效解决了磁痕缺陷问题，产品批量应用到东风康明斯、东风日产、沃尔沃、依维柯、舍弗勒等主流的汽车及汽车零部件制造企业，实现国产非调质钢的跨越式发展，成功替代进口非调质钢。碲系模具钢和不锈钢不仅提升了产品的切削性能，而且还有效改善了产品的耐腐蚀性能和抛光性能，为模具钢、不锈钢产品应用领域的拓展提供了一条全新的技术路线。

2021 年，付建勋教授牵头的“含碲高端特殊钢冶金工艺技术的开发和应用”获得冶金科学技术进步奖一等奖，2019 年，付建勋教授参与的“高品质非调质钢产业链关键技术协同开发”项目荣获冶金科学技术进步奖二等奖。

鲁雄刚教授团队近年来聚焦绿色冶金新技术，围绕“绿色低碳冶金基础理论、短流程冶金及过程调控前沿技术、绿色低碳技术应用示范平台”开展了系列研究，成立了“上海大学氢冶金技术研究与成果转化中心”，大力推进氢冶金研发创新成果的应用示范、产业孵化和工业应用。目前，该团队以绿氢冶金热模拟大科学装置为主体和重点，以电化学清洁冶金和激光冶金为两翼和辅助，构建基于碳中和的绿色清洁冶金新技术科学实验平台。团队曾获国家“973”项目、国家杰青、国家优青等多项目支持。相关研究成果发表在《Nature Communications》等期刊。

五、未来展望

60 余年来，上海大学冶金工程学科和材料学科构建的特殊钢国重在几代人的不懈努力下，不断发展壮大，成绩斐然。进入新时代，着眼于特殊钢行业未来 10~15 年后的关键科学问题，面向国家特殊钢和特殊金属材料的重大需求，面对冶金和金属材料的绿色、高效和智能发展趋势，秉承“顶天立地”科研精神，发挥注重源头创新，注重实际应用的特色，加强冶金基础理论与新技术开发应用相结合，加强与基础学科的交叉，不断开拓进取，不忘初心，正努力为特殊钢生产与高端装备制造等行业的发展做出更新、更大的贡献。

东北地区

第二十三章 东北特殊钢集团股份有限公司

第一节 集团概况

一、企业简介

东北特殊钢集团股份有限公司（以下简称东北特钢集团）总部位于海滨城市大连，以生产经营高质量档次、高附加值特殊钢为主营业务，以善于开发、研制“高精尖急难新特”特钢产品而享誉国内外市场，一直是我国高科技领域所需高档特殊钢材料的主要研发、生产和供应基地。

东北特钢集团的发展历史可追溯至1905年，享有“中国特钢摇篮”的美誉，是我国最早研制生产特殊钢的企业之一，曾创造了“生产出我国第一炉不锈钢、第一炉高速工具钢、第一炉高强钢和超高强钢、第一炉精密合金、第一炉高温合金……”等诸多第一；近年来，为我国“神舟”系列宇宙飞船、“嫦娥”探月工程、“天宫”系列空间实验室、国产大飞机项目，以及国防军工、核电风电事业、高速铁路建设、轿车国产化、石油开采用钢更新换代等项目研制和提供了大量特殊钢新材料。

东北特钢集团旗下拥有大连、抚顺两大生产基地，具备年产铁116万吨、钢375万吨、坯材388万吨的能力。其中大连基地（以下称东北特钢股份）于2011年完成整体环保搬迁改造，主体设备来自当今国内外先进冶金设备制造厂家，产品技术性能达到当今世界先进水平或替代进口同类产品标准。抚顺基地（以下称抚钢股份）为中国航空航天等高端领域所需特殊钢大型生产基地和精品模具钢生产基地。东北特钢集团生产的“三大”牌特殊钢产品畅销全国、享誉世界，共有80余项产品通过著名国际化大公司、船级社的产品认证，大量供应美国、德国、意大利、日本、韩国、印度、澳大利亚、新加坡等国家和地区市场。

展望未来，东北特钢集团将以高质量发展为主题，以改革创新为根本动力，以打造具有全球竞争力的世界级特钢企业为己任，紧紧围绕“品种、质量、效率、效益”，深化实施“特钢更特、优特结合”发展路线，持续推动工艺流程优化和技术装备升级，深入推进自动化、信息化、智能化，实现“专业化、服务化、国际化”的高质量发展，持续提升企业核心竞争力。

二、历史沿革

1905 年，进和商会创立；1918 年，大华电气冶金株式会社创建。1947 年，大华矿业株式会社改名为大连炼钢工厂，进和商会改名为大连金属制造工厂；1948 年两厂合并，成立大连钢铁工厂，1953 年改名为大连钢厂。

1937 年，抚顺制铁试验工场建立，1946 年改称抚顺炭矿制钢厂，1953 年更名为抚顺钢厂。

1995 年 5 月，抚顺特殊钢（集团）有限责任公司成立。

1996 年 12 月，大连钢厂改制成为大连钢铁集团有限责任公司。

2003 年 1 月 16 日，大连钢铁集团与抚顺特钢集团联合成立辽宁特钢集团公司。

2004 年 9 月 23 日，辽宁特钢集团与北满特钢集团重组为东北特殊钢集团有限责任公司。

2016 年 10 月 10 日，东北特钢集团走上市场化、法治化的破产重整道路。

2017 年 8 月，沙钢集团作为战略投资者参与东北特钢集团重整（北满特钢由建龙集团控股），开启了东北特钢民营控股的混合所有制运营新模式。

2018 年 9 月 5 日，东北特殊钢集团股份有限公司召开创立大会，标志着东北特钢集团重整取得成功。

第二节　东北特钢股份

一、企业简介

东北特钢股份是东北特钢集团两大主要生产基地之一，地处中国东北沿海开放城市——大连，地理位置优越，交通运输便捷。前身为大连钢厂，生产特殊钢的历史超过百年，是我国第一家研制生产铝铬合金、硬质合金、高速工具钢、银亮钢的企业，我国第一个精密合金生产基地，为我国经济建设做出了突出贡献。

公司于 2011 年完成整体环保搬迁改造，作为国家振兴东北老工业基地、建设辽宁装备制造业基地的具体项目之一，全面引进世界先进的工艺装备、生产技术，主体设备全部来自国内外最先进的冶金设备制造厂家，建成十余条特殊钢精品生产线，年产特殊钢 260 万吨、钢材 300 万吨，产品技术性能全部达到世界领先水平或替代进口同类产品标准。

公司以引领中国特钢追踪国际特钢新材料制造一流技术前沿为己任，科技研发和技术创新实力雄厚。拥有国家级技术中心、博士后科研基地、国家认可试验室，建立了首席专家、高级专家、一至三级技术专家人才梯队，拥有一支特钢领域高端技术研发团队。所生产的“三大”牌不锈钢棒（线）材和轴承钢热轧棒（线）材在全国同行业首家获得“中国名牌产品”称号，铁路用轴承钢、汽车曲轴用钢等 60 余项产品荣获国家冶金产品实物质量特优质量奖和金杯奖、冶金行业品质卓越产品奖、冶金科技进步奖等荣誉称号。

公司与国内知名高校、科研院所保持长期广泛的紧密联系，广泛开展产学研合作。公司获得了中国、挪威、英国、美国、日本等多家船级社认证，并与博世、康明斯、舍弗勒、铁姆肯、卡特彼勒等国际化大公司形成战略合作，产品远销欧、美、澳、亚等国家和地区。

二、历史沿革

1905年，日本人高田有吉和矢田善辅出资创立进和商会，主要经营钢材和五金商品；1917年8月设立了铁工场，1929年9月开始生产铁道铆钉；1937年，进和商会年生产能力（道钉、螺钉、镀锌铁丝等产品）已达到150吨，到1945年年初，已拥有14个生产加工场。

1918年，日本人上岛庆笃与中国人李直之等人共同出资创建了大华电气冶金株式会社，主要从事特殊钢的研究与生产，主要产品有高速钢、不锈钢、铸钢、耐火材料、硬质合金等。1939年改名为大华矿业株式会社。1945年年初，已拥有8个生产加工场，年可生产高速钢500吨、不锈钢200吨、碳结钢300吨、轴承钢1000吨。

1945年，日本人将两厂的资料销毁，大批设备、原材料被藏入山洞，埋入地下。8月，苏军接管进和商会和大华矿业株式会社，拆走276台（套）设备。

1946年，上级党组织派人在大华矿业株式会社和进和商会组建了地下党组织。9月，进和商会、大华矿业株式会社地下党组织发展第一批党员，共有8名同志入党。1949年3月5日，大连钢铁工厂党组织正式公开，称中共大连钢铁工厂总支委员会。

1947年7月，东北军工部建新公司成立，从苏军手中接管两厂，并将大华矿业株式会社改名为大连炼钢工厂，将进和商会改名为大连金属制造工厂。

1948年10月31日，两厂合并成立大连钢铁工厂。全厂树立“千方百计搞好军工生产，支援全国解放战争”思想，积极恢复生产，保证军工制造需要，生产了大批制造后膛炮弹用钢，还直接生产了部分炮弹头和“九二步兵炮”等重要军工产品，并成功冶炼出铝铬合金、镍铜合金和硬质合金，填补了我国冶金史上空白。

1953年6月，大连钢铁工厂改名为大连钢厂。同年8月1日成为中央人民政府重工业部钢铁工业管理局直属厂，1962年改由冶金工业部领导。

1958年，成立精密合金研制小组，1961年11月建立生产和研究单位——七五二研究所，成为我国第一个精密合金生产基地。

1960年，成立大连钢厂研究所，1963年改为特殊钢研究所，先后为航空、常规武器等军用金属材料试制了一批新钢种。

1996年12月28日，大连钢厂改制为大连钢铁集团有限责任公司。

1998年7月18日，大连钢铁股份有限公司创立。1999年8月16日，大连钢铁股份有限公司更名为大连金牛股份有限公司；同年12月8日，“大连金牛”A种股票在深圳证券交易所正式上网发行。

2003年1月16日，辽宁特钢集团组建成立（大连钢铁集团于2002年12月31日在大连市工商局正式注销），大连金牛股份有限公司成为辽特集团控股子公司。

2004 年 9 月 23 日，东北特钢集团成立，大连金牛股份有限公司成为东北集团控股子公司。

2007 年 3 月，投资 156 亿元的东北特钢集团大连基地环保搬迁项目启动，2011 年 7 月建成投产，成为国内外品种最全、精度最高、质量最优的精品特殊钢材生产基地。

2009 年 6 月 13 日，大连金牛股份有限公司更名为东北特钢集团大连特殊钢有限责任公司。

2016 年 10 月 10 日，大连特殊钢有限责任公司作为东北特钢集团破产重整的三个公司之一，进入破产重整程序。

2017 年 12 月 31 日，大连特殊钢有限责任公司由东北特殊钢集团有限责任公司吸收合并。

2018 年 10 月 12 日，东北特殊钢集团有限责任公司经工商注册登记更名为东北特殊钢集团股份有限公司。

三、主要成果

（一）重大奖项

东北特钢股份是特钢行业获得国家、行业等产品、科研重大奖项最多的企业之一，先后获得国家、省部级及大连市各类奖项 200 余项。代表性的奖项有：1982 年，“高质量通用高速钢 W9Mo3Cr4V”获冶金工业部科学技术研究成果一等奖；1985 年，“炉外精炼 VOD、AOD”获冶金工业部重要技术进步奖一等奖；1987 年，“我国第一代核潜艇的研究设计（蒸发器用 18-8 钢管）”获冶军办国防科技进步奖特等奖；1988 年，“高速钢丝赶超世界名牌”获冶金工业部科技进步奖一等奖；1990 年，“煤油、石油化工用双相不锈钢的开发和应用”获国家科委科技进步奖一等奖；2003 年，“高速列车铁路减振用弹簧钢的研究”获国家五部委国家重点新产品奖；2015 年，“快速变频幅脉冲冷却控制模具扁钢在线预硬化生产线技术装备开发”获中国钢铁工业协会、中国金属学会科技进步奖一等奖。

（二）标准制定

东北特钢股份是最早负责和参与我国冶金产品标准制定的企业之一。1952 年以前，我国没有自己的钢铁产品标准，执行苏联标准。根据这种情况，当时的重工业部钢铁工业管理局组织制定了我国第一批冶金产品标准，大连钢厂负责和参与制定了 11 项标准。1959 年，我国制定了第一批冶金工业部标准，大连钢厂负责制定的有 5 项。1964 年，我国制定了首批国家标准，大连钢厂负责制定 5 项，并修订和新制定冶金工业部标准 12 项。

在新中国成立后的 70 余年里，大连钢厂、大连特钢、东北特钢股份共主持或参与国家标准、国家军用标准、行业标准制定 74 项，其中 64 项为第一起草单位。其中：现行国家标准 46 项，包括钢丝、银亮钢、软磁合金、高速工具钢、优质合金模具钢、汽轮机叶片用钢等 20 余个产品；国家军用标准 10 项，包括引信用不锈钢弹簧钢丝、航空用不锈钢焊丝、特殊用途易切削银亮钢丝等；行业标准 18 项，包括合金工具钢丝、耐蚀合金冷轧带、汽车胀断连杆用非调质结构钢棒等。

(三) 质量体系及专业认证

东北特钢股份在质量管理体系建设、质量等级认证、行业认证及国际大公司、船级社等产品认证方面成果丰硕，得到了国内外各组织机构及合作商的广泛认可，具体明细如表3-23-1所示。

表3-23-1 东北特钢股份获得的认证

序号	体系标准	认证名称
1	ISO 9001：2015	质量管理体系认证
2	ISO 14001：2015	环境管理体系认证
3	ISO 10012：2003	测量管理体系认证
4	ISO 45001：2018	职业健康安全管理体系认证
5	IATF 16949：2015	汽车行业质量体系认证
6	GJB 9001C—2017	军工质量管理体系认证
7	ISO/IEC 17025	国家认可实验室认证
8	挪威船级社（DNVGL）规范	挪威船级社（DNVGL）碳锰钢、合结钢产品锻钢件认证
9	挪威船级社（DNVGL）规范	挪威船级社（DNVGL）R3、R3S、R4级系泊链认证
10	英国船级社（LR）规范	英国船级社（LR）碳锰钢、合结钢产品锻钢件认证
11	中国船级社（CCS）规范	中国船级社（CCS）碳锰钢、合结钢产品轧制圆钢认证
12	中国船级社（CCS）规范	中国船级社（CCS）碳锰钢、合结钢产品锻钢件认证
13	美国船级社（ABS）规范	美国船级社（ABS）碳锰钢、合结钢产品锻钢件认证
14	日本船级社（NK）规范	日本船级社（NK）碳锰钢、合结钢产品锻钢件认证
15	Q/CR 592—2017	铁路货车轴承用渗碳轴承钢（坯）
16	Q/CR 592—2018	铁路货车轴承用高碳铬轴承钢（坯）

(四) 突出成就

(1) 填补冶金空白，支援全国解放战争。全国解放战争时期，大连钢厂回到中国共产党手中，党选派优秀干部担任厂领导，组织发动工人，动脑筋、想办法，开展“拾焦炭、献工具、找设备”等活动，迅速恢复生产，支援全国解放战争。1947年年末，试制镍铜合金新产品，用这种合金加工的24万余枚炮弹引信支耳，为军工生产提供了充足的原料。1948年年初开始试制硬质合金，到5月份国产硬质合金试制成功。有了硬质合金工具，使炮弹弹体切削速度加快，产量成倍增长。1949年试制出合格九二式弹簧200多付，可使每门炮连续发射200发炮弹。1948年年底生产合格黄铜板32吨，1949年年底增至367吨，为铜制炮弹壳体和炮弹引火帽产量的提高创造了条件。

(2) 援建国内外钢厂。从1950年起，大连钢厂曾先后调出过大批人员、设备和技术资料，支援过大冶钢厂、北满钢厂、西安五二厂、贵阳钢厂、新城钢厂等，并援建朝鲜精密合金熔炼加工厂，对外支援累计 13 次，选调干部职工共 2700 余名，为我国的钢铁工业建设做出了较大贡献。

（3）“三大牌”商标诞生，成为特钢行业历史最悠久的商标之一。1952 年 3 月，为了发展东北工业的优势，东北化工局要求大连钢铁工厂搞个能代表生产特点的产品“商标”。由于当时大连钢铁工厂没有搞商标设计的美工人员，因此派人到沈阳化工局求援，提出大连钢铁工厂设计商标的要求：“既要代表大连地区，还要突出产品的特点。”东北化工局设计室根据大连钢铁工厂的要求，于 1952 年 7 月搞出 10 个商标设计初稿，大连钢铁工厂从中选出“三大牌”图案（三个大字，代表着大连钢铁工厂的三个主要产品，“大”字相连代表着“大连”，中心的圆圈代表着钢、铁的粒子）。经东北化工局批准，作为大连钢铁工厂定型产品商标。从此，大连钢铁工厂就将“三大牌”作为正式产品商标，一直延续使用至今，是特钢行业历史最悠久的商标之一。

（4）研制出第一炉精密合金，建立我国第一个精密合金生产基地。为了打破国外封锁，大连钢厂从 1958 年就成立了精密合金研制小组，10 月生产出我国第一炉精密合金，填补了我国精密合金的空白。1961 年 11 月开始建立生产和研究单位——七五二研究所，建成我国第一个精密合金生产基地。到 1963 年，可生产精密合金 12 个技术条件、35 个牌号，已初具规模，1964 年增加到 70 多个牌号，年产量 60 余吨。

（5）开创我国氧气炼钢先例，电炉炼钢新技术全国推广。1954 年 4 月，大连钢厂在冶炼碳结钢时创造了用瓶装氧气吹氧助熔炼钢新工艺，缩短了冶炼时间（每炉缩短 10 分钟，节电 23%，降本 4%），在国内首次实现氧气炼钢。

“一五”期间，大连钢厂电炉炼钢采用了返回法、不氧化法、吹氧助熔、控制铸温铸速、实行备用炉体等炼钢新技术，使电炉经济技术指标连续保持全国领先水平，吹氧助熔及实行备用炉体等新技术迅速在全国推广。1958 年 10 月，大连钢厂试验成功电炉熔氧重叠及薄渣吹氧新工艺，显著降低了钢水中氢、氧及夹杂物含量，此项工艺也在全国得到推广。1959 年 6 月全国第一次电炉炼钢会议在大连召开。

（6）最早生产高速工具钢，成为全国最大的高速工具钢生产厂。大连钢厂生产高速工具钢始于 1918 年 4 月，其前身大华矿业株式会社建厂时就开始生产。1947 年 12 月，大连炼钢工厂用 1. 5 吨电炉成功生产出中国第一炉高速钢。1957 年，第一机械工业部向冶金工业部提出工具钢新标准要求，双方签订工具钢特殊要求供货条件，即“五七工特”。大连钢厂按新标准进行了大力试验研究，1962 年试验成功电渣重熔高速钢，1966 年后开展了含低钴或无钴的超硬型高速钢的研制，1971 年研制成功无铬高速钢。

我国高速钢生产一直是以钨系为基础，远远适应不了国际上要大力推广使用钨钼系高速钢的形势。1978 年后，大连钢厂在短时间内使钨钼系高速钢产品从占总产量的 5%迅速增加到 50%以上，结束了高速钢以钨系为主的生产历史，改变了大量进口高速钢的落后局面。1981 年 8 月 9 日，新华社为此发表了消息。1981 年 9 月，大连钢厂“三大”牌高速工具钢热轧小型材被评为国家优质产品金质奖。

高速工具钢丝原来一直依赖进口，从 1980 年开始，大连钢厂开展对钨钼系高速钢丝的热塑性试验研究，产品质量超过了德国、瑞典、奥地利同类产品质量，达到了国际先进水平。从1980年不到10吨的年产量，迅速提高到1000吨，使一直靠进口的高速工具钢丝，全部改用国产高速钢丝，节约了大量的外汇。

到1999年年底，包括合金工具钢光亮材、M2高速直条钢丝、铁镍钴玻封合金4J29冷拔带材、高工钢锻材、不锈钢小型材、高速工具钢薄钢板、双金属复合带和双金属手锯条、弹簧钢热轧圆材等在内的近40种产品，先后荣获实物质量达到国际水平金杯奖。由此，从20世纪80年代中期到90年代，高速工具钢成为大连钢厂的主导发展品种，号称中国高速工具钢主要生产基地，其高速钢的生产技术、质量水平、产品品种处于国内领先地位，年产量最高达到1.3万吨（当时全国年产量不到3万吨）。

（7）生产出我国第一根合金钢无缝钢管。无缝钢管在20世纪50年代是钢材中的稀缺产品，全国唯有鞍钢无缝钢管厂从苏联引进的无缝钢管机组能生产锅炉用无缝钢管，合金钢无缝管生产在我国还是空白。1958年10月，大连钢厂用我国设计、制造的无缝钢管机组制造出我国第一根优质合金钢无缝钢管，1959年又同北京钢铁学院一起试制出热轧轴承钢管，同时钢丝车间也试制成功不锈钢无缝管的冷拔加工，开始了大连钢厂无缝钢管的生产。

（8）积极为国防军工建设做出重要贡献。1958年我国开始导弹研制，工程代号为“1059”，大连钢厂于1960年承担了不锈钢、高温合金、膨胀合金、弹性合金、软磁合金、电热合金等板、丝、带、管340项新材料的研制任务，许多产品是在无设备、苏联撤走专家、无技术资料的情况下，克服重重困难首次试制成功的，在1960年9月全部完成任务，1960年11月5日，我国第一枚近程导弹发射成功。

1960年，大连钢厂承担原子反应堆关键部位用石墨轴承保持架金属材料的研制。该材料自1960年苏联停止供应后，库存减少，严重威胁设备正常运转，大连钢厂承担了新产品试制任务，在一无资料、二无现成工艺可循的情况下，对生产工艺进行了大量艰苦的研究，及时地研制出所需之新金属材料，在产品性能上达到了苏联同期使用的钢种质量，在某些方面还有所改进，从而打破了封锁，保证了材料自给。

1961年，大连钢厂承担一种用于飞机制造工业的耐酸耐热不锈钢材的研制任务，经过两年的努力，试制成功LS106新钢种，系国内首创，为发展我国的航空事业、解决国内尖端产品急需做出了重要贡献。1964年受到国家科委奖励。

1973年，大连钢厂开始研制“直九”工程反应堆驱动机用耐蚀无磁轴承钢52号合金，1979年通过鉴定，1981年被国防科工委评为材料研制一等奖。

1979年，大连钢厂研制的反坦克火箭弹用超高强度钢通过鉴定；同年研制成功用于洲际导弹控制仪表轴尖部分的新材料，获国防科工委四等奖。

1980年，大连钢厂研制的用于多路载波通信的低频率温度系数恒弹性合金，荣获国防科工委科研二等奖。

1980年5月21日，中共中央、国务院、中央军委和国防科工委给大连钢厂发来贺电，对大连钢厂为我国向太平洋海域发射运载火箭取得圆满成功所做出的贡献表示感谢。

1981年8月，大连钢厂研制的20KC高频磁性铁芯正式用于“331工程”运载工具计算机及“东方5号”应答机。1982年“东方5号”向太平洋发射成功，大连钢厂收到有关部门发来的贺信。

1982年，大连钢厂生产的洲际导弹和地球同步卫星精密编码雷达用的高频磁性材料，获1982年冶金部重大科研成果奖二等奖；电子计算机磁带机用的高密度磁性材料，获1982年辽宁省科技成果奖三等奖。

1990年9月27日，航空航天部派专人到大连钢厂，对大连钢厂为“长二捆”火箭发射成功提供材料表示慰问和感谢，并赠送锦旗。为使“长二捆”火箭发射成功，大连钢厂接受并完成了158项计180余吨特殊钢板、丝材生产任务（其中新产品试制任务11项，计1600公斤）。

1991年1月，“七五”国家重点课题、大连钢厂“直九”工程材料通过鉴定。“直九”系国家军工专案工程，大连钢厂接受生产10个钢号、59个规格的丝、带材任务。其中的一个钢号没有任何资料，大连钢厂不仅生产出达到外国性能标准的这种材料，并且建立了一个新标准，填补了国内空白。

1996年，大连钢厂开始研制“九五”国家重点军工配套科研课题——核动力压力容器用金属保温层材料。该产品是一种高精度、高表面光洁度、耐腐蚀、抗辐射的核级不锈钢超薄带，是用于反应堆压力容器外面的重要组合件。2001年10月研制成功，并通过了验收，属国内首创，大连钢厂是国内唯一能生产这一产品的厂家。

2007年11月，我国第一颗绕月探测卫星——“嫦娥一号”成功发射，大连特钢生产的精密合金产品等成功应用在探月卫星领域。2017年11月3日，我国首枚大型运载火箭“长征五号”成功发射升空，其核心部件和重要部件应用了大连特钢研制生产的大量高端特殊钢材料，包括多种型号的高强度不锈弹簧钢丝、合金冷镦钢丝、合金弹簧钢丝、不锈冷镦钢丝、优质结构钢丝、碳素弹簧钢丝、特种不锈钢带、合金冷轧带、软磁合金冷轧带等。至此，从长征火箭系列运载火箭，到“神舟系列”飞船，以及“嫦娥系列”探月工程、“天宫系列”空间实验站，大连特钢为我国的航空航天、国防军工领域，提供了上百种特殊钢精品材料。

2019年12月17日，我国第一艘国产航空母舰“山东舰”交付海军。东北特钢股份为“山东舰”提供了多种高端特殊钢材料，如舰载机歼-15飞机铆钉钢、100%的弹簧钢丝、100%的防御系统万发火炮弹托用钢等，均使用东北特钢股份的不锈钢棒、线、丝材及精密合金带材产品等。

（9）自主研制设备，为发展我国炉外精炼技术做出突出贡献。20世纪70年代中期，为了赶超世界冶金技术先进水平，大连钢厂在翻译了大量国外炉外精炼工艺技术资料的基础上，结合生产实际，确定采用VOD冶炼不锈钢。在两年多的时间里，针对设备的设计、制造、仪表选择，特别是吹炼用的氧枪等，进行了大量细微的科学研究，又经过大量的紧张的试验，终于在1978年建成了自行设计制造的我国第一台真空氧氩炉外精炼装置，并一次试车成功，1979年通过了部级鉴定。试验生产表明，该设备达到国外同类型装置的水平，可冶炼超低碳不锈钢、精密合金、电工用硅钢等钢种，降低了钢的成本，提高了钢的质量。此项工艺达到了同时期的国际水平，获得冶金工业部重大科技成果奖二等奖及辽宁省重大科技成果奖二等奖。该技术研究成果意味着中国冶炼不锈钢技术开始了质的转变，为发展我国炉外精炼技术、实现不锈钢生产方法的更新换代做出了贡献。由于 VOD 精炼技术的支持，有多项不锈钢新材料获科技进步奖，其中耐应力腐蚀双相不锈钢研制及铁基耐蚀合金研制分别获国家科技进步奖一等奖。

（10）大力发展不锈钢，享有良好声誉。不锈钢是大连钢厂开发生产较早的主导产品，20 世纪 80 年代末起是大连钢厂重点发展的产品之一，钢号品种多，性能质量高，故在核能、武器及石化等工业领域享有良好的声誉。例如军工产品突出的有 18-8 钢管与新 13 号合金，直接为国家级项目“09 工程”建设项目服务。前者于 1987 年获冶金工业部军工办特等奖，后者在研制 00Cr25Ni35AlTi 合金钢管及相应焊接材料中，用于 09-802 蒸发器，效果良好，其耐蚀率、耐应力腐蚀耐晶间腐蚀性能超过几种国外材料，完全满足了军工部门的要求，填补了国内核蒸汽发生器传热管用耐蚀合金的空白。此项产品开发研制，获 1999 年国家科技进步奖一等奖。406 尾翼用高强度不锈钢的研制，属冶金工业部军工办下达的开发项目，其产品性能基本达到国外同类产品先进水平，完全满足 406 尾翼的制造要求，1989 年相继获得辽宁省科技进步奖三等奖和冶金工业部科技进步奖四等奖。“直九”机用材料的研制是“直九”机用材料国产化开发项目，大连钢厂研制的相关牌号的不锈钢均满足了军工部门的使用要求，填补了国内空白，1992 年获大连市科技进步奖三等奖，1996 年获冶金工业部科技进步奖二等奖。不锈轴承钢 1994 年起按军工项目的要求进行研制，成功地用于歼 7、歼 8 机的轴承。石化用不锈钢、纯碱碳化塔用高钼不锈钢、炼钢石化用双相不锈钢、深井用抗硫录井钢丝的研制，居国内先进水平。奥氏体不锈弹簧钢扁丝研制，填补了国内空白。

（11）推进科研创新，为高端材料替代进口做出重要贡献。东北特钢股份为发展我国核电事业、风力发电设备、高速铁路、轿车国产化、石油开采用钢等国家经济建设研制和提供了大量特殊钢新材料。

1979 年，大连钢厂“高速钢丝赶超世界名牌”项目经过攻关，使高速工具钢丝的各项质量指标全面达到日本日立 SKH9 标准，替代进口；同时，变进口为出口，为国家节约并创造外汇。

1982 年，大连钢厂协同四川石油勘探局联合开发研制不锈录井钢丝，到 1984 年产品通过当时的冶金和石油两部联合组织的产品鉴定。录井钢丝是地质勘探、石油、天然气钻采作业中必不可少的材料，产品质量要求极高，必须具有防腐、抗腐、抗断裂性能。通常单丝作业，即钻井多深，钢丝多长。过去同类材料多靠焊接和国外引进。1996 年大连钢厂引进高合金棒线材连轧机后，成功地生产出盘重 1 吨以上的 D659 热轧盘条，使长度为 5000 米和 6000 米的不锈录井钢丝结束了焊接生产历史，产品质量稳定性得到根本改善。2004 年，大连金牛股份成功地自主开发出油、气田用不锈录井钢丝和油井铠装电缆用不锈钢丝系列。其中，不锈录井钢丝的牌号为 D659 和 D600，产品规格 ϕ1.8~3.0 毫米，单根钢丝长 4500~7800 米；油井铠装电缆用不锈钢丝规格 ϕ0.79~2.4 毫米。2016 年 9 月 19 日，大连特钢公司首次采用工字轮缠绕收线生产 8000 米超长不锈录井钢丝取得成功，成为国内独家产品，填补国内空白。该产品获选中国能源装备年度创新产品。东北特钢股份生产的不锈录井钢丝已在大港油田、胜利油田、新疆油田使用，并形成了稳定的批量生产能力，其系列化录井钢丝实现了替代进口，可满足用户不同需求。

2003 年 2 月，大连金牛股份成功生产尿素级不锈钢焊带，其内在质量完全达到并好于瑞典山德维克公司的产品，从而顶替了以往该产品主要依赖进口，打破了瑞典山德维克公司该产品垄断地位的格局。

2008 年，大连金牛股份“高性能低硅 9SMn28 易切削钢开发”攻关项目取得成功，掌握了高性能低硅、低铝、高硫易切削钢 9SMn28 新产品生产工艺，实现了替代进口，成为该品种的国内唯一生产企业。

2008 年，大连金牛股份研制成功用于汽车发动机曲轴的含氮非调质钢 S38MnSiV 产品。该钢各种性能指标全部达到标准要求，可替代进口，填补了国内空白。

2010 年 12 月，大连特钢研制出的渗碳齿轮用 18CrNiMo7-6 钢、汽车胀断连杆用非调质 C70S6BY 钢、耐蚀模具用 FS136 钢、汽车齿轮用 SCM419H 钢、高压锅炉管坯 T91 与 P91 钢、塑料模具用 12312 钢、易切削 9SMn28 钢、汽车曲轴用非调质钢 S38MnSiV 等牌号新产品，达到同类产品的国内先进水平，具有显著的经济效益和社会效益，具备了批量生产条件，可批量投入生产。其中，18CrNiMo7-6 等 8 个牌号产品可替代进口产品，9SMn28 和 C70S6BY 两项产品填补国内空白。

2012 年 2 月，大连特钢公司正式投产国内首条模具钢预硬化生产线，产品的同板硬度差在 1.5HRC 以内，实物质量达到世界先进水平，填补了国内空白。

2013 年 8 月 16 日，大连特钢公司采用第二代电渣冶金技术，首次成功生产出一支直径 1750 毫米、长度 5611 毫米、重量 106 吨的 MC5 电渣锭。这是我国目前采用全计算机控制、恒熔速气密型抽锭式电渣炉生产的规格最大的电渣锭。

2015 年 10 月，大连特钢成功研发生产核工燃料用 Inconel 718 合金板材，实现了该产品的国产化制造。

2016 年，大连特钢供航空工业使用的 GH188 高温合金及 GH4098Ni-Cr 基沉淀硬化型变形薄带成功生产，产品各项性能指标检验均满足军工标准要求，填补了该类产品国内空白。

2016 年 6 月，大连特钢成功生产直径 ϕ935 毫米 Cr12MoV 超大规格锻材，打破了该产品国内生产空白。

2017 年 1 月，大连特钢成功研发焊接用 ER430LNb 线材新产品，填补了该产品国内生产空白。

2017 年 2 月，大连特钢首次成功生产 22CrMoHC 齿轮钢，成功替代了卡特彼勒公司的 1E1054 材料，实现了 1E1054 的国产化，填补了国内空白。

2017 年 11 月，大连特钢为国内核电领域研发的性能极为特殊的超大型不锈钢饼类锻件新产品一次锻造成功。该产品直径 3050 毫米、厚度 420 毫米、重 21.9 吨，是难度最大、工艺最复杂的国内首例超大型不锈钢锻件产品。

2019 年 6 月，东北特钢股份成功生产高淬透硬化性、高耐蚀性 DT550 不锈钢盘条，材料的冷加工及热处理性能达到国外同类产品质量标准，耐点蚀性能及电极电位达到 SUS304 水平。该产品国内长期以来主要依赖于进口，此次成功生产，有力地推动了该产品的国产化进程。

（12）党和国家领导人视察大连钢厂。国家历任主要领导人都对东北特钢的成长给予巨大的关怀，邓小平、江泽民、朱镕基、尉健行、李克强等国家主要领导人曾亲临视察。

1964 年 6 月 30 日，中共中央总书记邓小平、国务院副总理李富春、薄一波等国家领导人赴大连钢厂视察。中共辽宁省委第一书记黄欧东、中共旅大市委代理第一书记胡明等陪同。

1990 年 10 月 25 日，中共中央总书记江泽民在中共辽宁省委书记全树仁、中共大连市委书记毕锡桢、大连市市长魏富海的陪同下，视察大连钢厂钢丝分厂和二轧分厂精整热处理车间生产现场。

1998 年 11 月 26 日，中共中央政治局常委、国务院总理朱镕基在辽宁省委书记闻世震、大连市委书记于学祥等领导的陪同下视察大连钢厂。

1999 年 10 月 12 日，中共中央政治局常委、书记处书记、中央纪律检查委员会书记、全国总工会主席尉健行在辽宁省委书记闻世震等有关部门领导陪同下视察了大连钢厂。

四、特色工艺装备

在百年历史积淀的基础上，东北特钢股份经过 2007~2011 年历时 4 年的整体环保搬迁改造，全部引进当今国内外最先进的冶金设备，建成 10 余条特殊钢精品生产线，具有产量规模大、产品性能好、规格组距全、工艺技术与装备水平高等特点，形成以不锈钢、工模具钢、轴承钢、汽车钢、弹簧钢等为核心的现代化专业生产基地。

（1）连铸圆坯生产线：由 1260 立方米高炉、110 吨转炉、配套双车式 110 吨 LF 炉及 110 吨 RH 真空循环脱气炉、康卡斯特两流大圆坯连铸机组成，采用铸流凝固末端电磁搅拌技术及铸坯在线加热技术。产品规格 ϕ600~800 毫米，广泛用于风电行业大型及特大型偏航和变桨轴承、齿轮及法兰，锅炉用大直径管坯。

（2）特殊冶炼生产线：拥有因泰克公司制造的当今世界最先进的 36 吨、特钢行业最大的 100 吨抽锭式及固定式两用的全计算机控制、恒熔速、气密型保护性气氛电渣炉，以及国产 30 吨、10 吨等电渣炉群，可年产电渣钢 4 万吨，生产的电渣锭锭型规格小到 0.75 吨，大到 100 吨，多达几十种。电渣钢棒材等诸多大型高质量产品在国内处于领先和垄断地位。

（3）高合金线材生产线：包括意大利达涅利公司 60 吨超高功率电炉，达涅利公司 60 吨 VD/VOD 炉，美国北美冶金公司 60 吨 AOD 炉，达涅利公司 3 机 3 流合金钢小方坯连铸机，德国 LOI 公司步进梁式加热炉，意大利达涅利公司 22 架连轧机组，美国摩根公司 10 架精轧机组、4 架减定径机组等。该生产线是国内唯一一条采用在线固溶技术的生产线，产品覆盖全部线材产品。

（4）合金钢小棒材生产线：包括 50 吨高功率电炉、LF 炉、VD 炉、意大利达涅利公司 3 机 3 流合金钢小方坯连铸机；合金钢棒线材连轧机、意大利达涅利公司的控轧控冷系统、德国 KOCKS 三辊减定径机组等，后部配套全自动抛丸、探伤精整线，自动酸洗线。所有钢种规格尺寸公差不大于±0.1 毫米，椭圆度不大于 0.12 毫米；表面划伤深度不大于

0.05 毫米。

（5）合金钢大棒材生产线：包括德国奥钢联公司 110 吨电炉系统和意大利 POMINI 公司轧机系统，产品规格 ϕ63～360 毫米。该生产线设备选型具有当今世界最先进的工艺技术，产品的实物质量达到国际一流水平。

（6）模具宽扁钢生产线：拥有国内唯一一条可以轧制 910 毫米宽扁钢的生产线，产品宽 100～910 毫米×厚 5～300 毫米，年产能 20 万吨，产品竞争力强，市场占有率较高。

（7）大型锻件生产线：包括德国西马克梅尔公司 16 兆牛精锻机、80/100 兆牛快锻机；德国辛北康普公司 35/40 兆牛快锻机。整条生产线具有工艺技术先进、生产效率高、设备配置齐全的优势，装备水平、生产能力均处于国内领先、国际一流。

（8）合金钢银亮材生产线：包括美国 HETRAN 公司、德国凯瑟琳公司剥皮线；德国舒马格公司、德国 EJP 公司拉拔线、无心磨床等。产品规格 ϕ5～150 毫米，年产能 5.5 万吨，产品实物质量达到世界一流水平，是国内最具优势的精品光亮材生产基地。

（9）特种钢丝生产线：东北特钢集团钢丝产品在国防军工领域具有不可替代的地位，拥有专业生产高性能特殊钢丝设备，可生产 ϕ0.1～18.0 毫米盘圆钢丝、ϕ1.0～18.0 毫米直条钢丝，是我国精品优质合金钢丝制品生产基地。

（10）精密合金生产线：作为我国第一个精密合金生产基地，拥有真空、非真空感应炉、600 毫米四辊可逆热轧机、高精度 20 辊冷轧机等设备，年可生产各类规格的带材、板材、盘条、棒材、冷拉丝等精密合金 5200 吨，产品技术含量和附加值高，实现了替代进口。

（11）优质线材生产线：拥有美国摩根公司第六代 10 架精轧机组，配套在线测径仪、控轧控冷装置、吐丝机、斯太尔摩线、PF 线等，年产能 120 万吨，专业生产中高碳钢、帘线钢、轴承钢、弹簧钢、冷镦钢、绞线用钢、焊接用钢等优质钢盘条。

东北特钢股份还拥有合金钢调质材生产线、齿轮坯模锻生产线等，形成了从冶炼、成材到深加工一整套完整的特殊钢精品生产体系，是我国品种规格最全的特殊钢企业。

五、未来展望

未来发展中，东北特钢股份将重点发展不锈钢、工模具钢、汽车用钢、轴承钢、弹簧钢、精密合金、结构钢及中高端优线等八大系列品种，兼顾发展锻材、合金结构钢，以及银亮材、合金钢丝、精密带材等深加工产品。同时，围绕原料优化、提质降本、产品深加工、节能减排降碳、安全环保等进行技术装备升级，进一步巩固和扩大现有装备、技术、产品和市场优势，补齐在工艺成本等方面的短板，形成具有绝对领先地位的精品特殊钢研发、生产基地。

第三节　抚顺特殊钢股份有限公司

一、企业简介

抚顺特殊钢股份有限公司（以下简称抚顺特钢）始建于 1937 年，现隶属沙钢集团东北特钢，是我国军工配套材料重要的研发和生产基地，也是国防科工局列入民口配套核心骨干单位名录的重要特钢企业，我国第一颗原子弹、第一颗氢弹、第一颗人造卫星的研制成功，抚顺特钢提供了重要原材料；从我国自行研制的第一枚导弹到各类中程远程运载火箭，其耐高温、高强度、高灵敏度的关键材料均由抚顺特钢提供；“神舟”系列载人飞船、“嫦娥”探月卫星运载火箭上，抚顺特钢提供了各种关键材料；从新中国第一代战斗机到当代最先进的战斗机，抚顺特钢提供了大量高纯、超高强特殊钢材料。

抚顺特钢具备雄厚的技术基础，拥有先进的冶金装备，长期承担国家大部分特殊钢新材料的研发任务，以“高、精、尖、奇、难、缺、特、新”的产品研发理念引领中国合金材料的发展，是中国特殊钢行业的领军者。

二、历史沿革

1937 年 8 月 28 日，日本侵华经济组织——南满洲铁道株式会社（以下简称满铁）董事会通过决议，在抚顺建立大型制铁试验工场，主要生产海绵铁和钢锭。1940 年末，制铁场三期工程全部竣工投产。至 1945 年 8 月 4 日，抚顺制铁场已经形成炼、锻、轧配套系统，具有一定生产规模的特殊钢企业。

1945 年 8 月 15 日，日本战败投降，制铁场全面停产。8 月 27 日，苏联红军开进抚顺，拆运走制铁场大批机器设备。

1945 年 10 月，东北民主联军进入抚顺，接管了制铁场。

1946 年 3 月 21 日，国民党军队占领抚顺，接收了制铁场。10 月 1 日，将制铁场改称为抚顺炭矿制钢厂。当月，炼钢工场和轧钢工场开始复工。

1948 年，抚顺重获解放，11 月 10 日，市军事管制委员会经济处接收完毕制钢厂移交清册。12 月 6 日，电炉首先通电恢复生产，炼出抚顺解放后的第一炉钢。

1953 年 8 月 1 日，抚顺制钢厂更名为抚顺钢厂（以下简称抚钢），由本溪钢铁公司划出，直属中央重工业部钢铁工业管理局领导。

1958 年，经国家冶金工业部批准，抚钢开展了建国以来第一次大规模的技术改造。

1963 年，按照国家计委和冶金工业部对抚钢以生产高温合金、不锈钢、航空结构钢为主进行改建扩建的调整意见，用长达 15 年的时间进行第二次大规模的技术改造，逐步将抚钢改建扩建成为我国大型高温合金、耐热不锈钢和优质特殊钢生产基地。

1979~1995 年，抚钢开展以引进国外先进设备进行第三次大规模技术改造为主要特征的现代化建设。

1995 年 5 月，抚顺特殊钢（集团）有限责任公司成立，抚钢实现了由工厂制向公司制的体制转变。

1999 年 6 月 7 日，抚顺特殊钢股份有限公司设立。2000 年 12 月 29 日，公司在上海证券交易所上市挂牌交易。

2003 年 1 月 14 日，以国有法人股划转的方式加入辽宁特殊钢集团（简称辽特集团）。

2004 年 5 月，辽特集团重组北满特钢，组建东北特殊钢集团有限责任公司（简称东北特钢集团）。抚顺特钢成为东北特钢集团控股子公司。

2017年8月，沙钢集团作为战略投资者参与控股股东东北特钢集团重整，沙钢集团实际控制人沈文荣成为公司实际控制人。

三、主要成果

（一）重大奖项

目前，抚顺特钢获得国家、省部级以上奖励227项；多项产品在有效期内保持着冶金行业实物质量金杯奖（14项）、卓越奖（3项）、辽宁省名牌产品（3项）等荣誉。抚顺特钢共获得国家发明专利30项、实用新型专利9项。代表性的奖项有：1978年，“超高强度钢40SiMnCrNiMoV、（5201）F97、32SiMnMoV”获全国科技大会奖；1987年，参与“巨浪一号”固体潜地战略武器及其水下发射项目获国家科学技术进步奖特等奖，“TC11钛合金材料、盘模锻件的工艺研究”获国家科技进步奖一等奖；1992年，“飞机起落架用新型超高强度钢300M应用研究”获国家科技进步奖一等奖；2007年，公司荣获中国共产党中央委员会组织部、中华人民共和国人事部、中华人民共和国国防科学技术工业委员会、中国人民解放军总政治部、中国人民解放军总装备部“高技术武器装备发展建设工程突出贡献奖”。

（二）标准制定

目前，抚顺特钢主持制定和修订上级标准129项（其中：国家标准54项、国家军用标准36项、冶金行业标准39项），参编制定和修订上级标准109项（其中：国家标准42项、国家军用标准35项、冶金行业标准10项、航空工业行业标准20项、能源行业标准2项），涵盖高温合金、耐蚀合金、不锈钢、超高强度钢、工模具钢、合金结构钢、钢铁理化检验方法、钢铁基础通用标准等领域，居我国特钢企业前列。

（三）质量体系及专业认证

1979年，抚顺特钢开始推行全面质量管理，目前已通过：ISO 9001、GJB9001C、AS9100D、IAFT 16949和API Specification Q1质量管理体系认证，ISO 14001环境管理体系认证，ISO 10012测量管理体系认证和ISO 45001职业健康安全体系认证。2004年抚顺特钢荣获国防科工委颁发的“质量先进单位”称号；2007年荣获国防科工委颁发的“高新工程配套先进单位”称号；2013年抚顺特钢被评为国家高新技术企业。抚顺特钢先后通过多家船级社认证，具体明细如表3-23-2所示。

表3-23-2　抚顺特钢通过的船级社认证

序号	证书名称	编　号
1	中国船级社工厂认可证书-锻钢件	DL17W00018
2	美国ABS船级社认证证书	14-MMPS-FF&PAC-587
3	英国LR船级社认证证书	MD00/3945/0003/3
4	法国BV船级社认证证书	SMS. W. II. /102061/B. 0

续表 3-23-2

序号	证书名称	编 号
5	日本 NK 船级社认证证书	TA19932E
6	DNV. GL 挪威、德国船级社认证证书	AMMM00002J6
7	韩国 KR 船级社认证证书	DLN24016-SF001
8	意大利 RINA 船级社认证书	FAB041119WS

(四) 突出成就

1949 年 9 月，抚钢生产出我国第一炉锋钢 W18Cr4V（高工钢），在我国成渝铁路建成和常规武器制作方面发挥了重要作用。

1949 年 10 月，抚钢首次试炼成功我国第一炉中空钢 HMN1（钎子钢）和试轧成功六角中空钢，有力地支援了鞍钢矿山凿岩和抗美援朝战争。

1952 年 10 月，抚钢首次试炼出我国第一炉航空用耐热不锈钢 4Cr14Ni14W2Mo。1954 年 9 月，试制成功航空用耐酸不锈钢 1Cr18Ni9Ti。

1956 年 3 月，抚钢开始试炼我国第一炉高温合金 GH30。同年 6 月试炼成功，并锻制出我国第一块高温合金坯，标志着我国已经具有独立生产高温合金的能力。

1956 年 5 月，抚钢试制成功我国第一个航空用低合金超高强度结构钢 H31，同年还先后完成了“三七”高炮、航空发动机、飞机起落架、坦克扭力轴和转向齿轮用等军工用钢的试制任务。

1958 年 10 月，抚钢试制成功不含镍的铬锰氮新型耐热不锈钢。1965 年，首次试炼成功我国第一炉核能用超低碳不锈钢。

1961 年 12 月，抚钢完成航空管路用 20A 管坯试制任务。1964 年，完成飞机压缩机叶片、轮盘用钢、歼击机弹道滑道用冷作硬化钢板及发动机排风管用大直径管坯的试制供货任务。1978 年，完成 3312 工程用 F150、F151 两个新钢种，红缨 5 号用 F153、F154、F156 三个新钢种，导弹壳体用 D6AC、核能用 F152、高速旋转部件用 F162 等钢种的试制供货任务。

1965 年 12 月，抚钢试制生产出第一批性能达到要求的 TA7 钛合金成品板材。1966 年试制成功炮用 TC10 钛合金管坯，为我国第一门钛炮提供了钛合金炮身管。1970 年试制成功 TC4 钛合金棒材。1973 年试制成功“斯贝”发动机用 IMI230、IMI679 钛合金棒材，生产出 23 批。1966 年 9 月，轧制出我国第一块大规格冷轧钼薄板，1968 年大批量生产。

1965 年，抚钢已经批量生产飞机发动机用 GH30、GH33、GH36、GH37、GH39、GH44、GH49 等 7 种国产变形高温合金系列产品，为国产飞机主要部件提供了材料。1965 年，生产出核能航天用 GH131 棒材和板材。同年，又生产出空心叶片用 GH143 棒材。1968 年，完成了飞机发动机用 GH128 的试制任务。1978 年，又完成了 GH170 合金试制任务。

1967 年 10 月，抚钢试制成功我国第一炉超高强度钢 32SiMnMoV、9F93，制成火箭壳体成功参加了我国第一颗人造卫星的发射。1968 年，试制成功超高强度炮钢，代替原钢种，强度提高66%。1975年，在研制出超高强度钢5021、5025基础上，又研制出超高强度薄壁炮钢710、717。

1976年1月，抚钢通过M50钢的技术鉴定。1977年获得冶金工业部和省市重大科研成果奖。

1978~1980年，抚钢完成了冶金工业部、第三机械工业部“7709”和“7710”会议布置的军用“斯贝”发动机用10种不锈钢、2种轴承钢和5种高温合金的试制任务。这些产品经用户验收检验，技术指标达到了美国标准要求。

1979~1980年，抚钢先后完成了低温无磁不锈钢AISI—316LN、无镍不锈钢F201和高温不锈钢14-4的试制任务。1984年6月，抚钢研制的葛洲坝电站水轮机中环G817不锈钢及其焊接材料获冶金工业部科技成果奖一等奖。1984年8月，为海军舰艇研制的低磁不锈钢通过部级鉴定。1984年9月，试制的航天用液氢液氧发动机用双相不锈钢、马氏体不锈钢通过部级鉴定，同年获冶金工业部科技成果奖一等奖。1985年1月，抚钢研制的“三抓工程”用F150、F151钢获冶金工业部科技进步奖一等奖。1994年3月，抚钢与钢研总院共同研制的4130钢、15-5PH马氏体不锈钢通过了冶金工业部、航天航空部、兵器工业总公司联合主持的技术鉴定，认定这两项科研成果均达到国际同类钢种水平，填补了国内空白。

1983年9月，抚钢为涡喷十三发动机试制的GH698、GH202、TC11合金通过部级鉴定，1984年6月获冶金工业部科技进步奖一等奖。1984年，抚钢生产的GH140、GH128高温合金冷轧薄板获国家质量金奖。1985年，抚钢研制的军工新产品GH220、GH168、TC11合金以及“三抓工程”用新材料获冶金工业部科技进步奖一等奖。1990年12月，抚钢研制的长征四号运载火箭发动机用GH141合金获冶金工业部科技进步奖一等奖。同时，GH99镍基高温合金板材获国家发明奖。1992年12月，抚钢研制的4133B（GH33A锻造盘件）合金及生产工艺研究获冶金工业部科技进步奖一等奖。1993年11月，抚钢承担的WZ8A发动机用高温合金（铸造和变形）GH169、GH500合金的研制和应用获冶金工业部科技进步奖一等奖。

1987~1992年，抚钢与有关单位完成了“直九”机用E35NCD16钢等10个牌号高强钢、不锈钢的研制任务。1987年7月，抚钢研制的潜艇壳体用921A、922A、923A钢获国家科技成果奖。1991年7月，抚钢研制的飞机起落架用新型超高强度钢300M获航空航天部一等奖。1994年10月，核潜艇耐压壳体用980钢及其焊接材料的研制获冶金工业部科技进步奖一等奖。

1996~2002年，抚钢在完成国家试制新产品任务中，填补了5项我国国内空白：1996年12月，成功研制出高性能塑料模具钢3Cr2NiMo；1997年10月，试制成功石化工业急需的GH864合金大型烟机盘（直径976毫米）；1999年6月，研制成功一种新型镍基时效强化合金无缝钢管；2000年9月，试轧成功特种合金SM6（低温合金，俗称“记忆合金”）；2002年，由抚钢冶炼、大连钢厂加工的高级轿车气阀门用不锈钢获得成功，各项技术指标达到了国际实物水平。

1999年6月，抚钢完成了我国“九五”重大科研项目（航空航天工业预研项目）耐蚀高韧性超高强度钢的冶炼任务。该钢种目前仅有英、美、日等少数几个国家能够生产。同时，抚钢和钢研总院共同开发研制成功我国“九五”重点科研项目耐腐蚀超高强度钢A-100，标志着我国在航空材料领域的开发研制又上了一个新台阶。

1999年，抚钢研制的品种参加我国载人航天工程第一次飞行试验取得圆满成功。11月获得国家载人航天工程办公室授予的国家级荣誉证书。我国YJ-82导弹武器系列定型成功，抚钢研制的产品获得中国航天机电集团授予的省部级荣誉证书。

2003年1月，抚钢作为神五飞船和长二F运载火箭的配套研制单位，获得中国航天机电集团授予省部级荣誉证书。

2004年，抚顺特钢成为Rolls-Royce亚洲唯一航空原材料供应商。

2009年，抚顺特钢承担的国家课题“航空涡轮盘用GH720Li合金试制”取得突破，“GH4169G合金棒材生产”解决了该合金长期的锻造裂纹问题，锻造后性能大幅度提高。飞机起落架300M、A-100棒材质量攻关取得进展，并实现国内独家供货。

2010年6月29日，抚顺特钢试制成功GH4133B大型模块，使该合金的应用领域进一步扩展，填补了国内高温合金在大模块应用领域的空白。

2010年11月16日，抚顺特钢首次为“人造太阳”（国际热核聚变实验反应堆计划）装置试生产超低碳、高氮不锈钢316LN，第一批6吨经实验合格后已交付用户。新材料的成功试制填补了我国核聚变用钢的生产空白，同时也再次为公司此类高端科研用钢生产积累了宝贵经验，为日后大力开发超低温、无磁、高强、耐蚀奥氏体不锈钢市场奠定了坚实的基础。

2012年7月30日，抚顺特钢收到中国航天科技集团公司第五零二研究所发来的贺信，热烈祝贺中国载人航天工程首次载人交会对接任务圆满成功，并衷心感谢抚顺特钢为此提供了关键性的材料，在这次载人交会对接任务中，抚顺特钢提供了20余种特殊钢材料，再一次印证了公司在特钢行业的领先地位。

2013年8月末，抚顺特钢试制的第三批高温合金GH4169D产品通过各项检验，开创了国内成功生产此项产品的先例，对我国航空零部件质量的提升起到关键作用。

2016年，抚顺特钢为长征系列号运载火箭、“神舟十一号”载人飞船研制生产了高温合金、高强钢、不锈钢等多种关键材料，获得“2014~2015年度中国航天科技集团公司航天型号物资优秀供应商”称号、航空工业供应链“大运工程”国产材料配套“金牌供应商”荣誉称号。由公司负责提供的新型高铁轴承钢材料的国家“863”计划项目，即“高品质特殊钢核心技术重大装备用轴承钢关键技术开发”课题顺利通过国家科技部的技术验收，不仅填补了我国不能生产时速200~250公里高铁轴承的空白，且对高速列车关键配套材料实现国产化，保障我国高端装备制造业可持续发展具有重大意义。

2017年3月，抚顺特钢先后完成了1Cr15Ni36W3Ti ϕ50毫米、ϕ140毫米、ϕ220毫米三种尺寸规格核电用高温合金1Cr15Ni36W3Ti棒材的研发试制工作。

2017年5月，抚顺特钢供中国科学院上海应用物理研究所GH3535（UNS N10003）合金2.4毫米焊丝研制成功，实现了“四代核电”钍基熔盐堆项目用板、棒、盘、环、管、丝所有材料替代进口。

2018年2月9日，抚顺特钢接到海军装备部关于抚顺特钢通过船用TA2板材、TA5合金及配套材料认可评审批文，标志着抚钢钛合金产品获得正式进入船舶制造领域认证。

2018年7月，抚顺特钢成功交付中国商飞新型宽体客机C929起落架物理样机用300M钢超大规格锻坯，为国内首次生产，该锻件的成功生产将为抚钢未来在民用航空领域占领市场并开拓国际市场提供重要支撑，意义重大。

2018年7月，抚顺特钢供中广核“组件修复不锈钢替换棒国产化研制”项目燃料组件用AISI304钢棒，顺利通过评审验收，实现了材料的进口替代，打破了国外料高价垄断局面。

2020年6月，抚顺特钢收到长征五号运载火箭型号办公室的感谢信。抚顺特钢生产的材料在飞行过程中表现优异，为实现航天梦共筑中国梦做出了贡献。

四、特色工艺装备

抚顺特钢经过80多年的发展，建成了先进的特种冶炼炉群及配套的锻造生产线、轧钢生产线，具备钢产能95万吨、钢材产能77万吨。

冶炼装备主要有从德国福克斯公司和克虏伯公司引进的60吨和50吨超高功率电弧炉，配有2台LF精炼炉，2台VD真空精炼炉，2台AOD，以及从意大利达涅利公司引进的四流弧型连铸机。有从德国涞波特海拉斯公司引进的30/60吨，VOD/VHD炉外精炼炉和2台30吨高合金钢电弧炉。

抚顺特钢具有国内最强、世界一流的特种冶炼能力。拥有2~20吨真空自耗炉15台；0.2~20吨真空感应炉7台；1吨和2吨非真空感应炉各1台；1~30吨等各种吨位电渣炉38台。现代化的冶炼装备可满足航空、航天、国防、军工等用户的特殊需求和高新材料的研发。

抚顺特钢拥有国内领先的锻造生产能力。从德国和奥地利引进的3500吨快锻机、3150吨快锻机、2000吨快锻机、1800吨精锻机和1000吨精锻机以及2台电液锤造就了锻压产品的强劲竞争力。

抚顺特钢具有当代一流的轧制工艺装备。有从意大利波米尼公司引进的24架棒材连轧生产线，生产ϕ12~90毫米的优质合金钢棒材，成为专业化的高档汽车用钢生产线。有从奥地利引进的WF5-40方扁钢机组，生产各种高质量档次的精轧扁钢。还有850毫米往复式初轧机组、高刚度短应力线连轧机。配套齐全的矫直、探伤、抛丸、修磨设施保证了产品的表面和内在质量。

抚顺特钢还具有一流水平的质量检测手段，可以满足各类型检化验要求。从美国引进的H-836型定氢仪、CS-230型红外碳硫仪、CS-844型红外碳硫仪、TC-600型氧分析仪、TC-500型氧氮分析仪等，可准确测定钢中碳、硫含量和氢、氧、氮气体含量。ICAP-Q型电感耦合等离子体质谱仪可准确分析高温合金中的杂质元素；AA370MC型原子吸收分光光度计可准确测定高温合金、低合金钢中锰、铜、镁、钙、钴、镍的含量。从德国引进的蔡司D1M型显微镜可准确检测钢中夹杂物、晶粒度等。从美国引进的高温拉伸试验机Landmark370，长春生产的室温拉伸试验机WDW3300、高温拉伸试验机DDL100可准确检测室温拉伸、高温拉伸性能。从德国引进的 UH3001 型布氏硬度计、UH250 型维氏硬度计，从意大利引进的 531MRS 型洛氏硬度计可准确检测钢的布氏硬度、维氏硬度、洛氏硬度指标。从美国引进的低周疲劳试验机 Landmark370. 25 和 Landmark370. 10，可以准确检测高强、特冶不锈等钢种的断裂韧性以及测定高温、室温状态下金属试样的疲劳性能数据。

抚顺特钢拥有国家级企业技术中心和博士后科研工作站，是国家高新技术企业。抚顺特钢以“特钢更特”为产品定位，以“三高一特”（高温合金、超高强度钢、特种不锈钢、高档工模具钢）为核心产品，拥有包括高温合金、超高强度钢、不锈钢、工模具钢、高速工具钢、高档汽车钢、高档机械用钢、钛合金等八大类重点产品，5400 多个牌号的特殊钢新材料生产经验。

五、未来展望

未来的发展，抚顺特钢将秉承“军工至上”的理念，继续围绕“特钢更特”发展思路，持续发展高温合金、超高强度钢、特冶不锈钢等“三高一特”核心品种，通过不断优化品种结构、大力度技改投入，在满足军工、航空航天材料需求的基础上，继续加快企业自身发展。规划投资近 30 亿元，实施均质高强度大规格高温合金、超高强度钢锻材工程、航空轴承用关键材料攻关技术改造工程等，同时对部分产线进行升级改造，抚顺特钢将建设成为中国特殊钢材料核心研发生产基地，尤其是军工、航空航天材料需求将可完全满足市场需求，国防军工事业保障能力将进一步提升，成为在国际上最有影响力，国内高端特殊钢材料第一品牌。

第二十四章　东北大学特钢研发与成果

一、东北大学开展中国特殊钢研究的历史沿革

东北大学（以下简称东大）始建于1923年4月26日，1928年8月至1937年1月，著名爱国将领张学良将军兼任校长。1931年“九一八”事变后，被迫流亡办学。1949年3月，在东北大学工学院和理学院（部分）的基础上成立沈阳工学院，1950年8月，定名为东北工学院，1993年3月，复名为东北大学，1998年9月从冶金工业部管辖的高校划转为教育部直属高校。东大是国家首批“211工程”和“985工程”重点建设的高校，2017年进入一流大学建设高校行列。在近百年的办学历程中，东北大学形成了“自强不息、知行合一”校训精神。

从东北工学院成立到复命为东北大学，东大一直以服务于冶金行业为特色，冶金和金属材料学科一直是东大历史悠久的传统特色专业。特殊钢是东大冶金和材料学科的重要研究方向之一。

东大是我国最早设立冶金专业的高校，其历史可追溯到1923年东北大学建校伊始的采冶学系，1946年6月成立冶金系，下设钢铁冶金、有色冶金、物理冶金和选矿四个组。1952年全国院系调整前后，有焦作工学院、大连工学院、哈工大等院校的冶金、采矿等专业并入东北工学院。1955年7月，冶金系分为钢铁冶金、有色冶金和钢铁工艺等3个系。1980年后炼铁、炼钢、电冶金三个专业合并为钢铁冶金专业。20世纪90年代后期又将钢铁冶金、有色金属冶金和冶金物理化学合并为冶金工程专业。冶金工程学科于1998年获首批一级学科博士授权点，2007年入选国家级特色专业及首批一级学科国家重点学科，2012年成为教育部综合改革试点专业，2014年通过国家工程教育专业认证，2017年获批工程博士专业学位授权点，2019年入选国家级一流本科专业建设点。

特殊钢物理冶金研究和人才培养要追溯到1950年东北工学院物理冶金专业及金属压力加工专业的创建。这两个专业分别是目前材料科学与工程专业及材料成型及控制工程专业的前身。20世纪60～70年代，又分别细分出金属学及热处理、高温合金、精密合金、粉末冶金、金属压力加工、铸造等专业和教研室，2007年材料科学与工程被批准为一级学科国家重点学科，涵盖材料学、材料加工工程和材料物理与化学3个二级学科。学校材料学科为我国特殊钢材料和加工的人才培养和科学研究做出了重要贡献。例如，1952年，时任东北大学（东北工学院）冶金系教授并兼任金相教研室主任许冶同先生编著的《钢铁材料学》完稿，1953年由商务印书馆出版，这是在完全没有苏联翻译教材影响之下，由我国自主完成的第一部学术水平极高的材料学著作。1960年，冶金工业出版社出版了东北工学院金属学热处理教研室编著的《合金钢》，该书为广大科研人员和钢铁行业技术人员提供了极其重要的参考和指导。1982年初我国第一个高温合金专业本科生班毕业，许多毕

业生后来成为我国高温合金领域的科技领军人才。

特殊钢冶金成为学校正式的人才培养和科研方向要追溯到1962年成立的电冶金专业和电冶金教研室。国内著名电冶金专家毕克祯、岳力、姜兴渭、武振廷、徐世铮、梁连科和芮树森教授等都曾在这里任教，为我国特钢企业培养了一大批技术人才。

1996年10月，东大在学校直属钢铁冶金系、有色冶金系、材料系、加工系和热能工程系基础上组建材料与冶金学院。2015年材料与冶金学院分成冶金学院和材料科学与工程学院。另外，1995年东大正式成立轧制技术与连轧自动化国家重点实验室（RAL），成为东大特殊钢产品开发和轧制技术的重要力量。2000年成立的材料电磁过程研究教育部重点实验室（EPM），是国内最早从事材料电磁过程研究的科研机构，特殊钢的电磁冶金过程也是其重要的研究方向之一。

二、东北大学参与研发中国特殊钢的研究成果与应用

70多年来，东北大学在特殊钢冶炼、连铸、轧制技术和特殊钢新材料开发方面做了大量的基础研究、技术研发和应用推广工作，为解决我国特殊钢行业重大共性关键技术难题提供了科技支撑，成为特殊钢行业科学研究、技术开发和高层次人才培养的重要基地。

东大在电弧炉炼钢、炉外精炼和特种冶金等电冶金领域进行了大量的研究工作，取得一批重要研究成果。曾获得各种科技奖励50多项，专利200余件。例如，“等离子炉用大型可控硅调压电源”在1978年曾获全国科技大会奖。国家“八五”科技攻关成果“VOD/VHD钢水精炼工艺技术”曾获冶金工业部科技进步特等奖。21世纪以来，“抚钢2号生产线洁净钢生产工艺技术攻关”获得辽宁省科技技术一等奖、冶金科技奖二等奖、辽宁省科技成果转化二等奖等荣誉。与太钢合作的“以铁水为主原料生产不锈钢新技术开发与创新”和“先进铁素体不锈钢关键制造技术与系列品种开发”项目分别于2006年和2014年获得国家科技进步奖二等奖。“电渣炉两项国际标准研制”项目是我国作为标准起草国首次制定电渣重熔炉两项国际标准，并获得中国标准创新贡献奖、中国机械工业科技进步一等奖，该项目负责人姜周华教授也因此在2005年获得国际电工委员会“IEC1906”奖，成为我国获得国际标准奖的第一人。“高品质特殊钢绿色高效电渣重熔关键技术的开发和应用”项目，开发了以预熔渣、氧含量在线监测与控制、电极动态称量与熔速精准控制、电流摆动电极插入深度控制等核心技术与装备，解决电渣钢增氢和增氧、高温合金铝钛烧损以及大型电渣锭偏析严重的世界性难题。集成创新了全密闭可控气氛电渣装备、特厚板坯和特大型钢锭电渣重熔装备以及半连续电渣重熔实心和空心钢锭的成套技术及装备，成果已推广到宝武特冶、东北特钢、中信泰富大冶特钢、河钢舞阳钢铁、通裕重工等60多家特殊钢生产企业的325台成套装备中。与多家特钢企业合作开发的高端特殊钢产品满足了我国大飞机、第三代核电、超超临界火电、超大型水电和大型风电等国家重大工程和装备对“卡脖子”高端材料的急需。该项目获得2019年国家科技进步奖一等奖。

在特殊钢连铸方面，朱苗勇教授团队针对连铸坯频发裂纹、偏析、疏松等凝固缺陷严重制约高效生产与产品质量的瓶颈难题，揭示了各种凝固缺陷的形成及控制机理，自主研发出基于高效传热曲面结晶器和铸坯角部晶粒超细化二冷控冷的裂纹控制新技术，实现了

微合金钢连铸坯表层凝固组织的高塑化，从根源上解决了连铸坯表面裂纹频发的共性技术难题；自主研发了连铸凝固末端重压下工艺与装备技术，全面提升了连铸坯的致密度与均质度，开辟了低轧制压缩比高效稳定生产高端大规格钢材的新途径。研究成果已在宝武、鞍钢、河钢等20余条产线推广应用，并输出到韩国现代钢铁、意大利达涅利等国际一流钢企和顶级装备制造企业。获得了多项省部级和行业科技一等奖，并通过了2020年国家科技进步奖初评。

东大教育部重点实验室（EPM）开发的“交替式电磁搅拌技术”在北满特钢应用，显著提高了高级轴承钢的X射线探伤合格率；开发出两种高性能、低成本、长寿命的新型高压辊磨机耐磨辊套材料，高强耐磨钢的耐磨性是高铬铸铁Cr16的5倍，在企业建造了多台高强耐磨专用钢示范样机；突破了国外专利技术的垄断，提出的立式电磁制动新技术有效匹配了连铸工艺参数的动态变化，显著抑制了结晶器液面波动和弯月面卷渣；提出的高频磁场和低频磁场相结合的复合场连铸技术，有效改善铸坯表面和内部质量。为了实现洁净钢、均质钢的高效生产，王强教授团队开发了应用于钢包到结晶器之间连铸设备的电磁旋流水口等一系列电磁冶金新技术，达到控制夹杂物含量，改善钢液流动和传热，提高洁净度和连铸效率，实现高效生产的目的，成功将42CrMo钢650毫米大圆坯的碳极差控制到0.04%以下，达到国际领先水平；通过超细化和合金化相结合的组织调控手段，实现了迄今最高强度级别非调质钢紧固件的制备。

在高端特殊钢材料方面，早在“八五”期间，东大与其他三家单位曾共同承担并圆满完成G99高强高韧钢的研制任务，该钢的性能与国外应用最广的AF1410相当，完全达到了“八五”科技攻关指标要求，在航空航天领域得到应用。在国家“十一五”科技支撑计划“高品质特殊钢技术开发”项目中，东大和原济南钢铁集团有限公司承担了其课题之七“煤机用高强度中厚板技术开发”，对煤机用1000兆帕/1100兆帕级中厚板的生产工艺、微观组织、力学性能以及焊接性能等开展了深入研究，各项性能指标均达到了设计水平，并在郑煤机通过焊评及在上海振华港口机械等单位获得应用。

在国家“十二五”科技规划中，东大作为牵头单位，起草了国家“863”计划“高品质特殊钢核心技术”重大项目指南，并承担了“先进超超临界火电机组关键叶片和护环钢开发”“重大装备用轴承钢关键技术开发”和“高性能耐磨钢开发”的课题研究工作。在火电机组用高端叶片及发电机护环用高氮不锈钢制备关键技术、VIM+IESR高洁净均质化高铁轴承钢冶炼技术开发、高铁轴承钢热加工过程组织精细化控制技术开发、多尺度复合耐磨钢研制及其应用技术开发、高压辊磨机用高强耐磨钢开发和超级耐磨钢组织调控与应用技术开发等方面均取得了重大进展，有效推动了特殊钢产业结构调整与升级，大幅度提高了节能减排技术水平，取得一批自主知识产权的原始创新成果，在抚顺特钢、中信泰富大冶特钢、西宁特钢、德阳万鑫、瓦房店轴承集团公司、莱芜钢铁、辽宁卓异以及成都利君等企业建立了若干示范生产线，并获得了多项行业科技奖励。

东大国家重点实验室（RAL）自2013年开始开展奥氏体不锈钢组织超细化及纳米化的研究工作，其技术路线是利用亚稳奥氏体冷变形诱导马氏体相变及再加热过程马氏体逆转变为奥氏体的特点，通过冷轧及退火工艺的严格控制，使奥氏体晶粒尺寸细化至纳米尺度，并完成了工业化试制。所制备的300系奥氏体不锈钢屈服强度从300兆帕提高到1000兆帕，延伸率为30%~40%，耐腐蚀性与高温固溶处理态相当，晶间腐蚀敏感性明显降低。

在“十三五”期间，东北大学作为牵头单位，承担了“长型材智能化制备关键技术”国家重点研发计划项目，在多种特殊钢棒线材的节能降碳、质量控制及智能化方面做了大量工作，取得显著成果，相关技术推广到国内多家特殊钢企业。此外，东北大学承担“十三五”国家重点研发计划项目“高性能工模具钢及应用”课题二“系列高品质模具钢的热加工与组织调控关键技术”的子课题——“模具钢大钢锭高温热变形关键技术的开发”的研究工作，提出4Cr5MoSiV1钢晶粒组织细化的控锻控冷技术，以及模具钢锻造过程高等向性的有限元预测等关键技术，取得突破性成果。节约型LNG储罐用钢的冶金学理论与生产技术取得重要进展。围绕超低温低成本容器用钢的基础理论及关键技术开展研究，明确了新型低镍与高锰LNG储罐用钢的组织性能演变规律，攻克了两个钢种的关键生产技术。低镍LNG储罐用钢实现了工业化生产、取得了容标委（现为CSEI）产品认证并在大型低温储罐建造中示范应用，获得了用户的好评。高锰钢实现了工业化原型钢生产，国内首次应用于试验低温储罐的建造，为进一步工程应用奠定了基础。东大与富奥辽宁汽车弹簧有限公司以及中信泰富特钢集团青岛特殊钢铁有限公司合作，在国内首次研发成功具有自主知识产权的1800兆帕级超高强度超长寿命汽车板簧钢并获得应用。在疲劳强度高达1200兆帕条件下总成台架疲劳寿命超过20万次的要求，个别超过100万次，这一性能指标目前处于国内汽车板簧的最高水平，在国际上也处于先进水平。2018年在郑州宇通8米纯电动公交车和青汽JH6重卡等多种车型中装车应用，一汽集团也正式采用该级别弹簧钢进行重卡单片簧的设计制造，为我国钢铁和汽车零部件制造企业的转型升级和产品更新换代提供了强有力的保障。

在基础研究方面，在国家自然科学基金、钢铁联合研究基金和辽宁联合基金等的支持下，东北大学作为牵头单位承担了一批重点基金项目的研究，包括“电磁搅拌作用下立式连铸高温合金凝固与力学行为的基础研究”“核电用大型钢锭电渣重熔技术的基础研究”“双合金汽轮机转子电渣重熔接续制备的科学基础”“超洁净与均质化高铁轴承钢连铸坯生产应用基础研究”“高品质特殊钢加压下熔炼和凝固的基础研究”“基于硼和稀土复合处理的超级奥氏体不锈钢凝固和热加工特性的基础研究”“微量稀土和镁协同处理对超高强度钢洁净度和组织性能的影响”“特种合金及高合金钢热连轧过程中的组织演变及控制理论”和“新一代汽车用耐高温铁素体不锈钢合金化机理及关键性能研究”。经过长期不懈的努力和探索，在高温合金电磁立式连铸、电渣重熔技术、高氮不锈钢加压冶金制备关键技术、超级奥氏体不锈钢和超高强度钢制备、特殊钢品种和耐高温铁素体不锈钢的设计理论、加工和热处理工艺、微观组织和力学性能控制等方面取得了大量的创新性理论和技术成果。

三、东北大学“十四五”在特殊钢研发方面的规划

“十四五”期间，东大将在特殊钢方面发挥自身优势，面向国家重大需求和国民经济主战场，以解决国家高端装备所需的“卡脖子”特殊钢材料的制备技术为目标，继续在特

殊钢材料设计、冶金和加工基础理论、工艺、核心技术及关键装备研发方面开展创新性工作。

通过高性能特殊钢材料的设计开发、冶金全流程的系统优化和核心装备技术的研发，实现高性能特殊钢的稳定生产，解决国家重大工程、重大装备及国防军工建设所需关键核心材料的供给难题。

研究揭示高性能特殊钢材料的合金化设计原理和组织性能调控方法，在此基础上研发航空用高氮不锈轴承钢和高性能变形高温合金、2300 兆帕级装甲防弹钢、新型低密度超高强韧性轴承钢、梯度硅钢、高锰 LNG 储罐用钢、储氢用抗氢脆低温钢、极低温超导结构用钢、高铁弹条用耐蚀弹簧钢、超高速磁浮列车轨道用软磁钢、高端模具钢、超级不锈钢、耐蚀合金和精密合金等系列高性能特殊钢材料。

研究特殊钢冶炼-凝固-成形过程中的物理化学反应机理及其强化方法，突破高洁净度冶炼、均质化凝固与精细化热加工和热处理等基础理论和核心技术，开展冶金全流程的系统优化，重点研究开发新型真空/加压熔炼装备技术、气氛/凝固可控电渣炉及电渣重熔复合轧辊制备技术、钢包底喷粉装备技术、电磁出钢/旋流装备技术、高效连铸装备技术、热轧无缝钢管在线控制冷却装备技术、大规格合金钢棒材组织性能调控技术、梯度硅钢薄带连续渗硅装备技术等，设计开发高端特殊钢冶金新流程中试线、硅钢薄带铸轧生产线、薄板坯连铸连轧无头轧制特钢薄带生产线等，通过上述关键装备技术及生产线的工业化应用，实现高性能特殊钢材料的国产化和自主可控。

第二十五章 建龙北满特殊钢有限责任公司

一、企业简介

建龙北满特殊钢有限责任公司（以下简称建龙北满）隶属于北京建龙重工集团有限公司，位于黑龙江省西部美丽的丹顶鹤之乡齐齐哈尔市富拉尔基区，是我国“一五”期间兴建的国家156项重点工程项目中唯一的一座特殊钢制造厂。

公司始建于1952年，1957年11月3日全面建成投产。自投入生产以来，建龙北满就立足为国防、军工及国家各行业重大技术装备的生产提供关键性的特殊钢材料，曾为中国第一艘核潜艇、第一颗人造地球卫星、第一座原子能反应堆、第一枚洲际导弹等八个国家第一提供了关键性的合金钢材料，并在火炮用钢、炮弹钢、坦克及装甲车辆用钢、舰艇用钢、核能用钢、航空用钢、航天用钢等七大领域的关键特殊钢研制、生产等方面取得了巨大成就，为祖国的国防、军工、国民经济建设立下了丰功伟绩。周恩来、邓小平、刘少奇、胡耀邦、江泽民、李鹏、胡锦涛等党和国家领导人先后亲临视察，敬爱的周总理曾亲切地称她为祖国的“掌上明珠”，赞扬其在新中国建设中特殊的贡献。

2017年10月通过改制重整，建龙北满引进建龙集团先进的体制机制和优秀的企业文化及经营理念，并投资技改，使公司步入了高质量发展快车道。目前，建龙北满拥有国内一流、国际领先的四条精品特钢产生线，包括ϕ5~25毫米规格特殊钢线材生产线、ϕ20~120毫米规格小棒材生产线、ϕ80~310毫米规格大棒材生产线、独具特色的锻造产品生产线。产品广泛应用于轴承制造、汽车制造、工程机械制造、航空航天装备、海洋工程装备及高技术船舶、先进轨道交通装备、节能与新能源、电力装备等领域。

核心产品轴承钢通过了德国舍弗勒、瑞典斯凯弗、美国铁姆肯等国际大公司认证；汽车钢通过了美国康明斯、卡特彼勒、通用、日本本田等国际知名公司认证，并多次获得“冶金行业品质卓越产品”称号；船舶用钢通过了挪威DNV、法国BV、美国ABS等九大船级社认证；铁路用车轴钢LZ45CrV、DZ1、DZ2等核心技术获国家研发专利；研发的Cr5、Cr6、Cr8及半高速等系列轧辊用钢质量达到国际先进水平；调质材、矿山钢等工程机械、石油、船舶行业用钢远销欧洲、美洲、亚洲、非洲等35个国家及地区。

二、历史沿革

1950年10月，由当时的东北工业部提出建厂规划任务书，其间明确规定：北满钢厂是为生产军工、机械制造、电工与其他部门所需的高级碳素及合金钢材、锻件和铸钢件而设计。

1951年11月，中苏双方在莫斯科正式签订了由苏联帮助设计并成套提供主要设备的

00606 号合同。

1952 年 10 月，中财委党组干事会专题审查了“富拉尔基特殊钢厂初步设计”，以“财经西 No209”号文正式向中央呈送“关于富拉尔基特殊钢厂初步设计的报告”，很快得到了党中央的同意。

1952 年组建正式筹建机构，定名为“本溪煤铁公司第二钢厂”，工程代号“三三厂”，开始大规模施工。

1953 年 9 月，进行地质勘探。

1954 年，原中央重工业部决定将本溪钢铁公司第二钢厂（甲方）与工业工程公司、机电公司等施工单位（乙方）合并，成立综合性建厂单位。经中央正式命名为“北满钢厂”，并沿用至 1967 年 6 月 1 日。

1954 年 6 月，中央重工业部批准北满钢厂二期工程设计任务书。

1955 年 1 月，根据中央重工业部关于北满钢厂分为甲、乙方两个单位的决定，甲、乙方又正式分开，孙子源任代书记（待中央批准），林纳任北满钢厂厂长。

1956 年，平炉和电炉车间相继建成，并安装了三套轧机。8 月 8 日上午，20 吨电弧炉炼出了第一炉优质钢，从此结束了黑龙江省无钢的历史。

1957 年 11 月，举行了“北满钢厂落成开工典礼大会”，下午在办公楼前举行了剪彩仪式。

1958 年，以北钢为中心的红岸人民公社成立。红岸人民公社包括电厂、化肥厂、原杜尔门沁乡、齐齐哈尔大学等单位及附近的居民。全社约有 18000 户、119000 人，其中农业人口占 7.5%，耕地面积约 39 平方公里。

1967 年 6 月，北满钢厂改称为“反修钢厂”。

1970 年 3 月，反修钢厂改名为齐齐哈尔钢厂。

1970 年 7 月，依据冶军生 828 号文件《关于东北地区一部分冶金企业下放的通知》，齐钢隶属关系由冶金部领导变为省和冶金部双重领导。

1981 年 9 月，全厂开始实行经济承包。

1992 年 10 月，北钢改制为北钢集团公司，组建北满特殊钢股份有限公司。

1994 年 4 月，北满特殊钢股份有限公司社会公众股 6000 万股在上海证交所正式挂牌交易，简称“北满特钢”，代号 853。

2002 年，北钢集团公司与北满特殊钢股份有限公司进行资产重组，组建北满特殊钢集团有限责任公司。

2004 年 11 月，与辽特重组，东北特钢集团北满特殊钢有限责任公司正式成立。

2017 年 10 月，建龙集团重组北满特钢，成立建龙北满特殊钢有限责任公司。

三、主要成果

（一）重大奖项

建龙北满先后为我国航空航天、电力能源、石油化工、交通运输、冶金矿产、建筑建材等诸多领域提供了重要优质热轧材、锻件材、冷拔材及热处理材等产品，涵盖碳素结构钢、合金结构钢、碳素工具钢、合金工具钢、弹簧钢、轴承钢、不锈钢等品种。32个产品获省、部、国家优质产品称号，10余项产品获国家金杯奖，建厂以来共有50多项产品填补了国家冶金工业史的空白。主持或参与国家标准、国家军用标准制定24项，其中22项为第一起草单位。

1. 国家（国防）产品名录

1958年2月，我国第一批大口径厚壁火炮身管用钢冶炼成功。其中由齐钢提供炮身管材料的100坦克炮、100高射炮、M46炮、M47炮光荣地参加了国庆十周年阅兵式。

1962年，我国第一炉以钢代铜的弹用钢S15A冶炼成功，系供85口径火炮药筒以钢代铜材料，填补了国内一项空白。

1963年，坦克扭力轴用钢45CrNiMoVA、坦克柴油发动机曲轴钢18CrNiMoA试制成功。

1964年10月16日，我国第一颗原子弹弹头部件B20钢材在西部上空爆炸成功。

1964年年末，我国第一台2.3千瓦潜艇汽轮机成套锻件在齐钢试制成功。

1965年10月，模锻851机涡轮叶片511合金材料获得成功，是我国独创的镍基变形合金，其性能赶上或超过了国际水平。

1967年，核反应堆中环材料B66钢，与钢铁研究总院共同研制成功。

1974年，我国第一架涡喷八发动机盘件坯试生产成功。

1978年，由齐钢研制成功的新合金GH33A通过部级鉴定，正式载入《高温合金手册》。

1986年，155火炮材料32CrNiMoV钢试制成功。

1995年，潜艇耐压壳体用锻钢925A钢通过部级鉴定。

2006年，北满特钢与钢铁研究总院、上钢三厂、成都核动力研究院共同负责研制核潜艇用钢304NG，由国防科工委组织完成验收。

2016年，与钢铁研究总院合作进行“QG（8108）寿命瓶颈技术”科研项目研究，建龙北满特钢主要承担工业试制工作。

2019年，与北京科技大学、钢铁研究总院联合开发研制PG2W、NBS长寿命火炮身管用钢新材料。

2020年，与123厂合作研制新型迫击炮用弹钢823，最大直径达ϕ240毫米，力学性能优良，目前已完成了炮弹的加工，正在进行打炮试验。

2020年，与钢铁研究总院联合试制QD785潜艇用钢新材料，替代QD685。目前建龙北满特钢已完成冶炼、电渣重熔、锻造及热处理。

2. 部委、省级科技进步奖名称及奖项

1980年9月，32SiMnMoV高强度钢获冶金科学技术研究成果四等奖。

1987年6月11日，巨浪一号固体潜地战略武器及潜艇水下发射项目获国家科学技术

进步奖特等奖。

1987年7月，采用新工艺提高轴承钢冷拔材质量获国家科学技术进步奖三等奖。

1988年7月，提高武钢冷轧辊质量的研究获国家科学技术进步奖三等奖。

1988年9月，新152加农炮身管毛坯的研究获黑龙江省科学技术进步奖二等奖。

1990年9月，2030毫米冷轧辊辊坯试制获黑龙江省科学技术进步奖二等奖。

1991年9月，15吨三相电渣炉研制获黑龙江省科学技术进步奖三等奖。

1991年9月，二氧化碳压缩机用钢FV520B、X12Cr13锻件试制获黑龙江省科学技术进步奖二等奖。

1991年9月，轧钢系统综合性技能技术改造获黑龙江省科学技术进步奖四等奖。

1991年9月，LB3连板式高刚度轧机获黑龙江省科学技术进步奖二等奖。

1992年9月，齐钢ϕ350毫米轧机技术改造获黑龙江省科学技术进步奖三等奖。

1993年9月，齐钢HP 45吨（EBT）电炉改造及工艺研究获黑龙江省科学技术进步奖二等奖。

1993年9月，LF炉轴承钢精炼技术的研究获黑龙江省科学技术进步奖三等奖。

1994年9月，WA021（155）火炮身管用32CrNiMoV钢的试制获黑龙江省科学技术进步奖二等奖。

1995年9月，塑模钢模块和棒材的技术开发获黑龙江省科学技术进步奖三等奖。

1996年9月，MC3系列冷轧工作辊坯试制获黑龙江省科学技术进步奖二等奖。

1996年11月，925A锻钢应用研究获中国船舶工业总公司科学技术进步奖三等奖。

1996年11月，925A锻钢改进工艺提高质量研究获黑龙江省科学技术进步奖三等奖。

1997年9月，油泵油嘴用渗碳棒钢18CrNi8冷拔材获黑龙江省科学技术进步奖三等奖。

1997年9月，高等向热锻模块钢的技术开发获黑龙江省科学技术进步奖二等奖。

1997年9月，HZ102F连铸板坯夹送辊坯试制获黑龙江省科学技术进步奖二等奖。

2002年，齿轮用钢14-19CN5试制研究获黑龙江省科技进步奖三等奖。

2002年，超深淬硬层冷轧工作辊辊坯的开发获黑龙江省科技进步奖三等奖。

2003年，Cr-Mo系列齿轮钢的开发获黑龙江省科技进步奖三等奖。

2004年，新型链轨节用钢35MnBM研究试制获黑龙江省科技进步奖三等奖。

2013年，高压锅炉管坯P91钢获黑龙江省科技进步奖三等奖。

2013年，高压锅炉管坯P91钢获黑龙江省冶金行业科技进步奖三等奖。

2014年，连铸LZ50车轴钢坯认证及研制获黑龙江省冶金行业科技进步奖一等奖。

2015年，大马力干线铁路机车齿轮用钢的研制与应用获黑龙江省科技进步奖三等奖。

2015年，大马力干线铁路机车齿轮用钢的研制与应用获黑龙江省冶金行业科技进步奖一等奖。

2015年，铝挤压模具钢H13棒材研制获黑龙江省冶金行业科技进步奖二等奖。

2015年，高纯净度轴承钢点状夹杂物控制攻关获省冶金行业科技进步奖三等奖。

2015年，货车用制动梁高品质钢质量攻关获省冶金行业科技进步奖三等奖。

3. 金杯奖、特优奖（发证单位：中国钢铁工业协会）

2001 年，铁路车辆用 LZ50 钢车轴坯。
2007 年，铁路用轴承钢。
2007 年，船用锚链圆钢。
2011 年，铁路车辆用 LZ50 钢车轴坯。
2012 年，渗碳齿轮用 18CrNiMo7-6 钢。
2013 年，高质量轴承热轧圆钢。
2015 年，锻制 Cr5 系列电渣钢冷轧工作辊辊坯。
2016 年，高质量轴承热轧圆钢。
2016 年，铝挤压模具用钢 H13 棒材。
2016 年，高质量轴承热轧圆钢。
2017 年，热轧调质圆钢。
2017 年，出口铁道车辆用钢坯。
2018 年，风电行业轴承用连铸圆坯。
2018 年，热轧低碳齿轮用钢。
2019 年，汽车前轴用贝氏体型非调质钢。

4. 卓越产品奖（发证单位：中国质量协会冶金工业分会、冶金工业质量经营联盟）

2010 年，出口铁道车辆用 LZ50 钢钢坯。
2011 年，渗碳齿轮用圆钢。
2012 年，CrMo、CrNiMo 系列热轧调质材。
2014 年，优质球磨机钢球用钢。
2015 年，高品质高碳铬轴承热轧圆钢。
2015 年，履带链轨用热轧圆钢证书。
2016 年，风电行业偏航变桨用连铸圆坯。

5. 名牌产品

2011 年，鹤鸣牌出口铁道车轴用钢坯，黑龙江省名牌产品。
2013 年，鹤鸣牌出口铁道车辆用钢坯，黑龙江省名牌产品。
2015 年，三大牌：H13 棒材、Cr5 系列辊坯、非调质钢 FAS2225 铁路车轴用钢，黑龙江省名牌产品。

（二）国家及行业标志性、影响力成果

1. 建厂初期重要产品及新产品开发情况

1957 年、1958 年两年试制出大型炮管、电站、锻件等一系列当时国内质量领先产品。

截至 1959 年年底共试制成功新产品 28 项，1837. 65 吨，可转入批量生产的有 24 项，为国家填补了 13 项空白。其中，大型电站设备锻件、成套火炮锻件、大型氮肥设备锻件产品以及冷轧辊等达到国际先进水平。

1960~1965 年，北满特钢逐步由仿制转向研制自己的产品。研制的重点是高温合金材料和镍、铬代用钢。这一阶段，共投试 440 项新产品，其中高温新材料 309 项。试制成功转入批量生产的有 417 项，其中高温合金 207 项，试制成功新产品 207 个。还为国家解决了一些重点工程用料，如歼 5、歼 6 飞机发动机材料，09 产品核反应堆壳体，舰船用大规格方坯，801 工程用不锈钢锻件，405 及 1025 导弹用新材料等一大批国家稀缺的钢材新产品。

炮钢生产：1958 年 2 月 1 日，采用碱性和酸性平炉双联矽还原法冶炼出了第一批大口径火炮锻件用钢 PCrNiMo，生产出了第一批 85 毫米口径的加农炮身管管坯，以及炮尾等主要锻件毛坯。以后又相继试生产了口径 100 毫米坦克炮、100 毫米口径的高射炮、120 毫米和 122 毫米加榴炮的身管毛坯锻件及相应的炮尾、闩体、驻退筒等五大件主体配套件。

弹用钢研制和生产：北满特钢投产后不久，就在平炉上试制生产弹用钢 F11 和 F18。F11 是供 53 式、56 式自动步枪做子弹壳用钢，F18 是供 53 式、56 式自动步枪或半自动步枪做子弹用钢。1962 年在碱性平炉成功地冶炼出我国第一炉以钢代铜的弹壳用钢 S15A。1961 年开始研制和生产具有较大杀伤力的穿甲弹用钢。在攻克用于制造高射机枪和 23 航弹实心弹头用钢质量难题的基础上，根据冶金部的安排于 1961 年与 803 厂签订协议，按苏联 TY1412 标准，试制 85 毫米以上的大口径穿甲弹用钢。

坦克及装甲车辆用钢的研制与生产：1963 年冬，冶金部指定北钢与 647 厂协同承制 131 轻型坦克炮塔塔体。1965 年秋炼了五炉浇出 10 个塔体。1962 年，按照冶金工业部的指令，北钢承担 617 厂的坦克炮塔座圈的研制与生产任务，共生产两种类型炮塔座圈 1470 吨，所有炮塔座圈质量良好。1962 年，在钢铁研究院的配合下开始研制坦克曲轴用钢 18Cr2Ni4WA，取得成功。

2. 特殊时期的科技进步及新产品开发

对发纹、夹杂和“851”的攻关：发纹、夹杂攻关活动始于 1966 年 1 月至 1968 年 10 月结束。攻关主要内容是解决轴承钢夹杂和高标准结构钢（30CrMnSiA、18Cr2Ni4WA 和 45CrNiMoVA）发纹问题。“851”（涡喷八）大功率涡轮喷气发动机是“轰六”的动力装置，该成果曾获得冶金工业部科技进步奖一等奖，并获得国家发明专利。

对五大特钢关键品种攻关：军用轴承钢 1971 年年底因硫、氧化物和点状夹杂问题得不到解决，合格率只有 50%，攻关队采取一系列措施后，1972 年综合合格率由 50%提高到 62. 5%，到 1973 年，氧化物合格率由 88%提高到 95%，硫化物合格率由 83. 4%提高到 93. 5%，点状合格率由 87%提高到 94. 1%。1963 年开始试制 152 加榴火炮身管用钢 PCrNi1Mo，攻关队将原来 7. 0 吨钢锭改为 5. 8 吨锭型，由上注改为下注，解决了表面裂纹问题，1974 年合格率达 100%。深冲弹用钢 S10~S20A 的钢坯表面结疤裂纹攻关，采用低温慢注试验 32 炉，效果良好，攻关为 1980 年创省、部优质品，为 1982 年获国家银牌奖奠定了基础。结构钢 18Cr2Ni4WA 坦克曲轴用钢的发纹和 75 毫米口径炮用钢 PCrNi1Mo 断口攻关等，都取得了很好的效果。不锈钢攻关集中解决坯材表面裂纹问题，使该钢种生产基本过关。

新产品生产：（1）炮钢生产。1974~1985 年采用电渣冶炼炮钢工艺生产了不同规格的厚壁大口径火炮用钢。1981~1987 年采用 SL 喷粉工艺生产火炮钢。1984 年，北钢又采用电炉加喷粉处理，再经电渣重熔冶炼工艺生产了当时国内射程最远、威力最大的 83 式 152 毫米加农炮用钢锻件，取得了良好效果。（2）为核潜艇壳体配套提供 402 钢。1985 年 3 月北钢首批工业性试制 402 钢，共生产 17 个规格的锻件 166 件。经力学性能检验，满足了试制条件的要求。与 1983 年美国发表的卢卡斯钢铁公司生产的数据资料对比，402 钢的冶金质量达到了 20 世纪 80 年代国外同类产品的标准。（3）航空用钢的研制和生产。WP-8（851）Ⅰ、Ⅱ级盘承力环的研制和生产，填补了我国中型轰炸机发动机大型锻件的空白。WP7、WP8 甲、WP7 乙（歼 7）发动机涡轮盘所需高温合金材料 GH33A 的研制也获得成功。

3. “七五”至改制前重要产品及新产品开发情况

1988 年，平炉钢包整体打结 90 个，平均使用寿命由原 10. 8 次提高到 28 次。连续冷拔机试车成功，电炉返回吹氧法冶炼轴承钢实验成功。大口径药筒用 S20Axt 和提高武钢冷轧工作辊质量研究，获国家科技进步奖三等奖。1989 年，70~80 千克级热锻用非调质钢 45V、40MnV 研制项目荣获冶金工业部科技进步奖四等奖。1990 年，轴承钢冷拔材创部优。GH49 高温合金的研制和推广，荣获冶金工业部科技进步奖三等奖。1991 年，完成了国家级课题“特殊钢水平连铸”和“超高功率电炉及炉外精炼技术”研究。

阀门钢生产：4Cr9Si2 是制造汽车、拖拉机内燃机排气阀的材料。1987 年年产量达到 430 吨。到 1991 年，锭材的综合成材率已提高到 62. 69%，最高年产量达到 4750 吨，在国内处于领先水平。

炮钢生产：1986 年试生产 155 毫米火炮身管用钢锻件。1987 年身管锻件经解剖检验，结果达到了美国军标身管锻件的技术水平。1986 年试制出 203 毫米加农炮身管锻件。

1992 年北钢首次突破钢产量 50 万吨大关，全民职工 17177 人，集体职工 7024 人。

4. 改制后的北钢集团重要产品及新产品开发情况

1993~1994 年，研制出 25SiMnTi 高强度抽油杆用钢、45V40MnV 非调质钢、20MnCr5 系列齿轮钢、汽车用新型齿轮钢 SCM420H、高强度抽油杆用 CG-1 钢、高压耐热管坯 102 钢、新型辊坯用 HZ102F 钢等 8 个新钢种。1993 年，开发成品冷轧辊 232 支；试制新产品阀门钢 21-4N。1995 年，研制出窄带齿轮钢 SCM822H，奥迪轿车用 MnCr5 系列齿轮钢 16MnCr5，连杆用热轧、冷拔 40MnS 易切钢等 4 个新钢种。1996 年，研制了市场发展潜力比较大的 GGr18Mo、GGr15SiMo、GGr4 钢，不锈钢 102、MnCr5 系列的 20MnCr5、25MnCr5、28MnCr5 系列产品，齿轮钢 17CrNiMo6、19CN5，易切钢 Y12、Y4OMo 等 10 多个钢种。

1997年，完成国家级课题“深淬硬层冷轧辊及辊坯开发”的准备工作，1998年订货5480吨，轧辊成材率达75.08%，辊坯超声探伤、高低倍等项指标经用户复检都达到了技术条件的要求。MC5轧辊经宝钢使用，其使用寿命约为86CrMoV7L轧辊的两倍。1999年，其产品质量达到国际同类产品先进水平。1998年，试制电站用钢12Cr2MoWVTiB、12Cr1MoV高压锅炉管。1999年4月，试制的J55级和N80级石油光管新品获得成功；7月，为铁道部生产的车轴坯用钢经825毫米轧机开坯轧制一次成功。2000年，Cr-Ni系列高档齿轮用钢的试制全面开始，并批量生产。

5. 北满特钢重组后重要产品及新产品开发情况

北满特钢重组后，北满特钢产品发展取得了显著进步，轴承钢、汽车用钢、铁路用钢、辊坯钢、调质材等产品保持国内先进水平，高标准轴承钢、冷轧辊坯钢等产品保持国内领先水平，具有较强的市场话语权。

轴承钢：建龙北满是我国最早的轴承钢生产基地之一，自1957年起生产轴承钢至今已有近70年的历史，产品先后通过瑞典SKF、美国TIMKEN、德国SCHAEFFLER（LUK/INA/FAG）、印度NBC、美国Regal认证，并成为其主要供应商。

建龙北满轴承钢产品纯净度高，氧含量$\leqslant 5\times10^{-6}$，钛含量$\leqslant 15\times10^{-6}$，微观夹杂物实物质量达到国内一流水平。已形成高碳铬轴承钢、中碳轴承钢、渗碳轴承钢等，以热轧材、锻材、线材、连铸坯系列化生产，多种交货状态（热轧黑皮材、两火材、磨光材、退火材等）的轴承钢生产基地。产品广泛应用于长寿命、高可靠性汽车轴承及轴承单元、铁路货车轴承、大功率风电机组轴承、大型冶金设备轴承、大型施工机械轴承、精密轴承、军用轴承等高端行业。

汽车用钢：建龙北满通过康明斯认证，发动机曲轴用钢、凸轮轴用钢列入康明斯全球材料供应商，SAE 1070M轮毂轴承钢通过美国通用认证，SCM415HV、SCM420HV齿轮钢产品通过日本本田及印度英雄本田公司的认可，并成为日本本田、印度英雄本田公司的供应商，S43CB、S55Cr、SUJ2R轮毂轴承钢取得韩国日进认证。

根据用户需求可生产低氧含量、低钛含量、高纯洁度、窄淬透性带、细晶粒度、规格为ϕ10～250毫米汽车钢产品，包括CrMnTi、MnCr、CrMo、CrNiMo系列齿轮钢，以25Mn2CrVB前轴用钢、C38N2曲轴用钢、C70S6和46MnVS5连杆用钢为代表的非调质钢及各种调质轴类、传动件等汽车零部件用钢。

铁路用钢：成功研发大轴重重载铁路货车车轴用钢LZ45CrV，并且成为国内首家拥有连铸和模铸生产资质钢铁企业；时速200～250公里动车DZ1钢车轴正在长春客车进行试验；已经为大连机车提供了机车车轴用EA4T轴坯，目前正在试验阶段；提供给山西国瑞的EA4T地铁车轴钢，已经完成试制，待进行疲劳寿命试验。国内首试的铁道道岔用KQ18钢，现正在大秦线和哈尔滨铁路局进行试验，目标是比原有的道岔寿命提高1倍。

不锈钢：开发出超（超）临界高压锅炉用不锈钢管坯P91、P92系列钢种，累计入库4万余吨，其中P91管坯产品质量达到国内领先水平，已实现批量稳定供货；P92管坯产品质量达到国外同类产品水平，完成试制、材料评定，实现批量供货。

轧辊用钢：北满特钢是国内第一家研制生产辊坯的生产厂，是冷轧辊坯的生产基地，近年来产品质量和品种开发不断提升，冷轧辊坯市场覆盖率达到50%以上。能够实现Cr6及以下品种的稳定生产，并研制Cr8、半高速钢等新型辊坯产品。

石油用钢：开发出石油钻铤及连接件用40CrMnMo、40CrNiMo、AISI4137H、AISI4145H等钢种，吊杆用20SiMo2MoVE、20Cr2Ni4E、34CrNi3MoVE、40CrNiMoA、45CrNiMoVA等电渣钢锻材，阀体、曲轴等用电渣钢锻件；与宝鸡石油共同开发设计X80J，应用于3000米深海法兰，并取得了北满专利产品。

调质材：能够生产Cr、CrMo、CrMnMo、CrMoV、CrNiMo系列热轧调质材，通过调整化学成分、热处理制度能够满足用户不同的使用要求，例如在零下20~60℃使用，且调质后钢材的力学性能指标可以根据客户要求按规格进行分档，产品质量稳定，性能优良。

四、特色工艺装备

近年来，建龙北满经过创新发展及大规模的技术升级改造，已发展成为年产220万吨钢的特殊钢生产基地。目前，建龙北满具有国际先进水平的特殊钢线材生产线、连铸连轧小棒材生产线，国内领先的半连轧大棒材生产线、锻件（材）生产线及冷拔热处理材生产线、调质材生产线。近70年来，建龙北满特钢为我国航空航天、电力能源、石油化工、交通运输、冶金矿产等诸多领域提供了大量的优质热轧材、锻件（材）、冷拔材及热处理材产品，为国民经济和国防建设做出了重大贡献。

（一）炼钢连铸装备

主体设备：冶炼装备1台90吨CONCAST超高功率电弧炉、1台120吨顶底复吹转炉、3台LF炉外精炼炉、VD/RH真空精炼炉各1台；配套1台六机六流小方坯连铸机、1台五机五流大方坯连铸机、1台三机三流圆坯连铸机。

（二）特殊钢线材生产线

投资4.5亿元新建100万吨（50万吨×2）双高线工程，由两个相互独立的全连续式高速线材生产线组成，分别称为A线和B线。

A线：德国西马克公司，主要设备：2架预精轧机+10架精轧机+1台吐丝机+三风机技术风冷线，包括水冷闭环的控冷系统。

B线：美国摩根公司，主要设备：2架预精轧机+8架精轧机+智能夹送辊+4架减定径机+1台吐丝机+孔板风量分配技术风冷线，包括水冷闭环的控冷系统。

主要品种：弹簧钢、轴承钢、帘线钢、钢绞线、焊条钢、冷镦钢等。

（三）小棒材生产线

经三轮大规模技术改造，目前为国内流程配置齐全，长、短流程并举的洁净钢、低成本、高效能生产线，具备年产钢材70万吨的生产能力。

主体设备：2台步进式加热炉、1套POMINI 20架连轧机组、控轧控冷设备、1套

KOCKS 减定径机组及配套设施；配备矫直、倒棱、抛丸、分钢精整线及 FOERSTER、GE 公司引进漏磁、相控阵超声探伤（ϕ19～90 毫米）；OLYMPUS、RD-TECH 公司引进的阵列涡流、相控阵超声探伤（ϕ35～110 毫米）等三条自动探伤线。

主导产品：轴承钢、汽车钢、工程机械用钢、矿山钢等。

（四）大棒材生产线

主体设备：大棒材生产线是由 2019 年改造完成的 1 台步进式加热炉、825 毫米初轧机与 2 架 850 毫米轧机、4 架 700 毫米轧机、4 架 550 毫米轧机组成的半连轧生产线。配备缓冷、矫直、修磨等设施及 1 条 OLYMPUS 大规格圆材（ϕ100～270 毫米）桥架相控阵涡流、超声自动探伤线，具备年产钢材 40 万吨的生产能力。

主导产品：铁路用钢、汽车钢、轴承钢、石油用钢、减速机用钢、锅炉管坯、调质材等。

（五）锻造生产线

主体设备：锻造生产线是由苏联制造的 30 兆牛水压机、德国蒂森-潘克公司的 30 兆牛快锻机、奥地利 GFM 公司的 16 兆牛精（径）锻机、热处理设备组成的一体化生产线。装备配套齐全，实现优质锻件材品种系列化、规格系列化生产，具备年产锻件材 15 万吨的生产能力。产品进行无损检测、精加工及近终形交付。

坯料来源：模铸钢锭、电渣钢锭、连铸圆坯。

（1）模铸线：以 2 台公称 40 吨高功率液压式 EBT 电弧炉、2 台 LF 炉外精炼炉、2 台 VD 真空精炼炉、1 台 AOD 精炼炉为主的模铸钢生产线，最大生产钢锭 37 吨，年产模铸钢锭 10 万吨。

（2）电渣重熔：建成投产使用的 12 台电渣炉共 13 个熔位，可生产 2～25.5 吨电渣钢锭，年产电渣钢锭 5 万吨。

主导产品：辊坯、工模具钢、鼓风机用钢、船舶用钢、高压锅炉管坯、减速机用钢、石油用钢、轴承钢等。

五、未来展望

面向未来，建龙北满将坚定不移地走专业化、高技术含量、高附加值的精品特钢发展之路。在建龙集团的引领下，扎实推动“六大战略”，实现“四大转型”，即“向经营型企业转型、向创新型企业转型、向数字化企业转型、向美好企业转型”，将建龙北满打造成高端、专业、优质的工业用钢供应商，成为国际一流的高端轴承钢生产基地和国内北方市场的特钢“第一品牌”。

第二十六章 营口市特殊钢锻造有限责任公司

一、企业简介

营口市特殊钢锻造有限责任公司（以下简称营口特钢）成立于2005年9月30日，地处坐拥环渤海经济带辽东半岛中心部位的营口盖州市。历经十多年的发展，公司已成为拥有从电渣重熔冶炼、锻造、热处理到机械加工完整工艺链的研发生产制造企业，形成了集特殊钢生产研发为一体的创新型企业。公司总占地面积五万余平方米，建筑面积近两万平方米，主要工艺设备80余台（套），拥有从业人员120余人，连续多年产值近两亿元。风雨十六载，铸就特钢梦。营口特钢自成立以来，本着“高起点、出精品、争一流”的理念，树立了“打造一流团队，制造一流产品”的目标，定位于“研发生产高端产品，替代进口的产品”。提出了“多品种、小批量、短周期、个性化定制服务”的理念。主要针对一些制造业企业对某种高端特钢产品的需求小而精，大的特钢生产企业无法立项研发，即使成功立项其研发到交付使用的周期也较长，而一般小企业又不具备研发的实力的现象。公司不仅具有较完备的研发生产检验优势，还具备接受较小批量订单且能以较短时间周期交付使用的能力，同时在客户投入使用的过程中进行跟踪服务，不断改进与提升产品质量，不断满足客户新的需求，与客户形成长期默契的合作。公司立足于国内特钢高端市场，研制和开发特殊钢锻件。目前公司六大系列产品已经稳定供应国内高端市场，并已同这些高端客户形成了长期的供需关系。

营口特钢已形成的产品系列有：

（1）矿用高强度耐磨材料及设备用钢，包括传动链轮组件、减速器组件、链条半环用钢等，自主知识产权YLL系列、LS3等。规格为ϕ60~1000毫米，重量0.05~5吨。

其中部分产品曾经依赖进口，因国内产品难以保证较大的过煤量及在较复杂的矿床环境下使用。营口特钢研发的产品填补了国内此类产品的空白。以较高的强度和耐磨性能赢得了本行业客户好评与信赖。

（2）高级模具钢产品。模具是制造业的重要工装用品，它的质量是否稳定直接影响产品质量、生产成本和工作效率。模具钢产品应用领域较为广泛，是热模锻、热挤压、注塑、压铸等行业模具制作的主要原材料。本公司根据不同行业及不同装备的使用特点有针对性的设计研发了不同的模具材料。通过对化学成分进行调整和独特的工艺设计使得产品具有如抗热冲击开裂、热疲劳龟裂、热磨损、塑性变形的优良性能。长期供应的品种有自主知识产权YB系列、YD系列等。环、盘类件规格为ϕ60~1200毫米，模块、轴等长≤6.5米，重量≤20吨。

（3）冷轧辊坯产品，用于生产冷轧板、带钢的轧机工作辊与支撑辊，该产品使用环境恶劣，对材质的性能要求极高。国内生产该产品的企业较少，而且一般生产厂家的质量不稳定，难以满足客户要求。营口特钢潜心研究不断提升性能，目前该产品已完全满足了客户的要求。其品种有 MC6、MC5、MC3、YM5、YM8、86CrMoV7 等。规格为 ϕ100～800 毫米、长≤6.5 米、重量≤8 吨。

（4）石油钻采用钢，该产品要求低温下具有高强度和韧性，以满足野外恶劣环境下作业要求。营口特钢为客户研发了采油树核心部件、井口头部件、井下传动轴与壳体等产品。满足了客户的需求，建立了稳定的供需关系。而且在不断地提升产品的技术含量和增加新的产品。目前供货的产品品种有 4140、8630、EX30、EX55、LS3、40CrNiMoA、42CrMo 等。规格为 ϕ100～800 毫米、长≤6.5 米、重量≤8 吨。

（5）轴承钢锻坯与轴承套圈锻件，十几年来营口特钢一直为轴承生产企业提供大型轴承用钢，这些轴承均用在大型装备与关键部位上，因此必须有可靠的质量稳定性作保障。品种有 GCr15、GCr15SiMn、GCr18Mo、G20Cr2Ni4A 等。套圈规格为 ϕ300～800 毫米，轴承钢锻件单重≤8 吨。

二、历史沿革

2005 年 9 月，营口市特殊钢锻造有限责任公司注册成立。

2007 年，正式投产。

2011 年，开始建立现代化企业管理制度。

2014 年，开始进行扩产建设，锻件产能达万吨级。

2015 年，以技术研发为依托，产品定向调整为高端客户定制，实现产品结构技术升级。

2017 年，拓展产业下游，形成完整的产品工艺链条。

三、主要成果

营口特钢成立至今，一直致力于高端合金结构钢、高端合金工具钢的研发和生产，科研方向涵盖特殊钢冶金熔体结构与反应机理、多物理场下特殊钢冶金精炼过程、特殊钢凝固理论与组织控制、高品质特殊钢成分设计及组织性能调控和面向特殊钢需求的冶金资源综合利用，具有很强的理论基础和丰富的实践经验。其中具有自主知识产权的 YLL 系列新型矿用高强度耐磨材料、YB 系列和 YD 系列模具材料，在实际使用过程中，无论是材料的综合性能还是使用的稳定性均已达到同类进口产品水平。同时参与了依托于国家科技部“863”课题“海洋技术”领域的“深水油气勘探开发技术与装备”项目子课题的江钻水下卧式采油树关键部件的制造，并成功通过了国家科技部的验收。

YLL 系列新型矿用高强度耐磨材料在设计之初，充分考虑井下使用环境及失效机理进行化学成分设计和生产工艺的研究。研发出适合不同地质特征的能够应对恶劣的井下作业环境的系列新材料。该系列材料既有足够的耐磨性应对严重的磨粒磨损，同时具有较高的韧性、强度应对不断往复的冲击载荷，大大提升了使用寿命，提高了生产效率。通过多年的推广和使用，在国内高档矿用高强度耐磨材料市场占有率达到了 90%以上，摆脱了对进口矿用高强度耐磨材料的依赖，实现了由进口向出口的巨大转变。

YB 系列和 YD 系列模具材料，是围绕汽车制造行业和航天航空装备用高端高温合金材料制造而研发的系列模具材料。根据过去通用模具材料在使用过程中的问题进行成分设计和生产工艺的创新和改良。这些系列模具钢或具有高的强度、硬度、韧性的配合；或具有良好的抗腐蚀性和抗氧化性；或具有超高的耐磨性和回火稳定性；或具有优秀的红硬性、热强性和抗蠕变能力。以用于高温合金及钛合金锻件制作的模具钢为例，在高温合金及钛合金锻件生产过程中，模具服役条件较差。模具型腔承受很大的冲击力，较长时间处于 550℃以上的高温环境，模具变形、磨损、塌角和塌陷问题比较严重。模具费用在锻件成本中的比重高达 30%~45%。通过使用过程中的检测，以往通用模具材料在生产 1500 毫米以上高温合金及钛合金叶片时，锻打 20 件后，变形量大于 1.5 毫米。而使用营口特钢生产的模具材料锻打 120 件后，变形量仍然小于 0.3 毫米，很大程度上提高了高温合金及钛合金锻件的质量稳定性和生产效率，以及降低生产过程中的模具费用。

江钻水下采油树为国家“863”课题项目，此采油树样机为卧式结构，设计水深 1500 米，压力等级为 69 兆帕，API 性能等级为 PR2，产品规范等级为 PSL3，温度等级为 U(-18~121℃)，具备典型的卧式采油树完整供暖性能，可满足测试、生产、修井等作业需求，其关键锻件产品由营口特钢制造，产品质量与性能完全满足用户需求。

营口特钢被评为国家高新技术企业、营口市工程技术中心，拥有专利 9 项，其中发明专利 3 项，实用新型专利 6 项。

四、特色工艺装备

工欲善其事，必先利其器。营口特钢坚持不断地推进装备的现代化改造，针对功能性及创新性进行提升。经过多年发展，现已形成材料冶炼—锻造—热处理—机械加工完整工艺链的工艺装备，尤其在特冶、锻造、热处理等核心环节具有突出装备优势。冶炼设备有电渣重熔炉三台，电渣钢年产能达万吨以上。其中一台为同轴导电全封闭电渣炉，具有同轴大电流回路恒熔速气氛保护自动控制的特点，在电渣钢生产中具有独特的优势，除具有成分均匀、结晶方向一致、硫化物及氧化物含量低等这些一般重熔钢的优点外，还具有全同轴导电减少偏析、控制气体含量、整支电极（无倒换接头）和恒温恒熔速钢锭表面光滑无渣沟的特点，确保了电渣钢锭质量的稳定性、一致性和可复制性，为锻造生产大型关键锻件质量的可靠性提供了重要保障。锻造设备有 1000 吨、2000 吨、6300/10000 吨油压机各一台（套），4300 吨摩擦压力机一台（套），1200 辗环机一台（套），相应的加热及锻后预备热处理设备二十多台（套）。锻件年产能达两万吨。6300/10000 吨液压机是国内领先的锻造设备，为锻件的大压下量、大锻比提供了重要保证，同时能够保持近恒温锻造，尤其适合锻造温度范围窄、性能要求高的高合金品种。可锻造各种空心、实心类圆形锻件和各类矩形、扁方或多台阶形锻件。机加工设备有锯床、车床、铣床、镗床、钻床、数控车床、线切割机等 30 余台。调质热处理设备包含真空双室淬火炉等 10 余台（套），具备锻件后续调质及精加工能力。

五、未来展望

（一）愿景

营口特钢以满足客户使用作为发展的方向，以解决客户在使用特殊钢材料中存在的问题为目的，以配合高端制造企业提升产品为宗旨；与国内院校及高端制造企业共同联合研究创新来解决客户在使用特殊钢材料时存在的问题；实施需求、技术、人才、装备为一体，整合各方面专业人才和技术优势着重针对几类特殊钢材料进行研究创新制造。

（二）战略定位

营口特钢要以企业自身的实际情况来定位。本着高起点，多品种，小批量，短周期的原则，重点在高端模具钢材料、高端冷轧辊材料、高端高速钢材料、高端轴承钢材料、高强度高韧性合金结构钢材料方面进行研发制造。企业按照十年规划发展的目标，主打以上五大类别高端特殊钢材料，要在国内市场上对进口同类材料造成强有力的冲击。

（三）举措

实施一个生产基地、多个分店销售的科研生产与销售齐驱并进的发展路径；推行以销售和售后服务反馈推动生产基地创新研发的发展模式；同时按照不同的发展阶段需求来增添不同的制造装备和设施；不断完善自身的体制和机制的创新，使企业永葆活力；认认真真地创企业品牌，勤勤恳恳地为客户服务，踏踏实实地做百年老店。

华中地区

第二十七章 河南济源钢铁（集团）有限公司

一、企业概况

河南济源钢铁（集团）有限公司（以下简称济源钢铁）始建于1958年，属中国大型钢铁骨干企业、中国企业500强、中国民营企业100强、中国制造业500强和世界钢铁企业100强，系中国钢铁协会、中国特钢协会常务理事和全国工商联冶金商会副会长单位。济源钢铁位于河南省济源市境内，交通便利，铁路专用线与焦枝铁路线连接，目前，拥有员工8000人，各类专业技术人员3000人，资产总额150亿元。

公司钢铁主线为长流程生产工艺，铁、钢、材和检测装备精良，工艺先进，具备国际先进水平，年生产能力500万吨，系国内品种最多、规格最全的优特钢棒、线材生产基地。产品包括优特钢棒、线材、建筑用钢及精加工钢材，其中优特钢比例为75%。优特钢产品主要有轴承钢、弹簧钢、帘线钢、冷镦钢、齿轮钢、易切削非调质钢、高强耐磨钢、管坯钢、焊丝钢、锚链钢、容器钢及水平连铸铸铁型材等；建筑用钢产品有螺纹钢、光圆钢筋、PC钢棒用钢、高速线材等；深加工钢材有精线、热处理棒、线材、银亮材、紧固件等。广泛应用于汽车、工程机械、风力发电、石油化工、海洋工程、铁路及轨道交通等行业。成为卡特彼勒、东风汽车、中国重汽、陕汽、三一重工、徐工、长安、宇通等知名主机厂的原材料供应商。

公司拥有省级技术中心、国家级认可实验室、博士后研发基地、河南省工程机械用钢工程技术研究中心、河南省特殊钢材料研究院（河南省特殊钢材料创新中心），通过了ISO 9001、GB/T 28001、ISO 14001、IATF 16949体系认证，获得了武器装备质量管理体系认证、中国船级社工厂认可证、轴承钢生产许可证等。曾连续十年荣膺国家质量检验检疫总局颁发的“国家产品质量免检”证书，“冶金行业产品实物质量金杯奖”，连续荣获“全国守合同重信用企业”等荣誉称号。企业凭借稳定的实物质量和高效的服务理念，在国内外用户中赢得了良好口碑。2013年被工业和信息化部确定为第一批符合《钢铁行业规范条件》的45家钢铁企业之一。2018年被河南省政府评定为“河南省制造业创新中心培育单位”。

济源钢铁将在绿色制造、智能制造和服务制造等方面实现深度转型，不断强化责任担当与使命担当，努力建设国内一流、全球有影响力的精品优特钢生产基地。

二、历史沿革

1958年6月16日，经过八个月的筹建，新乡地委批准了“济钢基建工程设计任务书”，同年6月25日，作为基建实施的1号、2号3立方米土炉基建工程破土动工，当年9月28日，两座小土炉相继开炉并出铁。

1959年3月，济源钢铁厂已有各类大小土炉17座，但累计年产铁仅有282.61吨，且多为格外铁。

1960年大办钢铁时期，工人们创造了新型炼铁炉济源式“犁面炉”。

1961年10月，按照上级调整重工业的有关指示，企业所有基建工程全部停止，小土炉也陆续停产，之后利用本厂的大量生铁改产犁面、犁尖、火盆、铁锅以及蒸笼等支农产品。

1968年5月，由于工农业生产需要大量的钢材，新乡地委决定恢复炼铁生产。

1971年，是济源钢铁厂历史上具有转折性意义的一年。6月1日，1号100立方米高炉投产出铁，与之配套的烧结机等设备也都先后投产，标志着济钢结束了十二年的土法炼铁历史。

1985年11月，2号100立方米高炉建成，公司拥有了两座百立方米级高炉。

1989年8月3日，3号100立方米高炉竣工投产。

1994年12月16日，总投资1.15亿元的省“118”重点项目1号10.5吨氧气顶吹转炉技改工程竣工投产，结束了企业36年来有铁无钢的历史，掀开了济源钢铁生产史上重要的一页。

1995年8月25日，投资2500余万元的1号罗可普型方坯连铸机一次热负荷试车成功，拉出第一根钢坯。

1997年12月18日，被冶金工业部列为全国小型型钢国产化、连续化示范点的30万吨棒材半连轧生产线建成投产。至此济源钢铁已由原来单一的炼铁企业发展成为铁、钢、材成龙配套，辅助设施完备，检测手段齐全的钢铁联合企业。一举发展成为继安钢之后河南省第二大钢铁联合企业。

1999~2000年年底，投资7000万元，实施了工序挖潜配套的“两大五小”工程，即4号150立方米炼铁高炉、3号4000立方米/小时制氧机以及烧结机扩改、转炉扩容和连铸高效化、棒线切分轧制、内部供电系统、铁路货场改造工程，使济钢完成了发展史上的第二次定位，达到了年产50万吨铁、50万吨钢、50万吨材的生产能力，进入全国重点钢铁企业行列。

2001年5月18日，投资1.6亿元的35万吨高速线材工程破土动工，拉开了济源钢铁“十五”快速发展的序幕。经过一年的紧张施工，2002年5月18日，工程全线竣工投产，并创造了三项全国之最，即全国同类高线工程工期最短、投资最省、达产最快。

2002年11月8日，投资8亿元的百万吨钢铁扩改工程破土动工，主要建设项目由五部分组成，即炼铁系统建设508立方米高炉1座、75平方米烧结机1台、高炉喷煤系统

1套；炼钢系统建设60吨转炉1座、60吨LF精炼炉1座、四机四流方坯连铸机1台；制氧系统建设10000立方米/小时制氧机1台；动力系统建设11万伏供电线路1条及110千伏主变站；轧钢系统对棒材生产线实施全连轧改造。这是济源钢铁有史以来一次性投资最多、规模最大、工程覆盖范围最广的工程。

2004年2月，整个工程全线竣工投产，4月份实现了达产目标，11月9日，钢产量首次突破生产100万吨，这是公司发展史上又一个新的里程碑，标志着济源钢铁真正跨入了100万吨钢的大型钢铁联合企业行列。济源钢铁以一年等于四十年的速度再造了一个新的济源钢铁。

2004年以来，根据国家钢铁产业政策要求，打响了淘汰落后、节能减排的新战役。在清洁生产、污染防治、节能减排、发展循环资源综合利用等方面，先后投资3亿余元，完成了高炉煤气发电、高炉煤气烧石灰窑、高炉喷煤、高炉TRT发电、BPRT风机、转炉煤气回收、余热回收以及水渣微粉、钢渣处理等诸多节能环保工程，实现了废气、废渣、废水的综合利用。

2006年以来，以淘汰落后、提升工艺和装备水平为核心的技改工程全面展开，共完成工程投资15亿元。技改工程包括3号、4号、6号508立方米高炉大修，4号75平方米烧结机、60万吨球团工程，发电二期工程，4号60吨转炉炼钢工程，15000立方米/小时制氧机工程，3×150立方米煤气烧石灰窑二期工程，水渣微粉二期工程，机械化料场。

2007年7月3日，投资6.5亿元的60万吨高强度机械用钢生产线工程开工。这是产品升级换档的标志性工程，主要生产冷墩钢、合金结构钢、弹簧钢、轴承钢、齿轮钢等，产品可广泛应用于汽车制造、机械设备加工制造等行业，并将填补河南省高强度机械用钢的空白。

2008年1月3日，TRT工程竣工投运；1月21日，4号450立方米高炉及BPRT机组投入使用；3月27日，3号508立方米高炉出铁。

2009年2月27日，高强度机械用钢生产线热负荷试车成功。

2010年6月8日，20万吨活性石灰回转窑工程竣工投产；12月10日，研究开发中心竣工投用；12月18日，精品高速线材生产线工程开工建设。

2011年9月22日，110千伏钢铁2号变电站建设及腾飞变扩容改造工程正式投入运行；11月22日，炼铁厂焦炭堆场正式投运；11月26日，2号烧结机热试投运。

2012年2月14日，精品高速线材生产线热试成功；2月29日，2×120吨转炉热试成功；3月6日，2号1080立方米炼铁高炉顺利开炉出铁；3月6日，1号120吨LF精炼炉热试成功；3月6日，1号七机七流方坯连铸机热试成功；3月15日，2号八机八流连铸机热试成功；3月15日，2号120吨RH、VD精炼炉热试成功；7月5日，60万吨钢渣热焖生产线热试车成功；10月18日，100万吨特殊钢大棒材生产线工程开工建设。

2013年5月10日，康卡斯特大方圆连铸机热试成功；7月10日，特殊钢大棒材生产线热试成功。

2019年3月28日，精品钢丝生产线竣工投产。

三、主要成果

（一）质量保证

通过了 IATF 16949 汽车用钢体系认证、ISO 9001 质量管理认证、GJB 9001C 质量管理、GB/T 28001 安全管理认证、ISO 14001 环境管理认证、ISO 50001 能源管理认证、ISO 10012 测量体系管理认证、CNAS 国家实验室认证、中国船级社工厂认证。获得美国卡特彼勒、美国阿文美驰、中国重汽、中国一拖、洛阳轴承、瓦房店轴承、人本轴承、襄阳轴承、西北轴承、三一重工、三环集团、徐工、眉山车辆、重庆蓝黛、重庆华陵、重庆秋田、大同齿轮、柳州上汽、东方锅炉、河北钢诺、山东华民、恒星钢缆、河南中轴、许昌远东等国内外知名企业二方认证。

（二）主要产品及实物质量水平

产品涵盖轴承钢、弹簧钢、紧固件钢、齿轮钢、帘线钢、易切削钢、非调钢等，广泛应用于汽车、工程机械、铁路、石油、煤炭、石油化工、国防军工、航海、风电及新能源等行业领域。

齿轮钢产品质量以目前国内和国外先进指标作为努力方向，以实现齿轮小变形、低噪音、高疲劳寿命为目标，以引进技术外援为指导，通过技术人员的研发、技术创新和质量攻关，实现了齿轮用钢低氧含量、高洁净度、窄淬透带的控制，目前已经具备按照 4HRC 带宽批量生产齿轮钢的能力。

轴承钢立足于新装备、新工艺，着眼于精品高端，历经 10 余年，已发展成为国内轴承钢生产中坚力量。轴承钢产品具有钢质纯净、碳化物均匀性好、疏松级别低、表面质量优良等特点，实物质量稳定可靠，能够满足不同层次用户的使用要求。

弹簧钢产品表面质量优良、通条性能好、力学性能稳定。运用夹杂物无害化处理技术，并将夹杂物尺寸控制在 3 微米以下，可满足弹簧高疲劳寿命的要求。铁路用弹簧钢通过铁科院疲劳寿命试验，获得铁科院认证。

帘线钢生产以国内外先进指标为目标，高标准、严要求，从原料开始控制，采用先进的铁水预处理、冶炼、连铸、精整、轧制工艺。钢材氧含量低、洁净度高、尺寸精度高、表面质量优良、通条性好。可拉拔到 ϕ0. 15 毫米。

钢绞线以适应和满足用户需求为目标，在已有工艺装备基础上，与用户结合，通过工艺优化调整，达到了用户绿色、无酸洗生产的使用要求，产品氧化铁皮剥落性好、中心偏析低、力学性能稳定，受到使用单位的好评。

充分利用先进的工艺装备，通过与国内知名专家合作和自身的工艺技术创新，使紧固件用钢质量稳定提高，产销量大幅度增长，产品广泛应用于制造汽车、风电、建筑、机床、铁路等。济源钢铁的紧固件产品具有夹杂物级别低、冷镦性能好、脱碳层深度低、表面质量优良等特点，实物质量稳定可靠，能够满足不同层次用户的使用要求。

通过利用自身装备优势、工艺技术创新，掌握了易切削钢生产关键技术，生产的易切削钢具有切削性能良好的特点，夹杂物形态、氧含量等质量水平及稳定性相对较好，市场占有率较高。

掌握了锻造用和直接车削用非调钢生产关键技术，锻造用非调钢已应用于发动机连杆和曲轴，直接车削用非调质钢已应用于机床丝杆、工程机械液压杆及销轴等，已被多家用户认可。15.3~90毫米规格可进行控轧控冷，可生产低成本高强度非调钢。75~200毫米规格所用钢坯为400毫米×500毫米断面，可保证压缩比；钢坯为COMCAST连铸机生产，采用末端电搅和轻压下，可保证钢坯低倍质量；轧材为达涅利轧机生产，可保证内部和表面质量。

（三）产品应用领域

国家大型水利枢纽长江三峡工程使用济源钢铁生产的“国泰”牌钢材。

举世瞩目的黄河小浪底水利枢纽工程指定济源钢铁为钢材直供商，产品质量受到外国专家的一致好评。

国家重点铁路高铁项目指定济源钢铁为优秀供应商。

济源钢铁被河南省高速公路建管局指定为钢材直供商。

济源钢铁生产的汽车用轴承钢、弹簧钢、齿轮钢、发动机用钢、轮胎用钢等产品，得到用户的广泛认可。

济源钢铁生产的铁路用钢广泛应用于铁路货车、高速客车、高速动车、铁路轨枕、铁路桥梁的关键零部件制造。

济源钢铁生产的工程机械用钢得到国内大型工程机械公司和国际知名公司的接受和认可。

济源钢铁生产的石油用钢广泛应用于石油输送、固井设备、石油钻采等领域。

济源钢铁生产的锅炉用钢，风电用钢、输电线路用钢得到国内外知名企业的一致认可。

济源钢铁生产的线材广泛应用于金属制品行业。

济源钢铁是国内紧固件用钢的研发、生产基地，具有很高的市场声誉。

四、特色工艺装备

济源钢铁的主体工艺设备主要从国外引进，炼钢厂拥有双工位KR铁水脱硫预处理、120吨顶底复吹转炉、120吨LF精炼炉、RH（VD）真空精炼炉设备，全套引进瑞士CONCAST合金钢大方圆坯弧形连铸机，采用了全程保护浇注工艺和动态轻压下工艺，钢坯可实现探伤、修磨、扒皮处理。轧钢全套引进意大利达涅利的合金钢大棒生产线，采用大压缩比轧制，保证钢材的精度和内部质量，同时可以提供两火材产品；引进德国的KOCKS高精度三辊减定径轧机，可以实现自由尺寸轧制；引进美国摩根的第七代8+4线材轧机，可实现低温轧制技术；轧钢后区配备有钢材矫直、探伤、扒皮、台车式退火炉和阿瑞斯连续退火炉，可以提供退火材、两火材、扒皮材。

炼铁系统拥有1200立方米高炉2座、508立方米高炉4座、300平方米烧结机1台、

120 平方米烧结机 2 台、全自动喷煤系统 2 套、烟气净化系统 2 套，具备年产 500 万吨生铁的能力。

炼钢系统拥有 120 吨顶底复吹转炉 2 座、60 吨顶底复吹转炉 2 座、120 吨 LF 精炼炉 4 座、120 吨 RH 精炼炉 2 座、60 吨 LF 精炼炉 2 座、60 吨 VD 精炼炉 1 座，康卡斯特合金钢大方（圆）坯连铸机 1 台，八机八流、七机七流连铸机各 1 台，五机五流连铸机 2 台，四机四流连铸机 1 台，具备年产 500 万吨钢的生产能力。

大棒生产线采用国际上先进成熟的工艺和设备，采用大方坯和大圆坯直接热送至特殊钢大棒材生产线进行轧制。轧线配置及轧机选型：轧线采用半连轧模式，粗轧机采用 ϕ1150 毫米二辊闭口可逆式轧机，精轧机采用 8 架短应力线式轧机，平立交替布置，定尺锯采用 4 台组合热锯，采用在线测径技术、涡流探伤、超声无损探伤技术、剥皮、退火处理等，使得该生产线生产灵活，适应性强，产品精度高，锯切质量高，技术装备、产品质量及自动化水平均达到了国际先进水平。

中棒生产线采用步进式加热炉、高刚度短应力线平立交替无扭全连轧轧机、4 架德国 KOCKS 三辊减定径机组，生产的钢材尺寸精度高，并能实现自由尺寸轧制。

小棒生产线全线 23 架连轧，粗轧 7 架 600 毫米平立轧机；中轧 6 架 450 毫米平立轧机，精轧 6 架 300 毫米平立可更换轧机；4 架全进口 300 毫米 KOCKS 三辊轧机；期间布置 4 台飞剪和 6 套控冷水箱；1 套冷床和成品收集系统；全线 ABB 电控系统。

高速线材生产线关键设备引进美国摩根七代轧机，精轧机组为 8 架 V 型超重型机组，其后带有 4 架减径定径机，打包机等进口设备，保证了设备的可靠性和表面精度以及产品的内在质量。

五、未来展望

济源钢铁“十四五”的规划蓝图是：总投资 130 亿元，建设 20 个项目，从装备大型化升级改造、环保超低排放改造、产品结构调整、钢产品深加工、低碳绿色发展、智能数字化升级等方面来推动企业实现高质量发展。力争到 2025 年形成铁、钢、材各 600 万吨的生产能力和 100 万吨的钢产品深加工能力，成为国内一流、全球有影响的优特钢精品基地。

第二十八章 河南中原特钢装备制造有限公司

一、企业概况

河南中原特钢装备制造有限公司（以下简称中原特钢）成立于1970年，地处河南省济源市，隶属于中国兵器装备集团有限公司（以下简称兵装集团）。经过50多年的发展，中原特钢已由单一毛坯厂发展成为先进装备制造业提供高品质特殊钢材料及工业专用装备的专业化、全产业链特钢企业。

近年来，中原特钢紧紧围绕高品质特殊钢坯料和工业专用装备两大核心产业，不断拉长产业链条，以济源市虎岭产业集聚区为依托，已形成小寨园区、东张园区和济源园区三大产业园区布局。中原特钢三大园区相互配合、协调发展，产业规模逐年壮大。

中原特钢目前主导产品主要包括以高品质特殊钢材料为基础的工业专用装备和高品质特殊钢坯料两大类，工业专用装备主要包括石油钻具、限动芯棒、铸管模、风机主轴、锻钢冶金冷轧辊、超高压容器、液压油缸等；高品质特殊钢坯料主要包括大型特殊钢机加调质毛坯件、以模具钢和不锈钢为代表的大型特殊钢精锻件、大规格高洁净特殊钢连铸坯、高洁净特殊钢钢锭及电渣锭等。

二、历史沿革

1970年，中原特钢正式开工兴建。

1975年，中原特钢厂名为国营长征机械制造厂。

1979年，国营长征机械制造厂更名为国营新长征钢厂。

1981年，中原特钢首次试炉出钢。

1982年，1400吨精锻机锻造生产线首次试锻成功。

1984年，国营新长征钢厂更名为国营中原特殊钢厂。

1992年，国营中原特殊钢厂更名为河南中原特殊钢厂；同年开发试制出首批整体无磁钻铤，发往华北油田，产品填补国内空白。

2004年，河南中原特殊钢厂更名为河南中原特殊钢集团有限责任公司。

2007年，河南中原特殊钢集团有限责任公司更名为中原特钢股份有限公司。

2008年，中原特钢济源园区开工建设。

2009年，5000吨油压快锻机锻造生产线竣工投产。

2010年，中原特钢深交所IPO上市。

2011年，新建RF70型1800吨精锻机生产线竣工投产。

2015年，新建高洁净钢冶炼系统热负荷试车成功。

2018 年，中国兵器装备集团持有公司股权无偿划转给中粮集团有限公司。

2018 年，实施内部资产重组，中原特钢股份有限公司所属人员、资产、负债等全部划转子公司河南中原特钢装备制造有限公司，并以河南中原特钢装备制造有限公司为主体经营。

2019 年，河南中原特钢装备制造有限公司从中原特钢股份有限公司中置出到中粮集团有限公司。

2020 年，中粮集团有限公司将所持有的河南中原特钢装备制造有限公司 100%股权无偿划转给中国兵器装备集团有限公司。

三、主要成果

（一）核心优势

中原特钢是一家回收利用废钢熔炼高品质特殊钢的资源节约型高新技术企业，与国内外同行业其他企业相比，公司具有以下几方面核心优势：

（1）资源节约。利用废钢熔炼高品质特殊钢，流程短，节能减排优势明显，产业政策支持。

（2）工艺装备技术先进。尤其冶金、锻造等核心能力具有独特优势，关键设备达到国际先进水平。

（3）工艺链完整。国内少数具有从材料熔炼、锻造到热处理、机械加工生产手段的企业。

（4）专业化产品线。拥有限动芯棒、石油钻具、风机轴、铸管模、锻钢冷轧辊等多条机械深加工生产线。

（二）突出成就

1. 重大奖项

中原特钢 50 年来为中国特殊钢及特种合金的发展做出了重大贡献，共获得了 43 项省（市）级、行业协会科技成果奖。省级、行业协会科技进步奖项如表 3-28-1 所示。

表 3-28-1　省级、行业协会科技进步奖项

年份	名称及奖项	颁布单位
2004	短流程工艺研究及 20 吨电弧炉改造项目获二等奖	河南省国防科学技术工业委员会
2004	离心球磨铸铁管用铸管模开发项目获三等奖	河南省国防科学技术工业委员会
2004	低腐蚀隧道密度石英晶体材料产业化技术开发项目获三等奖	河南省国防科学技术工业委员会
2004	板坯连铸辊系列锻件研发制造项目获二等奖	河南省国防科学技术工业委员会
2004	RJF-300-165 高压釜的开发项目获三等奖	河南省国防科学技术工业委员会
2004	板坯连铸辊系列锻件研发制造项目获三等奖	中国兵器装备集团公司
2008	限动芯棒技术专利分析报告项目获三等奖	中国兵器装备集团公司

续表 3-28-1

年份	名称及奖项	颁布单位
2008	高强高韧连轧管机限动芯棒制造工艺技术项目获二等奖	中国兵器装备集团公司
2008	冶炼超低碳高锰无磁不锈钢工艺研究	河南省国防科学技术工业委员会
2008	DIN1.4122 主轴锻件产品开发项目获三等奖	河南省国防科学技术工业委员会
2008	高强度高韧连轧管机限动芯棒制造工艺技术项目获一等奖	河南省国防科学技术工业委员会
2011	整体方钻杆产品开发项目获三等奖	中国兵器装备集团公司
2011	W2014N 新型无磁钻具产品开发项目获二等奖	中国兵器装备集团公司
2012	《石油钻具用钢棒》行业标准制定项目获三等奖	中国兵器装备集团公司
2012	整体方钻杆产品开发项目获三等奖	河南省人民政府
2013	《无磁石油钻具用钢棒》行业标准制定项目获三等奖	中国兵器装备集团公司
2013	加铝 SPM 平整工作辊辊坯产品研究与开发项目获三等奖	中国兵器装备集团公司
2013	射孔效能评价装置用超高压容器产品研究与开发项目获二等奖	中国兵器装备集团公司
2014	5000 吨油压机锻造压实新技术开发项目获三等奖	中国兵器装备集团公司
2014	兆瓦级风电机组主轴关键技术研究及产业化项目获二等奖	中国兵器装备集团公司
2015	匀质微细化热作模具钢 H13 系列新产品开发项目获三等奖	中国兵器装备集团公司
2015	兆瓦级风电机组主轴关键技术研究及产业化项目获三等奖	河南省人民政府
2015	匀质微细化热作模具钢 H13 系列新产品开发项目获二等奖	河南省工业和信息化委员会
2015	一种 965 兆帕强度级无磁钻具新产品制造技术研究项目获二等奖	中国兵器装备集团公司
2015	高压用 CrNiMoV 钢压裂泵泵头体新产品开发项目获三等奖	中国兵器装备集团公司
2016	油田阀体用 AISI410 马氏体不锈钢新产品开发项目获三等奖	中国兵器装备集团公司
2016	《连轧管机组用限动芯棒》行业标准制定项目获三等奖	中国兵器装备集团公司
2019	石油压裂泵用 17-4PH 不锈钢阀箱锻件新产品研发项目获中国兵器装备集团公司科技进步奖三等奖	中国兵器装备集团公司

2. 国家或行业标准制定

中原特钢共主持或参与国家或行业标准制定 10 项，其中 8 项为第一起草单位。

3. 国家及行业标志性、影响力成果

1985 年中原特钢开发成功无磁钻具产品，属国内首家。截至目前共开发成功 8 种材料、20 余种规格的无磁钻具产品，是国内行业龙头，目前国内市场占有率超过 80%。该产品具有高强度、高抗疲劳、高耐腐蚀的技术特点，例如 W2020N 材料无磁钻具产品强度达到 965 兆帕，应力腐蚀在 1000 小时以上，达到国内领先水平。产品主要应用于石油钻井用无磁钻具产品。

1997 年中原特钢开发成功铸管模产品，正式成为国内早期具备铸管模生产制造能力的企业之一。1999 年成功试制出 DN80～DN300 系列铸管模产品，产品达国内领先水平，为确立铸管模行业地位打下了坚实基础。2003 年铸管模生产线建成，截至目前公司已实现铸

管模产品 DN2000 以下全覆盖，产品质量达到国际先进水平，近年来公司铸管模产品销量稳居国内前两名。

2000 年中原特钢开发成功连轧管机限动芯棒产品，第一批限动芯棒产品在包钢连轧管厂和天津钢管公司试用后，使用效果良好，轧制平均寿命高于进口限动芯棒，得到了客户的高度认可。目前中原特钢已是国内唯一一家拥有限动芯棒从材料冶炼、锻造、热处理、机械加工到镀铬，完整工序、工艺可控的规模性生产企业，成为亚洲最大的限动芯棒生产企业，产品实物水平和产品开发能力处于国内领先、国际先进水平，在国内芯棒市场份额约占 67%。

2015 年中原特钢建成世界第一个大规格中高合金钢圆坯立式连铸集成装备基地，该装备基地以突破中高合金钢高端特殊钢圆坯无缺陷连续铸造生产的共性难题为目标，针对世界最大规格立式连铸圆坯系统进行全面的研究及技术开发。公司所开发的 ϕ600 毫米和 ϕ800 毫米合金钢圆坯产品已经用于多个领域，并发挥着重要作用。

四、特色工艺装备

中原特钢现有主要工艺设备 2600 余台（套）。主要生产工艺装备包括：

（1）炼钢系统。拥有从奥地利引进的世界上第一台 ϕ800 毫米立式两机两流大圆坯连铸机（是目前全球规格最大的立式圆坯连铸机），从意大利引进的 60 吨电弧炉、60 吨 LF 钢包精炼炉、60 吨 VD/VOD 精炼炉，从美国引进“两电三工位”10 吨中频炉、60 吨 AOD 氩氧精炼炉；同时拥有 3～20 吨电渣重熔炉 9 台。以上设备尤其适合生产电站锅炉产品大口径合金锅炉管所需要的合金钢连铸坯等，质量居国内领先水平。

（2）锻造系统。拥有从奥地利引进的 SXP-65 型 1400 吨精锻机和 RF70 型 1800 吨精锻机，从德国引进的 5000 吨油压快锻机，利用德国潘克公司技术改造的 2200 吨油压快锻机以及国产的 3150 吨、1600 吨油压机等。

（3）热处理系统。拥有多台钟罩式电阻淬回火炉、井式电阻淬回火炉以及中频感应炉，适用于各种空心、实心、超长、大型轴类件及异型件的热处理。

（4）机加系统。拥有各类大中型金切设备 1000 多台，具备各种空心、实心、超长、大型轴类件及异型件精加工能力。

（5）理化检测。拥有国际先进水平的理化检测手段，理化计量中心通过中国合格评定国家认可委员会（CNAS）和国防科技工业实验室认可委员会（DILAC）的双重认可。

五、未来展望

未来“十四五”期间，中原特钢将牢固树立新发展理念，以高质量发展为主线，以“高端特殊钢材料+深加工产品”并重发展为主攻方向，以强化“自主研发+产学研合作+资本运作”为增长突破口，抓创新、转机制、调结构、上规模、提质量、增效益，实现“产品精品化、生产绿色化、市场国际化、管理信息化”，持续推动中原特钢转型升级、做强做优，致力建设科技引领、国际知名、国内一流的高品质特殊钢材料和全产业链工业专用装备制造企业，努力打造行业“隐形冠军”和“小巨人”。

第二十九章 林州凤宝管业有限公司

一、企业概况

林州凤宝管业有限公司（以下简称凤宝管业）成立于2007年，坐落于国家红旗渠经济技术开发区（林州市）安姚路西段。凤宝管业现占地面积42.3万平方米，职工2500余名，其中高级专业技术人员300余名，是河南省内最大的全流程无缝钢管生产企业，国家高新技术企业，拥有发明和实用新型授权专利160余项，建有省级无缝钢管研发中心，具备年产各类无缝钢管150万吨能力。凤宝管业主要产品包括：石油专用管、高中压锅炉管、管线管、机械加工用管、轴承管、车桥管、结构管和流体管等优质无缝钢管，产品外径ϕ32~340毫米，壁厚3.0~60毫米，被广泛应用于能源化工、装备制造、钢结构建筑、汽车等行业。

二、历史沿革

2007年，林州凤宝管业有限公司成立。

2008年，第一条热轧生产线273毫米精密轧管厂建成投产。

2011年，159毫米连轧钢管厂建成投产。

2014年，280毫米热处理线建成投产。

2017年，89毫米连轧钢管厂建成投产。

2019年，ϕ180毫米智能管加工厂、ϕ114毫米热处理线、高压锅炉管生产线建成投产、热轧产量突破100万吨。

2020年，114毫米精密轧管厂建成投产。

2021年，140毫米热处理线、340毫米智能管加工线建成投产。

三、主要成果

（一）重大奖项

凤宝管业高度重视技术创新和产品研发工作，其中“高质量低成本车桥用管20Mn2钢的关键冶金技术”获河南省科技进步奖三等奖，“高精度小口径三辊连轧管机成套关键技术研发及应用”获2019年冶金科学技术奖二等奖。

（二）国家标准制定

凤宝管业大力开展并推动标准化工作，作为主要单位参与制定（修改）的标准主要有：GB/T 17396《液压支柱用热轧无缝钢管》、GB/T 18248《气瓶用无缝钢管》、GB/T

3087《低中压锅炉用无缝钢管》、GB/T 2102《钢管的验收、包装、标志及质量证明书》。

（三）重点产品应用

凤宝管业生产的石油专用管被中石油、中石化、延长石油广泛应用；工程机械用管被徐工集团、三一重工广泛应用；结构管被国家大型工程所采用，例如奥运鸟巢、海南国际会展中心、武汉天河机场等。

（四）行业地位

凤宝管业为国内知名的全流程专业无缝钢管制造企业，具备烧结、炼铁、炼钢、轧管、热处理、管加工等全流程生产工序，综合竞争能力位于行业前列。2020 年为中国民营制造业 500 强第 409 位、河南省企业 100 强第 39 位，获全国优质民营无缝钢管生产企业、中国驰名商标等荣誉。

四、特色工艺装备

凤宝管业拥有两条三辊连轧机组生产线，两条斜轧机组生产线，可充分利用各个机组的特点实现优势互补，实现产品规格的覆盖和优化生产。其中：ϕ89 毫米六机架三辊连轧机组为世界首套 ϕ89 毫米三辊连轧机组，填补了国内小口径热轧无缝钢管空白，成为以热代冷工艺的典型代表，以该装备为依托的“国内首条 89 毫米连轧机组年产 5 万吨高端无缝钢管研发及产业化”项目为河南省 2019 年重大专项；采用轧机辊缝快开系统和大减壁工艺等专利技术的 ϕ273 毫米精密轧管机组为国内同类型机组中延伸系数最大、年产量最高和内表面螺旋道控制水平最好的机组；ϕ159 毫米三辊连轧机组是第一个年产量达到 50 万吨以上、最大规格扩展到 ϕ219 毫米的同类型国产机组，建立自主开发的轧机和张减机工艺自动化系统。公司建有国内第一套环形加热炉“分布式蒸汽锅炉+集中集汽发电”模式的高效余热利用发电系统，吨管发电超过 25 千瓦・小时，加上屋顶的太阳能发电系统，节能效果显著。

五、企业发展规划概述

凤宝管业紧紧围绕打造“世界知名无缝钢管企业”的战略目标，积极推行高效提质绿色安全发展理念，科学配置环境容量，夯实内部基础管理，加大技术创新投入，延伸产业链，逐步发展成为年产 150 万吨高端无缝钢管行业领域领先企业，成为全国重要的无缝钢管研发生产基地。

西北地区

第三十章 西宁特殊钢集团有限责任公司

一、企业概况

西宁特殊钢集团有限责任公司（以下简称西钢集团）地处青海省西宁市，前身为1964年筹建、1969年投产的西宁钢厂，1996年完成公司制改革，1997年钢铁主体西宁特殊钢股份有限公司（以下简称西宁特钢）在上交所成功上市。目前，已发展为钢铁制造、煤炭焦化、地产开发及生态农业等多个产业板块的联合钢铁企业，具备铁200万吨、钢210万吨、钢材200万吨、采原煤120万吨、焦炭80万吨的生产能力，冶炼加工主要设备从国外引进，形成了齿轮钢、轴承钢、非调质钢、高强度钢、工模具钢、不锈钢等产品系列，广泛应用于汽车、工程机械、铁路、石油化工、煤炭机械、国防军工、航空航天、海洋工程、核电、风电、新能源、建筑等行业。截至2020年底，已累计生产优质特殊钢材2800多万吨，曾荣获中国首次载人交会对接任务天宫一号、神舟九号和长征二号F研制配套物资供应商、中国航天突出贡献供应商、0910工程突出贡献奖、冶金产品实物质量金杯奖等190多个省部级以上荣誉称号，为青海省工业经济乃至中国特殊钢发展做出了积极贡献。

公司秉承“忠诚 奉献 和谐 共赢”的核心价值观，坚持创新改革，加快提升企业自主创新能力，致力于打造成为装备一流、技术一流、产品一流的全国重要的特种钢生产基地，为我国特钢事业发展做出新的更大贡献。

二、历史沿革

1964年9月，在青海西宁筹建西北特殊钢厂，代号为冶金工业部五六厂。

1969年9月，成功冶炼出青藏高原上的第一炉特种钢，代号45钢，标志西北特殊钢厂（五六厂）正式投产。

1972年8月，更名为西宁钢厂。

1995年9月，正式建立现代化企业制度，更名为西宁特殊钢集团有限责任公司。

1997年10月，钢铁主体“西宁特殊钢股份有限公司”在上海证券交易所成功上市，股票简称“西宁特钢”，证券代码：600117。

2001年，以资源为依托，招商引资，对外合作，开始实施“纵向一体化”发展战略。

2011 年，开始实施以建设特钢精品基地为目标的自主创新和转型升级。

2018 年，开启了新一轮的全面深化改革。

三、主要成果

（一）奖项荣誉

多年来，西宁特钢不断致力于工艺技术创新、产品研发，获得国家、省部级以上荣誉奖项 118 项。其中，“电弧炉炼钢复合吹炼技术的研究应用”荣获国家科学技术进步奖二等奖；“煤矿单体液压支柱用 27SiMn 热轧无缝钢管”“20CrMo 抽油杆用热轧圆钢”等荣获国家银质奖产品；“20Cr1Mo1VNbTiB 汽轮机用高强度螺栓钢”“准贝氏体超高强度抽油杆用钢”“高锰奥氏体无磁钢”等获国家级新产品；“电弧炉炼钢终点控制技术及应用”荣获教育部科学技术进步奖二等奖；“电弧炉炼钢复合吹炼技术的研究应用”荣获冶金科学技术奖一等奖；“高品质钎具钢 23CrNi3MoA、Q45CrNiMoVA”“铁路货车轴承用电渣重熔渗碳轴承钢”等 14 项获冶金行业实物质量金杯奖；“平端油管 J55、平端套管 K55 N801、接箍毛坯 J55 K55”等 7 项获冶金行业品质卓越产品奖；“高品质钎具钢及钎具生产技术研究”“新型铁路机车用钢开发”等 12 项获青海省科学技术进步奖；“大马力汽车发动机用非调质曲轴钢 C38N2 及 C38+N 的研究与开发”等 64 项获青海省科学技术成果；“600℃级先进超超临界汽轮机关键叶片用钢 10Cr11Co3W3NiMoVNbNB（KT5331）的研制与开发”“先进超超临界火电机组用 1Cr12Ni2Mo2VN（X10CrNiMoV12-2-2）叶片钢研制与开发”等 13 项获青海省新产品奖。

（二）专利

多年来，西宁特钢在冶炼技术、材料成型、产品研发、试验检测、工装优化等方面不断实施技术进步与创新，共获得国家专利 28 项，其中，发明专利 23 项、实用新型专利 5 项，均取得了良好的应用效果。“大规格非调质钢及其冶炼方法”“一种高品质煤矿链环用 Cr54 钢及其生产方法”发明专利获青海省专利银奖。

（三）标准制定

主持和参与制定标准 23 项，其中，国家标准 9 项、国家军用标准 4 项、行业标准 13 项。主要涵盖合金结构钢、轴承钢、不锈钢、工模具钢、弹簧钢等，涉及熔铸、锻制、轧制、冷拉、无缝钢管等通用及专项特殊钢产品标准。

（四）质量体系与认证

长期以来，西宁特钢坚持贯彻“严格过程控制、持续质量改进、产品满足需求、服务超越期望”的质量方针，充分体现以质量和顾客为焦点的管理理念，不断完善、更新和改进质量体系。目前，公司通过了 ISO 9001、IATF 16949、GJB 9001C 质量管理体系认证、GB/T 23001 信息化和工业化融合管理体系认证，通过了中国船级社、英国船级社、美国船级社、德国-挪威船级社、法国船级社、欧盟 CE 等工厂认可及卡特彼勒、SKF、FAG、NSK、一汽、中国重汽、东风商用车、SEW、菲亚特、贺尔碧格、德西福格、美驰、宝长年、阿特拉斯、哈轴、瓦轴、洛轴、天润曲轴、三一重工等国内外知名企业的体系和产品认证。

（五）国家重点工程

多年来，西宁特钢研制和生产的碳素钢、合金钢、高强钢、不锈钢等锻、轧、冷拉、管材产品，为“三峡电站”“9910”“0910”“大运工程”“天宫一号”“神舟七号”“神舟九号”“长征二号 F”“长征五号 B”“长征八号”“嫦娥五号”“天问一号”等国防军工、航空航天及国家重点工程提供了关键配套材料，做出了突出贡献。

（六）企业整体实力

五十七载风雨，五十七载传承。从建起第一座电炉到成功冶炼出青藏高原的第一炉特殊钢，从企业成功上市到“纵向一体化”战略发展，从建设精品特钢基地到全面深化改革……西宁特钢已成为集“钢铁制造、煤炭焦化、地产开发、农业开发”产业板块为一体的资源综合开发型钢铁联合企业集团，形成了“一业为主、多元协同发展”的产业格局，具备年产铁 200 万吨、钢 210 万吨、钢材 200 万吨的生产能力，是我国西部地区唯一的独立特钢企业，曾获全国“五一劳动奖状”、国家创新型企业、全国质量工作先进单位、中国钢铁工业科技工作先进单位、全国钢铁工业先进集体等荣誉称号，已连续 21 年被青海省政府命名为“财政支柱企业”和“利税贡献大户企业”，并先后进入国家大型一档企业、国家二级企业和 512 家重点企业行列。

四、特色工艺装备

（一）电炉炼钢

现有特诺恩（TENOVA）制造 110 吨康斯迪电炉 2 台，年生产能力 125 万吨，具有废钢预热、连续进料、底吹氩气、炉壁氧枪吹氧、炉壁碳枪喷碳、偏心底出钢等多种功能；达涅利公司制造 70~75 吨 LF 精炼炉 5 台、VD 真空脱气炉 3 台，具有在线化学成分计算、末端淬透性预测、炉内氧含量检测、在线定氢、自动测温等先进冶金功能；达涅利公司制造合金钢大方坯连铸机 2 台，3 机 3 流 410 毫米×530 毫米和 250 毫米×280 毫米断面，采用全程氩气保护浇铸、结晶器液面自动控制、结晶器电磁搅拌、配水动态控制、末端电磁搅拌、动态轻压下等先进技术；模铸线 1 套，锭型 2650~12000 千克，采用专业铸车、氩气保护、流量精确控制、残氧检测等工艺技术。

（二）特种冶炼

拥有常规电渣炉、保护气氛电渣炉（康萨克）30 台，可生产直径 ϕ280~1100 毫米、重量 1~20 吨电渣锭及熔铸模块，年生产能力 6 万吨。

（三）精品特钢大棒生产线

主体设备由德国西马克设计制造，轧机采用闭口牌坊式 HCS 轧机（液压调整紧凑轧机），并在尺寸控制上采用 AGC（辊缝自动控制）技术、在线 TBK 红外线检测技术，可实现钢材尺寸的闭环控制，产品尺寸精度高，产材规格 ϕ70~280 毫米、长度 3~12.5 米年设计产能 80 万吨。主要设备包括：步进梁式双排进料加热炉 1 座，高压水除鳞设备 1 套，1250 毫米 BD 轧机（SMS）1 台，8 架闭口牌坊式 HCS 轧机（SMS），固定式定尺钢锯（SMS）2 台、移动式定尺钢锯（SMS）1 台，高精度冷床 2 座，全自动方坯表面修磨机 2 台，自动修磨机 10 台，在线倒棱打包机（EJP）1 台，120 吨车底式退火炉 2 台、60 吨车底式退火炉 4 台、40 吨车底式退火炉 1 台、20 吨车底式退火炉 1 台，OLYMPUS 涡流和超声探伤线 1 条。

（四）精品特钢小棒生产线

主体设备由德国西马克设计制造，国内首家实现直径 16~100 毫米的全规格 PSM 自由尺寸轧制，产品尺寸实现高精度，同时采用了 SMS 公司的热机轧制技术和国内首套离线模拟控制技术，产材规格 ϕ16~100 毫米、长度 3~12.5 米，年设计产能 45 万吨。主要设备包括：法国法孚斯坦因（FIVES-STEIN）步进梁式加热炉 1 座，高压水除鳞设备 2 套，21 架平/立二辊短应力线轧机，4 架三辊 PSM 高精度减定径机组（SMS），CCT 控冷轧制设备 2 台，快床 1 座、冷床 1 座，砂轮锯设备（奥地利 braun）2 台，贯通式连续退火炉（LOI）1 台，真空锁气式连续式退火炉（金舟）1 台，车底式退火炉 3 台，德国（EJP）九斜辊棒材矫直机 3 台，德国（EJP）二辊矫直机 1 台，无心磨 2 套，十二磨头磨圆机 4 套，规格 ϕ30~70 毫米、长度 3~9 米中频感应加热钢棒调质生产线 2 套，年产能 1.2 万吨，德国（GE）相控阵超声+霍斯特漏磁探伤设备 1 套，奥林巴斯相控阵超声探伤设备 1 套，国产探伤线（钢研纳克）2 台，打捆机（SUND BIRSTA）2 台。

五、未来展望

围绕“变中求进、调整结构、提质增效、绿色发展”的经营方针，牢固树立全集团“一盘棋”的思想，锚定“强企富家”发展目标，坚持“高质量发展方向”，推进“质量、效率、动力”三大变革，提升企业“竞争力、创新力、控制力、影响力和抗风险能力”，扎扎实实推动深化改革向纵深迈进，努力建设企业品牌突出、技术优势明显、产业体系完善、市场引领力强的国内一流特钢企业。

西南地区

第三十一章　攀钢集团江油长城特殊钢有限公司

一、企业概况

攀钢集团江油长城特殊钢有限公司（以下简称攀长钢）原名冶金工业部长城钢厂，始建于1965年，1972年正式投产，经过五十余年的发展，已成为我国重要的特殊钢科研、生产基地和国家重点特种材料配套企业、四川省大型骨干企业，具备年产特殊钢70万吨、销售收入50亿元的经营规模。2010年，鞍钢集团与攀钢集团重组，攀长钢公司成为了鞍钢旗下唯一的特钢板块。

攀长钢公司可按照国标、国军标、国际标准及用户技术条件，提供碳结钢、合结钢、齿轮钢、轴承钢、弹簧钢、工模具钢、不锈钢、高温合金、耐蚀合金、精密合金、钛及钛合金等400多个牌号的特殊钢、特种合金、钛及钛合金材料。产品广泛用于航空、航天、兵器、海装、核电、交通、机械、石化等领域，其中特种材料、工模具钢、特种不锈钢、耐蚀合金等产品在国内占有重要地位，市场占有率位居同行业前茅，形成了“生产工艺优、设备配套全、科研实力强、技术含量高”的经营特色。

二、历史沿革

1964年，国务院批示同意在四川江油建设长城钢厂，来自上钢五厂、抚顺钢厂、大冶特钢、齐齐哈尔钢厂、鞍山钢铁公司、第四冶金建设公司等单位近8000名人员支援长钢建设。

1965年，二分厂热带车间建成投产。

1966年，一分厂炼出第一炉钢。

1970~1991年，三分厂3吨电炉、1361千克真空感应炉、非真空感应炉、2.5吨电渣炉、2000吨快锻机等建成投用；四分厂825毫米初轧机、20吨电炉、3150吨挤压机等建成投产；一分厂冷轧管改造工程完工；二分厂半连轧工程全线联动试车一次成功。

1994年，长城特殊钢股份有限公司股票在深圳证券交易所上市。

1996年，公司“八五”重点技改项目航锻工程、30吨超高功率电炉、航空精密管竣工投产。

1998 年 1 月，中国远望（集团）总公司兼并长钢；6 月，四川省投资集团公司成为长钢的兼并主体。

2003 年，完成“债转股”，进行资产重组；11 月，攀钢集团托管。

2004 年 6 月，攀钢集团正式重组长钢。

2008 年，在 5・12 汶川大地震中，公司直接经济损失 5.6 亿元；50 万吨棒材全连轧生产线项目建成投产。

2009 年 11 月，原中共中央政治局常委、国务院总理温家宝考察攀长钢，作出了“着力调整结构，加快自主创新，通过改革、改组、改造，实现企业整合和产品升级”的重要指示。

2012 年，大型工模具钢锻材生产线项目建成投运。

2016 年，完成建厂以来最大力度的人力资源改革。

2020 年，完成了厂办大集体改革，实现了厂办大集体与主办国有企业的彻底分离。

三、主要成果

（一）重大奖项

建厂 50 余年来，攀长钢在国防特种材料、民用工业领域共获得国家级、部委级、省（市）级、行业协会科技成果奖 140 项，其中：高温合金开发与创新等获冶金部科技进步奖，第三代内生纳米相抗氢合金-沉淀强化抗氢脆合金等获中科院技术进步奖，FWP14 发动机用 GH150 合金研制等获国家冶金工业局科技进步奖一等奖，FWS9 发动机用 GH901、GH163、GH80A、GH105 合金研制等获国防科工委国防科技二等奖，优质高强 GH4169 合金研制、FWS10 发动机用 GH4169 合金盘件获国防科工委国防科技三等奖，转炉-连铸流程生产 38CrMoAl 钢工艺等获四川省科技进步奖；冷轧冷拔不锈无缝钢管、高负荷汽车发动机气阀用钢、抗氢压力容器用钢等先后获国家相关部委表彰；冷作模具钢热轧扁钢、汽轮机叶片用锻制圆钢、高压锅炉用无缝钢管、不锈钢热轧棒材、UNS N08825 等 8 个产品荣获国家冶金产品实物质量金杯奖。

（二）国家标准制定

攀长钢共主持或参与国家标准、国家军用标准制定 34 项，其中 GB/T 24594—2009《优质合金模具钢》、GB/T 8732—2014《汽轮机叶片用钢》、GB/T 37610—2019《耐蚀合金小口径精密无缝管》等 13 项为第一起草单位，参与修订了 GJB 2455—95《航空用不锈及耐热钢圆饼和环坯规范》、GJB 2294A—2014《航天用 GH1131 和 GH3600 高温合金冷轧板规范》、GJB 9443—2018《重熔钢棒、钢坯低倍浸蚀及评定方法》、GJB 9663—2019《超高强度马氏体时效钢棒规范》等特种材料标准。

（三）质量体系及专业认证

攀长钢通过武器装备、国防计量、航空航天、ISO、船级社、汽车用钢等多个质量体系及专业认证。

（四）国家及行业标志性、影响力成果

攀长钢共计承担国家重点工程科研课题超过350项，拥有航空用G99、G50、化工尿素级不锈钢等多项技术专利和核能用高纯钢、高温合金及耐腐蚀合金、宽模具扁钢等多项专有技术，为国家航空、航天、兵器工业、核工业提供了近600项工程和国防特种材料，为民用工业领域提供了超过400项新材料，其中卫星装置用钢、抗氢脆HR系列钢、飞机涡喷发动机用钢等填补国内空白，获得国家专利101项。

1. 国防特种材料领域

1969年，攀长钢为空军“911”“811”机组研制成功“531”合金。

1974年，试制成功GH145板材新产品。

1979年，研制成功姿态控制发动机燃烧室材料3Cr24Ni7N（Re），试制成功“斯贝”发动机用材C263，S/SJV，S/SAV，N80A。

1980年，研制成功涡喷13发动机叶片用高温合金GH220棒材，导弹壳体用低合金高强度钢板、管、棒材D6AC。

1981年，试制成功自创钢号0Cr17Ni6Mn。

1982年，成功攻克20ARIT航空导管、航空结构钢、05轴18Cr2Ni4NA，试制成功原子能反应堆材料GH800无缝管、涡喷13发动机用钢GH698、歼七飞机用棒材Cr16Ni6。

1983年，试制成功核工业用材料0Cr21Ni6Mn9N钢管，超低碳不锈钢316L棒材、板材，国家“七二八”工程关键材料18Ni无缝管，国家重点工程“七二八”关键材料18Ni和GH4169管材。

1984年，成功试制国防急需的大口径高韧性高强度马氏体时效钢管，填补国内生产空白。

1985年，研制的GH710合金和GH93合金，抗氢压力容器用钢HR-1、HR-2通过鉴定。

1995年，获国家第二次军工配套先进集体荣誉称号。

2004年，承担的某发动机用关键高温合金研制获科工委二等奖。

2005年，“十一号”工程中四个材料研制任务通过验收，进入批产供货。

2009年，交付运20大型运输机所需00Cr18Ni10N棒材、板材专用材料。

2012年，荣膺中国航天首次载人交会对接任务奖牌。

2013年，参研的某材料研制项目通过验收，进入战略战术导弹型号的批产供货。

2015年，公司收到中国航天科技集团“长征六号运载火箭一箭多星发射”任务感谢信。

2018年，公司“国防军工用新型高温合金锻材生产技术开发及应用”项目获四川省科学技术奖二等奖。

2019年，为国家低温风洞工程研制生产S03、022Cr12Ni10MoTi专用不锈钢锻材、锻

件、板材等系列材型主体及配套材料。

2020 年，HKMJ 的 ZL 系统研制生产了 0Cr13Ni4Mo SLG 系列锻件。

2. 民用工业领域

1977 年，首次挤压生产超低碳不锈钢管成功，填补我国冶金工业产品上的一个空白。

1979 年，C1、C2、B-2 等型号耐蚀材料研制成功，试制“斯贝”发动机用材成功。

1980 年，研制的超低碳双相不锈钢 00Cr18Ni5Mo3Si2 大口径管获冶金部重大科技成果奖，联合研制的 21-4N 阀门钢获四川省重大科技成果奖三等奖。

1982 年，浓硝酸用钢 0Cr20Ni24Si4N、炉管用钢 3Cr25Ni12NBe 获冶金部科技成果奖。

1985 年，冶炼新产品 10MoWVNB 高温阀门钢成功。

1990 年，联合研制的 GH99 镍基时效板材合金获国家发明奖三等奖。

1997 年，460 毫米大截面锻材航锻成功。

2000 年，成功研制出高纯 U2 不锈无缝钢管，打破了国内尿素生产设备制造和维护全部依赖进口的局面。

2001 年，高温浓硝 C8 高纯高硅奥氏体不锈钢及其焊材获国家科学技术进步奖二等奖。

2003 年，开发成功 50Mn18Cr5 无磁钢。

2004 年，30 吨电炉点火试车成功。

2006 年，工业纯钛斜轧穿孔试制钛管取得成功。

2006 年，首批 13Cr 油井管试制成功。

2008 年，S32750VOD 工艺试炼成功，填补了国内生产空白。

2008 年，50 万吨棒线材全连轧生产线热负荷试车成功。

2008 年，公司参加北京“神七庆功大会”并获荣誉奖牌及证书。

2009 年，Inconel 690 核级管挤压生产成功，工业纯钛热带卷试制成功，锻造 8.3 米×1.2 米超大型钛板坯成功。

2010 年，研制的铁镍基耐蚀合金 NS1402 通过国家压容委评审，钛材一期工程通过交工验收，完成国家科研课题 HPD-1 荒管挤压试制任务。

2012 年，生产 4J36 低膨胀铁镍合金钢获成功，首次开发多规格 4J36 宽厚板，成功轧制 TA1 大卷重线材，TA15 高温钛合金试制成功，开发的耐蚀合金系列宽厚板填补了国内空白，P20+S 预硬塑料模具扁钢试制成功。

2014 年，成功开发 S44660A 超级铁素体钢薄壁无缝管，填补了国内空白，以此替代焊管属国际首创。

2015 年，模具加工行业应用级别最高的超宽超厚塑料模块锻制成功。

2016 年，与北科大合作开发的 ϕ100~220 毫米多种规格 GH909 锻造产品成功，“高品质 Cr12 型冷作工具钢关键技术研究”和“高压空冷器用耐蚀合金的开发与生产”两项科技成果获四川省科学技术进步奖三等奖。

2018 年，公司首次成功开发生产高端双相不锈扁钢，试制成功 ϕ50 毫米规格 GH3126

高温合金棒材，12 吨真空自耗炉热负荷试车，独有品种 9Cr18Mo 挤压管试制成功。

四、特色工艺装备

攀长钢目前已形成 10 条生产线，具备年产钢 70 万吨、成材 70 万吨的能力。炼钢生产线（电炉、LF 炉、AOD 炉、VOD 炉、VD 炉等）电炉设计产能 70 万吨，特冶（真空感应炉、真空自耗炉、非真空感应炉、电渣炉等）设计产能 9 万吨；锻造生产线（45 兆牛快锻机组、18 兆牛径锻机组、20 兆牛快锻机组及电液锤）设计产能 12 万吨；连轧生产线（35 机架连轧机组）设计产能 45 万吨；初轧生产线设计产能 15 万吨；扁钢生产线设计产能 6 万吨；薄板生产线设计产能 6000 吨；挤压生产线设计产能 1.5 万吨；精密管生产线设计产能 1 万吨；银亮材生产线设计产能 1.8 万吨；钛及钛合金生产线设计产能钛锭 6000 吨、钛材 4000 吨。

目前主要生产高温合金、耐蚀合金、精密合金、工模具钢、特殊不锈钢、特种结构钢、钛及钛合金等 8 大项专业产品和品种。

代表性产品：航空、航天用高温合金管材，航空发动机用 GH4169 高温合金锻件，高温气冷堆用 825 镍基合金 U 形管，使用在超临界和超超临界汽轮机组上的汽轮机用叶片钢，在南海岛礁试验场广泛应用的海洋建筑结构用双相不锈钢钢筋，制作飞机起落架的 300M 超高强度钢。

五、未来展望

坚持和加强党的全面领导，以“中国高端金属材料领军者”为愿景，践行新发展理念，瞄准精品特钢，做精做强做大，建设成为极具竞争力、极具特色的高端特殊钢材研发制造基地，打造国内最优特钢品牌。

第三十二章　首钢贵阳特殊钢有限责任公司

一、企业概况

首钢贵阳特殊钢有限责任公司（以下简称首钢贵钢），前身是贵阳钢铁厂。始建于1958年，同年9月12日生产出第一支直径24毫米的圆钢，结束贵州不产钢的历史，开启贵州钢铁工业新纪元。首钢贵钢是贵州省最早的钢铁企业，也是省内唯一的特殊钢企业。

2009年7月，经贵州省委省政府批准，首钢重组控股贵钢，并实施贵阳城市钢厂搬迁，同年8月20日，在扎佐新区举行“新特材料循环经济工业基地”开工典礼。

2016年7月完成搬迁升级改造后，拥有世界先进水平的电炉炼钢生产线和国内先进水平的轧钢、锻钢、制钎生产线。产品主要用于基础设施建设工程、工程机械、轨道交通、汽车、装备制造、国防军工等领域。拳头产品钎钢钎具和高端易切钢国内市场占有率第一，研发的高速重载铁路机车车轴用钢EA4T获德国西门子公司国内独家认证并供应中车集团，与铁路用弹簧钢产品同列为国家和省重大科技支撑项目。

2018年，首钢贵钢获贵州省“环保诚信企业”，2019年获贵州省“绿色工厂”称号。2020年10月，进入国家工信部第五批“绿色制造”名单。在绿色环保、特色产品、专业服务、品质提升等方面持续发力，奋力打造成“特色产品供应商、绿色制造引领者”。

二、历史沿革

成长之路：

1958年，贵阳钢铁厂筹建处成立；9月12日，贵阳钢铁厂成立。

1960年1月，贵阳钢铁公司成立，直到1964年仍称贵阳钢铁公司贵阳钢铁厂。

1980年5月，贵阳钢铁厂更名为贵阳钢厂。

1998年11月，更名为贵阳特殊钢有限责任公司。

2009年8月，更名为首钢贵阳特殊钢有限责任公司。

领导关怀：

1960年5月，周恩来总理到贵钢视察，勉励大家一定要遵照毛主席的教导，自力更生，奋发图强。

1986年10月，时任贵州省委书记胡锦涛到贵钢视察，与工人们亲切交谈。

1995年4月，时任中共中央政治局委员、国务院副总理李岚清到贵钢视察，鼓励贵钢走专、高、特的道路。

2011年3月，时任贵州省委书记、省人大主任栗战书视察首钢贵钢新区。

2014年4月，时任中共中央政治局委员、国务院副总理马凯到首钢贵钢调研考察，希望贵钢坚持“专、高、特”方向，走循环经济之路。

重要节点：

（1）贵钢诞生。1958 年 4 月 7 日开工，9 月 12 日贵钢建成投产，轧制出第一根 24 毫米的圆钢，从此结束贵州不产钢材的历史。

（2）普转特。“三线建设”时期，掀开“普转特”发展的战略转折，成功研发生产火炮用钢、导弹弹头等一系列特殊钢高端产品，跻身于国家重点特殊钢厂行列。

（3）钎钢基地建成。1964 年 6 月，攻克和掌握中空钢轧制、制钎及热处理工艺等核心技术。1970 年 1 月，我国第一条钎钢钎具生产线在贵钢建成投产。1971 年，成立国内首个钎钢研究所。1975 年 7 月，钎钢钎具形成批量化生产。1984 年 8 月，中空六角形钎杆被评为国家优质产品并获银质奖（当年金质奖空缺）。

（4）第二炼钢厂建成。1998 年 6 月 22 日，实施炼钢环保改造项目，开工建设第二炼钢厂。2000 年 6 月 22 日，具有世界先进水平的 60 吨康斯迪环保型电炉投产。

（5）产业结构调整。2003 年 2 月，实施“精主业、兴辅业”退二进三调整产业结构，实施中日环境合作示范项目治理大气污染，引进培育东方钢材市场、家居建材市场、阳明花鸟市场等一批三产知名品牌。

（6）重组搬迁。2009 年 7 月，首钢重组控股贵钢并实施贵阳城市钢厂搬迁，在修文县扎佐镇建设“新特材料循环经济工业基地”。2013 年 11 月 26 日，老厂区停产搬迁启动。2016 年 1 月 3 日，在中空钢生产线举行钢铁记忆系列活动，结束在贵阳市油榨街 58 年的钢铁生产历史。

（7）短流程钢厂建成。2016 年 7 月 19 日，中空钢生产线热试成功暨短流程项目搬迁建设完成。2017 年 7 月，公司召开第一次党代会，提出“打造在细分领域具有竞争力的特钢企业”奋斗目标。

（8）继往开来。2018 年 9 月 7 日，召开建厂 60 周年庆祝大会。

（9）绿色制造。2019 年 4 月 3 日，被列为国家工信部规范钢铁企业。2019 年 12 月 31 日，获贵州省“绿色工厂”称号。2020 年 10 月，进入国家工信部第五批“绿色制造”名单。

三、主要成果

首钢贵钢现拥有钎钢钎具、车轴钢和易切削钢三大系列国内知名品牌产品，并通过持续开发，形成了以该三大系列品牌为基础，高强紧固件用钢和焊接用钢等为支撑的十大特钢产品体系。

（一）知名品牌产品及特色产品

（1）钎钢钎具：拳头产品，替代进口。

首钢贵钢于 20 世纪 70 年代启动凿岩用钎钢钎具的研发并量产，在国内率先建立了钎钢钎具产品“材料设计—冶金制备—钎具制品及热处理”的全链条生产工艺、技术与装备集成，是我国高性能钎钢钎具的生产和研发基地，凿岩钎杆用中空钢和 3 大钎具产品国家标准的第一制定单位，其中自主设计开发的55SiMnMo六角形钎具产品获1984年国家质量银质奖（当年金质奖空缺）。

目前，首钢贵钢钎钢产品具备10万吨/年的生产能力，产能世界第一，质量国际先进，拥有12个牌号近百个规格成品钎产品；钎具产品则有数十个系列、近800个品种规格。钎钢钎具应用领域覆盖矿山开采、公路铁路隧道建设、工程基建、冶金炉钻具等，产品性能及使用寿命国内领先，并出口30余个国家和地区。

（2）车轴钢：重器之材，填补空白。

高速重载大功率机车、高铁动车作为大国重器，国家名片，国产材料的车轴钢则是重器之材。首钢贵钢高速重载铁路机车车轴钢获国家和贵州省重大科技专项支撑，2006年国内独家获得西门子认证和《国家重点新产品证书》，2007年至今独家供应中车株机生产大功率机车轴并替代进口，应用车型包括全球首创的HXD1C高原机车、复兴号绿巨人机车等，拉动自重万吨、载货万吨、超过两公里长度的货运列车，驰骋于大秦线等重要线路上，并出口欧盟、东南亚、大洋洲等地区，2009年通过出口欧盟国家品质免检考评。

动车组车轴钢填补国内空白，2019年制作动车组用车轴钢通过CRCC认证并在CJ6型动车组上使用，是国内首次实现国产化EA4T钢的动车组应用。迄今为止，首钢贵钢车轴钢累计装车近10万支。

（3）易切削钢：拳头产品，替代进口。

首钢贵钢引领易切削钢国产化工作，率先成功开发多种生产工艺路线，突破一系列关键技术，产品覆盖高中低碳钢种和线棒型材，带动国内易切削钢产品发展和生产技术进步；在全球范围内易切削钢产品主要生产企业中，最先实现复合型易切削钢不经铸坯修磨直接热轧成材，产品质量达到进口材料水平，目前仍是国内唯一一家高品质复合型易切削钢稳定工业化生产企业，国内细分市场占有率超70%。终端用户包括大众、斯巴鲁、博世、约克等世界知名品牌。

（4）紧固件用钢：首钢贵钢十大系列产品之一。

产品强度等级覆盖3.6~10.9级，低碳系列可以满足大变形量生产各类复杂外形非标零件。现已成功开发耐候、耐火、耐蚀、耐高温、高强度等多个方向功能型产品，其中输电铁塔用耐候螺栓钢配套首钢耐候钢板在工信部和国网免涂装耐候钢输电线路示范工程应用，为国内首次（条）免涂装耐候钢输电线；海岛礁用耐候螺栓钢应用于南海岛礁环境特征的三沙文体馆（住建部绿色钢结构示范项目），为国内首次耐候钢工程化应用于南海；高温高压紧固件钢可满足550℃、2.5~6.4兆帕压力下长期服役要求，应用于蒸汽管道、压力容器及石油管道、采油平台等高温高压环境，超90%出口欧洲、美国及中东地区。

（5）焊接用钢：首钢贵钢十大系列产品之一。

首钢贵钢系西南地区焊接用钢系列产品最主要的供应商。2020年9月，与国内焊材龙头企业签订战略合作协议，拉开了特种焊接用钢开发的新序幕。

（6）齿轮钢：首钢贵钢十大系列产品之一。

围绕“绿色、节能、提质、增效”发展方向攻关，开发了免退火齿轮钢、欧标MnCr

系高端牌号等新产品，逐步形成了齿轮钢全成分系列覆盖；2020 年 7 月，承担国家工信部农机装备材料生产应用示范平台项目。

（7）不锈钢：生产的高合金、高纯净度 1Cr10MoWVNbN 超临界耐热不锈钢大型铸件顶替进口，填补了国内空白，应用于 60 万千瓦及以上级火电机组的高压缸阀体。

（8）工模具钢：首钢贵钢十大系列产品之一。

20 世纪 80 年代成功设计开发冷热模具兼用的 O12Al 产品，与 H13、HM3、D2 等均为国内知名品牌，广泛供应华东、华南地区制造业，也是中航重工集团各锻造企业模具用钢的首选产品。

（9）锻材锻件：军民融合战略实施典范。

首钢贵钢 16MnD、10MoWVNb 等锻材产品应用于核电和石油钻井领域；实现了中央空调压缩机螺杆全球最大尺寸易切削钢锻材的开发，打破高强度易切钢锻材被国外垄断的局面，产品广泛应用于制造高端制冷压缩机螺杆，出口美国、墨西哥等国际市场，装机制冷设备应用于北京大兴国际机场、国家进口博览会场馆等重要工程。

（二）首钢贵钢特钢品种突出成绩及亮点

独创工艺：自主开发的 55SiMnMo、35SiMnMoV、40MnMoV 等硅锰钼系中空钎钢新钢种，摆脱了对进口贵重金属资源的依赖，实现自主创新；进而开发出“合金铸管带芯热轧抽芯”中空钢生产工艺。在 21 世纪初，建立了国内第一条凿岩用中空钢钢坯工业化深孔钻生产线，实现国内凿岩用中空钢生产工艺从“铸管法”“热穿热轧法”和“热穿热拔法”向“钢坯机加工+轧制”（简称“钻孔法”）工艺的升级换代。

国产车轴：实现国产材料制作动车组用车轴，首家通过 CRCC 认证。

易切高强：成功实现全球最大尺寸 ϕ600 毫米易切削钢锻材生产，打破大断面高强度易切削钢被国外垄断局面。

环保耐候：耐火耐候焊接用钢、耐候螺栓钢，制作重要连接件，与同类型钢板配套，在国家“十三五”项目示范工程和 2022 北京冬奥场馆滑雪大跳台（国家冬奥场馆）建造中应用。

国内首发：铋系环保易切削钢，输电铁塔用系列耐候螺栓钢，高合金、高纯净度超临界耐热不锈钢大型铸件，012Al 冷热模具兼用钢，均为国内首发产品。

（三）首钢贵钢自主知识产权

发明证书：1981 年，获国家科委发明证书。

标准制定：首钢贵钢是中国钎钢钎具主要专业生产厂商，先后主持制定《凿岩钎杆用中空钢》《凿岩用硬质合金钎头》《凿岩用锥体连接中空六角形钎杆》《凿岩用波形螺纹连接钎杆》等国家标准。

重大工程运用：首钢贵钢钎钢产品运用于中国三峡工程；车轴钢产品用于制造复兴号 FXD1 电力机车“绿巨人”等大国重器。

四、特色工艺装备

（一）概述

2016年7月，随着中空钢型钢生产线的建成投产，贵钢完成了年生产能力50万吨钢、75万吨材的短流程生产体系的建设投产，产线配置有：炼钢、高线、中空钢型钢、锻钢和钎钢钎具生产线。

（二）电炉炼钢

电炉炼钢生产线主要配备：意大利得兴公司60吨康斯迪电炉、60吨LF精炼炉、60吨VOD真空炉等冶炼装备，配套一台4机4流康卡斯特小方坯连铸机和一条保护浇铸模铸线。

小方坯连铸可生产：3.2~12米定尺的150毫米×150毫米和200毫米×200毫米方坯；带保护气氛的模铸线可生产2.5~16.5吨的钢锭，专用于生产车轴用钢、大型空压机转轴用钢、工模具用钢等优质钢锭。

（三）高速精品线材

高速精品线材产线的主体设备是从美国西门子摩根公司引进的摩根第六代高速线材轧机，是一条具有国内外先进水平的全连轧生产线，全线共有30架轧机，能实现无扭、微张力轧制，设计最高轧制速度为120米/秒，保证轧制速度为112米/秒，年生产能力达到50万吨。加强型施泰尔莫冷却线的配置可实现部分品种免退火交货。

目前主要生产易切钢、焊接用钢、紧固件用钢、弹簧钢、硬线钢、合金结构钢等品种，可生产产品规格为：5~25毫米全部规格的光圆及自由规格线材，产品外形尺寸公差可控制在0.10毫米以下。

（四）中空钢型钢

中空钢型钢生产线是一条棒材及中空钢的混合生产线，全线由两架650毫米横列式轧机+16架连轧机组成，并配有连续式退火炉、冷拉、无损探伤机等多种辅助处理设备。年生产能力为20万吨，其中：中空钢5万吨，圆钢及型钢15万吨。

目前主要生产：易切钢、紧固件用钢、弹簧钢、轴承钢、中空系列用钢及各种优质碳结钢、合结钢。产品规格为：（1）12~75毫米圆钢热轧、光亮棒材；（2）19~52毫米六角钢、边长82毫米以下方钢、扁钢等异型材；（3）六角形及圆形中空钢。可为客户提供多品种、小批量、特殊化需求的光亮、异型、中空材产品。

（五）锻材

锻材生产线拥有3000吨液压锻、800吨液压锻、3吨和7吨电液锤，3~6吨电渣炉等配套生产线，同时配备80吨热处理炉和淬火池，以及各类大中型机加设备和方、圆钢修磨机，以满足不同客户的需要。可生产各类自由锻件、高速重载机车轴坯、易切钢锻材、化工管坯、各类工模具钢模块和圆钢等，具备年产5万吨优质锻材、锻件能力。

代表性的产品规格有：90~800毫米的圆锻材、最宽1200毫米最薄80毫米的扁钢、边长600毫米的方钢及环件等。

（六）钎钢钎具

首钢贵钢是中国凿岩钎具生产基地，是亚洲地区从事制造凿岩钻具的最大专业化制造商之一。其钎钢钎具生产线拥有钎具系统数控加工设备15台、井式工业炉9台、锻造设备9台、各种机加工设备56台等，专业从事凿岩用钎钢钎具的生产。主导产品有锥形连接钎杆、整体钎杆、接杆钎杆、MF钎杆、钻车钎杆、镐钎杆、片状钎头、球齿钎头、钎尾、连接套管、潜孔钻具、特殊用途钎具等数十个系列、近800个品种规格。广泛应用于矿山开采、公路铁路隧道建设、工程基建、高炉开口等诸多领域。目前世界单体最大钢厂的高炉正在使用贵钢的开口钎。

五、未来展望

展望“十四五”，首钢贵钢以高质量党建推进企业高质量发展，对标一流全面提升，统筹推进钢业、物流、物业协调发展，坚持“效率、效益”优先，坚持“特色产品制造商、绿色制造引领者”特钢发展之路，必将谱写企业高质量发展新篇章。

第三十三章　四川六合特种金属材料股份有限公司

一、企业概况

四川六合特种金属材料股份有限公司（以下简称六合特材），成立于2004年4月，位于四川省江油市高新区，总占地面积296000平方米，注册资金8243万元，固定资产17亿元，现有员工950名，2020年工业品销售收入达到8亿元。下辖德阳六合能源材料有限公司、北川六合汽轮机材料有限公司两家生产类全资子公司。

公司主要生产汽轮机用叶片钢、军工用钢、工模具钢、特殊产品（石油化工等其他领域）的锻轧长材（棒、扁）、锻件和零部件（叶片、轴类为主），材料种类主要有耐热钢、高温合金、不锈钢、耐蚀合金、精密合金、模具钢、合金钢等高品质特殊钢。

二、历史沿革

2004年，四川江油六合汽轮机材料有限公司成立。

2009年，更名为四川六合锻造股份有限公司。

2019年，更名为四川六合特种金属材料股份有限公司。

三、主要成果

（一）能源领域

六合特材是国家高新技术企业，国家级专精特新小巨人企业。六合特材起步于汽轮机叶片钢，是唯一一家以汽轮机叶片钢为主的特钢企业，在电力行业大力发展超超临界汽轮机、核电汽轮机、燃气轮机的过程中，六合特材积极配合主机厂进行先进材料的国产化研究和工业化生产，以Co3W3、1Cr12Ni3Mo2VN为代表的高技术要求叶片材料，实现了100%国产化。经过十来年的发展，六合特材已经成为国际上重要的叶片用钢生产企业，其用户几乎包含了当今全球所有的汽轮机生产商及其配套企业，如GE、西门子、三菱、东汽、上汽、哈汽、WTB、宏远叶片等。在国内独家研究并成功生产快堆动导管用材料GH1059。六合特材也是先进钢铁材料技术国家工程研究中心汽轮机用材研发基地。

（二）军工领域

2012年开始，六合特材陆续取得军工材料生产的各种证书。参与军工用钢生产以来，为航天、舰船和武器等重大装备提供了不锈钢、高温合金、精密合金、超高强度钢等关键材料，为舰船提供GT25000燃机匣用GH4698锻件、动力涡轮轴等重要零部件，为重要型号提供超高强度钢和抗氢钢，为航母系统提供轮盘材料，为液氧煤油发动机提供不锈钢材料等，六合特材逐渐成为中国民企参与军工材料生产的重要力量之一。

（三）行业方面

六合特材是四川省特钢产业联盟理事长单位，加入的行业学术团体和学会有中国金属学会特殊钢分会委员单位、中国内燃机学会材料与表面分会、中国高温合金产业创新联盟、中国燃机产业创新联盟四川省燃机产业联盟单位、绵阳金属学会等。

（四）其他

参与了《汽轮机叶片用钢》等 8 项国家标准的修订和起草。拥有发明专利 47 项。除质量（含军工）、环境、检测等认证以外，还通过航空质量体系 AS9100D 认证。

四、特色工艺装备

六合特材拥有完整的冶炼（重熔）、锻造、轧制、热处理、零件机加工设备以及先进的金属材料试验、检测设备。

在江油本部，六合特材拥有 3 吨中频炉 1 台、20 吨中频炉 1 台、25 吨 AOD 1 台、25 吨 VD 炉 1 台、25 吨 LF 炉 1 台和氩气保护自动浇铸车 1 台，年产一次冶炼钢 6 万吨；特种冶炼有：1.5 吨和 6 吨真空感应炉各 1 台、电渣炉和保护气氛电渣重熔炉 11 台、真空自耗炉 VAR 6 吨和 12 吨各 1 台、6000 吨和 2000 吨快锻机各 1 套、3 吨和 4 吨电液锤各 1 套、1.5 吨电液锤 1 套、750 千克空气锤 2 台、配套先进感应炉加热炉的圆钢和方扁钢连轧机组 1 套，以及加热、退火、精整等辅助设备，年产量 50000 吨锻材、锻件。

北川羌族自治县六合汽轮机材料有限公司是电渣重熔的专业生产企业。公司有 1 吨电渣重熔炉 2 台、2.5 吨电渣重熔炉 2 台、5 吨电渣炉 1 台，以及相关烘烤等辅助设备，年生产电渣重熔锭 9000 吨。

德阳六合能源材料有限公司是专业的热处理和机械加工企业。在热处理工艺方面，公司拥有专业的高温、中温热处理炉 5 台以及相关的配套设备，年可热处理材料 1 万吨；在机械加工方面，有 10 台立式加工中心、1 台卧式加工中心、数控车床 10 台、普通车床 10 台、磁粉探伤机及外圆磨、平面磨等加工检测设备，年生产成品叶片 2 万多片，还可以加工涡轮盘、轴等零件。

六合特材检测中心有完善的物理和化学检测设备，可以进行化学成分、力学性能、高低倍、腐蚀、无损等项目检验，2012 年通过了 CNAS 认证。有 2 台全自动超声波探伤设备。

五、未来展望

坚持全流程、专业化的发展思路，专注于军民领域各类装备动力系统的高端材料的创新和发展，走少而精的路线，精准服务、智能制造，打造独具特色的高端特殊钢材料和零件制造企业。“十四五”期末，销售收入大于 15 亿元，其中军工产品比例达到（超过）50%。

华南地区

第三十四章　宝武杰富意特殊钢有限公司

一、企业概况

宝武杰富意特殊钢有限公司是中国宝武钢铁集团旗下广东韶钢松山股份有限公司与JFE钢铁株式会社合资成立的公司，生产特殊钢棒材，年产能113万吨，品种规格配套齐全、品质卓越，广泛应用于汽车、轴承、工程机械等行业，深受国内外客户青睐。

二、历史沿革

2012年，宝钢集团广东韶钢松山股份有限公司建设投产2条特殊钢产线。

2015年，广东韶钢松山股份有限公司以2条特殊钢产线成立宝钢特钢韶关有限公司。

2016年，广东韶钢松山股份有限公司与宝钢特钢有限公司（原上钢五厂）合资成立宝钢特钢长材有限公司，宝钢特钢韶关有限公司成为宝钢特钢长材有限公司全资子公司。

2018年，广东韶钢松山股份有限公司全资拥有宝钢特钢韶关有限公司。

2020年，宝钢特钢韶关有限公司引入战略投资者日本JFE钢铁株式会社，并改名为宝武杰富意特殊钢有限公司。

三、主要成果

宝武杰富意特殊钢有限公司秉承自主、开放的科技创新策略，在自主研发的同时，引入宝武集团中央研究院、JFE钢铁的先进技术。“十三五”期间，参与省市项目5项，获得国家冶金科技进步奖一等奖1项。获得专利授权134项，其中发明专利32项。参与编写行业标准及团体标准10项。

四、特色工艺装备

宝武杰富意特殊钢有限公司整体装备先进，包括可实现控轧控冷、轧材尺寸高精确控制的合金钢大棒、中棒生产线；可确保产品表面质量与内在质量的抛丸、矫直、倒棱、无损探伤精整生产线；可提供特殊要求产品的先进剥皮机、无芯磨床及多台棒材可控气氛连续热处理炉。

由广东韶钢松山股份有限公司直供优质钢坯。广东韶钢松山股份有限公司拥有烧结、焦化、炼铁、炼钢、LF 精炼、RH 真空脱气、连铸合金钢方坯生产线，专供宝武杰富意特殊钢有限公司。

宝武杰富意特殊钢有限公司拥有包括抛丸、表面/内部无损探伤、剥皮的钢坯精整线，保证原料质量。

五、未来展望

宝武杰富意特殊钢有限公司秉承“诚信、创新、协同、共享”的价值观，坚持以客户为中心、精益管理、国际化的战略，为全球用户提供绿色、精品的特殊钢产品。

附　录

中国特殊钢产业支撑体系
——协会、学会、出版物

附录一　中国特殊钢产业协会与学会

一、中国特钢企业协会

中国特钢企业协会，英文名称：SPECIAL STEEL ENTERPRIES ASSOCIATION OF CHINA，缩写：SSEA，是由全国特钢生产企业、科研院所、大专院校、流通企业及与特钢行业相关的个人自愿结成的全国性、行业性社会团体，是非营利性社会组织，是中国唯一合法的全国性特殊钢企业协会。业务主管单位/党建工作机构为国务院国资委党委。下设机构有：办公室、财务部、统计部、宣传展览部、统计委员会、专家委员会、不锈钢分会、冶金装备分会、财金分会。

（一）历史沿革

1985 年在冶金工作会议期间，由齐齐哈尔钢厂、大连钢厂、本溪钢厂、抚顺钢厂、首都钢厂、太原钢厂、舞阳钢厂、大冶钢厂、上海钢铁五厂、西宁钢厂、陕西钢厂、重庆钢厂、长城钢厂、成都无缝钢管厂、贵阳钢厂 15 家国家重点特钢企业厂长自发倡议组织中国特钢企业协会，并联名向冶金工业部党组汇报。1986 年，中国特钢企业协会宣告成立，成立初期即在北京设立了全国特殊钢厂协调委员会秘书处。

（二）中国特钢企业协会的特点

（1）自发性。1985 年由 15 家国家重点特钢企业厂长在冶金工作会议期间自发倡议组织，并联名向冶金工业部党组汇报批准后成立的。

（2）民间性。本协会成立以来，没有占用行政、事业编制资源，没有国家财政拨款，工作人员和经费全部来自会员单位以及咨询服务。

（3）门槛性。自愿加入协会的企业，必须通过自身努力达到对特钢企业协会成员所要求的最低标准。

（三）中国特钢企业协会的宗旨

（1）本会以党的路线、方针、政策为指导，坚持依靠会员办协会的工作方针，代表会员利益，维护会员的合法权益。努力为会员服务、为行业服务，向政府反映诉求，依法依规开展活动，努力发挥在政府和会员之间的桥梁、纽带作用。

（2）加强本会自身建设，利用协会成员的专业优势，努力把本会建设成国内有威信的行业组织。

（3）本会以致力于中国特钢行业的健康发展为目标，积极促进中国特殊钢的高质量发展，为建设现代化钢铁强国作出重要支撑而努力奋斗。

（四）中国特钢企业协会基本任务

（1）根据国家有关政策法规，结合本行业特点，制定行业或细分领域的行规行约，建立自律机制，规范企业行为，做好行业内部争议的协调工作。

（2）贯彻国家钢铁产业发展政策，促进行业结构调整、淘汰落后，推进新技术研发与推广应用，坚持绿色发展理念、促进节能环保水平提升，维护市场秩序，促进公平竞争，提高行业运行质量等方面，发挥行业组织的作用，维护行业整体利益和会员合法权益。

（3）开展行业调查研究，参与拟定本行业发展规划、产业政策法规等工作，为政府加强宏观调控和管理提出咨询建议，向政府反映企业诉求、争取政策支持。

（4）制定 SSEA 特钢协团体标准品牌，充分发挥标准化对特钢行业创新发展的引领作用，对特钢行业规范发展、绿色低碳发展的促进作用，通过标准引领，促进我国特钢行业高质量发展。

（5）受政府部门委托参与行业内的重大投资、改造、开发项目的先进性、经济性和可行性前期论证。

（6）组织有关业务培训，提高职工的专业和技术素质。

（7）组织国内、国际的行业技术协作和技术交流，推荐行业的新产品、名牌产品，组织行业技术成果的鉴定和推广应用；组织相关行业展览会。

（8）做好行业统计信息、价格信息、生产经营信息等企业信息工作，布置、收集、整理、分析全行业信息资料，并及时反馈给会员单位。

（9）做好本会自身建设和管理工作，接受会员和社会的委托，在符合国家规定的业务范围内提供专项服务。

（五）中国特钢企业协会大事记

中国特钢企业协会自 1986 年成立 35 年来，始终围绕着促进中国特钢行业企业健康快速发展的宗旨，在坚持维护市场公平竞争的原则下，千方百计服务于中国特钢企业，承担起特钢企业与政府相关部门在产业政策制定、行业自律性机制建立等方面沟通的桥梁纽带作用，在及时反映成员单位及企业家的意愿和要求，维护成员单位和企业家的合法权益方面；在组织行业标准制定、实施、行检、行评方面；在协调行业内部争议，分析、统计全行业信息服务会员单位方面；在参与行业内重大的投资、改造、开发项目的先进性、经济性、可行性前期论证与监督方面；在组织国内、国际特钢行业的技术协作、技术交流会、新产品和名牌产品推荐展览会方面；在组织行业技术成果鉴定和推广应用等方面做了大量工作。现摘录 1996~2020 年特钢企业协会大事记，从一个侧面反映中国特钢行业近 35 年来的发展脉络与取得的成绩。

1996 年

1 月 5 日，《中国特殊钢市场指南》第一期出刊（半月刊）。

1 月 15 日，在冶金工作会议期间召开了中国特钢企业协会五届四次理事会。

4月29~30日，冶金工业部决定召开9个重点特钢企业董事长、总经理、厂长“关于走出困境，加速发展的座谈会”。殷瑞钰副部长及冶金工业部生产司、规划发展司、经调司、科技司领导参加。9家特钢厂有抚顺钢厂、上钢五厂、大连钢厂、北满特钢、首钢特钢、长城钢厂、本溪特钢、大冶钢厂、重庆特钢。

4月30日，中国特钢企业协会向冶金工业部党组提出“关于特钢行业摆脱困境，加速发展的报告”。

5月16~24日，特钢协按冶金工业部要求到东北四家特钢企业调研关于特钢联合问题。

7月9日，《中国特殊钢现状和发展文集》出版发行。

8月30日~9月3日，在海南召开中国特钢企业协会五届五次理事会。

8月31日，在特钢协五届五次理事会上通过江苏沙钢集团公司和江阴兴澄钢铁有限公司加入中国特钢企业协会。

11~12月，受冶金工业部经调司委托组织特钢企业编写《固定资产投资方向调节税注释》。

11月14~28日，为贯彻中尼两国政府4月北京混委会确定的钢铁合作意向，由冶金工业部生产司推荐，受中国冶金建设总公司的派遣，中国特钢企业协会一行三人对尼日利亚DELTA钢厂进行考察。

1997年

1月13日，在北京密云召开中国特钢企业协会五届六次理事会，有22个会员单位的理事或理事代表参加。

6月5日，中国特钢企业协会提出“关于共同开发广东及华南地区模具钢市场的意见”。

6月20~30日，根据冶金工业部党组指示，特钢协与生产司、规划司、科技司、经调司组成四个调研组，对特钢行业进行重点调研。

7月10日，由中国特钢企业协会秘书处牵头，撰写《特钢行业重点调研报告》。

9月10~12日，冶金工业部在京召开特钢行业研讨会，特钢协全体理事参加，同时召开五届七次理事会。

9月10日，新中国成立后第一部《中国特殊钢年鉴（1996版）》出版发行。

10月11日，中国特钢企业协会向民政部社团管理司提交成立不锈钢分会的备案报告。

11月5日，扩改版的第45期《中国特殊钢市场指南》出版发行，封面改为彩页。

12月25~27日，为落实朱镕基副总理关于特钢集团问题的指示和刘淇部长意见，由特钢协与冶金部生产司组成调研组到大连、抚顺、本溪调研三家联合的意见。

1998年

1月15日，全国冶金工作会议期间，在密云召开五届八次理事会。

2月20日，中国特钢企业协会不锈钢分会在北京成立，太钢当选为首届会长单位。

2月23日~3月4日，田忠学常务副理事长、胡名洋秘书长参加由国家经贸委、冶金工业部、中国工商银行、重庆市委、重庆市政府组成的联合调查组，赴重庆解决重庆特钢问题。

7 月 22 日，与经济日报社研究反映全国特钢困境事宜。

8 月 8~10 日，在牡丹江召开五届九次暨六届一次理事会，并进行换届选举。

经选举产生六届理事会领导集体：

理事长：乐景彭

常务副理事长：田忠学

副理事长：刘玉堂、刘文珠、张昭云、俞亚鹏等

秘书长：胡名洋

副秘书长：王怀世

10 月 21~23 日，在无锡召开“'98 特殊钢国际论坛”，中、德、日、美等国专家到会，中国工程院院士殷瑞钰作学术报告。

1999 年

1 月 19 日，全国冶金工作会议期间，在密云召开六届二次理事会。

2 月 2 日，秘书处就特钢企业用电负担情况向国家经贸委、国家冶金工业局报告。

7 月 20 日，向国家冶金工业局、国家经贸委提交特钢技改贴息专家建议。

8 月 6 日，形成 9 家特钢企业申请技改贴息材料报国家经贸委。

9 月 6 日，在重庆召开六届三次理事会。

9 月 21 日，在大连召开东北四家特钢企业“十五”规划座谈会。

12 月 23 日，在冶金工业会议期间召开六届四次理事会。

2000 年

6 月 19 日，召开中国特钢企业协会特钢行业科技中心成立大会。中国钢铁工业协会吴溪淳会长，钢铁研究总院院长、中国工程院院士殷瑞钰到会并讲话。选举上海五钢公司为管委会主任单位，抚顺特钢、钢研总院、大连钢厂、太钢为副主任单位。

7 月 21 日，向国家冶金工业局提交特钢行业“十五”发展规划建议。

8 月 8 日，在石家庄召开行业科技中心专业组组长会。

8 月 29 日，在南昌召开六届五次理事会。乐景彭同志因工作调动不再担任理事长。

10 月 30 日，在石家庄召开高速钢专业组会。

11 月 9 日，在抚顺召开模具钢专业组会。

11 月 23 日，在齐齐哈尔召开轴承钢专业组会。

11 月 28 日，在上海召开汽车用钢专业组会。

12 月 19 日，到中南海向吴邦国副总理秘书递交 21 家特钢企业董事长、总经理要求减轻特钢电费负担的联名信。

2001 年

1 月 15 日，田忠学同志任特钢协理事会顾问，刘树洲同志任常务副理事长（代理）。

2月10日，秘书处人员机构调整，实行秘书长负责制，设经济运行部、科技信息部、行业协调部和办公室。

2月22日，开展轴承钢、齿轮钢、模具钢、合金弹簧钢四个钢种调研。

4月2日，发出“关于不执行‘齿轮钢材贸易与质量监控协作网通知’的紧急通知”，反对乱收费不正之风。

5月31日，开始进行特钢企业主要装备状况调查。

6月4日，申请加入中国工业经济联合会。

6月18~20日，召开特钢行业科技中心管委会一届二次年会。

8月23~25日，召开特钢协六届六次理事会，中国钢铁工业协会吴溪淳会长、大连市政府王承敏副市长到会并讲话。会议决定：（1）举办国际特殊钢展；（2）创建中国特殊钢网站；（3）组织出国考察。

9月20日，发出关于废旧物资增值税政策变化给特钢企业增加废钢采购成本的报告。

11月11日，发出关于细化进口特钢钢材税号的请示报告。

11月22日，中国特殊钢网站开通。网址：www. ssea. org. cn。

2002年

4月10日，在深圳召开工模具钢专业组会议，与工模具行业交流工模具钢的市场与技术。

5月15日，在上海召开经营座谈会，建立市场预警机制工作小组。

5月23日，首届特殊钢国际展览会开幕，有25家特钢企业参展，展会面积3000平方米。行业科技中心一届三次管委会召开。

5月24日，举办2002年特殊钢国际论坛，论坛主题为特殊钢品种与工艺的最新进展、特钢技术进步和产品开发、重点品种竞争力分析、特钢企业的改革与重组、特钢精品基地建设等。钢铁研究总院院长、中国工程院院士干勇，国家经贸委王晓齐副司长等专家到会并发表报告。

6月24日~11月25日，参加国家经贸委组织的特殊钢竞争力研究工作。

7月12~14日，召开特钢协六届七次暨七届一次理事会，进行换届选举。中国钢铁工业协会党委书记吴建常、国家经贸委贾银松副局长到会，经全体理事民主选举，组成第七届理事会领导班子：

副理事长：俞亚鹏、陈显刚、顾强圻、刘云生等

常务副理事长：吴茂清

秘书长：胡名洋

副秘书长：王怀世

9月2~15日，应“日本特殊钢俱乐部”邀请，秘书长胡名洋出访日本、韩国，与日本特殊钢俱乐部、韩国钢铁协会以及山阳特殊钢、爱知制钢、浦项制钢等协会及企业进行交流。

10月18日~12月29日，组织2003年特钢市场需求调研。

10月21日，召开特钢供应处长会，就废钢增值税率变化对特钢企业产生的影响，向有关部门反映。

12月4~10日，应贵州省政府邀请，由中国钢铁工业协会吴溪淳会长带队，特钢协组织有关专家前往贵阳，对贵阳特殊钢有限责任公司进行企业咨询诊断，并提出报告。

12月29日，在江阴兴澄特种钢铁有限公司召开部分特钢企业总经理座谈会，分析市场及价格态势，并作出有关应对市场变化预案的决议。

2003年

1月21日，通过特殊钢竞争力课题论证。

1月22日，在北京国谊宾馆召开特钢协常务理事会。

7月21日，第二届特殊钢国际展在大连举办。

7月21~22日，举办特殊钢国际论坛。

8月23日，在牡丹江召开轴承钢专业会。

9月13日，在舞阳召开七届二次理事会。

10月8日，在杭州召开行业科技中心第二届管委会。选举上钢五厂为管委会主任单位，太钢、辽特、钢研总院、兴澄特钢为副主任单位。

10月21日，在浙江缙云召开工模具钢专业会。

11月11日，在南京召开汽车用钢专业会。

2004年

2月17日，在中钢协理事扩大会期间，召开特钢协部分理事研讨会。

3月1日，在北京与日本特殊钢俱乐部交流座谈。

3月15日，在上海召开特钢高层领导市场预警分析会，俞亚鹏、陈显刚、朱宪国、李玮、胡克畏等正副理事长和常务理事参加。

4月28日，在江阴论证特钢“十五”科技攻关项目。

5月26日，针对市场突变，在大连召开特钢市场高层领导紧急分析会，研究平稳市场对策，并取得共识。

6月12日，在西宁召开模具钢专业会。

7月10日，受东北特钢委托组织东特总体规划专家论证会。

9月15日，组团赴欧考察特钢生产技术和市场。

10月12日，在石家庄召开高速钢专业会。

11月3~4日，在上海召开七届三次理事会暨特钢高层领导论坛。全国政协副主席、中国工程院院长徐匡迪院士、中国钢铁工业协会会长吴溪淳、中国金属学会理事长翁宇庆、钢铁研究总院院长干勇院士等领导专家参加并作报告。

2005年

4月22日，国家发改委张国宝副主任召集东北特钢、宝武特冶、太钢、兴澄特钢、西宁特钢、舞阳钢铁公司、天津钢管、湖北新冶钢、本溪特钢等主要特钢企业领导，听取特钢和特种材料汇报，指出“对特钢技术改造要支持，要帮助开拓军工市场”。

8月3~4日，在江阴召开军工配套材料供应能力分析会。

10月17~19日，在江苏昆山召开中国特钢企业协会行业科技中心工模具钢专业组年会。

12月15~16日，在大连市召开2005年度不锈钢与耐热钢学术会议及不锈钢专业组工作会议。

12月22~24日，在大连召开中国特钢企业协会七届四次理事（扩大）会暨特钢产品产需见面座谈会。张国宝、吴溪淳以及国家发展改革委、国防科工委、科技部有关司局领导参加。

2006年

8月18日，中国特钢企业协会八届一次会员大会在青海省西宁市召开。

中国特钢企业协会第八届会员大会选举结果：

特钢协会第八届会长联席会组成人员：

俞亚鹏、刘云生、陈显刚、顾强圻等

特钢协会八届一次至四次执行会长：

俞亚鹏等

特钢协会八届一次（2006年8月~2007年8月）领导组成人员：

副会长：俞亚鹏、刘云生、陈显刚、顾强圻等

特钢协会第八届秘书处领导组成人员：

常务副会长：吴茂清

秘书长：胡名洋

副秘书长：王怀世

10月12日，在上海召开特钢协八届一次会长联席会。

11月14~16日，由中国钢铁工业协会、中国汽车工业协会、中国中信集团公司主办，中国特钢企业协会协办的汽车零部件用特殊钢国际技术研讨会在上海召开。

12月13~14日，2006年特钢行业高速钢、工模具钢专业组年会在上海召开。

2007年

1月26日，特钢协接国家发改委通知，请协会协助调查国内装备制造业对高品质特殊钢品种需求状况、特钢生产企业满足国内装备制造业需求的能力、国内装备制造业用特殊钢材关键短缺（空白）品种以及攻关情况等。

2月10日，向国家有关部门反映特钢企业出口现状，请求对特钢钢材出口退税政策给予关注。

3月1日，为有效做好进口数据调研工作，3月1日在北京召开特殊钢进口钢材专题调研工作会议。

6月15日，出口关税的调整和变化以及许可证制度的实行，对特钢行业的出口产生了一定的影响，为了更好地做好行业的出口工作，根据中国特钢企业协会顾问吴溪淳的建议，于2006年6月15日在大连召开特钢进出口市场分析会，共同分析市场变化，对国际市场情况做预测，并商定有关特钢出口统计事宜，及时通报特钢行业进出口动态。

7月3日，向国家发改委汇报差别电价对特钢行业影响。

8月8~10日，中国特钢企业协会和中国金属学会特殊钢分会在北京举办“2007中国特殊钢国际研讨会”。徐匡迪、殷瑞钰作大会报告。

大会组织机构：

名誉主席：徐匡迪、翁宇庆、殷瑞钰、吴溪淳、干勇

组织委员会：

委员：俞亚鹏、陈显刚、顾强圻、刘云生、杨树森等

会议秘书长：吴茂清

副秘书长：胡名洋、董瀚

会议期间召开特钢协八届二次会员大会。

特钢协第八届会长联席会组成人员：

俞亚鹏、刘云生、陈显刚、顾强圻等

特钢协八届一次至四次执行会长：

俞亚鹏等

中国特钢企业协会八届二次领导组成人员：

执行会长：俞亚鹏

副会长：刘云生、陈显刚、顾强圻等

10月18日，在江阴召开特钢协八届二次会长联席会。

12月17~20日，2007年特钢行业高速钢、工模具钢专业组年会在成都召开。

2008年

5月27日，在江苏丹阳召开2008年工模具钢、高速钢生产技术研讨会暨特钢行业工模具钢、高速钢专业组年会。

9月22~24日，在上海举办“中国特殊钢改革开放三十年成就展暨中国国际特殊钢工业展览会”，期间召开“中国特殊钢技术、市场面对面高层论坛”。

11月20日，在太原召开特钢协八届三次会员大会，会议确认李晓波同志为特钢协八届三次执行会长。会后，发布中国特钢企业协会八届三次会员大会关于当前特钢行业严峻形势的共识。

11月25日，胡名洋秘书长、王怀世副秘书长在工信部召开的钢铁行业生产经营座谈会上汇报特钢行业受金融危机冲击情况。特钢企业面临着“两高两低一滑”的艰难局面(高价原材料库存、高成本产成品库存，低价、低需求的市场，利润大幅下滑)。向国家提出若干政策建议：提高特钢产品出口退税率；将废钢增值税回调至原17%；制定对特殊钢技术的研发政策；制定企业环保型搬迁改造土地自主开发政策等。

11 月 27 日，参加国务院召集的研究钢铁、汽车行业发展有关问题座谈会。胡名洋秘书长汇报了特钢行业发展情况。

2009 年

2 月 19 日，中国钢铁工业协会理事扩大会期间，召开特钢协会长见面会，中国钢铁工业协会名誉会长吴溪淳和中国金属学会理事长翁宇庆出席。

5 月 25 日，在大连召开中国特钢企业协会八届三次会长联席会。

5 月 26 日，在大连召开“2009 高品质特殊钢技术与市场论坛”。中国钢铁工业协会名誉会长吴溪淳、中国金属学会理事长翁宇庆出席并作报告。

9 月 2 日，在京召开“中国特殊钢现代发展战略研究”课题开题会。

11 月 16~17 日，在大连召开特钢协八届四次会员大会。

2010 年

4 月 12 日，中国特钢企业协会和中国金属学会特钢分会向发改委产业协调司汇报特钢课题。

5 月 19 日，中国特钢企业协会八届四次会议会长联席会在大连召开。

7 月 28 日，在北京华侨大厦由发改委产业协调司副司长熊必琳主持，吴溪淳老部长、干勇院长、翁宇庆会长等参加，中国特钢企业协会承办的《中国特钢产业现代发展战略研究》课题评审，并获通过。

9 月 21 日，中国特殊钢国际展览在上海展览馆开展。

12 月 2 日，中国特钢企业协会九届一次会员大会在宝山宾馆召开，中国钢铁工业协会党委书记刘振江、名誉会长吴溪淳到会并讲话。

会议选举：庞远林、俞亚鹏、陈显刚、李晓波等为九届执行会长，杨成文、孙开明为副会长，王怀世为秘书长。

决定聘任于叩为副秘书长，吴茂清、胡名洋为顾问。

2011 年

2 月 11 日，在北京攀钢宾馆参加工信部原材料司钢铁处组织的“十二五”钢铁规划讨论会。

3 月 14 日，以中国特钢企业协会名义，向工信部发出“关于淘汰不锈钢落后产能的报告”。

3 月 29 日，参加中国钢铁工业协会《钢铁新材料产业政策研究》课题开题会。

3 月 30 日，参加“十一五”国家科技支撑计划“高品质特殊钢技术开发”课题验收会。

5 月 12 日，工信部转来请中国特钢企业协会答复《全国政协十一届四次会议提案第 3259 号》提案，并提出对我国特殊钢产业政策的建议。

7 月 28 日，中国特钢企业协会九届一次（中期）会长联席会（通讯方式）召开。

10月19日，2011年第二届高速钢应用技术研讨会召开。

12月2日，中国特钢企业协会九届二次会员大会在湖北省黄石市召开。

12月8日，中国特钢企业协会向国务院呈报“关于请求国家维持特钢产品现行出口政策的报告”。

2012年

4月26日，中华人民共和国民政部批准中国特钢企业协会为三A级。

5月8日，在河北省石家庄市召开2012年高速钢专业组年会。

5月9日，为落实《钢铁工业“十二五”发展规划》，根据中国特钢企业协会九届二次理事会的要求、名誉会长吴溪淳的提议，特钢协秘书处决定5月至7月组成由名誉会长吴溪淳带队、协会秘书处人员参加的调研组，先后对六家企业进行实地调研。

5月15~16日，中国特钢企业协会调研组由名誉会长吴溪淳带队到东北特钢集团有限公司进行实地调研。

5月18日，中国特钢企业协会在大连市召开2012年特殊钢与先进装备制造业市场对接论坛。

5月26日，中国特钢企业协会调研组由名誉会长吴溪淳带队到中信泰富特钢集团江阴兴澄特种钢铁有限公司进行实地调研。

6月14日，在沈阳市召开2012年中国特钢行业工模具钢专业组年会。

6月28日，中国特钢企业协会调研组由名誉会长吴溪淳带队到宝钢集团宝钢特种材料有限公司进行实地调研。

6月29日，中国特钢企业协会调研组由名誉会长吴溪淳带队到宝钢集团宝钢不锈钢有限公司进行实地调研。

7月6日，中国特钢企业协会在北京市世纪金源大饭店召开电渣产品应用技术研讨会，会议由邢台钢铁有限责任公司承办。

7月23日，中国特钢企业协会调研组由名誉会长吴溪淳带队到太原钢铁集团有限公司进行实地调研。

9月19日，在上海中信泰富特钢集团召开九届二次会长联席会，重点讨论对六家企业的调研报告。

9月20日，中国特钢企业协会主办的第十一届中国国际特殊钢工业展览会在上海世博园开幕。

12月3日，在海南省三亚市召开中国特钢企业协会九届三次会员大会，同时举行了九届二次会长联席会议。

2013年

3月11日，中国特钢企业协会印发六家重点特钢企业的调研报告。

4月18日，参加中钢协组织的《2020我国钢铁产业发展远景研究——品种发展远景》课题。

4 月 19 日，参与中钢协起草的《关于中韩自贸区钢铁产品降税模式的意见》。

5 月 14~17 日，名誉会长吴溪淳带领特钢协秘书处对江苏天工国际集团、湖州久立公司、永兴不锈钢公司进行调研。

6 月 5 日，在江苏江阴兴澄大饭店召开全国特钢出口企业组长会议暨钢材出口税号政策研讨会，财政部、海关总署、钢铁协会等有关部门参加。

7 月 12 日，和中钢协共同起草《关于建议取消耐磨钢进口税收优惠政策的报告》。

7 月 30 日~8 月 1 日，中国金属学会特殊钢分会和中国特钢企业协会在吉林省长春市召开“2013 年全国高品质特殊钢生产技术交流研讨会”。

8 月 3~4 日，在北京召开中国特钢企业协会九届三次会长联席会议，会议由西宁特钢承办。

10 月 11 日，在石家庄市举办 2013 年高速钢应用技术论坛。

12 月 3 日，中国特钢企业协会九届四次会员大会在太原市召开。

2014 年

4 月 27~28 日，参加工信部组织的第三批准入条件企业评审会。

8 月 1 日，中国特钢企业协会九届四次会长联席会在北京香山饭店召开，会议由太原钢铁集团公司承办。

9 月 18 日，中国特殊钢十二届展览会在上海浦东世博园举行开幕式，高品质特殊钢论坛在上海浦东大酒店举行。

12 月 5 日，中国特钢企业协会九届五次会员大会在大连市召开。

2015 年

1 月 27 日，参加工信部原材料司主持的关于钢铁行业规范条件的讨论。

5 月 5 日，与中国金属学会特钢分会共同举办的高品质特殊钢协同创新研讨会在上海大学举行。徐匡迪、干勇、翁宇庆、俞亚鹏等出席会议。

6 月 24 日，在上海召开中国特钢企业协会装备分会成立大会。

7 月 8 日，在北京召开中国特钢企业协会九届五次会长联席会，杨华主持，俞亚鹏、李晓波、庞远林、陈显刚、杨忠、贾国生、孙开明出席会议。会议通过秘书长提议，增补刘建军为中国特钢企业协会副秘书长。

7 月 31 日，特钢协与中钢协在北京与海关天津分类中心进行座谈，陈玉千主持会议，特钢协王怀世、刘建军、黄伟参加。

8 月 20 日，在北满特钢召开 2015 年模具钢年会。

9 月 16 日，在江苏江阴市，由中信泰富特钢集团组织召开合结钢生产工艺、检验方法现场研讨会，中钢协、海关总署、海关天津分类中心参加会议，东北特钢、宝钢特钢派人参加。

9 月 24 日，在江苏江阴市召开特殊钢标准座谈会，工信部张得琛、文刚处长到会，会议由工信部主办，中信泰富特钢集团承办。

11 月 10 日，在江苏镇江召开中国特钢企业协会高速钢专业组年会。

12 月 3 日，在上海召开中国特钢企业协会九届六次会长联席会。

12 月 4 日，中国特钢企业协会九届六次会员大会在上海召开。

2016 年

1 月 16 日，在中信泰富特钢集团新冶钢举办特殊钢工艺暨细化特殊钢产品进出口税则税号研讨会。

3 月 1 日，民政部正式批准中国特钢企业协会修改的新章程。

3 月 13~20 日，中国特钢企业协会商务访问团出访俄罗斯，参观在圣彼得堡举行的“国际工业技术展览会”。

3 月 17 日，与俄罗斯钢铁协会见面交流。

3 月 18 日，在莫斯科与俄罗斯诺里尔斯镍业公司见面交流。

3 月 29 日，在深圳召开中国特钢企业协会冶金设备分会工作会议。

3 月 29 日，在深圳会展中心举办 2016 年中国国际高品质特殊钢发展趋势、工模具钢论坛。

4 月 6~12 日，中国特钢企业协会代表团访问日本。

4 月 11 日，访问日本特殊钢俱乐部。

7 月 11 日，参加工信部、中钢全信公司组织的《我国钢铁进出口的分析及政策建议》评审工作。

7 月 19 日，由中国钢铁工业协会举办、中国特钢企业协会承办的《关于调整部分产品出口税则及财税政策》汇报会召开，财政部、工信部、海关等单位出席。

9 月 20 日，中国特钢企业协会成立 30 周年暨中国特钢企业协会展览会开幕式和高品质特殊钢论坛开幕式在上海世博园举行。

11 月 23 日，中国特钢企业协会办公室由紫龙宾馆 A 座二楼搬到 B 座六楼。

12 月 9 日，中国特钢企业协会九届六次会长联席会在江阴中信泰富特钢集团总部召开。

12 月 10 日，在江苏省江阴市召开中国特钢企业协会九届七次会员大会。

2017 年

1 月 11 日，在天津参加海关组织的特钢税号分析研讨会。

3 月 16 日，参加规划院《鞍钢兼并重整东北特钢及相关企业可行研究》报告评审会。

3 月 17 日，中国特钢企业协会标准委员会成立。

4 月 5~7 日，副秘书长刘建军参加中国钢铁工业协会受重庆市经信委组织的清理“地条钢”企业的检查工作。

5 月 3 日，副秘书长刘建军赴贵阳参加督导检查“地条钢”工作。

5 月 7 日，中国特钢企业协会主任余熙文赴浙江省参加督导检查“地条钢”工作。

5 月 7~15 日，中国特钢企业协会组织访美活动。

5月25日，在大连召开中国特钢企业协会冶金装备委员会会长单位工作会议。

8月3日，参加中国钢铁工业协会钢铁产品进出口财税政策工作座谈会。

8月11日，在湖北黄石召开中国特钢企业协会九届七次会长联席会。

9月7日，在大连远东工具公司举办中国特钢企业协会和中国金属学会高速钢专业组年会。

9月11日，在西宁召开中国特钢企业协会设备委员会工作会议。

9月14日，在兰州市温州长江酒店召开中国特钢企业协会、中国金属学会模具钢专业组会议。

9月21日，中国特钢企业协会不锈钢分会在北京举办“双相不锈钢研讨会”。

11月29日，中国特钢企业协会九届七次会长联席会在北京召开。

11月30日，中国特钢企业协会九届八次会员大会在北京召开，西宁特钢承办。

2018年

1月20日，在江阴召开特钢出口市场交流2018年特钢进出口税则税目研讨工作会议。

3月8日，在中国钢铁工业协会同国家审计署座谈关于出口退税有关问题和钢材钢坯的标准事宜。

4月12日，在江苏省江阴市召开中国特钢企业协会设备委员会工作会议。

7月6日，在青海省西宁市召开中国特钢企业协会九届八次会长联席会。

9月19日，中国特钢国际展览会在上海世博园举行开幕式；“中国高品质特殊钢论坛”在上海举行。

9月20日，“中国特钢装备论坛”在上海举行。

12月6日，在太原市召开中国特钢企业协会九届八次会长联席会。

12月7日，在太原市召开中国特钢企业协会九届九次会员大会。

2019年

5月17日，在江苏省江阴市召开中国特钢企业协会价格指数研讨会。

6月13日，在太原市召开中国特钢企业协会设备工作委员会会议。

7月12日，在黑龙江省齐齐哈尔市召开工模具钢市场研讨会。

7月29日，在冶金工业规划研究院由太钢承办、冶金工业规划研究院协办，召开中国特钢企业协会九届九次会长联席会。

11月8日，中国特钢企业协会标准化分会正式成立。

12月5日，在抚顺特钢举办中国特钢企业协会九届九次会长联席会。

12月6日，在辽宁省抚顺市举办中国特钢企业协会九届十次会员大会。

12月12日，中国特钢企业协会财务金融分会成立。

2020年

1月3日，在发改委产业发展司参加关于（工）中频炉生产工模具钢行为界定专题会。

1月6日，参加建龙集团工艺研究所成立大会。

1月10日，参加中国钢铁工业协会六届一次会员大会，中钢协副会长、特钢协会长钱刚到会。

3月4日，参加钢铁视频会议，中钢协副会长屈秀丽传达国资委关于新冠肺炎疫情防控的情况报告。

4月8日，参加中钢金信咨询公司承办的“关于邢台钢铁公司搬迁方案”的视频研讨会。

4月9日，参加中国钢铁工业协会党委举办的关于廉政建设警示视频大会。

4月15日，参加中国金属学会举办的中国冶金材料大讲坛（视频会），副秘书长刘建军做了题为《新形势下特钢行业的创新发展》的报告。

4月20日，召开中国特钢企业协会“优特钢市场视频研讨会”，中信泰富特钢集团王文金副总裁主持会议。

5月25日，组织召开中国特钢企业协会“优特钢市场视频研讨会”，中信泰富特钢集团王文金副总裁主持会议。

6月4日，在冶金工业规划研究院召开工信部课题“我国特殊钢产业发展现状及下一步发展方向研究”的开题会。

6月19日，在湖州，由永兴特钢承办，召开中国特钢企业协会“不锈钢棒线材研讨会”。

6月28日，召开中国特钢企业协会展览工作视频工作会议。

6月29日，在冶金工业规划研究院参加10个团体标准审定会。

7月11日，参加中钢协组织的创先争优表彰大会，张建玲同志荣获优秀党务工作者称号。

7月15日，到大连东北特钢集团向执行会长孙启汇报工作，落实九届十次会长联席会事宜。

7月23日，在江苏省江阴市，由华新丽华公司承办召开“不锈钢棒线材市场预警会”。

8月6~7日，在山东省青岛市召开中国特钢企业协会九届十次会长联席会，由青岛特钢公司承办。会议特邀中钢协副会长骆铁军、李新创，党委副书记姜维，副秘书长陈玉千、黄导以及炼焦行业协会会长崔丕江出席会议。

8月11日，由中信泰富特钢新冶钢承办的工模具钢市场预警会在湖北省黄石市召开。

8月14日，在上海参加由钢之家网站承办的“中国特钢市场高峰论坛”。

8月19日，由青山钢铁公司承办的不锈钢棒线材市场预警会议在浙江省温州市召开。

8月23~24日，到建龙集团北满特钢考察调研。

8月24~25日，在齐齐哈尔市和富拉尔基区参加中国钢铁工业协会和第一重型集团组织召开的冶金设备论坛会议。

8月31日~9月1日，在江苏省江阴市参加由中国中车集团主办的“高铁轴承国产化市场研讨会”，7 位院士出席。会议由中信泰富特钢集团承办。

9 月 1 日，到江苏省江阴市长强钢铁有限公司调研。

9 月 3 日，到江苏省丹阳市龙泰科技有限公司调研。

9 月 5 日，在辽宁省抚顺市召开中国特钢企业协会工模具钢市场预警会，由东北特钢抚顺特钢承办。

9 月 11 日，接待浙江省缙云县商务局应臻副局长一行来协会访问。

9 月 17 日，在成都市召开中国特钢企业协会统计工作会议。

9 月 18 日，在成都市召开中国特钢企业协会不锈钢市场预警会，会议由攀钢国贸承办。

9 月 25 日，参加工信部“钢铁行业高质量发展指导意见”研讨会，副秘书长刘建军参加；参加发改委产业司“钢铁行业项目备案工作”座谈会，秘书长王怀世参加。

9 月 27 日，秘书长王怀世、副秘书长刘建军一行赴冶金工业出版社调研。

9 月 28 日，在冶金工业规划院讨论“特钢行业‘十四五’规划”的初稿；秘书长王怀世、副秘书长刘建军一行到冶金信息标准研究院调研。

9 月 29 日，在冶金工业规划院参加“黄石市模具钢产业高质量发展规划”评审会，秘书长王怀世、副秘书长刘建军参加；在北京特钢协办公室接待一胜百特钢公司经理徐博文。

10 月 8 日，在冶金工业规划院与湖北省黄石市西塞山区区长等一行人交流座谈。

10 月 9 日，到江苏省江阴市江阴齿轮箱厂调研。

10 月 13 日，在江苏省江阴市召开《中国特殊钢》图书编撰启动工作会议，会议由中信泰富特钢集团承办。

10 月 14 日，到江苏省盐城市参观响水县德龙不锈钢公司。

10 月 15 日，在江苏省盐城市参加由冶金工业规划院承办的不锈钢和高温合金联盟论坛大会；到江苏省泰州市戴南镇参观并会见戴南镇有关领导和协会企业负责人。

10 月 16 日，参观江苏省泰州市兴化市戴南镇不锈钢钢渣造纸工厂。

10 月 17 日，在辽宁省本溪市参加冶金工业规划院对本溪钢铁公司“十四五”等三个项目审定工作会议。

10 月 18 日，到辽宁省本溪市参观本溪钢铁公司特殊钢厂。

10 月 21 日，在浙江省杭州市参加 2020 年中国特钢行业高速钢专业组年会，秘书长王怀世、副秘书长刘建军。

10 月 22 日，到浙江省湖州市参观永兴特钢、久立特钢，参加 2020 年不锈钢分会年会与常务理事会。

10 月 23 日，副秘书长刘建军在北京参加发改委产业司关于“特钢新增产能的条件”座谈会；参加由冶金工业规划院承办的中国特钢企业协会标准化分会常务理事会。

10 月 24 日，在北京参加由冶金工业规划院承办的 2020 年中国钢铁高质量发展标准化论坛大会。

11 月 2 日，在上海召开中国特钢企业协会会长见面会，中钢协党委副书记姜维、副会长李新创等参加。

11月3日，“第十五届中国国际特殊钢工业展览会”在上海国际会展中心举办开幕式，中信泰富特钢集团歌舞团举行开幕演出；在上海正大美爵酒店举办“中国国际高品质论坛暨推进全冶金装备制造国产化研讨会”，会议由中国特钢企业协会装备委员会承办。中钢协党委副书记姜维致词，副会长、冶金工业规划院党委书记李新创主题演讲。

11月9日，参加新余特钢公司技术改造评审会；参加发改委产业协调司特钢新增产能条件座谈会。

11月16~18日，在北京市参加钢协党委举办“十九届五中全会”培训班。书记于叩、秘书长王怀世参加。

11月18日，秘书长王怀世与冶金工业出版社社长苏长永一行到钢铁研究总院交流。

11月19日，参加不锈钢分会主办的“第三届超级奥氏体不锈钢及镍基合金钢国际研讨会”并致辞。

11月20日，王怀世、刘建军一行到中国冶金报社与党委书记、社长陈玉千等有关人员进行交流。

11月22日，中国特钢企业协会秘书处王怀世、刘建军一行到大连市瓦房店市鑫大公司调研。

11月25日，刘建军副秘书长在西安参加由冶金工业信息标准研究院和中信泰富特钢兴澄特钢承办的《高碳铬轴承钢》团体标准技术研讨会。

11月27日，在北京参加由北京兰格钢铁网承办的特钢研讨会。

11月28日，在杭州市参加由钢之家网站举办的2020年钢铁产业链发展形势论坛。

12月8日，副秘书长刘建军参加由大冶特钢承办的《中国特殊钢》编辑工作会议。

12月16日，与冶金工业规划院副院长肖邦国、总设计师管志杰、冶金工业出版社社长苏一行，到江苏省丹阳市天工国际集团调研，并拜访董事长朱小坤；参加由天工国际集团承办的中国特钢企业协会工模具钢市场预警会；与冶金工业规划研究院副院长肖邦国到中信泰富特钢集团调研，并拜访中信泰富特钢集团董事长钱刚。

12月18日，参加由“我的钢铁网”承办的中国特钢企业协会2020年特钢的市场预警会议，中信泰富特钢集团副总裁王文金主持并讲话；参加“我的钢铁网”第三届特钢年会；刘建军副秘书长参加江苏省冶金厅特钢课题的发布会。

12月19日，参加“我的钢铁网”2020年年会。

12月29日，西宁特钢副总经理张伟、中钢协发展部主任王滨来协会调研。

2020年底，中国特钢企业协会第九届理事会届满。由于对新冠疫情防控的需要，十届换届大会暨十届一次会员大会延至2021年6月24日在湖北黄石召开。

第十届理事会负责人当选名单：

会长：钱刚、章青云、尹良求、高祥明、孙启

副会长：李建朝、丁华、黄永建、阮小江、付正刚

秘书长：刘建军

中信泰富特钢集团党委书记、董事长钱刚当选为中国特钢企业协会第十届轮值会长，任期至2022年12月。

（五）分支机构

中国特钢企业协会组织结构如附图 1-1 所示。

附图 1-1　中国特钢企业协会组织结构

1. 中国特钢企业协会不锈钢分会（CSSC）

A　历史沿革

中国特钢企业协会不锈钢分会是中国特钢企业协会的分支机构，是非营利的全国性民间组织，服务于中国不锈钢行业。

1998 年 2 月 20 日，中国特钢企业协会不锈钢分会在北京成立，太钢当选首届会长单位。

2001 年中国特钢企业协会不锈钢分会加入中国钢铁工业协会，成为该组织的团体会员。

2005 年中国特钢企业协会不锈钢分会加入 ISSF（国际不锈钢论坛），成为组织团体会员，并和世界上其他不锈钢协会一样成为 SSDA 的一部分。

中国特钢企业协会不锈钢分会现有注册会员单位 238 家，包括了国内主要的不锈钢生产和营销企业、科研院所、不锈钢原料、下游用户及国外不锈钢企业驻中国代表处等。

B　分会宗旨

中国特钢企业协会不锈钢分会的宗旨是沟通不锈钢行业与政府主管部门、其他相关行业组织、国际不锈钢组织、国际和国内知名不锈钢企业及科研机构、相关院校的联系，发挥行业协会的纽带桥梁作用，以服务为宗旨，对不锈钢信息进行收集和分析研究，为发展不锈钢提供科学的导向，促进不锈钢生产、科研、开发、应用和市场流通领域的联系，沟通信息，组织专家咨询指导，开发不锈钢市场，促进中国不锈钢工业健康发展。

C　分会服务

中国特钢企业协会不锈钢分会的服务内容是宣传贯彻国家有关不锈钢方面的方针政策、法律法规；定期召开年会，总结工作、沟通信息，协调处理不锈钢行业有关问题；向政府主管部门及时反映不锈钢行业的意见和要求，努力寻求国家和社会对不锈钢行业的关心和支持；遵循 WTO 的基本规则，积极协助企业维护我国不锈钢行业的合法权益；汇集、统计、加工整理各会员单位和国内外不锈钢生产、设计、科研、应用以及市场需求的信息和资料；根据需要举办不锈钢讲座、学习研讨会及培训班，开展技术咨询、技术服务和信息服务；积极开展与国际不锈钢行业组织、相关行业组织、国际知名企业和各社会团体的合作交流活动；与国际镍协会、国际钼协会、国际铬发展协会、中信金属公司等成立“中国不锈钢合作推进小组”，在中国宣传和推广不锈钢的使用。

D 分会活动

中国特钢企业协会不锈钢分会年度组织的主要行业活动有铁素体不锈钢国际会议、双相不锈钢国际会议、超级奥氏体不锈钢及镍基合金国际会议、国际不锈钢管大会、不锈钢行业年会等，以及定期组织的不锈钢应用推广会及知识培训等。

2. 中国特钢企业协会冶金装备分会

A 历史沿革

中国特钢企业协会冶金装备分会成立于 2015 年，是在中国特钢企业协会冶金装备委员会的基础上为适应行业及装备工作的新形势、新发展而成立的。中国特钢企业协会冶金装备分会由五家会长、副会长企业组成分会理事会，分别是东北特殊钢集团股份有限公司、中信泰富特钢集团有限公司、西宁特殊钢股份有限公司、太原钢铁（集团）有限公司、宝武特种冶金有限公司。

B 分会宗旨

中国特钢企业协会冶金装备分会以服务行业企业为宗旨，以“科技引领、服务企业”八字方针为引领，积极推进行业企业新技术、新产品研发与产品展示，发挥好行业协会桥梁纽带作用，积极配合国家推进绿色环保产业政策，服务企业高质量发展。

C 分会服务

中国特殊钢企业协会冶金装备分会注重了解企业实际需求，急企业之所急，积极组织行业企业加强沟通并做好如下服务工作：

（1）组织由东北特钢集团牵头的企业设备管理的对标挖潜工作，制定有特殊钢企业特色的设备管理系统。

（2）组织跨行业的备品备件服务联盟，与国内密封件、液压件行业组织结成服务中心。

（3）积极为国内外优势设备生产企业，推广其高水平设备与技术；积极为推广国产化冶金设备、备品备件做服务。

（4）建立特殊钢企业设备部长工作平台，加强企业设备部长间的横向联系。

（5）充分发挥分会平台作用，做好各企业之间的零部件互通有无，充分发挥企业之间备品备件的联储作用。

（6）积极组织特殊钢企业走出国门，出访国外特殊钢企业、零部件生产企业，组织企业参加相关展会活动。

（7）组织国际、国内高端技术设备展会及论坛，组织“中国国际冶金设备展览会”（这是目前国际上唯一以冶金装备命名的展览会）。

D　未来发展

进入“十四五”，中国特钢企业协会冶金装备分会将按照国家发展的大政方针，在特钢行业高质量发展过程中，在冶金工业全面落实超低排放改造、实现“双碳（碳达峰、碳中和）”目标过程中，分会将顺势而为，在特殊钢企业智能制造领域充分发挥平台优势，把握新一代信息技术带来的产业革命契机，为企业提供高水平的服务。

中国特钢企业协会冶金装备分会将继续做好分会的基础建设工作，吸纳更多的设备生产企业、零部件供应商参与分会活动，不折不扣依据中国特钢企业协会对分会发展的要求，进一步做好自身建设，确保分会各项工作有序发展。

3. 中国特钢企业协会财务金融分会

A　分会沿革

中国特钢企业协会财务金融分会（以下简称财金分会）于 2019 年 10 月筹备，2019 年 12 月正式挂牌成立。

B　分会属性

财金分会是以中国特钢企业协会会员为主，并适当延伸至钢铁企业、钢铁产业上下游企业、财务金融服务机构、相关行业企事业单位、科研院所、社会团体与相关个人自愿组成的全国性、行业性、专业性、非营利性的社团组织。

C　分会成员

财金分会以中国特钢企业协会会员为主，适当延伸至普钢等企业及整个钢铁行业上下游企业，以及提供全面财务、金融服务专门设立的分支机构；会员接受中国特钢企业协会的领导和国务院国资委协会党建局的监督管理。

D　分会职能与服务

财金分会主要职能是以中国特钢企业协会会员为主，为包括钢铁行业在内的冶金及上下游企业提供财税政策研究咨询、投融资咨询及服务，以及为企业提供财务融合运行评价、管理会计推广及应用、“四新（新技术、新材料、新工艺、新装备）”推广应用、冶金文化宣传推广、冶金管理会计师及冶金金融师和冶金税务师的初中高级培训等相关支持。其具体包括：

一是为会员企业做好财税咨询服务。做好对会员企业的财务、财税政策咨询服务；通过开展会员企业座谈交流、专家调研等多种形式，开展财税政策专题研究，调研会员企业在财政、税务、税种等方面实际操作中的问题，为财政部、税务总局等国家部委提出建设性的意见和建议，给企业争取公平、宽松的政策环境，提供优惠政策支持。如申报绿色工厂、绿色项目、绿色金融的政策支持；推进再生资源、科技研发费用加计扣除等财税政策落实。

二是为会员企业提供专业化、定制化的金融服务。如帮助符合条件的会员企业树立行业优质企业品牌、发行优质主体或绿色项目债券；冶金企业产业链并购重组、投融资咨询；企业异地搬迁、改扩建、技改等融资方案，协助申领政策补贴；以及为企业针对性、定制化引进融资租赁、供应链金融、新技术应用的合同能源管理融资、小微企业贷款等全方位金融服务。

三是总结冶金企业财务融合评价及典型企业经验。依托工业和信息化冶金企业财务融合评价专委会，在冶金行业及上下游企业中开展企业财务融合评价，总结试点经验，逐步深入完善相关工作。以体系建设为主线，以案例编写为抓手，优选部分在企业财务融合和管理会计应用方面实践经验较为典型并取得一定成绩的企业，组织专家团深入企业调研、交流，帮助会员企业共同总结、提炼相关经验，整理形成优质案例成果，助力企业转型升级、提升核心竞争能力；为全国会员企业提供可借鉴、易学习、能操作、好落地的有益方法；通过多种有效方式，组织行业企业交流经验，专题研讨，共同提升。推进冶金行业财务智能化，加快企业网络化、数字化和智能化转型，推动 RPA 机器人流程自动化应用及新一代人机协作的财务共享中心构建，促进冶金行业企业财务融合一体化水平提升。

四是开展冶金工业文化发展研究。做好冶金会员企业服务工作，促进冶金工业和会员企业文化事业的繁荣，为全国冶金会员企业经济的发展服务好，用文化传承发扬钢铁精神和民族精神，鼓舞团结广大会员单位员工的干劲，促进经济的发展，为实现“十四五”规划做出贡献。因此，工信部工业文化发展中心与财金分会合作成立冶金文化研究院，同时，财金分会成立冶金文化中心，在全国开展冶金文化工作。

五是开展管理会计推广应用及培训。财务人员是冶金行业的宝贵智库，为落实工信部、财政部相关部委关于加强管理会计推广工作的精神，组织专家完善管理会计培训教材，对教材内容精编，并在培训中结合企业的需求、共性问题有针对性地进行修订，打造具有冶金行业特色的教材体系，同时组织开展行业培训及企业内训工作，为会员企业培养懂理论、善实操的复合型行业管理会计人才。

六是发挥行业组织优势配合政府政策实施。为贯彻落实国家“碳达峰”“碳中和”战略决策和行动部署，充分发挥行业组织的作用，深化与产学研用等相关机构合作，推动非高炉炼铁等新技术在行业中推广应用，助力会员企业节能减排、绿色发展，践行“双碳”目标。

二、中国金属学会特殊钢分会

（一）分会沿革

中国金属学会特殊钢分会前身是特殊钢学术委员会，成立于 1979 年 5 月，是中国金属学会下属专业分会中年轻、活跃、兴旺的学术团体。特殊钢分会在国内外具有一定的知名度和影响力，是荟萃了中国主要特殊钢生产厂、科研院所、大专院校，以及使用、设计、专业出版等部门专家、学者、科技工作者组成的跨行业、跨部门的综合性学术团体；也是与国外及港台地区开展科技交流和了解市场信息的一个重要渠道。特殊钢分会自成立至今，在推动我国发展特殊钢生产工艺水平提高、实物质量提升以及学术交流与学术水平提高等方面，都发挥了重要作用。

1979 年 5 月经中国金属学会批准，在民主协商基础上推选了 23 名学术委员，正式成立特殊钢学术委员会。

主任委员：刘嘉禾；副主任委员：朱觉、杨昌乐、秦森、杨栋。

特殊钢学术委员会成立之初，分设了10个专业学组，分别是：结构钢学组、轴承钢学组、模具钢学组、高速钢学组、不锈钢与耐热钢学组、高温合金学组、精密合金学组、电炉与炉外精炼学组、特种冶炼学组、特种加工与热处理学组。随着学会活动的开展，于1980年又增设了低温钢学组、电工钢学组、低合金钢学组和金属耐磨材料学组。共设14个学组。

1985年9月由中国金属学会批准成立了特殊钢分会及首届理事会，并聘任朱觉为名誉理事长，秦森为名誉副理事长，傅元庆、王国均、潘继庆、王芳雯为名誉理事。首届理事会由35人组成，经过协商和选举，推选刘嘉禾为理事长，杨栋、杨昌乐为副理事长，林慧国为秘书长，马绍弥为副秘书长，确定挂靠单位为钢铁研究总院。

1986年4月在重庆召开了首届理事会，将原14个专业学组调整为11个学术委员会，并审定了学术委员会主任委员、副主任委员、委员和学术秘书，确定了挂靠单位。

1999年10月中国金属学会特殊钢分会成立20周年暨1999年特钢发展研讨会及理事会在浙江温州召开（见附图1-2）。

附图1-2　中国金属学会特殊钢分会成立20周年暨1999年特钢发展研讨会及理事会代表合影
（左八为特殊钢分会首任理事长刘嘉禾，右四为陈国良院士，右二为时任秘书长林慧国）

中国金属学会特殊钢分会（第一届）下设的11个学术委员会包括：工模具钢学术委员会、轴承钢学术委员会、结构钢学术委员会、低合金钢学术委员会、不锈钢与耐热钢学术委员会、金属耐磨材料学术委员会、低温钢学术委员会、高温合金学术委员会、精密合金钢与电工钢学术委员会、特殊钢冶炼学术委员会、特种加工与热处理学术委员会。

2000年中国金属学会第七届全国代表大会之后，特殊钢分会成立第四届理事会，并对学术委员会进行了调整，理事人数增加到65人，学术委员会增加到14个。

中国金属学会特殊钢分会第四届委员会组成：

名誉主任委员：刘嘉禾；名誉委员：杨栋、关玉龙、王建英、林慧国；主任委员：

杨树森；副主任委员：刘宇、李士琦等；秘书长：董瀚；副秘书长：兰德年；常务委员：陈国良、董瀚、高铁生、李士琦、李正邦、刘宇、刘嘉禾、杨树森、冯涤等。

中国金属学会特殊钢分会（第四届）下设的14个学术委员会（杂志社）包括：特殊钢冶炼学术委员会、特种冶炼与炉外精炼学术委员会、微合金非调质钢学术委员会、低合金钢学术委员会、结构钢学术委员会、钎钢钎具学术委员会、模具钢学术委员会、轴承钢学术委员会、高速工具钢学术委员会、不锈钢与耐热钢学术委员会、低温钢学术委员会、高温合金学术委员会、金属耐磨材料学术委员会、《特殊钢》杂志社。

2012年，中国金属学会特殊钢分会成立第六届委员会，并对学术委员会进行了调整，理事人数增加到60人，学术委员会调整为11个。

中国金属学会特殊钢分会第六届委员会组成：

名誉主任委员：杨树森；名誉委员：文武、王剑志、高铁生、曹正、蔡燮鳌；主任委员：董瀚；副主任委员：李士琦、董学东、兰德年等；秘书长：陈思联；副秘书长：杨京社、杨志勇。

中国金属学会特殊钢分会第七届委员会组成：

名誉主任委员：杨树森；名誉副主任委员：李士琦、兰德年；名誉委员：蔡燮鳌、文武、曹正、高铁生、徐德祥；主任委员：董瀚；副主任委员：董学东、朱荣、钱刚、庞远林；秘书长：陈思联；执行秘书长：刘剑辉；副秘书长：李京社；秘书：王稚棋、杨树峰、邵伟。

2020年中国金属学会特殊钢分会成立第八届委员会，并对学术委员会进行了调整，理事人数46人。不再设立学术委员会。

中国金属学会特殊钢分会第八届委员会组成：

主任委员：田志凌；副主任委员：董瀚、董学东、朱荣、钱刚、陈步权、李建民、姜周华、陈华辉、罗兴宏；秘书长：杨志勇；副秘书长：梁剑雄。

（二）分会学术活动

特殊钢分会自1979年成立以来，坚持每年召开工作会议，会议主要内容为：贯彻中国金属学会年度工作要点，总结汇报一年来的学术活动情况，安排下年度的活动计划，以及加强组织建设等。

在国内外学术交流活动方面，在中国金属学会的统一组织领导下，特殊钢分会坚持贯彻“百花齐放、百家争鸣”方针，发扬学术同主，提倡职业道德，弘扬科学精神，加强精神文明建设，坚持实事求是的科学态度和优良学风。成功开展了各类国内外学术交流活动数十项，参加活动会议总人次达数千人之多，受到各单位的欢迎。

特殊钢分会十分注重塑造品牌会议，承办具有国际影响力的系列会议，有效地促进了国内外技术交流，扩大了分会的国内外知名度。如每年组织召开的“特殊钢技术研讨会”和每两年组织一次的“中国特殊钢技术年会”在国内特殊钢企业中已颇有口碑。国际系列会议包括：举办了“高氮不锈钢国际会议2006（HNS2006）”“中日双边汽车材料研讨会”，在总会直接领导下举办了“第二届先进的钢铁结构材料国际会议（ICASS2004）”

“第五届国际低合金高强度钢国际会议（HSLA Steel 2005）暨第三届国际超细晶粒钢国际会议（ISUGS 2005）”。

特殊钢分会多次召开双边会议或国外技术考察，就某项技术要点问题进行深入探讨，使国内技术工作者能够及时了解国外的最新发展状况，开拓思路，并有机会达成国际合作协议。成功举办的活动包括：“日本大同特殊钢株式会社双边交流”“中意双边高压高级别长距离输送用管线钢研讨会”“超超临界火电机组用钢铁材料国际研讨会”“赴欧洲特殊钢技术部考察”，等等。

（三）分会继续教育与评选活动

特殊钢分会重视智力开发和科技人员继续教育，举办了各类专业内容培训班，如超高功率电炉和炉外精炼培训班、喷射冶金培训班、轴承钢先进标准培训班、不锈钢合理选材讲用班、耐磨材料及抗磨损培训班、低合金钢讲座、磁学讲座、超细晶钢及生产技术培训班、热力学与动力学计算方法培训班、金相实验技术培训班、钢铁材料中的第二相专题讲座等。听讲者踊跃，效果良好。

评选活动能够以发现先进、奖励先进的方式激励技术人员的工作热情，配合评优后的宣传活动，还能有效地推动先进人物和先进技术的认可度，从而推动行业技术进步。特殊钢分会及各学术委员会多次在各专业学术会议上评选优秀论文，并颁发奖状。特殊钢分会还分别于2004年和2005年举办两次“钢的微观组织”图像竞赛评优活动。全国主要钢厂、学校和科研单位的100余幅作品参加了评选，对优秀作品的作者颁发了获奖证书和奖金，对优秀作品进行了宣传，包括制作宣传册、制作优秀图片桌历、制作宣传海报、在重要会议的文集中刊登宣传页等。

（四）分会办刊和出版工作

为宣传和贯彻党与政府的路线、方针、政策以及加强行业技术人员技术交流，特殊钢分会在出版发行方面做了很多工作。

《特殊钢》杂志，自1992年起一直被收录为国家中文核心期刊。

《特殊钢丛书》从1995年开始由特殊钢分会主导组织编写，分卷撰写，陆续出版，历经约10年时间，于2005年完成第一版的所有分册编写与出版工作，包括《特殊钢炉外精炼》《现代电弧炉炼钢》《不锈钢》《低合金高强度钢》《模具钢》《合金结构钢》《高温合金》《微合金非调质钢》《钎钢钎具》《轴承钢》《电工钢》（上、下册）《高速工具钢》《特殊钢钢丝》13个分册。从2006年起，中国金属学会特殊钢分会又与先进钢铁材料技术国家工程研究中心和冶金工业出版社共同策划了新版《特殊钢丛书》。截至2021年7月底，新版《特殊钢丛书》已出版14个分册。

特殊钢分会从2001年第3季度开始不定期出版特殊钢分会《会讯》。内容定为“科技与市场导向”“学会活动”“简讯”“特殊钢分会出版消息”4个栏目，至2005年1月已经出版17期，每期发行册数为300册。从2005年3月改《会讯》为《简讯》，由黑白印刷改为彩色印刷，每期发行册数约为1000册。

特殊钢分会的下属学术委员会也很重视出版发行工作，钎钢钎具学术委员会组织编写出版了《矿用硬质合金手册》《凿岩硬质合金手册》《中国钎钢钎具企事业名录》《国内外凿岩钻车用钻孔具》《钎具简讯》《信息简讯》，金属耐磨材料学术委员会组织编写出版了《耐磨材料应用手册》等图书。

特殊钢分会还围绕特殊钢的生产、科研和使用开展咨询服务活动。为扩大学会知名度、学术交流的影响和力度，特殊钢分会建立了网站，域名为：www. c-sss. org. cn，内容由“学会新闻”“学会介绍”“出版发行”“学会动态”和“技术咨询”几部分组成。

附录二　中国特殊钢相关图书、期刊与论文

一、中国特殊钢相关图书的出版

科技图书作为图书的主要类别之一，具有记录、传播、交流科学思想、科学原理、工艺技术，以及普及与传承知识技能、科普常识等功能，在人类文明进步史中发挥着不可替代的作用。

中国特殊钢相关科技图书的出版，是伴随着中国特殊钢产业的发展而进行的，记录并展示着中国特殊钢产业的成长历程和辉煌成就，为推动中国特殊钢技术交流与进步，为推动中国特殊钢产业及钢铁工业的发展做出了独特的贡献。

（一）近代中国特殊钢相关图书的出版（1840~1949 年）

由于清政府的闭关锁国政策，中国现代工业基础十分薄弱，与现代钢铁业有关的科技图书更是少之又少。西方列强的坚船利炮催生了 19 世纪下半叶的洋务运动，一些有识之士认识到，中国要富国强国，就要“开煤炼铁”“自制大炮”“翻译西书”，中国要有自己的现代钢铁业、制造业，要引进国外先进科学技术并培养科技人才。1855 年上海墨海书馆出版了科普读物《博物新编》。这部中国最早的现代科学启蒙之书分 3 集，分别介绍了物理、化学、天文、生物、地理等自然科学知识，热能、蒸汽机、冷水柜、火炉等物理学基础知识等。

随着中国生产枪炮与机动轮船需求的出现，需要开发煤铁资源、进行现代钢铁冶炼，与之对应中国早期的矿冶类图书《地学浅释》《化学鉴原》相继翻译出版，与现代钢铁直接相有关的《金石识别》也于 1871~1879 年间由江南制造局正式出版。

1890 年前后中国部分地区开始兴建钢厂、铁厂、开发铁矿，从业人员需要学习现代钢铁生产设备、技术、工艺等有关专业知识，相关的图书（译著）也开始在中国陆续出版，如 1905 年文宝书局出版了魏允恭编撰的石印本《江南制造局记十卷》，商务印书馆 1934 年 11 月出版了由王怀琛翻译的教科书《铸钢学教本》、1935 年 4 月出版了由王怀琛编译的专著《电热炼钢学》，1949 年建新工业公司出版了刘逸民翻译的《最新电气炼钢法》和《高速度钢》等。

这一阶段，中国现代意义上的钢铁工业尤其是特殊钢产业处于萌生、起步和缓慢发展阶段，有关钢铁冶金方面技术书籍或期刊极少，从业者获得专业知识与技能的途径一是通过实践积累经验，多为实际操作方面，二是靠当时为数不多的留学回国专业技术人员开办讲座，通过培训获得知识，三是靠阅读少量有关炼铁方面英文或日文原版或译本专业图书学习。

（二）新中国成立后中国特殊钢相关图书的出版（1949~1978年）

新中国成立后，国家将重工业与国防工业列为重点发展方向，并提出了建设工业化国家的战略，开启了有计划建设工业化国家的征程。

在1950~1952年的三年国民经济恢复时期，中央政府对包括大冶钢厂、太原钢铁厂、抚顺钢厂、重庆特殊钢厂等特殊钢厂进行了复产与改扩建。这一时期，有关钢铁专业科技的正式出版物依然很少，技术人员的学习与工人的培训主要靠内部资料或专家授课。如为了提高钢铁从业者专业知识，冶金专家邵象华就一方面参与鞍钢的恢复建设，另一方面培训辅导年轻大学生、工人、干部学习钢铁技术知识，编著了《钢铁冶金学》。该书于1951年由东北重工业出版社出版。

从1953年起，中国开始实施第一个五年计划。此时冶金工业建设、生产、应用领域的广大干部、工程技术人员与工人，在党的领导下以空前的热情投入到生产建设中，出现了学习相关科技知识的热潮。此时，全国高校院校调整，以冶金为特色的东北工学院（现东北大学）、北京钢铁工业学院（后为北京钢铁学院，现北京科技大学）建立冶金、采矿系，开始培养冶金专业人才，对专业教材的需求也开始出现。

为适应形势的发展，满足冶金科技知识学习的迫切需求，重工业部决定组建重工业出版社，明确重工业出版社的责任是“通过书籍的形式把苏联的先进经验传播给广大的读者，并起到教育提高读者的作用”。1953年1月重工业出版社正式成立，这标志着重工业领域国家级专业科技出版社的出现，承担起传播中国现代重工业专业科技知识的历史责任。成立初期，重工业出版社以组织翻译出版苏联的专业技术图书为主，翻译出版了一批矿业、冶金、化工、建材等专业的应用技术类图书和大专教材。

1953~1956年的三年间，重工业出版社出版新书495种，其中有关矿业、冶金的图书有189种，如1953年重工业出版社出版了由苏联特鲁多（К. Г. Трубии）和奥依克斯（Г. Н. Ойкс）著、邵向华翻译的《钢冶金学》，1955年出版了由Н. И. 克拉萨夫采夫主编、蒋慎修和孙其文翻译的《高炉炉瘤》等。此外1955年还出版了由黑色有色设计院编的《俄华冶金工业辞典》等工具书。可以看出，重工业出版社在其存续的三年时间里，出版的涉及冶金工业类图书以翻译苏联技术图书、手册为主，并且是冶金基础与工艺类，还没有真正的有关特殊钢方面的专业图书。此时，除重工业出版社外，还有一些出版社也出版冶金类图书，如商务印书馆1953年出版了时任东北工学院冶金系教授并兼任金相教研室主任的许冶同编著的《钢铁材料学》，这是新中国成立后由中国材料学学者编著出版的较早的材料类图书。

随着国家经济建设的需要，1956年重工业部撤销，各行业工业部成立，重工业出版社也撤销，分别成立了冶金工业出版社、化学工业出版社、中国建筑材料出版社，分属于三个工业部管理，形成了专业科技图书出版的格局。

1956~1959年，与特殊钢有关图书陆续翻译出版，如《金属学与热处理手册》第三分册《钢的结构》、第四分册《半制品的结构、性能与热处理》、第五分册《表面处理》、第六分册《建筑钢》、第七分册《机械制造钢》、第八分册《工具钢》、第十分册《铸铁的成分与性能》、第十一分册《热处理车间设计原理与典型设备》等，1957年还翻译出版了《优质钢轧制》，1959年翻译出版了《材料学读本》等科普图书等一系列工具书、科技书、技工和科普读物。

我国冶金工业领域科技人员、生产人员，通过“一五计划”在设计、建设、生产的实践中不断地积累和总结经验，也开始有能力编撰专业科技图书。这一时期，中国特殊钢图书的编写出版也逐步由翻译向编撰过渡，从“译”转为“编译”“编”“著”的形式，并由国内各专业科技出版社陆续出版。如1958年出版了由冶金工业部黑色冶金设计院编译的《转炉吹氧炼钢》，1959年出版了由徐小荷编的《冲击式凿岩及其工具》、北京钢铁工业学院编撰的《金属与合金显微组织图集》、徐宝升著的《连续铸锭装置》等特钢类图书。随着钢铁工业的发展与专业读者需求的变化，除翻译出版苏联的著作外，也开始翻译出版来自英美等国家特殊钢方面的专业著作，如1961~1963年出版了由苏联H. T. 古德佐夫等主编的《金属学与热处理手册》第一分册《试验与研究方法》、第二分册《钢的结构》(何忠治译)、第七分册《机械制造钢》(北京编译社译)、第八分册《机械制造钢》(小冰、张胜泉译)、第九分册《特殊钢与特殊合金》(吴兵、孙一唐译)等特钢类专业丛书，1964年出版了英国S. G. 考普著、山东工学院翻译的《高速钢的热处理》，1965年出版了苏联M. Ю. 西夫林等著的《车轮与轮轮毂轧制》等。

20世纪六七十年代，这一时期随着“三线建设”项目的建成投产，新中国特殊钢产业布局形成，中国特钢研发单位与生产企业也培养锻炼了一批人才，“编”“编著”的特钢类专业图书逐渐增多。如1963年出版了姚鸿年编的《金相研究方法》(中国工业出版社)，1964年出版了邵象华著的《真空熔炼的物理化学》(科学出版社)，1964年出版了庄文彬等主编的《国外氧气顶吹转炉炼钢》(中国工业出版社)。

1964年冶金工业部钢铁研究院和第一机械工业部科学研究院主编的《合金钢手册》(下册)由中国工业出版社出版[❶]《合金钢手册》共四篇，分上、下两册。上册由冶金工业部钢铁研究院主编，是手册的前两篇，即第一篇合金钢概论、第二篇钢的试验检验方法，并按三个分册形式于1971~1974年先后以限国内发行方式出版；下册由冶金工业部钢铁研究院和第一机械工业部科学研究院共同主编，为手册的后两篇，即第三篇钢的分类和性能数据、第四篇专业用钢，以三个分册形式于1964年公开出版。

1973~1975年由冶金工业部钢铁研究院编的《普通低合金钢性能手册》《钢的表面缺陷图谱》《钢的金相图谱——钢的宏观组织与缺陷》等图书也相继问世。1974年由株洲硬质合金厂著的《硬质合金的使用》、1976年由《国外硬质合金》编写组编写的《国外硬质合金》以及1978年由宝鸡有色金属研究所编著的《粉末冶金多孔材料》(上册)等特殊钢类专业技术图书陆续面世。

这一时期，为了提高一线技术工人操作水平，一些钢铁企业还组织编写了一批技工和科普读物并出版，如1972年出版了由上海第一钢铁厂编写的《碱性侧吹转炉炼钢操作实践》，1974~1975年出版了由鞍山钢铁公司炼铁厂编著的《大高炉炼铁》、第一炼钢厂编

---

❶ 20世纪60年代中到70年代初，冶金工业出版社、化学工业出版社、地质出版社等组成中国工业出版社。

写的《平炉炼钢生产》、中板厂编写的《中板生产》，1976年出版了由大冶钢厂编的《电炉钢生产》，1978年出版了由上钢五厂一车间编著的《电炉炼钢500问》、张殿友编的《高炉炉前工》、北京钢铁学院制氧教研组编的《制氧工问答》。这一时期，与特殊钢有关的科普读物也陆续出版。

这一时期，我国特殊钢相关图书的出版实现了由翻译、编译到编、编著、著的发展过程，其中不乏高水平的著作，如《合金钢手册》于1978年获得全国科技大会奖。

（三）改革开放至20世纪末中国特殊钢相关图书的出版（1978~2000年）

1978年12月党的十一届三中全会召开，拉开了中国改革开放的大幕。随着“科学的春天”的到来，全国高等学校恢复招生，有关特殊钢手册、学术专著、技术著作、译著、专业会议文集、国家标准等不断编写出版，特别是由冶金工业出版社组织冶金类高校优秀教师编写了一批高等、中等专业教材陆续出版，成为专业教材的经典。

20世纪70年代末到80年代，在各工业部的组织下出版了一批涉及特殊钢生产、研发、应用的技术手册、学术专著和高等教材，以及生产操作读物与科普图书。

在特殊钢手册类工具书方面，启动了《合金钢手册》的修订工作。冶金工业部钢铁研究院和第一机械工业部科学研究院主编《合金钢手册》（下册）第三分册（修订版）于1979年2月出版。此分册为下册的第四篇专业用钢，包括了汽车、锅炉、燃气轮机、电机、矿山机械、化工设备、铁道、农机、机床、工具、轴承用钢等11种专业用钢。修订版不仅增加了锅炉用钢和农机具两类专业用钢，而且补充丰富了其他专业用钢的内容，见附图2-2。之后，冶金工业部钢铁研究总院孙珍宝等主编的《合金钢手册》（下册）第一分册（修订版）、第二分册（修订版）也于1992年后陆续出版。第一分册（修订版）、第二分册（修订版）的内容为第三篇钢的分类和性能数据（包括低合金钢、合金结构钢、工具工、不锈钢等十大类钢类，共11章），第一分册（修订版）为第一至第七章，第二分册（修订版）为第八至第十一章。

1984年9月由冶金工业部钢铁研究院孙珍宝等编著的《合金钢手册》（上册）修订合订本公开出版发行，内容包括第一篇合金钢概论、第二篇钢的试验检验方法和附录1~7。

这期间，由冶金工业部《合金钢钢种手册》编写组编写的《合金钢钢种手册》第一册合金结构钢、第二册弹簧钢　易切削钢　滚动轴承钢、《合金钢钢种手册》第三册合金工具钢　高速工具钢、第四册耐热钢、第五册不锈耐酸钢于1983年8月成套正式出版。

在特殊钢及钢铁专业教材编写与出版方面，冶金工业部组织了当时部属高校优秀教师编写了一批高校冶金与材料专业课教材，如北京钢铁学院章守华主编的《合金钢》、刘国勋主编的《金属学原理》、宋维锡主编的《金属学》、余宗森主编的《金属物理》、王润主编的《金属材料物理性能》、肖纪美主编的《合金相与相变》等，东北工学院刘永金主编的《钢的热处理》、张承忠主编的《金属的腐蚀与防护》等，以及中南矿业学院李树堂主编的《金属X射线衍射与电子显微分析技术》、田荣璋主编的《金属热处理》、黄培云主编的《粉末冶金原理》、吴培英主编的《金属材料学》等专业课教材于20世纪80年代初陆续出版，并成为那个时代的经典教材，为培养钢铁材料以及特殊钢领域人才发挥了重要作用。

此时中等专业学校教学用书也陆续出版，如北京钢铁学校李惠忠主编的《金属学》、韩志诚主编的《炼钢学》（上下册）等；一些钢铁企业与技校也开始组织编写出版技术工人操作培训教材与专业基础读物，如上钢五厂技校沈才芳主编的《电弧炉炼钢工艺与设备》，北京钢铁学校王雅贞等编写的《氧气顶吹转炉炼钢工艺与设备》等，成为那个年代钢铁企业一线员工的必读读物。

20 世纪 80 年代初，为了弥补钢铁企业现场一线工人钢铁基础理论水平不足，以及配合工人技能等级晋升的需要，冶金工业部劳动司组织鞍钢、武钢、包钢、上钢一厂、上钢三厂、大连钢厂、抚顺钢厂、本钢、首钢、唐钢等 23 家钢厂的 250 多位工程技术人员编写了非公开出版物《冶金工人中级技术理论教材》。这套行业内部培训教材由来自企业一线的技术骨干鞍钢炼铁厂的陈万全任主编，分 26 个专业，共 154 册。

在大专院校特殊钢专业课教材方面，先后出版了东北大学何开元编著的《精密合金材料学》、北京科技大学赵沛编著的《合金钢冶炼》、东北大学张强编著的《合金钢轧制》、北京科技大学马廷温编著的《电炉炼钢学》、北京科技大学陈景榕编著的《金属与合金中的固态相变》等本科优秀教材，也出版了由本溪冶专孙培林编写的《电炉炼钢学》等高职高专教材。

在特殊钢科普图书出版方面，朱志尧和李玉兴著的《特殊的金属》、杜桂馥编的《奇妙的粉末冶金》、邓舜扬编的《金属防腐蚀对话》等书为大众普及了专业科普知识。

20 世纪 80 年代，一些特殊钢的著作也陆续出版，《高温合金金相图谱》编写组编的《高温合金金相图谱》、马培立等编的《高温合金低倍图谱》、陈献廷编著的《硬质合金使用手册》、马鸣图、吴宝榕编著的《双相钢——物理和力学冶金》（1988 年）等也先后出版；专业翻译图书有美国比腊哈等著、林慧国译的《彩色金相》，日本近角聪信等著、黄锡成、杨胥善、韩俊德等翻译的《磁性体手册》等。

此时，服务特殊钢行业发展冶金类专业科技词典的修订版与新版也先后出版，如《俄汉冶金工业词典》（修订版）《法汉冶金词典》《英汉德法日俄金属物理词典六种文字对照》《汉英德法俄日粉末冶金词典》等行业工具书密集出版。

到 20 世纪 90 年代，经过 40 多年有计划工业建设，在各行业发展和国防建设需求的带动下，我国特殊钢的生产、研发、应用、人才培养等经验不断积累，系统地编撰出版了更多的特殊钢相关专著、教材。如 90 年代初，中国金属学会特殊钢专业委员会（现中国金属学会特殊钢分会）组织策划，成立由刘嘉禾任主编、林慧国任秘书长的《特殊钢丛书》编写委员会，组织国内特殊钢研究与生产领域的专家编写了《特殊钢丛书》。该技术丛书从 1996 年到 1999 年出版了《低合金高强度钢》（王祖滨）、《电工钢》（上、下册）（何忠治）、《特殊钢炉外精炼》（知水）、《模具钢》（徐进等）、《合金结构钢》（项程云）等 5 个分册。1995 年中国金属学会特殊钢专业委员会还根据当时特殊钢企业开始引进与使用直流电弧炉炼钢的行业热点，组织检索国内外材料并委托本钢特钢公司宋东亮、曾昭生、孟宪勇等组织，由朱应波执笔编著了《直流电弧炉炼钢技术》一书。

与此同时，由时任冶金工业部副部长兼总工程师的殷瑞钰组织特殊钢全行业研究院所、高校、企业等近百位专家、学者与技术人员在上钢五厂启动了《钢的质量现代进展》

的编撰与出版工作，此书于1997年获得国家新闻出版总署组织评审的“第八届全国优秀科技图书一等奖”，并于1998年获得了“冶金科技进步奖一等奖”。

此时，作为“973”首席科学家的翁宇庆组织行业各研究院所、高校、企业的专家在攻克“973”专题基础上组织编著了《超细晶钢》一书，并获得第四届中华优秀出版物奖。

这一阶段，由来自企业一线技术人员编写的针对特殊钢工艺技术与装备的实用技术专著也陆续出版，如付作宝主编的《冷轧薄钢板生产》、张世忠编著的《过冷奥氏体转变曲线图集》（精）、谭真和郭广文编著的《工程合金热物性》、沈才芳编著的《电弧炉炼钢工艺与设备》，以及邱绍岐编著的《电炉炼钢原理及工艺》《高强度低合金钢的控制轧制与控制冷却》等。《中国不锈钢腐蚀手册》（冈毅民主编）、《金属材料简明词典》（邓安华编）、《合金钢手册》部分分册修订版等也陆续出版。

此时，由于国际交流增加，介绍国外特殊钢生产技术的图书也开始增多，如国内作者编译的《国外特殊钢生产技术》《瑞典特殊钢生产技术（内部发行）》、日本南条敏夫编著的《直流电弧炉的电弧现象》等。

（四）21世纪以来中国特殊钢相关图书的出版

进入21世纪20年来，中国特钢产业在研发能力、生产能力、装备水平、产品实物质量、检测能力等方面都大幅提升，中国特殊钢领域的学术专著、技术著作、技术手册、词典、会议文集、高校教材、培训教材、相关国家标准和行业标准、科普读物等的出版硕果累累。

1996年开始出版的第一版《特殊钢丛书》进入21世纪又继续出版了《微合金非调质钢》（董成瑞）、《钎钢与钎具》（洪达灵等）、《轴承钢》（钟顺思）、《高速工具钢》（邓玉昆）、《高温合金》（黄乾尧等）、《不锈钢》《现代电弧炉炼钢》《特殊钢钢丝》（徐效谦）等。这套《特殊钢丛书》从1995年策划启动到2005年最后一本出版，历时十余年，共出版了13个分册。

经过近十年的努力，《中国冶金百科全书》于2001年3月出版。这部百科全书是冶金行业第一套百科类技术全书，由费子文、徐大铨任主编，翁宇庆、周传典、何伯泉、殷瑞钰、胡克智等任副主编，编委包括了柯俊、邵象华、魏寿昆、章守华、师昌绪、肖纪美、陆钟武、陈家镛、王淀佐、左铁庸、余宗森、吴溪淳、刘业翔、孙传尧、江君照等几十位特钢领域的专家学者。其中《金属材料卷》包括特殊钢内容，此卷主编为万群、吕其春，副主编有刘嘉禾、吕海波、陈国良、周廉，编委有柯成、赵先存、朱日彰、屠海令、陈景榕等特殊钢行业的专家。

从2006年起，根据特殊钢行业科研的进展、生产技术的进步、产品实物质量提升等需求，由中国金属学会特钢分会、先进钢铁材料技术国家工程研究中心和冶金工业出版社共同策划，并由先进钢铁材料技术国家工程研究中心和中国金属学会特殊钢分会负责组织编写的新版《特殊钢丛书》启动，并于2015年被国家新闻出版总署评为“十二五”国家重点图书。新版《特殊钢丛书》编委会由徐匡迪担任主编，董瀚为秘书长。截至2021年7月新版《特殊钢丛书》已经出版《机械装备失效分析》（李文成）、《高强度紧固件用钢》(惠卫军)、《钢铁结构材料的功能化》(赵先存)、《中国600℃火电机组锅炉钢进展》(刘正东)、《现代电炉炼钢工艺及装备》(阎立懿)、《铁素体不锈钢》(康喜范)、《电工钢》(何忠治)、《镍及其耐蚀合金》(康喜范)、《55SiMnMo钎钢金属学原理》(刘正义)、《新一代核压力容器用SA508Gr. 4N钢》(刘正东)、《软磁铁素体不锈钢》(刘亚丕、石康)、《合金钢棒线材生产技术》(董志洪)、《中国近代钢轨：技术史与文物》(方一兵、董瀚)等14个分册，并在继续出版中。

同期，先进钢铁材料技术国家工程研究中心、中国金属学会特殊钢分会与冶金工业出版社共同发起，由先进钢铁材料技术国家工程研究中心、中国金属学会特殊钢分会负责组织编写出版了《先进钢铁材料技术丛书》，编委会由翁宇庆任主编，董瀚为秘书长。这套丛书也被国家新闻出版总署评为"十二五"国家重点图书，先后组织出版了马鸣图、吴宝榕著的《双相钢——物理和力学冶金》(第2版)、马春生编著的《低成本生产洁净钢的实践》，以及刘鹤年、王祖滨主编的《建筑用钢》等，并在陆续出版中。

这一阶段，有关特殊钢方面的技术手册也陆续出版，如《不锈钢实用手册》(中国特钢企业协会不锈钢分会组织编写)、《模具钢手册》(陈再枝编著)、《现代电炉炼钢生产技术手册》(王新江主编)，以及《钢铁材料手册——精密合金钢材料》《钢铁材料手册第4卷——合金结构钢》《钢铁材料手册第7卷——工具钢》《钢铁材料手册第2卷——低合金高强度钢》等。

另外还出版了一批高水平特殊钢的学术与技术专著，如《特殊钢在先进装备制造业应用中的战略研究》(翁宇庆、陈蕴博、刘玠主编)、《双相不锈钢》(吴玖编著)、《炼钢电弧炉设备与高效益运行》([日] 南条敏夫编著)、《模具制造工艺学》《特殊钢金相图谱》(精)《钢铁及合金分析》《特殊钢缺陷分析与对策》《高温合金》《特殊钢压力加工》(薛懿德)、《钢铁技术发展趋势丛书》——《工具钢》([日] 清永欣吾)及《低合金耐蚀钢》([日] 松岛岩)、《不锈钢概论》(陆世英)、《不锈钢焊接冶金学及焊接性》([美] John C. Lippold DamianJ. Kotecki著、陈剑虹译)、《粉末冶金摩擦材料》(曲在纲)、《微合金化钢》(齐俊杰、黄运华、张跃著)、《磁致伸缩材料与器件》(王博文著)、《电炉炼钢除尘》(王永忠)、《钛微合金钢》(毛新平著)、《高品质电工钢的研究与开发》《高强塑积汽车钢的研究与开发》《轴承钢超快速冷却技术研究与开发》《渗碳轴承钢的热处理工艺及组织性能》《材料微观结构的电子显微学分析》(黄孝瑛)等，其中部分为"十二五"国家重点图书和"十三五"国家重点图书。

在特殊钢学术文集出版方面，如中国金属学会高温合金分会继1996年出版了《中国高温合金40年》后，又于2006年组织出版了由师昌绪、仲增庸主编的《中国高温合金50年》(1956~2006)(不公开发行)，2016年出版了中国金属学会电工钢分会组织的《第十届中国电工钢年会论文文集》。

这一阶段，有关特殊钢方面的教材出版也不断增加，如曲选辉主编的《粉末冶金原理与工艺》、范才河的《粉末冶金电炉及设计》、崔雅茹的《特种冶炼与金属功能材料》等本科教材，以及董中奇编写的《电弧炉炼钢生产》高职教材等。

此时，由于学术研究的深入和生产工艺设备的进步，20世纪60~80年代出版的一些学术著作开始修订并再版，如肖纪美著的《不锈钢的金属学问题》(第2版) 等专著，沈才芳编著的《电弧炉炼钢工艺与设备》(第2版) 生产技术图书等，肖纪美编著的《合金相与相变》(第2版) 高等教材等；宝钢集团上海五钢有限公司修订的《冶金职业技能培训丛书　电炉炼钢500问》(第2版) 等培训教材；《钢铁材料手册　第7卷　工具钢、轴承钢》(第2版)、《钢铁材料手册　第4卷　合金结构钢》(第2版)、《钢铁材料手册　第2卷　低合金高强度钢》(第2版) 等手册工具书。

(五) 走向世界的中国特殊钢相关图书

随着中国钢铁工业的崛起，中国钢铁工业自信地走向世界，中国科技人员撰写的中文版专业图书开始向国外输出版权，中国学者撰写的专业英文著作通过国外知名出版公司与国内出版社联合出版向全球发行。

如1997年韩国釜山大学出版社 (UUP) 购买翻译出版了由北京科技大学周寿增编著的《稀土永磁材料及其应用》(1990年国内中文版出版)；2000年3月釜山大学出版社再次快速引进翻译出版了由周寿增、董清飞著的《超强永磁体——稀土铁系永磁材料》一书 (1999年10月国内中文版出版)。

从2000年起，中国一些科技出版社开始与斯普林格、爱思维尔等国外知名学术出版公司合作出版由中国冶金、材料专家用英文撰写的专著，并在国际上公开发行。如由翁宇庆主编的《超细晶钢——钢的组织细化理论与控制技术》英文版——*Ultra-Fine Grained Steels* 于2008年由斯普林格公司与冶金工业出版社合作出版，全球发行；2011年由翁宇庆、董瀚、干勇主编的英文版学术著作 *Advanced Steels—The Recent Scenario in Steel Science and Technology* 由斯普林格出版公司与冶金工业出版社合作出版，全球发行；2019年毛新平著的 *Titanium Microalloyed Steel: Fundamentals, Technology, and Products* 由斯普林格出版公司与冶金工业出版社合作出版，全球发行。

为了加强国际学术交流和提高国内高校冶金与材料专业学生英文水平，国内出版社开始出版英文版冶金学术著作、教材与会议文集等图书。如 *Professional English for Metal Materials Engineering* (Liang Qi, Yu Wang, Yinghui Zhang) 等英文教材、专著，以及由中国金属学会组织的 *Proccedings of Conference on Advanced Steels* 2010 *Extended Abstract* (Edited by Yuqing Weng, Hang Dong, Yong Gan)、*Proccedings of the* 10*th International Conference on Steels Rolling* (Organized by The Chinese Society for Metals)、*Microalloying* 2015 & *Offshore Engineering Steels* 2015 等国际会议文集。

二、中国特殊钢专业期刊——《特殊钢》

(一) 杂志的创办

《特殊钢》杂志于1980年创刊。这是一个值得铭记的日子，因为她是在1978年召开全国科学大会之后搭乘改革开放的春风应运而生。那时，国内各行各业百废待兴，科技工作者将全身的热情投入到祖国现代化建设之中，行业人士之间的交流变得更加迫切与频繁。恰逢此时创办《特殊钢》杂志，报道最新特钢研究成果，介绍、交流、推广先进的工艺技术和生产经验，为广大特殊钢科技人员与管理人员搭建了一个不可或缺的互动平台。《特殊钢》杂志由冶金工业部创办并委托大冶钢厂（现为大冶特钢有限公司）主办，编辑部设在技术处。1980 年出版两期，1981 年出版四期，1982 年起定为双月刊。

1978 年党的十一届三中全会的召开，成为我国钢铁工业改革开放和发展的新起点。国家新政策的大力支持、积极引进国外先进技术、利用国外资金和矿产资源，促使全国钢铁产能逐年提高，钢铁行业向着做大做强稳步迈进。特殊钢的发展也由此重新起步，以国防重点需求为依托，引进消化国外的先进技术，产学研相结合，努力构筑我国钢铁工业的高端平台。1982 年由全国十几家重点特钢企业作为协办成员单位，冶金工业部、主办单位和协办成员单位组成《特殊钢》杂志编委会，制定章程并于 1986 年召开第一届编委会。编委会主任委员杨栋（时任冶金工业部钢铁司副司长），副主任委员陆叙生（时任大冶钢厂厂长）、夏宗琦（时任大冶钢厂副总工程师），编委会委员 25 人，编委会是《特殊钢》杂志的决策和领导机构。《特殊钢》杂志作为冶金工业科技刊物，办刊宗旨为：宣传报道特殊钢科研试制、工艺技术、研究成果、自动化装备，推广先进工艺技术，传递国内外特殊钢动态信息，为我国特钢行业的发展和技术进步服务。杂志主要栏目有：特殊钢试验研究、工艺新材料进展、工艺技术、材料组织和力学性能研究、特殊钢动态信息。《特殊钢》杂志编辑部主要任务是约稿、审稿、组稿、编辑、出版、发行等。创刊起《特殊钢》编辑部设在大冶钢厂技术处，1985 年《特殊钢》国内发行，1988 年国内外公开发行。

1989 年底，召开第 2 届《特殊钢》杂志编委会，名誉主任委员殷瑞钰（时任冶金工业部副部长）、陆叙生（时任物资部副部长），主任委员杨栋（时任冶金工业部钢铁司副司长）、副主任委员王建英（时任冶金工业部生产司副司长）、卢尚汉（时任物资部金属材料司副司长）、袁大焕（时任大冶钢厂厂长）、钟顺思（时任大冶钢厂总工程师）、周国成（时任冶金工业部生产司特钢处处长），委员共 18 人。参加编委会的成员单位有上钢五厂、大连钢厂、太原钢厂、舞阳钢厂、本钢一钢厂、长城钢厂、江西新余钢厂、西宁钢厂、齐钢、抚顺钢厂、首钢特钢厂、贵阳钢厂、重庆特钢厂、陕西钢厂、成都无缝钢管厂、大冶钢厂等 16 家企业。1989 年《特殊钢》杂志编辑部由大冶钢厂技术处迁至钢研所。《特殊钢》杂志在 1990 年设置主编岗位，主编钟顺思，副主编周国成、汪学瑶（常务）。1990~1996 年杂志主编钟顺思，1996~2018 年杂志主编汪学瑶，2018 年至今杂志主编周立新。1995 年为适应期刊市场经济需要成立了《特殊钢》杂志社，1996 年 3 月社长徐君浩、副社长汪学瑶（常务），1998 年 4 月社长文武，2000 年 7 月社长宛农，2000 年 9 月社长赵咏秋，2001 年 1 月社长何维泉，2002 年 7 月至今社长周立新。2005 年《特殊钢》名誉主任委员殷瑞钰、陆叙生，主任委员杨树森，副主任委员邵鹏星、董瀚、钱刚；2014 年《特殊钢》主任委员董瀚，2020 年《特殊钢》主任委员刘正东、钱刚。

经过《特殊钢》编委团队共同努力，克服稿源等困难，《特殊钢》杂志由原小开本设计为 A4 标准版面，提高了科研论文水平和杂志出版质量，吸引着全国冶金科研人员、大学教授、研究生、特钢公司的工程师踊跃投稿，扩大了特殊钢杂志的知名度和期刊的影响因子。《特殊钢》国内发行代号：38－183，国外发行代号：4502BM，国内统一刊号：

CN42-1243/TF，国际统一刊号：ISSN1003-8620 和 CODEN TESHEE；1997 年主管单位为冶金工业部，主办单位为大冶特殊钢股份有限公司和特殊钢专业学会，编辑出版单位为冶金工业部《特殊钢》杂志社；2000 年主管单位为国家冶金工业局，主办单位为大冶特殊钢股份有限公司和中国金属学会特殊钢学会，编辑出版单位为《特殊钢》杂志社；2004 年主管单位为中国金属学会，主办单位为大冶特殊钢股份有限公司和中国金属学会特殊钢分会；2016~2020 年主管单位为大冶特殊钢股份有限公司，主办单位为大冶特殊钢股份有限公司，编辑出版单位为《特殊钢》杂志社。

（二）杂志的发展与发挥的作用

1980~1998 年《特殊钢》杂志主管单位为冶金工业部，1999~2001 年主管单位为国家冶金工业局，2002~2016 年 5 月《特殊钢》杂志在企业改制后转由中国金属学会主管，中国金属学会特殊钢分会和大冶特殊钢股份有限公司共同主办，特殊钢分会会员单位和协办成员单位后来逐步增至 25 家，由企业扩大到相关科研单位和高等院校。2016 年 6 月~2020 年主管和主办单位均为大冶特殊钢股份有限公司。《特殊钢》杂志经历 40 年的发展，见证了我国特殊钢行业蓬勃发展的 40 年，共出版了 41 卷总计 235 期高水平的科研和工艺技术论文，从钢铁行业的内部期刊发展到国内外公开发行的中文核心期刊和全国钢铁行业的知名科技期刊。国内行销 30 多个省、市、自治区的冶金机械、石油化工、航空航天、新能源汽车、造船等行业以及大专院校、科研院所和科技图书馆，《特殊钢》杂志在全国特钢企业、大专院校和科研院所中具有很高的知名度。特殊钢学会的理事和全国钢铁、机械、石化、军工等行业的科研人员（工程师）、生产技术管理者，以及相关大专院校、科研院所的教授、专家、学者和研究生是本刊热心的作者和读者。

《特殊钢》杂志创刊 40 年来遵循“国家新闻出版法律法规”和“科技期刊出版标准”规范，贯彻国家科技政策，面向全国钢铁企业和科研院所，刊登了许多有前瞻性、导向性、创新性和实用性的科技论文。至今已超过 160 多家企事业单位和 150 多所高等院校和科研院所的作者在《特殊钢》杂志上发表了科研论文；据近几年的《特殊钢》杂志出版统计，其中，教授、副教授、高级工程师、博士生所发表的文章占出版总篇数的 50%以上，发表的属省级、部级以上国家科学（“973”和“863”计划、“211”工程）等基金资助项目的论文约占同期全部文章 24%。论文内容有：超临界新型不锈钢、微合金化非调质钢、冷轧复合板用钢、航天用钢、高速铁路用轴承钢、高牌号无取向硅钢、高磁感取向硅钢、高强度机械用钢、海洋管线钢和锚链钢、新能源用钢开发，以及大真空感应炉、双联工艺电渣、350 毫米×470 毫米大型连铸坯、RH 高真空精炼、生产在线控轧控冷等工艺技术研究。科研人员通过《特殊钢》杂志能及时了解我国特殊钢技术的研究成果，掌握国内外特钢科研方向，对制定试验计划、开拓思路、产品研发、质量攻关和新材料研究起到了指导作用，为我国特殊钢技术进步和国防科技发展作出了一定的贡献。

《特殊钢》杂志是全国知名科技期刊和中国冶金类优秀期刊，于 1992 年、1996 年、2000 年、2004 年、2008 年、2012 年、2014 年、2018 年连续 8 次入选为《中文核心期刊要目总览》TF 冶金工业类中文核心期刊。2000~2004 年《特殊钢》杂志被美国

Engineering Information Inc. 公司作为 Ei Page One 数据库收录期刊刊源。《特殊钢》杂志是中国冶金行业优秀期刊，于 1995~2017 年连续 6 次被评为湖北省专业技术优秀期刊；2010 年荣获湖北省专业技术优秀精品期刊奖；2019 年 12 月荣获湖北省科学技术期刊编辑学会 2019 年度“先进集体”光荣称号。《特殊钢》杂志是中国科学引文数据库来源期刊、中国学术期刊综合评价数据库（CAJCED）统计源期刊、中国期刊全文数据库（CJFD）收录期刊、中文科技期刊数据库（SWIC）收录期刊、中国知识资源总库、中国科技期刊精品数据库收录期刊、中国核心期刊（遴选）数据库收录期刊；是中国知网、万方数据资源网、重庆维普资讯网全文检索阅读刊物。由 2019 年中国科学文献计量评价研究中心和清华大学图书馆等研究报告可知，《特殊钢》杂志影响因子为 0. 427。

《特殊钢》杂志是我国特殊钢行业的窗口，是当代特钢科技成果的园地，凝结了我国高等院校、科研院所、特钢企业的研究成果，具有很高的学术价值，为我国国防科技建设发挥了极其重要的作用，增强了国家实力和企业的竞争力。科研成果在冶金行业、机械制造及工业自动化等方面获得了商业化应用。实践证明，《特殊钢》杂志是我国特钢行业发展的重要信息资源，是全国冶金类期刊中发行量较大、影响力较显著的刊物，《特殊钢》杂志为双月刊，年发行量 1. 02 万册，为我国“十五”至“十三五”钢铁工业的高品质特殊钢科技发展作出了显著贡献。

（三）杂志的展望

《特殊钢》杂志是大冶特殊钢有限公司的一个科技文化品牌，是全国特殊钢行业和大专院校的科研人员、教授、研究生的一个技术成果交流平台，是特钢行业的共同财富，得到国内外文献情报界专家和同行的广泛关注。《特殊钢》将与时俱进，进一步拓展品牌，提升影响力，争创全国“科技精品期刊”“双百期刊”“双优期刊”、全国一流科技期刊。

三、中国特殊钢相关科技论文

科技论文是科研工作者在科学实验的基础上对科学、技术、工程领域现象进行科学分析与综合的研究和阐述，对与中国特殊钢发展有关的科技论文进行梳理，可以让我们了解中国钢铁与特殊钢科研工作者在中国特殊钢行业发展过程中的辛勤、创新与奉献。

早期的中国特殊钢科技论文有 1929 年魏寿昆发表在《矿冶会志》上的“长城煤矿最近调查记”、1937 年邵象华发表在《中国工程师学会会刊（工程）》上的“十五年来德国钢铁工业技术之演进”、柯俊发表在《工业学院学报》上的“耐腐蚀合金钢”、周仿溪发表在《远东杂志》上的“特殊研究：特殊钢及特殊合金”等。

在 20 世纪 40 年代，胡庶华、邵象华、魏寿昆等人接连在国内外刊物发声，谈到钢铁冶金对国防工业建设的重要性。

20 世纪 50 年代，邵象华、师昌绪、柯俊、陆达、徐祖耀、刘嘉禾、彭伯壎等科研工作者在《金属学报》《钢铁》《北京钢铁工业学院学报》《机械制造》等期刊上发表研究型论文。从发表的科技论文数量上可以看到，新中国成立以后国家对钢铁工业特别是特殊钢产业的科研工作逐渐重视起来，并给予了大力支持。

陆达于1959年在《钢铁》第7期上发表了“迅速过技术关，为转炉高产优质高效率而奋斗”的文章，从炉衬寿命、操作、侧吹、生产组织等角度论述高质量钢的冶炼。王世章于1960年在《钢铁》上发表了“新标准15种硼钢的试制与研究”。徐祖耀于1964年在《金属学报》上发表了“1.4%C-1.4%Cr钢等温马氏体形成的金相研究”。邵象华发表了“真空熔炼的物理化学”。魏寿昆发表了“炉渣氧化铁含量对脱硫的作用”。陆达于1964年在《钢铁》第3期上发表了“西德、奥地利和法国炼钢技术的发展动向”等。这些研究论文的发表奠定了众多科研方向的基础。同年，吴宝榕在《钢铁》上发表了“断口微观金相学及其应用”，此篇文章叙述了断口学的金相分析。刘嘉禾在《钢铁》上发表了综述性论文“瑞典特殊钢考察报告”，并于1966年在《钢铁》上对普通低碳合金钢的国内外情况进行了介绍。

1978年，邵象华在《钢铁》上发表了综述性文章“美国和日本的炼钢技术动向”。同年，《金属学报》刊登了郭可信撰写的“高合金钢与高温合金中的相”一文。肖纪美等以“焊接结构残余应力的断裂力学分析”为题撰写的文章发表在《冶金建筑》期刊上。

1980年初，徐祖耀针对“热处理的基本理论——相变研究的新进展”发表了两篇文章，均以当期首篇刊登在《材料热处理学报》上。徐匡迪就“喷吹冶金中的若干理论问题”的综述性文章发表在《特殊钢》上。鲁肇俊等科研工作者先后在《钢铁研究总院学报》《金属学报》上发表了关于铬含量对30CrNi5MoV钢软化效应影响的探讨文章。陆达于1982年在《钢铁》第7期上发表了“我国合金钢生产的现状与展望”。马鸣图等科研工作者于1982年在《金属科学与工艺》上发表了“双相钢断裂特征和精细结构的观察”。吴宝榕、肖纪美针对金属零件与材料的断裂失效分析进行研究，并提出相关的性能预测方法与结构设计的优化。另外，吴宝榕在《钢铁》上发表了“低合金钢中的铌”一文，开展了铌微合金化的研究工作。孙珍宝等科研工作者就微合金钢中碳化铌的强化作用发表了一系列研究型论文。王世章于1987年发表了“钼在我国钢铁工业中的应用及待开发”。1989年，徐匡迪等科研工作者在《钢铁》上发表了“超低硫钢冶炼技术的研究”一文，阐述了超低硫钢的冶炼技术。

20世纪90年代初期，师昌绪在《机械工程材料》上发表了“高技术新材料的现状与展望”，并提出中国特殊钢的发展方向应迈向高技术新材料。另外，师昌绪还在《金属学报》上发表了“中国高温合金40年”。朱静、翁宇庆等在《钢铁研究学报》上发表了“马氏体时效钢时效强化相稳定性分析及时效工艺改进的研究”。董成瑞与金同哲在《特殊钢》上发表了“非调质钢研究与应用的新进展”，对中国非调质钢的科研进行了综述。蔡燮鳌等人开发了S48CM易切削钢，并将相关研究论文发表在《特殊钢》上。王国栋在《钢铁研究学报》上发表了“贝氏体型非调质钢热变形奥氏体的连续冷却转变”。梁洪达等科研工作者开展了热作模具钢的基础研究，并在《金属热处理》等期刊上发表了相关文章。

进入20世纪，翁宇庆以“新一代钢铁材料的重大基础研究”一文开启了新时代中国钢铁材料的发展。在“973”计划支持下，翁宇庆等针对钢的晶粒细化和高强度螺栓钢开展了一系列基础研究。徐匡迪等针对冶金、连铸连轧过程中的若干问题发表了相关文章。

2010~2020 年期间，我国科研工作者在许多特殊钢的研究工作中取得了重大成果，并发表了相关论文。其中包括超超临界火电机组用 S30432 钢管、风电机组上紧固件用的 B7 钢、细晶粒渗碳齿轮钢、铌微合金化高温渗碳齿轮钢、电工钢、热作模具钢、节能低成本高品质非调质钢、新型超塑性低中碳合金钢等不同钢种的研究。

2020 年，在英国科学家法拉第开创合金钢研究工作 200 周年之际，董瀚等人先后在《金属学报》《钢铁研究学报》《上海金属》上侧重合金钢的基础研究、品种开发和市场应用发表了专刊文章，带领特殊钢研发与生产科技工作者回顾历史、把握现在、展望未来。

虽然本书无法完全收集所有公开发表的特殊钢科技论文，也不可能完全表现中国特殊钢的科研情况，但总体上仍可以看出，中国特殊钢工艺技术装备水平、研发能力从无到有、从弱到强的巨大提升以及科研工作者在其中做出的巨大贡献。

这里检索收集的 1934~2021 年中国特殊钢材料工作者（或研发与生产人员）撰写的科技论文主要来自《金属学报》《钢铁》《特殊钢》《钢铁研究学报》《Acta Materialia》《Scripta Materialia》《Materials Science and Engineering A》《ISIJ International》等学术期刊。具体论文题目、作者、发表时间可扫描二维码查阅。

论文信息

参考文献

[1] 李浮之. 长钢三十三年——李浮之回忆录 [M]. 北京：冶金工业出版社，2011：57.
[2]《邵象华文集》编委会. 邵象华文集 [M]. 北京：冶金工业出版社，2008.
[3] 冶金工业部钢铁研究总院. 合金钢手册（下册）第三分册 [M]. 北京：冶金工业出版社，1972：28.
[4] 冶金工业部钢铁研究总院. 合金钢手册（下册）第三分册 [M]. 修订版. 北京：冶金工业出版社，1979.
[5] 孙珍宝，等. 合金钢手册（上册）[M]. 北京：冶金工业出版社，1984.
[6] 孙珍宝. 合金钢手册（下册）第一分册 [M]. 修订版. 北京：冶金工业出版社，1992.
[7] 哈宽富. 金属力学性质的微观理论 [M]. 北京：科学出版社，1983：520.
[8] 冯瑞，王业宁，丘第荣. 金属物理（下册）[M]. 北京：科学出版社，1975：811.
[9] Cottrel H. 晶体中的位错和塑性流动 [M]. 葛庭燧，译. 北京：科学出版社，1953.
[10] 中国科学院金属研究所. 金属断裂失效分析 [M]. 北京：科学出版社，1985：97.
[11] 本书编写组. 中华人民共和国简史 [M]. 北京：人民出版社，当代中国出版社，2021：41，51.